I. Middelanis-Neumann

M. Liehn

L. Steinmüller

J. R. Döhler

OP-Handbuch

Grundlagen, Instrumentarium, OP-Ablauf

Springer
Berlin
Heidelberg
New York
Hongkong
London
Mailand
Paris
Tokio

I. Middelanis-Neumann
M. Liehn
L. Steinmüller
J. R. Döhler

OP-Handbuch

Grundlagen, Instrumentarium, OP-Ablauf

Mit 820 Abbildungen
und 22 Tabellen

Unter Mitarbeit von
A. Augustin, J. Caselitz, B. v. Essen , E. Fliedner,
W. M. Franck, A. Kormann, H. Kortmann, R. Hubmann,
M. Kämper, J. Middelanis, G. Nehse, R. Pinnau, A. Poser,
P. Reifferscheid, F.-Ch. Riess, K. Ritter-Lang, M. Weissflog

3., vollständig überarbeitete und erweiterte Auflage

Springer

Irmengard Middelanis-Neumann
Anne-Frank-Straße 5
61273 Wehrheim

Margret Liehn
Am Rathausplatz 16
25462 Rellingen

Dr. med. Lutz Steinmüller
Chirurgische Abteilung, Allgemeines Krankenhaus Eilbek
Friedrichsberger Str. 60
22081 Hamburg

Priv.-Doz. Dr. med. J. Rüdiger Döhler, FRCSEd
Abt. für Orthopädische, Unfall- und Handchirurgie, Klinikum Plau am See
Quetziner Str. 88
19395 Plau am See

ISBN 3-540-65336-8
1. Auflage Springer-Verlag Berlin Heidelberg New York

ISBN 3-540-43441-0 Springer-Verlag Berlin Heidelberg New York

Bibliografische Information der Deutschen Bibliothek
Die Deutsche Bibliothek verzeichnet diese Publikation in der Deutschen Nationalbibliografie, detaillierte bibliografische Daten sind im Internet über <http://dnb.ddb.de> abrufbar

Springer-Verlag Berlin Heidelberg New York
ist ein Unternehmen von Springer Science+Business Media

http://www.springer.medizin.de

Printed in Germany

Planung: Ulrike Hartmann
Lektorat: Petra Rand, Münster/Westfalen
Bildredaktion: Ursula Illig, München
Zeichnungen: Adrian Cornford, Reinheim
Christiane von Solodkoff u. Dr. Michael von Solodkoff, Neckargemünd
Albert R. Gattung u. Regine Gattung-Petith, Edingen-Neckarhausen
Peter Lübcke, Wachenheim
Herstellung: PRO EDIT GmbH, Heidelberg
Satzherstellung: K. Detzner, Speyer
Umschlaggestaltung: deblik Berlin
Layout: deblik Berlin
Gedruckt auf säurefreiem Papier 22/3111 5 4 3 2 1 SPIN 11548898

Geleitwort

Die gute Qualität der Patientenbetreuung und -behandlung in den operativen Abteilungen ist ein Ziel aller an dieser Aufgabe beteiligten Berufsgruppen.

Optimierte Arbeitsabläufe und eine gute Teamarbeit sind dabei ebenso wichtig wie die pflegerische Fachkompetenz in Bezug auf die Vorbereitung und die Durchführung der Instrumentation in den unterschiedlichen chirurgischen Fachdisziplinen.

Das vorliegende Operationshandbuch vermittelt einen Überblick über allgemeine Grundlagen der Arbeit im OP sowie über eine Vielzahl chirurgischer Fachdisziplinen.

Die inhaltliche Ausgestaltung der einzelnen Kapitel ist übersichtlich und präzise und vereinigt anatomische Grundlagen, Instrumentenkunde, Krankheitslehre, Operationslagerungen und Beschreibungen der Operationsabläufe.

Es ist den Herausgebern gelungen ein Buch zu verfassen, das den erfahrenen Mitarbeiterinnen und Mitarbeitern in der Operationsabteilung als Nachschlagewerk und zur Aktualisierung des vorhandenen Fachwissens dienen kann. Für die Fachweiterbildung im Operationsdienst ist es als ergänzendes Lehrbuch zum Unterricht empfehlenswert. Darüber hinaus kann es zur Einarbeitung neuer Mitarbeiterinnen und Mitarbeiter eingesetzt werden.

Herzlichen Glückwunsch den Herausgebern zur 3. überarbeiteten und erweiterten Auflage.

Petra Ebbeke
Vertreterin des Deutschen Berufsverbandes für Pflegeberufe (DBfK)
im Board of Directors der European Operating Room Nurses Association (E.O.R.N.A.).

Braunschweig, im Herbst 2002

Vorwort zur 3. Auflage

Die positive Resonanz von OP-Pflegepersonal, operationstechnischen Assistenten/innen (OTA) und auch Ärzten/innen im Praktikum (AIP) hat inzwischen dazu geführt, dass auch die 2. Auflage des OP-Handbuches vergriffen ist. Dies hat uns darin bestätigt eine erweiterte 3. Auflage zu erstellen. Alle Kapitel wurden ergänzt und aktualisiert; dabei blieb das bewährte Konzept weitgehend erhalten.

Da die Entwicklung der OP-Techniken und des Instrumentariums in immer kürzeren Intervallen erfolgt, soll dieses Buch eine übersichtliche Zusammenfassung darstellen.

Neu hinzugekommen ist das Kapitel der Kardiochirurgie, für dessen Erstellung wir Herrn Dr. F.-Ch. Riess und Frau B. von Essen aus dem Albertinenkrankenhaus in Hamburg herzlich danken.

Frau Dr. A. Augustin, Hamburg, hat dem Viszeralchirurgie-Kapitel die Einheit »Proktologie« hinzugefügt. Frau A. Kormann, Hamburg, hat mit ihren Ausführungen über »Stents« das Kapitel Gefäßchirurgie bereichert. Herr Dr. K. Ritter-Lang hat im 3. Kapitel den Abschnitt über die Fixateur externe-Systeme überarbeitet.

Aktualisiert und mit neuen Themen erweitert wurden die Kapitel Urologie von Herrn Prof. Dr. R. Hubmann, Hamburg, Gynäkologie von Herrn Dr. J. Middelanis, Wuppertal, und Traumatologie/Orthopädie von Herrn Dr. W.M. Franck, Erlangen.

Für die neuerliche Durchsicht der Kapitel danken wir Herrn Prof. Dr. A. Rauchfuß, Saarbrücken (HNO), Herrn Prof. Dr. H. Kortmann, Hamburg (Gefäßchirurgie, Shunts), Frau A. Anbergen der Ethicon GmbH (Nahtmaterial) sowie Herrn Dr. P. Wasser der Smith Medical Deutschland GmbH (Drainagen). Herr Prof. Dr. J. Caselitz hat seinen Beitrag über den Umgang mit Biopsiematerial aktualisiert.

Frau Ulrike Hartmann, Frau Ursula Illig, Frau Petra Rand und Frau Barbara Lengricht danken wir herzlich für die unermüdliche redaktionelle Überarbeitung und Hilfestellung.

Wir hoffen, auch mit dieser Auflage, unseren Lesern wieder praktische Hilfen und Informationen anbieten zu können.

Anregungen, Kritik und Verbesserungsvorschläge sind weiterhin immer erwünscht.

Die Herausgeber

Irmengard Middelanis-Neumann
Fachkrankenschwester im Operationsdienst. Bis 1998 pflegerische Lehrgangsleitung der OP-Weiterbildung am Allgemeinen Krankenhaus Altona

Margret Liehn
Fachkrankenschwester im Operationsdienst. Bis 2001 Lehrgangsleitung der Fachweiterbildung im Operationsdienst des Landesbetriebs Krankenhäuser in Hamburg, 2001–2002 Leitung der OTA-Schule der Paracelsus-Klinik Kaltenkirchen; seit 2002 freiberuflich als Dozentin für OP-Pflege, Operationslehre und Qualitätssicherung tätig.

Dr. Lutz Steinmüller
Seit 1996 Chefarzt der Chirurgischen Abteilung am Allgemeinen Krankenhaus Eilbek, Hamburg. Ärztliche Lehrgangsleitung der OP-Weiterbildung des LBK-Hamburg

PD Dr. J. Rüdiger Döhler, FRCSEd
Seit 1995 Chefarzt der Abteilung für Orthopädische, Unfall- und Handchirurgie, Klinikum Plau am See

Inhaltsverzeichnis

Autorenverzeichnis

Augustin, Anke
Dr. med.
Chirurgische Abteilung
Allgemeines Krankenhaus Eilbek
Friedrichsberger Str. 60
22081 Hamburg

Caselitz, Jörg
Prof. Dr. med.
Pathologie
Allgemeines Krankenhaus Altona
Paul Ehrlich Str. 1
22763 Hamburg

Döhler, J. Rüdiger
Priv.-Doz. Dr. med., FRCSEd
Abt. für Orthopädische,
Unfall- und Handchirurgie
Klinikum Plau am See
Quetziner Str. 88
19395 Plau am See

Fliedner, Eckhardt
Dr. med.
Neurochirurgische Abteilung
Allgemeines Krankenhaus Altona
Paul-Ehrlich Straße 1
22763 Hamburg

Franck, Wolfgang M.
Dr. med.
Abteilung für Unfallchirurgie
Friedrich-Alexander-Universität
Erlangen-Nürnberg
Krankenhausstraße 12
91054 Erlangen

Hubmann, Rolf
Prof. Dr. med.
Eckerkamp 57
22391 Hamburg

Kormann, Annette
Zentral-OP,
Allgemeines Krankenhaus Altona
Paul-Ehrlich Straße 1
22363 Hamburg

Kortmann, Helmut
Prof. Dr. med.
Abteilung für Gefäß-
und Thoraxchirurgie
Allgemeines Krankenhaus Altona
Paul-Ehrlich Straße 1
22363 Hamburg

Kämper, Michael
Dr. med.
Neurochirurgische Abteilung
Allgemeines Krankenhaus Altona
Paul-Ehrlich Straße 1
22763 Hamburg

Liehn, Margret
Am Rathausplatz 16
25462 Rellingen

Middelanis, Johannes
Dr. med.
Kliniken St. Antonius
Frauenklinik
Vogelsangstraße 106
42109 Wuppertal

Middelanis-Neumann, Irmengard
Anne-Frank-Straße 5
61273 Wehrheim

Nehse, Günter
Priv-Doz. Dr. med. Dr. med. dent.
Klinik für Mund-Kiefer-
Gesichts-Chirurgie
Klinikum Oldenburg GmbH
Dr.-Eden-Str. 10
26133 Oldenburg

Pinnau, Ralf
Dr. med.
Haarmann Hemmelrath
Management Consultants GmbH
Jungfernstieg 30
20354 Hamburg

Poser, Axel
Dr. med.
Kreiskrankenhaus Emmendingen
Gartenstraße 44
79312 Emmendingen

Reifferscheid, Peter
Dr. med.
Kinderchirurgische Abteilung
Altonaer Kinderkrankenhaus
Bleickenallee 38
22763 Hamburg

Riess, Friedrich-Christian
Priv.-Doz. Dr. med.
Abt. für Herzchirurgie
Albertinen-Krankenhaus Hamburg
Süntelstraße 11a
22457 Hamburg

Ritter-Lang, Karsten
Dr. med.
Chirurgisch-orthopädische Gemein-
schaftspraxis an der Alten Wache
Bäckerstraße 5
14467 Potsdam

Steinmüller, Lutz
Dr. med.
Chirurgische Abteilung,
Allgemeines Krankenhaus Eilbek
Friedrichsberger Str. 60
22081 Hamburg

von Essen, Birgit
Kardiochirurgische OP-Abteilung
Albertinen-Krankenhaus Hamburg
Süntelstraße 11a
22457 Hamburg

Weissflog, Martin
Dr. med.
Neurochirurgische Abteilung
Allgemeines Krankenhaus Altona
Paul-Ehrlich Straße 1
22763 Hamburg

Grundlagen

M. Liehn, J. Caselitz,
I. Middelanis-Neumann, L. Steinmüller

1.1 Aufgaben einer Pflegekraft im Operationsdienst

M. Liehn

Trotz steigender Anforderungen existiert kein festgelegtes Berufsbild einer/s Fachkrankenschwester/krankenpflegers im Operationsdienst. In der folgenden Übersicht werden die wichtigsten allgemeinen Anforderungen und operationspezifischen Aufgaben zusammengefasst.

Allgemeines Kenntnis- und Leistungsspektrum

- Aktuelle Kenntnissse der Hygienerichtlinien und der Arbeitssicherheitsvorschriften
- Sicherer Umgang mit der Pflegedokumentation
- Qualitätssicherung in der OP-Abteilung
- Team- und Konfliktfähigkeit
- Gutes Kommunikationsvermögen
- Organisationsfähigkeit
- Didaktische Kenntnisse zur Vermittlung fachpraktischer und theoretischer Fertigkeiten
- Fähigkeit zur psychischen Betreuung von Patienten
- Kenntnisse über Katheterismus
- Kenntnisse bezüglich des Strahlenschutzes
- Kenntnisse über die korrekte Vorbereitung des Patienten, z.B. für die Anwendung hochfrequenter Elektrochirurgiegeräte

Operationsspezifische Aufgaben

- Vorbereitung des OP-Saales mit allen medizinischen Geräten, Instrumentarien und Verbrauchsmaterialien
- Vorbereitung der OP-Tische
- Einschleusung der Patienten
- Überwachung der operationsspezifischen Lagerung des Patienten
- Anlegen einer Blutsperre/Blutleere,
- Situationsgerechtes, schnelles Instrumentieren
- Saalassistenz (»Springertätigkeit«)
- Fortführung der Dokumentation
- Vorbereitung und das Anlegen von Gipsen und Verbänden
- Annahme, Beschriftung und Versendung von Präparaten für die Bakteriologie, Pathologie und Histologie
- Dokumentation und Kontrolle der Raumluft Technischen Anlagen (RLTA)

Schon mit dem Betreten einer Operationsabteilung kommen besondere Anforderungen auf das OP-Personal zu. Korrektes Einschleusen setzt Wissen über die Hygiene voraus, denn das richtige Tragen von Kleidung, Mütze und Mundtuch resultiert aus der Einsicht in die Notwendigkeit.

Alle neuen Mitarbeiter, Schüler und Gäste müssen dahingehend eingewiesen werden.

Im Saal selbst gehören ruhige Bewegungen zum »normalen« Arbeitsablauf; Hektik darf nur im äußersten Notfall aufkommen.

Sonstige Aufgaben

Das OP-Personal lernt neue Kollegen, operationstechnische Assistenten (OTA) oder Schüler an. Das Wissen über die organisatorischen Notwendigkeiten in einem OP-Betrieb ist hierfür die Voraussetzung. Die Erstellung und regelmäßige Überprüfung von Standards sind im Rahmen der Qualitätssicherung unerlässlicher Bestandteil der Arbeit des OP-Personals.

Die Einhaltung der Hygienerichtlinien und der Unfallverhütungsvorschriften ist obligat.

Für einen reibungslosen Tagesablauf muss die Bevorratung ausreichend sein. Dazu muss die Bestellung von Bedarfsartikeln und Implantaten geregelt sein.

Je nach Spezialisierung und Abteilung kommen zusätzliche spezifische Anforderungen hinzu.

OP-Vorbereitung

Das OP-Pflegepersonal bereitet anhand bestehender Standards den benötigten Operationstisch mit Lagerungshilfsmitteln vor. Der Patient wird eingeschleust, nach Standard und/oder Checkliste und entsprechend der geplanten Operation gelagert.

Die instrumentierende Kraft und die »Saalassistenz« sollen kooperativ die Operation vorbereiten. Das setzt ein gut geplantes OP-Programm voraus, in dem auch die individuellen Probleme des Patienten berücksichtigt werden. Alle medizintechnischen Geräte werden vor der Operation gemäß dem Medizinproduktgesetz (MPG) geprüft. Instrumente, Wäsche, Kittel, Bauchtücher und Nahtmaterialien werden gemeinsam zusammengestellt. Die/der Instrumentierende deckt die Tische steril ab und bereitet die Instrumente für die geplante Operation übersichtlich vor.

! Die Anordnung der Instrumente auf dem Tisch sollte in einer Operationsabteilung einheitlich sein. Im OP-Protokoll wird die Anzahl der Instrumente und Textilien dokumentiert.

Operation

Kenntnisse in der Anatomie des menschlichen Körpers und das Wissen um den Ablauf der geplanten Operationen sind für ein situationsgerechtes Instrumentieren, insbesondere in kritischen Phasen der Operation, unerlässlich. Das Anreichen der Instrumente während der Operation in der richtigen Reihenfolge sollte ohne direkte Aufforderungen möglich sein.

Nach der Operation müssen alle Instrumente und Textilien gezählt und das korrekte Ergebnis im OP-Protokoll festgehalten werden.

Saalassistenz

Die Saalassistenz hilft bei der operationsspezifischen Lagerung des Patienten nach der Narkoseeinleitung. Dies erfordert neben körperlicher Kraft und technischem Verständnis auch das Wissen über die Vermeidung von Lagerungsschäden.

Dekubitalgeschwüre werden durch die Lagerung des Patienten auf Gelmatten oder Vakuummatratzen verhindert (▫ s. 1.2).

Eine Thromboseprophylaxe erfolgt durch korrektes Lagern der Beine und ggf. durch das Tragen von angepassten Antithrombosestrümpfen, die keine Falten schlagen dürfen.

Eine Wärmematte, entsprechend gewärmte Decken oder Isolierfolie verhindern den Wärmeverlust des Patienten.

Die Saalassistenz reicht das benötigte Sterilgut an und steht hierzu immer mit dem Gesicht zum sterilen Bereich. Die Bedarfsartikel werden nie über den sterilen Tischen geöffnet, aber immer so, dass die Instrumentierende problemlos das Material abnehmen kann.

Nach dem sterilen Abdecken des Patienten durch das operierende Team schließt der Springer die benötigten medizintechnischen Geräte an, u. a. den Sauger und bei Bedarf das Hochfrequenz (HF)-Gerät (▫ s. 1.2.4). Die Abwurfbehältnisse werden bereitgestellt. Die Saalassistenz verfolgt den Ablauf der Operation, um bei Bedarf unaufgefordert neue Materialien anzureichen.

Sie versorgt anfallende Präparate, kümmert sich um die korrekte Dokumentation, zählt am Ende einer Operation die Textilien und bestellt den nächsten Patienten.

Nach erfolgter Hautnaht werden die neutrale Elektrode sowie Gurte und Lagerungshilfen vom Patienten entfernt und zur Reinigung bereitgelegt. Die Drainagen und der Verband werden vor der Verlegung des Patienten in die Aufwacheinheit kontrolliert.

Die Abfälle und der Saugerinhalt bzw. -beutel werden gemäß den Hygienerichtlinien entsorgt.

Geräte und Instrumente, die für die Operation notwendig waren, werden aus dem Saal entfernt, damit das Reinigungspersonal den OP-Raum, die Möbel und die OP-Lampe reinigen kann.

Aufgaben einer operationstechnischen Assistentin

Die Aufgaben einer OTA unterscheiden sich nicht von denen der OP-Pflegekraft. Die OTA bekommt in einer von der DKG (Deutsche Krankenhausgesellschaft) geregelten 3-jährigen Ausbildung das Wissen und die Fertigkeiten vermittelt, die im laufenden OP-Betrieb benötigt werden. Hinzu kommen die Instrumentenaufbereitung, die Tätigkeit in der chirurgischen Ambulanz sowie einführende Kenntnisse für die Endoskopie.

Nach Ablauf der 3-jährigen Ausbildung kann die/der OTA die oben geschilderten Aufgaben übernehmen und so in das OP-Team integriert werden.

Vorbereitung von Operations- und Biopsiematerial für die nachfolgende histologische Untersuchung

J. Caselitz

Biopsie- und Operationsmaterial werden in der Regel histologisch von einem Pathologen untersucht. Die feingewebliche Untersuchung trägt maßgeblich zur Diagnostik, insbesondere bei der Abklärung einer möglichen Krebserkrankung, bei.

Für die Behandlung des Gewebes und/oder des Biopsiematerials gibt es prinzipiell 2 Möglichkeiten:

- Schnellschnitt,
- übliche Verarbeitung nach Fixierung.

Schnellschnitt

Bei der Schnellschnittdiagnostik wird Frischmaterial unmittelbar nach der Entnahme in der Pathologie untersucht. Während des Transports darf das Material nicht austrocknen und wird deshalb mit mit einem Tupfer mit physiologischer Kochsalzlösung abgedeckt. Das native Gewebe wird eingefroren und anschließend am Gefrierschnitt untersucht. Die Diagnose kann nach etwa 5–10 min am Mikroskop erstellt werden.

Da das Material beim Schnellschnitt frisch in die Abteilung für Pathologie gelangt, sind alle anderen methodischen Aufbereitungen noch möglich und können vom Pathologen in die Wege geleitet werden (z. B. mikrobiologische, biochemische Untersuchungen, molekularbiologische und genetische Analysen).

Fixierung

Für die übliche Gewebsaufbereitung ohne Schnellschnitt wird das Gewebe in der Regel fixiert, d. h. konserviert. Die Fixierung hat folgende Aufgaben:

- Sie härtet das Gewebe und macht es damit für die nachfolgende histologische Untersuchung geeignet.
- Sie macht das Gewebe haltbar.
- Sie tötet Keime (Bakterien, Viren) ab und verhindert so fast alle relevanten Infektionen.

Für die Fixierung gibt es zahlreiche unterschiedliche Mittel. In der Praxis wird überwiegend 4- oder 6%iges *Formalin* verwendet, das durch Verdünnen der ca. 40%igen wässrigen Formaldehydstammlösung mit der entsprechenden Menge Leitungswasser hergestellt werden kann. Besser als Leitungswasser eignet sich phosphatgepufferte physiologische Kochsalzlösung. Die entsprechenden Rezepte und die Herstellung erfolgen in der klinikeigenen Apotheke oder in der Abteilung für Pathologie. Obwohl Formalin sehr lange haltbar ist, muss es in regelmäßigen Abständen neu angesetzt werden, damit keine Abbauprodukte wie Ameisensäure das Gewebe verändern.

Gepuffertes Formalin ist insbesondere bei Tumorgewebe angezeigt, wenn eine ungewöhnliche Differenzierung zu erwarten ist. Für besondere Untersuchungen (z. B. am Elektronenmikroskop) wird gepuffertes Formalin verwendet. Im Einzelfall sollte jedoch vor dem Eingriff kurz Rücksprache mit dem Pathologen bzw. dem Histologielabor gehalten werden, der das Material nachbearbeitet.

Praktische Hinweise

Im OP-Raum und in der Poliklinik sollte die Telefonnummer der Abteilung für Pathologie oder bei Bedarf die Piepernummer für entsprechende Rückfragen hinterlegt sein.

> **! Ein Tipp für die Praxis: Sollte unter Notfallbedingungen Formalin fehlen, so können ersatzweise Alkohol oder Lösungen wie Sterillium eingesetzt werden. Diese Fixierungsart sollte aber die Ausnahme sein und dem Pathologen mitgeteilt werden.**

1.2 Operationslagerungen

M. Liehn

1.2.1 Allgemeine Hinweise

Der regelhafte Ablauf einer Operation hängt nicht unerheblich von der richtigen Lagerung des Patienten ab, die in den meisten Abteilungen vom OP-Personal durchgeführt wird. Sie erfolgt nach Absprache mit dem Anästhesisten und dem Chirurgen, die sich die Verantwortung über die Kontrolle in den verschiedenen Phasen der Operation teilen (s. Abschn. »Juristische Verantwortung«). Nach der Narkoseeinleitung, die in Rückenlage auf dem geraden Tisch durchgeführt wird, beginnt die eigentliche Lagerung.

Intraoperative Korrekturen oder Umlagerungen bergen Risiken der Verschiebung von Polstermaterial und damit die Entstehung von Druckgeschwüren.

Fast jede Operation erfordert eine spezifische Lagerung, die für diesen Eingriff gesondert angesprochen wird, aber gleichzeitig unterliegt jede Operationslagerung den folgenden festen Kriterien.

Der OP-Tisch ist immer mit einer Gelmatte abgedeckt, um den Druck auf das Gewebe zu minimieren. Auch sind Armschiene und Beinausleger im Regelfall mit einer Gelmatte bedeckt. Für besonders gefährdete Patienten, wie alte, kachektische oder gefäßkranke Personen, empfiehlt sich bei längeren Eingriffen eine Vakuumauflage, die sich an die Konturen des Körpers anpasst.

> **! Immer gilt, den Patienten vor Schäden jeder Art zu schützen. Ein Wärmeverlust während der Operation kann zu einer erheblichen Gefahr für den Patienten werden.**

Während der Narkose muss mit Wärmeverlust gerechnet werden. Großflächige OP-Zugänge, kalte Spüllösungen, Infusionen und zu geringe Raumtemperatur müssen vom Patienten kompensiert werden. Die Abdeckung des Körpers mit vorgewärmten Tüchern, das Liegen auf einer Wärmematte und angewärmte Spüllösungen sollten zum Standard gehören.

Juristische Verantwortung

Nicht selten taucht die Frage auf, wer bei Lagerungsschäden verantwortlich ist. Nach einer Absprache der Berufsverbände der Chirurgen (BDC) und der Anästhesisten (BDA) wurde die Verantwortlichkeit zwischen Chirurgie und Anästhesie in die im Folgenden aufgeführten 4 Phasen gegliedert.

> **Verantwortlichkeit für die Lagerung**
>
> **Präoperative Phase**
>
> Der Anästhesist ist so lange für die Lagerung verantwortlich, bis der Patient in Narkose für die Operation gelagert wird.

Lagerung zur Operation
Der Operateur entscheidet über die Art der Lagerung unter Berücksichtigung eventueller Einwände seitens des Anästhesisten. Der Chirurg ist verpflichtet die Lagerung vor der Abdeckung zu kontrollieren, und er ist gehalten dieses zu dokumentieren.

Intraoperative Lageveränderungen
Nach intraoperativen Lagerungsänderungen ist der »Springer« gehalten zu kontrollieren, ob die Abpolsterung der gefährdeten Körperteile gewährleistet und der Sitz der neutralen Elektrode noch korrekt ist.

Postoperative Phase
Die Aufgabe des Anästhesisten erstreckt sich auf die Beobachtung der Lagerung während der Ausleitung und der Umlagerung ins Krankenbett. Sie endet erst mit der Übergabe des Patienten an die Station.

Schädigungsarten

! Zur professionellen Pflege gehört unbedingt die standardisierte Vorbereitung und Durchführung einer OP-Lagerung. Aber die Kompetenz des Pflegenden zeichnet sich dadurch aus, dass er/sie bei Bedarf vom Standard abweicht, um optimale Bedingungen für den Patienten zu erzielen.

Der Patient ist durch Narkose, Relaxation und drohenden Wärmeverlust prädestiniert für Läsionen, Druckschäden und Lähmungserscheinungen. Folgendes ist zu beachten:
- Starker Druck und massive Dehnung aller Nerven und Gefäße sind zu vermeiden; zu starke Flexion oder Beugung führen zu Schädigungen.
- Übertriebene Rotation oder Abduktion z.B. des Armes führt zu Dehnungen des Plexus brachialis.
- Befestigungen müssen locker und gut gepolstert sein.
- Zu harte oder falsch platzierte Rollen führen zu Kompressionen.

Dekubitusprophylaxe

Neuere Untersuchungen haben gezeigt, dass vielfach schon im OP-Saal die Grundlage für Dekubitalgeschwüre gelegt wird. Selbst bei sehr gewissenhafter Betrachtung der Haut des Patienten nach einem Eingriff sind tiefe Hautschädigungen nicht erkennbar. Erst einige Tage postoperativ rötet sich die Haut. Die Ursache wird dann nicht mehr der OP-Lagerung zugeordnet. Durch eine optimale Polsterung, Wärmeisolierung und Pflege der Haut lässt sich der Dekubitus vermeiden. Besonders bei onkologischen Patienten oder gefäßkranken Patienten ist die Entstehung von Dekubitalgeschwüren zu erwarten, wenn keine prophylaktischen Maßnahmen ergriffen werden.

Lagerungsmittel

Während der verschiedenen Operationen erleichtern Lagerungshilfen den Eingriff. In der Kopftieflage fallen die Darmschlingen z.B. nach kranial und ermöglichen einen besseren Zugriff ins kleine Becken oder in den Unterbauch. Die Fußtieflage verbessert den Zugang zum Oberbauch. Polster oder OP-Tischelemente erhöhen den Thorax, sodass der Zugang durch den gedehnten Zwischenrippenraum erleichtert ist.

Lagerungsdokumentation

Die Dokumentation von standardisierten Lagerungen ist einfach, da nicht mehr alle Lagerungshilfsmittel aufgezählt werden müssen.

Folgende Bewandtnisse müssen dokumentiert werden:
- Abweichungen vom Standard und ihre Begründung,
- Namen des Durchführenden und des kontrollierenden Chirurgen,
- Platzierung der Dispersionselektrode und Lageveränderungen.

Lagerung der Arme

Der für die Narkose wichtige »Infusionsarm« wird in seiner gesamten Länge auf einer am Tisch fixierten Schiene ausgelagert. Die Schienenpolster müssen korrekt anliegen, um Schäden am N. radialis oder N. ulnaris zu vermeiden. Hierzu wird der Arm in Supinationsstellung (Handfläche einsehbar) leicht angewinkelt fixiert. Der andere Arm kann mit 2 gepolsterten Manschetten am Narkosebügel hochgehängt werden. Die Schulter darf dabei nicht hochgezogen werden.

! Kein Hautareal des Patienten darf mit dem Metall des OP-Tisches in Berührung kommen, wenn während des Eingriffs mit dem HF-Gerät gearbeitet wird (◘ Abb. 1.1).

Soll der andere Arm seitlich an den Körper angelegt werden, muss er in einem Polsterkissen liegen und die Hand muss angeschnallt sein. Ein Kontakt von Haut zu Haut muss vermieden werden, um Verbrennungen bei Anwendung der HF-Chirurgie zu verhindern. Während der

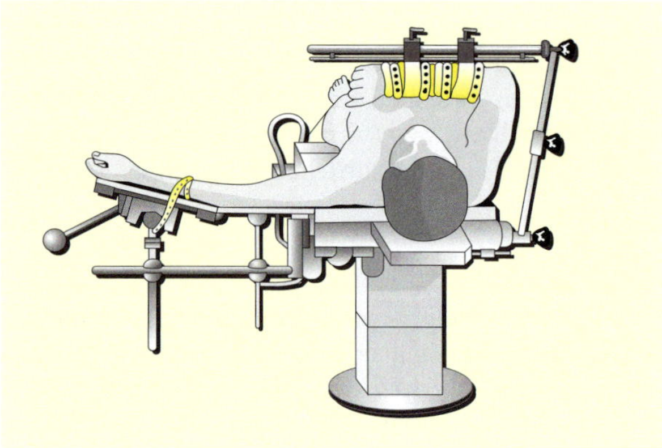

Abb. 1.1 Korrekte Rückenlagerung eines Patienten. (Nach Schindler 1989)

Operation darf sich niemand gegen die Arme des Patienten lehnen, damit die Armlagerung sich nicht verändert.

Lagerung der Beine

Die Beine können parallel gelagert werden. Eine Druckeinwirkung auf Nerven und Gefäße, z.B. intraoperativ durch den Instrumententisch, muss verhindert werden. Der Auflagedruck verteilt sich besser, wenn die Beinplatten des OP-Tisches im Kniebereich etwas abgeknickt werden.

In Höhe der Oberschenkel, etwas oberhalb der Patellae, wird ein breiter Gurt angelegt, der nicht zu stramm angezogen sein darf.

! Eine Hand sollte flach zwischen Gurt und Beine passen!

Beide Fersen können separat abgepolstert werden.

Lagerung des Kopfes

Der Kopf sollte auf einem Kopfkissen oder Kopfring gelagert sein, wenn er nicht in einer Kopfkalotte liegt.

! Der Ring muss so liegen, dass im Schläfenbereich oder an der Kalotte keine Druckstellen entstehen können.

Lagerungen in der minimal-invasiven Chirurgie

Im Rahmen der minimal-invasiven Chirurgie (MIC) sind besondere Aspekte zu bedenken.

Vielfach werden intraoperativ Lageveränderungen vorgenommen, um die Schwerkraft ausnutzen zu können. Hierdurch kann z.B. der Dünndarm in den Ober- oder Unterbauch verlagert werden.

Grundsätzlich sollte das OP-Gebiet leicht erhöht liegen. So werden Unterbauchoperationen in der sog. Trendelenburg-Lagerung durchgeführt; hier wird der Kopf des Patienten tiefer gelagert als die Füße und der OP-Tisch wird zwischen 20 und 40° gekippt.

Oberbauchoperationen werden in der Anti-Trendelenburg-Lagerung durchgeführt, bei der der Kopf höher liegt als die Füße. Der OP-Tisch wird häufig seitwärts gekippt.

Auch bei extremen Lageveränderungen dürfen die Polsterungen nicht verrutschen. Des Weiteren müssen z.B. Schulter- und Seitenstützen angebracht werden, die eine Positionsveränderung des gesamten Körpers des Patienten verhindern.

Laparoskopische Oberbauchoperationen erfolgen in der Regel in Rückenlage des Patienten.

Manche Chirurgen bevorzugen die Lagerung des Patienten auf einem geraden Tisch, der in eine unterschiedlich extreme Anti-Trendelenburg-Position (Abb. 1.2) gebracht wird.

Bei Lagerung auf einem Steinschnitttisch ist unbedingt auf perfekte Polsterung und Fixierung der Beine sowie der Schultern zu achten. Durch richtige Beinlagerung in den Göbelstützen können Peronäusläsionen vermieden werden.

! Die korrekte Lage des ausgelagerten Armes muss nach jeder intraoperativen Lageveränderung kontrolliert und ggf. korrigiert werden, um Armplexusläsionen zu verhindern.

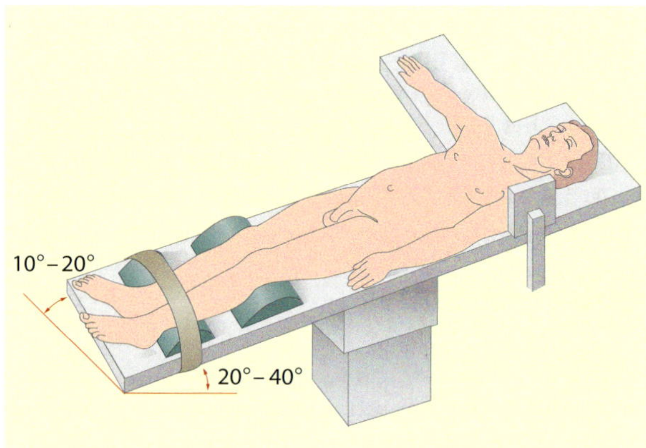

Abb. 1.2 Patientenlagerung für Oberbauchoperationen in Anti-Trendelenburg-Position. (Nach Köckerling u. Hohenberger 1998)

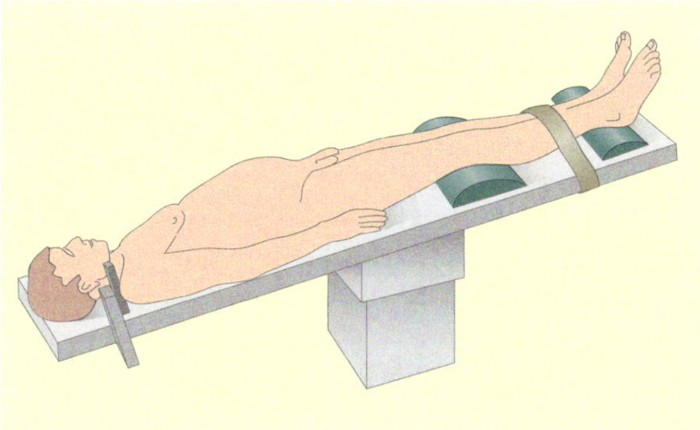

Abb. 1.3 Patientenlagerung für Unterbauchoperationen in Rückenlage mit Trendelenburg-Position. (Nach Köckerling u. Hohenberger 1998)

Bei laparoskopischen Eingriffen im Unterbauch liegt der Patient zunächst in horizontaler Rückenlage und wird erst nach Anlage des Pneumoperitoneums in die Trendelenburg-Position (Abb. 1.3) gebracht, um das Dünndarmpaket in den Oberbauch gleiten zu lassen.

Eine Lagerung auf dem Steinschnitttisch ist zwingend erforderlich, wenn eine transanale Stapleranastomose geplant ist.

1.2.2 Abdeckungskonzepte

Die Abdeckungssystematik des OP-Gebietes ändert sich meist von Abteilung zu Abteilung; eine wirkliche Standardisierung wird nicht erreicht werden können. Die Art der Abdeckung hängt u. a. von den Materialien ab.

Grundsätze

- Ein modernes Abdeckungsmaterial darf nicht »nur« Keimbarriere, es muss auch Flüssigkeitsbarriere sein, z. B. um Verbrennungen zu vermeiden
- Um Störungen durch elektrische Felder in operativen und diagnostischen Geräten auszuschließen, muss die Abdeckung antistatisch sein; außerdem ist eine ungehinderte Thermoregulation von Bedeutung
- Einlagige Abdeckungen bedeuten vor allem Zeitersparnis
- Die flexible Fixation mit Klebestreifen erleichtert die Abdeckung, und die spitzen Backhausklemmen können entfallen
- Abdeckungen sollen in Sets gelagert werden, standardisiert und operationsspezifisch, mit funktionell gefalteten Tüchern, die in der Reihenfolge ihrer Anwendung gepackt sind
- Eine effiziente Versorgung ebenso wie die Entsorgung muss gewährleistet sein
- Wirtschaftlichkeit und Umweltverträglichkeit sind wichtige Faktoren

Materialien

Gore-tex-OP-Textilien sind aus mikroporösem Material. Die Partikelabgabe während des Gebrauchs ist sehr gering. Das feinporige Material stellt eine optimale Keimbarriere dar. Es ist saugfähig und absolut wasserfest, solange es unbeschädigt ist. Es ist luftundurchlässig, aber eine ungehinderte Thermoregulation ist möglich. Gore-tex-Textilien werden häufig über Leasingfirmen geliefert und aufbereitet.

Vliesmaterialien aus Holzpulpe sind als Einwegabdeckungen im Handel. Sie sind wasserdicht, atmungsaktiv, weich und reißfest, haben eine geschlossene Materialstruktur und sind deshalb praktisch fusselfrei in der Anwendung. Sie können einzeln oder in verschiedenen Sets geliefert werden. Die Entsorgung erfolgt über den Krankenhausmüll in die Verbrennungsanlage.

1.2.3 Präoperative Rasur

Hygienische Anforderungen

Die präoperative Rasur wird aus hygienischer Sicht unterschiedlich bewertet. Teilweise wird eine Rasur empfohlen, teilweise genügt die Kürzung der Haare.

Der Patient sollte nicht früher als 2 h vor dem chirurgischen Eingriff rasiert werden, um die mit evtl. entstandenen Läsionen einhergehende Infektionsgefahr zu verringern.

Von der Rasur unmittelbar im OP-Saal ist dringend abzuraten, da die Unterlage des OP-Tisches nicht absolut vor Durchfeuchtung und Verschmutzung geschützt werden kann.

Wenn in Ausnahmefällen doch im OP-Saal rasiert wird, muss die Unterlage des Patienten gewechselt werden, und die entfernten Haare dürfen nicht ins OP-Feld gelangen.

Rechtliche Anforderungen

Ausgenommen von der Rasur ist immer der Gesichtsbereich. Die unerlaubte Entfernung der Augenbrauen kann als Körperverletzung interpretiert werden. Eine Bartrasur muss mit dem Patienten besprochen sein.

Nassrasur

Dem Patienten wird eine Einwegunterlage unter das zu rasierende Körperteil gelegt; die Haut wird gründlich mit flüssiger Seife oder Rasierschaum angefeuchtet. Die Größe des behandelten Feldes hängt von der Schnittführung ab, als Anhaltspunkt gilt »Schnittlänge +10–20 cm Umfeld«, weil Schnitterweiterungen und Drainageaustrittsstellen bedacht werden müssen.

Rasur-Standards für die einzelnen Operationen definieren auch für Mitarbeiter auf peripheren Stationen, wie lang üblicherweise ein chirurgischer Zugang ist. Die Rasur reicht dann aus und muss nicht im OP-Saal erweitert werden. Damit können Missverständnisse und Kommunikationsprobleme vermindert werden.

Trockenrasur

Nur im Notfall sollte die Haut ohne Rasierschaum oder -seife rasiert werden. Besonders die Trockenrasur mit einem Einmalrasierer birgt die Gefahr der Hautläsionen und anschließenden Infektion.

Chemische Depilation

Statt einer Nassrasur können auch chemische, keratinlösende Substanzen verwendet werden, die eine Enthaarung an der Hautoberfläche bewirken. Da sie keinerlei Hautläsionen hervorrufen, können sie mehrere Stunden vor dem Eingriff angewendet werden. Zur Vermeidung allergischer Reaktionen wird die Substanz vor der Anwendung z.B. in der Ellenbeuge des Patienten getestet.

Im Intimbereich ist von chemischen Mitteln abzuraten, da der Kontakt mit Schleimhäuten Reizungen verursacht.

1.2.4 Hochfrequenzchirurgie

Prinzip

Nach dem Joule-Gesetz (benannt nach dem Physiker James Prescot Joule) entsteht Wärme, wenn elektrischer Strom durch einen leitfähigen Körper fließt. Hierbei gilt: Je höher die Stromdichte ist, desto mehr Wärme entsteht.

Diese Tatsache wird in der Chirurgie genutzt, indem man an *den* Körperstellen eine hohe Stromdichte erzeugt, an denen geschnitten oder koaguliert werden soll. Dazu werden hochfrequente Wechselströme durch den Körper des Patienten geleitet, der über die »Neutralelektrode« mit dem HF-Gerät verbunden ist. Den Gegenpol stellt der Handgriff mit der sterilen OP-Elektrode dar, die ebenfalls mit dem Gerät verbunden ist.

Anwendung

Jedes Gerät hat eine Standardeinstellung, die dem OP-Personal bekannt sein muss.

Bei Bedienung der Handelektrode schließt sich der Stromkreis; je nach Geräteeinstellung wird das Gewebe durch regelbare Hitzeeinwirkung koaguliert.

Die Handelektrode wird unter Aufsatz der Messer- oder der Stichelektrode entweder zum Schneiden oder zum Koagulieren benutzt; mit der Knopfelektrode wird der Strom an die Pinzette geleitet, mit der ein blutendes Gefäß gefasst wurde.

Gefahren und Prophylaxen

Hat der Patient während des Koagulierens Kontakt zu Metallteilen des Tisches, kann an diesen Stellen hochfrequenter Strom fließen und Verbrennungen verursachen. Metallteile befinden sich an den seitlichen Gleitschienen des OP-Tisches und an Zubehörteilen wie Narkosebügel oder Armtisch.

Zu den EKG-Elektroden muss ein Sicherheitsabstand von 150–200 mm eingehalten werden; HF-Geräte müssen gemäß MPG regelmäßig gewartet werden.

Die falsche Bedienung oder die Nichtbeachtung der folgenden Vorsichtsmaßnahmen kann schwerwiegende Zwischenfälle verursachen.

Regeln zur Anwendung des HF-Gerätes

- Die »Neutralelektrode« (Dispersionselektrode) sollte so nah wie möglich am OP-Feld platziert werden, damit der Strom schnellstmöglich wieder darüber abfließen kann. Sie sollte immer an der zu operierenden Seite angebracht werden, damit der Strom nicht quer zur Körperachse fließen muss. Dies gilt besonders im thorakalen Bereich
- Die »Neutralelektrode« muss ganzflächig am Körper des Patienten anliegen. Behaarte oder narbige Körperteile sind daher ungeeignet. Der Stromfluss ist gestört, wenn das Kabel gebrochen ist, oder die Steckkontakte defekt sind
- Bei Patienten mit Pacern oder Herzschrittmacherelektroden kann die Anwendung von monopolarem Strom zu Störungen der Pacerfunktion und zu Kammerflimmern führen. Deshalb muss bei solchen Patienten mit bipolarem Strom gearbeitet werden
- Das instrumentierende Personal muss darauf achten, dass die sterilen Elektroden sauber sind. Verbrannte Gewebereste müssen ständig entfernt und Einmalelektroden bei Bedarf erneuert werden. Sollte die Koagulationsleistung des HF-Gerätes intraoperativ nachlassen, sind zunächst alle technischen Gegebenheiten zu prüfen, bevor die Stromstärke am Gerät erhöht wird

Durch neue Ultraschallapplikatoren (▫ s. 2.15) stehen weitere Methoden zur Blutstillung zur Verfügung. Zum Beispiel kann mit dem Argonbeamer (monopolares »Sprayen« mit Argon als Trägergas) kontaktfrei koaguliert werden.

1.3 Aspekte zur pflegerischen Dokumentation

I. Middelanis-Neumann

1.3.1 Grundlagen der Dokumentation

Seit 1978 besteht aufgrund der Rechtslage für den Arzt eine Dokumentationspflicht seiner Tätigkeiten (Mehrhoff 1988; Böhme 1991). Durch die Dokumentation soll eine Transparenz erreicht werden, die es nachbehandelnden Kollegen oder Personen aus dem ärztlichen Umfeld (z.B. Gutachtern) ermöglichen soll die Behandlung nachvollziehen und beurteilen zu können. Eine gute Dokumentation sollte alle relevanten Aspekte einer Behandlung enthalten, sodass keine Fragen offen bleiben.

Für den pflegerischen Bereich ist mit dem Krankenpflegegesetz von 1985 eine Regelung geschaffen worden. Hier wird u. a. als Ausbildungsziel von der »sach- und fachkundige(n), umfassende(n), geplante(n) Pflege des Patienten« (Kurtenbach et al. 1994) gesprochen, die nur mit Hilfe einer lückenlosen Dokumentation aller Pflegehandlungen gesichert werden kann. Verschiedene Gesetze und Vorschriften (Krankenpflegegesetz; Krankenhausfinanzierungsgesetz; Sozialgesetzbuch SGB, Buch V etc.) machen die Dokumentation heute zwingend notwendig.

Definition

Dokumentation bedeutet eine beweiskräftige, wahrheitsgemäße Auflistung vorgenommener Maßnahmen. Für den Patienten heißt dies mehr Sicherheit durch einen nahtlosen Informationsaustausch zwischen den ihn versorgenden Personen. Außerdem wird deren gegenseitige Kontrolle sowie die Überprüfbarkeit der am Patienten vorgenommenen Handlungen im Nachhinein gewährleistet.

In der Praxis stellen sich die Auswirkungen und Vorteile der Dokumentationspflicht neben den schon erwähnten als vielfältig heraus. Auch vor dem Hintergrund der Stärkung der Verbraucherrechte und der Qualitätssicherung (§137 SGBV verpflichtet zur Teilnahme an externen Qualitätssicherungsmaßnahmen) sind die Schwerpunkte einer Dokumentation:

- Qualitätsleistung, Qualitätskontrolle,
- gesicherte Informationsübermittlung,
- Zeitersparnis (keine unnötigen doppelten Arbeiten),
- Nachweis der erbrachten Leistung,
- Sicherung der Rechte des Patienten aus dem Krankenhausvertrag,
- Sicherheit durch Erstellen einer eventuellen Prozessgrundlage.

Der letztgenannte Punkt muss jedem Dokumentierenden bewusst sein; denn nur ein exaktes übersichtliches Vorgehen kann im Falle eines Rechtsstreites verhindern, dass es zu einer *Umkehr der Beweislast* kommt. Das bedeutet, dass im Falle einer mangelhaften Dokumentation das Krankenhaus die Beweislast für ein Nichtverschulden seinerseits an einer aufgetretenen Schädigung zu tragen hat.

Es gibt bis heute keine allgemeinverbindliche Richtlinie, in welcher Weise und mit welchen Inhalten eine Dokumentation angefertigt werden muss, um allen Ansprüchen Rechnung zu tragen. Allerdings ist durch die gesetzliche Verpflichtung zur Teilnahme an externen Qualitätssicherungsmaßnahmen (§ 137 SGB V 1997) eine Datenerfassung notwendig, die auf dem Papierweg nur schwer zu erbringen ist. Diese Daten sollen Auswertungen für Qualitätsüberprüfungen zulassen.

Mit dem »Gesetz zur Einführung des Diagnose-orientierten Fallpauschalensystems für Krankenhäuser« (FPG 2001), das unter anderem auch § 137 SGB V betrifft, kommen weitere Anforderungen an den Dokumentationsumfang hinzu.

In einer Funktionsabteilung mit ihrer Vielzahl von individuellen Behandlungsabläufen, wie sie ein OP darstellt, ist es besonders schwierig, die Dokumentation zu schematisieren.

Aus diesem Grund sind hier zunehmend flexible und auf die Eigenarten des jeweiligen Hauses anpassungsfähige EDV-Systeme gefragt.

Die Ablauforganisation und die Standards der Häuser finden im Idealfall ihre Entsprechung in elektronischen Dokumentationssystemen.

»Einen interessanten Ansatz stellt die Einführung von standardisierten Datensätzen für definierte OP-Gruppen dar« (Computer-Führer für Ärzte, Ausgabe 2002).

Eine weitere Vorgabe liefern die Operations- (OPS 301) und Diagnoseschlüssel (ICD-9, ICD-10). Diese werden auf Basis des internationalen Standards (WHO) regelmäßig vom Deutschen Institut für medizinische Dokumentation und Information (DIMDI) aktualisiert.

Beispiel Operationsschlüssel

Beispiel Operationsschlüssel

5–10	Operationen an den Augenmuskeln Hinweis: Die Angabe des Augenmuskels ist für die Kodes 5–100 bis 5–109 nach folgender Liste zu kodieren 0 M. rectus internus 1 M. rectus externus 5 M. rectus superior x Sonstige y N.n.bez
5–100	Operationen an den Augenmuskeln: Tenotomie und verwandte Eingriffe an geraden Augenmuskeln Hinweis: Die Angabe des Augenmuskels ist in der 6. Stelle nach der Liste vor Kode 5–100 zu kodieren
5–100.0**	Operationen an den Augenmuskeln: Tenotomie und verwandte Eingriffe an geraden Augenmuskeln: Tenotomie
5–100.00	Operationen an den Augenmuskeln: Tenotomie und verwandte Eingriffe an geraden Augenmuskeln: Tenotomie: M. rectus internus
5–100.0	Operationen an den Augenmuskeln: Tenotomie und verwandte Eingriffe an geraden Augenmuskeln: Tenotomie: M. rectus externus

Beispiel eines Diagnoseschlüssels nach ICD

(2. Internationale Statistische Klassifikation der Krankheiten und verwandter Gesundheitsprobleme)

Infektiöse Darmkrankheiten

(A00–A09)

A00.-	Cholera
A01.-	Typhus abdominalis und Paratyphus
A01.0	Typhus abdominalis Infektion durch Salmonella typhi Typhoides Fieber
A01.1	Paratyphus A
A01.2	Paratyphus B
A01.3	Paratyphus C
A01.4	Paratyphus, nicht näher bezeichnet Infektion durch Salmonella paratyphi o.n.A.

Da auf dem deutschen Markt bereits eine Vielzahl von Systemen existiert, sollen an dieser Stelle nur das allgemeine Leistungsspektrum und die Anforderungen an solche Produkte aufgezählt werden:

- Qualitätssicherung nach § 137 SGB V.
- Unterstützung des Operationsschlüssels nach § 301 SGB V und des Diagnoseschlüssels ICD-9 und ICD-10.
- Integration standardisierter Datensätze z. B. »Ambulantes Operieren« (§ 115b SGB V).
- Offene Schnittstellen (SQL, SAP etc.)
- Normierte Exportfunktionen für diverse Auswerteprogramme (SPSS, Excel, Access etc.).
- Verschlüsselungsfunktionen.

1.3.2 Dokumentationsprozess

- Der Dokumentationsprozess für den Operationsbereich ist nur Teil des gesamten geforderten Dokumentationsprozesses eines Hauses.
- Dieser setzt sich wiederum aus in sich geschlossenen Prozessschritten zusammen, die in der Regel über eine Dokumentationssoftware vorgegeben werden.
- Diese Prozessschritte haben ihre Wurzeln in einem allgemeinen Standardisierungsprozess.

1.3.3 Dokumentationsbeispiel

Das folgende Beispiel soll verdeutlichen, wie ein ausgereiftes System den Benutzer durch die Dokumentation führt.

Alle Schritte sind vorgegeben, alle Daten werden über Menüs eingegeben und dargestellt. Das Personal muss sich auf die Vollständigkeit des Systems verlassen können.

Die möglichen Eingaben (Personal, Material, OP-Sets etc.) sind über eine Vorauswahl vorgegeben. Auch die möglichen Diagnosen sind nach dem jeweils neuesten Diagnoseschlüssel vorgegeben.

Das System muss außerdem die Kontrolle durch eine weitere Person (»Vier-Augen-Prinzip«) ermöglichen. Diese kommt in der Regel bei den wichtigen Zählvorgängen zum Tragen.

Software-gesteuerter Dokumentationsverlauf

- Anmeldung im System über Benutzername und Password.
- Überprüfen der Patientengrunddaten.
- Wahl der Dokumentationsvorlagen (OP-Bericht, OP-Bereich).

- Auswahl über vorgegebene Möglichkeiten von Operateur, Pflegepersonal, Anästhesie etc.
- Eingabe der Personal- und Zeitdaten (wer, wann, was, wie lange).
- Allgemeine Angaben (Lagerung, HF-Elektrode, Blutsperre, Blutleere, Harnableitung, etc.).
- Auswahl der Instrumentensiebe.
- Apparative Anwendungen (Röntgen, Laser, Ultraschall etc.).
- Histologie, Pathologie.
- Drainagen (Drainagesystem, Charr) und Verbände (Verbandart, Gipse).
- Zählkontrolle vor, während und nach der OP (Bauchtücher, Kompressen, Tupfer etc.).
- Implantate (Anzahl, Chargennummer etc), Materialverbrauch.
- Operation nach OPS 301 (durch den Operateur).
- Diagnosen nach ICD-9/-10 auch intraoperative (durch den Operateur)

1.4 Chirurgisches Nahtmaterial

I. Middelanis-Neumann

1.4.1 Vorschriften

Erst mit dem europäischen Arzneibuch sind Normierungsvorschriften erstellt worden, die die EG-Länder anerkennen und in ihren nationalen Arzneibüchern berücksichtigen müssen.

Das *Deutsche Arzneibuch* definiert u. a. die im Folgenden aufgeführten Begriffe.

Stärkenbezeichnung der Fäden

Es existieren 2 Bezeichnungsnormen.

USP. Diese Einteilung der United States Pharmacopeia war einmal willkürlich gewählt worden, sodass kein offensichtlicher Zusammenhang zwischen Nummerierung und Fadendurchmesser besteht.

»metric«. Die Sortierung der Europäischen Pharmakopöe legt das Dezimalsystem zugrunde. Die Bezeichnung »metric« gibt den Fadendurchmesser in 1/10 mm an (▫Tabelle 1.1). Die deutschen Hersteller geben die EP- und die USP-Sortierung an.

Tabelle 1.1. Europäische Pharmakopöe (Fa. Ethicon)

metric	USP	Durchmesserspanne in mm
0,01	12–0	0,001–0,009
0,1	11–0	0,010–0,019
0,2	10–0	0,020–0,029
0,3	9–0	0,030–0.039
0,4	8–0	0,040–0,049
0,5	7–0	0,050–0,069
0,7	6–0	0,070–0,099
1	5–0	0,100–0,149
1,5	4–0	0,150–0,199
2	3–0	0,200–0,249
2,5	2–0	0,250–0,299
3	2-0	0,300–0,349
3,5	0	0,350–0,399
4	1	0,400–0,499
5	2	0,500–0,599
6	3	0,600–0,699
7	5	0,700–0,799
8	6	0,800–0,899
9	7	0,900–0,999

Fadenreißkraft

Einheit: Newton [N].

Es bestehen Richtwerte, wann ein Faden reißen darf. Diese Werte sind festgelegt für:
- das Reißen eines Fadens bei linearem Zug,
- das Reißen innerhalb eines Knotens,
- das Lösen am Übergang Nadel-Faden bei armierten Fäden.

Verpackung

Es sind nur noch Einzelfäden von einer maximalen Länge von 3,5 m zugelassen.

Einzelverpackungen mit standardisierten Fadenlängen enthalten einen oder mehrere Fäden, eine oder mehrere Nadel-Faden-Kombinationen. Diese Verpackungen ersparen sog. Nahtspenderflaschen und Spulen mit bis zu 100 m Faden. Solche Nahttische bedeuten Sterilitätsmängel und Zeitverluste beim Abdecken und bei der Operation.
- Das Nahtmaterial ist in einer speziellen Folie eingeschweißt. Bei resorbierbarem Nahtmaterial verhindert die aluminiumbeschichtete Folie ein Auflösen des Fadens. Die Fäden können trocken oder in konservierenden Flüssigkeiten *ohne* antimikrobielle Zusätze aufbewahrt werden.
- Der Instrumentierende entnimmt die Folienverpackung der sog. Peelpackung, die vom »Springer« geöffnet angereicht wird. Um Verpackungsmaterial zu sparen und damit auch umweltfreundlichere Wege

zu gehen, werden verstärkt Einfachverpackungssysteme entwickelt. Hierbei entfällt die Peelverpackung.
- Diese Einzelverpackungen sind in Transport- und Lagerbehältern untergebracht, die in Nahttribünen sortiert werden.

Um bei der Vielzahl der Nahtmaterialien ein schnelles Erkennen zu gewährleisten, hat beispielsweise die Firma Ethicon die Verpackungen farblich markiert und mit verschiedenen Kennzeichen versehen (◘ Abb. 1.4).

Sterilisation

- Strahlenbeständiges Nahtmaterial wird mit energiereichen Gammastrahlen sterilisiert.
- Anderes wird mit Ethylenoxid begast, z. B. Vicryl (Ethicon).
- Der Nahtmaterialhersteller hat für die Sterilität der Originalverpackung zu garantieren. Einmal aus der Peelpackung entnommenes und nichtverwendetes Nahtmaterial darf nicht resterilisiert werden.

1.4.2 Fäden

Bei der Vielzahl der im Handel erhältlichen Produkte kann die vorliegende Auswahl weder vollständig noch repräsentativ sein. Vielmehr spiegelt sie die bei uns bewährten Materialien wider.

Chirurgisches Nahtmaterial muss den folgenden Anforderungen entsprechen:

- Sterilität,
- Gewebeverträglichkeit,
- glatte Oberflächenbeschaffenheit,
- gutes Knüpfverhalten und
- ausreichende Festigkeit während der Wundheilung.

Man unterscheidet Nahtmaterial nach der Herkunft, der Verarbeitung und der Resorbierbarkeit.

Herkunft

Tierische Grundstoffe	Subserosa des Rinderdarmes	Catgut (Seit Januar 2001 wird Catgut bundesweit nicht mehr hergestellt und vertrieben!)
	Submukosa des Schafdarmes	
	Kokon der Raupen	Seide
Pflanzliche Grundstoffe	Flachs	Zwirn
Synthetische Grundstoffe	Polyamid Polyester Polyglactin Polyglykolsäure Polypropylen etc.	Synthetisches Nahtmaterial
Mineralische Grundstoffe	Edelstahl Titan etc.	Drahtnähte

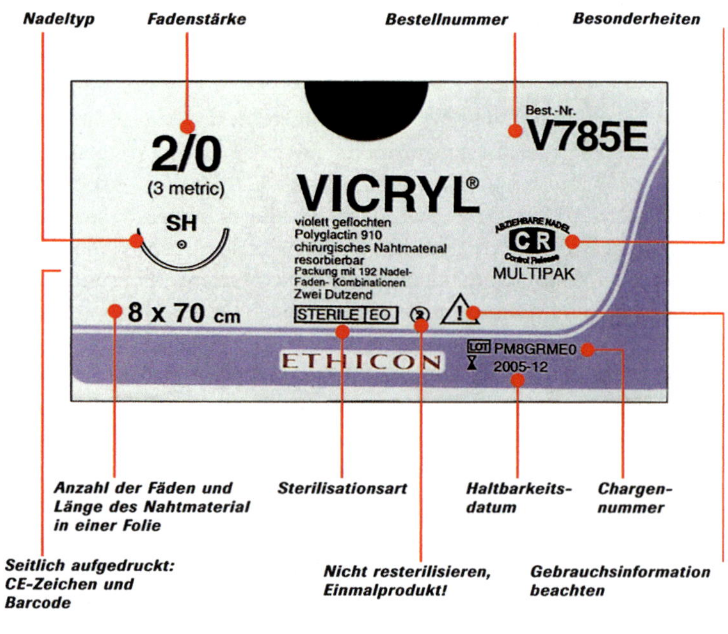

◘ Abb. 1.4 Verpackungskennzeichen. (Fa. Ethicon)

Verarbeitung

- Zwirnen: Mehrere einzelne Fäden werden gedreht.
- Flechten: Mehrere einzelne Fäden werden gedreht, um die anschließend eine Hülle aus dem gleichen Material geflochten wird. *Beispiele:* Dexon, Vicryl, Seide, Dagrofil, Mersilene.
- Monofiles Material: besteht aus einem Fadenfilament. *Beispiele:* Mirafil, Prolene, PDSII, Monocryl.
- Pseudomonofiles/polyfiles Material: bestehend aus mehreren Fadenfilamenten. Die »Fadenseele« ist gedreht/gezwirnt und mit einem speziellen Mantel überzogen, der dem Faden einen monofilen Charakter verleiht. *Beispiel:* Supramid.

Resorbierbarkeit

Resorbierbar. Nach einer bestimmten Zeit wird das Nahtmaterial abgebaut. Dies kann auf 2 Wegen geschehen:

- Durch körpereigene Enzyme (Resorption) mit Auslösung von Gewebereaktionen. Der enzymatische Abbau erfolgte beim Catgut.
- Durch Hydrolyse, d. h. Spaltung durch Wasser. Der Abbau des Fadens erfolgt gleichmäßiger als bei der enzymatischen Reaktion. *Beispiele:* Vicryl, Dexon.

Nichtresorbierbar. Diese Fäden werden nicht abgebaut.

Nichtresorbierbares Nahtmaterial

Nichtresorbierbares Nahtmaterial wird dort verwendet, wo über einen langen Zeitraum eine konstante Fadenfestigkeit gewünscht ist. Diese Fäden verbleiben (für immer) im Gewebe oder müssen entfernt werden.

Polyamidfäden

Sie werden aus synthetischen Polyamiden (fadenbildende Polymere) hergestellt. Polyamidfäden werden geflochten, gezwirnt und monofil/pseudomonofil angeboten. Sie eignen sich aufgrund eines allmählichen Zersetzungsprozesses im Wesentlichen für Hautnähte, zeichnen sich aber durch Geschmeidigkeit, Reißfestigkeit, Knotensitz sowie geringe Gewebsreaktion und eine wasserabweisende Eigenschaft aus.

Beispiele: Ethilon – monofil (Ethicon); Dafilon – monofil, Supramid – pseudomonofil (Braun-Dexon).

Polyesterfäden

Sie werden monofil, geflochten mit und ohne Ummantelung hergestellt. Sehr gute Gewebeverträglichkeit, Geschmeidigkeit, hohe Reißkraft und wasserabweisende Wirkung zeichnen diese Fäden aus.

Beispiele: Mersilene – geflochten, Ethibond – geflochten, beschichtet (Ethicon); Cardiofil – geflochten, beschichtet, Synthofil – geflochten, beschichtet, Dragofil – geflochten, Mirafil – monofil, u. a. (Braun-Dexon).

Polypropylenfäden

Sie nehmen kein Wasser auf und verändern ihre Eigenschaften im Gewebe nicht. Die Knoteneigenschaften und die Reißfestigkeit sind gut. Sie werden besonders in der Gefäß- und der Kardiochirurgie und für Hautnähte eingesetzt.

Beispiel: Prolene – monofil; Pronova: Poly(-hexafluoropropylen-VDF) – monofil (Ethicon)

Seide

Seide wird aus dem Kokon der Seidenspinnerraupe gewonnen. Die Kokonfäden werden entbastet, versponnen und geflochten. Eine besondere Imprägnierung macht den Faden wasserbeständig. Typisch sind die glatte Oberfläche, die ausgeprägte Geschmeidigkeit und die gute Knüpfbarkeit. Die Knotenreißkraft allerdings beträgt nur etwa 60% eines Polyesterfadens.

Beispiele: Perma-Hand-Seide (Ethicon), NC-Seide (Braun-Dexon).

Stahldraht

Stahldraht besteht aus korrosionsbeständigem Edelstahl und wird in monofiler und polyfiler Form hergestellt. Seine Merkmale sind hohe Reißkraft und gute Gewebeverträglichkeit. Verwendet wird er bei traumatologischen und orthopädischen Eingriffen sowie für Entlastungsnähte und zum Sternumverschluss.

Beispiele: Stahldraht (Ethicon), Suturdraht (Braun-Dexon).

Zwirn

Zwirn wird aus Flachsfasern gewonnen. Die einzelnen Fasern werden gedreht und geglättet. Das Aufquellen des Fadens durch Wasseraufnahme löst negative Gewebereaktionen aus. Diese werden zusätzlich durch die raue Fadenstruktur begünstigt.

Resorbierbares Nahtmaterial

Beim resorbierbaren Nahtmaterial muss bedacht werden, dass der Faden noch zu sehen ist, wenn er seine Reißkraft schon verloren hat. Wie schnell das geschieht, hängt vom Material ab. Abhängig vom Zustand des Patienten, z.B. bei Eiweißmangel oder Wundinfektion, werden Kollagenfäden unterschiedlich schnell resorbiert. Synthetische resorbierbare Fäden werden gleichmäßig abgebaut. Die Gewebsreaktion ist bei tierischen Produkten größer, da sie als artfremdes Eiweiß enzymatisch verdaut werden.

Mit fortschreitender Wundheilung soll der Faden gleichermaßen an Reißfestigkeit abnehmen.

Natürliches resorbierbares Nahtmaterial

Kollagenfäden/Catgut

Catgut zählte zu den ältesten resorbierbaren Nahtmaterialien. Diese Fäden wurden aus der Darmsubserosa des Rindes und der Darmsubmukosa des Schafes hergestellt. Die Kollagenstreifen wurden nass gedreht, anschließend getrocknet und auf den gewünschten Durchmesser geschliffen. Damit hatten sie monofilen Charakter. Zur Bewahrung der Geschmeidigkeit wurden sie unter Zugabe wasserbindender Stoffe oder in einer Konditionierungslösung verpackt. Catgut wurde enzymatisch abgebaut und bevorzugt bei schnell heilenden Wunden eingesetzt, beispielsweise im Bereich der Urologie und Gynäkologie (Episiotomie).

Die Hersteller bezogen das Ausgangsmaterial ausschließlich aus BSE-freien Ländern (BSE = bovine spongioforme Enzephalopathie). Die Herstellung war strengen Kontrollen unterworfen. Die Inaktivierung von möglicherweise vorhandenen Prionen (infektiöse Eiweißpartikel mit einem Durchmesser von 4–6 nm, die BSE beim Rind und die Creutzfeldt-Jakob-Krankheit beim Menschen verursachen können) konnte jedoch nicht sichergestellt werden, sodass die Bundesländer aufgefordert wurden, die Verwendung von Catgut zu verbieten.

Sehr gute Alternativen zu Catgut sind die synthetisch hergestellten, resorbierbaren Nahtmaterialien, die schon in den vergangenen Jahren Catgut weitestgehend abgelöst haben (z. B. Vicryl rapid, Monocryl v. Ethicon).

Synthetisches resorbierbares Nahtmaterial

Es gibt monofile, geflochtene und pseudomonofile Fäden. Unabhängig von Gewebefaktoren werden diese Produkte durch Hydrolyse abgebaut. So entstehen kaum Gewebsreaktionen, z. B. Fadengranulome.

Vicryl Polyglactin 910 (Ethicon)

Vicryl ist ein geflochtener Faden. Durch seine spezielle Beschichtung gleitet der Faden im Gewebe und ermöglicht ein problemloses Knoten.

Verwendet wird Vicryl in allen operativen Bereichen. Es ist ungefärbt und violett erhältlich.

Resorptionszeit: nach 21 Tagen noch etwa die Hälfte der ursprünglichen Reißkraft. Vollständige Resorption nach etwa 56–70 Tagen.

Vicryl rapid Polyglactin 910 (Ethicon)

Die Grundsubstanz von Vicryl und Vicryl rapid ist gleich. Durch sein niedriges Molekulargewicht ist die Resorptionszeit des Vicryl rapid deutlich herabgesetzt. Man setzt den Faden bevorzugt dann ein, wenn eine nur wenige Tage dauernde Wundadaptation genügt (Dammschnittnaht, Intrakutannaht, Schleimhautnaht in der Zahn-, Mund- und Kieferchirurgie).

Resorptionszeit: Nach etwa 5 Tagen noch 50% der ursprünglichen Reißkraft; vollständige Resorption nach 35–42 Tagen.

Monocryl Poliglecapron (Ethicon)

Ein monofiler, ungefärbter oder violetter, geschmeidiger Faden. Er kann überall dort eingesetzt werden, wo resorbierbares Nahtmaterial verwendet werden darf und eine schnelle Resorption gewünscht ist.

Resorptionszeit: ungefärbt 50% nach 7 Tagen, 0% der ursprünglichen Reißkraft nach 21 Tagen; gefärbt 60% nach 7 Tagen, 0% der ursprünglichen Reißkraft nach 28 Tagen. Vollständige Resorption nach 90–120 Tagen.

PDS II Polydioxanon (Ethicon)

Der Faden ist monofil; die Bänder sind flach gewebt und die Kordeln rund geflochten.

Dieses Material wird wie Vicryl, jedoch sehr viel langsamer abgebaut. PDS wird bei längeren Wundheilungszeiten und bei Strukturen, die über einen längeren Zeitraum fixiert werden müssen (bei Gefäß-, Band-, Sehnennähten), eingesetzt. Es weist keine Dochtwirkung auf (monofil) und kann, weil es somit nicht zu einer Verschleppung oberflächlicher Keime in tiefere Schichten der Wunde führt, in infiziertem Gewebe verwendet werden.

Resorptionszeit: Nach etwa 35 Tagen besitzt der Faden noch 50% seiner ursprünglichen Reißkraft, erst nach 180–210 Tagen ist er vollständig resorbiert.

Dexon/Dexon Plus, Polyglykolsäure (Braun-Dexon)

Der geflochtene, beschichtete (Dexon-Plus-)Faden wird ebenfalls über Hydrolyse abgebaut. Er ähnelt dem Vicrylfaden.

Resorptionszeit: Dexon baut sich gleichmäßig ab und ist etwa nach 90 Tagen vollständig resorbiert.

Maxon Polyglykolsäure + Trimethylencarbonat (Braun-Dexon)

Die Eigenschaften dieses monofilen, weichen Fadens sind mit denen des PDS II vergleichbar.

1.4.3 Nadelkunde

Aus den Aufgaben der chirurgischen Nadeln ergeben sich die *Anforderungen an ihre Beschaffenheit:*

- Material: korrosionsbeständiger Stahl,
- Bruchfestigkeit und Biegeelastizität: biegen, nicht brechen,
- Oberfläche, fein poliert und manchmal silikonisiert: gleiten,
- Nadelspitze: Einstich,
- Nadelkörper: Durchzug,
- Nadelschaft: geringe Traumatisierung (Öhrnadeln – armierte Nadeln).

Öhrnadeln

Fädelöhrnadel (Abb. 1.5)

Diese Art der Nadel ist wohl die älteste. Sie ähnelt der herkömmlichen Nähnadel.

Nachteile sind:

- Traumatisierung des Gewebes durch den doppelt liegenden Faden im Öhr,
- mühsames Einfädeln,
- unsichere Befestigung des Fadens,
- Schädigung des Gewebes durch den starken Nadelschaft.

Federöhrnadeln (Abb. 1.6)

Die Verbesserung des Fädelöhrs ist die Federöhrnadel, die auch als Patent- oder Schnappöhrnadel bezeichnet wird. Zum Einfädeln wird der Faden über ein kerbenartiges Öhrteil (Schnapprille) gelegt und dann in das Öhr gezogen. Ein weiteres Öhr ermöglicht ein Einfädeln des Fadens und eine Sicherung im oberen Öhr.

Neben der Traumatisierung hat das Patentöhr den *Nachteil*, dass der Faden am Schnappöhr beschädigt wird.

Vorteil dieser Nadelformen ist die mehrmalige Verwendungsmöglichkeit, die jedoch ein Pflegen, Säubern und Resterilisieren erforderlich macht.

Atraumatische öhrlose Nadel

Die atraumatische Nadel besitzt im Schaft eine axiale Bohrung, in die der Faden eingebracht wird. Die *Vorteile* gegenüber den Öhrnadeln sind gravierend:

- Die Gewebetraumatisierung ist gering, da ein stufenloser Übergang von der Nadel zum Faden gegeben ist, keine Fadendoppelung. Außerdem ist die Nadel im Schaft schlanker, da das Öhr fehlt.
- Durch den Schliff werden Unebenheiten ausgeglichen.
- Als Einmalartikel ist die Nadel immer optimal.
- Es gibt Nähte in einfacher oder doppelt-armierter Ausführung. Bei Letzterer befindet sich an beiden Fadenenden eine Nadel.

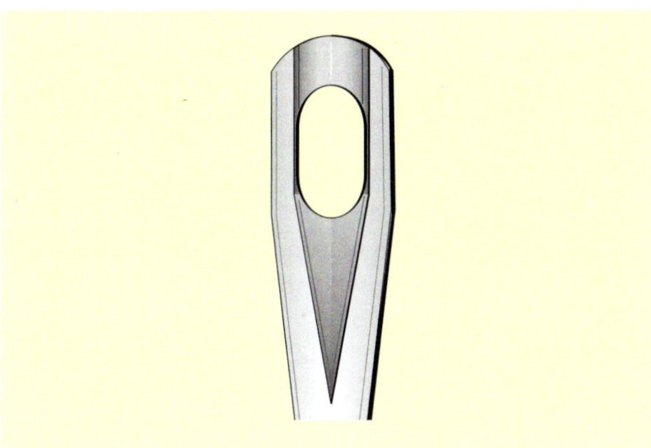

Abb. 1.5 Fädelöhr

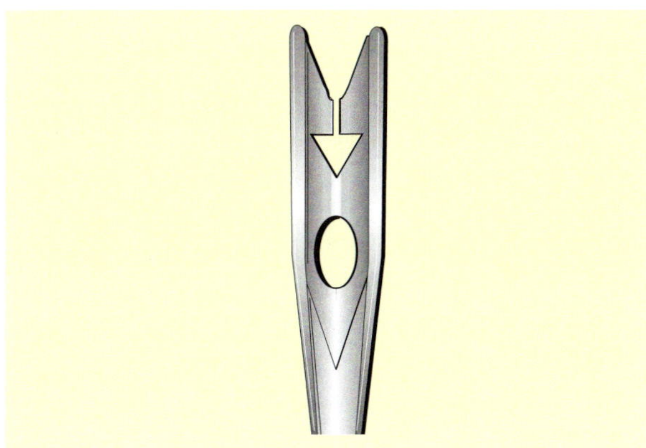

Abb. 1.6 Federöhr

Eine Sonderform ist die *Abziehnadel*:

Hier ist die Armierungsfestigkeit des Fadens so gewählt, dass im Gewebe genäht und anschließend mit einem leichten Zug die Nadel vom Faden gelöst werden kann (Ethicon: CR »Control Release«; ◘ s. Abb. 1.4).

Nadelformen (◘ Abb. 1.7–1.9)

Form des Nadelkörpers

- 1/4-Kreis, 3/8-Kreis, 1/2-Kreis (◘ Abb. 1.8a), 5/8-Kreis,
- asymptotische Form (◘ Abb. 1.8b),
- J- oder Angelhakenform (◘ Abb. 1.8c),
- Ski- oder Kufenform (◘ Abb. 1.8d),
- gerade Form.

Die Biegung einer Nadel richtet sich nach den örtlichen Verhältnissen. In engen OP-Gebieten, in denen der Ein- und Ausstichpunkt nah beieinander liegen, wird eine stärker gebogene Nadel benötigt.

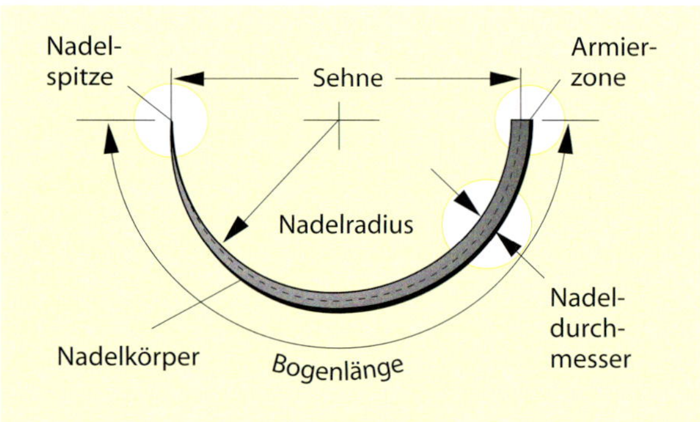

◘ Abb. 1.7 Aufbau einer Nadel

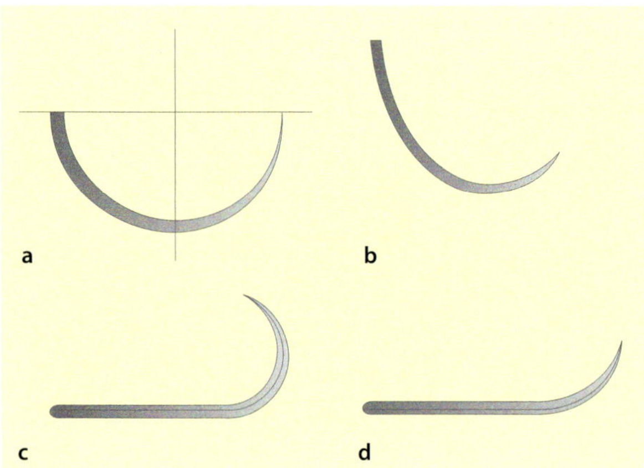

◘ Abb. 1.8 a Halbkreisnadel, b asymptotische Nadel; c J- oder Angelhakenform, d Ski- oder Kufenform

Die asymptotische Nadel ist speziell für enge Verhältnisse in der Gefäßchirurgie entwickelt worden.

Gerade und Ski-Nadeln sind für den Bereich der laparoskopischen Chirurgie konzipiert; J-Nadeln speziell für den Faszienverschluss von Trokarinzisionen.

Schliff

- Rund
- oder schneidend.

Längsrillen auf einer Nadel verhindern, dass die Nadel sich im Nadelhalter verdreht.

Nadelspitze

- Fein,
- stumpf,
- Dreikanttrokar,
- spatelförmig u. a.

Nadelkode

Die Öhrnadeln werden nach einem Buchstabenkode eingeteilt, auf den hier nicht näher eingegangen werden soll.

Die atraumatischen Nadeln werden nach einem Buchstaben-Zahlen-Kode und einem Symbolkode unterschieden.

Beispiel: HRT20 (Fa. Braun-Dexon)

H	Form	halbkreisförmig
R	Körperquerschnitt	Rundkörper
T	Spitzenform	Trokarspitze
20	Länge	20 mm

Der Buchstaben-Zahlen-Kode der Firma Ethicon lässt sich aus dem Amerikanischen ableiten (RB = »round body«; BV = »blood vessel«). Die Symbolkodes unterscheiden sich ebenfalls.

Anwendungsbeispiele von Nadeln (Braun-Dexon; ◘ Abb. 1.9)

- Rundkörpernadeln mit normaler feiner Spitze für alle zarten, weichen Gewebe. Es werden nur kleinste Stichkanäle hinterlassen.
- Rundkörpernadel mit stumpfer Spitze bei Parenchymgewebe; die Nadel durchsticht keine Gefäße und Sehnen; Cerclage bei Zervixinsuffizienz.
- Rundkörpernadel mit Trokarspitze für die Naht von sklerotischen Gefäßen und Gefäßprothesen.

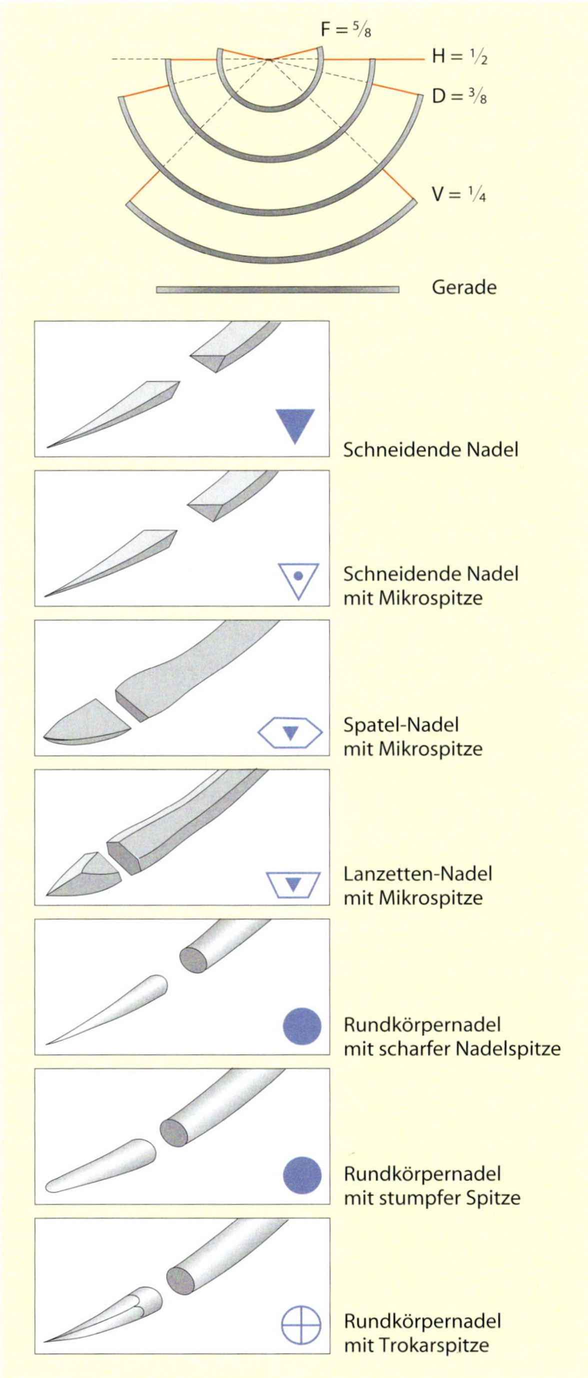

Abb. 1.9 Nadelübersicht mit Nadelspitze, Querschnitt und Symbol. (Fa. Braun-Dexon)

- Die schneidende Nadel hat einen dreieckigen Querschnitt von der Spitze bis zum Schaft:
  - Die außen schneidende Nadel geht tiefer in das Gewebe (Hautnähte).
  - Die innen schneidende Nadel sticht flacher ein; ein Ausreißen aus dem Gewebe ist leichter möglich.
- Die schneidende Nadel mit Mikrospitze ist für Augen-, und Gefäßnähte.
- Die schneidende, spatelförmige bzw. abgeflachte Nadel wird für Augennähte benutzt.

1.4.4 Laparoskopisches Nahtmaterial

Da in der laparoskopischen Chirurgie ganz andere OP-Bedingungen bestehen, muss das Nahtmaterial entsprechend angepasst werden.

- Das Knoten eines Fadens kann extra- oder intrakorporal erfolgen.
- Vorgefertigte Ligaturschlingen werden mit Hilfe eines Röhrchens eingebracht, dies schiebt den Knoten auf das zu ligierende Gewebe.
- Um die armierte Naht ohne Probleme durch den Trokar zu führen, werden spezielle gerade- oder Skinadeln benötigt (s. Abb. 1.8).
- Um den Knoten *extrakorporal* vorzubereiten, ist eine besondere Knotentechnik erforderlich. Der Knoten wird hier mit einem Knotenschieber in Position gebracht. Erleichterung schafft ein von der Industrie schon bereits vorbereiteter Knoten. Die Fäden haben eine Länge von etwa 1 m (Endoloop = laparoskopische Ligaturschlinge Abb. 1.10a; Ethi-Endo-Naht = laparoskopische extrakorporale Knotung und EES = Endo Suture System Abb. 1.10b. Ethicon).
- Um das Knoten *intrakorporal* vorzunehmen, stehen wesentlich kürzere Nähte (etwa 20 cm) zur Verfügung, zur Erleichterung der Handhabung.
- Um die Problematik des intrakorporalen Knotens zu erleichtern, hat beispielsweise die Firma Ethicon spezielle Faden-Clip-Nähte und Fadenfixierclips entwickelt, bei denen ein PDS-Clip den Knoten ersetzt. (Ethi-Endo-Clip-Naht = fortlaufende, intrakorporale PDS-Naht; Lapra Ty Faden – Fixierclips für fortlaufende, intrakorporale Vicryl-Nähte der Stärke USP 2–0 bis 4–0 empfohlen)

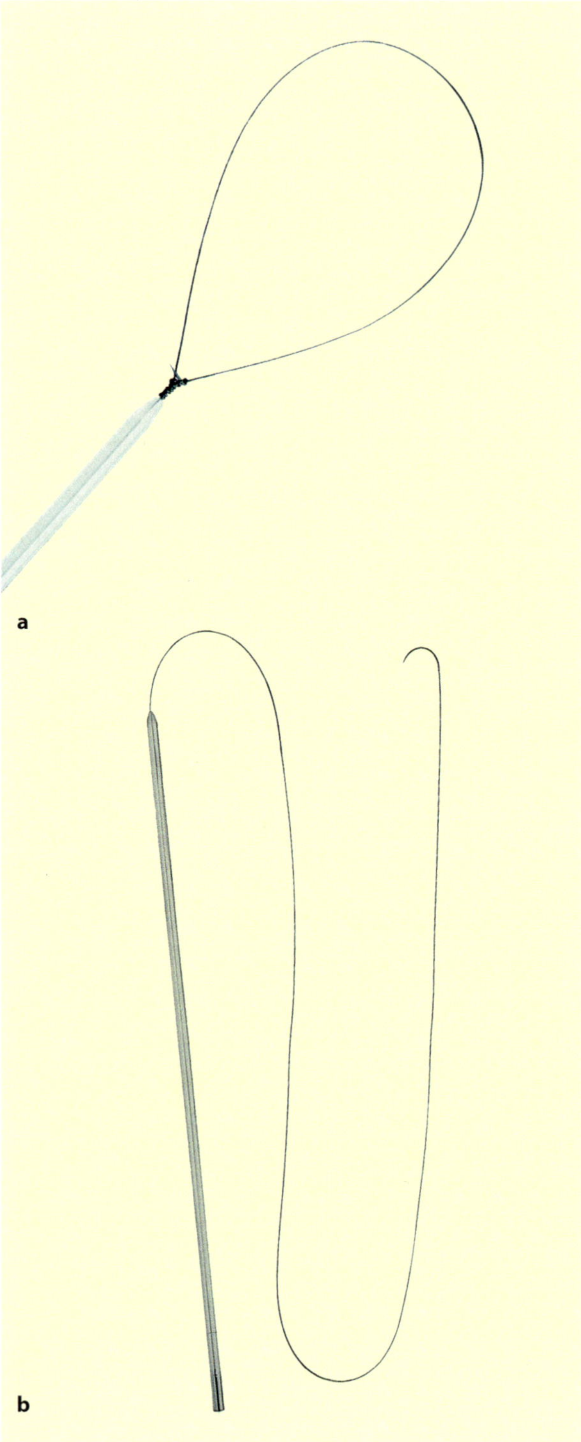

■ Abb. 1.10 a Ligaturschlinge-Endoloop, b extrakorporale Knotung-Ethi-Endo-Naht. (Fa. Ethicon)

1.5 Werkstoffe des chirurgischen Instrumentariums

M. Liehn

Es gibt hoch entwickelte, nichtrostende Stahlsorten, Edelmetalle und Metalllegierungen zur Herstellung des chirurgischen Instrumentariums, die den besonderen Anforderungen in der Medizin entsprechen.

Sie müssen großen mechanischen Ansprüchen genügen, werden ständig thermischen, chemischen und physikalischen Angriffen unterworfen und müssen trotzdem ihre Fähigkeiten (z.B. Fassen oder Schneiden) behalten.

Außer Edelstahl kommt bei manchen Spezialinstrumenten Kunststoff, Kupfer, Messing, Neusilber, Silber oder Zinn zur Anwendung. Der eingesetzte Werkstoff richtet sich nach dem Verwendungszweck. Für allgemeine Instrumente gelten andere Anforderungen als für Implantate und Implantatinstrumentarium.

Die meisten allgemeinchirurgischen Instrumente sind aus einer Chrom-Nickel-Molybdän-Verbindung hergestellt. Titan findet als Werkstoff immer mehr Verwendung. Er ist sehr gewebeverträglich und ruft im Gegensatz zu Nickel keine Allergien hervor. Nachteilig ist sicher der sehr hohe Preis. Die Oberfläche der einzelnen Instrumente wird zusätzlich behandelt. Sie muss eben sein und darf Schmutz, Blut oder Eiweißresten keine Haftungsfläche bieten. Die mattierte Oberfläche verhindert störende Lichtreflexionen.

1.6 Grundinstrumente und ihre Handhabung

M. Liehn

! Die Auswahl, die Prüfung des Zustandes und der Gebrauchsfähigkeit sowie die Pflege des Instrumentariums gehören zu den Aufgaben des OP-Personals in Kooperation mit den Chirurgen.

Operationsinstrumente bestehen aus einem Arbeitsteil und einem Griff. Die verschiedenen Instrumente werden in unterschiedlichen Längen und Formen sowie mit verschiedenen Zahnungen angeboten. Jede operative Disziplin hält neben ihrem Grundinstrumentarium ihre fachspezifischen Instrumente vor.

Alle Instrumente sollten so angereicht werden, dass sie vom Operateur sofort benutzt werden können. Perfektes Instrumentieren erfolgt schnell, sicher, in der richtigen Reihenfolge und mit dem Instrumentengriff zum Operateur gewandt.

Beispielhaft werden einige Instrumente aufgeführt, die zum Grundinstrumentarium gehören.

Skalpell

Metallskalpelle mit auswechselbaren Einmalklingen verschiedener Größen oder Einmalskalpelle mit Kunststoffgriff (Abb. 1.11).

Pinzetten

Es gibt anatomische, chirurgische und atraumatische Pinzetten.

Welche Pinzette benötigt wird, hängt von der Schicht ab, in der operiert wird und von dem Gewebe, das gefasst werden soll.

Die Pinzetten sind unterschiedlich lang, fein oder grob, gerade, gewinkelt oder gebogen (Abb. 1.12).

Scheren

Präparierscheren, z.B. nach Wittenstein, Metzenbaum etc., werden zur Trennung verschiedener Gewebsschichten verwendet. Form, Länge und Biegung richten sich nach dem Anwendungsgebiet und der Anwendungsart (Abb. 1.13).

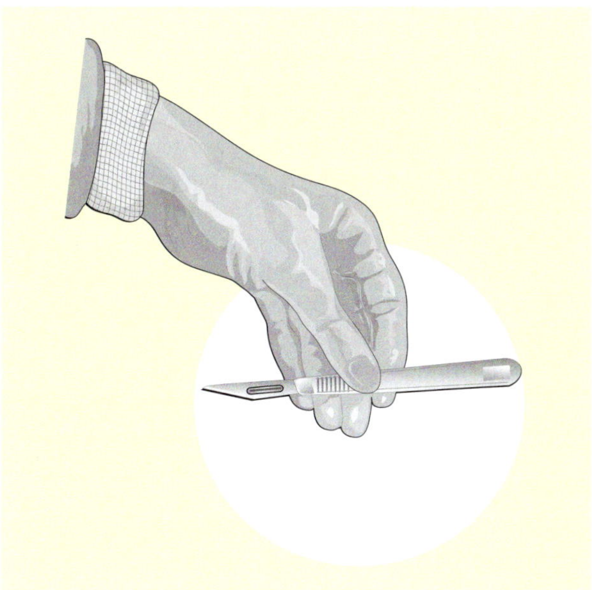

Abb. 1.11 Ein OP-Messer wird mit der Klinge nach unten so angereicht, dass der Operateur es mit der rechten Hand greifen und schneiden kann

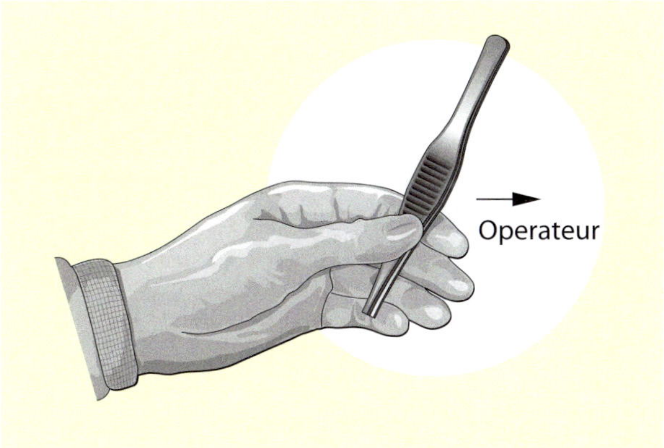

Abb. 1.12 Pinzetten werden senkrecht angereicht, sodass die Branchen nach unten zeigen

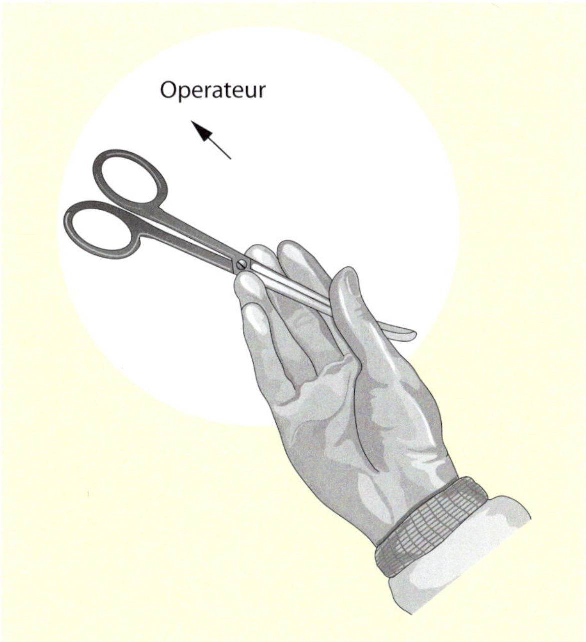

Abb. 1.13 Scheren müssen von der/dem Instrumentierenden an den Branchen so gefasst werden, dass der Daumen auf der Branchenbiegung liegt

Ein Instrument der neuen Generation ist die bipolare Schere.

Bipolare Schere

Diese Schere (z.B. von Ethicon, Power Star) hat den großen Vorteil, dass sie während des Schneidens gleichzeitig koaguliert. Die Schere wird wie eine klassische

Schere angewendet; die beiden Schneideblätter sind gegeneinander isoliert. Dadurch entfällt der häufige Instrumentenwechsel zur Blutstillung während der Präparation. Zu beachten ist, dass das Schneiden geringfügig langsamer geht, damit der Koagulationsvorgang stattfinden kann. Die Branchen der Schere sind sauber zu halten, um die Effektivität zu erhalten.

Durch den Anschluss an ein bipolares HF-Gerät ist auch bei Patienten mit Herzschrittmachern eine Elektrokoagulation gefahrlos möglich.

Tupferzangen

Hier werden »Kornzangen«, gerade oder gebogen, mit fest eingerolltem, eingespanntem Tupfer oder Präpariertupfer eingesetzt (◘ Abb. 1.14).

Präparierklemmen

Es gibt anatomisch gebogene Klemmen zum Präparieren und Abklemmen, zum Anzügeln und zum Fadenführen in der Tiefe (z. B. Overholt-Klemme; ◘ Abb. 1.15).

Klemmen

Es werden anatomische, chirurgische und atraumatische, gebogene, gerade und gewinkelte unterschieden. Die gebräuchlichsten sind anatomische Péan-Klemmen zur Blutstillung oder zum Fadenanklemmen und die chirurgischen Kocher-Klemmen zum groben Fassen von Gewebe oder zum Anklemmen von Zügeln.

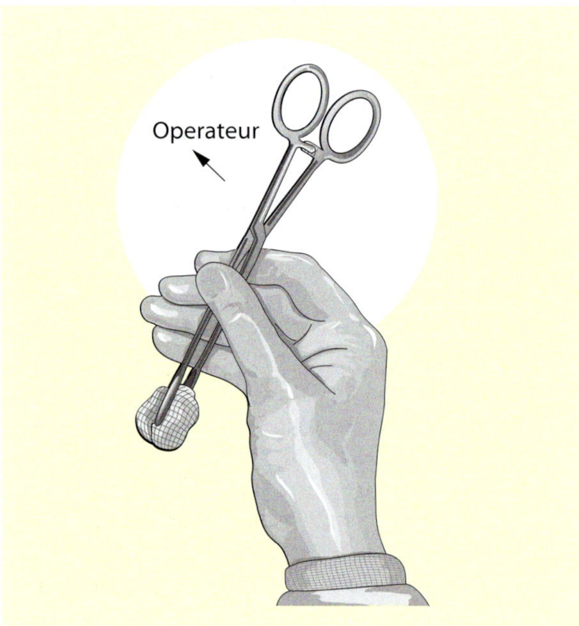

◘ Abb. 1.14 Tupferzangen werden senkrecht mit dem Tupfer nach unten angereicht, denn der Operateur greift hier an den Stiel und nicht in die Griffe

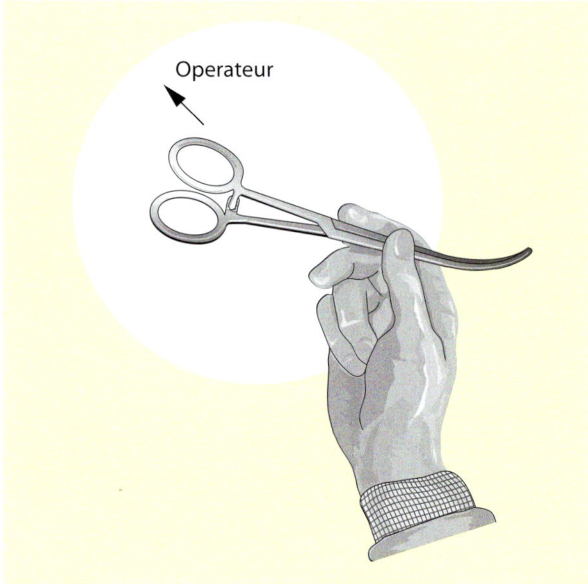

◘ Abb. 1.15 Die gebogene Spitze der Overholt-Klemme zeigt vom OP-Gebiet weg, wenn der Operateur das Instrument gefasst hat

Haken

Wundhaken gewährleisten die Übersicht über das OP-Feld. Nach dem Hautschnitt kommen die *scharfen* Haken zum Einsatz. Sie liegen immer mit den scharfen Arbeitsteilen nach oben auf dem Instrumentiertisch, um den sterilen Tischbezug nicht zu zerstören. Am Patienten dürfen sie nur dann benutzt werden, wenn keine empfindlichen Organe beschädigt werden können. Bei einer Bauchoperation müssen sie sofort, wenn das Peritoneum eröffnet ist, gegen *stumpfe* Haken ausgetauscht werden. Wundhaken werden immer paarweise vorbereitet.

Die Haken nach Roux und nach Langenbeck sind die bekanntesten stumpfen Haken (◘ Abb. 1.16).

Nadelhalter

Sie haben meist ein mit Hartmetall beschichtetes »Maul«, um die Nadel sicher fassen zu können. Es gibt sie mit oder ohne Arretierung (◘ Abb. 1.17). Die vorbereiteten Nadelhalter werden mit der Nadel nach oben angereicht. Der Chirurg bekommt in die andere Hand immer eine Pinzette angereicht.

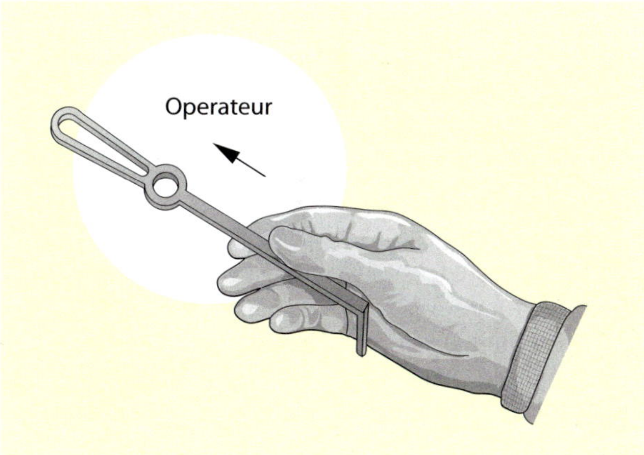

Abb. 1.16 Wundhaken werden vorn an den Branchen gefasst und angereicht

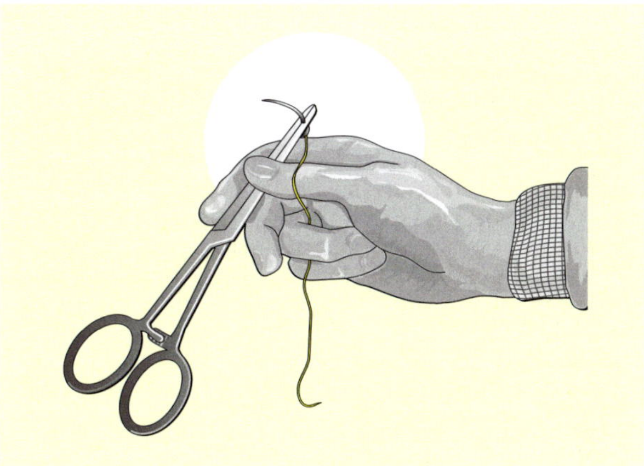

Abb. 1.17 Die Nadel wird zumeist im hinteren Drittel eingespannt. Vorbereitete Nadelhalter werden mit der Nadelspitze nach oben angereicht

Hartmetallbeschichtete Instrumente sind durch einen goldenen Griff gekennzeichnet.

1.7 Drainagen

I. Middelanis-Neumann

Drainagen dienen im Allgemeinen:

- zur Sekretableitung aus Höhlen (Douglas-Raum, Pankreasloge, Gallengang);
- zum Offenhalten einer Wunde, um die Granulation vom Wundgrund aus zu sichern (nach Abszessspaltung);
- als Spül- und Saugdrainagen zur Therapie von Knocheninfekten;
- zur Prophylaxe, um rechtzeitig Insuffizienzen zu erkennen.

1.7.1 Materialien und ihre Eigenschaften

Der Einsatz der unterschiedlichen Drainagematerialien richtet sich nach dem speziellen Verwendungszweck.

Polyvinylchlorid

Polyvinylchlorid (PVC) wird fast nur für Redon-Drainagen verwendet, die bei weitem am häufigsten vorkommende Drainageform. PVC-Drainagen haben eine maximale Liegedauer von 3 Tagen. Leider besteht bei PVC immer das Risiko, dass möglicherweise toxische Weichmacher austreten. Außerdem kann es durch Eiweißablagerungen im Lumen zu Abflussstörungen kommen.

Polyvinylchlorid besticht durch seine Festigkeit, sodass die unter Sog stehende Redon-Drainage, nicht kollabieren kann.

Silikon

Silikon ist ein siliziumhaltiger Kunststoff von großer Wärme- und Wasserbeständigkeit. Es eignet sich als Langzeitdrainage, denn im Vergleich mit anderen Material weist es die beste Gewebeverträglichkeit auf. Es werden keine Weichmacher und organische Zusatzstoffe hinzugefügt; daher finden keine Veränderungen im Körper statt. Silikon ist äußerst flexibel und löst keine Inkrustationen aus. Da Silikon die Granulation nicht fördert, darf es nicht als Gallengangdrainage (Kurzzeitdrainage) verwendet werden.

Naturgummi und Latex

Diese Stoffe eignen sich nur für Kurzzeitdrainagen. Beim Naturgummi kommt es zu starken lokalen Gewebsreaktionen. Seine Oberflächenbeschaffenheit begünstigt ein Ansiedeln von Bakterien. Bei längerem Verbleib im Körper treten Zersetzungsprozesse auf. Nach mehrfachem Sterilisieren wird das Material brüchig.

Latex, der Milchsaft einiger tropischer Pflanzen, aus dem Kautschuk hergestellt wird, führt zu weniger heftigen Gewebsreaktionen als Gummi. Bei längerem Verbleib im Körper jedoch verlieren sich seine positiven Eigenschaften (Elastizität und Härte).

Silikonisierter Latex

Durch die Benetzung mit Silikon wird ein Latexdrain reaktionsträge und eignet sich als Langzeitdrainage.

Die *Stärke* von Drainagen wird in Charr, nach dem französischen Instrumentenbauer Charrière, angegeben. Die Zahl ist ein Maß für den Querschnitt eines Katheters. Bei kreisrundem Querschnitt entspricht 1 Charr 0,33 mm Durchmesser (*Beispiel:* 18 Charr ≈ ∅ 6 mm).

1.7.2 Drainagesysteme

Drainagen werden nach der Art der Ableitung und nach ihrer Funktionsweise eingeteilt in Systeme:

- Mit offener Ableitung:
  Das Sekret läuft direkt in den Verband oder in einen aufgeklebten Sekretbeutel. Es besteht die Gefahr der Hautschädigung durch Nässe und Reizung, ferner hohe Infektionsgefahr.
- Mit halboffener Ableitung:
  An die Drainage wird ein Auffangbehälter angeschlossen, der bei Bedarf gewechselt werden muss. Dieses Verfahren birgt die Gefahr von Infektionen. Das Behältnis darf nicht über Patientenniveau gehalten werden, um einen Sekretrückfluss zu vermeiden.
- Mit geschlossener Ableitung:
  Bei dem geschlossenen System sind Drainage und Auffangbehälter nicht zu trennen. Über ein Einwegventil wird das Zurücklaufen von Sekret verhindert. Über ein Auslassventil mit Bakterienfilter kann der Behälter entleert werden.
- Mit Sog (aktive Drainage):
  - Kontrolliert:
    Beispiel: Bülau-Drainage; der Feinsog wird über ein Wassermanometer, der Grobsog über eine Motorpumpe oder eine Vakuumanlage gesteuert.
  - Unkontrolliert:
    Beispiel: Redon-Drainage.
- Ohne Sog (passive Drainagen):
  Überlauf- und Schwerkraftdrainagen.
- Mit Spülfunktion (Spüldrainage):
  Passiv oder aktiv.

Passive Schwerkraft-, Überlaufdrainagen

Diese Drainageform ist die häufigste. Sie existiert in allen Ableitungssystemen.

Allen gemeinsam ist:

- Die Drainagespitze soll am tiefsten Punkt der Höhle liegen.
- Die Ausleitung der Drainage soll möglichst tiefer als der Wundhöhlengrund liegen.
- Möglichst kurze Ausleitung.
- Ausleitung durch eine separate Inzision in einem Abstand von mindestens 5 cm zum Hautschnitt.
- Möglichst frühes Entfernen der Drainagen, um Eiweißablagerungen zu entgehen.
- Nie den Ablauf über Wundniveau halten, ggf. Abklemmen der Drainage.

Kurzrohrdrainagen und Laschen als offene Systeme

Diese Ableitung sollte nur selten angewendet werden. Sie wird kurz über der Haut abgeschnitten und mit einer Naht und/oder einer Sicherheitsnadel befestigt. Das Sekret fließt direkt in den Verband, der mehrmals täglich gewechselt werden muss (◘ Abb. 1.18).

Die Lasche soll die Wundhöhle offen halten, um die Granulation vom Wundgrund aus zu sichern. Dabei wird sie schrittweise gekürzt.

Beispiel: nach Abszesseröffnung.

Langrohrdrainagen als halboffenes System

Bauchdrainage mit Sekretauffangbeutel (◘ Abb. 1.19)

Diese Ableitung sollte dem offenen System vorgezogen werden.

In der Regel besitzen die industriell hergestellten Rohrdrainagen abgerundete Spitzen, einige versetzte Perforationen und eine Röntgenmarkierung. Für spezielle Einsatzgebiete sind anstelle von Runddrainagen auch flache Drains erhältlich.

T-Drainagen mit Sekretauffangbeutel

Indikation. Mit Ausnahme eines durchgängigen Ductus choledochus und dem Fehlen jeglicher Entzündungser-

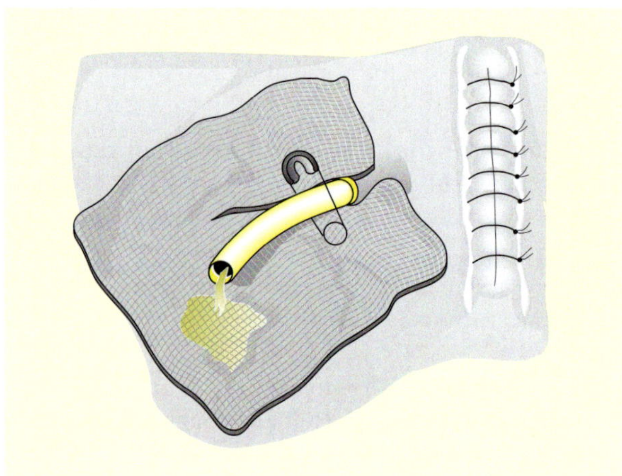

◘ Abb. 1.18 Kurzrohrdrainage als offenes System. (Nach Dürr u. Ulrich 1986)

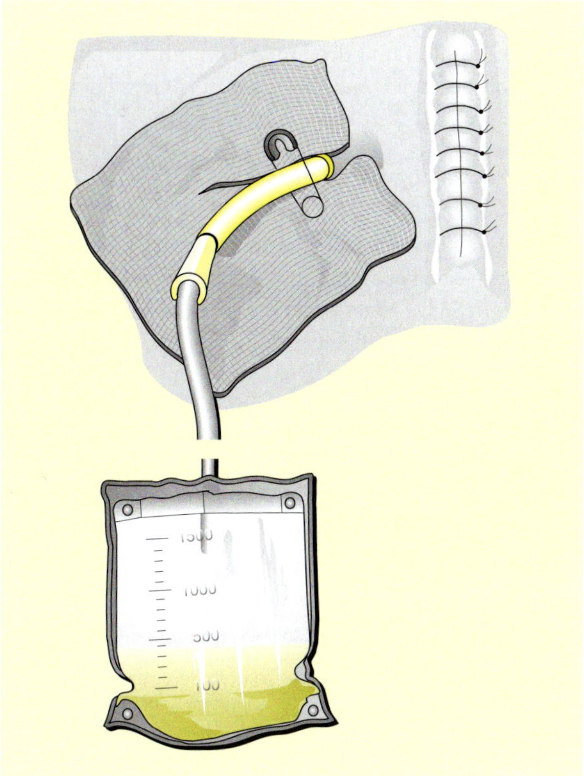

■ Abb. 1.19 Langrohrdrainage als halboffenes System. (Nach Dürr u. Ulrich 1986)

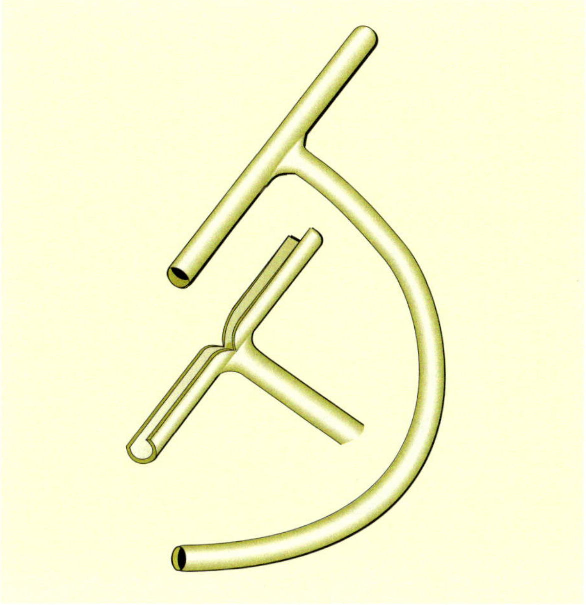

■ Abb. 1.20 T-Drainage. (Nach Dürr u. Ulrich 1986)

scheinungen wird nach jeder Choledochusrevision eine Latex- oder Weichgummi-T-Drainage als Kurzzeitableitung eingesetzt. Diese soll die Galle vorübergehend ableiten, um die Naht zu schonen, und den Ductus bei postoperativer Schwellung offen halten.

Nach Tumoroperationen kommt eine Langzeitableitung aus Silikon in Frage.

Über das Drain sind Röntgenkontrollen zum Ausschluss von Steinen oder Strikturen etc. möglich.

Vorbereiten der Drainage. Der Querschenkel wird halbiert, an den Übergangsstellen zum Langrohr werden 2 Ecken ausgeschnitten, die das spätere Entfernen der Drainage erleichtern sollen (■ Abb. 1.20).

Besonderheiten. Auf einen wasserdichten Verschluss des Ductus choledochus ist zu achten. Daher wird häufig zusätzlich ein »Sicherheitsdrain« gelegt, um Insuffizienzen rechtzeitig erkennen zu können.

Bevor die Drainage entfernt wird, wird sie zeitweise abgeklemmt.

Nach dem Entfernen verklebt der Choledochusdefekt spontan. Die durch das Latex/Gummi ausgelöste Fibrinreaktion ist gewünscht und Voraussetzung dafür, dass beim Ziehen der Drainage keine gallige Peritonitis auftritt.

Im Bereich der Gynäkologie wird ebenfalls manchmal die T-Drainage verwendet. Hier kann nach einer Hysterektomie das T-Drain in das extraperitoneale Wundgebiet eingelegt werden. Der T-Schenkel kommt oberhalb des partiellen Scheidenverschlusses zu liegen, das Langrohr wird transvaginal ausgeleitet. Als Material eignet sich hier silikonisierter Latex.

Thorax-/Bülau-Drainage und Wasserschloss ohne aktiven Sog

Dieses System wird z. B. zur Prophylaxe nach Thoraxoperationen eingesetzt (■ Abb. 1.21).

Eine Thoraxdrainage soll Luft, Sekret, Blut oder Eiter aus dem Pleuraspalt ableiten, damit die Lunge sich vollständig entfalten kann.

Dabei wird nach einer Stichinzision beispielsweise eine Kornzange in den Thoraxraum vorgeschoben. Die vorbereitete Drainage wird zur Sekretableitung am tiefs-

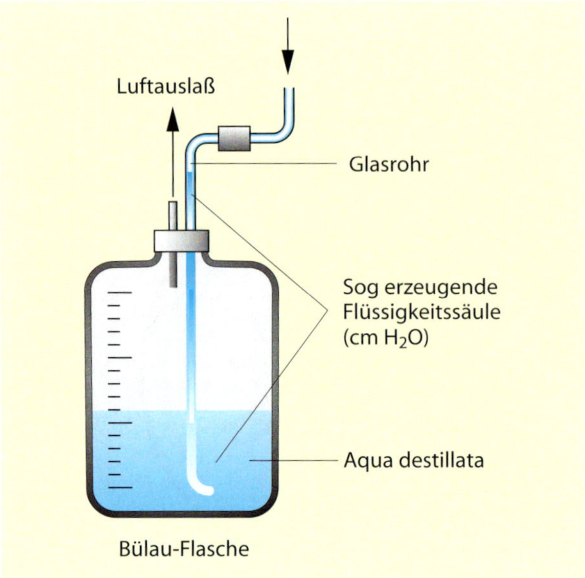

Abb. 1.21 Wasserschloss einer Thoraxdrainage. (Nach Dürr u. Ulrich 1986)

ten Punkt der Höhle eingelegt und nach außen geleitet. Soll Luft abgeleitet werden, muss das Drain am höchsten Punkt der Höhle platziert werden. Eine sichere Fixierung mit einer kräftigeren Hautnaht ist notwendig.

Die relativ starre PVC-Drainage wird über einen Verlängerungsschlauch in der einfachsten Form mit einem Einkammersystem verbunden, in dem ein von außen belüftetes Steigrohr 2 cm tief in Wasser taucht. Dieses dient als Wasserschloss bzw. Einwegventil und verhindert den Rückstrom von Luft in den Pleuraspalt. Außerdem ist es wichtig, dass das Steigrohr des Wasserschlosses zum Raum hin nie abgeklemmt und das System unterhalb des Bettniveaus befestigt wird.

Spüldrainage

Die Spüldrainage mit Sekretauffangbeutel kann einfach hergestellt werden, indem ein Drainageschlauch punktiert und ein Venenkatheter vorgeschoben wird, dessen Spitze kurz vor dem Drainageende zu liegen kommt. An der Punktionsstelle wird der Venenkatheter durch eine Naht fixiert. An die Drainage wird ein Auffangbehältnis und an den Venenkatheter ein Infusionssystem angeschlossen. Insbesondere bei Pankreasläsionen ist durch die Zufuhr von bis zu 3 l Spüllösung über den Venenkatheter eine Verdünnung des aggressiven Pankreassekretes möglich. Eine Drainageverlegung durch nekrotisches Material ist selten.

Industriell hergestellte (Saug-)Spül-Drainagen sind meist aus Silikon und dreilumig. Das mittlere Lumen ist mehrmals perforiert, auf die Äußeren können Luer-Lock-Ansätze gesteckt werden (z. B. Fa. Rüsch).

Langrohrdrainage als geschlossenes System (Robinson; Abb. 1.22)

Das Drainagesystem ist steril in einer Peelpackung verpackt. Sie besteht aus einer 100–130 cm langen Silikondrainage, deren Spitze abgerundet ist. Am Ende befinden sich 4 versetzte trichterförmige Perforationen. Das Drain ist mit einem Röntgenkontraststreifen versehen. Die Drainagen sind in unterschiedlichsten Durchmessern erhältlich. Der Auffangbeutel ist fest mit dem Langrohr verbunden. Durch ein Einwegventil wird der Sekretreflux verhindert. Der Beutel hat ein Fassungsvermögen von etwa 350 ml und kann über einen Ablaufstutzen entleert werden. Ein spezielles Einführungsinstrument wird angeboten.

Die Robinson-Drainage (Smiths Medical Deutschland GmbH) eignet sich besonders als Langzeitdrainage im Abdominalbereich.

Penrose und Easy-flow-Drainagen

Sie stellen eine Alternative zur Schwerkraftdrainage dar. Durch Kapillarwirkung steigt das Sekret von der Wunde

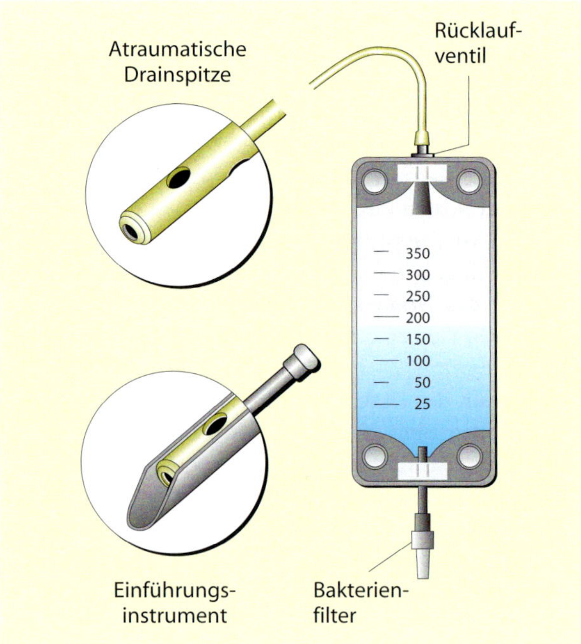

Abb. 1.22 Robinson-Drainage. (Nach Dürr u. Ulrich 1986)

in den Verband oder fließt in einen sterilen Beutel, der direkt auf die Haut geklebt wird.

Nachteilig ist die offene Ableitung; *vorteilhaft* ist das weiche flexible Material.

Sie werden als Abszessdrainage oder Ableitung im Bereich empfindlicher Strukturen, wie beispielsweise an Bauchorganen oder Gefäßen, angewendet.

Sie werden nach der Ausleitung kurz über der Haut abgeschnitten und mit einer Naht fixiert.

Penrose

Diese Drainage besteht aus einem weichen Gummischlauch, der einen Mullgazedocht umgibt. Durch die Dochtwirkung (kapillare Saugkraft) wird das Sekret aus der Wunde gesogen.

Easy-flow-Drainage (Abb. 1.23)

Als Material wird Silikon verwendet. Diese Drainagen sind besonders weich und flexibel. Die Kapillarwirkung kommt durch im Innenlumen längs verlaufende Stege zustande.

Inzwischen werden geschlossene Easy-flow-Drainagen angeboten (Smiths Medical Deutschland GmbH), bei denen die Kapillardrainage fest mit einem Silikonschlauch verbunden und dieser wiederum an den Sekretbeutel angeschlossen ist.

Aktive Saugdrainagen

! Intraperitoneale Drainagen sollten nie unter Sog stehen, weil sonst anliegendes Gewebe geschädigt werden kann!

Redon-Drainage als halboffenes System

- Die Drainage besteht aus einem am Ende perforierten PVC-Schlauch, der mit einer Vakuumflasche verbunden wird. Die Saugung erfolgt unkontrolliert [Unterdruck bis ca. $0{,}8 \cdot 10^5$ Pa[1] (0,8 bar)].
- Die Redon-Drainage wird v. a. in das Subkutan- und Subfaszialgewebe, an Osteosynthesen und Endoprothesen gelegt.
- Sie vermeidet insbesondere Hämatome.
  Durch den Sog werden die Wundflächen aneinander gedrückt und Hohlräume geschlossen. Aufgrund seiner Härte kann der Schlauch dabei nicht kollabieren.
- Ausleitung mit einem Spieß; Fixierung mit Naht oder Pflaster; Anschluss des Vakuumbehälters, der nach Bedarf gewechselt wird.
- Nach etwa 1–3 Tagen sollte die Drainage entfernt werden.

[1] Umrechnungsfaktor: 100.000; 1 Bar = 10^5 Pa.

Jackson-Pratt-Drainage als geschlossenes System

- Die Jackson-Pratt-Drainage (Fa. Baxter; Abb. 1.24) besteht aus einer weichen, flexiblen Silikonflachdrainage mit einem langen perforierten Ende. Durch Stege im Drainagelumen wird ein Kollabieren verhindert. Ein Röntgenkontraststreifen ist vorhanden. Der 100-ml-Unterduckbehälter besitzt ein Einwegventil und ist über Handdruck komprimierbar (unkontrol-

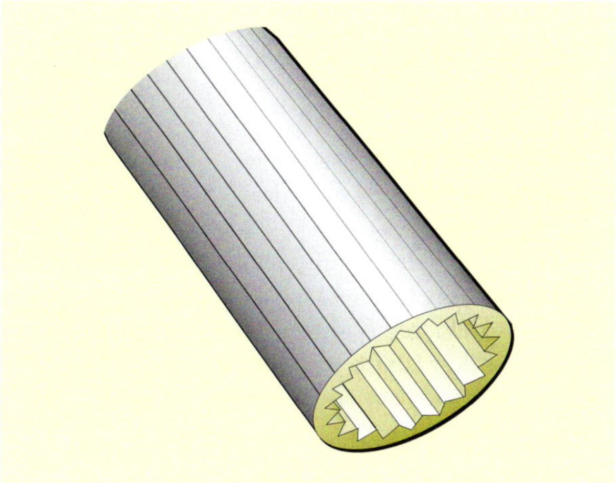

Abb. 1.23 Easy-flow-Drainage. (Nach Dürr u. Ulrich 1986)

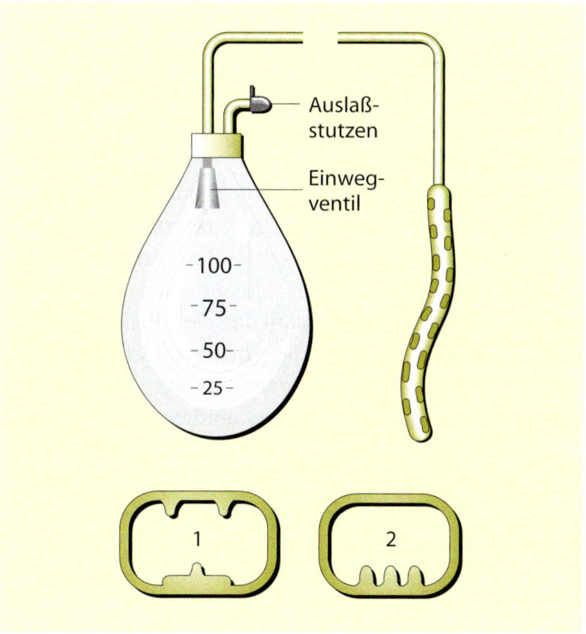

Abb. 1.24 Jackson-Pratt-Drainage. (Nach Dürr u. Ulrich 1986)

lierte Saugung). Dabei entsteht ein Unterdruck von etwa $0{,}1 \cdot 10^5$ Pa (0,1 bar). Die Luft kann über eine zweite (verschließbare) Öffnung entweichen und Sekret abgelassen werden.
- Anwendung:
  an empfindlichen Strukturen, z.B. in der Neurochirurgie bei subduralem Hämatom.
  In der Orthopädie und Gynäkologie; hierbei kann ein Unterdruckbehälter mit einem Fassungsvermögen von 400 ml (ca. $0{,}2 \cdot 10^5$ Pa; 0,2 bar) gewählt werden.

Runddrainagen und perforierte T-Drainagen sind ebenfalls erhältlich.

Spül-Saug-Drainage

Anwendung bei Osteomyelitis der Extremitäten, selten in der Bauchchirurgie.

Spülung mit Elektrolytlösung und Absaugung über ein oder mehrere Redon-Drains. Industriell hergestellte Saug-Spül-Drainagen sind meist aus Silikon und dreilumig. Das mittlere Lumen ist mehrmals perforiert, auf die Äußeren können Luer-Lock- Ansätze gesteckt werden (z.B. Fa. Rüsch).

Thorax-/Bülau-Drainage und Wasserschloss mit Sog

Anlage einer Thoraxsaugdrainage:
- Infiltration des Lokalanäthetikum an entsprechender Punktionsstelle nach Röntgenthoraxbild.
- Inzision der Haut über der 3. oder 6. Rippe.
- Stumpfe Erweiterung, Eröffnung der Pleura; evtl. Vorschieben einer Kornzange und Öffnen der Branchen.
- Platzieren der Thoraxdrainage und Fixation der Drainage mit einer Hautnaht.
- Wie bei der Thoraxdrainage ohne aktiven Sog wird die Drainage mit einem Ein- oder Mehrkammersystem mit dem Wasserschloss verbunden. An das kurze Rohr des Wasserschlosses wird das Wassermanometer angeschlossen, das eine Feinsogregulierung ermöglicht. Dieser Sog, der normal bei 15–20 cm Wassersäule liegt, wird erzielt, indem das Rohr entsprechend tief in das Wasser eindringt. Das Wassermanometer wird an die Absaugvorrichtung (Wandanschluss) angeschlossen.
- Anwendung z.B. beim Pneumothorax. Durch den negativen Druck im Drainagesystem wird der Unterdruck im Interpleuralspalt wiederhergestellt und die Lunge entfaltet sich.
- Bei den Dreikammersystemen dient die 1. Kammer als Sammelgefäß, die 2. Kammer als Wasserschloss, das auf ein Niveau von 2 cm gefüllt wird, die 3. Kammer der Feinsogregulierung.

Alle Handhabungen an der Thoraxsaugdrainage haben immer unter aseptischen Bedingungen zu erfolgen. Zu jedem Zeitpunkt hat das System luftdicht zu sein. Zum Wechseln von Flaschen muss das System abgeklemmt werden.

Drainagekomplikationen

- Gewebereaktionen aufgrund des Drainagematerials, -systems,
- schlechte Förderung durch Drainageverlegung,
- Verwachsungen,
- Organverletzung durch die Drainagespitze,
- Sekretreflux bei unsachgemäßer Handhabung,
- versehentliches Festnähen der Drainage bei tiefen Nähten.

Eigenschaften eines optimalen Drainagesystems

- Geschlossenes System,
- sterile Verpackung, Einmalsystem,
- Einwegventil zur Refluxvermeidung,
- Skalierung,
- Fixierungsvorrichtung für den Auffangbehälter.

1.8 Operationsindikationen

L. Steinmüller

Definition

Die OP-Indikation ist definiert als der Grund zur Verordnung eines bestimmten diagnostischen oder therapeutischen Verfahrens in einem definierten Krankheitsfall, der seine Anwendung hinreichend rechtfertigt. Grundsätzlich besteht Aufklärungspflicht gegenüber dem Patienten.

Absolute OP-Indikation

- Notfallmäßig, d. h. sofort!
  Beispiele: Blutung als Traumafolge (Milzruptur), rupturiertes Aortenaneurysma usw.
- Lebensrettend akut, d. h. innerhalb weniger Stunden.
  Beispiele: Appendizitis, mechanischer Ileus, Peritonitis usw.
- Subakut, d. h. innerhalb weniger Tage.
  Beispiele: blande akute Cholezystitis, Magenausgangsstenose.

Relative OP-Indikationen

- Diagnostische Operationen.
  Beispiele: Arthroskopie, Laparoskopie usw.
- Sozial indizierte Operationen.
  Beispiele: Schwangerschaftsabbruch (?).
- Kombinierte Indikationsbereiche.
  Beispiele: Extremitätenreplantation, Anus-praeter-Rückverlagerung.
- Präventive Operationen, bevor eine Symptomatik oder eine Verschlimmerung eines bislang asymptomatischen Zustandes auftritt.
  Beispiele: Präarthrosen in der Orthopädie, Gefäßstenosen/Aneurysmen in der Gefäßchirurgie, Polyposis/Colitis ulcerosa in der Allgemeinchirurgie.
- Kosmetische Operationen.
  Beispiele: Narbenkorrektur, Facelifts usw.

Jede Überlegung zur OP-Indikation muss immer die möglichen Kontraindikationen miteinbeziehen!

1.9 Wunden und ihre Versorgung

L. Steinmüller

Definition
Als Wunde bezeichnet man die Durchtrennung oder Zerstörung der Haut oder Schleimhaut, der tiefen Gewebe oder der inneren Organe.

1.9.1 Wundarten

Allgemeine Kennzeichen und Folgen von Wunden sind:
- Defektbildung von Gewebe, ggf. mit Oberflächenverletzung,
- Austritt von Blut und Serum bis hin zum Schock,
- Verlust der Schutzfunktion.

Die unten aufgeführte Übersicht unterscheidet nach den Hautverhältnissen und nach der Entstehung der Wunden.

1.9.2 Wundheilung

Definition
Wundheilung ist die dauerhafte Wiedervereinigung traumatisch oder operativ durchtrennter Gewebe.

Die Wundheilung läuft analog zu einer bestimmten Phase innerhalb des Entzündungsprozesses ab. Der Gewebedefekt wird durch die Vernarbung des Stützgewebes in Verbindung mit einer Epithelregeneration repariert. Zerstörtes Gewebes wird so stufenweise abgedichtet und durch neues ersetzt. Bindegewebe und Knochen werden durch gleichartige Gewebe, alle anderen durch Bindegewebe ersetzt.

Unterscheidung nach den Hautverhältnissen

Offene Wunden	Geschlossene Wunden	Besondere Wunden
Oberflächlich Perforierend Kompliziert	Schädel Thorax Skelettsystem Abdomen – »stumpfes Bauchtrauma«	Ablederung – Décollement Abtrennung Quetschung, offen oder geschlossen

Unterscheidung nach der Entstehung

Schürfwunden Oberflächlich »gering blutend« schmerzhaft	**Bisswunden** Durch Tier oder Mensch; besonders infektionsgefährdet Schlechte Heilungstendenz
Platzwunden Durch stumpfe Gewalt, unregelmäßige Wundränder Schlechte Durchblutung Infektionsgefahr	**Schusswunden** Ausgedehnte Gewebezerstörung in der Tiefe, hohe Infektionsgefahr Schlechte Heilung
Risswunden Unregelmäßige Wundränder, oft oberflächlich, zerklüftete Wundhöhle, Infektionsgefahr	**Ablederung** Abriss der Haut von der Faszie mit Ausbildung von Hämatomhöhlen
Quetschungen Unregelmäßige Wundränder Schädigung auch benachbarter Gewebe	**Skalpierung** Abriss der Kopfschwarte
Schnittwunden Glatte Wundränder, klaffend, evtl. stark blutend, meist problemlose Heilung	**Verbrennung** Schädigung durch chemische/thermische Einwirkung auch im Rahmen einer Bestrahlung/Nuklearexplosion

Phasen der Wundheilung

Exsudative Phase

1.–4. Tag. Ausfüllen der Gewebelücke durch Blut, Lymphe und Fibrin.

Schutzinfektion durch Wundverschluss, begleitet von Hyperämie und Phagozytendiapedese. Ödemrückbildung, Mitosen des Randepithels.

Übergang der Katabolie zur Anabolie.

Proliferationsphase

4.–7. Tag. Sie wird auch als reparative Phase bezeichnet.

Durch Kapillar- und Fibroblasteneinsprossung in das Wundbett entsteht das Granulationsgewebe. Kollagenfasern werden gebildet und der Defekt somit weitgehend vor dem Eindringen von Erregern geschützt.

Regenerationsphase

7.–21. Tag bis 14 Monate. Diese Phase wird auch Narbenbildungsphase genannt.

Das Granulationsgewebe wird durch Vernetzung und Aggregation der Kollagenmoleküle unter Gewebeschrumpfung (bis zu 30%) in Narbengewebe umgewandelt.

Durch die Gefäßminderung wird das Bindegewebe weiß und straff. Einwachsen sensibler Nervenfasern, Epithelisierung vom Rand her. Es fehlen Haare, Schweißdrüsen und Pigmente.

Arten der Wundheilung

Neben den zeitlichen Phasen kann die Wundheilung nach der Heilungsart unterschieden werden.

Primärheilung

Im Idealfall wird sie durch chirurgische Nähte erreicht. Es wird ein Wundverschluss mit minimaler Narbenbildung bei glatten Wundrändern erzielt.

Dauer: 10–14 Tage.

Sekundärheilung

Darunter versteht man einen zeitlich verzögerten, schrittweisen Verschluss einer meist infizierten Wunde oder Defektwunde. Nach der Granulationsgewebsbildung im Wundgrund erfolgt die Epithelisierung vom Wundrand her bei gleichzeitiger Wundkontraktion.

Dauer: Wochen bis Monate.

Störungen der Wundheilung

Darunter versteht man alle Komplikationen, die ein Wiedereröffnen einer operativ verschlossenen Wunde verursachen oder notwendig machen.

- Aseptische Erscheinungsformen: Serom, Hämatom, Wundrandnekrose, Nahtdehiszenz.
- Septische Erscheinungsformen: infiziertes Serom oder Hämatom, Phlegmone, Abszess, Wunddehiszenz.

1.9.3 Chirurgische Wundversorgung

M. Liehn

Indikation

Zum Beispiel Risswunden, Schnittwunden, Platzwunden.

Prinzip

Innerhalb der ersten 6–8 h bei Bedarf keilförmige Exzision der Wundränder, evtl. eine Anfrischung, spannungsfreie Nähte zum Hautverschluss. Bei komplizierten Wunden »Wundtoilette« ausführen, Kontraindikationen für den primären Wundverschluss beachten: Bisswunden, veraltete und infizierte Wunden.

Lagerung

Je nach Lokalisation der Wunde soll eine bequeme Lagerung für den Patienten gefunden werden, da in Lokalanästhesie operiert wird.

Instrumentarium

- Lokalanästhetikum,
- 5-ml-Spritze,
- kleine Kanüle,
- Lösung zur Reinigung der Wunde,
- Skalpell,
- Präparierschere,
- chirurgische feine und etwas größere Pinzetten,
- Nadelhalter und Nahtmaterial,
- Tupfer, Verbandsmaterial,
- Bei Bedarf Tetanusimmunisierung vorbereiten.

Wundverschluss

► Applikation des Lokalanästhetikums, Inspektion der Wunde. Wenn eine Risswunde vorliegt, keilförmige Exzision der Wundränder, sonst nur eine »Anfrischung« der Ränder. Bei tiefen Wunden wird die Subkutis mit wenigen Nähten adaptierend verschlossen; die Hautnaht erfolgt spannungsfrei mit Einzelknopfnähten. Bei der Versorgung von Extremitätenwunden wird eine pneumatische Blutsperre angelegt

- Der Verband dient dem Schutz der Wunde zur Sekretaufnahme und ggf. zur Ruhigstellung, wenn nötig als Schienen- oder Gipsverband
- Nach Bedarf Verabreichung der Tetanusimmunisierungsspritze(n) (s. Abschn. »Tetanus«)

1.9.4 Chirurgische Infektionen

L. Steinmüller

Definition

Chirurgische Infektionen sind Entzündungsformen, die durch Eintritt von Erregern eine chirurgische (operative) Behandlung nach sich ziehen.

Erreger chirurgischer Infektionen

Tabelle 1.2 gibt einen Überblick über die verschiedenen Keimarten und die entsprechenden Erreger.

Ausbreitungswege

Lokal. Die Bakterienausbreitung erfolgt direkt auf dem Wege der örtlichen Gewebestrukturen.

Tabelle 1.2. Bakterielle Erreger chirurgischer Infektionen

Aerobe Keime (Vermehrung in sauerstoffreichem Milieu)	
Kokken	Hämolysierende Streptokokken (insbes. Gruppe A) Staphylococcus aureus Enterokokken
Gramnegative Stäbchen	Enterobacteriaceae Escherichia coli Klebsiella pneumoniae Enterobacter Proteus-Spezies u. a. m. Pseudomonas aeruginosa
Anaerobe Keime (Vermehrung nur bei Abwesenheit von Sauerstoff)	
Grampositive stäbchenförmige Bakterien	Sporenbildende Bakterien Clostridium perfringens und verwandte Arten
Gramnegative stäbchenförmige Bakterien	Bacteroides fragilis und andere Bacteroidesarten

Lymphogen. In Form einer Lymphangitis breitet sich die Entzündung entlang der Lymphgefäße bis hin zum nächsten Lymphknoten aus.

Hämatogen. Durch Keimeintritt in die Blutbahn kommt es zur Sepsis. Unterschieden werden die einfache *Septikämie*, bei der durch Einschwemmung von Bakterien in die Blutbahn (*Bakteriämie*) oder von Bakterientoxinen (*Toxinämie*) eine allgemeine Infektion des Organismus ausgelöst wird. Bei der komplizierten streuenden Form, der *Septikopyämie*, treten in entfernten Körperregionen metastatische Eiterherde auf.

Verlaufsformen eitriger Entzündungen werden wie folgt unterschieden:
- akut: Appendizitis, Mastitis, Cholangitis, Empyem usw.
- chronisch: chronische Abszesse, chronische Osteomyelitiden, Aktinomykosen.

Lokale Formen

Abszess

Definition

Ein Abszess ist eine örtlich umschriebene, durch eine Abszessmembran abgekapselte eitrige Entzündung mit Zerstörung des örtlichen Gewebes.

Klinik. Schmerz (Dolor), Rötung (Rubor), Überwärmung (Calor), Schwellung (Tumor) stellen die klassischen Entzündungszeichen dar. Der flüssige Abszessinhalt ist durch seine Fluktuation feststellbar.

Vorkommen. Haut, z. B. gluteal, perianal und in Organen.

Keime. Überwiegend Staphylokokken, selten E. coli oder Mischflora.

Phlegmone

Definition

Es handelt sich hierbei um eine diffuse eitrige Entzündung ohne Kapselbildung.

Klinik. In der Regel schwere allgemeine Entzündungszeichen. Flächenhaftes Fortschreiten mit Schmerzen.

Vorkommen. Kutis, Subkutis, Darmwand, Mediastinum, Retroperitoneum, kleines Becken, Perineum, Mundboden. Eine Sonderform stellt das Panaritium dar (s. Abschn. »Panaritium«).

Keime. Oft Streptokokken, seltener Staphylokokken, Proteusspezies.

Empyem

Definition

Ein Empyem ist eine Eiteransammlung in einer präformierten Körperhöhle durch direkte oder fortgeleitete Infektion.

Klinik. Häufig septische Allgemeinreaktion, die unter alleiniger Antibiotikagabe nicht abklingt.

Vorkommen. Zum Beispiel in Gelenken, in der Gallenblase oder der Pleura.

Keime. Staphylokokken, Streptokokken, faulige, übel riechende Erreger.

Granulom

Definition

Ein Granulom ist eine geschwulstartige knötchenförmige Neubildung aus Granulationsgewebe als Gewebsreaktion auf allergisch-infektiöse Prozesse.

Vorkommen. Als sog. infektiöses Granulom bei rheumatischem Fieber, Tuberkulose, Lepra, Aktinomykose, Syphilis, bei tiefen Mykosen und Wurminfektionen.

Auch bei Fremdkörpern (z.B. Talkum, chirurgisches Nahtmaterial).

Lymphangitis, Lymphadenitis, Phlebitis

Definition

Es handelt sich um meist von einem primären Infektionsherd fortgeleitete Entzündungsformen.

Klinik. »Roter Strich«, häufig mit Fieber und Lymphknotenschwellung einhergehend, im Volksmund als »Blutvergiftung« bezeichnet.

Keime. Staphylokokken, Streptokokken.

Furunkel, Follikulitis, Karbunkel

Definition

Die Follikulitis ist eine umschriebene, nichtabgekapselte, auf einen Haarfollikel beschränkte eitrige Infektion, die durch Ausbreitung auf die Talgdrüsen und auf das benachbarte Bindegewebe zum Furunkel wird. Mehrere konfluierende Furunkel bezeichnet man als Karbunkel.

Vorkommen. Nacken, Unterarm, Gesicht, äußerer Gehörgang, Naseneingang.

Keime. Staphylococcus aureus.

Erysipel

Definition

Ein Erysipel nennt man die Wund- oder Gesichtsrose, eine intrakutane, flächenhafte, sich lymphangisch, d. h. in den Lymphspalten, ausbreitende Infektion.

Klinik. Flammende Rötung des infizierten Bereichs. Allgemeine Infektionszeichen mit Fieber, Abgeschlagenheit, Schüttelfrost. Als Komplikation kann neben einer Sepsis eine Mitbeteiligung der Hirnhäute, des Herzmuskels und der Niere auftreten.

Vorkommen. Eintrittspforten sind meist schlecht heilende Wunden, banale Verletzungen, Mundwinkelrhagaden.

Keime. β-hämolysierende Streptokokken der Gruppe A.

Gangrän

Definition

Eine Gangrän ist die Form einer Nekrose, bei der eine Gewebsverflüssigung durch Einwirkung anaerober Fäulnisbakterien eintritt.

Klinik. Graugrüne bis schwarze Färbung, evtl. mit Gasbildung. Charakteristisch ist der faulig-süße Geruch.

Vorkommen. Superinfektion durchblutungsgestörter Gewebe oder trockener Nekrosen.

Pyozeaneusinfektion

Definition

Es handelt sich um eine relativ häufige postoperative Wundinfektion mit typischer Blaugrünverfärbung des Verbandes begleitet von süßlichem Fötor.

(Hospitalismuskeim!) Therapeutisch ist ein Milieuwechsel durch Verbände mit verdünnter Essigsäure wirksam.

Keim. Pyozeaneus = Pseudomonas aeruginosa.

Erysipeloid (Rotlauf)

Definition

Ein Erysipeloid ist eine deutlich abgegrenzte juckende bläulich-rote Schwellung.

Vorkommen. Häufig sind Finger, Hände und angrenzende Gelenke, hauptsächlich bei Arbeitern in Fleisch-, Geflügel- und Fischbetrieben, befallen. Die Infektionspforten sind meist Bagatellwunden.

Keim. Erysipelothrix insidiosa.

Panaritium

Definition

Es handelt sich um eine eitrige Infektion der Finger- oder Zehenbeugeseite sowie vom Nagelwall und Nagelbett.

Die Besonderheiten der Infektionsausbreitung sind durch die Fingeranatomie vorgegeben: Die palmarseitig senkrecht verlaufenden Bindegewebssepten begünstigen die Tiefenausbreitung der Entzündung.

Klinik. Ausgangsort sind häufig Bagatellverletzungen. Nach erfolgter Kontamination entwickelt sich sowohl eine abszedierende als auch eine phlegmonöse Entzündung mit Hyperämie, entzündlichem Ödem und stechendem oder pulsierendem Schmerz.

Formen

Panaritium subcutaneum	Häufig an der Fingerkuppe
Panaritium subunguale	Nagelwallentzündung
Panaritium parunguale (Paronychie)	Nagelbettentzündung
Panaritium ossale	Knöcherner Befall
Panaritium articulare	Befall des Fingergelenks
Panaritium tendinosum	Befall der Sehne und der Sehnenscheide
Hohlhandphlegmone	Auftreten bei proximaler Ausbreitung entlang der Sehnen/Sehnenscheiden

Keime. Staphylokokken, Streptokokken

Aktinomykose (Strahlenpilzerkrankung)

Definition

Sie verläuft als chronisch-eitrige Entzündung. Der Eiter ist gekennzeichnet durch drusenartige Körnchen, die wie kleine gelbe Schwefelkörnchen aussehen.

Vorkommen. Zu 95% tritt die zervikofaziale Region auf, daneben gibt es seltenere Infektionsorte wie die Lunge, den Darm und das innere Genitale.

Klinik. Fistelbildungen, Darmstenosen.

Keime. Actinomyces israelii.

Histologie. Neutrophile Granulozyten und verfettete Makrophagen, zentral Actinomycesdrusen, gekennzeichnet durch den hellen »Strahlenkranz«.

Bursitis

Definition

Sie stellt eine akut- oder chronisch-verlaufende Entzündung eines Schleimbeutels dar.

Klinik. Prominente Schwellung mit Hautrötung und ggf. auch Fluktuation.

Vorkommen. Bevorzugt im Bereich der Ellenbogen, weitere Lokalisationen im Schulterbereich (Bursa subdeltoidea), im Kniescheibenbereich (Bursa praepatellaris) und weitere.

Keime. Meist Staphylokokken, selten Streptokokken und als Begleiterkrankung bei generalisierter Gonokokkeninfektion und bei tuberkulöser Arthritis bzw. Lymphadenitis.

! Bei allen oben aufgeführten Infektionen handelt es sich um lokale Infektionen, d. h. die Eintrittspforte in den Körper und der Ort der Reaktion auf den Erreger sind identisch. Lokalinfektionen hinterlassen keine Immunität. Die Infektionsausbreitung und Begleitreaktionen des Gesamtorganismus sind jedoch möglich.

Chirurgische Handlungsprinzipien bei lokalen Infektionen

- Versuch der lokalen Herdsanierung durch Eröffnung bzw. Ausscheidung lokaler Eiteransammlungen, Entfernung von Fremdkörpern
- Falls Ersteres möglich ist, sollte immer Material (Abstrich/Punktat/Gewebe) für eine bakteriologische Untersuchung gewonnen werden. Nur damit ist eine ggf. erforderliche Antibiotikatherapie gezielt möglich
- Immer erfolgt eine Ruhigstellung, falls nötig mit Gips- oder Schienenverband;, die Hochlagerung bei Extremitäteninfektionen ist obligat, ebenso eine Kühlung der betroffenen Region
- Falls die ersten beiden Punkte nicht durchführbar sind, erfolgt neben den geschilderten allgemeinen Maßnahmen die breit abdeckende, den wahrscheinlichen Erreger einschließende Antibiotikatherapie

Systemische Formen

Tetanus

Tetanus ist eine meldepflichtige Weichteilinfektion, die zur generalisierten Toxinausschüttung in die Blutbahn und Parese der quergestreiften Muskulatur, zum sog. Wundstarrkrampf, führt.

Keime. Erreger ist das Clostridium tetani, ein sporenbildender, streng anaerober, grampositiver Keim mit spezieller Verbreitung in gedüngter Erde und Fäzes. Die Sporen sind hitzeresistent und überleben in Trockenheit bei Temperaturen von 60–150°C.

Pathogenese. Während der Inkubationszeit von 1–3 Wochen wandelt sich der Erreger unter Sauerstoffmangel von der Sporen- in die Vegetativform. Die Clostridien bilden ein Neurotoxin, das Tetanospasmin. Die Folge sind tonisch-klonische Krampfanfälle.

Klinik. Nach der Inkubationszeit treten Kopf- und Muskelschmerzen, Schweißausbrüche, Abdominal- und Rückenschmerzen auf (*Prodromalstadium*). Erstsymptome sind dann häufig Steifheit im Kiefergelenk, Schluckstörungen und Hyperreflexie. Im weiteren Verlauf kommt es schließlich zur Lähmung der Zwerchfellmuskulatur. Hypoxisch-bedingtes Herzversagen führt als Folge der krampfbedingten Insuffizienz der Atemmuskulatur zum Tod.

Prognose. Je kürzer die Inkubationszeit (weniger als 10 Tage) und je kürzer die Anlaufzeit (Intervall zwischen ersten klinischen Symptomen und ersten Krampfanfällen, weniger als 3 Tage), desto schlechter die Prognose.

Therapieregime

- Wundexzision zur Erregereliminierung,
- Immunbehandlung mit Tetanushyperimmunglobulin, bis 35.000 IE,
- Krampfprophylaxe, Kupierung, ggf. Relaxation unter Intubation und Beatmung,
- intensivtherapeutische Maßnahmen.

Tetanusprophylaxe

- Frühe chirurgische Wundversorgung,
- Immunisierung:
  - Passiv: Gabe von 250 IE Tetanusimmunglobulin im Verletzungsfall, wenn kein ausreichender Impfschutz besteht. Es resultiert ein 1–4 Wochen anhaltender Schutz.
  - Aktiv: Gabe von 0,5 ml Tetanustoxoid. Das Immunsystem antwortet hierauf mit der Bildung eigener Immunglobuline (daher: aktiv). Um diese Immunantwort zur Erlangung einer langjährigen Schutzwirkung zu verstärken, erfolgen eine 2. Impfung nach 2–6 Wochen und eine 3. Impfung nach 6–12 Monaten.
  - Im Verletzungsfall erfolgt die erste Impfung als Simultanimpfung von aktiver und passiver Impfung. Die Schutzwirkung der kompletten aktiven Impfung beträgt (5–)10 Jahre. Eine einmalige Auffrischung nach jeweils 5 Jahren ist sinnvoll.

Das Impfprogramm für Klein- und Schulkinder enthält heute die aktive Immunisierung gegen Tetanus. Daher ist die Bevölkerung fast lückenlos geschützt. Eine anhaltend gute Impfdisziplin ist auch in den Unfallambulanzen wichtig.

Gasbrand

Definition

Es handelt sich um eine zunächst lokale Weichteilinfektion exotoxinbildender Erreger mit gasbildender, foudroyant verlaufender Gewebsnekrose und konsekutiver Toxinämie.

Keime. Grampositive, obligat anaerobe, sporenbildende Clostridien:
- in über 80% Clostridium perfringens,
- selten C. novyi, C. histolyticum oder C. septicum.

Die Sporen der Bakterien sind Saprophyten (Fäulnisbakterien) des menschlichen und des tierischen Darmes. Gehäuftes Vorkommen in gedüngtem Boden.

Pathogenese. Folgende Faktoren begünstigen eine Gasbrandinfektion:
- ausgedehnte Weichteilkontusion mit Verschmutzung,
- arterielle Minderdurchblutung,
- Mischinfektionen mit anaeroben und aeroben Erregern,
- freigesetzte Kalziumsalze (Trümmerfrakturen! Sie begünstigen die Wirkung der teilweise kalziumabhängigen Toxine).

Ablauf der Intoxikation. Die Erreger bilden neben Exotoxinen Enzyme, die zu einer auflösenden Zerstörung der Zellen führen. Die typische Gasbildung resultiert aus der Kohlenhydratvergärung und der Eiweißzersetzung.

Klinik. Nach 1–2 Tagen Inkubationszeit kommt es unter heftigen Wundschmerzen zur ödematösen Wundschwellung und violett-schwarzer Wundfarbe. Das fleischwasserfarbene Wundsekret und das Knistern des infizierten Gewebes bei Palpation sind charakteristisch.

Die *Clostridienmyositis* und *Myonekrose* stellen die schwersten Verlaufsformen der Infektion mit rascher zentripetaler Infektionsausbreitung auf die gesunde Muskulatur dar.

Dagegen verläuft die *Clostridienzellulitis* günstiger, da sie auf den unmittelbaren Wundbereich beschränkt bleibt, ohne auf die gesunde Muskulatur überzugreifen. Außerdem fehlen die Allgemeinsymptome (Unruhe, Schwächegefühl, delirante Verwirrung, Tachykardie und leichtes Fieber). Im Spätstadium führen akutes Nierenversagen, toxinbedingte Hypotonie und Herz-Kreislauf-Versagen zum tödlichen Ausgang.

Therapie. Die operative Therapie ist primär dringlich nach klinischer Verdachtsdiagnose. Maßnahmen sind:
- Die Längsspaltung durch Haut, Faszie und Muskel.
- Die Exzision von Nekrosen, je nach Verlauf ggf. frühzeitige Amputation im Gesunden, Offenlassen der Wunden.
- Als adjuvante Maßnahmen sind Antitoxingaben und evtl. die hyperbare Sauerstoffbehandlung in einer Druckluftkammer anzusehen.

Prognose. Die Mortalität beträgt 30–50%.

! Nicht jede gasbildende Phlegmone ist ein Gasbrand! Als Differenzialdiagnose kommen in Frage: Streptokokkenmyositis und infizierte Gangrän.

Weitere chirurgische Infektionen sind: Tuberkulose, Tollwut und parasitäre Infektionen wie Echinokokkose (▫s. 2.8.2), chirurgische Komplikationen der Amöbiasis (▫s. 2.8) und der Askaridiasis. Diese Krankheitsbilder werden hier nicht näher betrachtet.

Methicillin-/Oxacillin-resistenter Staphylococcus aureus

Definition

(Methicillin-/Oxacillin-resistenter Staphylococcus aureus = MRSA/ORSA). Dies sind multiresistente Staphylococcus-aureus-Stämme, die in unseren Krankenhäusern immer häufiger vorkommen.

Sie sind weltweit verbreitet und gelten als Verursacher nosokomialer Infektionen. Durch die Multiresistenz werden die Therapiemöglichkeiten erheblich eingeschränkt.

Der vorrangige Übertragungsweg ist der Weg über die Hände des Personals.

Es kann jedoch auch eine endogene Infektion stattfinden, bei der der Patient durch eigene Besiedelung mit Staphylococcus aureus zum Herd seiner MRSA-Erkrankung wird.

Der MRSA-Stamm gilt als besonders umweltresistent. Er ist widerstandsfähig gegenüber Trockenheit und Wärme und haftet stark an Instrumenten und Pflegeutensilien.

Aus den eigentlich nur bedingt pathogenen Staphylokokken haben sich durch Mutation Stämme entwickelt, die durch die Bildung eines Penicillin-bindenden Proteins gegen Methicillin (heute bekannt unter dem Namen Oxacillin) resistent sind.

Davon sind besonders Stämme betroffen, die in erster Linie in Krankenhäusern und Pflegeeinrichtungen vorkommen.

Ursachen für die zunehmende Verbreitung des MRSA

- Die Antibiotikagabe ist teilweise zu häufig, zu kurz oder zu unspezifisch.
- Hygienepläne werden nicht konsequent eingehalten.
- Intensivmedizinische, invasive Maßnahmen, die das Risiko einer Infektion erhöhen, nehmen zu. Zudem haben Patienten in schlechtem Allgemeinzustand und/oder immunsupprimierte Patienten dem MRSA geringe Widerstände entgegenzusetzen.
- Als prädisponierende Faktoren gelten außerdem der Diabetes und die dialysepflichtige Niereninsuffizienz.

Richtlinien zur Prävention und Behandlung

Die Kommission für Krankenhaushygiene des Robert-Koch-Instituts hat Richtlinien zur MRSA-Infektion, zur Prävention und zur Behandlung herausgegeben:
- Der MRSA-Stamm muss frühzeitig erkannt und spezifiziert werden
- Der betroffene Patient muss isoliert werden und kann nur mit anderen MRSA-infizierten Patienten zusammengelegt werden. Kontaktpersonen müssen jedoch nicht isoliert werden

1

- Die Zahl der behandelnden Personen muss auf ein Minimum reduziert und das Personal muss umfassend geschult werden
- Die konsequente Einhaltung aller hygienischen Richtlinien, insbesondere die hygienische Händedesinfektion, ist obligat
- Die Sanierung nasaler MRSA-Besiedelung muss vorrangig sein, da die Minimierung der Keime in der Nase zumeist auch eine Minimierung der Keime an anderer Stelle nach sich zieht
- Einzelne MRSA-Erkrankungen müssen nicht dem zuständigen Gesundheitsamt gemeldet werden. Bei epidemischem Auftreten schreibt das Bundesseuchengesetz eine sofortige Meldung an das Gesundheitsamt vor.

Der Nachweis des MRSA ist in jedem bakteriologischen Labor leicht möglich.

Nach der Diagnose ist ein konsequentes Hygienemanagement entscheidend.

Planung einer Operation eines MRSA-Patienten

- Die Operation an das Ende des geplanten Programmes setzen.
- Der Patient muss allein in der OP-Schleuse sein; Wartezeit vermeiden.
- Die Schleuse muss danach zuverlässig mit einer Scheuer-Wisch-Desinfektion für die anderen Patienten vorbereitet werden.
- Wenn möglich sollte die Operation in einem ausgegliederten OP-Saal vorgenommen werden, zumindest aber in dem Saal, der der Schleuse am nächsten liegt.
- Alle Gegenstände, die nicht benötigt werden, sind aus dem Saal zu entfernen.
- Während der Operation ist der Saal zu isolieren.
- Materialien, die der Aufbereitung zugeführt werden müssen, sind in einem geschlossenen Behälter in die zentrale Sterilgutversorgungsabteilung (ZSVA) zu transportieren; hier reicht die zur Desinfektion übliche Einwirkzeit aus.
- Wäsche flüssigkeitsdicht verpacken und verschlossen der Wäschedesinfektion zuführen.
- Abfälle ebenfalls flüssigkeitsdicht verpacken und entsorgen.
- Der Patient wird nicht über den Aufwachraum geleitet, sondern isoliert in einem Zimmer überwacht.

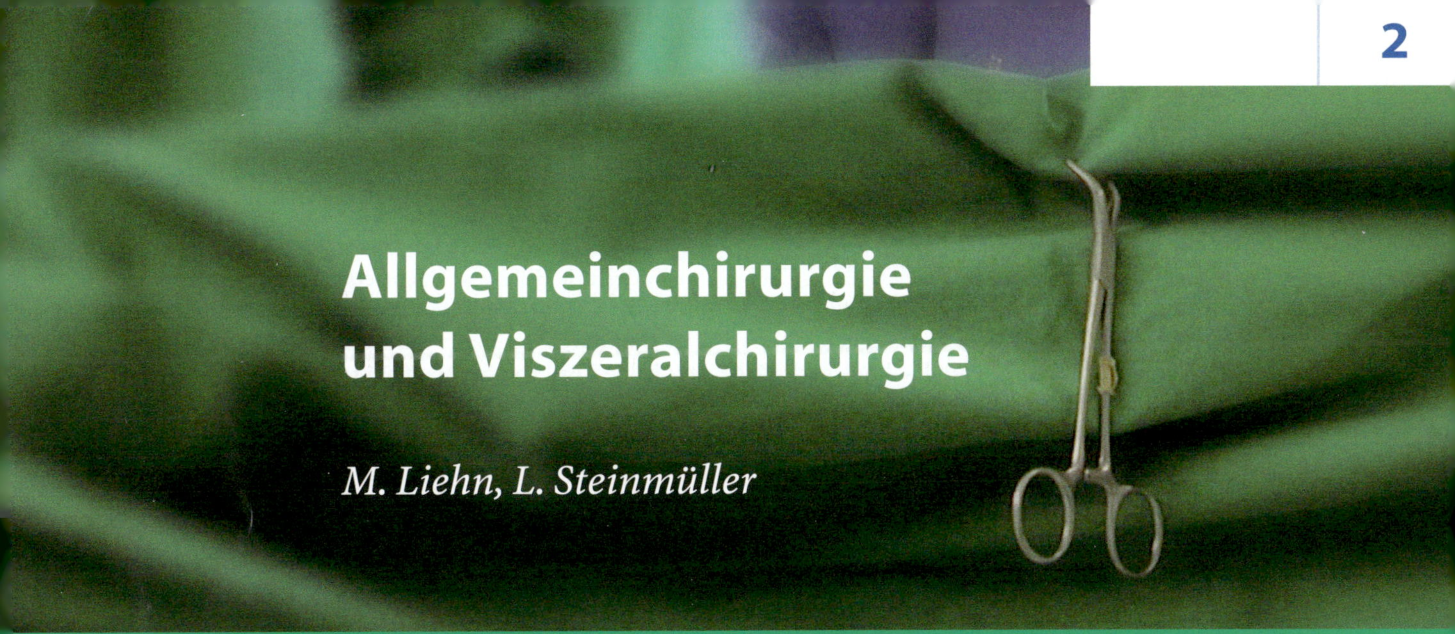

2 Allgemeinchirurgie und Viszeralchirurgie

M. Liehn, L. Steinmüller

2.1 Zugangswege und Instrumentarium

2.1.1 Beschreibung der Zugangswege

Die Schnittführung (▫ Abb. 2.1) hängt immer von der geplanten Operation ab. Das OP-Gebiet muss gut einsehbar sein. Anatomische Strukturen, Wundheilung und auch kosmetische Gesichtspunkte sollten berücksichtigt werden. Grundsätzlich ist zu bedenken, dass große Schnitte zwar die Übersicht erhöhen und der Radikalität nutzen können, jedoch die Hospitalisierungsdauer der Patienten erhöhen.

Kocher-Kragenschnitt

Beispiel: subtotale Strumaresektion, Epithelkörperchenentfernung, Zugang zum vorderen Mediastinum.

Die Spaltlinien der Haut verlaufen am Hals quer. Im Hinblick auf kosmetische Aspekte sollten Schnitte möglichst parallel zu den Spaltlinien ebenso verlaufen.

Bei rekliniertem Kopf erfolgt eine bogenförmige, fast horizontale Schnittführung 2 cm über dem Jugulum zwischen den beiden Mm. sternocleidomastoidei. Die Schnittlänge richtet sich nach der Größe der Struma.

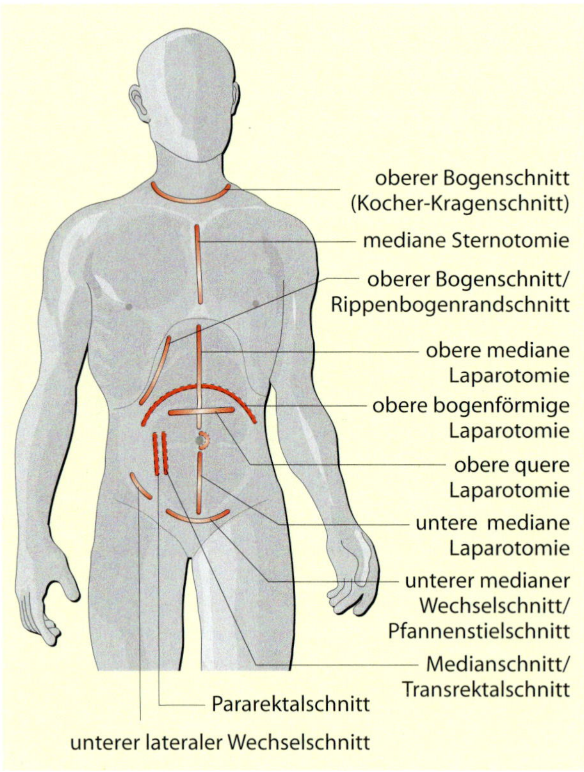

▫ Abb. 2.1 Mögliche Schnittführungen in der Viszeralchirurgie

Haut, Subkutis und Platysma werden mit einem Skalpell oder mit Hilfe von Hochfrequenzströmen (Diathermie) bis auf die Halsfaszie durchtrennt. Um Störungen der Hautdurchblutung zu vermeiden, sollte das Platysma auf keinen Fall von der Haut abpräpariert werden.

Teils stumpf mit Präpariertupfer oder Finger, teils scharf mit der Schere wird der Haut-Platysma-Lappen von kranial bis in Höhe des oberen Schildknorpels nach kaudal bis zum Manubrium sterni von der Halsfaszie abgelöst.

Die Längs- oder Querspaltung der Halsfaszie erfolgt mit einer Präparierschere. Zur besseren Übersicht und geringeren Gefährdung der Epithelkörperchen kann die gerade Halsmuskulatur in 2 Schichten durchtrennt werden.

Die spannungsfreie Hautnaht ist zumeist gut möglich. Mit der Intrakutannaht werden günstige kosmetische Ergebnisse erzielt.

Rippenbogenrandschnitt nach Kocher oder Courvoisier

Beispiele:
- rechts: Cholezystektomie, Leberresektion,
- links: Splenektomie, subphrenischer Abszess.

Dieser Schnitt ist kosmetisch günstig. Narbenhernien treten kaum auf. Er bietet aber einen schlechten Zugang zum Abdomen, falls eine Verlängerung erforderlich werden sollte.

Der Schnitt verläuft vom Xiphoid bis zur vorderen Axillarlinie, ca. 1–2 cm unterhalb des Rippenbogens, und wird ungefähr 8–10 cm lang.

In der medialen Wundhälfte werden die vordere Rektusscheide und in der lateralen Wundhälfte der M. obliquus externus abdominis mit der Diathermie durchtrennt.

Der M. rectus wird quer durchtrennt. An seiner Hinterwand verlaufen 2 Äste der A. epigastrica, die ligiert oder koaguliert werden müssen. Die einsprießenden Äste des 8. Interkostalnervs werden durchtrennt, lateral wird der M. obliquus internus abdominis in Faserrichtung stumpf auseinander gedrängt.

Medial soll der Schnitt nur bis zum Ligamentum falciforme hepatis reichen. Lateral wird mit dem Peritoneum gleichzeitig der M. transversus abdominis durchtrennt.

Beim Wundverschluss kann das hintere Blatt der Rektusscheide zusammen mit dem Peritoneum gefasst werden.

Oberbauchquerschnitt

Beispiele: Pankreasoperationen, Magenoperationen, Lebereingriffe.

Diese Schnittführung bietet eine gute Übersicht; die Wundheilung ist zumeist ungefährdet. Der Hautschnitt verläuft quer oder leicht bogenförmig. Die Länge richtet sich nach der erforderlichen Übersicht im OP-Feld.

Die Haut wird mit dem Skalpell eröffnet; für die Subkutis und die nachfolgenden Schichten wird häufig die Diathermie verwendet. Durchtrennung der Faszie des M. rectus abdominis, des M. obliquus externus abdominis und des M. transversus. Bei der Durchtrennung der Muskulatur mit der Diathermie sollte sie zum Schutz des darunter liegenden Peritoneums vorher mit einer Holzrinne unterfahren werden.

Das Peritoneum wird mit 2 chirurgischen Pinzetten angehoben und mit dem Skalpell oder der Schere inzidiert; ggf. können die Inzisionsränder mit je einer Peritonealklemme nach Mikulicz angeklemmt werden, bevor der Schnitt mit einer Präparierschere oder der Diathermie zu beiden Seiten verlängert wird. In der Mittellinie kreuzt das Lig. teres hepatis. Es wird mit Overholt-Klemmen und Ligaturen durchtrennt.

Mediane Längslaparotomie

Beispiel: fast alle intraabdominellen Operationen im Ober- und Unterbauch.

Hierbei ist eine problemlose Verlängerung von der Symphyse bis zum Xiphoid möglich. Die Schnittführung wird aber von manchen Chirurgen ungern praktiziert, weil die Gefahr eines Platzbauches oder einer Narbenhernie v. a. im Oberbauchbereich relativ hoch ist. Höhe und Länge des Schnittes richten sich nach dem geplanten Eingriff.

Die Hautinzision erfolgt streng in der Mittellinie, der Nabel wird linksseitig umschnitten.

Oberhalb des Nabels wird im Verlauf des Linea alba inzidiert; deshalb wird die Muskulatur bei exakter Schnittführung nicht freigelegt.

Beim unteren Medianschnitt liegt die peritoneale Umschlagfalte ventral der Harnblase. Hier werden nacheinander die Faszia transversalis und das Peritoneum durchtrennt.

Die Peritoneumspaltung erfolgt

- im Unterbauch in der Mittellinie,
- im Oberbauch bei Magen- und Milzoperationen links,
- bei Leber- und Gallenoperationen rechts des Lig. teres hepatis.

Wechselschnitt nach McBurney (Abb. 2.2)

Beispiel: Appendektomie.

Der Schnitt ist schlecht erweiterbar, führt aber selten zu Narbenbrüchen.

I. Hautschnittbeginn ca. 2 cm medial der Spina iliaca superior in fast horizontaler Richtung. Subkutisdurchtrennung.
II. Inzision der Aponeurose des M. obliquus externus im Faserverlauf.
III. Umsetzen der stumpfen Haken, stumpfes Ablösen des M. obliquus externus vom M. obliquus internus und Spalten des M. obliquus internus in Faserrichtung mit einer Präparierschere.
IV. Transversusfaszie und Peritoneum werden mit Pinzetten angehoben und inzidiert.

Die nachfolgenden Schnittführungen werden in vielen Kliniken angewandt, daher werden sie der Vollständigkeit halber hier aufgeführt:

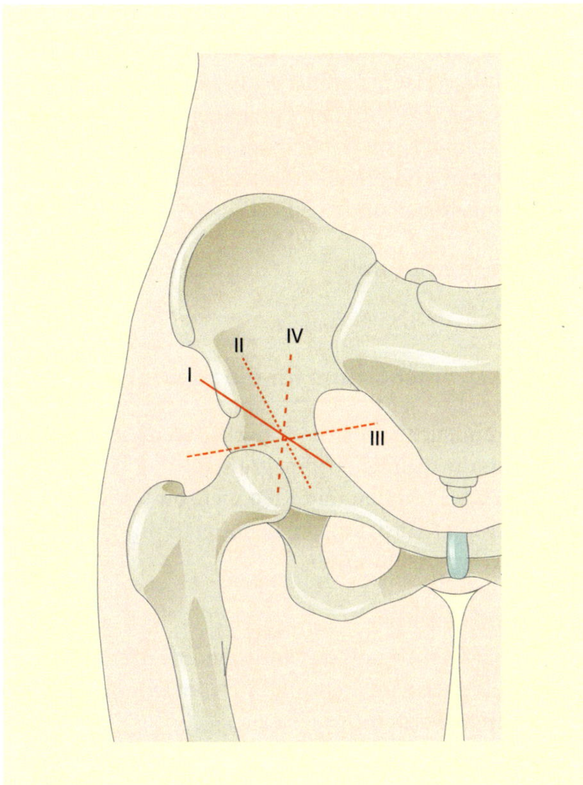

Abb. 2.2 Wechselschnitt nach McBurney. *I* Haut, *II* Externusaponeurose, *III* M. obliquus internus, *IV* Peritoneum. (Aus Heberer et al. 1993)

Paramedianschnitt

Diese Schnittführung wird sowohl im Ober- als auch im Unterbauch, 2–3 cm rechts oder links der Medianlinie, ausgeführt.

Nach der Subkutisdurchtrennung wird die vordere Rektusscheide eröffnet. Die epigastrischen Gefäße müssen bei langen Inzisionen durchtrennt werden.

Stumpfes Ablösen des M. rectus abdominis, Eröffnen der hinteren Rektusscheide gemeinsam mit dem Peritoneum.

Transrektalschnitt

Der Hautschnitt verläuft ähnlich wie beim Paramedianschnitt. Die Subkutis wird durchtrennt, die Rektusscheide in der Mitte längs inzidiert, der M. rectus abdominis in Faserrichtung durchtrennt und beiseite gedrängt. Hinteres Rektusscheidenblatt und Peritoneum werden längs eröffnet.

Pararektalschnitt/Kulissenschnitt nach Lennander

Beispiel: Appendektomie.

Dieser Schnitt kann beliebig verlängert werden. Der Hautschnitt verläuft parallel zum äußeren Rektusrand. Die Rektusscheide wird längs gespalten, der M. rectus abdominis stumpf ausgelöst und mit Roux-Haken nach medial gezogen. Hintere Rektusscheide und Peritoneum werden angehoben und inzidiert.

Mediane Sternotomie

▫ Siehe 6.3.1.

2.1.2 Instrumentarium für die Laparotomie

Für abdominalchirurgische Eingriffe werden zusätzlich zum Grundinstrumentarium größere und längere Haken, Scheren, Pinzetten und Klemmen, oft Organfasszangen und weitere Instrumente benötigt. Einige sollen beispielhaft vorgestellt werden.

Haken und Pinzetten

! Nach der Eröffnung des Peritoneums gilt die Regel, dass alle scharfen Instrumente vom Operateur abgegeben werden.

Jetzt werden anatomische und atraumatische Dissektionspinzetten und Klemmen benutzt (▫ Abb. 2.3 und 2.4).

Als lange Haken kommen zum Einsatz:

- Bauchdeckenhaken (▫ Abb. 2.5).
- Leberhaken (▫ Abb. 2.6). Sie sollten feucht angereicht oder mit einem feuchten Bauchtuch unterlegt werden.

Klemmen

Weiche Darmklemmen

Auch für sie gilt, dass sie nur feucht mit dem Darm in Berührung kommen sollten (▫ Abb. 2.7 und 2.8). Rektum- und Sigmaklemmen haben eine 90°-Krümmung und eine atraumatische Riefelung.

Harte Darmklemmen

Sie dürfen nur für die wegfallenden Anteile des Darmes benutzt werden, weil sie eine anatomische quer gestreifte Riefelung haben, die den Darm dicht verschließt und ihn traumatisiert.

Magenklemmen

Sie sind länger als die vorgenannten Instrumente, weil der Magen in seiner gesamten Breite abgeklemmt wird, und atraumatisch, um die Anastomose nicht zu gefährden (▫ Abb. 2.9).

Organfasszangen

Organfasszangen sind häufig gefenstert; einige sind an den Maulenden gezahnt, um derbes Gewebe besser halten zu können (▫ Abb. 2.10).

Es gibt dreieckig gefensterte Klemmen in verschiedensten Größen, z. B. die Gewebe- oder die Lungenfasszange nach Duval oder Collin (▫ Abb. 2.11).

In der Darmchirurgie werden die Lumina häufig mit der Allis-Klemme (▫ Abb. 2.12) aufgespannt.

Eine weitere Organfasszange mit den verschiedensten Einsatzgebieten ist die Gewebefasszange nach Museux (▫ Abb. 2.13).

Rahmen/Bauchdeckenhalter

Zum Offenhalten der Körperöffnung gibt es spezielle Haken, die in einen vorgeformten Rahmen eingehängt werden. Sie haben unterschiedliche Formen und Valven; hier 2 *Beispiele*:

- Bauchdeckenrahmen nach Kirschner (▫ Abb. 2.14),
- Bauchdeckenhaken nach Rochard (▫ Abb. 2.15).

Der Rahmen nach Rochard hat seinen festen Platz in der Magenchirurgie. Er setzt sich zusammen aus dem Befestigungsgestell, mit dem er an den Seiten des OP-Tisches befestigt wird (▫ s. Abb. 2.15), der Fixiervorrichtung für den Haken (▫ Abb. 2.16a) und den Valven unterschiedlicher Größe (▫ Abb. 2.16b).

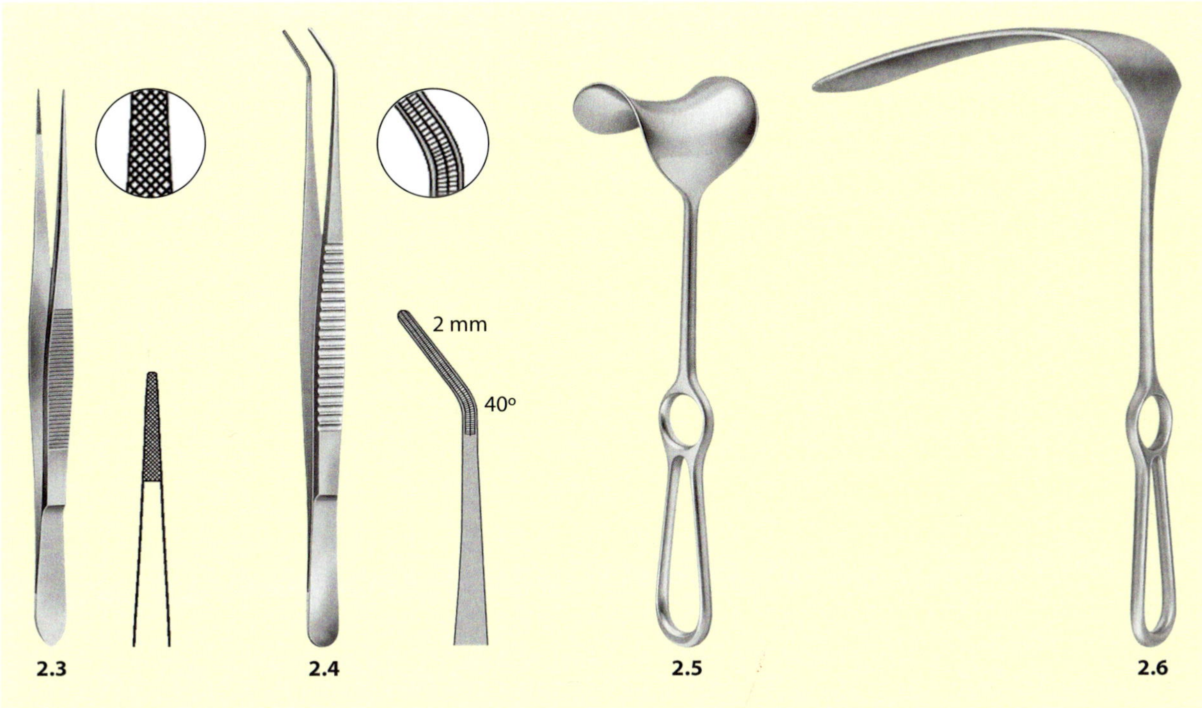

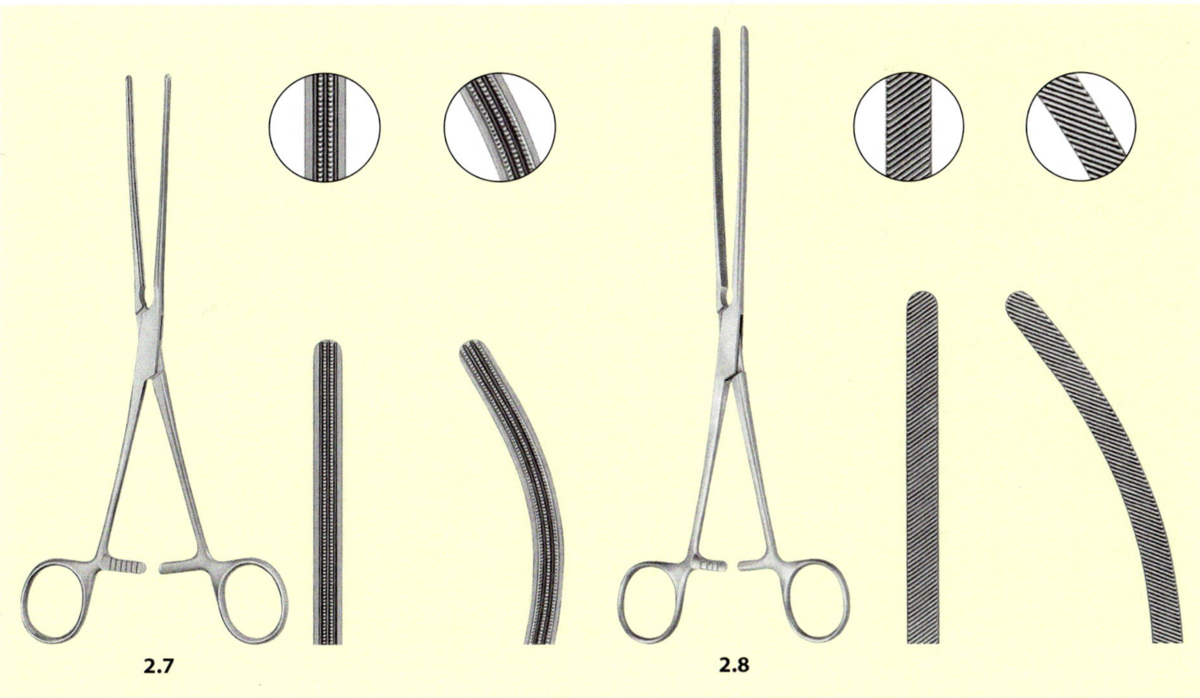

▪ Abb. 2.3 Pinzette nach Cushing

▪ Abb. 2.4 Pinzette nach de Bakey

▪ Abb. 2.5 Bauchdeckenhaken nach Fritsch

▪ Abb. 2.6 Leberhaken nach Mikulicz (Abb. 2.3–2.6 Fa. Aesculap)

▪ Abb. 2.7 Weiche Darmklemme nach Kocher

▪ Abb. 2.8 Weiche Darmklemme nach Doyen; sie soll den Darm federnd abklemmen, ohne ihn zu traumatisieren. (Abb. 2.7–2.8 Fa. Aesculap)

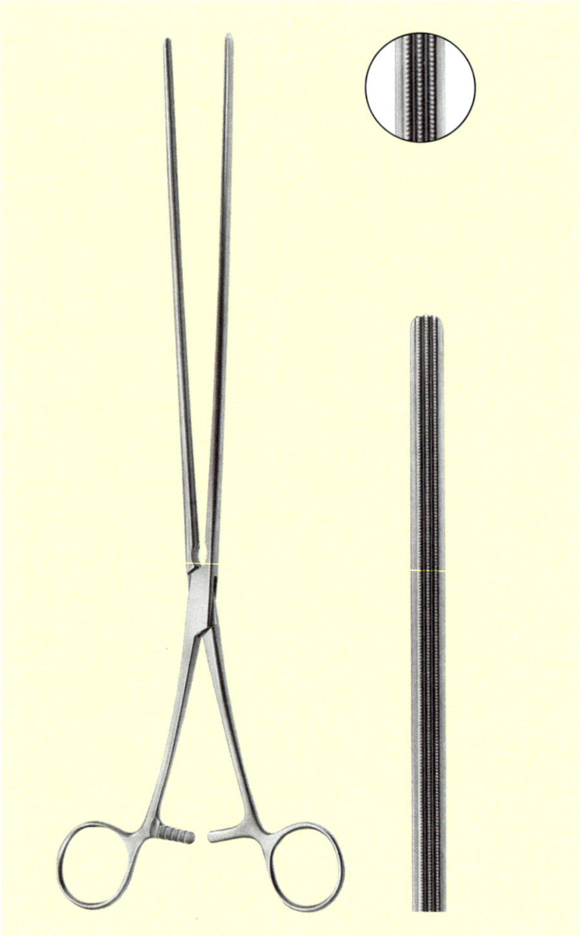

Abb. 2.9 Magenklemme nach Scudder (Fa. Aesculap)

Die passende Valve wird so angelegt, dass die Sicht auf den OP-Situs bis zum Rippenbogenrand durch ständigen Zug gewährleistet ist. Das Blatt wird in die Fixiervorrichtung eingehängt, die wiederum am Befestigungsbügel eingehakt ist.

Das Gestell ist zerlegbar und autoklavierbar.

Klammernahtinstrumente (Stapler)

Maschinelle Klammernahtinstrumente gehen in ihrer Entwicklung auf Hütl und von Petz (1924) zurück. Der Nähapparat nach von Petz setzt eine doppelte Klammerreihe. Die Klammern sind aus Silber und müssen nach jedem Gebrauch einzeln wiederaufgefüllt werden. In der Magenchirurgie kommt dieses Klammerinstrument vielfach noch zur Anwendung.

Friedrich entwickelte den ersten Nähapparat mit auswechselbaren Magazinen, die ebenfalls postoperativ mit Silberklammern wieder aufgefüllt werden mussten.

Seit ihrer Einführung haben die Klammernahtinstrumente einen festen Platz in der Chirurgie eingenommen. Sie bieten einen weiten Anwendungsbereich in der Allgemein-, Thorax- und Gfäßchirurgie.

Die Klammern werden durch das Nahtinstrument zu einem B geformt. Sie liegen bei Ausführung einer End-zu-End-Anastomose quer zur Darmlängsachse und damit parallel zu den intramuralen Darmgefäßen. Die Form der Klammern bewirkt eine effiziente Blutstillung, ohne dass Minderdurchblutungen resultieren.

Unterschiedliche Darmlumina können durch Bougierung vor der Anastomosierung angeglichen werden. Die Anastomosenregionen müssen im Bereich der Klammernahtreihe von Fettgewebe befreit sein. Eine Stapleranastomose wird mit Tabakbeutelnähten vorbereitet. Das Legen einer Tabakbeutelnaht wird durch spezielle Klemmen und Nadel-Faden-Kombinationen sehr vereinfacht.

Stapler gibt es von verschiedenen Herstellern als Mehrweg- oder zunehmend auch als Einweginstrumente.

Die bis jetzt entwickelten Instrumente lassen sich in die folgenden 4 Gruppen unterteilen.

Lineare Klammernahtinstrumente

Dies sind reine Verschlussinstrumente, deren Klammern in einer geraden Linie gesetzt werden (Abb. 2.17).

Diese Instrumente setzen eine doppelte Klammerreihe mit gegeneinander versetzten Klammern aus Titan oder resorbierbarem Material. Die Magazine unterscheiden sich zur Kennzeichnung der unterschiedlichen Klammerlängen in der Farbkodierung; die Länge der Magazine ist aus der Gerätebezeichnung ersichtlich.

Zirkuläre Anastomosierungsinstrumente

Diese sog. intraluminalen Stapler dienen der End-zu-End-Anastomosierung von 2 Hohlorganen und setzen zirkulär invertierende zweireihige Klammernähte.

Es gibt Modelle (Abb. 2.18) mit geradem oder mit gebogenem Schaft; der Kopf ist abnehmbar.

Das Nahtinstrument wird mit der Andruckplatte von einer gesonderten Inzision aus in den einen Anastomosenschenkel eingeführt und mit einer vorher gelegten Tabakbeutelnaht fixiert. Der andere Anastomosenschenkel, in dem der Kopf des intraluminären Staplers ebenfalls mit einer Tabakbeutelnaht fixiert ist, wird durch Zusammendrehen des Schraub- oder Steckmechanismus mit der Andruckplatte dem Instrument genähert. Danach

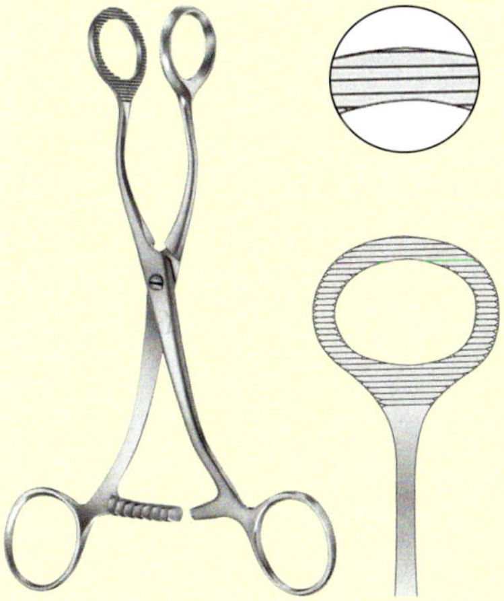
2.10

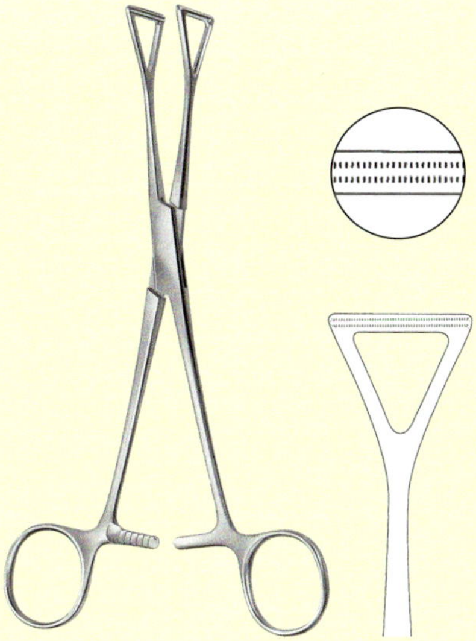
2.11

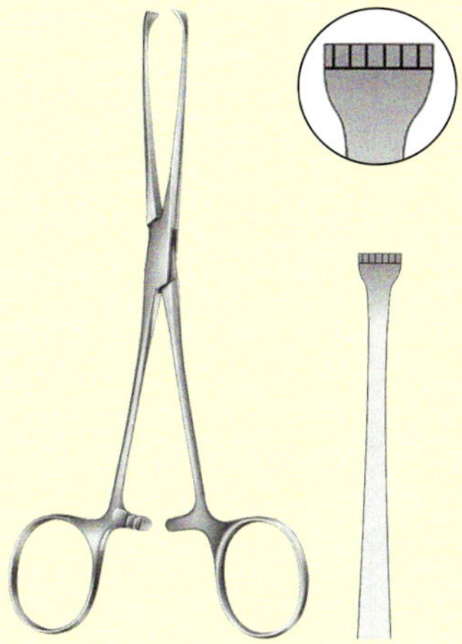
2.12

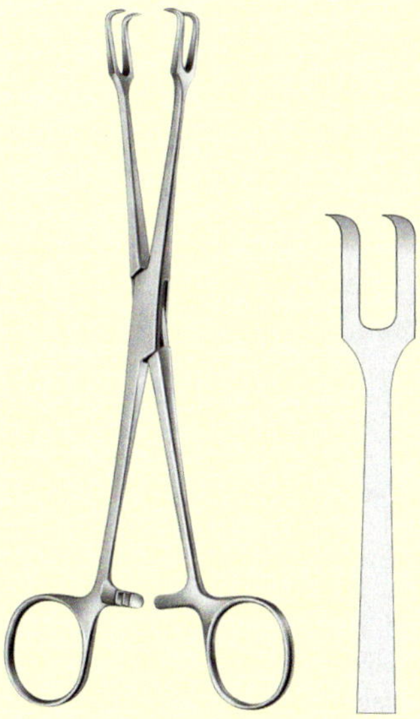
2.13

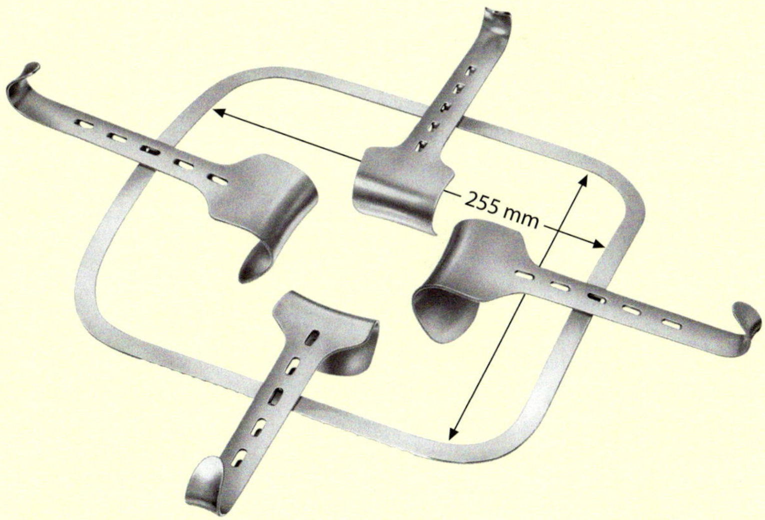

2.14

■ Abb. 2.10 Gallenblasenfasszange nach Glassmann

■ Abb. 2.11 Organfasszange nach Collin

■ Abb. 2.12 Die Allis-Klemme hat 4–6 kleine Zähnchen, die ineinander greifen

■ Abb. 2.13 Gewebefasszange nach Museux

■ Abb. 2.14 Bauchdeckenrahmen nach Kirschner. Die einzelnen Blätter des Rahmens können durch mehrere Rasten in unterschiedlichen Stellungen eingehakt werden. Die breiten Valven sind für adipöse Patienten einsetzbar. (Abb. 2.10–2.14 Fa. Aesculap)

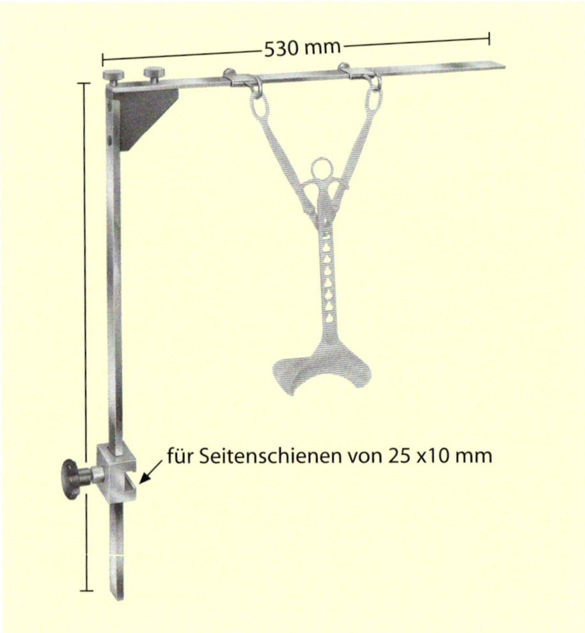

Abb. 2.15 Befestigungsgestell des Rochard-Hakens. (Fa. Aesculap)

wird der Klammermechanismus ausgelöst und die zirkuläre, invertierende Klammernahtreihe entsteht.

Die zirkulären Stapler haben ein integriertes Messer, das gleichzeitig die Anastomosenringe exzidiert. Die Ringe bleiben auf dem herausnehmbaren Dorn. Es ist zwingend erforderlich, sie auf ihre Vollständigkeit zu überprüfen, da sie die Dichtigkeit der Anastomose dokumentieren.

Lineare Anastomosierungsinstrumente

Sie dienen der Herstellung von Seit-zu-SeitAnastomosen zwischen 2 Hohlorganen bei gleichzeitiger Durchschneidung zwischen den gesetzten Klammerreihen.

Beispiel: s. Abb. 2.19.

Beide Branchen des Instruments werden jeweils in die Lumina der zu anastomosierenden Darmenden geschoben. Sie werden ausgerichtet, zusammengesteckt und verschlossen. Nach dem Auslösen werden die beiden Staplerteile wieder getrennt. Die beiden doppelten Klammerreihen sind gegeneinander versetzt gelegt, und das Gewebe ist dazwischen durchtrennt.

Zusatzinstrumente, die die Anwendung der Anastomosierungsinstrumente erleichtern, sind:

- Messstäbe oder auch Bougies genannt (Abb. 2.20) zur Aufdehnung und/oder gleichzeitigen Bestimmung des Lumendurchmessers: Sie werden vor Ge-

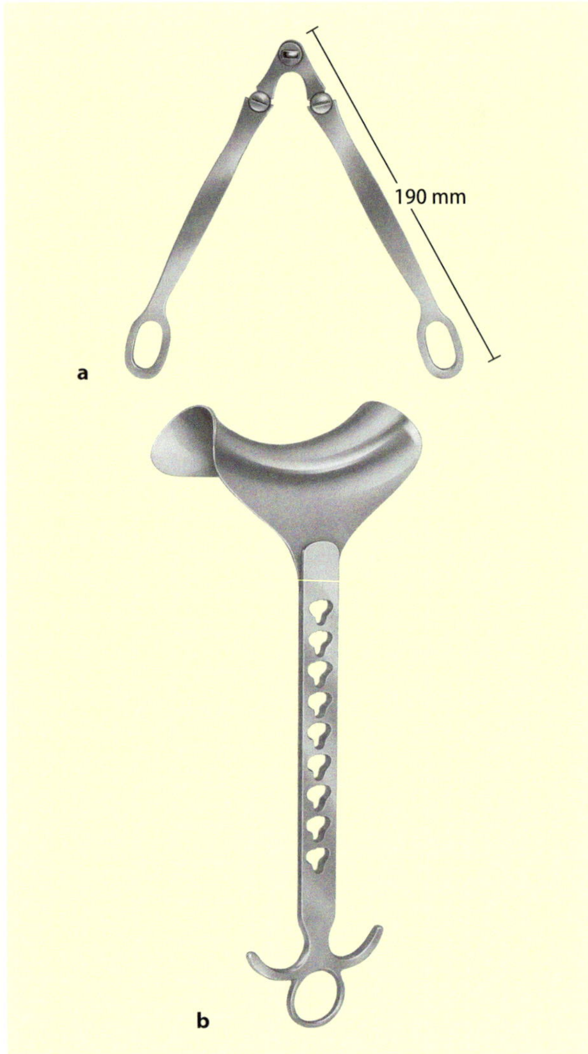

Abb. 2.16a,b Bauchdeckenrahmen nach Rochard. a Fixiervorrichtung und b einhakbare Valve. (Fa. Aesculap)

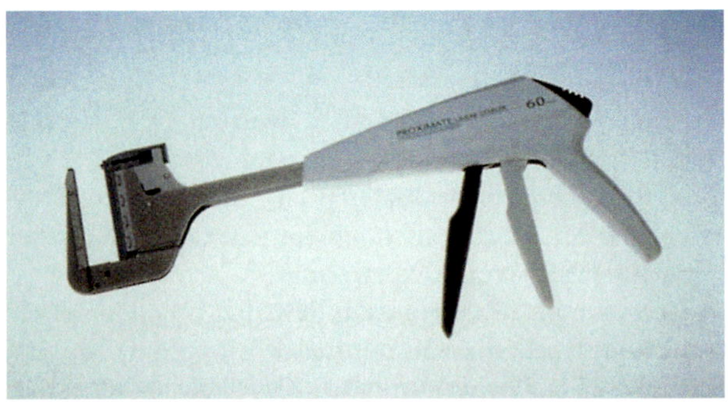

Abb. 2.17 Linear Stapler TX

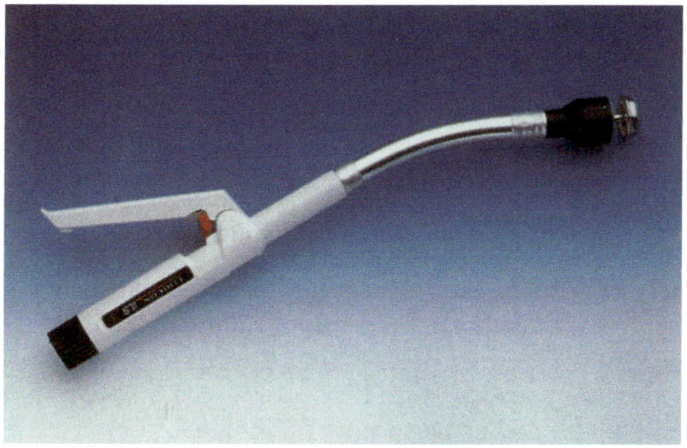

Abb. 2.18 Zirkuläres Klammernahtinstrument CDH

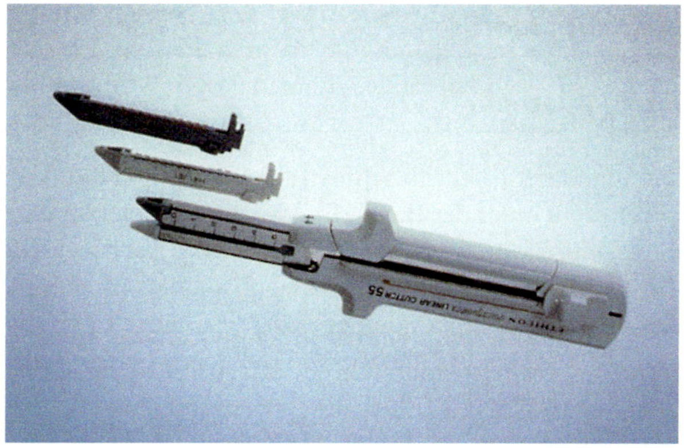

Abb. 2.19 Linearer Cutter PLC. (Abb. 2.17–2.19 Fa. Ethicon)

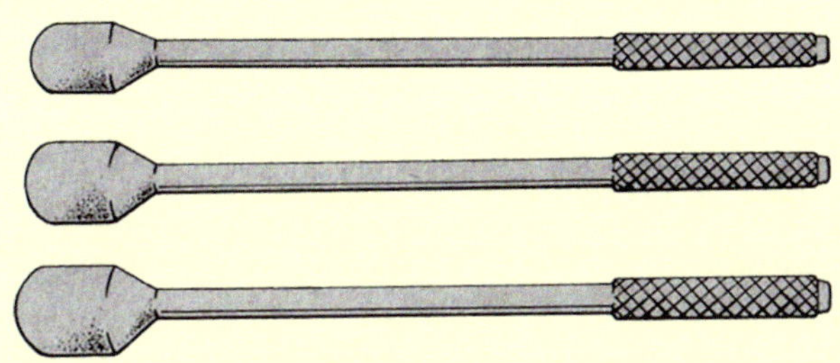

Abb. 2.20 Bougies. (Fa. Aesculap)

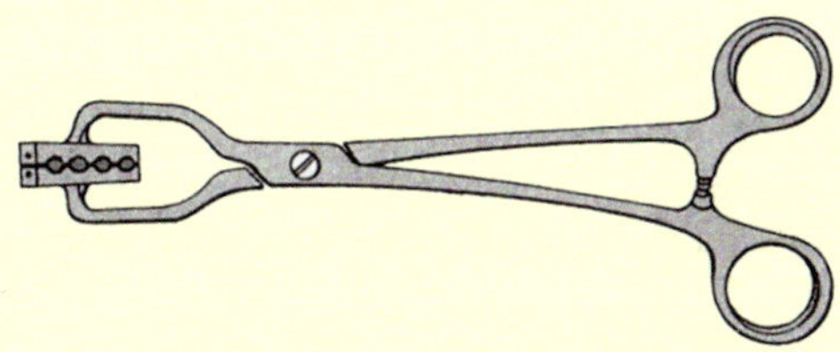

Abb. 2.21 Wiederverwendbare Tabakbeutelklemme. (Fa. Auto Suture)

brauch angefeuchtet und behutsam in das Darmlumen eingeführt.

- Tabakbeutelklemme (Abb. 2.21): Die Klemme wird mit ihren quer gestellten Branchen angelegt und bis zum Anschlag zusammengedrückt. Dann wird durch die beiden vorgegebenen längs verlaufenden Nadelrinnen eine doppelt armierte Tabakbeutelnaht gelegt. Nun kann die Klemme langsam gelöst und die Naht ggf. angezogen und verknüpft werden.

Instrumentenkopffasszange zur korrekten Applikation des Kopfes des zirkulären Staplers.

Einzelklammergeräte

Sie werden zum Klammern von Haut und Faszie oder als Skelettierungshilfe benötigt.

Beispiele sind:

- Einzelclipstapler mit intergriertem Messer, die gleichzeitig ligieren und schneiden.
  Bei umfangreichen Skelettierungen spart der Einsatz dieses Instruments Zeit, denn es setzt bei jedem Auslösen 2 Klammern, zwischen denen es gleichzeitig das Gewebe durchtrennt. Eine Sicherheitsvorrichtung verhindert, dass weiterhin Gewebe durchtrennt wird, wenn im Magazin keine Klammern mehr vorhanden sind.
- Hautstapler.
  Die Hautränder werden mit 2 chirurgischen Pinzetten evertiert, und jedes Auslösen des Instruments setzt eine Klammer.

Die meisten Staplermodelle gibt es auch als Ausführung für die minimal-invasive Chirurgie.

2

2.2 Schilddrüse

2.2.1 Anatomie

Die Schilddrüse liegt als schmetterlingsförmiges Drüsenorgan dicht unter der Haut. Mit ihren beiden Lappen und dem Isthmus umgreift sie hufeisenförmig nach ventral die Trachea und teilweise den Ösophagus. Am Isthmus, der die beiden Lappen miteinander verbindet, kann als entwicklungsgeschichtliches Rudiment ein Lobus pyramidalis ausgebildet sein (Abb. 2.22).

Gefäßversorgung

Die Schilddrüsenlappen werden von der A. thyreoidea superior (oberes Polgefäß, entspringt als 1. Ast aus der A. carotis externa) und der A. thyreoidea inferior (unteres Polgefäß, aus dem Truncus thyreocervicalis) versorgt. Kurz vor ihrem Eintritt in den Schilddrüsenlappen kreuzt die A. thyreoidea inferior den zum Kehlkopf aufsteigenden N. recurrens in variabler Weise.

Der venöse Abfluss erfolgt vom oberen Pol meistens in die V. anonyma, auch V. brachiocephalica genannt.

Schilddrüsengröße

Das Volumen der Schilddrüse kann sonographisch ermittelt werden. Bei einer erwachsenen Frau beträgt es ca. 13 ml, beim Mann ist es mit ca. 16–18 ml etwas größer.

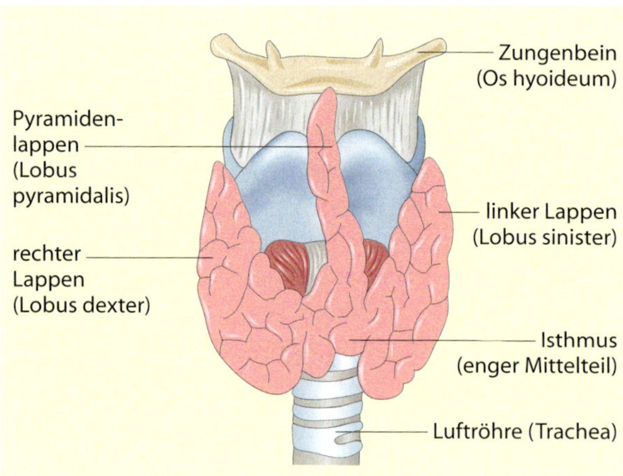

Abb. 2.22 Ventralansicht der Schilddrüse. Die Abbildung zeigt ein Organ mit einem (fakultativen) Pyramidenlappen, der als Rest des Ductus thyreoglossus verblieben ist. Der Isthmus verbindet den linken mit dem rechten Lappen

Feingeweblicher Aufbau und Funktion

Das Schilddrüsengewebe besteht aus zahlreichen Follikeln, die Jod aus dem zirkulierenden Blut aufnehmen. Sie bilden und speichern die beiden Schilddrüsenhormone Tetrajodthyronin (Thyroxin, T_4) und Trijodthyronin (T_3).

Ein Regelmechanismus, an dem die beiden »Zentralen« Hypothalamus und Hypophyse beteiligt sind, steuert die Schilddrüsenhormonproduktion. Bei Hormonmangel werden dort schilddrüsenstimulierende Hormone synthetisiert.

Epithelkörperchen (Glandulae parathyreoideae)

Die 4 Epithelkörperchen, auch Nebenschilddrüsen genannt, liegen an der dorsalen Fläche der Thyreoidea. Sie sind linsengroß und befinden sich außerhalb der Capsula fibrosa der Schilddrüse, aber innerhalb der äußeren Bindegewebskapsel. Ihre Parathormonproduktion ist an der Regelung des Kalziumhaushalts beteiligt.

2.2.2 Erkrankungen der Schilddrüse

Struma

Definition

Als Struma oder Kropf wird jede Vergrößerung der gesamten Schilddrüse oder von Teilen des Organs und damit einhergehend des Halsumfangs bezeichnet.

Ursache

Durch Jodmangel kommt es zunächst zu einer Vergrößerung der einzelnen Schilddrüsenzelle und später auch zu einer Zunahme der Zellzahl, d. h. zu einer Struma. Da sich die Zellen nicht in allen Schilddrüsenanteilen gleichmäßig vermehren, bilden sich mit der Zeit in fast allen Strumen knotige Veränderungen.

Formen

- Unterscheidung nach der Gewebebeschaffenheit:
  - diffuse Struma,
  - uninodöse Struma (ein Knoten),
  - multinodöse Struma (viele Knoten).
- Unterscheidung nach der Funktion:
  - euthyreote Struma: normale Schilddrüsenhormonproduktion,
  - hyperthyreote Struma: gesteigerte Hormonproduktion,
  - hypothyreote Struma: zu geringe Hormonproduktion.

Die Knotenbildung beruht auf einer umschriebenen Gewebsdegeneration, die in der Zystenbildung enden kann. Daneben wird vermehrt Bindegewebe gebildet, und es treten Einblutungen und Verkalkungen auf. Die Ausbildung von sog. Proliferationszentren führt zur Entwicklung von Adenomknoten. Die genannten Veränderungen können auch nebeneinander auftreten.

Zysten und degeneriertes Schilddrüsengewebe schränken die Hormonproduktion ein. Das Gewebe der Adenomknoten dagegen unterliegt nicht mehr dem Regelkreis; es kann daher selbstständig Jod aufnehmen und Schilddrüsenhormone bilden. Die Hormonproduktion eines solchen autonomen Adenoms kann entweder der des umgebenden Schilddrüsengewebes entsprechen oder in unterschiedlichem Ausmaß bis zur Hyperthyreose ansteigen.

Besondere Strumaformen

Selten ist die Struma maligna, d. h. das Auftreten eines Schilddrüsenkarzinoms in einer Struma bzw. die Knotenbildung durch ein Schilddrüsenkarzinom. Auch seltene entzündliche Veränderungen können mit einer Strumabildung einhergehen (▫ s. unten).

Diagnostik

Anamnese

- Zufallsbefund oder Beschwerdesymptomatik?
- Herkunft aus einem Endemiegebiet?
- Dauer der Strumaentstehung (Veränderung der Kragenweite)?
- Familiäre Belastung?

Inspektion und Palpation

Größe, Lage, Konsistenz, Verschieblichkeit der diffusen, nodösen oder retrosternalen Struma, Druckdolenz, Lymphknoten?

Sonographie

Ermitteln der morphologischen Struktur (gleichmäßige/ungleichmäßige Beschaffenheit, Zysten, Knoten), der Form, der Lage und des Volumens.

Szintigraphie

Die Szintigraphie sollte jeder auffälligen Sonographie folgen; hierzu muss eine Schwangerschaft ausgeschlossen sein. Die nuklearmedizinische Untersuchung dient der funktionsorientierten Lagebestimmung von kalten oder heißen Knoten und dem Ausschluss einer fokalen oder disseminierten Autonomie:

- *kalt:* keine Nuklidaufnahme,
- *heiß:* sehr hohe Nuklidaufnahme.

Laboruntersuchungen

An erster Stelle steht heute die Messung des TSH-Spiegels (TSH: Thyreoidea-stimulierendes Hormon). Erhöhte Werte weisen auf eine Hypothyreose hin, die chirurgisch gesehen eine untergeordnete Rolle spielt. Erniedrigte Werte weisen auf eine Hyperthyreose hin. Zur weiteren Klärung können zusätzlich die T_3- und T_4-Werte im Serum gemessen werden.

Punktionszytologie

Vor allem kalte Knoten sollten unter sonographischer Kontrolle der Feinnadelbiopsie unterworfen werden. Das hierbei gewonnene Material wird zytologisch untersucht, um einem Karzinomverdacht nachzugehen. Zur exakten Punktionstechnik ist ein erfahrener Zytologe erforderlich.

Hyperthyreose

Eine Hyperthyreose muss vor einer Operation erkannt und behandelt werden. Daher sollen Grundkenntnisse hier genannt werden.

> **Definition**
>
> Die Hyperthyreose ist durch eine exzessive Schilddrüsenhormonwirkung definiert. Struma und endokrine Augensymptome (Exophthalmus) sind nicht obligatorisch und liegen nur bei bestimmten Formen der Hyperthyreose vor.

Ursachen

Wichtigste Ursachen der Hyperthyreose sind:

- Immunerkrankungen der Schilddrüse. Zu dieser Kategorie gehört u. a. der Morbus Basedow. Er ist geläufig durch den Exophthalmus, dabei handelt es sich jedoch um eine eigenständige Autoimmunerkrankung.
- Funktionelle Autonomie (Morbus Plummer). Hier liegt entweder eine gleichmäßig verteilte (disseminierte) oder eine (multi)fokale Autonomie, wie beim autonomen Adenom, vor.
- Im Rahmen einer Schilddrüsenentzündung oder bei Neoplasien kann ebenfalls eine Hyperthyreose auftreten.
- Bei Überdosierung einer Schilddrüsenhormonmedikation tritt die sog. Hyperthyreosis factitia auf.
- Als Struma basedowificata bezeichnet man die Hyperthyreose, die bei einem Patienten mit funktionel-

ler Schilddrüsenautonomie nach Jodkontamination, z. B. durch Kontrastmittel, auftritt.
- Die thyreotoxische Krise kann als Folge einer solchen Struma basedowificata (s. unten) auftreten.

Symptome

- Typische Symptome: Gewichtsabnahme bei gutem Appetit, häufiger Durchfall, Nervosität, Zittern, Schwäche, Herzklopfen und Schwitzen, auch in Ruhe (z. B. nachts).
- Weitere Befunde: Tremor, Adynamie, Tachykardie, gesteigerter Sympathikotonus, gesteigerte Mimik und Motorik.

Gefahr droht bei Operation und Narkose durch das Auftreten einer thyreotoxischen Krise. Bei der thyreotoxischen Krise bestehen Fieber, eine extreme Tachykardie und ein Hypertonus (mit einer großen RR-Amplitude) bis hin zur Herzinsuffizienz. Begleitet von Übelkeit, Erbrechen und Durchfall mit krampfartigen Bauchschmerzen führt das Krankheitsbild mit extremem Tremor, Unruhe und dann Stupor, Muskelschwäche und Depression unbehandelt zum Tod des Patienten.

Diagnose

Feststellung typischer klinischer Symptome (s. auch Strumadiagnostik).

Konservative Therapie

Die Basedow-Hyperthyreose und der Morbus Plummer werden zunächst medikamentös behandelt. Liegt eine Autonomie vor, ist nach medikamentös erzielter Euthyreose die definitive Heilung nur durch eine anschließende Radiojodtherapie oder eine Operation (s. unten) möglich. Bleibt bei der Basedow-Hyperthyreose die erst nach Monaten zu erwartende, erhoffte Spontanheilung aus, bleibt auch hier nur die Radiojodtherapie oder die Operation.

Malignome der Schilddrüse

Häufigkeit

Malignome der Schilddrüse sind mit 0,2–0,5% aller Krebserkrankungen selten.

Formen

Im jüngeren Lebensalter sind differenzierte Karzinome (papillär und follikulär) häufiger; im höheren Lebensalter dagegen die undifferenzierten anaplastischen Formen.

Klinik

Klinische Verdachtsmomente ergeben sich aus raschem Wachstum und der Knotengröße eines Solitärknotens. Szintigraphisch kalte Solitärknoten sind in bis zu 10% maligne. Kalte Knoten sind zwar bei Frauen häufiger, der relative Anteil an Karzinomen ist jedoch beim Mann größer. Anamnestisch besonders hinweisgebend sind frühere Röntgenbestrahlungen der Halsregion.

Diagnose

Maßnahmen bei Malignomverdacht: Anamnese, körperliche Untersuchung, Sonographie, Szintigraphie, Röntgen des Thorax, gezielte Punktionszytologie und Abklärung der Schilddrüsenfunktion.

Prognose

Die differenzierten Karzinome des jüngeren Menschen haben eine wesentlich günstigere Prognose als die anaplastischen Formen von Patienten im mittleren und höheren Lebensalter.

2.2.3 Operationen der Schilddrüse

Präoperative Maßnahmen

Bei einer Hyperthyreose ist immer eine Vorbehandlung erforderlich. Beim hyperthyreoten autonomen Adenom wird mit Thyreostatika und ggf. β-Blockern (Senkung der Pulsfrequenz) vorbehandelt.

Insbesondere beim Morbus Basedow kann zusätzlich durch »Plummern« sowohl eine Euthyreose herbeigeführt werden als auch zusätzlich eine festere, gefäßärmere Gewebskonsistenz erzielt werden, die den chirurgischen Eingriff erleichtert.

> **Definition**
> Unter Plummern versteht man die Hemmung aller Phasen der Schilddrüsenhormonsynthese und -sekretion. Hierzu wird Jod über 5, maximal 10 Tage präoperativ in einer hohen Dosierung (20–200 mg; physiologisch sind 100–200 μg) gegeben.

Zum Plummern eignen sich die gesättigte Kaliumjodidlösung, Kaliumjodidkompretten oder Lugol-Lösung in einer ärztlich festzulegenden Dosierung.

Vor jeder Operation an der Schilddrüse wird die Stimmbandfunktion (Funktion des N. recurrens) über eine HNO-ärztliche Stimmbandspiegelung geprüft.

Hinsichtlich der Nebenschilddrüsenfunktion wird die Kontrolle des Kalziumspiegels angeraten.

OP-Ziele

- Bei Strumaoperationen erfolgt aus kosmetischen oder mechanischen Gründen im Regelfall die beidseitige subtotale Resektion, d. h. es werden beide Schilddrüsenlappen stark verkleinert. Das Resektionsausmaß richtet sich nach der Grunderkrankung.
- Bei der (hyperthyreoten) Knotenstruma sollen sämtliche knotigen Parenchymanteile entfernt bzw. aus dem Lappenrest enukleiert werden. Die Lappenrestgröße beträgt höchstens 4 × 2 × 1,5 cm.
- Beim Morbus Basedow, evtl. ohne Strumabildung, müssen die Lappenreste noch wesentlich kleiner sein (2 ml bzw. 2 × 1 × 1 cm).
- Solitäre autonome Adenome werden durch eine Enukleation(sresektion), durch eine Polresektion, besser durch eine einseitige subtotale Resektion entfernt.
- Bei differenzierten Karzinomen wird prinzipiell total (beidseitig) thyreoidektomiert, in der Regel unter Mitentfernung lokaler Lymphknoten. Eine Ausnahme stellen nur innerhalb eines subtotalen Resektionspräparats nachträglich festgestellte kleine umschriebene, abgekapselte, gut differenzierte Karzinome dar. Im Zweifelsfall werden jedoch die Schilddrüsenreste nachreseziert.
- Bei jeder Schilddrüsenoperation sind die 4 Epithelkörperchen und die beiden Stimmbandnerven gefährdet. Diese Strukturen werden geschont, indem sie bevorzugt entweder freipräpariert und dargestellt werden oder indem in ihrem Lagebereich, der dorsalen Schilddrüsenkapsel, jegliche Manipulation unterlassen wird. Bei der totalen und bei der Hemithyreoidektomie ist eine Rekurrensdarstellung obligat.

Subtotale Strumaresektion (ein- oder beidseitig)

▪▪▪ Indikation

Struma, Morbus Basedow.

▪▪▪ Prinzip

Resektion des Schilddrüsengewebes unter Belassung eines kleinen Parenchymrestes.

▪▪▪ Lagerung

- Entweder Rückenlage mit rekliniertem Kopf, neutrale Elektrode am Oberarm. Der Tisch sollte im Kniegelenk abgeknickt sein (▫ Abb. 2.23). Lagert man einen Arm des Patienten an den Körper an, muss der Schnitt vorher angezeichnet werden.
- Die zweite Lagerungsmöglichkeit ist die halbsitzende Position mit rekliniertem Kopf (▫ Abb. 2.24).

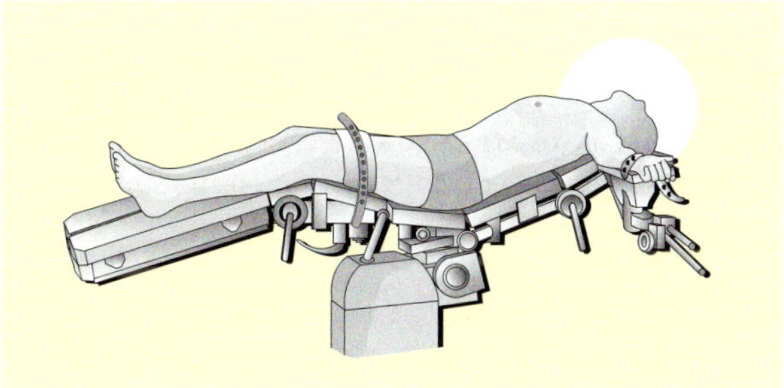

▫ Abb. 2.23 Rückenlagerung. Beide Arme sollten ausgelagert sein, um eine symmetrische Schnittführung zu gewährleisten

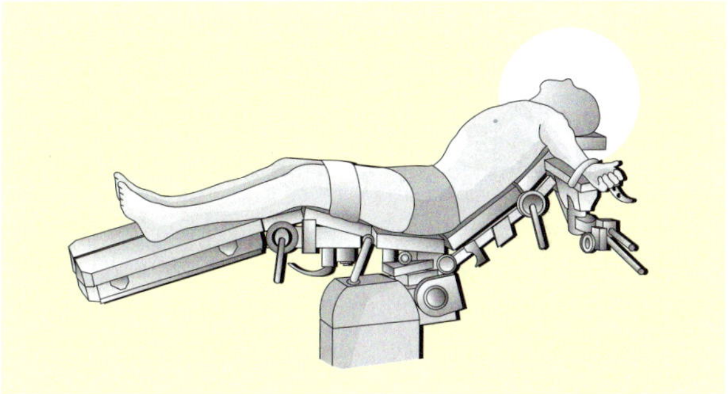

▫ Abb. 2.24 Halbsitzende Position

- Am Ende des Eingriffs wird der Kopf etwas angehoben, um den Wundverschluss zu erleichtern.

▪▪▪ Instrumentarium

Grundinstrumentarium mit zahlreichen Péan- und Kocher-Klemmen, ggf. auch mit Mosquito-Klemmen, Overholt- und Baby-Overholt-Klemmen,

- Dissektor,
- evtl. Rinne und Deschamps,
- feine Adsonpinzetten,
- feine Präparierschere,
- evtl. Allis-Klemmen oder Museux.

Strumektomie

- ▶ Kocher-Kragenschnitt (▫ s. Abschn. »Zugangswege«); die Schnittlänge richtet sich nach der Strumaausdehnung. Die seitliche Begrenzung wird durch den M. sternocleidomastoideus gebildet
- ▶ Nach der Spaltung der geraden vorderen Halsmuskulatur in der Linea alba colli sieht man auf die Schilddrüsenkapsel im Isthmusbereich. Blutstillung erfolgt mit dem Elektrokauter

- Bei großen Strumen werden die Vv. jugulares anteriores ligiert. Danach wird der gerade Halsmuskel (M. sternohyoideus) mit dem Elektrokauter oder zwischen 2 Klemmen durchtrennt und ggf. umstochen. Der M. sternocleidomastoideus bleibt immer intakt. Ansonsten wird die Muskulatur mit Roux-Haken, die unter die mittlere Halsfaszie gesetzt werden, beiseite gedrängt
- Die Vorderfläche der Struma lässt sich stumpf mit Präpariertupfer, Dissektor oder Finger darstellen. Die Thyreoidea wird aus ihrem Bett luxiert, sperrende kleine Venen werden ligiert. Beide Schilddrüsenlappen lassen sich über der Trachea mit Overholt-Klemmen oder mit Rinne und Deschamps teilen. Der Isthmus wird dazu von der Trachea gelöst, zu beiden Seiten mit großen Klemmen unterfahren, abgeklemmt, durchtrennt und mit kräftigen Fäden ligiert. Ein evtl. vorhandener Lobus pyramidalis wird vollständig entfernt
- Zuerst wird der obere Schilddrüsenpol freigelegt, dann der untere Pol
- Die oberen Polgefäße (Aa. und Vv. thyreoideae superiores) werden zwischen 2 Overholt-Klemmen doppelt ligiert und durchtrennt
- Wegdrängen oder -schieben der einen Strumahälfte zur Gegenseite und Präparation des lateralen Bindegewebes mit Metzenbaum-Schere und Pinzette in die Tiefe, bis auf die A. thyreoidea inferior, das untere Polgefäß. Dieses Gefäß kann isoliert und weit entfernt von der Schilddrüse ligiert werden, um sicher zu sein, dass der zuvor identifizierte N. recurrens geschont wird. Auf die Ligatur der A. thyreoidea inferior wird häufig verzichtet
- Analoges Vorgehen auf der Gegenseite
- Nach der Versorgung der unteren Polgefäße wird das Schilddrüsenlager vorübergehend mit warmen Kompressen tamponiert. Der untere Pol wird stumpf hervorluxiert; kleine Venen werden unterbunden
- Nach Abpräparation beider Isthmushälften von der Vorderseite der Trachea werden die Kapseln der Schilddrüse in der Resektionslinie mit Klemmen gefasst, und das nodöse Gewebe wird reseziert. Ein Parenchymrest von mindestens 5 mm Dicke gewährleistet in der Regel die Schonung der Epithelkörperchen. Sicherer ist die Darstellung vor Beginn der Resektion. Nach gezielter Blutstillung auf den Resektionsflächen wird die Schilddrüsenkapsel adaptierend vernäht (Abb. 2.25). Die Kapselnaht ergänzt die Blutstillung
- In jede Schilddrüsenloge wird eine Redon-Drainage eingelegt. Die Reklination des Kopfes wird aufgehoben und der Halsmuskel vernäht; evtl. erfolgen Platysma-Subkutis-Nähte
- Hautnaht, lockerer Verband.

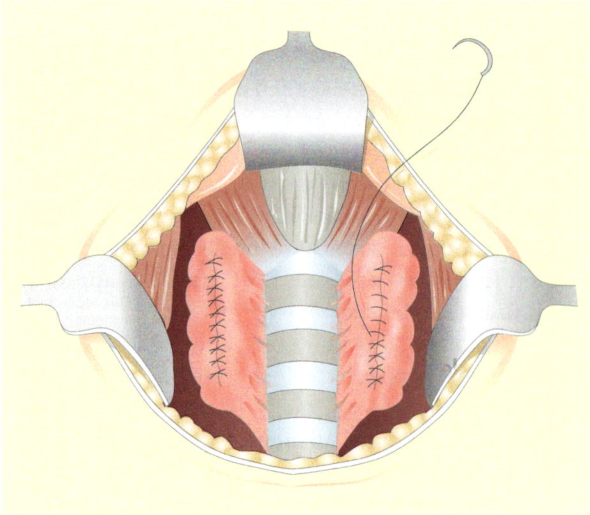

Abb. 2.25 Zustand nach Strumaresektion. (Aus Siewert 2001)

Enukleation eines Schilddrüsenknotens

Die Enukleation wird heute nur noch selten bei genau abzugrenzenden gutartigen Knoten oder Zysten durchgeführt.

Der Patient wird wie bei der subtotalen Strumaresektion vorbereitet und gelagert, ebenso stimmt die Schnittführung bis zur Darstellung der Schilddrüse überein. Beide Lappen werden dargestellt, um noch weitere Veränderungen palpieren zu können. Sind sie tastbar, muss eine subtotale Resektion vorgenommen werden.

Das Parenchym über dem Adenom wird mit der Schere oder dem Skalpell inzidiert.

Auf eine Darstellung der oberen Polgefäße und der A. thyreoidea inferior kann meist verzichtet werden.

Fast immer lässt sich der Knoten stumpf mit dem Finger oder einer gebogenen Klemme isolieren. Eine histologische Schnellschnittuntersuchung sollte eine fragliche Malignität abklären.

Das Parenchym wird fortlaufend vernäht, der übrige Wundverschluss erfolgt wie oben erwähnt.

Besser ist die sog. Enukleationsresektion, bei der Schilddrüsengewebe um den Knoten herum mitentfernt wird. Bei einer Knotenlokalisation im Polbereich sollte eine Polresektion durchgeführt werden.

Thyreoidektomie

Die komplette Schilddrüsenentfernung ist die Standardoperation bei Malignomen. Dabei werden beide Lappen total reseziert. Der N. recurrens wird beidseits dargestellt und geschont, die Epithelkörperchen nach Möglichkeit ebenfalls.

Sollten nach der Resektion die 4 Nebenschilddrüsen der dorsalen Kapsel des Resektats anhaften, werden sie abgetragen und halbiert in den M. sternocleidomastoideus replantiert.

Um eine Minderdurchblutung der Epithelkörperchen zu vermeiden, wird die A. thyreoidea inferior nicht unmittelbar am Stamm unterbunden, sondern schilddrüsennah im Bereich ihrer einzelnen Äste.

Retrosternale Struma

Wenn das Strumagewebe nicht mit dem Finger hinter dem Sternum gelöst werden kann, erfolgt der Zugang über eine mediane Sternotomie (▫ s. 6.3.1).

Struma endothoracica vera

Ein retrosternal gelegener Schilddrüsenknoten ohne Verbindung zur Schilddrüse. Operativer Zugang ist die Sternotomie.

Retroviszerale Struma

Ein Knoten zwischen Trachea und Wirbelsäule. Die Operation kann ohne Sternotomie erfolgen.

Postoperative Maßnahmen

Nach jeder Schilddrüsenoperation erfolgt eine Funktionskontrolle der Stimmbänder. Bei einseitiger Rekurrensschädigung resultiert Heiserkeit. Bei beidseitigem Schaden kann Atemnot auftreten und sogar eine Tracheotomie erforderlich werden.

Der Kalziumspiegel im Serum wird kontrolliert. Bei niedrigem Kalziumspiegel aufgrund einer Epithelkörperchenschädigung ist mit einer Krampfneigung zu rechnen, der durch Kalziumgaben vorgebeugt wird.

Hormon-/Jodidsubstitution unter Nachkontrollen des Hausarztes wird veranlasst.

Bei Schilddrüsenmalignomen muss über eine zusätzliche Radiojodtherapie entschieden werden.

2.3 Hernien

Definition

Eine Hernie entsteht durch ein Hervortreten von Eingeweideanteilen (Bruchinhalt) in eine Vorbuchtung des parietalen Peritoneums (Bruchsack) durch eine Bauchwandlücke (Bruchpforte).

2.3.1 Allgemeines

Formen

Unterschieden werden äußere und innere Hernien.

Äußere Hernien

Brüche der Bauchwand, die von außen sichtbar sind.

Beispiele:
- Leistenhernie (Hernia inguinalis),
- Nabelhernie (Hernia umbilicalis),
- Narbenhernie, Schenkelhernie (Hernia femoralis),
- epigastrische Hernie (Hernia epigastrica).

Innere Hernien

Brüche innerhalb des Bauchraumes ohne äußerlich sichtbare Zeichen.

Beispiele:
- Zwerchfellhernien (Hiatushernie),
- Ileozäkalhernien.

Von einer Gleithernie spricht man, wenn Organe oder Organteile, z. B. Harnblase, Zäkum, Sigma mit ihrem Peritonealüberzug teilweise den Bruchsack bilden.

Von einer symptomatischen Hernie spricht man, wenn eine intraabdominelle Drucksteigerung, z. B. durch Tumorwachstum oder Aszites, für die Hernienbildung verantwortlich ist, die Hernie also das Symptom einer Erkrankung darstellt.

Ätiologie

Hernien treten durch erhöhten abdominellen Druck auf. Es gibt angeborene Formen mit schon vorhandenen offenen Bruchpforten. Die erworbenen Formen sind auf einen Verlust der Bauchwandfestigkeit zurückzuführen. Sie treten meist entlang der Strukturen auf, die durch die Bauchwand ziehen, z. B. entlang großer Blutgefäße (Schenkelhernie) oder entlang des Samenstranges (Leistenhernie).

Inkarzeration

Eine Inkarzeration (Einklemmung) einer Hernie besteht dann, wenn der Bruchinhalt nicht mehr spontan durch die Bruchpforte zurückgelangen kann. Mit der akuten Einklemmung droht ganz allgemein die Ernährungsstörung des Bruchinhalts. Eine vitale Bedrohung tritt dann ein, wenn der Bruchinhalt aus Darmschlingen oder Darmwandabschnitten besteht.

Die unmittelbaren Folgen können zunächst eine Koteinklemmung, später ein Ileus sein. Aus der mechanischen bzw. durchblutungsbedingten Ernährungsstörung der Darmwand resultiert die Perforation mit Peritonitis.

Lokal macht sich die akute Inkarzeration mit Schmerzen, Schwellung und Rötung bemerkbar. Durch den peritonealen Reiz kann Übelkeit auftreten, durch den Ileus Erbrechen.

Reposition

Der Zeitpunkt der Inkarzeration kann häufig vom Patienten genau angegeben werden. Dies ist wichtig, da die Reposition eines akuten eingeklemmten Bruches nur innerhalb der ersten 4 h versucht werden sollte. Nur die komplette, also gut gelungene Repositon führt zur raschen Beschwerdefreiheit. Dagegen ist eine Reposition en bloc gefährlich, da bei ihr der Bruch zwar äußerlich verschwunden ist, die wirksame Bruchpforte aber nur gewaltsam in die Tiefe verlagert wurde ohne eine echte Reposition des Bruchinhalts erzielt zu haben (sog. Pseudoreposition).

Indikationen zur Operation

Jede palpatorisch oder zusätzlich sonographisch diagnostizierte Hernie kann als Wahleingriff zu einem beliebigen Zeitpunkt operiert werden.

> **! Eine Notfallindikation zur Operation besteht immer dann, wenn die Reposition eines akut inkarzerierten Bruches nicht möglich ist oder wenn das Zeitintervall nach akut eingetretener Inkarzeration 4 h überschreitet.**

Anatomie des Leistenkanals

Die Kenntnis der Anatomie des Leistenkanals ist die Voraussetzung für die operative Versorgung. Der sog. Leistenkanal, der vom inneren Leistenring lateral intraabdominal nach medial zum äußeren Leistenring verläuft, umgibt beim Mann den Samenstrang und bei der Frau das sehr viel dünnere Lig. teres uteri.

Der Samenstrang enthält die Gefäßversorgung des Hodens, die A. spermatica und die ableitenden Venen im Plexus pampiniformis sowie den Samenleiter (Ductus deferens). Der Samenstrang wird von einer Muskelschicht (M. cremaster) umhüllt.

Der Leistenkanal ist etwa 4–6 cm lang.

Innerer Leistenring

Er stellt als innerer Eingang einen Schwachpunkt der Bauchdecke dar. Als Lücke der muskulären Bauchdeckenverspannung kann hier der intraperitoneale Druck zur Bruchentwicklung führen. Direkt medial des inneren Leistenrings verlaufen in Körperrichtung die epigastrischen Gefäße.

Äußerer Leistenring

Diese äußere »Öffnung« wird durch eine Sehnenlücke des M. obliquus externus abdominis gebildet.

Wände des Leistenkanals

- Die Hinterwand wird von der Fascia transversalis gebildet.
- Das Leistenband bildet den Boden, indem es vom vorderen oberen Darmbeinstachel zur Symphyse zieht.
- Die Vorderwand wird von der Externusaponeurose gebildet.
- Das Dach besteht aus dem Unterrand der Muskelschicht des M. obliquus internus und transversus abdominis. Diese Muskelschicht wird oberhalb des Leistenkanals vorn von der Externusaponeurose und dorsal von der Transversalisfaszie begrenzt.

Indirekte und direkte Hernien

Eine indirekte Hernie wird auch als schräger, äußerer oder lateraler Bruch, eine direkte Hernie als senkrechter, innerer oder medialer Bruch bezeichnet.

Diese beiden Formen unterscheiden sich durch die Eintrittsstellen in den Leistenkanal. Indirekte Hernien treten am inneren Leistenring in den Leistenkanal und damit lateral der epigastrischen Gefäße in den Leistenkanal ein. Direkte Hernien sparen den seitlichen Umweg zum inneren Leistenring aus und treten »direkt« auf halber Strecke und damit medial der epigastrischen Gefäße in den Leistenkanal ein.

2.3.2 Leistenhernie

Die Operation einer Leistenhernie lässt sich in 2 Abschnitte untergliedern:
- Herniotomie,
- Verschluss der Bruchpforte.

1. OP-Schritt. Bei der »Herniotomie« wird der Bruchsack freigelegt und operativ versorgt. Dieser Schritt ist allen konventionellen OP-Techniken gemeinsam.

2. OP-Schritt. Beim Verschluss der Bruchpforte wird die Bauchwand verstärkt; hierbei gibt es 2 Möglichkeiten:

- Verstärkung der Vorderwand (Operation nach Halstedt-Ferguson), die aber nur bei Kindern durchgeführt wird (s. Kap. 13).
- Verstärkung der Hinterwand des Leistenkanals bei erwachsenen Patienten mit den folgenden Techniken zum Verschluss der Bruchpforte:
  - nach Bassini (Kirschner),
  - nach Shouldice,
  - nach McVay oder
  - nach Lichtenstein.

Herniotomie und Bruchpfortenverschluss bei Männern

Indikation

Hernia inguinalis.

Prinzip

Reposition des Bruchsackinhalts, Abtragung des Bruchsacks, Vorbereitung der anatomiegerechten Verstärkung der Bauchwand (je nach angewandter Technik).

Lagerung

- Rückenlage,
- Neutrale Elektrode am gleichseitigen Oberschenkel.

Instrumentarium

- Grundinstrumentarium,
- Gummizügel,
- resorbierbares Nahtmaterial,
- ggf. Redon-Drainage.

Herniotomie

► Der Hautschnitt verläuft parallel und etwa 2 cm über dem Leistenband

► Durchtrennung des Subkutangewebes und Einsetzen der scharfen Haken. Dadurch stellen sich die Vasa epigastrica superficialia dar, die unterbunden werden. Darstellung der Externusaponeurose inklusive des äußeren Leistenringes. Die Aponeurose wird, beginnend am äußeren Leistenring, mit der Schere gespalten

► Die Verklebungen zwischen dem M. cremaster und dem Leistenband sowie zwischen der Hinterwand des Leistenkanals und dem M. obliquus internus abdominis können mit einem feuchten Stieltupfer oder Präparierstiel gelöst werden

► Nach der Eröffnung des Leistenkanals liegt das Samenstranggebilde frei, umgeben vom M. cremaster, der gespalten wird. Daraufhin kann der Samenstrang mit einem Gummizügel angeschlungen werden

► Der Bruchsack wird dargestellt, er wird entweder mit 4 kleinen Klemmchen oder mit einem kleinen Duval angeklemmt und vom Samenstrang bis zur Bruchpforte mit einer Metzenbaum-Schere freipräpariert. Dann sieht man den inneren Leistenring und die epigastrischen Gefäße, die entweder medial oder lateral der Bruchpforte liegen

► Der Bruchsack wird an der Spitze eröffnet, der Inhalt inspiziert

► Wenn möglich, wird der Bruchsackinhalt stumpf (unter Zuhilfenahme eines feuchten Stieltupfers) in die Bauchhöhle reponiert. Der Bruchsack wird mit einer Tabakbeutelnaht verschlossen (Abb. 2.26) und abgetragen

Der Verschluss der Bruchpforte beinhaltet als wichtigsten Arbeitsschritt die Verstärkung der Hinterwand des Leistenkanals. Dafür gibt es die im Folgenden beschriebenen Methoden.

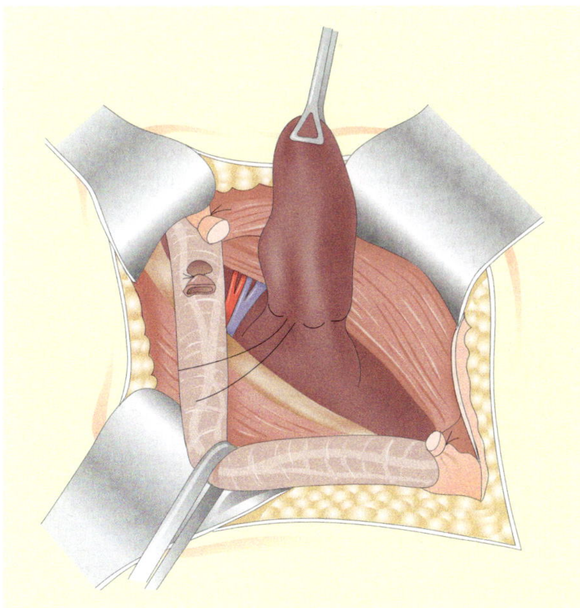

Abb. 2.26 Anlegen einer Tabakbeutelnaht an der Bruchsackbasis

Bruchpfortenverschluss nach Bassini

- Voraussetzung hierfür ist die vollständige Spaltung der Fascia transversalis
- Die Nähte vereinigen durchgreifend den M. obliquus internus, die Fascia transversalis und den M. transversus abdominis mit dem Leistenband. Zur Sicherung kann die erste Naht durch das Schambeinperiost gelegt werden (Abb. 2.27a,b). Sie verbindet den Ansatz des M. obliquus internus mit dem Leistenbandansatz am Periost. Wegen möglicher postoperativer Schmerzzustände kann diese Maßnahme nicht generell empfohlen werden
- Die Nähte werden gelegt und angeklemmt und dann in derselben Reihenfolge geknüpft. Der Samenstrang darf nicht eingeengt werden, um die Gefahr einer Hodenatrophie auszuschließen. Schichtweiser Wundverschluss, Verband

Bruchpfortenverschluss nach Bassini-Kirschner

- Die Bassini-Nähte werden wie oben beschrieben gelegt; dann wird der Samenstrang nach lateral-ventral gehalten und die Externusaponeurose vernäht. Der Samenstrang liegt so auf der Externusaponeurose vor dem ehemaligen Leistenkanal

Bruchpfortenverschluss nach Shouldice

- Dieses Verfahren stellt durch die Doppelung der ausgedünnten Fascia transversalis eine anatomiegerechte Rekonstruktion der Hinterwand des Leistenkanals dar
- Hat diese Faszie einen Defekt oder eine fühlbare Schwäche, ist eine Doppelung indiziert. Dazu wird sie vom inneren Leistenring an mit einer Schere gespalten. Dabei muss besonders auf die darunter liegenden Gefäße geachtet werden
- Der obere Anteil der Faszie wird von der Bruchpforte aus mit Kocher-Klemmen gefasst, dann wird die Faszie teils stumpf (mit Präpariertupfer oder Finger) teils scharf mit der Schere vom präperitonealen Fett abpräpariert. Nun wird auch der untere Faszienteil angeklemmt. Die untere Hälfte der Fascia transversalis wird unter die obere genäht (gedoppelt; Abb. 2.28)

Über die erste Nahtreihe wird zur Doppelung die Zweite fortlaufend gelegt. An der Oberkante kann der M. cremaster in die Naht einbezogen werden (Abb. 2.29)

- Danach werden der M. transversus abdominis und der M. obliquus internus als zweite Schicht an das Leistenband geheftet. Mit einer fortlaufenden Naht wird die Externusaponeurose verschlossen. Schichtweiser Wundverschluss, Verband

Bruchpfortenverschluss nach McVay/Lotheisen

- Ist die Fascia transversalis nicht zur Rekonstruktion geeignet, wird die Bauchwandmuskulatur (M. obliquus internus, M. transversus abdominis und Transversalisfaszie) an das Lig. pubicum superius Cooperi geheftet. Nach dieser Reparation muss ggf. die Rektusscheide inzidiert werden, um die Nahtspannung zu reduzieren

Bruchpfortenverschluss nach Lichtenstein

- In den letzten Jahren wird zunehmend ein spannungsfreier Bruchpfortenverschluss durch Implantation eines nichtresorbierbaren oder teilresorbierbaren Kunststoffnetzes propagiert
- Zunächst werden Bruchsack und Bruchpforte dargestellt.
- Die Präparation verzichtet jedoch auf die Durchtrennung der Transversalisfazie und im Regelfall auf die Bruchsackabtragung. Zwischen Leistenband und M. obliquus internus wird ein keilförmig zugeschnittenes Polypropylennetz (z. B. Prolene, Atrium) mit nichtresorbierbarer Naht spannungsfrei fixiert. Seitlich wird ein Schlitz zur Aufnahme des Samenstranges angelegt. Die beiden schmalen Schenkel des Netzes werden lateral überkreuzt, sodass sie einen inneren Leistenring bilden. Darüber werden die Externusaponeurose und die übrigen Wandschichten wieder verschlossen

Diese Operation wird häufig in Lokalanästhesie vorgenommen.

In der Literatur werden vereinzelt Einschränkungen für das Vorgehen ohne Allgemeingültigkeit angegeben: ab dem 40. bzw. 50. Lebensjahr, nur bei Rezidivhernien.

In der Nachbehandlung ist keine längere Schonung nötig.

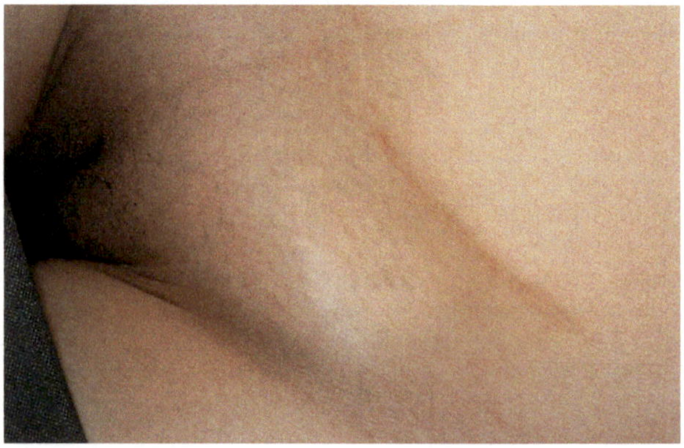

Abb. 2.27. Inguinalhernie

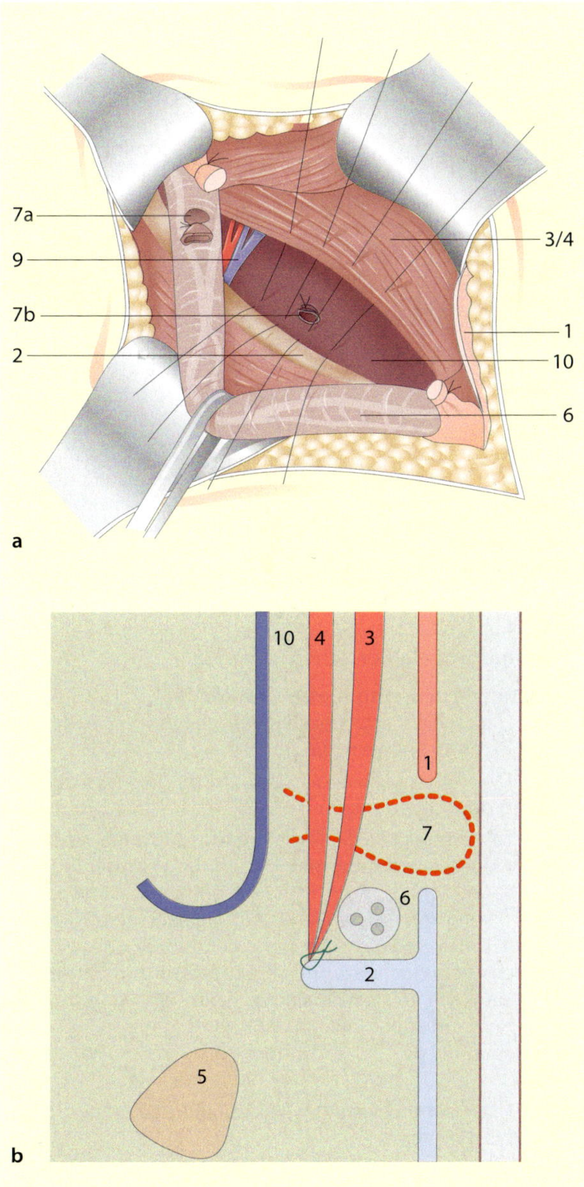

▫ Abb. 2.27a, b. Verschluss nach Bassini. *1* Externusaponeurose, *2* Lig. inguinale, *3* M. obliquus internus, *4* M. transversus, *5* Pecten ossis pubis, *6* Funiculus spermaticus, *7a* indirekte Inguinalhernie, *7b* direkte Inguinalhernie, *9* A. und V. femoralis mit Abgang der A. und V. epigastrica inferior, *10* Fascia transversalis. (Aus Siewert 2001)

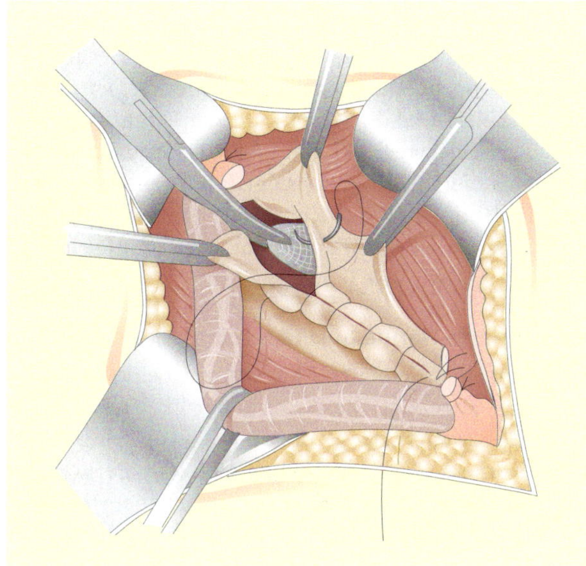

▫ Abb. 2.28 Shouldice-Reparation. Erste fortlaufende Nahtreihe der Fasziendoppelung. (Nach Schumpelick et al. 1991)

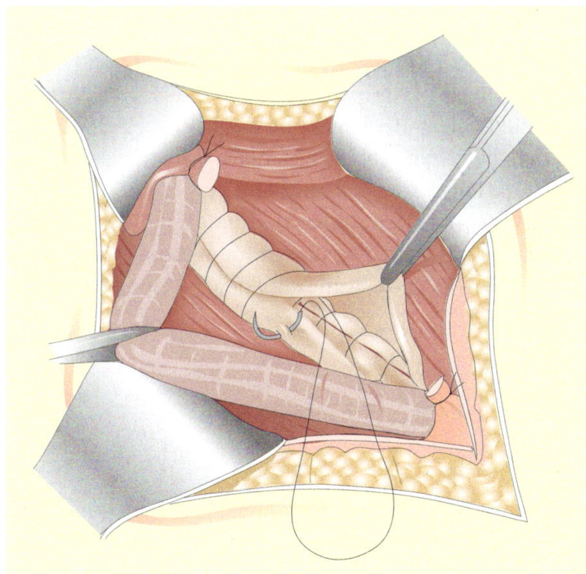

▫ Abb. 2.29 Shouldice-Reparation: Abschluss der Transversalisdoppelung durch Rückführung der ersten Nahtreihe. (Nach Schumpelick et al. 1991)

Leistenbruch bei Frauen

Es handelt sich fast immer um eine indirekte Hernie. Der Bruchsack liegt oberhalb des Leistenbandes. Der Bruchsackverschluss und die Verstärkung der Hinterwand entsprechen dem Vorgehen beim Mann. Das Lig. rotundum (Lig. teres uteri) wird im Leistenkanal fixiert und in die Bassini-Nähte einbezogen oder bei der Fasziendoppelung im lateralen Anteil eingenäht. Eine oft gleichzeitig vorhandene Hydrozele wird reseziert.

Inkarzerierte Hernie bei Frauen und Männern

Bei einem eingeklemmten Darm ist meist eine Herniolaparotomie angezeigt. Die Lücke in der Externusaponeurose wird erweitert, der M. obliquus internus eingekerbt, unter starkem Zug weggehalten und das Peritoneum eröffnet. Der Bruchsackinhalt kann dann beurteilt und reponiert werden. Das Netz und die Darmanteile, die sich nicht erholen, müssen nach der Versorgung der Bruchpforte über eine gesonderte Laparotomie reseziert werden. Manchmal ist jedoch die Versorgung über die Bruchpforte möglich.

2.3.3 Schenkelhernie (Hernia femoralis)

Femoralhernien, die insgesamt 5–7% aller Hernien ausmachen, betreffen sehr viel häufiger Frauen als Männer. Inkarzerationen treten häufig auf. Femoralhernien sind immer erworben. Sie finden sich unterhalb des Leistenbandes am häufigsten medial der A. femoralis und V. femoralis (Abb. 2.30). Zumeist haben sie eine sehr kleine Bruchpforte.

Indikation

Jede Femoralhernie (Schenkelhernie).

Prinzip

Freilegung entweder wie bei der Leistenhernie von inguinal oder von krural, Reposition des Bruchsackinhalts, Abtragung des Bruchsackes, Verschluss der Lücke.

Lagerung

- Rückenlage,
- Dispersionselektrode am gleichseitigen Oberschenkel.

Instrumentarium

- Grundinstrumentarium,
- evtl. einen Gummizügel für das Lig. rotundum.

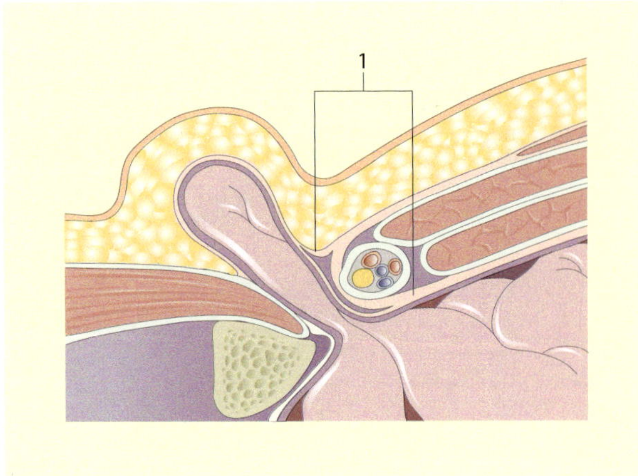

Abb. 2.30 Schematisches Schnittbild zur Darstellung der anatomischen Lagebeziehung einer Hernia femoralis (1 = Schenkelkanal). (Nach Nowak u. Fleck 1991)

Herniotomie einer Schenkelhernie

Inguinaler Zugang (Lotheisen/McVay)

- Hautschnitt wie bei der Inguinalhernie, Spalten der Externusaponeurose
- Darstellen des Bruchsacks unter Berücksichtigung der Nähe der lateral gelegenen V. iliaca externa
- Fassen des Bruchsackes mit Mosquito-Klemmen oder kleinen Fasszangen und Eröffnung mit der Metzenbaum-Schere. Der Bruchsackinhalt wird reponiert, sofern er keine Durchblutungsstörungen aufweist. Dann erfolgen eine Tabakbeutelnaht oder eine Durchstechungsligatur des Bruchsackes und die Abtragung. Die Leistenkanalhinterwand wird durch eine Fasziendoppelung nach McVay/Lotheisen unter Aussparung des Lig. rotundum verschlossen (Abb. 2.31)
- Über dem Ligament wird die Externusaponeurose verschlossen

Kruraler Zugang

- Ideal bei kleinen nicht inkarzerierten Hernien
- Über eine längsverlaufende oder schräge Inzision im Bereich der Leistenbeuge wird das Leistenband von seiner Unterseite her dargestellt und der Bruchsack mit einem feuchten Stieltupfer von den Femoralgefäßen abgeschoben und eröffnet
- Zur Reposition des Bruchsackinhalts muss meist medial die Bruchpforte erweitert werden. Dazu wird die V. femoralis lateral auf einen Kocher-Haken aufgeladen
- Der Bruchsack wird an seiner Basis über einer Tabakbeutelnaht abgetragen

► 3–4 Einzelnähte (nichtresorbierbar), die die Unterkante des Leistenbandes mit der Oberschenkelfaszie (Fascia pectinea) und evtl. dem Cooper-Ligament vereinigen, verschließen die Bruchpforte. Wenn möglich sollte die Fascia transversalis mitgefasst werden

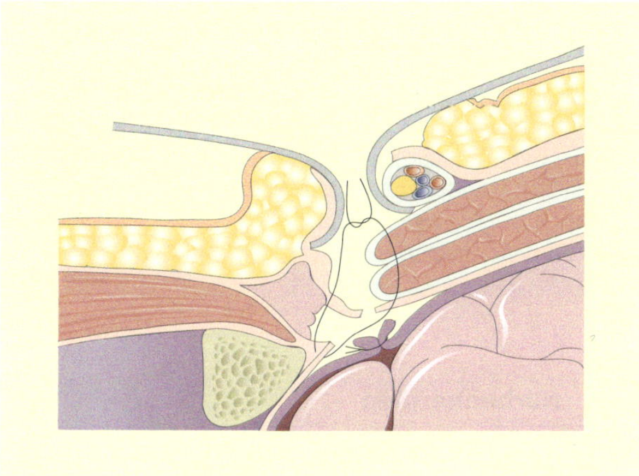

Abb. 2.31 Operation nach Lotheisen. Alle Nähte sind zum Lig. pubicum superius Cooper gelegt. (Nach Nowak u. Fleck 1991)

2.3.4 Nabelhernie (Hernia umbilicalis)

Die Nabelhernie ist beim Erwachsenen die zweithäufigste Hernienform. Als Bruchpforte dient der Nabelring, der sich so ausweitet, dass Bauchhöhleninhalt austreten kann.

Indikation

- Nabelbrüche neigen zu Komplikationen und sollten deshalb frühzeitig operiert werden.
- Operation ansonsten bei Beschwerden, erheblicher Größenzunahme oder Einklemmung, bei Bedarf auch aus kosmetischen Gründen.

Prinzip

Reposition des Inhalts, Abtragung des Bruchsacks, Bruchpfortenverschluss durch Fasziendoppelung nach (Dick) Mayo (Abb. 2.32).

Lagerung

- Rückenlage, leicht überstreckt,
- Dispersionselektrode an einem Oberschenkel.

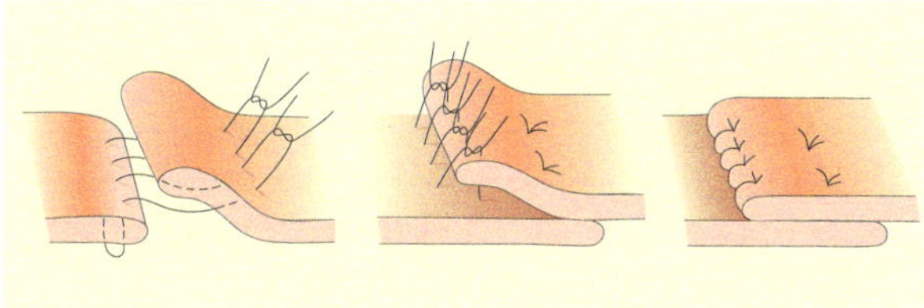

Abb. 2.32 Schematische Darstellung der Fasziendoppelung nach Mayo. (Aus Pichlmayr u. Löhlein 1991)

Instrumentarium

Grundinstrumentarium.

Nabelhernienreparation

► Halbkreis- oder wetzsteinförmige Umschneidung des Nabels, je nach der Größe des Bruchs. Günstig ist auch eine quere Inzision unterhalb des Nabels als Zugang

► Durchtrennung des Subkutangewebes bis zur Darstellung der Rektusscheide

► Der Bruchsack wird an der Basis inzidiert und der Inhalt schonend, soweit möglich, reponiert. Dazu muss fast immer der Schnürring eingeschnitten werden. Ein Finger des Operateurs schützt dabei die darunter liegenden Darmschlingen. Der Bruchsack wird zunächst stumpf umfahren, bevor er von der Nabelhaut abgelöst wird

► Adhärente Anteile des großen Netzes werden mit Overholt und Schere freipräpariert und ligiert, bis die Darmschlingen frei sind

► Der Bruchsack wird abgetragen und das Peritoneum mit einer Durchstechungsligatur verschlossen. Für den Verschluss bei kleiner Bruchlücke reicht ein einfacher Nahtverschluss aus

► Bei größerer Bruchpforte sollte eine Fasziendoppelung nach Mayo durchgeführt werden

► Dazu werden die Faszienränder mit Klemmen gefasst und flächig von der Subkutis freipräpariert

► Die Fasziendoppelung wird erreicht, indem zwischen dem unteren Rand des Bruchringes und dem Rand der Rektusscheide U-Nähte so gelegt werden, dass etwa 1,5 cm Faszienrand übersteht. Dieser wird nach dem Knüpfen der Fäden durch eine Z-Naht mit der Rektusscheide vereint (Doppelung)

► Ist die Bruchlücke zu groß oder die Faszie zu schwach, kann der Defekt auch mit einem Streifen Fascia lata oder mit nichtresorbierbarem Netz gedeckt werden

► Der Nabel wird refixiert, bei minderdurchbluteter Nabelhaut jedoch reseziert (Omphalektomie)

► Bei Bedarf Einlegen einer Redon-Drainage, Subkutannähte, Hautnaht, Verband

2

2.3.5 Epigastrische Hernie

Dieser Hernientyp entwickelt sich oberhalb des Nabels im Verlauf der Linea alba.

Eine präformierte Faszienlücke in der Linea alba enthält zuerst nur präperitoneales Fettgewebe, später auch Peritoneum, Netz oder seltener Magen- sowie Darmanteile (Abb. 2.33a,b).

Mehrere Bruchlücken können vorkommen. Häufig handelt es sich nicht um der Definition entsprechende komplette Hernien, sondern nur um präperitoneale Lipome, die bei Einklemmung in eine Faszienlücke erhebliche Beschwerden verursachen können.

Indikation

Beschwerden und Herniennachweis

! Ein Ulkusleiden sollte als Beschwerdeursache ausgeschlossen werden.

Prinzip

Die Freilegung des Bruchsacks, Reposition, ggf Resektion des Inhalts. Für den Bruchpfortenverschluss gilt das gleiche Vorgehen wie bei der Nabelhernie (s. 2.3.4).

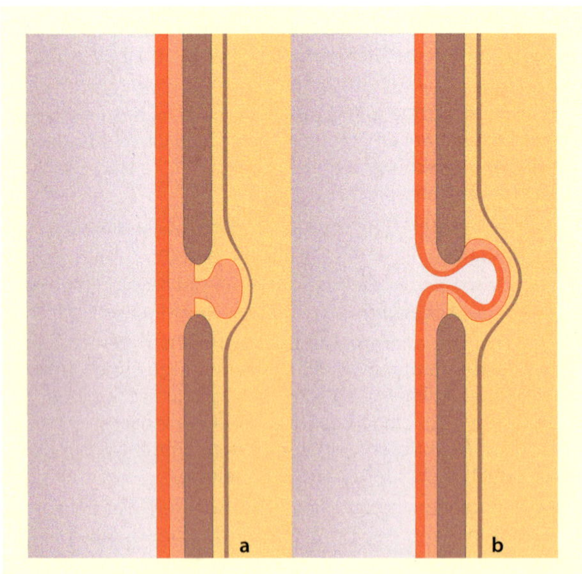

Abb. 2.33a,b Epigastrische Hernie. a Austritt von präperitonealem Fettgewebe durch die Linea alba, b Austritt des Bruchsackes durch die Linea alba. (Nach Siewert 2001)

Lagerung

- Rückenlage,
- neutrale Elektrode an einem Oberschenkel.

Instrumentarium

- Grund- und Laparotomieinstrumentarium,
- ggf. Allis-Klemmen.

> **Epigastrische Hernie**
>
> ► Als OP-Zugang sollte beim solitären Bruch der queren Schnittführung der Vorzug gegeben werden. Bei größeren und bei multiplen Brüchen ist der Längsschnitt geeigneter. Präperitoneale Lipome werden insbesondere bei Einklemmung subfaszial abgetragen
>
> ► Bruchpfortenverschluss (s. 2.3.4)

2.3.6 Narbenhernien

Nach Bauchoperationen treten manchmal Narbenhernien auf.

Sie werden durch die Schnittführung, durch Infektionen und ungeeignete Nahttechniken bei der Erstoperation verursacht. Vorbelastet sind Patienten mit Adipositas oder Stoffwechselerkrankungen. Der sichere Faszienverschluss zur Rezidivverhütung ist das Hauptproblem der Narbenbruchversorgung.

Indikation

Die Narbenhernie stellt meist eine elektive OP-Indikation dar. Beschwerden, Größenzunahme oder Einklemmung, sowie kosmetische Gründe bestimmen die Dringlichkeit.

Prinzip

Präparation des Bruches, evtl. Adhäsiolyse, Reparation der Bruchpforte durch spannungsfreien Verschluss der Faszien- und Muskelschichten.

Lagerung

- Rückenlage, leicht überstreckt,
- neutrale Elektrode an einem Oberschenkel.

Instrumentarium

Grund- und Laparotomieinstrumentarium.

Narbenhernie

1. OP-Schritt.

► Exzision der Narbe; der Bruchsack und intakte nahtfähige Faszienränder müssen exakt dargestellt werden. Die Eröffnung des Bruchsackes mit dem Lösen der Bruchsackadhäsionen erleichtert das Vorgehen. Durch Austastung von innen können die Bauchdeckensubstanz und die Bruchpfortenränder beurteilt sowie zusätzliche Faszienlücken erkannt werden. Um die zur Rekonstruktion verwendbaren Faszienränder darzustellen, wird die gesunde Faszienvorderseite über einige Zentimeter im gesamten Bruchbereich zirkulär vom subkutanen Fettgewebe abgetrennt. Insuffiziente Faszienanteile werden reseziert

2. OP-Schritt. Nun erfolgt die spannungsfreie Reparation der Bruchpforte. Hierzu stehen mehrere Verfahren zur Verfügung:

► Kleinere Narbenhernien: direkte einreihige Stoß-auf-Stoß-Naht mit durchgreifenden Einzelknopfnähten

► Selten bei noch erkennbarer intakter Schichtung der Bauchdecke: mehrreihiger, schichtgerechter Wundverschluss

► Fasziendoppelung nach Mayo. Nach dem Vorlegen der ersten U-förmig gestochenen Nahtreihe werden die Bruchränder durch sukzessiven Zug an den Fäden genähert und diese verknotet. Der überstehende »gedoppelte« Faszienrand wird durch eine fortlaufende Naht oder Einzelknopfnähte auf dem gegenüberliegenden Faszienblatt fixiert

► Implantation von Fremdmaterial, falls die Adaptation der Faszienränder nicht gelingt: (nichtresorbierbare Kunststoffnetze wie Gore-Tex, Mersilene, Prolene, Atrium, Surgipro mesh), Vollhaut- oder Koriumlappen

► Wichtig: das implantierte Material muss breitflächig (3–5 cm überlappend) an den intakten Bruchrändern fixiert werden, um ein belastungsstabiles Einwachsen der Prothese zu ermöglichen. Ein Kontakt der Netzprothese zum Darm muss vermieden werden. Prinzipiell ist die Fixierung des Netzes auf der Faszie oder zwischen Peritoneum und Bauchwand möglich (»Onlay- bzw. »Underlay-Technik«)

! Jedes Fremdmaterial birgt wieder die Gefahr einer Wundheilungsstörung und damit eines Hernienrezidivs.

2.4 Speiseröhre

2.4.1 Anatomie

Die Speiseröhre (Ösophagus) ist ein ca. 28 cm langes Muskelhohlorgan. Sie verbindet den Schlund (Pharynx) mit dem Magen.

Vom zervikalen Anteil (zwischen Halswirbelsäule und Trachea gelegen) tritt der Ösophagus in den Thorax ein. Hier verläuft er S-förmig im hinteren Mediastinum hinter der Trachea und dem Herzen. Mit Ausnahme des Kardiabereichs unterhalb des Zwerchfells (erst hier gibt es einen Serosaüberzug) ist die Speiseröhre relativ beweglich.

Im Übergang des Ösophagus zum Magen befindet sich der sog. His-Winkel, der zur Refluxverhinderung wichtig ist (Abb. 2.34).

Entsprechend der Organdrehung während der Embryonalentwicklung verläuft der linke Ast des N. vagus distal auf der Vorderseite, der rechte Ast distal auf der Hinterseite des Ösophagus.

Die Speiseröhre erhält ihre Blutversorgung im zervikalen Abschnitt aus den Aa. thyreoideae inferiores, im thorakalen Abschnitt direkt aus dem Aortenbogen bzw. aus den der thorakalen Aorta entspringenden Ästen. Im unteren Drittel erfolgt die arterielle Versorgung aus der A. phrenica und der A. gastrica sinistra. Die Gesamtblutversorgung ist entsprechend des relativ geringen Sauerstoffbedarfs spärlich.

Die Versorgung mit Lymphbahnen ist dagegen reichlich.

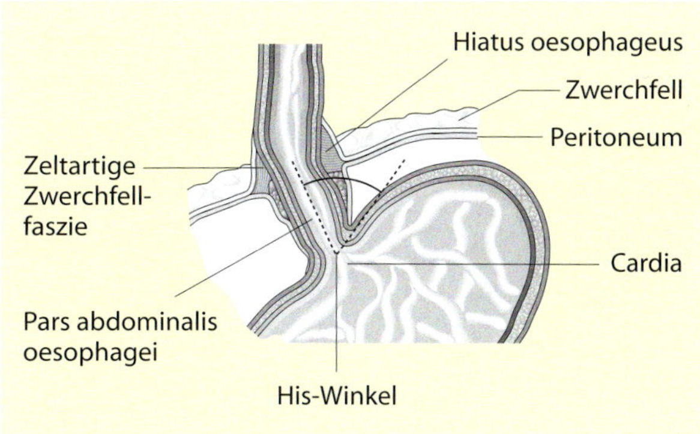

Abb. 2.34 Ösophagus mit Übergang in den Magen

Indikationen

Chirurgische Eingriffe am Ösophagus sollen die Nahrungspassage gewährleisten bzw. wiederherstellen. Behandelt werden Funktionsstörungen und organische Veränderungen, deren Krankheitswert, Diagnostik und chirurgische Therapie nachfolgend besprochen wird.

2.4.2 Achalasie-Ösophagospasmus

Es handelt sich um eine Innervationsstörung der Ösophagusmuskulatur mit funktioneller Stenose. Ein Karzinom muss durch Endoskopie und Biopsie ausgeschlossen werden.

Indikation

- Segmentaler Muskelspasmus und typische Stenosesymptomatik:
  - Dysphagie (Schluckstörung),
  - Regurgitation (Hochwürgen unverdauter Speisen),
  - Schmerz und Gewichtsabnahme.
- Erfolglose, ggf. mehrfache Aufdehnungsbehandlung.

Prinzip

Anteriore Myotomie nach Gottstein/Heller mit Durchtrennung der Ösophagusmuskulatur im Stenosebereich.

Lagerung

- Rückenlage, leicht überstreckt, ggf. mit rekliniertem Kopf,
- neutrale Elektrode an einem Oberarm.

Instrumentarium

- Grund- und Laparotomieinstrumentarium,
- Gummizügel.

Achalasie-Ösophagospasmus

► Von einer Laparotomie aus wird der Hiatus oesophageus, die Durchtrittstelle des Ösophagus durch das Zwerchfell, erweitert

► Mit dem Anschlingen der Speiseröhre wird sie nach kranial mobilisiert

► Die Myotomie beginnt über der Stenose und reicht bis mindestens 2 cm nach kaudal über die Kardia

► Damit wird eine dauernde Erweiterung des Segments erreicht und die Nahrungspassage wieder hergestellt. Die Kombination mit einer Antirefluxplastik (s. 2.4.4) oder einer selektiven proximalen Vagotomie (s. 2.5.3) ist möglich

2.4.3 Zervikales Ösophagusdivertikel (Zenker)

Die Schleimhautaussackung durch die Muskelschichten des zervikalen Ösophagus nach links wird ebenfalls mit einer Innervationsstörung in Zusammenhang gebracht.

Das Zenker-Divertikel gilt als typisches Pulsionsdivertikel, als Folge eines erhöhten intraluminalen Druckes.

Die Symptomatik besteht in einem Druckgefühl des meist mit Speiseanteilen gefüllten Sackes, der auch das Lumen der Speiseröhre beengen kann. Neben der Schluckstörung bestehen weitere Risiken im Aspirieren von Speiseresten, in Divertikelentzündungen mit Perforation, Blutungen, Mediastinitis und langfristig in der malignen Entartung.

Die Kontrastmittelröntgenuntersuchung des Schluckaktes führt zur Diagnose.

Indikation

Obstruktion, Schluckbeschwerden, Hustenreiz beim Schlucken, Divertikulitis, Blutungen, Mediastinitis.

Prinzip

Abtragung des Divertikelsackes und ggf. die Längsdurchtrennung des Muskelschlauches unterhalb des Divertikelhalses (Krikomyotomie) über einige Zentimeter.

Lagerung

- Rückenlage, Oberkörper leicht aufgerichtet, Kopf rekliniert und nach rechts gedreht,
- neutrale Elektrode am linken Oberarm.

Instrumentarium

Grundinstrumentarium,
- Allis- oder Duval-Klemme,
- dünner Zügel oder Nervhäkchen,
- bei Bedarf linearer Stapler oder linearer Stapler mit integriertem Cutter (s. 2.1).

Resektion des Zenker-Divertikels

► Schräger Hautschnitt am Innenrand des linken M. sternocleidomastoideus. Das Platysma und die Halsfaszie werden zusammen mit dem Skalpell durchtrennt. Der M. sternocleidomastoideus wird am vorderen Rand mobilisiert und mit Roux-Haken beiseitegehalten. Die mittlere Halsfaszie wird durchtrennt

- Mit Einsetzen von schmalen Haken, z. B. nach Langenbeck, wird das Divertikel dargestellt. Die A. carotis, die V. jugularis und der N. vagus werden dabei nach lateral und die Trachea und der Schilddrüsenlappen nach medial weggehalten
- Das Divertikel wird mit einer Organfasszange nach Allis oder Duval gefasst und bis zur Basis teils durch scharfe, teils durch stumpfe Präparation freigelegt. Der N. recurrens sollte möglichst identifiziert und mit einem dünnen Gummizügel angeschlungen oder auf ein Nervhäkchen gelegt werden
- Durch das Einführen einer dicken Magensonde am Divertikel vorbei wird der Ösophagus geschient und einer postoperativen Stenose gleichzeitig vorgebeugt
- Stumpfes Hervorluxieren des Divertikels, ggf. Myotomie des M. cricopharyngeus in der Mitte der Hinterwand
- Die Myotomie erfasst die Pars transversalis des M. cricopharyngeus und die obere Ösophagusmuskulatur über ca. 4 cm Länge

Abtragen des Divertikels.

- Mit einem linearen Stapler (Abb. 2.35). Es ist darauf zu achten, dass kein Anteil der Ösophaguswand mit in die Klammerreihe gelangt. Eine zusätzliche Übernähung der Klammernahtreihe kann entfallen. Nach der Abtragung sollte mit warmer Kochsalzlösung gespült werden
- Geschlossene Resektion zwischen 2 weichen Klemmen
- Offene Resektion mit Schere und Pinzette, nachdem an der Basis eine Tabakbeutelnaht gelegt wurde. Nach der Resektion wird der kurze Stumpf versenkt und mit einer zusätzlichen Naht verschlossen
- Einlegen einer dünnen Drainage, Adaptation der Halsmuskeln und des Platysma, Subkutan-, Hautnaht, Verband

2.4.4 Hiatushernie

Definition

Hiatus bedeutet Spalt. Bei der Hiatushernie liegt ein Bruch des Zwerchfells am Hiatus oesophageus vor; die Hiatushernie führt zur Refluxkrankheit.

Ätiologie

Das Hauptkennzeichen der Refluxkrankheit ist ein gestörter Verschlussmechanismus des unteren Ösophagussphinkters. Fast immer liegt gleichzeitig eine axiale Hiatushernie vor (s. unten).

Die Refluxösophagitis ist gekennzeichnet durch peptische Epitheldefekte und ihre Folgen, verursacht durch die zurücklaufenden aggressiven Verdauungssäfte des Magens. Je nach Schwere wird die Refluxösophagitis in die folgenden 4 Stadien eingeteilt.

Stadien der Refluxösophagitis

I Fleckförmige entzündliche Schleimhautinfiltration,
II zusammenlaufende Schleimhautläsionen,
III tiefgreifende zirkuläre Ulzerationen,
IV peptische Stenose.

Das Hauptsymptom ist Sodbrennen mit Verstärkung in Rückenlage. Komplikationen sind die narbige Schrumpfung sowohl im Durchmesser als auch in der Längsausdehnung. Daraus folgen die narbige Stenosierung und der sog. Endobrachyösophagus mit Verschiebung der Ösophagus-/Magenschleimhautgrenze in den Ösophagus hinein. Frühkomplikationen sind Blutung und Perforation.

Für die Entartung des sog. Barrett-Ösophagus wird der gallige Reflux aus dem Duodenum verantwortlich gemacht. Die Barrett-Schleimhaut hat Ähnlichkeit mit der Darmschleimhaut (sog. intestinale Metaplasie).

Am Barrett-Ösophagus droht die maligne Entartung.

Formen

Die häufigste Form der Hiatushernie ist die axiale Hiatushernie. Es handelt sich um einen Gleitbruch (s. 2.3), der mit einer intrathorakalen Verlagerung der Kardia einhergeht (Barrett-Syndrom). Ein Krankheitswert ergibt sich erst aus der Kombination mit einer Sphinkterinsuffizienz.

Als weitere Form der Hiatushernie ist die paraösophageale Hernie anzusehen. Bei dieser Hernienform ist die Lage der Kardia konstant, der Sphinkter ist in der Regel nicht beeinflusst. Es wölben sich jedoch Magenanteile neben der Speiseröhre am Zwerchfellschenkel vorbei ins Mediastinum vor. Im Extremfall kann ein totaler Magenvolvulus (»upside-down stomach«) mit kompletter Magenverlagerung in den Thorax auftreten (Abb. 2.36).

Symptome

Die Symptomatik ergibt sich aus der Einklemmungsgefahr der Magenwand mit Blutungs- und Perforationsgefahr.

Diagnostik

Die exakte Anamnese hat zu klären, ob die Beschwerden auf einen Reflux vom Magen in die Speiseröhre zurückzuführen sind.

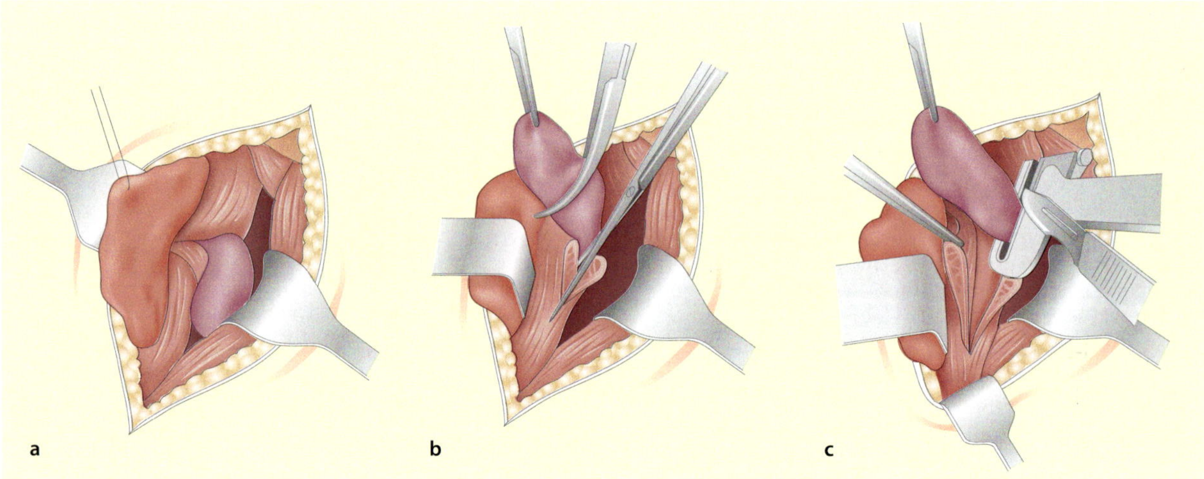

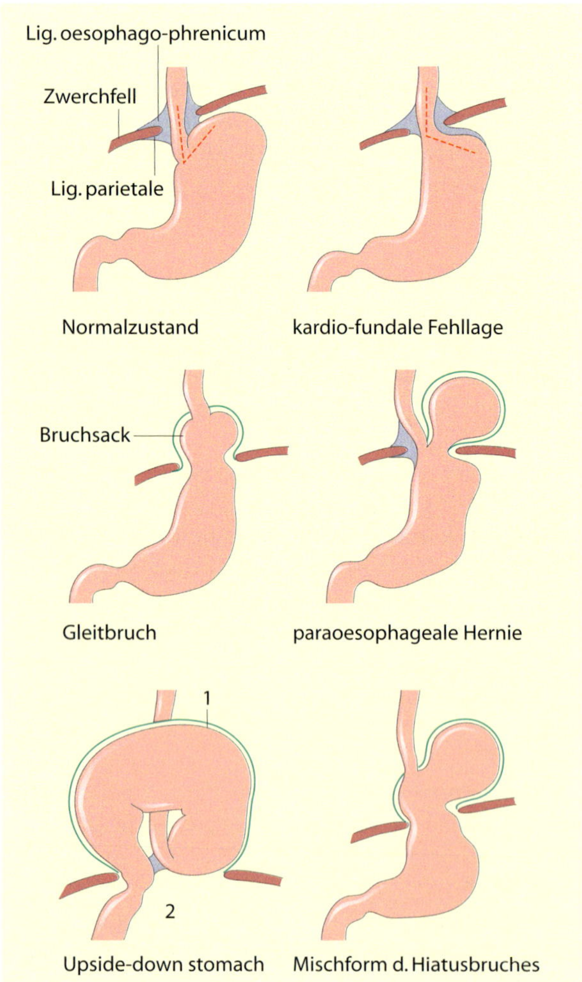

Abb. 2.35a–c Abtragung eines Zenker-Divertikels mit einem linearen Verschlussstapler. (Aus Siewert 2001)

Abb. 2.36 Fehlanlage der Kardia und Form von Hiatushernien. (Nach Nissen u. Rossetti zit. nach Pichlmayer u. Löhlein 1991)

Die Ösophagus-Magen-Röntgenuntersuchung unter Provokationstest in Kopftieflage und unter Bauchpresse des Patienten macht die Diagnose bezüglich des vorliegenden Hernientyps und der Kardiainsuffizienz möglich. Insbesondere bei der axialen Hiatushernie kann die Endoskopie klären, welches Stadium der Refluxösophagitis vorliegt. Die Gewebsprobenentnahme zur Histologie ist zur Klärung der malignen Entartungstendenz im Barrett-Ösophagus wichtig.

Die pH-Metrie und Manometrie des Ösophagus sind beurteilende Untersuchungen vor der OP-Planung.

Fundoplicatio und Gastropexie nach Nissen/Rossetti

▪▪▪ Indikation

Gleithernie mit Refluxösophagitis, chronisch blutende Hiatusgleithernie, Versagen der konservativen, medikamentösen Therapie, paraösophageale Hernie mit Einklemmung, »upside-down stomach«. Voraussetzung für die Fundoplicatio ist eine normale Ösophagusmotorik.

▪▪▪ Prinzip

Reposition der Hernie, Beseitigung des Refluxes durch Bildung einer Manschette aus der Funduswand, die um den distalen Ösophagus gelegt wird, relative Einengung des Hiatus, Wiederherstellung des spitzen His-Winkels (◘ Abb. 2.37a,b), Gastropexie.

Lagerung

- Rückenlage, leicht überstreckt,
- Dispersionselektrode an einem Oberschenkel.

Instrumentarium

- Grund- und Laparotomieinstrumentarium,
- Duval- und Allis-Klemmen,
- Rochard-Haken,
- Gummizügel.

Fundoplicatio

► Obere quer verlaufende oder vielfach auch mediane Laparotomie. Inzision der peritonealen Umschlagfalte, Darstellung des Hiatus oesophageus. Der Anästhesist legt eine dicke Magensonde, etwa 26–28 Charr, die die Kardia schienen soll. Der terminale Ösophagus wird mit Schere und Pinzette oder auch mit Overholt und Schere über 4 cm mobilisiert, mit einem großen Overholt unterfahren und mit dem Gummizügel angeschlungen

► Der Magen wird mit einer Duval-Klemme gefasst und aus dem Mediastinum heruntergezogen; evtl. vorhandene Verwachsungen lassen sich stumpf oder mit der Schere lösen. Der proximale Magen wird nun über eine kurze Strecke mit Overholt, Schere und Ligaturen am Fundus skelettiert, um danach eine spannungsfreie Fundusmanschette bilden zu können. Die Kardia wird kleinkurvaturwärts mit einem Haltefaden, der mit einer Mosquito-Klemme gefasst wird, markiert. Die Fundusvorderwand wird mit Allis-Klemmen als Falte hinter dem Ösophagus nach rechts gezogen und dort mit denselben Klemmen aufgespannt

► Ventral wird ebenfalls eine solche Falte gebildet, die dann mit der anderen zusammen um den Ösophagus gelegt wird; beide werden vorn mit seromuskulären Nähten vereinigt (◘ s. Abb. 2.37a,b). So entsteht eine Manschette, die auf 2–3 cm vernäht und mit Sicherungsnähten an der Magenvorderwand versehen wird, um ein teleskopartiges Hochgleiten der Manschette zu verhindern

► Ob die Speiseröhrenwand bei 2 oder 3 Nähten mitgefasst werden soll, wird unterschiedlich beurteilt

► Diese um die Kardia gebildete Manschette soll gewährleisten, dass kein Reflux in den Ösophagus stattfindet. Abschließend erfolgt ggf. das Anheften des Magens an die vordere Bauchwand (Gastropexie nach Rossetti)

► Redon-Drainage, schichtweiser Wundverschluss, Verband

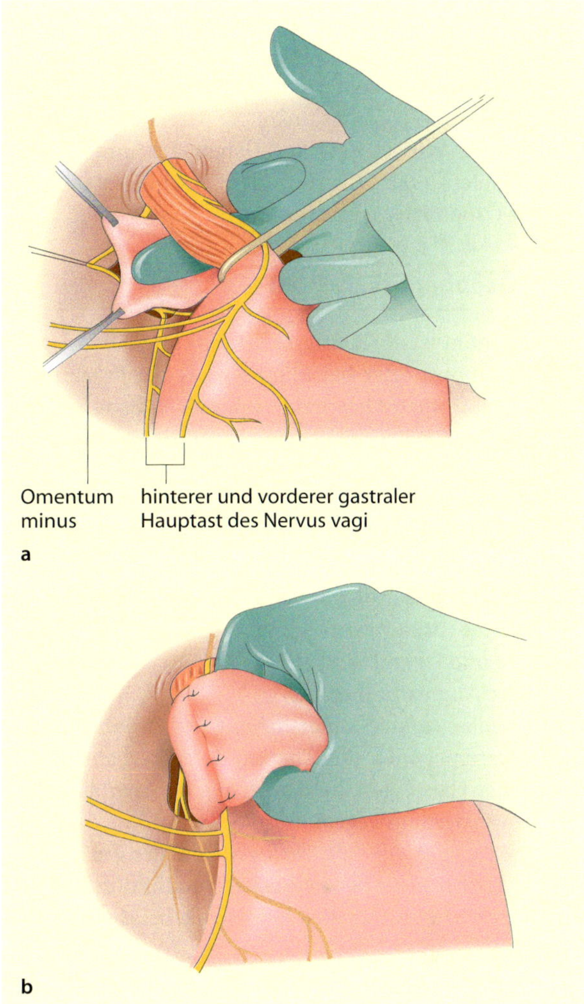

◘ Abb. 2.37a,b Prinzip der Fundoplicatio. Eine aus der Magenvorderwand gebildete Falte (a) wird betont locker um den terminalen Ösophagus (b) herumgeschlungen und an der Vorderwand vernäht. (Aus Siewert 2001)

Postoperativ kann für einige Tage eine Magensonde verbleiben, um einen Gaseinschluss (»gas bloat«) im Magen mit Ausreißen der Manschettennähte zu verhindern. Das funktionelle Ergebnis wird röntgenologisch kontrolliert.

Diese Operation kann auch in laparoskopischer Technik durchgeführt werden (◘ s. 2.14)

Teresplastik

Bei diesem Verfahren wird das biologische Material des Lig. teres hepatis zur Antirefluxplastik verwendet. Das Ligament wird von der Mittellinie der vorderen Bauchwand und der Leberunterseite abgelöst und kaudal durchtrennt. Der abdominale Ösophagusanteil wird komplett mobilisiert, das Ligament hinter dem Ösophagus auf die Magenvorderwand geführt und dort unter mäßiger Spannung durch seromuskuläre Nähte fixiert. Dadurch wird der His-Winkel zwischen Ösophagus und Magenfundus steiler und im Ergebnis der Verschlussmechanismus des Ösophagus verbessert.

2.4.5 Ösophaguskarzinom

Das Karzinom ist die häufigste Erkrankung des Ösophagus und kommt öfter bei Männern als bei Frauen vor. Dieser Tumor wächst bevorzugt submukös, also zwischen den Wandschichten, sodass intraoperativ die Grenzen häufig sehr schlecht erkennbar sind.

Neben geographischen Unterschieden spielen Kanzerogene wie Tabak, Teerprodukte und Alkohol für die Entstehung eine wesentliche Rolle. Der Schwerpunkt der Therapie liegt in der operativen Behandlung.

Folgende präoperative Untersuchungen klären die Diagnose und Operabilität ab:

- Gastroskopie mit Biopsie,
- Breischluckröntgenuntersuchung des Ösophagus,
- CT-Untersuchung des Thorax, des Oberbauchs und ggf. der Halsregion zur Abklärung der lymphogenen Metastasierungswege.
- Endosonographie, falls verfügbar, da hier die Infiltrationstiefe und die benachbarten Lymphknoten zuverlässiger beurteilt werden können als bei der Computertomographie.

Transmediastinale Ösophagusexstirpation

Die transmediastinale Ösophagusexstirpation erfolgt über einen abdominalen und ggf. kollaren Zugang. Der abdominothorakale Zugang sollte gewählt werden, wenn eine stumpfe Dissektion nicht möglich ist, die Anastomose intrathorakal angelegt werden soll und eine radikale Lymphadenektomie geplant ist.

Indikation

Karzinome im mittleren und unteren Abschnitt und Magenkarzinome im Kardiabereich, die auf den Ösophagus übergreifen.

Prinzip

Subtotale Entfernung des Ösophagus inklusive der Kardia und Wiederherstellung der Passage durch Ösophagogastrostomie. Eine Ösophago-Ösophagostomie ist in der Regel nicht möglich, da die Anastomose aufgrund der schlechten Durchblutung der Speiseröhre nicht heilen würde.

Lagerung

- Rückenlage, leicht überstreckt, den Kopf nach rechts gedreht und evtl. ein Polster unter die rechte Schulter gelegt,
- Dispersionselektrode am rechten Oberarm.

Instrumentarium

Grund- und Laparotomieinstrumentarium,

- Rahmen,
- Rochard-Haken,
- Gummizügel,
- Duval-Klemmen,
- bei Bedarf lineare Stapler mit oder ohne Cutter,
- lange schmale Spatel für die mediastinale Exploration bzw. Dissektion.

Ösophagusexstirpation

1. OP-Schritt.

► Bogenförmige quer verlaufende Oberbauchlaparotomie oder lange mediane Oberbauchlaparotomie mit linksseitiger Umschneidung des Nabels.

► Nach der Exploration des Abdomens wird der Hiatus oesophageus freigelegt

► Die Operation sollte nur ausgeführt werden, wenn der Ösophagus freigelegt werden kann und keine Fernmetastasen vorliegen. Nach der Entscheidung zur Operation wird der Rochard-Haken eingesetzt, der eine gute Einsicht in den Bauchraum bis unter das Zwerchfell ermöglicht

► Mit Overholt, Schere und Ligaturen wird der Übergang vom Ösophagus zur Kardia freipräpariert und die Speiseröhre mit einem Gummizügel angeschlungen. Nach kranial wird zunächst so weit wie möglich unter Sicht präpariert. Dazu wird das Zwerchfell ventral inzidiert bzw. die Zwerchfellschenkel werden durchtrennt

► Die distale Resektionsgrenze berücksichtigt die Prinzipien der Tumorradikalität

► In der Regel wird die Resektion von der Funduskuppe bis in die Mitte der kleinen Kurvatur des Magens mit mehreren Magazinen eines linearen Staplers unter Ausbildung eines Magenschlauchs durchgeführt. Die Kardia verbleibt dabei am Ösophagusresektat

► Beim Kardiakarzinom werden zusätzlich große Anteile des Fundus, zusammen mit der Milz, reseziert. Das Kardiakarzinom kann auch durch eine Gastrektomie therapiert werden (s. 2.5.6)

- Die Ernährung des Magenschlauchs wird durch die A. gastrica dextra und A. gastroepiploica dextra, die bei der Präparation an der kleinen und großen Kurvatur geschont wurden, gewährleistet
- Die Mobilität des Magenschlauchs nach kranial wird durch die Duodenalmobilisation nach Kocher (◻ s. 2.5) erzielt
- Die Klammernahtreihe am Restmagen kann fortlaufend mit einer dünnen resorbierbaren Naht eingestülpt werden

2. OP-Schritt (kollarer Zugang)

- Hautschnitt am Hals an der Innenseite des linken M. sternocleidomastoideus, Durchtrennung von Platysma und Halsfaszie
- Die Schilddrüse wird mit Langenbeck-Haken zur Mitte gezogen, der zervikale Ösophagus von der Trachea abpräpariert und angeschlungen. Dabei muss auf den N. recurrens geachtet werden
- Stumpfes Auslösen der Speiseröhre aus dem Mediastinum, sowohl vom zervikalen als auch vom abdominalen Zugang her
- Der mobilisierte Ösophagus wird aus der Halswunde gezogen, danach der Restmagenschlauch nach oben geführt. Der kraniale Ösophagusanteil wird mit einer weichen Klemme gefasst und das Resektat abgesetzt
- Alternativ werden Ringstripper oder Knopfsonden eingesetzt. Sie werden nach der Durchtrennung des Ösophagus im Halsbereich in die Speiseröhre geschoben, um diese damit nach abdominal zu ziehen und so zu entfernen

Für die nun folgende Ösophagogastrostomie gibt es 2 Möglichkeiten.

OP-Verlauf: Handnahtanastomose

- Die Muskulatur des Ösophagus wird mit der Serosa des Magenfundus anastomosiert. Nach der Lumeneröffnung des Magenschlauches folgt eine allschichtige Hinterwandnaht als zweite Nahtreihe
- Je nach Nahttechnik können bei zweireihiger Naht die Knoten der ersten Vorderwandnaht lumenseitig ausgeführt werden. Darüber Anlage einer fortlaufenden zweiten Nahtreihe. Auch eine einreihige fortlaufende Naht ist möglich. Bei manuellen Anastomosennahttechniken sollten aus theoretischen Überlegungen doppelte Nahtreihen vermieden werden, da sie zur Durchblutungsminderung an der Anastomose führen können

Stapleranastomose

- Über eine kleine Inzision im distalen Anteil des Magenschlauchs wird ein zirkulärer Anastomosenstapler geführt, am Ende des Magenschlauchs wird mit der Spitze des Zentraldorns perforiert, zuvor wird die Gegendruckplatte in den zervikalen Ösophagusstumpf mit einer Tabakbeutelnaht eingeknotet
- Das Klammernahtinstrument wird mit der Gegendruckplatte verbunden und nach dem Zusammendrehen wird der Klammermechanismus ausgelöst. Damit entsteht eine zirkuläre Anastomose. Die beiden innen liegenden Anastomosenringe müssen auf ihre Vollständigkeit überprüft und danach zur histologischen Untersuchung eingesendet werden. Die kleine Inzision im Magenschlauch kann mit einem linearen Stapler wieder verschlossen werden
- Zählen aller Textilien und Instrumente, Dokumentation ihrer Vollzähligkeit. Bei Bedarf wird im Halsbereich eine Redon-Drainage gelegt, schichtweiser Wundverschluss, Verband

Alternativen

- Maschinelle intrathorakale Anastomose, anwendbar beim distalen Ösophaguskarzinom. Dabei wird nach Anlage einer Tabakbeutelnaht die Gegendruckplatte eines zirkulären Staplers von abdominal in den vorbereiteten Ösophagusstumpf eingeführt.
- Zweihöhleneingriff mit Thorakotomie, mit Hand- oder Stapleranastomose.
- Koloninterponat.

Inoperables Ösophaguskarzinom

Wenn prä- oder intraperativ festgestellt wird, dass ein Ösophaguskarzinom nicht mehr resezierbar ist, erfolgt die innere Schienung im Tumorbereich. Hierbei wird durch Tubuseinlage zumindest eine freie Passage für Flüssigkeiten und pürierte Speisen erreicht. Dazu werden Tubustypen nach Häring, Celestine oder Buess sowie selbstexpandierende Stents aus Metallgeflecht verwendet.

Je nach Behandlungskonzept geht eine Bestrahlung des Tumors voraus, die das Gewebe festigt und damit bei der Dehnung durch den Tubus die Gefahr einer Schleimhautzerreißung verringert.

Die Platzierung des Tubus bzw. der Stents wird zumeist endoskopisch vorgenommen (◻ Abb. 2.38); eine operative Tubuseinlage über eine Gastrotomie erfolgt heute nur noch selten. Nachteil der Endoprothese ist, dass sie verstopfen oder aus der Stenose rutschen kann.

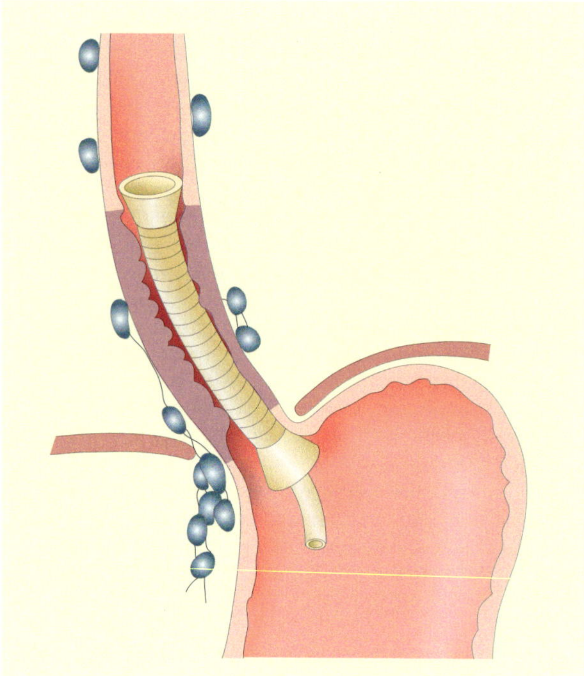

Abb. 2.38 Überbrückung eines inoperablen stenosierenden Ösophaguskarzinoms mit einem Kunststofftubus. (Nach Heberer et al. 1993)

Außerdem kann es zur Arrosion kommen. Die Buess-Endoprothese ist z. B. daher so konstruiert, dass sie ohne großen Aufwand gewechselt werden kann. Sie hat am proximalen Ende eine Schlaufe, die das Fassen und Entfernen erleichtert.

2.5 Magen

2.5.1 Anatomie

Der Magen ist ein muskuläres Hohlorgan, das in 3 Abschnitte unterteilt werden kann:
- Fundus,
- Korpus,
- Antrum.

Der Mageneingang wird als Kardia, der Magenausgang als Pylorus bezeichnet, kranial liegt die kleine Kurvatur, kaudal die große Kurvatur.

Folgende 4 Wandschichten werden von innen nach außen unterschieden:

Mukosa → Submukosa → Muskularis → Serosa.

Die verschiedenen Zelltypen der Mukosa produzieren folgende Substanzen:
- Salzsäure in den *Parietal-* oder *Belegzellen* der Korpus- und Fundusdrüsen,
- Gastrin in der *Antrumschleimhaut*,
- Schleim in den *Nebenzellen*, v. a. in der Pylorusregion,
- Pepsinogen in den *Hauptzellen*.

Die täglich produzierte Magensaftmenge beträgt 3.000 ml. Dabei werden in den 9 Nachtstunden 60% der täglichen Salzsäuremenge sezerniert. Die Säureproduktion unterliegt den folgenden Einflüssen:
Vagusreiz → Magenwanddehnung → Gastrinausschüttung → Fettresorption im Duodenum.

Der Magen ist im Bereich der Kardia am Zwerchfell fixiert, mit der Leber durch das Lig. hepatogastricum, mit der Milz durch das Lig. gastrosplenicum und zum Querkolon über das Lig. gastrocolicum verbunden.

Das Omentum minus (kleines Netz oder auch Lig. hepatogastricum) nimmt von der kleinen Kurvatur seinen Ausgang, das Omentum majus (großes Netz) von der großen Kurvatur.

Gefäßversorgung

Bis auf das Fundusgebiet ist der Magen reichlich durchblutet. Sein Hauptarterienstamm ist der Truncus coeliacus. Von diesem zweigt die kräftige A. gastrica sinistra ab, um in der Nähe der Kardia die kleine Kurvatur zu erreichen.

Von der A. hepatica communis entspringt die zartere A. gastrica dextra, die durch Arkaden an der kleinen Kurvatur mit der A. gastrica sinistra verbunden ist.

Auch die große Kuvatur wird ähnlich von Gefäßen umfasst. Links verläuft die A. gastroepiploica sinistra (sie entspringt aus der A. splenica), rechts die A. gastroepiploica dextra (aus der A. gastroduodenalis).

Die Aa. gastricae breves, die aus der A. gastroepiploica sinistra bzw. aus der A. splenica entspringen, versorgen den Fundus und einen Teil des Korpus (Abb. 2.39).

! Die Blutversorgung der kleinen Kurvatur erfolgt aus den Aa. gastricae sinistra et dextra, die Blutversorgung der großen Kurvatur aus den Aa. gastroepiploicae sinistra et dextra.

Die venöse Drainage erfolgt über die Vv. gastricae sinistra et dextra und die Vv. gastroepiploicae sinistra et dextra in die V. portae.

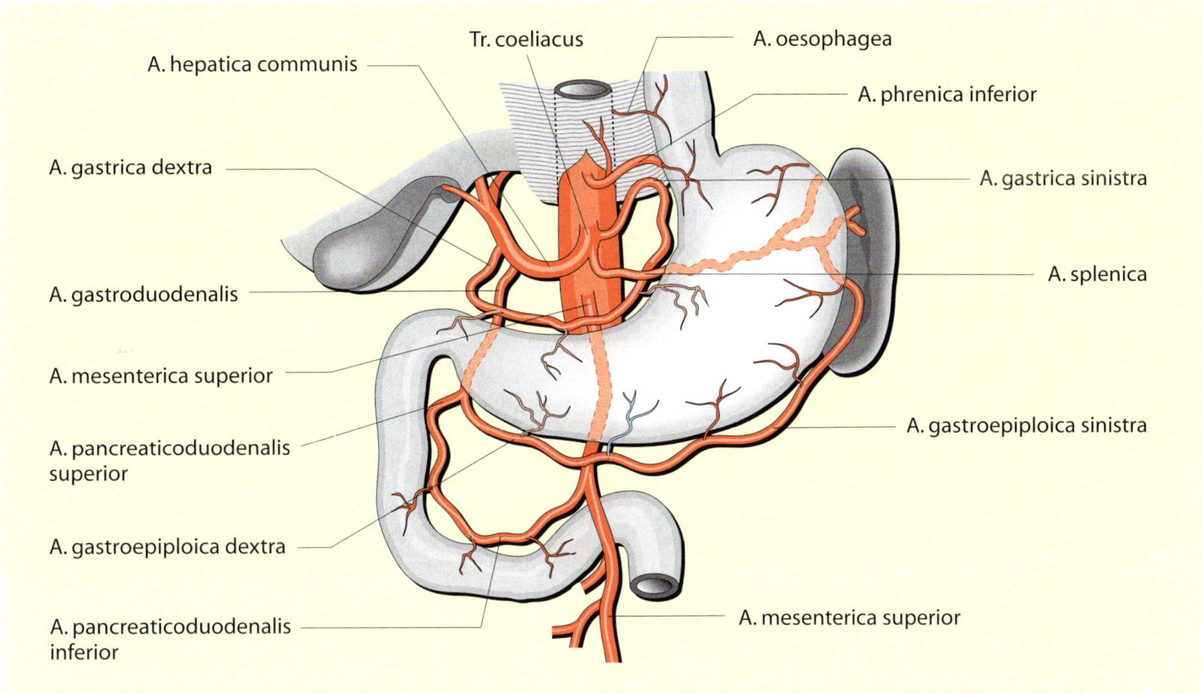

Abb. 2.39 Arterielle Gefäßversorgung des Magens

Der um die Kardia gelegene Venenplexus stellt eine Verbindung zwischen dem System der Pfortader und dem der V. cava her.

Die Lymphbahnen sammeln die Lymphe unter der Serosa, hauptsächlich im Bereich der kleinen Kurvatur.

2.5.2 Allgemeines zur Magenchirurgie

Indikationen

Es bestehen folgende Behandlungsindikationen:

- Ausschließlich konservativ: entzündliche Veränderungen, dyspeptisch-ulzeröse Störungen.
- Vorwiegend konservativ: Ulkusleiden, unkomplizierte Ulkusblutung.
- Chirurgische Therapie: komplizierte Ulkusblutung, Ulkusperforation, Magenausgangstenose als Spätkomplikation, Magenkarzinom.

Etwa 10% unserer Bevölkerung entwickeln im Laufe ihres Lebens gastroduodenale Ulzerationen. Die Ulkuskrankheit verläuft chronisch, schubweise rezidivierend. Bei ansteigender Ulkushäufigkeit sinkt die OP-Frequenz dank medikamentöser Behandlungsmöglichkeiten.

Operation

Als Zugangsweg in der Magenchirurgie eignet sich die quere Oberbauchlaparotomie, aber auch die mediane Oberbauchlaparotomie findet häufig Anwendung.

Klammernahttechniken und manuelle Nahtverfahren werden bei Resektionen und Anastomosierungen angewendet.

In der Ulkuschirurgie werden nichtresezierende und resezierende OP-Verfahren unterschieden.

In der Notfallsituation richtet sich die Auswahl des OP-Verfahrens nach hausinternen Schemata und nach der Erfahrung des Operateurs.

Pathophysiologie der Ulkuskrankheit

Die aggressiven Lumenfaktoren überwiegen gegenüber den defensiven Phänomenen.

Aggressive Lumenfaktoren

- Säure, Pepsin,
- endogen zytotoxische Substanzen
- Gallensäuren, Lezithin etc.

Defensive Phänomene

- Durchblutung,
- intakte Schleimhautbarriere (adäquater Schleim, regelrechte Epithelregeneration) und
- ausreichende Bikarbonatsekretion.

Zwar gilt »ohne sauren Magensaft kein peptisches Geschwür«, jedoch bestehen weitere Faktoren, die zur Ulkusentstehung beitragen können.

- Die wichtigste Ursache ist die Keimbesiedelung mit Helicobacter pylori. Die sog. Eradikationsbehandlung dieses Keimes führt zu einer deutlichen Senkung von Ulkusrezidiven.

Komplikationen des gastroduodenalen Ulkus

Blutung

Mit einer Häufigkeit von 20% stellt die Blutung die häufigste Komplikation dar. Die Endoskopie klärt, ob weiter konservativ behandelt werden kann.

Ziele der Notfallendoskopie:

- Lokalisation der Blutungsquelle,
- endoskopische Blutstillung durch Unterspritzung.
- Ziele der Kontrollendoskopie:
- Verlaufsbeurteilung der Ulkusabheilung,
- Aussage über die Gefahr einer Rezidivblutung,
- ggf. durch Probeexzision Klärung der Ulkusdignität.

> **Kriterien zur OP-Indikation**
>
> - Die endoskopische Blutstillung gelingt nicht
> - Nach schwieriger endoskopischer Blutstillung ist von der Ulkusgröße her oder bei einem großen Gefäßstumpf kurzfristig eine neue Blutung zu erwarten
> - Die Kreislaufstabilisierung erfordert in den nächsten 24 h mehr als 4 Blutkonserven (grobe Faustregel)
> - Zusätzlich besteht eine langjährige Ulkusanamnese mit mehreren medikamentösen Behandlungsphasen

Die Operation im Blutungsstadium weist eine erhöhte perioperative Letalität auf. Daher sollte möglichst nach endoskopischer Blutstillung und nach einer kurzen Stabilisierungsphase die sog. früh-elektive Operation unter dann optimalen Bedingungen durchgeführt werden.

Ulkusperforation

Die Häufigkeit beträgt 10%. Wie auch die Blutung kann die Perforation die erste klinische Manifestation des Ulkusleidens darstellen. Die freie Perforation tritt klinisch als »akutes Abdomen« mit den Zeichen der Peritonitis in Erscheinung. Bei der Untersuchung findet man ein »bretthartes Abdomen«. Die Diagnose wird durch die Röntgenuntersuchung des Abdomens und des Thorax am stehenden Patienten gesichert; hierbei wird freie Luft unter dem Zwerchfell nachgewiesen. Beweisend ist freie Luft rechtsseitig zwischen Zwerchfell und Leber. Ist eine Aufnahme des stehenden Patienten nicht möglich, wird die Abdomenaufnahme in Linksseitenlage durchgeführt. (Freie Luft findet sich dann zwischen Bauchdecke und Leber.) Nach der Diagnosestellung besteht eine absolute OP-Indikation.

Magenausgangstenose

Die Häufigkeit beträgt 7–11%. Die narbige Magenausgangstenose ist als Spätkomplikation chronisch-rezidivierender Ulzera anzusehen. Die bindegewebig-narbige Schrumpfung der Entzündungsreaktion um das Ulkus herum führt am Duodenalrohr zur Lumeneinengung.

Klinisch anamnestisch besteht neben der langen Ulkuserkrankung eine Gewichtsabnahme mit zunehmendem Erbrechen angedauter Nahrung. Die Endoskopie mit Gewebeentnahme zur histologischen Untersuchung klärt die Dignität der Stenose.

Es besteht absolute OP-Indikation, jedoch mit aufgeschobener Dringlichkeit.

Konservative Ulkustherapie

Die medikamentöse Therapie macht wiederholte endoskopische Kontrollen erforderlich. Neben säureblockierenden Medikamenten werden mit gutem Erfolg Antibiotika im Rahmen einer zeitlich befristeten Eradikationsbehandlung eingesetzt.

Operative therapeutische Verfahren

Nichtresezierende Verfahren

Diese Verfahren wurden besonders in den 60er Jahren angewendet, bevor die medikamentöse Therapie des Ulkusleidens möglich wurde. Je nach der herrschenden Lehre sind sie auch heute für die Ulkuschirurgie bedeutend. Dazu gehören die Vagotomie und Pyloroplastik; beide Verfahren werden häufig kombiniert.

! Bei allen Vagotomieverfahren gilt, dass eine Pyloroplastik erforderlich wird, wenn das Antrum denerviert wird oder wenn der Magenausgang durch Vernarbungen funktionell stenosiert ist.

2.5.3 Selektive proximale Vagotomie

Nur noch selten wird die selektive proximale Vagotomie (SPV) bei unkompliziertem Krankheitsverlauf als Therapie der Wahl angegeben.

Sie soll auf chirurgischem Wege die Vagusstimulation auf die Parietalzellen des Magenfundus und -korpus unterbrechen.

Die Ausschaltung der Säuresekretion ist davon abhängig, wie sorgfältig die kleine Magenkurvatur vom »Krähenfuß« (N. Latarjet) nach kranial zur Kardia skelettiert wird. Darüber hinaus müssen auf 5 cm Länge am distalen Ösophagus die Vagusfasern und zum Magenfundus hin der N. criminalis durchtrennt werden. Es bestehen Verletzungsrisiken für Milz, Ösophagus, Magen, Pleura und den vorderen Vagustrunkus.

Die Anzahl der Neuerkrankungen nach dieser Operation ist nach neuesten Untersuchungen höher als erwartet und liegt bei 6–20% in 5–10 Jahren und spiegelt damit die Probleme wider, die diesem Verfahren anhaften.

▪▪▪ Indikation

Chronisch-rezidivierendes Ulkusleiden beim jüngeren Patienten, therapieresistentes Ulcus duodeni, als Ulkusrezidivprophylaxe nach der Versorgung eines perforierten Ulkus durch Exzision (Histologie) und Übernähung oder nach Umstechung eines blutenden Ulkus über eine Gastrotomie.

▪▪▪ Prinzip

Vollständige Denervierung des proximalen Magens, also der Fundus- und Korpusanteile. So kann die antrale Innervation erhalten bleiben (▫ Abb. 2.40).

Die SPV sollte nach ihren Befürwortern mit einer sog. Drainageoperation (Pyloroplastik) kombiniert werden, die aber nicht erforderlich ist, wenn der Pylorus intakt und gut durchlässig ist.

Der *Vorteil* liegt in der Erhaltung der normalen Verdauungsfunktionen, des Magenreservoirs und der Duodenalpassage.

Von *Nachteil* ist, dass das Ulkus belassen wird.

▪▪▪ Lagerung

- Rückenlage, leicht überstreckt,
- Dispersionselektrode an einem Oberschenkel.

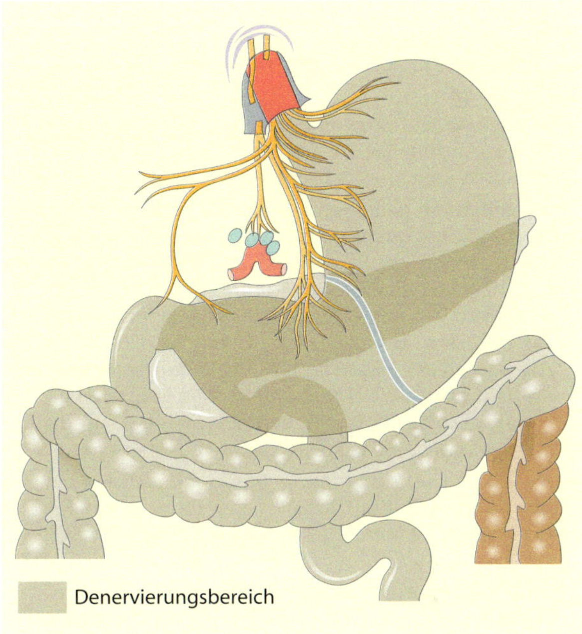

▫ Abb. 2.40 Selektiv proximale Vagotomie. (Nach Siewert 2001)

▪▪▪ Instrumentarium

Grund- und Laparotomieinstrumentarium,
- Rochard-Haken,
- Duval-Klemmen,
- Gummizügel,
- evtl. Nervhäkchen und Elektrostimulationsgerät nach Burge,
- ggf. Methylenblau zur Nervenfärbung.

Selektive proximale Vagotomie

► Obere quer verlaufende oder mediane Laparotomie, Exploration, Einsetzen des Rochard-Hakens. Schienung des Ösophagus durch eine Magensonde und Anschlingen der Speiseröhre, um die Skelettierung am distalen Ösophagus über 5–6 cm zu erleichtern

► Der Magen wird mit einem feuchten Bauchtuch oder mit 2 Duval-Klemmen gefasst und das Korpus nach ventral gezogen

► Ein großer Leberhaken zieht den linken Leberlappen nach rechts. Nun wird der R. antralis (N. Latarjet) aufgesucht, der auf keinen Fall mit im Ösophaguszügel erfasst werden darf. Er entspringt ca. 2 cm oberhalb der Kardia aus dem Hauptstamm des N. vagus oder aus dem R. hepaticus, zieht neben der kleinen Kurvatur nach unten und gibt dabei viele kleine

Äste an den Magen ab. Der N. Latarjet endet an der Antrum-Korpus-Grenze des Magens im sog. »Krähenfuß«

▶ Der Magen wird von der kleinen Kurvatur an der Korpus-Antrum-Grenze ausgehend mit Overholt und Ligaturen kranialwärts bis zur Kardia skelettiert

▶ Nur durch geduldiges und gründliches Präparieren kann der Chirurg die zu belassenden von den zu durchtrennenden Vagusästen unterscheiden, deshalb bevorzugen viele Operateure statt der üblichen Overholt-Klemmen in dieser Phase der Operation die zarte Version, den sog. »Baby-Overholt«. Durch das Anspannen des Magens mit Duval-Klemmen werden die Vagusäste gut sichtbar und können freipräpariert werden. Die Skelettierung erstreckt sich ggf. auf die distale, 6 cm breite zirkuläre Ösophagusmanschette

▶ Durch die Anspannung des Gummizügels, der den Ösophagus führt, erhält man freie Sicht auf den His-Winkel. Die vorhandenen Vagusäste werden dort mit einer Schere durchtrennt

▶ Eine zirkuläre Umschneidung der Ösophagusmuskulatur, um die darin verlaufenden Vagusfasern sicher zu durchtrennen, wird kontrovers diskutiert

▶ Durch schichtweises Skelettieren wird der Fundus im Bereich der kleinen Kurvatur vorn und hinten vollständig von seinem Serosaüberzug befreit

▶ Die Kontrolle der Vollständigkeit der Vagotomie erfolgt durch Aufsuchen der Äste mit einem Häkchen oder durch den elektromotorischen Test nach Burge

▶ Hierzu wird der Vagus elektrisch stimuliert und der Druckanstieg im Magen vor und nach der Vagotomie verglichen. War die SPV vollständig, ist im proximalen Magen kein Druckanstieg durch Elektrostimulation mehr auslösbar

▶ Nach der abgeschlossenen Vagotomie wird ggf. die kleine Kurvatur serosiert. Evtl. erfolgt eine Deckung der Myotomie am Ösophagus durch eine kleine Fundoplicatio

▶ Nach Blutstillung, Zählen der Textilien und der Instrumente, sowie der Dokumentation der Vollzähligkeit schichtweiser Wundverschluss und der Verband

Trunkuläre Vagotomie. Durchtrennung der Vagushauptstämme am distalen Ösophagus, damit Ausschaltung der extragastralen Äste der Leber, zum Kolon und zum Pankreas.

Selektiv gastrische Vagotomie. Die extragastralen Äste werden isoliert präpariert und geschont. Alle zum Magen ziehenden Äste werden durchtrennt.

2.5.4 Pyloroplastik

Das Prinzip der Pyloroplastik beruht darauf, dass mit einer Stauchung des Duodenalrohres zwar eine Verkürzung der Rohrlänge, aber gleichzeitig eine Lumenerweiterung am Rohrquerschnitt erzielt werden kann.

Pyloroplastik nach Heinecke-Miculicz

Diese Technik hat in der nichtresezierenden Ulkuschirurgie ihren festen Platz.

Indikation

- Als Folgeeingriff nach einer Vagotomie, um die Öffnungslähmung des Pylorus zu beseitigen.
- Bei einer Pylorusstenose durch Narbenbulbus.
- Als Kombination mit einer SPV.
- Bei einem Pylorospasmus.

Prinzip

Längsinzision des Pylorus und Quervernähung.

Lagerung

- Rückenlage, leicht überstreckt,
- Dispersionselektrode an einem Oberschenkel.

Instrumentarium

Grund- und Laparotomieinstrumentarium,
- Allis-Klemmen,
- bei Bedarf Rochard-Haken,
- evtl. linearer Verschlussstapler.

Pyloroplastik

▶ Obere quer verlaufende oder mediane Laparotomie, Exploration, Leberhaken und/oder Rahmen einsetzen. Um den Pylorus übersichtlich darzustellen, sollte das Duodenum nach Kocher aus dem Retroperitoneum ausgelöst werden (Kocher-Manöver, ▫ s. 2.5.7)

▶ Legen von Haltefäden beidseits des Pylorus. Längsinzision des Pylorus streng in der Vorderwandmitte auf ca. 8–10 cm. Hierbei verläuft ein Teil des Schnittes ins Antrum, der andere Teil zum Duodenum (▫ Abb. 2.41)

▶ Die Mukosa wird mit dem Elektrokauter durchtrennt

▶ Der in die Schnittlinie fallende hypertrophische Teil des Pylorus oder das Vorderwandulkus wird reseziert

► Mit den in der Pyloruslinie angelegten Haltenähten wird die Wunde so auseinander gezogen, dass sie eine zur Magenlängsachse quer liegende Wunde formt. Diese Wunde wird in der Originalschrift nach Heinecke zweireihig, durch eine innere Mukosanaht und eine äußere Serosanaht, vernäht (◘ Abb. 2.42). Schichtweiser Wundverschluss, Verband

Alternative nach Weinberg

► Nach Weinberg wird einreihig genäht, mit einer nach innen versenkten seromuskulären Knopfnahtreihe.

► Die Anastomose wird maschinell durchgeführt.

Pyloroplastik nach Finney

Die Pyloroplastik nach Finney schafft eine breitere Verbindung zwischen Magen und Duodenum als die Methode nach Heinecke-Miculicz.

U-förmige Schnittführung an Duodenum, Pylorus und Magen, zumeist verbunden mit einer Exzision des narbigen Ulkus. Diese beiden Abschnitte werden durch eine Seit-zu- Seit-Anastomose wieder verschlossen.

Resezierende Verfahren

Magenanteile werden entfernt und die Nahrungspassage wird wiederhergestellt. Dies ist mit verschiedenen Anastomosenformen möglich.

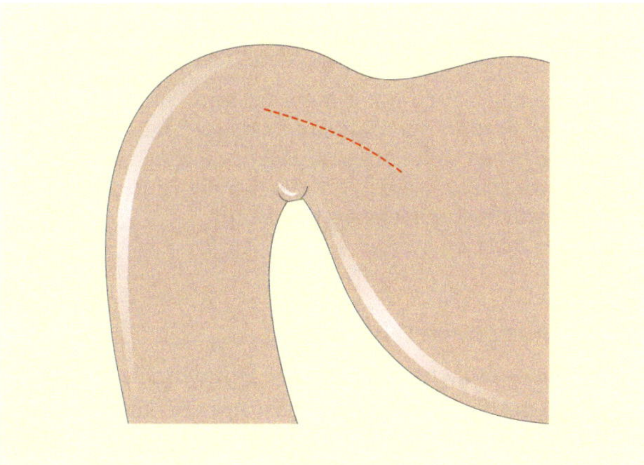

◘ Abb. 2.41 Pyloroplastik. Schnittführung nach Heinecke-Mikulicz

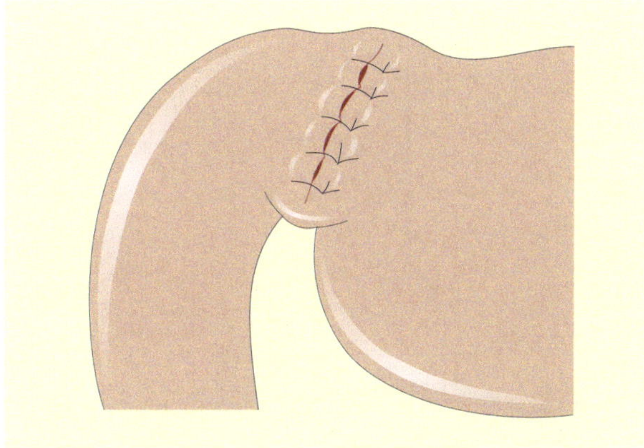

◘ Abb. 2.42 Pyloroplastik. Quervernähung des Längsschnittes. (Abb. 2.41 und 2.42 nach Heberer et al. 1993)

2.5.5 Magenresektion

Die Resektionsverfahren basieren auf den von Theodor Billroth entwickelten OP-Methoden. Man unterscheidet in der Ulkuschirurgie unterschiedliche Resektionsausmaße:

- Wird nur das Antrum reseziert, sollte eine Kombination mit der SPV erfolgen.
- Bei der »klassischen« Zweidrittelresektion des Magens sollen neben der Antrumentfernung auch die säurebildenden Zellen durch Verkleinerung des Magenkorpus reduziert werden.

Dieses resezierende Vorgehen wird an einigen Kliniken beim chronischen Ulkusleiden, wenn eine definitive chirurgische Sanierung angestrebt wird, bevorzugt. Außerdem wird es bei der Magenausgangstenose, häufig bei der endoskopisch/konservativ nicht beherrschbaren Ulkusblutung und in den Fällen einer Ulkusperforation angewendet, bei denen wegen Ulkusgröße oder entzündlicher Begleitreaktion eine Übernähung nicht möglich ist.

■■■ Indikation

- Ulcus ventriculi,
- selten Ulcus duodeni,
- jedoch bei komplizierter Blutung,
- bei komplizierter Ulkusperforation,
- bei Magenausgangsstenose.

■■■ Prinzip

Klassische Methode: Zweidrittelresektion des Magens, einschließlich des Pylorus (◘ Abb. 2.43) mit anschließender Wiederherstellung der Nahrungspassage.

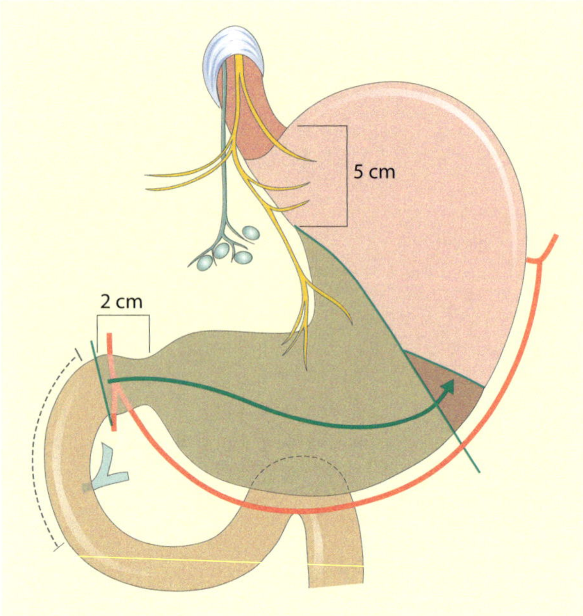

Abb. 2.43 Schematische Darstellung des Resektionsausmaßes einer Billroth-I-Operation. (Nach Siewert 2001)

Lagerung

- Rückenlage, leicht überstreckt,
- neutrale Elektrode an einem Oberschenkel.

Instrumentarium

- Grund- und Laparotomieinstrumentarium,
- weiche Darmklemmen,
- 90° abgewinkelte Klemmen,
- Rahmen,
- Rochard-Haken,
- Magenklemmen (z. B. Moynihan, Billroth),
- langes, lineares Klammernahtinstrument, Einzelclipstapler oder Petz-Klammerapparat.

Magenresektion

- Quer verlaufende oder mediane Oberbauchlaparotomie mit ggf. linksseitiger Umschneidung des Nabels. Nach der Revision des Abdomens mit ausgedehnter Exploration werden Leberhaken, der passende Rochard-Haken und bei Bedarf ein Rahmen eingesetzt
- Die Magenteilresektion beginnt mit der magennahen Skelettierung der großen Kurvatur unter Erhalt der gastroepiploischen Gefäße
- Der OP-Assistent übt unter Anspannung des Lig. gastrocolicum Zug am Colon transversum aus. Mit seiner Durchtrennung ist die Bursa omentalis eröffnet; die Skelettierung wird nach proximal bis zu den kurzen Magenarterien fortgesetzt, entweder mit Rinne und Deschamps, mit Overholt-Klemmen oder mit einem Einzelclipstapler
- Verklebungen der Magenhinterwand mit dem Pankreas werden stumpf oder scharf gelöst. Am Pylorus wird direkt an der Magenwand präpariert, um die A. gastroepiploica dextra zur Durchblutung des großen Netzes erhalten zu können. Äste der A. gastroepiploica dextra werden ligiert
- Zur Skelettierung der kleinen Kurvatur wird in das kleine Netz eingegangen. Zum Duodenum hin wird die A. gastrica dextra, zur Kardia hin die A. gastrica sinistra unter einer doppelten Ligatur abgesetzt. Circa 5 cm unterhalb der Kardia wird die Skelettierung vorläufig beendet und somit die Resektionslinie festgelegt
- Nach dem Absaugen und dem Zurückziehen der Magensonde kann der Magen kranial abgesetzt werden
- Er wird entweder mit dem linearen Verschlussstapler geklammert oder mit dem Petz verschlossen. Ebenso kann zwischen 2 Klemmen durchtrennt werden; dabei muss am verbleibenden Magenteil eine weiche Klemme zum Einsatz kommen. Der Restmagen wird mit einer fortlaufenden Naht bis zur Anastomosenlinie verschlossen. Nach dem Einsatz eines Staplers wird der Magen abgesetzt, die doppelte Klammernahtreihe kann serosiert werden
- Die Skelettierung wird über den Pylorus hinaus vervollständigt. Zur übersichtlichen Präparation kann der distale Magenanteil heruntergeschlagen werden
- Die Absetzung des Duodenums erfolgt offen oder zwischen 2 Klemmen (z. B. 90° abgewinkelte oder weiche Darmklemmen)
- Sie kann auch mit einem linearen Stapler erfolgen. Bei Präparation bis dicht an das Lig. hepatoduodenale heran sollte offen abgesetzt werden, da dann palpatorisch der Abstand der Papille zum Resektionsrand ausgemacht werden kann

Anastomose nach Billroth I

Diese Anastomosenform stellt die Duodenalpassage wieder her (Abb. 2.44). Die Anastomosennähte können grundsätzlich ein- oder zweireihig fortlaufend oder in Einzelkopftechnik ausgeführt werden.

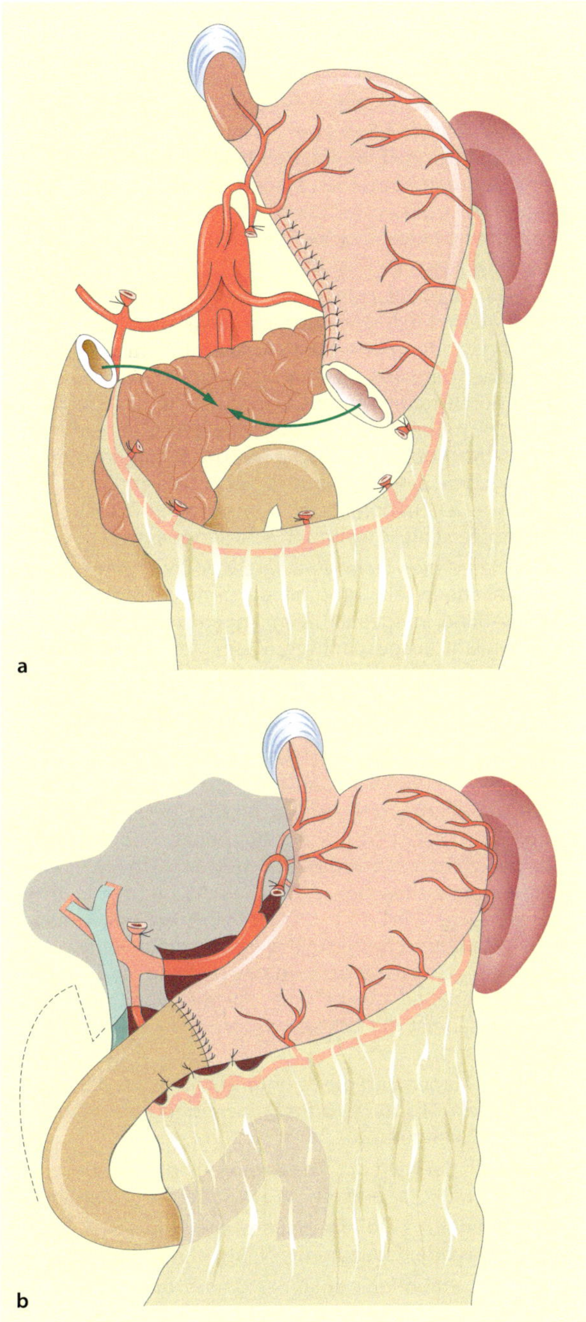

■ Abb. 2.44a,b Magenresektion mit Rekonstruktion nach Billroth I. a Zustand nach Magenresektion und Verkleinerung des Magenquerschnitts, b abschließende Situtation nach Gastroduodenostomie. (Nach Siewert 2001)

Billroth I

- Nach der Resektion wird der Restmagen an den Duodenalstumpf angenähert. Dieses sollte spannungsfrei möglich sein, andernfalls muss zuerst das Duodenum nach Kocher mobilisiert werden (■ s. 2.5.7). Ein 6–7 cm langer Streckengewinn ist durch das Kocher-Manöver möglich. Komplett ausgeführt lässt sich anschließend der Pankreaskopf dorsal umfassen, und der Einblick auf die V. cava ist möglich
- Bei Staplerverschluss des Magenstumpfes und des Duodenums müssen die Klammernahtreihen am Duodenalstumpf und an der großen Kurvatur des Restmagens auf Anastomosenweite entfernt werden
- Der Magenrest und das Duodenum werden mit je einer weichen Klemme gefasst oder mit Haltefäden einander genähert, damit zunächst die seromuskuläre Hinterwandnaht ausgeführt werden kann
- Die beiden Eckfäden bleiben lang und dienen als Haltenähte. Die Vorderwandnaht wird wieder fortlaufend oder in Einzelknopftechnik ausgeführt. Am Schwachpunkt der Billroth-I-Anastomosetechnik, der sog. »Jammerecke«, treffen die Anastomosennähte mit der Nahtreihe des Magenstumpfverschlusses zusammen. Zur Sicherung wird eine zusätzliche U-Naht gelegt
- Nach der Staplerresektion wird häufig erst die Hinterwandnaht seromuskulär genäht, dann werden die Klammern exzidiert. Anschließend wird eine zweite lumenseitige Nahtreihe ausgeführt und die Anastomose mit der Vorderwandnaht beendet
- Vor dem Verschluss der OP-Wunde kann eine Zieldrainage gelegt werden, v. a. nach intensiver Präparation in der Pankreaskopfregion
- Blutstillung, Kontrolle der Textilien und der Instrumente, Dokumentation der Vollzähligkeit, schichtweiser Wundverschluss, Verband

Magenresektion und Anastomose nach Billroth II

Bei dieser Anastomosenform wird die Duodenalpassage ausgeschaltet, der Duodenalstumpf muss also verschlossen werden.

Zahlreiche Modifikationen sind bekannt. Die zur Anastomose benötigte Jejunumschlinge kann sowohl ante- als auch retrokolisch hochgezogen werden; dies hängt u. a. von der Mobilität der Jejunumschlinge und der Beschaffenheit des Mesocolon transversum und des großen Netzes ab.

Die Gastroenterostomie nach Y-Roux ist heute ebenfalls weit verbreitet (■ s. unten). Obwohl die maschinellen Techniken sich immer mehr durchsetzen, wird im Folgenden auch die Handnaht angesprochen.

Indikation

- Verwachsungen des Duodenums, die erhebliche technische Schwierigkeiten bei der Mobilisation verursachen (z. B. Perforation mit Peritonitis), sodass eine spannungsfreie Billroth-I-Anastomose nicht möglich ist;
- subtotale Resektion in der Karzinomchirurgie.

Prinzip

Zweidrittelresektion des Magens mit Duodenalblindverschluss und anschließender Gastrojejunostomie mit Braun-Fußpunktanastomose (Abb. 2.45)

Lagerung

Siehe Magenresektion.

Instrumentarium

Siehe Magenresektion und zusätzlich ein linearer Anastomosenstapler.

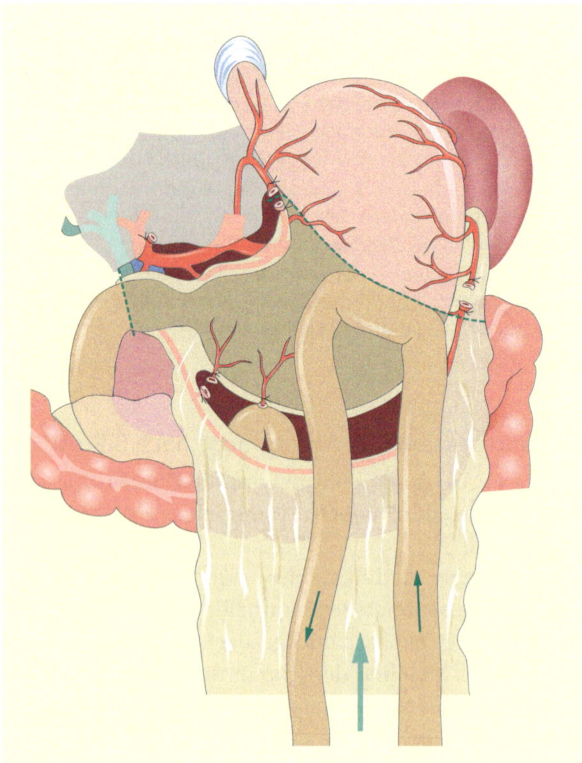

Abb. 2.45 Schematische Darstellung des Resektionsausmaßes und der Schlingenführung einer Magenresektion nach Billroth II. (Nach Siewert 2001)

Billroth II

- ► Der OP-Zugang, die Skelettierung und die Magenteilresektion erfolgen in der gleichen Weise wie bei der Billroth-I-Resektion. Nach der Skelettierung über das Duodenum hinaus werden 2 Haltefäden an den Übergang zwischen Magen und Duodenum gelegt und angeklemmt. Danach kann das Duodenum mit einer gewinkelten Klemme abgeklemmt und das Resektat abgesetzt werden
- ► Der Blindverschluss des Duodenalstumpfes erfolgt meist durch eine doppelte Tabakbeutelnaht. Bei der Anwendung von Staplern kann das Duodenum mit einem linearen Anastomosenstapler geklammert und durchtrennt werden. Danach sollte der Stumpf zusätzlich übernäht werden, um einer Nahtinsuffizienz sicher vorzubeugen. Die Duodenalstumpfinsuffizienz ist mit einer Letalität von 50% belastet. Je nach Ulkus- oder Narbenlokalisation kann der Duodenalstumpfverschluss technisch schwierig sein
- ► Die Magen-Darm-Passage wird mit einer 60–80 cm langen Jejunumschlinge, ca. 40 cm hinter dem Treitz-Band, hergestellt. Am angehobenen und im Gegenlicht ausgespannten Mesocolon transversum wird ein gefäßfreier Abschnitt gesucht und mit Overholt-Dissektion und Ligaturen, oder maschinell, eine 6–8 cm lange Öffnung gebildet, durch die die Jejunumschlinge spannungsfrei bis an den Magen hochgezogen werden kann (antekolisch; Abb. 2.46)
- ► Der Nahtverschluss des Mesokolonschlitzes ist obligat, variabel ist nur der Zeitpunkt. Manche Chirurgen ziehen es vor, diesen Schritt erst am Ende der Operation zu machen. Am Scheitelpunkt der Jejunumschlinge wird eine Seit-zu-Seit-Anastomose mit dem Magenrest hergestellt, die eine Lumenweite von ca. 6 cm aufweist. Dazu wird das Jejunum an die Magenhinterwand gelegt und oral der Klammerreihe am Magenrest mit Ecknähten fixiert, die als Haltefäden dienen
- ► Der Magen und die Jejunumschlinge werden mit dem Elektrokauter eröffnet, das Lumen abgesaugt oder trockengetupft
- ► Nach der Naht der Anastomosenhinterwand werden die Mukosa- und die Serosavorderwand vernäht
- ► Alternativ sind ein- oder zweireihige sowie Einzelknopf- oder fortlaufende Nahttechniken üblich
- ► Eine Braun-Fußpunktanastomose unterhalb des Mesokolonschlitzes soll einen jejunogastrischen Reflux verhindern. Zu- und abführender Jejunumschenkel werden über ca. 4–8 cm Länge eröffnet und Seit-zu-Seit anastomosiert. Diese Naht wird ein- oder zweireihig ausgeführt
- ► Nach der Zählkontrolle der Textilien und der Instrumente sowie der Dokumentation der Vollständigkeit beenden der schichtweise Wundverschluss und der Verband die Operation

> **Alternative Stapleranastomose**
>
> - Stapleranastomose mit linearem Stapler oder linearem Anastomosenklammernahtinstrument zur Erstellung einer Seit-zu-Seit-Anastomose: beide aneinander gelegten Jejunumschenkel werden mit je einer kleinen Stichinzision versehen, nachdem die Anastomosenlänge mit 2 Haltefäden markiert wurde
> - Zur Herstellung der Braun-Anastomose werden beide Branchen des linearen Anastomosenstaplers in die Öffnungen eingeführt, miteinander verbunden und das Instrument ausgelöst
> - Nach Kontrolle der Anastomosenlinien auf Bluttrockenheit kann die Inzisionsöffnung schnell mit einem linearen Klammernahtinstrument verschlossen werden

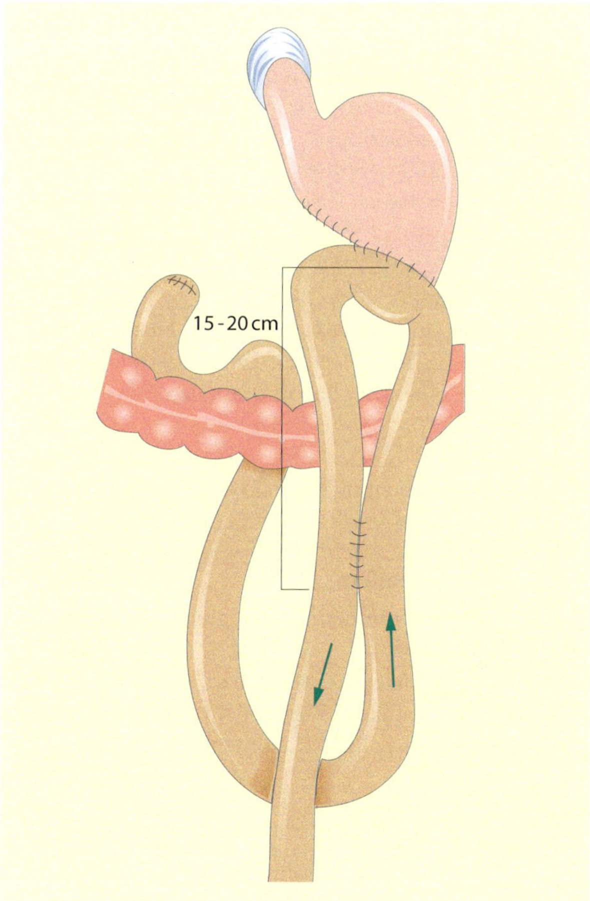

Abb. 2.46 Abschließende Situation nach antekolischer Gastrojejunostomie mit Braun-Fußpunktanastomose. (Nach Siewert 2001)

Billroth II und Gastroenterostomie nach Y-Roux

Diese Anastomosenform wird zumeist gewählt, wenn eine spannungsfreie Anastomose nach Billroth I technisch nicht möglich ist. Der gallige Reflux wird sicherer verhindert als bei der klassischen Billroth-II-Magenresektion. Daher wird die Y-Roux-Technik von verschiedenen Kliniken bevorzugt.

Wie beim klassischen Billroth II wird der Magen abgesetzt und das Duodenum blind verschlossen. Die gastrointestinale Passage wird wiederhergestellt, indem eine ausreichend mobile, obere Jejunumschlinge aufgesucht und etwa am Scheitelpunkt durchtrennt wird. Der abführende aborale Teil dieser Schlinge wird an den Magenstumpf hochgezogen und dort End-zu-Seit-anastomosiert.

Etwa 40 cm unterhalb der Gastrojejunostomie wird der zuführende orale Jejunumschenkel End-zu-Seit mit dem abführenden aboralen Jejunumschenkel verbunden. Dies kann entweder mit Handnaht (Jejuno-Jejunostomie nach Y-Roux; Abb. 2.47a,b) oder in Staplertechnik erfolgen (s. oben).

Bei der alleinigen Gastroenterostomie (GE) nach Y-Roux (Indikation: resezierbare Magenausgangstenose) wird ohne vorherige Magenteilresektion die dargestellte Jejunumableitung angelegt.

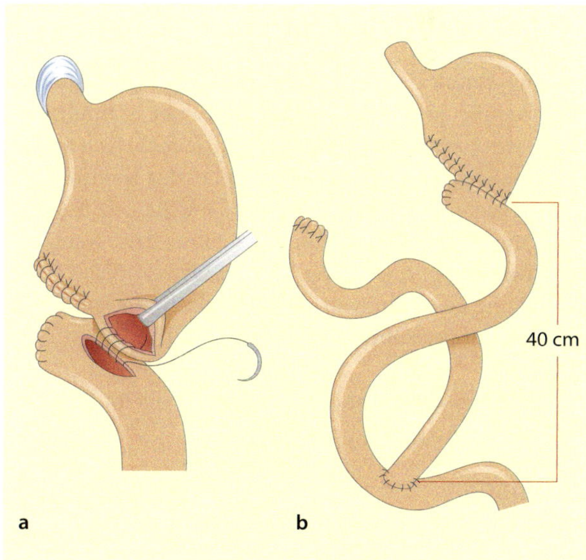

Abb. 2.47 a Distale Magenresektion mit Y-Roux-Anastomose, b distale Magenresektion und Rekonstruktion in Y-Roux-Technik. (Nach Siewert 2001)

2.5.6 Operation des Magenkarzinoms

Für die Entstehung des Magenkarzinoms werden ursächlich im Rahmen der Nahrungsaufnahme entstehende Karzinogene verantwortlich gemacht.

Die Häufigkeit des Magenkarzinoms nimmt insgesamt ab. Bei einem Überwiegen der Männer in der Geschlechterverteilung liegt der Häufigkeitsgipfel bei Männern im 6., bei Frauen im 5. Lebensjahrzehnt. Nur etwa ein Drittel der Patienten mit Magenkarzinom, die in chirurgische Behandlung kommen, können nach intraoperativem und histologischem Befund kurativ radikal operiert werden.

Hauptgrund sind nur unspezifische Symptome, die den Patienten oft zu spät zum Arzt führen.

Symptome

Folgende »Leitsymptome« können jedoch erste Hinweise liefern:
- diffuse Oberbauchschmerzen mit gelegentlich dumpfen Dauerschmerzen,
- fehlende Regelhaftigkeit der Schmerzen, Druck- und Völlegefühl,
- Leistungsknick, Abgeschlagenheit (Anämie),
- Teerstühle,
- Dysphagie bei kardianaher Lokalisation,
- Magenentleerungsstörung bei präpylorischer Lokalisation.

Diagnose

Sie muss durch Gastroskopie mit u. U. mehrfacher Biopsieentnahme gesichert werden. Bei einer submukösen zirrhösen Ausbreitung kann die Biopsie mehrfach erfolglos sein. Röntgenologisch lässt sich bei der Kontrastmitteluntersuchung eine Wandstarre darstellen. Die Abdomensonographie dient dem Ausschluss bzw. Nachweis von (Leber)metastasen. Der Vorhersagewert der CT-Untersuchung beschränkt sich auf den Nachweis von Kriterien der Inoperabilität (Metastasen und Tumorinfiltration).

Die Endosonographie bietet als neue Technik zusätzliche Beurteilungsmöglichkeiten.

Lokalisation

Das Magenkarzinom entsteht bevorzugt im Antrum, in der kleinen Kurvatur oder im Fundus-Kardia-Bereich. In 10% der Fälle wächst das Karzinom multizentrisch.

Operative Therapie

! Als Grundsatz gilt, dass jedes Magenkarzinom, das mit kurativem Ansatz operiert werden soll, radikal operiert wird.

Das bedeutet, dass die Gastrektomie mit Entfernung des großen und des kleinen Netzes durchgeführt wird. Ob die ausgedehnte Lymphadenektomie eine Prognoseverbesserung bezüglich Rezidivfreiheit und Überlebenszeit mit sich bringt, ist noch nicht nachgewiesen. Die Milzentfernung ist nur dann indiziert, wenn durch die Karzinomlokalisation im oberen Magenkorpus/-fundus ein Lymphknotenbefall am Milzhilus wahrscheinlich wird.

An die Magenentfernung schließt sich die Herstellung einer Anastomose zwischen Ösophagus und Jejunum an.

Gastrektomie

Indikation

- Kardia- und Funduskarzinom,
- andere Magenmalignome,
- jedes Magenkarzinom, das in kurativer Hinsicht radikal operiert werden soll.
- Auch mit palliativer Zielsetzung kann eine Gastrektomie durchgeführt werden.

Prinzip

Resektion des gesamten Magens, häufig en bloc mit Milz, großem und kleinem Netz mit Lymphknotendissektion, Vorbereitung einer ösophagointestinalen Anastomose.

Lagerung

- Rückenlage, leicht überstreckt,
- Dispersionselektrode an einem Oberschenkel.

Instrumentarium

Grund- und Laparotomieinstrumentarium,
- bipolare Schere,
- weiche und harte Darmklemmen,
- ggf. 90° abgewinkelte Klemmen,
- Duval-Klemmen, Allis-Klemmen,
- Rahmen,
- Rochard-Haken,
- Gummizügel,
- lineare Stapler und/oder lineare Anastomosenstapler,
- ein zirkuläres Anastomosenklammernahtinstrument.

Gastrektomie

- Quer verlaufende, bogenförmige Oberbauchlaparotomie oder obere mediane Laparotomie
- Über eine ausgedehnte Exploration des Abdomens werden die Tumorausdehnung und damit die Operabilität geprüft. Die Austastung dient gleichzeitig der Suche nach verdächtigen Lymphknoten, die, soweit erreichbar, entfernt und zur histologischen Schnellschnittuntersuchung gegeben werden. Bei einem metastasierenden Karzinom muss entschieden werden, ob eine palliative Gastrektomie mit vertretbarem Risiko durchgeführt werden kann
- Nach der Entscheidung zur Gastrektomie wird das große Netz mit Schere, Overholt und Ligaturen oder mit dem Elektrokauter, alternativ maschinell mit Einzelclipstapler oder bipolarer Schere, vom Colon transversum abpräpariert
- Danach kann der Magen hochgeschlagen und evtl. vorhandene Verwachsungen können an der Hinterwand gelöst werden. Das Duodenum wird ggf. nach Kocher (s. 2.5.7) mobilisiert. Eröffnung der Bursa omentalis an der kleinen Kurvatur, die Skelettierung erfolgt duodenalwärts, die A. gastrica dextra wird ligiert und abgesetzt
- Am Magenausgang wird an der großen Kurvatur die A. gastroepiploica dextra ligiert und abgesetzt
- Nach der zirkulären Präparation des Pylorus inklusive 2–3 cm des Duodenums kann Letzteres abgesetzt werden, entweder zwischen 2 Klemmen oder mit einem Klammernahtinstrument
- Das Absetzen mit einem Stapler zum Duodenalstumpfverschluss wird bevorzugt bei vorgesehener Rekonstruktion nach Y-Roux angewandt. Die Klammernahtreihe am Duodenum sollte übernäht werden
- Die Präparation und Mobilisation des Fundus führt zum Lig. gastrosplenicum, das bei vorgesehener Milzerhaltung zwischen 2 Klemmen durchtrennt und ligiert, ggf. umstochen wird
- Der Magen wird nach kranial über den distalen Ösophagus hinaus freipräpariert, die A. und V. gastrica sinistra möglichst nahe am Truncus coeliacus abgesetzt
- Nach Anzügeln des Ösophagus und Unterfahren mit einem Overholt wird der Magen über die liegende Magensonde noch einmal abgesaugt und die Sonde zurückgezogen. Bei vorgesehener Stapleranastomose wird am terminalen Ösophagus eine Tabaksbeutelklemme angelegt und die dazugehörende Naht gelegt (Abb. 2.48a,b). Bei Handanastomosierung wird das Präparat zwischen Klemmen abgesetzt
- Die Speiseröhre wird mobiler, wenn der vordere und der hintere Vagusast koaguliert und durchtrennt werden
- Nach der Resektion ist die Dissektion der regionären Lymphknoten, insbesondere am Truncus coeliacus, im Hiatus beidseits des Ösophagus, am Pankreasoberrand und im Lig. hepatoduodenale leichter zu handhaben als vor der Resektion
- Die Rekonstruktion der Speisepassage ist auf vielen Wegen zu erreichen. Als häufigste und einfachste Rekonstruktion wird die Ersatzmagenbildung nach Y-Roux dargestellt

Ersatzmagenbildung durch Ösophagojejunostomie (nach Y-Roux)

Diese OP-Methode wird auch als »Krückstockanastomose« bezeichnet (Abb. 2.49).

OP-Verlauf: Ersatzmagenbildung

- Die Rekonstruktion beginnt mit dem Aufsuchen einer geeigneten mobilen Jejunumschlinge ca. 40 cm hinter dem Treitz-Band. Diese Schlinge wird so skelettiert, dass sie spannungsfrei, zumeist retrokolisch, an den Ösophagus geführt werden kann. Zwischen 2 Klemmen oder mit einem linearen Cutter wird die Schlinge durchtrennt
- Die Anastomosierung mit dem Ösophagus sollte End-zu-Seit mit Einzelknopfnähten oder besser mit einem zirkulären Klammernahtinstrument erfolgen
- In den Ösophagus wird nach Abnehmen der Tabaksbeutelklemme die Andruckplatte des zirkulären Staplers in die Speiseröhre eingeführt
- Eine spezielle Fasszange erleichtert das Einführmanöver. Die Tabakbeutelnaht wird angezogen und am Dorn geknüpft
- Der Stapler wird in das offene Darmende eingeführt; seitlich gegenüber dem Mesenterialansatz wird mit der Trokarspitze des Zentraldornes punktuell die Jejunalwand perforiert
- Durch die Konnektierung der Andruckplatte mit dem Zentraldorn des Klammernahtgerätes und die Auslösung des Klammermechanismus nach dem Zusammendrehen wird die End-zu-Seit-Anastomose hergestellt
- Nach Entfernung des Nahtinstruments kann der offene Jejunumschenkel mit einem linearen Stapler verschlossen werden. Die Dichtigkeit der Anastomose wird folgendermaßen geprüft:
  - Die Geweberinge im Stapler werden auf ihre Vollständigkeit kontrolliert
  - Eine gefärbte Lösung (z. B. PVP) wird vom Anästhesisten in die bereits liegende Magensonde gegeben
- Handanastomosen können ggf. mit einer Jejunoplicatio gedeckt werden, d. h. der überstehende Jeju-

numteil wird wie eine Manschette um die Anastomose gelegt und mit wenigen Nähten fixiert

- Die End-zu-Seit-Anastomose der zuführenden Jejunumschlinge an die abführende Schlinge unterhalb der Mesokolonlücke wird in der Y-Roux-Technik vorgenommen
- Sowohl Handnaht als auch Staplertechnik als Seit-zu-Seit-Anastomose sind möglich. Die Staplertechnik wird im Folgenden beschrieben.

Staplertechnik.

- Eine Branche des linearen Anastomosenstaplers wird über eine Zusatzinzision in den abführenden Jejunumschenkel eingeführt, die 2. Branche kommt in den offenen Teil des zuführenden Jejunumschenkels zu liegen. Beide Teile werden aneinander gelegt, konnektiert, und der Klammervorgang wird ausgelöst.
- Nach der Fertigstellung wird die nun gemeinsame Inzisionsöffnung mit einem linearen Stapler verschlossen
- Bei retrokolischem Jejunumhochzug wird die Mesokolonlücke verschlossen, ggf. werden Drainagen in die Milzloge und subhepatisch gelegt
- Nach der Zählkontrolle der Textilien und des Instrumentariums sowie der Dokumentation der Vollzähligkeit schichtweiser Wundverschluss und Verband

Alternativen

Kardiakarzinom. Die Gastrektomie eignet sich in der Regel bezüglich der Lebensqualität besser als die Kardiafundusresektion. Bei dem letzteren Verfahren bleibt zwar Restmagen erhalten, aber häufig leiden die Patienten postoperativ an den Folgen des Magensaftrefluxes in den Ösophagus, zumal die Pylorusfunktion im Sinne einer Engstellung (bei trunkulärer Vagotomie) gestört sein kann.

Reservoirbildung

Neben der technisch einfachen »Krückstockanastomose« werden eine Reihe weiterer Rekonstruktionsverfahren nach Gastrektomie, z. T. mit Reservoirbildung (z. B. nach Longmire), angegeben. Bezüglich weiterer Einzelheiten wird auf OP-Lehren verwiesen.

- *Subtotale Magenresektion* (Dreiviertelresektion): Dieses OP-Verfahren ist bei kurativem Ansatz nur selten indiziert (z. B. kleines Antrumkarzinom vom intestinalen Typ ohne Lymphknotenbefall, Berücksichtigung der allgemeinen OP-Risiken).

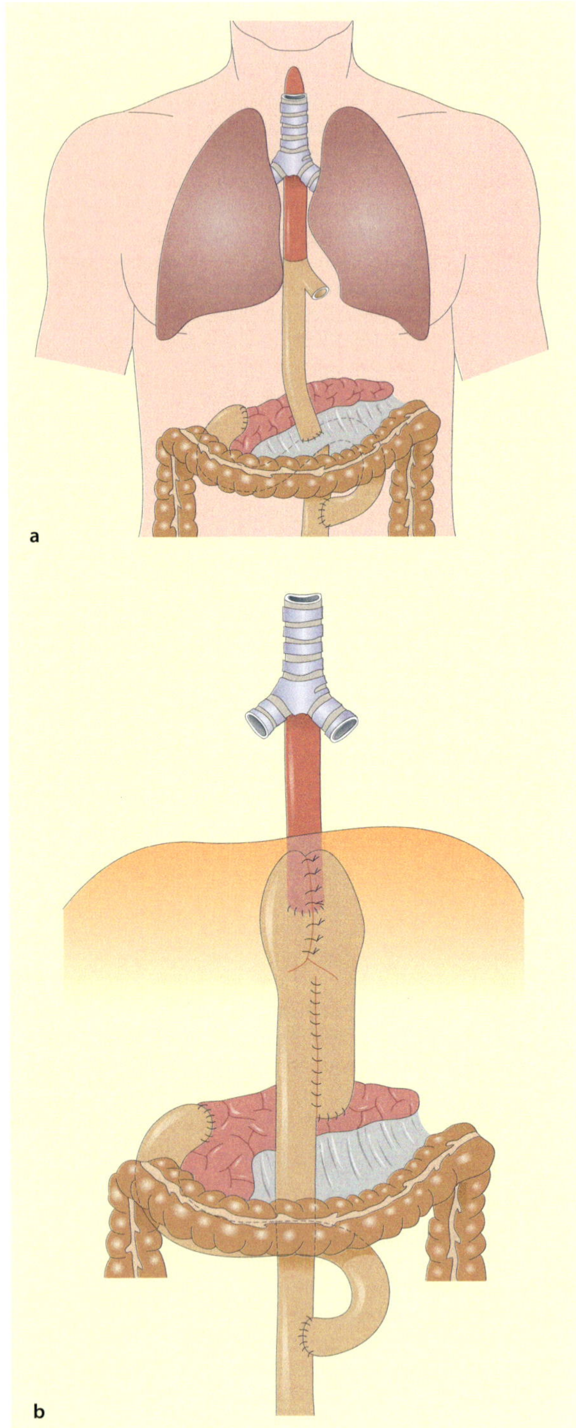

Abb. 2.48a,b Standardrekonstruktion nach Gastrektomie. a Transmediastinal erweiterte totale Gastrektomie, b totale abdominale Gastrektomie (Ösophagojejunoplicatio mit Pouch) (Ösophagojejunostomie nach Y-Roux; nach Siewert 2001)

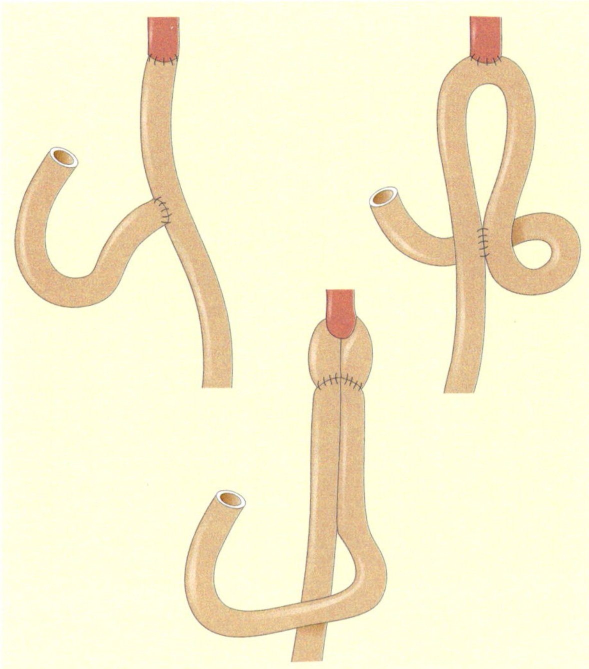

Abb. 2.49 Magenersatz mittels Ösophagojejunostomie. (Nach Hansis 2000)

- *Palliative Operationen:*
  Das operative Vorgehen richtet sich nach der lokalen Operabilität, nach tumorbedingten Komplikationen (Blutung, Stenosierung, Perforation) und nach dem Allgemeinzustand des Patienten. Neben der Gastrektomie kommen Magenteilresektionen, die Anlage einer GE und in seltenen Fällen eine chirurgische oder endoskopische Tubuseinlage in Frage.

! Das sog. Magenstumpfkarzinom in einem Restmagen wird ebenfalls durch Gastrektomie behandelt.

2.5.7 Kocher-Manöver

Indikation

Duodenalmobilisierung von rechts bei Magenteilresektionen, Gastrektomien, Pyloroplastiken und Pankreasoperationen.

Prinzip

Das rechtsseitig retroperitoneal fixierte Duodenum lässt sich mit dem Pankreas nach lateraler Durchtrennung der Umschlagfalte zum parietalen Peritoneum stumpf von dorsal aus dem Retroperitonealraum herauslösen. Dadurch wird das Duodenum beweglicher; ein Streckengewinn von 6–7 cm wird erreicht.

Duodenalmobilisation nach Kocher

- Die Leber wird nach oben, das Colon transversum nach unten gehalten (Abb. 2.50a). Das Peritoneum wird lateral bogenförmig im Verlauf des Duodenums inzidiert. Mit dem Finger lässt sich dann eine dünne gefäßfreie Gewebsschicht aufladen, die das Duodenum mit dem Retroperitoneum verbindet.
- Teils scharf mit der Schere, teils stumpf wird diese Schicht durchtrennt, bis die V. cava sichtbar wird und der Pankreaskopf unterfahren werden kann (s. Abb. 2.50b).

2.6 Milz

2.6.1 Anatomie

Die Milz (Lien, Splen) liegt im linken Oberbauch vollständig intraperitoneal, ist relativ klein und wiegt ca. 150 g.

Vom Hilus ausgehend zieht eine Bauchfellduplikatur, das Lig. gastrosplenicum, zum Magen. Es enthält die Vasa gastrica brevia der großen Kurvatur des Magens. Das Lig. phrenicosplenicum hält die Milz in ihrer Lage durch Fixation an der dorsalen Bauchwand. Das Lig. pancreaticosplenicum führt die A. und V. splenica aus dem Retroperitonealraum vom Pankreasschwanz zum Milzhilus.

Die Milz ist von einer Kapsel und Serosa (Peritoneum) umhüllt. Alle Gefäße treten aus dem Hilus aus. Die Milzoberfläche ist gefäßfrei.

2.6.2 Splenektomie

Indikation

Die Indikation zur Splenektomie wird heute sehr differenziert gestellt. Wann immer möglich sollte organerhaltend therapiert werden, weil Erkenntnisse über die Funktion und die Folgen des Verlustes der Milz ihre physiologische Bedeutung belegen.

Als folgenschwere Komplikation des Milzverlustes gilt das sog. OPSI-Syndrom (»*o*verwhelming *p*ostsplenectomy *i*nfection syndrome«, (Postsplenektomiesyndrom; Gesamtinzidenz von 4–8%, Letalität von ca. 50%).

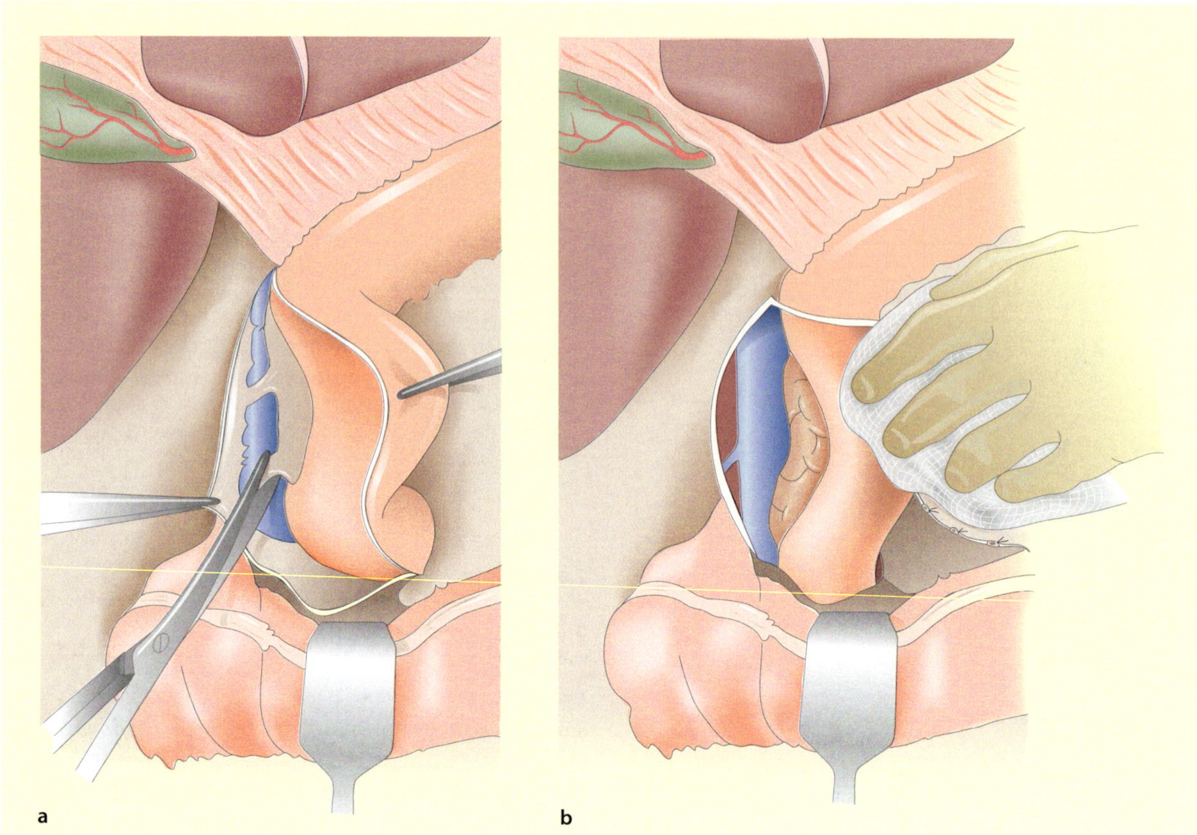

Abb. 2.50a,b OP-Schritte des Kocher-Manövers zur Duodenalmobilisierung. a Die Leber wird nach oben, das Colon transversum nach unten gehalten, b die gefäßfreie Gewebsschicht wird durchtrennt, bis die V. cava sichtbar wird und der Pankreaskopf unterfahren werden kann

Elektiv

Bei hämatologisch-onkologischen Erkrankungen.

In einem Abstand von 3–4 Wochen vor der Operation kann eine Impfung mit polyvalenten Pneumokokkenvakzinen vorausgehen. (Diese Impfung wird kontrovers diskutiert.)

Bei sog. Riesenmilzen kann der intraoperative Blutverlust durch vorherige angiographische Milzarterienembolisation vermindert werden. Eine perioperative Antibiotikaprophylaxe wird empfohlen.

Notfallmäßig

Bei stumpfem Bauchtrauma mit Milzzerreißung.

Die Notfallindikation zur Splenektomie liegt dann vor, wenn ein milzerhaltendes Vorgehen technisch nicht möglich ist oder ein zeitlicher Verzug hinsichtlich lebensbedrohlicher Begleitverletzungen nicht toleriert werden kann.

Diagnostisch

Zum Beispiel bei Morbus Hodgkin, bei der Gastrektomie wegen Magenkarzinom, bei Metastasen im Lig. gastrosplenicum.

Prinzip

Frühzeitige Ligatur und Durchtrennung der Milzgefäßversorgung und Totalexstirpation des Organs.

Lagerung

- Bei Zusatzverletzung: Rückenlage.
- Bei gezielter Splenektomie: Rückenlage, leicht aufgeklappt (Gallenlagerung), neutrale Elektrode am linken Oberschenkel.

Instrumentarium

- Grund- und Laparotomieinstrumentarium,
- lange Overholt-Klemmen,

- lange Schere, Einzelclipstapler,
- evtl. bipolare Schere.

Splenektomie

▶ Bei stumpfen Bauchverletzungen wird eine quer verlaufende oder eine mediane Oberbauchlaparotomie gewählt, um auch Leber, Magen und Darm revidieren zu können

▶ Zur alleinigen Splenektomie wählt man den linksseitigen Rippenbogenrandschnitt

▶ Der operative Zugang muss in jedem Fall eine gute Übersicht gewährleisten

▶ Nach der Eröffnung des Bauchraumes wird die Milz freigelegt und, wenn möglich, mit der Hand umfasst, um an der ventralen oder dorsalen Seite des Hilus mit der Skelettierung beginnen zu können. Bei der Präparation muss die enge räumliche Beziehung zu Magen, Pankreas, Kolon und Nebenniere berücksichtigt werden (Verletzungsgefahr)

▶ Die Inzision des Lig. splenorenale mit einer Schere und das stumpfe digitale Auslösen der Milz zusammen mit dem Pankreasschwanz setzt die Präparation fort

▶ Die Milz wird vor die Bauchdecke luxiert und die Milzloge zur Lagefixierung mit warmen Tüchern abgestopft. Das Lig. gastrosplenicum wird nahe des Milzhilus zwischen mehreren Ligaturen durchtrennt. Dann werden von ventral und/oder dorsal die Äste der A. und V. splenica unter Schonung des Pankreasschwanzes präpariert, hilusnah mit Hilfe der Overholt-Klemmen abgeklemmt, doppelt ligiert und durchtrennt. Das Präparat entfällt

▶ Eine sorgfältige Blutstillung mit warmen Tüchern ist erforderlich

▶ Das Legen einer Drainage in die Milzloge wird unterschiedlich diskutiert. Bei Verletzungen des Pankreasschwanzes bzw. dessen Gefäßversorgung ist die Einlage einer Spüldrainage anzuraten

▶ Nach der Zählkontrolle der Textilien und Instrumente sowie der Dokumentation der Vollzähligkeit schichtweiser Wundverschluss und Verband

Die stürmische Entwicklung laparoskopischer OP-Techniken schließt auch die Splenektomie ein. Künftig werden die Indikationsbereiche für eine laparoskopische Splenektomie festzulegen sein.

2.6.3 Milzerhaltende Operationstechniken

Der Milzerhalt ist nur sinnvoll, wenn 30–50% Parenchymrest erhalten werden können.

Gelingt die milzerhaltende Operation nicht, muss splenektomiert werden. Generell muss die Milz vor der organerhaltenden Versorgung komplett schonend mobilisiert werden. Bei isolierten kleineren Milzverletzungen kann bei guter Übersicht ggf. auf die komplette Mobilisation verzichtet werden.

Indikation

- Häufig bei akzidentellen Milzverletzungen im Rahmen elektiver Oberbaucheingriffe. Der Einsatz milzerhaltender OP-Techniken bei polytraumatisierten Patienten und beim stumpfen Bauchtrauma orientiert sich u. a. am Schweregrad der Milzverletzung und an der Schwere der übrigen Verletzungen.
- Erhaltende OP-Verfahren werden v. a. bei verletzten Kindern sowie bei seltenen isolierten benignen Milzerkrankungen (Beispiel: Milzzyste) eingesetzt.

OP-Techniken

Naht und Netzplombe

Die direkte Parenchymnaht an der Milz wurde in vielen technischen Varianten beschrieben. Bei Kapsel- und Parenchymdefekten kann die Naht durch eine Netzplombe ergänzt werden, die wie eine Tamponade oder ein Nahtwiderlager funktioniert.

Die Anwendung beschränkt sich in der Regel auf das Vorliegen einer nahtfesten Parenchym- und Kapselkonsistenz. Diese Voraussetzungen werden ideal von der kindlichen Milz erfüllt.

Lokale Hämostyptika

Die Anwendung setzt in der Regel die vorübergehende Bluttrockenheit oder höchstens eine Restsickerblutung der Parenchymfläche voraus. Der Einsatz ist daher häufig nur in Kombination mit anderen Blutstillungsverfahren sinnvoll. Beispiele hierfür werden im Folgenden genannt.

Fibrinkleber

Hämostyptikum, das in Form von 2 Komponenten auf die verletzte Parenchymfläche oder Kapselläsion aufgebracht wird. Die eine Komponente besteht aus dem hochkonzentrierten Humanfibrinogen, die andere aus seinen Aktivatoren. Vor der Anwendung müssen die beiden Komponenten aufgetaut und in Spritzen aufgezogen werden. Mit Sprühaufsätzen wird eine flächenhafte, aber sparsame Verteilung erreicht.

Kollagenvlies

Hämostyptikum, das aus resorbierbaren Kollagenfibrillen besteht. Die blutstillende Wirkung setzt bei Blutkontakt durch die Förderung der Thrombozytenaggregation ein.

Tabotamp

Dieses hämostyptisch wirkende Material besteht aus oxidierter, regenerierter Zellulose und führt zu einer raschen Bindung der Proteinbestandteile des Blutes (evtl. in Kombination mit Fibrinkleber).

Saphir-Infrarot-Koagulator

Einsatz bei noch anhaltender Blutung von Milzparenchymflächen und Kapselläsionen. Deshalb wird diese Technik in der Regel vor der Anwendung lokaler Hämostyptika zum Einsatz gebracht.

Die Wärmewirkung resultiert aus der Infrarotstrahlung einer Wolframhalogenlampe.

Es gibt verschieden geformte Saphirköpfe, die je nach der Größe der Wundfläche ausgewählt werden. Durch diese Methode kann dosierter Druck auf das Gewebe ausgeübt werden, ohne dass die thermische Nekrose am Saphirkopf haftet. Anschließend bei Bedarf Einsatz der oben genannten Hämostyptika.

Die Laserkoagulation wird hier nur der Vollständigkeit halber erwähnt. Bei hohem technischen Aufwand bietet diese Technik keine Vorteile gegenüber der Infrarotkoagulation.

Segment-/Teilresektion

Häufig ist die partielle Milzresektion einfacher zu handhaben als eine aufwendige Blutstillung.

- Segmentresektionen der Milz sind als anatomiegerechte OP-Verfahren anzusehen, die sich an der segmentartigen Gefäßarchitektur der Milzdurchblutung orientieren. Die sorgfältige Präparation und Ligatur der segmentversorgenden Hilusgefäße geht der eigentlichen Resektion und der anschließenden Versorgung der Resektionsflächen voraus. Bei besonderen Abgangsvarianten des oberen Polgefäßes ist ein Erhalt eines ausreichend großen oberen Milzpoles auch nach hilusnaher Unterbrechung der Milzarterie möglich.
- Teilresektionen der Milz ohne aufwendige Präparation am Milzhilus sind durch den Einsatz von Klammernahtgeräten möglich geworden. Bewährt hat sich der Staplereinsatz v. a. bei der Polresektion.

  Um erneute Kapseleinrisse beim Schließen des Klammernahtmagazins zu vermeiden, muss das Parenchym an der geplanten Resektionslinie die Möglichkeit erhalten, in das Resektat zu entweichen. Hierzu können Entlastungsinzisionen der Milzkapsel am Resektat hilfreich sein.

Dosierte Organkompression mit Vicrylnetz

Als Hilfsmittel zur Blutstillung durch dosierte Organkompression von außen eignet sich ein speziell vorgefertigtes Netz aus z. B. Vicryl (Fa. Ethicon). Zirkulär angeordnete Zugfäden in verschiedenen Radien erlauben die Ausübung einer situationsgerechten, individuellen Kompression. Auseinander klaffende Parenchymflächen, z. B. bei tief greifenden Milzverletzungen können auf diese Weise angenähert und durch zusätzliches Einbringen von hämostyptischem Material unter Kompression gesetzt werden. Zu beachten ist, dass die angezogenen Zugfäden den Milzhilus nicht strangulieren dürfen.

2.7 Gallenblase und Gallenwege

2.7.1 Anatomie, Diagnostik, Operation/Indikation

▪▪▪ Anatomie

Die birnenförmige Gallenblase mündet seitlich über den Ductus cysticus als Blindsack in die ableitenden Gallenwege ein. Als Anteile werden Fundus, Korpus und Infundibulum unterschieden. Die Gallenblase ist bindegewebig mit der Leber verwachsen und außen mit Peritoneum überzogen. Sie speichert die Gallenflüssigkeit und dickt sie ein.

Aus der Leber kommen der Ductus hepaticus dexter und der Ductus hepaticus sinister. Sie vereinigen sich kurz nach ihrem Austritt zum Ductus hepaticus communis. In ihn mündet der Ductus cysticus ein. Unterhalb seiner Einmündung bezeichnet man den Hauptgallengang als Ductus choledochus. Variationen der Länge und der Lage dieser Strukturen können Gallenoperationen schwierig gestalten.

Der Ductus choledochus verläuft im distalen Teil hinter dem Duodenum durch den Pankreaskopf. An der gemeinsamen Einmündung von Pankreas- und Gallengang ins Duodenum liegt die Papilla Vateri.

Die Gallenblase wird arteriell über die A. cystica (ein Ast der A. hepatica dextra) versorgt. Die enge Nachbarschaft der Gallenwege erklärt, dass zum einen Gallengangsteine auf den Pankreasgang und zum anderen Pankreaskopfprozesse auf den Gallengang einwirken können.

Durch anatomische Varianten können diese Wechselwirkungen unterschiedlich ausgeprägt sein.

Galle

Die Leber sezerniert mit der Galleflüssigkeit u. a. Gallensäuren, Gallenfarbstoffe und Cholesterin in das Duodenum. Über den rechten und den linken Hepatikusast wird die Galle im Ductus hepaticus communis gesammelt.

Die Galleflüssigkeit ist ein guter Emulgator für Nahrungsfette und fettlösliche Vitamine. Diese Eigenschaft ermöglicht die intestinale Resorption.

Klinik des Gallensteinleidens

Typisches klinisches Merkmal ist ein in der Regel kolikartiger Schmerz mit Ausstrahlung in die rechte Schulterregion. Die Koliken können rezidivierend auftreten und im Einzelfall über Stunden anhalten. Auslöser können der Genuss von Gebratenem, Fett und Ei sein. Bei entzündlichem Krankheitsverlauf treten neben Fieber Dauerschmerzen, ggf. mit lokalen peritonitischen Zeichen, auf.

Ein Hinweis auf ein kompliziertes Gallensteinleiden kann der Ikterus geben. Der Gallengangverschluss weist neben der typischen Gelbfärbung der Haut (mit Juckreiz) und der Skleren eine Stuhlentfärbung und eine Dunkelfärbung des Urins (»bierbraun«) auf. Gallengangsteine können eine Pankreatitis auslösen.

Der Ikterus ohne begleitende Koliken (»schmerzloser Ikterus«) weist auf ein mögliches Pankreaskopfkarzinom hin (◘ s. 2.9). Im Gegensatz zum entzündlichen Gallenblasenhydrops wäre dann ein schmerzloser Hydrops (Courvoisier-Zeichen) tastbar.

▪▪▪ Diagnostik

Nach Erhebung der Anamnese und des klinischen Befundes führen folgende Schritte zur Diagnose:

- Differenzierte Laboruntersuchungen, Sonographie, Röntgenuntersuchung, evtl. kombiniert mit endoskopischer Kontrastmittelgabe (ERCP/endoskopisch retrograde Cholangiopankreatikographie) erlauben die Eingrenzung der Diagnose.
- Bei Verdacht auf eine Gallengangstenose ist die ERCP zur Diagnosesicherung und evtl. zur endoskopischen Steinbergung geeignet. Die Verfügbarkeit dieser Methode führt in vielen Häusern dazu, dass auf die intraoperative Röntgendarstellung des Gallenganges und auf die Revision des Gallenganges verzichtet wird (sog. therapeutisches Splitting).

▪▪▪ Operation

Da die Gallenblase in der Regel der Entstehungsort für Steine ist, wird sie bei einer Steinerkrankung entfernt, um Rezidive zu vermeiden. Dazu stehen verschiedene Verfahren zur Auswahl:

- die klassische Cholezystektomie über den Rippenbogenrandschnitt,
- Cholezystektomie über die sog. Minilaparotomie, bei der ein 3–4 cm langer Schnitt genügt,
- laparoskopische Cholezystektomie (◘ s. 2.15). Dieses Vorgehen hat sich zum Standardverfahren bei elektiven Eingriffen entwickelt.

▪▪▪ OP-Indikation bei Cholelithiasis

Absolute Indikation zur Sofort- oder Notoperation

- Steinerkrankung mit Fieber, Leukozytose und Peritonitis (Gallenblasenempyem, -gangrän, -perforation),
- Gallensteinileus: in den Darm abgegangene Gallensteine verursachen einen Ileus (in der Regel Ileusbeseitigung ohne Sanierung der Gallenblase und Gallenwege).

Dringliche Indikation

Akute Cholezystitis und Gallenblasenhydrops (Operation binnen 24–72 h).

Elektive Indikation

- Cholelithiasis mit Symptomen (Koliken),
- Gallenblasenpolypen,
- Sanierung einer Gallenblasensalmonellose bei Dauerausscheidern.

Asymptomatische Gallensteinträger sollten nicht routinemäßig operiert werden. Beim Gallensteinleiden zeigt die frühe Cholezystektomie jedoch bessere Ergebnisse als die Operation erst bei Komplikationen.

2.7.2 Cholezystektomie

▪▪▪ Indikation

- Symptomatische Cholezystolithiasis,
- akute Cholezystitis,
- Gallenblasenhydrops,
- Gallenblasenempyem,
- Gallenblasenperforation.

▪▪▪ Prinzip

Entfernung der Gallenblase.

Lagerung

- Rückenlage: Der Patient wird so unterstützt gelagert, dass sich das OP-Feld anhebt. Dabei sollte darauf geachtet werden, dass die dadurch entstehende Kopftieflage aufgehoben wird. Bei geplanter Cholangiographie wird ein strahlendurchlässiger OP-Tisch gewählt, und ein Gonadenschutz muss angelegt werden.
- Neutrale Elektrode an einem Oberschenkel, ggf. Bereitstellung des Bildwandlers (Abb. 2.51).

Instrumentarium

Grund- und Laparotomieinstrumentarium,
- Gallenblasenfasszange, ggf. Steinfasszangen,
- bei intraoperativem Röntgen:
  Knopfkanüle,
  50-ml-Spritze,
  Kontrastmittel.

Cholezystektomie

► Rippenbogenrandschnitt nach Kocher oder Courvoisier. Diese Schnittführung bietet eine gute Übersicht, ermöglicht die Exploration der Bauchhöhle und ist erweiterbar. Allerdings wird die Rektusmuskulatur rechtsseitig durchtrennt. Dies scheint für den postoperativen Wundschmerz und für die Einschränkung der Atemmechanik von Bedeutung zu sein. Seltener wird eine obere mediane Laparotomie als Zugang gewählt

► Nach der Eröffnung des Peritoneums erfolgt die Exploration der Bauchhöhle. Kurze Leberhaken nach Mikulicz machen das OP-Gebiet zugänglich. Hinter die Gallenblase wird mit Richtung auf das Foramen Winslowi ein feuchter Streifen eingebracht, der evtl. austretende Gallenflüssigkeit aufsaugt, bevor sie in die freie Bauchhöhle gelangen kann

► Mit einem flachen Spatel wird das Lig. hepatoduodenale nach links gezogen und so die Sicht auf die Gallenblase freigegeben. Sie wird mit einer Fasszange am Fundus angeklemmt, damit der Zug die Präparation erleichtert. Bei Bedarf muss Gallenflüssigkeit abpunktiert werden, um das Anklemmen ohne Perforationsgefahr zu ermöglichen. Das Lig. hepatoduodenale kann durch Zug am Duodenum angespannt werden. Hierdurch wird die Präparation des Ductus cysticus erleichtert

► Das viszerale Peritoneum wird am Infundibulum mit einer Schere inzidiert, Verwachsungen der Gallenblase mit der Leberunterfläche werden mit Schere und Präpariertupfer gelöst. Die Schere muss dabei so angereicht werden, dass ihre Krümmung der Gallenblasenwand folgt

► Die Präparation der Gallenblase kann auf retrogradem oder antegradem Weg erfolgen (s. unten)

► Der »Springer« erhält das Präparat und eine Schere mit Pinzette, schneidet damit die Gallenblase auf und entnimmt aus ihrem Inhalt einen Abstrich für die bakteriologische Untersuchung. Dieser Arbeitsschritt erfolgt aus hygienischen Gründen nicht im OP-Saal

► Das Gallenblasenbett kann zur Blutstillung mit einer fortlaufenden Naht verschlossen werden. Eine Drainage wird in Abhängigkeit vom OP-Situs eingelegt

► Nach der Zählkontrolle der Textilien und Instrumente und der Dokumentation ihrer Vollzähligkeit schichtweiser Wundverschluss und Verband

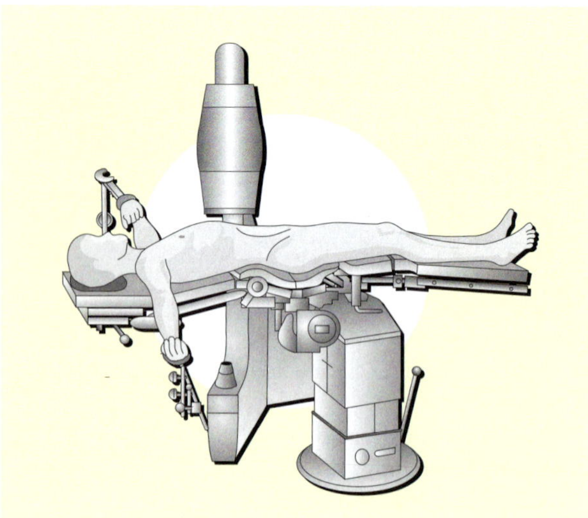

Abb. 2.51 Lagerung zur Cholezystektomie mit geplanter Cholangiographie

Retrograde Cholezystektomie

- Am Infundibulum Inzidieren der Serosa.
- Gallenblasennahes Identifizieren und Absetzen der A. cystica zwischen Ligaturen.
- Stumpfe zirkuläre gallenblasennahe Präparation des Ductus cysticus, die Darstellung der Einmündung in den Ductus choledochus ist nicht obligat.
- Bei Indikation zur intraoperativen Cholangiographie Ligatur des Ductus cysticus gallenblasenwärts, Anschlingen nach distal.
- Inzision des Ductus cysticus, Einführen der Angiographiekanüle, Einknüpfen, Dichtigkeitsprobe und Röntgen (Abb. 2.52). Das Kontrastmittelsystem muss absolut luftleer angereicht werden (Luftblasen

erscheinen im Röntgenbild wie Steine), kontrastgebende Textilien und Haken werden entfernt.

- Durchtrennung des Ductus cysticus und retrogrades, subseröses Auslösen der Gallenblase aus dem Leberbett mit einer Metzenbaum-Schere unter fortwährender Blutstillung durch punktförmige Elektrokoagulation (Abb. 2.53).

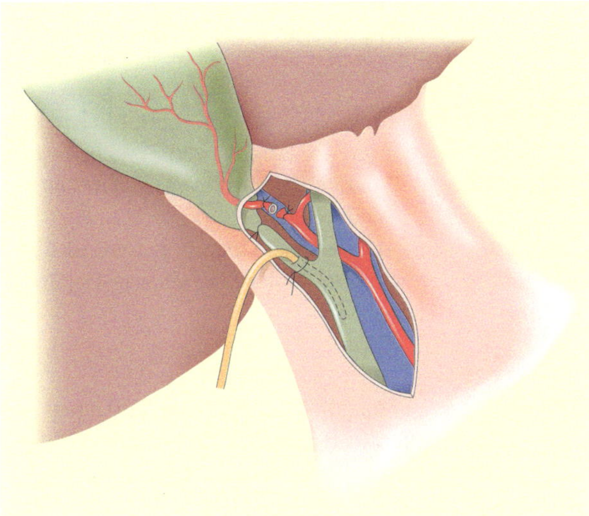

Abb. 2.52 Cholangiographie über den Ductus cysticus

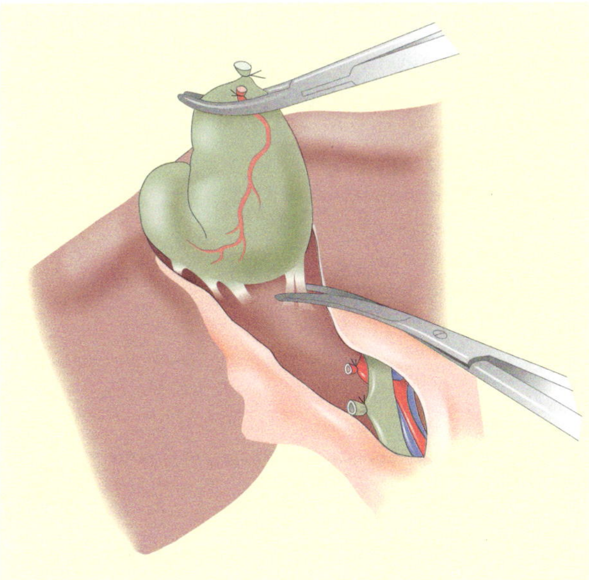

Abb. 2.53 Retrograde Cholezystektomie. (Abb. 2.52 u. 2.53 nach Heberer et al. 1993)

Antegrade Cholezystektomie

Der antegrade Präparationsweg wird in allen Situationen angewendet, in denen die Hilusgebilde nicht mit völliger Sicherheit identifiziert werden können (bei Entzündung oder anatomischer Variante).

Zwangsläufig führt der Präparationsweg am Fundus beginnend dicht an der Gallenblasenwand entlang auf die A. cystica und das Infundibulum zu.

Bei der Minilaparotomie ist die antegrade Präparation eine technische Notwendigkeit.

Cholezystektomie über eine Minilaparotomie

Als Alternative zur dargestellten »Standardcholezystektomie« kann die Gallenblasenentfernung über eine Minilaparotomie erfolgen.

Über eine ca. 4 cm lange quer verlaufende Oberbauchlaparotomie rechts wird die Gallenblase direkt am Fundus eingestellt. Sie wird auf antegradem Weg präpariert. Die Rektusmuskulatur wird ohne Durchtrennung auseinander gedrängt; damit soll der postoperative Wundschmerz reduziert werden.

Unter Wegfall der intraoperativen Cholangiographie verkürzt sich die OP-Zeit. Darüber hinaus wird das OP-Trauma verringert, erkennbar an der postoperativen Schmerz- und Komplikationsreduktion. Es resultiert eine verkürzte postoperative Liegedauer. Zur Bewältigung der schwierigen Sicht bzw. Lichtverhältnisse im OP-Feld werden Leuchtspatel und Stirnlampen verwendet.

Die laparoskopische Entfernung der Gallenblase wird in 2.15 dargestellt.

Besondere Situationen

Gallenblasenhydrops/Cholezystitis/Empyem

In dieser Situation empfiehlt sich die Punktion des Gallenblaseninhalts ggf. mit Nahtverschluss der Punktionsstelle. Das Punktat wird bakteriologisch untersucht.

Blutung

Kann die Blutungsursache nicht übersichtlich und sicher versorgt werden, ist eine großzügige Laparotomie erforderlich. Mit einer Tourniquetanlage am Lig. hepatoduodenale (gefahrlos bis zu 30 min) kann die Blutung vorübergehend gedrosselt werden.

Die manuelle Kompression wird als Baron- oder Pringle-Handgriff bezeichnet.

Die Ligatur der A. hepatica propria geht mit einer hohen Letalität einher und muss daher vermieden werden.

Zu beachten sind immer die zahlreichen Varianten im Verlauf und in den Aufzweigungen der A. hepatica.

Choledocholithiasis/T-Drain-Einlage

In Situationen, in denen die Gallengangsanierung durch ERC nicht möglich ist, muss diese chirurgisch erfolgen. Hierzu ist in der Regel eine ausreichende Laparotomie erforderlich. Die laparoskopische Choledochusrevision und T-Draineinlage ist zwar beschrieben, aber noch keine Regeloperation.

2.7.3 Zusatzinstrumentarium für die Gallenwegchirurgie

Gallengangsonden (Abb. 2.54)

Sie werden benutzt, um bei einer Revision des Ductus choledochus nach Steinen zu tasten. Die Sonden werden gerade und gebogen angeboten, die Spitze ist zumeist olivenförmig.

Gallengangdilatatoren (Abb. 2.55 und 2.56)

Diese Instrumente weiten den Ductus choledochus, um ggf. bis zur Papilla Vateri gelangen zu können und diese zu spalten. Deshalb werden sie auch als »Papillotom« bezeichnet.

Gallensteinlöffel (Abb. 2.57)

Hiermit werden vorhandene Steine aus dem Gallenwegssystem entfernt.

Schere nach Potts de Martell (Abb. 2.58)

In den Branchen ist diese Schere um ca. 70° abgewinkelt. Deshalb nennt man sie auch »Knieschere«. Mit ihr lassen sich englumige Strukturen (z. B. Ductus choledochus) nach einer Stichinzision längs verlängern.

Gallensteinzange (Abb. 2.59)

Sie wird feucht in den Ductus choledochus eingeführt und fasst dort die Steine.

2.7.4 Choledochusrevision mit T-Drain-Einlage

Indikation

- Choledochussteine, die während einer ERC (endoskopisch retrograde Cholangiographie) nicht zu entfernen waren. Der Eingriff wird im Anschluss an die Cholezystektomie durchgeführt.
- Seltener Steine, die bei einer Operation der Gallenblase übersehen wurden, da die ERC auch postoperativ eingesetzt werden kann.

Prinzip

Eröffnung des Ductus choledochus zum Entfernen der Steine mit speziellen Instrumenten. Gegebenenfalls kann die Papilla Vateri nach der Steinbergung mit Bougies vorsichtig geweitet werden. Verschluss der Choledochotomie unter Einnähen eines T-Drains.

Lagerung

Siehe Cholezystektomie.

Instrumentarium

- Siehe Cholezystektomie.
- Zusätzlich:
  - Steinfasszangen,
  - Gallensteinlöffel,
  - Gallengangsonden,
  - Fogarty-Katheter,
  - Schere nach Potts de Martell,
  - T-Drain.

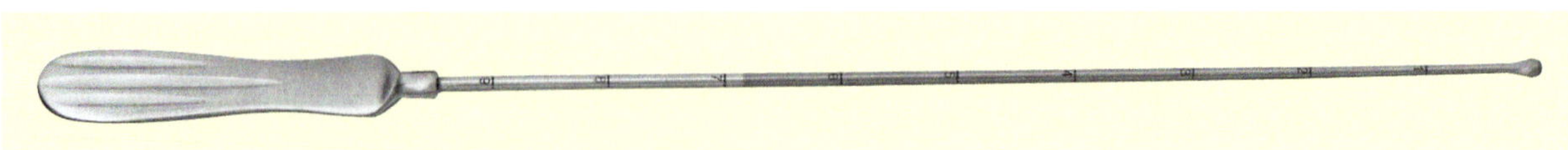

Abb. 2.54 Gallengangsonde nach Mayo. (Fa. Aesculap)

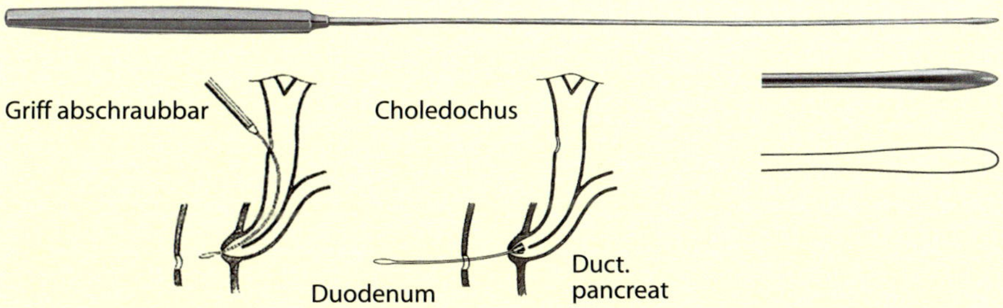

2.55

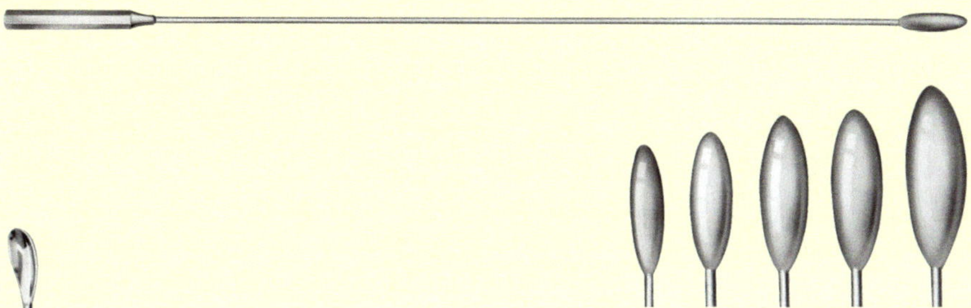

2.56

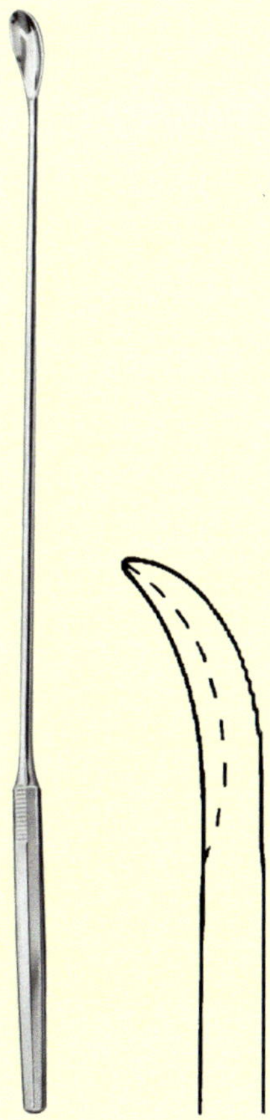

2.57

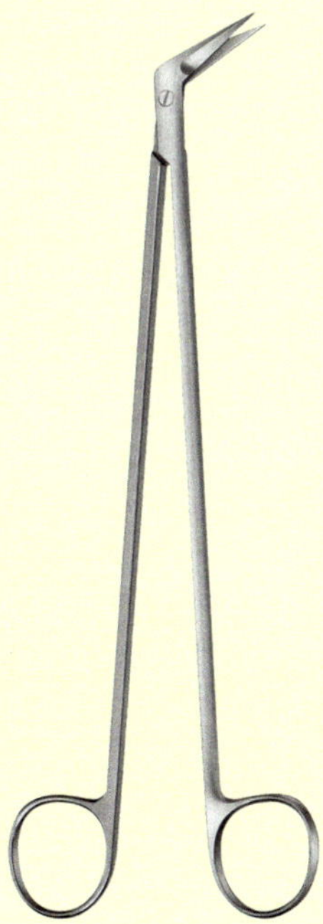

2.58

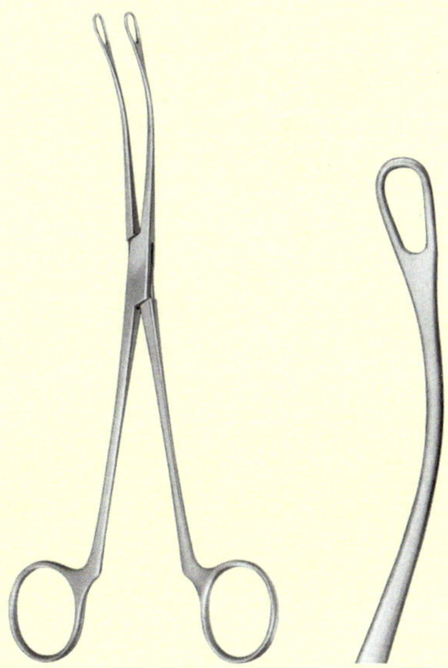

2.59

Abb. 2.55 Gallengangdilatator nach Stücker. Nach der Passage des Dilatators durch die Papille wird der Griff abgeschraubt und ein Konus aufgesetzt. Ein erneutes Aufsuchen der Papille wird dadurch vermieden

Abb. 2.56 Gallengangdilatator nach Bakes mit verschiedenen Oliven

Abb. 2.57 Gallensteinlöffel nach Luer-Körte

Abb. 2.58 Knieschere nach Potts de Martell

Abb. 2.59 Gallensteinfasszange nach Blake. (Abb. 2.55–2.59 Fa. Aesculap)

2

Revision des Ductus choledochus

- Im Anschluss an die Cholezystektomie wird der Ductus choledochus nach der Spaltung des Lig. hepatoduodenale an der Vorderseite freigelegt. Das Duodenum wird dabei stumpf mit einem Präpariertupfer abgeschoben
- Distal der Einmündung des Ductus cysticus werden 2 Haltefäden gelegt und angeklemmt. Mit einem feinen 15er- oder 11er-Skalpell wird der Choledochus längs eröffnet und die Inzision mit einer Potts-Schere erweitert. Zur Steinbergung können u. a. die folgenden beiden Instrumente zur Anwendung kommen
  - Fogarty-Katheter
  - Er wird feucht ohne Blockung vorgeschoben, hinter den Steinen geblockt, dann zurückgezogen und schiebt so die Steine zur Choledochotomie. Häufig muss mit Gallenlöffeln oder einer Steinfasszange nachgeholfen werden (Abb. 2.60a)
  - Cholangioskop
    Eine weitere Möglichkeit der Steinentfernung bietet das Cholangioskop, das in die Choledochotomie vorgeschoben wird, um unter Sicht mit einer Fasszange Steine zu bergen
- Der Ductus hepaticus sollte in gleicher Weise revidiert werden
- Abschließend gibt es die Möglichkeit die Papille zu bougieren, oder – wenn sie nicht passiert werden kann – eine Papillotomie vorzunehmen
- Sollte die Steinfreiheit der Gallenwege nicht eindeutig feststellbar sein, muss noch einmal geröntgt werden
- Nun wird ein T-Drain aus Latex oder (rotem) Gummi eingelegt, das vorher zu einem Halbrohr zugeschnitten wurde. Seine Schenkel müssen so gekürzt werden, dass sie weder einseitig in einem Ast des Ductus hepaticus noch in der Papille platziert werden (s. Abb. 2.60b)
- Das T-Drain wird durch Naht der Choledochotomie mit feinem resorbierbarem Nahtmaterial (4–0) lagefixiert. Über eine gesonderte Hautinzision wird es in der rechten Flanke ausgeleitet
- Entscheidend ist, dass sich eine fibrinöse Reaktion um das Drain vom Choledochus bis zur Bauchdecke innerhalb weniger Tage abspielt, die abschließend das gefahrlose Herausziehen des Drains ermöglicht (ohne gallige Peritonitis durch austretende Galle, daher keine Silikondrainage verwenden). Zusätzliche Einlage einer subhepatischen Drainage
- Kontrolle der Textilien, Dokumentation ihrer Vollzähligkeit, schichtweiser Wundverschluss und Verband

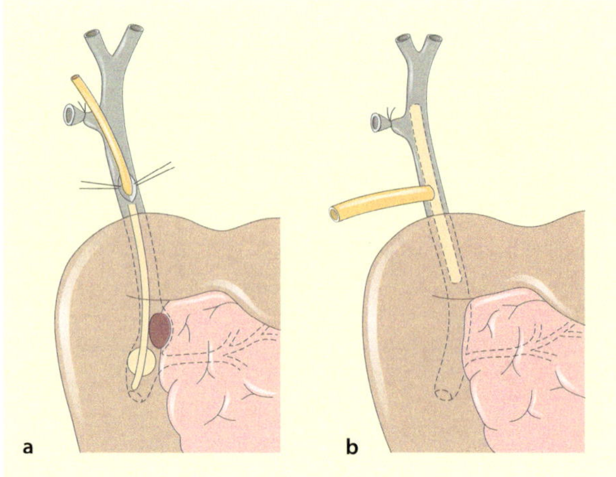

Abb. 2.60a,b Choledochusrevision. a Entfernung eines Steines über einen Fogarty-Katheter, b T-Drain im Choledochus. (Nach Heberer et al. 1993)

2.8 Leber

2.8.1 Anatomie, Diagnostik, Operationsindikationen

Anatomie

Die unter der rechten Zwerchfellhälfte liegende Leber (Hepar) wird vorn vom Rippenbogen bedeckt; 5 Bänder fixieren sie in ihrer Lage unter dem Zwerchfell: 1. Lig. teres hepatis (zum Nabel); 2.+3. Ligg. triangulares sinistrum et dextrum; 4. Lig. falciforme hepatis; 5. Lig. coronarium hepatis.

Die Leber ist zwischen 2 venöse Kreisläufe geschaltet: Der venöse Abfluss des Magen-Darm-Traktes, der Bauchspeicheldrüse und der Milz bildet über die Pfortader die Besonderheit einer venösen Blutversorgung. Der venöse Blutabstrom erfolgt über die Vv. hepaticae zur V. cava. Die arterielle Blutversorgung, die nur 20% der gesamten Blutzufuhr darstellt, erfolgt über die Leberarterien. Die portalen Gefäße werden an ihrer ersten Verzweigung als Pfortadertriade bezeichnet. Im intrahepatischen Verlauf werden sie von einer bindegewebigen Scheide umhüllt. Das Blut verlässt die Leber über die Lebervenen, die unterhalb des Zwerchfells in die V. cava inferior münden und nicht bindegewebig eingescheidet sind.

Äußerlich sichtbare Segmente der Leber teilen sich in ihrem Inneren weiter auf; für den chirurgischen Eingriff ist die Kenntnis über die innere Segmentarchitektur bedeutsam (Abb. 2.61)

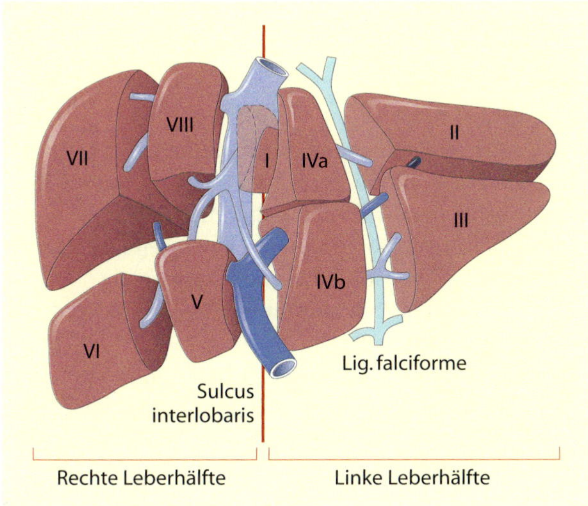

Abb. 2.61 Segmentale Gliederung der Leber nach Couinaud. Lebervenensystem hell, Portalvenensystem dunkel. (Nach Siewert 2001)

Äußerlich werden ein rechter und ein kleinerer linker Leberlappen unterschieden, die im Bereich der Fissura principalis durch das Lig. teres hepatis und das Lig. falciforme getrennt werden. Auf der Unterseite liegen der Leberhilus (Lig. hepatoduodenale, s. 2.7.2) und rechts die Gallenblase. Beide Strukturen begrenzen den Lobus caudatus. Innerlich werden bezüglich der Gefäß- und Gallengangverzweigungen 8 Segmente unterschieden.

Bei dieser funktionellen anatomischen Betrachtungsweise werden ebenfalls ein rechter und ein linker Leberlappen unterschieden; hierbei kann die Grenze äußerlich auf die Linie zwischen V. cava und Gallenblase projiziert werden. Dies entspricht einer deutlichen Rechtsverschiebung der Lappengrenze gegenüber der vermeintlichen äußeren Lappenbegrenzung.

Diagnostik

Herdartige Leberprozesse werden heute meist durch die Sonographie entdeckt.

Die Computertomographie (CT) erlaubt in der Technik der Kontrastmittelverstärkung (Angio-Bolus-CT) u. a. eine Differenzierung von Metastasen und Hämangiomen. Durch die Angiographie werden Aussagen über die arterielle und venöse Blutversorgung der Leber möglich. Auch die Szintigraphie kann weitere Fragestellungen abklären. Sowohl sonographie- als auch CT-gesteuert sind gezielte Punktionen möglich:

- Bei Abszessen ist durch eine Kathetereinlage gleichzeitig die Therapie möglich.
- Zytologisches und bakteriologisches Untersuchungsmaterial kann entnommen werden.

Lediglich Zysten, bei denen als Ursache eine Echinokokkose nicht ausgeschlossen werden kann, dürfen nicht punktiert werden.

Blutuntersuchungen erfassen zunächst global die Leberfunktion. Spezielle serologische Untersuchungen können eine Amöbeninfektion als Abszessursache und die Echinokokkose als Zystenursache nachweisen. Negative Befunde gelten jedoch nicht als sicherer Ausschluss dieser Erkrankungen. Als wichtiger Tumormarker des Leberzellkarzinoms muss das Alphafetoprotein (AFP) genannt werden.

OP-Indikationen

Leberresektionen zählen heute zu den sicheren und standardisierten chirurgischen Eingriffen. Lebertransplantationen dagegen werden nur in spezialisierten Zentren durchgeführt. Wenn weniger als 50% des Leberparenchyms reseziert werden, ist eine klinisch bedeutsame Leberinsuffizienz weitgehend auszuschließen; eine gesunde Leber vermag sogar eine bis zu 80%ige Resektion zu kompensieren. Das Indikationsspektrum zur Leberresektion umfasst gutartige und bösartige Läsionen und Traumafolgen.

Gutartige Läsionen

- Hämangiome sind blutschwammähnliche Gefäßtumoren, die bei Wachstum und Beschwerden eine OP-Indikation darstellen.
- Die fokal noduläre Hyperplasie (FNH) kommt relativ selten vor, insbesondere wird bei Frauen ein Bezug zur hormonellen Empfängnisverhütung gesehen. Nur bei Beschwerden und dem Verdacht auf das gleichzeitige Vorliegen eines Leberzellkarzinoms ist die Resektion der dann meist sehr großen FNH-Knoten indiziert.
- Leberzelladenome oder Befunde, die nicht anders eingeordnet werden können, sollten wegen der unsicheren Abgrenzung zum Karzinom und wegen der Blutungs- und Entartungsgefahr generell entfernt werden.
- Große Leberzysten können durch Verdrängungserscheinungen zu Oberbauchbeschwerden führen. Besonders große Zysten (mehr als 600 ml) können zunächst durch mehrfache Punktionen entleert werden. Als nächste Stufe eignet sich die Injektion eines Verödungsmittels zur dauerhaften Verklebung der

Zystenwand. Die operative Zystenentdeckelung und -drainage ist sowohl durch einen konventionellen Bauchschnitt, als auch durch laparoskopisches Vorgehen möglich.

- Abszesse werden in erster Linie sonographie- oder CT-gesteuert punktiert und drainiert. Nur bei Versagen oder Nichtdurchführbarkeit dieses schonenden Verfahrens ist die offene chirurgische Drainage angezeigt. Amöbenabszesse kleineren Ausmaßes sprechen häufig auf die Gabe von Metronidazol an. Dann ist weder die Punktion noch die Operation erforderlich.
- Echinokokkose: Man unterscheidet den Echinococcus cysticus [Finne (Larvenstadium) des Echinococcus granulosus (Hundebandwurm)] (Abb. 2.62), der meist eine große Zyste ausbildet, und den Echinococcus alveolaris [Finne (Larvenstadium) des Echinococcus multilocularis (Fuchsbandwurm)], der in vielen kleinen zusammenhängenden Zysten wächst. Die Eihülle löst sich im Magen auf, und über den Darm sowie den Pfortaderkreislauf gelangen die Larven in die Leber. Dort kommt es zur Entwicklung der Hydatidenzyste. Obwohl eine verbesserte medikamentöse Behandlungsform mit Mebendazol vorliegt, ist im Einzelfall die chirurgische Entfernung angezeigt. Während der Echinococcus alveolaris dann ein möglichst radikales operatives Vorgehen erfordert, sollte beim Echinococcus cysticus lediglich die Entdachung und die Entfernung der eigentlichen Zyste (Zystektomie) – nicht die Resektion der gesamten z. T. aus umgebendem Gewebe bestehenden Zystenwand (Perizystektomie) erfolgen.

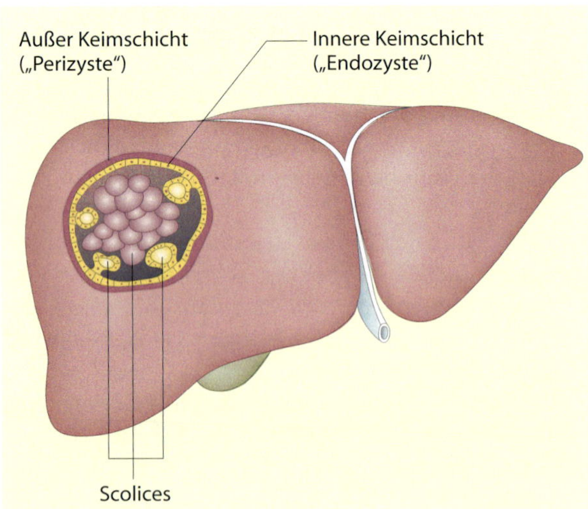

Abb. 2.62 Aufbau einer Echinokokkuszyste. (Nach Siewert 2001)

Bösartige Läsionen

- Das Leberzellkarzinom (hepatozelluläres Karzinom) kommt sowohl auf dem Boden einer Leberzirrhose als auch ohne diese Vorerkrankung vor.
- Das Gallengangkarzinom (cholangiozelluläres Karzinom) ist prognostisch besonders ungünstig.
- Das Hepatoblastom kommt häufiger beim Kind und bei Jugendlichen vor.
- Da keine andere effektive Behandlungsmaßnahme für diese vorgenannten Malignome existiert, sollte die Resektion bei entsprechender Möglichkeit versucht werden. Ausgedehnte Resektionen können bei einer Leberzirrhose nicht durchgeführt werden. Nur im Ausnahmefall kann eine Lebertransplantation erwogen werden.
- Lebermetastasen, besonders bei kolorektalen Primärtumoren und Begrenzung auf einen Leberlappen, stellen eine Indikation zur Resektion dar. Die Grenzziehung, ab welcher Metastasenanzahl und bei welcher Lokalisation keine Resektion mehr möglich bzw. sinnvoll ist, muss im Einzelfall entschieden werden. Sinnvoll ist die Entfernung von solitären Metastasen unter 4–5 cm Größe in gut erreichbarer peripherer Lokalisation. Weite Keilexzisionen werden als ebenso effektiv angesehen wie anatomische Lappen- oder Segmentresektionen (s. unten). In wenigen Fällen ist bei beidseitiger Metastasenlokalisation die Kombination von Hemihepatektomie und Keilresektion bzw. von Resektionen verschiedener Segmente sinnvoll.

2.8.2 Entfernung einer Echinokokkuszyste

Indikation

Monolokuläre Zyste (Echinococcus cysticus).

Prinzip

Die totale Entfernung der Zyste, Belassen der Zystenwand.

Lagerung

- Rückenlage des Patienten mit leichter Anhebung der rechten Seite durch Aufklappen des Tisches oder durch ein Polster.
- Die neutrale Elektrode wird an einem Oberschenkel angeklebt.

Instrumentarium

- Grund- und Laparotomieinstrumentarium,
- Rahmen, z. B. nach Kirschner,
- Punktionskanüle mit 20-ml-Spritze,
- 20%ige NaCl-Lösung oder 50%ige Glukoselösung,
- seltener Silbernitrat.

Echinokokkuszystektomie

► An der Stelle, an der die Zyste die Leberoberfläche überragt, wird quer laparotomiert. Die Exploration des Bauchraums muss unbedingt ohne Zerstörung der Zyste erfolgen

► Rund um das befallene Leberareal werden Bauchtücher drapiert. Diese werden zuvor mit einer hypertonen parasitentötenden Lösung (z. B. 20%ige NaCl-Lösung) getränkt. Dann wird die Zyste punktiert, ihr Inhalt abgesaugt und dafür die hypertone NaCl-Lösung in den Zystensack instilliert

► Nach einer Einwirkzeit von mindestens 5 min hat sich die Hydatide von der sie umgebenden Wand, der Perizyste, abgelöst. Das Punktionsloch wird erweitert und die Zyste komplett entfernt; die Perizyste bleibt meist bestehen

► Die Leberkapsel wird mit einem Hämostyptikum und ggf. mit Fibrinkleber versorgt

► Nach der Dokumentation der Vollzähligkeit der Textilien und der Instrumente schichtweiser Wundverschluss und Verband

2.8.3 Leberrevision wegen Trauma

Die Leberverletzung ist nach der Milzruptur die zweithäufigste Abdominalverletzung bei polytraumatisierten Patienten. Sie kann durch massive Blutung zum letalen Ausgang führen. Die Versorgung richtet sich nach der Ausdehnung der Verletzung.

Indikation

Stumpfes oder stich-/schussverletzungsbedingtes Oberbauch- oder Brustkorbtrauma mit Blutungsschock.

Prinzip

Wegen der sehr guten Gefäßversorgung der Leber erfordert jede verletzungs- oder operationsbedingte Wunde eine gründliche und sorgfältige Blutstillung und Versorgung von Galleleckagen, ggf. eine Resektion des betroffenen Lappens.

Lagerung

- Rückenlage, leicht überstreckt,
- neutrale Elektrode an einem Oberschenkel.

Instrumentarium

- Grund- und Laparotomieinstrumentarium,
- evtl. Rochard-Haken und/oder Rahmen,
- bei Bedarf:
  - Fibrinkleber und resorbierbares Hämostyptikum vorbereiten oder
  - Infrarotkoagulator,
- heiße Kochsalzlösung zur passageren Lebertamponade,
- Satinsky-Klemme zum Abklemmen des Lig. hepatoduodenale.

Leberrevision

► Obere bogenförmige, quere oder mediane Laparotomie, die nach thorakal, subkostal und nach rechts jederzeit erweiterbar ist, und Exploration des Abdomens, um Begleitverletzungen oder -erkrankungen auszuschließen

► Beim Einsetzen des Rahmens sollte jede Manipulation an der Leber vermieden werden, bis seitens der Anästhesie mehrere venöse Zugänge gelegt worden sind und das Autotransfusionsgerät bereitgestellt ist

► Das Blut, das sich in der Bauchhöhle gesammelt hat, sollte dem Patienten via »cell saver« zurückgegeben werden

► Grundsätzlich sollte nicht mehr durchblutetes oder zerfetztes Gewebe entfernt werden, offene Gallengänge werden umstochen. Abzulehnen sind tief durchgreifende Parenchymdurchstechungsnähte oder eine Leberarterienligatur

► Eine verletzte Gallenblase muss entfernt, ein verletzter Ductus hepaticus oder Ductus choledochus über einem T-Drain genäht werden

► Oberflächliche Einrisse können leicht durch eine Naht versorgt werden, zusätzlich können der Infrarotkoagulator, Vicrylnetz, Kollagenvlies und Fibrinkleber zum Einsatz kommen

► Unter manuellem Abdrücken oder Abklemmen des Lig. hepatoduodenale (z. B. mit Satinsky-Klemme oder einer Tourniquetligatur) können größere Defekte zunächst untersucht und ggf. im Bereich der Hauptblutungsstelle direkt durch Naht (monofiler Faden) versorgt werden. Häufig kann auch eine Blutstillung durch ein sog. Packing erzielt werden. Hierbei werden feuchte Bauchtücher von außen auf die Leber – nicht in die Rupturstelle – hineingebracht. Für eine wirkungsvolle Tamponade muss die rechte Leberseite über ihre ganze Konvexität tamponiert werden. Als Voraussetzung ist die Mobilisierung der Leber von der lateralen/dorsalen Bauchwand durch Inzision der peritonealen Umschlagfalte erforderlich. Die Tamponade darf im Bereich des Zwerchfells nicht den venösen Blutabstrom in die V. cava behindern. Hält die Tamponade nach Lockern der Hiluskompression der Blutung stand, kann sie für 1–2 Tage unter passagerem Bauchdeckenverschluss, z. B. mit einem Schienengleitverschluss, belassen werden

- ▶ Gelingt durch das Packing die Blutstillung nicht, kann eine notfallmäßige Teilresektion zum Ziel führen, ggf. mit erneuter Anlage einer Tamponade
- ▶ Bei zentralen Rupturen, ggf. mit Beteiligung der V. cava, der V. portae oder der A. hepatica propria, kann neben der Abklemmung des Leberhilus die Anschlingung der V. cava unter- und oberhalb der Leber die notwendige passagere Blutstillung zur gezielten Versorgung der Blutungsquelle herbeiführen. Diese Maßnahme ist häufig nur schwer durchführbar. Eine Schnitterweiterung zur Thorakolaparotomie muss hier häufig vorgenommen werden
- ▶ Die Drainage der Bauchhöhle mit 1–2 weichen Drains ist unbedingt erforderlich
- ▶ Nach einer Zählkontrolle der Textilien sowie des Instrumentariums und der Dokumentation deren Vollständigkeit schichtweiser Wundverschluss und Verband

OP-Technik

Leberresektionen

Unterschieden werden:

- Nichtanatomische Keil-, Segment- oder atypische Resektion, die sich nicht an anatomischen Grenzlinien orientiert, sondern an der Lokalisation einer Läsion (mit einem ausreichend großen Parenchymsaum bei Malignität); sie nutzt die reiche Gefäßversorgung der Leber.
- Dagegen berücksichtigen anatomiegerechte Segmentresektionen, angefangen von der Entfernung einzelner Segmente bis hin zur erweiterten Hemihepatektomie (◘ Abb. 2.63), die bei der Durchführung häufig schwer aufzufindenden anatomischen Segmentgrenzen. Hilfreich ist hierbei die intraoperative Sonographie.

Allgemeine technische Aspekte

Leberresektionen gehen mit Blutverlusten einher. Zur Einschränkung dient v. a. das Pringle-Manöver, d. h. die Abklemmung des gesamten Leberhilus mittels Tourniquet oder Satinsky-Klemme, die bis 30 min folgenlos und von vielen Patienten bis zu 45–60 min ohne schwere Folgen für die Leberfunktion toleriert wird. Bei zentral sitzenden Prozessen kann als weitere Sicherheit eine totale vaskuläre Isolation durch Anschlingen der V. cava infra- und suprahepatisch zumindest vorbereitet werden (◘ Abb. 2.64a). Hierbei besteht allerdings die Gefahr der Verletzung der V. cava oder einmündender Leber- und Zwerchfellvenen.

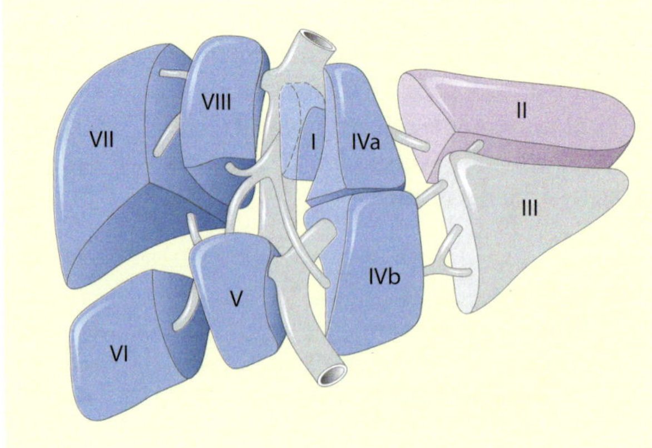

◘ Abb. 2.63 Typische Techniken der Leberresektion. Segmentresektion (II). Hemihepatektomie rechts (V+VI+VII+VIII). Erweiterte Hemihepatektomie rechts (IVa+b+V+VI+VII+VIII). (Nach Siewert 2001)

Bei einer anatomischen Rechts- bzw. Linkshepatektomie werden nach völliger Mobilisierung des Leberlappens zunächst am Hilus die entsprechenden Gefäße durchtrennt (◘ s. Abb. 2.64b).

Ein besonders blutsparendes Vorgehen ist möglich, wenn vor der eigentlichen Resektion auch die Lebervenen der betreffenden Seite ligiert und durchtrennt werden. Dabei droht allerdings die Verletzung der jeweiligen Hauptvene. Alternativ wird auch das Aufsuchen der Gefäßstrukturen nach Durchtrennung des Leberparenchyms empfohlen. Bei den atypischen Resektionen unterbleiben die Hiluspräparation und die zentralen Gefäßunterbindungen, die Blutstillung erfolgt direkt an der Resektionsfläche.

2.8.4 Hemihepatektomie

Als Beispiel wird die rechtsseitige Hemihepatektomie beschrieben; die Resektionslinie liegt zwischen dem Bett der Gallenblase und links der V. cava (sog. Gallenblasen-Kava-Linie).

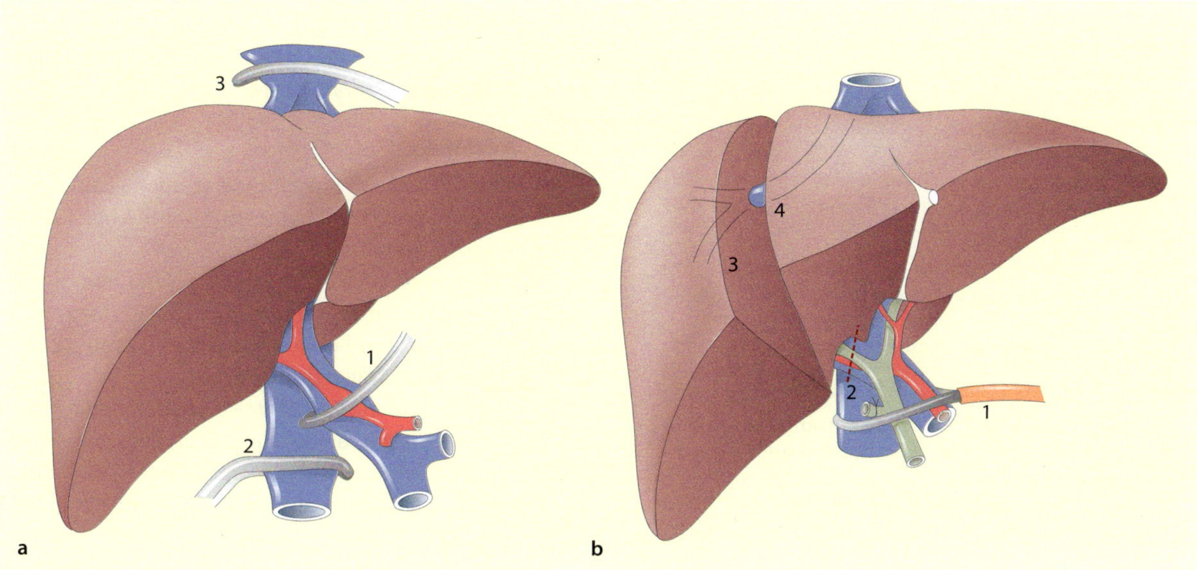

Abb. 2.64 a Technik der kompletten Ausschaltung der Leber aus dem Kreislauf mittels dreifacher Abklemmung: *1* Lig. hepatoduodenale, *2* V. cava inferior infrahepatisch, *3* V. cava inferior suprahepatisch. b Technik der Leberresektion: *1* Abklemmen des Lig. hepatoduodenale, *2* Durchtrennen des Parenchyms, *3* infrahepatische Ligatur der Glisson-Trias, weit ab vom Hilus, *4* intrahepatische Ligatur der Lebervene. (Nach Bismuth u. Castaing 1990)

Indikation

- Leberzellkarzinom,
- große benigne Tumoren, wie z. B. Adenome (extrem selten),
- Lebermetastasen,
- Echinokokkuszysten,
- ausgedehnte Leberverletzungen, die sich über eine Blutstillung nicht beherrschen lassen.

Prinzip

Die Resektion des rechten Leberteils entlang der durch Gefäßversorgung und Gallengänge vorgegebenen Strukturen.

Lagerung

- Rückenlage, leicht überstreckt,
- die Dispersionselektrode klebt am rechten Oberschenkel.

Instrumentarium

- Grund- und Laparotomieinstrumentarium,
- Rochard-Haken,
- Kirschner-Rahmen,
- Einzelclipstapler,
- Tourniquetschlingen,
- Vesselloops (Gefäßschlingen),
- lange Instrumente,
- atraumatische Gefäßklemmen (z. B. Satinsky, De Bakey).

Hemihepatektomie rechts

- ► Weiträumige Eröffnung der Bauchhöhle durch die bogenförmige quer verlaufende Oberbauchlaparotomie, die bei Bedarf winkelförmig nach intrathorakal erweitert werden kann. Für eine geplante Segmentresektion reicht manchmal der rechtsseitige Rippenbogenrandschnitt
- ► Schrittweise werden die Strukturen innerhalb des Lig. hepatoduodenale (Ductus choledochus, V. portae, A. hepatica propria) mit der Präparierschere (z. B. nach Metzenbaum) und Overholt-Klemmen dargestellt. Zuerst wird die A. hepatica communis aufgesucht, mit einem Overholt unterfahren und mit einem Vesselloop angeschlungen; bei der weiteren Präparation stellen sich der Gallengang, die V. portae und die Leberarterie (A. hepatica propria) dar
- ► Das Duodenum wird ggf. nach Kocher mobilisiert
- ► Das temporäre Anschlingen des Lig. hepatoduodenale mit einer Tourniquetligatur ist vielfach obligat, da so jederzeit eine Blutstillung über die Drosselung möglich ist

- Die Entfernung der Gallenblase sollte regelhaft erfolgen
- Rechter und linker Gallengang werden angeschlungen. Der Ductus hepaticus communis muss bei schwierigen anatomischen oder präparatorischen Verhältnissen geschient werden, um eine verletzungsbedingte postoperative Gallefistel zu vermeiden
- Der rechte Gallengang wird zentral ligiert und durchtrennt, die A. hepatica dextra so weit freigelegt, dass sie an ihrem Abgang unterbunden werden kann. Dadurch kann man auf den darunter liegenden Pfortaderstamm blicken und diesen bis zum Hilus darstellen, wo er sich aufzweigt. Nach vorsichtiger Präparation mit Overholt und Metzenbaum-Schere wird der rechte Abgang zwischen Ligaturen durchtrennt. Der zurückbleibende Stumpf wird zusätzlich mit einer Durchstechungsligatur gesichert
- Zur Darstellung des oberen Leberhilus muss die rechte Lebervene unterbunden werden
- Die Mobilisation des rechten Leberlappens erfolgt durch die Inzision der peritonealen Umschlagfalte an der Rückfläche der Leber. Die V. cava inferior wird dargestellt; alle ihre kleinen Abgänge, die in das Resektat gehen, werden sorgfältig unterbunden
- An der Leberoberfläche macht sich die Minderdurchblutung des gefäßisolierten Abschnitts nun durch bläuliche Verfärbung bemerkbar. Entlang dieser Linie wird die Glisson-Kapsel zunächst inzidiert; das Lebergewebe wird mit dem Finger zerteilt (Finger-fracture-Technik), Gefäße und Gallengänge werden mit Clips versorgt oder mit Klemmen gefasst und durch Ligaturen versorgt. Alternativ wird auch die Durchtrennung des Lebergewebes mit sog. Ultraschalldissektoren empfohlen
- Zusätzlich kann die Resektionsfläche mit Fibrinkleber und/oder Kollagenvlies abgesichert werden. Auch eine Infrarotkoagulation ist möglich
- Insbesondere bei atypischen Resektionen wird eine fortlaufende Parenchymnaht durchgeführt
- Nach dem Einlegen von 2 weichen Drainagen erfolgen die obligate Zählkontrolle der Textilien und der Instrumente sowie deren Ergebnisdokumentation, der schichtweise Wundverschluss und der Verband

Die linksseitige Hemihepatektomie ist wegen geringer Parenchymmasse und besserer Übersicht insgesamt einfacher durchführbar.

2.9 Bauchspeicheldrüse

2.9.1 Anatomie/Physiologie

Anatomie

Die 60–85 g schwere, retroperitoneal gelegene Bauchspeicheldrüse (Pankreas) wird in die Abschnitte Kopf, Körper und Schwanz unterteilt.

Der Pankreaskopf wird rechts vom Duodenum umschlossen. Beide haben eine gemeinsame Blutversorgung. Das exokrine und endokrine Organ ist von zahlreichen Ausführungsgängen durchzogen.

Im Duodenum mündet der Hauptausführungsgang des Pankreas, der Ductus Wirsungianus, gemeinsam mit dem Ductus choledochus in die Papilla Vateri; in der sog. Minorpapille mündet in der Regel ein weiterer Ausführungsgang.

Die Vorderfläche des Pankreas grenzt an die Magenhinterwand und ist von dieser lediglich durch die Bursa omentalis getrennt. Der Pankreasschwanz steht in enger Beziehung zum Milzhilus; A. und V. splenica verlaufen an der Oberkante des Pankreas. Dabei geben sie aber viele kleine Äste an die Bauchspeicheldrüse ab (Abb. 2.65).

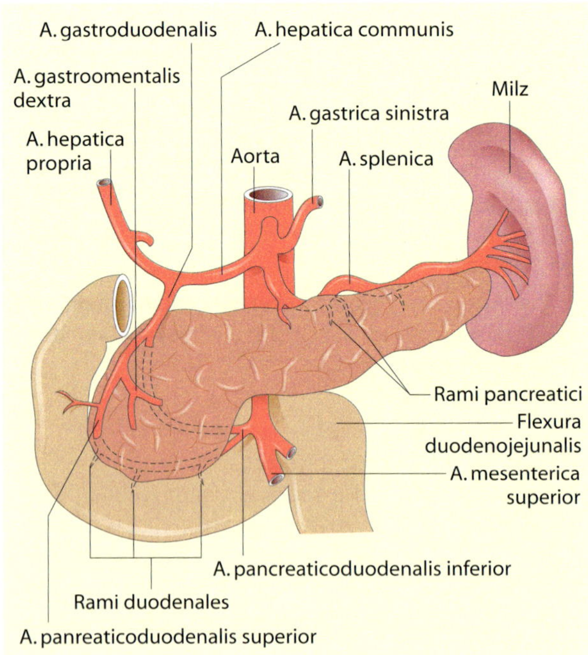

Abb. 2.65 Ansicht der Bauchspeicheldrüse und ihrer Gefäßversorgung bei entferntem Magen. (Nach Schiebler u. Schmidt 1999)

Das retroperitoneal gelegene Organ liegt ventral der Wirbelsäule der Aorta auf.

Die arterielle Blutversorgung erfolgt aus Ästen der A. gastroduodenalis (A. pancreaticoduodenalis superior), aus Ästen der A. mesenterica superior (A. pancreaticoduodenalis inferior) und aus der Milzarterie.

Das Pankreas bietet durch seinen anatomischen Aufbau ungünstige Verhältnisse für einen chirurgischen Eingriff, weil es wenig Bindegewebe, jedoch ein außergewöhnlich reiches Gefäßnetz enthält. Die bindegewebige Kapsel der Bauchspeicheldrüse ist hauchdünn.

▪▪▪ Physiologie

Das Pankreas ist auf 2 verschiedenen Wegen an der Verdauung und der Stoffwechselregulierung beteiligt:

- Es hat eine exkretorische Funktion und gibt zur Nahrungsverdauung die folgenden Enzyme aus den Azini über die Ausführungsgänge in das Duodenum ab:
  - Trypsin → Eiweißspaltung,
  - Lipase → Fettspaltung,
  - Amylase und Maltase → Kohlenhydratspaltung.
- Die inkretorische Funktion beinhaltet die Regulierung des Kohlenhydratstoffwechsels durch Hormonabgabe in die Blutbahn:
  - Langerhans-Inselzellen → Insulinabgabe → Glukagonsekretion.

2.9.2 Krankheiten der Bauchspeicheldrüse

Akute Pankreatitis

Die akute Pankreatitis ist zunächst ein internistisches Krankheitsbild, verursacht durch Gallengangsteine, Alkoholismus und seltene andere Ursachen.

Die intrapankreatische Aktivierung der oben genannten Verdauungsenzyme und die Verminderung der Zellmembranstabilität führen zu einer »Selbstverdauung« des Organs, die auch über die Organgrenzen hinaus fortschreiten kann.

Symptome

Die Erkrankung beginnt mit Oberbauchschmerzen, die charakteristischerweise gürtelförmig v. a. links in den Rücken ausstrahlen.

Häufig treten Übelkeit und Erbrechen mit einem Subileusbild als Ausdruck der begleitenden Paralyse des Darmes auf. Neben Meteorismus tritt Fieber auf. Als Zeichen des peritonealen Reizes kann zusätzlich zu den heftigen Schmerzen eine Abwehrspannung im Oberbauch bestehen.

Verlauf

Von den akuten Pankreatitiden heilen 80% über die ödematöse Verlaufsform aus, 20% können in die nekrotisierende Verlaufsform übergehen. Bei den nekrotisierenden Verlaufsformen gehen 50% mit einem septischen Krankheitsbild einher.

Komplikationen und Folgen

Lokal. Peripankreatische Nekrosen mit Ausbreitung im Retroperitoneum. Ausbildung von Pseudozysten, die perforieren können. Außerdem besteht die Möglichkeit der Superinfektion und der Arrosionsblutung. Weitere Folgen können Abszess- und Fistelbildung sein.

Organsystemisch. Kreislaufschock und pulmonale Insuffizienz. Niereninsuffizienz, Ileus, Gerinnungsstörungen, gastrointestinale Blutungen.

Therapie

Konservativ

Primär werden alle akuten Pankreatitiden konservativ, bei schweren Verläufen auch sehr aggressiv, therapiert. Grundsätzlich wird orale Nahrungs- und Flüssigkeitskarenz eingehalten, mit Entlastung des paralytischen Magen-Darm-Traktes mit einer Magensonde. Bei der Schmerzmitteltherapie sollen keine Opiate verabreicht werden (Papillospasmus).

Bei schwerem Verlauf werden evtl. Antibiotika angesetzt, bei Ateminsuffizienz frühzeitig Intubation und Beatmung, bei Flüssigkeitseinlagerung und Nierenversagen auch Hämofiltration.

Operativ

Nur bei kompliziertem Verlauf nach Ausschöpfung der konservativen Therapie frühestens 8 Tage nach Krankheitsbeginn, da die frühe operative Therapie mit hoher Letalität belastet ist. Nekrosektomie bei infizierten Nekrosen, Operation bei Perforation benachbarter Hohlorgane im Rahmen einer nekrotisierenden Pankreatitis, bei Kolonstenosierung.

OP-Konzept

Die Nekrosektomie erfolgt einzeitig oder bei ausgedehnten Nekrosen im Konzept der Etappenlavage (▪ s. 2.14). Frühzeitig werden Spüldrainagen zur Ableitung des aggressiven Pankreassekrets in die Pankreasloge eingelegt.

Bevorzugt wird die spätsekundäre Operation (nach Wochen bzw. Monaten) mit Sanierung der Spätfolgen: Drainageoperation von Pankreaspseudozysten durch

Pseudozystojejunostomie nach Y-Roux (◘ s. 2.5.5). Ein nach Pankreaskopfpankreatitis permanent aufgestauter Pankreasgang kann durch eine nach Y-Roux ausgeschaltete Jejunumschlinge ebenfalls abgeleitet werden (sog. Operation nach Puestow; ◘ Abb. 2.66 und 2.67).

Chronische Pankreatitis/Pankreaskopfkarzinom

Hinweise für ein Pankreaskopfkarzinom ergeben sich bei schmerzlosem Ikterus mit schmerzlosem Gallenblasenhydrops (Courvoisier-Zeichen). Außerdem tritt meist eine Gewichtsabnahme auf.

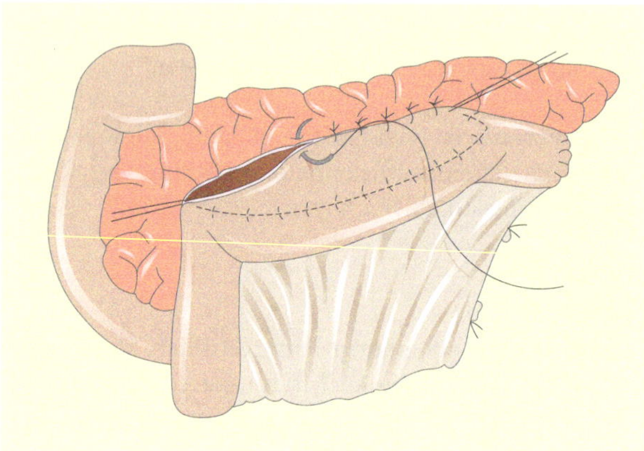

◘ Abb. 2.66 Laterolaterale Pankreatikojejunostomie

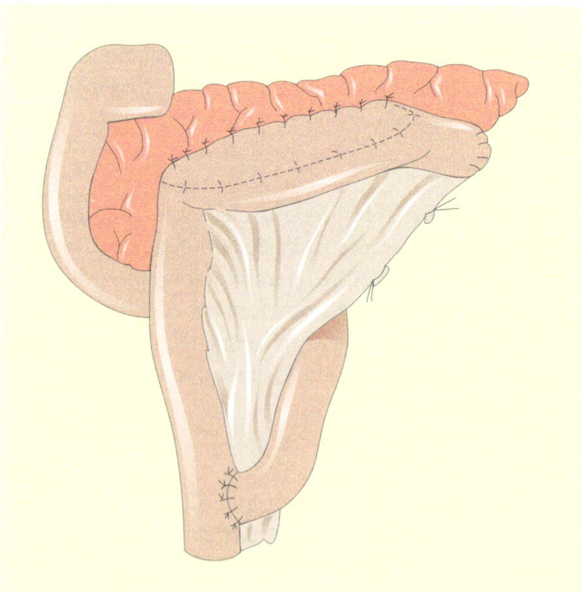

◘ Abb. 2.67 Fertiggestellte laterolaterale Pankreatikojejunostomie mit Y-Anastomose nach Roux. (Abb. 2.66 u. 2.67 nach Reding 1988)

Die chronische Pankreatitis verläuft meist über Jahre in Schüben, oft mit heftigen Schmerzattacken. Mit dem »Ausbrennen« des Organs wird es funktionslos. Es kommt zu Fettstühlen und insulinpflichtigem Diabetes mellitus.

Diagnostik

In 90–95% der Fälle lässt sich präoperativ die Diagnose eines Pankreaskopfkarzinoms und die lokale Operabilität folgendermaßen sichern:

- Laborwerte und Tumormarker (CA 19–9),
- Sonographie/Computertomographie,
- perkutane Feinnadelpunktionszytologie,
- ERCP, ggf. mit Gangzytologie,
- Angiographie, Splenoportogramm, MDP (Darstellung der Magen-Darm-Passage durch Schlucken von Kontrastbrei, Duodenalstenose?), evtl. PTC (perkutane, transhepatische Cholangiographie).

Nur bei 5–10% der Patienten stellt sich das Problem der Differenzialdiagnose zur chronischen Pankreatitis intraoperativ.

Die Karzinome des Pankreasschwanzes sind seltener, ihre Klinik ist häufig erst in fortgeschrittenem Stadium erkennbar, da die Stenosierung der Gallenwege fehlt.

OP-Indikation

Ein kurativer Therapieansatz für das Pankreaskopf- und das Papillenkarzinom ergibt sich nur bei frühen Erkrankungsstadien mit der partiellen Duodenopankreatektomie nach Whipple. Verschiedene Modifikationen der Rekonstruktionen werden beschrieben.

Operationstechnische und tumorradikale Gründe sprechen beim Pankreaskopfkarzinom zwar für die totale Duodenopankreatektomie (DPE). Die Langzeitergebnisse sind jedoch nicht günstiger, zumal die Lebensqualität bei der Whipple-Operation durch den Erhalt des Pankreasschwanzes besser ist. Nach totaler DPE tritt zwangsläufig ein insulinpflichtiger Diabetes mellitus auf!

Das Pankreasschwanzkarzinom wird, falls die Operabilität lokal gegeben ist, durch die Linksresektion des Organs therapiert.

2.9.3 Drainage einer Pankreaspseudozyste

Pseudozysten treten häufig als Folge einer akuten oder chronischen Pankreatitis auf (sog. Defektheilung).

Indikation

Große persistierende Pseudozysten im Bereich des Pankreaskörpers oder -schwanzes mit ausreichend dicker Wandung.

Prinzip

Die eröffnete Zyste wird zur sicheren Sekretableitung durch eine Darmschlinge drainiert.

Lagerung

- Rückenlage, leicht überstreckt,
- neutrale Elektrode an einem Oberschenkel.

Instrumentarium

- Grund- und Laparotomieinstrumentarium,
- Rochard-Haken,
- Rahmen,
- Allis-Klemmen,
- lange Präparationsinstrumente,
- Gummizügel,
- bei Bedarf Bougierungsstäbe,
- Einzelclipstapler, lineare Anastomosenstapler.

Drainage einer Pankreaspseudozyste

► Quer verlaufende bogenförmige Oberbauchlaparotomie oder obere mediane Laparotomie

► Nach der Exploration und dem Einsetzen der selbsthaltenden Haken und ggf. des Rahmens wird das Lig. gastrocolicum mit Overholt-Klemmen in kleinen Schritten durchtrennt und ligiert, die Zyste kann identifiziert werden. Häufig eignet sich auch der Zugang durch das vorgewölbte Mesocolon transversum. Am tiefsten Punkt der Zyste wird abgeleitet

► Die Umgebung des Pankreas wird mit feuchtwarmen Bauchtüchern abgedeckt, um zu verhindern, dass Sekret aus der Pseudozyste in die freie Bauchhöhle gelangt

► Rechts und links der Zyste werden Haltefäden gelegt und angeklemmt

► An ihrer oberflächlichsten Stelle wird mit einer Kanüle punktiert, die Einstichstelle wird mit einem Overholt gespreizt und so der Zystenzugang auf 2–3 cm erweitert. Die Zystenränder können nun mit 3–4 Allis-Klemmen gefasst werden, um den Zugang offen zu halten. Der Inhalt und die Nekrosen werden abgetragen, gespült und abgesaugt

► Eine etwa 40 cm lange ausgeschaltete Jejunumschlinge wird in der Y-Roux-Technik (■ s. 2.5) retrokolisch hochgezogen und an der Zyste anastomosiert. Der Pankreassaft fließt über das Jejunum ab (■ s. Abb. 2.67)

► Verschluss der Mesokolonlücke und des Lig. gastrocolicum

► Nach der Zählkontrolle der Textilien und des Instrumentariums sowie der Dokumentation ihrer Vollständigkeit schichtweiser Wundverschluss und Verband

Gelegentlich gelingt die endoskopische Drainage bei engem Kontakt zwischen Zyste und Magenwand.

2.9.4 Distale Pankreasresektion (Linksseitige Pankreasresektion)

Die linksseitige subtotale Pankreasresektion entfernt 60–80% des gesamten Drüsenparenchyms.

Indikation

- Multiple Pseudozysten im Pankreasschwanz,
- das seltene Insulinom,
- selten Pankreasschwanzkarzinome,
- vom Schwanz ausgehende Pankreasfistel,
- diffus sklerosierende Pankreatitis.

Prinzip

Resektion des Pankreasschwanzes mit einem Teil des Pankreaskörpers mit Unterbindung der A. splenica und deshalb zumeist kombiniert mit einer Splenektomie. Bei benignen Befunden kann milzerhaltend vorgegangen werden.

Lagerung

- Rückenlage, leicht überstreckt,
- neutrale Elektrode an einem Oberschenkel.

Instrumentarium

- Grund- und Laparotomieinstrumentarium,
- evtl. Rochard-Haken,
- Rahmen,
- überlange Präparationsinstrumente,
- Zügel,
- Vesselloops,
- bei Bedarf Einzelclipstapler und linearer Verschlussstapler.

2

Linksseitige Pankreasresektion

► Quer verlaufende bogenförmige Oberbauchlaparotomie oder große mediane Laparotomie. Exploration des Bauchraums und Einsetzen des Rahmens

► Mit der Durchtrennung des Lig. gastrocolicum zwischen Overholt-Klemmen und der Lösung der Magenhinterwand vom Pankreas beginnt die Skelettierung

► Die Milz wird, wenn sie nicht bei besonders günstigen anatomischen Verhältnissen belassen werden kann, in bekannter Weise mobilisiert (▫ s. 2.62). Die A. splenica wird in Höhe der Resektionslinie bzw. an ihrem Abgang aus dem Truncus coeliacus präpariert, doppelt ligiert und durchtrennt. Die Milzvene wird kurz vor der V. mesenterica superior abgesetzt

► Das Peritoneum wird an der Unterkante des Pankreasschwanzes inzidiert, die Milz luxiert und nach rechts gezogen. Das stumpfe Abpräparieren des Pankreasschwanzes inklusive der V. splenica vom Retroperitoneum muss schrittweise und äußerst behutsam erfolgen, um u. a. eine Begleitverletzung der Nebenniere zu vermeiden

► Wenn die V. portae erreicht ist, müssen vor allen weiteren OP-Schritten die kleinen Zuflüsse sorgfältig ligiert werden

► Die A. hepatica communis wird sicher identifiziert, der Pankreasober- und -unterrand vorsichtig von der V. portae bzw. V. mesenterica superior abgelöst, die V. gastrica dextra wird ligiert

► Das Absetzen hinter einer doppelten Klammernahtreihe ist die einfachste Art der Resektion

► Eine andere Möglichkeit besteht darin, dass 4–5 mm distal der geplanten Resektionslinie das gesamte Pankreas zirkulär ligiert und dann distal der Ligatur mit dem Messer durchtrennt wird

► Der Verschluss der Resektionsfläche erfolgt durch resorbierbare Einzelknopfnähte

► Wurde präoperativ keine ERCP durchgeführt, wird der Ductus Wirsungianus sondiert, um sicherzustellen, dass im Kopfabschnitt keine Stenose vorliegt

► Ein Drain, am besten als Spüldrainage vorbereitet, wird nahe der Resektionsfläche platziert und separat ausgeleitet

► Nach der Zählkontrolle der Textilien und des Instrumentariums sowie der Dokumentation ihrer Vollzähligkeit schichtweiser Wundverschluss und Verband

2.9.5 Partielle Duodenopankreatektomie nach Whipple (Rechtsseitige Pankreasresektion)

Indikation

- Pankreaskopfkarzinom,
- Karzinom der Papilla Vateri,
- evtl. chronische Kopfpankreatitis (Hier wird zunehmend die duodenumerhaltende Pankreaskopfresektion angewendet.),
- distales Gallengangkarzinom.

Prinzip

En bloc werden der Pankreaskopf mit dem Duodenum und dem distalen Anteil des Magens reseziert. Neben der Resektion des distalen Ductus choledochus wird auch die Cholezystektomie durchgeführt. Die Rekonstruktion beinhaltet die Wiederherstellung der Magen-Darm-Passage, die Ableitung der Galle über eine biliodigestive Anastomose und die Anastomosierung des Pankreaskorpus ebenfalls mit einer Jejunumschlinge oder durch Implantation in die Magenhinterwand (▫ Abb. 2.68a,b).

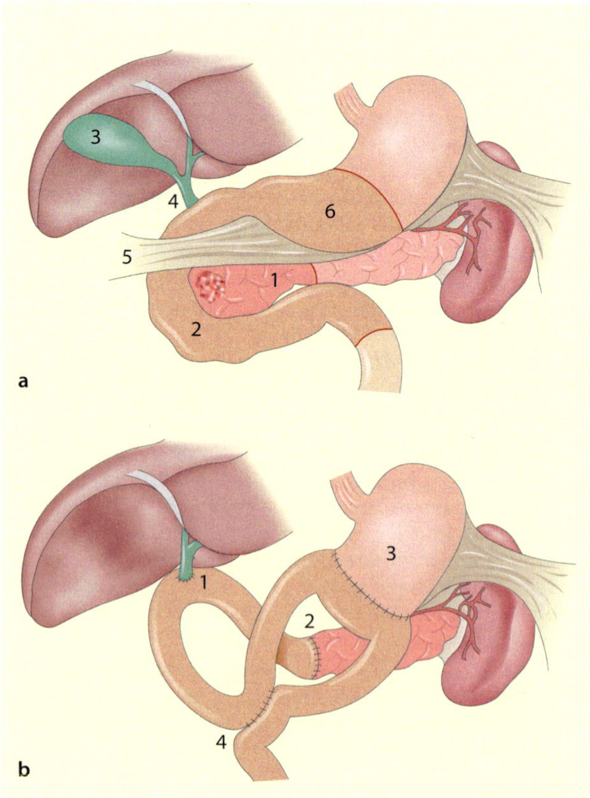

▫ Abb. 2.68a,b Whipple-Operation. a Resektionsausmaß: *1* Pankreaskopf, *2* Duodenum, *3* Gallenblase, *4* distaler Gallengang, *5* großes Netz (partiell), *6* distaler Magen. b Rekonstruktion: *1* Hepatikojejunostomie, *2* Pankreatikojejunostomie, *3* Gastroenterostomie, *4* Jejuno-Jejunostomie (Braun-Anastomose). (Nach Siewert 2001)

Lagerung

- Überstreckte Rückenlage,
- neutrale Elektrode an einem Oberschenkel.

Instrumentarium

- Grund- und Laparotomieinstrumentarium,
- Allis-Klemmen,
- lange Präparationsinstrumente,
- Rochard-Haken,
- Kirschner-Rahmen,
- Gummizügel,
- Vesselloops,
- Einzelclipstapler,
- lineares Verschluss- und/oder Anastomosen-Klammernahtinstrument,
- bei Bedarf Payr-Sonde (Kocher-Rinne) und Deschamps.

Indikationen zum Palliativeingriff

Eine biliodigestive Anastomose wird bei Stenosierung des Ductus choledochus angelegt. Bei einer begrenzten Lebenserwartung ist meist nur die endoskopische Einlage einer Gallengangprothese sinnvoll.

Eine Gastroenteroanastomose muss bei Infiltration bzw. Stenosierung des Duodenums als Umgehungsanastomose zur Aufrechterhaltung der Nahrungspassage angelegt werden.

Häufig ist es sinnvoll, beide Eingriffe miteinander zu kombinieren. Dies gilt auch, wenn noch keine Duodenalstenose aufgetreten ist, um dem Patienten bei fortgeschrittener Erkrankung weitere Operationen zu ersparen (◘ s. 2.5).

Für beide Anastomosen eignet sich wieder die Y-Roux-Technik.

Partielle Duodenopankreatektomie nach Whipple

► Meist quer verlaufende bogenförmige Oberbauchlaparotomie. Ausgedehnte Exploration um ggf. die OP-Indikation zu revidieren. Nach dem Einsetzen des Rochard-Hakens und eines Rahmens wird das Lig. gastrocolicum aufgesucht und zwischen Overholt-Klemmen durchtrennt und ligiert

► Die Duodenalmobilisation nach Kocher ist zwingend erforderlich, um die Beweglichkeit des Pankreaskopfes zu prüfen, die einen Aspekt der Operabilität darstellt

► Das Lig. hepatogastricum wird ebenfalls zwischen Klemmen durchtrennt, dabei wird die A. gastrica dextra ligiert

► Duodenum und Pankreas müssen sich problemlos von den Mesenterialgefäßen ablösen lassen. Die Identifikation der A. hepatica und der Pfortader ist obligat

► Der vom Duodenum umgebene Pankreaskopf wird mit Overholt-Klemmen und Präparierschere freigelegt, bis dorsal die V. cava sichtbar ist. Danach wird das Pankreas schonend an seiner Unterkante skelettiert, mit einem langen Overholt links neben der V. mesenterica superior unterfahren und mit einem Gummizügel angeschlungen

► Die Unterbindung der A. gastroduodenalis und die Durchtrennung des Ductus choledochus setzen die Präparation fort. Das untere Drittel des Magens wird, wie bei der Billroth-I- oder Billroth-II-Operation, skelettiert und zwischen Klemmen oder mit einem linearen Stapler abgesetzt

► Das Duodenum wird bis zur Flexura duodenojejunalis skelettiert und mit dem linearen Cutter oder auch zwischen Klemmen durchtrennt, die Gallenblase wird entfernt (◘ s. 2.7.2)

► An der Resektionslinie wird das Pankreas offen mit dem Diathermiemesser abgesetzt

► Alternativ wird das Pankreas vorher entweder mit einem großen Overholt unterfahren, um 2 zirkuläre Ligaturen zu legen und zu knoten, oder die Fäden werden mittels Deschamps über die Kocher-Sonde gelegt

► Das Gesamtpräparat entfällt

► Es gibt verschiedene Möglichkeiten der Rekonstruktion. Die häufigste ist wohl die Reparation in der Y-Roux-Technik

► Das offene Ende der an der Flexura duodenojejunalis abgesetzten Jejunumschlinge, ante- oder retrokolisch hochgezogen, wird End-zu-End mit dem Pankreasrest anastomosiert. Die zweireihige Naht erfolgt invertierend (sog. Teleskopanastomose)

► In eine zweite Y-Roux-Schlinge wird der Ductus choledochus End-zu-Seit als biliodigestive Anastomose eingepflanzt

► Etwa 40 cm unterhalb der biliodigestiven Anastomose wird das Jejunum durchtrennt und an den aboralen Teil wird der Magenrest End-zu-End oder zu-Seit anastomosiert

► Eine weitere wichtige Modifikation besteht in der Implantation des Pankreasrestes in die Magenhinterwand als Pankreatogastrostomie. Diese Technik ist weniger komplikationsträchtig als die pankreatojejunale Anastomose

► Die biliodigestive Anastomose wird in diesem Falle wieder in der Y-Roux-Technik End-zu-Seit angelegt

- Eine weitere Anastomosierungsvariante bietet die Billroth-II-Technik mit Anlage einer Braun-Fußpunktanastomose (s. Abb. 2.68b)
- 1–2 weiche Drainagen werden gelegt
- Nach der Zählkontrolle der Textilien und Instrumente sowie der Dokumentation der Vollzähligkeit schichtweiser Wundverschluss und Verband

Leider ist beim Pankreaskopfkarzinom häufig nur noch ein Palliativeingriff möglich, da es meist zu spät diagnostiziert wird. Als Entscheidungskriterien gelten:
- Nachweis der Lymphknoten-/Fernmetastasierung (Schnellschnitt, CT),
- lokale Infiltration des Tumors in die A. mesenterica superior oder in die Pfortader bzw. in die Nachbarorgane.

Fernmetastasen und Peritonealkarzinose verhindern häufig selbst einen Palliativeingriff.

2.10 Dünndarm

2.10.1 Anatomie/Physiologie

Anatomie des Duodenums, des Jejunums und des Ileums

Als Dünndarm bezeichnet man den Darmteil vom Pylorus bis zur Ileozäkalklappe. Er ist etwa 4–6 m lang.

Hinter dem Pylorus beginnt das obere Duodenum, die sog. Pars superior, daran schließen sich die Pars descendens und die Pars horizontalis an. Die abschließende Pars ascendens mündet am Treitz-Band in das Jejunum.

Der Anfangteil des Duodenums ist auf 2–3 cm Länge, ebenso wie das Jejunum, fast zirkulär mit Serosa bedeckt. Der größere Teil des Duodenum liegt retroperitoneal.

Das Duodenum umfasst hufeisenförmig den Pankreaskopf. Beide Organe haben eine gemeinsame Blutversorgung.

Das Jejunum und das Ileum hängen in ganzer Länge frei am Mesenterium.

Das Jejunum im linken oberen und das Ileum im rechten unteren Teil der Bauchhöhle werden vom Omentum majus wie von einer Schürze bedeckt. Das Ileum endet an der Bauhin-Klappe (= Ileozäkalklappe).

Die Gefäßversorgung des Dünndarmes erfolgt aus Ästen der A. mesenterica superior.

Das Kolon umringt das Dünndarmkonvolut wie ein Rahmen.

Chirurgisch bedeutsam ist ein evtl. vorhandenes Meckel-Divertikel, ca. 70 cm vor der Ileozäkalklappe. Es hat über ein Mesenteriolum eine eigene Gefäßversorgung.

Physiologie

Aufgaben des Dünndarmes sind die Resorption von verschiedenen Nahrungsbestandteilen sowie die Sekretion von Amylasen und Proteinasen. Außerdem werden Gallensalze rückresorbiert.

Enterotomie

Definition

Als Enterotomie bezeichnet man die zeitweilige Eröffnung des Dünndarmlumens. Nachdem die erforderliche Manipulation im Lumen beendet ist, muss die Darmwandwunde wieder verschlossen werden.

Man spricht von einer Duodenotomie, einer Jejunotomie oder einer Ileotomie.

Der Darm wird mit dem Skalpell zwischen 2 Haltefäden quer eröffnet, der Fremdkörper, ein Polyp oder ein Adenom wird entfernt und die quer verlaufende Öffnung ein- oder zweireihig wieder verschlossen. Auf diese Art engt man das Darmlumen, wenn überhaupt, nur geringfügig ein.

2.10.2 Dünndarmresektion

Man kann entweder einzelne Dünndarmsegmente oder längere Abschnitte resezieren. Wichtig ist hier der Kontaminationsschutz.

Indikation

- Inkarzerierte Hernie mit nekrotischem Darmabschnitt,
- Mesenterialinfarkt,
- Karzinome,
- Sarkome,
- Morbus Crohn,
- Meckel-Divertikulitis oder
- traumatische Dünndarmverletzungen.

Prinzip

Das betroffene Dünndarmsegment wird zumeist mit Mesenterium reseziert und End-zu-End anastomosiert.

Lagerung

- Rückenlage,
- Dispersionselektrode an einem Oberschenkel.

Instrumentarium

- Grund- und Laparotomieinstrumentarium,
- Rahmen,
- Duval- und Allis-Klemmen,
- weiche Darmklemmen,
- 90° abgewinkelte Klemmen,
- bei Bedarf Rinne und Deschamps,
- Einzelclipstapler und lineare Anastomosenstapler.

Dünndarmresektion

► Der Zugang erfolgt zumeist über eine mediane Unterbauchlaparotomie; zuerst wird die Bauchhöhle exploriert

► Nach dem Einsetzen des Rahmens oder großer Bauchdeckenhaken (z.B. nach Fritsch) sieht man auf das große Netz, das hochgeschlagen wird. Die betroffene Schlinge wird aufgesucht und der zu diesem Dünndarmsegment gehörende Mesenterialbezirk V-förmig skelettiert. Dazu wird das Peritoneum beiderseits eingeschnitten, das Fettgewebe mit Präpariertupfern abgeschoben. Mit Hilfe von Overholt-Klemmen oder mit Rinne und Deschamps werden zwischen Ligaturen seitlich die Gefäßarkaden unterbrochen und ggf. das Zentralgefäß durchtrennt

► Die Arterien lassen sich im OP-Gegenlicht sichtbar machen

► Der Darm wird an den Resektionslinien zirkulär vom Fett befreit und nach beiden Seiten ausgestrichen. Dann werden die Darmklemmen (weich und hart) angesetzt

► An die verbleibenden Darmenden wird jeweils eine weiche Darmklemme gesetzt und an die Resektatenden je eine harte Klemme, um nach der Durchtrennung mit dem Skalpell jede Verunreinigung der Bauchhöhle zu vermeiden. Aus diesem Grund empfiehlt sich hier auch die Anwendung eines linearen Anastomosenstaplers

► Das Darmlumen kann nach der Durchtrennung mit einem z.B. in Betaisodona-Lösung getränkten Stieltupfer gesäubert werden

► Zur Rekonstruktion der Darmpassage durch eine End-zu-End-Anastomose werden die beiden Darmenden über die verbliebenen weichen Klemmen zusammengeführt und die Einzelnähte für die Serosahinterwand gelegt

► Die Klemmen können geordnet auf eine Pinzette gefädelt werden

► Die weichen Darmklemmen werden parallel nebeneinander gelegt, die Nähte verknotet

► Die Naht der Mukosahinterwand und -vorderwand erfolgt häufig fortlaufend, die Serosavorderwand wird invertierend genäht. Üblich ist auch die ein- oder zweireihige fortlaufende Nahttechnik der Vorder- und Hinterwand

► Der Verschluss des Mesenterialschlitzes und das Anordnen des Darmpakets im Sinne von Noble beenden den eigentlichen Eingriff. (Hierbei wird der gesamte Dünndarm quer zur Mesenterialwurzel angeordnet. So werden Verschlingungen und Abknickungen vermieden.)

► Nach der Zählkontrolle der Textilien und Instrumente sowie der Dokumentation ihrer Vollzähligkeit kann die Bauchhöhle schichtweise verschlossen werden

► Verband

2.11 Blinddarm

2.11.1 Appendizitis

Die vordere freie Tänie des Zäkums dient als Leitbahn zur Appendix, die ein Anhängsel des Dickdarmes und durchschnittlich 7,5–10 cm lang ist.

Der Wurmfortsatz hat ein Mesenteriolum, in dem die A. appendicularis verläuft. Am Ansatz dieses Mesenteriolums ist die Appendix vom Peritoneum überzogen.

Die Appendizitis ist die häufigste Diagnose in der Allgemeinchirurgie, die Appendektomie der häufigste Eingriff.

Probleme bei Diagnose und Therapie

- Untersuchungsverfahren zum sicheren Beweis oder Ausschluss einer akuten Appendizitis fehlen.
- Eine akute Appendizitis muss bei jedem Patienten mit abdominellen Beschwerden erwogen werden, der bereits geringe Symptome eines peritonealen Reizes zeigt.
- Die einzige Möglichkeit die Sterblichkeit von 0,7:100.000 Einwohner weiter zu senken und die Schwere der Erkrankung zu mindern besteht in der Appendektomie vor Eintritt der Gangrän oder der Perforation.

Einteilung der Appendizitisformen

Akute Appendizitis

Erkennbar an der ödematösen Auftreibung, der entzündlichen Rötung und dem fibrinösen Exsudat in der Umgebung.

Akut-phlegmonöse Appendizitis

Sammelbegriff für alle destruktiven Formen einschließlich der perforierten, gangränösen und eitrigen Appendizitis und Periappendizitis.

Bei der Perforation unterscheidet man folgende Arten:
- freie Perforation, die zur Peritonitis führt;
- gedeckte Perforation, die zum perityphlitischen Abszess führt, einer lokal begrenzten Eiteransammlung.

Die gedeckte Perforation geht zumeist aus dem perityphlitischen Infiltrat hervor. Dieses ist als lokale Tumorbildung tastbar. Hierbei tritt eine starke entzündliche Begleitreaktion ohne Eiter auf.

Chronische Appendizitis

Bei der chronischen Appendizitis handelt es sich in der Regel um einen Folgezustand nach akuter Appendizitis mit Übergang in eine Vernarbung. Die hier zeitweise auftretenden Schmerzen verschwinden mit der Appendektomie.

Pathophysiologie der Appendizitis

Es wird angenommen, dass die Appendizitis die Folge einer Lumenverlegung der Appendix unterschiedlicher Ursache ist.

Aus der fokalen Appendizitis wird die Durchblutung durch erhöhten Binnendruck und Wandödem bei »Fesselung« von außen (durch die Serosa) gedrosselt. Damit nimmt die Wandschädigung zu. Auf dem günstigen Keimnährboden entstehen nach der eitrigen Einschmelzung die Gangrän und schließlich die Perforation.

Wege zur klinischen Diagnose

Anamnese

Die »klassische« Schmerzabfolge beginnt meist diffus im Epigastrium oder in der Nabelregion. Dieser schlecht lokalisierbare »Organschmerz« wird auch als viszeraler Schmerz bezeichnet.

Begleitet wird dieses Symptom von Inappetenz und Übelkeit. Danach stellt sich meist Erbrechen ein.

Nach Stunden bis Tagen ziehen die Schmerzen punktförmig lokalisiert in den rechten Unterbauch. Diese Form des parietalen (somatischen) Schmerzes zeigt das Übergreifen des Prozesses auf das parietale Peritoneum an (Quadrantenperitonitis).

Diese klassische Schmerzabfolge tritt allerdings nur in 55% der akuten Appendizitiden ein; andererseits kommt sie auch bei bis zu 25% der Fälle anderer Erkrankungen vor.

Körperliche Untersuchungsbefunde

Prüfung des Spontan-, Druck- und Erschütterungsschmerzes:

Typisch sind:
- Lokalisation des Spontanschmerzes punktförmig im rechten Unterbauch,
- Druckschmerz am sog. McBurney-Punkt bei der Tastuntersuchung,
- Auslösung eines Erschütterungsschmerzes durch Beklopfen der Bauchdecke bzw.
- Prüfung des Loslass- und kontralateralen Loslassschmerzes,
- Douglas-Schmerz als Zeichen der entzündlichen Reizung des Peritoneums bei der rektalen Untersuchung.

Labor- und Messbefunde

Zur weiteren Diagnostik werden die Temperaturmessung, die Leukozytenzählung und die Sonographie eingesetzt.

Kein Verfahren ist in der Lage das Vorliegen einer Appendizitis zu beweisen.

Besonderheiten einzelner Patientengruppen

- Kinder: Bei Kleinkindern verläuft die Entzündung des Wurmfortsatzes foudroyant. Die Differenzialdiagnose einer Appendizitis ist umso schwieriger, je jünger die Patienten sind
- Junge Frauen: Die »negative Laparotomierate« (Anzahl der Patienten, bei denen während der Operation keine Appendizitis vorgefunden wird) ist doppelt so hoch wie bei den übrigen Patienten. Aus diesem Grund sollte präoperativ eine gynäkologische Untersuchung, auch mit Ultraschall, durchgeführt werden
- Schwangerschaft: Auf 2.000 Schwangerschaften entfällt eine akute Appendizitis, und zwar am häufigsten in den ersten 6 Monaten. Die Symptome unterscheiden sich kaum gegenüber Nichtschwangeren. Lediglich im letzten Drittel erschweren die Lageänderung und die Nachbarschaft des sich kontrahierenden Uterus die Diagnose. In allen Schwangerschaftsstadien sollte frühzeitig appendektomiert werden
- Hohes Alter: Die Rate der perforierten Wurmfortsätze liegt mit über 30% doppelt so hoch wie bei den übrigen Patienten. Als Grund ist die geringer ausgeprägte Klinik und die größere Indolenz anzusehen. Bei einer häufig größeren Zahl von Begleiterkrankungen resultiert eine erhöhte Mortalität

Besonderheiten aufgrund der zeitlichen OP-Indikation

Mit der klinischen Diagnose »akute Appendizitis« ergibt sich die zeitlich dringende OP-Indikation:

- OP-Vorbereitung und Planung sollten maximal 2 h in Anspruch nehmen
- Auf die Forderung der Nüchternheit vor der Narkoseeinleitung muss verzichtet werden
- Bei Zeichen der diffusen Peritonitis sollte die Vorbereitungszeit aktiv genutzt werden
- Bei unklarer Symptomatik dient eine längere Vorlaufzeit der Beobachtung und der Erhebung von Kontrollbefunden. Mit dem Zeitpunkt der Diagnosestellung gelten die oben genannten Forderungen

Sonderfälle

Beim perityphlitischen Infiltrat bzw. Abszess wird häufig eine Indikation für ein zunächst konservatives Vorgehen mit initialer Antibiotikatherapie und der Intervallappendektomie nach 2–3 Monaten gesehen. Obwohl dieses Vorgehen vielerorts praktiziert und in der Literatur angegeben wird, kann die Sofortoperation unter Antibiotikaprophylaxe mit Fortführung als Therapie den Krankheitsverlauf abkürzen. Besonderer Wert in der Diagnostik kommt hier der präoperativen Sonographie zu

2.11.2 Appendektomie bei mobilem Zäkum

▪▪▪ Indikation

Akute Appendizitis.

▪▪▪ Prinzip

Hervorluxieren des Zäkumpols, Absetzen der Appendixbasis, ggf. Versenken des Appendixstumpfes, Revision des Ileums wegen eines Meckel-Divertikels.

▪▪▪ Lagerung

- Rückenlage,
- Dispersionselektrode am rechten Oberschenkel.

▪▪▪ Instrumentarium

- Grundinstrumente,
- Bauchtücher,
- evtl. längere Haken (z. B. Leberhaken nach Mikulicz),
- Appendixquetsche, ersetzbar durch eine Overholt-Klemme.

Appendektomie

► Der häufigste Zugang führt über den Wechselschnitt im rechten Unterbauch. Obwohl kosmetisch ungünstig und nur schlecht erweiterbar, kommt bei unklarer Anamnese oder Prognose vielfach der Pararektalschnitt zur Anwendung. Dagegen lässt sich der Querschnitt beliebig verlängern und ist so bei perityphlitischen Befunden vorteilhaft. Nach der Eröffnung des Peritoneums und dem Einsetzen der stumpfen Haken (nach Roux, Kocher oder Mikulicz) wird der Dünndarm abgedrängt, mit Haken beiseite gehalten und so die Sicht auf das Zäkum ermöglicht. Mit der Hand lässt sich unter leichtem Zug und vorsichtigem Hin- und Herziehen das Zäkum mit der Appendix vor die Bauchdecke luxieren. Wenn möglich sollte auf das Verlegen des Zäkums vor die Bauchdecke verzichtet werden, weil hierdurch Wandschäden entstehen können. Solche Läsionen sind wahrscheinlich die Ursache von postoperativen Adhäsionen oder Darmverschlüssen

► Mit einer Klemme (nach Péan oder Kocher) wird das Mesenteriolum an der Appendixspitze gefasst. Der Wurmfortsatz selbst sollte so wenig wie möglich berührt werden. Die meist im Gegenlicht sichtbare A. appendicularis wird mit einem Overholt unterfahren und doppelt ligiert. Anschließend wird das Mesenteriolum mit Overholt und Schere oder mit Rinne und Deschamps bis zur Zäkumbasis skelettiert (◘ Abb. 2.69)

► An der Basis wird die Quetsche angesetzt und vorher mehrfach zusammengedrückt. Im gequetschten Bereich wird eine dicke Ligatur gelegt. Mit einem Skalpell wird der Wurmfortsatz zwischen Appendixklemme und Ligatur durchtrennt. Nach einer Stumpfdesinfektion (z. B. mit einer PVP-Lösung) ist die Appendektomie beendet

► Vielerorts ist immer noch die Stumpfversenkung am Zäkum durch eine Tabakbeutelnaht aus dünnerem Nahtmaterial üblich

► Der Stumpf wird dann mit einer Pinzette im Zäkum versenkt (◘ Abb. 2.70). Die Tabakbeutelnaht wird zugezogen und kann mit einer Z-Naht gesichert werden

► Alle Instrumente, die mit dem geöffneten Zäkum Kontakt hatten (Messer, Pinzette, Tupfer) werden abgeworfen

► Am Dünndarm sollte über eine Distanz von ca. 1 m nach einem Meckel-Divertikel gefahndet werden. Nur bei fortgeschrittenen Entzündungsprozessen wird darauf verzichtet. Der Douglas-Raum wird mit Stieltupfern sorgfältig ausgetupft. Lag eine Perforation vor, wird das Abdomen mit warmer Kochsalzlösung gespült und vorhandene Fibrinbeläge werden komplett entfernt. Nur selten ist eine Drainageeinlage gerechtfertigt

► Schichtweiser Wundverschluss nach erfolgter Zählkontrolle und Dokumentation, Verband

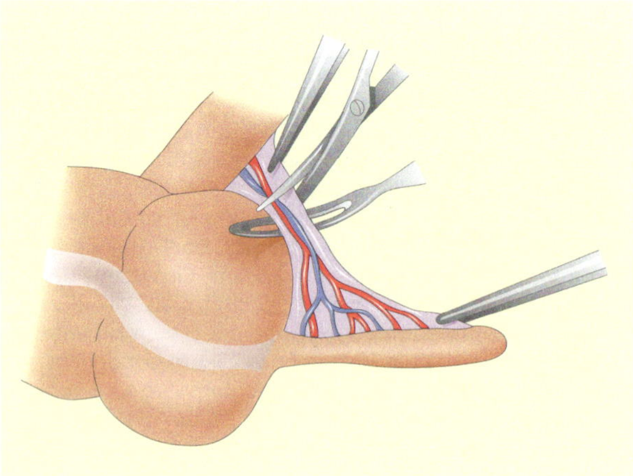

Abb. 2.69 Skelettierung des Mesenteriolums zur Appendektomie

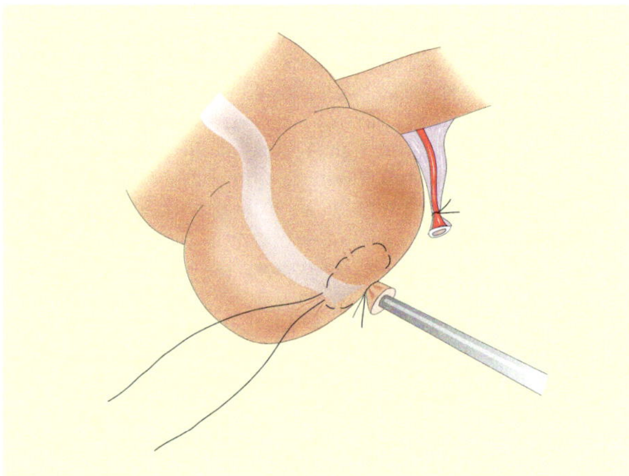

Abb. 2.70 Stumpfversenkung nach Appendixabtragung. (Abb. 2.69 u. 2.70 nach Heberer et al. 1993)

Schwieriger gestaltet sich die Appendektomie bei retrozäkal gelegenem Wurmfortsatz. Häufig muss auf die eben beschriebene antegrade Appendektomie verzichtet werden. Es wird zuerst der Zäkumpol mobilisiert, um dann die Appendix an der Basis zu unterfahren und zu ligieren. Danach wird durch dosierten Zug an sog. »Kletterligaturen«, die abschnittweise wie die Basisligatur angelegt wurden, die Appendix bis zur Spitze mobilisiert und freipräpariert. Nachfolgend wird die Appendix wie oben beschrieben skelettiert und abgesetzt

Komplikationen

Die Komplikationen sind:
- Wundinfektion,
- Abszessbildung (intrapelvin/subphrenisch/interenterisch),
- Kotfistel und
- bei 1% aller Operierten Entwicklung eines operationsbedürftigen Ileus.

Das Komplikationsrisiko ist bei einer gangränösen oder perforierten Appendizitis erhöht. Durch den Einsatz von Antibiotika als perioperative Prophylaxe lässt sich die Wundinfektionsrate senken.

Perforationsgefahr besteht bei weniger als 20% in den ersten 24 h, bei mehr als 70% nach 48 h.

Zur laparoskopischen Entfernung der Appendix s. 2.14.

2.12 Dickdarm

M. Liehn, A. Poser

2.12.1 Anatomie/Physiologie

Anatomie

Kolon

Als Dickdarm (Kolon) bezeichnet man den etwa 1,5 m langen Darmanteil von der Ileozäkalklappe bis zum Anus.

Das Kolon wird noch einmal von rechts unten ausgehend in die folgenden Abschnitte unterteilt:
- **Appendix:** Sie entspricht einem rudimentären Zäkumabschnitt.
- **Zäkum:** Es reicht bis zur Ileozäkalklappe (Bauhin-Klappe). Dies ist der weiteste Dickdarmabschnitt, allseitig von Serosa umgeben und somit intraperitoneal frei beweglich.
- **Colon ascendens.**
- **Flexura coli dextra:** an der Unterseite der Leber; das Kolon liegt retroperitoneal, im Gegensatz zu den beiden vorherigen Abschnitten.
- **Colon transversum:** Es liegt intraperitoneal und ist an der dorsalen Bauchwand mittels eines Mesokolons fixiert, das Ober- und Mittelbauch abgrenzt. Das Colon transversum geht über in die
- **Flexura coli sinistra.**
- **Colon descendens**, das retroperitoneal liegt.
- **Sigma:** Es liegt im linken Unterbauch intraperitoneal und hat dementsprechend ein Mesosigma.
- **Rektum:** Es liegt retroperitoneal und ist der unterste Abschnitt des Dickdarmes.

Das Colon transversum ist mit dem Netz locker verwachsen. Auch das Zäkum liegt intraperitoneal und ist bis zu einem gewissen Grad mobil.

Die anderen Dickdarmstrecken sind breit an der hinteren Bauchwand fixiert.

Der Dickdarm unterscheidet sich vom Dünndarm durch 4 auffallende Merkmale:

- **Tänien:** 3 Längsstreifen aus zusammengebündelten Fasern der Längsmuskulatur.
- **Haustren** (Schöpfgefäße): Ausbuchtungen zwischen den Tänien, die durch Einschnürungen gegeneinander abgesetzt sind.
- **Appendices epiploicae:** kleine, von Serosa überzogene Fettläppchen längs der Tänien.
- **Plicae semilunares coli:** halbmondförmige Kontraktionsfalten, die das Innenrelief des Dickdarmes bilden. Sie entsprechen Kontraktionszuständen der Ringmuskulatur und wandern mit der Peristaltik (sog. Fließen der Haustren).

Der Dickdarm umgibt den Dünndarm wie ein Rahmen.

Rektum

Das Rektum beginnt dort, wo das Darmrohr sein Meso verliert (Mescolon sigmoideum). Es hat eine Länge von ca. 15–20 cm.

Zwei Krümmungen finden sich in der Sagittalebene:

- Flexura sacralis: durch die Kreuzbeinkrümmung bedingt,
- Flexura perinealis: konvex nach vorn zur Umgehung des Steißbeins.

Das Rektum zeigt meist 3 halbmondförmige Querfalten. Oberhalb dieser Querfalten liegt die Rektumampulle, ein besonders erweiterungsfähiger Darmabschnitt, in dem sich der Darminhalt vor der Defäkation ansammeln kann. Die Ampulle verjüngt sich analwärts trichterförmig und geht in den Analkanal über.

Arterielle Gefäßversorgung

- A. mesenterica superior: Sie entspringt unterhalb des Truncus coeliacus vor dem 1. LWK und hinter dem Pankreas aus der Aorta und gibt folgende Äste ab:
  - A. ileocolica,
  - A. colica dextra,
  - A. colica media.

  Die A. mesenterica superior versorgt den Darmkanal von der unteren Duodenalhälfte bis zur linken Kolonflexur (Cannon-Böhm-Punkt).
- A. mesenterica inferior: Sie entspringt gegenüber dem 3. LWK aus der Aorta und gibt folgende Äste ab:
  - A. colica sinistra,
  - Aa. sigmoideae,
  - A. rectalis superior.

  Die A. mesenterica inferior versorgt das Colon descendens, das Sigmoid und den größten Teil des Rektums.
- A. iliaca interna mit folgenden Ästen:
  - Aa. rectalis mediae
  - Aa. rectalis inferiores.

Venöse Gefäßversorgung

- V. mesenterica superior: Sie entspricht dem Ausbreitungsbiet der Arterie. Sie bildet hinter dem Pankreas mit der V. splenica die Pfortader.
- V. mesenterica inferior: Sie entspricht dem Ausbreitungsgebiet der Arterie und mündet hinter dem Pankreas in die V. splenica (◘ Abb. 2.71).

Lymphgefäße

In der Darmwand liegt ein submuköses, intermuskuläres und subseröses Netzwerk.

Alle Netzwerke hängen miteinander zusammen und leiten die Lymphe von der Darmwand ab. Die Lymphknoten nehmen die Lymphe des Darmes auf.

Sie liegen in 3 Gruppen:

- am Darmrand,
- in der Mitte des Mesenteriums,
- an der Mesenterialwurzel.

Die Lymphknoten münden schließlich in Lymphknoten vor der Aorta und der V. cava inferior. Die gesamte Lymphe des Darmes sammelt sich im Truncus intestinalis.

■■■ Physiologie

Die Hauptaufgaben des Kolons sind Aufnahme, Eindickung und Weitergabe unverdauter Nahrungsreste.

Wie alle übrigen Darmabschnitte besitzt auch der Dickdarm eine Vagusversorgung (fördert Peristaltik) und eine Sympathikusversorgung (hemmt Peristaltik).

Kontraktionen und Bewegungen sind stark von den Funktionen des übrigen Magen-Darm-Kanals abhängig (= gastrokolischer Reflex).

Der Dickdarm scheidet keine Enzyme aus. Die sog. Lieberkühn-Drüsen liefern ein seromuköses Sekret, das als Gleit- und Schmiermittel dient.

Bei pflanzlicher Nahrung kann die Verdauung durch Dünndarmenzyme fortgesetzt werden. Ein Teil der Spalt-

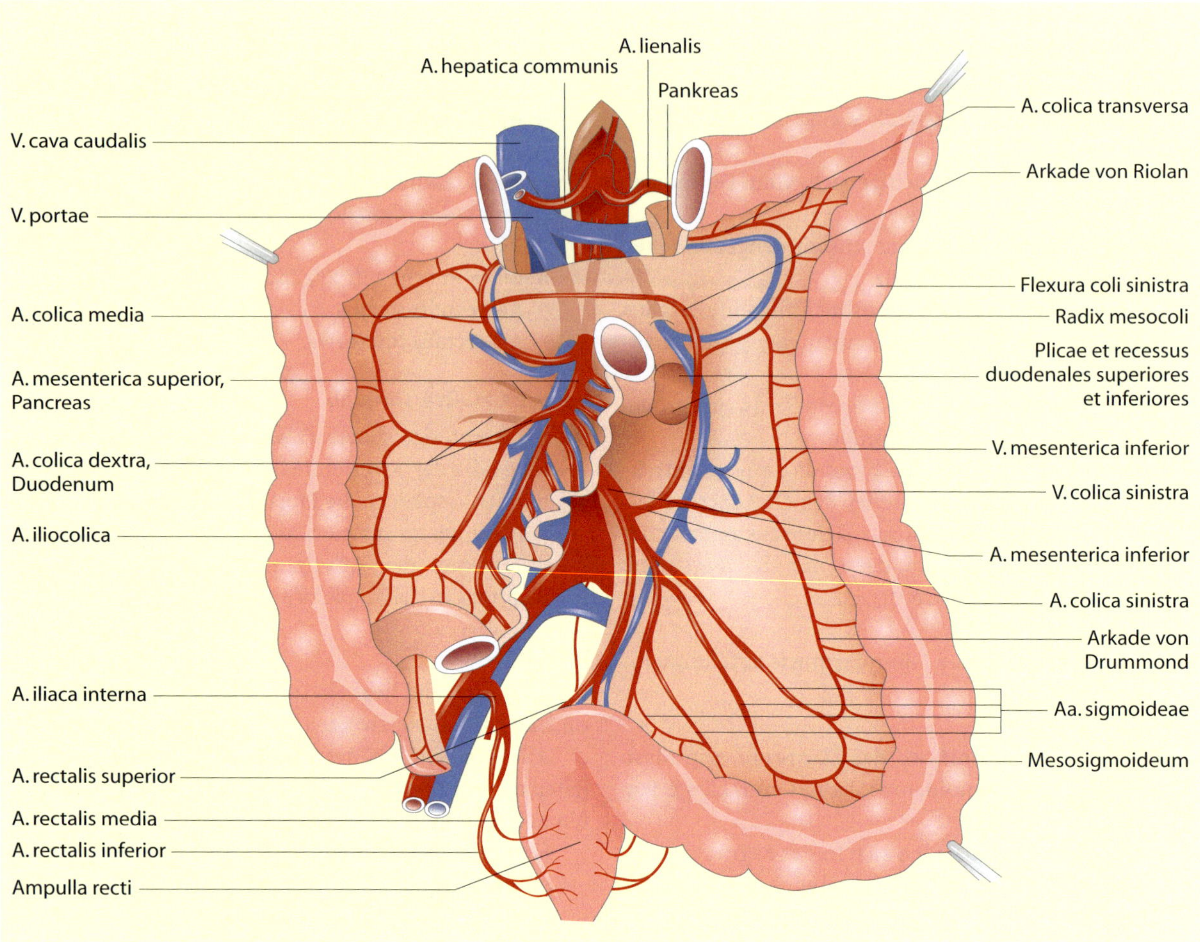

Abb. 2.71 Arterielle und venöse Blutversorgung des Dickdarmes. (Nach Siewert 2001)

produkte wird resorbiert, der andere wird durch Gärung und Fäulnis zerstört.

Der Dickdarm besitzt eine physiologische Flora von Bakterien, die Eiweiße und Kohlenhydrate zu energiearmen Abbauprodukten spalten. Die Eiweißabbauprodukte werden teils aus dem Darm ausgeschieden, teils vom Dickdarm resorbiert, in der Leber entgiftet und als gepaarte Schwefelsäuren im Harn ausgeschieden.

Der Darminhalt ist nach 3- bis 4-stündigem Aufenthalt im Dünndarm noch relativ dünnflüssig. Er wird im Dickdarm durch Wasserresorption auf ca. ein Viertel seines Volumens eingedickt.

Ist das Dickdarmepithel, z. B. durch Cholerabazillen, geschädigt, entstehen dünnflüssige Stühle, die zu großem, lebensgefährlichem Wasserverlust führen. Der Dickdarm ist auch Ausscheidungsorgan für Quecksilber, Wismut, Eisen, Kalzium, Magnesium und Phosphate.

Aus dem Ileum gelangen täglich ca. 1,5 l Stuhl in das Zäkum, davon werden ca. 1.000–1.200 ml Wasser rückresorbiert. Die Rückresorption von Natrium erfolgt aktiv im Austausch mit Kalium. Die Bakterien benötigen die von ihnen abgebauten Kohlenhydratreste im Wesentlichen zur Bestreitung ihres eigenen Stoffwechsels.

Eine größere Rolle spielt die Resorption von Wirkstoffen durch das Kolon. Es handelt sich dabei um Vitamine, die durch die Darmflora gebildet werden: Biotin, Folsäure, Nikotinsäure und Vitamin K.

Die Passagezeit des Dickdarminhalts beträgt zwischen 10 und 90 h.

2.12.2 Diagnostik, Einteilung und Therapie kolorektaler Karzinome

Das kolorektale Karzinom gilt bei beiden Geschlechtern als zweithäufigstes Malignom. Der Haupterkrankungsgipfel findet sich im 6.–7. Lebensjahrzehnt (Durchschnittsalter 65 Jahre), aber auch ein Auftreten im 2. und 3. Jahrzehnt ist möglich.

Die Ursachen sind multifaktoriell. Umweltfaktoren (chronische Karzinogenexposition) und insbesondere die Zusammensetzung der Nahrung spielen eine wesentliche Rolle. Ballaststoffreiche Ernährung reduziert das Kolonkarzinomrisiko. Ein familiär gehäuftes Auftreten ist ebenfalls bekannt.

Operationen beim Dickdarmkrebs werden im Wesentlichen durch die anatomischen Gegebenheiten der Gefäße, der Lymphknoten und Faszien bestimmt.

Der Schwierigkeitsgrad der Eingriffe ist bedingt durch das fortgeschrittene Lebensalter der Patienten, durch das oft ausgedehnte Tumorwachstum sowie das keimbesiedelte OP-Milieu. Auch die Tatsache, dass die Dickdarmwand gegenüber dem Dünndarm weniger mechanisch belastbare Kollagenfasern enthält, ist von Bedeutung.

Klassifikation und Stadieneinteilung

Sowohl für prognostische Aussagen als auch für den Vergleich verschiedener Therapiemethoden in den entsprechenden Stadien hat man sich international auf ein einheitliches Dokumentationssystem geeinigt. Die sog. TNM- (Tumor-Nodulus-Metastase-)Klassifikation wird zugrunde gelegt:

- **T** Tiefeninfiltration des Primärtumors (z. B. T 4 = organüberschreitende Tumorinvasion in Nachbarorgane)
- **N** Lokalisation und Zahl der befallenen Lymphknoten
- **M** Lokalisation der nachgewiesenen Fernmetastasen

Vier verschiedene makroskopische Kolonkarzinomtypen lassen sich unterscheiden:

- Blumenkohlartiges oder polypoides Karzinom: Es wächst v. a. in das Darmlumen hinein (= exophytisch).
- Ulzeriertes Karzinom: Im Zentrum liegt ein Ulkus vor, der Tumor wächst an seinem Randwall weiter.
- Ringförmig stenosierendes Karzinom.
- Diffus infiltrierendes Karzinom.

Von den Kolonkarzinomen gehören 80% zu den Adenokarzinomen. Die 5-jährige Heilungsquote bei kurativ resezierten Patienten liegt bei 70%. Rund die Hälfte aller Patienten haben zum OP-Zeitpunkt bereits befallene Lymphknoten.

Beschwerden treten oft erst bei fortgeschrittenem Tumorwachstum auf durch Änderung der Stuhlgewohnheiten (Verstopfung im Wechsel mit Diarrhöen), Blut- und Schleimabgang im Stuhl und die sog. Spätsymptome wie Gewichtsverlust, Blutarmut und ein mechanischer Ileus. Die Diagnostik erfolgt wie nachfolgend beschrieben.

▪▪▪ Diagnostik

Die Anamnese erfragt Schmerzen, Begleitsymptome, z. B. Fieber oder Erbrechen, Änderung der Stuhlgewohnheiten, Blut und Schleimabgang, Gewichtsverlust, Blutarmut oder aufgetretene Schwäche.

Zum klinischen Untersuchungsbefund gehören die Beurteilung des Abdomens (Peritonitis, Ileus etc.), die rektale digitale Untersuchung sowie die Beurteilung der Gesamtsituation des Patienten.

Zur endoskopischen Diagnostik gehören die Proktoskopie, die Rektoskopie sowie die komplette Koloskopie. Probeentnahmen können bei all diesen Untersuchungen entnommen werden und müssen histologisch beurteilt werden.

Die röntgenologische Abdomenübersicht gibt Auskunft über freie Luft im Bauchraum, die auf Perforationen schließen lässt und zeigt ggf. Spiegel, die auf einen Ileus hinweisen können.

Über eine Kolonkontrastdarstellung oder/und einen retrograden Gastrographineinlauf können anatomische Verhältnisse, Tumoren, Volvulus usw. diagnostiziert werden.

Die Sonographie dient der Tumordarstellung und der Metastasensuche, z. B. an der Leber, des Weiteren der Asziteskontrolle und der Abszessdiagnostik. Außerdem lässt sich ein sekundärer Harnaufstau feststellen.

Die Computertomographie klärt die lokale Operabilität, z. B. bei großen Tumoren im kleinen Becken, die Lymphknotenmetastasen oder eine Peritonealkarzinose ab.

Im Labor werden Tumormarker, Blutbild, Blutkörperchensenkungsgeschwindigkeit (BSG), Blutgasanalyse (BGA) usw. untersucht.

▪▪▪ OP-Vorbereitung

Voraussetzung für Operationen am Dickdarm ist eine optimale Vorbereitung des Patienten. Um bei dem Eingriff eine möglichst bakterienarme Schleimhaut vorzufinden, wird der Darm präoperativ orthograd und evtl. retrograd gespült. Hierzu wird am Vortag der Operation eine sog. orale Lavage mit 6 l Polyethylenglykol und Elektrolytzusatz zur hydromechanischen Darmreinigung vorgenommen. Eine Kontraindikation dafür stellt der Ileus dar.

Die perioperative Antibiotikaprophylaxe (bei Narkoseeinleitung mit einem Cephalosporin und Metronidazol) führt zu einer drastischen Senkung der postoperativen Infektionen. Allgemeine Vorbereitungsmaßnahmen sind ein zentraler Venenkatheter, ein Blasenverweilkatheter und evtl. eine arterielle Blutdruckmessung.

▪▪▪ Allgemeine OP-Prinzipien

Die chirurgische Behandlung der kolorektalen Karzinome hat sich durch die Einführung der Klammernahttechnik deutlich gewandelt. Kontinenzerhaltende Eingriffe mit Anastomosierung im kleinen Becken verdrängten zunehmend die abdominosakrale Rektumamputation.

Bei Handanastomosen wird synthetisches, resorbierbares Nahtmaterial vom Typ Polyglykolsäure der Stärke 3–0 empfohlen.

▪▪▪ Grundsätze zur Verhütung einer Tumorzellaussaat

- präliminäre Ligatur der versorgenden Haupt-(Blut- und Lymph-) gefäße,
- Blockade des Darmlumens an den Resektionsgrenzen: »no touch isolation«,
- Einhüllung des tumortragenden Darmanteils bei Befall der Serosa.

Allgemeine OP-Schritte bei Kolonresektionen

- Festlegung der Resektionsgrenzen je nach Tumorlokalisation, Lymphknotenbefall und Metastasenbildung (TNM-Klassifikation, ▫ s. oben)
- Mobilisierung der Darmenden zur Schaffung spannungsfreier Nahtverbindungen (keine Spannung auf der Anastomose).
- Skelettierung unter Beachtung der Gefäßversorgung der Darmenden (bis 1/2 cm).
- End-zu-End-Anastomose, biologisch am günstigsten, abschließender Akt eines geplanten operativen Vorgehens.
- Verschluss des Mesenterialschlitzes.
- Keine Drainage bei unkomplizierten Operationen.
- Sphinkterdehnung als Abschluss der Kolonanastomosenoperation.

2.12.3 Hemikolektomie rechts

▪▪▪ Indikation

Tumoren der rechten Kolonhälfte, z. B. im Zäkum, im Colon ascendens oder in der rechten Flexur, bei Enteritis regionalis und Mesenterialinfarkt in der Colon-ascendens-Region.

▪▪▪ Prinzip

Resektion des gesamten Colon ascendens, inklusive der rechten Flexur, Zäkum mit Appendix, der Ileozökalklappe bis zum Colon transversum (▫ Abb. 2.72). Die Darmkontinuität wird durch eine Ileotransversostomie wiederhergestellt.

▪▪▪ Lagerung

- Rückenlage, den Tisch leicht nach links gekippt,
- die neutrale Elektrode wird an einem Oberschenkel befestigt.

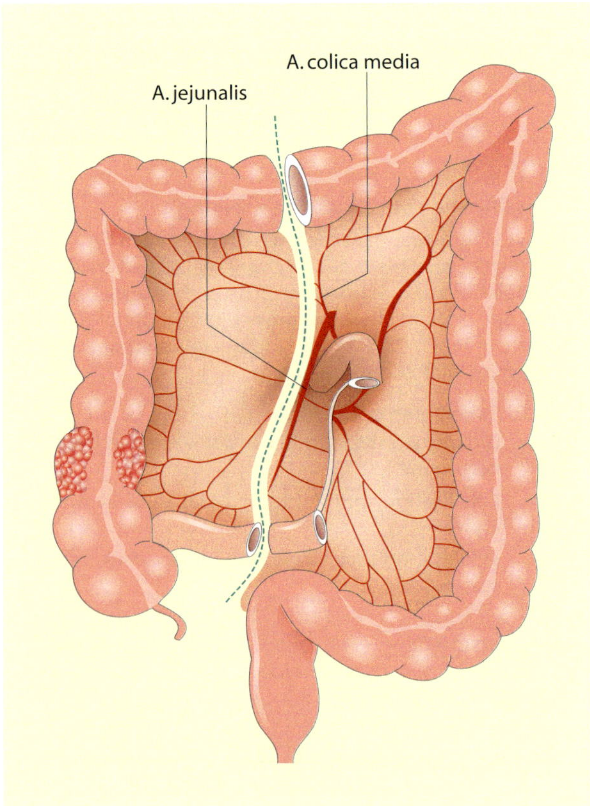

▫ Abb. 2.72 Ausmaß der Resektion bei Hemikolektomie rechts. (Nach Siewert 2001)

Instrumentarium

- Grund- und Laparotomieinstrumentarium,
- evtl. bipolare Schere,
- Kirschner-Rahmen,
- weiche und harte Darmklemmen,
- Gummizügel,
- bei Bedarf Einzelclipstapler,
- lineare Verschlussstapler und/oder lineare Anastomosenstapler
- für die End- zu- End- Anastomose ggf. ein zirkuläres Klammernahtinstrument.

Hemikolektomie rechts

► Rechtsseitiger Mittelbauchquerschnitt oberhalb des Nabels

► Die Exploration des Abdomens klärt bei einem Karzinom ab, ob Metastasen vorhanden oder sonstige Begleiterkrankungen erkennbar sind

► Der Dünndarm wird nach links verlagert, mit feuchten Bauchtüchern abgedeckt und mit Leberhaken weggehalten

► Mit dem Einsetzen des Rahmens schafft man ein übersichtliches OP-Feld

► Zuerst werden die Resektionslinien festgelegt. Entweder durch Haltefäden, die angeklemmt werden oder bei einem vorliegenden Karzinom durch Bändchen, die zirkulär um den Darm geschlungen werden (»no touch isolation« nach Turnbull)

► Zäkum und Colon ascendens werden nach links gehalten und die peritoneale Umschlagfalte wird seitlich des Dickdarmes von der rechten Flexur bis zur Resektionsgrenze am Zäkum mit einer Schere inzidiert

► Nach kranial spannen sich das Lig. hepatocolicum und das Lig. duodenocolicum an, die zwischen Klemmen durchtrennt werden. Das Lig. gastrocolicum wird zwischen Klemmen magennah abgesetzt. Hier kann auch die bipolare Schere eingesetzt werden

► Das rechte Kolon kann stumpf vom Retroperitoneum gelöst werden. Dann werden die A. ileocolica und die A. colica dextra identifiziert und abgangsnah zwischen 2 Ligaturen durchtrennt. Bei einer Karzinomerkrankung muss evtl. auch die A. colica media ligiert werden

► Die entsprechenden Venen werden gleichfalls ligiert und durchtrennt, die Lymphknoten entfernt

► Die Durchtrennung des Mesokolons beginnt an der terminalen Ileumschlinge etwa 10 cm vor der Ileozäkalklappe mit der Overholt-Präparation oder auch mit Rinne und Deschamps. Zwischen Unterbindungen werden das Mesenterium der terminalen Ileumschlinge sowie das Mesokolon des Zäkums, des Colon ascendens, der rechten Flexur und des Anfangsteils des Colon transversum durchtrennt

► Bei einem Tumor der rechten Flexur muss die Operation erweitert werden. Dann wird die A. colica media ligiert und ca. zwei Drittel des Colon transversum werden reseziert

► Nach der Befreiung des zu resezierenden Darmanteils von seiner Netzschürze wird die übrige Bauchhöhle mit feuchten Tüchern abgedeckt, damit ein Kontaminationsschutz bei unvorhergesehenem Austritt von Darminhalt besteht

► Ist die OP-Indikation wegen eines Karzinoms gestellt worden, sollte vor der Darmresektion eine ausgedehnte Lymphadenektomie mit Schnellschnittuntersuchungen vorgenommen werden, sodass ggf. die Resektionsgrenzen erweitert werden können

► Ileum und Kolon werden zwischen Darmklemen durchtrennt. Dazu wird an den verbleibenden Teil jeweils eine weiche Darmklemme und an das Präparat je eine harte Klemme angesetzt. Zwischen der weichen und der harten Klemme wird der Darm mit dem Skalpell durchtrennt, und das Resektat entfällt. Das Lumen wird mit Stieltupfern, ggf. in Desinfektionslösung getränkt, gereinigt

► Um die Kontinuität des Verdauungstraktes wiederherzustellen, erfolgt in der Regel eine End-zu-End-Anastomosierung zwischen Ileum und Colon transversum. Dazu werden die mit den weichen Klemmen verschlossenen Darmenden einander angenähert und bei einreihiger Einzelknopfnaht zuerst die Hinterwandnähte, dann die Vorderwandnähte gelegt

► Auch fortlaufende Nahttechniken haben sich bewährt

► Der Lumenunterschied der Darmenden kann durch vorheriges Legen von Ecknähten und größeren Nahtabstand auf der Dickdarmseite ausgeglichen werden; das Ileumende kann aber auch angeschrägt werden

► Die Mesenteriallücke wird verschlossen, d. h. das verbliebene Mesokolon und das Dünndarmmesenterium werden mit einigen Nähten vereinigt

► Das eröffnete Retroperitoneum kann offen bleiben. Eine Drainageeinlage ist in der Regel nicht erforderlich

► Nach der Zählkontrolle der Textilien und der Instrumente sowie der Dokumentation ihrer Vollzähligkeit schichtweiser Wundverschluss und Verband

2

2.12.4 Hemikolektomie rechts mit Klammernahttechnik

Zusätzlich benötigtes Instrumentarium

- Einzelclipstapler,
- linearer Verschlussstapler (s. Abb. 2.73a),
- zirkulärer Anastomosenstapler (Abb. 2.73b),
- linearer Cutter (s. Abb. 2.73c),
- Tabaksbeutelklemmen,
- Allis-Klemmen,
- Bougies,
- Instrumentenkopffasszange.

Hemikolektomie rechts mit Staplertechnik

► Bis zur Resektion gleichen die OP-Schritte der bereits dargestellten Hemikolektomie rechts (s. oben). Die Resektion erfolgt abweichend zwischen 2 harten Darmklemmen an den Resektatenden und 2 Tabaksbeutelklemmen am oralen Ileumende und am Transversumstumpf

► Durch die Tabaksbeutelklemme werden spezielle Nähte gelegt. Mit einer kleinen anatomischen Klemme werden die Enden der monofilen Fäden angeklemmt

► Zur Abschätzung der Magazingröße für das End-zu-End-Anastomosengerät wird nach Abnahme der Tabaksbeutelklemmen der Lumendurchmesser mit den Messstäben festgestellt und bei Bedarf bougiert. Bewährt hat sich ebenfalls die vorsichtige Bougierung mit einer Kornzange

► Zwischen Haltefäden wird am Colon transversum eine quere Kolotomie angelegt. Der Abstand von der Tabakbeutelnaht sollte mindestens 8 cm betragen. Der zirkuläre Stapler wird durch die Kolotomie eingeführt und die erste Tabakbeutelnaht geknüpft

► Das Ileum wird mit 3–4 Allis-Klemmen offen gehalten, um die Andruckplatte des zirkulären Staplers einzuführen; diese wird dann mit der gelegten Tabakbeutelnaht fixiert. Die beiden Anteile des Klammernahtinstruments werden konnektiert und der Klammervorgang ausgelöst

► Nach dem Öffnen mit 3 halben Umdrehungen wird der Stapler nun vorsichtig unter rotierenden Bewegungen aus dem Darm entfernt. Die zirkuläre Anastomose ist komplett, wenn am Zentraldorn des Staplers 2 vollständige Darmwandringe vorhanden sind

► Die Kolotomie am Querkolon wird nach Kontrolle der Anastomose auf Bluttrockenheit mit Allis-Klemmen gefasst und mit einem linearen Stapler verschlossen

► Maschinell ohne zirkulären Stapler ist eine funktionelle End-zu-End-Anastomose in Seit-zu-Seit-Technik mit 2 Magazinen eines linearen Anastomosenstaplers möglich. Die beiden Teile des Staplers werden einander genähert, und nach der Konnektierung bis zur vorgegebenen Markierung wird der Klammervorgang ausgelöst

► Der Verschluss der Mesokolonlücke erfolgt in der zuvor dargestellten Weise, ebenso der schichtweise Wundverschluss und der Verband

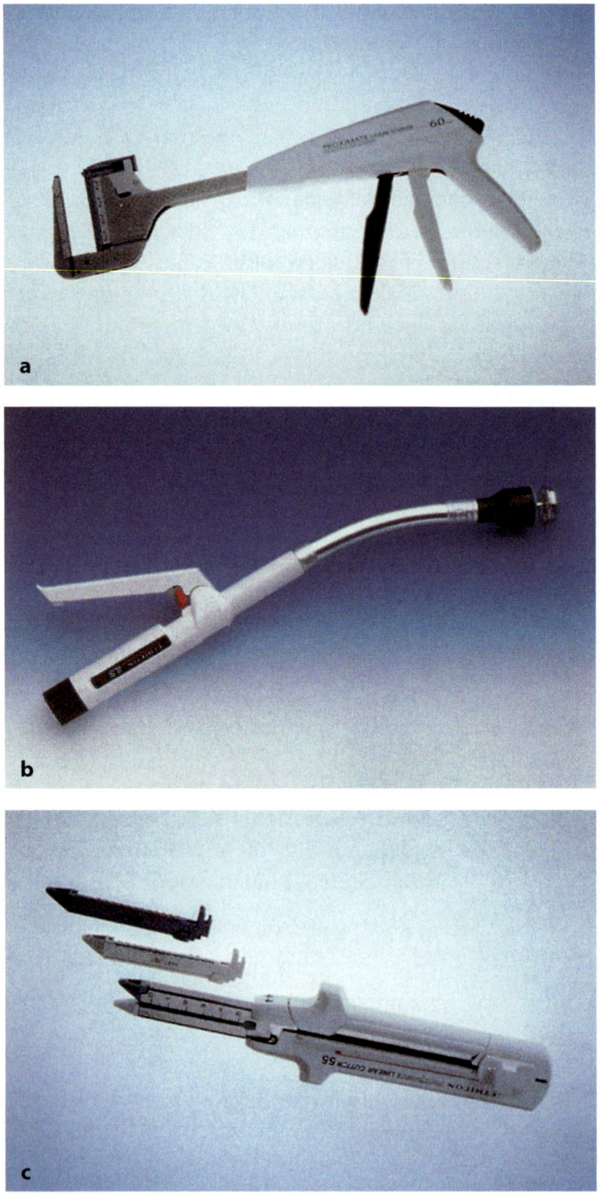

a b c

Abb. 2.73 a Linearstapler, b zirkuläres Klammernahtinstrument, c linearer Cutter. (Fa. Ethicon)

Alternativ ist eine End-zu-End-Anastomosierung (s. 2.12.8) »durch die Klammernahtreihe« am Colon transversum möglich

Bei der End-zu-Seit-Ileotransversostomie wird mit dem Führungsdorn des zirkulären Staplers vom Kolonlumen aus antimesenterial perforiert und das Instrument anschließend mit der Andruckplatte im Ileum konnektiert. Nach Entfernung des Nahtgerätes wird das offene Kolonlumen mit einem linearen Stapler verschlossen

2.12.5 Transversumresektion

Indikation

- Fast nur bei Kolonkarzinomen,
- Enteritis regionalis im Transversumbereich.

Prinzip

Resektion des Colon transversum zumeist mit dem bedeckenden Netz und Passagenrekonstruktion durch End-zu-End-Kolo-Kolostomie (Abb. 2.74).

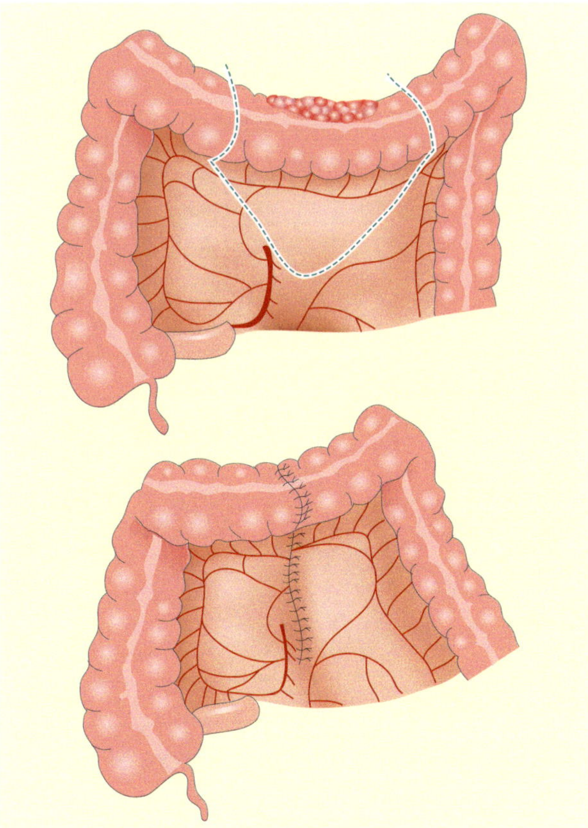

Abb. 2.74 Resektion des Kolon transversum. (Nach Siewert 2001)

Lagerung

- Rückenlage, leicht überstreckt,
- neutrale Elektrode an einem Oberschenkel.

Instrumentarium

Siehe Hemikolektomie rechts.

Transversumresektion

- ▶ Über eine quer verlaufende Oberbauchlaparotomie erfolgt die Exploration des Abdomens und die Suche nach Metastasen bzw. Sekundärtumoren
- ▶ Nach dem Einsetzen des Rahmens können die Resektionsgrenzen festgelegt werden, die möglichst lateral der rechten und der linken Flexur liegen sollten. Dazu müssen beide Flexuren mobilisiert werden. Es werden dafür u. a. rechts das Lig. hepatocolicum und links das Lig. phrenicocolicum durchtrennt
- ▶ Das Lig. gastrocolicum wird zwischen Ligaturen so durchtrennt, dass die A. und V. gastroepiploica unverletzt bleiben. Bei ausgedehnten Befunden wird jedoch die Mitnahme erforderlich
- ▶ Das große Netz wird von der großen Kurvatur des Magens abpräpariert, der Abgang der A. colica media dargestellt und doppelt unterbunden, ebenfalls die entsprechenden Venen und Lymphgefäße
- ▶ Um eine Kotkontamination der Bauchhöhle während der Resektion zu vermeiden, wird der zu resezierende Teil des Kolons mit feuchten Bauchtüchern umlegt
- ▶ Der verbleibende Darmteil wird mit weichen Darmklemmen abgeklemmt, das Resektat wird mit scharfen Klemmen verschlossen. Zwischen diesen Klemmen wird der Darm mit einem Skalpell durchtrennt und das Resektat entfällt. Das Lumen wird mit einem trockenen Tupfer oder mit Desinfektionsmittel (z. B. Betaisodona) gereinigt
- ▶ Die Anastomose muss spannungsfrei möglich sein, ggf. müssen das Colon ascendens und das Colon descendens noch weiter mobilisiert werden
- ▶ Die Naht erfolgt in gleicher Weise wie bei der Hemikolektomie rechts
- ▶ Nach der Wiederherstellung der Passage wird die Mesokolonlücke verschlossen
- ▶ Die Einlage eines Drains ist nicht obligat
- ▶ Nach der Zählkontrolle und der Dokumentation der Vollzähligkeit der Textilien und der Instrumente kann der schichtweise Wundverschluss und der Verband erfolgen

2.12.6 Transversumresektion mit Stapleranwendung

Zusätzliches Instrumentarium

- Linearer Stapler und intraluminaler, zirkulärer Anastomosenstapler,
- Tabaksbeutelklemmen,
- Bougies,
- Allis-Klemmen.

End-zu-End-Anastomose

- Sie erfolgt wie bei der Hemikolektomie rechts als End-zu-End-Anastomose
- Nach dem Festlegen der Resektionsgrenzen werden an das Resektat scharfe Klemmen gelegt, an die beiden verbleibenden Enden je eine Tabaksbeutelklemme, durch die die Tabakbeutelnähte gelegt werden
- Nach der Durchtrennung des Darmes mit dem Skalpell wird über eine gesonderte quer verlaufende Kolotomie ein zirkulärer Stapler eingeführt und mit der gelegten Tabakbeutelnaht fixiert. Die Gegendruckplatte wird in das andere offene Darmlumen eingeführt und ebenfalls mit der Naht verknotet
- Nach dem Auslösen des Instruments ist die zirkuläre Anastomose fertig, der Stapler wird unter rotierenden Bewegungen aus dem Darm entfernt und die Schleimhautringe werden auf Vollständigkeit kontrolliert
- Die Kolotomie kann nach erfolgter Blutstillung mit einem linearen Verschlussstapler quer geklammert werden

2.12.7 Hemikolektomie links

Indikation

Karzinomlokalisation von der linken Flexur bis zum Colon descendens.

Prinzip

Resektion der linken Flexur und des Colon descendens (Abb. 2.75). Die Kontinuität des Darmes wird durch eine End-zu-End-Transversorektostomie bzw. -sigmoidostomie wiederhergestellt.

Lagerung

- Rückenlage, leicht überstreckt,
- neutrale Elektrode am linken Oberschenkel.

Instrumentarium

Siehe 2.12.3.

Hemikolektomie links

- Oberbauchlaparotomie, quer
- Mobilisierung des Colon descendens und des Sigmas
- Mobilisation der linken Kolonflexur und des linksseitigen Querkolons
- Zentrale Ligatur der A. und V. mesenterica inferior. Je nach Tumorlokalisation ggf. nur Ligatur der A. colica sinistra und Aa. sigmoideae mit Erhalt der A. rectalis superior
- Skelettierung und Durchtrennung des tumortragenden Abschnitts
- Transversorektostomie durch Handnaht oder in Staplertechnik

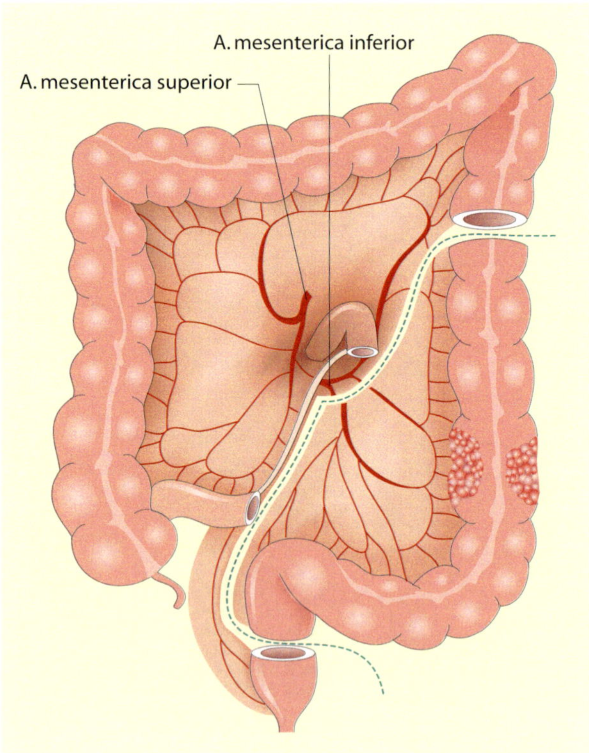

Abb. 2.75 Hemikolektomie links. (Nach Siewert 2001)

2.12.8 Sigmaresektion

Indikation

Sigmakarzinom.

Prinzip

Resektion der Sigmaschleife. Mit Rekonstruktion durch End-zu-End-Anastomose zwischen Rektum und Colon descendens.

Lagerung

- Steinschnittlage mit abgesenkten Beinen,
- neutrale Elektrode am linken Oberschenkel.

Instrumentarium

- Grund- und Laparotomieinstrumentarium,
- Golligher- oder Kirschner-Rahmen,
- Allis- und Duval-Klemmen,
- Gummizügel,
- Darmklemmen,
- evtl. Klammernahtinstrumente und Tabaksbeutelklemmen,
- evtl. bipolare Schere.

Bei einer Stapleranastomose von anal ist ein separater Instrumentiertisch nötig mit:

- Darmrohr,
- Blasenspritze,
- scharfer Klemme,
- zirkulärem Klammernahtinstrument,
- evtl. Bougies,
- Stieltupfern und gefärbter Spüllösung.

Sigmaresektion

► Über eine mediane oder quer verlaufende Unterbauchlaparotomie erfolgt die Exploration des Abdomens. Nach dem Einsetzen des Rahmens wird das Dünndarmpaket in feuchte Tücher oder in einen sterilen Intestinalbeutel gelegt und nach oben abgedrängt

► Die Resektionslinien werden festgelegt

► Das Sigma wird angespannt und die peritoneale Umschlagfalte an der seitlichen Bauchwand mit der Schere inzidiert

► Bei unübersichtlichen anatomischen Verhältnissen kann der linke Ureter aufgesucht und ggf. mit einem dünnen Gummizügel angeschlungen werden

► Das Sigma lässt sich stumpf nach medial abschieben. Die A. mesenterica inferior wird unterhalb des Abganges der A. colica sinistra zentral ligiert und durchtrennt

► Das Colon descendens muss nach kranial so weit mobilisiert werden, dass nach der Resektion die Darmenden spannungsfrei anastomosiert werden können

► Die Skelettierung des Mesosigmas erfolgt mit Overholt-Klemmen oder mit einem Einzelclipstapler

► Beidseits werden weiche Darmklemmen angesetzt und das Resektat wird zwischen scharfen Klemmen verschlossen. Dazwischen wird der Darmabschnitt mit dem Skalpell abgesetzt

► Die Darmlumina werden mit trockenem oder in Desinfektionslösung getränktem Tupfer gereinigt

► Dann werden die beiden Stümpfe des Colon descendens und des Rektums aneinander gelegt und durch Handnaht End-zu-End miteinander anastomosiert (▫ s. 2.12.3). Auf die Anlage eines passageren Anus praeternaturalis kann in der Regel verzichtet werden

► Nach der Zählkontrolle der Textilien und der Instrumente sowie der Dokumentation der Vollzähligkeit schichtweiser Wundverschluss und Verband

Klammernahtanastomose

► Das Sigma wird distal mit einem linearen Stapler oder mit einem linearen Anastomosenstapler verschlossen und durchtrennt

► Am Colon-descendens-Stumpf wird eine Tabaksbeutelklemme mit der dazugehörenden Naht angelegt, die Gegendruckplatte des zirkulären Klammernahtinstruments wird eingeführt und festgeknotet

► Von anal wird zunächst mit Darmrohr und gefärbter Spüllösung die Klammernaht am Rektumstumpf auf Dichtigkeit geprüft. Nach einer Sphinkterdehnung wird der Stapler eingeführt. Hierzu kann er vorher mit einem Gel gleitfähiger gemacht werden

► Der Dorn wird aus dem Klammernahtinstrument herausgedreht und durchstößt den Rektumstumpf mittig dicht an der Klammerreihe. Nach der Adaptation des Magazins zur Gegendruckplatte entsteht mit der Auslösung des Klammervorgangs die zirkuläre Anastomose

► Nach Öffnen je nach Gerätetyp mit 3 bzw. 2 halben Umdrehungen wird das Gerät vorsichtig entfernt. Die ausgestanzten Anastomosenringe werden auf Vollständigkeit überprüft

► Zusätzlich wird von anal ein Darmrohr eingeführt und darüber gefärbte Spüllösung in den Darm instilliert. Die Dichtigkeit gilt als gegeben, wenn keine Flüssigkeit über die Anastomose austritt

2

Erweiterte Resektionen

Indiziert bei Tumorlokalisationen im Grenzbereich der Lymphabflussgebiete, bei großen Tumoren oder bei Mehrfachtumoren.

Beispiel: Tumorwachstum über die linke Flexur mit Infiltration der Milz und Lymphknotenmetastasierung.

Es besteht die Indikation für eine subtotale Kolektomie mit Lymphknotendissektion und Splenektomie; Anastomosierung als Ileorektostomie.

Kontinenzunterbrechende Koloneingriffe

Definition
Kontinenzunterbrechende Operationen haben bei der Behandlung des Dickdarmkarzinoms in den letzten Jahren an Bedeutung verloren.

Indikationen stellen lediglich noch dar:
- ausgedehnte, nichtoperable Tumoren,
- eine Peritonealkarzinose,
- eine Tumorinfiltration in den Schließmuskel oder
- schwerste Komplikationen mit Peritonitis, z. B. nach Tumorperforation oder nach nichtkorrigierbaren Anastomosenkomplikationen.

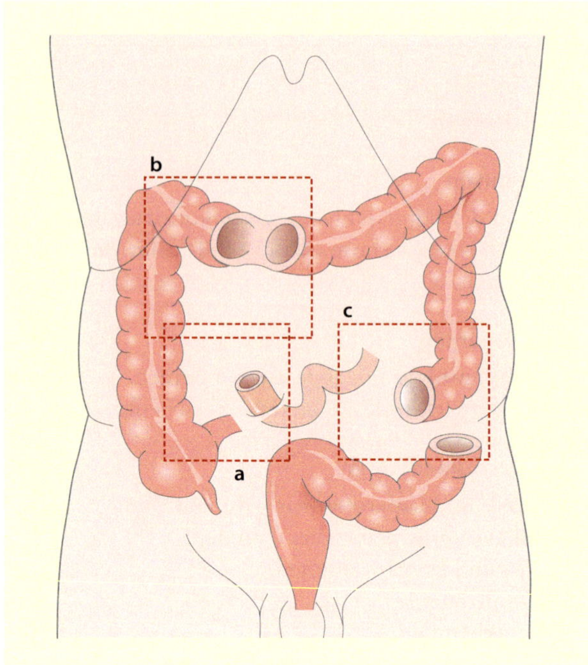

Abb. 2.76a–c Optimale AP-Positionen. a Ileostoma, b Transversostoma, c Sigmaafter. (Nach Schumpelick et al zit. nach Heberer et al. 1993)

2.12.9 Anus-praeternaturalis-Kolostomie

Definition
Anus praeternaturalis (AP) nennt man eine künstlich angelegte Darmöffnung, durch die der gesamte Darminhalt an die Bauchoberfläche entleert wird.

Die Fistel wird immer nach dem Darmanteil benannt, der zur Bauchdecke ausgeleitet wird (Abb. 2.76a–c).

Eine solche Darmausleitung kann doppelläufig oder im Falle der Exstirpation des Rektums und des distalen Kolonanteils als endständiger AP angelegt werden.

Bei Colitis ulcerosa und familiärer Polyposis wird die totale Proktokolektomie damit beendet, dass man das Ende des verbleibenden Ileums in die Haut einnäht. Diese Ableitung wird Ileostoma oder Enterostoma genannt. Im Unterschied zum Colostoma wird hier die Ausleitung prominent angelegt, indem der Ileumstumpf »umgestülpt« wird.

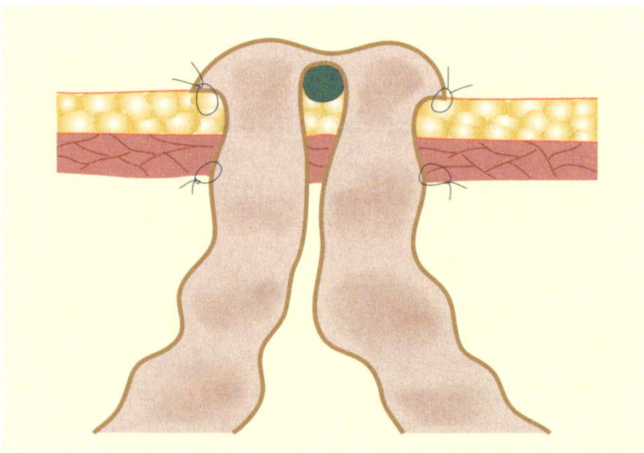
Abb. 2.77 Doppelläufige AP-Anlage. (Häring u. Zilch zit. nach Siewert 2001)

Doppelläufiger Anus praeternaturalis

Der doppelläufige AP wird als vorübergehender Darmausgang geplant, entweder bei einer Ileusoperation oder nach einer Darmresektion zur Schonung der Anastomose (Abb. 2.77).

Bei einer primär nichtsanierbaren Ileusursache im Bereich des Sigmas sollte der AP, wenn möglich, an der rechten Flexur angelegt werden, um bei der später vorgesehenen Resektion für eine spannungsfreie Anastomose die linke Flexur mobilisieren zu können.

Ein dauerhafter AP kann auch im Bereich des Sigmas angelegt werden.

Doppelläufiger Anus praeternaturalis nach Maydl

▪▪▪ Indikation

Als Notfalleingriff bei einem stenosierenden Karzinom mit Ileuserscheinungen oder zur Schonung einer frischen Darmanastomose.

▪▪▪ Prinzip

Durch eine Inzision neben der Laparotomiewunde wird eine mobilisierte Dickdarmschlinge hervorgezogen, über einen »Reiter« gelegt, fixiert und erst eröffnet, wenn die Laparotomiewunde verschlossen ist.

▪▪▪ Lagerung

- Rückenlage,
- neutrale Elektrode an einem Oberschenkel.

▪▪▪ Instrumentarium

- Grund- und Laparotomieinstrumentarium,
- Gummizügel,
- gebogene Kornzange,
- Reiter (aus Glas, Metall oder Gummi).

AP-Anlage

► Zur Anlage des AP wird meist eine mediane Laparotomie vorgenommen. Der Anus wird durch eine zweite sparsame, zirkuläre, höchstens 2–3 cm große Inzision, z. B. im rechten Oberbauch, ausgeleitet. Eine Ausleitung über eine einzige Laparotomiewunde ist komplikationsbehaftet

► Um den Kolonabschnitt ohne Spannung vor die Bauchdecke lagern zu können, wird der Mesokolonansatz in einem gefäßfreien Areal mit einem Overholt gespalten, um den Darm mit einer gebogenen Kornzange durch einen Gummizügel anzuschlingen

► Anschließend wird der Darmabschnitt mit 2–3 seromuskulären Spornungsnähten zwischen zu- und abführendem Schenkel im Bereich der Tänie zur »Doppelflinte« ausgebildet

► Dann kann die Schlinge mit dem Zügel durch die gesonderte Inzision der Bauchdecke vorverlagert werden. Der Zügel liegt auf der Faszie und dient später als Reiter. Es gibt auch spezielle Glas- oder Metallstäbchen als Reiter

► Es kann eine sog. Reiternaht ausgeführt werden; sie fasst die Rektusscheide in Form einer U-Naht zwischen der vorverlagerten Darmschlinge (▫ Abb. 2.78), sodass der Darm auch nach dem Abschluss der Operation nicht wieder in die Bauchhöhle zurückgleiten kann. Gleichzeitig wird der zuführende von dem abführenden Schenkel getrennt

► Der AP kann mit Einzelknopfnähten der Serosa am Peritoneum fixiert werden

► Die Laparotomiewunde wird verschlossen

► Der Reiter kann mit einer Naht an der Haut fixiert werden. Bei den neueren industriell gefertigten Reitern mit Steckverbindung ist diese Naht überflüssig

► Die Eröffnung des Kunstafters erfolgt nach Verschluss und Abdeckung der Laparotomiewunde mit einer Klebefolie

► Häufig wird der gespornte AP lediglich mit Hilfe des epifaszial gelegenen Gummizügels und mit mukokutanen Nähten fixiert; alle weiteren Nähte erscheinen verzichtbar

► Häufig ist die endoskopische AP-Anlage möglich

Zurückverlagerung

Ist der AP nicht mehr erforderlich, kann er zurückverlagert werden. Voraussetzung ist, dass die Darmpassage bis zur Analöffnung frei ist.

AP-Rückverlagerung

► Die Haut wird um den AP spindelförmig (wetzsteinförmig) umschnitten

► Mit mehreren Einzelknopfnähten werden die beiden Seiten der Hautumschneidung miteinander vereinigt. Dadurch wird eine Verunreinigung durch den austretenden Darminhalt vermieden

► Die Verwachsungen zwischen den beiden Darmschenkeln und den Bauchwandschichten werden teils stumpf, teils scharf gelöst

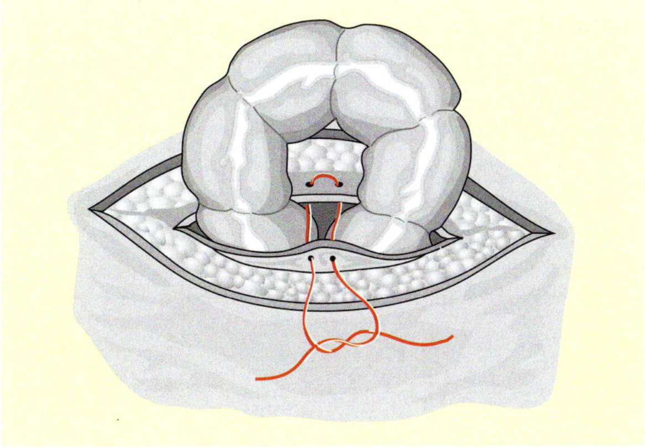

▫ Abb. 2.78 »Reiternaht«: U-Naht der Rektusscheide

- Zwei weiche Darmklemmen werden an die zu- und abführende Schlinge gesetzt, die Haut und das Narbengewebe aus der Umgebung des AP werden bis zum Serosarand abgetragen
- Der Darmverschluss erfolgt quer mit Einzelknopfnähten, die Knoten liegen im Lumen. Eine zweite, seromuskuläre Nahtreihe beendet den Verschluss
- Bei Bedarf wird eine Drainage in die Nähe des ehemaligen künstlichen Anus gelegt. Sollte die Darmschlinge im Verschlussbereich stenosiert sein, ist es besser ein kurzes Stück zu resezieren und eine End-zu-End-Anastomose zu erstellen, als die Stenose zu belassen.
- Schichtweiser Wundverschluss, Verband

Endständiger Anus praeternaturalis (terminaler AP)

Wird eine Rektumamputation vorgenommen oder kann eine Anastomose zwischen dem proximalen und dem distalen Darmabschnitt nach einer Resektion nicht hergestellt werden, muss das Sigma den endständigen AP bilden und nach außen abgeleitet werden (▫ Abb. 2.79).

Der verschlossene Darm wird durch eine Inzision der Bauchdecke seitlich der Laparotomie ausgeleitet. Bei einer geplanten Operation sollte diese Stelle vorher am stehenden Patienten eingezeichnet werden, um eine optimale postoperative Stomapflege zu gewährleisten.

Die Haut wird im Ausleitungsgebiet rundlich so großflächig exzidiert, dass eine Stenose des AP unwahrscheinlich ist. Mit einer stumpfen Klemme, z. B. einer Kornzange, wird nach der Faszieninzision eine Bauchdeckenlücke geschaffen. Die durchgezogene Darmschlinge wird durch mehrere Einzelknopfnähte am parietalen Peritoneum fixiert.

Die Lücke zwischen Mesosigma und Peritoneum muss geschlossen werden, um eine innere Hernie zu verhindern.

Verschluss der Laparotomiewunde in üblicher Art und Weise.

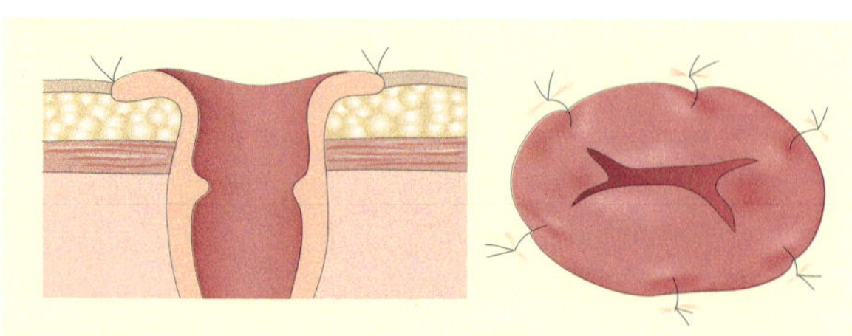

▫ Abb. 2.79 Endständige Kolostomie. (Nach Heberer et al. 1993)

Eröffnen des Darmes und Vernähen der Sigmaschleimhaut mit der Haut durch Einzelknopfnähte. Dabei wird die Darmwand geringfügig ausgestülpt.

Versorgung mit einem Kolostomabeutel.

Operation nach Hartmann

▪▪▪ Prinzip

Resektion des tumortragenden Abschnitts, Blindverschluss des Rektumstumpfs, endständige Ausleitung des Sigmas als Stoma im linken Unterbauch.

Es besteht die Möglichkeit einer Reanastomose zur Wiederherstellung der Darmpassage.

Palliative Umgehungsanastomosen

Im Allgemeinen sollte jeder resektionsfähige Tumor mit palliativer Zielsetzung entfernt werden, um zumindest für eine gewisse Zeit eine bessere Lebensqualität zu erreichen.

Bei nichtresektablen Tumoren, z. B. im Zäkum oder Colon ascendens oder bei Dünndarmmetastasen, sind Umgehungsanastomosen indiziert.

Dabei wird die Darmpassage durch eine Seit-zu-Seit-Anastomosierung des Ileums vor der Stenose mit dem Dickdarmabschnitt hinter der Stenose (z. B. Quercolon) am Tumor vorbeigeleitet.

2.12.10 Rektumresektion/-amputation

Karzinomlokalisation

Am Rektum werden ein oberes, ein mittleres und ein unteres Drittel unterschieden. Etwa 42% der Dickdarmkarzinome sind im Rektum lokalisiert. Arteriell wird das Rektum im oberen Drittel über die A. rectalis superior (entspringt aus der A. mesenterica inferior), im mittleren und unteren Drittel über die paarigen Aa. rectales mediae und Aa. rectales inferiores (entspringen aus der A. iliaca interna) versorgt (▫ s. Abb. 2.71).

Der venöse Abfluss erfolgt über die V. rectalis superior in die V. portae und über die V. rectalis media und inferior zur V. cava inferior.

Tumoren der oberen zwei Drittel des Rektums können meist kontinenzerhaltend operiert werden. Ein Sicherheitsabstand von mindestens 1–2 cm unterhalb des unteren Tumorrandes wird als ausreichend angesehen.

Mit der Einführung der Klammernahttechnik bei der Chirurgie des Rektumkarzinoms verdrängten sphinktererhaltende Rektumresektionen mit Anastomosierung im kleinen Becken zunehmend die abdominosakrale Rektumamputation. Mit dieser Technik sind Anastomosen bis ca. 2 cm oberhalb der Anokutanlinie möglich.

Kontinenzerhaltende anteriore Rektumresektion

▪▪▪ Indikation

Tumorbefall im Übergang vom Rektum zum Sigma.

▪▪▪ Prinzip

Resektion des tumorbefallenen Gebietes (◻ Abb. 2.80) und End-zu-End-Sigmoidorektostomie, entweder per Handanastomose oder unter Zuhilfenahme eines zirkulären Staplers, der anal eingebracht wird.

▪▪▪ Lagerung

- Perineallage, d. h. abgewandelte Steinschnittlage (◻ Abb. 2.81 und 2.82),
- neutrale Elektrode an einem Oberschenkel.

▪▪▪ Instrumentarium

- Grund- und Laparotomieinstrumentarium,
- extra lange Präparationsinstrumente für das kleine Becken,
- Golligher- oder Kirschner-Rahmen,
- Gummizügel,
- abgewinkelte Darmklemmen z. B. nach Götze,
- weiche Darmklemmen.

Bei Stapleranwendung:
- Tabaksbeutelklemmen,
- Bougies,
- Allis-Klemmen,

und ein Zusatztisch mit
- dem zirkulären Klammernahtinstrument,
- Darmrohr,
- Gleitgel,
- gefärbter Spüllösung,
- Stieltupfer.

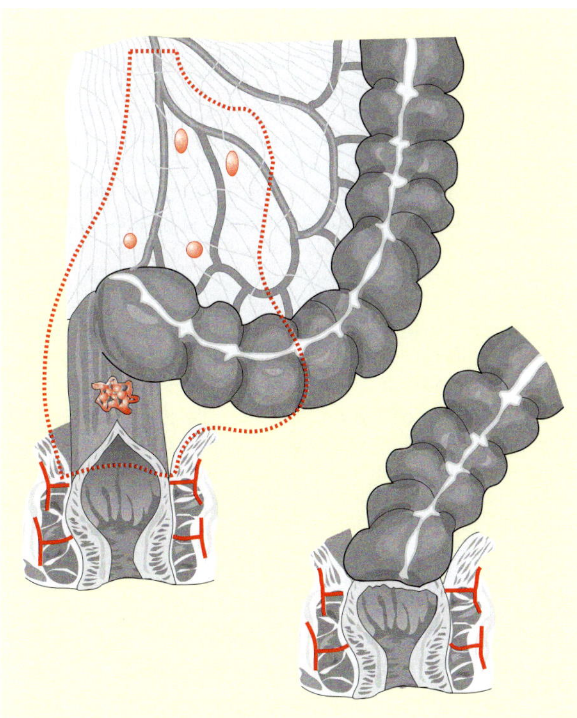

◻ Abb. 2.80 Rektumresektion. Tumorlokalisation und Resektionsgrenzen. (Nach Heberer et al. 1993)

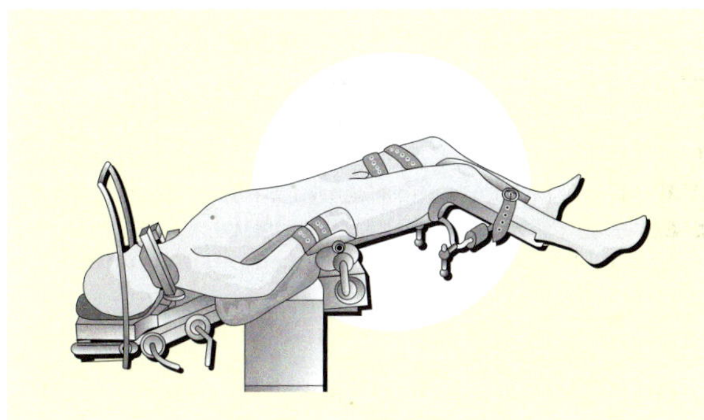

◻ Abb. 2.81 Perineallagerung für den abdominalen Teil der Operation

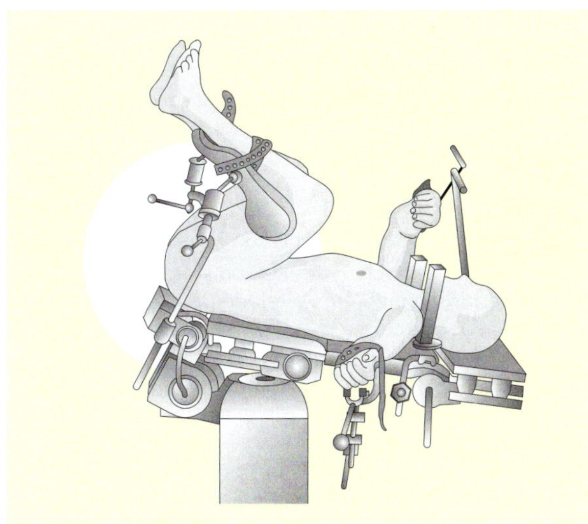

◻ Abb. 2.82 Lagerung für die anale Stapleranastomose

Rektumresektion

- Der Operateur steht meist an der linken Seite des Patienten
- Der Zugang über die untere mediane Laparotomie ermöglicht eine ausgedehnte Exploration mit Inspektion der Leber, der Milz und des kleinen Beckens
- Die Resektionslinien werden festgelegt und ggf. mit Haltefäden markiert
- Das Sigma wird von der seitlichen Bauchwand gelöst, der linke Ureter dargestellt und bei Bedarf angeschlungen
- Das Mesenterium wird entlang der Resektionslinien mit Overholt und Ligaturen durchtrennt, die A. und V. mesenterica inferior an ihren Abgängen ligiert
- Die Mobilisation des Colon descendens wird durch die Overholt-Dissektion der Bänder, die die linke Flexur halten, erreicht
- Das Beckenbodenperitoneum um den Darm herum wird mit der Schere inzidiert
- Die Auslösung des Rektums im Becken erfolgt im Spaltraum der Grenzlamelle, ventral begrenzt durch die Samenbläschen bzw. die Vaginalhinterwand, dorsal begrenzt durch die Kreuzbeinhöhle. Auf diese Weise entfällt mit dem Resektat der gesamte mesorektale Fettkörper, der mögliche Lymphknotenmetastasen enthält
- Seitlich werden die Paraproktien mit den Gefäßen unter Schonung der Harnleiter durchtrennt. Das Rektum wird mit einer weichen Darmklemme im verbleibenden Teil und mit einer abgewinkelten Klemme, z. B. nach Satinsky, im abfallenden Teil gequetscht und dazwischen mit dem Skalpell durchtrennt
- Der gleiche Vorgang wird am Sigma wiederholt
- Bei der Anwendung von Klammernahtinstrumenten werden am Rektumstumpf ein lineares Klammernahtinstrument und am Sigmastumpf eine Tabaksbeutelklemme angesetzt
- Die Anastomose erfolgt entweder von Hand oder maschinell

Tiefe Rektosigmoidostomie von Hand

- Um ein Abrutschen des Rektumstumpfes zu verhindern, sollten mehrere Haltefäden oder Allis-Klemmen angelegt werden
- Die beiden Darmstümpfe werden spannungsfrei einander genähert. Die Anastomose beginnt mit vorgelegten seromuskulären Hinterwandnähten; hierbei werden am Sigma die Serosa, am Rektum bei fehlender Serosa die Muskelwand gefasst
- Danach werden die gelegten Hinterwandnähte geknüpft. Die Vorderwand wird allschichtig genäht; die Knoten ins Lumen versenkt

Tiefe Kolorektalanastomose mit einem zirkulären Anastomosenstapler

- Nach Freipräparation des Rektums wird unterhalb des Tumors mit einem linearen Stapler abgesetzt. Nach Sphinkterdehnung und Überprüfung der Dichtigkeit der Klammernahtreihe am Rektumstumpf wird der zirkuläre Stapler vor dem Einführen mit einem sterilen Gleitgel benetzt und über den Analkanal eingeführt. Der Rektumstumpf wird mit dem Dorn des Klammernahtinstruments in der Mitte perforiert
- Die zirkuläre Anastomose wird mit einem möglichst großen Magazin geklammert, nachdem die Gegendruckplatte in den oralen Kolonschenkel eingeknüpft und in das Nahtmagazin eingerastet ist
- Bei exakter Ausführung kommen dadurch 2 zirkuläre, konzentrische Klammerreihen zustande, während ein zirkuläres Messer geringeren Durchmessers das von den Klammern zusammengedrückte invertierte Gewebe im Kolon und Rektum durchschneidet
- Nach behutsamer Entfernung des Staplers werden die Darmwandringe auf Vollständigkeit überprüft. Zusätzlich wird die Anastomosendichte durch Auffüllen mit einer gefärbten Spülflüssigkeit über ein Darmrohr geprüft. Eventuell vorhandene Anastomosendefekte müssen sorgfältig übernäht werden. Im Zweifelsfall muss die Anastomose reseziert und neu angelegt werden
- Als letzter Schritt der Operation kann eine Extraperitonealisierung der Anastomose erfolgen. Das in umgekehrter U-Form eröffnete Peritoneum des Beckenbodens wird so rekonstruiert, dass die Wundränder vorn zusammengenäht und hinten zirkulär an das Sigma angeheftet werden. So wird die Anastomose außerhalb des Peritoneums verlagert. Wenn das gut mobilisierte Colon descendens locker in das kleine Becken fällt, wird der gleiche Effekt erzielt
- Eine Drainage kann neben dem Darm durch das Peritoneum des Beckenbodens geführt werden. Bei unkompliziert verlaufener Operation ist dies aber nicht erforderlich
- Nach der obligaten Zählkontrolle sowie der Dokumentation der Vollzähligkeit der Textilien und der Instrumente beginnt der schichtweise Wundverschluss. Die Operation endet mit der Versorgung der Drainage und dem Verband

Abdominoperineale Rektumamputation

Indikation

Sehr nah am Anus gelegenes Rektumkarzinom ohne die Möglichkeit den Sphinkterapparat erhalten zu können.

Prinzip

Totale Entfernung des distalen Sigmas, des Rektums und des Anus mit systematischer Entfernung des Lymphabflussgebietes en bloc. Endständige Ausleitung des Restsigmas als AP. Die Operation kann nahezu gleichzeitig von abdominal und sakral mit 2 OP-Teams durchgeführt werden.

Lagerung

- Steinschnittlagerung,
- Trendelenburg-Lagerung, Dispersionselektrode an einem Oberschenkel.

Instrumentarium

Abdominal:
- Grund- und Laparotomieinstrumente,
- lange Präparationsinstrumente,
- lange Haken,
- Kirschner-Rahmen,
- Götze-Klemmen,
- Duval-Klemmen,
- weiche Darmklemmen,
- Gummizügel,
- bei Bedarf linearer Verschlussstapler und Einzelclipstapler,
- bei Bedarf bipolare Schere.

Sakral:
- Grundinstrumentarium mit Diathermie,
- Allis-Klemmen.

! Wenn mit 2 Teams gearbeitet wird, müssen die Instrumente und Bauchtücher für den sakralen Eingriff streng separat gehalten und getrennt von denen des abdominalen Eingriffs gezählt werden.

Abdominoperineale Rektumamputation

► Zur Vorbereitung der Operation wird ein Dauerkatheter gelegt, bei weiblichen Patientinnen kann die Scheide austamponiert werden, um so eine Präparationshilfe zu bieten

► Die Analöffnung wird mit einer dicken Naht verschlossen

► Die Position des vorgesehenen AP wurde am stehenden Patienten präoperativ eingezeichnet

Abdominale Phase.

► Der Operateur steht auf der linken Seite des Patienten, der erste Assistent ihm gegenüber, der zweite zwischen den Beinen des Patienten. Die instrumentierende Pflegekraft steht am günstigsten links neben dem Operateur, den Instrumentiertisch über ein Bein des Patienten geschoben

► Als Zugang kommt die untere mediane Laparotomie, von der Symphyse bis zum Nabel, zur Anwendung. Bei Bedarf lässt sich der Schnitt verlängern

► Der erkrankte Mastdarmabschnitt und die benachbarten Organe werden nach harten, tumorinfiltrierten Lymphknoten abgetastet

► Die Präparation des Rektums und des Sigmas ähnelt der für die anteriore Rektumresektion. Zuerst wird mit der Schere das Sigma aus der Adhäsion zum linken Retroperitoneum gelöst, und nach rechts gezogen

► Das proximale Sigma wird mit einem linearen Verschlussstapler geklammert und vom Resektat abgesetzt. Der gleiche Arbeitsschritt kann z. B. mit einem linearen Anastomosenstapler durchgeführt werden. Es sollte keine zu lange Sigmaschlinge belassen werden, damit später kein Siphon besteht oder ein Prolaps des Sigmakunstafters auftritt. Rektum- und Sigmastumpf werden desinfiziert und können mit einem Gummihandschuh bedeckt werden, um eine Kontamination der Bauchhöhle zu vermeiden

► Retroperitoneal wird der linke Ureter dargestellt und ggf. mit einem dünnen Gummizügel angeschlungen

► Nach Inzision des Beckenbodenperitoneums erfolgt die Mobilisierung des Rektums durch dorsales stumpfes Eingehen in die Sakralhöhle in Höhe des Promontoriums. Die A. sacralis media sollte ligiert werden, ggf. wird die A. mesenterica inferior dargestellt und doppelt ligiert. Nach der Freipräparation der Rektumvorderseite werden seitlich die Paraproktien stumpf aufgeladen und zwischen Overholt-Klemmen und Ligaturen durchtrennt. Standardmäßig wird die totale Mesorektumexcision durchgeführt

► Das zirkuläre Auslösen des Rektums wird soweit wie möglich bis zur Levatormuskulatur von abdominal her durchgeführt

Perineale Phase.

► Wenn nur ein Team zur Verfügung steht, beginnt diese Phase nach ausgiebiger Mobilisation des Rektums von abdominal. Andernfalls beginnt das zweite Team mit der perinealen Phase, wenn das erste Team mit der abdominalen Rektumauslösung anfängt

► Der After wird spindelförmig mit dem Skalpell oder dem Diathermiemesser umschnitten und mit Schere und Pinzette zirkulär freipräpariert

- Es folgt die zylinderförmige Auslösung des Rektums mitsamt der Schließmuskulatur aus dem ischiorektalen Fettgewebe
- Anschließend wird das Lig. anococcygeum dorsal und die Levatorenmuskulatur seitlich durchtrennt
- Nach Hervorluxieren des blind verschlossenen Rektumstumpfes aus der Sakralwunde heraus können die verbliebenen Gewebebrücken zur Prostata bzw. Scheidenrückfläche durchtrennt werden
- Sakral wird die Blutstillung vervollständigt und die Sakralwunde primär mit einer fortlaufenden Hautnaht verschlossen. Alternativ gibt es die Möglichkeit sie zugranulieren zu lassen. Hierzu wird ein Folienbeutel mit Streifentamponaden eingelegt
- Nach einem Handschuh- und Instrumentenwechsel kann die abdominale Versorgung fortgesetzt werden. Stand ein zweites Team zur Verfügung, kann der abdominale Operateur bei Bedarf während des Sakralwundenverschlusses eine Netzplombe herstellen. Dazu wird das Omentum majus vom Querkolon abgelöst und soweit freipräpariert, dass es gestielt nur noch an den linken gastroepiploischen Gefäßen hängt. So wird es dann in die Sakralhöhle gezogen, die es wie eine Plombe ausfüllt
- Nach der Zählkontrolle der Textilien und Instrumente sowie der Dokumentation der Vollzähligkeit wird das Beckenbodenperitoneum durch Naht oder Einnähen eines resorbierbaren Netzes (z. B. Vicryl) verschlossen. Dies verhindert das Hineinrutschen von Dünndarmschlingen in die Sakralhöhle und gilt als Schutz bei evtl. erforderlicher Bestrahlung
- Das Dünndarmpaket wird im Sinne von Noble angeordnet. Die beiden lateralen Peritonealränder von der Harnblase bis zur Wurzel des verbliebenen Mesosigmaanteils können fortlaufend vernäht werden
- An der angezeichneten Ausleitungsstelle des AP wird eine Bauchdeckenlücke geschaffen, durch die der geklammerte Sigmaschenkel gezogen wird
- Eine seitliche Schnürnaht zwischen Sigma und parietalem Peritoneum der Bauchwand verhindert ein Durchrutschen der Dünndarmschlingen
- Der Operateur entscheidet, ob in den Douglas-Raum eine dicke Drainage gelegt wird. Die Laparotomiewunde wird verschlossen, wenn die Textilien und Instrumente gezählt wurden und ihre Vollzähligkeit dokumentiert wurde
- Nach dem Laparotomieverschluss wird die Hautnaht abgedeckt und der blindverschlossene Sigmaschenkel zirkulär wenige Millimeter über dem Hautniveau abgetrennt. Die Darmwand wird leicht ausgestülpt, an der Haut fixiert und mit einem Kolostomabeutel versorgt

Nachbehandlung

Bei wandüberschreitend gewachsenen Rektumkarzinomen oder bei Vorliegen von Lymphknotenmetastasen wird eine kombinierte Radiochemotherapie postoperativ empfohlen. Eine weitere ambulante Nachsorge ist erforderlich.

Komplikationen

Beim Kolon-Rektum-Karzinom

- Anastomoseninsuffizienz: Die Rate der Nahtinsuffizienzen mit notwendiger Relaparotomie ist im Allgemeinen gering.
  Die Insuffizienzen treten häufiger bei sehr tiefen Anastomosen auf.
- Wundinfektion: Die Wundinfektionsrate konnte von 50–60% auf ca. 10% unter Durchführung einer perioperativen Antibiotikaprophylaxe und der Darmlavage gesenkt werden.
- Letalität: Die Letalität ist abhängig von den Begleiterkrankungen und der Tumorausdehnung.

2.12.11 Vorgehen bei Analkarzinom

Das Analkarzinom ist selten und macht nur etwa 1–2% der kolorektalen Karzinome aus.

Zu unterscheiden sind:
- das Analrandkarzinom,
- das Analkanalkarzinom.

Das Analkarzinom erscheint als flacher, derber, oft zentral ulzerierter Tumor.

Meist liegt histologisch ein Plattenepithelkarzinom vor (90%).

In Übereinstimmung mit der regionalen Lymphdrainage finden sich 3 Metastasierungswege:
- in die Mesenteriallymphknoten (proximal gelegene Analkarzinome),
- in die Beckenlymphknoten (proximal gelegene Analkarzinome),
- in die oberflächlichen inguinalen Lymphknoten (Tumoren distal der Linea dentata).

Das Behandlungskonzept hat sich zugunsten einer Kontinenzerhaltung in den letzten Jahren erheblich verändert.

Nach Probeentnahme und histologischer Sicherung erfolgt zunächst eine kombinierte Radiochemotherapie. Nach einem Intervall von 6–8 Wochen wird eine Nachexzision im Bereich des Tumorbettes vorgenommen. In vier

Fünftel der Fälle ist der Tumor komplett eliminiert. Bei nur einem Fünftel der Patienten ist dann noch Resttumor nachweisbar. Bei großem Resttumor oder einer Sphinkterinfiltration ist erst dann eine abdominoperineale Resektion (▪ s. oben) erforderlich.

2.12.12 Divertikel und ihre Behandlung

Definition
Das Divertikel ist die häufigste erworbene Fehlbildung des Dickdarms. Es handelt sich dabei um Ausstülpungen der Darmschleimhaut durch Lücken in der Muskelschicht. Da die Wandung nicht aus allen Schichten des Dickdarmes besteht, bezeichnet man sie auch als Pseudodivertikel.

Divertikulose

Eine Divertikulose besagt lediglich das Vorhandensein von Divertikeln. Die Häufigkeit nimmt mit dem Alter zu; 40% der über 60-jährigen und 50% der über 70-jährigen Menschen weisen eine Divertikulose auf. Nur jeder 10. davon bedarf jedoch ärztlicher Hilfe.

Divertikulitis

Diesem Krankheitsbild liegen entzündliche Veränderungen der Divertikel zugrunde. Die Entzündung ist zunächst in unmittelbarer Nähe der Divertikel lokalisiert (Peridivertikulitis); bei einem Fortschreiten auf angrenzende Organe liegt eine Perikolitis vor. Hier können sich Abszesse bilden. Es kann zu freien Perforationen mit Peritonitis kommen und ebenso können sich narbige Folgezustände mit Stenose und Fistelbildung entwickeln. Auch Divertikelblutungen können auftreten.

Pathogenese der Divertikulitis

In den Divertikeln, die sich im Bereich der Gefäß-Muskel-Lücken der Dickdarmwand ausbilden, entwickeln sich sog. Kotsteine. Durch Drucknekrosen der Schleimhaut beginnt der Entzündungsprozess; aus Mikroperforationen entwickeln sich peridivertikulitische Entzündungsinfiltrate.

Komplikationen

- Gedeckte Perforation, Abszess,
- freie Perforation mit Peritonitis,
- Stenose bei chronischer Divertikulitis,
- Blutung,
- Blasenfistel mit Abgang von Darmgas und Stuhlpartikeln im Urin und andere Fisteln.

Lokalisation

In 90% der Erkrankungen ist das Sigma beteiligt; hierbei ist es in 50% isoliert befallen.

Anamnese

Patienten mit einer Divertikulitis kommen erst bei Schmerzen oder Entzündungszeichen in die chirurgische Behandlung. Wichtig ist dann die Frage, ob schon früher ähnliche Beschwerden bestanden haben.

Die Sigmadivertikulitis zeigt das Bild einer sog. »Linksappendizitis«:

- Übelkeit und Erbrechen.
- Umschriebene Druckschmerzhaftigkeit und lokale Abwehrspannung im linken Unterbauch.
- Sigma als walzenförmige Geschwulst tastbar.
- Rektale Untersuchung schmerzhaft.
- Fieber, Leukozytose.

Diagnostik

- Leeraufnahme des Abdomens (Ausschluss freier Luft!),
- Sonographie,
- retrograde Gastrographindarstellung des Kolons, ggf. in Kombination mit einer Computertomographie,
- Koloskopie,
- evtl. Zystoskopie, Fisteldarstellung.

Divertikelblutung

! Diese Blutungen sind oft massiv und zum Schock führend, v. a. bei älteren Patienten mit Bluthochdruck. Die Blutungsquelle ist selten durch eine selektive Angiographie darstellbar und dann in der Regel im Colon ascendens und in der linken Flexur zu finden.

Therapie

Konservative Behandlung

Die konservative Behandlung ist bei dem 1. Schub einer einfachen Divertikulitis sowie bei einer passageren Blutung angezeigt.

OP-Indikationen

- Elektive Frühresektion:
  - bei Beginn im jugendlichen Alter,
  - bei einem schweren Erstanfall,
  - bei häufigen heftigen Attacken mit peritonitischen Zeichen,
  - bei einem großen Divertikelkonglomerrattumor,
  - bei gehäuften Fieberschüben,
  - bei rezidivierenden Blutungen.

- Absolute OP-Indikation:
  - Perforation mit und ohne Peritonitis,
  - Ileus,
  - massive Blutung.
- Operationen mit aufgeschobener Dringlichkeit:
  - lokale Abszedierung,
  - inkompletter Ileus,
  - Fistelung,
  - rezidivierende Blutung.

Operative Therapie

Das wichtigste Prinzip ist die Beseitigung des septischen Herdes. Eine Resektion des sichtbar und tastbar veränderten Sigmaabschnitts sollte über mindestens 200 cm erfolgen. Dabei sollte die obere Resektionsgrenze ca. 10 cm oberhalb des Entzündungsherdes liegen.

Das Vorhandensein von weiter proximal gelegenen Divertikeln bei sonst unauffälliger Kolonbeschaffenheit ist bedeutungslos.

Die primäre Kontinenzresektion mit einer Deszendorektostomie ist das Verfahren der Wahl.

Auch bei der perforierten Kolondivertikulitis wird seit längerer Zeit eine primäre Anastomose angelegt, die nachfolgend im Konzept der Etappenlavagetherapie kontrolliert werden kann (◘ s. 2.14). Der endgültige Bauchdeckenverschluss erfolgt dann bei unauffälliger lokaler Anastomosensituation und beherrschter Peritonitis.

Den Patienten bleibt damit die Anlage eines AP erspart; ein Sekundäreingriff ist nicht mehr erforderlich. Nur im Ausnahmefall sollte eine Resektion des Sigmas mit Blindverschluss des Rektumstumpfes und Anlage eines endständigen Sigma-AP erfolgen (◘ s. 2.12.9).

Gründe hierfür können ein kritischer Allgemeinzustand des Patienten, die technische Undurchführbarkeit einer Anastomose oder Anastomosenkomplikationen sein.

Eine alleinige AP-Anlage ist selten indiziert.

Bei allen kontinenzerhaltenden Notfalloperationen ist die intraoperative Darmspülung erforderlich.

Lässt sich das akute Entzündungsstadium konservativ beherrschen, so kann die Sigmaresektion zunehmend laparoskopisch ausgeführt werden.

2.12.13 Morbus Crohn

Diese Krankheit wurde nach ihrem Erstbeschreiber benannt.

Definition

Die Enteritis regionalis Crohn ist eine chronische, vernarbende Entzündung aller Darmwandschichten.

Die Entzündung kann ein oder auch mehrere Darmsegmente mit dazwischen liegenden gesunden Abschnitten des gesamten Magen-Darm-Traktes betreffen.

Es können v. a. der untere Dünndarm, aber auch der Dickdarm, Mastdarm und Darmausgang abschnittweise entzündlich verändert sein, seltener sind Duodenum, Magen, Ösophagus oder Mund befallen.

Die befallenen Darmanteile neigen durch Vernarbungen und Verdickungen der Darmwand zu Stenose, Abszess- oder Fistelbildung.

Mikromorphologisch betrifft die Entzündung alle Anteile der Wand und ist durch eine Granulombildung gekennzeichnet.

Ursache und Krankheitsentstehung sind unbekannt. Bevorzugt sind junge Erwachsene beiderlei Geschlechts betroffen. Eine familiäre Häufung wird beschrieben, autoimmunologische Prozesse werden ursächlich vermutet.

Symptome

- Immer wieder auftretende Bauchschmerzen,
- Durchfälle,
- Fieber,
- Gewichtsverlust,
- verminderter Appetit u. v. m.

Der Verlauf der Erkrankung ist chronisch mit unvorhersehbaren spontanen Verschlimmerungen und Remissionen. Auch nach operativer Entfernung befallener Darmteile sind Rückfälle häufig (40%).

Diagnostik

Die Diagnostik erfordert einen erfahrenen Internisten, der das Spektrum der endoskopischen und radiologischen Untersuchungen des Magen-Darm-Traktes beherrscht.

Karzinomrisiko

Das Karzinomrisiko ist bei Befall des Kolons und des Rektums ca. um das 5Fache erhöht. Meist geht ein Verlauf von über 10 Jahren voraus.

Komplikationen

- Fistelbildung,
- Analfissuren,
- Abszesse,
- Blutungen,
- Stenose, Ileus,
- Perforation,
- toxisches Megacolon,
- Karzinom u. v. a.

Therapie

Der Morbus Crohn ist z. Z. weder mit einer medikamentösen noch mit einer chirurgischen Therapie heilbar. Im Vordergrund steht nach der Sicherung der Diagnose und nach Kenntnis über die Ausdehnung und Aktivität der Erkrankung die konservative internistische Behandlung.

Eine OP-Indikation ist dann gegeben, wenn Komplikationen zu einem chirurgischen Vorgehen zwingen.

Operative Therapie

- Angestrebt wird immer die Resektion des befallenen Darmabschnitts (keine palliative Bypassoperation). Die Resektion soll sparsam erfolgen.
- Der Nachweis histologischer Veränderungen im Resektionsrand hat keinen Einfluss auf die Komplikations- und Rezidivrate.
- Die Rezidivrate nach chirurgisch kurativer Operation beträgt 40%.
- Eine End-zu-End-Anastomose wird zur Vermeidung eines Blindsackes empfohlen.
- Die Verwendung von resorbierbarem Nahtmaterial ist obligat.
- Die Antibiotikaprophylaxe erfolgt wie bei allen anderen Darmeingriffen.

Operative Eingriffe

- Sparsame Ileozäkalresektion (▫ s. 2.12.3). Der Unterschied besteht darin, dass nach der Teilresektion des betroffenen Dünn- und Dickdarmes die Anastomosierung als Ileoaszendostomie erfolgt.
- Strikturoplastik: Hier handelt es sich um einen minimalen Eingriff bei kurzstreckigen Stenosen des Dünndarmes. Der stenosierende Narbenring wird längs gespalten und quer mit Einzelknopfnähten vernäht.

Operative Techniken bei Morbus Crohn des Kolons: Ileosigmoidostomie/Ileorektostomie, Proktokolektomie mit Ileostomaanlage.

2.12.14 Colitis ulcerosa

Definition
Colitis ulcerosa ist eine Entzündung mit einhergehender Geschwürbildung des Dickdarmes.

Die Erkrankung beschränkt sich primär auf die Schleimhaut des Rektums, erfasst nur in seltenen Fällen, die fulminant verlaufen, tiefere Darmschichten. Die befallene Schleimhaut ist diffus gerötet und zeigt oberflächliche Geschwüre. Typisch ist die von distal nach proximal gerichtete Ausdehnung der Erkrankung; hierbei ist das Rektum immer befallen.

Im Gegensatz zum Morbus Crohn bleibt die Colitis ulcerosa immer auf den Dickdarm beschränkt.

Der Haupterkrankungsgipfel liegt zwischen dem 20. und 40. Lebensjahr, die Krankheit kann jedoch zu jedem Zeitpunkt auftreten.

Ursache und Entstehung sind bisher nicht eindeutig bekannt. Es werden aber auch hier ursächlich autoimmunologische Prozesse vermutet. Psychosomatische Faktoren gehören ebenfalls zum Krankheitsbild.

Man spricht von einer »colitistypischen Persönlichkeitsstruktur«, die durch eine starke »Über-Ich-Zensur« und einen schwachen Willen mit abnormer Konfliktverarbeitung gekennzeichnet ist.

Die Colitis ulcerosa verläuft meist schubweise. Phasen geringer oder fehlender Beschwerden wechseln sich mit Zeiten erhöhter Entzündungsaktivität ab.

Symptome

Im Vordergrund der Beschwerden stehen blutige und schleimig-eitrige Durchfälle, deren Ausmaß vom Grad des Dickdarmbefalles abhängt. Ist das gesamte Kolon betroffen, kann es zu schweren, sehr häufigen Diarrhöen kommen, die mit erheblichem Blutverlust, Fieber, Gewichtsabnahme und Blutarmut einhergehen.

Diagnostik

▫ Siehe 2.12.13.

Karzinomrisiko

Das Karzinomrisiko ist bei Patienten mit einer Colitis ulcerosa etwa 10-mal größer als das der Normalbevölkerung. Bei ausgedehntem Kolonbefall zeigt sich nach 10-jährigem Krankheitsverlauf eine Karzinomhäufigkeit von 5%, nach 25-jährigem Verlauf eine von 50%.

Komplikationen

- Perforation in ca. 2% der Fälle.
- Toxische Kolondilatation in ca. 10% der Fälle, d. h. gefährliche Komplikation mit totaler oder segmentaler Weitstellung des Kolons aufgrund schwerer funktioneller und morphologischer Darmwandschädigung.
- Innerhalb weniger Stunden kommt es zu schwersten toxischen Erscheinungen mit septischen Temperaturen, Schüttelfrost, Tachykardie, Schläfrigkeit und Verwirrtheitszuständen sowie zum Kreislaufschock.

- Massive Blutung.
- Perianale Abszesse.

Therapie

In der Regel ist eine konservative internistische Therapie erforderlich. Erst bei einer Verschlimmerung der Krankheit, beim Auftreten von Komplikationen oder Ausbleiben von Remissionen ist eine chirurgische Therapie in ca. 25–30% der Fälle erforderlich.

Bei langfristiger Erkrankung ist die Operation im Sinne einer Karzinomprophylaxe indiziert.

Operative Technik

Ziel der operativen Therapie ist die Entfernung des erkrankten Dickdarmes, um damit das Befinden des Patienten zu verbessern und krankheitsspezifische oder therapiebedingte Komplikationen zu vermeiden.

In den letzten Jahren hat sich auch bei der Colitis ulcerosa die kontinenzerhaltende Operation zunehmend durchgesetzt. Etwa zwei Drittel der Patienten können kontinenzerhaltend operiert werden.

OP-Verfahren

- Proktokolektomie mit endständiger Ileostomie: Indiziert ist dieses OP-Verfahren bei schweren entzündlichen Veränderungen auch im distalen Rektum, also dem potentiellen Anastomosenbereich.
- Proktokolektomie mit ileorektaler Anastomose, also kontinenzerhaltend:
- Hierbei verbleiben ca. 5 cm des distalen Rektums. Regelmäßige Kontrollen und Rektumbiopsien sind erforderlich. Dieses Verfahren ist nur bei Patienten mit geringen Entzündungszeichen im distalen Rektum angezeigt.
  Nach der Resektion des Kolons erfolgt eine terminale Anastomose zwischen Ileum und Rektum (Technik ◘ s. 2.12.10).
- Subtotale Kolektomie mit Proktomukosektomie und ileoanalem Pouch, also kontinenzerhaltend: Dieser Eingriff sollte nicht im Notfall erfolgen.

OP-Schritte
- ► Subtotale Kolektomie,
- ► Skelettierung des Dünndarmes,
- ► Konstruktion des J-Reservoirs (◘ Abb. 2.83)

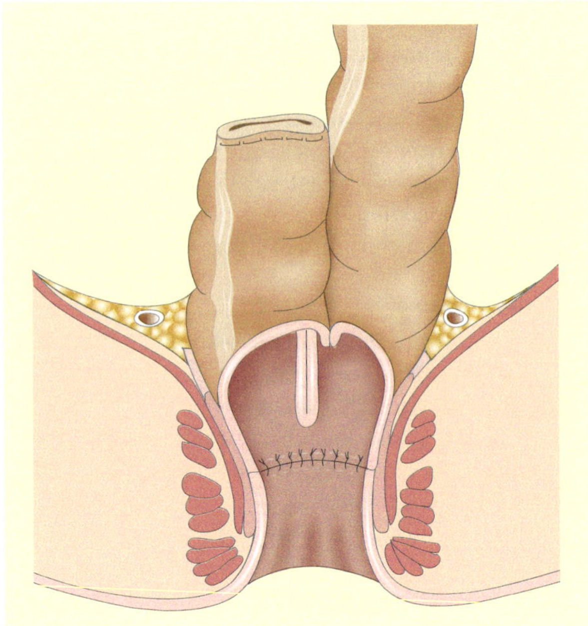

◘ Abb. 2.83 Kolon-J-Reservoir. (Nach Siewert 2001)

2.12.15 Dickdarmileus

Definition
Der Ileus (Darmverschluss) ist eine Störung der Darmpassage, die durch eine Verengung oder Verlegung der Darmlichtung (mechanischer Ileus) oder durch eine Lähmung des Darmes (paralytischer Ileus) verursacht wird.

Pathophysiologie des Ileus

Darmparalyse und schwerste allgemeine Krankheitssymptome führen bei Überforderung der körpereigenen Regulations- und Abwehrmechanismen zur Ileuskrankheit.

Ursachen

- Karzinom des Dickdarmes (häufigste Ursache),
- Divertikulitis,
- Volvulus.

Besonderheiten

Der Dickdarmileus tritt meist bei älteren Menschen auf. Er entwickelt sich im Gegensatz zum Dünndarmileus langsamer.

Das Behandlungsziel besteht in der Beseitigung des mechanischen Hindernisses und der Behandlung des auslösenden Grundleidens, meist durch eine Tumorresektion.

Anamnese

Siehe Kolonkarzinom (◘ s. 2.12.2).

Lokalisationsdiagnostik

- Röntgen-Abdomenübersicht,
- retrograde Kolondarstellung mit wasserlöslichem Kontrastmittel,
- Endoskopie.

Therapie

Besonderheiten der operativen Therapie

Patienten mit einem Dickdarmileus weisen eine hohe Krankenhausletalität auf. Ursachen sind v. a. das Alter, die Ileuserkrankung und die notfallmäßige Operation.

Eine präoperative Darmvorbereitung mittels Lavage ist nicht möglich.

OP-Technik

Grundsätzlich werden auch hier einzeitige, kontinenzerhaltende Eingriffe mit primärer Anastomosierung angestrebt. Eine intraoperative Darmspülung ist erforderlich.

Bei unsicheren Lokalverhältnissen an der Darmwand ist evtl. eine Übernahme des Patienten in das Konzept der Etappenlavage (◘ s. 2.14.) erforderlich.

Nur bei erheblichen Risikofaktoren oder bei inkurablem, ausgedehntem Tumorleiden ist die palliative AP-Anlage oder die Diskontinuitätsresektion nach Hartmann indiziert.

2.12.16 Volvulus des Dickdarmes

Definition

Hierunter wird eine Torquierung (Drehung/Krümmung) des Dickdarmes um die Mesenterialachse mit Verlegung des Darmlumens und evtl. Durchblutungsstörung durch Strangulation bis hin zur Gangrän verstanden.

Am häufigsten ist das Sigma, seltener sind Zäkum und Transversum betroffen. Voraussetzung ist eine sehr lange Schlinge mit einem Mesenterium, das an der Basis schmal ist.

Symptome

- Akutes, einmaliges Ereignis,
- kolikartige Schmerzen und Stuhlverhalt,
- typisch ist ein ballonartig aufgetriebenes Abdomen,
- später Entwicklung einer Ileussymptomatik.

Therapie

Die konservative Therapie (endoskopische Absaugung) weist sehr hohe Rezidivraten auf. Deshalb ist eine Sigmaresektion bzw. Hemikolektomie rechts bei einem Volvulus des Zäkums oder des Transversums indiziert.

2.13 Proktologie

A. Augustin, M. Liehn

2.13.1 Anatomie des Anorektums

Die Proktologie beschäftigt sich mit den Erkrankungen des anorektalen Bereiches (Proktos: griechisch für After bzw. Mastdarm)

In Höhe des 2.–3. Sakralwirbels, durch die peritoneale Umschlagfalte definiert, beginnt das retroperitoneal gelegene Rektum. Es endet an der Linea dentata, an der das Zylinderepithel des Rektums in das mehrschichtige Plattenepithel des Analkanals übergeht. An dieser Linie liegen die Columnae anales mit den Analpapillen am Ende. Zwischen den Columnae anales befinden sich die Krypten, an deren Boden die Proktodäaldrüsen (ektodermale Epithelgänge).

Der Analkanal ist ca. 3 cm lang und im Gegensatz zur Rektumschleimhaut sensibel innerviert (◘ Abb. 2.84).

Die Gefäßversorgung des Anorektums erfolgt einerseits über die Äste der A. mesenterica inferior (A. rectalis superior) andererseits über die Äste der A. iliaca interna (A. rectales media und inferior). Der venöse Abfluss läuft parallel dazu. Die A. rectalis superior bildet kranial der Linea dentata das Corpus cavernosum recti, indem sie mit ihren Ästen bei 3.00 Uhr, 7.00 Uhr und 11.00 Uhr in die Darmwand eintritt. Hier anastomosiert sie mit den Ästen der Aa. rectales mediae und inferiores und bildet mit den dazugehörigen Venen ein Kapillarnetz.

Die nervale Versorgung ist sowohl parasympathisch als auch sympathisch.

Der M. sphincter ani internus ist ein glatter Muskel, der durch eine verdickte Fortsetzung der Rektumringmuskulatur gebildet wird. Er ist sehr dehnbar, besitzt einen generalisierten Dauertonus und hat eine vegetative Nervenversorgung. Der M. sphincter ani externus ist ein quer gestreifter, der Willkürmotorik unterstellter Muskel, der einen Dauertonus über einen spinalreflektorischen Eigenreflex besitzt. Der aganglionäre M. sphincter ani internus imponiert weiß, der M. sphincter ani externus eher rot, sodass sie gut gegeneinander abgegrenzt werden können.

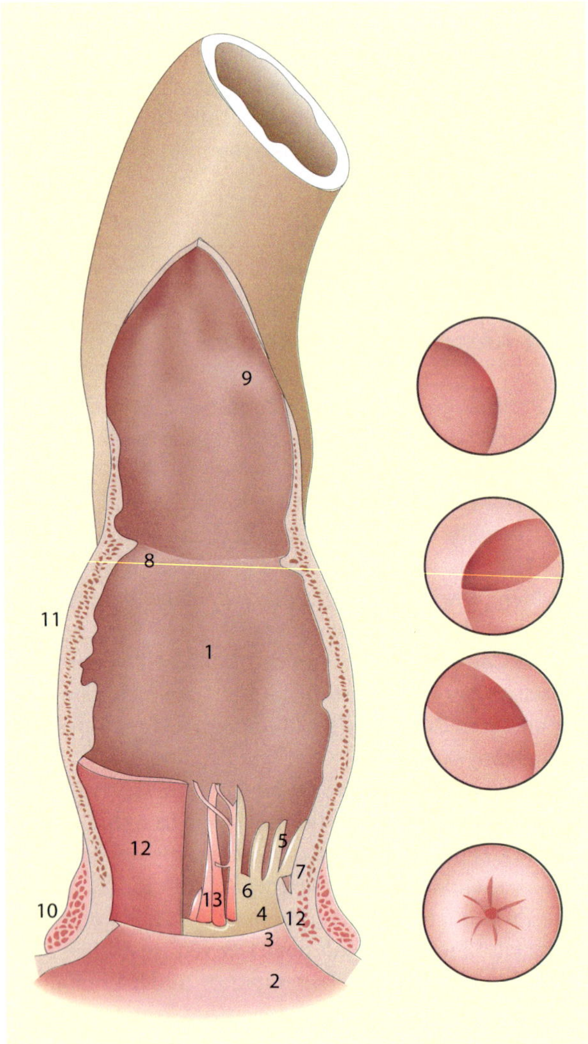

Abb. 2.84 Darstellung von Rektum und Analkanal. *1* Ampulla recti, *2* Zona cutanea, *3* Linea anocutanea (Linea alba, Hilton-Linie), *4* Zona intermedia, *5* Columne anales (Morgagnische Säulen; oberhalb davo ndie Linea anorectalis), *6* Linea pectinea (Linea dentata), *7* Proktodäaldrüse, *8* Plica transversalis recti (Kohlrausch-Falte), *9* Plica terminalis, *10* M. sphincter ani externus, *11* Tunica muscularis, *12* M. sphincter ani internus, *13* Corpus cavernosum recti. (Nach Stein 1998)

2.13.2 Proktologische Untersuchung

Anamnese

Die Anamnese gibt häufig entscheidende Hinweise auf die vorliegenden Erkrankungen, wie z. B. Blutungen, Schmerzen, eitrige Sekretionen, erschwerte Analhygiene etc.

Inspektion

Es wird in Steinschnittlage oder in Linksseitenlage inspiziert. Erhobene Befunde werden von ihrer Lokalisation entsprechend der Uhr beschrieben; hierbei liegt perinealwärts bei 12.00 Uhr und sakralwärts bei 6.00 Uhr.

Digitale Untersuchung

Der Sphinktertonus wird geprüft, Resistenzen und pathologische Befunde werden ebenfalls entsprechend der Uhr in Steinschnittlage beschrieben.

Proktoskopie

Mit dem ca. 12 cm langen starren Endoskop mit Lichtquelle können der Analkanal und der Übergang in das Rektum untersucht werden.

Rektoskopie

Mit diesem ebenfalls starren Instrument können 15 cm des Rektums inspiziert werden, für höher gelegene Bereiche ist die Koloskopie mit flexiblen Instrumenten nach entsprechend ausführlicher Kolonvorbereitung geeignet. Für die Proktorektoskopie reichen Klistiere als Vorbereitung.

2.13.3 Hämorrhoiden

! Hämorrhoiden besitzen an sich keinen Krankheitswert. Erst Stauungszustände führen zu Beschwerden!

Ätiologie

Die drei Endäste der A. rectalis superior speisen das Corpus cavernosum recti, dringen bei 3.00, 7.00 und 11.00 Uhr in Steinschnittlage in die Darmwand ein und bilden hier ein arteriovenöses Geflecht. Das Corpus cavernosum recti ist verantwortlich für einen Teil der Feinkontinenz; es gewährleistet den Abschluss für Luft und Feuchtigkeit. Daraus ist erkennbar, dass Hämorrhoiden an sich keinen Krankheitswert besitzen. Erst bei Auftreten von Stauungszuständen in diesen Gefäßpolstern können Hämorrhoidalbeschwerden in Form von Blutungen, Prolapsneigungen mit teilweisem Verlust der Feinkontinenz durch Nässen und Stuhlschmieren auftreten. Die Stauungszustände werden durch chronische Obstipationen mit lang dauerndem Pressen bei der Defäkation, durch sitzende Tätigkeiten und durch einen hohen Shinktertonus begünstigt.

Einteilung

Die Einteilung des Hämorrhoidalleidens erfolgt in 4 Grade:

1. Grad	Geringe Verdickung, die nur bei der Proktoskopie auffällt
2. Grad	Der Prolaps ist zeitweilig durch Pressen provozierbar, reponiert sich aber anschließend spontan
3. Grad	Der Prolaps lässt sich nur digital wieder reponieren
4. Grad	Der Prolaps ist irreponibel und im Analkanal inkarzeriert

▪▪▪ Indikation

Die Indikation zur Hämorrhoidenoperation ist meistens relativ und wird durch den Wunsch des Patienten aufgrund der auftretenden Beschwerden bestimmt. Nur die heftige, akute, nichtstillbare Blutung stellt eine absolute Indikation dar.

Sollte die Beschwerdesymptomatik ein rezidivierender peranaler Blutabgang sein, ist vor der Operation eine hohe Koloskopie zum Ausschluss weiterer Blutungsquellen im Kolon durchzuführen.

▪▪▪ Prinzip

Hämorrhoidalleiden 1. und 2. Grades lassen sich oft durch Sklerosierungen behandeln (▫ Abb. 2.85). Hierbei werden die arteriellen Zuflüsse mit Sklerosierungsmitteln umspritzt.

Alternativ dazu steht die Gummibandligatur, die an der Basis der Hämorrhoidalknoten angelegt wird und somit das Gefäß stranguliert. Das entstehende nekrotische Gewebe stößt sich ab.

Für Hämorrhoiden 3. und 4. Grades sowie bei konservativ nicht besserbaren Beschwerden stehen unterschiedliche OP-Verfahren zur Verfügung.

▪▪▪ Lagerung

- Der Patient wird in Steinschnittlage gelagert. Das Gesäß liegt gering über der OP-Tischkante und ist durch eine Gelmatte vor Druck geschützt.
- Die neutrale Elektrode liegt ganzflächig an einem Oberschenkel an.

▪▪▪ Instrumentarium

- Grundinstrumente,
- Analspreitzer,

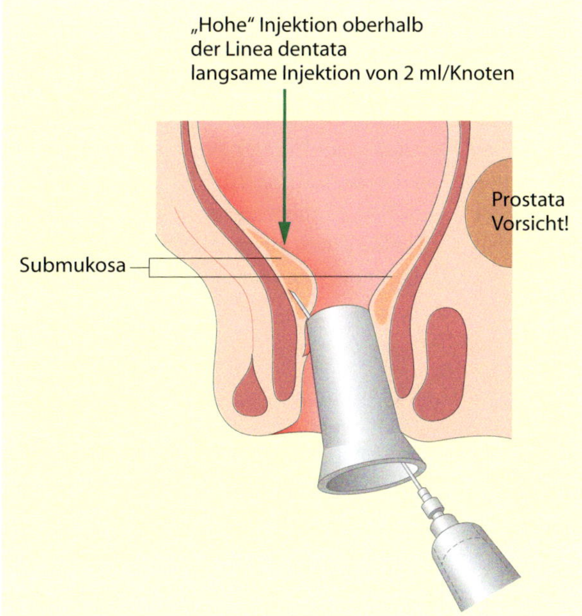

▫ Abb. 2.85 Technik der Sklerotherapie. (Nach Nicolls u. Glass 1988)

- ggf. ein Rektoskop (Kaltlicht, Gummibalg zur Luftinsufflation mit Bakterienfilter, der in beide Richtungen funktioniert),
- unterschiedliche HF-Elektroden.

Je nach geplanter Operation:
- Sklerosierungsmittel mit Applikationskanüle,
- Gummiligatur,
- ggf. ein zirkuläres Klammernahtinstrument,
- Tabaksbeutelklemme und 2 Tabakbeutelnähte.

Hämorrhoidektomie

Methode nach Milligan Morgan. Bei dieser Methode werden die Hämorrhoidalarterien bei 3.00, 7.00 und 11.00 Uhr an ihrer Basis, oberhalb der Linea dentata, ligiert. Hyperplastische Polster werden vom darunter liegenden M. sphincter ani internus abpräpariert. Es muss genauestens darauf geachtet werden, dass die Schleimhautbrücke zwischen den hierdurch entstandenen 3 Wunden ausreichend breit ist und keine zirkulären oder semizirkulären Schleimhautdefekte entstehen.

Nachbehandlung

In der Nachbehandlung müssen diese offenen Wunden durch regelmäßige Bäder zu einer sekundären Wundheilung gebracht werden. Die normale Ernährung und der regelmäßige Stuhlgang sind in der postoperativen Phase zu beachten. Die Defäkation ist für den Patienten aufgrund der sensiblen Innervierung des Analkanals schmerzhaft und sollte durch ausreichende Analgetikagabe und stuhlregulierende Maßnahmen erleichtert werden.

Nach Parks

Diese OP-Methode ist erheblich anspruchsvoller, weil die 3 entstandenen Wunden nach sorgfältiger Mobilisation der Schleimhautbrücken wieder vernäht werden. Das Risiko der Infektion oder des Ausreißens der Nähte durch die erhebliche Dehnung bei der Defäkation ist dabei gegeben.

Nachbehandlung

Die Problematik dieser Operation, wie auch der OP nach Milligan Morgan, besteht in einer relativ langen und für den Patienten schmerzhaften postoperativen Nachbehandlungsphase. Deshalb gibt es die im Folgenden vorgestellte Alternativoperation.

Staplerhämorrhoidektomie nach Longo

► Eine erste zirkuläre Tabakbeutelnaht wird ca 1 cm oralwärts der Linea dentata in die Mukosa gelegt und eine Zweite erneut 1 cm darüber. Beide Nähte werden über dem Dorn eines aufgedrehten und mit dem Kopf über die Nähte hinweggeführten Klammernahtinstruments geknüpft. Nach dem Zusammendrehen des Gerätes wird die Klammernahtreihe angefertigt. Danach werden mit dem intergrierten Messer die eingeknüpften Mukosaanteile mit den darunter liegenden Gefäßstümpfen abgeschnitten. Der Vorteil dieser Methode liegt darin, dass die Nahtreihe im nichtsensibel innervierten Rektumschleimhautbereich zu liegen kommt und keine offenen Wunden im Analkanal entstehen. Allerdings ist diese Methode sehr kostenintensiv und birgt für den Ungeübten viele Fehlermöglichkeiten, aus denen gravierende Komplikationen erwachsen können

► Für Hämorrhoiden 4. Grades, d. h. den zirkulären Analprolaps, ist diese Technik nicht ausreichend. Häufig liegen bei solchen Befunden ausgedehnte Marisken vor, die durch die Staplerhämorrhoidektomie nicht beseitigt werden. Marisken sind Hautzipfel der Perianalhaut, die bei chronischen Reizzuständen entstehen, wie z. B. beim rezidivierenden Hämorrhoidalproplaps

2.13.4 Periproktitischer Abszess und Analfistel

Ätiologie

Ursächlich wird eine Entzündung der Proktodäaldrüsen angesehen, die sich mit ihrer Mündung in den Krypten des Analkanals befinden. Schreitet die Entzündung fort, bildet sich ein Abszess. Wenn dieser sich spontan über eine Perforation oder durch Inzision im Perianalbereich entleert, ist eine Fistel zwischen dem Analkanal und der Perianalregion entstanden.

Der periproktitische Abszess und die Analfistel stellen meistens 2 Phasen derselben Erkrankung dar. Der Abszess ist die akute Phase, die Fistel die chronische. Nur in knapp 10% der Fälle liegen andere Zusammenhänge vor.

Klinik

Das klinische Beschwerdebild des Abszesses wird geprägt durch heftige Schmerzen, durch eine überwärmte und druckdolente Schwellung im periproktitischen Bereich und nicht selten durch subfebrile Temperaturen.

▪▪▪ Indikation

Dieses oben genannte Krankheitsbild stellt eine absolute OP-Indikation dar.

▪▪▪ Lagerung

Steinschnitt (▫ s. oben).

▪▪▪ Instrumentarium

- Analspreitzer,
- Grundinstrumente,
- Knopfsonde,
- Hakensonde.

Eröffnung eines periproktitischen Abszesses

Der Abszess wird entweder durch eine wetzsteinförmige oder T-förmige Inzision eröffnet. Die dazu gehörende innere Fistelöffnung wird durch sorgfältige Inspektion des Analkanals und Sondierung der Kryptenlinie mit einer Hakensonde gesucht. Häufig kann der Abszess gemeinsam mit der Fistel gespalten werden. Ist das Gewebe zu sehr geschwollen und die Fistel nicht auffindbar, muss diese nach Ausheilung des Abszesses in einer zweiten Operation gespalten werden.

Analfistel

Eine Analfistel fällt dem Patienten durch eine eitrige Sekretion, durch verschmutzte Unterwäsche oder durch ein Analekzem auf. Es besteht eine kontinuierliche Verbindung des Analkanals zur perianalen Haut. Hierüber können Keime und Schleimhautsekrete nach außen fließen. Dort kann dann eine Fehlbesiedelung der Hautflora entstehen und durch die ständige Feuchtigkeit das Ekzem.

Analfisteln werden in Abhängigkeit der Lage des Hauptganges zu den beiden Schließmuskeln und der Puborektalisschlinge klassifiziert (◘ Abb. 2.86):

Eine intersphinktere Fistel durchbricht nur den inneren Schließmuskel und wandert im innersphinkteren Raum zur Perianalregion. Werden sowohl der M. sphincter ani internus als auch der M. sphincter ani externus durchbrochen, liegt eine transsphinktere Fistel vor. Läuft der Fistelgang zunächst von der Kryptenlinie aus nach kranial und führt oberhalb der Sphinkterebene und der Puborektalisschlinge wieder nach kaudal zur Perianalregion, so liegt eine suprasphinktere Fistel vor, die jedoch selten vorkommt.

▪▪▪ Indikation

Jede Analfistel

▪▪▪ Prinzip

Aufschneiden des kompletten Fistelganges.

▪▪▪ Lagerung

Steinschnittlage (◘ s. Hämorrhoidaloperation).

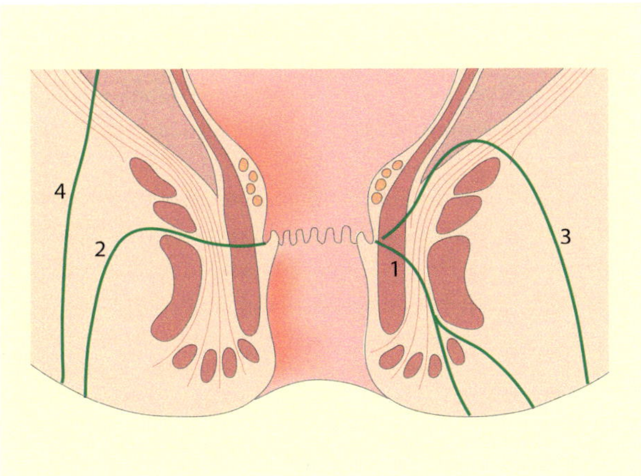

◘ Abb. 2.86 Schematische Darstellung der verschiedenen Analfisteltypen: *1* intersphinktäre, *2* transsphinktäre, *3* suprasphinktäre, *4* extrasphinktäre. (Nach Stein 1998)

▪▪▪ Instrumentarium

- Analspreitzer,
- Grundinstrumente,
- Knopfsonde.

> **Exzision einer Analfistel**
> Der komplette Fistelgang wird aufgeschnitten und die Wundränder so gestaltet, dass keine sofortige Verklebung entstehen kann. Eine Sonde wird in den Fistelkanal eingeführt. Dieses geschieht ohne Druck, denn sonst besteht die Gefahr mit der Sonde eine Fistel in das Gewebe zu bohren. Bei liegender Sonde kann das darüber liegende Gewebe gespalten werden. Die Hauptgefahr der Operation liegt darin, dass Fisteln, die den oberen Anteil des M. sphincter ani internus oder die Puborektalisschlinge durchlaufen, komplett gespalten werden und so eine Inkontinenz entsteht. So muss der Operateur vor dem Spalten der Fistel genau über die Lagebeziehung der Fistel informiert sein. Fisteln, die diese beiden Strukturen durchbrechen, sollten nicht komplett, sondern nur partiell gespalten werden. Die Restfistel wird mit einem nichtresorbierbaren Faden markiert und nach Ausheilung der Operation in einem 2. Eingriff gespalten.

2.13.5 Analfissur

Definition
Eine Analfissur ist ein ca. 2 cm langer, schmaler Schleimhautdefekt, der in 90% der Fälle bei 6.00 Uhr in Steinschnittlage im distalen Analkanal liegt.

Ätiologie

Die Analfissur stellt eine der schmerzhaftesten Erkrankungen in der Proktologie dar (◘ Abb. 2.87a,b). Die Ätiopathogenese ist weitgehend ungeklärt. Es wird vermutet, dass ein hoher Tonus des M. sphincter ani internus in Kombination mit sehr festem Stuhlgang zu diesem Schleimhauteinriss führt. Unterschieden wird zwischen der akuten, erstmalig aufgetretenen Fissur und der chronischen, bei der über frustrane Heilungsversuche die Fissurränder bereits narbig verändert sind.

Klinik

Leitsymptom ist der Schmerz, der besonders bei der Defäkation auftritt, aber auch über Stunden danach noch vorhanden sein kann. Im Unterschied zur Hämorrhoidalblutung, bei der ein heftiger perianaler Blutabgang zu bemerken ist, ist bei der Fissur das Blut meist nur am Toi-

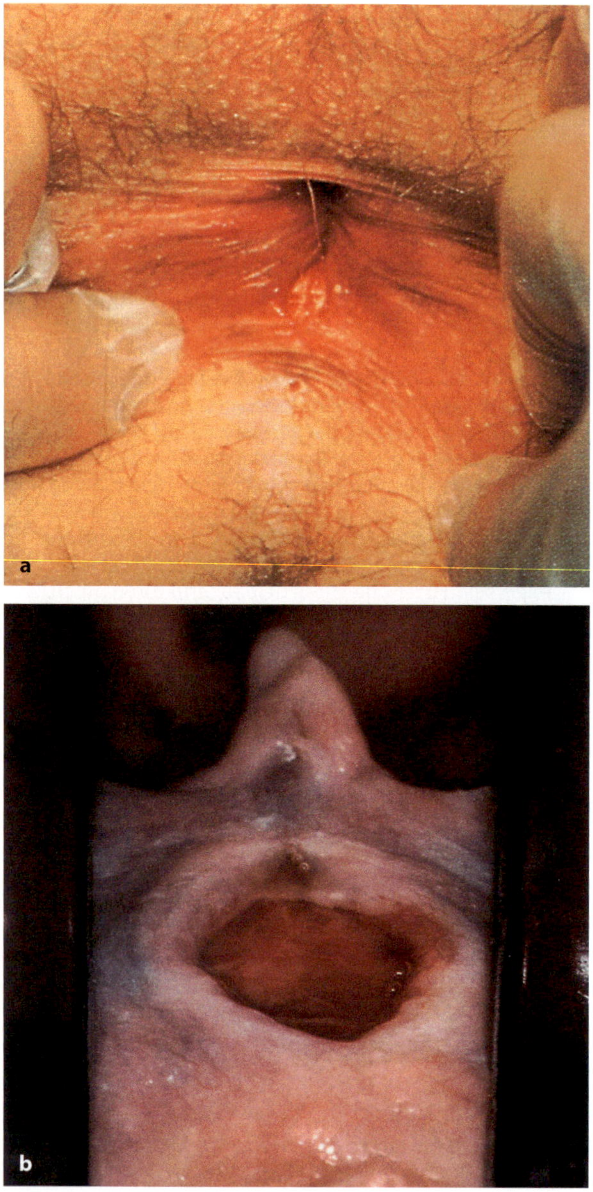

Abb. 2.87a,b Analfissuren. a Eine akute Analfissur im Bereich der hinteren Kommissur, b chronische Analfissur bei 6.00 Uhr mit kalkösen, z. T. unterminierten Wundrändern. (Aus Stein 1998)

lettenpapier oder als geringe Auflagerung auf dem Stuhl zu finden.

Therapie

Die akute Fissur wird zunächst konservativ durch Applikation von Lokalanästhetika, durch Sitzbäder und stuhlregulierende Maßnahmen behandelt. Die lokale Applikation von Nitropräparaten kann ebenfalls zum Abklingen der Symptomatik führen. Es wird vermutet, dass hierdurch der Muskeltonus gesenkt wird. Die Anwendung von Analdehnern zur Dilatation des hypertonisierten Muskels ist für den Patienten unangenehm und von häufigen Rezidiven begleitet.

Sollten die konservativen Methoden versagen, kann in Narkose eine Analdehnung vorgenommen werden, sodass der Analkanal anschließend für gut 3 Querfinger durchgängig ist. Hierbei muss sehr vorsichtig vorgangen werden, damit die Muskulatur nicht zerrissen wird und eine Inkontinenz entsteht.

Operativ stehen 2 Verfahren zur Auswahl, die durch Durchtrennung der untersten Fasern des M. sphincter ani internus eine Senkung des Sphinktertonus bewirken.

Bei der lateralen Sphinkterotomie wird bei 3.00 Uhr in Steinschnittlage eine parallele 1,5 cm lange Hautinzision im Perianalbereich angelegt. Die aufgrund der weißen Farbe gut erkennbaren Fasern des inneren Schließmuskels werden unter digitaler Kontrolle des Schließmuskeltonus von analwärts so weit eingekerbt, bis ein normaler Tonus vorliegt. Die Hautinzision wird anschließend vernäht und an der Fissur wird nur eine eventuelle hypertrophe Analpapille reseziert.

Die interne, submuköse Sphinkterotomie beinhaltet die Exzision der Fissurränder und das Einkerben der Fasern des M. sphincter ani internus, der jetzt im Fissurgrund frei liegt. Bei dieser Methode ist es erforderlich, dass ein Abflussgraben in die Perianalregion geschnitten wird, um eine sekundäre Wundheilung zu ermöglichen.

2.13.6 Sinus pilonidalis

Definition

Der Sinus pilonidalis ist eine fistelnde Erkrankung im Haut- und Unterhautgewebe über dem Steißbein.

Ursächlich wird ein Hautbalg gesehen, in den durch mechanische Beanspruchung und Mazeration in stark behaartem Gebiet Haare eingewachsen sind. Davon ausgehend bildet sich ein ausgedehntes Fistelsystem, das meistens bis zur Sakralfaszie reicht, sie aber typischerweise niemals durchbricht. Kommt es zu einem Sekretstau in diesem Fistelsystem, entsteht ein Abszess.

Operation

Das Abszessstadium ist eine absolute OP-Indikation. Die Operation erfolgt durch eine wetzsteinförmige Exzision des Abszesses unter Mitnahme des gesamten Fistelsystems. Die Fisteln können entweder durch das Einführen von Sonden oder über die Instillation von Methylenblau entdeckt werden. Die Exzision erfolgt mit dem Diathermiemesser. Als untere Leitstruktur dient die Sakralfaszie. Daraus resultieren häufig sehr große, tiefeWunden, die sich in monatelangen sekundären Wundheilungsprozessen verschließen.

Bei nichtabszedierten Befunden gibt es die Möglichkeit einer plastischen Deckung durch Schwenklappenplastiken. Diese Methode wird in Bezug auf Rezidivraten und sekundäre Infektionen unterschiedlich beurteilt.

2.14 Peritonitis

2.14.1 Einteilung und Therapie

Definition
Unter dem Begriff Peritonitis versteht man eine Entzündung der Bauchhöhle, die sich unbehandelt rasch zu einer lebensbedrohlichen Systemerkrankung entwickeln kann.

Diese besondere Gefahr ist durch die relativ große Oberfläche des Peritoneums und durch die Funktionsverknüpfungen zum Lymphsystem sowie u. a. zur Leber und zur Lunge bedingt.

Formen

Primäre Peritonitis (eher seltene Form)

- Abakteriell (ohne Keimnachweis), z. B. bei der Peritonealkarzinose,
- bakteriell (mit Keimeintritt über die Blutbahn oder Lymphgefäße), sog. spontane Peritonitis bei Leberzirrhose, durch Keimaszension bei der Pelveoperitonitis bei der Frau.

Sekundäre Peritonitis (ca. 80% aller Peritonitisfälle)

- Meist nach entzündlicher Hohlorganperforation:
  - Appendizitis,
  - Cholezystitis,
  - Morbus Crohn,
  - Colitis ulcerosa,
  - Divertikulitis,
  - Darminfarkt,
  - Dünndarm- und Ulkusperforation.
- Postoperative Peritonitis:
  Als Folge einer Nahtinsuffizienz einer Anastomose oder durch intraoperative bzw. postoperative Kontamination mit pathogenen Keimen.
- Posttraumatische Peritonitis:
  Folgen eines stumpfen oder perforierenden Bauchtraumas, Peritonitis nach endoskopischer Perforation.

Therapie

Die Therapie der Peritonitis basiert auf folgenden Maßnahmen:

- chirurgische Herdsanierung der Infektionsquelle,
- intensivmedizinische Maßnahmen mit dem Versuch der Rekompensation der im Rahmen der Sepsisfolge insuffizienten Organsysteme,
- unterstützende gezielte antibiotische Therapie.

Ohne die Intensivmedizin mit den Möglichkeiten u. a. der Langzeitbeatmung und der Hämofiltration wären die heute etablierten aggressiven Verfahren der chirurgischen Herdsanierung nicht möglich.

Die Prognose der diffusen Peritonitis ergibt sich aus 3 wesentlichen Faktoren:

- Lokalisation und Beschaffenheit der Infektionsquelle,
- Infektionsdauer,
- Qualität der chirurgischen Arbeit.

Ein großer Anteil von Peritonitiden (ca. 85%) kann erfolgreich mit der konsequenten Durchführung der bereits 1926 von Martin Kirschner geprägten und als Standardtherapie bezeichneten Methode behandelt werden:

- suffiziente chirurgische Herdsanierung,
- intraoperative Lavage mit Nekrosektomie,
- definitiver Bauchdeckenverschluss mit Einlegen einer lokalen Drainage.

Der Nutzen einer lokalen Drainage muss allerdings bezweifelt werden, zumal Drainagen durch Fibrin schnell verstopfen können und durch Arrosion entstehende Darmfisteln als schwerwiegende Komplikation anzusehen sind.

Aus klinischer Erfahrung reicht die genannte Standardtherapie für etwa 15% der schweren Peritonitisfälle nicht aus. Insbesondere postoperative Peritonitisfälle und hiervon nochmals schwerer betroffen die Nahtinsuffizienzen weisen eine hohe Letalität (um 50%) auf.

Die Suche nach neuen chirurgischen Ansätzen mündete in folgenden Behandlungskonzepten für die schweren Peritonitisformen:

- geschlossene postoperative kontinuierliche Dauerspülung,
- offen belassenes Abdomen (»open package«),

- offene kontinuierliche Peritonealspülung (dorsoventrale Dauerspülung),
- Etappenlavagetherapie (Synonym: geplante Relaparotomie, Vierquadrantenlavage, programmierte Peritoneallavage).

Auf die Etappenlavagetherapie soll hier kurz eingegangen werden.

Allgemeines zur Etappenlavage

Dieses Verfahren wird seit seiner Einführung 1980 erfolgreich eingesetzt. Die Letalität der schweren Peritonitisfälle konnte gesenkt werden. Die Herdsanierung als wichtigste chirurgische Maßnahme dieses Konzepts wird dabei schrittweise (in Etappen) gelöst.

Wie bei der offenen Wundbehandlung wird die Abdominalhöhle anfangs mit in physiologischer NaCl-Lösung getränkten Streifen ausgelegt, wenn die Beläge sich nicht ablösen lassen. Parallel zur unverzichtbaren intensivmedizinischen Stabilisierung des Gesamtorganismus kann die definitive chirurgische Herdsanierung häufig erst unter den nun besseren Bedingungen ausgeführt werden.

Für das halb offene Verfahren der Etappenlavagetherapie erfolgt ein temporärer Wundverschluss mit einem speziell dafür entwickelten Schienengleitverband, dem Ethizip. Er wird nach individuellem Zurechtschneiden fortlaufend an Peritoneum und Faszie fixiert. Der zunächst breite Zuschnitt hilft den anfangs hohen intraabdominellen Druck zu reduzieren. Die Breite des Verbandes wird im Verlauf durch Abnähte oder Wechsel gegen einen schmaler zugeschnittenen Ethizip dem abklingenden Darmödem angepasst. Beim Wechsel erfolgt eine Wundrandtoilette. Außerdem lässt sich die auseinander gewichene Bauchdecke redressieren.

Das Reoperationsintervall liegt zunächst bei 24 h und verlängert sich bei Befundverbesserung und -stabilisierung auf 2 Tage. Das Dünndarmkonvolut wird jedes Mal mit einer Polyethylenfolie abgedeckt, um einsetzende Verklebungen zwischen Bauchdecke und Darmschlingen zu verhindern. Außerdem verhindert die Folie den Verlust von Exsudat.

Regelhaft wird der Dünndarm im Sinne von Noble, d. h. schleifenförmig angeordnet; dies stellt eine sichere Prophylaxe des mechanischen Ileus dar.

Der Verschluss der Bauchhöhle erfolgt bei sauberer Abdominalhöhle und kann in Extremfällen länger als 3 Monate dauern. Faszie und Peritoneum werden entweder fortlaufend mit resorbierbarer Schlingennaht oder mit durchgreifenden resorbierbaren Einzelknopfnähten adaptiert. In Ausnahmefällen, häufiger nach Längslaparotomien, gelingt der primäre Bauchdeckenverschluss nicht. Nach Abwarten der Granulationsbildung auf dem Dünndarmkonvolut wird die Subkutis zum Hautverschluss mobilisiert. In diesen Fällen muss später eine Revision der Bauchdecken erfolgen.

Die Etappenlavage erscheint gegenüber den oben genannten Verfahren den Vorteil einer optimalen postoperativen intraabdominellen Sepsiskontrolle zu bieten. Neu im Behandlungsverlauf einer intraabdominellen Infektion auftretende Komplikationen werden rechtzeitig erkannt und behandelt.

2.14.2 Etappenlavage

Indikation

Diffuse Peritonitis (s. oben).

Prinzip

Nach Herdsanierung wird intraoperativ lavagiert und ggf. vorhandene Nekrosen werden abgetragen; temporär wird ein Adaptationsverschluss, z. B. ein »Ethizip«, an dem parietalen Peritoneum und der Faszie fixiert.

Lagerung

- Rückenlage,
- neutrale Elektrode an eine Oberschenkel.

Instrumentarium

- Grund- und Laparotomieinstrumentarium,
- Bauchtücher,
- große und kleine Kochsalzschüssel,
- warme Ringer-Lösung, um keine Elektrolytverschiebung zu forcieren,
- Ethizip und
- eine fortlaufende, atraumatische Naht.

! Wichtig ist ein Dokumentationssystem, in dem für jeden Patienten genau eingetragen werden muss, wie viele Bauchtücher oder Streifen im Bauchraum belassen werden, die bei der nächsten Lavage entfernt werden müssen.

Etappenlavage

- Relaparotomie bzw. quer verlaufende Laparotomie, Exploration, Herdsanierung und Nekrosenabtragung. Danach wird der Bauchraum mit Bauchdeckenhaken nach Fritsch offen gehalten und mit warmer physiologischer Kochsalzlösung oder Ringer-Lösung gespült. Der Schienengleitverschluss wird angepasst und seine Ränder zurechtgeschnitten
- Das Peritoneum wird mit Mikulicz-Klemmen gefasst und der Ethizip fortlaufend so eingenäht, dass gleichzeitig die Faszie mitgefasst wird. Aus den Wundwinkeln kann das Exsudat ungehindert abfließen
- Eine Polyethylenfolie bedeckt den nach Noble angeordneten Dünndarm
- Während der einzelnen Lavagen müssen vorhandene Fibrinbeläge vorsichtig mit einer breiten anatomischen Pinzette oder feuchten Kompressen entfernt werden

Nach wenigen Behandlungstagen ist es meist erforderlich, den Verschluss zu verkleinern, um die Redression der Bauchdecke zu unterstützen.

2.15 Minimal-invasive Chirurgie

2.15.1 Entwicklung

Die erste Laparoskopie am Menschen wurde bereits 1910 vorgenommen. In der Gynäkologie gehörte die diagnostische Laparoskopie schon bald zum Standard.

Auch in die Chirurgie jedoch hat diese Technik in den letzten Jahren massiv Einzug halten können. Die Bezeichnung als minimal-invasive Chirurgie (MIC) hat sich durchgesetzt.

Diese Art der Operation stellt an die Chirurgen und auch an das OP-Pflegepersonal ganz andere Anforderungen als die »offene« Chirurgie.

Die hier benötigten Instrumente sind für die Anwendung durch Trokarkanäle entwickelt, sie werden anders angereicht. Das technisch aufwendige Zubehör ist einfach zu handhaben, bedarf aber einer guten Einweisung. Wichtige Zubehörteile für das Personal sind die Videokamera und der Monitor. Der Operateur kontrolliert die OP-Handgriffe nicht mehr über das Okular der Optik, sondern das gesamte Team verfolgt den OP-Ablauf auf dem Monitor. Somit ist der/die Instrumentierende in der Lage situationsgerecht zu arbeiten.

2.15.2 Technische Grundausstattung

Wichtig für die Bereitstellung der technischen Zusatzgeräte ist ein fahrbarer Regalturm (◘ Abb. 2.88), auf dem alles zusammen und übersichtlich aufgebaut ist und der bei Bedarf transportiert werden kann. Dieser sog. »Geräteturm« kann komplett mit allen benötigten Zubehörteilen in den OP-Saal gefahren werden.

Alle technischen Geräte müssen untereinander vernetzt sein.

CO_2-Insufflator

Das elektronisch gesteuerte Gerät bringt Kohlendioxid (CO_2) in die Abdominalhöhle zum Anlegen und Aufrechterhalten des Pneumoperitoneums ein.

Vor Beginn einer laparoskopischen Operation muss immer der Inhalt der Gasflasche kontrolliert werden. Ein Wechseln der Flasche ist intraoperativ zu vermeiden. Häufig ist es notwendig das CO_2 anzuwärmen, um bei

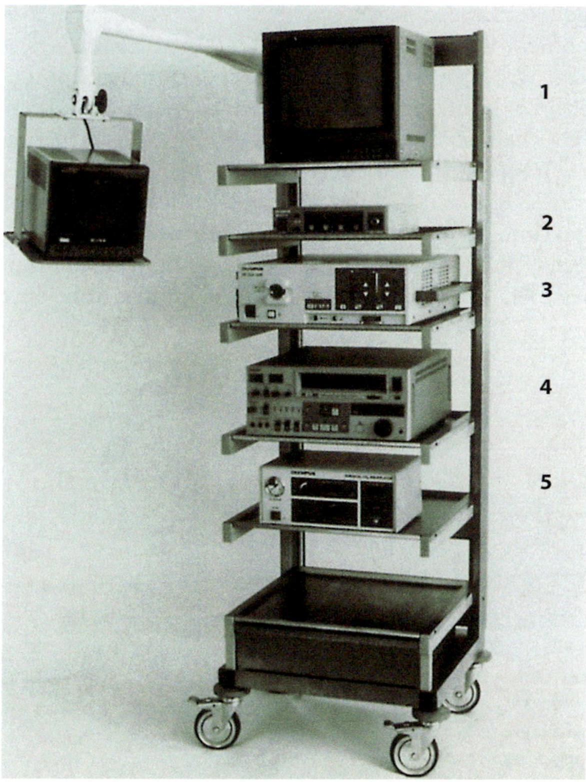

◘ Abb. 2.88 Laparoskopie (MIC)-Turm. Alle erforderlichen technischen Geräte sind auf dem mobilen Turm verfügbar. *1* Monitor, *2* Kamerasteuerteil, *3* Lichtquelle, *4* Video, *5* Insufflator. (Aus Siewert 2001, Fa. Storz)

länger dauernden Operationen eine Auskühlung des Patienten zu vermeiden. Dazu wird ein CO_2-Wärmegerät zwischen Insufflator und Insufflationsschlauch geschaltet.

Kohlendioxid wird als medizinisches Gas angeliefert. Es soll in eine Körperhöhle gelangen und muss deshalb dieselben Sterilitätsanforderungen wie das Instrumentarium erfüllen. Das Insufflationsschlauchsystem unterliegt den strengen Auflagen der zentralen Sterilgutversorgungsabteilung (ZSVA). Über das Insufflationsgerät können jedoch Partikel in das Schlauchsystem gelangen, wie auch ein Rückfluss aus dem Patienten in das Gerät nicht ausgeschlossen werden kann. Hier kann ein Insufflationsgasfilter (◘ Abb. 2.89) durch Filtration luftgebundener Bakterien und Viren zwischen Gerät und Patient Abhilfe schaffen. Dieser Filter ist nach jedem Eingriff zu wechseln.

Kamera

Die Chipkamera, die mit der Optik verbunden wird, ist über ein langes Kabel an die Stromquelle angeschlossen.

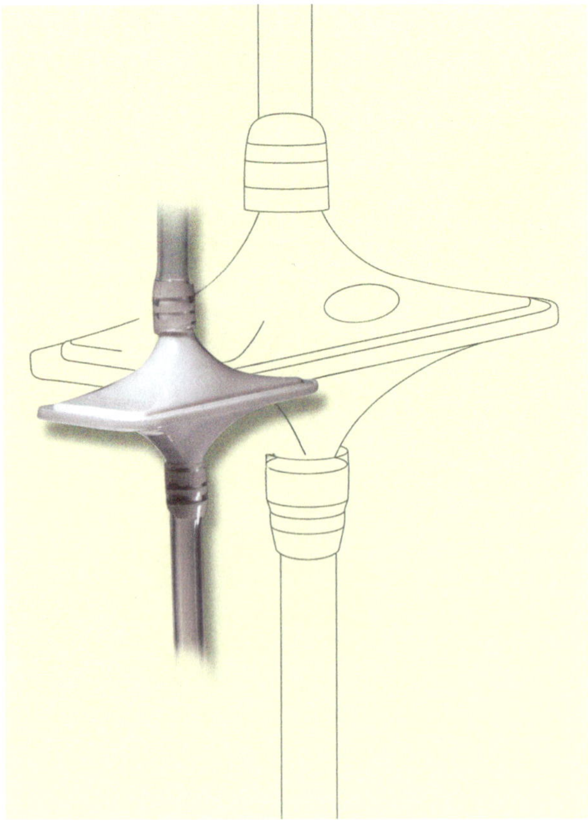

◘ Abb. 2.89 Insufflationsgasfilter

Die Operation kann zur Dokumentation vom Videorekorder aufgezeichnet werden. Die Kamera wird intraoperativ mit einem sterilen Überzug versehen. Die Weiterentwicklung hat zu ersten brauchbaren 3-D-Kameras geführt. Das OP-Team muss dazu spezielle Brillen tragen.

Kaltlichtquelle

Sie sollte eine hohe Leistung aufweisen, da beim Operieren mit Hilfe des Monitorbildes eine entsprechende Helligkeit benötigt wird.

Das Kaltlichtkabel muss ausreichend lang sein, um vom sterilen OP-Gebiet an die Lichtquelle angeschlossen werden zu können. Es ist außerdem autoklavierbar.

Saug-Spül-Pumpe

Das Gerät dient zur Lavage des Abdomens. Bei Blutungen und am Ende einer laparoskopischen Operation wird der Bauchraum gespült und anschließend die Flüssigkeit wieder abgesaugt. Häufig kommt hier ein Infusionsbeutel im Druckschlauch zur Anwendung.

Hochfrequenzgerät

Ein Hochfrequenzgerät (HF-Gerät) muss entweder auf dem Geräteturm bereitgestellt werden, oder ein separat stehendes Gerät kommt zum Einsatz. Das bedeutet, dass alle Regeln der HF-Chirurgie bei der monopolaren Koagulation eingehalten werden müssen (◘ s. Kap. 1). Bipolare Instrumente können ebenfalls angeschlossen werden.

Bei der Anwendung der HF-Chirurgie entsteht Rauch, der erstens eine Sichtbehinderung darstellt, zweitens aber beim Ablassen über die Trokare das OP-Team gefährdet. Dieser Rauch enthält potentiell schädliche Substanzen, ggf. sogar lebensfähige Zellen. Um eine Gefährdung der Mitarbeiter zu minimieren, kann auf den Trokar ein Filtersystem (◘ Abb. 2.90) aufgesetzt werden, das Reizstoffe und Karzinogene herausfiltert, Geruchsbelästigungen verringert und Partikel zurückhält.

Ultraschallskalpell

Ein Instrument der neueren Generation ist das Ultraschallskalpell, das von verschiedenen Herstellern angeboten wird (z. B. Auto Suture, Ethicon)

Dieses Skalpell findet sowohl in der offenen als auch in der MIC Anwendung. Da insbesondere bei laparoskopischen Eingriffen die Gefahren der HF-Chirurgie nicht zu unterschätzen sind, kann das Ultraschallgerät hier eine Alternative bieten.

Mit dem Ultraschallskalpell kann der Chirurg schneiden und koagulieren, ohne dass der Patient in einen

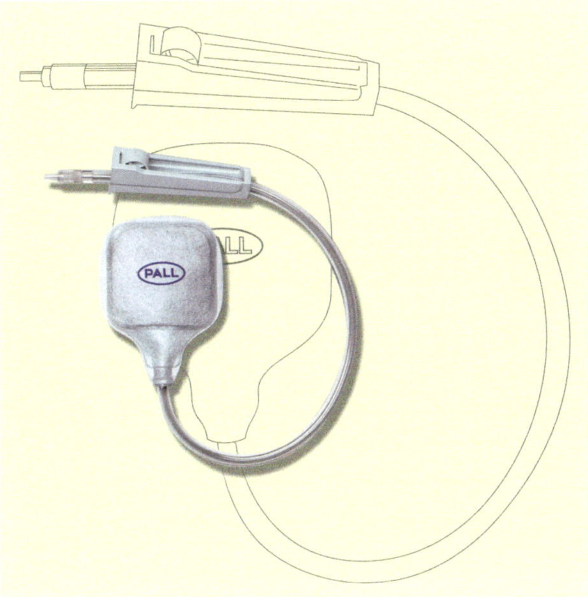

Abb. 2.90 Pall Laparo Shield, Rauchfiltersystem für die Anwendung von HF-Chirurgie im Rahmen der Laparoskopie. (Abb. 2.89 u. 2.90 Fa. Pall Life Sciences)

Stromkreis einbezogen wird. Es fließt im Patienten kein elektrischer Strom, sondern die Koagulation erfolgt mechanisch durch die Schwingungen der Titanklinge.

Wichtig sind die im Folgenden aufgeführten und erklärten Begriffe.

Kavitation (lat.: cavus = hohl). Durch das hochfrequente Vibrieren der Klinge entstehen Wellen mit Über- und Unterdruckphasen im Gewebe. Durch kurzfristigen Unterdruck bilden sich in den Zellen Dampfblasen (Kavitation), ohne dass es zu einer Erhöhung der Temperatur kommt.

Im Bindegewebe trennen sich durch diese Bläschenbildung (Volumenzunahme) präparatorische Schichten voneinander. Das kann bei der Präparation schlecht zugänglicher Regionen helfen.

Koaptation (lat.: aptare = kleben). Das Gewebe wird durch die Vibration verklebt bzw. verschweißt. Durch die Schwingungen und den Druck, den der Operateur auf das Gewebe ausübt, kleben die Kollagenmoleküle zusammen und verkleben (bei ca. 37–63°C) oberflächliche Blutgefäße. Die Durchtrennung des Gewebes erfolgt danach relativ bluttrocken.

Koagulation (lat.: coagulare = gerinnen machen). Dieser Begriff ist aus der HF-Chirurgie (Durch dichten Strom wird Hitze erzeugt, die Eiweiße werden denaturiert und verkleben.) bekannt.

Die Koagulation des Ultraschallinstruments erfolgt nicht so schnell wie die des Stromes, da die Hitze mechanisch erzeugt wird (Durch Reibung entsteht Wärme!) und somit nicht so groß ist.

Die Anwendung erfordert also ein bisschen Geduld!

Aufbau des Ultraschallinstruments. Das Ultraschallinstrument besteht aus mehreren Teilen:
- Der Generator muss an das Stromnetz angeschlossen werden. Optimal steht er auf einem fahrbaren Wagen. An den Generator wird ein Fußschalter angeschlossen, über den die verschiedenen Leistungsstufen des Ultraschallskalpells gesteuert werden können.
- Mit dem Handstück wird der Wechselstrom in Schwingungen »umgewandelt«. Diese Umwandlung sorgt für ca. 55.500 Hz Schwingungen pro Sekunde (z. B. Fa. Ethicon), die allerdings im Handgriff nicht spürbar sind.
- Verschiedene Aufsätze, z. T. autoklavierbar, z. T. als Einwegmaterial, werden auf den Handgriff aufgesetzt und mit einem Klingenschlüssel fixiert (Schere, Klinge, Dissektionshaken, Kugel etc.). Der Koagulationsvorgang erfordert keinen Instrumentenwechsel. Er setzt keinen Rauch frei, sodass gerade in der laparoskopischen Chirurgie jederzeit die Sicht erhalten bleibt. Auch die Reinigung der Optik kann deshalb weniger häufig notwendig werden. Kleine Wasser- und Fetttröpfchen werden freigesetzt, die im Monitor wie feine Schneeflocken erscheinen und sich schnell absetzen. Bei der Präparation ist die Gefahr einer Hitzeschädigung an nahe gelegenen Organen relativ gering.

Hinweise für das OP-Personal
- Der Generator testet sich selbst bei jedem Einschalten!
- Das Handstück und das Silikonkabel sind mit dem Klingenschlüssel autoklavierbar
- Achten Sie darauf, dass einige Aufsätze autoklavierbar sind, einige jedoch als Einwegmaterial nicht wieder aufbereitet werden dürfen
- Überprüfen Sie, ob die Klinge korrekt im Handgriff sitzt. Fixieren Sie sie mit dem Klingenschlüssel, bis Sie das charakteristische »Klick« hören

Eine häufige Säuberung des Koagulationskopfes oder des Skalpells ist nicht nötig. Haftet trotzdem ein Geweberest an der Klinge? Aktivieren Sie die Klinge 1–2 s ohne Patientenkontakt

- Achten Sie darauf, dass das Handstück nach dem Sterilisationsvorgang nicht mehr feucht ist. Ist das der Fall, trocknen Sie das Handstück, indem Sie das Instrument während Ihrer Instrumentenvorbereitung 5 min eingeschaltet haben
- Bedenken Sie, dass das Handstück nicht in Feuchtigkeit getaucht werden darf
- Einen Sturz aus der Höhe des Instrumententisches verträgt es nicht!
- Lassen Sie den Handgriff, wenn er nicht gebraucht wird, nicht auf dem Patienten liegen!
- Ein häufiger Instrumentenwechsel ist nicht mehr nötig

2.15.3 Instrumentelle Grundausstattung

Beispielhaft werden hier einige Instrumente vorgestellt. Die Entwicklung der Instrumentarien geht gerade in diesem Bereich so schnell voran, dass kein Anspruch auf Aktualität erhoben werden kann.

Veress-Nadel (Abb. 2.91)

Dieses Instrument zum Anlegen eines Pneumoperitoneums gibt es in verschiedenen Durchmessern, unterschiedlichen Längen, als resterilisierbares Instrument und als Einweginstrument.

Bei Mehrwegutensilien muss vom instrumentierenden Personal grundsätzlich die Funktionsfähigkeit des Schnappmechanismus für den Nadelschutz und für die Durchgängigkeit überprüft werden.

Die Handhabung in Form einer Blindpunktion der Bauchhöhle, meist durch eine Hautinzision unterhalb des Nabels, birgt die Gefahr der Organ-/Darmperforation. Daher werden bei der Punktion die Bauchdecken angehoben. Mit dem Eindringen in die Bauchhöhle wird der Schnappmechanismus des Nadelschutzes hörbar ausgelöst.

Vor der Gasinsufflation werden mit einer 10-ml-Spritze diverse Sicherheitstests durchgeführt:

Lässt sich 0,9%ige NaCl-Lösung leicht einbringen und kein Blut, sondern Luft aspirieren, kann davon ausgegangen werden, dass die Nadelspitze regelrecht und frei im Bauchraum liegt.

Die Gasinsufflation kann nun beginnen, ein abrupter Druckanstieg am CO_2-Insufflator weist auf eine Fehllage der Veress-Kanüle hin und zwingt zur Korrektur.

Viele Operateure verzichten auf die Veress-Kanüle und bevorzugen nicht nur bei voroperierten Patienten das offene Vorgehen. Dabei wird nach der Hautinzision die Faszie angeklemmt und inzidiert. Mit einem stumpfen Instrument wird der freie Weg in die Bauchhöhle geprüft und die Trokarhülse über den Führungsstab vorgeschoben.

Trokare

Trokare gibt es in verschiedenen Durchmessern (12, 11, 10 und 5 mm) und verschiedenen Längen (Abb. 2.92). Wichtig bei allen Trokaren ist, dass die Hähne sich leicht öffnen und schließen lassen und dass die Trokare sich ohne Kraftaufwand aus ihren Hülsen ziehen lassen.

Die Einwegmodelle der verschiedenen Anbieter haben den Vorteil, dass die Trokarspitze nach dem Erreichen der Abdominalhöhle zurückschnappt, sobald es keinen Widerstand mehr zu überwinden gilt. Die Trokarspitzen können rundgeschliffen oder mehrkantig ausge-

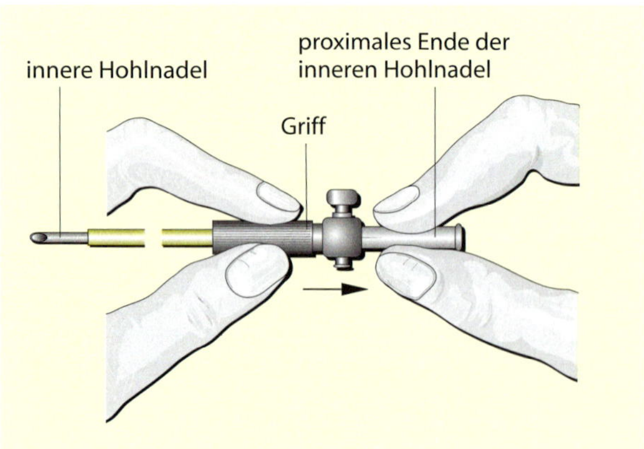

Abb. 2.91 Resterilisierbare Veress-Nadel

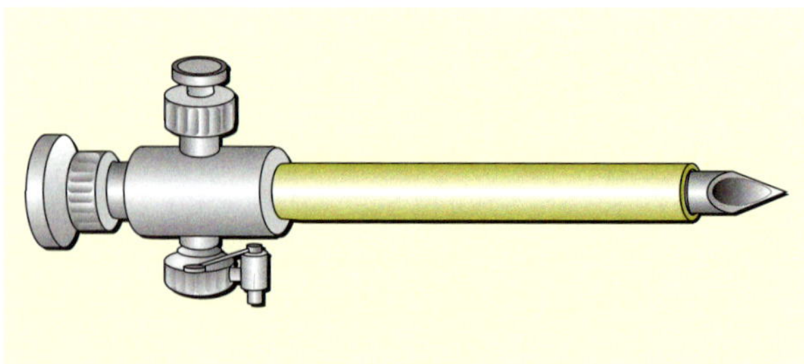

Abb. 2.92 Trokar. Ventile verhindern, dass das CO_2 wieder aus dem Bauchraum entweichen kann

formt sein. Eine absolute Sicherheit gegen Verletzungsgefahren bieten diese Trokare jedoch auch nicht.

Optiken

Zumeist kommt eine 30°- oder 45°-Optik zum Einsatz, die über einen passenden Trokar eingeführt wird. Daran werden das Lichtleitkabel und die Kamera angeschlossen, mit einem industriell gefertigten Überzug steril bezogen und an der Patientenabdeckung mit einem Klebestreifen fixiert. Optiken werden körperwarm angereicht und/oder mit einem Antibeschlagmittel betupft.

Clipapplikatoren

Die Clipzangen (◘ Abb. 2.93) werden zumeist über eine 10-mm-Trokarhülse eingebracht, nachdem sie mit dem gewünschten Clip gefüllt wurden. (Diese Clips stehen aus Titan oder aus resorbierbarem Material, z. B. PDS, zur Verfügung.)

Dazu wird die Zange in geöffnetem Zustand mit den Branchen auf das Clipmagazin gedrückt. Werden beim Anreichen der Applikatoren versehentlich die Handgriffe zusammengedrückt, fällt der vorbereitete Clip heraus.

! Beachten Sie, dass die Clips in die korrekte Zange gefüllt werden! Jede Clip-Größe hat ihren »eigenen« Applikator. Ein PDS-Clip passt nicht in die Zange für Titan-Clips!

Manche Clipzangen haben vorn am Arbeitsteil ein ausfahrbares Häkchen zur Erleichterung der Präparation. Die Clipapplikatoren werden von vielen Anbietern als Einweginstrument geliefert. Hier sind die Clips schon im Applikator enthalten.

Reduzierhülsen

Diese Hülsen reduzieren den Durchmesser der schon eingebrachten Trokarhülsen auf den kleineren Durchmesser der Arbeitsinstrumente. Während der Arbeitsvorgänge kann also kein Gas entweichen, wenn z. B. die 5-mm-Schere über eine 10-mm-Hülse eingeführt wird.

Anderen Trokaren werden dazu nur noch Reduzierkappen aufgesetzt. Diese passen für mehrere unterschiedliche Instrumentenschaftdurchmesser.

Einwegtrokare reduzieren durch ein Ventilsystem ohne Extra-Kappen.

Scheren

Sie werden entsprechend den Trokaren mit 10 oder 5 mm Durchmesser angeboten.

Die meisten Modelle, vornehmlich Einweginstrumente, haben einen beweglichen Drehkopf, sodass der Operateur in der Lage ist, die Schere nur in den Branchen zu drehen, ohne den Instrumentenhandgriff umzusetzen.

Eine in den Branchen aufgebogene Schere ist die Hakenschere (◘ Abb. 2.94).

Jede Schere muss vor dem Anreichen 2- bis 3-mal geöffnet und geschlossen werden, um eine Hemmung auszuschließen.

Ein isolierter Schaft ermöglicht die Schere an das monopolare HF-Gerät anzuschließen, um vor dem Schneiden zu koagulieren.

Eine bipolare Schere steht ebenfalls zur Verfügung.

Gewebezange

Diese Zange (◘ Abb. 2.95) hat ein relativ großes, grobes Maul und wird häufig als Zange für Präpariertupfer ge-

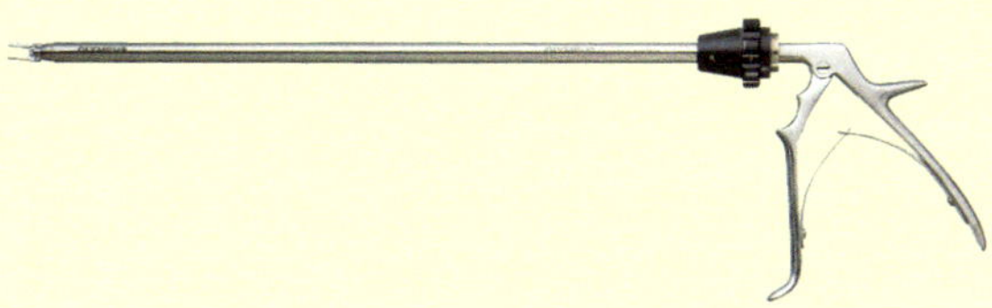

2.93

◘ Abb. 2.93 Resterilisierbarer Clipapplikator

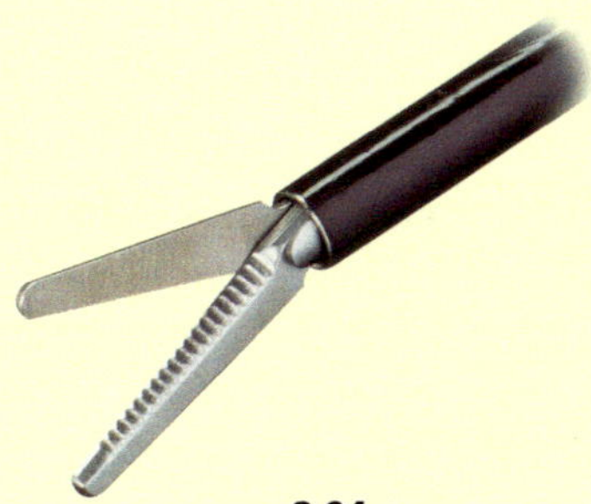

2.94

◘ Abb. 2.94 Resterilisierbare Hakenschere

nutzt. Der Tupfer muss fest eingespannt sein. Die Arretierung darf aber nicht bis auf die letzte Raste geschlossen werden, damit die Zange nicht durch Überspannung aufspringt.

Es ist darauf zu achten, dass jeder Tupfer der/dem Instrumentierenden zurückgegeben wird, oder Einwegpräpariertupfer, die fest mit einem Stab verbunden sind, sind zu benutzen.

Taststab

Der Taststab ist ein stumpfer, runder Metallstab, mit dem sondiert, ausgetastet, ausgemessen oder auch Organe weggehalten werden können.

Hakenelektrode

Die Hakenelektrode ist ein langer, vorn entweder um 90° abgewinkelter oder abgerundeter Stab, auf den Gewebestrukturen aufgeladen werden können. Der Stab hat einen monopolaren HF-Anschluss (◘ Abb. 2.96). Das Gewebe wird koaguliert und ggfs. mit einer Schere durchtrennt. Vielfach haben diese Hakenelektroden einen Spülkanal, damit während des Koagulierens gespült und der entstehende Rauch abgesaugt werden kann.

Löffelzange

Die Branchen dieser Zange sind wie Löffel geformt. Sie kommt beim Bergen von Steinen oder Biopsien zur Anwendung.

Fasszange

Gewebefasszangen gibt es in vielen Größen und Stärken. Sie sind arrettierbar und haben ein geriefeltes Maul, das innen oft eine löffelartige Riefelaussparung hat, um das Gewebe nicht zu traumatisieren. Sie eignen sich z. B. zum Fassen der Gallenblase (◘ Abb. 2.97).

Dissektionszangen sind kleine Fasszangen mit konisch zulaufenden Branchen mit Querriefelung. Sie eignen sich zur Präparation von Gewebs-/Organstrukturen.

Nadelhalter

Das Nähen während einer laparoskopischen Operation erfordert sicher das größte Umdenken. Die Nadelhalter gibt es in verschiedenen Ausführungen; v. a. der Arbeitsgriff unterscheidet sich von anderen Instrumenten. Zum Knoten ist immer ein zweites Instrument notwendig, wenn kein vorgeknoteter Faden benutzt wird.

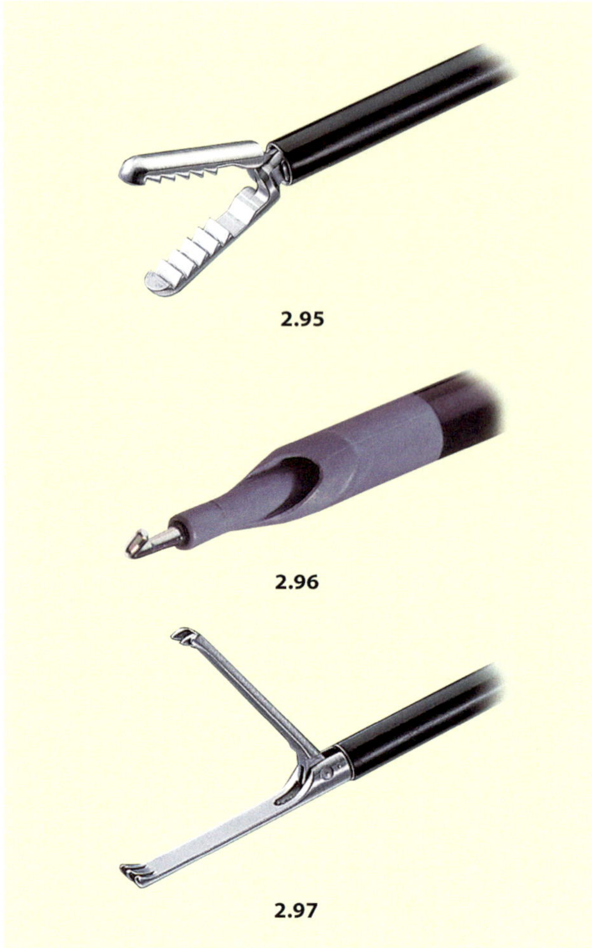

◘ Abb. 2.95 Gewebezange als Mehrweginstrument
◘ Abb. 2.96 Hakenelektrode mit HF-Ansatz
◘ Abb. 2.97 Gewebefasszange. (Abb. 2.93–.2.97 Fa. Olympus, Winter & Ibe)

Bergesack

Ein Kunststoffbeutel, über eine Einführhilfe eingebracht, wird intraabdominal ausgerollt, um z. B. die Gallenblase oder die Appendix aufzunehmen, damit sie kontaminationsfrei vor die Bauchdecke gezogen werden kann. Außerdem kann in dem Sack eine Steinzertrümmerung vorgenommen werden. Damit ist eine problemlose Bergung der Konkremente möglich.

Bergetrokar

Große Trokare, die die Inzision bis auf 33 mm dilatieren können, um Resektate kontaminationsfrei zu entfernen (z. B. bei Sigmaresektionen).

Saug-Spül-Kanüle

Sofern nicht über die vorhandenen Spülkanäle der einzelnen Instrumente gesaugt wird, kann eine Saug-Spül-Kanüle an die Saug-Spül-Pumpe angeschlossen werden. Über einen Schlauch wird die Spülflüssigkeit ins Abdomen geleitet, über einen anderen Schlauch wird abgesaugt. Es finden 5- und 10-mm-Saugrohre Verwendung.

2.15.4 Handhabung

Die Instrumente müssen während der Operation ständig sauber gehalten werden, damit Blut- und Gewebereste nicht die Handhabung erschweren, Hohlschäfte werden mit Aqua dest. durchgespült.

Der Operateur schaut kontinuierlich auf den Monitor, sodass das OP-Personal beim Einführen der langen Schäfte in die Trokarhülsen behilflich sein muss.

Instrumentenaufbereitung

Nach Beendigung der Operation wird das Einmalmaterial entsprechend entsorgt und das wiederverwendbare Instrumentarium der Aufbereitung zugeführt. Damit keine Blut- und Eiweißreste antrocknen können, muss es unmittelbar nach Gebrauch durchgespült werden.

Die Instrumente werden zerlegt; alle Hähne müssen offen sein. Stark verschmutzte Hohlräume können, soweit zugänglich, mit einer kleinen Bürste gereinigt werden. Die Instrumentenwaschmaschinen müssen mit einem Einsatz versehen sein, auf den die Hohlschaftinstrumente aufgesteckt werden können, um eine Spülung, Desinfektion und Reinigung zu gewährleisten.

Vor der Sterilisation müssen die Instrumente mit vollentmineralisiertem Wasser gespült werden. Sie dürfen nur trocken autoklaviert werden.

Das Metallinstrumentarium und die Lichtleitkabel können dampfsterilisiert werden.

! Bitte berücksichtigen Sie die Auskühlzeit der Optiken! (Niemals mit kaltem Wasser abschrecken.)

Ältere Optiken müssen gassterilisiert werden oder der umweltfreundlichen Plasmasterilisation zugeführt werden.

2.15.5 Operationen

Laparoskopische Cholezystektomie

Nicht nur aus Gründen des Komforts für den Patienten (günstige Kosmetik, weniger Schmerzen), sondern auch aus betriebs- und volkswirtschaftlicher Sicht, nämlich einerseits der Abrechnung als Fallpauschale, andererseits Verkürzung des Krankenhausaufenthalts und der Krankheitsdauer, ist die endoskopische Cholezystektomie zu einem Standardeingriff geworden.

Die intraoperative Cholangiographie ist auch bei dieser Methode durchführbar.

■■■ Indikation

- Cholezystolithiasis,
- Gallenblasenhydrops,
- chronische und akute Cholezystitis.

■■■ Kontraindikationen

- Gallige Peritonitis nach Gallenblasenperforation,
- Gallenblasenphlegmone,
- Gerinnungsstörungen,
- akute Pankreatitis.

Stellt sich während der Inspektion und Präparation heraus, dass sich der Ductus cysticus und die A. cystica nicht optimal gegen den Ductus choledochus abgrenzen lassen, muss auf die konventionelle Methode der Cholezystektomie zurückgegriffen werden.

■■■ Prinzip

In dem mit CO_2 aufgefüllten Intraperitonealraum wird die Gallenblase retrograd durch in der Regel 4 Trokare (▫ Abb. 2.98) mit Schere, Clips und HF-Koagulator bzw. Ultraschallskalpell entfernt, nachdem die A. cystica und der Ductus cysticus zwischen Clips durchtrennt wurden.

■■■ Lagerung

- Steinschnittlage mit abgesenkten Beinen, neutrale Elektrode an einem Oberschenkel (europäische Lagerung).
- Alternativ: Rückenlage mit gespreizten Beinen (amerikanische Lagerung).

■■■ Instrumentarium

Laparoskopische Grundausstattung:

- »Geräteturm« mit CO_2-Insufflator inklusive Gasflasche, Saug-Spül-Pumpe, Optikwärmer, alternativ steriles Antibeschlagmittel.
- Kaltlichtquelle, Videorekorder, Kamera, Monitor, HF-Gerät, evtl. Ultraschallskalpell.
- Veress-Nadeln und 10-ml-Spritze, Trokare mit Trokarhülsen, Optik, Taststab, Clipapplikator mit Clips (Titan- oder resorbierbare Clips), Hakenschere, Ha-

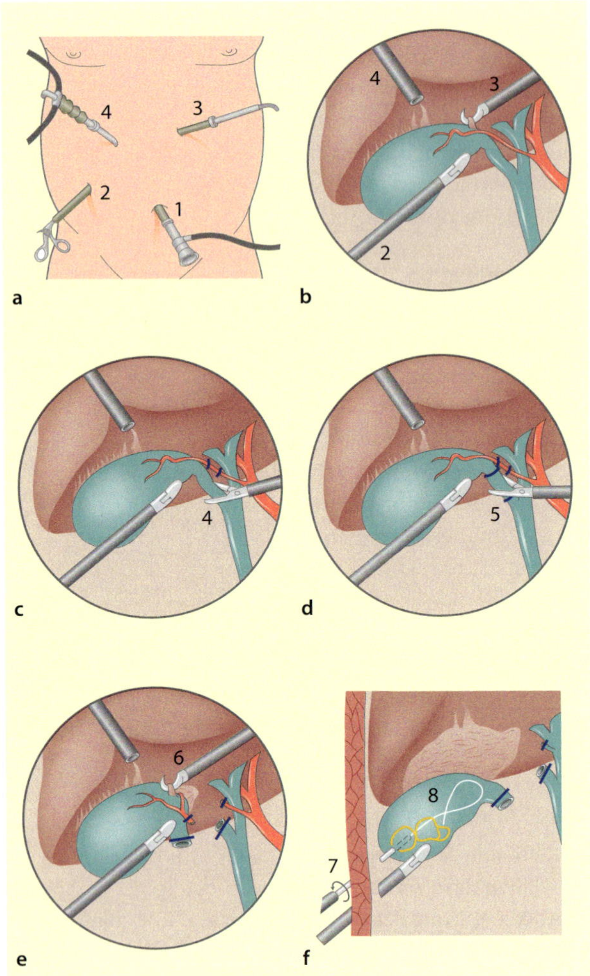

Abb. 2.98 Laparoskopische Cholezystektomie, Einbringen der Arbeitstrokare. *1* Laparoskop (10 mm), *2* rechte Fasszange (5 mm), *3* Diathermie-Hakensonde (5 mm), *4* Spül-Saug-Vorrichtung. (Nach Siewert 2001)

ken- und/oder Messerelektroden für den HF-Anschluss, evtl. Sichelklingenansatz für das Ultraschallskalpell, Reduzierhülsen bzw. -kappen, Fasszangen, Dissektionszangen, Löffelzange, Präpariertupfer.

- Steriler Bezug für die Kamera.
- Skalpell, Präparierschere z. B. nach Metzenbaum, 2 chirurgische Pinzetten und 1 Nadelhalter.

Bereitgestellt werden sollte bei jeder laparoskopischen Operation das Instrumentarium, das benötigt wird, um eine notfallmäßige Laparotomie oder ggf. Thorakotomie vornehmen zu können.

Vor der Operation wird der Magen über eine Magensonde entleert, teilweise ist ein Blasenverweilkatheter indiziert.

Laparoskopische Cholezystektomie

► Das OP-Gebiet wird desinfiziert und der Patient abgedeckt

► Der Operateur und ein fakultativer zweiter Assistent stehen rechts bzw. links des Patienten, der erste Assistent zwischen den Beinen des Patienten. Alternativ kann der Operateur zwischen den Beinen stehen, der erste Assistent links, der fakultative zweite rechts. Die/der Instrumentierende fährt den Tisch über das linke Bein des Patienten

► Um einen Raum für die endoskopische Untersuchung zu schaffen, muss zunächst CO_2 in den Intraperitonealraum insuffliert werden

► Dazu wird eine Veress-Nadel in Kopftieflage am Nabel in den Bauchraum unter Hochziehen der Bauchdecken eingeführt, ohne dass dabei Darmschlingen verletzt werden dürfen. Durch diese Kanüle werden mit dem Gasinsufflator ca. 3–6 l CO_2 in das Abdomen gefüllt. Alternativ wird offen die 10-mm-Trokarhülse durch eine Miniinzision von Faszie und Peritoneum vorgeschoben. Über diese Hülse erfolgt die Gasinsufflation

► Währenddessen ist Zeit für die/den Instrumentierende(n) und den »Springer« alle benötigten Kabel anzuschließen und das Kamerakabel mit einem sterilen Bezug zu versehen

► Bei einigen Kameras muss der sog. Weißabgleich erfolgen. Dabei wird vor die Optik ein weißer Tupfer gehalten, der dann auf dem Monitor weiß erscheinen muss. Mit einer Korrekturtaste wird die korrekte Farbeinstellung vorgenommen

► Wenn die Insufflation beendet ist, wird die Veress-Nadel entfernt. Durch einen kleinen Hautschnitt am Nabel wird unter Perforation der Faszie ein 10- oder 12-mm-Trokar mit Hülse eingeführt. Danach wird der Trokar entfernt und durch eine 30°- oder 45°-Optik ersetzt und der Gasanschluss auf die Trokarhülse gesetzt

► Die Optik muss entweder vorgewärmt oder aber mit einem »Antibeschlagmittel« betupft werden, um klare Sicht auf das OP-Gebiet zu haben und zu behalten. Dann wird die Inspektion des Abdomens vorgenommen

► Folgende Trokare werden zusätzlich eingeführt:
- ein 5er-Trokar im rechten Unterbauch, ein weiterer 5er-Trokar in der Medioklavikularlinie subkostal rechts und
- paramedian links im Epigastrium ein weiterer 10-mm- oder 12-mm-Trokar

(Diese Angaben sind sicherlich abteilungsspezifisch.)

- ► Zuerst werden evtl. vorhandene Adhäsionen zur Bauchdecke durchtrennt. Ein Rundumblick durch die Bauchhöhle wird vorgenommen, dann die Gallenblase freipräpariert
- ► Durch die eine Hülse wird der Taststab geführt, der die Leber aus dem Sichtfeld halten soll. Durch die andere Hülse wird eine Fasszange an die Gallenblase geschoben, um diese am Infundibulum zu fassen und zu spannen. Häufig wird die Gallenblase auch am Fundus angeklemmt
- ► Durch eine dritte Hülse wird eine HF-Elektrode platziert. Mit deren Hilfe werden der Ductus cysticus und die A. cystica freipräpariert. Diese Elektrode wird häufig im Wechsel mit einer Hakenschere, einem Dissektor oder einem eingespannten Präpariertupfer benutzt
- ► Nach der Präparation wird die Elektrode oder die Schere durch den Clipapplikator ersetzt. Der Ductus cysticus und die A. cystica werden zentral doppelt und peripher einfach verschlossen. Nach Entfernung des Applikators werden diese beiden Gebilde mit der Hakenschere abgesetzt
- ► Die Gallenblase wird angespannt, und mit der HF-Hakenelektrode oder der Ultraschallklinge retrograd vollständig aus dem Leberbett gelöst
- ► Nach dem Umsetzen der laparoskopischen Optik in den zweiten großen Trokar im Oberbauch wird die Gallenblase unter Sicht mit dem Infundibulum und durch Zurückziehen des Trokars in den Nabeltrokar vor die Bauchdecke gezogen. Nach Eröffnung und Absaugen kann sie mitsamt kleiner Steine entfernt werden
- ► Evtl. muss am Nabel ein zusätzlicher Faszieneinschnitt ausgeführt werden oder über einen Bergesack wird die Gallenblase kontaminationsfrei und ohne Steinverlust entfernt. Bei Bedarf müssen Steine in dem Sack zertrümmert werden. Ist die Gallenblase zu groß für die Extraktion am Nabel-Trokar-Einschnitt, kann entweder die Inzision im Faszienniveau erweitert oder über einen Bergetrokar dilatiert werden
- ► Während laparoskopischer chirurgischer Eingriffe wird bei Bedarf der Intraperitonealraum gespült, um z. B. Blut, Koagulationsrückstände, Gallenflüssigkeit oder andere Sekrete zu entfernen. Dies beugt Infektionen und evtl. späteren Verwachsungen vor
- ► Für die Spülung wird ein Zufluss- und ein Abflussschlauch an die Saug-Spül-Pumpe angeschlossen, sodass man über einen Ansatz spülen und danach über denselben Ansatz absaugen kann
- ► Nach der Entfernung der Gallenblase muss eine gründliche Inspektion des Gallenblasenbettes und des subhepatischen Bereiches vorgenommen werden
- ► Die Blutstillung erfolgt mit der HF-Elektrode, bzw. mit der Ultraschallklinge, bei Bedarf kann Kollagenvlies oder auch Fibrinkleber eingebracht werden. Evtl. wird subhepatisch unter Sicht eine Drainage platziert
- ► Alle Trokarhülsen werden mit den Instrumenten entfernt, das CO_2 abgelassen und die Inzision mit Naht oder Pflasterverband verschlossen
- ► Alle Geräte werden ausgeschaltet, die zu- und abführenden Schläuche und Kabel diskonnektiert

Laparoskopische Appendektomie

▪▪▪ Indikation

- Phlegmonöse Form der Appendizitis,
- z. T. auch die gangränöse Appendizitis.

▪▪▪ Kontraindikation

- Adhäsionsbauch,
- Abszess,
- diffuse Peritonitis.

Findet sich intraoperativ ein laparoskopisch nicht abtragbares Meckel-Divertikel, ist ggf. auf die konventionelle Methode umzusteigen.

▪▪▪ Prinzip

Laparoskopische Entfernung der Appendix ohne Versenkung des Stumpfes.

▪▪▪ Lagerung

- Steinschnittlage, neutrale Elektrode am rechten Oberschenkel.
- Alternativ Rückenlage mit gespreizten Beinen.

▪▪▪ Instrumentarium

Technisches und instrumentelles Grundinstrumentarium wie bei der Cholezystektomie beschrieben. Ein Bergesack sollte hier immer verwendet werden, ebenso laparoskopische Nadelhalter, bzw. vorgefertigte Schlingen (z. B. Röder-Schlingen) oder ein linearer Anastomosenstapler mit integriertem Cutter für die endoskopische Anwendung.

Laparoskopische Appendektomie

- ► Die Anlage des Pneumoperitoneums erfolgt wie bei der Cholezystektomie beschrieben
- ► Die Platzierung der verschiedenen Trokare wird der Lokalisation des geplanten Eingriffs angepasst (Nabel, rechter und linker Unterbauch)

► Die Appendix wird mit einer Zange gefasst und gespannt. Das Mesenteriolum wird mit der HF-Hakenelektrode oder der Ultraschallklinge und der Hakenschere präpariert, die A. appendicularis doppelt geclipt

► Die Appendix wird an der Basis mit 2 vorgefertigten Schlingen, die über eine Trokarhülse eingebracht werden, doppelt unterbunden (◘ Abb. 2.99) und mit einer Messerelektrode abgetragen, der Stumpf wird desinfiziert

► Das Herausziehen des Präparats erfolgt über einen Bergesack oder in einem Trokar, da es hier auf keinen Fall zu einer Berührung der entzündeten Appendix mit den Schichten der Bauchwand kommen darf

► Eine Stumpfversenkung, wie sie aus der konventionellen Chirurgie bekannt ist, erfolgt hier nicht!

► Bei Bedarf wird der Intraabdominalraum gespült, danach wird das CO_2 abgelassen, die Trokare werden entfernt und die Einstichstellen verschlossen

► Alternativ kann die Appendix mit Mesenteriolum mit einem Endocutter in einem Arbeitsgang abgesetzt werden. Zum Einsatz dieser Stapler muss ein 12-mm-Trokar eingebracht werden

Laparoskopische Hernioplastik

Neben der konventionellen offenen Methode haben sich in den letzten Jahren laparoskopische Techniken zur Leistenhernienversorgung etabliert. Für die endoskopischen Techniken gelten die Versorgungskriterien ähnlich wie für die »offenen« Verfahren:

- Der Bruchsack wird präpariert und abgetragen oder reponiert.
- Die Hinterwand des Leistenkanals wird verstärkt.

Anders als bei der konventionellen Methode erfolgt die Hinterwandverstärkung im Bereich der Fascia transversalis immer durch Implantation eines nichtresorbierbaren Kunststoffnetzes, das meistens mit Clips fixiert wird. Als Mindestmaß werden Netzgrößen von 13 × 8 cm empfohlen, häufig werden 15 × 10 cm und größer gefordert, um Hernienrezidive sicher zu verhindern.

Grundsätzlich werden zwei Zugangswege unterschieden:

- TAPP (= Trans Abdominal Preperitoneal Patch): Bei diesem Zugangsweg wird das Kunststoffnetz auf laparoskopischem Wege, also durch die freie Bauchhöhle, nach Durchtrennung und Präparation des Peritonealüberzugs und des Bruchsackes von innen vor die Bruchpforten platziert.
- TEP (= Total Extraperitoneal Patch): Bei diesem Zugangsweg wird die Bauchhöhle nicht eröffnet, sondern es wird am Nabel beginnend ein präperitonealer Weg zwischen M. rectus abdominis und hinterem Blatt der Rektusscheide bis zur Leistenregion so weit stumpf aufgedehnt, bis der präperitoneale Raum vor den Bruchpforten die Ausbreitung des Kunststoffnetzes erlaubt.

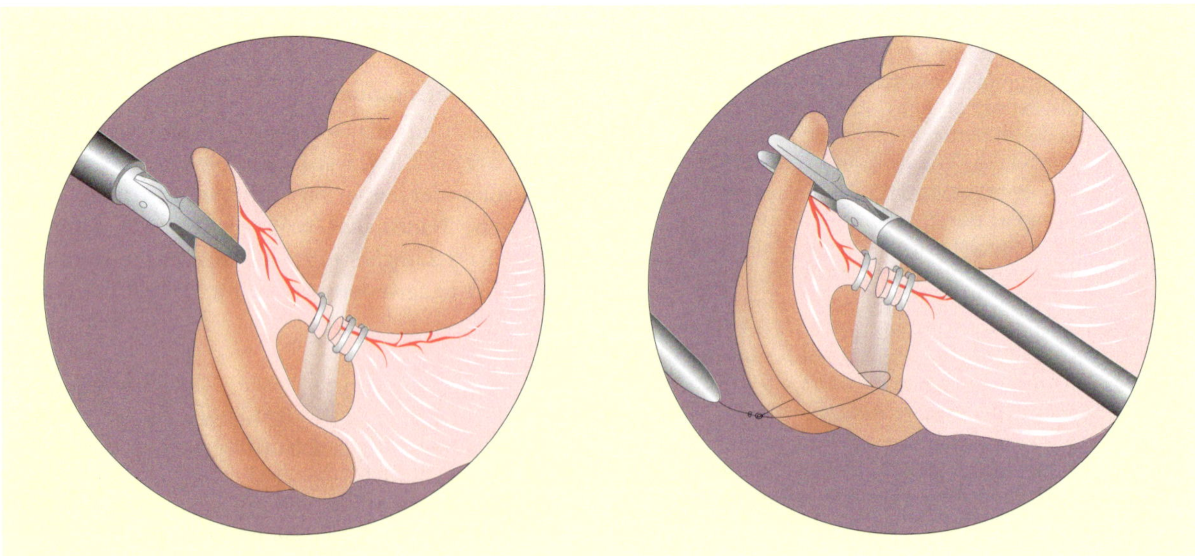

◘ Abb. 2.99 Abtragen der Appendix an der Basis. (Nach Jaeger u. Ladra 1993)

Indikation

Eine einheitliche Empfehlung kann aufgrund fehlender abschließender Studienergebnisse immer noch nicht gegeben werden. Als vorteilhaft wird die elektive Indikation zur Versorgung von Rezidivhernien und beidseitigen Hernien im Erwachsenenalter angegeben. Sowohl die völlige Ablehnung als auch die Forderung zur Ausweitung der Indikation auf alle Hernienversorgungen werden in der Literatur beschrieben.

Prinzip

Transperitoneale oder präperitoneale endoskopische Freilegung des Bruchsackes, der Bruchpforte, der Fascia transversalis und der Samenstranggebilde. Verschluss der Bruchpforte und Hinterwandverstärkung mit einem industriell gefertigten, nichtresorbierbarem Netz. Das Netz muss alle Bruchpforten weit überlappend abdecken.

Lagerung und Vorbereitung

Trendelenburg-Lagerung in 20–30°-Position (Abb. 2.100), ggf. mit Abspreizung der Beine, neutrale Elektrode bei einseitiger Versorgung am Oberschenkel der OP-Seite. Unmittelbar präoperativ sollte die Entleerung der Harnblase erfolgen.

Instrumentarium

Technische laparoskopische und instrumentelle Grundausstattung. Neben dem 10-mm-Optiktrokar wird bei einseitiger Versorgung für die zu operierende Seite ein 12-mm-Trokar bevorzugt, für die andere Seite reicht ein 5-mm-Trokar. Bei beidseitiger Versorgung werden zwei 12-mm-Trokare eingesetzt. Das Ultraschallschneidegerät erleichtert die sichere Präparation der Strukturen. Zur Netzfixation wird ein Clipapplikator benötigt, vorzugsweise ein automatisch nachladendes Gerät, das die benötigte Anzahl an Clips (bis 20) enthält. Spezielle Herniensstapler (Ethicon Endosurgery, Auto Suture, Origin) geben die Clips wie Tackerklammern bzw. als spiralförmige Klammern ab.

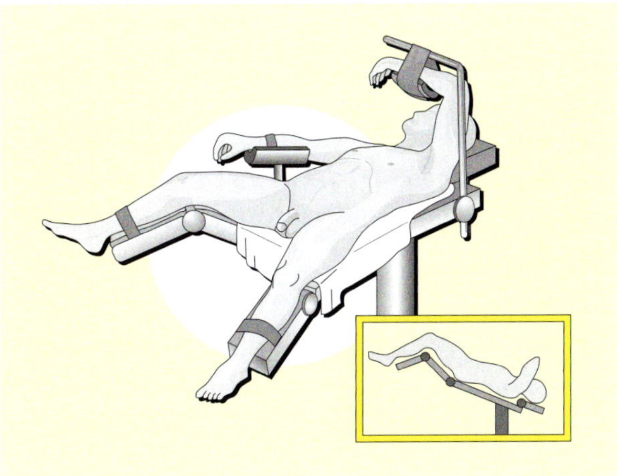

Abb. 2.100 Lagerung zur laparoskopischen Herniotomie

Endoskopische Herniotomie (TAPP)

- Der männliche Patient wird in bekannter Weise abgewaschen und inklusive des Hodenbereiches abgedeckt. Operateur und Assistenz stehen entweder beidseits des Patienten oder operieren vom Kopfende aus
- Nach Anlage des Pneumoperitoneums in standardisierter Technik Einbringen der 30°- oder 45°-Optik in den 10-mm-Nabeltrokar. Die Nabelinzision kann sowohl unterhalb, als auch oberhalb des Nabels angelegt werden. Nach der Inspektion und Exploration Herstellen der Kopftieflage und Einstellen der Bruchpforte
- Einbringen von 2 weiteren Arbeitstrokaren: bei einseitiger Versorgung 12-mm-Trokar auf der Hernienseite lateral des M. rectus abdominis. Auf der anderen Seite reicht ein 5-mm-Trokar bei beidseitiger Versorgung. Einbringen von zwei 12-mm-Trokaren beidseits lateral
- Nach Einschneiden des Peritoneums ventral der Bruchpfortenkante zwischen Plica umbilicalis medialis bis lateral in die Nähe des Beckenkamms erfolgt die sorgfältige Präparation der anatomisch wichtigen Strukturen: Bruchpforte und Bruchsack, Schambein, Cooper-Band, Tractus ileopubicus, epigastrische Gefäße, Samenleiter und Samenstranggefäße, Identifizieren der Beckengefäße. Die Präperation erfolgt mit Schere, Hakenelektrode oder Ultraschallklinge und Dissektor. Der Peritonealüberzug wird weit nach dorsal und schmal nach ventral abgelöst, der Bruchsack dabei reponiert
- Das Kunststoffnetz wird zusammengerollt über den 12-mm-Trokar eingebracht. Es wird über der Bruchpforte, über den Samenstranggebilden und über der Fascia transversalis ausgebreitet und sparsam v. a. medial und ventral mit Clips fixiert
- Als Abwandlung wird auch das Einschneiden des Netzes durchgeführt mit Unterfahren der Samenstranggebilde und der epigastrischen Gefäße. Die Netzvereinigung am Einschnitt erfolgt dann mit Clips. Lateral dorsal im OP-Gebiet sollen keine Clips wegen drohender Nervenirritationen platziert werden

► Das Peritoneum muss über dem Kunststoffnetz durch endoskopische Naht oder mit Clips verschlossen werden, um gefährliche Darmadhäsionen zu vermeiden

► Nach Entfernung der Trokare unter laparoskopischer Sicht werden an den 12-mm-Inzisionen Fasziennähte durchgeführt. Hautnaht und Pflasterverband beenden den Eingriff

Endoskopische Herniotomie (TEP)

► Nach gleichartiger Vorbereitung und Abdeckung des Patienten wird als wesentlicher OP-Schritt ein künstlicher präperitonealer Raum geschaffen. Hierzu wird auf der OP-Seite neben dem Nabel eine Inzision von ca. 15 mm Länge unter Sicht bis auf das vordere Blatt der Rektusscheide geführt, die Rektusmuskulatur zur Seite gehalten und auf dem hinteren Blatt der Rektusscheide stumpf mit einem Babystieltupfer in Richtung Symphyse eingegangen. Anschließend wird in die gleiche Richtung ein spezieller Ballon-Dissektions-Trokar eingeführt und bis zum Kontakt mit dem Tuberculum pubicum unter palpatorischer und visueller Kontrolle von außen vorgeschoben. Je nach Trokarmodell wird die Ballonhülse entfernt und der Ballon durch Auffüllen mit CO_2 oder physiologischer Kochsalzlösung entfaltet. Dieses führt zu einer stumpfen Gewebsspaltung mit Abhebung des Peritoneums. Langsamer und schwieriger ist die stumpfe Präparation des präperitonealen Raumes mit Hilfe konventioneller wie endoskopischer Instrumente und der Optik selbst

► In den geschaffenen Raum wird in der Mitte zwischen Nabel und Symphyse ein 5-mm-Trokar in die Medianlinie eingestochen. Von hier aus wird die laterale Dissektion des Raumes ergänzt. Von lateral wird unter endoskopischer Sicht meist ein 12-mm-Arbeitstrokar eingeführt. Alle Präparationsschritte müssen eine Verletzung des Peritoneums vermeiden, um einen Gasverlust von präperitoneal nach intraperitoneal zu verhindern

► Die eigentliche Vorbereitung der Netzimplantation erfordert die gleichen präparatorischen OP-Schritte, wie sie zur TAPP erforderlich sind. Lediglich der peritoneale Bruchsack wird in Richtung Bauchraum abgedrängt. Wird das Netz nicht mit Clips fixiert, muss das Gas so abgelassen werden, dass die korrekte Netzposition bis zum Kontakt mit dem Peritoneum verfolgt werden kann

► Die Versorgung einer bilateralen Hernie ist in der Regel ohne zusätzliche Trokare möglich. Der Präperitonealraum kann über die Mittellinie leicht zur Gegenseite erweitert werden. Entweder wird eine entsprechend breite Netzprothese mit individuellen Maßen im beidseitigen Extraperitonealraum ausgebreitet oder ein zweites Kunststoffnetz auf der Gegenseite platziert

► Bei der Trokarentfernung und der Versorgung der Trokarinzisionen gelten die Regeln der TAPP-Technik

Laparoskopische Fundoplicatio nach Nissen/Rosetti

Für das Krankheitsbild der Hiatushernie mit Refluxösophagitis und für die OP-Indikation ▪ s. 2.4.4.

Wie für die konventionelle Operation gilt auch hier, dass das chirurgische Vorgehen erst indiziert ist, wenn bei gesicherter funktioneller und/oder endoskopischer Diagnose die medikamentöse Therapie langfristig (etwa 6 Monate) versagt. Medikamentös kann zwar die Säureausschüttung des Magens wirksam verhindert werden, jedoch nicht der gallige Reflux aus dem Duodenum. Nach neuerer Auffassung ist dieser messbare Gallereflux für die Entstehung der intestinalen Epithelmetaplasie im distalen Ösophagus (Barrett-Schleimhaut) verantwortlich. Die Verfügbarkeit der laparoskopischen Fundoplicatio könnte zukünftig unter Berücksichtigung des Gallerefluxes eine häufigere Indikationsstellung zur Folge haben.

▪▪▪ Prinzip

Reposition der Hernie, Beseitigung des Refluxes durch Bildung einer Manschette aus der Funduswand, die um den distalen Ösophagus gelegt und fixiert wird, relative Einengung des Hiatus.

▪▪▪ Lagerung

- Rückenlagerung, ein Arm ausgelagert, Anti-Trendelenburg-Position, Beine gespreizt.
- Die Dispersionselektrode wird an einem Oberschenkel angebracht.

▪▪▪ Vorbereitung

Ein kräftiger Magenschlauch wird eingelegt, Blasenkathetereinlage. Der Monitor steht rechts am Kopfende.

▪▪▪ Instrumentarium

Außer der Laparoskopieeinheit und dem laparoskopischen Grundinstrumentarium werden neben dem Optiktrokar vier weitere Arbeitstrokare benötigt (meist drei 10-mm-Trokare und ein 5-mm-Trokar), außerdem 2 große atraumatische Haltezangen für den Magen (Babcock-Zangen), ein Leberretraktor, monopolare Hakenelektrode, Schere und mehrere Multiclipzangen. Alternativ kann die Anwendung des Ultraschallschneidegerätes mit einer Einmalkoagulationsschere empfohlen werden.

Laparoskopische Fundoplikatio

- Der Operateur steht zwischen den Beinen des Patienten, der erste Assistent steht rechts, der zweite Assistent links neben dem Patienten, die instrumentierende Pflegekraft rechts neben dem Operateur
- Nach der üblichen OP-Felddesinfektion und Abdeckung erfolgt zunächst die Anlage des Pneumoperitoneums entweder in offener Technik oder mit Hilfe einer Veress-Kanüle unter Berücksichtigung der Sicherheitstests. Der Optiktrokar wird ca. 3 cm oberhalb des Nabels in der Mittellinie eingebracht. Am linken Oberbauch werden 2 weitere 10-mm-Trokare eingebracht, ein weiterer im rechten Oberbauch, sodass alle Trokare auf einer Kreislinie liegen. Der 5-mm-Trokar wird median im Epigastrium eingestochen
- Nach der Exploration der Bauchhöhle wird die Kardia-Fundus-Region eingestellt. Dazu wird mit dem Leberretraktor der linke Leberlappen weggehalten. Mit Schere oder Ultraschallmesser wird im Bereich des kleinen Netzes unter Schonung dort vorkommender kleinerer Leberarterienäste das Peritoneum parallel zur rechten Ösophaguskante inzidiert. Diese wird ventral um den Hiatus nach links fortgeführt. Zunächst wird von rechts der rechte Zwerchfellschenkel, danach der linke Zwerchfellschenkel dargestellt, dabei wird der Ösophagus dorsal stumpf unterfahren
- Die Speiseröhre kann nun zirkulär stumpf zum Mediastinum hin mobilisiert, die Hiatushernie reponiert werden, dabei werden die Vagusäste geschont
- Die große Magenkurvatur wird vom Übergang des Korpus zum Fundus beginnend skelettiert, dabei werden die Aa. gastricae breves und das Lig. gastrosplenicum entweder mit der Ultraschallkoagulationsschere oder mit Clips durchtrennt. Die Präparation berücksichtigt die enge Nachbarschaft zum Milzhilus bzw. zum oberen Milzpol und endet am linken Zwerchfellschenkel mit der kompletten Mobilität des Magenfundus
- Vor der Fundoplicatio erfolgt nun von rechts die hintere Hiatoplastik mit 2–3 nichtresorbierbaren endoskopisch oder extrakorporal geknüpften Einzelknopfnähten unter Fassen der Muskulatur des rechten und linken Zwerchfellschenkels
- Dabei wird der Ösophagus nach ventral hochgehalten
- Zur Fundoplicatioanlage wird der distale Ösophagus mit einer Babcock-Zange unterfahren, die Funduskante im mittleren Anteil gefasst und dorsal als Manschette durchgezogen. Diese liegt dann locker, wenn nach Loslassen der Zange der Fundusanteil liegen bleibt. Die Vereinigung mit der Fundusvorderwand erfolgt spannungsfrei mit 2–3 Einzelknopfnähten aus nichtresorbierbarem Nahtmaterial. Die Knotenausführung erfolgt entweder endoskopisch oder in extrakorporaler Technik. Die distale Naht fasst tangential die Ösophagusvorderwandmuskulatur, um eine Manschettendislokation zu verhindern. Während der Naht liegt eine dicklumige Magensonde. Die Manschettenweite wird durch Unterfahren mit einem Präpariertupfer auf lockeren Sitz überprüft
- Nach Kontrolle auf Bluttrockenheit Einlage einer Drainage, Entfernen der Trokare unter laparoskopischer Sicht. Versorgen der Faszienlücken mit Nähten. Hautnähte und Pflasterverbände beenden die Operation

Ausblick

Zur Zeit befinden sich weitere laparoskopische OP-Verfahren auf dem Prüfstand der wissenschaftlichen Beurteilung. Die Laparoskopie hat Einzug gehalten beim akuten Abdomen und beim Bauchtrauma. Teilweise kann die Laparoskopie bei diesen Indikationen therapeutisch eingesetzt werden. Zumindest bietet sie eine Hilfestellung für die Optimierung der Schnittführung der anschließenden Laparotomie. Bei umschriebenen Peritonealadhäsionen oder beim Briden-Ileus ist ausschließlich laparoskopisches Vorgehen möglich.

Die Entwicklung des laparoskopischen Instrumentariums ist rasant. Die Verfechter von Einweg- und Mehrwegmaterialien, Industrie und Ärzteschaft, Krankenhäuser und Krankenkassen stehen sich im Disput mit verschiedenen Erwartungen gegenüber. Die Zahl erfahrener laparoskopischer OP-Teams hat deutlich zugenommen. Die Einführung der Laparoskopie bei Kolonresektionen verzeichnet bereits erfolgreiche Arbeitsgruppen. Vor der Einführung als breit anzuwendendes Standardverfahren müssen jedoch noch sorgfältige Studien durchgeführt werden.

Der gegenwärtige Stand laparoskopischen Operierens kann insgesamt nur ausschnittsweise erfasst und dargestellt werden.

Traumatologie und orthopädische Chirurgie

W. M. Franck, J. R. Döhler,
K. Ritter-Lang, I. Middelanis-Neumann

3.1 Frakturen des Bewegungsapparates und der Wirbelsäule

Sowohl die orthopädische Chirurgie als auch die Traumatologie befassen sich mit dem Bewegungsapparat und der Wirbelsäule. Die Orthopäden behandeln überwiegend chronische, die Unfallchirurgen akute, verletzungsbedingte Probleme. Dass die beiden Gebiete in einem Kapitel skizziert werden, ist nicht nur in der nahen Verwandtschaft, sondern auch im gemeinsamen operativen Instrumentarium begründet. Zukünftig werden auch in Deutschland beide Fächer verschmelzen.

Da Knochenbrüche zum Alltag jeder OP-Abteilung gehören und ihre Behandlung weitgehend standardisiert ist, sind im Folgenden mehr unfallchirurgische als orthopädische Akzente gesetzt.

Jede Frakturversorgung zielt darauf ab, die normale Funktion des gebrochenen Knochens so rasch und gefahrenarm wie möglich wiederherzustellen. Der einzuschlagende Weg hängt von folgenden Faktoren ab:

- Art der Fraktur,
- Lokalisation der Fraktur,
- geschlossene/offene Fraktur,
- Begleitverletzungen,
- Alter und Verfassung des Patienten.
-

3.1.1 Definition und Einteilung

Fraktur bedeutet den Integritätsschaden eines Knochens durch Kräfte, die seine Belastbarkeit übersteigen.

Traumatische Fraktur

Der gesunde Knochen bricht durch eine plötzliche und unverhältnismäßige Gewalteinwirkung. Man unterscheidet geschlossene und offene Brüche und abhängig vom begleitenden Weichteilschaden jeweils die folgenden 3 Schweregrade.

Geschlossene Brüche.

- Leichte begleitende Weichteilverletzung;
- mittelschwere begleitende Weichteilverletzung, z. B. größere Muskelzerreißungen;
- schwere begleitende Weichteilverletzung mit Beteiligung einer Leitstruktur oder mit Kompartmentsyndrom.

Offene Brüche.

- Lokal begrenzte Hautverletzung ohne wesentliche weitere Weichteilschädigung, z. B. Knochendurchspießung oder auch nur Schürfungen;
- gravierende offene Weichteilschädigung ohne Verletzung von Leitstrukturen oder Kompartmentsyndrom, z. B. Hautquetschungen;
- gravierender offener Weichteilschaden mit Beteiligung von Leitstrukturen oder mit Kompartmentsyndrom.

Mit zunehmender Akzeptanz wird der Verletzungsort nach den Vorschlägen der Arbeitsgemeinschaft für Osteosynthesefragen gekennzeichnet. In dem vierstelligen Schlüssel bezeichnet die erste Ziffer die Extremität, die zweite die diaphysäre oder metaphysäre Lokalisation. Mit dem an dritter Stelle stehenden Buchstaben A, B oder C bezieht sich die Ziffer an vierter Stelle auf die Schwere der Verletzung. So bedeutet »12C3« den Bruch des Oberarmes (»1«) in Schaftmitte (»2«) mit einer komplexen Zertrümmerung (»C3«).

Kindliche Frakturen

Wie bei einem jungen Ast bleibt der straffe, aber elastische Periostschlauch erhalten (Grünholzbruch). Solche Brüche lassen sich meistens konservativ behandeln.

Pathologische Frakturen

Bruch eines vorerkrankten Knochens ohne besondere Gewalteinwirkung bei Tumoren, Metastasen, Osteoporose und Osteomalazie.

Ermüdungsfrakturen

Rezidivierende Belastungen und Mikrotraumen schwächen eigentlich gesundes Knochengewebe, das schließlich ohne eine akute Gewalteinwirkung bricht.

Beispiele: Marschfrakturen von Mittelfußknochen, Schenkelhalsbrüche bei Marathonläufern.

3.1.2 Lokalisation

Der Bruchort eines Knochens ist wichtig, weil die Blutversorgung und das Verhältnis von kortikalem zu spongiösem Knochen unterschiedlich sind. Gelenknahe Abschnitte vom Röhrenknochen sind größer und brauchen daher weniger kortikalen Knochen (Spongiosaschrauben). Am dicksten ist die Kortikalis dort, wo der Knochen am schlanksten ist, nämlich im mittleren Abschnitt des Schaftes (Kortikalisschrauben).

Zu beiden Enden hin verbreitert sich der diaphysäre Schaft in den Metaphysen. Die gelenkbildenden Enden eines Röhrenknochens sind die Epiphysen. Beim Kind und Jugendlichen steuern die knorpeligen Wachstumsfugen zwischen der Epiphyse und der Metaphyse das Längenwachstum eines Röhrenknochens. Das Wachstumspotential ist innerhalb einer Fuge gleich, aber anteilmäßig im Hinblick auf eine ganze Extremität verschieden: Die untere Wachstumsfuge des Femurs und die obere Wachstumsfuge der Tibia sind für 70% des Längenwachstums des ganzen Beines verantwortlich. Die Schädigung einer noch offenen Wachstumsfuge bedeutet eine teilweise Beeinträchtigung des Wachstumspotentials und damit die Entstehung einer Fehlform (X-Ellenbogen, O-Knie).

Apophysen sind Knochenvorsprünge, die als Ursprung oder Ansatz von Sehnen dienen, z. B. Tuberculum majus des Humerus, Trochanter major und minor des Femurs und Tuberositas tibiae. Sie können ausreißen und müssen manchmal operativ refixiert werden.

3.1.3 Frakturbehandlung

Die Frakturbehandlung besteht in einer unverzüglichen Reposition, in einer adäquaten und konsequenten Fixation und in einer möglichst raschen Rehabilitation.

Zur Behandlung von Knochenbrüchen kommen folgende Prinzipien in Frage:
- konservative Behandlung,
- operative Behandlung,
- Misch- oder Kompromisslösungen,
- besondere Verfahren.

Konservative Frakturbehandlung

Definition

Die konservative Frakturbehandlung umfasst Verbände, Schienungen, Gipse und Extensionen. Extensionen sind durch Wickel- und Klebeverbände über die Haut und durch quer liegende Drähte im Knochen möglich. Extensionen dienen heute in aller Regel nur noch als Zwischenlösung bis zu einer definitiven Versorgung. Eine Ausnahme ist die sog. Überkopfextension beim Säugling, mit der Oberschenkelbrüche bis zur Ausheilung behandelt werden.

Die häufigsten *Beispiele* von Drahtextensionen sind das suprakondyläre Femur und der Tibiakopf bei Trümmerfrakturen des Femurs.Zur Ruhigstellung von Knochen oder Gelenken eignen sich Schienen aus Metall oder Kunststoff, Gipsschalen, gespaltene zirkuläre Gipsverbände und spezielle Orthesen (z. B. Sarmiento-Brace für die Humerusfraktur). In der Traumatologie und Orthopädie der Wirbelsäule sind manchmal Gipsliegeschalen und am Kopf verankerte Fixations- und Extensionssysteme (Halo-Orthese) nötig.

Operative Frakturbehandlung

Definition

Eine operative Frakturbehandlung bedeutet nicht unbedingt die Freilegung, aber immer die innere Stabilisierung des Knochenbruches mit geeignetem Fremdmaterial nach weitgehender, möglichst idealer Wiederherstellung der normalen Anatomie.

Dazu eignen sich extra- und intramedulläre Kraftträger. Extramedulläre Kraftträger sind Platten, Schrauben, Drähte, Cerclagen sowie Stifte und Bänder aus Kunststoff und äußere Spanner.

Intramedulläre Kraftträger sind Verriegelungsnägel am Ober- und Unterschenkel, Federnägel (Ender), Bündelnägel (Hackethal), vorgespannte Prévôt-Nägel und Rush-Pins. Den Bruchbereich braucht man dabei in aller Regel nicht freizulegen. Der Vorteil liegt in der Erhaltung des Weichteilmantels und der Durchblutung. Im Vergleich mit den Plattenosteosynthesen sind die Zugänge bei intramedullären Kraftträgern viel kleiner. Das bedeutet eine geringere Belastung des Patienten und erlaubt meistens auch eine frühere Belastbarkeit der betroffenen Stelle.

Die 1958 in der Schweiz gegründete *Arbeitsgemeinschaft für Osteosynthesefragen* (AO) hat sich durch die systematische Einteilung und standardisierte Behandlung von Knochenbrüchen weltweites Ansehen erworben. Ein wesentliches Prinzip der sog. AO-Technik ist die interfragmentäre Kompression. Sie zielt auf eine stabile Osteosynthese und eine Knochenheilung durch Kompression der exakt reponierten Fraktur. Eine solche Osteosynthese kann statisch oder dynamisch realisiert werden.
- *Statische Kompression:* Hierbei werden die Fragmente dauernd und gleichmäßig zusammengedrückt; dies kann bei Schräg- oder Spiralfrakturen von Röhrenknochen durch Zug- oder Gleitschrauben, vorgespannte Platten und äußere Spanner (axiale Kompression) erreicht werden.
- *Dynamische Kompression* durch eine *Zuggurtung:* Hierbei wird die Zugseite des gebrochenen Knochens durch Platten oder Cerclagen komprimiert.

Heute gilt das allgemeine Interesse der biologischen Osteosynthese. Sie bedeutet:
- einen möglichst kleinen Zugang,
- eine relativ stabile Osteosynthese,
- den Verzicht auf die anatomische Reposition aller Fragmente.

Dieses Vorgehen gefährdet nicht zusätzlich die Durchblutung. Kallusbildung ist erwünscht. Das dafür entwickelte Impantat ist die LC-DC-Platte, die eine geringe Auflagefläche am Knochen hat.

Wenn keine interfragmentäre Kompression möglich oder erwünscht ist, z. B. bei Trümmerbrüchen, wird das Schienungsprinzip angewendet. Man unterscheidet:
- extramedulläre Schienungen mittels Fixateur externe (Abb. 3.1) oder Abstützplatte und
- intramedulläre Schienungen mittels Mark- oder Verriegelungsnagel (Abb. 3.2).

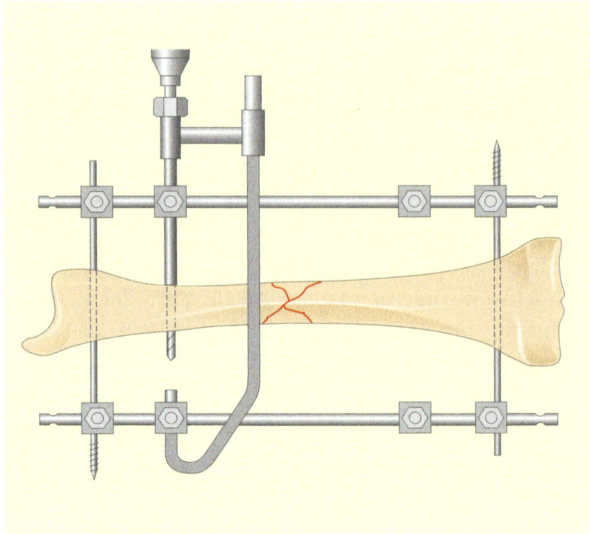

Abb. 3.1 Bilateraler Rohrfixateur

Interfragmentäre Kompression und Schienung können auch kombiniert werden, z. B.
- Zugschraube und Schutzplatte (Abb. 3.3): Können Schrauben der äußeren Belastung nicht standhalten, werden sie durch eine zusätzliche Neutralisationsplatte gesichert.
- Zugschraube und Abstützplatte (Abb. 3.4), häufig an Metaphysen;
- Zugschraube und Zuggurtungsplatte (Abb. 3.5);
- Kirschner-Drähte und Cerclagedraht (Abb. 3.6): Die Kirschner-Drähte dienen der Schienung und Rotationsstabilität. Häufige Anwendungen an Olekranon, Patella und Innenknöchel.

Besondere Frakturbehandlungen

Dazu gehören sog. Minimalosteosynthesen von Frakturen mit Gelenkbeteiligung bei Osteoporose und verschiedene Fixateurs externes (s. 3.2.10).

An der Wirbelsäule dienen sog. Fixateurs internes (BWM, USS, WSI u. a.) zur dorsalen Stabilisierung von Wirbelkörperfrakturen. Die beiden angrenzenden Wirbelkörper werden mit transpedikulären Schrauben besetzt und über Gewindestangen auf beiden Seiten winkelstabil verbunden (s. 3.4.1).

Zu den besonderen Verfahren gehören auch die häufigen Endoprothesen (s. 3.2.7) und die Verbundosteosynthesen mit Implantaten und Zement.

Operativ behandelte Frakturen heilen nicht schneller oder langsamer als konservativ behandelte. Die operative Behandlung ist aber besonders dann sinnvoll, wenn der

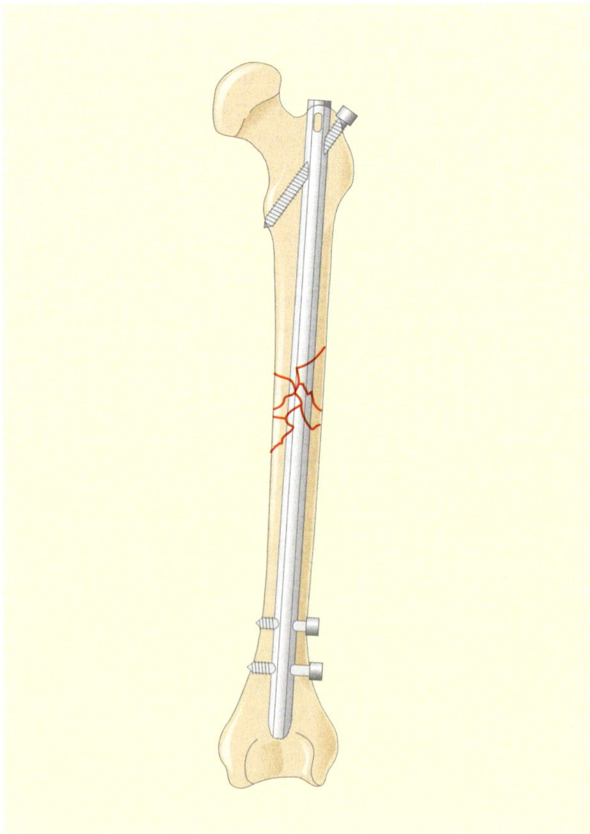

Abb. 3.2 Verriegelungsnagel

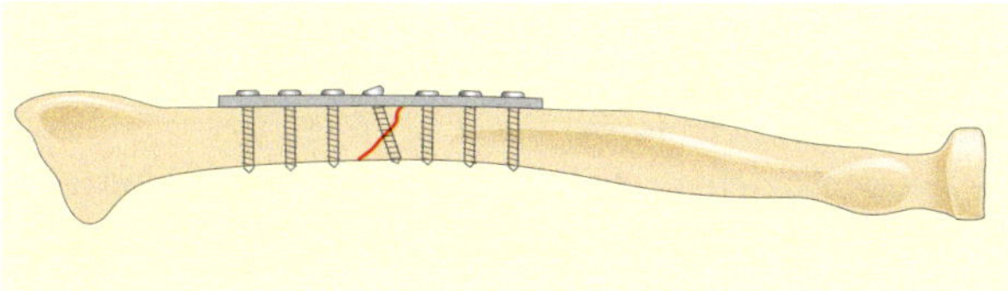

Abb. 3.3 Zugschraube und Platte

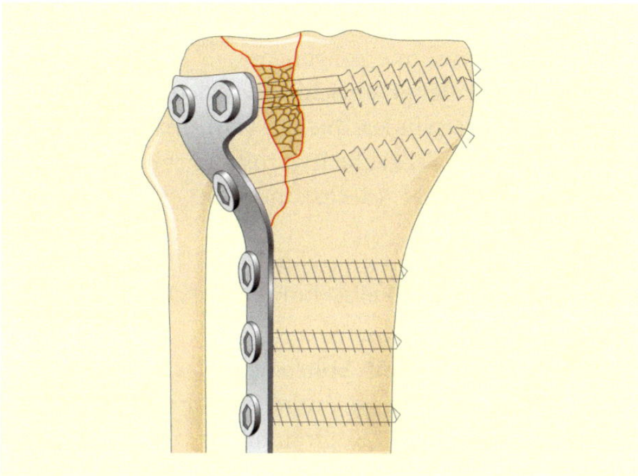

Abb. 3.4 Zugschrauben und Abstützplatte am Schienbeinkopf

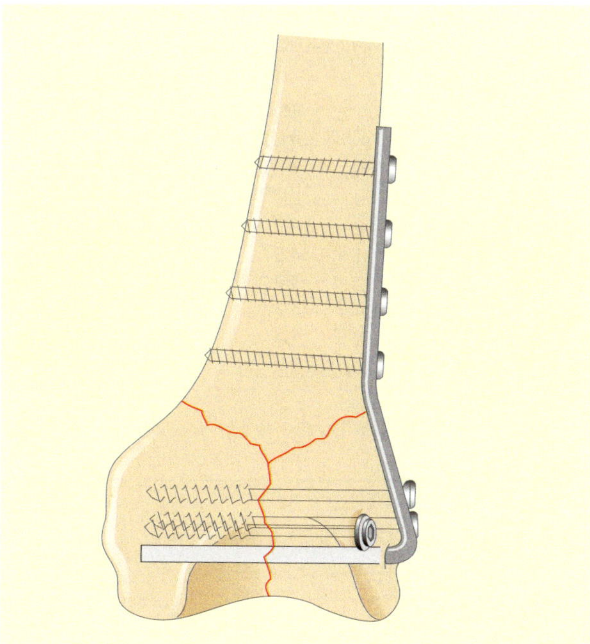

Abb. 3.5 Zugschrauben und Zuggurtungsplatte am unteren Femurende

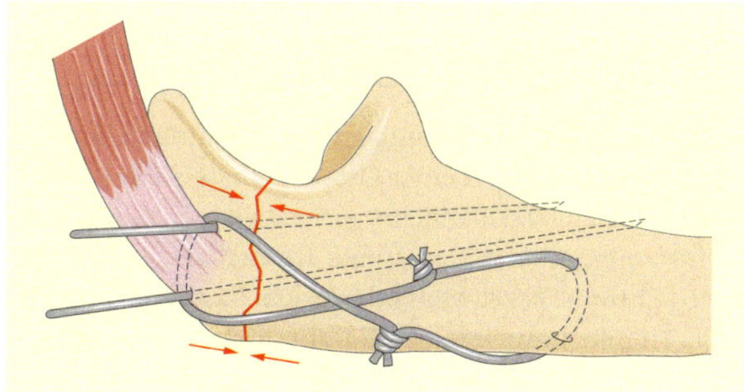

Abb. 3.6 Zuggurtungsosteosynthese am Olekranon. (Abb. 3.1–3.6 nach Texthammar u. Colton 1994)

betreffende Patient rascher mobilisiert und die Belastungs- oder Übungsstabilität der verletzten Extremität früher erreicht werden kann als bei einer konservativen Behandlung. Idealziel jeder Behandlung ist die vollständige Wiederherstellung der Funktion (Beweglichkeit, Belastbarkeit, Schmerzfreiheit) bei Vermeidung möglichst aller Komplikationen.

Komplikationen

Sowohl bei operativen als auch bei konservativen Frakturbehandlungen sind lokale oder indirekte Komplikationen möglich.

Lokale Komplikationen

- Fehlstellung des Knochens und/oder des Gelenkes,
- Wachstumsstörungen bei Verletzungen der Epiphysenfuge,
- Pseudarthrosen (hypertrophe, hypothrophe und avitale),
- Infektionen (2% bei geschlossenen und 10% bei offenen Frakturen),
- Knochennekrosen (Hüftkopf),
- Verkürzungen,
- Verlängerungen,
- Rotationsfehler,
- Wundheilungsstörungen, Thrombosen/Embolien,
- Gipsschäden.

Allgemeine/indirekte Komplikationen

- Fettemboliesyndrom,
- Durchblutungsstörungen/Kompartmentsyndrom,
- Nervenschädigungen (N. peronaeus, N. ulnaris),
- Kontrakturen, Gelenksteifen,
- Muskelatrophien,
- Bettlägerigkeit, Dekubitalulzera.

3

3.2 Instrumente, Implantate und ihre Anwendung

Jeder Hersteller hat Implantate und Instrumente aufeinander abgestimmt. Bei einer Osteosynthese sollten daher niemals Sets unterschiedlicher Firmen verwendet werden.

Instrumente und Implantate werden aus rostfreiem Stahl (Chrom-Nickel-Molybdän) oder aus Titan hergestellt. Titanlegierungen und Reintitan bergen ein geringeres Allergierisiko als Stahl. Auch hier ist es wichtig, unterschiedliche Materialien nicht zusammen zu benutzen.

! Eine Titanplatte sollte mit Titanschrauben besetzt werden.
Ein weiterer Grundsatz ist, jedes Implantat nur einmal zu benutzen!

3.2.1 Allgemeines Knocheninstrumentarium

Siehe hierzu ◘ Abb. 3.7–3.18.

3.2.2 Schrauben und Unterlegscheiben

Schraubentypen

Es werden Standard- und Kleinfragmentschrauben (Synthes) und die Instrumente zu ihrem Einbringen (◘ Abb. 3.19–3.31) vorgestellt.

Kortikalisschraube

Das Standardfragment hat einen ∅ 4,5 mm, das Kleinfragment einen ∅ 3,5 mm. Wichtige Maße der Kortikalisschraube sind in ◘ Tabelle 3.1 aufgeführt.

Die Kortikalisschraube wird vorwiegend im kortikalen Knochen der Diaphyse angewendet und hat ein durchgehendes, enges, flaches Gewinde. Es gibt sie selbstschneidend oder so, dass ein Gewindeschnitt als eigener Vorgang in die Operation eingefügt werden muss. Durch ihren breiten Kerndurchmesser ist die Stabilität im festen Knochen erhöht. Wenn die Schraube einen Bruchspalt durchquert und ihn als Zugschraube komprimieren soll, muss sie im kopfnahen Fragment frei gleiten und im gegenüberliegenden fassen.

Beim Anziehen der Zugschraube wird interfragmentäre Kompression erzeugt (◘ Abb. 3.32).

! Das Schraubenmessgerät gibt die Länge der Schraube einschließlich Spitze und Kopf an.

Einbringen einer Kortikalisschraube (∅ 4,5 mm)

Bohrer (∅ 3,2 mm) mit Bohrbüchse → Schraubenmessgerät (Schraubenlänge einschließlich Schraubenkopf in Millimeter) → Gewindeschneider (∅ 4,5 mm) im Handgriffstück je nach Schraubentyp mit Bohrbüchse → großer Schraubenzieher (Sechskant) mit entsprechender Schraube.

Einbringen einer Kortikalisschraube (∅ 4,5 mm) als Zugschraube

Bohrer (∅ 4,5 mm) mit Bohrbüchse (1. Fragment) → Steckbohrbüchse (∅ 4,5/3,2 mm) → Bohrer (∅ 3,2 mm; 2. Fragment) → evtl. Kopfraumfräse → Schraubenmessgerät → Gewindeschneider (∅ 4,5 mm) mit Bohrbüchse → großer Schraubenzieher mit entsprechender Schraube.

Tabelle 3.1. Wichtige Maße der Kortikalisschraube

	Standardfragment ∅ 4,5 mm [mm]	Kleinfragment ∅ 3,5 mm [mm]
Gewindedurchmesser	4,5	3,5
Kerndurchmesser	3,0	2,4
Bohrer	3,2	2,5 (gold)
Gleitlochbohrer	4,5	3,5
Gewindeschneider	4,5	3,5 (gold)

◘ Abb. 3.7 Elevatorium (Langenbeck): dient als Hebelinstrument
◘ Abb. 3.8 Scharfer Löffel (Schede): ovale und runde Formen mit scharfen Kanten
◘ Abb. 3.9 Raspatorium (König): Knochenschaber mit scharfen Seitenkanten
◘ Abb. 3.10 Scharfer Knochenhaken (Einzinker)
◘ Abb. 3.11 Hohlmeißelzange (Luer) zum Entfernen von Knochen- und Knorpelsplittern
◘ Abb. 3.12 Metallhammer- oder Kunststoffhammer (Ombredanne): Grundsätzlich sollte mit Metall auf Metall und mit Kunststoff auf Kunststoff geschlagen werden
◘ Abb. 3.13 Osteotom (Lambotte) in verschiedenen Breiten
◘ Abb. 3.14 Hohlmeißel (Lexer) in verschiedenen Größen, Formen, Wölbungen

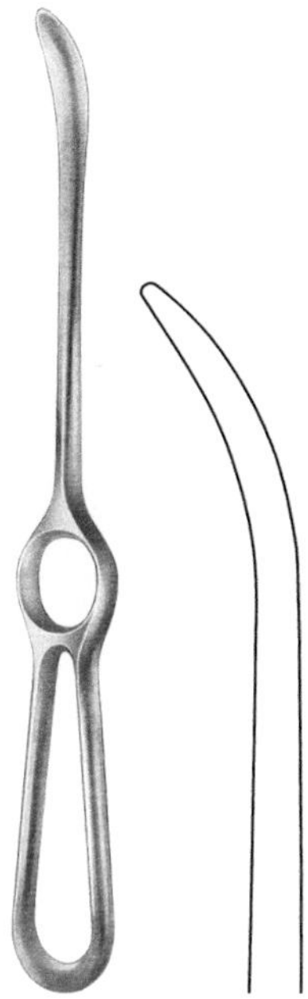

3.7

3.8

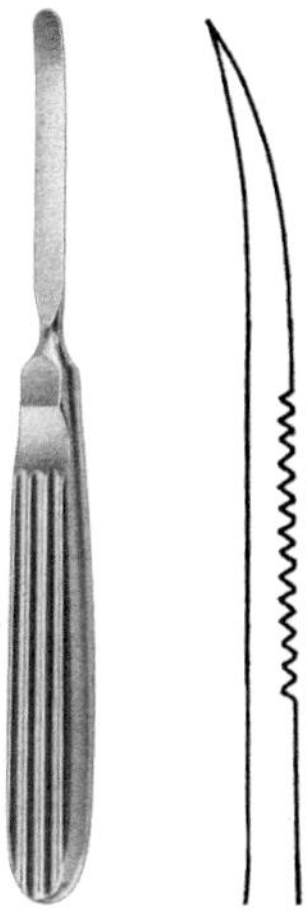

3.9

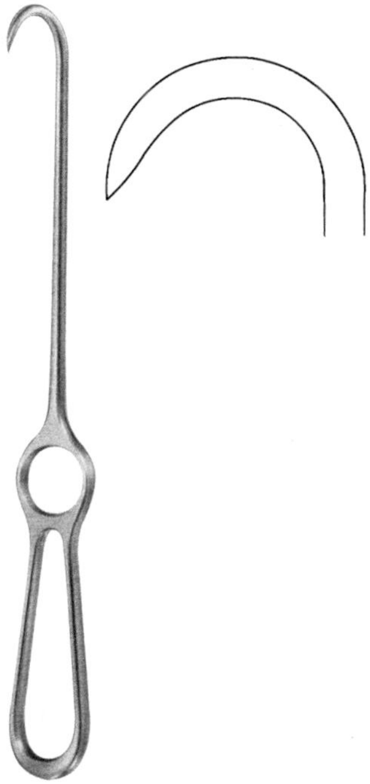

3.10

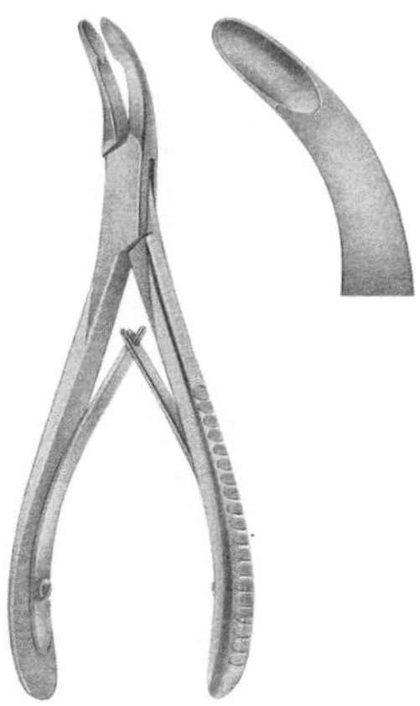

3.11

3.12

3.13

3.14

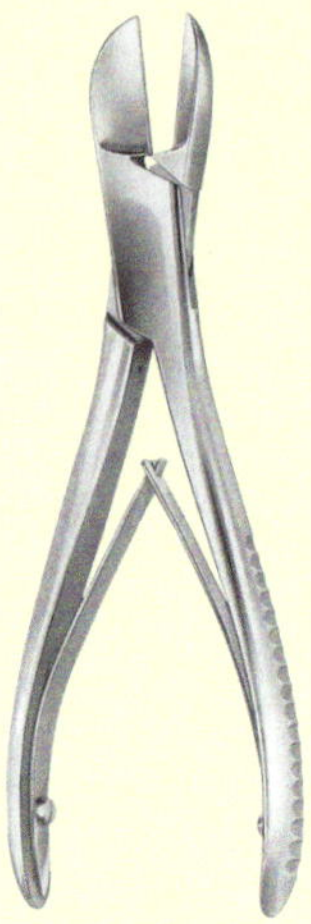

3.15

3.16

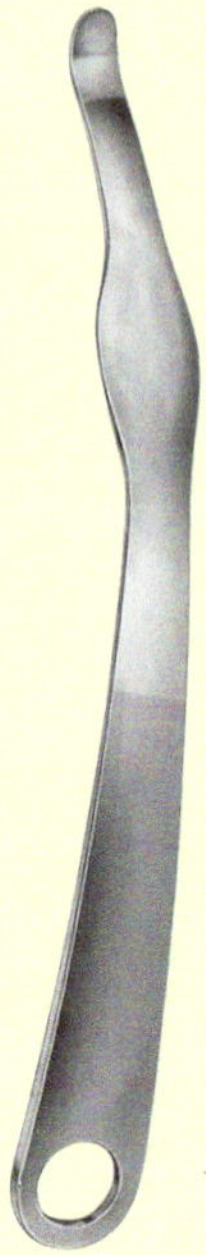

3.17

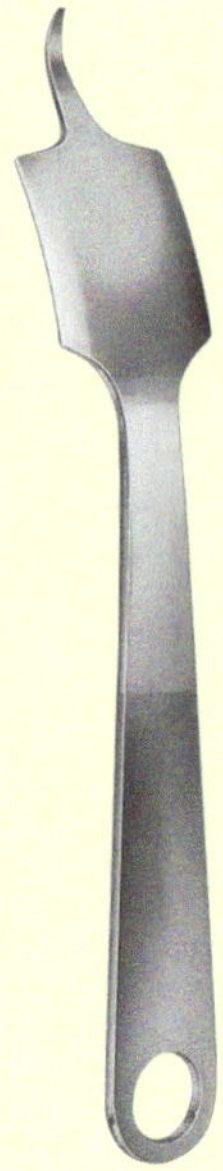

3.18

■ Abb. 3.15 Knochensplitterzange (Liston): schneidende Kanten in unterschiedlichen Abwinkelungen

■ Abb. 3.16 Flachmeißel (Lexer)

■ Abb. 3.17 Knochenhebel stumpf (Hohmann): hält Weichteile zurück, hebt Knochen an und dient als Schutz beim Sägen

■ Abb. 3.18 Knochenhebel spitz (Verbrugge-Müller). (Abb. 3.7–3.18 Fa. Aesculap)

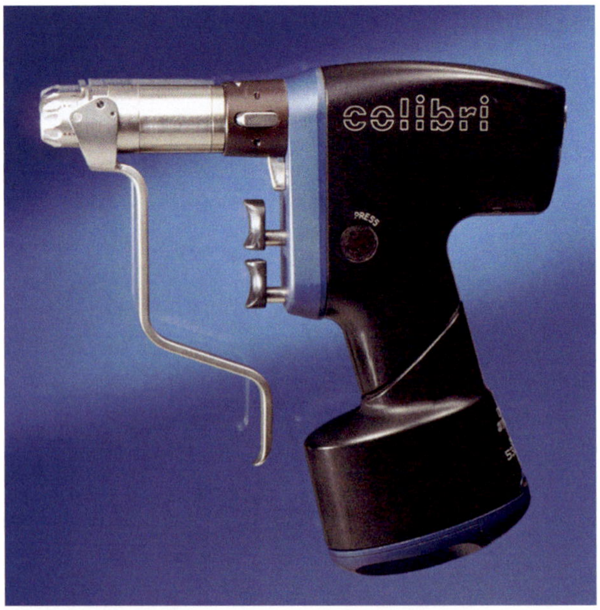

■ Abb. 3.19 Batteriebetriebene kleine Bohrmaschine der neueren Generation (Synthes)[1]

---

[1] Wiedergabe aller Synthes-Produkte mit freundlicher Genehmigung der Mathys Osteosynthese GmbH, Bochum

Bei der Titan-Kortikalis-Schaftschraube ist der Schaftdurchmesser gleich dem Gewindedurchmesser. Somit erhöht sich die Widerstandsfähigkeit beim Einsatz als Zugschraube. Ein Gewinde muss ebenfalls geschnitten werden (Schaft ∅ 3,5/4,5 mm; Gewinde ∅ 3,5/4,5 mm). Die Eingangskortikalis muss mit dem 3,5- bzw. 4,5-mm-Bohrer erweitert werden.

Beim Eindrehen der gewindeschneidenden (selbstschneidenden) Kortikalisschraube entsteht eine größere Wärmeentwicklung als bei den herkömmlichen Kortikalisschrauben.

Spongiosaschraube

Das Standardfragment hat ∅ 6,5 mm, das Kleinfragment ∅ 4,0 mm.

Sie wird vorwiegend in der Epi- und Metaphyse des Knochens (= spongiöser, weicher Knochen) eingesetzt. Die Spongiosaschraube besitzt einen dünnen Kern und ein tiefes Gewinde. Neben den Schrauben mit durchgehendem Gewinde gibt es die mit unterschiedlicher Gewindelänge, sog. Schaftschrauben (◘ Abb. 3.33a–c und 3.34a,b). Während der Knochenheilung kann die Kortikalis den gewindefreien Schaft einmauern. Die Entfernung dieser Schraube kann große Probleme bereiten.

Die Verwendung eines Gewindeschneiders kann gelegentlich in der Eingangskortikalis nötig sein. Durchquert die Spongiosaschraube einen Frakturspalt, sollte sie als Zugschraube eingesetzt werden; das Gewinde fasst nur im Gegenfragment. Ein besonderes Bohrmanöver ist dafür nicht erforderlich; es muss die entsprechende Gewindelänge ausgewählt werden.

Durchbohrte Spongiosaschrauben können über einen Kirschner-Draht gezielt eingebracht werden. Mit diesen Schrauben wird auch ein perkutanes Vorgehen ermöglicht. Die AO (Synthes) hat für diese Schrauben spezielles Instrumentarium entwickelt.

3.20

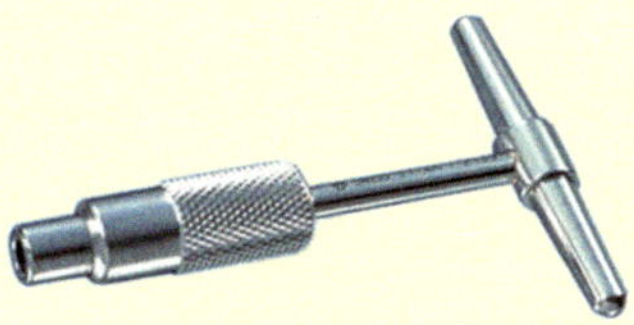

3.21

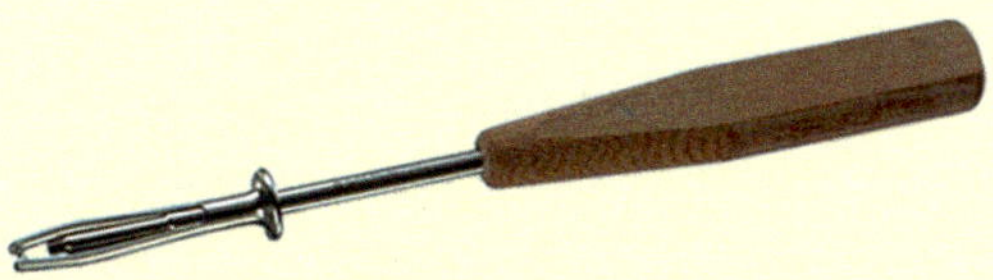

3.22

3.23

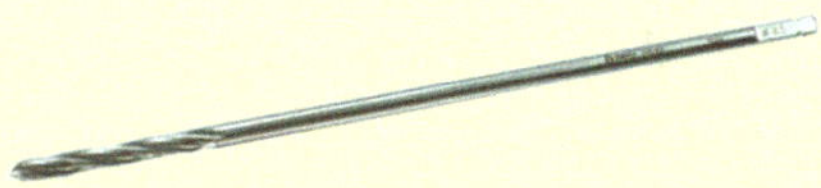

3.24

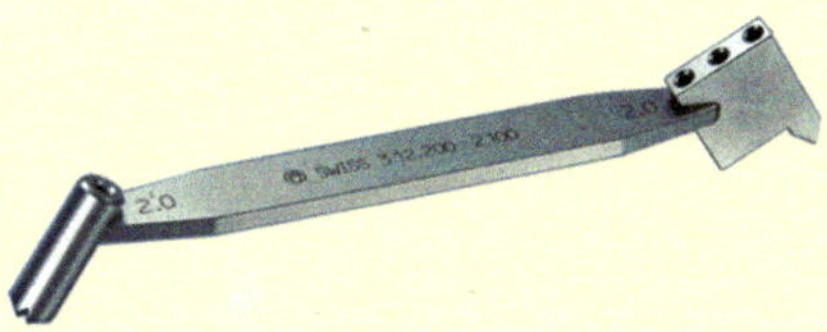

3.25

◘ Abb. 3.20 Gewindeschneider für Kortikalisschrauben Durchmesser 4,5 mm, Länge 135/70 mm
◘ Abb. 3.21 T-Griffstück mit Schnellkupplung
◘ Abb. 3.22 Kleiner Sechskantschraubendreher mit Haltehülse
◘ Abb. 3.23 Tiefenmessgerät für Schrauben, Durchmesser 4,5–6,5 mm
◘ Abb. 3.24 Spiralbohrer, Durchmesser 4,5 mm, Länge 195/170 mm, zweilippig, für Schnellkupplung
◘ Abb. 3.25 Dreifach-Zielbüchse 2,0

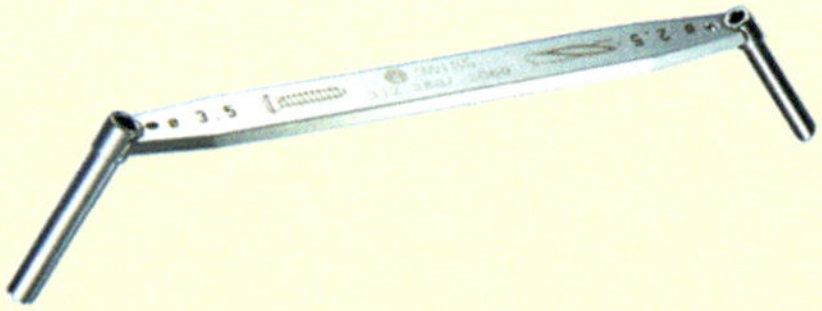

3.26

3.29

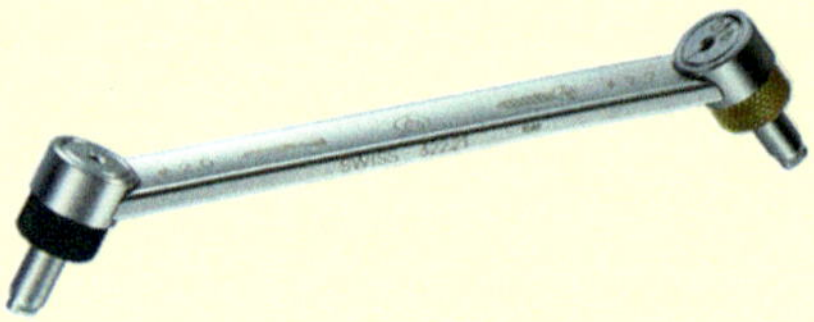

3.27

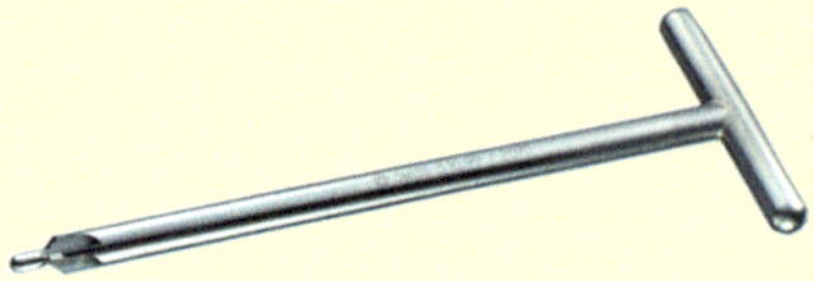

3.30

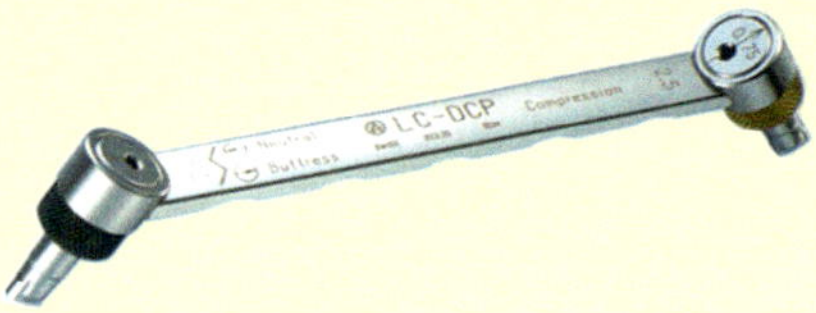

3.28

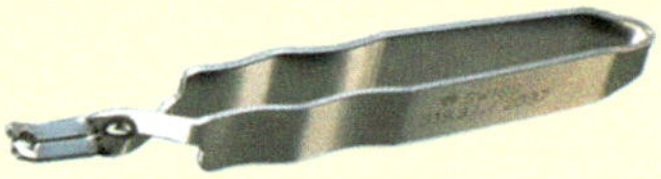

3.31

Abb. 3.26 Doppelbohrbüchse 3,5/2,5 mm
Abb. 3.27 DCP-Bohrbüchse 2,7 mm für Neutral- und Kompressionsstellung
Abb. 3.28 LC-DCP-Bohrbüchse 3,5 mm für Neutral- und Kompressionsstellung
Abb. 3.29 Steckbohrbüchse 3,5/2,5 mm für lange Zugschrauben
Abb. 3.30 Kopfraumfräser für Kortikalisschrauben 4,5 mm
Abb. 3.31 Selbsthaltende Schraubenpinzette zur Entnahme der Schrauben aus den Einsätzen. (Abb. 3.19–3.31 Synthes)

Tabelle 3.2 zeigt die wichtigsten Maße der Spongiosaschraube.

Tabelle 3.2. Wichtige Maße der Spongiosaschraube

	Standard-fragment ∅ 6,5 mm [mm]	Klein-fragment ∅ 4,5 mm [mm]
Gewindedurchmesser	6,5	4,0
Kerndurchmesser	3,0	1,9
Bohrer	3,2	2,5 (gold)
Gleitlochbohrer	keiner	keiner
Gewindeschneider	6,5	4,0

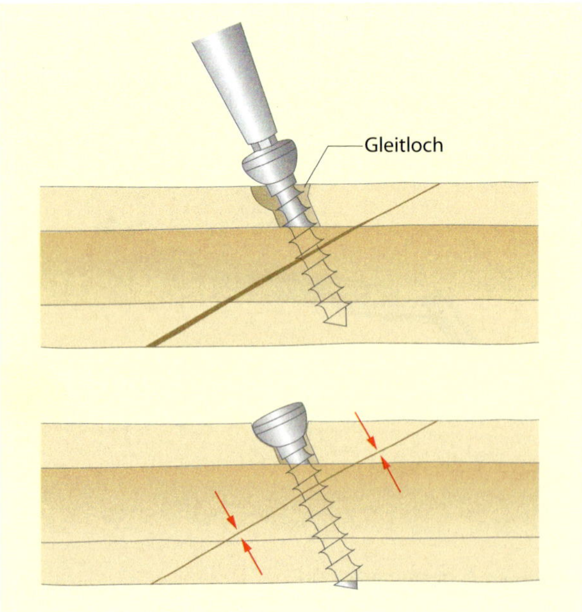

Abb. 3.32 Kortikaliszugschraube

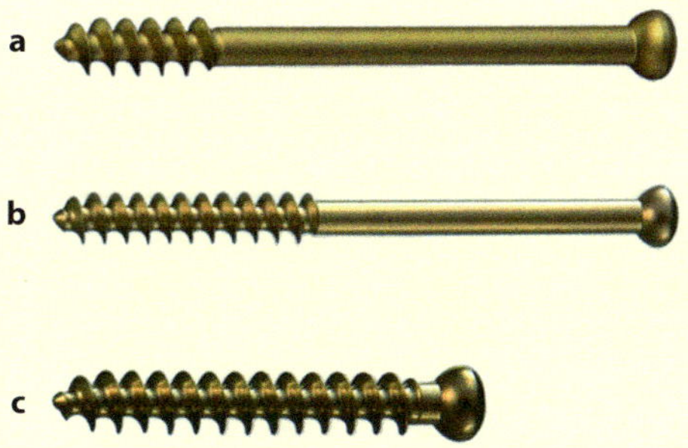

3.33

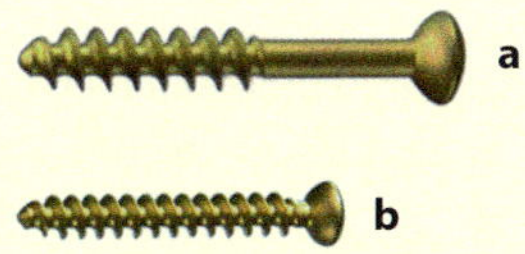

3.34

3.35

Abb. 3.33a–c Spongiosaschraube 6,5 mm. a Gewindelänge 16 mm, b Gewindelänge 32 mm, c Vollgewinde

Abb. 3.34a,b Kleinfragmentspongiosaschraube mit (a) kurzem und (b) langem Gewinde

Abb. 3.35 Malleolarschraube 4,5 mm mit verschiedenen Gewindelängen. (Abb. 3.33–3.35 Synthes)

Einbringen einer Spongiosaschraube (∅ 6,5 mm)

Bohrer (∅ 3,2 mm) mit Bohrbüchse → Schraubenmessgerät → (selten Gewindeschneiden mit ∅ 6,5 mm) → großer Sechskantschraubendreher mit entsprechender Schraube.

Beim Einbringen einer Spongiosaschaftschraube soll bei harter Eingangskortikalis mit dem 4,5-mm-Bohrer vorgebohrt werden.

Malleolarschraube (∅ 4,5 mm)

Anwendung nur im spongiösen metaphysären Knochen, wenn keine große Zugbeanspruchung erwartet wird. Ihr Gewinde entspricht dem der Kortikalisschraube (∅ 4,5 mm). Sie besitzt eine speziell geformte Trokarspitze, durch die sie sich im spongiösen Knochen ihr Gewinde selbst herstellen kann. Daher wird ein Gewindeschneider selten benötigt. Die Malleolarschraube hat ein halbes Gewinde und einen glatten Schaft (Abb. 3.35). Eingesetzt wird sie v. a. am unteren Tibiaende (Innenknöchel). Tabelle 3.3 zeigt die wichtigsten Maße der Malleolarschraube.

Tabelle 3.3. Wichtige Maße der Malleolarschraube

	Standardfragment ∅ 4,5 mm [mm]
Gewindedurchmesser	4,5
Kerndurchmesser	3,0
Bohrer	3,2
Gleitlochbohrer	keiner
Gewindeschneider	selten! 4,5

Unterlegscheiben

Verwendung mit Spongiosa- und Malleolarschrauben. Die Unterlegscheiben verhindern das Einsinken des Schraubenkopfes in die dünne Kortikalis des meta- oder epiphysären Knochens. Die flache Scheibenseite liegt der Kortikalis an (Abb. 3.36a).

Verwendung:

- ∅ 7,0 mm für Kleinfragmentspongiosaschrauben,
- ∅ 13 mm für Standardspongiosaschrauben.

Unterlegscheiben mit Zackenkranz ermöglichen die Fixierung von Bändern und Sehnen am Knochen, ohne dabei zu Drucknekrosen zu führen. Sie sind aus Kunststoff gefertigt und zur Darstellung im Röntgenbild mit einem feinen Metallring versehen (s. Abb. 3.36b).

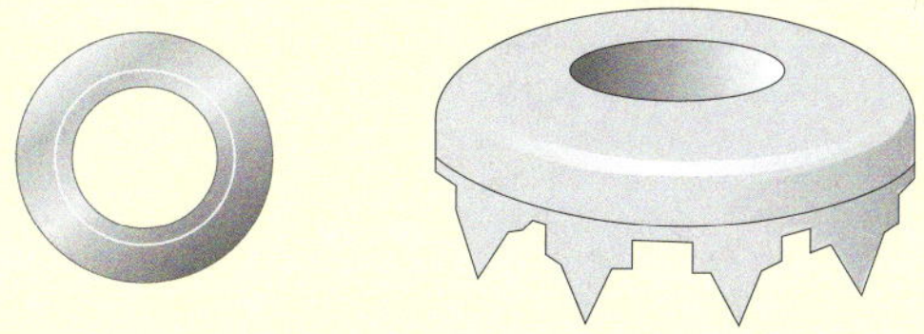

Abb. 3.36 a Metallunterlegscheibe, b Kunststoffunterlegscheibe mit Zackenkranz. (Aus Müller et al. 1992)

3.2.3 Platten

Jede Platte kann mehrere Funktionen erfüllen:

- Kompression: Die Fraktur wird in Längsrichtung des Knochens durch Spannung komprimiert.
- Neutralisation: Die Platte soll reponierte Fragmente halten und Biege- und Rotationskräfte neutralisieren. *Beispiel:* distale Fibulafraktur (▫ s. Abb. 3.203).
- Abstützung: Die Platte soll ein Abrutschen gelenknaher Frakturteile verhindern oder einer Spongiosaanlage Halt bieten. *Beispiel:* Tibiakopffraktur (▫ s. Abb. 3.197).

Zur Kompression von Querbrüchen sollte eine Platte vor dem Anbringen etwas vorgewölbt werden, um auch die Gegenseite der Fraktur zusammenzudrücken (▫ Abb. 3.37).

Die Instrumente zum Zurichten und Anbringen der Platten sind in den ▫ Abb. 3.38–3.45 dargestellt.

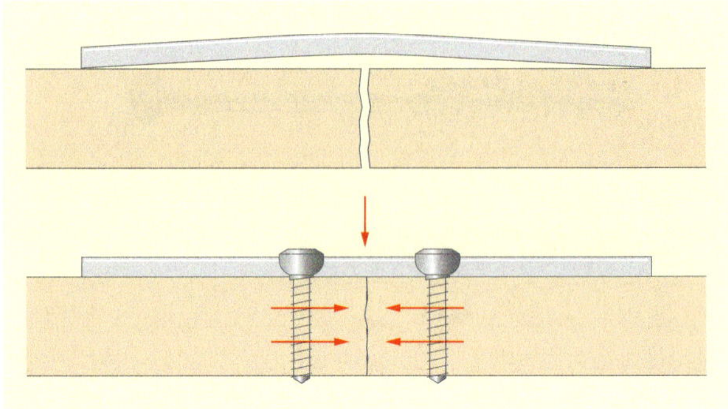

▫ Abb. 3.37 Vorwölbung der Platte zur Kompression von Querbrüchen. (Nach Müller et al. 1992)

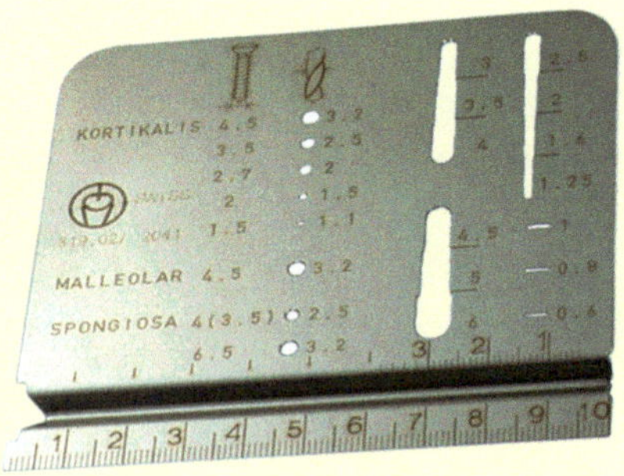

3.38

3.39

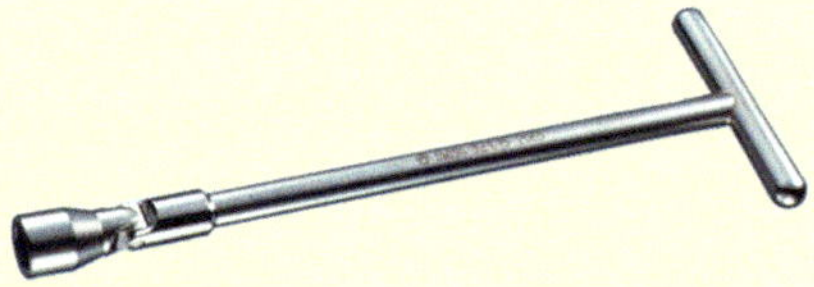

3.40

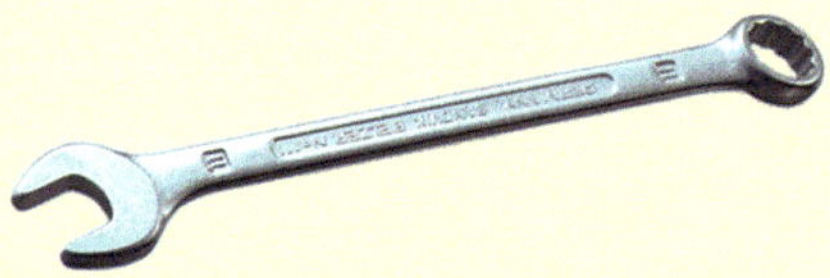

3.41

3.42

▫ Abb. 3.38 Messlehre für Bohrer, Schrauben, Kirschner-Drähte und Steinmann-Nägel

▫ Abb. 3.39 Plattenspanner mit Gelenken, Spannweg 20 mm; kann auch als Distraktor verwendet werden. Farbskala: gelb bis 500 N, grün bis 1000 N, rot über 1000 N

▫ Abb. 3.40 Kardanschlüssel 11 mm für Plattenspanner

▫ Abb. 3.41 Ringgabelschlüssel 11 mm für den Plattenspanner

▫ Abb. 3.42 Biegeschablone für DCP 4,5 und LC-DCP 4,5 (in 3 Längen)

Plattentypen

Spann-Gleitloch-Platten

DCP (*dynamic compression plate*)

- Eine axiale Kompression ist ohne Spanngerät durch die ovalen und einseitig schrägen Plattenlöcher (◘ s. Abb. 3.49) möglich. Die Schrauben können exzentrisch und zentrisch eingesetzt werden. Mehrere Fragmente können einzeln komprimiert werden.
- Jede exzentrisch eingedrehte Schraube bringt Kompression von 1 mm (pro Hauptfragment sind 2 exzentrische Schrauben möglich).
- Es werden spezielle zentrische und exzentrische DCP-Bohrbüchsen verwendet.
- Zusätzlich ist die axiale Kompression über einen Plattenspanner möglich; dies gilt besonders bei Osteotomien.
- Die Kombination mit einer interfragmentären Zugschraube ist möglich.

Anwendung

- DC-Platte 3,5 für Ulna und Radius (◘ Abb. 3.46).
- Breite DC-Platte 4,5, besonders geeignet als Zuggurtungsplatte am Femur und bei Humeruspseudarthrosen (◘ Abb. 3.47).

Kugelgleitprinzip

Der Schraubenkopf gleitet im ovalen und abgeschrägten Plattenloch (◘ Abb. 3.48 und 3.49).

Zum korrekten Anbringen der Platte sind die DCP-Bohrbüchsen oder die Universalbohrbüchse notwendig.

Die neutrale oder zentrische Bohrbüchse

- ist grün,
- wird am häufigsten verwendet,
- platziert die Schraube mit bestmöglichem Halt im Plattenloch,
- verschiebt die Platte pro Schraube um 0,1 mm.

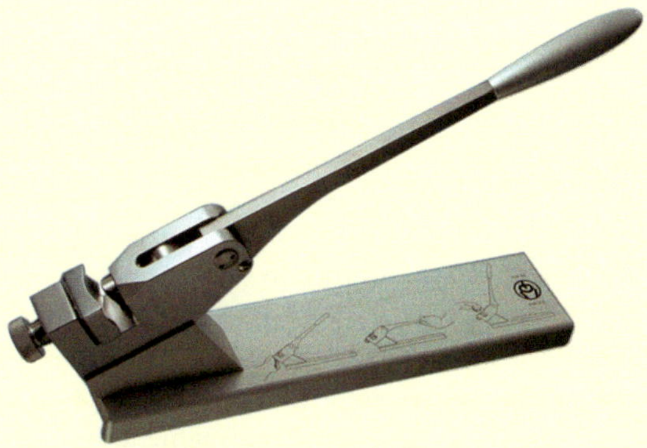
3.43

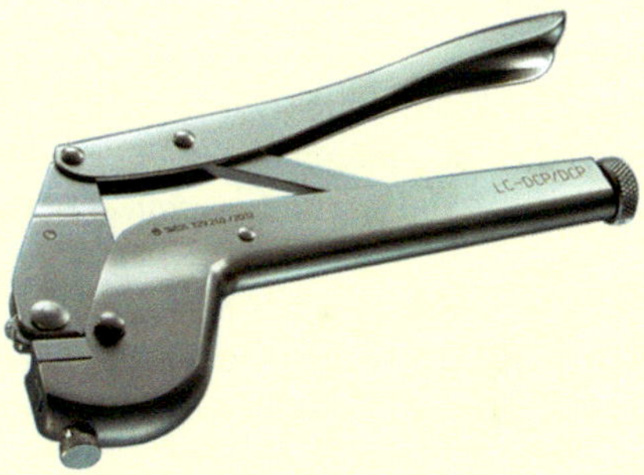

3.44

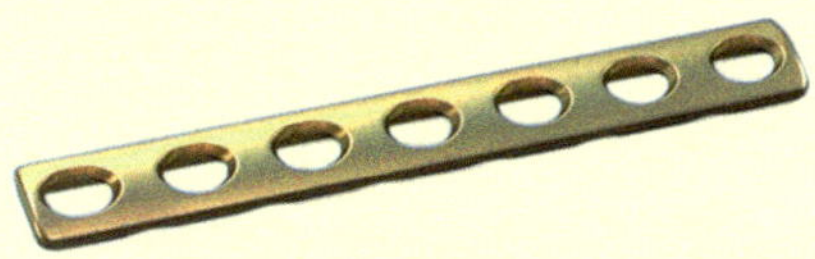
3.46

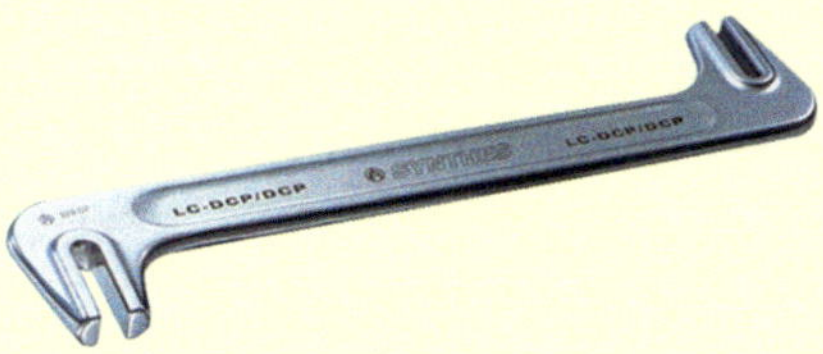

3.45

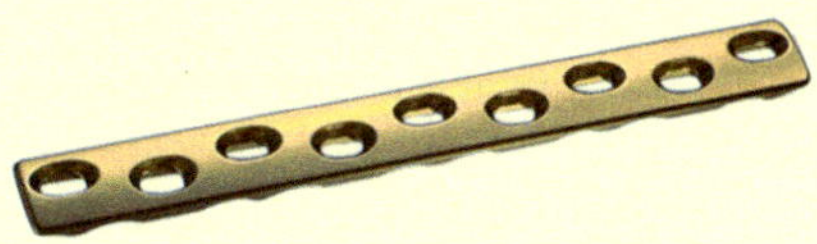
3.47

◘ Abb. 3.43 Biegepresse für Platten

◘ Abb. 3.44 Biegezange für Platten

◘ Abb. 3.45 Schränkeisen für LC-DCP 4,5 und DCP 4,5

◘ Abb. 3.46 Schmale DC-Platte 3,5 für Ulna und Radius

◘ Abb. 3.47 Breite DC-Platte 4,5, besonders geeignet als Zuggurtungsplatte am Femur und bei Humeruspseudarthrosen. (Abb. 3.38–3.47 Synthes)

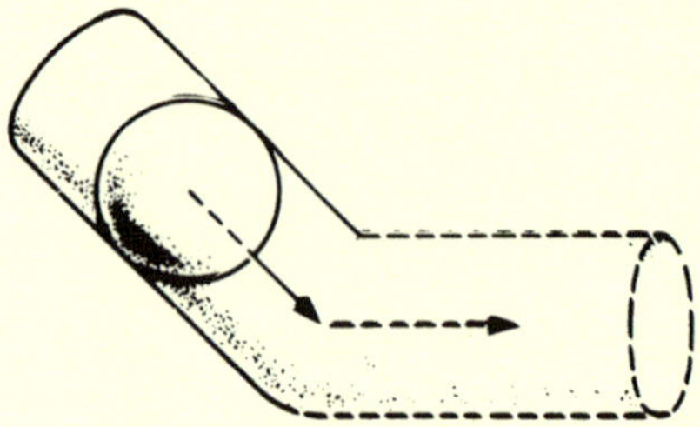

3.48

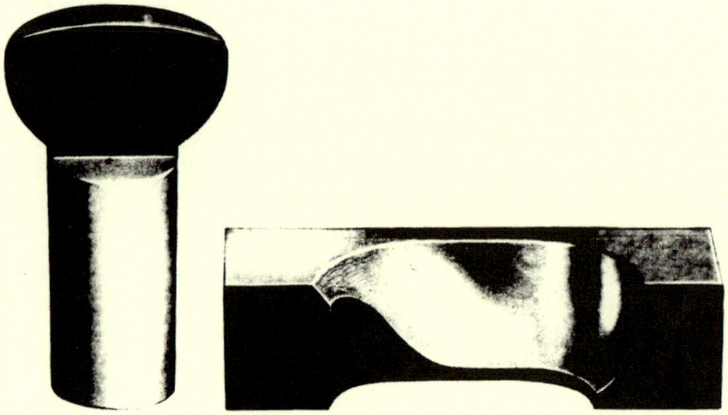

3.49

◘ Abb. 3.48 Kugelgleitprinzip

◘ Abb. 3.49 Die schräge Unterseite des Schraubenkopfes gleitet auf dem schrägen Rand des Plattenloches nach unten und drückt damit die Platte nach links. (Abb. 3.48–3.49 aus Müller et al. 1992)

Die exzentrische Bohrbüchse

- ist gelb,
- wird nur für Spannschrauben verwendet,
- platziert die Schraube auf dem schmalen Plattenlochzylinder, 1 mm von der Endposition entfernt.

Der maximale Spannweg einer Schraube beträgt 1 mm (50–80 kp). Der Pfeil auf der exzentrischen Bohrführung hat immer in Richtung Fraktur oder Osteotomie zu zeigen.

Wichtig ist, dass zuerst die Spannschrauben frakturnah eingesetzt werden, da sonst die Fragmente auseinander weichen.

DC-Platteneinsatz bei verschiedenen Frakturen

Vorgehen bei Querbrüchen

In neutraler Stellung wird die Platte mit einer ersten Schraube fixiert. Es folgt die zweite Schraube, die exzentrisch im Gegenfragment fixiert wird. Alle weiteren Schrauben werden zentrisch eingebracht. Damit wird ein Spannweg von 1 mm erreicht.

Soll mehr Kompression erzielt werden, werden beide Schrauben exzentrisch eingesetzt und dann wechselseitig angezogen (2-mm-Spannweg).

Zusätzlich kann im selben Fragment eine zweite Spannschraube angebracht werden. Die erste Spannschraube muss etwas gelöst werden, die zweite wird fest angezogen, dann wieder die erste. Verfährt man im Gegenfragment genauso, wird der maximale Spannweg von 4 mm erreicht.

Vorgehen bei Stückfrakturen

Es ist möglich, die verschiedenen Fragmente nacheinander zu komprimieren (◘ Abb. 3.50).

Vorgehen bei Schrägbrüchen

DC-Platte und interfragmentäre Zugschraube: Gleitloch (4,5 mm) vorbereiten; Platte so verschieben, dass die Bohrbüchse exzentrisch zu liegen kommt; Anbringen einer Neutralschraube im Gegenfragment. Im ersten oder zweiten Plattenloch neben der Bohrbüchse wird eine exzentrische Schraube eingesetzt (◘ Abb. 3.51). Platzieren der Zugschraube (◘ Abb. 3.52) Diese Schraube komprimiert den plattenfernen Bruchspalt. Alle restlichen Schrauben neutral einbringen.

DC-Platte mit Plattenspanner

- Anwendung, wenn stärkere Kompression erwünscht ist (>80 kp).
- Verwendung der grünen, zentrischen DCP-Bohrbüchse.
- Wenn möglich, sollte zusätzlich eine interfragmentäre Zugschraube eingesetzt werden.

Die etwas überbogene Platte mit einer Schraube frakturnah befestigen und gegen die Fraktur ziehen (◘ Abb.

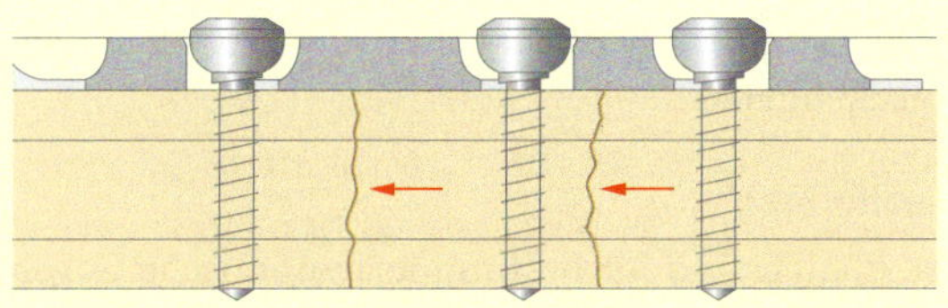

3.50

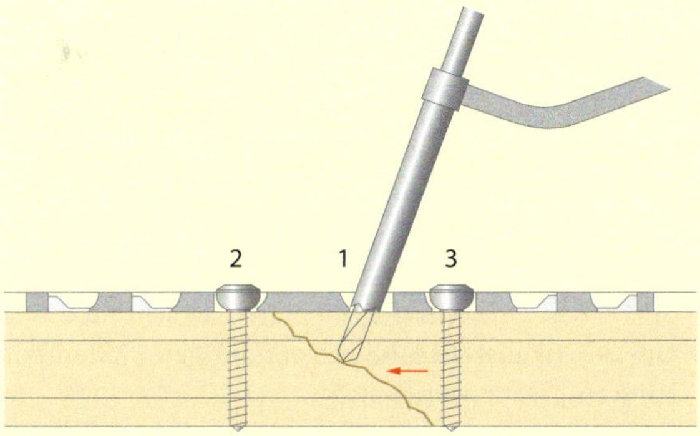

3.51

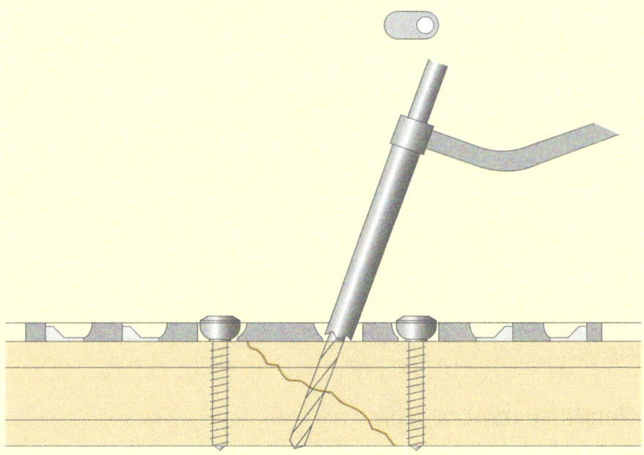

3.52

◻ Abb. 3.50–3.52 DC-Platte: Kompression durch DC-Platte; interfragmentäre Kompression und Plattenspanner. (Abb. 3.50–3.52 nach Texhammar u. Colton 1994)

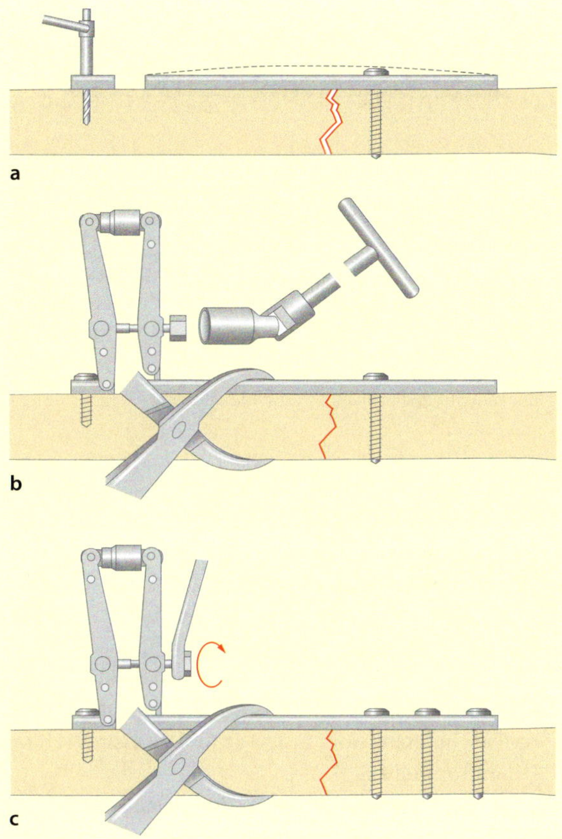

◻ Abb. 3.53a–c DCP-Platte mit Plattenspanner. a–c Erklärungen s. Text. (Nach Müller et al. 1992)

3.53a). Im Gegenfragment die Distanzbohrbüchse am Plattenende einsetzen; 3,2-mm-Bohrer; messen; 4,5-mm-Gewindeschneider; Plattenspanner in die Nut einhängen und mit einer Kortikalisschraube befestigen; leichtes Anziehen des Plattenspanners mit dem Kardanschlüssel (◻ s. Abb. 3.53b); restliche Schrauben im plattenspannerfernen Fragment neutral anbringen; Spannen des Gerätes (◻ s. Abb. 3.53c); neutrales Besetzen der noch freien Plattenlöcher; Entfernen des Plattenspanners (Kortikalisschraube verwerfen!). Besetzen des letzten Plattenloches.

LC-DC-Platte (*limited contact DCP*)

- Sie ist die Verbesserung der DCP.
- Ihr Material ist Reintitan, das weniger Allergien auslöst als Stahl.
- Aussparungen an der knochenzugewandten Seite minimieren die Plattenauflagefläche. Durchblutungsstörungen des Knochens werden so verringert.
- Außerdem besitzen die unterschnittenen Plattenlöcher 2 schiefe Ebenen, sodass Kompression zu beiden Seiten hin möglich ist. Die Platte hat kein lochfreies Mittelteil (◻ s. Abb. 3.54a,b).

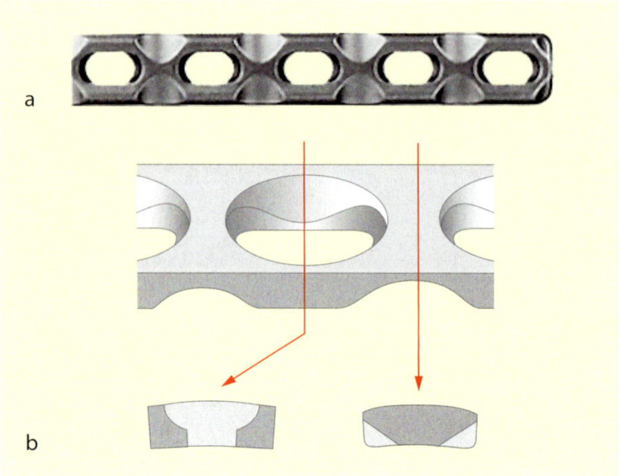

◘ Abb. 3.54 a LC-DC-Platte, b schematische Darstellung. (Nach Müller et al. 1992)

- Es werden spezielle LC-DCP-Bohrbüchsen oder die Universalbohrbüchse (◘ s. Abb. 3.28) benötigt. Letztere ermöglicht die Bohrungen in Neutral-, Schräg- oder Kompressionsstellung und den Einsatz der Bohrer/Gewindeschneider ∅ 4,5–3,2 mm und ∅ 3,5–2,5 mm (Kleinfragment).
- Auch die neutrale LC-DCP-Bohrbüchse hat einen Pfeil, der immer zur Fraktur zeigen muss (Ausnahme: wenn die Platte in Abstützfunktion am Tibiakopf angebracht werden soll, muss der Pfeil von der Fraktur weg zeigen).
- Die LC-DC-Platte verlangt Titanschrauben. Spezielle Kortikalisschaftschrauben (◘ s. 3.2.2) eignen sich aufgrund ihrer Stabilität als interfragmentäre Zugschrauben und Kompressions- oder Spannschrauben.
- Wie die DCP gibt es die LC-DC-Platte im Standardfragment in breit und schmal sowie als Kleinfragmentplatte. Sie wird wie die DCP angewendet.

Halb-, Drittel- und Viertelrohrplatten

Von den sog. Rohrplatten haben sich nur die Drittelrohrplatten (◘ Abb. 3.55) durchgesetzt. Die ovalen Löcher ermöglichen bei leicht exzentrischem Bohren eine geringe Selbstspannung. Die Drittelrohrplatten werden fast nur an Außenknöcheln verwendet.

Rekonstruktionsplatten

- Dreidimensional biegbar mit 2 Schränkeisen (nicht über 15° biegen!).
- Gerade Platten (◘ Abb. 3.56) sind im Standard- und Kleinfragment enthalten, z. B. für Verletzungen im Beckenbereich.

Spezialformen

Diese Platten sind für bestimmte anatomische Gegebenheiten entwickelt worden. In erster Linie dienen sie der Abstützung im gelenknahen Bereich, d. h. sie verhindern ein Absinken und bilden das Widerlager für Schrauben in diesen Knochenabschnitten.

Etliche dieser Platten sind auch in Reintitan erhältlich.

Allen im Standardfragment enthaltenen Platten sind folgende Merkmale gemeinsam:
- In den Plattenkopfbereich können Spongiosaschrauben eingebracht werden.
- Im Plattenschaft befindet sich ein längliches Loch, durch das eine interfragmentäre Zugschraube oder eine Kortikalisschraube zur vorläufigen Plattenfixierung eingesetzt werden kann.
- Das Einsetzen eines Plattenspanners ist möglich.
- Die Lochangabe der Platte entspricht der Anzahl der Schaftlöcher.
- Ein Nachbiegen der Platten ist möglich.

T-Platten (◘ Abb. 3.57)

Der Schaft besitzt ein rundes Profil.

Sie werden am medialen Tibiakopf und am Humeruskopf angewendet.

L-Abstützplatten (◘ Abb. 3.58)

Sie sind doppelt gebogen und dienen der Abstützung des lateralen Tibiaplateaus. Es werden rechte und linke unterschieden.

Löffelplatte (◘ Abb. 3.59)

Das V-förmige Profil ist der Tibiavorderkante angepasst.

Manchmal wird die Platte noch bei distalen Tibiafrakturen mit Gelenkbeteiligung (Pilon) verwendet.

Kleeblattplatte (◘ Abb. 3.60)

Diese Platte ist im Plattenschaft dicker als im Kopfbereich. Dadurch kann sie dem Knochen gut anmodelliert werden. Sie wird mit Kleinfragmentschrauben besetzt. Der Einsatz von Kortikalisschrauben (∅ 4,5 mm) im Schaftbereich ist jedoch möglich.

Sie wird an der Innenseite der distalen Tibia eingesetzt.

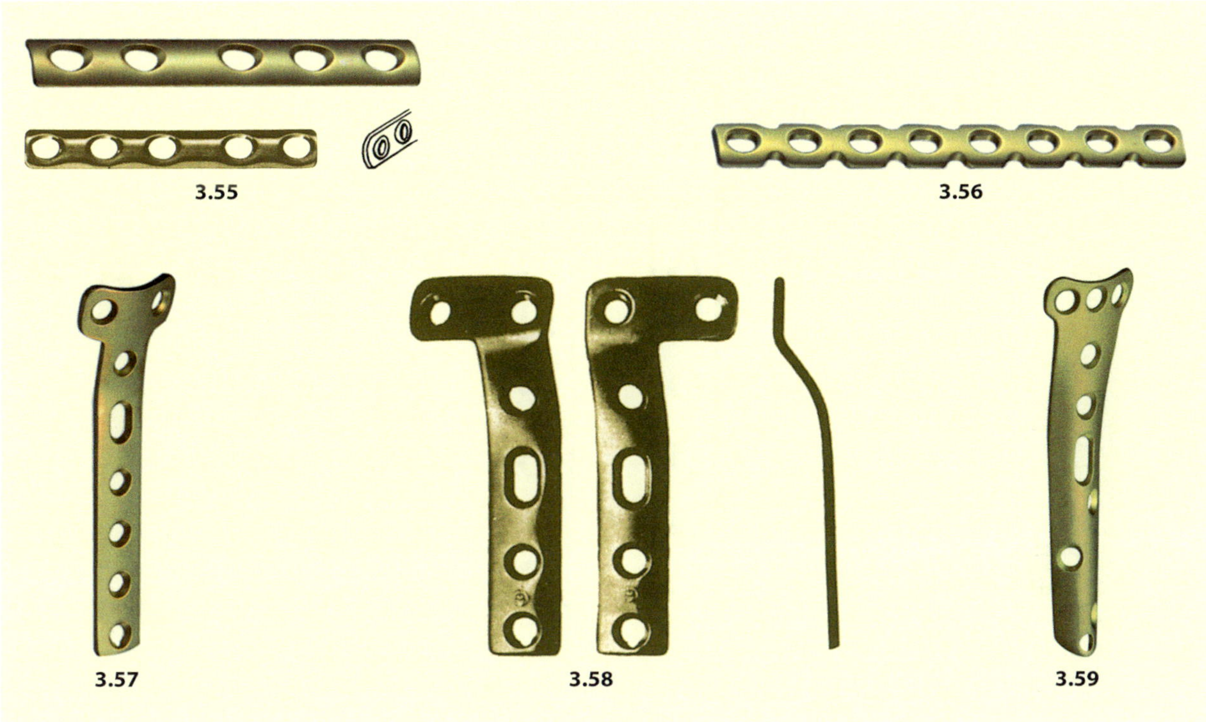

■ Abb. 3.55 Drittelrohrplatte, häufigste Verwendung am Außenknöchel
■ Abb. 3.56 Rekonstruktionsplatte 3,5. Wegen ihrer reduzierten Festigkeit sollte sie nur für Zuggurtungen oder Adaptionen verwendet werden. Mit der Biegezange und den Schränkeisen kann sie gebogen und verdreht werden
■ Abb. 3.57 T-Platte 4,5, geeignet für Frakturen des Tibiakopfes und des Humeruskopfes
■ Abb. 3.58 L-Abstützplatte für Schrauben von 4,5- und 6,5-mm-Durchmesser. Die Platten sind doppelt gebogen und eignen sich zur Abstützung von Tibiakopffrakturen: für das linke Bein rechts abgewinkelt, für das rechte Bein links abgewinkelt
■ Abb. 3.59 Löffelplatte. Mit 4,5 Kortikalisschrauben lässt sich das V-Profil auf der vorderen Tibiakante (bei Pilonfrakturen) fixieren

Distale Tibiaplatte (May; ■ Abb. 3.61)

Diese Platte ist in sich verwunden und passt sich dem gelenknahen Knochen gut an.

Im distalen Plattenanteil sind Löcher, durch die
- Kirschner-Drähte gebohrt oder
- Spongiosaschrauben in unterschiedlichen Winkeln eingebracht werden können.

Es gibt rechte und linke Platten (DT/R = distale Tibiaplatte rechts) in unterschiedlichen Längen.

Kondylenabstützplatte (■ Abb. 3.62)

Der Plattenkopf nimmt in den runden Löchern Spongiosaschrauben auf. Der Plattenschaft gleicht dem der breiten DCP. Die Verwendung des Plattenspanners ist möglich. Die Platte wird für die rechte und linke Seite hergestellt.

Anwendung: Mehrfragmentbrüche der Femurkondylen.

Winkelplatten

- Der Winkel wird zwischen Klinge und Schaft gemessen.
- Die Löcher sind wie bei den geraden breiten Platten versetzt.
- Sie werden als Rundloch- oder als DC-Platten hergestellt.
- Es werden die Schrauben des Standardfragments benötigt.
- Die Winkelplatten haben eine U-förmige Klinge; für Kleinkinder gibt es T-förmige Profile.

95°-Kondylenplatten (■ Abb. 3.63)

Die 2 klingennahen Löcher sind für 6,5-mm-Spongiosaschrauben gefertigt.

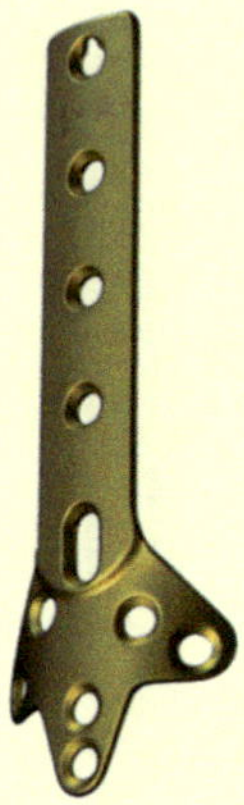

3.60

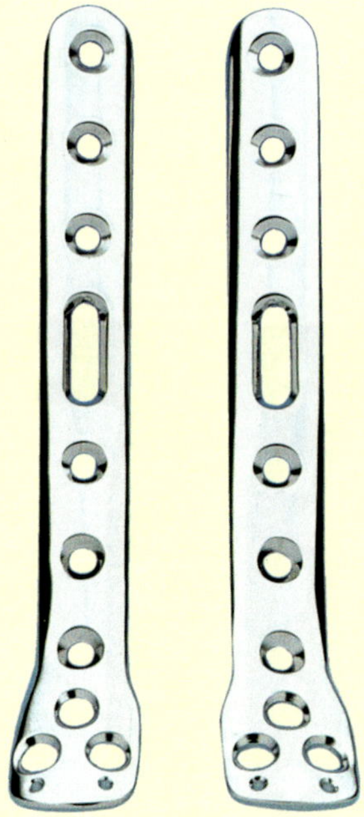

3.61

3.62

Abb. 3.60 Kleeblattplatte 3,5 mit dünnerer Kopfpartie für distale intraartikuläre Tibiafrakturen und proximale Humerusfrakturen. Fixation mit 3,5 und 4,0 Schrauben. (Abb. 3.55–3.60 Synthes)

Abb. 3.61 Distale Tibiaplatte. (Link, Hamburg)

Abb. 3.62 Kondylenabstützplatte 4,5 mit Spanngleitlöchern DCP und Nut für Plattenspanner. Die Platte eignet sich zur Abstützung von Mehrfragmentbrüchen der Femurkondylen und wird mit 4,5–6,5 mm Schrauben besetzt

Anwendung: distale und intertrochantere Femurfrakturen.

Osteotomieplatten

- 130°-Winkelplatte (Abb. 3.64) für intertrochantere Valgisierung.
- Rechtwinkelplatte (Abb. 3.65) für intertrochantere und suprakondyläre Varisierung.

Operation mit der 130°-Winkelplatte

Spezialinstrumentarium

Benötigt werden die in den Abb. 3.66–3.73 dargestellten Instrumente.

Zusätzliches Instrumentarium

- Grundinstrumentarium,
- Knochengrundinstrumentarium (s. 3.2.1),

Abb. 3.63 95°-Kondylenplatte (nur noch selten gebräuchlich bei distalen Femurfrakturen)

Abb. 3.64 130°-Winkelplatte für intertrochantere Valgisierung

Abb. 3.65 Sog. Rechtwinkel- oder Hüftplatten sind für die intertrochanteren und suprakondylären Umstellungsosteotomien des Femurs unverzichtbar. Sie haben eine Bogentiefe von 10, 15 oder 20 mm und verschiedene Klingenlängen mit U- oder T-Profil.

Abb. 3.66 a Plattensitzinstrument; der Winkel der aufgeschobenen Führungsplatte ist stufenlos verstellbar b Vorschlagklinge mit U-Profil für Erwachsenenwinkelplatten;

Abb. 3.67 Schlitzhammer zum Ausschlagen der Vorschlagklinge

Abb. 3.68 Ein- und Ausschlaginstrument mit verstellbaren Klemmbacken für Erwachsenenwinkelplatten und Hüftplatten für Jugendliche und Kinder

Abb. 3.69 Nachschlagbolzen für Winkelplatten

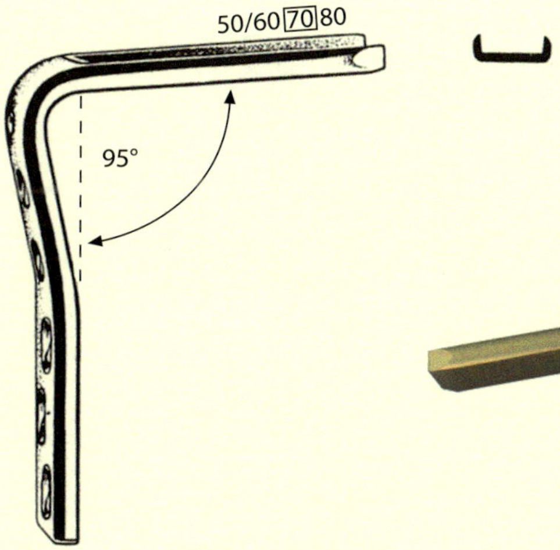

3.63

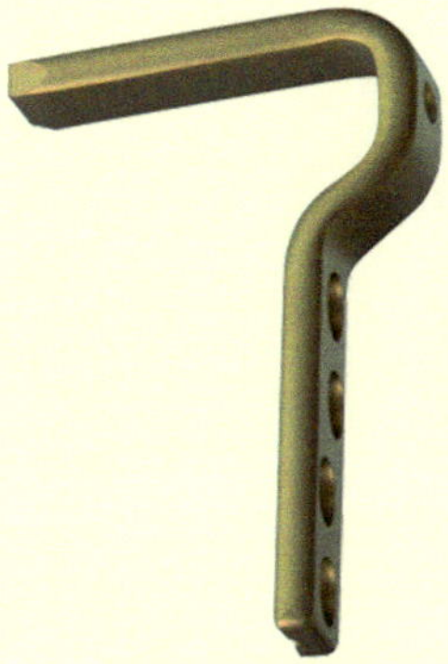

3.65

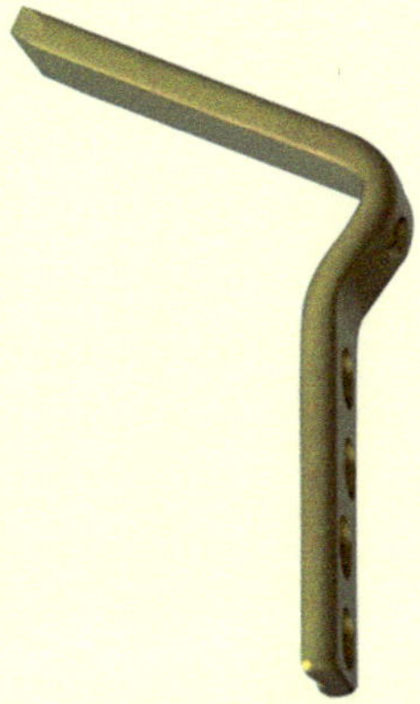

3.64

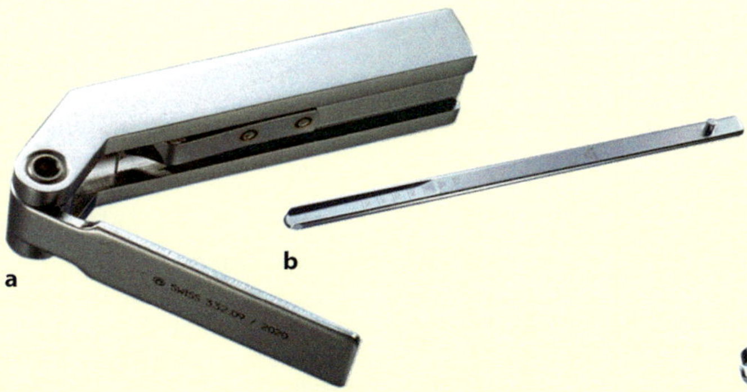

3.66

3.68

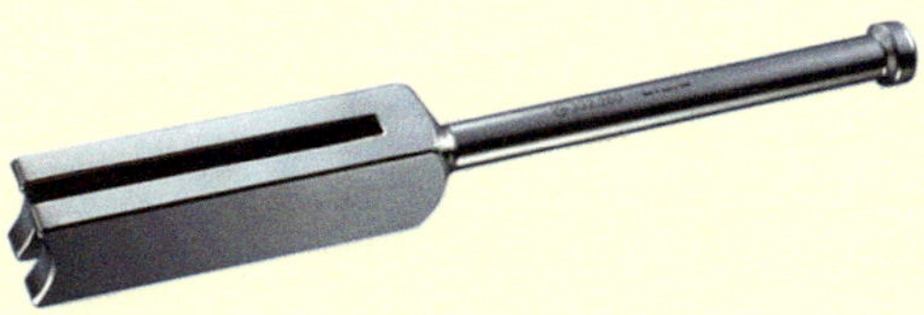

3.67

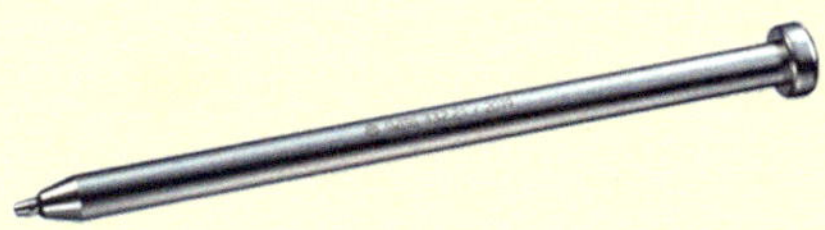

3.69

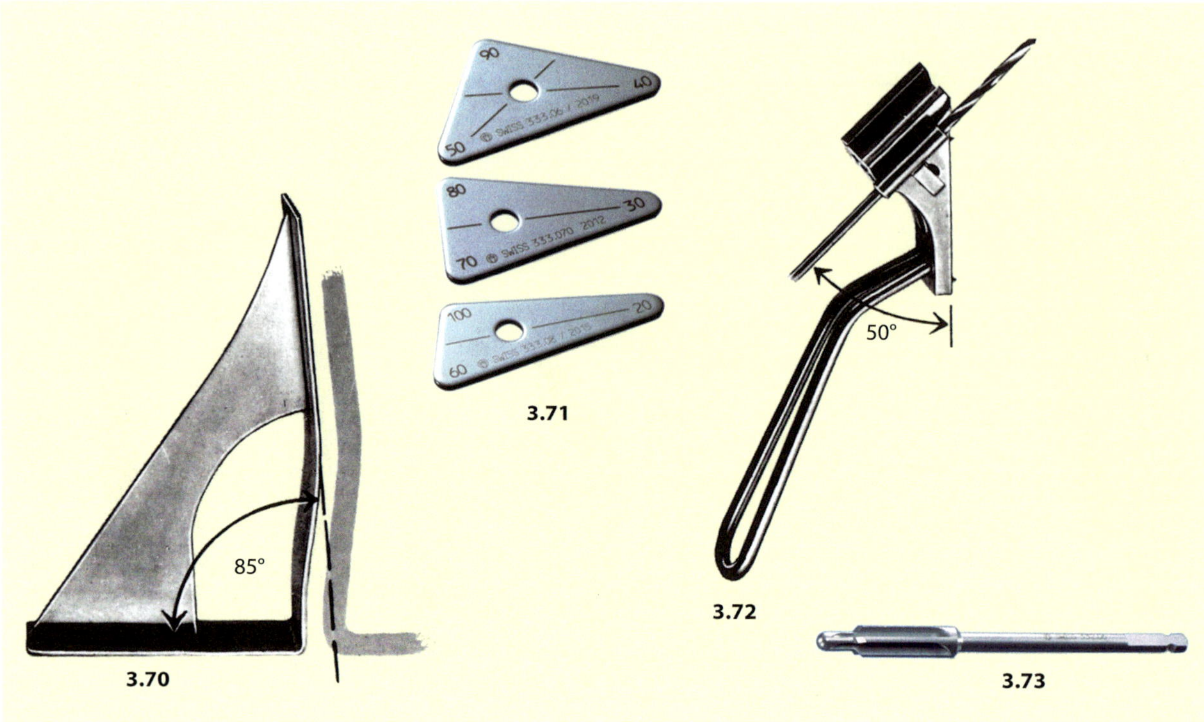

◘ Abb. 3.70 Kondylenzielgerät zur Bestimmung der richtigen Plattenlage und der Richtung der Klinge am unteren Femurende

◘ Abb. 3.71 Dreieckige Zielplatte mit verschiedenen Winkeln: 40-50-90°, 30-70-80°, 20-60-100°. Mit einer Kocher-Klemme lassen sich diese Plättchen gut halten

◘ Abb. 3.72 Zielgerät mit Aufsatz 130° und 4,5 Bohrer

◘ Abb. 3.73 Zapfenfräser zum Aufweiten des vorgebohrten Klingeneinschlags. (Abb. 3.62–3.73 Synthes)

- Bohrmaschine, oszillierende Säge bei Umstellungsosteotomien,
- Kirschner-Drähte (∅ 2,0 mm; ◘ s. 3.2.5),
- 16-mm-Meißel,
- evtl. Repositionszange (◘ s. 3.2.4),
- Standardschrauben und -instrumente,
- Winkel-, Kondylenplattenset.

▪▪▪ Lagerung

- Rückenlagerung auf einem geraden Röntgentisch oder auf einem Extensionstisch.
- Die zu operierende Seite zur Tischkante hin lagern.
- Flaches Kissen unter das Gesäß.
- Anlegen der Neutralelektrode nach Vorschrift.
- Bildwandler und Strahlenschutz (◘ s. 3.3.2).

▪▪▪ Abdeckung

- Hauseigen, Stoffwäsche immer doppelt und wasserundurchlässig.
- Das betroffene Bein zum besseren Hantieren steril wickeln.

Intertrochantere Valgisierung um 20°

► Hautschnitt: Gerader langer Hautschnitt an der Außenseite des oberen Femurdrittels. Nach Spaltung der Fascia lata wird zunächst die vordere Hüftkapsel dargestellt und spindelförmig reseziert. Der M. vastus lateralis wird L-förmig vom Tuberculum innominatum und vom Septum intermusculare mit Messer und Raspatorium abgelöst. Dabei wird er mit einem großen Wundhaken nach vorn und unten gezogen und dann mit Hohmann-Hebeln weggehalten

► Wenn man um 20° valgisieren und eine 130°-Platte verwenden will, muss zunächst der maßgebliche Einschlagwinkel der Vorschlagklinge markiert werden: In einem Winkel von 130°–20°=110° zum Femurschaft wird ein Kirschner-Draht in das obere Femurende gebohrt (◘ Abb. 3.74). Zur Kontrolle der Antetorsion vom Schenkelhals wird ein freier Kirschner-Draht aufgelegt

► Unterhalb vom Tuberculum innominatum wird die Kortikalis für den Klingeneinschlag mit dem 3,2-mm-Bohrer eröffnet

► Die Führungsplatte wird auf einen Winkel von 70° eingestellt; durch sie wird das Plattensitzinstrument parallel zu den beiden Kirschner-Drähten mit Hammer und Schlitzhammer eingeschlagen. Der Einschlag der Vorschlagklinge darf in keiner Ebene verkippt werden, denn sonst drohen die Perforation des Schenkelhalses, Ischiadikusläsionen und große Probleme bei der Reposition und der Plattenmontage. Auf dem Plattensitzinstrument befindet sich eine Messskala, auf der man die eingeschlagene Klingenlänge ablesen kann

► Wenn das Plattensitzinstrument (Vorschlagklinge) auf 50–60 mm eingeschlagen ist, können die beiden Kirschner-Drähte entfernt und das obere Femurende osteotomiert werden: Hierzu wird 2 cm unterhalb und absolut parallel zur Vorschlagklinge mit einer breiten oszillierenden Säge osteotomiert. In 130° zum Femurschaft folgt die Resektion des lateralbasigen Ganzkeils (◘ Abb. 3.75)

► Jetzt kann das Plattensitzinstrument mit dem Schlitzhammer herausgeschlagen werden. Dabei sollte das frei bewegliche Kopf-Hals-Stück mit einer Zweitpunktrepositionszange gehalten werden

► Die 130°-Platte mit 60 mm Klingenlänge wird unterhalb des Plattenwinkels in das Einschlaggerät eingespannt, so dass es in gerader Verlängerung der Winkelplattenklinge steht, die behutsam eingesetzt wird (◘ Abb. 3.76).

► Der Femurschaft wird an die Osteotomie und die Platte gebracht und mit einer großen Repositionszange (Ulrich) provisorisch gehalten. Der Plattenspanner (◘ s. Abb. 3.39 und Abb. 3.53b) wird montiert und mit dem Kardanschlüssel maximal gespannt. Dabei sollte die Osteotomie »wasserdicht«schließen (◘ Abb. 3.77)

► Besetzung von 2 der 4 Schraubenlöcher mit 2 neutral gebohrten Kortikalisschrauben. Verwendung der DCP-Bohrbüchse grün, dem 3,2-mm-Bohrer und dem 3,5-mm-Gewindeschneider. Abnahme des Plattenspanners. Einbringen einer exzentrischen (DCP-Bohrbüchse gelb; ◘ s. Abb. 3.27) und schließlich einer dritten neutralen Kortikalisschraube. Das Nachspannen der Schrauben von distal nach proximal bedeutet eine dritte Kompressionskomponente auf die schräge Osteotomie

► Tücher und Instrumente zählen (Dokumentation)

► Refixation des M. vastus lateralis am Tuberculum innominatum. Tiefe Redon-Drainage, Faszien-, Subkutan- und Hautnaht. Steriler Verband, postoperative Röntgenkontrolle

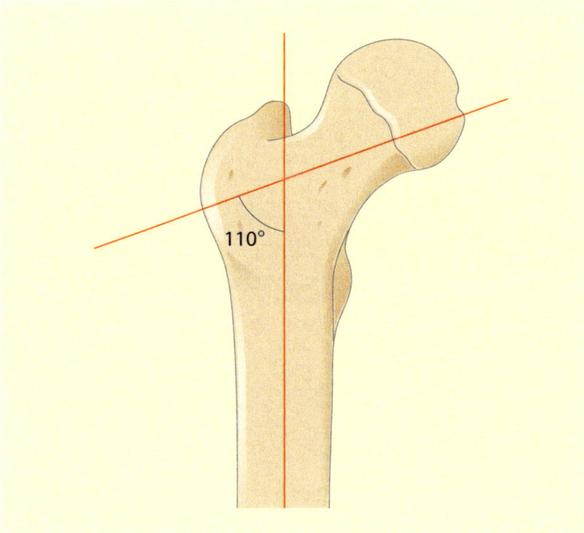

◘ Abb. 3.74 Aufbohren der Kortikalis und Einschlagen der Vorschlagklinge in einem Winkel von 110° zur Schaftachse des Femurs

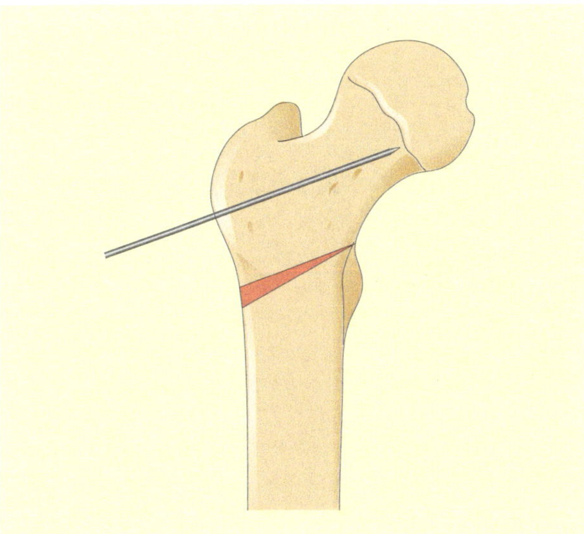

◘ Abb. 3.75 Klingenparallele Osteotomie 15–20 mm unter der liegenden Vorschlagklinge und Resektion eines lateralbasigen Keils von 20°

Für intertrochantere Varisierungen und suprakondyläre Umstellungen eignen sich Rechtwinkelplatten. Sie haben eine Unterstellung von 10, 15 oder 20 mm, 4 DCP-Löcher und eine 50 mm oder 60 mm lange Klinge. Eingebracht werden sie wie die 130°-Winkelplatten (◘ s. Abb. 3.64).

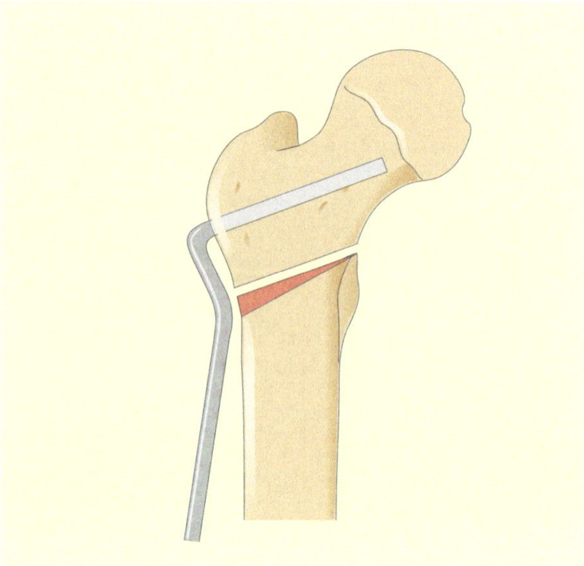

■ Abb. 3.76 Ausschlagen der Vorschlagklinge und Einschlagen der 130°-Winkelplatte

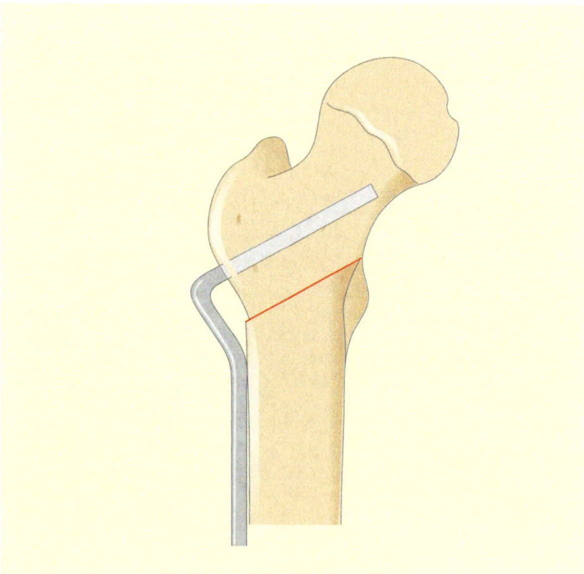

■ Abb. 3.77 Valgisierende Schließung der Osteotomie und Festsetzen mit 4 Kortikalisschrauben

3.2.4 Repositionszangen

Bei der Vielzahl von Repositionshilfen kann nur eine begrenzte Auswahl vorgestellt werden! Siehe hierzu ■ Abb. 3.78–3.83.

3.2.5 Drähte

Cerclage

Die Drahtumschlingung (Cerclage) dient zur vorläufigen Fixierung der Fragmente und zur Fixierung von Platten, wenn keine Schrauben eingebracht werden können. Letzteres ist allerdings eine extreme Ausnahme.

Ein Draht wird mit einer Drahtführung um den Knochen gelegt, dann das eine Drahtende durch die Öse am anderen Ende gezogen und mit einem Spanngerät verspannt (■ Abb. 3.84). Das freie Drahtende wird anschließend mit einem Seitenschneider gekürzt und die Drahtspitze mit einer Flach- oder Spitzzange an den Knochen angelegt.

Alternativ können Titan- und Kunststoffbänder benutzt werden; sie sind breiter und schneiden weniger ein.

Zuggurtung

Das Prinzip ähnelt einem Baukran, dessen Mast die Last des Auslegers nur deshalb tragen kann, weil gegenseitige Seile die Zugkräfte des hinteren Auslegerendes aufnehmen. Bei der Zuggurtung wird der gebrochene oder osteotomierte Knochen mit Kirschner-Drähten in der richtigen Stellung gehalten. Der Zuggurtungseffekt entsteht durch einen Cerclagedraht, den man um die freien Drahtenden herumführt und jenseits der Fraktur oder Osteotomie fixiert (■ s. Abb. 3.95).

Häufige Beispiele

- Fraktur oder Osteotomie des Olekranon: Dislokation durch den Zug des M. triceps.
- Patellafraktur: Dislokation durch den M. quadriceps, besonders bei Beugung des Kniegelenkes.
- Sprengung des Akromeoklavikulargelenkes: Dislokation durch den M. sternocleidomastoideus.
- Abriss oder Osteotomie des Trochanter major: Dislokation durch die kleinen Mm. glutei.

■ Abb. 3.78 Kronenspieß (Wörrlein), durchbohrter Repositionsstößel
■ Abb. 3.79 Repositionszange spitz, auch mit Gewindesperre erhältlich. Sie reponiert ausladende Knochenfragmente
■ Abb. 3.80 Gezahnte Zange mit Gewindesperre zur Reposition, aber auch zur vorübergehenden Fixierung einer Platte
■ Abb. 3.81 Patellazange

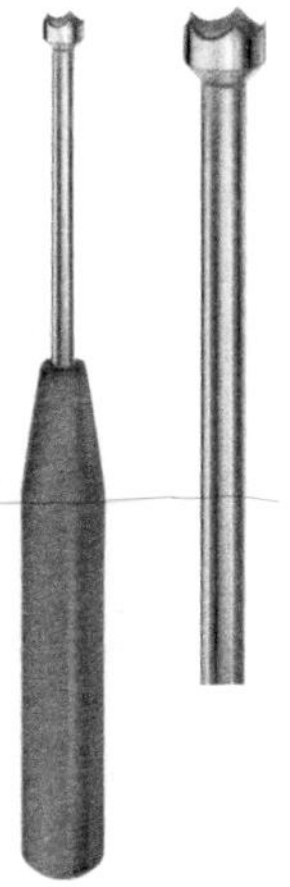

3.78

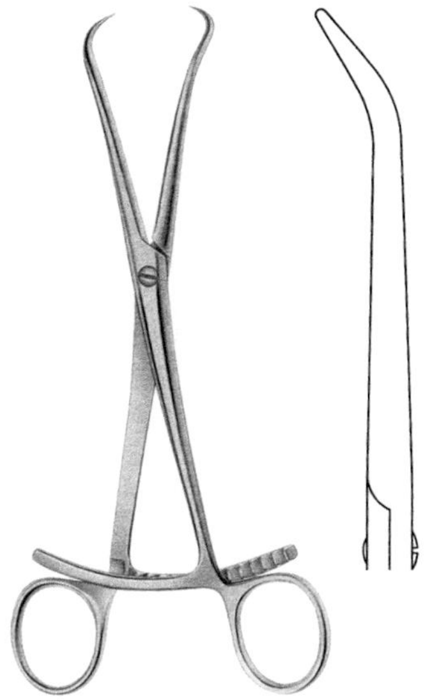

3.79

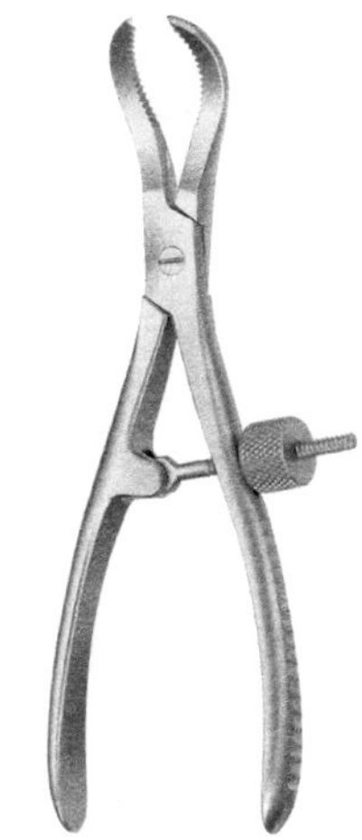

3.80

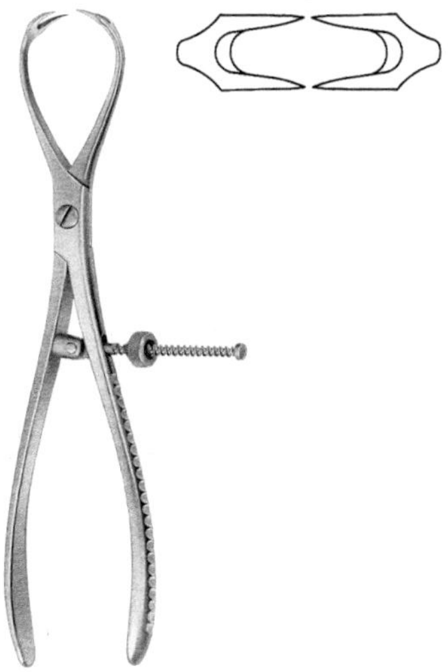

3.81

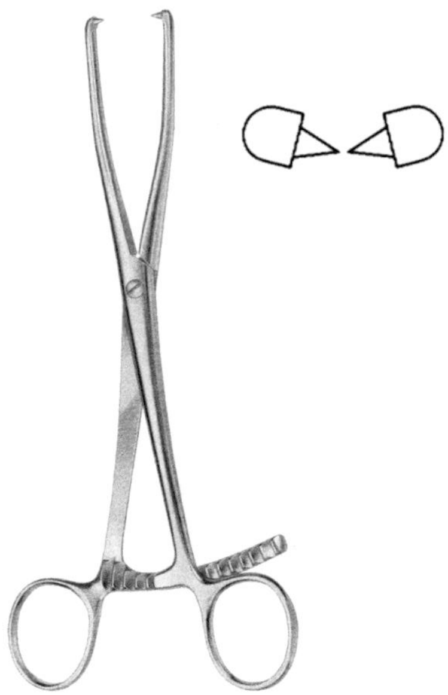

3.82

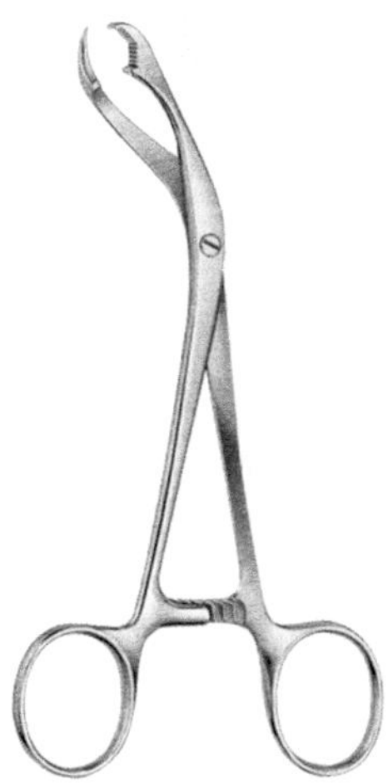

3.83

◘ Abb. 3.82 Knöchelfasszange

◘ Abb. 3.83 Verbrugge-Zange, auch mit Gewindesperre erhältlich; zur vorübergehenden Reposition und zur Fixation einer Platte. (Abb. 3.78–3.83 Aesculap)

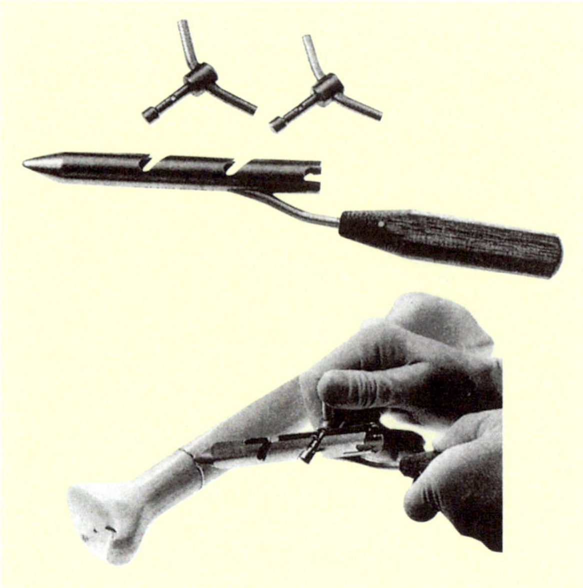

Abb. 3.84 Verspannen einer Drahtumschlingung. (Nach Texhammar u. Colton 1994)

Für die praktische Umsetzung benötigt man 2 Kirschner-Drähte und einen Cerclagedraht. Die beiden Kirschner-Drähte dienen als innere Gleitschiene und Rotationssicherung. Der Cerclagedraht kann bogen- oder achtförmig angelegt werden. Die beiden Enden des herumgeführten Cerclagedrahtes werden mit einer Flachzange oder einer Drahtspannzange unter Zug verzwirbelt. Am Olekranon und Trochanter major ist für die distale Fixierung ein Bohrloch sinnvoll. Am Innenknöchel ist eine Schraube mit Unterlegscheibe praktisch. An Stelle des Cerclagedrahtes kann man auch eine PDS-Kordel verwenden.

Drahtinstrumentarium

Das benötigte Instrumentarium ist in den Abb. 3.85–3.93 dargestellt.

Zusätzliches Instrumentarium

- Bohrmaschine und Jakobsfutter,
- Raspatorium,
- Elevatorium,

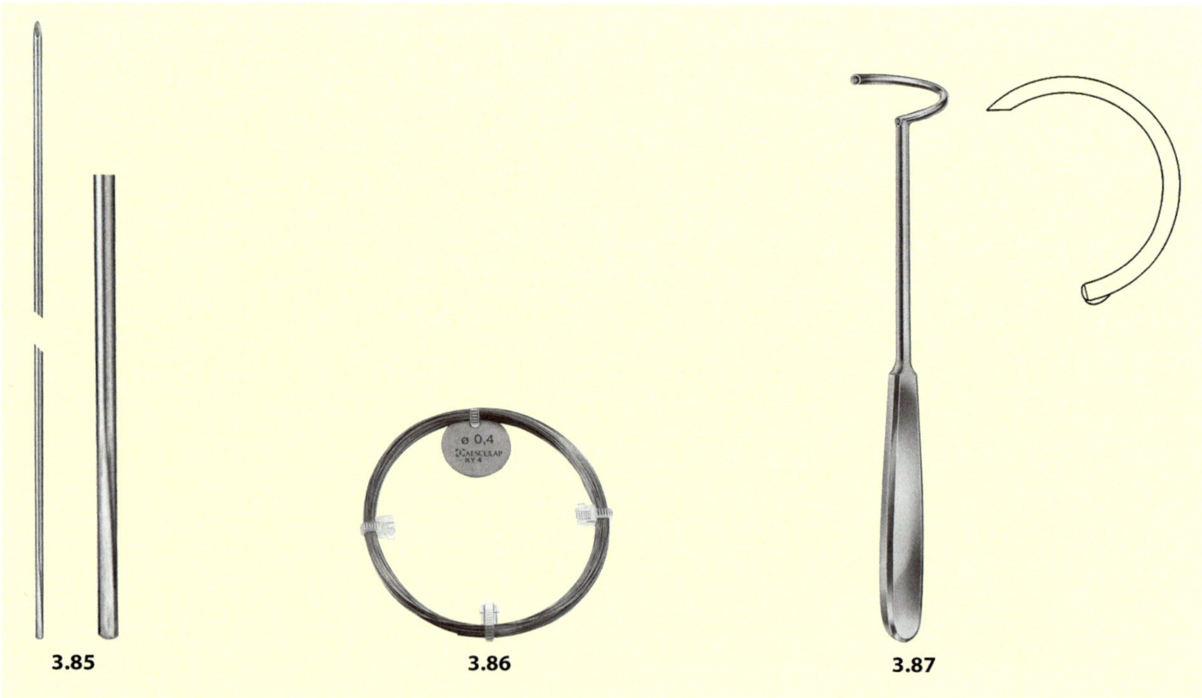

Abb. 3.85 Kirschner-Draht (K-Draht, engl. K-wire) mit Trokarspitze; verschiedene Längen und Durchmesser. Sie werden im Bohrfutter der Bohrmaschine eingespannt

Abb. 3.86 Weicher Cerclagedraht, auch vorgeschnitten und mit Öse

Abb. 3.87 Drahtumführung, Hohlnadel

- scharfer Löffel oder »Zahnarzthäkchen«,
- evtl. Repositionszange,
- Einzinker
- evtl. Hohmann-Hebel,
- Dreifachzielbohrbüchse (◘ s. Abb. 3.25),
- 2-mm-Bohrer,
- Hammer.

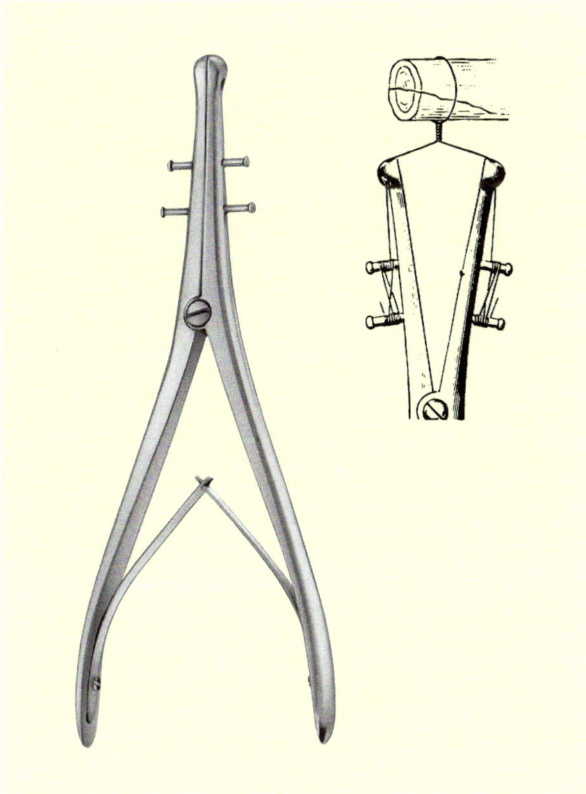

◘ Abb. 3.88 Drahtspannzange (Demel)

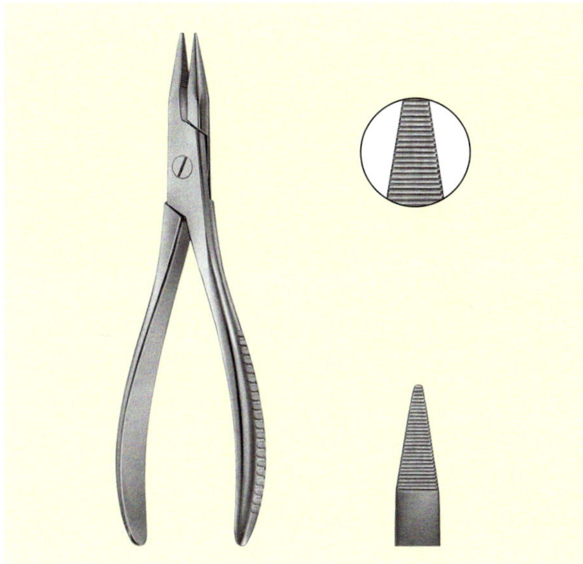

◘ Abb. 3.90 Spitzzange

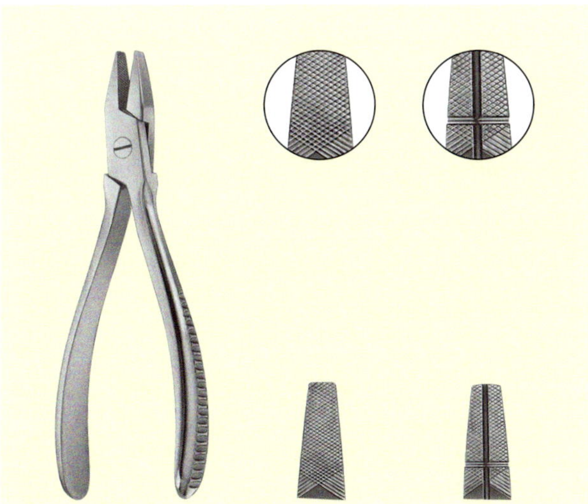

3.89

◘ Abb. 3.89 Flachzange

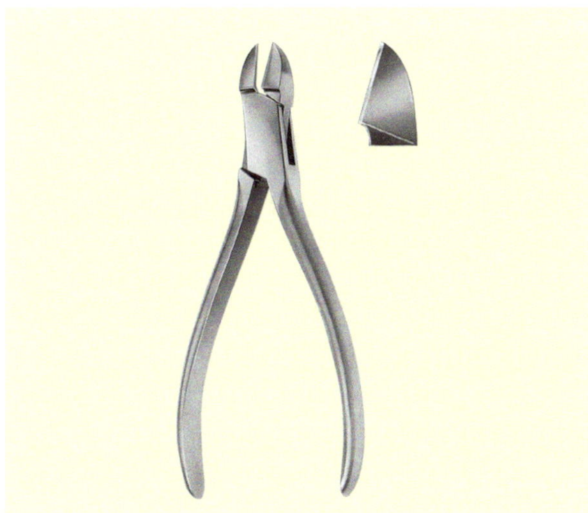

◘ Abb. 3.91 Seitenschneider, verschiedene Größen

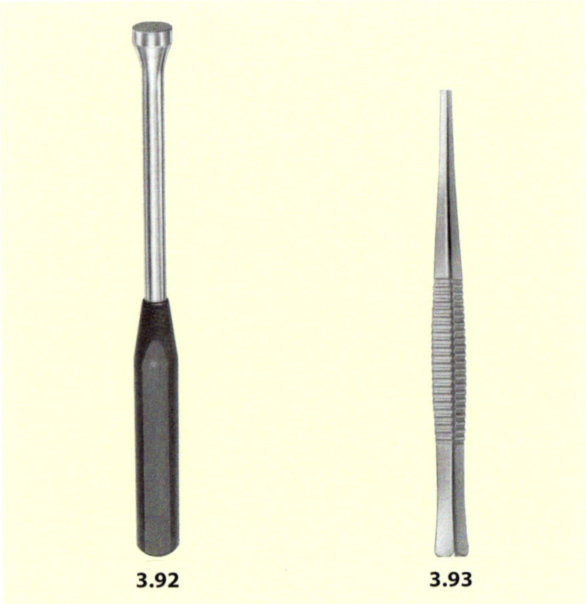

Abb. 3.92 Stößel (Caspar)

Abb. 3.93 Stößel (Passow): Drähte können dem Knochen angelegt, Spongiosa in Defekte eingebracht, Gelenkflächen angehoben werden. (Abb. 3.85–3.93 Aesculap)

Zuggurtung bei Sprengung des Akromeoklavikulargelenkes

Instrumentarium

- Grundinstrumentarium,
- allgemeines Knocheninstrumentarium (s. 3.2.1),
- Zweispitzenrepositionszange oder Kugelspieß (s. 3.2.4),
- Drahtinstrumentarium.

Lagerung

- Rückenlage auf einem Durchleuchtungstisch oder halbsitzende Lagerung (beach chair: das Beinteil ist abgeklappt, der Tisch nach hinten gekippt und der Oberkörper angehoben).
- Leichte Erhöhung der betroffenen Schulter.
- Leichte Reklination und Seitdrehung des Kopfes.
- Anlegen der Neutralelektrode nach Vorschrift.
- Bildwandler und Strahlenschutz (s. 3.3.2).

Abdeckung

- Hauseigen, Stoffwäsche immer doppelt und wasserundurchlässig.
- Die Schulter weit nach hinten freilassen und den betroffenen Arm zum besseren Hantieren steril wickeln.

Zuggurtung bei Sprengung des Akromeoklavikulargelenkes

- ► Hautschnitt: S-förmig über Akromeon und Klavikula. Freipräparieren bis zum Gelenk und Darstellung der Stümpfe des Lig. coracoclaviculare. Vorlegen von U-Nähten (Material z. B. Polydioxanon, PDS), die noch nicht geknotet werden
- ► Eingeschlagene Kapselreste werden aus dem Gelenkspalt entfernt
- ► Mit dem 2-mm-Bohrer wird ein queres Loch durch die Klavikula gebohrt; Durchfädeln des Cerclagedrahtes
- ► Reposition der Klavikula (z. B. mit Kugelspieß)
- ► Einbohren von 2 parallel verlaufenden Kirschner-Drähten vom Akromeon in die Klavikula. Dort finden sie in der Klavikulakortikalis Halt. Darum wird eine Achtertour mit dem Cerclagedraht gelegt
- ► Mit einem Drahtspanngerät oder einer Zange den Cerclagedraht anziehen
- ► Die Cerclageenden und Kirschner-Drähte werden mit dem Seitenschneider gekürzt und mit der Spitzzange umgebogen. Die Drahtenden werden dem Knochen angelegt
- ► Nun Knüpfen der zuvor gelegten korakoklavikularen U-Nähte. Naht der Gelenkkapsel, Einlegen einer Redon-Drainage, schichtweiser Wundverschluss, Anlegen einer Gilchrist-Bandage.

Zuggurtung bei Olekranonfraktur

Instrumentarium

Siehe Sprengung des Akromeoklavikulargelenkes.

Lagerung

- Bauchlage: Der Oberarm wird gut gepolstert auf einem Brett oder einer Stütze gelagert; der Unterarm bleibt frei beweglich (Abb. 3.94).
- Wenn üblich, Blutsperre oder Blutleere.
- Anlegen der Neutralelektrode nach Vorschrift.
- Bildwandler und Strahlenschutz (s. 3.3.2).

Abdeckung

- Hauseigen, aber Wäsche immer doppelt und wasserundurchlässig.
- Zum besseren Hantieren den betroffenen Unterarm steril wickeln.

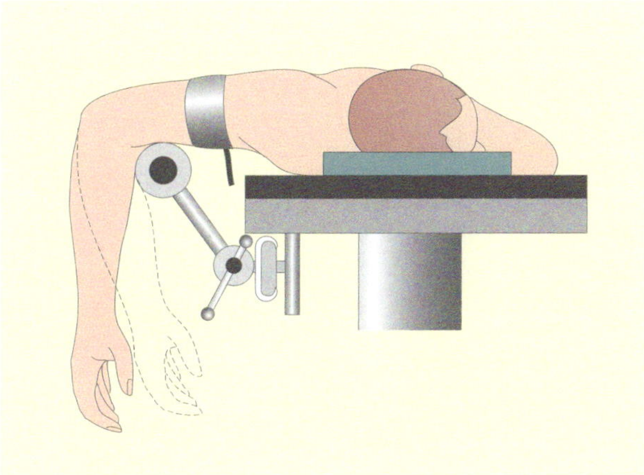

Abb. 3.94 Bauchlagerung zur Versorgung einer Olekranonfraktur. (Nach Müller et al. 1992)

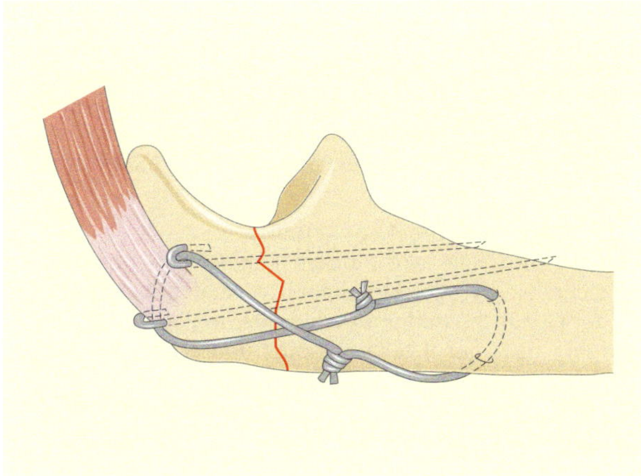

Abb. 3.95 Zuggurtungsosteosynthese bei Olekranonfraktur. (Nach Heberer et al. 1993)

Zuggurtung bei Olekranonfraktur

- Hautschnitt: bogenförmig zur Radialseite, die Olekranonspitze umfahrend
- Darstellen der Frakturränder, Entfernung von Koagula und Gewebeteilen mit scharfem Löffel oder »Zahnarzthäkchen«, Ausspülen des Frakturspaltes
- Reposition mit Einzinker oder Kugelspieß oder Zweipunktzange
- Einbohren von 2 parallelen Kirschner-Drähten (1,6–1,8 mm), von der Olekranonspitze in die beugeseitige Kortikalis der proximalen Ulna
- Mit dem 2-mm-Spiralbohrer wird ein Bohrloch (ca. 3 cm distal der Fraktur) quer durch die Ulna angelegt; Durchziehen eines Cerclagedrahtes und Bilden einer Achtertour um die freien Kirschner-Drahtenden unter der Trizepssehne
- Mit einem Drahtspanner den Cerclagedraht anziehen, verzwirbeln und abkneifen. Mit der Spitzzange werden die Kirschner-Drähte umgebogen und mit dem Seitenschneider abgekniffen. Die Kirschner-Drahthaken werden so gedreht, dass sie die Zuggurtungsschlinge umfassen. Alle Drahtenden sollen dem Knochen angelegt sein (Abb. 3.95)
- Einlegen einer Redon-Drainage, schichtweiser Wundverschluss, Polsterverband und dorsale Gipsschiene

Zuggurtung bei Patellafraktur

Prinzip

Dislokation durch den Zug der Quadrizepssehne bzw. des Lig. patellae.

Versorgung:

- Querfraktur – durch Zuggurtung,
- Längsfraktur – durch Verschraubung,
- Trümmerfraktur – kombinierte Verfahren, manchmal Entfernung der Patella.

Instrumentarium

Siehe Sprengung des Akromeoklavikulargelenkes.

Lagerung

- Rückenlagerung.
- Leichte Beugung im Knie durch Unterschieben einer Polsterrolle.
- Evtl. das gesunde Bein etwas absenken.
- Blutsperre oder Blutleere, Dokumentation.
- Anlegen der Neutralelektrode nach Vorschrift.
- Bildwandler und Strahlenschutz (s. 3.3.2).

Abdeckung

- Hauseigen, Stoffwäsche immer doppelt und wasserundurchlässig.
- Zum besseren Hantieren den betroffenen Unterschenkel steril wickeln.

3

Patellafraktur

► Hautschnitt längs über der Patellamitte. Darstellen der Fraktur und Abschieben des Gewebes vom Frakturrand (Raspatorium oder Messer). Reposition mit z. B. Patellarepositionszange (◻ s. Abb. 3.81)

Verschiedene Vorgehensweisen.

► 1. Mit Hilfe einer dicken Kanüle wird nun ein dicker, weicher Cerclagedraht hart am Knochen unter der Quadrizepssehne um den oberen Patellapol geführt, über der Patella gekreuzt und ebenfalls hart am Knochen um den unteren Patellapol geführt. Anziehen des Drahtes mit dem Drahtspanner und Abkneifen mit dem Seitenschneider

► 2. Dasselbe Vorgehen wie unter 1. beschrieben, jedoch mit 2 Cerclagedrähten; hierbei wird der erste tief durch die Sehne, der zweite oberflächlich durch die Sehne geführt, ohne Bildung einer Achtertour über der Patella

► 3. Mit dem 2-mm-Bohrer werden im proximalen Patellafragment 2 parallele Bohrungen durchgeführt (◻ Abb. 3.96a). Dann erfolgt die Reposition mit einer Zange. Zwei Drähte werden durch die Bohrungen geführt und weiter nach distal vorgebohrt (◻ s. Abb. 3.96b). Um die 4 Kirschner-Drahtenden wird der Cerclagedraht gelegt und angespannt (◻ s. Abb. 3.96c). Viele Chirurgen bevorzugen eine achtförmig gelegte Drahtcerclage. Umknicken und Versenken der proximalen Kirschner-Drahtenden. Die distalen Enden werden gekürzt und leicht versenkt

► Der seitliche Reservestreckapparat wird ggf. vernäht; Kapselnaht, Redon-Drainage, Wundverschluss, evtl. dorsale Gipsschiene in leichter Beugestellung

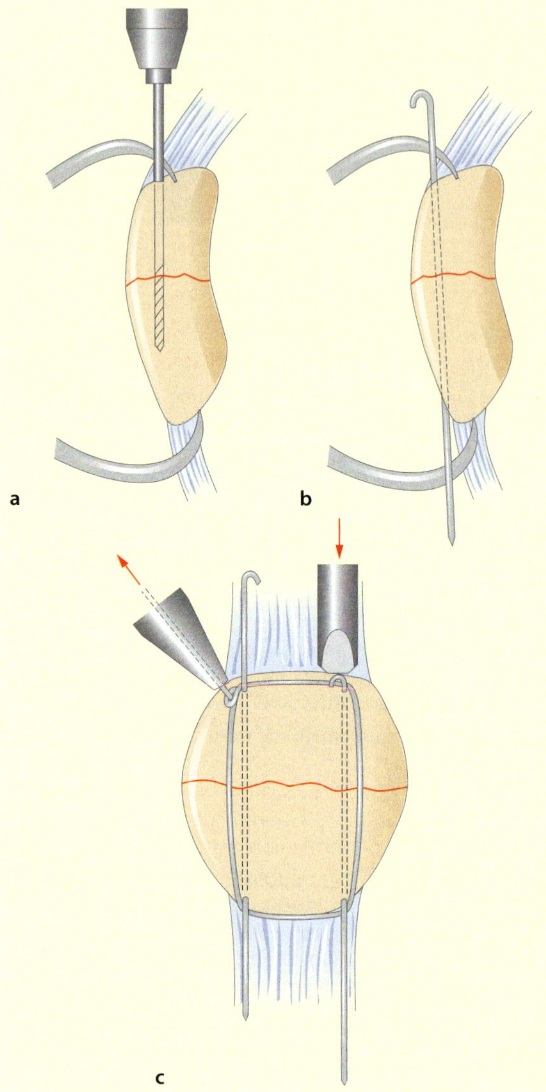

◻ Abb. 3.96a–c Zuggurtungsosteosynthese bei Patellafraktur. (Nach Müller et al. 1992)

3.2.6 Dynamische Hüftschraube und dynamische Kondylenschraube

Prinzip der DHS

Die DHS ermöglicht das Gleitlaschenprinzip (◻ s. Abb. 3.97). Der Schraubenschaft gleitet im Plattenzylinder und führt somit zur dynamischen Kompression von pertrochanteren Femurfrakturen.

Vorteile der DHS gegenüber Winkelplatte

- Weniger aufwendige Operation.
- Kleiner Hautschnitt und geringere Verletzung der Weichteile.
- Belastungsstabile Osteosynthese, sofern der Adam-Bogen nicht frakturiert ist.
- Keine Implantatperforation im Hüftkopf.
- Kompression in Schraubenrichtung.

Indikation

Die DHS-Trochanterstabilisierungsplatte ermöglicht den Einsatz der DHS bei Abrissen des Trochanter major. Mit einer Sperrschraube kann vorübergehend der Gleitmechanismus ausgeschaltet werden.

Aufbau der DHS

Die DHS besteht aus

- einer breiten durchbohrten Spongiosaschraube mit einem 22-mm-Gewindeanteil. Sie wird durch die Fraktur in den Schenkelhals eingebracht. Der Schaft ist nicht rund, sondern zu 2 Seiten hin abgeflacht. Das Schaftende hat 2 Nuten und im Innern ein Gewinde zur Aufnahme von Instrumenten und der Kompressionsschraube.
- einer DC-Platte, deren proximales abgewinkeltes Ende über den Schraubenschaft geschoben wird und dem Femurschaft anliegt. Der Zylinderteil besitzt ebenfalls 2 Abflachungen, damit die Schraube rotationsstabil gleiten kann. Die Zylinderstandardlänge beträgt 38 mm. Der Winkel zwischen DCP und Zylinder variiert zwischen 135° und 150°.
- einer Kompressionsschraube, die in die Spongiosaschraube eingedreht wird und den Frakturspalt komprimiert (nicht obligat).

Operation

▪▪▪ Spezialinstrumentarium

Das benötigte Spezialinstrumentarium ist in den ◘ Abb. 3.97–3.108 dargestellt.

▪▪▪ Zusätzliches Instrumentarium

- Grundinstrumentarium,
- allgemeines Knocheninstrumentarium (◘ s. 3.2.1),
- Bohrmaschine,
- Standardschrauben und -instrumente (◘ s. 3.2.2).

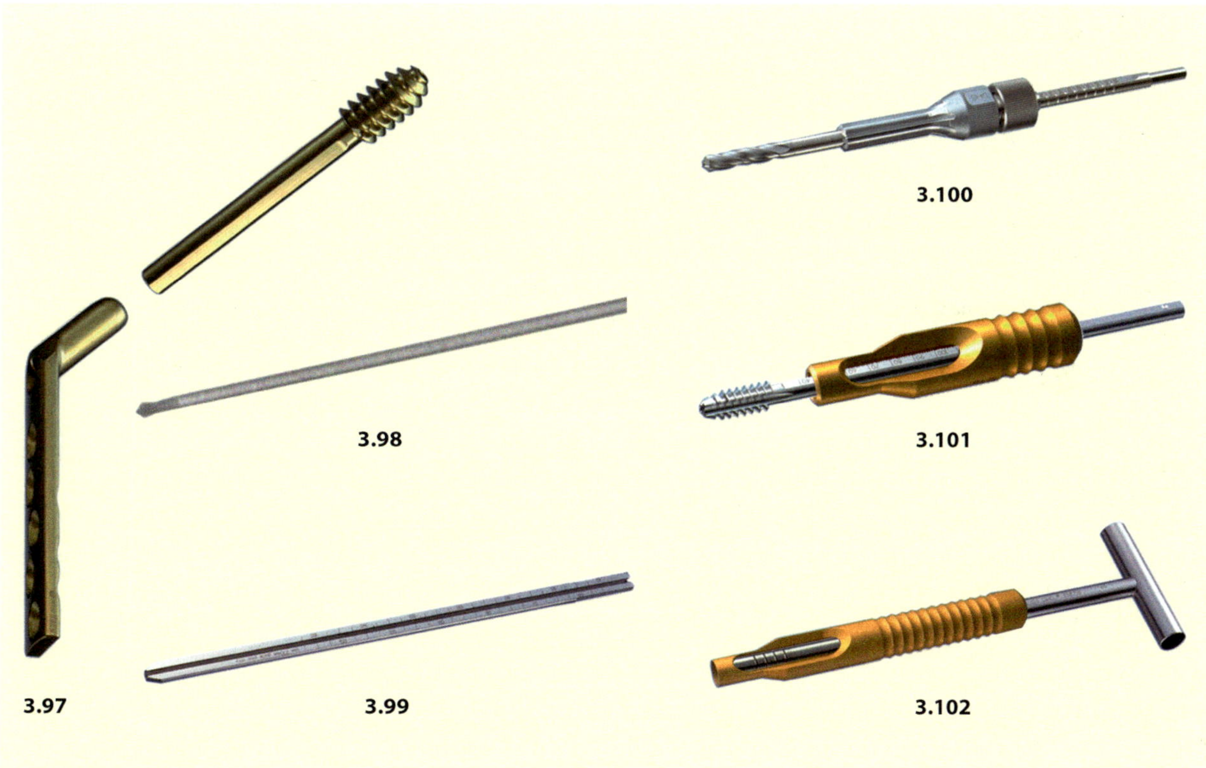

◘ Abb. 3.97 DHS-Platte und DHS-/DCS-Schraube. Von den unterschiedlichen Zylinderlängen, Winkeln und Plattenlängen braucht man die wenigsten: 38 mm Zylinderlänge, 130 oder 135°, 4 Löcher

◘ Abb. 3.98 Führungsdraht mit Gewinde

◘ Abb. 3.99 DHS-/DCS-Messstab

◘ Abb. 3.100 DHS-Dreistufenbohrer mit Wendelmutter und langem Fräser

◘ Abb. 3.101 DHS-Gewindeschneider mit kurzer Hülse

◘ Abb. 3.102 DHS-/DCS-Schlüssel zum Einbringen und Entfernen von DHS-/DCS-Schrauben mit langer Zentrierhülse

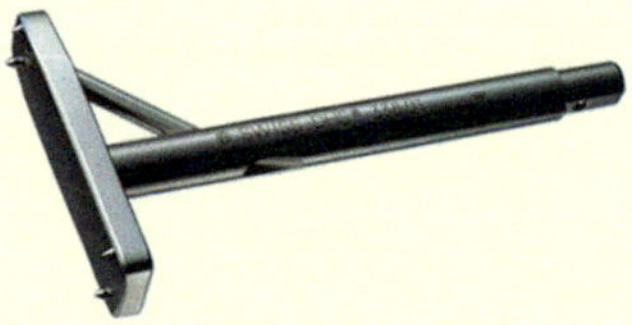

3.103

3.106

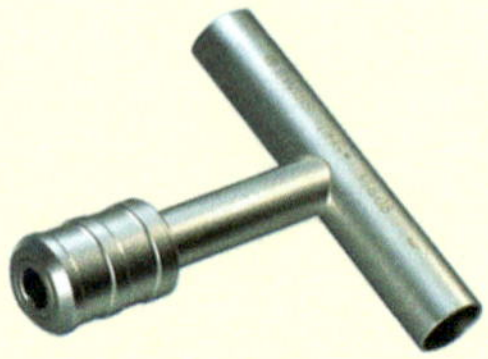

3.104

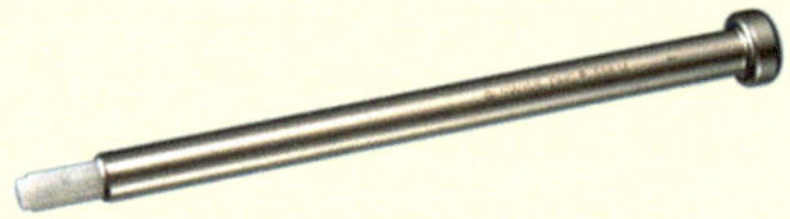

3.107

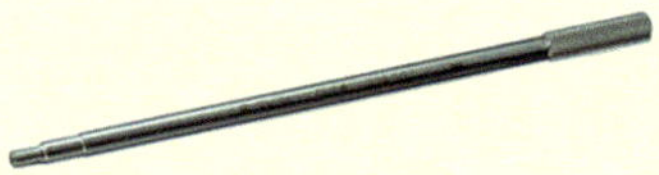

3.105

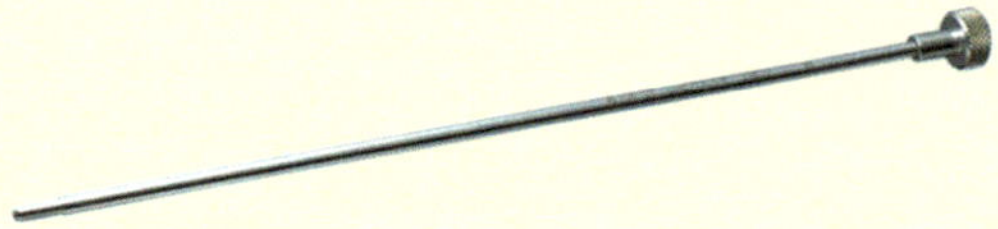

3.108

Abb. 3.103 DHS-Zielgerät (130–150°)

Abb. 3.104 DHS-/DCS; T-Handgriff mit Schnellkupplung für Gewindeschneider und Zielgeräte

Abb. 3.105 Verbindungsschraube zum Einsetzen der DHS-/DCS-Schrauben, zusammen mit Führungsschaft

Abb. 3.106 Führungsschaft zum Einsetzen der DHS-/DCS-Schraube, zusammen mit Verbindungsschraube

Abb. 3.107 DHS-/DCS-Einschlagbolzen

Abb. 3.108 Lange Verbindungsschraube zur Entfernung von DHS-/DCS-Schrauben, zusammen mit Schlüssel. (Abb. 3.97–3.108 Synthes)

Lagerung

- Rückenlagerung auf einem Extensionstisch (s. Abb. 3.151).
- Die Füße müssen vor der Fixation gut abgepolstert werden.
- Der Arm der zu operierenden Seite wird am Narkosebügel abgepolstert aufgehängt.
- Unsterile Reposition unter Bildwandlerkontrolle.
- Anlegen der Neutralelektrode nach Vorschrift.
- Bildwandler und Strahlenschutz (s. 3.3.2).

Abdeckung

- Hauseigen, aber Wäsche immer doppelt und wasserundurchlässig.
- Die sterile Abdeckung eines auf dem Extensionstisch gelagerten Patienten und des Röntgengerätes ist immer problematisch, da beim intraoperativen Durchleuchten das Gerät in die axiale Ebene geschwenkt werden muss und dabei die Tücher vom Boden hochgezogen werden.
  Hier ist ein Einmalabdecksystem von Vorteil.
- Separates Abdecken des Durchleuchtungsgerätes.

Einsatz der DHS

- ► Vor der Hautdesinfektion und dem Abdecken erfolgt das unsterile Repositionsmanöver unter Durchleuchtung auf dem Extensionstisch
- ► Mit dem Messerrücken und dem Bildwandler wird die Hautschnitthöhe ermittelt
- ► Präparation bis zum Knochen und Einsetzen von Hohmann-Hebeln
- ► Mit dem DHS-Zielgerät (135–150°) wird der Führungsdraht mit Gewinde (Ø 2,5 mm) bis unter

den Knorpel des Femurkopfes gebohrt. Idealerweise liegt er im ap-Bild nahe am Adambogen, im Axialbild mittig im Femurhals (Abb. 3.109a). Er muss bis zum Eindrehen der DHS-Schraube belassen werden

- ► Aufstecken des Messstabes (s. Abb. 3.99) auf den Gewindedraht. Die angegebene Länge ist die Strecke, die der Draht im Knochen liegt (Abb. 3.109b)
- ► Zusammensetzen und Einstellen des Dreistufenbohrers. Von der ermittelten Länge müssen 10 mm abgezogen werden, da der Dreistufenbohrer nur bis 10 mm an das Gelenk herangebohrt wird
- ► Beispiel: Werden auf dem Messstab 105 mm abgelesen, muss der Stufenbohrer auf 95 mm eingestellt werden (Abb. 3.109c). Der Dreistufenbohrer bereitet das Lager für die Schraube und den Plattenzylinder. Oft kommt beim Zurückführen des Dreistufenbohrers der Zieldraht mit heraus. Mit Hilfe der kurzen Zentrierhülse und einer umgekehrt eingesetzten DHS-Schraube kann der Draht dann wieder korrekt platziert werden
- ► Bei fester Knochenstruktur kann das Gewinde vorgeschnitten werden. Dafür werden benötigt: T-Handgriff, Gewindeschneider, kurze Zentrierhülse
- ► Eindrehen der Schraube mit Führungsschaft, Verbindungsschraube, DHS-Schraube, DHS-Schraubenschlüssel, langer Zentrierhülse
- ► Auf dem Schraubenschlüssel befindet sich eine Skala (0–15). Erreicht beim Eindrehen die 0-Marke die laterale Kortikalis, liegt die Schraube korrekt 10 mm vom Gelenk entfernt (Abb. 3.109d). Bei osteoporotischen Knochen kann die Schraube etwas weiter eingedreht werden
- ► Wichtig ist, dass der Griff des Schlüssels am Ende des Eindrehens parallel zum Femurschaft steht. Nur so lässt sich die Platte später in korrekter Stellung über den Schraubenschaft schieben
- ► Aufschieben der entsprechenden DHS-Platte
- ► Entfernung des Führungsschaftes und des Führungsdrahtes. Leichtes Einschlagen des Plattenzylinders mit dem Einschlagbolzen und dem Hammer
- ► Ein neu entwickelter DHS-Schlüssel ermöglicht das gleichzeitige Einbringen von Schraube und Platte. Er besteht aus einem Schraubenschlüssel, einer langen Verbindungsschraube, einer offenen Zentrierhülse und einem entsprechenden Einschlagbolzen
- ► Einbringen der Kortalisschrauben mit dem 3,2-mm-Bohrer, dem 4,5-mm-Gewindeschneider, der zentrischen DCP-Bohrbüchse usw.
- ► Eventuell wird nun die Kompressionsschraube mit dem großen Sechskantschraubendreher in die DHS-Schraube eingedreht (Abb. 3.109e)
- ► Zuvor muss die Extension nachgelassen werden
- ► Schichtweiser Wundverschluss, Verband

Bei der Metallentfernung wird zuerst die Kompressionsschraube, dann die Platte und anschließend die DHS-Schraube entfernt.

Zur Entfernung der DHS-Schraube wird die lange Verbindungsschraube benötigt, die während des Ausdrehvorgangs Zug ausübt. Diese wird durch den DHS-Schraubenschlüssel geschoben und von hinten in die DHS-Schraube eingedreht.

Dynamische Kondylenschraube

- Die dynamische Kondylenschraube (DCS) wird bei kondylären Femurfrakturen eingesetzt.
- Der Winkel zwischen Gleitschraube und Platte beträgt 95°.
- Prinzip und Instrumentarium sind ähnlich wie bei der DHS und deutlich mit DCS gekennzeichnet.
- Die Kompressionsschraube wird belassen und nicht, wie bei der DHS, vorzeitig entfernt.

3.2.7 Hüftendoprothesen

Als erster künstlicher Gelenkersatz wurden die Hüftendoprothesen vor 40 Jahren von Sir John Charnley in England entwickelt. Sie sind wohl der wichtigste Beitrag der Orthopädie zur Medizin im 20. Jahrhundert, zugleich auch ein gutes Beispiel für das gemeinsame Armentarium der Orthopädie und der Unfallchirurgie.

In Deutschland werden pro Jahr etwa 120.000 Hüftendoprothesen implantiert. Im Jahr 1996 waren es 60.000 zementierte und 40.000 zementfreie Schäfte und 35.000 zementierte und 60.000 zementfreie Schraub- und Pressfitpfannen.

Indikationen

- Gelenknaher Femurhalsbruch,
- degenerative Koxarthrose,
- Tumoren des oberen Femurendes,
- Hüftkopfnekrose.

Mediale Schenkelhalsfraktur

Bei jungen Menschen versucht man mit Spongiosaschrauben den Hüftkopf zu erhalten. Die mediale Schenkelhalsfraktur (SHF) ist eine intrakapsuläre (die laterale eine extrakapsuläre) Fraktur. Durch ein intrakapsuläres Frakturhämatom entsteht die Gefahr der Hüftkopfnekrose. Deshalb müssen kopferhaltende Operationen möglichst schnell erfolgen. Je lateraler die Frakturlinie verläuft, um so günstiger ist die Prognose, da dann die Versorgung des proximalen Fragments durch die Kapsel-

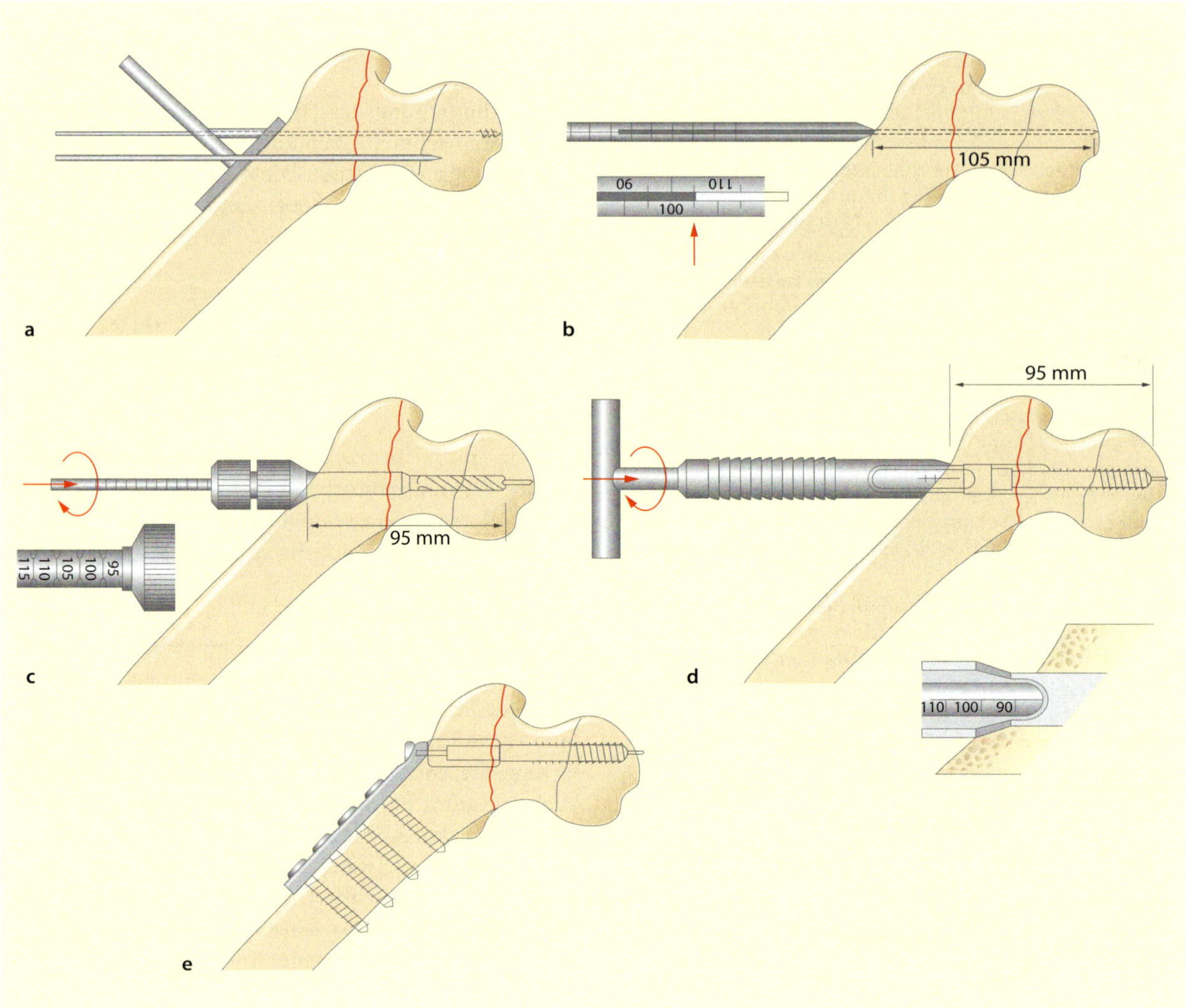

Abb. 3.109a–e Implantation der dynamischen Hüftschraube. a Zielgerät mit Führungsdraht, b Schraubenlängenbestimmung, c Dreistufenbohrer, d Eindrehen der DHS-Schraube, e DHS mit Kompressionsschraube. (Nach Müller et al. 1992)

gefäße aus der A. circumflexa femoris unbeeinträchtigt bleibt.

Wichtigste Komplikationen der medialen SHF

- Hüftkopfnekrose,
- Pseudarthrose.

Prothesenmodelle

Zementierte Prothesen

Bipolare oder Doppelkopfendoprothese

Sie besteht aus einem Metallschaft, einem separaten Metall- oder Keramikkopf und einem Aufsatz aus Polyethylen in einer sphärischen Metallkappe. Diese passt in die natürliche Hüftpfanne und schützt sie vor zu schneller Abnutzung. Diese Prothese wird bei alten, wenig mobilen Patienten eingesetzt.

Dabei wird die Hüftpfanne nicht bearbeitet, was die Dauer und Belastung der Operation im Vergleich zur Totalendoprothese verringert.

Totalendoprothese (Abb. 3.110)

Die zementierte Totalendoprothese (TEP) besteht aus einem Metallschaft, einem Metall- oder Keramikkopf und einer Pfanne (meist Polyäthylen).

Zementlose Prothesen

Sie kommen in Frage, wenn der Knochen
- gut durchblutet,
- nicht osteoporotisch und
- mechanisch widerstandsfähig ist.

Bei der Vielzahl der Modelle sind solche zu unterscheiden, die sich durch ihre Form der Markhöhle anpassen und solche, die eine spezielle Oberflächenbeschaffenheit aufweisen. Zementfreie Pfannen werden eingedreht oder eingeschlagen (Pressfit) und optional mit Schrauben im Acetabulum fixiert.

In jede Pfanne wird ein Polyäthylen- oder Keramikinlay gesteckt.

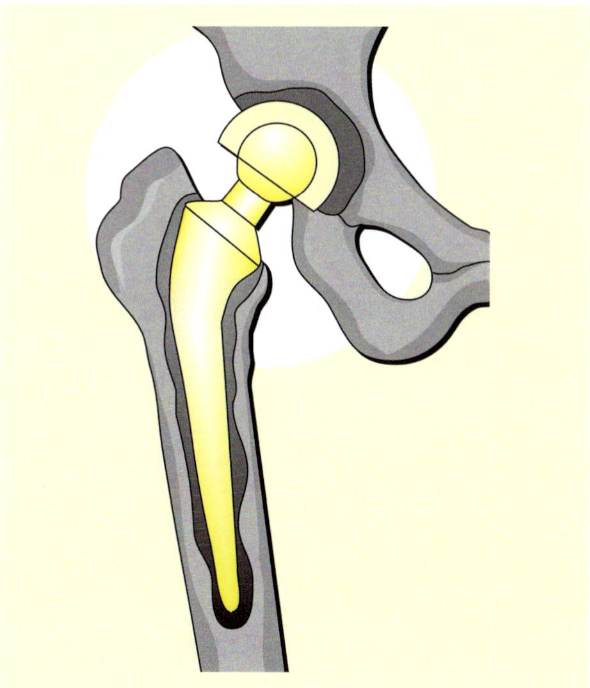

Abb. 3.110 Zementierte Totalendoprothese (TEP) des Hüftgelenkes

Für die Verankerung im Femurschaft ist es wichtig, einen optimalen Sitz im Trochanterbereich zu erzielen. Die Schaftprothese wird in Pressfit-Technik eingeschlagen. Auf ihren Konus wird der Keramik- oder Metallkopf aufgesteckt.

Die sog. Hybridprothese ist eine Kombination aus zementierter und zementloser TEP. Meistens wird die Pfanne nicht zementiert und der Schaft zementiert eingesetzt.

Operation

Allgemeines Instrumentarium

- Grundinstrumentarium,
- allgemeines Knocheninstrumentarium,
- große Bohrmaschine mit oszillierender Säge,
- Knochenzementspritze (s. Abb. 3.124)
- ggfs. Vakuumpumpe.

Knochenzement

Der Knochenzement besteht aus 2 Komponenten, einer Flüssigkeit und einem Pulver. Häufig ist der Zement mit einem antibiotischen Zusatz versetzt.

Das Anrühren kann manuell oder mit einer Vakuumpumpe erfolgen.

Die Bestandteile des Knochenzementes (Polymere, Monomere, freie Radikale) sind in der Regel während der Verarbeitung sehr aggressiv. Daher muss man beim Umgang mit Knochenzement immer doppelte Handschuhe tragen.

Vorbereitet werden:
- Anrührschale mit Spatel,
- doppelte Handschuhe,
- Zementspritze,
- Spüllösung gegen Hitzeentwicklung beim Aushärten,
- sichtbare Uhr,
- vorbereitete Prothese mit entsprechendem Implantierinstrument.

! Die Vorbereitung sollte streng nach Herstellerangabe erfolgen (1. Flüssigkeit; 2. Pulver → rühren → ruhen lassen → rühren → abfüllen → Applikation; genaue Zeitangaben beachten!).
Insbesondere für den Schaft empfiehlt sich ein Vakuumanrührsystem.

Spezialinstrumentarium

Die Instrumente sind in Einzelheiten so vielfältig wie die Implantate. Die Abb. 3.111–3.124 stellen einige Beispiele dar.

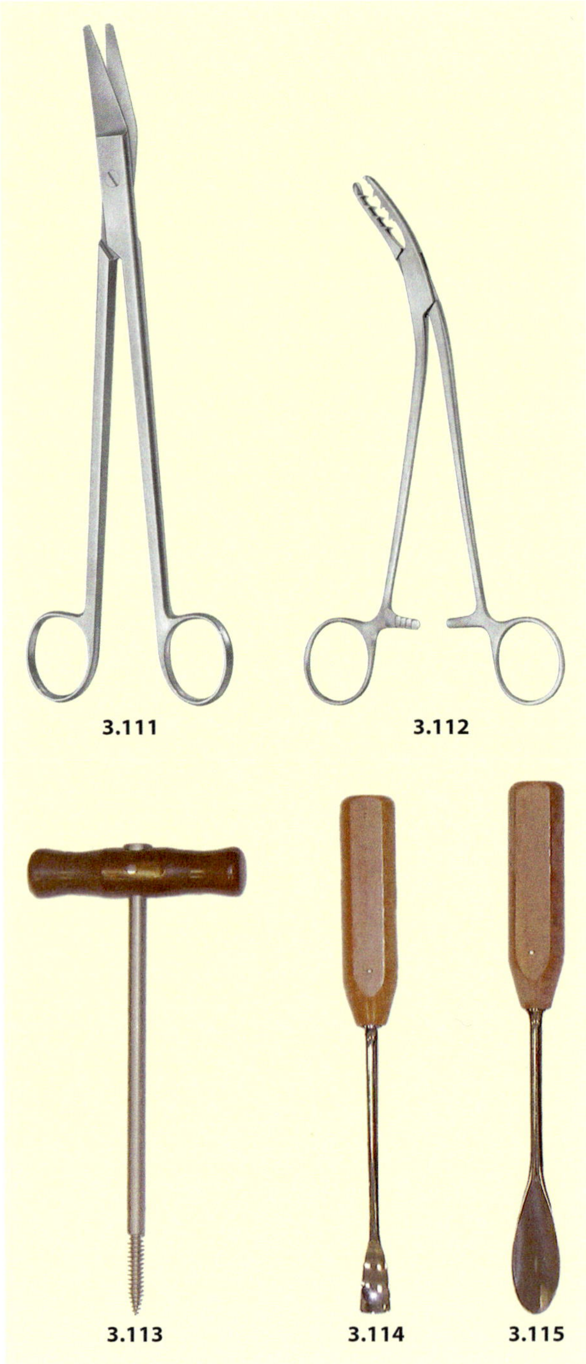

Abb. 3.111 Kapselschere
Abb. 3.112 Kapselklemme
Abb. 3.113 Femurkopfauszieher (T-Extraktor)
Abb. 3.114 Schwanenhalsmeißel
Abb. 3.115 Femurkopf-Luxationshebel. (Abb. 3.111–3.115 Aesculap)

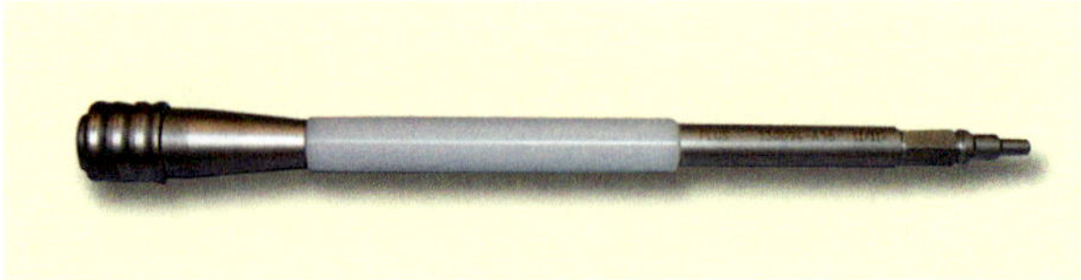

Abb. 3.116 Zwischenstück zu Raffelfräser (TEP)

Abb. 3.117 Raffelfräser für Pfannenlager im Azetabulum

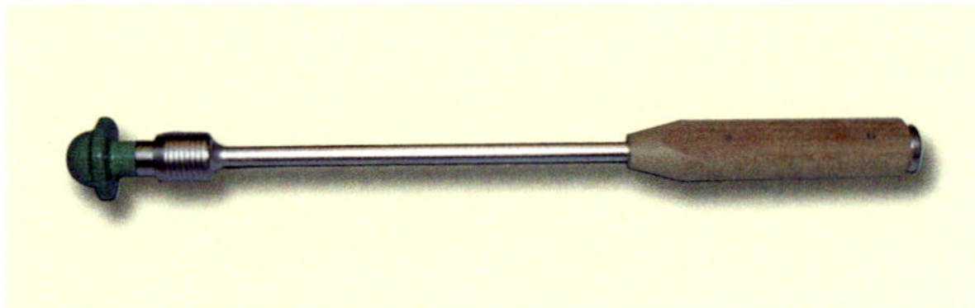

Abb. 3.118 Setzinstrument mit Kragen für PE-Pfannen

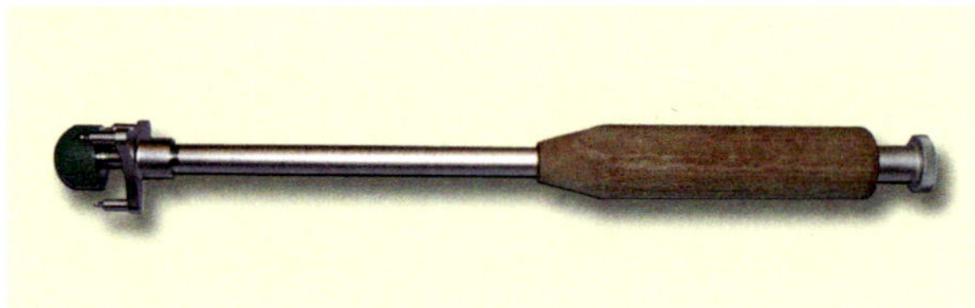

Abb. 3.119 Setzinstrument ohne Kragen für zementierte PE-Pfannen und zementfreie PE-Inlays. (Abb. 3.116–3.119 Endoplus)

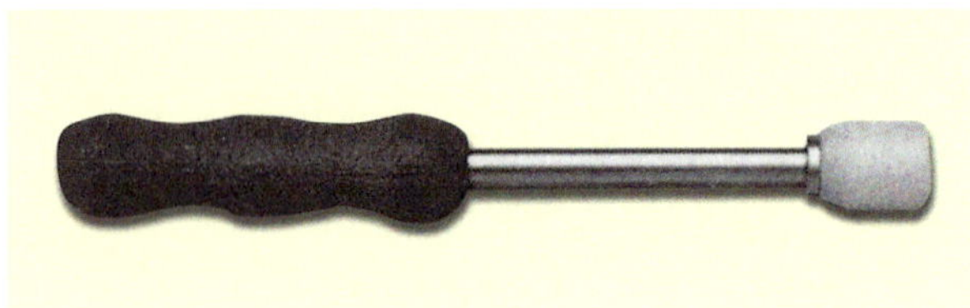

Abb. 3.120 Reponierstößel. (Stryker-Howmedica)

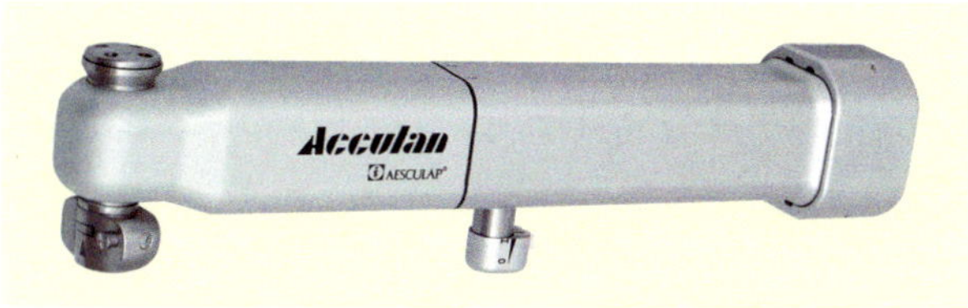

■ Abb. 3.121 Oszillierende Knochensäge. (Aesculap)

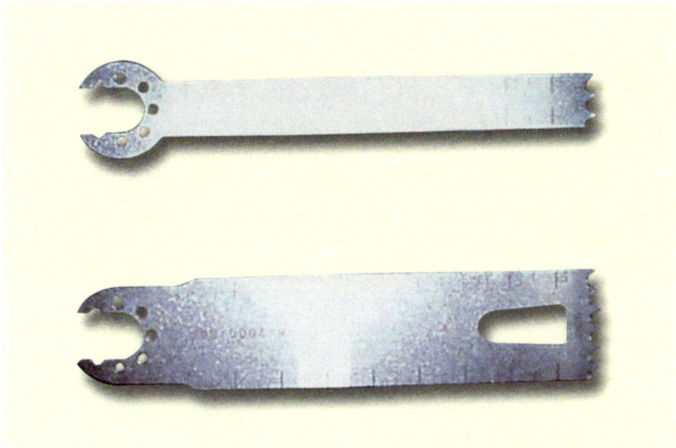

■ Abb. 3.122 Sägeblatt

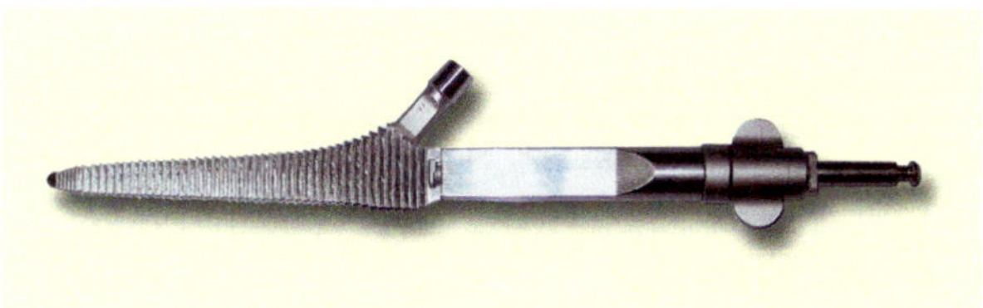

■ Abb. 3.123 Femurraspel für zementfreie Schaftprothesen. Mit einem aufgesteckten Probekopf kann sie reponiert werden und ermöglicht eine Überprüfung der Gelenkstabilität. (Abb. 3.122–3.123 Endoplus)

Jeder Hersteller bietet sein eigenes Prothesenmodell mit dem entsprechenden Instrumentarium an. Daher soll der folgende OP-Verlauf nur allgemein und mit Instrumentenbeispielen beschrieben werden.

■ ■ ■ Zugänge und Lagerung

Anterolateraler Zugang nach Watson-Jones (■ Abb. 3.125).

- Rückenlagerung.
- Die betroffene Seite wird etwas über die Tischkante gelagert.
- Der Arm wird gut abgepolstert aufgehängt.

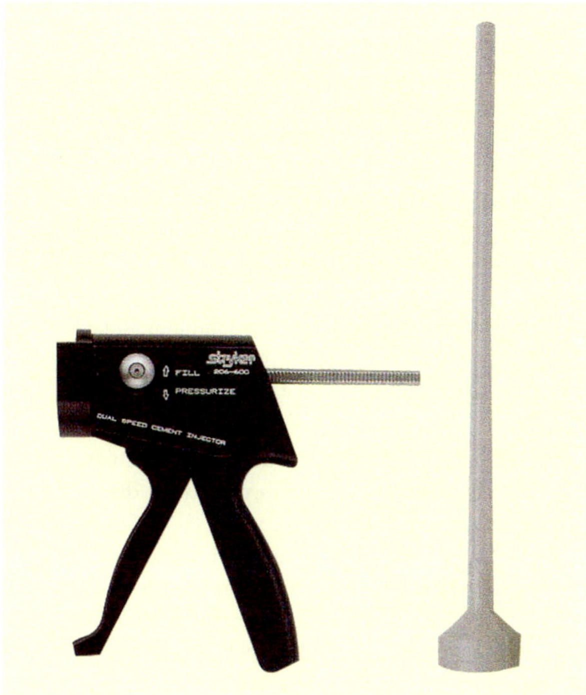

■ Abb. 3.124 Zementpistole. (Stryker-Howmedica)

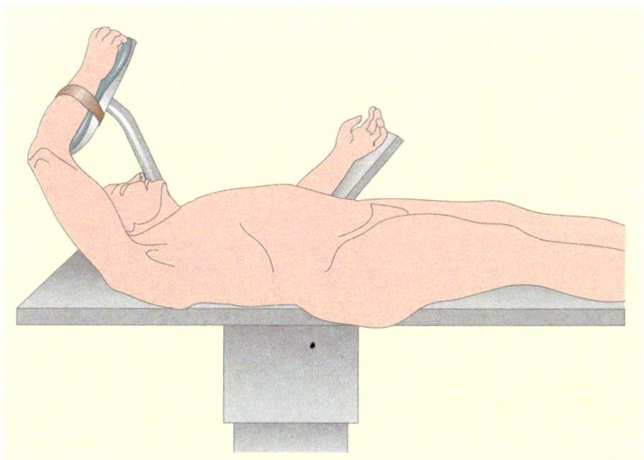

■ Abb. 3.125 Rückenlagerung für anterolateralen Zugang bei Hüftendoprothesenimplantation

- Anlegen der Neutralelektrode nach Vorschrift.
- Der Beingurt wird oberhalb des Knies des nicht zu operierenden Beines fixiert.
- Der Hautschnitt beginnt unterhalb der Spina iliaca anterior, umfährt von hinten den Trochanter major

und verläuft weiter zum proximalen Drittel des Oberschenkelschaftes.
Spaltung der Fascia lata. Eingehen auf die Gelenkkapsel zwischen M. gluteus medius und M. tensor fasciae latae.

Posterolateraler Zugang (Abb. 3.126).

- Stabile Seitenlagerung mit sicherer Abstützung durch seitlich am Tisch angebrachte Stützen und Polsterkissen.
- Der Arm der kranken Seite wird gut abgepolstert aufgehängt oder in einer Halbschale gelagert. Kein direkter Metall-Haut-Kontakt, da Verbrennungsgefahr besteht.
- Anlegen der Neutralelektrode nach Vorschrift.
- Der Beingurt wird oberhalb des Knies des nicht zu operierenden Beines fixiert.
- Der Hautschnitt beginnt leicht bogenförmig hinter dem Trochanter major und endet im proximalen Oberschenkelschaftbereich. Spaltung der Fascia lata. Eingehen auf die Gelenkkapsel hinter dem M. gluteus maximus. Die Außenrotatoren werden an ihrem Ansatz abgelöst, später refixiert.

Transglutealer Zugang.

- Rückenlage oder Seitenlage (Abb. 3.127).

Abdeckung

- Hauseigen, aber Wäsche immer doppelt und wasserundurchlässig.
- Das betroffene Bein in einer Stockinette steril wickeln.

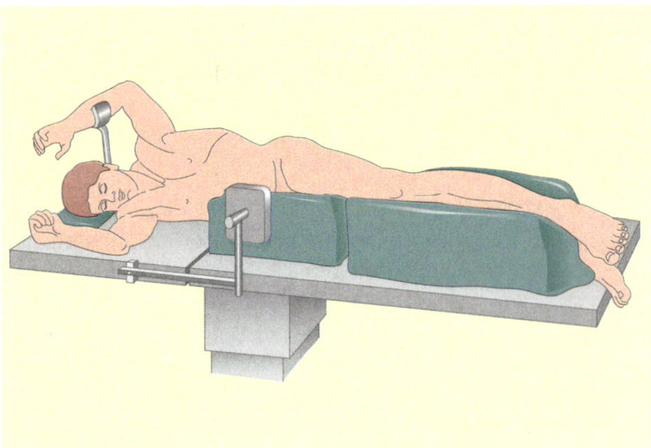

Abb. 3.126 Stabile Seitenlagerung bei Hüftprothesenimplantation

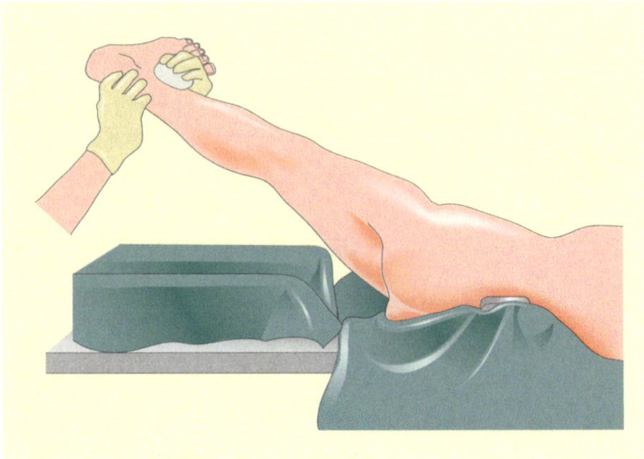

Abb. 3.127 Stabile Seitenlagerung bei Hüftprothesenimplantation. Der Patient wird nach hinten durch eine höhere, von einem Tuch überzogene Stütze am Kreuzbein abgestützt. Das kranke Bein kann von den Zehen bis zum abgeklebten Rippenbogen zirkulär desinfiziert werden

Implantation einer zementierten Doppelkopfendoprothese

- ► Liegt die Gelenkkapsel frei, wird sie T-förmig inzidiert. Einsetzen diverser Hohmann-Hebel (zuerst spitze, später stumpfe Hebel)
- ► Mit der oszillierenden Säge wird der Schenkelhals an seiner Basis, proximal des Trochanter minor, durchtrennt. Oft wird ein breiter gerader Meißel zu Hilfe genommen
- ► Heraushebeln des Hüftkopfes mit dem T-Extraktor (s. Abb. 3.113)
- ► Teilweises Entfernen der Gelenkkapsel mit Kapselfasszange (s. Abb. 3.112) und Messer
- ► Ausmessen des Hüftkopfes mit der Schublehre. Nun entscheidet sich die Größe des Polyethylenaufsatzes mit der Metallkappe, die später die natürliche Pfanne auskleiden soll. Diese darf nicht kleiner als der extrahierte Hüftkopf sein. Eventuell wird nun eine Probeimplantation vorgenommen. Abstopfen der Pfanne mit einer Kompresse
- ► Vorbereitung des Femurschaftes: Mit einem scharfen Löffel wird nun die erste Spongiosa aus dem Schaft entfernt und aufbewahrt. Die Femurmarkhöhle wird mit Formraspeln (passend zum jeweiligen Prothesentyp) erweitert (Abb. 3.128). Manchmal ist es notwendig, zuvor den Markraum mit Markraumbohrern zu erweitern. Die ausgesuchte Prothese oder die Probierraspel wird in den Schaft eingebracht, um den Sitz zu prüfen. Die Markhöhle wird gespült und mit einem Streifen ausgetrocknet

► Anrühren des Knochenzements nach Herstellervorschrift mit doppelten Handschuhen oder Vorbereitung mit der Vakuumpumpe. In den Schaft wird ein Redon, dessen Perforationsende gekürzt ist, eingelegt und an den Sauger angeschlossen. Mit einer Zementspritze wird der Knochenzement in den Schaft eingedrückt, die Redon-Drainage unter Sog gezogen (zur Schaftentlüftung), die trockene, saubere Prothese angereicht

► Mit dem passenden Einschlaggerät und dem Hammer wird sie eingeschlagen und in richtiger Position gehalten. Hervortretender überschüssiger Knochenzement wird entfernt. Beim heißen Aushärten wird mit kalter Ringer-Lösung gespült. Nach 8–10 min ist der Knochenzement fest. Wenn nötig, erfolgt ein Handschuhwechsel

► Überstehende Zementkanten werden mit einer Luerzange oder einem Meißel abgetragen

► Entfernen des Streifens aus der Pfanne

► Der benötigte Metall- oder Keramikkopf (die Halslänge variiert) wird in das Polyäthyleninlay mit der Metallkappe eingebracht und auf die Schaftprothese gesteckt

► Reposition mit dem Reponierstößel. Kontrolle der korrekten Lage und der Beweglichkeit sowie Beinlängenvergleich (eine Korrektur ist möglich, indem eine andere Halslänge des Steckkopfes gewählt wird)

► Zählen der Tücher (Dokumentation)

► Eine Redon-Drainage wird in das Gelenk gelegt. Subfasziale und subkutane Drainagen sind oft sinnvoll

► Schichtweiser Wundverschluss, evtl. elastischer Verband, postoperative Röntgenkontrolle

Bei Totalendoprothese.

► Entknorpelung der Gelenkpfanne mit Raffelfräsen in steigender Größe. Entscheidung, welche Pfanne implantiert wird

► Anrühren einer kleineren Portion Knochenzement, die von Hand (doppelte Handschuhe) in die Pfanne eingebracht wird. Die Pfanne wird mit Hilfe des jeweiligen Pfanneneindrückers eingesetzt. Der überschüssige Knochenzement wird entfernt. Kühlung mit Ringer-Lösung

► Weiteres Vorgehen s. Doppelkopfendoprothese

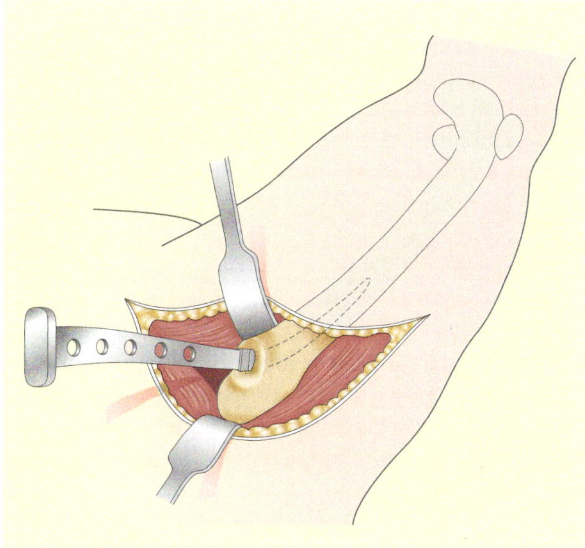

Abb. 3.128 Aufraspeln der femoralen Markhöhle (in Rückenlage). (Nach Baltensweiler 1989)

3.2.8 Marknagelung

Prinzip

Das Prinzip der Marknagelung wurde 1940 von Gerhard Küntscher in Kiel entwickelt. Der Marknagel ist ein intramedullärer Kraftträger, d. h. eine Schienung des gebrochenen Knochens in seiner Markhöhle.

Die Marknagelung ist bei vielen Brüchen des Femurs, der Tibia und des Humerus ein bewährtes Verfahren, das an Bedeutung eher gewinnt als verliert. So sind die retrograden Femurmarknägel und die halbelastischen Federnägel für kindliche Schaftfrakturen interessante Neuentwicklungen.

Vorteile der Marknägel

- Der Bruch braucht meistens nicht frei gelegt zu werden, die einzelnen Fragmente bleiben in ihrem Weichteilverbund liegen (geschlossene Marknagelung).
- In komplizierten Fällen sind offene Repositionen und zusätzliche Fragmentsicherungen mit Cerclagen möglich (offene Marknagelung).
- Kurze Operationsdauer.
- Geringes OP-Trauma.
- Geringer Blutverlust.
- Kurze postoperative Liegedauer.
- Keine besondere Nachbehandlung.
- Rasche Belastungs- oder Übungsstabilität.

Formen

Die vielen modernen Marknägel unterscheiden sich vom klassischen Küntscher-Nagel in 2 Prinzipien:

- Sie lassen sich am oberen und unteren Ende mit Bolzenschrauben verriegeln.
- Man kann zwischen unaufgebohrten und aufgebohrten Marknägeln wählen.

Aufgebohrter Marknagel

Weit verbreitet ist der Verriegelungsnagel von Grosse und Kempf (Stryker-Howmedica). Eine attraktive Weiterentwicklung ist das T2-System von Bühren. Seine Implantation wird im Folgenden beschrieben. Der Nagel kann durch ein Gerät eingeschlagen und entfernt werden, das durch ein Gewinde im aufgeweiteten oberen Nagelende eingedreht werden kann.

Wie alle sog. aufgebohrten Marknägel ist dieser Nagel ein längs geschlitzter Hohlstahl in Kleeblattform; diese Form gewährleistet eine viel größere Steifigkeit als ein einfaches Rohr. Aufgebohrte Marknägel gibt es in verschiedener Länge und Stärke.

- Femurnägel sind in ihrem oberen Anteil gerade. Es gibt rechte und linke, da die proximale Verriegelungsschraube schräg eingebracht werden muss.
- Tibianägel sind in ihrem oberen Anteil abgewinkelt. Hierdurch wird das Einschlagen erleichtert. Es wird nicht in rechts und links unterschieden.

Unaufgebohrter Marknagel

Die unaufgebohrten Marknägel sind meistens aus Titan gefertigt. Sie werden in die nichtaufgebohrte Markhöhle der Tibia oder des Femurs eingeschlagen. Als Vorzüge der unaufgebohrten Marknägel gelten:

- Der Wegfall des Bohrungstraumas.
- Der Wegfall des Totraumes beim gebohrten Nagel.
- Beim Titannagel das geringere Infektionsrisiko.
- Die Stimulation der Knochenbildung.
- Einige neue Systeme bieten zusätzlich eine Kompressionsmöglichkeit.

Diese Technik wird der gebohrten Marknagelung in den meisten Fällen vorgezogen.

Retrograder Nagel

Die retrograden Nägel werden von unten in den Humerus oder durch das Kniegelenk in den Femurschaft eingeschlagen. Am Femur bedeutet das zwar eine Arthrotomie, aber kniegelenknahe Brüche des unteren Femurendes lassen sich mit den üblichen Marknägeln weder korrekt reponieren noch dauerhaft halten.

Eine interessante Neuentwicklung sind die langen unaufgebohrten retrograden Titannägel, deren Spitze im oberen Femurende sagittal verriegelt werden kann. Ob sich diese Nägel als praktische Alternative in der Routineversorgung von Schaftfrakturen erweisen, bleibt abzuwarten.

Verriegelung

Ein Marknagel kann an einem Ende (dynamisch) oder an beiden Enden (statisch) verriegelt werden. Dabei werden proximal und/oder distal der Fraktur selbstschneidende Schrauben durch den Knochen eingebracht.

Statische Verriegelung

Die statische Verriegelung verhindert, dass

- reponierte Trümmerbrüche an Länge verlieren,
- sich ein Knochenende über dem einliegenden Marknagel verdreht.

Indikationen:

- Trümmerbrüche, Knochendefekte, Etagenfrakturen;
- jeder unaufgebohrte Marknagel.

Dynamische Verriegelung

Bei der dynamischen Verriegelung werden nur an den Stellen Verriegelungsschrauben eingebracht, an denen keine Rotationsstabilität gewährleistet ist.

Indikationen:

- Quere oder kurze Schrägfrakturen im Metaphysenbereich;
- einfache Diaphysenfrakturen;
- diaphysäre und metaphysäre Pseudarthrosen, die durch axiale Belastung zur Ausheilung gebracht werden sollen.

Unter Dynamisierung versteht man die Umwandlung der statischen in die dynamische Verriegelung. Wenn einige Wochen nach einer Marknagelung genügend Kallus zu sehen ist und der Patient das verletzte Bein belasten kann, beschleunigt die Dynamisierung die Knochenbildung.

Gefahren und Probleme der Marknagelung

- Anreichen des falschen Nagels, z. B. am Femur rechts statt links.

- Falsche Reihenfolge der Bohrköpfe.
- Verkanten oder Abbruch des Bohrkopfes in der Markhöhle.
- Erster Führungsspieß ohne Knopfspitze.
- Sprengung oder Perforation des Schafts.
- Einschlagen des Femurnagels in Rekurvation statt Antekurvation.
- Falsche Längenwahl.
- Drehfehler durch unbemerkte Lagerungs- oder Repositionsfehler.
- Mangelnder Knochenkontakt der Fraktur (Pseudarthrose) nach Einschlagen des Nagels – Extension im Lagerungsgerät nachgeben!

Operation

Instrumente für die Marknagelung

Das hierbei eingesetzte Spezialinstrumentarium ist in den Abb. 3.129–3.150 dargestellt.

Zusätzliche Instrumente

- Grundinstrumentarium,
- evtl. Wundspreizer,
- große Bohrmaschine.

Lagerung (Abb. 3.151 u. 3.152)

Bei Nagelungen wird viel durchleuchtet. Deshalb müssen der Patient und das OP-Personal geschützt sein.

Ist eine Lagerung auf dem Extensionstisch nicht möglich, kann der Patient auf einem geraden Durchleuchtungstisch gelagert werden, muss aber zu Repositionszwecken mit einem Distraktor versorgt werden.

Für retrograde Femurnägel (Abb. 3.153) kann das Bein mit einer Rolle unter dem Oberschenkel wie bei einer arthroskopischen Meniskektomie (s. Abb. 3.196) gelagert werden.

3.129

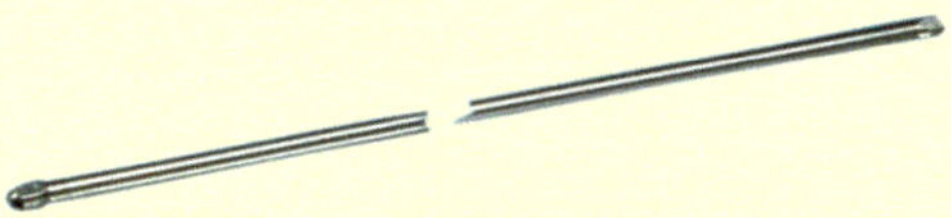

3.130

3.131

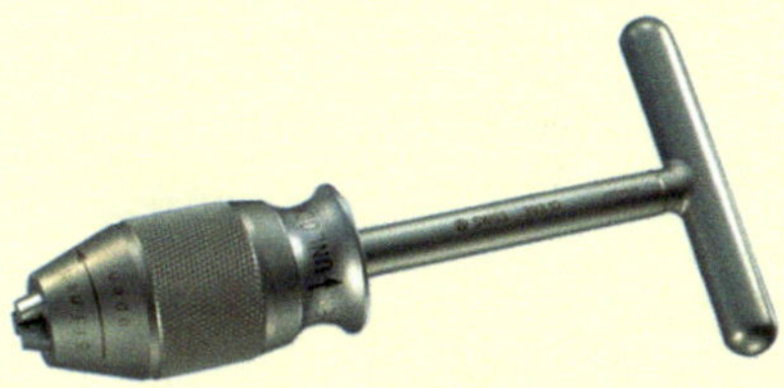

3.132

3.133

Abb. 3.129 Pfriem zur Eröffnung der Markhöhle an der Spitze vom Trochanter major

Abb. 3.130 Bohrdorn 2,5 mm. Um das Auffädeln der Fraktur zu erleichtern, kann das Knopfende gebogen werden; es verhindert eine unbeabsichtigte Kortikalisperforation und sichert den Bohrkopf

Abb. 3.131 Universal-Tibiamarknagel, Durchmesser 10-13 mm, 255-420 mm Länge

Abb. 3.132 Universalbohrfutter mit T-Handgriff; damit kann der Bohrdorn gedreht, eingeschlagen und herausgezogen werden

Abb. 3.133 Gewebeschutzblech für die Weichteile am Nageleinschlag

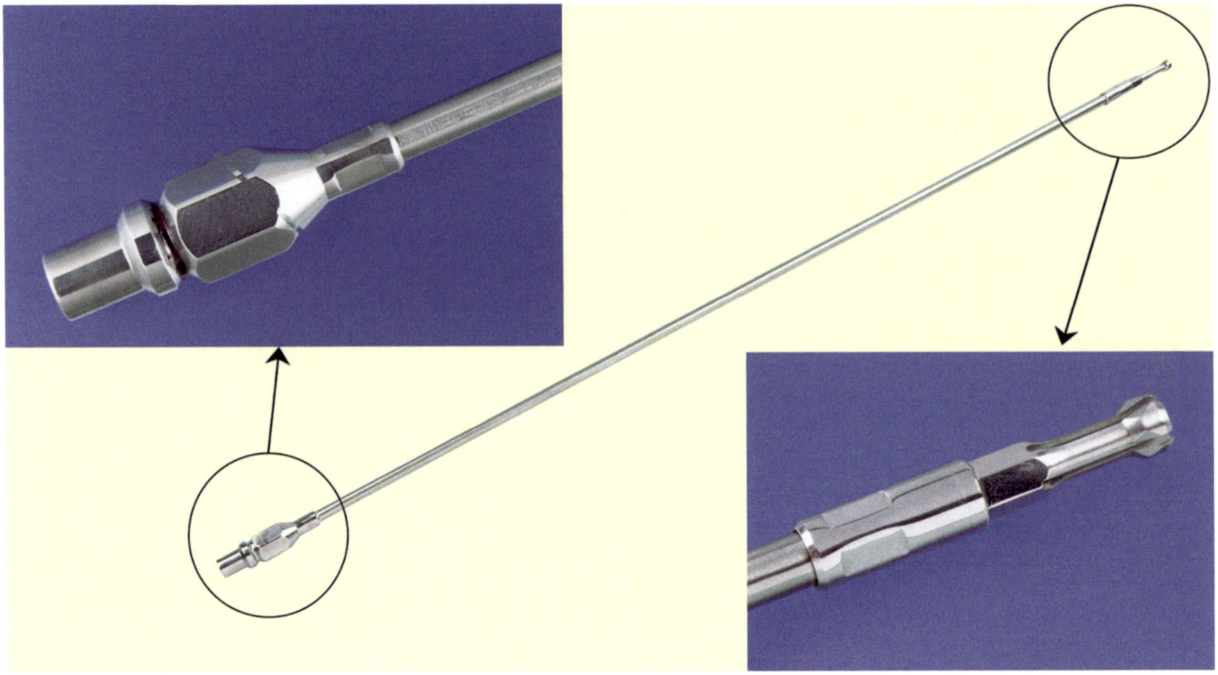

Abb. 3.134 Markraumbohrer (SynReam) mit schneidendem Bohrkopf (Durchmesser 6,0–10,5 mm, Länge 385 mm, Humerus)

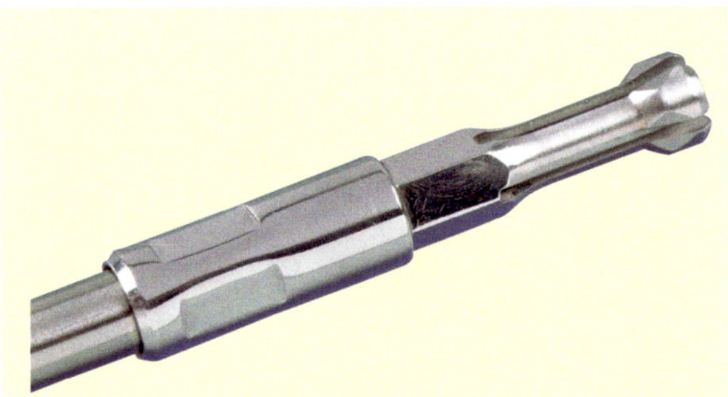

3.135

Abb. 3.135 Flexible Welle (SynReam) mit wechselbaren Köpfen für Markraumbohrer

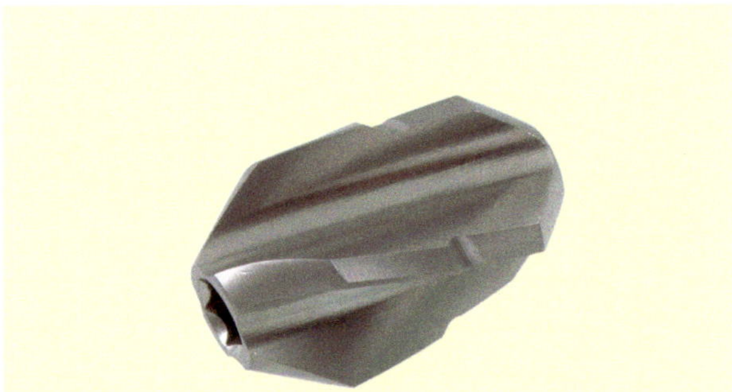

3.136

Abb. 3.136 Markraumbohrkopf (SynReam) Durchmesser 8,5–19,0 mm

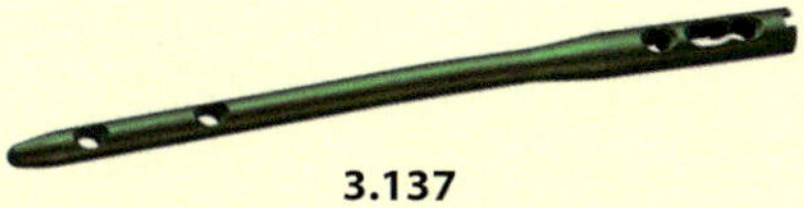
3.137

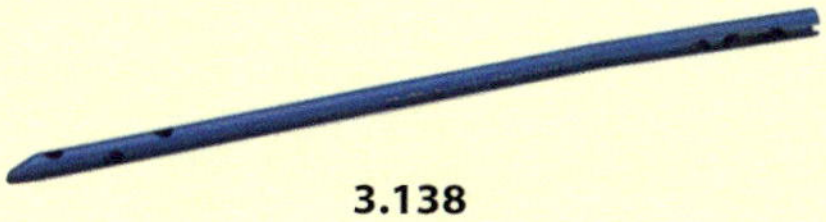
3.138

3.139

3.140

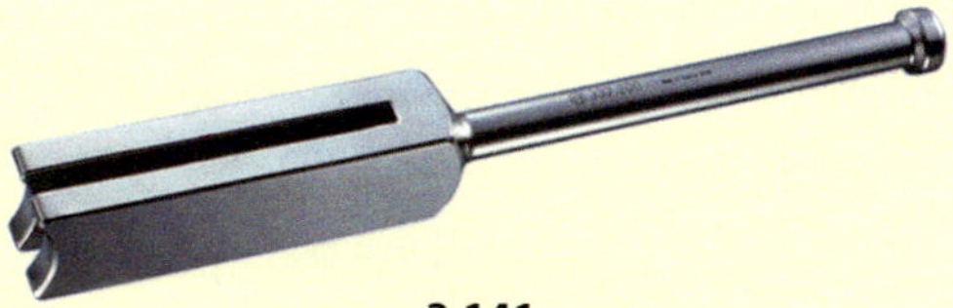
3.141

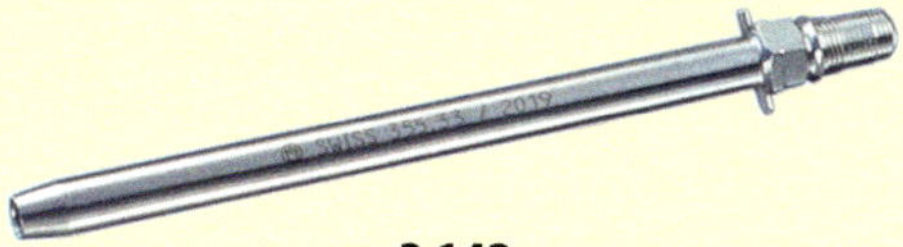
3.142

3.143

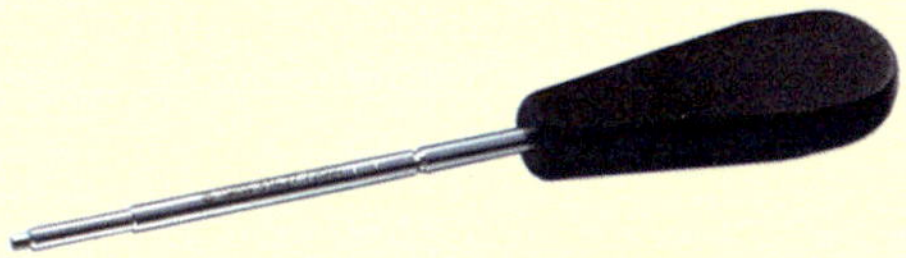
3.144

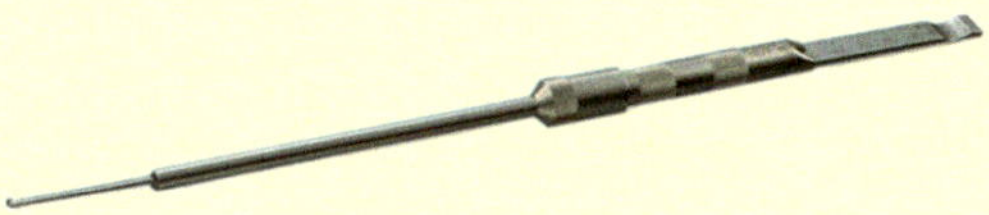
3.145

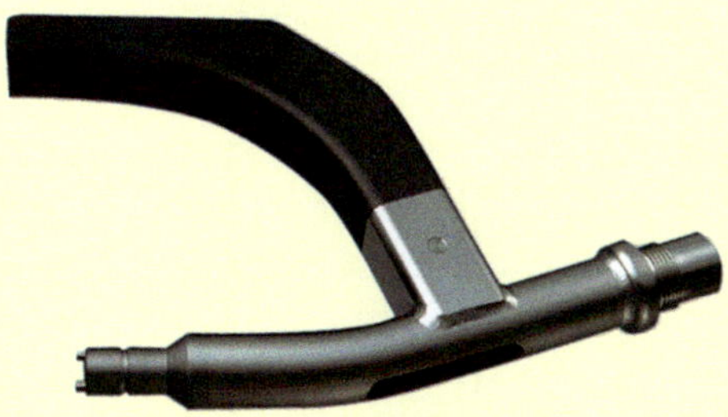
3.146

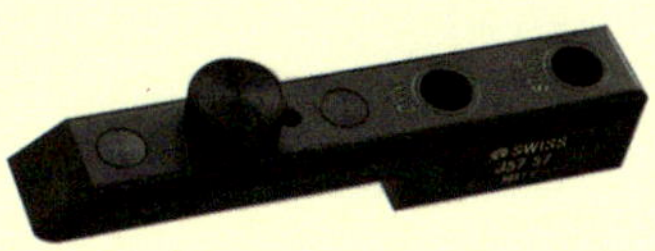
3.147

▪ Abb. 3.137 Distaler Femurnagel (DFN), Durchmesser 19 mm und 12 mm, Länge 160–420 mm. Die Nägel werden durch das eröffnete Kniegelenk in den Femurschaft eingeschlagen und eignen sich besonders für suprakondyläre Femurfrakturen

▪ Abb. 3.138 Solider Titan-Humerusnagel (UHN), verschiedene Durchmesser und Längen. Die Nägel können antegrad vom Humeruskopf und retrograd vom unteren Humerusende eingebracht werden. (Abb. 3.129–3.138 Synthes)

▪ Abb. 3.139 Strahlendurchlässiges Kunststoffrohr, ermöglicht den Wechsel von Führungsspießen. (Stryker-Howmedica)

▪ Abb. 3.140 Ein- und Ausschlaginstrument für ungebohrten Tibia- und Humerusnagel

▪ Abb. 3.141 Schlitzhammer

▪ Abb. 3.142 Extraktionshaken für beschädigte Marknägel

▪ Abb. 3.143 Solider Titan-Femurnagel (UFN), Durchmesser 9–12 mm, Länge 300–480 mm

▪ Abb. 3.144 Sechskantschraubendreher 3,5 mm für Verriegelungsschrauben

▪ Abb. 3.145 Tiefenmessgerät für Verriegelungsbolzen

▪ Abb. 3.146 Zielbügel für ungebohrten Femurnagel (UFN)

▪ Abb. 3.147 Aufsatz für Standardverriegelung beim UFN

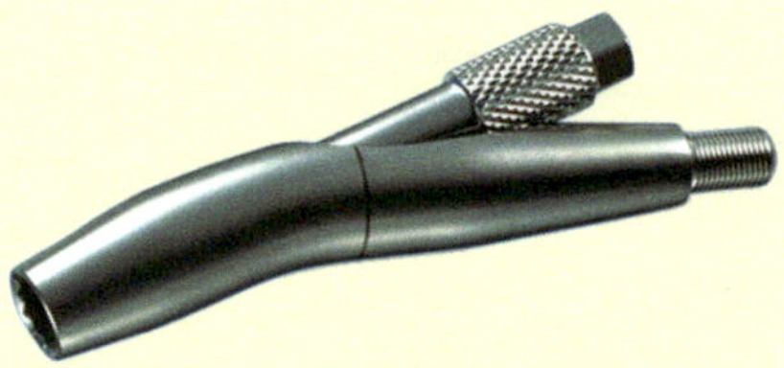

3.148

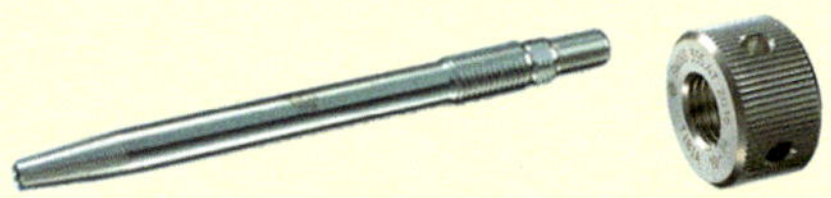

3.149

3.150

■ Abb. 3.148 Einschlagstück für gebohrten Universalmarknagel
■ Abb. 3.149 Zielbügel für Tibiakopf (ganz ähnlich für oberes Femurende) bei gebohrtem Universalmarknagel
■ Abb. 3.150 Steckschlüssel 11 mm. (Abb. 3.140–3.150 Synthes)

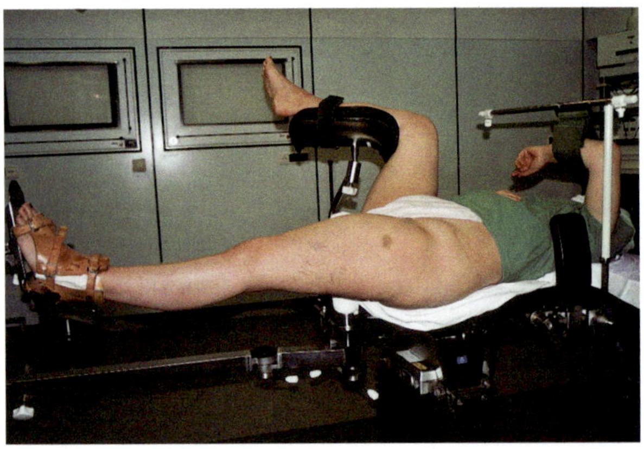

■ Abb. 3.151 Lagerung für DHS und Gammanagel/PFN. Für antegrade Femurnägel ist die suprakondyläre Drahtextension besser. Das gesunde Bein wird auf einer Göpel-Stütze hoch gelagert

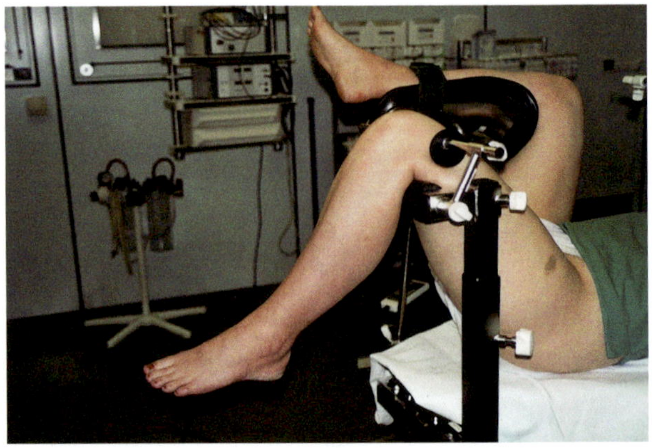

■ Abb. 3.152 Lagerung für Tibiamarknagel. Der gebrochene Unterschenkel kann von der Kniestütze frei herabhängen. Eine Kalkaneusextension hat zwar Vorteile (drehstabile Reposition), erschwert aber die Bildwandlerkontrolle und die distale Verriegelung des Nagels. Das gesunde Bein wird hoch gelagert und im Hüftgelenk so weit wie möglich gebeugt

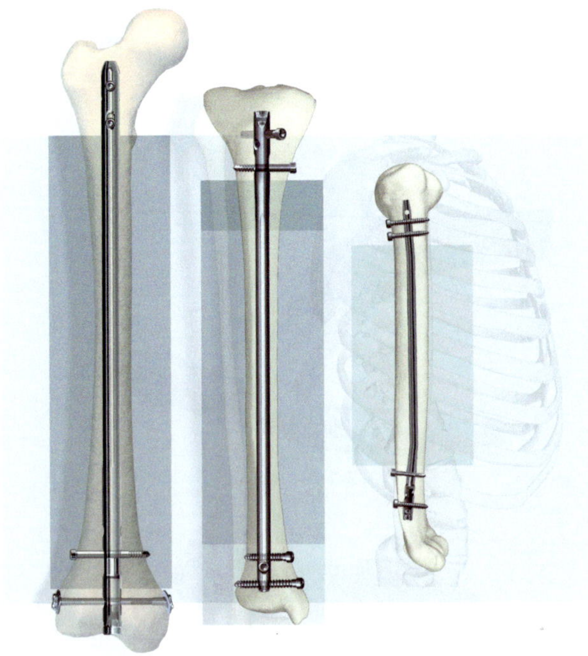

■ Abb. 3.153 Retrograder Femurnagel, Tibianagel und retrograder Humerusnagel

Abdeckung

- Hauseigen, aber Wäsche immer doppelt und wasserundurchlässig; hier ist ein Einmalabdecksystem von Vorteil.
- Die sterile Abdeckung eines auf dem Extensionstisch gelagerten Patienten und des Röntgengerätes ist immer problematisch, da beim intraoperativen Durchleuchten das Gerät in die seitliche Ebene geschwenkt werden muss und dabei die Tücher vom Boden hochgezogen werden.
- Separates Abdecken des Durchleuchtungsgeräte.

Femurmarknagelung in gebohrter Technik

► Auf dem Extensionstisch wird vor der Desinfektion und dem Abdecken unter Röntgenkontrolle (a.p. und seitlich) möglichst exakt reponiert

► Hautschnitt oberhalb der Trochanterspitze und Freilegung derselben

► Mit dem großen Pfriem (◘ s. Abb. 3.129) wird die Trochanterspitze perforiert und der Femurmarkraum eröffnet (◘ Abb. 3.154); evtl. Verwendung eines Wundspreizers

► Vorschieben des gekrümmten Führungsspießes (∅ 3 mm), eingespannt in einem Schnellspannfutter. Auffädeln der Fragmente und Vortreiben des Spießes bis in die distale Femurkondyle. Der »Knopf« am unteren Ende des Führungsspießes dient als Sperre für die Markraumbohrwellen. Außerdem können abgebrochene Bohrköpfe entfernt werden

► Einsetzen des Hautschutzes

► Mit den flexiblen Bohrwellen wird der Markraum so weit aufgebohrt, bis Kortikaliskontakt entsteht. Es wird mit der 9-mm-Bohrwelle begonnen. Nur diese ist vorn scharf. Man setzt die Bohrungen schrittweise, mit um 1 mm zunehmendem Durchmesser fort

► Der Markraum wird am Femur um 2 mm, an der Tibia um 1 mm weiter aufgebohrt, als der tatsächliche Nageldurchmesser beträgt

► Über den Spieß wird das strahlendurchlässige, unten markierte Teflonrohr geschoben. Es dient zum sicheren Spießwechsel. Nur glatte Spießenden können durch den Nagel herausgezogen werden. Cave: Dieser Spieß muss zuvor ausgemessen sein! Nach dem Spießwechsel wird das Teflonrohr entfernt

► Man bestimmt die Nagellänge, indem man das freie Ende des Spießes mit dem sterilen Metalllineal misst und das Ergebnis von der Gesamtlänge des Führungsspießes abzieht. Dazu können auch Messschablonen verwendet werden (◘ Abb. 3.155)

► Es gibt rechte und linke Femurmarknägel, da eine Antekurvation eingearbeitet ist

► Nun wird der Marknagel mit dem jeweiligen Einschlaggerät (◘ Abb. 3.156) über den Spieß eingeschlagen. Proximal soll der Nagel mit der Trochanterspitze abschließen und distal weit in die Metaphyse reichen

► Hat der Nagel die Fraktur passiert, wird die Extension nachgelassen

► Nach Entfernen des Führungsspießes und dem Wundverschluss ist die Marknagelung beendet

Proximale Verriegelung.

► Durch das proximale Einschlag- und Zielgerät wird eine Zentrierhülse geschoben, die den Weg der speziellen selbstschneidenden 130°-Verriegelungsschraube vorgibt

► Mit dem kleinen Pfriem wird die Kortikalis angekörnt; der 5-mm-Spiralbohrer bohrt beide Kortikales auf; Entfernung der Hülse; Messen der Schraubenlänge; durch das Zielgerät wird die Schraube mit dem T-Schraubendreher eingedreht

► Entfernung des Zielgerätes

Distale Verriegelung.

► Hierfür kann ein Zielgerät verwendet werden, das am Bildwandler befestigt wird

► Wichtig ist, dass die Nagellöcher im seitlichen Strahlengang auf dem Monitor kreisrund erscheinen. Dazu sollte das Bein in der Extension abgespreizt werden

► Stichinzision der Haut; Ankörnen der lateralen Kortikalis mit dem kleinen Pfriem; Bohren beider Kortikales mit dem 4,5-mm-Spiralbohrer; Erweitern der ersten Kortikalis mit dem 6-mm-Spiralbohrer. Dieses Vorgehen erleichtert das Eindrehen der Schraube, die zum Schraubenkopf hin dicker wird. Bestimmen der Schraubenlänge; Eindrehen der selbstschneidenden Schraube mit dem T-Schraubendreher

► Gleiches Vorgehen bei der zweiten Verriegelungsschraube

- proximaler schichtweiser Wundverschluss,
- distal Hautnaht der Inzisionen,
- Verband,
- wenn vorhanden, Entfernen der Drahtextension,
- abschließende Röntgendokumentation.

Ein ungebohrter Nagel wird nach Eröffnen des Markraumes eingebracht. Die Fraktur wird mit dem Nagel aufgefädelt.

Alle anderen OP-Schritte sind wie beim gebohrten Nagel identisch. Es entfallen also das Einbringen des Führungsspießes, das Bohren und der Wechsel des Führungsspießes.

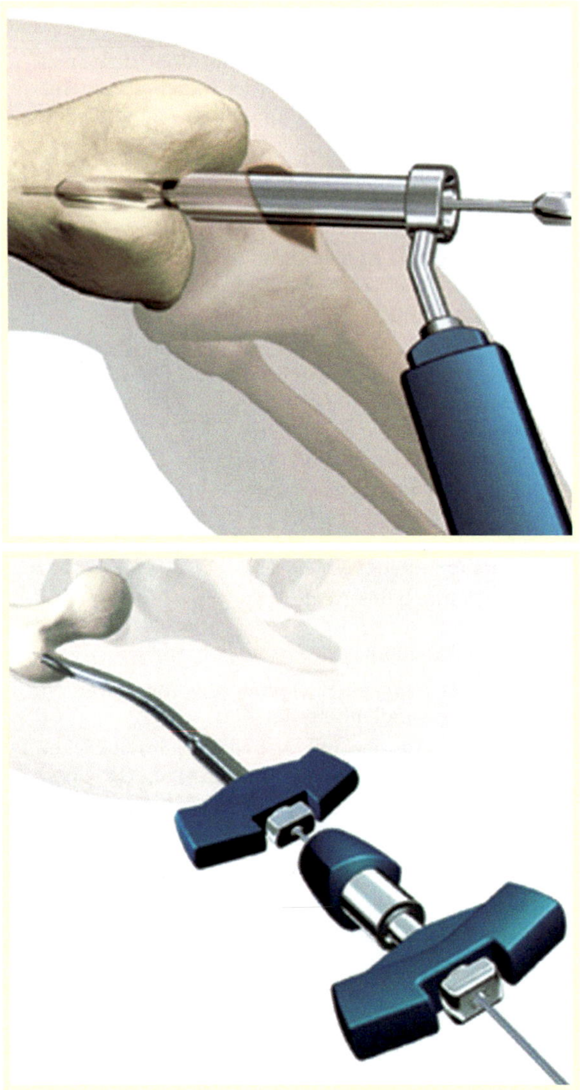

Abb. 3.154 Eröffnung und Aufbohren der Markhöhle für retrograden und antegraden Femurnagel

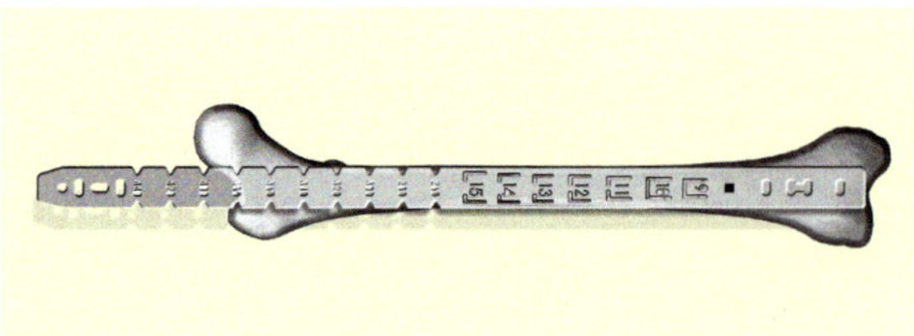

Abb. 3.155 Strahlendurchlässige Schablone zur Längen- und Dickenbestimmung des Marknagels

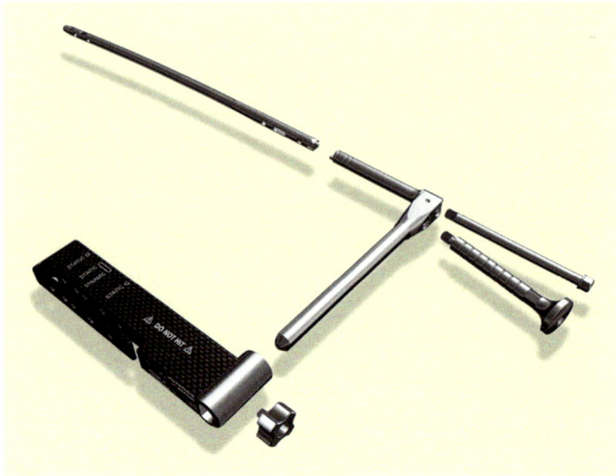

Abb. 3.156. Antegrader kanülierter Femurnagel mit Einschlag- und Zielgerät

Tibiamarknagelung

- Auf dem Extensionstisch exakte Reposition in 2 Ebenen
- Desinfektion der Haut und anschließende Abdeckung
- Hautschnitt zwischen der Tuberositas tibiae und dem Kniescheibenunterrand medial des Lig. patellae
- Einsetzen eines Wundsperrers
- Eröffnen des Markraumes mit dem großen Pfriem
- Einbringen des Führungsspießes mit Knopfende
- Aufbohren des Markraumes mit den flexiblen Bohrwellen
- Über das Teflonrohr wird der Führungsspieß gewechselt
- Nagellängenbestimmung
- Mit Hilfe des Einschlaggerätes wird der Nagel vorgetrieben (Abb. 3.157)
- Nachlassen der Extension. Entfernung des Spießes
- Der Nagel soll proximal mit der Tibiavorderkante abschließen und distal ca. 1 cm über dem Sprunggelenk enden

Proximale Verriegelung.

- Proximal sollte nur quer oder schräg verriegelt werden, denn in der sagittalen Richtung droht die Verletzung der A. poplitea (Abb. 3.158)
- Stichinzision der Haut; durch das Zielgerät Einbringen der Führungshülse; mit dem kleinen Pfriem wird die Kortikalis angekörnt; beide Kortikales

werden mit dem 3,5-mm-Spiralbohrer durchbohrt; Erweitern der ersten Kortikalis mit dem 5-mm-Spiralbohrer (erleichtert das Schraubeneindrehen); Messen der Schraubenlänge, Einbringen der selbstschneidenden Schraube mit T-Schraubendreher

Distale Verriegelung.

► Die beiden distalen Schrauben werden unter Bildwandlerkontrolle von medial eingebracht. Das Vorgehen gleicht der proximalen Verriegelung:
- Hautverschluss der Inzisionsstellen
- Verband
- Entfernen der Drahtextension
- Abschließende Röntgendokumentation

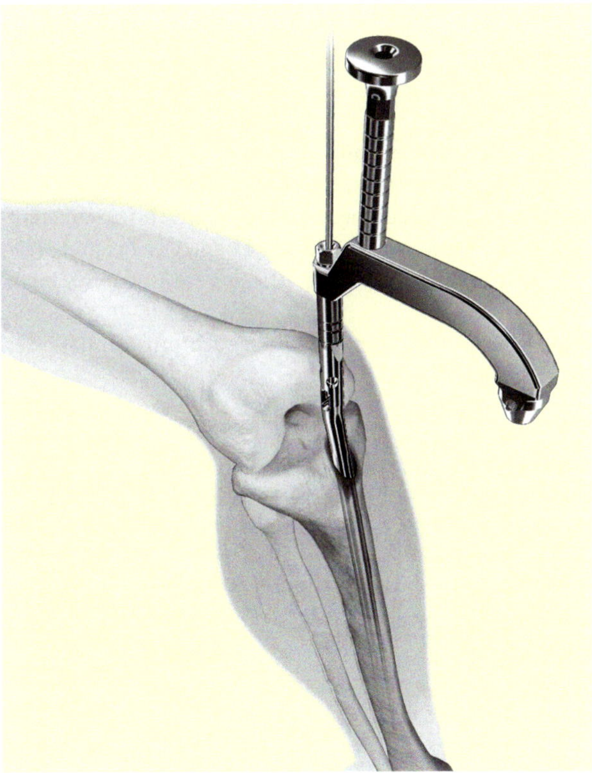

Abb. 3.157 Einschlag eines Tibiamarknagels über Führungsdraht

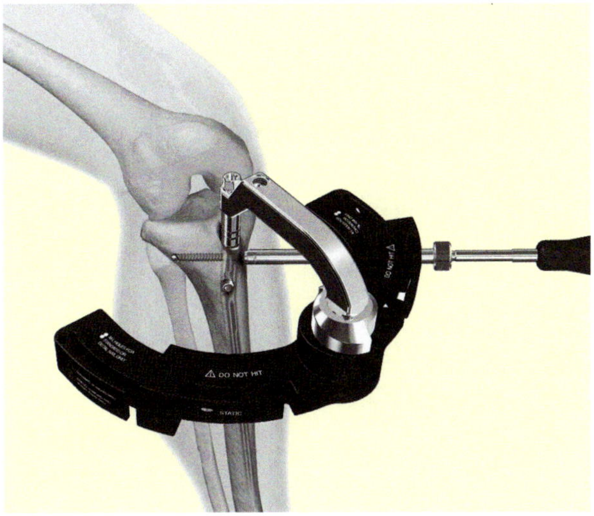

Abb. 3.158 Proximale Verriegelung des Tibianagels mit Zielgerät

3.2.9 γ-Nagel

Dieses System (Stryker-Howmedica) vereinigt die Vorteile eines intramedullären Kraftträgers im Femurschaft und einer Gleitlochschraube im Schenkelhals.

Ähnliche Systeme sind der proximale Femurnagel (PFN, Fa. Synthes) und der der Gleitnagel von Friedl (Endocare).

Indikation

Pertrochantere und besonders subtrochantere Femurfrakturen.

Aufbau des γ-Nagels (Abb. 3.159)

- Schenkelhalsschraube (∅ 12 mm). Diese Schraube kann in verschiedenen Winkeln durch den Marknagel eingebracht werden (125°, 130°, 135°). Die Schraube ist an ihrer Spitze abgeflacht, um Penetrationen im Hüftkopf zu vermeiden. In die Längsrille ihres Schaftes passt der Verriegelungsbolzen.
- Marknagel: Seine Standardlänge beträgt 180 mm. Der Nagel verbreitert sich nach proximal. Die Nägel werden mit ∅ 11, 12 und 14 mm hergestellt. Der proximale Durchmesser beträgt bei allen Nägeln 17 mm. Der γ-Nagel kann distal mit 2 Schrauben verriegelt werden. Das operative Vorgehen ähnelt der Femurnagelung (s. 3.2.8).

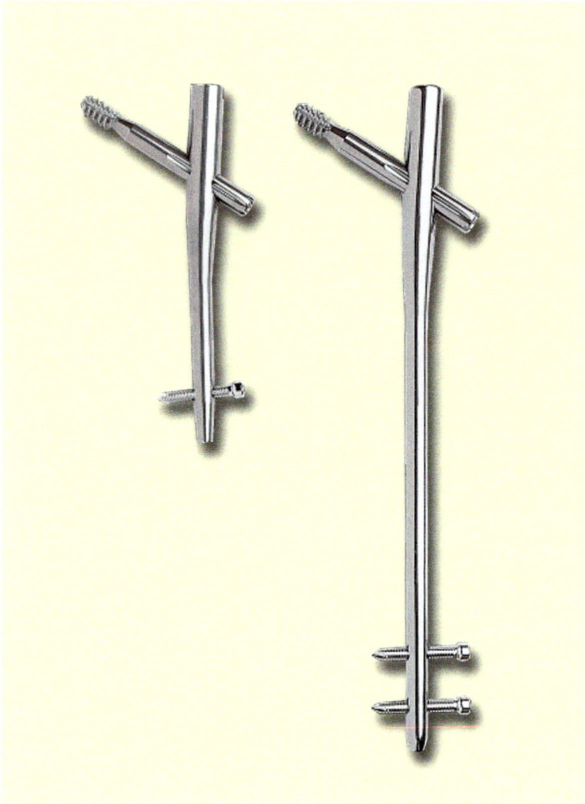

Abb. 3.159 Kurzer und langer γ-Nagel für per- und subtrochantere Femurfrakturen

- Verriegelungsbolzen: Er wird von proximal durch den Nagel auf den Schenkelhalsschraubenschaft eingedreht und fasst in dessen Rillen. Dieser Bolzen wird nicht ganz fest angezogen, damit ein laterales Gleiten der Schenkelhalsschraube möglich ist und Rotation verhindert wird.
- Ein Gewindestopfen wird am proximalen Nagelende eingedreht, um das Einwachsen von Gewebeanteilen zu vermeiden und das Eindrehen von Instrumenten bei der Metallentfernung zu erleichtern.

Für lange subtrochantere Frakturen oder eine Kombination von Schaft- und Schenkelhalsfrakturen stehen längere Marknägel zur Verfügung, die dem Aufbau des Standardnagels entsprechen. Wegen der schrägen proximalen Verriegelung gibt es rechte und linke.

Operation

Da viele Schritte der Marknagelung ähnlich sind, wird der Verlauf im Folgenden gekürzt angegeben.

Spezialinstrumentarium

Das eingesetzte Spezialinstrumentarium ist in Abb. 3.160 und 3.161 zusammengefasst dargestellt.

Lagerung

- Rückenlagerung auf einem Extensionstisch (s. Abb. 3.151).
- Das Bein wird extendiert, das gesunde Bein möglichst in einer Beinschale hoch gelagert, um ein problemloses Durchleuchten zu gewährleisten.
- Anlegen der Neutralelektrode nach Vorschrift.
- Bildwandler und Strahlenschutz (s. 3.3.2) .

Abdeckung

- Hauseigen, aber Wäsche immer doppelt und wasserundurchlässig; hier ist ein Einmalabdecksystem von Vorteil.
- Die sterile Abdeckung eines auf dem Extensionstisch gelagerten Patienten und des Bildwandlers ist immer problematisch, da beim intraoperativen Durchleuchten das Gerät in die seitliche Ebene geschwenkt werden muss und dabei die Tücher vom Boden hochgezogen werden.
- Separates Abdecken des Durchleuchtungsgerätes oder große Wandfolie.

Nagelung mit γ-Nagel

- ► Auf dem Extensionstisch wird zunächst unter Durchleuchtung die Fraktur unsteril reponiert. Desinfektion der Haut und anschließendes Abdecken
- ► Um eine korrekte Schenkelhalsstellung zu erzielen, wird perkutan ein 2-mm-Kirschner-Draht parallel zur Achse des Femurhalses eingebracht. Dieser Schritt kann auch später, vor dem Einsetzen der Schenkelhalsschraube, erfolgen
- ► Hautschnitt: proximal des Trochanter major
- ► Marknagelung (s. auch 3.2.8): Durch die Trochanterspitze wird mit dem großen Pfriem die Kortikalis perforiert
- ► Einbringen des Führungsspießes mit Knopfende. Aufbohren des Markraumes mit den flexiblen Bohrwellen 2 mm weiter als der Nageldurchmesser. Der Trochanterbereich muss immer auf 17 mm aufgebohrt werden
- ► Vorsichtiges Einführen des Nagels mit der Einbringungsvorrichtung von Hand. Zum Ende

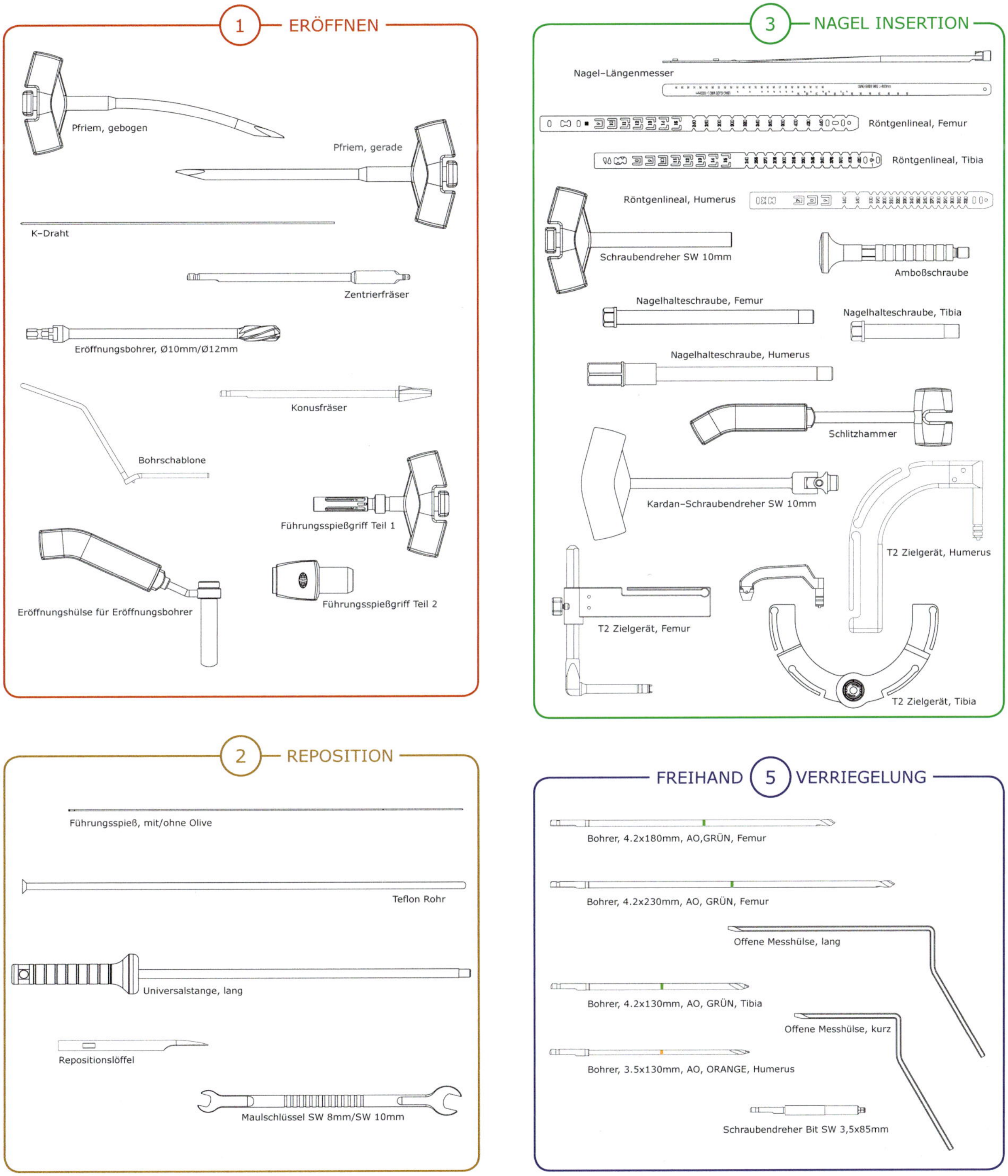

■ Abb. 3.160 Instrumentarium für den Ein- und Ausbau von T2-Marknägeln für Femur, Tibia und Humerus der Nagelung muss der Griff dieses Gerätes parallel zum Kirschner-Draht stehen

- ▶ Führungsspießentfernung und Einschieben der entsprechenden Ziellehre in die Einbringungsvorrichtung. Die Ziellehre gibt die Richtungen für die Schenkelhalsschraube und die distalen Verriegelungsschrauben an
- ▶ Eindrehen der Schenkelhalsschraube: Führungshülse mit Kirschner-Drahtführung im Zielgerät einsetzen; Hautinzision; Ankörnen der Kortikalis mit dem Schenkelhalsschraubenpfriem; über die Kirschner-Drahthülse Einbringen des Drahtes mit Gewindeanteil bis an die Gelenkfläche des Hüftkopfes; Ermittlung der Schraubenlänge mit dem Längenmessgerät, das dem Draht angelegt wird (Längenangabe = Spießlänge ohne Gewindeanteil). Einstellen des Stufenbohrers auf die entsprechende Schraubenlänge. Der Bohrer wird über den Führungsspieß geschoben. Maschinelles Bohren bis zum Anschlag auf die Führungshülse; Montage der Schenkelhalsschraube auf das Eindrehgerät. Durch die Führungshülse wird die Schraube eingebracht. Die Schraube soll 5 mm länger sein als der ermittelte Wert, damit sie aus der lateralen Kortikalis herausragt und gleiten kann. Am Schluss muss der Griff des Eindrehgerätes parallel oder senkrecht zur Ziellehre stehen
- ▶ Einbringen des Verriegelungsbolzens mit dem Sechskant- und Kardanschlüssel von proximal durch den Nagel in eine der Längsrillen der Schenkelhalsschraube. Nach dem Eindrehen wird er um eine Vierteldrehung gelockert. Dadurch wird das Gleiten möglich, die Rotation aber verhindert
- ▶ Mit dem Sechskantschraubendreher wird, zur Vermeidung von Verlegungen des proximalen Nagelanteiles, ein Gewindestopfen eingedreht
- ▶ Ist eine distale Verriegelung erforderlich, wird nach Kirschner-Draht- und Führungshülsenentfernung die Rändelschraube der Ziellehre etwas gelöst und die distale Führungshülse mit Mandrin im oberen Loch der Zielvorrichtung eingesetzt. Hautinzision; Mandrinentfernung; Ankörnen der Kortikalis mit dem kleinen Pfriem; Aufbohren beider Kortikales mit dem distalen 5,5-mm-Bohrer und entsprechender Führung; Ermitteln der Schraubenlänge; Eindrehen der selbstschneidenden Verriegelungsschraube mit dem distalen Schraubendreher
- ▶ Gleiches Vorgehen bei der zweiten Schraube unter Verwendung einer zweiten distalen Führungshülse (optional)
- ▶ Abschließende Röntgenkontrolle. Nach Entfernung der Einbringvorrichtung folgt der schichtweise Wundverschluss mit evtl. Einlegen einer Redon-Drainage und Verband

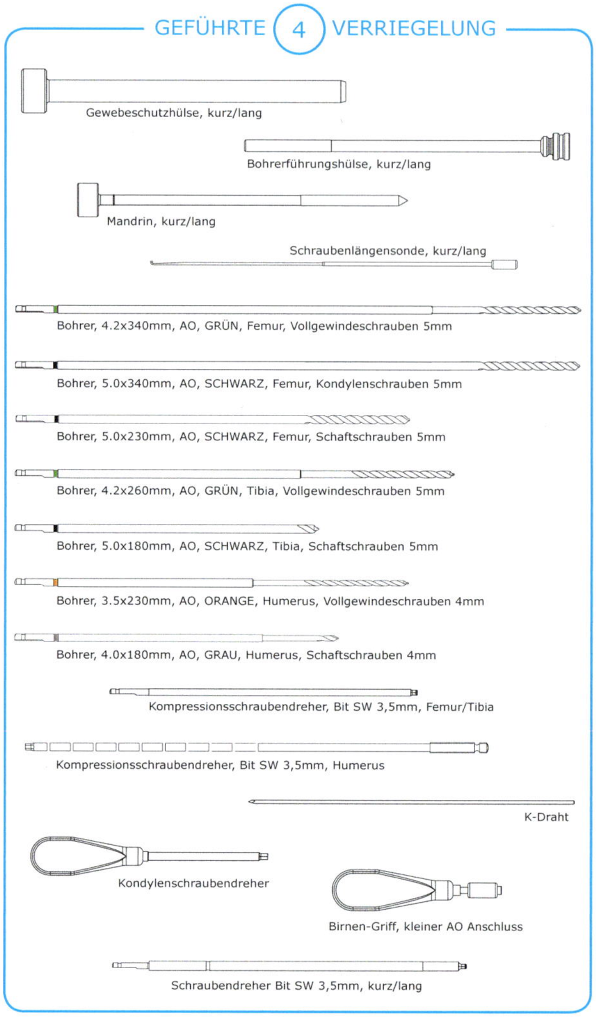

Abb. 3.161 Weiteres Instrumentarium für den Ein- und Ausbau von γ-Nägeln. (Abb. 3.153–3.161 Stryker-Howmedica)

3.2.10 Übersicht über Fixateur-externe-Systeme

Grundsätzlich sind 2 Systemaufbauten zu unterscheiden: der drahtangekoppelte Ringfixateur und der schraubenangekoppelte unilaterale Fixateur. Eine Sonderstellung nehmen sog. Hybridsysteme ein, die durch die Kombination von Komponenten beider vorgenannter Systemvarianten Vorteile der Systeme vereinen und Nachteile eliminieren.

Ringfixateur

Bei den Ringfixateuren (◘ Abb. 3.162) handelt es sich um ein aus Viertel-, Halb- oder Vollringen montiertes Rahmensystem. Die einzelnen Ringelemente sind durch längs verlaufende Gewindestäbe oder spezielle Spindeln zur Kompression oder Distraktion untereinander verbunden. Der zu behandelnde Extremitätenabschnitt wird über den Knochen perforierende Kirschner-Drähte, die unter Vorspannung an den Ringebenen verankert werden, zentral in der Rahmenkonstruktion fixiert. Die Anzahl der erforderlichen Rahmenebenen richtet sich nach anatomischen und therapeutischen Möglichkeiten. Grundsätzlich ist der Ringfixateur durch seinen dreidimensionalen, die Extremität umfassenden Aufbau hochstabil und ermöglicht somit eine zügige Mobilisation des Patienten. Notwendige Korrekturen sind kontinuierlich im Distraktions- und Kompressionsmodus möglich.

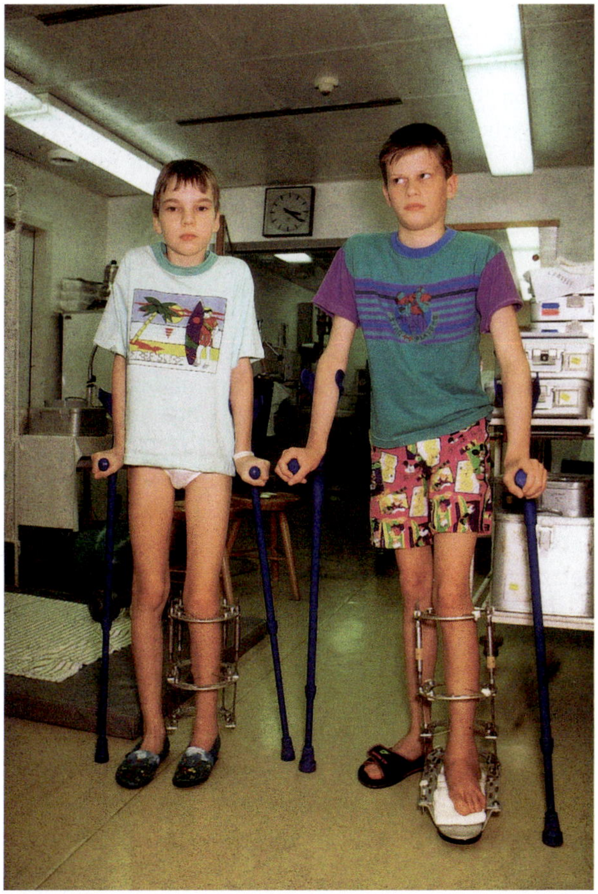

◘ Abb. 3.162 Ringfixateursystem

Ebenso können Achs- und Rotationskorrekturen kontinuierlich erfolgen. Nachteilig ist aufgrund des relativ komplexen Systemaufbaus der Patientenkomfort, insbesondere im Bereich der körperstammnahen Extremitätenabschnitte. Besonders vorteilhaft ist der Ringfixateur im gelenknahen Bereich und bei osteopenischem oder osteoporotischem Knochen, da die Stabilität des Gesamtsystems gegenüber anderen Osteosyntheseformen selbst in solchen Einsatzbereichen erheblich höher liegt. Als Kraftabträger werden üblicherweise 1,8 mm starke Kirschner-Drähte verwendet, da diese im vorgespannten Zustand eine ausgezeichnete Stabilität aufweisen und aufgrund ihres Querschnittes ein geringes Risiko eines fort geleiteten Infektes aufweisen.

Unilateraler Fixateur

Beim unilateralen Fixateur erfolgt mit statischen Systemen eine Fragmentfixation in gewünschter Stellung; nachträgliche Korrekturen sind meist nicht oder nur unter besonderem Aufwand möglich. Die dynamischen Systeme sind sowohl zur Fragmentfixation als auch zu Korrekturen geeignet. Jedoch können sie aufgrund der technischen Ausführung keine mehrdimensionale Korrektur von Achsfehlstellungen, insbesondere von Rotationsfehlstellungen, ausführen. Diese sind also im Normalfall bei der Anlage des Systems einzeitig zu korrigieren. Hauptvorteil der unilateralen Systeme ist die Erreichbarkeit der körperstammnahen Extremitätenabschnitte und aufgrund der Systemgröße ein hoher Patientenkomfort. Jedoch ist durch die biomechanischen Grenzen der Systeme eine unmittelbar postoperative Vollbelastung nicht immer möglich. Der gelenknahe Einsatz und auch die Verankerung von Schanz-Schrauben im osteoporotischen Knochen ist häufig nicht zufriedenstellend, daher ist in solchen Fällen der Einsatz des unilateralen Systems limitiert. Der relativ große Durchmesser der Schanz-Schrauben bedeutet ein besonderes Infektionsrisiko für fort geleitete Infekte. Angesichts der z. T. langen Tragezeiten in der wiederherstellenden Chirurgie muss der Einsatz des unilateralen Fixateurs kritisch überdacht werden.

Hybridsysteme

Durch die Kombination von Ring- und unilateralen Fixateuren entstehen sog. Hybridfixateure, die die Vorteile der verschiedenen Systeme vereinen und Nachteile beseitigen können. So sind bei Ringfixateuren spezielle Klemmbacken für Schanz-Schrauben und Steinmann-Nägel erhältlich. Des Weiteren gibt es Adaptermodule, die eine direkte Ankoppelung eines Ringfixateurs oder einer Ringebene an ein unilaterales System ermöglichen. Somit können gelenknahe Abschnitte stabil versorgt und Infektionsrisiken minimiert werden.

Behandlungsindikationen

Individuelle Planung

Da die Indikationen vielfältig sind und die Behandlung z. T. sehr aufwendig und langwierig ist, muss jeder Fixateureinsatz individuell geplant werden. Man orientiert sich am Behandlungsziel, an den anatomischen Gegebenheiten und am Zustand des Patienten. Zur präoperativen Diagnostik gehören Nativröntgenbilder in 2 Ebenen und Extremitätenlangaufnahmen in 2 Ebenen. Hieraus sind im Regelfall alle relevanten Achs- und Längenbestimmungen möglich. Teilweise müssen zur differenzierten Achsmessung Spezialaufnahmen und zur Bestimmung einer Rotationsfehlstellung computertomographische Rotationsmessungen herangezogen werden. Bei jeder Planung, insbesondere bei aufwendigen Korrekturen, ist die Anfertigung einer Planungsskizze sinnvoll. Nach dieser Skizze wird das System vormontiert und anschließend am Patienten probiert. Bei unilateralen Systemen ist die Vormontage aufgrund ihrer Modularität meist verzichtbar. Sollte ein Ringfixateur verwendet werden, ist auf einen ausreichenden Abstand (2 cm) zwischen Haut und Ringebenen zu achten. Somit werden postoperative Schwellungszustände und Druckstellen vermieden. Nach der Vormontage werden das System und die notwendigen Zusatzteile sterilisiert; so kann die zeitraubende Montage während der Operation entfallen.

Bei Verlängerungsprozeduren vor Wachstumsabschluss ist unter Berücksichtigung der Zielstrecke eine Überkorrektur zu planen. Da diese altersabhängig unterschiedlich ist, muss die finale Körperendhöhe berechnet werden. Hierzu stehen verschiedene Methoden zur Verfügung, die auf der Erfassung des kalendarischen Alters, des Skelettalters (Reifebestimmung anhand Röntgenvergleich der linken Hand) und der aktuellen Körpergröße beruhen. Mit speziellen Berechnungsformeln kann die finale Körperendhöhe bestimmt werden. Anteilig wird dann auf die entsprechenden Extremitätenabschnitte das zu erwartende Wachstum geschätzt und die Überkorrektur festgelegt. Die Überkorrektur beträgt im Regelfall ca. 30% des aktuellen Längendefizits. Bei der multiplen Verlängerung Kleinwüchsiger erfolgt die Festlegung der einzelnen Distraktionsstrecken anhand von Fotos des Patienten, indem 2 identische Fotos zu einem Bild mit proportionalem Verhältnis von Körperstamm und Extremitäten kombiniert werden.

Spezielle Indikationen

Da die Behandlungsindikationen ein breites Spektrum umfassen, erfolgt zur besseren Übersicht eine Systematisierung. Grundsätzlich muss in angeborene und erworbene Störungen unterteilt werden. Die weitere Differenzierung erfolgt hinsichtlich des Ausmaßes der pathologischen Störung in:
- Achs- und Längendefizite,
- Kontinuitätsstörungen ohne Achs- und Längendefizite,
- Kontinuitätsstörungen mit Achs- und/oder Längendefiziten,
- komplette oder inkomplette Defektsituationen mit oder ohne Achs- und Längendefizite,
- Gelenkkontrakturen/-fehlstellungen.

In dem Bereich der einfachen Achs- und Längendefizite ohne Kontinuitätsverlust fallen angeborene Fehlbildungen, wie z. B. die Femurdysplasie oder das Fibulaaplasiesyndrom, oder erworbene Defizite, wie z. B. die posttraumatische Wachstumsstörung oder Verkürzung, Verkürzungen nach Poliomyelitis und Verkürzungen im Rahmen von Systemerkrankungen mit epiphysärer Beteiligung (Achondroplasie, Morbus Ollier). Bei isolierten einseitigen Längendefiziten ist die Verlängerung im Bereich des Unterschenkels ab >3 cm indiziert, da die orthopädietechnische Schuhzurichtung ab dieser Länge unbefriedigende funktionelle Ergebnisse erbringt. Im Bereich des Femurs werden isolierter Längendefizite ebenfalls ab >3 cm behandelt, da in diesem Fall die Kniegelenkachse einen funktionell nachteiligen Seitenunterschied aufweist. Im Fall von kombinierten Achs- und Längendefiziten, insbesondere bei Rotationsfehlstellungen, ist die Behandlung des komplexen Fehlers bereits bei einem Längendefizit <3 cm angezeigt. Im Bereich der oberen Extremität gilt eine relative Behandlungsindikation. Die Orientierung erfolgt an den funktionellen Defiziten und dem Anspruch des Patienten.

Die multiple Verlängerung Kleinwüchsiger ist nur bei disproportioniertem Kleinwuchs sinnvoll, da durch die Verlängerung funktionelle Defizite ausgeglichen werden können, ohne das ästhetische körperliche Erscheinungsbild zu beeinträchtigen. Zudem muss in diesen Fällen die Indikation sehr kritisch gestellt werden, da an die Mitarbeit dieser Patienten sehr hohe Anforderungen gestellt werden müssen.

In den Bereich der Kontinuitätsstörungen mit oder ohne Achs- und Längendefizite zählen im Wesentlichen posttraumatische Zustände. So ist die Fixateur-externe-

Behandlung bei offenen und bei geschlossenen Frakturen mit massiver Weichteilschädigung oder auch einfachen Frakturen bei Polytraumatisierten die Methode der Wahl. Hierbei kann die Fraktur im Fixateur ausbehandelt oder später mit einer internen Osteosynthese stabilisiert werden. Ein weiteres Indikationsgebiet stellen Pseudarthrosen dar. Der Verfahrenswechsel auf einen Fixateur externe bietet sich besonders bei fehlgeschlagenen internen Osteosynthesen an. Die Behandlung von Knocheninfektionen wird durch eine infektferne Stabilisierung sehr günstig beeinflusst. Einen Sonderfall stellt die angeborene Unterschenkelpseudarthrose dar.

Zu den Behandlungsindikationen mit inkompletten oder kompletten Defektsituationen Zählen traumatische, postinfektiöse und tumorbedingte Defekte, die z. T. nach mehrfachen Voroperationen persistieren. Diese sind häufig lange vorbestehend und durch narbige Weichteilverhältnisse kompliziert. In diesen Situationen hat sich die Fixateur-externe-Behandlung gegenüber den konventionellen OP-Methoden durchgesetzt, da keine wesentlichen zusätzlichen Weichteilschädigungen erzeugt werden und eine komplexe Störung simultan behandelbar ist.

Bei Gelenkkontrakturen oder -fehlstellungen, wie z. B. dem rebellischen Klumpfuß oder dem posttraumatischen Spitzfuß nach peripheren Nervenläsionen, kann durch einen Fixateur externe eine kontinuierliche Redression mit Normalisierung der Gelenkstellung erreicht werden. Bei einer Arthrose, insbesondere des oberen Sprunggelenkes, kann eine arthroskopische Arthrodese im Fixateur durchgeführt werden. Ein weiteres Indikationsfeld etabliert sich zunehmend im Bereich der Weichteilschäden. Hier kann durch ein Fixateur-externe-System bei isolierten Weichteildefekten eine Distraktion mit Defektdeckung erfolgen.

Behandlungsverfahren

Es sollen die Prinzipien etablierter Verfahren reflektiert werden; deshalb muss auf einzelne Besonderheiten verzichtet werden.

Fixation im Neutral- oder Kompressionsmodus

Die Neutral- und Kompressionsosteosynthese ist ein statisches Verfahren. Die pathologische Störung wird mit dem Fixateursystem bis zur Ausheilung fixiert. Dieses Verfahren wird insbesondere bei Frakturen und Pseudarthrosen angewendet. Dabei ist dem Behandelnden die Entscheidung überlassen, ob ein Ring- oder ein unilateraler Fixateur verwendet wird.

Die Fragmentfixation wird unter- und oberhalb der Fraktur oder Pseudarthrose mit mindestens 2 Kraftabträgerebenen durchgeführt. Bei osteoporotischen Knochenverhältnissen empfiehlt es sich, 3 Kraftabträgerebenen zu verwenden. Die Distanz der Ebenen zur Fraktur oder Pseudarthrose muss ausreichend groß sein, um eine sichere Fixation zu gewährleisten. Das Einbringen der Kraftabträger berücksichtigt den anatomischen Verlauf von Nerven und Gefäßen und wird unter Röntgendurchleuchtung durchgeführt. Die Reposition von Fragmenten oder Dislokationen wird über den Fixateur realisiert, der nach erfolgter Korrektur in Neutralposition (Mehrfragmentfrakturen, Spiral- oder Schrägfrakturen) oder maximaler Kompression (Querfrakturen, Pseudarthrosen) statisch fixiert wird. Insbesondere bei der Verwendung von Ringfixateuren können große Knochenfragmente mit speziellen Drähten (Oliven- oder Stoppdrähte) in die Frakturzone adaptiert werden. Die Entfernung des Fixateursystems erfolgt beim Nachweis einer ausreichenden knöchernen Konsolidierung. Die betroffene Extremität sollte danach mit einem »brace« (z. B. Sarmiento fracture brace) immobilisiert werden, da bei sofortiger Vollbelastung eine Refrakturgefahr gegeben ist.

Kallusdistraktion

Die Kallusdistraktion (◘ Abb. 3.163a–c) oder Kallotasis ist ein Verfahren zur Behandlung von angeborenen oder erworbenen Längendefiziten, die in Kombination mit Achsfehlstellungen auftreten können. Dabei bedient sich das Verfahren der natürlichen Kallusreifung und -heilung.

Nachdem der vormontierte Fixateur angelegt worden ist, erfolgt eine Osteo- oder Kortikotomie. Je nach Lokalisation wird diese idealerweise im diametaphysären Knochen durchgeführt, da in diesem Bereich der Kallus zuverlässig und schnell reift. Die Fixateure verfügen über jeweils 2 Kraftabträgerebenen und sind mit Distraktionsspindeln ausgestattet, über die die kontinuierliche Verlängerung nach einer initialen Phase der Kallusreifung erfolgt. Im Bereich des Femurs liegt aus anatomischen Gründen die Osteotomie meist diaphysär; daher muss eine längere Phase der initialen Kallusreifung kalkuliert werden. Nach Abschluss der Distraktionsphase erfolgt auch die knöcherne Konsolidierung langsamer; deshalb müssen die Systeme länger am Patienten verbleiben. Der Distraktionsbeginn liegt alters- und grunderkrankungsabhängig zwischen dem 4. und 20. Tag nach Operation. Üblicherweise wird 1 mm/Tag in 4 Einzelschritten distrahiert. Bei Systemerkrankungen wie der Achondroplasie

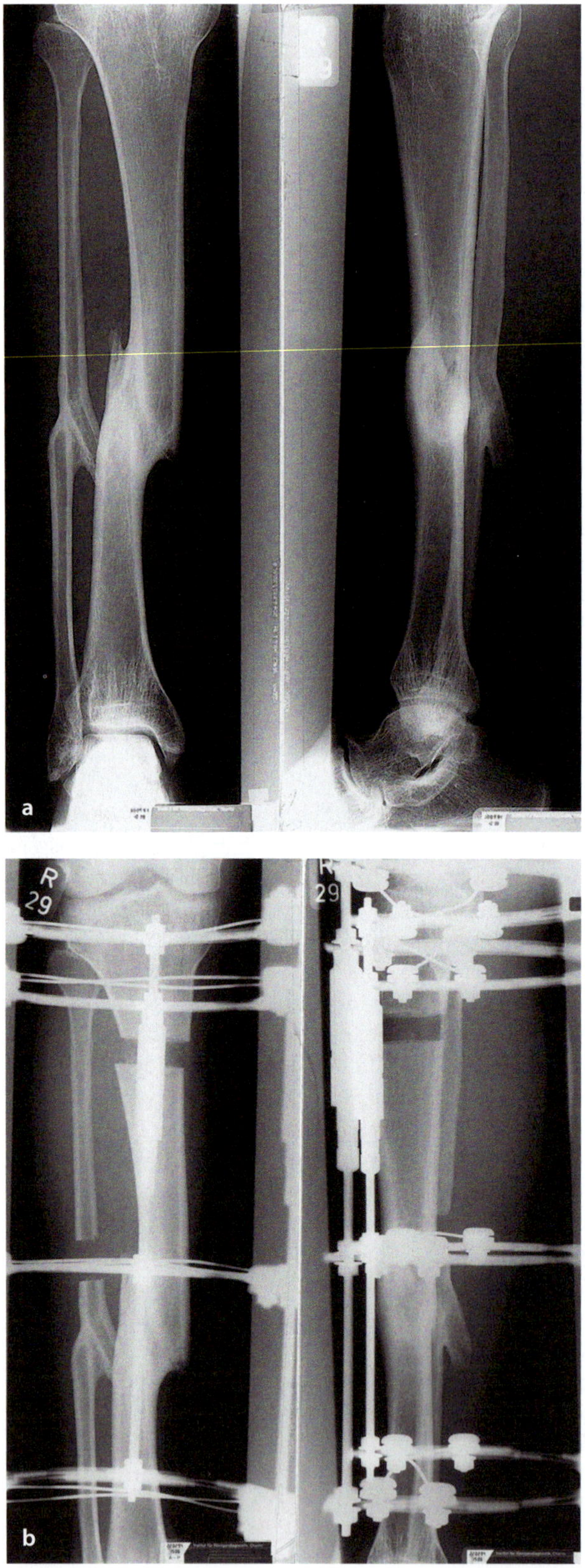

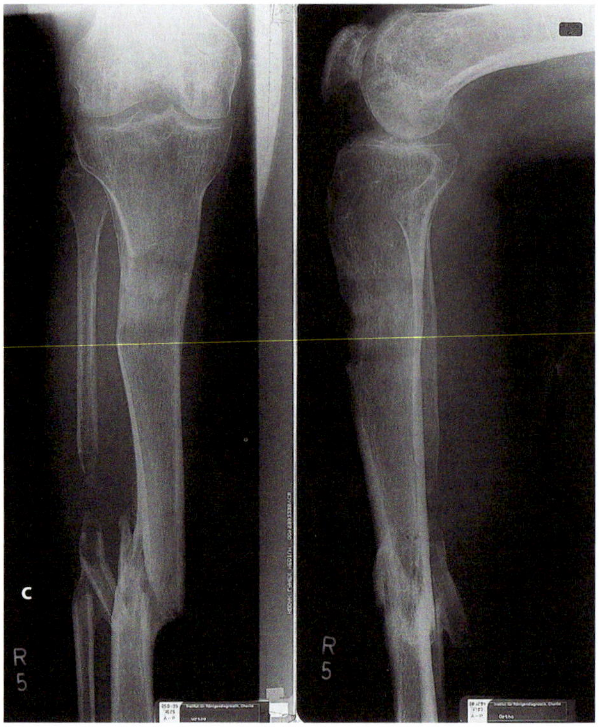

Abb. 3.163a–c Kallusdistraktion

muss zuweilen das Distraktionstempo gesteigert werden, da eine vorzeitige Verknöcherung zu befürchten ist. Andererseits kann es bei Patienten mit Reifungsstörungen des Regenerates zu einer Herabsetzung des Distraktionstempos kommen. Bei der Verwendung von Ringfixateuren ist eine begleitende Achsabweichung simultan korrigierbar. Rotationsfehlstellungen werden im Regelfall intraoperativ behoben.

Werden unilaterale Fixateure verwendet, müssen Achsabweichungen und Rotationsfehlstellungen intraoperativ einzeitig korrigiert werden. Die Behandlung kann auch bifokal, über 2 Osteotomieebenen, erfolgen. Diese Vorgehensweise bietet sich bei Patienten an, bei denen große Längen- und Achsabweisungen vorliegen. Eine spezielle Verfahrensweise ist die Hemikallotasis, bei der eine Achskorrektur auf der Basis einer kontinuierlichen Kallusdistraktion erfolgt.

Distraktionsepiphyseolyse

Die Distraktionsepiphyseolyse oder Chrondrodiatasis bedient sich der Möglichkeit, dass nach Aufreißen der Wachstumsfuge abtropfende Knorpelzellen zu einem reifen Kallusgewebe und somit zu einer Verknöcherung führen. Die Methode ist demzufolge nur bei offenen Epiphysenfugen anwendbar, d. h. nur im Wachstumsalter. Da die Epiphysenfuge nach Behandlungsabschluss meist verknöchert, sollte die Distraktionsepiphyseolyse nicht bei Kindern unter 10 Jahren erfolgen. Die ideale Lokalisation ist die proximale Tibia; jedoch darf die Verlängerungsstrecke wegen einer zu befürchtenden Kniegelenkinstabilität nicht mehr als 10 cm betragen.

Da der Knochen operativ nicht durchtrennt werden muss, ist lediglich der Fixateur anzulegen. Dieser verfügt über eine Kraftabträgerebene im Bereich der Epiphyse und 2 Ebenen unterhalb der Wachstumsfuge. Prinzipiell ist das Verfahren auch am Femur möglich; jedoch liegen die Kraftabträger hier unweigerlich im Kniegelenk. Somit ergibt sich eine hohe Infektionsgefahr; deshalb sollte das Verfahren auf die proximale Tibia beschränkt bleiben.

Unter Beachtung aller genannten Prämissen ist die Distraktionsepiphyseolyse ein elegantes Verfahren mit einer ausgezeichneten Verknöcherungstendenz. Verlängert wird ab dem ersten postoperativen Tag um 1 mm pro Tag in 4 Einzelschritten; hierbei signalisieren auftretende Beschwerden um den 7. postoperativen Tag ein Aufreißen der Wachstumsfuge.

Kombinierte Distraktions-Kompressions-Osteosynthese/Knochenfragmenttransport

(◘ Abb. 3.164a–d)

Diese Verfahren werden bei inkompletten oder kompletten Knochendefekten mit oder ohne Achs- und Längendefizit angewendet. Die Wahl des Verfahren richtet sich im Wesentlichen nach der Defektstrecke. Beträgt der Defekt weniger als 4–5 cm, kommt die kombinierte Distraktions-Kompressions-Osteosynthese zum Einsatz. Hier werden die Kallusdistraktion mit defektferner Distraktionsebene und die Kompressionsosteosynthese. Der Vorteil dieses Verfahrens ist die simultane Korrektur verschiedener Störungen.

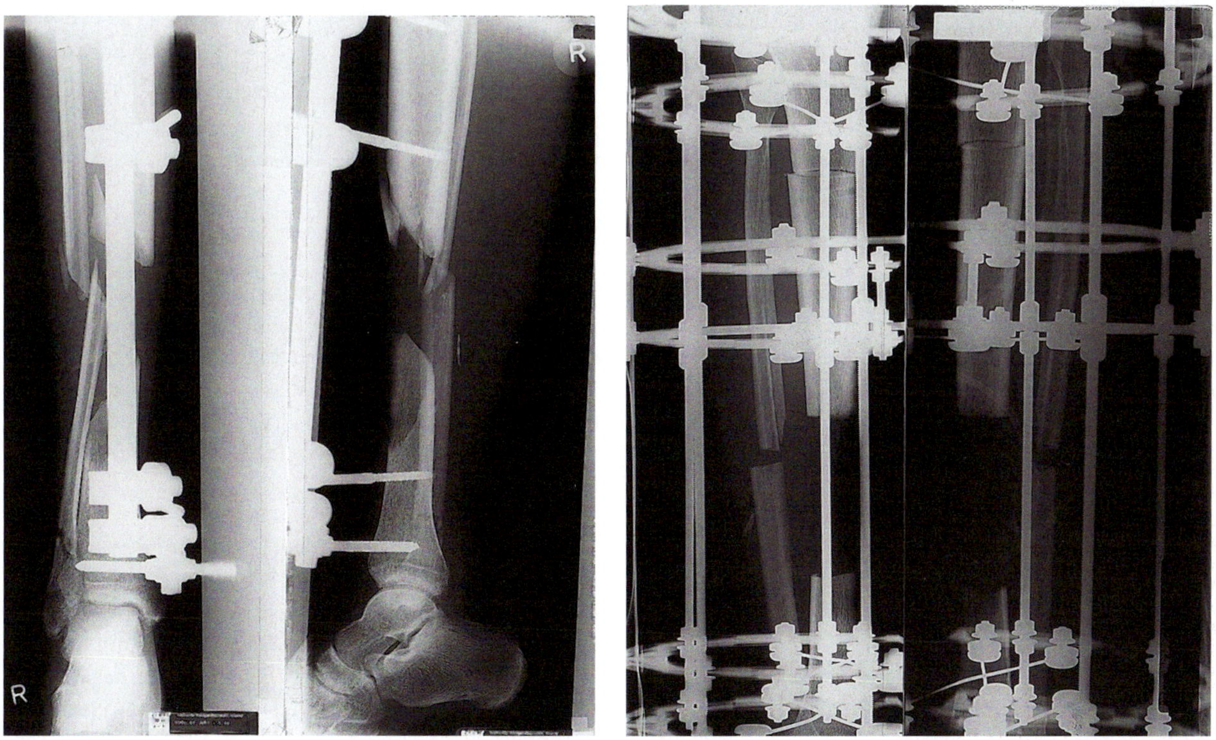

◘ Abb. 3.164a, b Segmenttransport

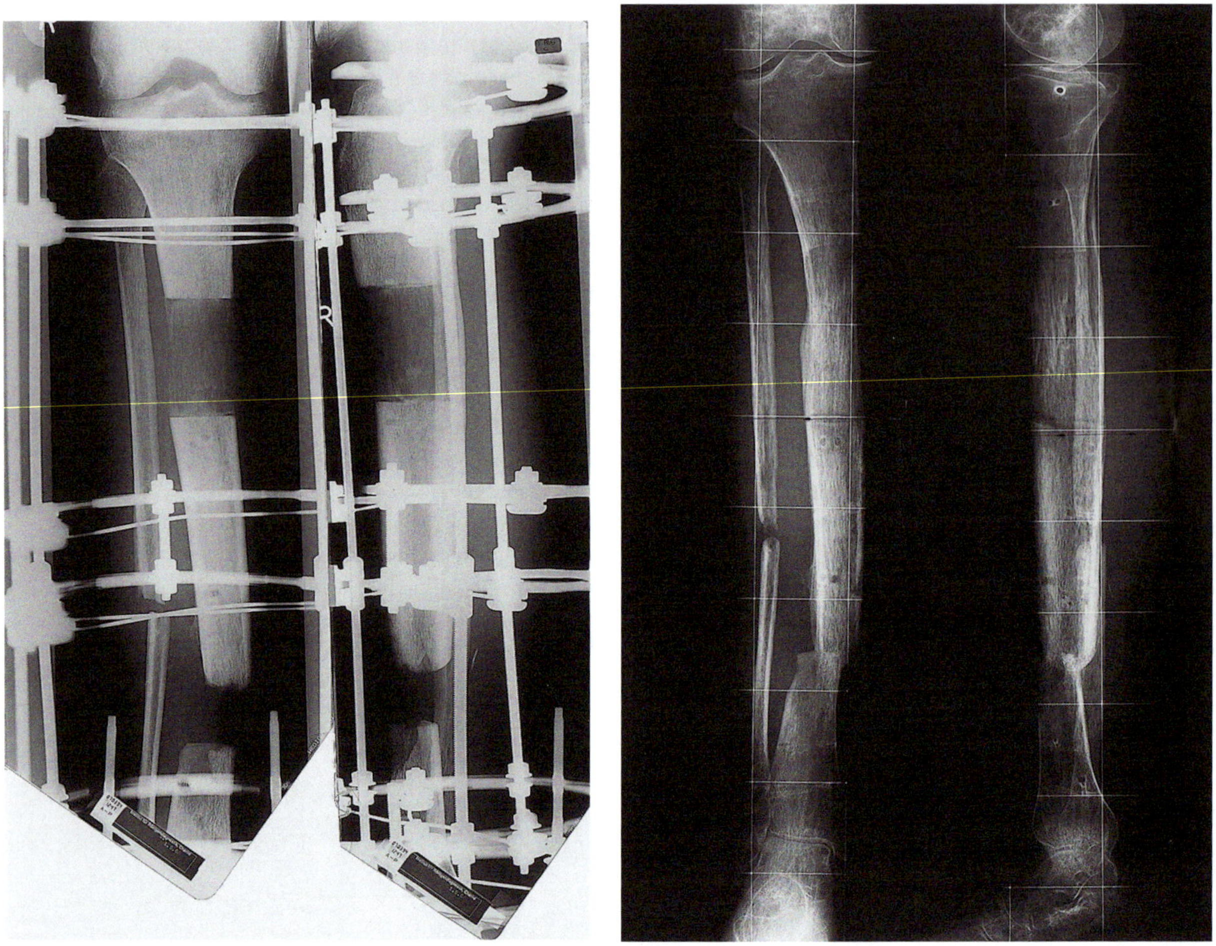

Abb. 3.164c, d Segmenttransport

Die Anzahl der Kraftabträgerebenen richtet sich nach den anatomischen Gegebenheiten und liegt bei mindestens 2 Ebenen ober- und unterhalb der Distraktionsebene und 2 Ebenen ober- und unterhalb der Kompressionsebene. Da 2 Ebenen immer zwischen Distraktions- und Kompressionsebene liegen, sind 6 Ebenen notwendig. In der Distraktionsebene werden spezielle Distraktionsspindeln verwendet. Die Kompression erfolgt über die Bewegung der Kompressionsebenen zueinander intraoperativ.

Betragen die Defekte mehr als 5 cm, erfolgt nach Defektresektion/Débridement ein Knochenfragmenttransport. Das notwendige Fixateursystem verfügt über mindestens 6 Kraftabträgerebenen. Der Extremitätenabschnitt wird über 2 jeweils weit proximal und distal liegende Ebenen fixiert. Eeine mittlere Ebene dient als Transportebene, über die nach defektferner Osteotomie ein Knochenfragment kontinuierlich in den Defekt transportiert wird. Es wird nach Erreichen des defektseitigen Fragmentes mit diesem unter Druck gebracht (»docking«) und der entstandene Kallus des Transportfragmentes kann knöchern ausreifen. Prinzipiell ist dieses Verfahren auch für den bifokalen Transport bei großen Defekten geeignet.

Gelenkredression

Bei Gelenkkontrakturen oder Fehlstellungen kann über einen Fixateur externe eine kontinuierliche Normalisierung der Gelenkstellung mit Wiederherstellung der Gelenkfunktion erreicht werden. Zudem kann das Verfahren bei massiven Fehlstellungen mit einer zweizeitigen Arthodese zur Sicherung des Korrekturergebnisses verwendet werden.

Es sind jeweils 2 Kraftabträgerebenen proximal und distal der Gelenkebene nötig; hierbei sind die Längsgewindespindeln über spezielle Gelenke, die ihren Mittelpunkt in der Gelenkachse haben müssen, verbunden. Die Redression erfolgt postoperativ kontinuierlich in ähnlicher Weise wie die Kallusdistraktion. Nach der Redression ist zur Erhaltung des Korrekturergebnisses eine Ruhigstellungsphase notwendig.

Arthroskopische Arthrodese

Speziell bei Arthrodesen des oberen Sprunggelenkes ohne wesentliche Destruktionen und Fehlstellungen bietet die arthroskopische Arthrodese wesentliche Vorteile gegenüber den konventionellen Techniken. Der Fixateur wird mit jeweils 2 Ebenen ober- und unterhalb der Gelenkebene montiert und dient intraoperativ als Distraktor zur Öffnung des Gelenkspaltes. Bei liegendem Fixateur kann die arthroskopische Shaver-Arthrodese erfolgen und anschließend können die Arthrodeseflächen mit dem Fixateur bis zur knöchernen Konsolidierung unter Druck gebracht werden.

Fazit

Unter Beachtung der technischen Anforderungen und der Komplikationsmöglichkeiten sind mit dem Ringfixateur verschiedenartigste Indikationen hervorragend behandelbar. Gegenüber alternativen Verfahren besteht zudem häufig der Vorzug, dass mit einem Verfahren simultan komplexe Störungen behandelt werden können. In der Nachbehandlung ist insbesondere auf durch Kraftabträger fortgeleitete Infekte (Pin-track-Infekte) zu achten.

Eine wesentliche Rolle spielt die kontinuierliche krankengymnastische Nachbehandlung zur Kontrakturprohylaxe.

3.2.11 Praktische Anwendung des Fixateur externe

Prinzip

Die Fraktur wird durch einen Verbund von frakturfernen Schanz-Schrauben, Kirschner-Drähten oder Steinmann-Nägeln mit Hohlstäben oder speziellen Haltesystemen stabilisert.

Vorteile

- Geringe Traumatisierung.
- Stabilisierung der offenen Fraktur außerhalb des Verletzungsgebietes.
- Hierbei steht weniger die Fraktur als viel mehr die Ausdehnung und Verschmutzung der Weichteilverletzung im Vordergrund.
- Sichere Ruhigstellung.
- Förderung der Kallusbildung durch Dynamisierung.
- Distraktion, z. B. bei Beinverlängerungen.
- Stellungskorrekturen möglich.
- Die Metallentfernung kann meist in Lokalanästhesie oder ohne Betäubung ambulant durchgeführt werden.
- Bessere Wundpflege als im Gips.

Gefahr

- Lockerung von Schrauben oder Nägeln im Knochen.
- Infektion der Schraubeneintritts- bzw. -austrittsstellen. Deshalb ist gute Schraubenpflege nötig.

Indikationen

- Frakturen mit großen Weichteildefekten:
  - offene Frakturen 2. und 3. Grades,
  - ausgeprägte Weichteilquetschungen,
  - massive Schwellung,
  - Ablederung der Haut.
- Defektbrüche (z. B. Schussverletzungen),
- infizierte Frakturen,
- Pseudarthrosen,
- Segmenttransport,
- gelenkübergreifende Fixation zur Ruhigstellung von Trümmerbrüchen,
- vorübergehende Fixation bei Polytraumen (Zeitfaktor!),
- manche Arthrodesen (Kniegelenk, oberes Sprunggelenk),
- in der Orthopädie:
  - Beinverlängerungen,
  - Achsenfehlstellungen,
- Sicherung von Minimalosteosynthesen.

Modelle/Systeme

- *Beispiele* für unilaterale Systeme (Abb. 3.165).
  - Orthofix nach de Bastiani (Kendall),
  - Monotube (Stryker-Howmedica),
  - AO-Rohrfixateur (Synthes),
  - Unifix (Synthes).
- *Beispiele* für Rahmenfixateur (bilateral; Abb. 3.166).
  - AO-Fixateur (Synthes),
  - Raoul-Hoffmann-System.

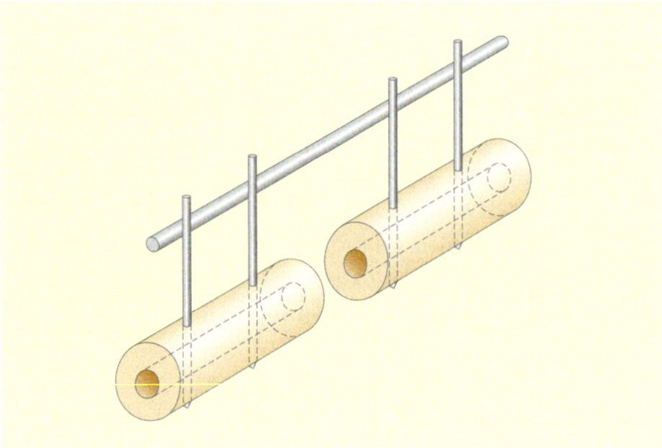

Abb. 3.165 Fixateur externe (unilateral)

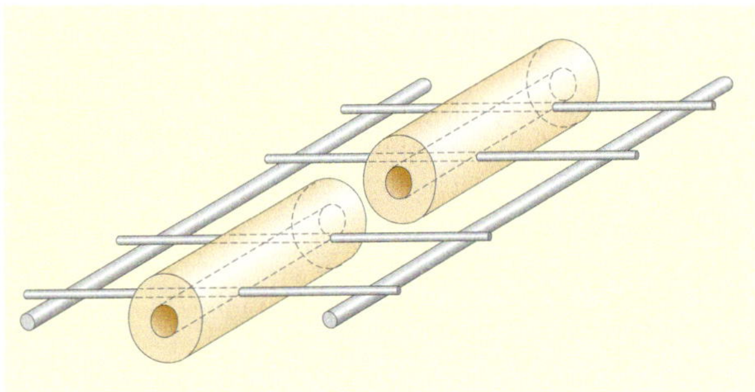

Abb. 3.166 Rahmenfixateur (bilateral)

- *Beispiel* eines dreidimensionalen Fixateurs (Abb. 3.167)
  - AO-Fixateur in V- oder Zeltform (Synthes).
- Dreieckfixateur (im Gelenkbereich).
- Ringfixateur nach Ilizarov.

Monolateraler Fixateur externe

Prinzip

- Am Unterschenkel: Anbringung von medioventral (keine Muskulatur über dem Schienbein, die durch die Schrauben gereizt werden könnte).
- Am Oberschenkel: Anbringung von lateral.

Vorteile

- Axiale Dynamisierung möglich.
- Kompression und Distraktion möglich.
- Postoperative Korrekturen möglich.
- Fester Schraubensitz. (Konische Schrauben dürfen nicht zurückgedreht werden!)

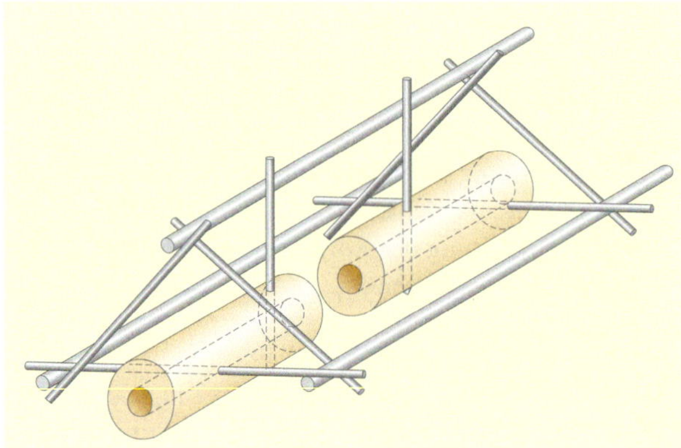

Abb. 3.167 Dreidimensionaler Fixateur. (Abb. 3.165–3.167 nach Müller et al. 1992)

Instrumente und Implantate

Unilaterale Fixateur externe-Systeme werden in den allermeisten Fällen zur provisorischen Stabilisierung von Frakturen bei polytraumatisierten Patienten eingesetzt, vor allem am Unterschenkel und Femur, manchmal am Humerus. Dafür eignen sich zweifellos viele, mehr als die oben aufgeführten Systeme. Im Klinikum Plau am See haben sich der blaue und der rote Monotube am Unterschenkel und am Femur seit acht Jahren bewährt. Deshalb wird dieses System hier vorgestellt (Abb.3.168–3.179).

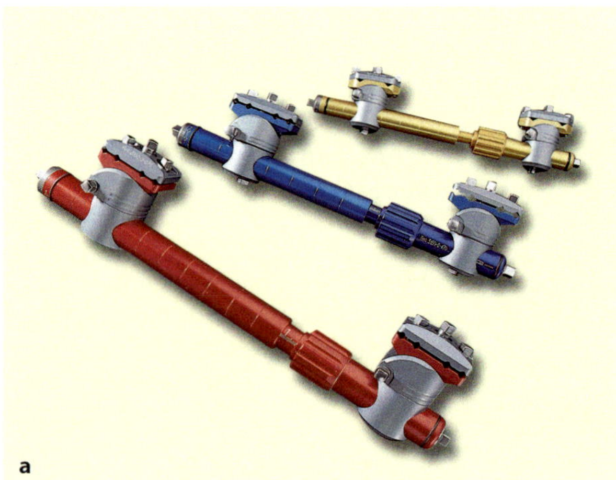

a

Abb. 3.168a–d Unilaterales Fixateur externe-System: Monotube Triax (Stryker-Howmedica). a Montube Triax. Rot für Femur, blau für Unterschenkel, gelb für Humerus und Unterarm

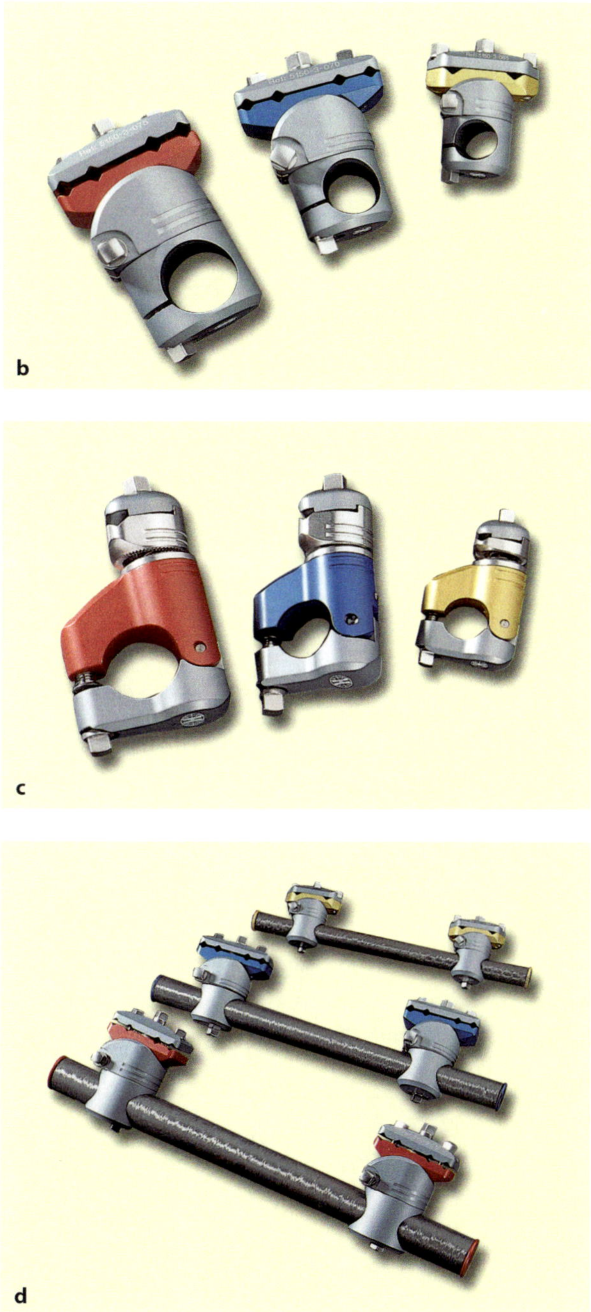

Abb. 3.168a–d Unilaterales Fixateur externe-System: Monotube Triax (Stryker-Howmedica). b Multipinhalter für 4, 4 und 2 Pins, c Einzelpinhalter, d Karbonstäbe mit entsprechender Dicke und verschiedenen Längen

Lagerung

Der polytraumatisierte Patient sollte auf einem verschiebbaren Durchleuchtungstisch gelagert werden, um eine schnelle und sichere Bildwandlerkontrolle des ganzen Beines zu ermöglichen.

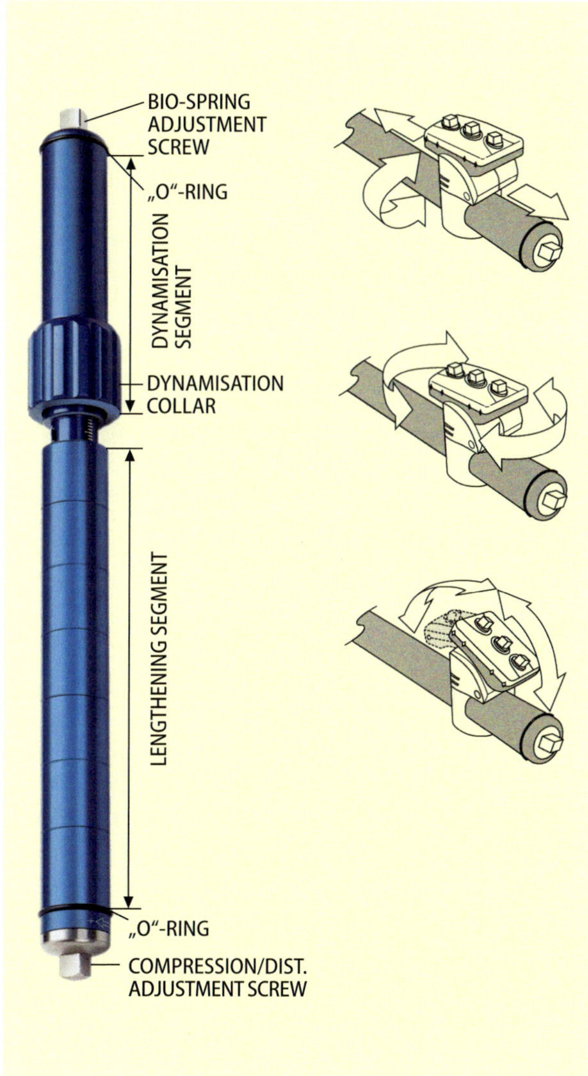

Abb. 3.169 Mit dem Monotube ist nicht nur eine Kompression und Distraktion, sondern auch eine Dynamisierung zur kontrollierten Belastung möglich; damit kann die Kallusbildung im Bruchbereich stimuliert werden. Die Pinhalter können verschoben, verdreht und gekippt werden

3

OP-Verlauf

► Hautinzision in genügendem Abstand proximal und distal der Fraktur. Am Femur mit, am Unterschenkel ohne Trokar (s. Abb. 3.178) werden die selbstbohrenden Apexpins (s. Abb. 3.176) so gesetzt, dass sie festen Halt in beiden Kortikales (s. Abb. 3.177) finden.

► Am Femur wird der rote, am Unterschenkel der blaue Multipinhalter (s. Abb. 3.168b) durch eine randständige Führung in möglichst axialer Flucht aufgesteckt, so dass ein zweiter Pin proximal und distal der Fraktur eingedreht werden kann

► Die Pinhalter werden auf den beiden Pinpaaren festgesetzt und mit dem noch losen Monotube verbunden

► Unter Bildwandlerkontrolle werden die Frakturen möglichst anatomiegerecht eingestellt und die beiden Pinhalter mit dem Drehmomentschlüssel auf dem Monotube festgesetzt (s. Abb. 3.170).

► Tümmerbrüche können ggf. noch distrahiert (s. Abb. 3.171 und 3.174), einfache Quer- und Schrägbrüche noch komprimiert werden, indem an der Schraube vom Verlängerungssegment (s. Abb. 3.169) gedreht wird

► Die Pindurchtrittsstellen sollten mit betaidongetränkten Kompressen abgedeckt, offene Wunden debridiert und vernäht werden

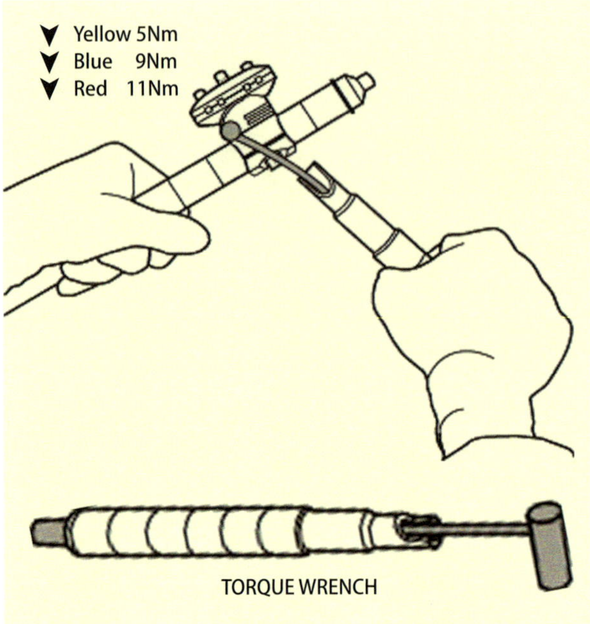

Abb. 3.170 Mit dem Vierkantschlüssel werden die Schrauben festgesetzt. Wenn das biegbare Ende an die (linke) Kragenkante stößt, ist die maximale Kraft erreicht, nämlich 11,9 und 5 Nm bei den roten, blauen und gelben Systemen

AO-Rohrfixateur

Mit dem Rohrfixateur (Synthes) sind folgende Montageformen möglich:

- Klammerfixateur (unilateral) – mit Schanz-Schrauben; Anwendung z. B. Tibia, Femur, Unterarm.
- Rahmenfixateur (bilateral) – mit Steinmann-Nägeln; Anwendung z. B. Kniegelenk, Tibia.
- Rahmenfixateur (bilateral, 2 Ebenen) – mit Steinmann-Nägeln und Schanz-Schrauben; Anwendung z. B. Tibia.
- Dreieckanordnung (unilateral) – mit Schanz-Schrauben; Anwendung z. B. distaler Unterschenkel, Sprunggelenk, Ellenbogen.

Korrekturmöglichkeit

- Bis zu einem gewissem Grad bei Achsenabweichungen, indem nachträglich schwenkbare Backen oder Scharnierstücke eingesetzt werden.
- Ein Nachteil ist, dass die Rotation von Anfang an exakt eingestellt werden muss, da spätere Korrekturen kaum möglich sind.
- Der Klammerfixateur lässt sich axial dynamisieren.

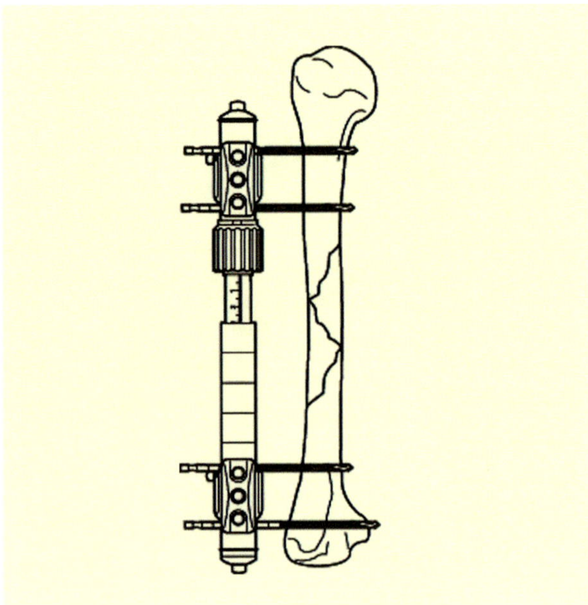

Abb. 3.171 Schematische Darstellung einer Frakturstabilisierung vom Humerus mit (gelben) Monotube

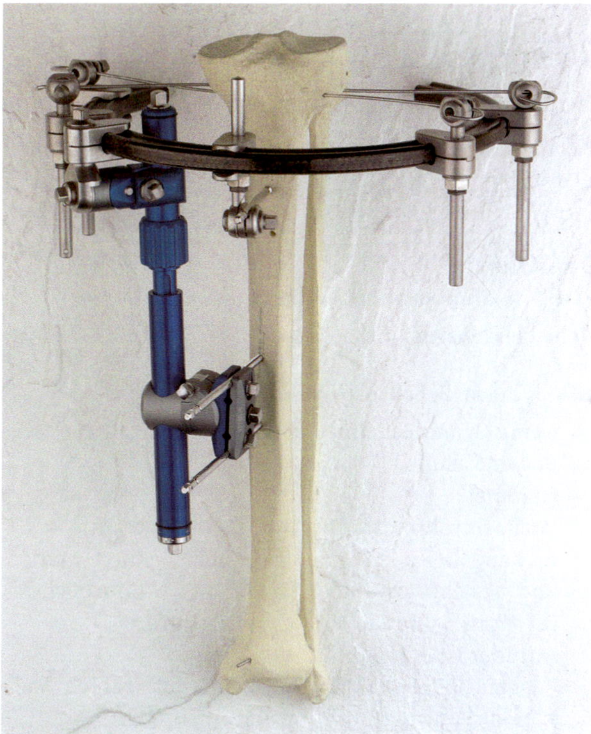

Abb. 3.172 Bei komplexen Unterschenkelfrakturen mit Beteiligung des Tibiakopfes kann der blaue Monotube mit einem Hybridring kombiniert werden

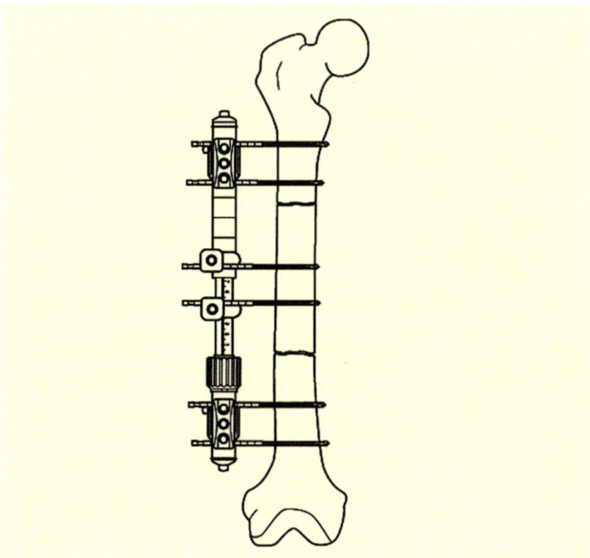

Abb. 3.173 Bei Mehrfragment- oder Etagenfrakturen können Kortikalisstücke mit einzelnen Schrauben und Pinhaltern fixiert werden

Abb. 3.174 Bei Verlängerungsosteotomien ist die kontrollierte Distraktion möglich

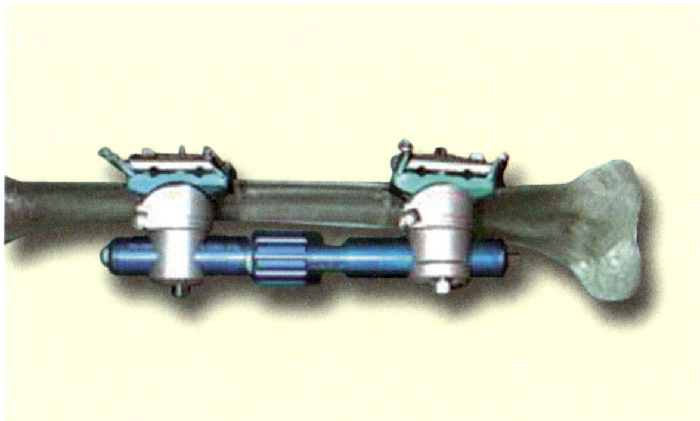

Abb. 3.175 Aufsicht auf ein montiertes blaues Monotube-System

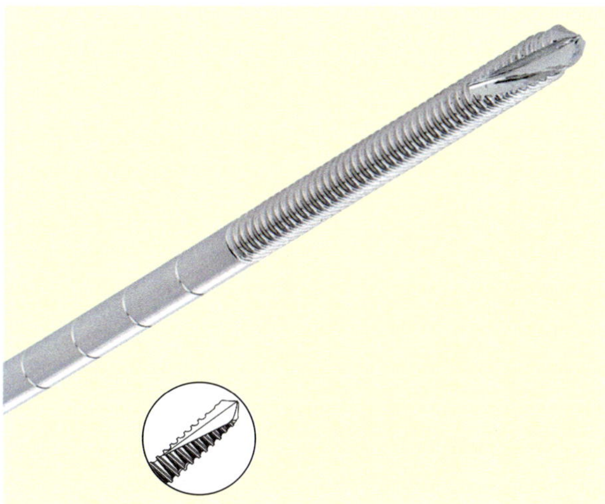

Abb. 3.176 Die Apex-Pins sind selbstbohrend/selbstschneidend

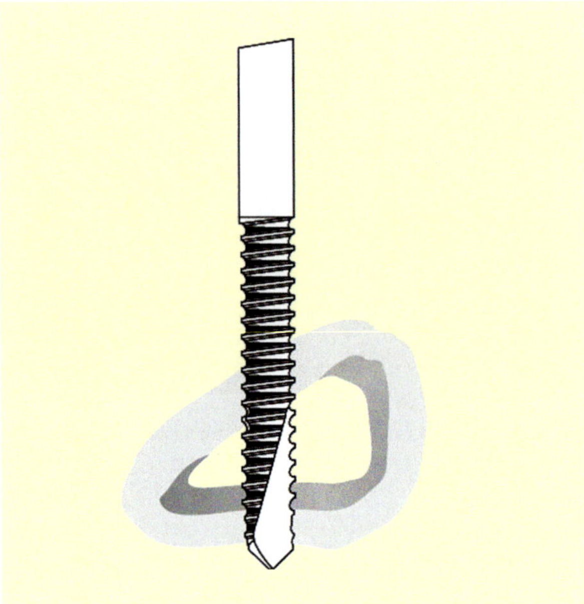

Abb. 3.177 Die Spitze sollte die Gegenkortikalis passiert haben

Abb. 3.178 Gewebeschutzhülse mit Trokar, Bohrführung und Gewebeschutz zum Einbringen der Pins

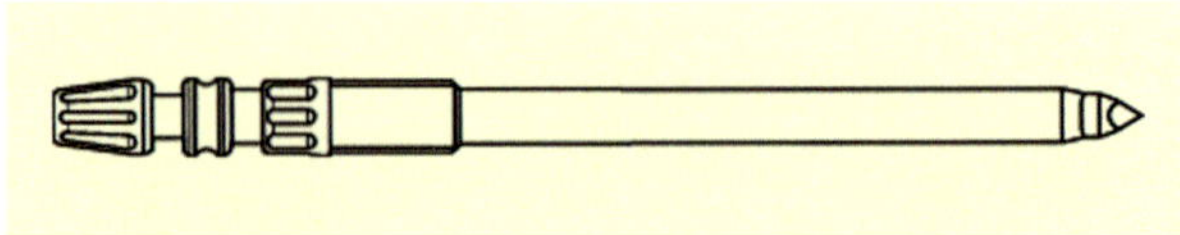

Abb. 3.179 Kompletter Gewebeschutz. (Abb. 3.168–3.179 Stryker-Howmedica)

Operation

Instrumente und Implantate

Siehe hierzu Abb. 3.180–3.189)

Zusätzliches Instrumentarium

- wenig Grundinstrumentarium,
- Bohrmaschine,
- Hammer,
- Dreifachtrokar (s. Abb. 3.180a) lang und kurz
  Er kann bei allen Montageformen benutzt werden und besteht aus einem Trokar und 2 Bohrbüchsen (∅ 5 mm/3,5 mm und ∅ 6,0 mm/5 mm).
  Darüber ist es möglich,
  - einen spitzen Trokar (∅ 3,5 mm) zur exakten Positionierung der Bohrführung einzusetzen,
  - 4,5 mm und ∅ 3,5 mm zur exakten Positionierung der Bohrführung einzusetzen,
  - ∅ 4,5 mm und ∅ 3,5 mm zu bohren,
  - die 4,5- und 5,0-mm-Schanz-Schraube oder einen Steinmann-Nagel bei liegender Bohrbüchse direkt einzudrehen.

Bohrungen

- 5,0-mm-Schanz-Schraube: Verwendung des 3,5-mm-Spiralbohrers.

→

Abb. 3.180a–f Stangen- oder Rohrfixateur (AO). a Dreifachtrokar, b offener Druckspanner, c Spiralbohrer 3,5, zweilippig, für Schnellkupplung, d Steckschlüssel 11 mm, durchbohrt, e Ringgabelschlüssel 11 mm, f Universalbohrfutter mit T-Handgriff und Arretierung; zum Eindrehen von Steinmann-Nägeln und Schanz-Schrauben

Abb. 3.181 a Stahlrohr und b Kohlefaserstab 11 mm, 100–650 mm lang

Abb. 3.182 Selbstbohrende Schanz-Schraube (Seldrill) 5 mm und 6 mm

Abb. 3.183 Schanz-Schraube 5,0 mm mit leicht abgerundeter Dreikantspitze, vorzubohren mit 3,5 mm

Abb. 3.184 Steinmann-Nägel mit Dreikantspitze (3,5–5,0 mm Durchmesser, 125–275 mm Länge)

Abb. 3.185 Steinmann-Nagel mit mittlerem Gewinde

Abb. 3.186 Schwenkbare Universalbacke für Rohrfixateur externe und Zangenfixateur, Schanz-Schrauben 4,0–6,0 mm

Abb. 3.187 Rohr-zu-Rohr-Backe zur Verbindung von 2 Rohren oder Stäben

Abb. 3.188 Universalgelenk mit schwenkbaren Backen zur Verbindung von 2 Rohren oder Stäben

Abb. 3.189 Offene Backe für Rohrfixateur externe. Gleichzeitige Fixation von Rohr und Steinmann-Nagel/Schanz-Schraube durch Festziehen der Mutter. (Abb. 3.180–3.189 Synthes)

3.180 a-f

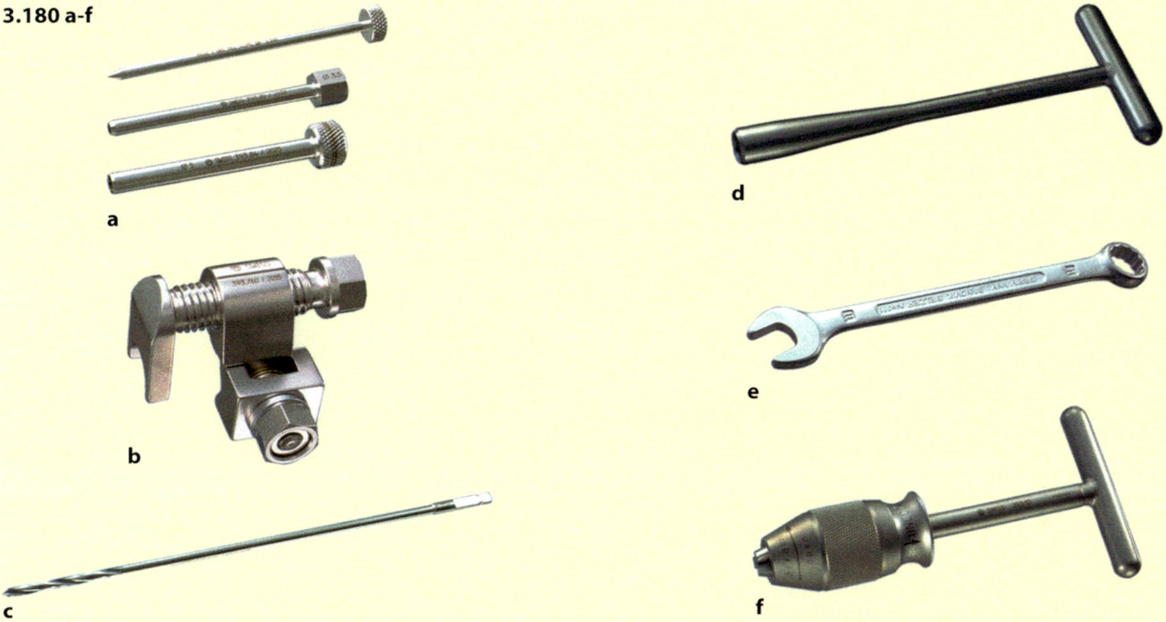

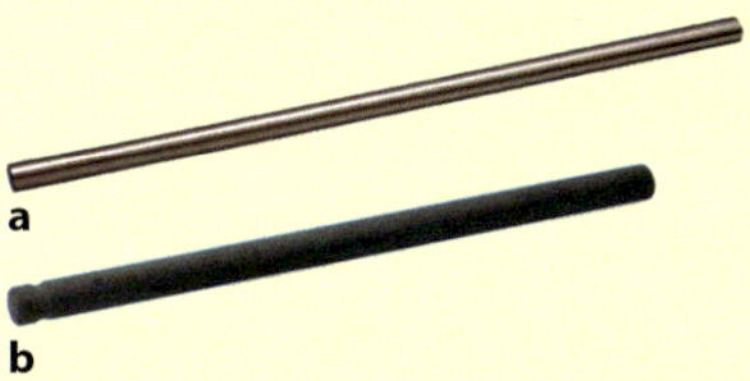

3.181

3.182

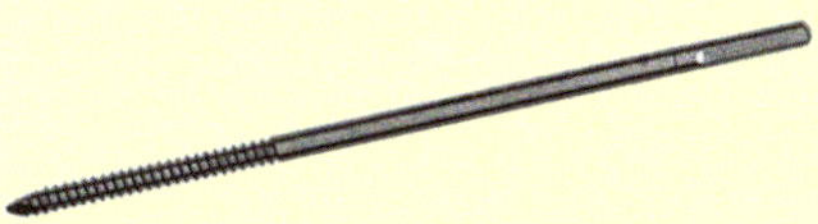
3.183

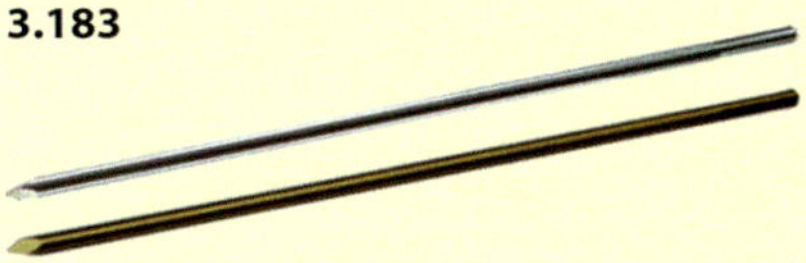
3.184

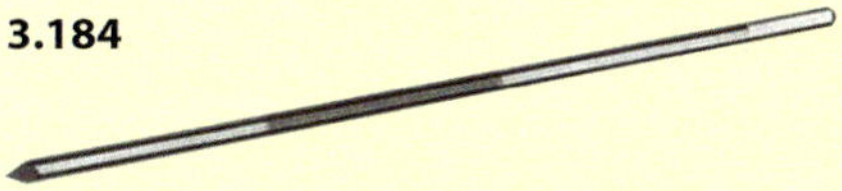
3.185

3.186

3.187

3.188

3.189

- 4,5-mm-Schanz-Schraube: Verwendung des 3,5-mm-Spiralbohrers mit Erweiterung der ersten Kortikalis auf 4,5 mm.
- 4,5-mm-Steinmann-Nagel: Verwendung des 3,5-mm-Spiralbohrers.
- 5,0-mm-Steinmann-Nagel: Verwendung des 4,5-mm-Spiralbohrers.

Rahmenmontage

- ► Bei Tibiafraktur: Es müssen je 2 Steinmann-Nägel proximal und distal der Fraktur eingebracht werden
- ► Der erste Steinmann-Nagel wird 3 cm oberhalb des oberen Sprunggelenkes platziert
- ► Stichinzision der Haut; Einsetzen der Dreifachbohrbüchse mit dem spitzen Trokar und sichere Positionierung der Führung; Entfernen des Trokars; Bohren mit dem 4,5-mm-Bohrer; Eindrehen des 5-mm-Steinmann-Nagels mit dem Universalhandgriff; bei Austritt des Nagels auf der Gegenseite Hautinzision
- ► Der zweite Steinmann-Nagel wird 3–4 cm distal des Kniegelenkes von lateral eingebracht. Zu diesem Zeitpunkt ist auf eine korrekte Rotationsstellung zu achten, ggf. den Steinmann-Nagel nochmals verändern
- ► Diese Steinmann-Nägel werden mit 2 Rohren verbunden, auf denen je 4 schwenkbare Einzelbacken vorbereitet sind. Die Fixation ist zunächst nur provisorisch
- ► Es erfolgt nun die endgültige Reposition unter Bildwandlerkontrolle
- ► Der 3. und 4. Steinmann-Nagel wird, evtl. mit Hilfe eines speziellen Zielgerätes, durch die an den Rohren schon montierten Backen eingebracht (s. Abb. 3.1)
- ► Falls gewünscht, können nun die 2 proximalen und die 2 distalen Nägel gegeneinander verspannt werden. Dafür sind die offenen Druckspanner erforderlich. Die Verspannung der Nägel gegeneinander (Trümmerbruch) dient der Vermeidung von Mikrobewegungen zwischen Kortikalis und Nagel sowie der Vermeidung von Knochenresorption um die Nägel (Infektionsrisiko)
- ► Durch Verspannung der Nägel (proximal und distal) miteinander wird Kompression auf die Fraktur ausgeübt
- ► Festziehen aller Backenschrauben, Aufsetzen der Schutzkappen für die Enden der Steinmann-Nägel
- ► Sorgfältiges Verbinden der Nagelaustrittsstellen. Nie den gesamten Fixateur mit elastischen Binden o. Ä. wickeln, da die Hautkontrolle unbedingt notwendig ist. Bei Hautspannungen müssen Enlastungsinzisionen vorgenommen werden

Dreidimensionale Montage

- ► Sie findet ihre Anwendung, wenn in den Hauptfragmenten nur beschränkt Platz vorhanden ist; d. h. die Montage von je 2 Steinmann-Nägeln proximal und distal der Fraktur ist nicht möglich
- ► Praktische Durchführung: Pro Hauptfragment je ein von lateral eingebrachter Steinmann-Nagel (Rahmenmontage) und eine von ventral eingedrehte Schanz-Schraube (ähnlich Klammerfixateur). Beide Systeme werden über Stangen verbunden (Zeltmontage; Abb. 3.190)
- ► Zunächst wird die Rahmenkonstruktion angebracht (s. Rahmenmontage) mit je einem Steinmann-Nagel
- ► Die Rohre sind mit 2 schwenkbaren Einzelbacken (für die Steinmann-Nägel) und einer feststehenden Backe in der Mitte (zur Stangenfixierung) versehen
- ► Einbringen der Schanz-Schrauben von ventral mit Hilfe des Dreifachtrokars
- ► Trokar entfernen; Bohren durch beide Kortikales mit dem 3,5-mm-Spiralbohrer; Eindrehen der 5,0-mm-Schanz-Schraube mit dem Universalhandgriff durch die Bohrbüchse. Die Schanz-Schrauben werden mit einem kurzen Rohr über 2 feststehende Backen verbunden. Eine Dreifachbacke in der Mitte dieses Rohres ermöglicht die Verbindung zur seitlichen Rahmenmontage durch 5-mm-Verbindungsstäbe

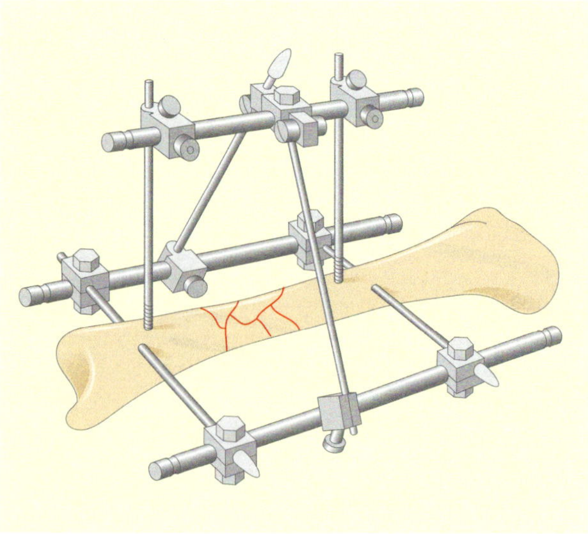

Abb. 3.190 Dreidimensionale Montage eines Fixateur externe. (Nach Texhammar u. Colton 1994)

3.3 Zusätzliche chirurgische Maßnahmen

3.3.1 Entnahme autologer Spongiosa

Die Spongiosa wird im Vergleich zur Kortikalis schneller revaskularisiert und hat eine wesentlich höhere Umbaurate. Sie kann deshalb auch im Infekt heilen, wird aber in den meisten Kliniken erst nach Beruhigung (»Sanierung«) des Infektes eingebracht.

Indikationen

- Unterfütterung und Auffüllen von Defekten der gelenknahen Spongiosa, z. B. bei Impressionsfrakturen mit Spongiosastückchen.
- Bei kortikalen Defekten, z. B. bei Trümmerbrüchen mit Chips oder Keilen.
- Zur Aktivierung bei verzögerter Knochenheilung. Dabei wird zusätzlich zur Spongiosaanlage eine sog. Dekortikation vorgenommen.
- Vordere und hintere Fusionsoperation (Verblockung) der Wirbelsäule, z. B. bei der Operation nach Cloward mit einem Knochendübel.

Entnahmestellen

- Größtes Reservoir sind der vordere und hintere Beckenkamm.
- Trochantermassiv.
- Tibiakopf, z. B. für die distale Tibia und den Fuß.
- Distale Tibia für die Knöchel und den Talus.
- Lateraler Humerusepikondylus für Defekte am Radiusköpfchen.

Operation

▪▪▪ Instrumente

- Grundinstrumentarium,
- Knochengrundinstrumentarium:
  - Raspatorium,
  - Elevatorium,
  - scharfe Löffel,
  - Hohl-, Flachmeißel,
  - Hohmann-Hebel,
  - Hammer,
  - Stößel für die spätere Spongiosaimplantation.
- Oszillierende Säge für Blöcke und Keile,
- Spezialfräsen/Bohrer für Knochendübel.

▪▪▪ Lagerung

- Die Entnahme am vorderen Beckenkamm erfolgt in Rückenlage auf einem normalen OP-Tisch mit Unterpolsterung des Beckens.
- Die Entnahme vom hinteren Beckenkamm erfolgt in Bauchlage (▫ Abb. 3.191).
- Gute Abpolsterung im Brust-, Becken- und Unterschenkelbereich, sowie der Arme, die auf Armauslegern fixiert werden.
- Anlagen der Neutralelektrode nach Vorschrift.

▪▪▪ Abdeckung

- Hauseigen, aber Wäsche immer doppelt und wasserundurchlässig.
- Beckenkamm möglichst weit nach hinten – lateral – freilassen, weil vorn der N. cutaneus femoris lateralis zum Oberschenkel zieht.

Spongiosaentnahme vom vorderen Beckenkamm

► Der Hautschnitt verläuft über dem vorderen Darmbeinkamm, aber nicht über die Spina iliaca anterior superior hinaus wegen der Gefahr der Nervenverletzung. Nach stumpfem Abschieben der Muskulatur wird der Beckenkamm freigelegt

► Einsetzen von Hohmann-Hebeln o. Ä.

► Zunächst wird mit einem schmalen (quer), dann mit einem breiten geraden Meißel (längs) ein rechteckiger Knochendeckel aus der Crista iliaca ausge-

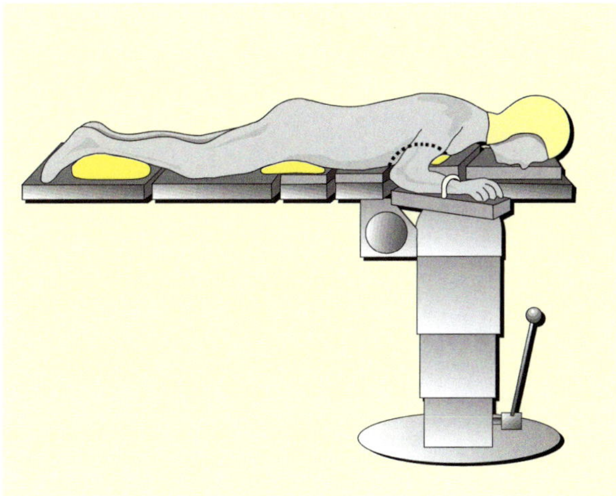

▫ Abb. 3.191 Bauchlagerung für Fixateur interne an der Wirbelsäule

meißelt, der aber auf der medialen Seite durch das Periost festgehalten wird

► Mit scharfen Löffeln und Hohlmeißeln kann nun die Spongiosa aus dem Darmbein entnommen werden (◘ Abb. 3.192). Das entnommene Material wird in einem geschlossenen Gefäß trocken gelagert

► Ein kortikospongiöser Span wird vom medialen Rand der Crista iliaca entnommen. Die Muskulatur wird von der Innenseite der Beckenschaufel abgeschoben. Der Span wird so abgemeißelt, dass die äußere Kortikalis des Beckenkamms intakt bleibt (◘ Abb. 3.193). Zur Keilentnahme ist die Verwendung einer oszillierenden Säge möglich

► Es erfolgt die Blutstillung mit Einlage eines Hämostyptikums. Der Knochendeckel wird zurückgeklappt und mit resorbierbaren Periostnähten angeheftet.

► Einlegen einer dicken Redon-Drainage, schichtweiser Wundverschluss

! Bei der Entnahme von Spongiosa aus dem hinteren Beckenkamm besteht die Gefahr der Verletzung des Iliosakralgelenkes!

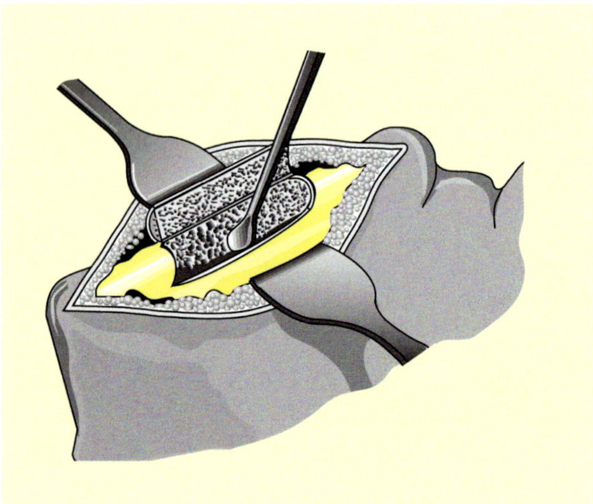

◘ Abb. 3.192 Spongiosaentnahme aus dem vorderen Beckenkamm mit scharfem Löffel

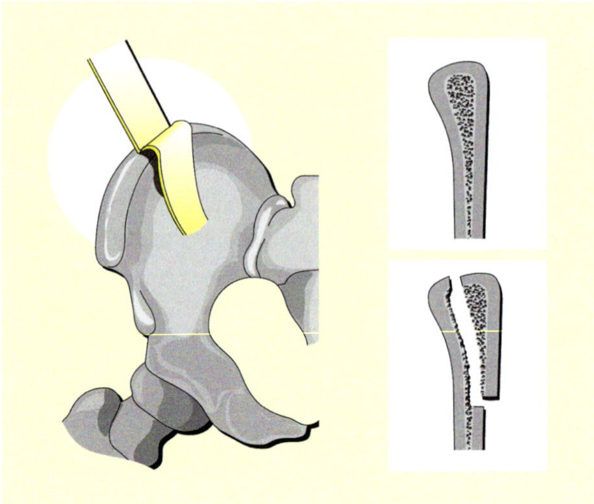

◘ Abb. 3.193 Entnahme eines kortikospongiösen Spans mit Osteotom

3.3.2 Intraoperative Durchleuchtung

Die Anwendung von Röntgenstrahlen auf Menschen wird durch die Röntgenverordnung geregelt. Wer beruflich mit Röntgeneinrichtungen zu tun hat, sollte daher seinen Status im Rahmen der aktuellen Verordnung klären. Unter Röntgendurchleuchtung versteht man nach der Röntgenverordnung die Anwendung einer Einrichtung zur elektronischen Bildverstärkung mit Fernsehkette und automatischer Dosisleistungsregelung. Dabei darf der Röntgenstrahler nur während der Durchleuchtung oder zum Anfertigen einer Aufnahme angeschaltet sein.

Weil etliche Operationen in der Traumatologie und Orthopädie unter Durchleuchtung durchgeführt werden, sollen Patient und Personal geschützt werden. Die 3 Grundsätze im Strahlenschutz werden im Folgenden aufgeführt.

Abstand

Die Dosis D nimmt mit dem Quadrat des Abstandes A ab:

$$D \square \frac{1}{A^2}$$

Daraus folgt:

- ausreichenden Abstand zum Röntgengerät oder Bildwandler halten,
- nicht in den Strahlengang geraten.

Aufenthaltsdauer

Die Dosis wächst proportional mit der Expositionszeit *t*:

$$D \square t$$

Daraus folgt:

- kurze Durchleuchtungszeiten, keine »Dauerdurchleuchtung«,
- Tragen eines Dosimeters,
- Dokumentieren der Durchleuchtungszeit.

Abschirmung

Die Dosis nimmt bei γ-Strahlung mit der Dicke der Abschirmschicht *d* exponentiell ab:

$$D = D_0 \cdot e^{-\mu \cdot d}$$

Daraus folgt:

- Gonadenschutz für den Patienten,
- Tragen einer dicken Bleischürze,
- Tragen eines Halsschutzes (Schilddrüse).

3.3.3 Blutsperre und Blutleere

Viele Operationen an Arm und Bein werden leichter und sicherer, wenn die Blutzufuhr unterbrochen ist.

Bei der Blutsperre wird die Extremität hochgehalten und abgebunden. Früher nahm man dafür eine feste Binde und ein Drehkreuz (frz. »Tourniquet«). Heute verwendet man spezielle Druckmanschetten. Bei der Blutleere (nach von Esmarch) wird die Extremität hochgehalten und mit einer Gummibinde von distal nach proximal ausgewickelt, bevor die pneumatische Druckmanschette gefüllt wird.

Die Blutleere wird fast ausschließlich in der Hand- und Fußchirurgie angewendet. Die Blutsperre genügt meistens und eignet sich besonders für Eingriffe am Ellenbogen- und Kniegelenk.

Bei der Blutsperre und Blutleere kommt dem Fachpersonal im OP besondere Verantwortung zu. Die Anlage und die Überwachung der Druckmanschette erfordert besondere Sorgfalt und Gewissenhaftigkeit.

Folgende Materialien sind erforderlich:

- Strumpf, z. B. Tube-Gaze,
- Polsterwatte,
- Papiertapes zum Abkleben des Manschettenrandes,
- geeignete Manschetten für Arme und Beine von Erwachsenen und Kindern,
- automatische Kompressionseinheit mit Druckregelung und Zeitschaltuhr.

Die Höhe des Manschettendruckes liegt ausschließlich in der Verantwortung des Operateurs; die Überwachung obliegt dem Pflegepersonal.

Am Arm sind Drücke von 200–250 mmHg, am Bein von 350–450 mmHg üblich.

Vom Pflegepersonal müssen die Höhe und die Dauer des Manschettendruckes exakt dokumentiert werden.

3.4 Behandlungsgrundsätze und Operationsbeispiele einzelner Skelettabschnitte

3.4.1 Wirbelsäule

Die meisten knöchernen Verletzungen der Wirbelsäule betreffen die Wirbelkörper der dorsolumbalen und der lumbosakralen Wirbelsäulenabschnitte. Dabei kann es sich um einfache Absprengungen der Vorderkante, um eine vordere Kompression und um Berstungsbrüche der Wirbelkörper handeln. Eine segmentale Instabilität mit oder ohne neurologische Komplikationen ist nur dann zu erwarten, wenn die Hinterkante des Wirbelkörpers gebrochen oder der diskoligamentäre Halteapparat des betreffenden Segmentes zerrissen ist. Diese Weichteilverletzungen betreffen v. a. die Halswirbelsäule. Bei ihrer von Natur aus ausgiebigen Beweglichkeit ist sie für solche Verletzungen anfällig. Sie gehen oft mit nur geringfügigen knöchernen Schädigungen an den kleinen Wirbelgelenken einher, führen aber zu Aufbraucherscheinungen der Bandscheiben mit entsprechenden Beschwerden.

Behandlung

Frische Kompressionsbrüche von Wirbelkörpern mit intakter Hinterkante ohne neurologische Symptome brauchen erst bei einem Neigungswinkel der betreffenden Deckplatte von mindestens 30° operativ aufgerichtet zu werden. Spätere Aufrichtungen kommen nur selten in Frage und sind nur durch aufwendige Eingriffe von vorn und/oder hinten möglich.

Berstungsbrüche mit defekter Hinterkante und diskoligamentäre Schäden mit Luxationen werden meistens primär stabilisiert. Dazu eignen sich in besonderer Weise sog. Fixateur-interne-Systeme, bei denen Schrauben paarweise von hinten durch die Bogenwurzeln in die Wirbelkörper eingebracht werden. Bei luxierten Segmenten der Halswirbelsäule sollte die betreffende Bandscheibe von vorn entfernt werden, bevor die Reposition in Narkose erfolgt. Anderenfalls droht die Gefahr einer hohen Querschnittslähmung, indem die geschädigte Bandscheibe bei der Reposition nach hinten luxiert.

3

Postoperative Beschwerden sind oft durch schwerwiegende diskoligamentäre und muskuläre Begleitverletzungen bedingt, die entsprechende Narbenbildungen nach sich gezogen haben. Sie können aber auch auf nicht ideal platzierte Implantate hinweisen. Manche Nervenwurzelreizerscheinungen lassen sich durch entlastende Eingriffe (Dekompressionen, Laminektomien, Neurolysen und Foraminotomien – s. Kap. 10) bessern.

Osteoporotische Sinterungen von Wirbelkörpern operativ zu stabilisieren ist in der Regel weder nötig noch möglich. Im Hinblick auf die lokalen und muskulären Verhältnisse der meist älteren Patienten muss die Muskulatur durch Krankengymnastik soweit wie möglich gekräftigt werden. Ansonsten kommen stützende Rumpforthesen (halbelastische Stützmieder, Hohmann-Überbrückungsmieder, Dreipunktmieder) in Frage. Das neue Verfahren der Vertebroplastie (perkutanes Verfüllen des Wirbelkörpers mit Zement) muss seine Vorteile erst noch im alltäglichen Einsatz beweisen.

Brüche der Quer- und Dornfortsätze von Wirbelkörpern sind meist indirekte Schäden. Sie machen einen nur kleinen Anteil der Wirbelsäulenverletzungen aus. Selbst wenn sie ausnahmsweise stärkere und länger andauernde Beschwerden verursachen sollten, genügt die physikalische Behandlung mit Wärme und stabilisierender Krankengymnastik.

Fixateur interne

Indikationen

- Traumatologisch: instabile Frakturen der unteren Brust- und der Lendenwirbelsäule,
- orthopädisch: lumbale Spondylolisthese (Wirbelgleiten).

Allgemeine Hinweise

- Bei Frakturen werden die intakten Nachbarwirbel mit Schrauben besetzt.
- Beim Wirbelgleiten (Spondylolisthese) werden der abgerutschte und der darunter liegende Wirbelkörper mit Schrauben besetzt.
- Bei einer Kompressionsfraktur wird manchmal aus dem hinteren Beckenkamm Spongiosa entnommen und transpedikulär implantiert.
- Transpedikulärer Zugang zum Wirbelkörper.
- Seitliche Bildwandlerkontrolle während der Operation.

Lagerung

- Normalerweise Bauchlage auf einem geraden Durchleuchtungstisch (s. Abb. 3.191).
- Eine Unterpolsterung im Thoraxbereich unterstützt die LWS-Lordose.
- Hilfreich ist eine spezielle Kopfstütze oder eine Dreipunkthalterung nach Mayfield (s. Kap.10).
- Gute Abpolsterung von Brust, Becken und Unterschenkeln, sowie der Arme auf Armauslegern.
- Anlegen der Neutralelektrode nach Vorschrift.
- Bildwandler und Strahlenschutz (s. 3.3.2).

Abdeckung

- Hauseigen, aber Wäsche immer doppelt und wasserundurchlässig.
- Bei dieser Operation ist die korrekte Abdeckung schwierig, weil der Bildwandler während der gesamten Operation auf Frakturhöhe positioniert und steril bleiben muss.
- Die hinteren Beckenkämme müssen frei bleiben, damit Spongiosa zu entnehmen ist.

Instrumentarium

- Spezialinstrumente und Implantate,
- Bohrmaschine,
- Grundinstrumentarium,
- evtl. neurochirurgisches Instrumentarium (Laminektomie),
- Spongiosaentnahmeinstrumentarium (s. 3.2.1),
- Bolzenschneider,
- Wirbelsäulenwundspreizer z. B. nach Caspar.

Fixateur interne

► Vor der Desinfektion und dem Abdecken muss der Bildwandler für die seitliche Projektion der Fraktur eingestellt werden

► Hautschnitt; mit dem elektrischen Messer längs über den entsprechenden Dornfortsätzen. Darstellung der Intervertebralgelenke durch Abschieben der Muskulatur mit dem Raspatorium

► Unter Bildwandlerkontrolle werden die Pedikel mit speziellen Instrumenten eröffnet: In den verschiedenen Fixateursystemen sind sie etwas unterschiedlich gestaltet. Der Kanal wird stumpf erweitert und ausgetastet. Dann werden die Pedikelschrauben gesetzt. Sie dürfen nicht zu lang sein und die Vorderwand des Wirbelkörpers durchdringen, weil dabei die Aorta verletzt werden kann (Abb. 3.194a–d)

► Die Fraktur des Wirbelkörpers sollte bereits durch die Lagerung weitgehend reponiert worden sein. Die Feineinstellung der Frakturreposition lässt

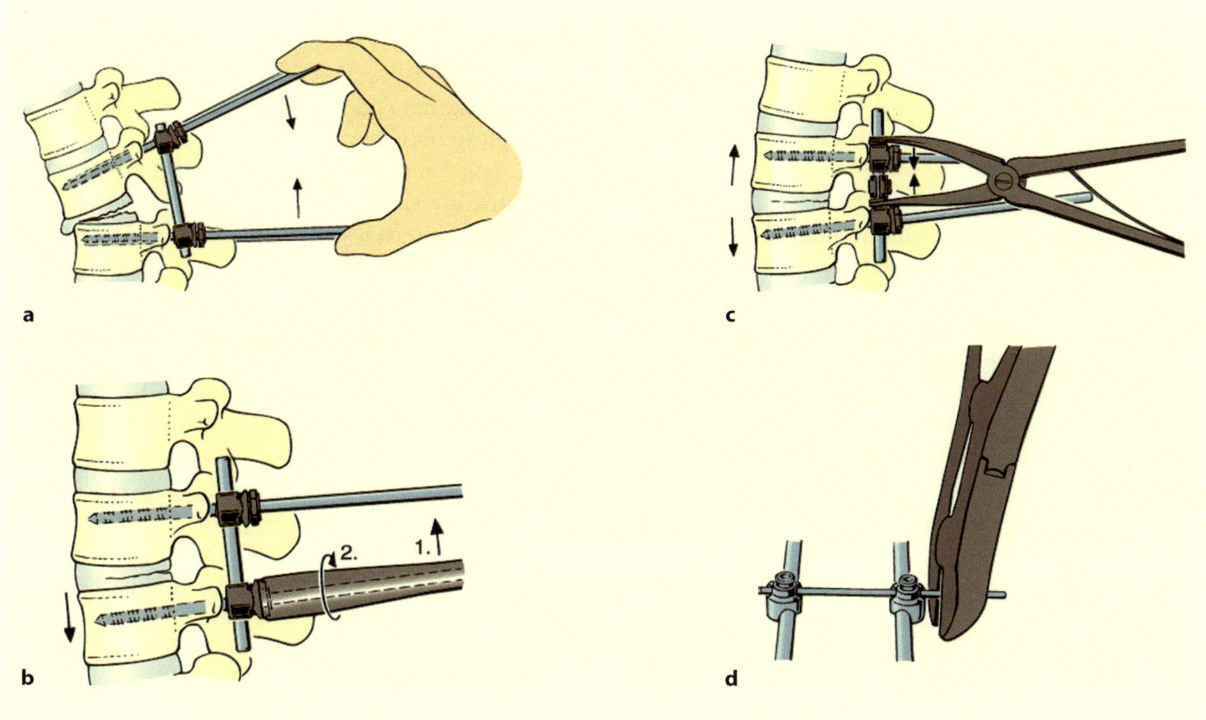

Abb. 3.194a–d Anlage des Fixateur interne. (Synthes/USS)

sich mit Distraktionszangen oder Verlängerungshebeln auf den Pedikelschrauben bewerkstelligen.

- Man kann die beiden Gewindestangen über Querstangen und Backen miteinander verbinden
- Ist eine Spongiosaanlage im Defektbereich notwendig, wird zunächst Spongiosa aus den hinteren Beckenkämmen entnommen
- Die Pedikel des erkrankten Wirbelkörpers werden vorsichtig aufgebohrt und ein Spongiosatrichter in das Bohrloch tief eingeführt
- Mit einem speziellen Stößel wird der Wirbelkörper mit der Spongiosa aufgefüllt
- Einlage von Redon-Drainagen
- Schichtweiser Wundverschluss von Beckenkamm und Wirbelsäule

3.4.2 Becken

Frakturformen und ihre Versorgung

Beckenfrakturen sind schwere, nicht selten lebensbedrohende Verletzungen, die in einer großen Vielfalt auftreten. So steht am einen Ende des Spektrums die osteoporotische Schambeinfraktur beim älteren Patienten, die allenfalls einer vorübergehenden Schmerzmedikation bedarf. Dagegen finden sich am anderen Ende des Verletzungsspektrums Trümmerfrakturen mit Beteiligung der Hüftpfannen und des Kreuzbeines, Blasen- und Harnleiterrisse, lebensbedrohliche Gefäßverletzungen und bleibende Schäden des motorischen und vegetativen Nervensystems.

Zur Einteilung der Beckenfrakturen sind verschiedene Konzepte entwickelt worden. Im Wesentlichen geht es um folgende Fragen.

- Einfache oder mehrfache Unterbrechung des Beckenringes aus Kreuzbein, Darmbein und Sitz- oder Schambein?
- Vorn und/oder hinten frakturiert?

- Symphysensprengung?
- Sog. Schmetterlingsfraktur: Schambein- und Sitzbeinfraktur beiderseits?
- Beteiligung einer oder beider Hüftpfannen?
- Sprengung einer oder beider Kreuzdarmbeinfugen?

Je schwerer eine Beckenfraktur ist, desto besser ist es i. Allg. mit der operativen Stabilisierung zu warten. Denn beim frisch verletzten Patienten lassen sich die diffusen Blutungen aus verletzten venösen und arteriellen Gefäßen und aus den frakturierten Knochen nur mit sehr geringen Erfolgsaussichten eindämmen. In solchen Fällen kann deshalb die provisorische Stabilisierung des Beckens mit einer großrahmigen Beckenzwinge (Synthes) sinnvoll sein. Sie wird mit Schrauben an der Außenseite der Darmbeinschaufeln fixiert. Der komprimierende Rahmenbügel kann nach oben und nach unten geklappt werden, sodass Röntgen- und CT-Untersuchungen des Beckens möglich sind.

Primär operationswürdig sind vordere Beckenringfrakturen und Symphysensprengungen, die zu einem Riss der Harnblase oder zu einem Ausriss der Harnröhre geführt haben. In Zusammenarbeit mit einem Urologen müssen diese Verletzungen primär versorgt werden. Eine gesprengte Symphyse lässt sich mit einem Schraubenpaar und einer Drahtcerclage und/oder mit einer kurzen Platte zusammenbringen und halten. Schmetterlingsfrakturen des vorderen Beckenringes können mit langen Rekonstruktions- oder Gliederplatten stabilisiert werden. Osteosynthesen der Sitzbeine sind nie nötig.

Acetabulumfrakturen des Hüftgelenkes können den vorderen und hinteren Pfannenpfeiler betreffen. So genannte zentrale Hüftluxationen bedeuten eine Durchschlagung des Pfannenbodens durch den Hüftkopf. Diese schweren Verletzungen tragen immer das Risiko einer irreversiblen Gelenkzerstörung. Deshalb sollten sie möglichst anatomiegerecht rekonstruiert werden. Das geht aber nur, wenn durch gute Röntgen- und CT-Aufnahmen eine genaue und zuverlässige Beurteilung der Fraktur möglich ist und wenn sich der Patient von den unmittelbaren Unfallfolgen erholt hat (Kreislauf, Atmung, Bewusstsein). Diese Eingriffe erfordern große operative Erfahrung und eine sorgfältige Vorbereitung, nicht zuletzt beim instrumentierenden Pflegepersonal. Probat sind Schrauben und Rekonstruktions- oder Gliederplatten.

Im hinteren Abschnitt kann das Becken durch Längsfrakturen des Kreuzbeines oder durch eine Sprengung der Kreuzdarmbeinfugen instabil sein. Die Sprengung einer Kreuzdarmbeinfuge geht meist mit einer gleich- oder gegenseitigen Fraktur des vorderen Beckenringes einher. Deshalb ist es oft sinnvoll, die gesprengte Kreuzdarmbeinfuge mit 1 oder 2 von lateral eingebrachten Zugschrauben zu stabilisieren.

Bei polytraumatisierten Patienten und instabilen Beckenfrakturen ist die Montage eines äußeren Spanners (AO-Rohrfixateur, ▫ s. 3.2.11) sinnvoll. Dabei werden die Schanz-Schrauben in die vorderen Beckenkämme eingeschraubt und mit Stangen rahmenförmig verbunden. Eine solche äußere Ruhigstellung einer Beckenfraktur trägt auch zur Eindämmung des mit ihr einhergehenden Blutverlustes bei. Dies ist gerade in der Frühphase eines unfallbedingten Volumenmangelschocks sehr wichtig.

3.4.3 Schulter und oberes Humerusende

- Knöcherne Verletzungen des Schultergelenkes: Frakturen des Schlüsselbeins und des Schulterblattes einerseits und des Humeruskopfes andererseits.
- Weichteilverletzungen: Sprengungen des Akromeoklavikulargelenkes, Risse der Rotatorenmanschette und Luxationen des Humeruskopfes.

Knöcherne Verletzungen

Klavikulafrakturen

Die meisten Klavikulafrakturen heilen nach konservativer Behandlung mit einem Rucksackverband folgenlos aus. Bei Pseudarthrosen und verkürzten und schmerzhaften Fehlstellungen sind die offene Reposition und eine Plattenosteosynthese (Kleinfragment-DC-/LC-DC-Platte oder Rekonstruktionsplatte) nötig.

Skapulafrakturen

Auch die Skapulafrakturen heilen in aller Regel folgenlos aus. Die eher seltenen Trümmerfrakturen der Gelenkpfanne vom Schulterblatt müssen zur Wiederherstellung der Gelenkfläche (Fossa glenoidalis) operativ rekonstruiert werden.

Frakturen des oberen Humerusendes

Die Kopf- und Halsbrüche des oberen Humerusendes gehören zu den häufigsten Verletzungen, insbesondere des alten Menschen. Bei Trümmerbrüchen und osteoporotischen Knochen ist eine anatomiegerechte Rekonstruktion des Kopfes oft nicht möglich. Das Behandlungsspektrum reicht von der einfachen Ruhigstellung bis zum endoprothetischen Ersatz.

- Leicht abgeknickte subkapitale Humerusfrakturen bei Kindern und manche nicht dislozierte Frakturen bei älteren Patienten lassen sich konservativ behandeln, z. B. mit einer Gilchrist-Bandage.
- Lässt sich der abgerutschte und reponierte Humeruskopf nicht halten, bieten sich Kirschner-Drähte und perkutane Schrauben an.
- Bei Trümmerbrüchen des Kopfes kommen die folgenden 4 Verfahren in Frage:
  - Operative Freilegung der Fraktur mit Entfernung der kleineren Fragmente; Abdeckung des Schaftes mit dem größten knorpelüberdeckten Kopfteil, der mit Kirschner-Drähten und einer Drahtcerclage oder PDS-Kordel fixiert wird.
  - Osteosynthese mit Abstützplatten.
  - Implantation einer (zementierten) Humeruskopfendoprothese.
  - Perkutane Kirschnerdrähte oder kanülierte Schrauben.

Weichteilverletzuungen

Sprengung des Akromeoklavikulargelenkes

Diese Verletzungen bedeuten eine Schädigung des Kapselbandapparates am lateralen Ende der Klavikula, am Akromeon und am Processus coracoideus. Je nach ihrem Schweregrad und dem Ausmaß der Instabilität werden diese Verletzungen meist nach Tossy (Grad 1–3) eingeteilt. Nicht jedes »Klaviertastenphänomen« muss operiert werden. Wenn das laterale Klavikulaende um mindestens Schaftbreite oberhalb vom Akromeon steht, ist die operative Stabilisierung sinnvoll durch:

- temporäre Arthrodese mit Zuggurtung (■ s. 3.2.5),
- Hakenplatte (nach Wolter, Balser),
- Naht der Bänder und PDS-Kordel-Verstärkung,
- Verschraubung nach Bosworth (Spongiosaschraube durch die Klavikula in das Korakoid) und Bandnaht.

Risse der Rotatorenmanschette

Risse der Rotatorenmanschette betreffen, wie die meisten Sehnenschäden, degenerativ vorgeschädigtes Gewebe. Bei Schmerzen und Funktionsverlusten (kraftlose Abduktion und Außenrotation des Armes) sollten sie auch bei älteren Patienten refixiert werden. Der Nachweis von Rissen der Rotatorenmanschette gelingt durch die klinische Untersuchung, eine Ultraschalluntersuchung oder eine Kernspintomographie.

Operation

■■■ Instrumentarium

- Grundinstrumentarium,
- allgemeines Knocheninstrumentarium,
- Bohrmaschine mit Fräsen.

■■■ Lagerung

- Halbsitzende Position (*Beach chair*).
- Anbringen der Neutralelektrode nach Vorschrift.

■■■ Abdeckung

- Hauseigen, Stoffwäsche immer doppelt und wasserundurchlässig;
- den Arm der betroffenen Seite zum besseren Hantieren steril wickeln.

Refixation der Rotorenmanschette

► Nach Hautdesinfektion und sterilem Abdecken wird ein ca. 6 cm langer Hautschnitt vom Vorderrand des vorderen lateralen Akromionecks nach distal geführt

► Stumpfes Auseinanderdrängen der Deltoideusmuskulatur; ca. 1 cm des Deltoideusansatzes am vorderen äußeren Akromeoneck wird abgelöst. Längsspaltung der Bursa subacromialis. Ein schmaler Hohmann-Hebel wird unter das Akromeon geführt und am dorsalen Rand verhakt. In ca. 45° zu diesem Hohmann-Hebel wird mit einem geraden Meißel das vordere äußere Eck und die vordere Kante des Akromeons nach dorsal abgemeißelt (Akromeoplastik)

► Jetzt wird die Rotatorenmanschette dargestellt, mit einer Haltenaht gefasst und sowohl unter- als auch oberhalb der Manschette weit nach dorsal, teils stumpf, teils scharf, mobilisiert. Lässt sich die Sehne gut bis zum Tuberculum majus verlagern, wird oberhalb des Tuberkels eine Knochennut von ca. 2 cm Länge, 3 mm Breite und 5 mm Tiefe gefräst. In diese Knochennut können Fadenanker (Mitek u. a.) implantiert werden. Mit den an diesen Ankern anheftenden Fäden wird die angefrischte Rotatorenmanschette gefasst und in die Knochennut gezogen

► Nach Einlage einer Redon-Drainage wird die Bursa subacromialis genäht, der Deltoideus am Akromeon refixiert und die Hautwunde verschlossen

Bei älteren Patienten mit noch guter aktiver Beweglichkeit der Schulter genügt oft eine arthroskopische Erweiterung des subakromealen Raumes.

Arthroskopische Operation

Instrumentarium

- Wenig Grundinstrumentarium (Stichskalpell),
- arthroskopisches Spezialinstrumentarium,
- Kamerabezug,
- Spül-, Saugsystem.

Lagerung

- Der Patient befindet sich in Seitenlage oder in einer sog. Strandstuhlhaltung (*Beach chair*).
- Die zu operierende Schulter muss gut freiliegen.
- Anlegen der Neutralelektrode nach Vorschrift.
- Überprüfung der Geräte auf Funktionstüchtigkeit: Kaltlichtquelle, Videoanlage, Spülsystem, Shaver etc.

Abdeckung

- Hauseigen, Stoffwäsche immer doppelt und wasserundurchlässig;
- den Arm der betroffenen Seite zum besseren Hantieren steril wickeln.

Arthroskopische Operation

▶ Nach Desinfektion und sterilem Abdecken erfolgt ca. fingerbreit unterhalb und medial des hinteren äußeren Akromeonecks die Hautinzision, über die das Arthroskop zunächst in das Schultergelenk und nach dessen Inspektion in den Subakromialraum vorgeschoben wird

▶ Etwa 3–4 cm ventral des vorderen äußeren Akromeonecks wird eine zweite Hautinzision gemacht, über die mit dem Tasthaken das vordere äußere Akromeoneck lokalisiert wird. Über diesen Zugang wird ein rotierendes Messer nach ausgiebiger Kauterisation (Synovialisresektor) in das Gelenk eingeführt, mit dem die Unterfläche des Akromeons von Bindegewebe gereinigt wird

▶ Nach Darstellung des Knochens wird der Synovialisresektor gegen einen »*acromionizer*« (rotierende Walzenfräse) ausgetauscht, mit dem die vordere äußere Unterseite des Akromeons abgeschrägt wird

▶ Nachdem über den Arthroskopieschaft eine Drainage in den Subakromialraum eingeführt worden ist, können die Stichinzisionen vernäht werden

Schulterluxationen

Nach ihrer Entstehung können sie in 5 Formen eingeteilt werden:

- habituelle Luxationen aufgrund konstitutioneller Faktoren,
- verletzungsbedingte Luxationen,
- rezidivierte Luxation nach einer verletzungsbedingten Luxation,
- willkürliche, d. h. vom Patienten beliebig oft hervorzurufende Luxationen,
- angeborene Formen.

Nach der Richtung der Schulterluxation unterscheidet man sog. unidirektionale von multidirektionalen Instabilitäten. Operiert werden können lediglich unidirektionale Instabilitäten, während multidirektionale Instabilitäten eine Domäne der krankengymnastischen Behandlung sind. In Ausnahmen kann bei diesen Patienten ein sog. Kapselshrinking operiert werden. Durch Kauterisation wird hierbei die Gelenkkapsel narbig geschrumpft.

Operationen bei Schulterluxationen können offen oder arthroskopisch durchgeführt werden. Prinzipiell erfolgt die Refixation des ausgerissenen Labrum glenoidale mit Fadenankern (Mitek u. a.) unter Raffung der meist ausgewalzten vorderen Gelenkkapsel. Es gibt auch verschiedene plastische Verfahren zur Raffung der vorderen Kapsel (z. B. Kapsel-T-Shift nach Neer). Das Einfalzen von Knochenblöckchen in die Vorder- oder Rückseite des Skapulahalses, das Anschrauben von Knochenblöckchen am Vorder- oder Hinterrand der Gelenkpfanne oder die Umstellungsosteotomie des Oberarmkopfes haben an Bedeutung verloren. Ihre Bedeutung liegt u. a. noch im Aufbau von knöchernen Defekten und glenoidalen Dysplasien.

3.4.4 Humerusfrakturen

Schaftfrakturen

Viele extraartikuläre Schaftfrakturen des Humerus können konservativ behandelt werden, z. B. mit einem sog. Sarmiento-Brace oder mit einem Hängegips. Bei ausbleibender Kallusbildung oder neurovaskulären Komplikationen sollten diese Humerusschaftbrüche operativ stabilisiert werden.

Besser als Platten eignen sich dafür von oben oder unten eingebrachte Marknägel und die retrograde Bündelnagelung.

Epikondylenbrüche

Suprakondyläre Humerusfrakturen müssen meist, perkondyläre immer operiert werden (Rekonstruktions- und DC/LC-DC-Platte von dorsal, Schrauben oder Kirschner-Drähte zur Rekonstruktion der Kondylenrolle; ◘ s. 3.2.2 und 3.2.3).

Bei diesen Eingriffen am unteren Humerusende sollte der Patient auf dem Bauch und der Oberarm auf einem Armbrett oder einer Metallstütze liegen (◘ s. Abb. 3.94).

Zur besseren Übersicht und Präparation ist eine Osteotomie des Olekranon sinnvoll, damit der M. triceps von der Rückseite des Humerus abgelöst und hochgeklappt werden kann. Die Osteotomie wird am Ende des Eingriffs mit einer Zuggurtungsosteosynthese (◘ s. 3.2.5) übungsstabil gemacht.

Bei den perkondylären Humerusfrakturen und ihrer operativen Versorgung muss besonders auf den N. ulnaris in seiner Rinne am Epicondylus ulnaris geachtet werden. Oft sind eine Entdachung der Rinne und eine Anschlingung des Nerven sinnvoll.

3.4.5 Verletzungen von Ellenbogen, Unterarm und Hand

Ellenbogenluxation und Olekranonfraktur

Reine Luxationen des Ellenbogengelenkes ohne Frakturen sind eher selten. Sie sollten in Narkose reponiert und in 90°-Beugung bei aufgedrehtem Unterarm eingegipst werden.

Dagegen sind die Olekranonfrakturen der Ulna häufig und müssen als Gelenkbrüche immer operiert werden. In den meisten Fällen reicht eine Zuggurtungsosteosynthese (◘ s. 3.2.5). Wenn der Processus coronoideus in einem großen und gut reponiblem Stück abgebrochen ist, lässt er sich mit einer Schraube am Ulnaschaft fixieren. Bei instabilen Luxations- und Trümmerfrakturen vom proximalen Unterarm mit Ellen- und Speichenbeteiligung sind aufwendige Rekonstruktionsversuche eher von Nachteil. Besser ist die rasche Stabilisierung der Ulna mit einer Platte.

Fraktur des Radiusköpfchens

Manche Frakturen des Halses vom Radiusköpfchen kann man konservativ behandeln, wenn das Köpfchen nicht zu stark abgekippt ist. Andernfalls ist eine operative Rekonstruktion mit Kirschner-Drähten, PDS-Stiften/Ethipins oder Miniplättchen sinnvoll.

Nichtreponible Trümmerfrakturen rechtfertigen manchmal die primäre Resektion, während arthrotische und schmerzhafte Deformierungen die sekundäre Resektion erfordern. Das Ringband muss erhalten werden, weil es das obere Speichenende bei der Drehung um die Elle fesselt.

Unterarmfrakturen

Frakturen beider Unterarmknochen

Komplette Unterarmfrakturen werden bei Kindern häufig konservativ, bei Erwachsenen operativ behandelt. Plattenosteosynthesen und intramedulläre Federnägel von Radius und Ulna sind probat. Durch den Zug der Membrana interossea als Kraftüberträger zwischen den beiden Unterarmknochen hat der Bruch eines einzelnen Unterarmknochens die Neigung zur Fehlstellung und sollte deshalb operiert werden. Das gilt besonders für Frakturen des einen und Luxationen des anderen Knochens (Monteggia- und Galeazzi-Schäden).

Wie am Unterschenkel sind bei den engen Räumen auch am Unterarm Kompartmentsyndrome möglich. Ihre Behandlung besteht in einer unverzüglichen Längsspaltung der Haut und des Faszienmantels in ganzer Länge.

Distale Radiusfraktur

Eine distale Radiusfraktur mit oder ohne Abriss vom Griffelfortsatz der Elle (Processus styloideus ulnae) gehört zu den häufigsten Verletzungen und betrifft alle Altersgruppen, besonders die mittleren und höheren.

Bei Kindern handelt es sich meist um sog. Grünholzfrakturen, die allenfalls reponiert werden müssen und in einer 3- bis 4-wöchigen Gipsbehandlung problemlos ausheilen.

Bei Erwachsenen machen abgekippte oder zertrümmerte handgelenknahe Speichenfragmente manchmal erhebliche Probleme: Eine einigermaßen anatomiegerechte Stellung und eine hinlängliche Stabilität lassen sich dann durch Kirschner-Drähte (quer und schräg durch den Processus styloideus radii), bei beugeseitigen Abkippungen durch beugeseitige Platten und bei Trümmerfrakturen durch einen äußeren Spanner (Hoffmann-Fixateur; ◘ s. 3.2.11) bewerkstelligen.

Verletzungen an Handwurzel und Hand

Manche Frakturen der Handwurzelknochen lassen sich konservativ behandeln, obwohl sie meist auch Zerreißungen des komplizierten Bandapparates bedeuten.

Frakturen des Kahnbeines als Gelenkpartner des unteren Speichenendes sind relativ häufig. Sie lassen sich klassisch-konservativ mit einem Oberarmgips behandeln, entwickeln aber relativ häufig Pseudarthrosen. Deshalb neigen manche Kliniken zur primären oder frühsekundären Osteosynthese mit einer speziellen Kompressionsschraube (nach Herbert).

Frakturen der Mittelhandknochen können oft konservativ behandelt werden, besonders wenn es sich um eingestauchte basisnahe Frakturen der Schäfte handelt. Dislozierte Schaftfrakturen und abgekippte Köpfchenfrakturen sollten reponiert und mit Kirschner-Drähten oder Plättchen fixiert werden.

Frakturen der Grund-, Mittel- und Endglieder können mit Gips- oder Schienenverbänden behandelt werden: 30°-Überstreckung im Handgelenk, 90°-Beugung im Grundgelenk, Streckung im Mittel- und Endgelenk der Langfinger; alternativ Funktionsstellung. Frakturen mit Gelenkbeteiligung oder Rotationsfehler werden bevorzugt mit dem Miniinstrumentarium übungsstabil versorgt.

3.4.6 Frakturen und Fehlformen des Femurs

Am Oberschenkelknochen unterscheidet man folgende Frakturen:

- mediale und laterale Femurhalsfrakturen,
- pertrochantere Frakturen (durch den großen und kleinen Rollhügel),
- subtrochantere Frakturen,
- Schaftfrakturen,
- distale/suprakondyläre Frakturen,
- perkondyläre Frakturen (mit Gelenkbeteilung).

Proximales Femur

Mediale Schenkelhalsfrakturen

Bei den medialen Schenkelhalsfrakturen ist die Frage wichtig, ob die Stellung des Hüftkopfes und das Alter des Patienten den Versuch einer hüftkopferhaltenden Behandlung rechtfertigen. Wenn der Patient noch jung oder trotz fortgeschrittenen Alters in guter Verfassung ist und der Hüftkopf nicht abgerutscht ist, kann man manchmal mit einer Verschraubung oder sogar mit einer konservativen Behandlung auskommen. Da es sich bei den Femurhalsfrakturen aber meist um ältere und reduzierte Patienten handelt, der Hüftkopf abgerutscht ist, eine Hüftkopfnekrose droht und die Patienten so rasch wie möglich mobilisiert werden müssen, sind oft Endoprothesen (s. 3.2.7) nötig. Dazu eignen sich besonders die sog. Doppelkopf- oder bipolare Schalenendoprothesen, die eine Erhaltung der natürlichen Hüftpfanne ermöglichen: Der Prothesenkopf aus Keramik oder Metall steckt im Kunststoffinlay einer frei beweglichen Pfannenschale aus Metall, deren Größe der natürlichen Hüftpfanne entspricht.

Laterale und pertrochantere Frakturen

Bei lateralen und pertrochanteren Frakturen muss eine möglichst belastungsstabile Osteosynthese erreicht werden. Dafür sind Platten mit Gleitlochschrauben (DHS; s. 3.2.6) oder spezielle Nagelsysteme (PFN, γ-Nagel; s. 3.2.9) am besten geeignet.

Subtrochantere Femurfrakturen

Subtrochantere Femurfrakturen, besonders diejenigen mit einer pertrochanteren Komponente, sind am besten durch intramedulläre Kraftträger mit einer axial beweglichen Schenkelhalsschraube zu stabilisieren. Das obere Femurende ist bei diesem Verfahren achsgerecht und belastungsstabil fixiert. Wie bei der DHS kann auch bei einem implantierten γ-Nagel der verschraubte Schenkelhals belastet werden, ohne dass eine Perforation der Schraube durch den Hüftkopf droht. Beim γ-Nagel ist die distale Verriegelung mit 1 oder 2 Bolzschrauben sinnvoll, damit die Rotationsstabilität gewährleistet ist.

Schaftbrüche des Femurs

Schaftfrakturen des Femurs, insbesondere Etagen- und Trümmerbrüche, lassen sich am besten mit Marknägeln (s. 3.2.8) stabilisieren. Das kürzere Frakturende, manchmal auch das andere, sollte durch Verriegelungsschrauben stabilisiert werden. Andernfalls drohen ein Einstauchen und Verdrehen der Fraktur, weil der Nagel in den sich weitenden spongiösen Metaphysen ungenügenden Halt hat. Unaufgebohrte Marknägel werden immer an beiden Enden verriegelt.

Supra- und perkondyläre Frakturen

Suprakondyläre Frakturen

Unterhalb einer gewissen Entfernung vom Kniegelenk (5–8 cm) sind distale Femurfrakturen als suprakondyläre Frakturen zu bezeichnen. Zur Stabilisierung solcher Frakturen steht eine Reihe verschiedener osteosynthetischer Materialien zur Verfügung. Als Standardverfahren gilt heute die offene Stabilisierung mit einer DCS (s. 3.2.6). Weit seltener werden Kondylenplatten von lateral eingeschlagen und am distalen Femurschaft verschraubt. Ein noch relativ junges Osteosyntheseverfahren zur Stabilisierung solcher Frakturen stellt die retrograde Marknagelung dar. Bei dieser Operation wird nach Reposition unter Bildwandlerkontrolle ein Marknagel über eine Stichinzision durch das Kniegelenk zur Stabilisierung in den Oberschenkelschaft vorgeschoben und im peripheren und zentralen Fragment durch quere Schrauben verriegelt. Dieses Verfahren bietet sich besonders bei osteoporotischen Knochen an, weil der sehr weiche Femurkondylus durch spezielle Verriegelungsschrauben oder eine gewundene Klinge mit breiter Auflage (»*twisted blade*«) fixiert werden kann. Bei Kindern sind minimale Osteosynthesen mit medialen und lateralen Kirschner-Drähten empfehlenswert.

Bei suprakondylären Trümmerfrakturen ist die (geschlossene) Stabilisierung mit einem LISS-System (Synthes) eine moderne und vielversprechende Alternative.

Perkondyläre Frakturen

Bei den perkondylären Frakturen macht die Gelenkbeteiligung immer eine anatomiegerechte Rekonstruktion des Kondylenmassivs nötig. Diese ist mit großen Zweipunkt- und Repositionszangen möglich und lässt sich mit langen Spongiosaschrauben oder durchbohrten Schrauben fixieren (◘ s. 3.2.2).

Die meisten perkondylären Femurfrakturen haben auch eine suprakondyläre Komponente. Deshalb ist nach der Rekonstruktion des Kondylenmassivs die Osteosynthese mit einer Platte nötig. Zur Anwendung kommen die DCS und das LISS-System, nur noch selten die 95°-Winkelplatte oder die Kondylenplatte nach Burri, die aber keine Winkelstabilität garantieren. Diese Schrauben- und Plattenosteosynthesen des distalen Femurs sind oft übungsstabil, aber selten belastungsstabil.

3.4.7 Traumatische und degenerative Knieschäden

Das Kniegelenk muss nicht nur im Sport, sondern auch im Alltag erheblichen Belastungen standhalten. Ohne jede knöcherne Führung muss es gestreckt und gebeugt stabil sein. Die komplizierte Roll- und Gleitbewegung der Femurkondylen auf dem Tibiaplateau und die sog. Schlussrotation des Unterschenkels bei der Streckung werden nur von Muskeln, Sehnen und Bändern gewährleistet. Dabei sind die Muskeln aktive/dynamische und das Kapselbandsystem passive/statische Komponenten. Die eine Komponente kann Mängel der anderen zumindest zeitweise und begrenzt kompensieren.

Dynamische Stabilisierung

Die dynamische Stabilisierung obliegt v. a. folgenden Muskeln und Sehnenzügen:
- M. quadriceps femoris/Patella/Lig. patellae: vorn.
- Pes anserinus aus Mm. gracilis, semitendinosus und sartorius: medial und vorn.
- Mm. gastrocnemius und semimembranosus: dorsal.
- M. popliteus: dorsal und lateral.
- Tractus iliotibialis mit seiner Insertion am Gerdy-Punkt des Tibiakopfes: lateral
- M. biceps femoris mit seiner lateralen Insertion am Fibulaköpfchen.

Statische Stabilisierung

Folgende Strukturen gewährleisten die statische Stabilisierung:
- Mediale und laterale Retinacula der Kniescheibe.
- Mediales Seitenband mit einem oberflächlichen und einem tiefen Anteil und dem Lig. meniscofemurale und meniscotibiale.
- Laterales Seitenband. Beide Seitenbänder sind bei gestrecktem Kniegelenk gespannt, bei gebeugtem entspannt.
- Menisken: faserknorpelige Puffer, Führungshilfen und Stabilisatoren des Kniegelenkes. Ihre Basis ist mit der Gelenkkapsel und mit dem tiefen Anteil des medialen Seitenbandes verwachsen.
- Vorderes Kreuzband.
- Hinteres Kreuzband.
- Beide Bänder bestehen aus mehreren Hauptbündeln, sind halbschraubenförmig verdreht und in keiner Kniegelenkstellung ganz entspannt oder ganz gespannt.

Knieband- und Meniskusschäden

Insertionsausrisse

Die Insertionsausrisse von Sehnen sind selten. Der Ausriss des Lig. patellae oder der Quadrizepssehnenausriss am Oberrand der Kniescheibe müssen operiert werden. Im ersten Fall werden die Nähte durch eine sog. Rahmennaht mit Draht oder autologem Sehnenmaterial gesichert. Bei dorsolateralen Kapselbandschäden kann die Popliteussehne ausgerissen sein und sollte dann reinseriert werden.

Meniskusschäden

Meniskusschäden können traumatischer und/oder degenerativer Natur sein. Sie treten akut (Blockade, Erguss) oder chronisch auf. Meniskusschäden sind medial oder lateral lokalisiert, betreffen Vorderhorn, Pars intermedia oder Hinterhorn und reichen von randlichen degenerativen Veränderungen bis zu kapsulären Ausrissen. Meniskusschäden können isoliert oder in Kombination als Korbhenkel-, Lappen- oder Radiärriss auftreten. Der Rupturverlauf kann horizontal sein; es können komplette oder auf der Ober- oder Unterfläche inkomplett verlaufende Längsrisse vorkommen. Von großer Bedeutung sind degenerative Veränderungen der Menisken, die von randlichen Auffaserungen bis zur Zerstörung des gesamten Gewebes reichen. Meniskusschäden werden heute fast ausschließlich arthroskopisch behandelt. Grundsätzlich stehen für die Behandlung von Meniskusläsionen die Resektion und die Refixation zur Verfügung. Ein spezielles Instrumentarium für die Meniskuschirurgie ist notwendig. Für resezierende Verfahren sind dies Korbschneider, Meniskotome, *Punches*, *Shaver*, Arthroresektoren und Laser. Für die Meniskusrefixation benutzt man Nahtkanülen oder den sog. T-Fix (Smith & Nephew) in Inside-in-, Outside-in- oder Inside-out-Technik.

Arthroskopische Kniegelenkoperationen

Instrumentarium

- Geringes Grundinstrumentarium (Stichskalpell),
- arthroskopisches Spezialinstrumentarium,
- Kamerabezug,
- Spül-, Saugsystem

Lagerung

Arthroskopische Operationen können je nach Erfordernis in den folgenden Positionen durchgeführt werden:

- Rückenlage mit handbreit oberhalb des Knies angebrachten lateralen Stützen,
- mit hängendem Knie auf einer abgepolsterten Knierolle (Abb. 3.195).
- Eine Blutsperre ist nur selten notwendig (s. 3.3.3).
- Die Neutralelektrode wird nach Vorschrift fixiert.
- Überprüfung der Geräte auf Funktionstüchtigkeit: Kaltlichtquelle, Videoanlage, Shaver, Spülsystem etc.

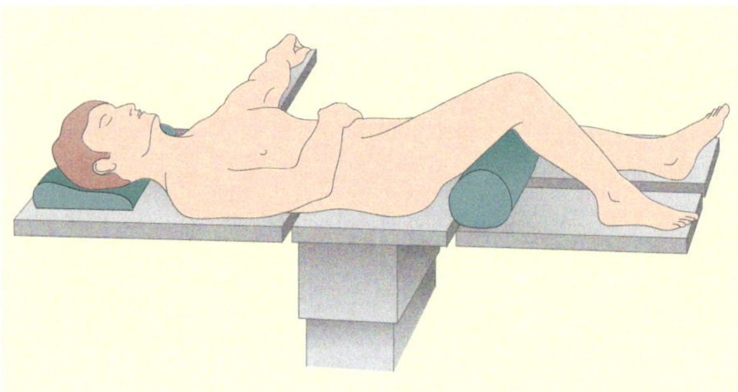

Abb. 3.195 Lagerung für arthroskopische Meniskusresektion und retrograde Femurnagelung (s. Kap. 3.2.8)

Abdeckung

- Wird keine Einmalabdeckung verwendet, muss bei Stoffwäsche immer doppelt und mit wasserundurchlässigen Tüchern abgedeckt werden.
- In einer Stockinette wird der Unterschenkel steril eingewickelt.

Meniskusoperation

▶ Anterolaterale Stichinzision knapp neben der Kniescheibenspitze

▶ Bei um ca. 70° gebeugtem Knie wird die Schleuse unter leicht drehenden Bewegungen in Richtung auf das vordere Kreuzband auf geradem Wege in das Kniegelenk eingebracht. Nach Durchstoßen der Synovialis wird das Kniegelenk vorsichtig gestreckt und der Trokar in den oberen medialen Rezessus vorgeschoben. Entfernung des stumpfen Trokars aus der Schleuse, Einsetzen der Kamera mit Kaltlichtkabel. An den beiden drehbaren Hähnen werden der Zulauf für die Spülflüssigkeit und die Saugung angeschlossen. Empfehlenswert ist, auf das Saugkabel ein Y-Stück aufzustecken, an dem 2 weitere Saugschläuche angeschlossen werden, von denen der eine zum Arthroskop geführt wird und der andere auf dem OP-Tisch liegen bleibt, um evtl. austretende Spülflüssigkeit aufzusaugen

▶ Über eine zweite suprameniskale mediale Stichinzision mit genauer Platzierung durch Kanülensondierung wird der Tasthaken in das Gelenk eingebracht

▶ Es folgt nunmehr der diagnostische Rundgang: im oberen Rezessus beginnend über das Femoropatellargelenk, die mediale Gelenkkapsel in das mediale Kompartment. Bei gebeugtem Knie und etwas Geschick und Übersicht gelangt man mit dem Arthroskop in den dorsomedialen Rezessus zur Beurteilung des Innenmeniskushinterhorns sowie der dorsomedialen Gelenkkapsel. Nach Inspektion und Beurteilung der Kreuzbänder sowie der Plica infrapatellaris erfolgt nach Umlagerung des Kniegelenkes in die sog. Viererposition die Beurteilung des lateralen Kompartments sowie des dorsolateralen Rezessus. Die Beurteilung der lateralen Gelenkkapsel schließt die Untersuchung ab

▶ Über den suprameniskalen medialen Zugang ist der größte Teil der im Gelenk notwendigen operativen Eingriffe möglich. Dies betrifft insbesondere Operationen am Innenmeniskus

▶ Einlegen einer intraartikulären Redon-Drainage nach Bedarf. Hautnähte der Stichinzisionen, steriler Verband

Derzeit mögliche arthroskopische Kniegelenkoperationen

1. Operation an den Menisken
   - Partielle und subtotale Meniskektomie medial und lateral
   - Meniskusrefixationen medial und lateral
2. Operationen am Gelenkknorpel
   - Entfernung loser Knorpelanteile
   - Refixationen osteochondraler Fragmente → Kleinfragmentschraube durchbohrt, resorbierbares Material (Ethipin)
   - Pridiebohrungen → 1,2-mm-Kirschner-Draht
   - Abrasionschondroplastiken → Kugelfräse
   - Knorpelknochenplastiken → Verpflanzung gesunder Knorpel- und Knochenzylinder aus nichtbelasteten Anteilen des Kniegelenkes in zerstörte Gebiete mit Hohlfräsen
3. Operationen an der Gelenkinnenhaut
   - Synovialisbiopsie
   - Partielle subtotale oder totale Synovialektomie
   - Resektion der Plica mediopatellaris
   - Zottenresektionen
4. Operationen am Hoffa-Fettkörper
   - Vollständige oder Teilentfernung des Hoffa-Fettkörpers
5. Bandoperationen
   - Ersatz des vorderen Kreuzbandes (Lig. patellae, Semitendinosus)
   - Hintere Kreuzbandersatzoperationen mit freiem Lig. patellae
6. Operationen im Femoropatellargelenk
   - Laterale Retinakulotomie bei Patellafehlgleiten
   - Naht des medialen Retinaculum in Verbindung mit einer lateralen Retinakulotomie bei frischen, rezidivierenden oder habituellen Patellaluxationen
7. Frakturen im Bereich des Kniegelenkes
   - Refixation ausgesprengter osteochondraler Fragmente → durchbohrte Kleinfragmentschraube, PDS-Stifte (Ethipin)
   - Bestimmte Formen der Tibiakopfbrüche → durchbohrte Großfragmentschraube, retrograde Nagelung bei suprakondylären Femurfrakturen

Rupturen der Seiten- und Kreuzbänder

Risse der Seitenbänder lassen sich oft problemlos vernähen (resorbierbares Nahtmaterial 2-0), reinserieren oder durch eine Ersatzoperation (vorderes und hinteres Kreuzband, laterales Seitenband) versorgen. Für die Reinsertion von Ausrissen eignen sich Schrauben mit Zackenkranzunterlegscheiben (▫ Abb. 3.36b), Krampen und Plättchen (nach Burri).

Zur Rekonstruktion mancher Schäden der dorsolateralen Kapselschale und der tiefen Schicht vom medialen Seitenband kann es nötig sein, die knöcherne Insertion eines Seitenbandes abzumeißeln und anschließend zu refixieren.

Rupturen der Kreuzbänder entstehen fast nie isoliert, sondern im Rahmen komplexer Band-Kapsel- und Meniskus-Schäden.

Meist ist das vordere Kreuzband betroffen, das dünner und verletzungsanfälliger ist als das hintere. Diese schwerwiegenden Verletzungen lassen sich klinisch erkennen und beurteilen. Dies geschieht am besten in Narkose vor einer Arthroskopie oder Arthrotomie. Eine präoperative Standarduntersuchung ist die Magnetresonanztomographie (MRT).

Vordere Kreuzbandersatzplastiken mit autologem Material

Zum gegenwärtigen Zeitpunkt haben sich 2 operative Verfahren zum Ersatz des vorderen Kreuzbandes durchgesetzt: mit einem freien Lig.-patellae-Transplantat oder mit der Semitendinosussehne. Beide Verfahren haben zahlreiche Variationen erfahren, sodass hier nur der prinzipielle Ablauf beschrieben werden kann.

Operation

Zusatzinstrumentarium

- Kirschner-Drähte, Drahtfänger, Drahtgabeln,
- durchbohrte Spiralbohrer oder besser Hohlbohrer,
- Zielgeräte für die transossären Bohrungen,
- Isometriemessgeräte, Tensiometer,
- Nahtbänkchen,
- Interferenzschrauben aus Titan oder resorbierbarem Material,
- Krampen,
- feine oszillierende Säge,
- Meißel und Luer.

Lagerung

- Rückenlagerung.
- Das verletzte Knie auf einer Knierolle gelagert, so dass das Kniegelenk um 100–110° gebeugt werden kann.
- Eine Blutsperrenmanschette wird möglichst hoch am Oberschenkel angelegt (▫ s. Kap. 3.3.3).
- Die Neutralelektrode wird am anderen Oberschenkel nach Vorschrift fixiert.

Abdeckung

- Bei Verwendung von Stoffwäsche muss immer doppelt und mit wasserundurchlässigen Tüchern abgedeckt werden.
- In einer Stockinette wird der Unterschenkel steril gewickelt.

3

Vordere Kreuzbandersatzplastik mit freiem Lig. patellae

► Knapp medial der Kniescheibenspitze erfolgt die Hautinzision von der Spitze der Kniescheibe bis zur Tuberositas tibiae (ca. 5 cm)

► Darstellung des Lig. patellae. Abmessen der Breite von ca. 1 cm des mittleren Drittels der Kniescheibensehne. Heraussägen von Knochenblöckchen von etwa 1 cm Breite und 1,5 cm Länge aus der Patellaspitze und der Tuberositas tibiae. Vor dem vollständigen Herausmeißeln der Knochenblöckchen wird in die Knochenblöckchen je eine Bohrung von 2 mm Durchmesser eingebracht. Im Anschluss Herausmeißeln der Knochenblöckchen und Gewinnung des Transplantates

► Mit Hilfe der Bohrhülsen können die Transplantate zugerichtet werden. Der Durchmesser der Bohrung kann für den tibialen und femoralen Kanal bestimmt werden. Die Knochenblöckchen können durch die eingebrachten Bohrungen mit kräftigen Mersilenefäden oder dünnem Draht armiert werden (◘ Abb. 3.196a). Das Transplantat wird feucht eingelegt

Vorgehen bei offener OP-Technik

► Längsspaltung des Hoffa-Fettkörpers und Einsetzen eines speziellen Sperrers. Darstellung der Fossa intercondylica. Resektion der Kreuzbandstümpfe. In Abhängigkeit von der Anatomie erfolgt eine Erweiterung des interkondylären Raumes (Notchplastik). Im Anschluss wird das tibiale Zielgerät platziert. Die Bohrung soll 55° ansteigend vom anteromedialen Schienbeinkopf in das Zentrum des Kreuzbandansatzes eingebracht werden. Platzierung eines entsprechend 2,5 mm im Durchmesser messenden Kirschner-Drahtes über das Zielgerät. Das Zielgerät wird entfernt und der Kirschner-Draht mit einem Spezialbohrer in den bestimmten Durchmesser des Knochenblocks überbohrt

► Im distalen Femur wird der ideale Insertionspunkt mit einem Zielgerät unter seitlicher Bildwandlerkontrolle festgelegt. Gegebenenfalls kann dieser Punkt durch einen Fadenanker auf seine Isometrie überprüft werden. An diese Stelle wird ein Kirschner-Draht mit Fadenöse durch den tibialen Bohrkanal soweit vorgetrieben (◘ s. 3.196b), dass er im lateralen Femur zur Haut austritt. Nun kann der Armierungsfaden am Transplantat in die Hülse eingefädelt und durch Zug am femurseitigen Drahtende in die gewünschte Position gebracht werden. Zunächst wird das proximale Transplantat mit einer Interferenzschraube (Titan oder resorbierbar) fixiert. Bei manuell gespanntem Transplantat wird das Gelenk durchbewegt. Dann wird das tibiale Transplantatende unter 20 kp fixiert

► Im Anschluss wird eine Drainage intrartikulär eingelegt. Öffnen der Blutsperre, Blutstillung

► Naht des Hoffa-Fettkörpers mit resorbierbarem Nahtmaterial der Stärke 2–0. Naht des Lig. patellae mit resorbierbarem Material der Stärke 2–0. Subkutannaht und Hautnaht beenden die Operation

Alternativ kann der gesamte Eingriff auch in arthroskopischer Technik vorgenommen werden.

Vordere Kreuzbandersatzplastik in Semitendinosus-Technik

► Über eine etwa 2 cm lange Hautinzision fingerbreit medial der Tuberositas tibiae wird die Semitendinosussehne aufgesucht. Nach Anschlingen der Sehne wird diese von den umgebenden Sehnen, insbesondere vom Pes anserinus gelöst

► Ein Ringstripper (◘ s. Abb. 4.13) wird auf der Sehne weit nach proximal vorgeschoben, bis die Sehne am Muskelansatz gelöst werden kann. Am Tibiakopf wird die Sehne mit einem feinen Periostlappen abgelöst

► Die Semitendinosussehne wird möglichst vierfach gelegt und auf einer Nahtbank fixiert. In einer speziellen Nahttechnik werden beide Sehnenenden mit beschichteten Polyesterfäden (Ethibond) vernäht und die Fäden lang gelassen. Ist der recht aufwendige Nahtvorgang abgeschlossen, erfolgt über ca. 30 min das Vorspannen des Semitendinosustransplantates auf der Nahtbank

► Über einen anterolateralen Zugang wird das Arthroskop in das Gelenk eingeführt. Die Fossa intercondylica wird dargestellt. Noch evtl. vorhandenes Narbengewebe oder Kreuzbandmaterial wird aus der Fossa intercondylica entfernt und die Notchplastik durchgeführt

► Unter arthroskopischer Kontrolle wird ein Zielgerät zur Einbringung des tibialen Kirschner-Drahtes platziert. Der Kirschner-Draht wird in 45° aufsteigendem Winkel vom Schienbeinkopf in das Zentrum des Ansatzes des ehemaligen vorderen Kreuzbandes eingebracht. Überbohren des Kirschner-Drahtes

mit flexiblen Bohrern bis 8 mm Durchmesser.
Über den tibialen Bohrkanal wird eine zweite Ziellehre in das Gelenk vorgeschoben. Platzierung des Zielgerätes zur Bestimmung des isometrischen Punktes. Einbringung eines Nahtankers in das Zentrum des isometrischen Punktes und Bestimmung der Isometrie. Sind die isometrischen Verhältnisse gut, wird ein 2,5-mm-Kirschner-Draht durch den tibialen Bohrkanal in das Femur eingebohrt und perkutan anterolateral am Oberschenkel herausgeleitet. Der Kirschner-Draht wird mit einem Spezialbohrer überbohrt, nachdem zuvor der Durchmesser am Transplantat bestimmt worden ist. Auch die Länge des einzubringenden Bohrkanales muss am Transplantat und seinen Verankerungsnähten bestimmt werden

- ► Der proximale Sehnenanteil wird mit einem Nahtplättchen (Endobutton) versehen. Unter arthroskopischer Sicht wird die Semitendinosusplastik über die zuvor angelegten Bohrkanäle in das Gelenk eingezogen. Der Endobutton wird durch Zug an den beiden Mersilenefäden verkippt, sodass er flach auf dem Femur zu liegen kommt. Entfernung der beiden Mersilenefäden. Im Anschluss wird über ein Tensiometer eine ausreichende Spannung des Transplantats und seine Verankerung am Schienbeinkopf mit einem Nahtkopf erreicht
- ► Über das Arthroskop wird eine Drainage in das Kniegelenk eingeführt. Es erfolgt der schichtweise Wundverschluss

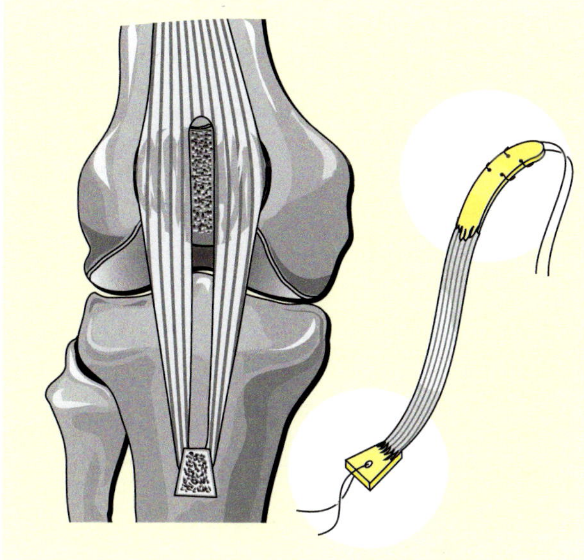

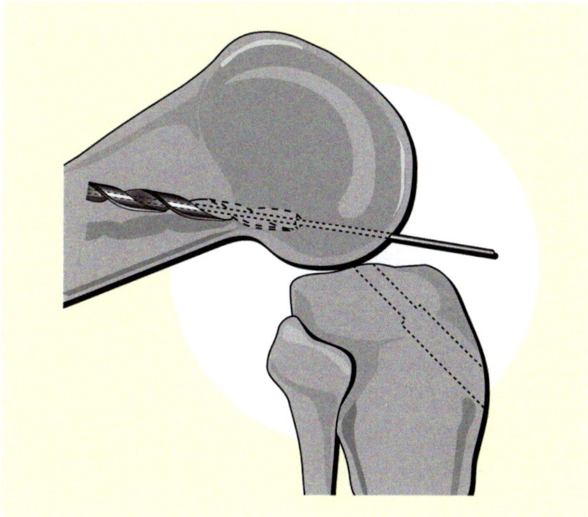

Abb. 3.196a, b Vordere Kreuzbandplastik. a Freies Transplantat, b Bohrung durch den lateralen Femurkondylus über einen Kirschner-Draht

Implantation einer Knieendoprothese

Bei der Vielzahl von Knieendoprothesen kann man gekoppelte, teilgekoppelte und ungekoppelte Modelle unterscheiden, die man ganz oder teilweise zementiert oder zementfrei einsetzen kann. Zwar hat sich der ungekoppelte und teilgekoppelte bikondyläre Oberflächenersatz weltweit durchgesetzt, jedoch haben gekoppelte Endoprothesen nach wie vor ihre Bedeutung bei rheumatischen Deformitäten und instabilen Gelenken. Einige Endoprothesen ermöglichen die sog. Schlussrotation des Kniegelenkes, indem sie ein drehfähiges Inlay auf dem Tibiakopf haben.

Operation

Instrumentarium

- Grundinstrumentarium,
- allgemeines Knocheninstrumentarium,
- Knieendoprothesenspezialinstrumentarium (jede Firma bietet für ihr System das entsprechende Instrumentarium an),
- Knieinstrumente (s. Abschn.: »autologe Kreuzbandplastik«),
- oszillierende Säge,
- evtl. Knochenzement (s. 3.2.7)

Lagerung

- Rückenlage,
- Anlegen der Neutralelektrode nach Vorschrift,
- Blutsperre; Werte nach Arztangabe und Dokumentation.

Abdeckung

- Hauseigen, aber Wäsche immer doppelt und wasserundurchlässig.
- Handschuhabdeckung mit Kompresse über den Zehen; keine Sackabdeckung des Unterschenkels, weil die zuverlässige Beurteilung der Tibiaachse möglich sein muss.

3

Implantation einer Knieendoprothese

► Streckseitiger Mittelschnitt und Arthrotomie von medial

► Umkippen der Kniescheibe nach lateral und maximal mögliche Kniebeugung. Mit Fasszange und Messer werden die Menisken und das vordere Kreuzband reseziert

► Mit einem breiten Hohlmeißel und einem schmalen geraden Meißel werden die osteophytäre Notch entfernt und ein Zugang zur Markhöhle des Femurs ermöglicht

► Die bei allen Prothesenmodellen übliche lange Ausrichtstange wird tief in das Femur eingeführt und hält verschiedene Abkantblöcke an der Unter- und Vorderseite der Femurkondylen. Dadurch wird eine winkelgerechte Resektion von der Unterseite der Femurkondylen möglich. Auf diese Resektionsfläche werden weitere Abkantblöcke aufgesetzt, über die größengerechte Schnittflächen für die betreffende Prothese exakt gesägt werden können. Zur Überprüfung wird ein Probeimplantat aufgesetzt

► Bei der Zurichtung des Tibiaplateaus kommt es entscheidend auf die Längsachse des Unterschenkels an, denn rechtwinklig zu ihr wird das Tibiaplateau reseziert. Bei den meisten Prothesen dienen dazu externe Stangensysteme, die in der Mitte des Tibiaplateaus (in der Eminentia intercondylica) eingehakt und oberhalb vom Sprunggelenk mit einer großen Klammer gehalten werden. Die einsteckbaren Ausrichtstangen sollten auf die Basis des II. Mittelfußknochens zeigen. Wenn das hintere Kreuzband erhalten werden soll, wird die tibiale Insertion mit einem schmalen geraden Meißel von vorn geschützt. Über den an der Vorderseite des Schienbeinkopfes montierten Sägeblock können nun das mediale und laterale Tibiaplateau mit Säge und breitem Meißel reseziert werden. Dabei sollte der Oberschenkel von einem Assistenten manuell oder mit einer Haltestange im Femur hochgezogen werden. Größenbestimmung des tibialen Implantats und Probereposition mit Inlay

► Wenn die Beinachse gerade, das Knie voll streckbar und die Seitenstabilität gut und gleich ist, werden die Probeimplantate herausgenommen und der Tibiakopf wird zur Aufnahme des definitiven Implantats vorbereitet. Dazu dienen bei vielen Prothesen großkalibrige Zapfen und Antirotationslamellen an der Unterseite der tibialen Prothese. Fast alle Tibiaplateaus werden einzementiert, üblicherweise mit zweiseitigem Knochenzement auf dem Plateau und an der Unterseite der Prothese

► Das femorale Prothesenschild kann zementfrei aufgeschlagen werden; besonders beim resezierten hinteren Kreuzband ist aber die zweiseitige Zementierung nötig. Reposition des Gelenkes mit einem Probeinlay, dann mit einem passgerechten definitiven Inlay

► Wenn ein Gelenkflächenersatz der Kniescheibe nötig ist, wird zunächst die Dicke der Patella bestimmt und größengerecht reseziert. Die randständige Synovialis und die Osteophyten werden mit Messer und Luer-Zange abgetragen. Das entsprechende PE-Implantat wird ebenfalls zweiseitig aufzementiert und mit einer Zange unter Druck gehalten

► Öffnung der Blutsperre, 2 Redon-Drainagen, Verschluss der Arthrotomie. Subkutane Redon-Drainage, Subkutan- und Hautnähte, steriler, evtl. mit Watte gepolsteter Verband und Wickelung des Beines mit elastischer Binde

3.4.8 Verletzungen und Deformitäten von Unterschenkel und Sprungelenk

Nach der Lokalisation unterscheidet man am Unterschenkel folgende Frakturen:

- Tibiakopffrakturen mit Impression oder Sprengung des Tibiaplateaus.
- proximale Metaphysenfrakturen,
- Unterschenkelschaftfrakturen (Tibia und Fibula),
- Tibiaschaftfrakturen (ohne Fibula),
- distale Metaphysenfrakturen ohne Gelenkbeteiligung,
- distale Unterschenkelfrakturen mit Gelenkbeteiligung (Pilon tibial),
- Frakturen der Malleolengabel, d. h. Luxationsfrakturen des oberen Sprunggelenkes.

Tibiakopffrakturen

Sie betreffen fast immer das Gelenk. Dabei ist das mediale und/oder laterale Tibiaplateau in der Mitte des Kniegelenkes in der Längsrichtung abgebrochen, nach unten verschoben und manchmal auch in sich gesprengt. Diese Brüche verlangen eine möglichst exakte und stabile Rekonstruktion, weil sonst sekundäre Instabilitäten und arthrotische Zerstörungen der Gelenkflächen zwangsläufig sind. Eine zuverlässige Beurteilung des Tibiaplateaus ist nur auf Röntgenschichtaufnahmen (Tomographien) oder im CT möglich. Handelt es sich um einfache Frakturen ohne Impressionen/Verschiebungen, genügen Verschraubungen mit langen Spongiosaschrauben oder durchbohrten Schrauben. Ansonsten muss das betreffende Tibiaplateau durch ein Kortikalisfenster aufgestößelt und mit körpereigenem Knochen unterfüttert werden. Dann muss das reponierte Tibiaplateau mit 1 oder 2 Abstützplatten in Form eines (T oder) L abgefangen werden.

Einteilung nach den Versorgungsmöglichkeiten

- Bei Spaltbruch oder Meißelbruch ohne Gelenkimpression und Plateauverbreiterung:
  - Schraubenosteosynthese mit Standardfragment-Spongiosaschrauben (Lochschrauben).
- Bei Impressionsfraktur:
  - Anheben der Gelenkfläche durch Spongiosaunterfütterung oder Ersatzmaterial (z. B. Endobone).
  - Zusätzlich eine Abstützplatte.
- Bei bikondylärer Y- oder T-Fraktur:
  - Laterale Abstützung durch eine Platte.
  - Medial Stabilisierung durch eine schmale DC-Platte: Doppelplattenosteosynthese.

Operation

Instrumentarium

- Grundinstrumentarium,
- Knochengrundinstrumentarium,
- evtl. Meniskusinstrumentarium, spezielle Häkchen,
- Instrumente zur Spongiosaentnahme und -anlage (Meißel, Löffel, Hammer, Stößel; s. 3.3.1),
- Standardfragment (Schrauben, Platten, s. 3.2.2 und 3.2.3),
- evtl. Repositionszangen,
- Bohrmaschine,
- Kirschner-Drähte,
- evtl. Schränkeisen.

Lagerung

- Rückenlagerung,
- leichte Beugung im Knie durch Unterschiebung einer Polsterrolle/Kniestütze,
- evtl. das gesunde Bein etwas absenken,
- Blutsperre, Werte nach Arztangabe und Dokumentation,
- Anlegen der Neutralelektrode nach Vorschrift,
- Bildwandler und Strahlenschutz (s. 3.3.2).

Abdeckung

- Hauseigen, aber Wäsche immer doppelt und wasserundurchlässig.
- Den betroffenen Unterschenkel zum besseren Hantieren in einer Stockinette steril wickeln.
- Falls eine Spongiosaentnahme erforderlich ist, muss ein vorderer Beckenkamm bei der Abdeckung frei bleiben.

Zugänge

- Parapatellarer lateraler Zugang, der verlängert werden kann.
- Medialer Zugang.

Bei bilateralen Frakturen kann die mediale Inzision zusätzlich erforderlich sein, um eine Platte zur medialen Stabilisierung anbringen zu können.

! Der Mindestabstand vom parapatellaren lateralen zum medialen Zugang muss 5–6 cm betragen, um die Durchblutung nicht zu gefährden.

Laterale Tibiakopffraktur

► Freilegen des lateralen Tibiakopfes: laterale parapatellare Hautinzision; Spaltung der Faszie in Längsrichtung, Inzision des Tractus iliotibialis bis zum oberen Wundwinkel. Abschieben der Muskulatur und Einsetzen eines Hohmann-Hebels nach lateral. Quere Eröffnung des Gelenkes unterhalb des Außenmeniskus. Ein Saum sollte am Tibiakopf stehen bleiben, um den Mensikus später wieder anheften zu können. Anheben des Meniskus mit einem Langenbeck-Haken. Nach medial werden, ebenfalls mit einem Haken, das Lig. patellae und der Hoffa-Fettkörper weggehalten

► Bei einer Meißelfraktur mit einer abgesunkenen Plateauhälfte werden zunächst Kirschner-Drähte vorgebohrt, mit denen die Gelenkfläche angehoben und korrekt eingestellt werden kann. Die Osteosynthese erfolgt dann mit 2 Spongiosaschrauben mit Unterlegscheiben oder besser mit einer Abstützplatte.

► Vorbereiten eines 1 × 1 cm großen Kortikalisfensters an der Außenseite der proximalen Tibia mit einem Flachmeißel und einem Hammer (Abb. 3.197a)

► Durch diese Öffnung wird mit einem Stößel die Gelenkfläche angehoben (s. Abb. 3.197b)

► Auffüllen des Tibiakopfdefektes mit der zuvor entnommenen Spongiosa

- ► Anbringen einer Spongiosa-Abstützplatte. Besetzen der Plattenkopflöcher mit 6,5-mm-Spongiosaschrauben: 3,2-mm-Spiralbohrer mit Gewebeschutz; Messen; Schraube mit entsprechend langem Gewinde
- ► Im Plattenschaft werden vorwiegend 4,5-mm-Kortikalisschrauben benötigt: 3,2-mm-Spiralbohrer mit Gewebeschutz; Messen; 4,5-mm-Gewindeschneider mit Gewebeschutz; Schraube (◘ s. Abb. 3.197c)
- ► Nun erfolgt, wenn erforderlich, die Rekonstruktion des Kapsel-, Bandapparates, Refixation des Meniskus. Einlegen von Redon-Drainagen; Gelenkkapselverschluss; weiterer schichtweiser Wundverschluss. Anlegen einer abnehmbaren Knieschiene

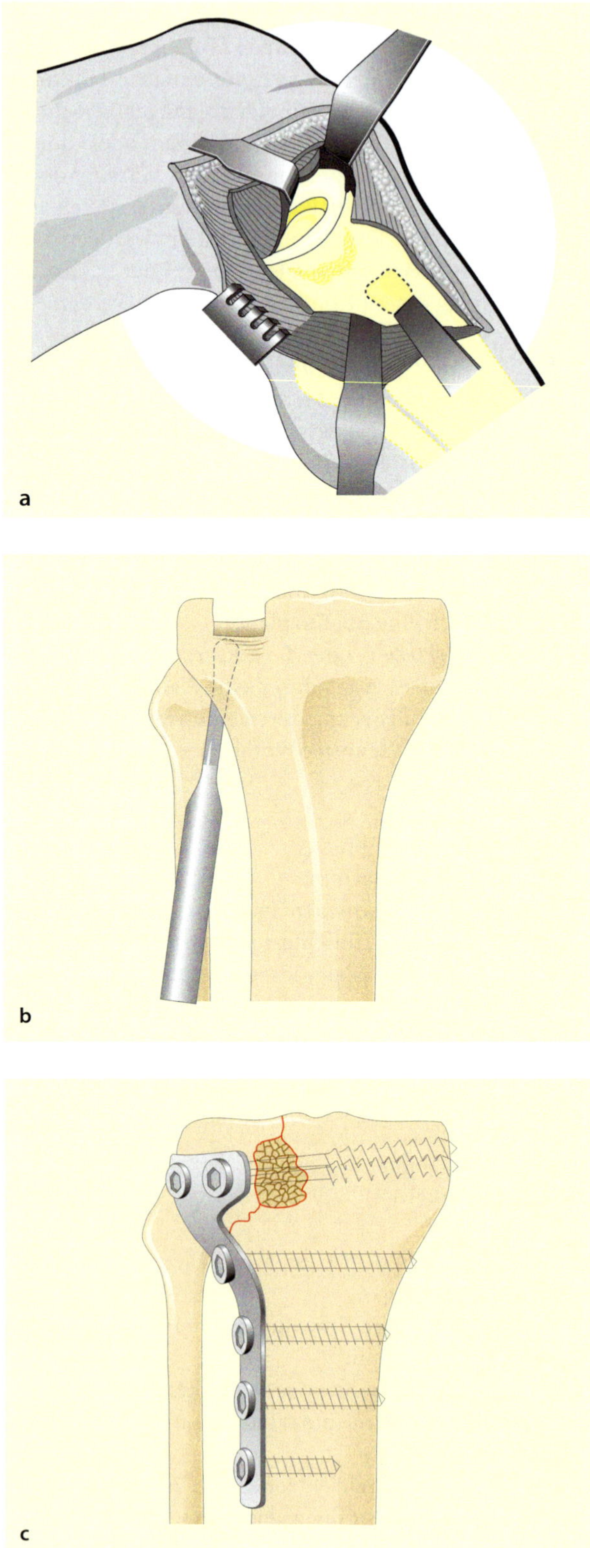

Valgisierende Umstellungsosteotomie des Tibiakopfes

▪▪▪ Indikationen

- Varusgonarthrose, mediale Meniskopathie,
- Genu varum (O-Bein) verschiedener Ursachen bei Erwachsenen.

▪▪▪ Instrumentarium

- Grundinstrumentarium,
- Knochengrundinstrumentarium
- oszillierende Säge mit großem und kleinem Sägeblatt,
- Bohrmaschine und 2,0-mm-Bohrer,
- Kirschner-Drähte,
- Coventry-Klammern mit Fasszange und Einschlaginstrument,
- PDS-Kordel mit Drahtenden.

▪▪▪ Lagerung

- Rückenlagerung.
- Tuchrolle unter den Oberschenkel, damit die Gefäße und die Nerven der Kniekehle nicht während der OP an die Rückseite des Tibiakopfes gedrückt werden.
- Anlagen der Neutralelektrode nach Vorschrift.
- Blutsperre; Werte nach Arztangabe und Dokumentation.

◘ Abb. 3.197a–c Tibiakopffraktur. a Erstellen des Kortikalisfensters, b Anheben der Gelenkfläche mit Stößel, c Abstützplatte. (Abb. 3.198b,c nach Müller et al. 1992)

Abdeckung

- Hauseigen, aber Wäsche immer doppelt und wasserundurchlässig.
- Den betroffenen Unterschenkel zum besseren Hantieren in eine Stockinette steril wickeln.

Valgisierende Umstellungsosteotomie des Tibiakopfes

► Hautschnitt. Etwa 15 cm an der Außenkante vom Kniegelenk und Schienbeinkopf. Der N. peronaeus kann hinter der lateralen Bizepssehne aufgesucht und angeschlungen werden. Ablösung des M. tibialis anterior vom Außenrand der Insertion des Lig. patellae über die Außenseite des Tibiakopfes bis zur Vorderseite des oberen Fibulaendes mit geradem Raspatorium

► Fibulateilentnahme: Mit einem gebogenen Raspatorium wird das subkapitale Fibulastück streng subperiostal umfahren, das mit stumpfen Hohmann-Hebeln eingestellt wird. Während die Muskulatur mit einem großen Langenbeck-Haken nach unten weggehalten wird, wird ein 3–5 mm breites Stück aus der Fibula herausgesägt. Durch das freie obere Ende des Fibulaschaftes wird ein 2,0-mm-Loch gebohrt, durch das eine PDS-Kordel mit Drahtenden gezogen wird

► Osteotomie: streng subperiostale Umfahrung der Rückseite vom Tibiakopf mit gebogenem Raspatorium und stumpfen Hohmann-Hebeln. Umfahrung der Vorderseite vom kniegelenknahen Schienbeinkopf mit gebogenem Raspatorium, so nahe wie möglich am Oberrand der Tuberositas tibiae. Einsetzen eines stumpfen, evtl. geschwungenen Hohmann-Hebels. Markierung des medialen Kniegelenkspaltes mit feinem dünnem Kirschner-Draht. 1–1,5 cm unter diesem Kirschner-Draht, aber oberhalb der unteren Ansatzstelle vom medialen Seitenband endet die leicht ansteigende Osteotomie mit dem großen Sägeblatt. In den Osteotomiespalt wird ein loses Sägeblatt oder ein langer Meißel eingelegt. Damit wird die Orientierung erleichtert und die obere Osteotomiefläche gesichert, wenn der lateralbasige Keil herausgesägt wird. Er soll nur zwei Drittel bis drei Viertel der Osteotomiebreite betragen (mediale Aufklappung, kürzere Kantenlänge). Kontrolle, ggfs. Komplettierung der ersten Osteotomieebene mit langem Meißel

► Valgisierendes Umstellungsmanöver mit medialem Knack: Dabei wird die Fibula mit der PDS-Kordel so geführt, dass das obere Schaftende in die Unterseite des Köpfchens einstaucht. Mit einer speziellen Fasszange wird eine stufenlose Klammer von vorn über die Osteotomie eingeschlagen. Eine passende Stufenklammer wird von lateral in der Frontalebene eingeschlagen; dabei muss an der Innenseite des Tibiakopfes gegengehalten und die harte Kortikalis an der Außenseite des Tibiakopfes mit einem geraden Pfriem vorgebohrt werden (◘ Abb. 3.198)

► Die PDS-Kordel der Fibula wird um die Ansatzstelle des lateralen Seitenbandes herumgeführt und verknotet

► Redon-Drainage über dem Tibiakopf, Öffnen der Blutsperre, Blutstillung, Refixation des abgelösten M. tibialis anterior, Subkutan- und Hautnaht. Steriler Verband. Anlage einer einfachen Orthese, z. B. Mekronschiene

Tibiaschaftfrakturen

Proximale Schaftfrakturen, Trümmer- und Etagenbrüche des mittleren und manchmal auch des distalen Drittels der Tibia lassen sich mit Verriegelungsnägeln stabilisieren. Beträgt der Abstand vom unteren Ende der Tibiafraktur zum oberen Sprunggelenk weniger als 7 cm, ist die Marknagelung kaum noch möglich.

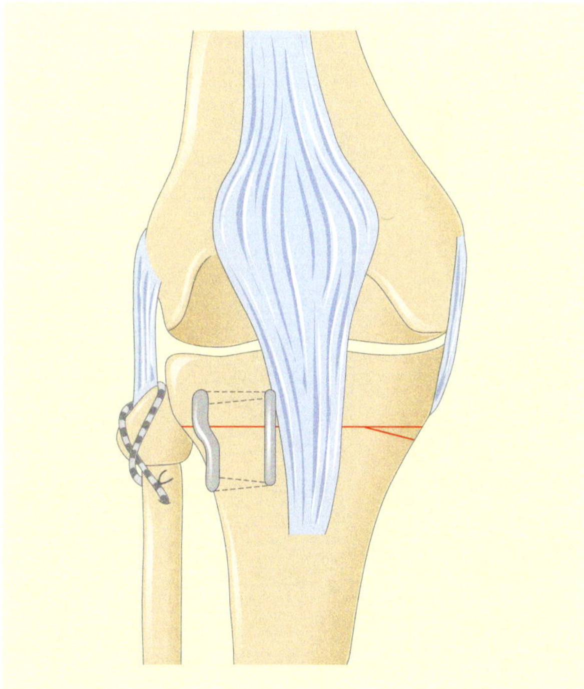

◘ Abb. 3.198 Umstellungsosteotomie des Tibiakopfes. (Nach Blauth/Schuchardt 1986)

3

Bei der in diesem Skelettabschnitt ohnehin delikaten Blutversorgung sind offene Osteosynthesen problematisch, sodass man nach Möglichkeit bei einer konservativen Frakturbehandlung oder Marknagelung bleibt. In schwierigen Fällen kann man auf äußere Spanngeräte (Fixateur externe; ◘ s. 3.2.10 und 3.2.11) zurückgreifen.

Pilonfrakturen

Distale Unterschenkelfrakturen mit Gelenkbeteiligung der Tibia sind sog. Pilon-Tibial-Frakturen (◘ Abb. 3.199). Hinsichtlich des Unfallmechanismus und der Behandlung sind diese Frakturen streng von den (häufigen) Frakturen des oberen Sprunggelenkes zu unterscheiden. Da sich alle operativen Behandlungen als komplikationsträchtig erwiesen haben, neigt man heute zu mehrschrittigen Behandlungen. Dabei spielen die äußeren Spanner die größte Rolle. Rekonstruktionen werden in der Regel zwei- oder dreischrittig vollzogen, wenn durch konservative oder halbkonservative Maßnahmen die Weichteile konsolidiert sind.

- Drittelrohrplatte an die Fibula, Pilonplatte (◘ s. 3.2.3 mit distalen Spongiosa- und proximalen Kortikalisschrauben an die Tibia; ◘ Abb. 3.200 und 3.201).

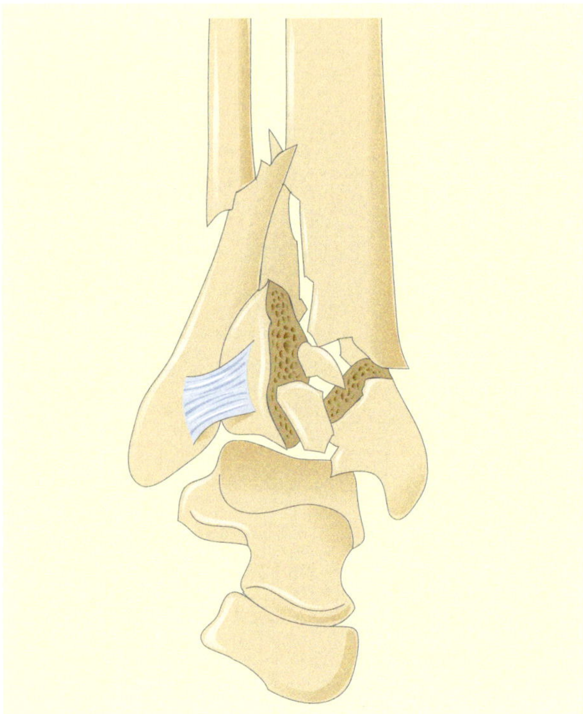

◘ Abb. 3.199 Pilon-Tibialfraktur

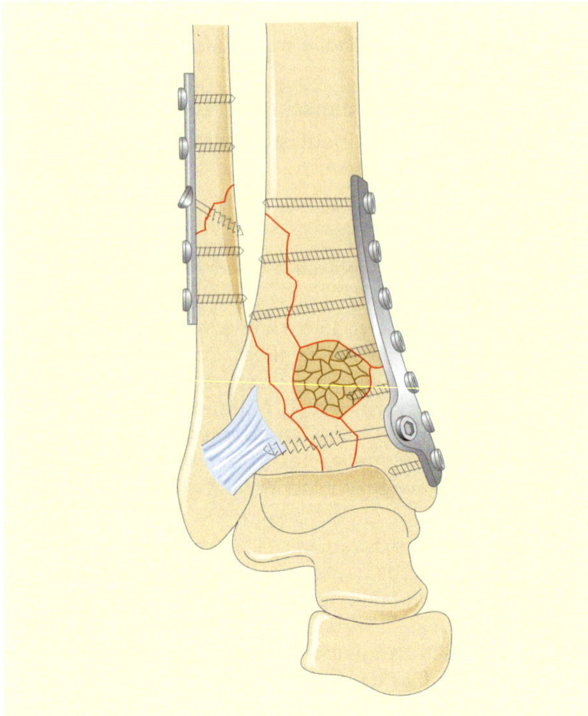

◘ Abb. 3.200 Osteosynthese einer Pilon-Tibialfraktur. (Abb. 3.199 und 3.200 nach Heberer et al. 1993)

- Besonders bei offenen und verunreinigten Frakturen sind vorsichtige Kompromisslösungen anzustreben:
  - gelenkübergreifender Fixateur externe,
  - perkutane Schrauben,
  - Kirschner-Drähte.

Frakturen des oberen Sprunggelenkes

Operativ werden all die Frakturen versorgt, die mit einer Inkongruenz der Gelenkfläche einhergehen. Am oberen Sprunggelenk (OSG) ist die Beurteilung der distalen Fibula vorrangig, da diese sich nur bei korrekter Stellung der Incisura tibiae anpasst und damit die korrekte Ausheilung der Syndesmose und der Membrana interossea gewährleistet.

Die im Folgenden beschriebene Einteilung nach Danis und Weber bezieht sich ausschließlich auf die Frakturhöhe an der distalen Fibula.

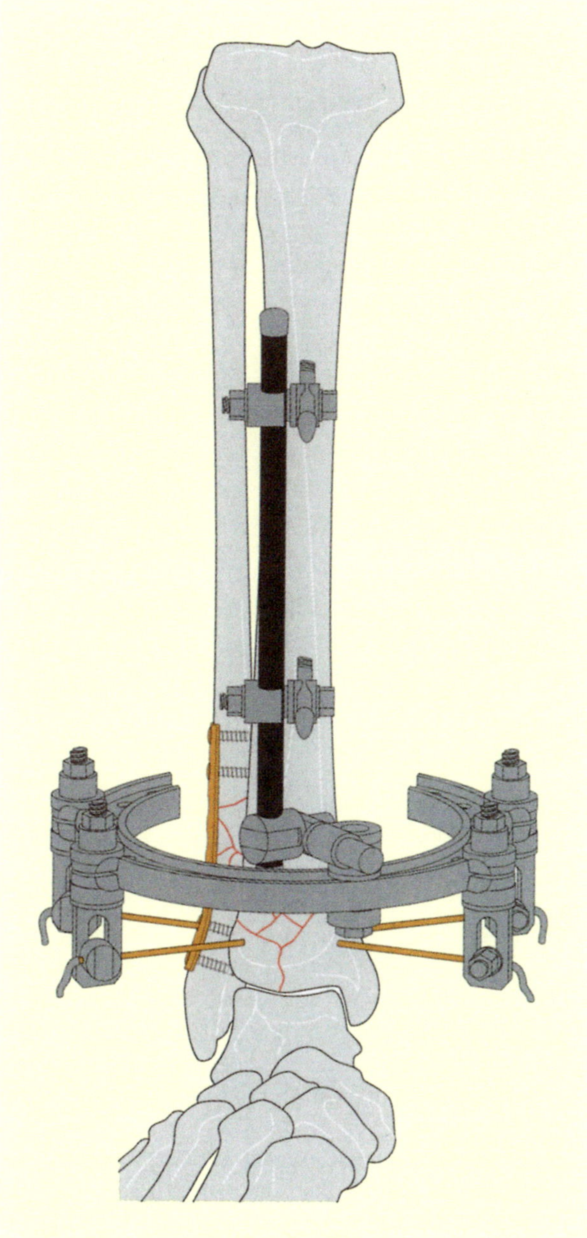

Abb. 3.201 Alternative Methode mit Hybridringfixateur. In Fällen mit schweren Weichteilverletzungen und Fällen mit offenen Frakturen kann ein Hybridringfixateur für die Tibia in Kombination mit einer Platte an der Fibula angewendet werden. (Mit freundlicher Genehmigung: Rüedi, Murphy, 2000)

Einteilung nach Danis und Weber

Fibulafraktur: distal der Syndesmose (Weber A)

- Syndesmose intakt
- Membrana interossea intakt
- Malleolus medialis: Lig. deltoideum intakt; evtl. Abscherfraktur

Versorgungsmöglichkeit: Zuggurtung

Fibulafraktur in Höhe der Syndesmose (Weber B)

- Syndesmose: 50% defekt
- Membrana interossea intakt
- Malleolus medialis: Es kann eine Ruptur des Lig. deltoideum oder eine Abrissfraktur vorliegen

Versorgungsmöglichkeit: Drittelrohrplatte an die Fibula. Evtl. Naht des Deltabandes

Malleolus medialis: Zuggurtung oder 2 Malleolarschrauben mit Unterlegscheiben

Fibulafraktur oberhalb der Syndesmose (Weber C)

- Syndesmose gerissen
- Membrana interossea bis zur Frakturhöhe eingerissen
- Malleolus medialis: Ruptur des Lig. deltoideum oder Fraktur (bimalleoläre OSG-Fraktur)

Versorgungsmöglichkeit: Drittelrohrplatte an die Fibula. Evtl. Naht des Deltabandes

Malleolus medialis: Zuggurtung oder 2 Malleolarschrauben mit Unterlegscheiben

Stellschraube, wenn nach Osteosynthese und Syndesmosennaht die Stabilität im OSG nicht ausreichend ist (s. folgender OP-Verlauf).

Maisonneuve-Fraktur

- Sonderform der Weber-C-Fraktur, bei der die Fibula in ihrem oberen Drittel frakturiert ist
- Syndesmose und Membrana interossea sind gerissen
- Am Innenknöchel Bandruptur oder Fraktur

Versorgung: Die Fibulafraktur wird nicht versorgt; Syndesmosennaht und Stellschraube; ggf. Versorgung des Innenknöchels (Abb. 3.202)

Cave: Auf der normalen OSG-Röntgenaufnahme ist die Maisonneuve-Fraktur nicht zu sehen!

Bimalleoläre OSG-Fraktur mit Ausriss eines hinteren Tibiakantendreiecks

Am hinteren Tibiakantendreieck (Volkmann-Dreieck) setzt die hintere Syndesmose an!

Es wird reponiert und fixiert, wenn mehr als ein Fünftel der tibialen Gelenkfläche abgebrochen ist

Versorgungsmöglichkeit: Zunächst wie bei der Weber-C-Fraktur. Hinteres Kantendreieck: Üblich ist die Verschraubung der distalen Tibia von ventral nach dorsal mit einer 6,5-mm-Spongiosaschraube und Unterlegscheibe (4,0-mm-Schraube ebenfalls möglich)

Eine Verschraubung vom Innenknöchelschnitt aus ist ebenfalls möglich.

3

Luxationsfraktur des oberen Sprunggelenkes

▪▪▪ Prinzip

Hier soll die Fibula mit einer interfragmentären Zugschraube, einer Drittelrohrplatte und der Syndesmosennaht versorgt werden.

Der Innenknöchel wird mit einer Zuggurtung versorgt (Abb. 3.203). Zusätzlich ist in diesem Fall eine Stellschraube notwendig.

▪▪▪ Instrumentarium

- Feines Grundinstrumentarium,
- Knochengrundinstrumentarium,
- Drahtinstrumentarium,
- Bohrmaschine,
- Kleinfragment,
- evtl. Standardfragment.

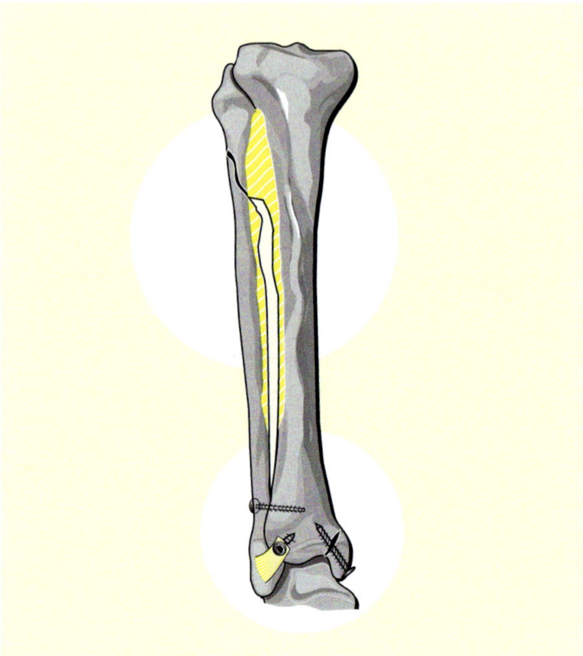

Abb. 3.202 Stellschraube bei einer Maisonneuve-Fraktur

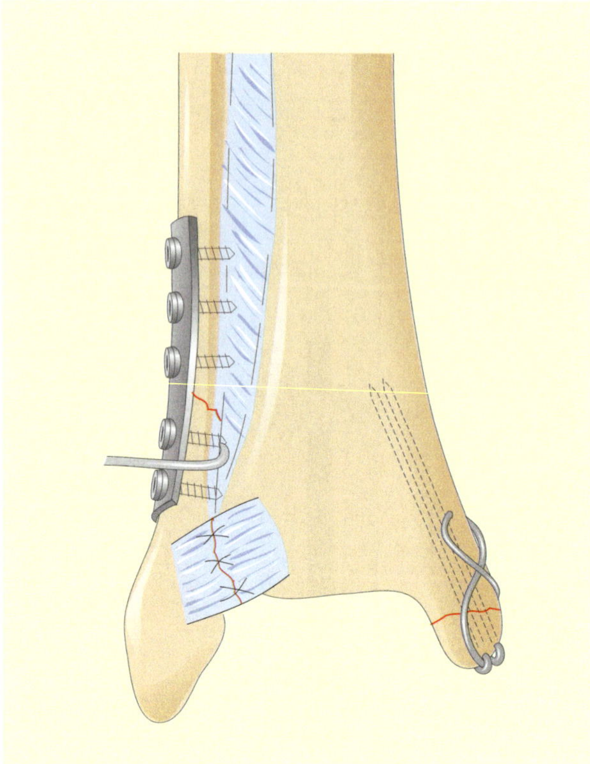

Abb. 3.203 Osteosynthese einer Luxationsfraktur des oberen Sprunggelenks. (Nach Müller et al. 1992)

▪▪▪ Lagerung

- Rückenlagerung,
- flaches Kissen unter das Gesäß, damit der Außenknöchel nach vorn gedreht wird,
- evtl. das gesunde Bein absenken,
- Blutsperre, Werte nach Arztangabe und Dokumentation,
- Anlegen der Neutralelektrode nach Vorschrift,
- Bildwandler und Strahlenschutz (s. 3.3.2).

▪▪▪ Abdeckung

- Hauseigen, aber Wäsche immer doppelt und wasserundurchlässig.
- Den betroffenen Fuß steril wickeln.

Luxationsfraktur des OSG

► Osteosynthese der Fibula: Hautschnitt leicht bogenförmig hinter dem Außenknöchel

► Darstellung der Fraktur, Einsetzen von Hohmann-Hebeln

► Mit einem feinen scharfen Löffel eingeschlagene Gewebeanteile aus dem Bruchspalt entfernen. Spülung

► Stufenfreie Reposition der Fraktur und provisorische Fixation mit Repositionszangen (z. B. Repositionszange mit Spitzen)

► Einbringen einer interfragmentären Zugschraube: mit dem 3,5-mm-Spiralbohrer und Gewebeschutz Bohren im ersten Fragment; Steckbohrbuchse; 2,5-mm-Spiralbohrer für das zweite Fragment (evtl. Kopfraumfräse); Messen; 3,5-mm-Gewindeschneider und Gewebeschutz; Eindrehen einer 3,5-mm-Kortikalisschraube

► Anbringen der Drittelrohrplatte: Durch Biegen und Verwinden mit kleinen Schränkeisen oder Plattenhaltezangen wird eine genügend lange Drittelrohrplatte dem Knochen angepasst

► Anschrauben der Neutralisationsplatte im kortikalen Bereich: 2,5-mm-Spiralbohrer und Gewebeschutz; Messen; 3,5-mm-Gewindeschneider und Gewebeschutz; 3,5-mm-Kortikalisschraube

► Im spongiösen Bereich oder bei alten, spröden Knochen: 2,5-mm-Spiralbohrer und Gewebeschutz; Messen; 4,0-mm-Spongiosaschraube

► Naht der vorderen Syndesmose mit feinen, resorbierbaren U-Nähten. Bei einem knöchernen Ausriss kann die Syndesmose mit einer 4,0-mm-Spongiosaschraube und Unterlegscheibe mit Spitzen transossär fixiert werden

► Versorgung des Innenknöchels: Hautschnitt leicht gebogen hinter dem Knöchel.

► Die V. saphena magna wird geschont. Darstellung der Fraktur und Säubern des Frakturspaltes durch Nachuntenziehen des distalen Fragments mit einem Einzinker. Entfernen von Koageln und eingeschlagenen Weichteilen

► Reposition mit Einzinker

► Zuggurtung: schräges Einbringen von 2 parallelen Kirschner-Drähten von der Innenknöchelspitze aus. Proximal der Fraktur wird eine kurze Kortikalisschraube mit Unterlegscheibe eingebracht. Um sie und die Kirschner-Drahtenden wird ein Cerclagedraht achtförmig herumgelegt.

► Anspannen des Cerclagedrahtes mit dem Drahtspanngerät oder Verdrillen mit der Flachzange. Mit dem Seitenschneider werden der Cerclagedraht und die Kirschner-Drähte gekürzt; Umbiegen der Kirschner-Drahtenden mit der Spitzzange; Versenken der Drahtenden mit Stößel und Hammer

► Bildwandlerkontrolle der Osteosynthese

► Die Stellschraube wird dicht oberhalb des Gelenkes eingebracht. Der Bohrkanal verläuft etwas schräg durch die Fibula in die weiter ventral gelegene Tibia. Mit dem 2,5-mm-Spiralbohrer und Gewebeschutz werden nur 3 Kortikales durchbohrt; Messen; 3,5-mm-Gewindeschneider und Gewebeschutz; 3,5-mm-Kortikalisschraube. Die Stellschraube wird schon nach ca. 6 Wochen entfernt, um eine knöcherne Überbrückung zwischen Tibia und Fibula zu vermeiden

► Einlegen von Redon-Drainagen lateral und medial

► Wundverschluss: feine Gelenkkapselnaht; Subkutannaht; Hautnaht

► Wenn die Innenseite des OSG blutunterlaufen ist, ohne dass im Röntgenbild Frakturen des Innenknöchels zu erkennen sind, wird die Stabilität intraoperativ mit dem Bildwandler geprüft und ggf. durch eine Naht des Lig. deltoideum wiederhergestellt

Chronische laterale Instabilität des OSG

Zahlreiche Stabilisierungsverfahren, am gebräuchlichsten mit distal gestielter Sehne vom M. peronaeus brevis (nach Watson-Jones oder Evans).

Bei Kindern und Jugendlichen wird ein Periostsstreifen von der Außenseite der Fibulaspitze verwendet.

Arthrodese des oberen Sprunggelenkes

Wenn die Gelenkflächen von Tibia und Talus zerstört sind – meistens nach länger zurückliegenden Brüchen – kann die Versteifungsoperation (Arthrodese) mit dem Ziel einer dauerhaften knöchernen Durchbauung (Ankylose) sinnvoll sein. Wenn die arthrotische Zerstörung noch nicht sehr weit fortgeschritten ist, kann die arthroskopische oder offene Gelenklavage hilfreich sein und den Zeitpunkt der Arthrodese hinausschieben. Endoprothesen des OSG haben sich noch nicht durchgesetzt und sind sicher weniger zuverlässig als eine Arthrodese.

Operation

▪▪▪ Instrumentarium

- Grundinstrumentarium,
- allgemeines Knocheninstrumentarium,
- Instrumente zur Blockentnahme/-anlage,
- oszillierende Säge (Blockentnahme aus Beckenkamm),
- Bohrmaschine mit Jakobsfutter,

- durchbohrte Schrauben mit entsprechendem Spezialinstrumentarium:
  - Führungsdraht mit Gewindespitze,
  - Bohrbüchsen,
  - Bohrer,
  - Gewindeschneider,
  - durchbohrter Schraubenzieher etc.

Lagerung

- Rückenlagerung auf einem Durchleuchtungstisch.
- Anlegen der Neutralelektrode nach Vorschrift.
- Blutsperre; Werte nach Arztangabe und Dokumentation.
- Bildwandler und Strahlenschutz (s. 3.3.2).

Abdeckung

- Hauseigen, Stoffwäsche immer doppelt und wasserundurchlässig.
- Frei bewegliche Abdeckung des Unterschenkels; steriles Wickeln oder Abkleben des Fußes.
- Für die Entnahme eines trikortikalen Blocks muss ein vorderer Beckenkamm bei der Abdeckung frei bleiben.

Arthrodese des OSG

► Längsschnitt über der Mitte des OSG. Nach Eröffnung des Gelenkes in Längsrichtung wird der gelenknahe Knochen von Tibia und Talus mit dem mittelgroßen geraden Raspatorium freigelegt und mit schmalen Hohmann-Hebeln und Langenbeck-Haken eingestellt

► Mit einem mittelbreiten Osteotom (Lambotte-Meißel) und einem leichten Metallhammer werden die tibialen und talaren Gelenkflächen reseziert. Die Resektionsflächen sollten parallel stehen oder ganz leicht aufeinander zulaufen. Die Resektionsweite wird mit einem Messzirkel oder einem Messstab bestimmt

► Ein oder zwei entsprechend breite trikortikale Blöcke vom vorderen Beckenkamm derselben Seite werden passgenau in das resezierte OSG eingestößelt

► Um den Span zu sichern und eine anhaltende Kompression auf beiden Seiten zu gewährleisten, sollte man die Arthrodese mit kanülierten/durchbohrten Schrauben sichern: Unter Bildwandlerkontrolle werden die 2 oder 3 Führungsdrähte mit Gewindespitzen von der Tibia, evtl. auch von der Fibula durch den eingefalzten Span bis in die Unterseite des Talus vorgebohrt. Mit dem 3,2-mm-Bohrer und Gewindeschneider kann man dann den idealen Sitz von kurzgewindigen Spongiosaschrauben mit Unterlegscheibe gewährleisten

► Öffnung der Blutsperre, Verschluss beider Wunden, steriler Verband mit viel Watte und elastischer Binde

Als Alternative kommt die arthroskopische Entknorpelung in Frage.

Arthrodese des unteren Sprunggelenkes

Postraumatische Arthrosen des Subtalargelenkes nach Kalkaneusfrakturen, lähmungsbedingte Instabilitäten und voroperierte Klumpfüße beim Erwachsenen sind die häufigsten Indikationen.

Operation

Instrumentarium

- Grundinstrumentarium,
- allgemeines Knocheninstrumentarium,
- Blount- oder Coventry-Klammern mit Anlegezange.

Lagerung

- Seitenlage.
- Anlegen der Neutralelektrode nach Vorschrift.
- Blutsperre; Werte nach Arztangabe und Dokumentation.

Abdeckung

- Hauseigen, Stoffwäsche immer doppelt und wasserundurchlässig;
- freibewegliche Abdeckung des Unterschenkels.

Arthrodese des USG

► Hautschnitt von der Mitte des Fußristes an die obere Außenseite der Ferse

► Mit Osteotomen (Lambotte-Meißeln von 1–3 cm Breite) und einem leichten Hammer werden die Gelenkflächen von Talus und Kalkaneus reseziert. Um die Peronäalsehnen nach vorn weghalten zu können, nimmt man am besten den sog. Täger-Haken. In den allermeisten Fällen muss diese subtalare Resektion und Arthrodese um die vorderen Nachbargelenke ergänzt werden, d. h. zwischen Kalkaneus und Kuboid und zwischen Talus und Naviculare

► Wenn sich der Vorfuß in eine plantigrade Stellung bringen lässt und eine eventuelle Spitzfußkomponente beseitigt ist, werden die Resektionsflächen mit Blount- oder Coventry-Klammern gesichert

► Vom reichlich angefallenen Resektionsknochen werden die kortikalen Anteile mit einer Luer-Zange entfernt und die Spongiosa wird in die Resektionsräume eingestößelt

► Öffnung der Blutsperre, Redon-Drainage, sterile Kompressen, Watte, elastische Binde. Breite Unterschenkelgipsliegeschale

3.4.9 Zehendeformitäten

Die operative Behandlung von Zehendeformitäten hat in den letzten Jahren enorme Aufmerksamkeit auf sich gezogen. Angeregt durch die in den USA seit langem etablierte (nichtärztliche) Podiatrie haben sich in Deutschland zunächst Chirurgen, bald auch Orthopäden in besonderen Fachgesellschaften zusammengeschlossen. Es sollten die Indikationen und Techniken verschiedener Operationen standardisiert und langfristige Ergebnisse optimiert werden. Ein vollständiger Überblick kann hier nicht gegeben werden, zumal viele Weichteileingriffe besondere anatomische Kenntnisse voraussetzen und eher den spezialisierten Operateur als das Fachpersonal im OP-Dienst interessieren. Vorgestellt werden 3 knöcherne Eingriffe, die in Deutschland weit verbreitet und bewährt sind:

- die »klassische« Resektionsinterpositionsarthroplastik (nach Keller, Brandes),
- die subkapitale Adduktions- und Verschiebeosteotomie des 1. Metartarsale (nach Kramer) und
- die Köpfchenresektion vom Grundglied der kleinen Zehen (nach Hohmann).

Resektionsinterpositionsarthroplastik vom Grundgelenk der Großzehe

▪▪▪ Indikation

Bei einem Hallux ridigus mit arthrotischer Zerstörung des Grundgelenkes hat dieser Eingriff noch seinen Platz. Neuere Endoprothesen scheinen gute Alternativen zu sein.

▪▪▪ Instrumentarium

- Grundinstrumentarium kurz,
- allgemeines Knocheninstrumentarium fein,
- oszillierende Säge,
- Bohrmaschine mit Jakobsfutter,
- Kirschner-Draht.

▪▪▪ Lagerung

- Gerade Rückenlagerung,
- Anlegen der Neutralelektrode nach Vorschrift,
- Blutsperre; Werte nach Arztangabe und Dokumentation

▪▪▪ Abdeckung

- Hauseigen,
- frei bewegliche Abdeckung des Fußes,
- Stoffwäsche immer doppelt und wasserundurchlässig,
- Tuchrolle unter den Fuß.

Resektionsinterpositionsarthroplastik

► Das verformte und oft kaum noch bewegliche Gelenk zwischen dem ersten Mittelfußknochen und dem Grundglied der Großzehe wird durch einen streckseitigen Hautschnitt möglichst lateral von der Strecksehne eröffnet

► Mit einem kleinen Messer und einem Raspatorium wird das proximale Drittel vom Grundglied subperiostal umfahren. Dabei muss an der plantaren Beugeseite sorgfältig auf die Beugesehne geachtet werden

► Mit einem Einzinker lässt sich die Gelenkfläche des Grundglieds vorziehen und mit einem kleinen Hohmann-Hebel halten, sodass etwa 1 cm vom Grundglied mit einer kleinen oszillierenden Säge reseziert werden kann. Diese Resektion ist der erste Teil des Eingriffs

► Ohne den zweiten Teil, die Interposition, ist er unvollständig und bringt unbefriedigende Ergebnisse: Dazu hält man die Strecksehne mit dem medialen Paratenon nach medial und präpariert das Köpfchen vom 1. Metatarsale mit einem kleinem Messer und einem Raspatorium. Die Exostose an der Innenseite des Köpfchens wird mit einem kleinen Hohlmeißel in der Verlägerung des Metatarsaleschaftes reseziert, der Rand mit einer Feile geglättet

► Nun kommt es darauf an, das Gleit- und Kapselgewebe an allen Seiten des Metatarsaleköpfchens mit Messer, Raspatorium und Schere zu lösen; denn nur dann kann es als dickes Polster über der Gelenkfläche des Köpfchens mit resorbierbarem Nahtmaterial vernäht werden. Zur postoperativen Ruhigstellung über etwa 3 Wochen (Schmerzfreiheit, Distanzhaltung, Narbenbildung) wird ein Kirschner-Draht von der Spitze bis in die Basis des 1. Metatarsale mit der Maschine eingebohrt

► Öffnung der Blutsperre, Blutstillung. Kleine Redon-Drainage, Wundverschluss, gut gepolsterter Zwischenzehenverband

Kramer-Osteotomie

Indikation

- Hallux valgus bei Spreizfuß ohne Arthrose des Grundgelenkes
- Das besondere der nach dem Orthopäden Kramer (Winterthur) benannten Operation besteht darin, dass das fehlgestellte Grundgelenk belassen und mit der Großzehe umgestellt und verschoben wird.

Instrumentarium

- Grundinstrumentarium kurz,
- allgemeines Knocheninstrumentarium fein,
- oszillierende Säge,
- Bohrmaschine mit Jakobsfutter,
- Kirschner-Draht,
- kleine Zweipunktzange.

Lagerung

- Gerade Rückenlagerung,
- Anlegen der Neutralelektrode nach Vorschrift,
- Blutsperre; Werte nach Arztangabe und Dokumentation.

Abdeckung

- Hauseigen,
- freibewegliche Abdeckung des Fußes,
- Stoffwäsche immer doppelt und wasserundurchlässig,
- Tuchrolle unter den Fuß.

Kramer-Osteotomie

► Hautschnitt an der Innenseite vom 1. Metatarsale bis zum Grundgelenk

► Subperiostale Umfahrung des gelenknahen Schaftes mit kleinem Raspatorium, Einsetzen von 2 kleinen Hohmann-Hebeln. Mit einem kleinen oszillierenden Sägeblatt wird die Metaphyse des 1. Metatarsale schräg nach distal-lateral osteotomiert und ein medialbasiger Ganzkeil reseziert

► Ein biegsamer, aber nicht zu dünner Kirschner-Draht (∅ 1,6 mm) wird subkutan am Grundgelenk und an den beiden Zehengliedern entlanggeschoben, bis die Drahtspitze an der Innenseite der Zehenspitze wieder zum Vorschein kommt. Auf dieses Drahtende wird die Bohrmaschine gesetzt

► Während das frei bewegliche Metatarsaleköpfchen mit einer kleinen Zweipunktzange oder einer Tuchklemme soweit wie möglich auf dem spitzen Osteotomieende gehalten wird, drückt man das freie proximale Ende des Kirschner-Drahtes in die Markhöhle des 1. Metatarsale und bohrt es bis in die kleinen Fußwurzelknochen vor. Das vordere Drahtende wird gekürzt und umgebogen

► Öffnung der Blutsperre, evtl. dünne Redon-Drainage, Wundverschluss, steriler, gut gepolsterter Zwischenzehenverband

► Sicherung der Drahtspitze mit kleinem Tupfer und langem Heftpflaster

Hohmann-Operation

Indikation

- Hammer- und Krallenzehen, besonders solche mit sog. Hühnerauge über dem proximalen Interphalangealgelenk.

Prinzip

- Das Prinzip dieser kleinen, weit verbreiteten und bewährten Zehenoperation ist die alleinige Resektion vom Köpfchen des Grundglieds an der 2., 3., 4. oder 5. Zehe.

Instrumentarium

- Grundinstrumentarium kurz,
- allgemeines Knocheninstrumentarium fein.

Lagerung

- Gerade Rückenlagerung,
- Anlegen der Neutralelektrode nach Vorschrift,
- Blutsperre; Werte nach Arztangabe und Dokumentation.

Abdeckung

- Hauseigen,
- freibewegliche Abdeckung des Fußes,
- Stoffwäsche immer doppelt und wasserundurchlässig,
- Tuchrolle unter den Fuß.

Hohmann-Operation

► Kleiner streckseitiger Mittelschnitt über dem proximalen Interphalangeal- (PIP-)Gelenk der Zehe. Dabei wird die Strecksehne geschont

► Mit kleinem Messer und kleinem Raspatorium wird das Köpfchen frei präpariert und hervorluxiert. Mit einem kleinen spitzen Hohmann-Hebel dargestellt, kann es mit einer kleinen Liston- oder Luer-Zange auf 3,5-mm-Länge reseziert werden

► Öffnung der Blutsperre, Blutstillung, Hautnaht, steriler Zwischenzehenverband

Gefäßchirurgie

I. Middelanis-Neumann, H. Kortmann

Überblick über das Gefäßsystem

↓: geht über in …
⇝: aus dieser Arterie geht … ab.

Lungenkreislauf
Rechte Kammer
↓
A. pulmonalis (O_2-Aufnahme, CO_2-Abgabe)
↓
Vv. pulmonales (O_2-reich)
↓
Linker Vorhof

Körperkreislauf
LinkerVentrikel
↓
Aortenklappe
↓
Aorta

Aortenbogen
Truncus brachiocephalicus:
- A. subclavia dextra
  ↓
  A. axillaris
  ↓
  A. brachialis
  ↓
  A. radialis und A. ulnaris
- A.carotis communis dextra
  ↓
  A. carotis interna und
  A. carotis externa
  ⇝ A. thyreoidea superior

A. carotis communis sinistra
A. subclavia sinistra
↓
Aorta thoracica
Aa. intercostales III–XI
↓
Unterhalb des Zwerchfells
↓
Aorta abdominalis
Truncus coeliacus:
- A. gastrica sinistra
- A. hepatica communis zieht zum Lig. hepatoduodenale
  ⇝ A. hepatica propria
    ⇝ A. gastrica dextra
  ⇝ A. gastroduodenalis
    ⇝ A. gastroepiploica dextra (= A. gastroomentalis dextra)
- A. splenica (A. lienalis)
  ⇝ u. a. Aa. gastricae breves und A. gastroepiploica sinistra (= A. gastroomentalis sinistra)
- A. mesenterica superior
  ⇝ u. a. Aa. jejunales, ileales, ileocolica, colica dextra, colica media.
  Versorgung bis zur linken Kolonflexur

Aa. renales
A. mesenterica inferior
  ⇝ u. a. A. colica sinistra, Aa. sigmoideae, A. rectalis superior.
  Versorgung bis zum oberen Rektumanteil

↓
Bifurkation
↓
A. iliaca communis
A. iliaca interna
  ⇝ u. a. A. vesicalis superior und inferior, uterina, rectalis media, obturatoria, pudenda interna
Versorgung: u. a. Organe des kleinen Beckens, Beckenwand

A. iliaca externa
Versorgung: u. a. Bauchmuskeln, Samenstrang, Skrotum bzw. Lig. rotundum, große Schamlippen
↓
unterhalb des Leistenbandes
↓
A. femoralis
A. epigastrica superficialis u. a.
A. profunda femoris
Versorgung: Oberschenkel
A. femoralis superficialis*
↓
A. poplitea
A. tibialis anterior
  ⇝ u. a. A. dorsalis pedis
Versorgung: Kniegelenk, Unterschenkelvorderfläche, Teile des Fußes
A. tibialis posterior
  ⇝ u. a. Aa. plantaris lateralis und medialis
Versorgung: Kniegelenk, Unterschenkelbeugeseite, Fuß

Vena portae
Sammelt venöses Blut des gesamten Darmes (ohne Analkanal), der Milz, des Pankreas, des Magens
↓
Leber
↓
Cava inferior

V. cava inferior
Sammelt venöses Blut der unteren Extremität, der Beckenorgane und der Bauchhöhle sowie deren Wandungen, des unteren Teils des Wirbelkanals und des Rückenmarks
↓
Rechter Vorhof

V. cava superior
Sammelt venöses Blut von Kopf, Hals, Arm, der Brustorgane, der Teile der hinteren Leibeswand, des Wirbelkanals und des Rückenmarks
↓
Rechter Vorhof
↓
Trikuspidalklappe
↓
Pulmonalklappe

An der oberen und unteren Extremität sind die Venen zunächst paarig angelegt. Ab der Ellenbeuge bzw. dem Knie besteht nur noch eine Vene.

---

* Die Gefäßchirurgen bezeichnen die A. femoralis unterhalb der Gabelung als A. femoralis superficialis.

4.1 Arterienerkrankungen

4.1.1 Stenosierende Arterienerkrankungen

Arterielle Verschlusskrankheit

Definition

Aus der Verengung des Arterienlumens resultiert eine Minderdurchblutung mit nachfolgendem Sauerstoffmangel des abhängigen Gewebes (arterielle Verschlusskrankheit, AVK; Abb. 4.1, 4.2).

Entscheidende Faktoren sind:
- Ausmaß der Stenosierung.
- Restdurchblutung.
- Vorhandensein eines Kollateralkreislaufs. (Der Arterienverschluss ist an Stellen, an denen nur eine geringe kollaterale Blutversorgung besteht, besonders schwerwiegend.)
- Viskosität des Blutes.

Bei einer fortgeschrittenen AVK entwickeln sich:
- fehlender Puls, Schmerzen.
- Kälte der Haut, Blässe.
- Parästhesien, eingeschränkte Beweglichkeit.

Diese Zeichen nach Pratt treten auf, wenn die Restdurchblutung in Ruhe oder unter Belastung nicht ausreichend ist (Ruhe-/Belastungsinsuffizienz).

Stadieneinteilung der Durchblutungsinsuffizienz bei der AVK nach Fontaine-Ratschow

I Symptomloses Stadium, Verschluss oder Stenose, Zufallsbefund

II Claudicatio intermittens
Unter Belastung reicht die Restdurchblutung nicht aus (Belastungsinsuffizienz)
- a) Die Lebensqualität ist bedingt eingeschränkt (noch ausreichend für die täglichen Verrichtungen)
  Physikalische Therapie, Gehtraining
- b) Die Lebensqualität ist erheblich eingeschränkt
  Relative OP-Indikation

III Ruheschmerz

IV Irreversibler Zellschaden, Nekrose; bei bakterieller Infektion: Gangrän

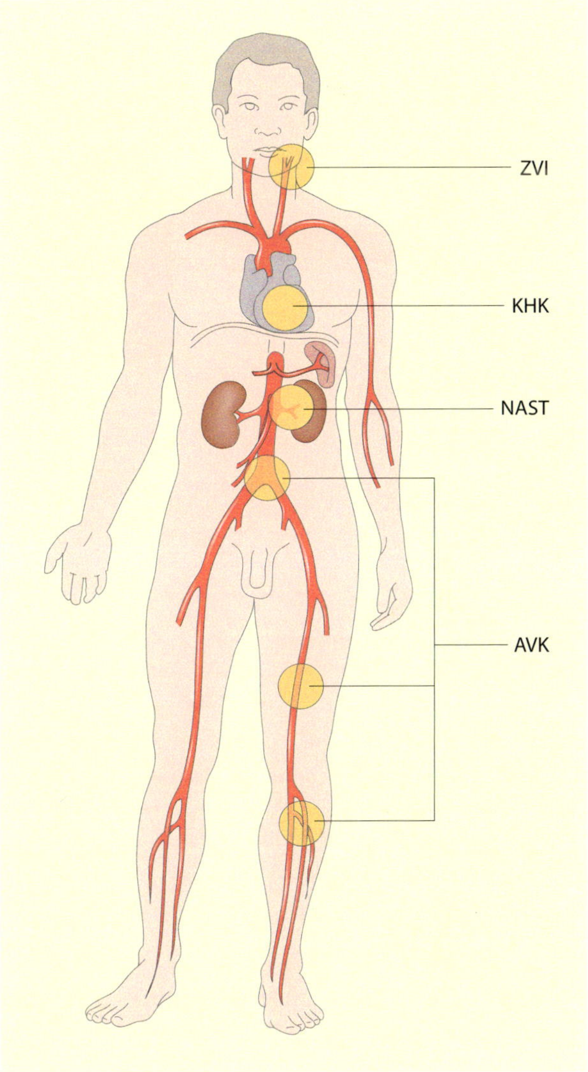

Abb. 4.1 Bevorzugte Lokalisationen der generalisierten Arteriosklerose. Für die Prognose entscheidend ist zumeist die koronare Herzkrankheit *(KHK)*. Es folgt die zerebrovaskuläre Insuffizienz *(ZVI)* mit Stenosen an der Karotisgabel und an den Abgängen der supraaortalen Äste. Die arterielle Verschlusskrankheit *(AVK)* tritt bevorzugt an der abdominalen Aorten – und an der Femoralisgabel sowie im Bereich des Adduktorenkanals auf. Seltener sind die Nierenarterienstenosen *(NAST)*. (Nach Heberer et al. 1993)

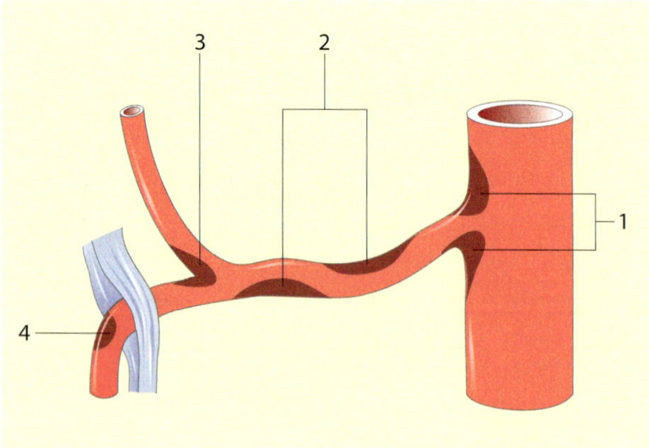

■ Abb. 4.2 Die Gefäßveränderungen treten bevorzugt auf: *1* an Gefäßabgängen, *2* an Innenkrümmungen der Gefäßwand, *3* an Aufzweigungen, *4* durch extravasal bedingte Engen. (Nach Heberer et al. 1993)

Akuter Gefäßverschluss durch arterielle Thrombose

Ursachen

Eine arterielle Thrombose betrifft fast immer durch Arteriosklerose vorgeschädigte Gefäße. Andere Ursachen sind traumatische Einwirkung, implantierte Gefäßprothesen und Aneurysmen.

Der Gefäßverschluss befindet sich an der Stelle der Gefäßschädigung.

Symptome

- Die Symptome sind weniger eindrucksvoll als bei der akuten arteriellen Embolie. Durch die chronische AVK ist meist ein für die Ruhedurchblutung ausreichender Kollateralkreislauf vorhanden.
- Stenosegeräusche.

Therapie

- Thrombektomie mit sofortiger oder späterer lokaler Sanierung des Gefäßschadens (■ s. 4.6.1).
- Lysetherapie mit anschließender Ballondilatation an der Gefäßenge (■ s. 4.4.3).

Akuter Gefäßverschluss durch Embolie

Definition

Der Verschluss einer Arterie durch einen mit dem Blutstrom eingeschwemmten Thrombus. Die Embolie ist unabhängig vom Gefäßstatus; es muss kein Gefäßschaden vorliegen.

Der Gefäßverschluss liegt fern der Ursachenstelle.

Ursachen

- Kardiale Ursache in 90%:
  - linker Vorhof bei Vorhofflimmern und Vorhofthromben,
  - Erkrankung der Koronarien,
  - Endokarditis.
- Extrakardiale Ursache in 10%:
  - Abgehen von Thrombosematerial oder atheromatösen Auflagerungen aus den großen Arterien (Beispiel: Aortenaneurysma).

Auftreten

Akuter Gefäßverschluss durch Embolie tritt am häufigsten auf:

- an den Extremitäten,
- an den Hirngefäßen und
- an den Mesenterialgefäßen.

Therapie

- Embolektomie (■ s. 4.6.1),
- Thrombembolektomie,
- Lyse.

4.1.2 Dilatative Arterienerkrankungen/ Aneurysmen

Definition

Lokale Ausweitung einer arteriellen Gefäßwand.

Formen

Aneurysma verum (»Echtes Aneurysma«; ■ Abb. 4.3a)

- Alle Wandschichten (Intima, Media und Adventitia) sind betroffen.
- Die Gefäßwand im Ganzen bildet das Aneurysma.

Aneurysma spurium
(»Falsches Aneurysma«; ■ s. Abb. 4.3c)

- Es kommt aufgrund einer Verletzung der Arterienwand zustande.
  Es entsteht ein paravasales Hämatom. Organisation und Tamponade durch das umgebende Bindegewebe. Der Aneurysmasack liegt neben dem Gefäß und ist Folge eines Lecks der Gefässwand. *Beispiele:* nach Gefäßpunktionen, Nahtaneurysmen.
- Durch bakterielle Infektion wird die Gefäßwand abgebaut, sodass sie schließlich perforiert; das perivasale Hämatom wird wieder im Randbereich von Bindegewebe eingescheidet.

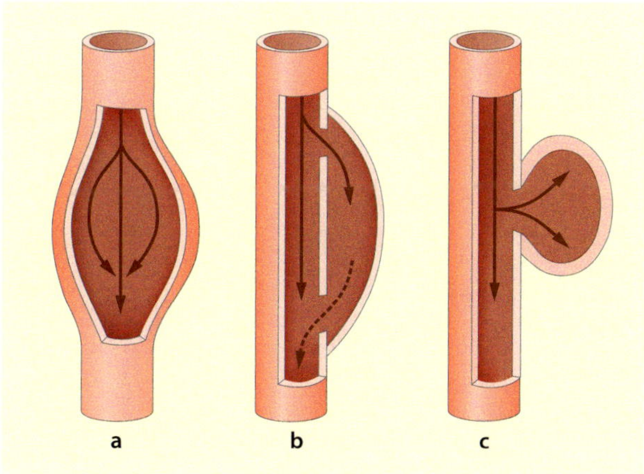

Abb. 4.3 a Aneurysma verum, b Aneurysma dissecans, c Aneurysma spurium. (Nach Heberer et al. 1993)

Aneurysma dissecans

(»Gespaltenes Aneurysma; s. Abb. 4.3b)

Durch einen Intimariss gräbt sich der Blutstrom zwischen Intima und Media (oder Adventitia) ein. Es entsteht ein Falschkanal.

- Die Dissektion kann nach außen, aber auch nach innen verlaufen. Die nach innen verlaufende wird als »reentry« (Wiedereintritt) bezeichnet und ist eine Form der Selbstheilung, die aber eine spätere Ruptur nicht ausschließt.
- Die blind endende Dissektion kann thrombosieren und spontan ausheilen.
- Die Dissektion kann sich beispielsweise in die aus der Aorta abgehenden Arterien fortsetzen bzw. die Organarterienabgänge komprimieren. Es folgt ein Funktionsverlust der betroffenen Organe (Nieren, Darm, etc.).
- Der Intimaeinriss tritt zu 95% im Bereich der thorakalen Aorta (Aortenbogen) und zu 5% im Bereich der abdominalen Aorta auf.

Ursachen

- Arteriosklerose, Hypertonus,
- Infektion der Gefäßwand, perforierende Verletzungen,
- Bindegewebserkrankungen (z. B. Marfan-Syndrom),
- iatrogen,
- angeboren, bevorzugt Hirnarterien.

Komplikationen

- Freie Ruptur in vorgegebene Höhlen. Beispiel: Brust- oder Bauchhöhle.
- Gedeckte Ruptur, d. h. Tamponade des Hämatoms durch benachbarte Organe oder enge Räume. Fast immer rupturiert die Aorta abdominalis unterhalb der Nierenarterien in das Retroperitoneum.
- Akute Embolie durch den Abgang von Wandthromben.
- Zunehmende Thrombose bis hin zum vollständigen Verschluss des Aneurysmas.
- Kompression und Penetration der benachbarten Organe, bedingt durch die Größenzunahme des Aneurysmas.

Therapie

- Offene Ausschaltung des Aneurysmas und Ersatz durch Prothese (s. 4.6.6) oder endovaskuläres Ausschalten mit einer stentgestützten endoluminalen (in der Gefäßlichtung liegenden) Prothese (s. 4.4.4).
- Bei der herznahen Aorta bis zum Abgang der linken A. subclavia ist der Einsatz der Herz-Lungen-Maschine notwendig; beim Aortenbogen muss ein Herz-Kreislauf-Stillstand mit Unterkühlung des Körpers herbeigeführt werden.

4.2 Gefäßchirurgisches Instrumentarium

Zum Arbeiten am Gefäß werden bevorzugt atraumatische Instrumente wie Pinzetten und Gefäßklemmen verwendet. Diese Instrumente besitzen spezielle Zahnungen, die das Gewebe zwar präzise fassen, aber kaum schädigen.

4.2.1 Standardinstrumentarium (Beispiele: Abb. 4.4–4.15)

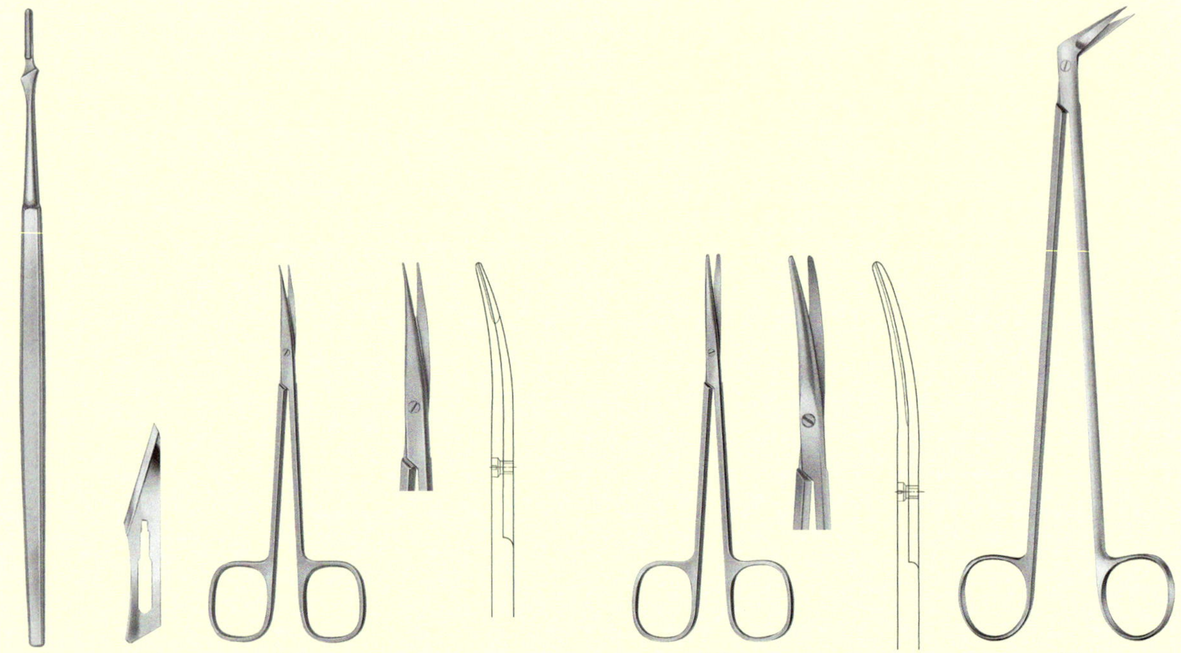

4.4 4.5 4.6 4.7 4.8

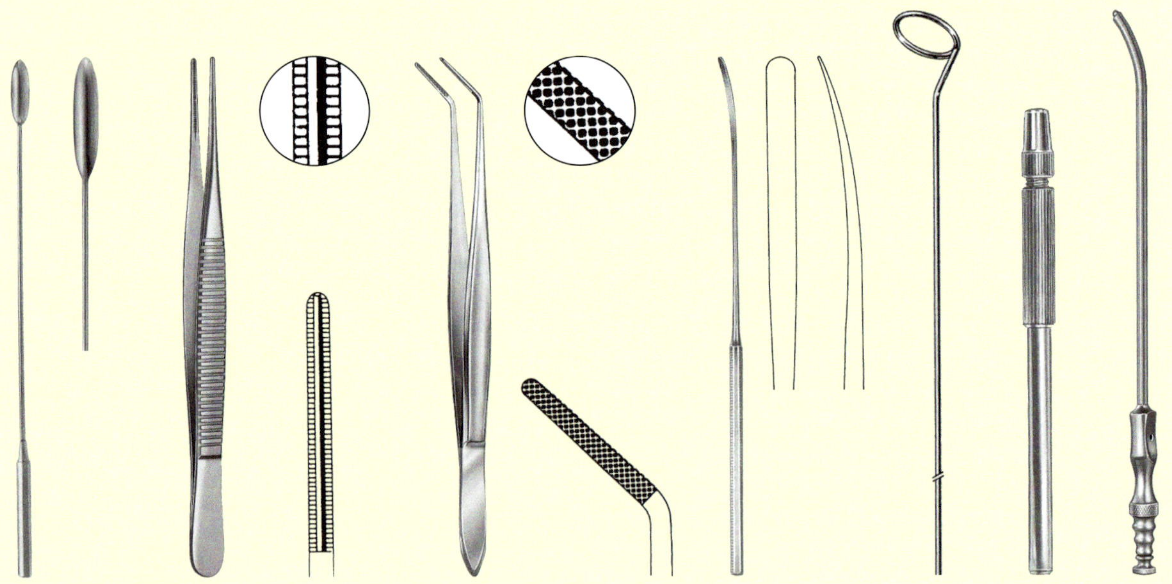

4.9 4.10 4.11 4.12 4.13 4.14 4.15

4.2.2 Zusätzliches Instrumentarium (Beispiele: Abb. 4.16–4.24)

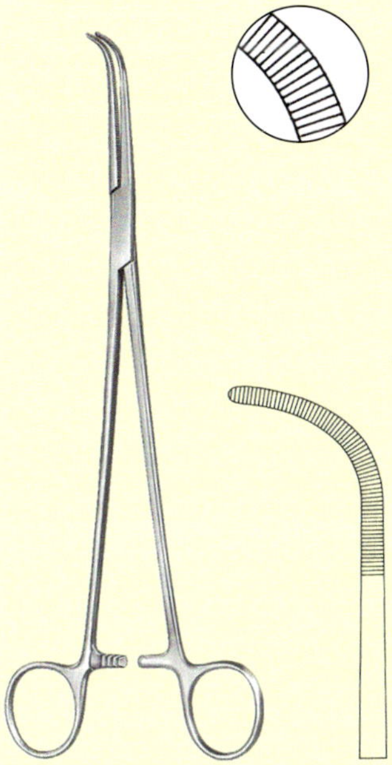
4.16

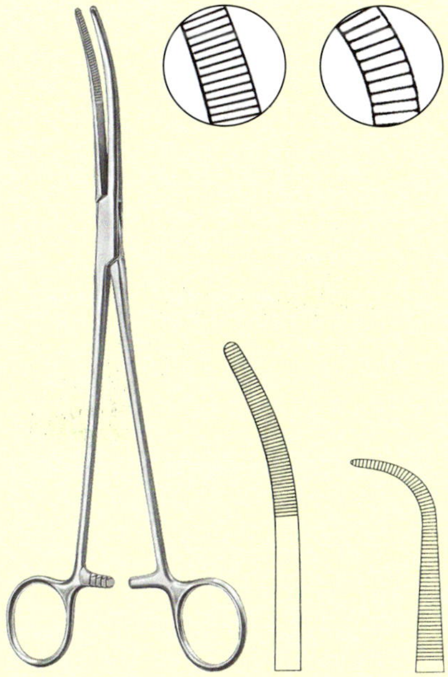
4.17

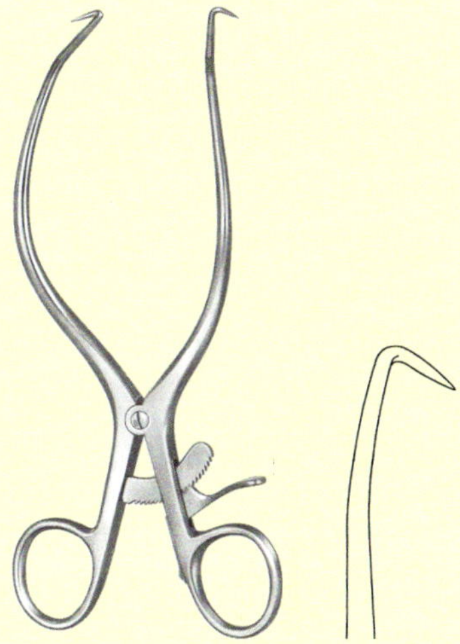
4.18

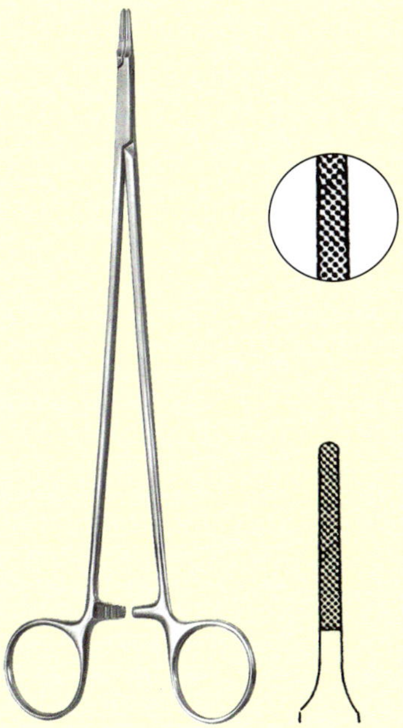
4.19

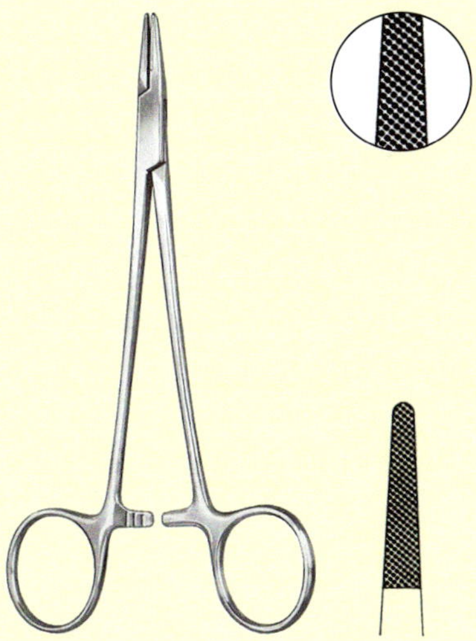
4.20

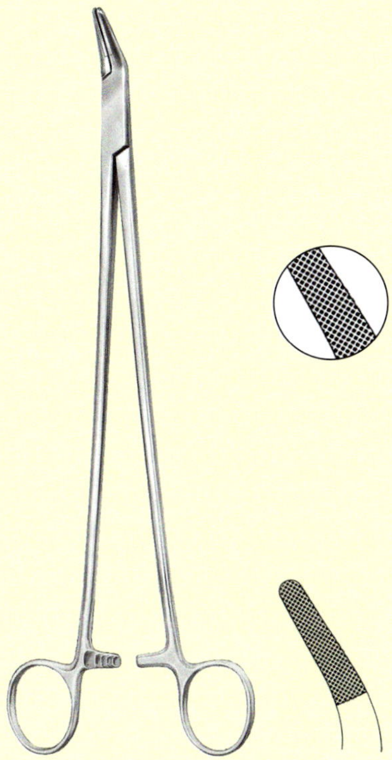
4.21

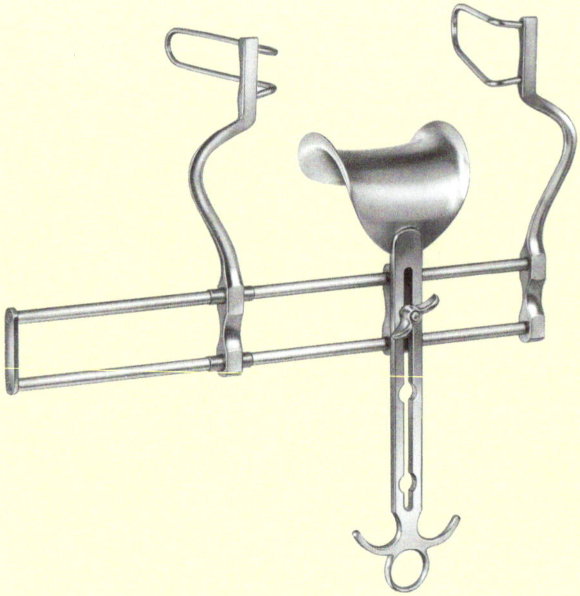

4.22

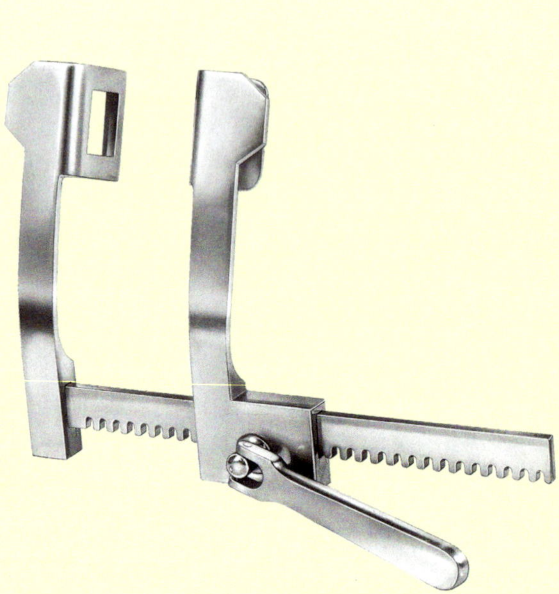

4.23

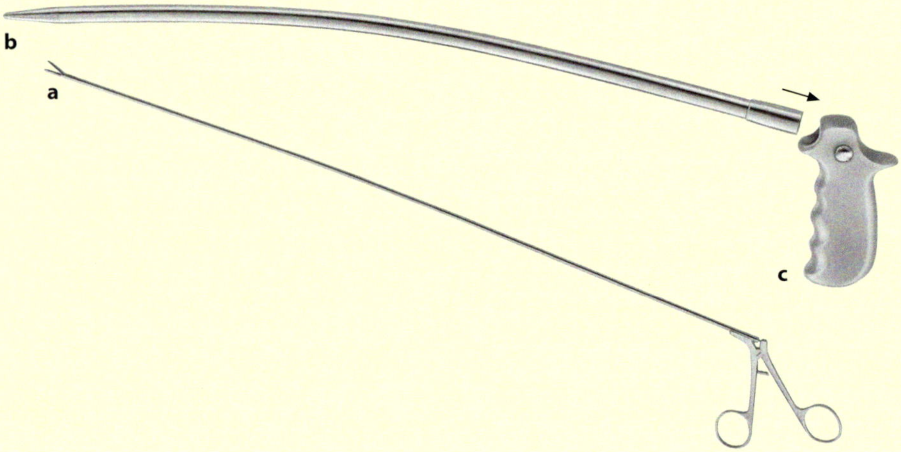

4.24

Abb. 4.4 Skalpellgriff
Abb. 4.5 Skalpellklinge (Stilett)
Abb. 4.6 Reynolds-Jameson, Gefäßschere
Abb. 4.7 Metzenbaum, feine Präparierschere
Abb. 4.8 Potts-De Martel, Schere 60 Grad
Abb. 4.9 De Bakey, Gefäßdilatator (»Olive«). (Abb. 4.4–4.9 Fa. Aesculap)
Abb. 4.10 De Bakey, atraumatische Pinzette
Abb. 4.11 Cushing, Pinzette
Abb. 4.12 Intimaspatel (Dissektor)
Abb. 4.13 Vollmar, Ringstripper
Abb. 4.14 Ringstrippergriff
Abb. 4.15 Adson, Saugrohr. (Abb. 4.10–4.15 Fa. Martin)
Abb. 4.16 Gemini, Präparier- und Ligaturklemme
Abb. 4.17 Rumel, Präparier- und Ligaturklemme
Abb. 4.18 Gelpi-Loktite, Wundsperrer
Abb. 4.19 Ryder-Vascular, Nadelhalter
Abb. 4.20 Crile-Wood, Nadelhalter
Abb. 4.21 Finocchietto, Nadelhalter
Abb. 4.22 Balfour, Bauchdeckenhalter
Abb. 4.23 Finocchietto, Rippensperrer. (Abb. 4.16–4.23 Fa. Martin)
Abb. 4.24 Jenkner, Tunnelierungs- und Durchzugsinstrumentarium für Gefäßprothesen. (Fa. Aesculap)

4.2.3 Gefäßklemmen und ihre Zahnungen (Beispiele: Abb. 4.25–4.39)

Die einzelnen Typen werden in verschiedenen Längen hergestellt

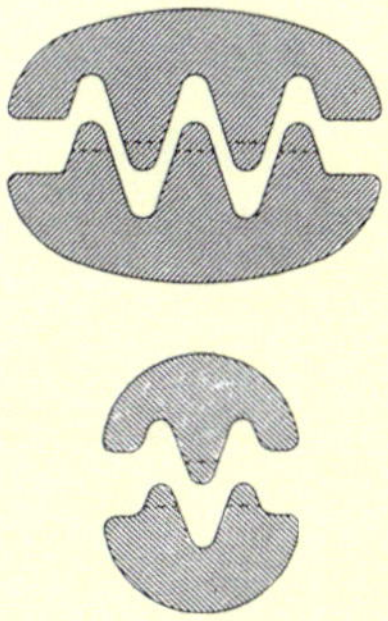

4.25

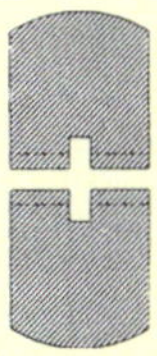

4.26

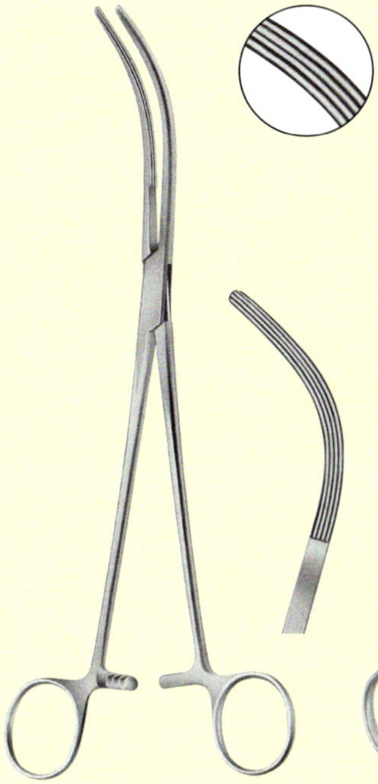

4.27

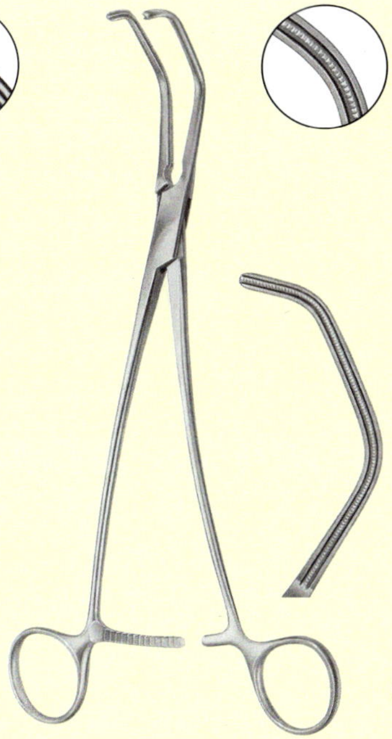

4.28

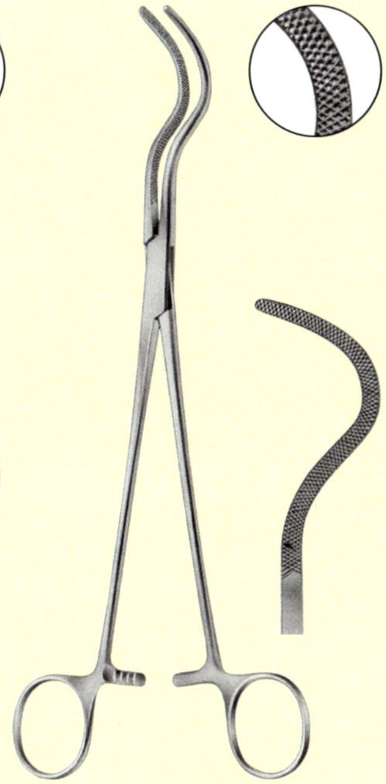

4.29

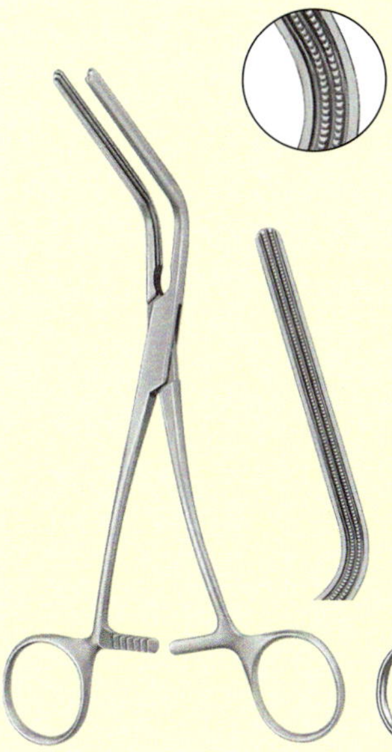

4.30

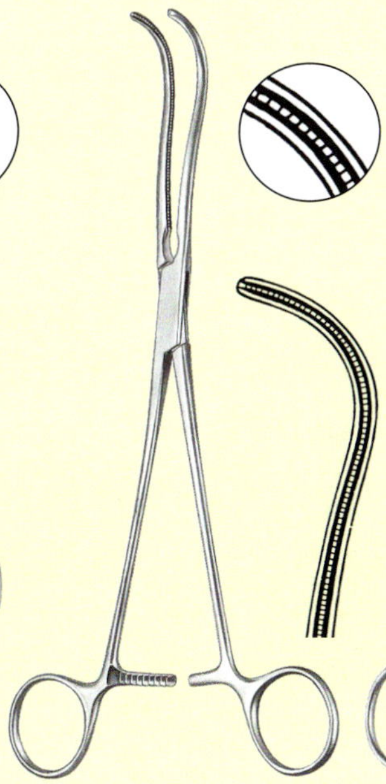

4.31

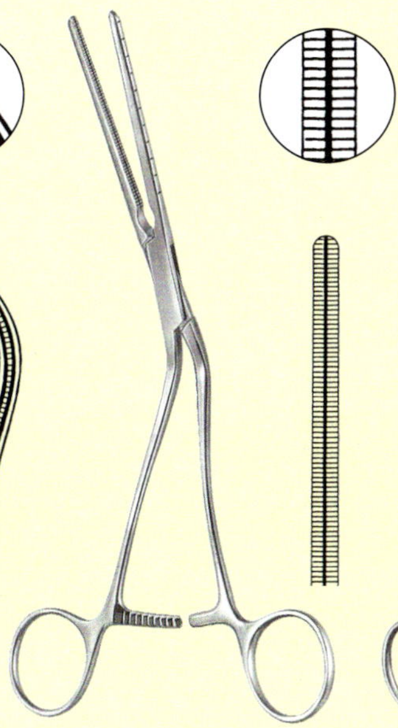

4.32

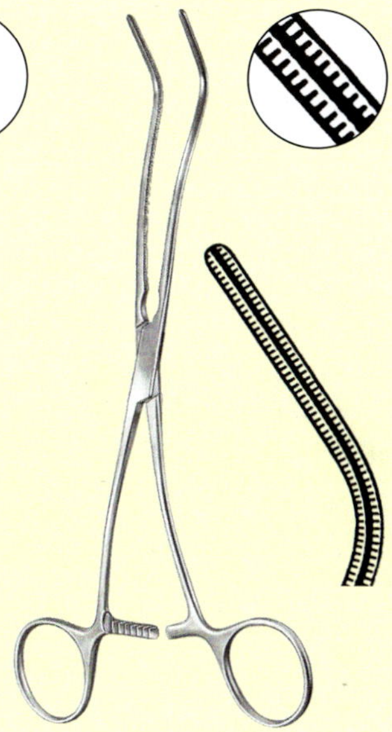

4.33

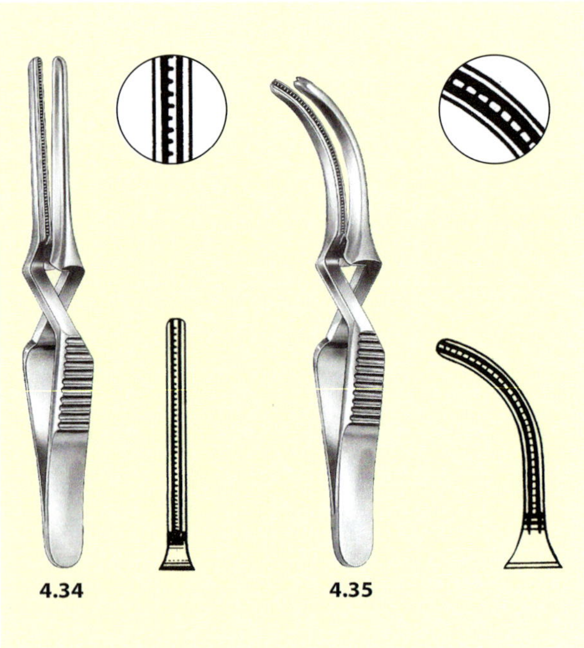

- Abb. 4.25 Atraumatische De-Bakey-Zahnung
- Abb. 4.26 Atraumatische Cooley-Zahnung
- Abb. 4.27 Crafoord, Gefäßklemme
- Abb. 4.28 De Bakey-Satinsky, atraumatische Gefäßklemme
- Abb. 4.29 Harken, Gefäßklemme
- Abb. 4.30 Morris, Gefäßklemme. (Abb. 4.27–4.30 Fa. Aesculap)
- Abb. 4.31 De Bakey, atraumatische Gefäßklemme
- Abb. 4.32 Cooley, atraumatische Gefäßklemme (Iliakaklemme)
- Abb. 4.33 Cooley, atraumatische Gefäßklemme (Karotisklemme)
- Abb. 4.34 Atraumatische Bulldogklemme, gerade
- Abb. 4.35 Atraumatische Bulldogklemme, gekrümmt

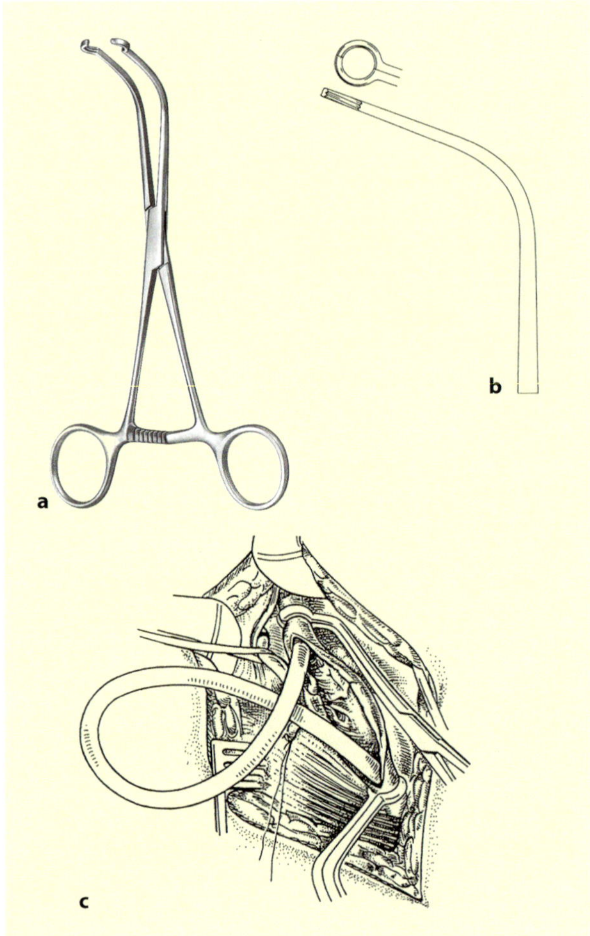

Abb. 4.36a–c Javid, Karotisklemme (Shuntklemme)

4.3 Gefäßprothesen

Autologes Venenmaterial

Die Vene ist keine eigentliche Gefäßprothese, wird aber wegen der Vorteile des körpereigenen Materials in der Gefäßchirurgie bevorzugt eingesetzt. Wenn eben möglich und vorhanden, wird autologes Material an den Extremitäten als Bypass, als Interponat oder als Patch bei der Erweiterungsplastik verwendet.

4.3.1 Polyesterprothesen

Diese Kunststoffprothesen (früher Dacron-Prothesen) gibt es in gestrickter, in gewebter und in speziell beschichteter Form. Gestrickte und gewebte Polyesterprothesen sind nicht primär dicht und müssen durch ein »preclotting« versiegelt werden.

Fast alle Prothesen haben eine »guideline«: eine Führungslinie, die dem Operateur zur Orientierung beim Durchzug durch das Gewebe dient und so eine Drehung der Prothese verhindert.

»Preclotting«

Zum Preclotting wird die Prothese mit nichtheparinisiertem Eigenblut vorbehandelt. Hierzu wird dem Patienten etwa 15 min vor der Implantation Blut abpunktiert, in dem die Prothese vollständig getränkt und mehrmals ausgestreift wird. Die einsetzende Blutgerinnung führt zur Ablagerung von Fibrin in den Prothesenporen und

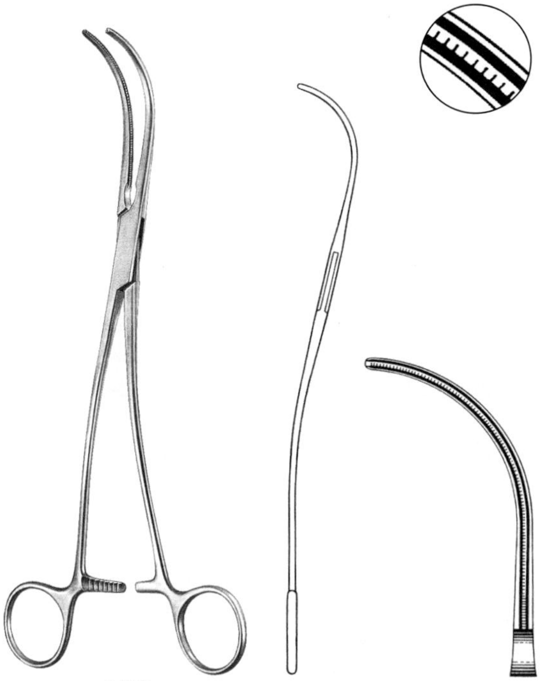

4.37

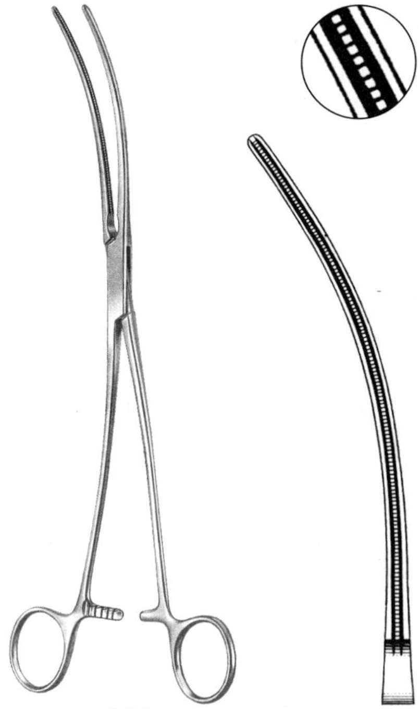

4.38

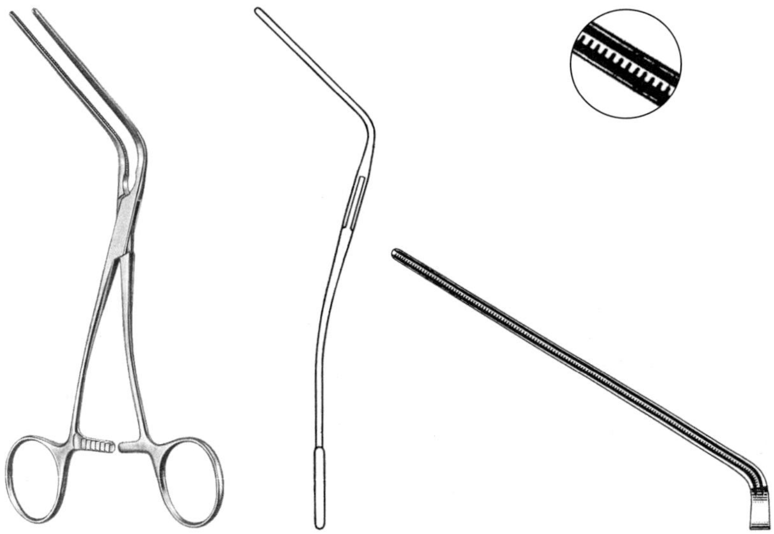

4.39

■ Abb. 4.37 De Bakey, Gefäß- und Ligaturklemme

■ Abb. 4.38 Aorta-Aneurysma-Klemme

■ Abb. 4.39 Leland-Jones, Peripherieklemme. (Abb. 4.31–4.39 Fa. Martin) damit, zusammen mit Thrombozyten, zu einer biologischen Versiegelung.

Die durchtränkte Prothese wird in einem sauberen, sterilen Behälter aufbewahrt und sollte, bevor sie endgültig eingesetzt wird, ausgesaugt werden.

Polyesterprothesen gibt es auch mit Doppelvelours, d. h. die Prothese besitzt innen und außen eine Velourskonstruktion.

Der kurze Innenbesatz gewährleistet nach der Einheilung möglichst gute Fließeigenschaften und hält das Ausmaß der neu gebildeten Neointima, die mit der Innenschicht verwächst, möglichst niedrig. Der Außenflor ist hoch und begünstigt hierdurch das Einwachsen in das Umgebungsgewebe.

Gestrickte Prothesen

- Der Kettenwirksteppstich verhindert bei dieser Prothese ein Ausfransen.
- Bei der unbeschichteten gestrickten Prothese ist ein Preclotting unbedingt erforderlich!
- Sie kann bevorzugt an Extremitäten und im Bauchraum verwendet werden.
- Da sie nicht ausfranst, bietet sich die gestrickte Prothese als Patch (»Flicken«) zur Erweiterungsplastik an.

Gewebte Prothesen

- Die gewebte Prothese ist weniger porös. Dadurch wird das Preclotting verkürzt.
- Sie kann an Extremitäten, im Bauchraum und im thorakalen Bereich verwendet werden.

Primär dichte Polyesterprothesen

- Sie sind besonders imprägniert. *Beispiel:* Doppelveloursprothese mit Kollagenimprägnierung, die sich innerhalb von 12 Wochen durch Kollagenase resorbiert.
- *Vorteile:* kein Preclotting, sofortige Einsetzbarkeit, verbesserte Einheilung, geringerer intraoperativer Blutverlust, verkürzte OP-Zeiten.
- Sie werden bei Aortenersatz und längerstreckigen Bypässen angewendet; außerdem in besonders akuten Situationen, wie bei der Aortenaneurysmaruptur oder bei Operationen an der thorakalen Aorta. Patienten, die mit einer Gefäßruptur o. Ä. notfallmäßig operiert werden, weisen meist schlechte Thrombozytenwerte auf, sodass ein Preclotting schwierig ist.
- Die primär dichten Prothesen dürfen nicht resterilisiert werden.

Resterilisierung von gestrickten und gewebten Polyesterprothesen

- Prothesen, die durch die Vorbehandlung mit Blut kontaminiert sind, dürfen nicht resterilisiert werden.
- Die Prothesen zum Verpacken nur mit Handschuhen anfassen.
- Geeignetes Verpackungsmaterial für den jeweiligen Sterilisationsvorgang benutzen.
- Beschriftung der Verpackung: Prothesenart, Restlänge (wird bestimmt, indem man die Prothese etwas auseinander zieht) Durchmesser, Datum, Anzahl der bisherigen Resterilisationen, Name des Verpackenden.
- Polyesterprothesen dürfen dampf- und gassterilisiert werden.
- Der Hersteller erlaubt 3-maliges Sterilisieren.

4.3.2 Teflonprothesen

Polytetrafluorethylen (PTFE, Teflon) ist eine Chemiefaser aus dem Fluorkohlenstoffharz. Diese Prothese wird im Gegensatz zu den oben Genannten gegossen (»gereckt«). Daher stanzt jeder Stich ein Loch in die Prothese; Stichkanalblutungen sind die Folge. Auch diese Prothesen verfügen über eine Markierungslinie.

Teflonprothesen zeichnen sich durch folgende Eigenschaften aus:

- Preclotting ist nicht erforderlich.
- Wegen der fehlenden oder nur geringen Elastizität muss die korrekte Prothesenlänge vor der Implantation bestimmt werden.
- Die Prothesen dürfen nur mit scharfen Instrumenten zugeschnitten werden, da sonst die verstärkte Außenschicht beschädigt wird.
- Bei allen Gefäßprothesen wird nichtresorbierbares, monofiles Nahtmaterial verwendet. Ein spezieller, zusätzlich mikroporöser PTFE-Faden (Gore-Tex), mit einem Luftanteil von 50%, reduziert Stichkanalblutungen, da Nadel und Faden den gleichen Durchmesser besitzen. Durch den Luftanteil platziert sich der Faden gut im Stichkanal. Dieses Nahtmaterial kann gassterilisiert werden.
- PTFE-Prothesen werden vorwiegend an den Extremitäten verwendet. Zur Implantation über den Gelenken benutzt man ringverstärkte Prothesen. Diese Ringe können abgenommen werden, ohne dass die Prothese beschädigt wird.
  Außerdem werden PTFE-Prothesen mit dicken und dünnen Wänden produziert.

Zu Dialysezwecken (AV-Shunt) ist eine spezielle Prothese entwickelt worden.
- Resterilisation einer PTFE- Prothese:
  - allgemeine Voraussetzung s. oben.
  - Dampf- und Gassterilisation ist möglich, aber *keine* Strahlensterilisation.
  - Es kann 10-mal resterilisiert werden.

Nachteile von Kunststoffprothesen

- Der Prothesendurchmesser engt sich durch Bildung einer Neointima um 2–4 mm ein, daher sollen Polyesterprothesen bevorzugt in größere Arterien eingesetzt werden.
- Stichkanalblutungen.
- Das Thrombose- und Infektionsrisiko ist größer als bei der Verwendung von autologem Venenmaterial.

Vorteile von Kunststoffprothesen

- Die Länge und das Lumen können nach Bedarf gewählt werden.
- Verkürzung der OP-Zeit.
- Die Anastomosentechnik ist einfacher als bei Venenmaterial.

4.4 Gefäßchirurgische Operationsmöglichkeiten

4.4.1 Gefäßnaht

Direkter Gefäßverschluss

- Bei großen Gefäßen quer wie auch längs möglich.
- Bei mittleren und kleinen Gefäßen meist mit Hilfe eines Patches (Flicken) möglich, der einer Lumeneinengung vorbeugen soll (möglichst Verwendung von körpereigenem Venenmaterial, sonst Kunststoff).

Formen der Anastomose

- End-zu-End-Anastomose,
- Seit-zu-End-Anastomose oder
- Seit-zu-Seit-Anastomose

Wichtig ist, dass eine Stufenbildung in Flussrichtung des Blutes ausgeschlossen wird; hier kann ein Anheften der Intima erforderlich werden. Die Gefäßwand muss vollständig durchstochen werden. Die direkte Naht kann einzeln oder fortlaufend erfolgen.

Nahtmaterial

■ Siehe hierzu auch 1.4.
- Nichtresorbierbare Fäden beim Einsatz von Prothesen (Fremdmaterial).
- Langsam resorbierbare Fäden bei körpereigenem Material (*Beispiel:* Venenbypass).
- Monofil.
- Material: Polypropylen (Ethicon-Prolene); PTFE (Gore-Tex ■ s. 4.3.2).
- Meist doppelt armiertes Fadenmaterial.
- Die Auswahl der Nadel richtet sich nach dem Gewebe und der Prothese.

4.4.2 Desobliteration

(dés =ent-, zer-, weg-; Obliteration = Verstopfung)

Bei der Desobliteration wird ein verschlossener Gefäßabschnitt ausgeräumt und das Gefäßlumen wieder durchgängig gemacht.

Je nach Ansatz lassen sich 2 Verfahren unterscheiden:
- Direktes Verfahren: Das Gefäß wird direkt über dem Embolus bzw. Thrombus eröffnet.
- Indirektes Verfahren: Das Gefäß wird fern des Embolus eröffnet.

Wichtig sind die im Folgenden beschriebenen Vorgehensweisen.

Transluminäre Desobliteration

(transluminal = durch die Gefäßlichtung hindurch).

Die Embolektomie/Thrombembolektomie nach Fogarty bei einem embolischen Gefäßverschluss (■ Abb. 4.40 und s. 4.6.1).

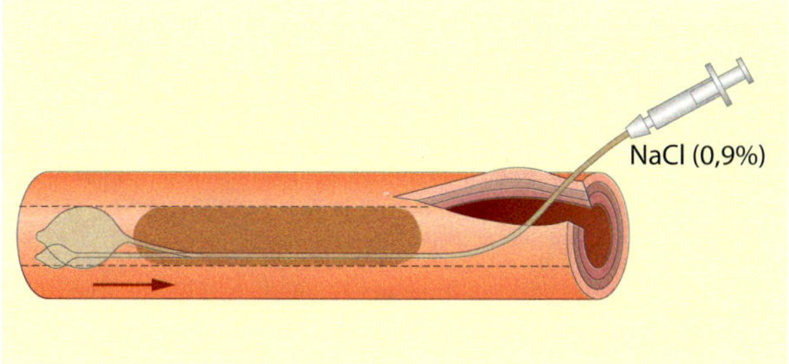

■ Abb. 4.40 Transluminäre Desobliteration. (Nach Lüdtke-Handjery 1981)

Nach der meist quer ausgeführten Arteriotomie wird ein Ballonkatheter nach Fogarty ortho- und retrograd über den Embolus hinaus vorgeschoben, der Ballon aufgefüllt (Auffüllvolumen je nach Kathetergröße) und vorsichtig zurückgezogen. Dabei wird das Verschlussmaterial mitgenommen und mit einer atraumatischen Pinzette entfernt. Dieses Manöver wird solange wiederholt, bis ein guter Blutfluss vorhanden ist. Danach wird lokal Heparin injiziert und das Gefäß direkt verschlossen.

Intramurale Desobliteration

(intramural = innerhalb der Wand eines Hohlorgans).

Ausschälplastik (= Thrombendarteriektomie/TEA) bei einem chronischen Gefäßprozess wie der Arteriosklerose.

Die Wand des erkrankten Gefäßes besitzt eine gesunde Außenschicht; die Innenschicht ist atheromatös verändert. Die verkalkten Wandanteile (Intima und evtl. Media) werden ausgeschält (= das veränderte Endarterium). Bei diesem Verfahren ist besonders darauf zu achten, dass nach Ablösen des Verschlusszylinders in Flussrichtung des Blutes keine Stufe verbleibt; ggf. muss diese mit Naht oder Stent (s. 4.4.4) angeheftet werden.

Offenes Verfahren (◘ Abb. 4.41)

Bei kurzstreckigen Stenosen wird der Gefäßabschnitt in ganzer Länge freigelegt, das Gefäß längs inzidiert und der Zylinder mit einem Dissektor (◘ s. Kap. 4.2) und Overholt ausgeschält. Danach schließt sich meist eine Erweiterungsplastik mit einem Patch (=Flicken) an.

Vorkommen: z. B. Karotisgabel (◘ s. 4.6.2), Aortenbifurkation, A. femoralis communis, A. profunda femoris (◘ s. 4.6.3).

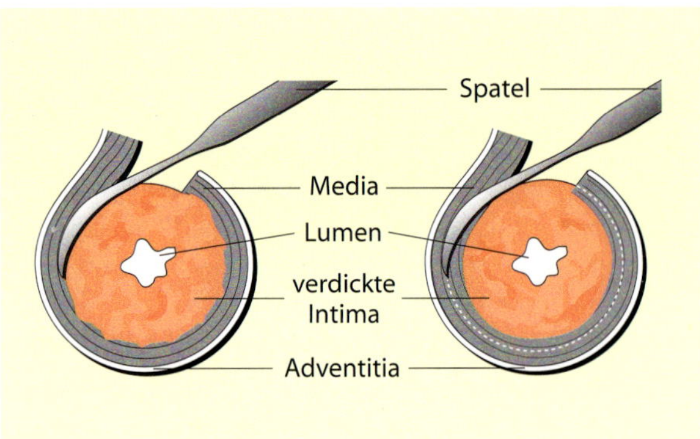

◘ Abb. 4.41 Intramurale Desobliteration mit einem Dissektor

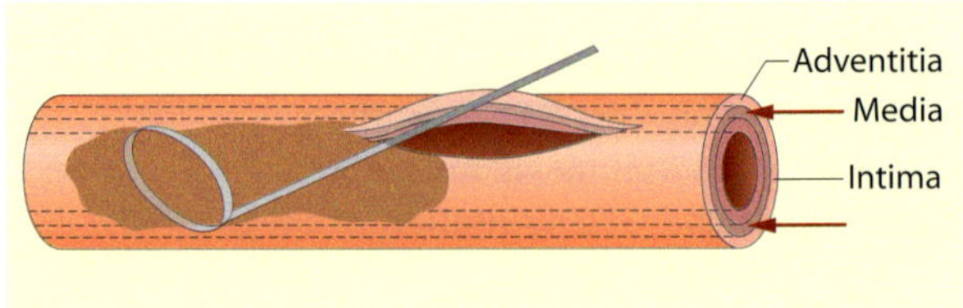

◘ Abb. 4.42 Intramurale Desobliteration mit einem Ringstripper. (Nach Lüdtke-Handjery 1981)

Halbgeschlossenes Verfahren (◘ Abb. 4.42)

Häufig bei länger streckigen Verschlüssen in der Beckenetage.

Beispiel: A.-iliaca-externa-Verschluss. Nach der Längsinzision der A. femoralis communis wird der zu entfernende Verschlusszylinder mit dem Dissektor zirkulär von der gesunden Schicht etwas gelöst und dann durchtrennt. Ein Ringstripper (◘ s. 4.2) wird über den Verschlusszylinder geführt und unter drehenden Bewegungen in dieser Schicht vorgeschoben. Am nächsten großen Gefäßabgang (z. B. A. iliaca interna) wird der Zylinder unter leichtem Zug abgetrennt und zusammen mit dem Ringstripper entfernt.

Bei dieser Methode ist eine optische Kontrolle nicht möglich. Daher besteht die Gefahr der Gefäßperforation mit erheblichen Blutungen, die unverzüglich versorgt werden müssen. Eine ausreichende Hautdesinfektion nach proximal und entsprechendes Abdecken sind obligat.

4.4.3 Intraluminale Dilatation nach Dotter-Grüntzig

I. Middelanis-Neumann, A. Kormann

(Dilatation = Erweiterung).

Mit einem speziellen Dilatationskatheter und einem Druckmanometer werden unter Kontrastmitteldarstellung atheromatöse Verengungen gesprengt bzw. aufgeweitet. Sollte die Dilatation nicht das gewünschte Ergebnis bringen, kann zusätzlich ein Platzhalter, ein sog. Stent, in das aufgedehnte Gefäßsegment eingebracht werden (◘ s. 4.4.4).

Indikationen

- Dieses Verfahren bietet sich an bei Risikopatienten, für die ein größerer Eingriff zu belastend wäre.
- Besonders Verengungen im Becken-, Beinarterienbereich.

- kurzstreckige Iliakastenosen.
- Stenosen der Koronararterien (perkutane transluminale koronare Angioplastie, PTCA).
  Stenosen der Nierenarterien.

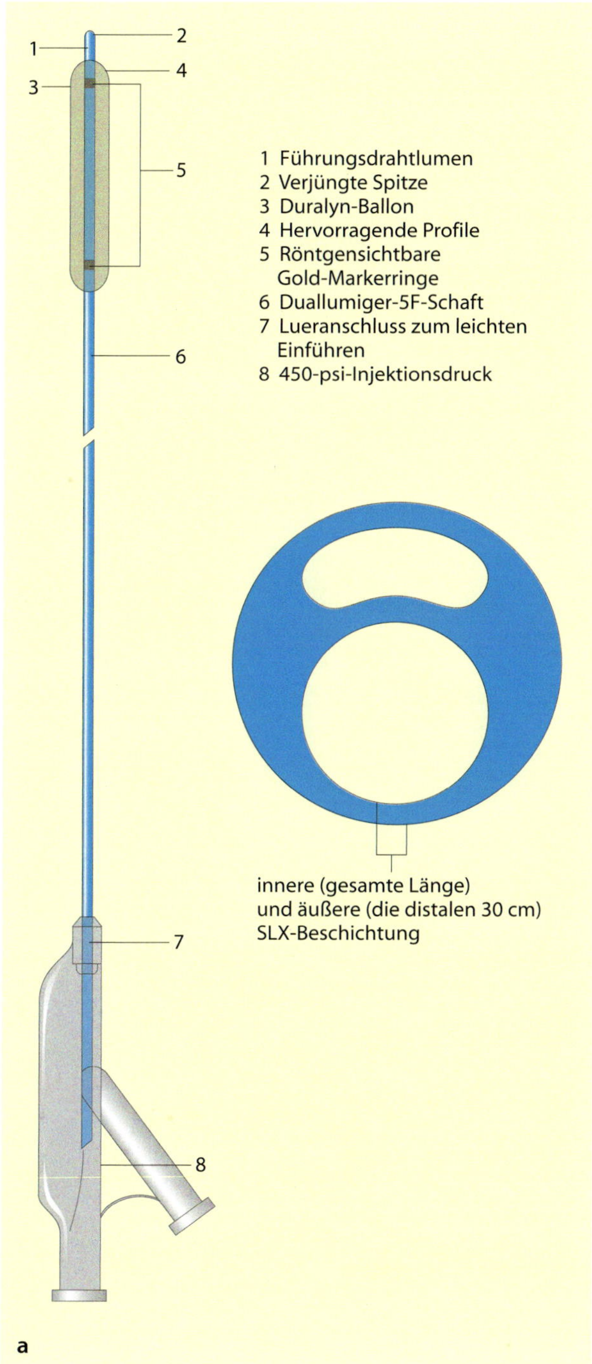

Kontraindikation

- Exzentrische Stenosen mit massiver Verkalkung,
- vollkommener längerstreckiger Gefäßverschluss.

Vorgehensweisen

- Perkutane Dilatation (perkutane transluminale Angioplastie, PTA);
- intraoperative, halb offene Dilatation (intraoperative transluminale Angioplastie, ITA).

Spezialinstrumentarium

Neben dem Grund- und Gefäßstandardinstrumentarium (s. Kap. 4.2) werden die im Folgenden beschriebenen Materialien benötigt.

Dilatationskatheter

Beim Dilatationskatheter (Abb. 4.43) handelt es sich um einen doppellumigen Katheter. Über das eine Lumen ist es möglich zu spülen und Kontrastmittel (Angiographie) zu verabreichen, vornehmlich dient es jedoch der Platzierung des Katheters über einen Führungsdraht. Nach der Dilatation kann intraoperativ lysiert werden. Das zweite Lumen endet in einem Ballon, der wesentlich stabiler ist als der des Fogarty-Katheters.

Die verschiedenen Katheterausführungen unterscheiden sich im Ballondurchmesser und in der Ballonlänge. Der Ballon besitzt am oberen und am unteren Ende eine röntgendichte Markierung und sollte mit Kontrastmittel (in einer 1:4-Verdünnung mit 0,9%igem NaCl) gefüllt werden.

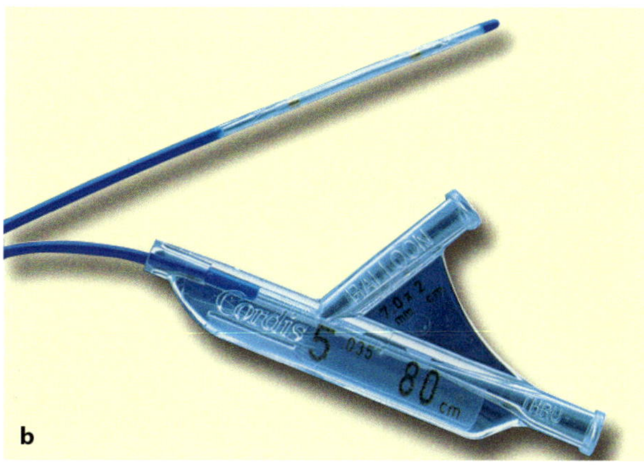

Abb. 4.43a,b Dilatationskatheter. a Schematische Darstellung, b Foto. (Fa. Cordis Johnson & Johnson Endovascular)

Führungsdraht

Hydrophiler Terumo Draht mit einer weichen Spitze. Diese verhindert, dass der Draht beim Vorschieben im Gefäß die Wand perforiert oder eine Dissektion verursacht. Der Draht gleitet noch besser, wenn er vor Gebrauch angefeuchtet wird. Über diesen Führungsdraht wird der Katheter korrekt platziert.

Einführungsschleuse (mit Punktionsset)

Eine Schleuse (◘ Abb. 4.44) ist eine Kanüle mit einem hämostatischen Ventil. In die Kanüle ist ein vorn zugespitzter Dilatator mit zentralem Kanal eingeschoben. Beide zusammen werden mit Hilfe eines durch den Kanal geführten Führungsdrahtes durch das Punktionsloch in das Gefäß geschoben. Nach Entfernen des Dilatators können Drähte und Katheter durch das hämostatische Ventil ohne Blutverlust eingewechselt werden. Ein weiterer seitlicher Zugang mit Dreiwegehahn kann u. a. zur Injektion von Kontrastmittel genutzt werden.

Angiographiekatheter

Einlumiger Katheter mit unterschiedlichen Spitzentypen (z. B. Pigtail = runde Spitze). Die verschiedenen Typen erleichtern das Sondieren der Gefäßabgänge zur selektiven Angiographie.

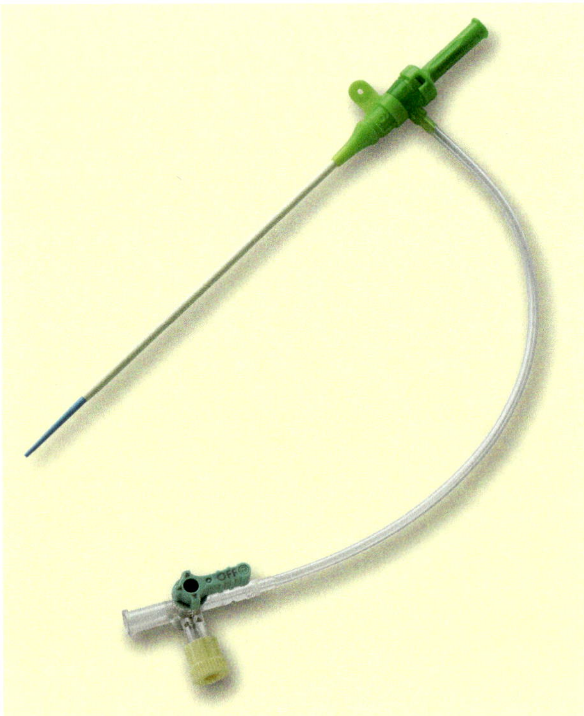

◘ Abb. 4.44 Einführungsschleuse. [Terumo (Deutschland) GmbH]

Dilatationsspritze mit Druckmanometer (◘ Abb. 4.45)

Bei der Dilatation muss über mehrere Sekunden ein gleichmäßiger Druck im Stenosebereich gehalten wer-

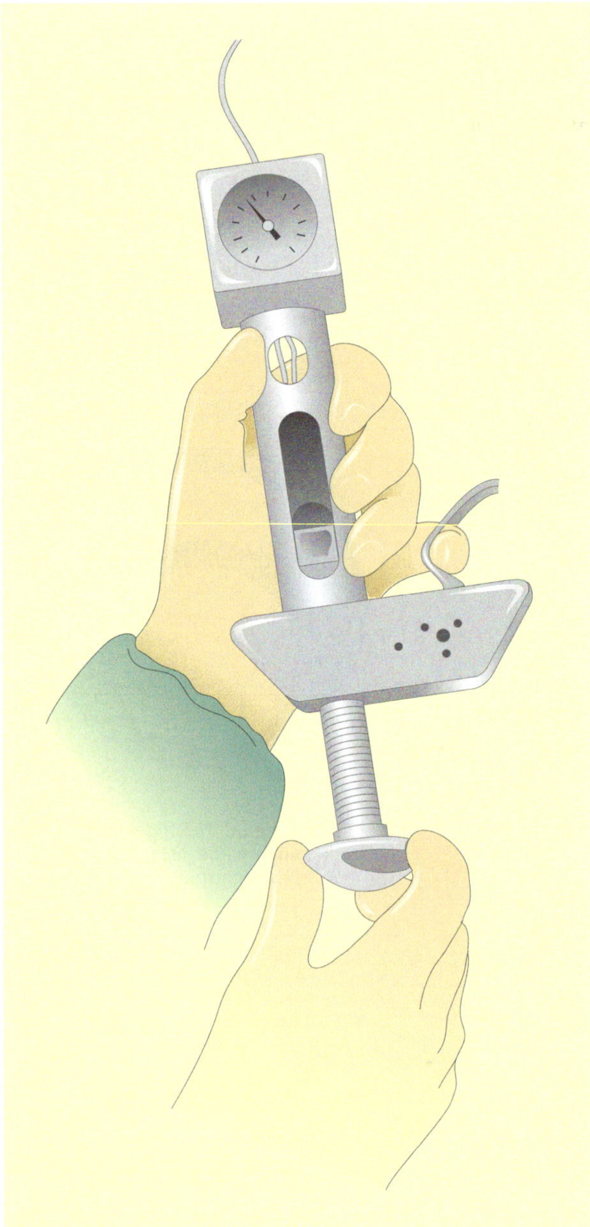

◘ Abb. 4.45 Dilatationsspritze mit Druckmanometer. (Fa. Cordis Johnson & Johnson Endovascular)

den. Hierzu sind die folgenden Funktionen dieses Systems hilfreich:

- Die Druckstärke kann abgelesen werden.
- Der Druck kann ohne Kraftaufwand gehalten werden.

Kontrastmittel

Das Kontrastmittel wird in der entsprechenden Verdünnung bereitgestellt.

Durchleuchtungseinheit, Röntgengerät

Ein wesentlicher Bestandteil dieses Verfahrens ist die Angiographie. Um die Durchleuchtungszeiten und die Dosierung des Kontrastmittels so gering wie möglich zu halten, sind hochauflösende mobile computergestützte DSA-Anlagen entwickelt worden (DSA = digitale Subtraktionsangiographie). Trotzdem ist es notwendig den Patienten wie auch das Personal zu schützen.

Intraoperative Durchleuchtung

Folgende Grundsätze sind dabei zu beachten:

- Den Patienten so gut wie möglich schützen.
- Tragen einer ausreichend dicken, möglichst zirkulären Bleischürze.
- Eventuell Tragen eines Halsschutzes.
- Vermeiden, direkt in den Strahlengang zu geraten.
- Ausreichender Abstand zum Röntgengerät.
- Kurze Durchleuchtungszeiten.
- Tragen eines Dosimeters.
- Dokumentieren der Durchleuchtungszeit.

Intraoperative transluminale Angioplastie

► Meist wird die Femoralisgabel über einen lateralen, unterhalb des Leistenbandes verlaufenden Leistenlängsschnitt aufgesucht (s. Abb. 4.54) und freipräpariert; die einzelnen Gefäße werden angeschlungen

► Punktion oder Arteriotomie der A. femoralis communis und Einbringen der Schleuse über einen Führungsdraht. Fixieren der Schleuse an der Haut mit einer kräftigen Naht

► Retrograde Angiographie über den seitlichen Zugang oder Einbringen des hydrophilen Drahtes und eines Angiographiekatheters für eine orthograde Angiographie. Anschließend Vorschieben des Katheters zum Stenosebereich

► Auffüllen des Ballons und Halten eines bestimmten Druckes über mehrere Sekunden. Dabei werden die atheromatösen Massen oder Thromben an die Gefäßwand gedrückt. Dieses Verfahren kann wiederholt werden. Ist der Stenosebereich dann noch nicht ausreichend durchgängig oder besteht eine Dissektion, wird ein Stent eingebracht (s. 4.4.4)

► Die einzelnen Schritte erfolgen unter Durchleuchtung/Angiographie

► Verschluss der Arteriotomie, Blutstillung, Redon-Einlage, schichtweiser Wundverschluss

4.4.4 Gefäßstützen (Stents)

A. Kormann

Ein Stent ist eine Gefäßstütze (Platzhalter) aus einem zirkulären Drahtgitter. Dieses Gitter presst sich an die Gefäßwand oder wird in ihr verankert. Dadurch bleibt das z. B. aufgedehnte (dilatierte) Gefäß offen. Prinzipiell besteht für alle Gefäße die Möglichkeit eines Stenteinsatzes, im Wesentlichen hat sich jedoch »das Stenten« der Koronar-, Nieren- und Beckenarterien bei der AVK durchgesetzt. Neuerdings wird das Stenten der Halsarterien in Langzeitstudien erprobt. Aneurysmen können bei entsprechenden morphologischen und anatomischen Voraussetzungen in verschiedenen Körperregionen mit ummantelten (»gecoverten«) Stents ausgeschaltet werden (»endoluminale oder endovaskuläre Aneurysmaexklusion«). Diese Technik hat in den letzten Jahren besondere Bedeutung bei Aneurysmen der thorakalen Aorta descendens und der infrarenalen Aorta erlangt.

Man unterscheidet die folgenden Stents:

– Selbstexpandierbar	– Nichtselbstexpandierbar
– Gecovert	– Nichtgecovert
– Mit einer dünnen Polyester oder PTFE-Schicht ummantelt	– Nur ein Drahtgeflecht
– Montiert	– Unmontiert
Auf einem Dilatationskatheter	
Überwiegend zur Beseitigung von Aneurysmem	**Überwiegend zur Beseitigung von AVK-Stenosen**

Stents zur Beseitigung eines Aneurysmas sind außerdem in einem sog. *Device*, einem kombinierten Einführungs- und Entladesystem, verpackt, dass die Funktion einer Schleuse besitzt. So wird dem Operateur ermöglicht einen Aortenstent z. B. über die A. femoralis communis einzubringen.

4

Beschreibung einer Stenteinlage bei AVK in die A. iliaca communis

! Bei sehr massiven und harten Kalkablagerungen kann es passieren, dass das Aufdehnen des Gefäßes nicht gelingt und die Stenteinlage unmöglich wird. Deshalb ist es in jedem Fall erforderlich auf ein konventionelles Verfahren wie z. B. den extraperitonealen Prothesenbypass (s. 4.6.8) ausweichen zu können. Außerdem kann ein Gefäß beim Dilatieren einreißen. Dann ist größte Eile geboten! Diese Gefahr muss jedem, der eine solche Operation instrumentiert, bewusst sein!

Instrumente/Materialien

Siehe 4.4.3,
- Durchleuchtungseinheit und entsprechender Strahlenschutz (s. 4.4.3),
- steriler Bildwandlerbezug.

Lagerung und Abdeckung

- Gerade Rückenlagerung auf einem Durchleuchtungstisch.
- Abdeckung wie zu einer Bauchaortenoperation (um ggf. auf ein konventionelles OP-Verfahren ausweichen zu können).

Dilatation und Stenteinlage in die A. iliaca communis

► Perkutane Punktion oder Leistenschnitt und Darstellen der A. femoralis communis (Abb. 4.54 und siehe hierzu auch 4.6.3)

► Anschlingen mit 2 Bändern und Einbringen der Schleuse (Klären, welcher Stent zum Einsatz kommt, danach richtet sich das Kaliber der Schleuse!) und Fixieren

► Hydrophilen Draht bis in die Aorta schieben, Pigtailkatheter über den Draht in die Aorta schieben, Draht entfernen, angiographieren. Auf dem Monitor des Bildverstärkers die Grenzen des Gefäßes anzeichnen lassen:
- die Aortenbifurkation
- die proximalen und distalen Grenzen der Stenose
- den Abgang der A. iliaca interna
- ggf. das Kaliber der A. iliaca communis

► Hydrophilen Draht durch den Pigtailkatheter wieder in die Aorta vorschieben und Pigtailkatheter entfernen. Dilatationskatheter (Kaliber vorher festlegen) über den Draht bis zur proximalen Stenosegrenze vorschieben. Dilatieren, nach Herstellerangaben auf Druckgrenzen achten. Kontrollangiographie

► Ist die Stenose nicht ganz beseitigt, kommt der Stent zum Einsatz. Kaliber und Länge erfragen. Ist der Stent montiert, benötigt man keine weiteren Materialien. Bei unmontiertem Stent wird ein Dilationskatheter der entsprechenden Größe und Länge, sowie eine Einführhilfe, für die Überwindung des hämostatischen Ventils der Schleuse, benötigt. Einbringen des Stents mit einem Dilatationskatheter über den hydrophilen Draht. Platzieren des Stents in den angezeichneten Grenzen und »Abwerfen« durch Aufdehnen des Katheters. Abschlussangiographie

► Schleuse entfernen, bei offener Punktion Punktionsstelle mit einer Naht verschließen und schichtweiser Wundverschluss

► Beim perkutanen Vorgehen manuelle Kompression der Punktionsstelle für 10–15 min und Anlegen eines Kompressionsverbandes für 6 h

Beschreibung einer Stenteinlage in die infrarenale Bauchaorta bei Aneurysma

Instrumentarium/Materialien

- Grund- und Gefäßinstrumentarium (s. 4.2),
- Spezialinstrumentarium (s. 4.4.3),
- Heparinlösung,
- Kontrastmittel,
- Durchleuchtungseinheit und entsprechender Strahlenschutz (s. 4.4.3),
- steriler Bildwandlerbezug.

Vorbereitung am Patienten

- Durchleuchtungstisch.
- Unter den Rücken des Patienten wird parallel zur Wirbelsäule ein röntgendichtes Lineal gelegt, das eine exakte Positionsangabe der Aortenabgänge ermöglicht.
- Abdeckung wie zur Bauchaortenoperation: nach proximal bis zur Mamillenhöhe, nach distal mindestens bis zur Oberschenkelmitte.
- Nach der sterilen Abdeckung wird an jeder Patientenseite je eine Heidelberger-Verlängerung zur dauerhaften Spülung der Schleuse befestigt. Die Spülung wird von den Anästhesisten angereicht (Heparin-Kochsalz-Lösung, 1 : 100 verdünnt, im Druckbeutel).

Instrumentelle Vorbereitung

- 2 Instrumentiertische längs aufbauen und hintereinander stellen, um Ablagefläche für die langen Drähte und Katheter zu haben.
- Den ersten Tisch als Instrumentiertisch decken.

- Den Zweiten mit Drähten, Kathetern, Schleusen, (Spül-)Lösungen vorbereiten (5000 IE Heparin auf 1 l Ringer-Lösung, Kontrastmittel unverdünnt und 20 ml Kontrastmittel 1 : 4 verdünnt).
- Den Beistelltisch wie zur Aortenoperation vorbereiten, s. 4.6.6 (für das evtl. Umsteigen auf ein konventionelles OP-Verfahren).
- Alle Katheter, Schleusen und Drähte werden mit verdünnter Heparinlösung durchgespült.

Stenteinlage in die infrarenale Bauchaorta

- ► Da der Stent (Abb. 4.46) für die infrarenale Aorta immer Y-förmig ist, Freilegen der rechten und linken A. femoralis communis (s. 4.6.3 und Abb. 4.54)
- ► Die beiden Arterien werden angezügelt und nach proximal mit einem Tourniquet versehen
- ► Ein feuchter Streifen wird in die linke Leiste eingelegt. Der Operateur wechselt die Seite. (Alle Beteiligten stehen zum Implantieren meistens auf der linken, der Bildwandler auf der rechten Seite.)
- ► Steriles Beziehen des Bildwandlers
- ► Der Bildwandler wird über den Patienten gefahren, unter Durchleuchtung in die richtige Position gebracht und fixiert
- ► Einbringen der Schleuse (Kanüle und Hülse, Kanüle entfernen, Führungsdraht, Schleuse und Dilatator, Dilatator entfernen, Schleuse mit einer perkutanen Naht befestigen) in die rechte A. femoralis communis
- ► Hydrophilen Draht anreichen, Pigtailkatheter aufziehen, Draht entfernen, Angiographie
- ► Exakte Ermittlung und Kennzeichnung der Abgänge der Aa. renalis rechts und links, sowie der Aa. iliaca internae (Da der Stent gecovert ist, wäre ein Überstenten der genannten Gefäße fatal!)
- ► Das Device (Entladesystem) in der Zwischenzeit auspacken und gründlich spülen (Herstellerangaben beachten)
- ► Einen festen Führungsdraht (z. B. Amplatz super stiff) anreichen und über den Pigtailkatheter einbringen
- ► Pigtailkatheter entfernen
- ► Ausklemmen der A. femoralis communis, ggf. Arteriotomie, Schleuse entfernen, Device aufziehen
- ► Entfernen der proximalen Gefäßklemme, Vorschieben des Device unter Durchleuchtung
- ► Exaktes Positionieren anhand der Markierungspunkte auf dem Bildschirm, Aortenstentprothese entladen
- ► Einige Prothesenmodelle müssen mit einem Ballonkatheter an die Aortenwand modelliert werden. Der Ballon wird unter Bildwandlerkontrolle mit 1 : 4-verdünntem Kontrastmittel gefüllt
- ► Entfernen des Device, proximale Gefäßklemme schließen, Verschluss der Arteriotomie
- ► Das Device für den linken Schenkel spülen
- ► Einbringen der Schleuse auf der Gegenseite (links), mit hydrophilem Draht versuchen den linken Iliakaschenkel zu sondieren
- ► Gelingt dies nicht: Headhunter-Angiokatheter aufziehen (als Sondierungshilfe) und hydrophilen Draht in die Aorta vorschieben
- ► Headhunter in die Aorta vorschieben und hydrophilen Draht gegen Amplatz-Draht tauschen, Headhunter entfernen und Device einbringen wie oben
- ► Abschlussangiographie und Gefäßnaht
- ► Redon-Drainage, schichtweiser Wundverschluss, Verband

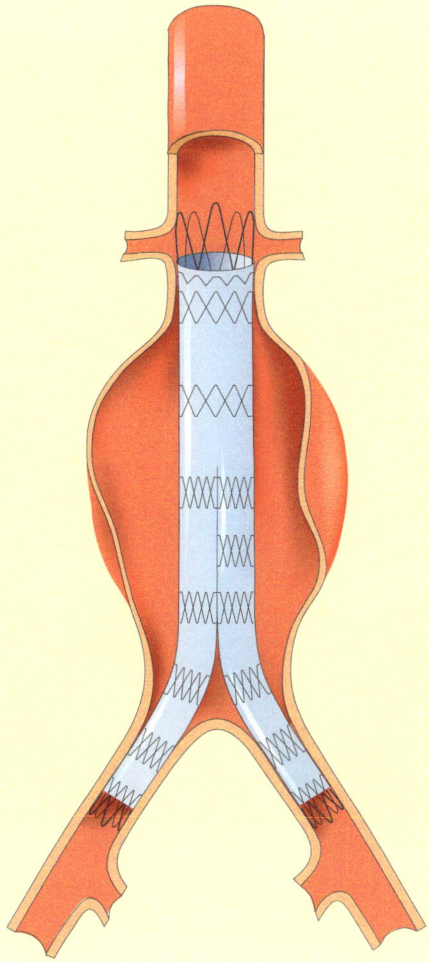

Abb. 4.46 Aortenstent. (Fa. Medtronic GmbH)

Wichtig zu beachten ist:
- **Alle Schleusen müssen – auch zwischendurch – mit Heparinlösung gespült werden.**
- **Alle Drähte immer feucht halten und sauber wischen.**
- **Das OP-Team muss auch die konventionelle Aortenchirurgie beherrschen!**
- **Ein guter Überblick über das gesamte vorhandene Equipment ist Voraussetzung für zügiges Operieren. Wahrung der Sterilität.**

4.4.5 Gefäßtransplantation

Umgehungstransplantat (Bypass; Abb. 4.47)

Definition
Ein Gefäßabschnitt ist verschlossen und wird durch eine Prothese oder durch ein autologes Venentransplantat im Sinne eines Kollateralgefäßes umgangen. Hierbei bleibt der Verschluss bestehen. Der Anschluss findet ober- und unterhalb der Obliteration statt.

Venenbypassformen
- Umkehrbypass: Die Vene wird entnommen, dann um 180° gedreht und an entsprechender Stelle anastomosiert (s. 4.6.4).
- In-situ-Bypass: Die Vene verbleibt in ihrem natürlichen anatomischen Venenbett. Alle Abgänge werden ligiert und im Anastomosenbereich auch durch-

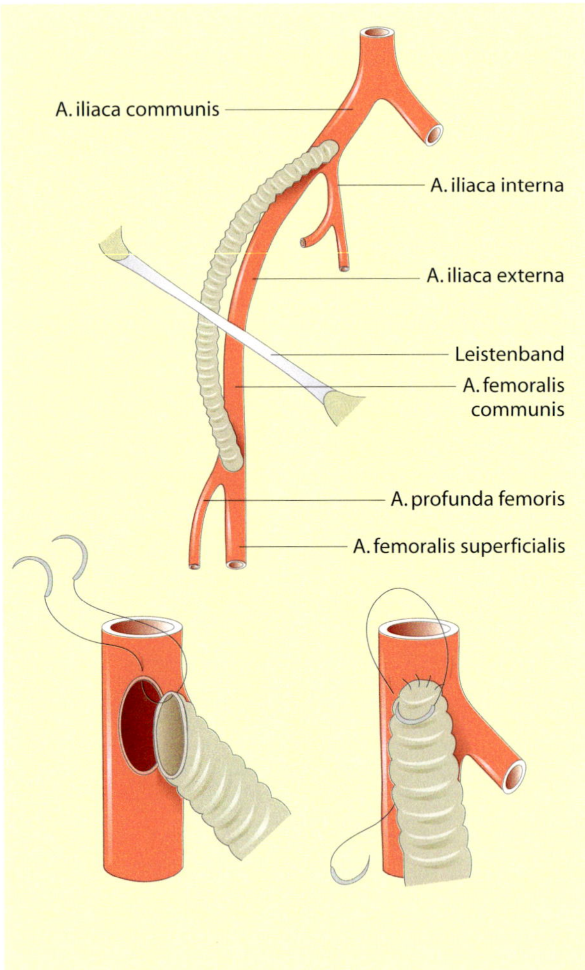

Abb. 4.47 Iliakofemoraler Bypass. End-zu-Seit-Anastomose. (Nach Lüdtke-Handjery 1981)

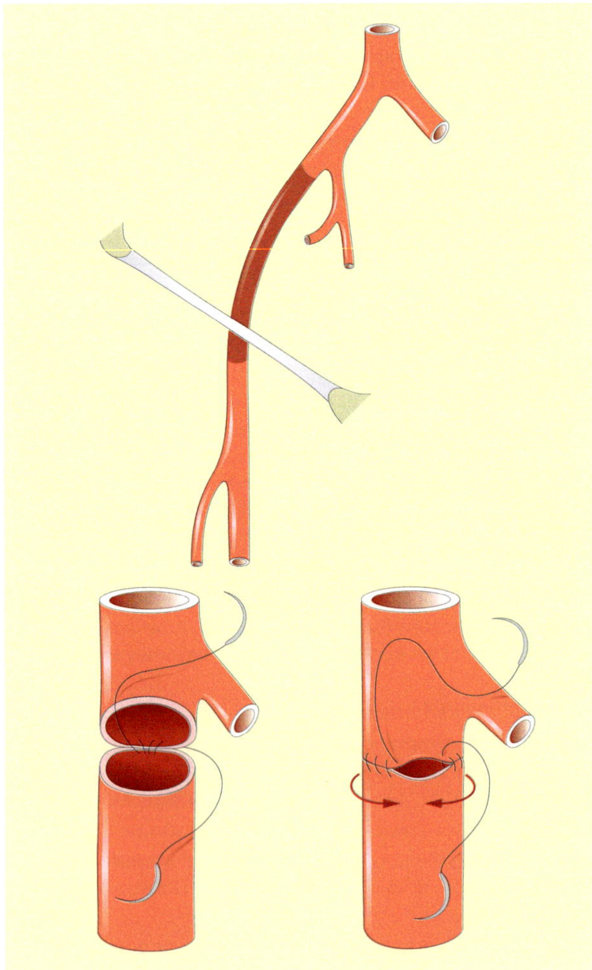

Abb. 4.48 Iliakofemorales Interponat. End-zu-End-Anastomose. (Nach Lüdtke-Handjery 1981)

trennt. Nach Anlage der proximalen Anastomose werden die Venenklappen mit einem Venenklappenschneider (Valvulotom) zerstört, anschließend erfolgt die distale Anastomose (◘ s. 4.6.4).

Beispiele: anatomische Bypässe:
- aortofemoraler Bypass (AVK; ◘ s. 4.6.6),
- femoropoplitealer Bypass.

Beispiele: extraanatomische Bypässe:
- femorofemoraler Bypass (»cross over«; ◘ s. 4.6.9)
- axillofemoraler Bypass (◘ s. Kap. 4.6.9).

Überbrückungstransplantat (Interponat; ◘ Abb. 4.48)

Der betroffene, erkrankte Gefäßabschnitt wird reseziert und durch eine Prothese oder Vene ersetzt.

Beispiel: Aortenaneurysma (◘ s. 4.6.6).

4.5 Zugänge

- **Karotisgabel, A. subclavia:** Längsschnitt am Vorderrand des M. sternocleidomastoideus (◘ Abb. 4.49).
- **A. subclavia, A. carotis:** supraklavikulär (◘ s. Abb. 4.49).
- **A. subclavia, A. axillaris:** Infraklavikulärer Querschnitt (◘ s. Abb. 4.49).
- **Aortenbogen, Aorta ascendens, Truncus brachiocephalicus, A. pulmonalis (Hauptstamm):** mediane Sternotomie (◘ s. Abb. 4.49) mit oszillierender Säge oder Sternummeißel.
- **Aorta descendens:** anteroposteriore Thorakotomie im 4. Interkostalraum (ICR) links, in Rechtsseitenlagerung (◘ Abb. 4.50).
- **Thorakoabdominale Aorta:** thorakoabdominaler Zugang: mediane abdominale Längsinzision → über den linken Rippenbogen → 4.–6. ICR.
- **A. brachialis/A. cubitalis:** S-förmige Inzision in der Ellenbeuge (◘ Abb. 4.51) mit Armauslagerung auf einem Handtisch.

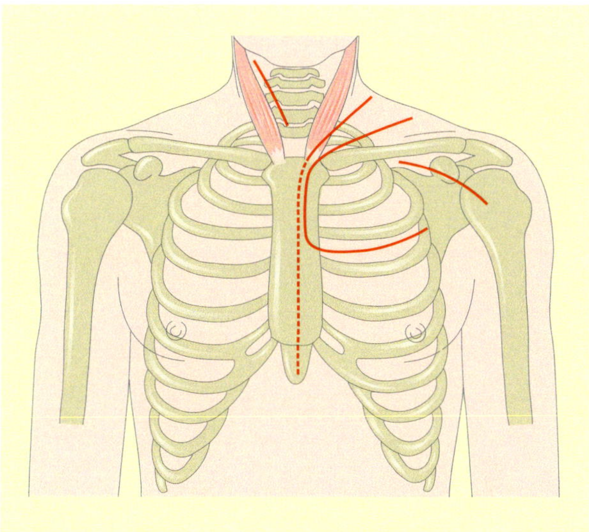

◘ Abb. 4.49 Schnittführung zur Freilegung der supraaortalen Gefäße im Hals- und Thoraxbereich. (Nach Lüdtke-Handjery 1981)

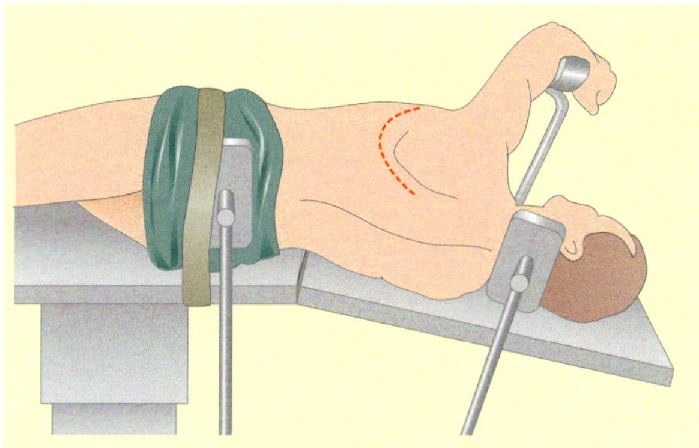

◘ Abb. 4.50 Linksseitige Thorakotomie in Rechtsseitenlage. (Nach Kortmann u. Riel 1988)

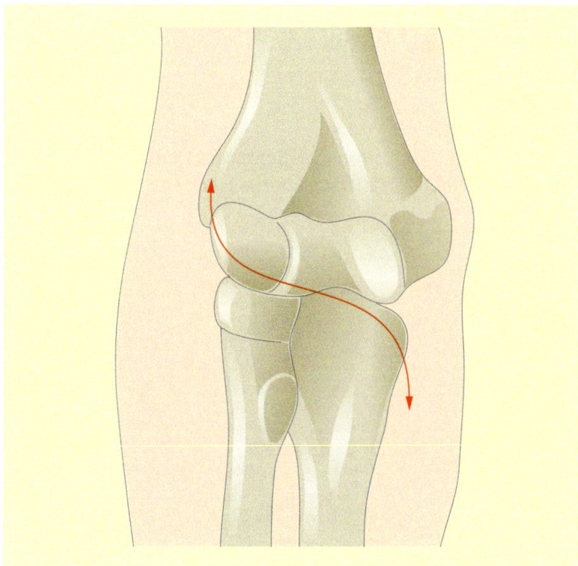

◘ Abb. 4.51 Schematische Skizze der Hautinzision zur Freilegung der A. brachialis. (Nach Lüdtke-Handjery 1981)

- **Aorta abdominalis, Aa. iliacae communes, Nierenarterien, Viszeralarterien:** mediane Laparotomie (▫ Abb. 4.52) mit Linksumschneidung des Nabels.
- **Aorta abdominalis, Nierenarterien, Viszeralarterien:** quer ausgeführte Oberbauchlaparotomie (▫ s. Abb. 4.52): Dieser Zugang ist zeitaufwendiger, zieht aber weniger Narbenbrüche nach sich als andere Laparotomiezugänge.
- **A. iliaca externa (z. B. Cross-over-Bypass mit A.-iliaca-Anschluss):** kleine extraperitoneale Inzision oberhalb vom Leistenband.
- **Aorta abdominalis, A. iliaca, lumbale Sympathektomie:** extraperitonealer Zugang (▫ Abb. 4.53) in Rücken- und Halbseitenlage. Von der 12. Rippe schräg zur Rektusmuskulatur. Wechselschnitt oder Durchtrennung der Muskulatur im Schnittverlauf.
- **A. femoralis, A. profunda femoris:** laterale Längsinzision (▫ Ab. 4.54) unterhalb vom Leistenband. Durch

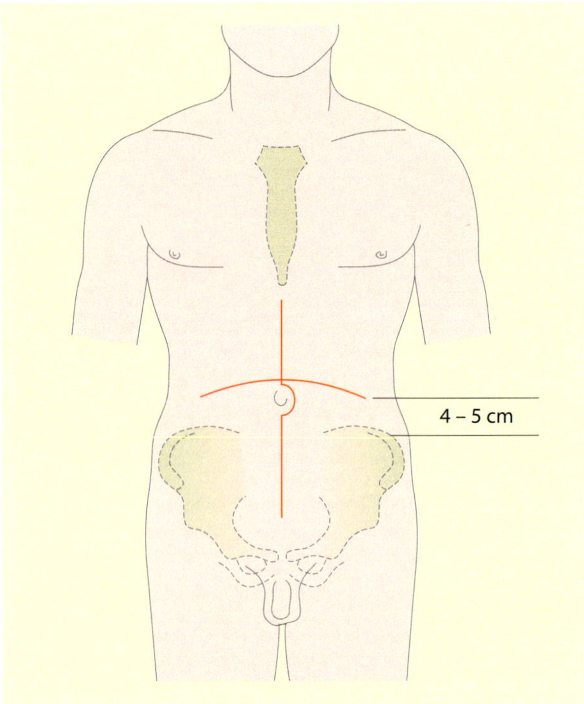

▫ Abb. 4.52 Möglichkeiten der Schnittführung zur Freilegung der abdominellen Aorta. (Nach Lüdtke-Handjery 1981)

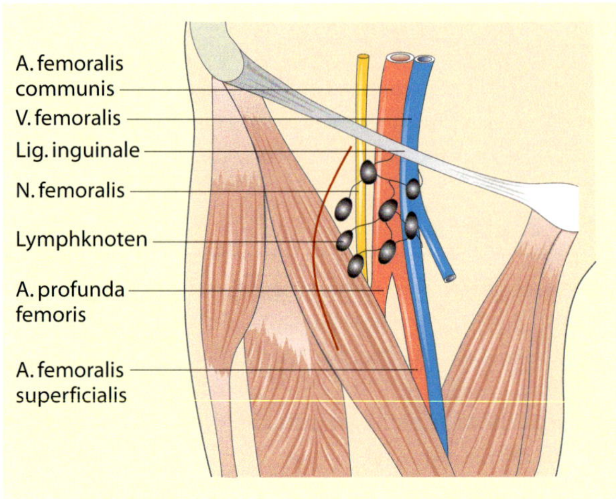

▫ Abb. 4.54 Schematische Darstellung der lateralen Längsinzision in der Leiste. (Nach Lüdtke-Handjery 1981)

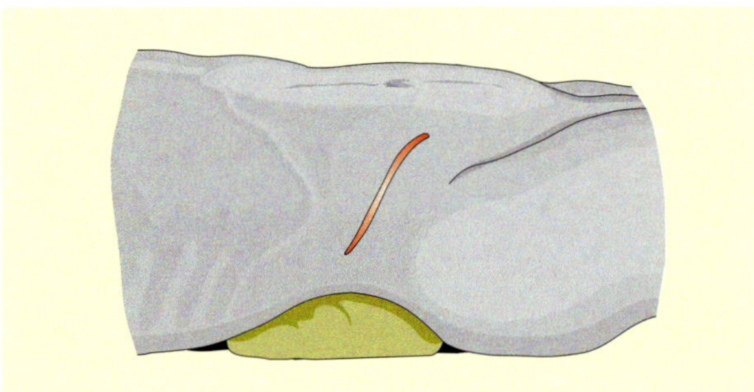

▫ Abb. 4.53 Extraperitonealer Zugang. (Nach Lüdtke-Handjery 1981)

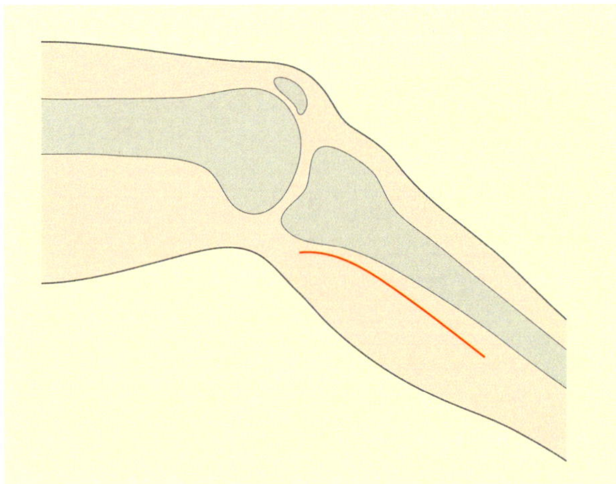

▫ Abb. 4.55 Schnittführung zur Freilegung der A. poplitea. (Nach Lüdtke-Handjery 1981)

die laterale Inzision sollen die Lymphknoten geschont werden.

- **A. poplitea:** Inzisionen im medialen Kniebereich (◘ Abb. 4.55) entweder oberhalb des Kniegelenks oder unterhalb, dann medial dorsal der Tibiakante verlaufend.

4.6 Operationsbeschreibungen

4.6.1 Embolektomie

▪▪▪ Prinzip

Freilegen der entsprechenden Arteriengabel, Gefäßinzision und Ausräumen des Embolus. Die Embolektomie ist eine Kombination aus direkter und indirekter Desobliteration (◘ s. 4.4.2).

▪▪▪ Instrumentarium

- Feines Grundinstrumentarium mit Sperrer, bezogenen – armierten – Klemmchen, Knopfkanüle o. Ä.
- Gefäßstandardinstrumentarium mit Bulldog- und Gefäßklemmen (◘ s. 4.2),
- Fogarty-Katheter, evtl. Spülkatheter mit entsprechenden Spritzen,
- evtl. Kontrastmittel zur Gefäßdarstellung,
- Heparin,
- Haltebänder bzw. Gummizügel,
- evtl. Lokalanästhetikum.

▪▪▪ Lagerung

- Obere Extremität: Rückenlagerung, Lagerung des Armes auf einem Handtisch.
- Untere Extremität: Rückenlage auf einem Durchleuchtungstisch.
- Anlegen der neutralen Elektrode nach Vorschrift.
- Bildwandler und Strahlenschutz (◘ s. 4.4.3).

▪▪▪ Abdeckung

- Hauseigen, Stoffwäsche doppelt, wasserundurchlässig oder beschichtet.
- Die betroffene Extremität steril wickeln.

Embolektomie

► Desinfektion und Abdeckung; Lokalanästhesie

► Hautschnitt:
– Obere Extremität: S-förmig in der Ellenbeuge (◘ s. 4.5)
– Untere Extremität: lateral gelegene Längsinzision unterhalb des Leistenbandes, um Lymphfisteln vorzubeugen (◘ s. 4.5)

► Sorgfältiges Freipräparieren der Gefäße, die mit einem Overholt unterfahren und mit Halteband oder Gummizügel einzeln angezügelt werden
– Obere Extremität: Anschlingen der Aa. radialis, ulnaris und cubitalis (A. brachialis)
– Untere Extremität: Anschlingen der Aa. femoralis communis, profunda femoris, femoralis superficialis

► Die einzelnen Gefäße und ihre Abgänge werden mit Bulldog- oder kurzen Gefäßklemmen abgeklemmt

► Die Arterie wird mit dem Stilett meist quer eröffnet
– Obere Extremität: Die Inzision liegt im Bereich der A. cubitalis (A. brachialis)
– Untere Extremität: Die Inzision liegt im Bereich der A. femoralis communis

► Embolektomie bzw. Thrombembolektomie: Mit dem Fogarty-Katheter (∅ 3–5 F) wird ortho- bzw. retrograd solange vorgegangen, bis ein ausreichender Blutstrom erzielt ist
Durchführung: Öffnen der jeweiligen Gefäßklemme und Vorschieben des Fogarty-Katheters (◘ Abb. 4.56a). Auffüllen des Ballons nach Herstellerangabe (◘ Abb. 4.56b), vorsichtiges Zurückziehen des Ballonkatheters (◘ Abb. 4.56c). Entnahme des Embolus mit einer Pinzette; lokale Heparingabe (Verdünnung nach Angabe, meist 1:100); Schluss der Gefäßklemme.Von der Arteriotomie aus werden die 3 Gefäße in gleicher Weise embolektomiert

► Eine intraoperative Kontrollangiographie sollte folgen

► Die quer ausgeführte Arteriotomie wird meist mit resorbierbaren oder nichtresorbierbaren monofilen Fäden wie folgt verschlossen:
1. Ecknaht mit einem bezogenen Klemmchen armieren
2. Gegenseite Ecknaht
3. Von dort aus fortlaufende Naht. Vor dem Knoten kurzes »Flushen« (Öffnen der Gefäßklemmen, um Restgerinnsel und Luft aus dem Gefäß zu entfernen)

► War zuvor eine Längsinzision erforderlich, kann das Einnähen eines Venen- oder Polyesterpatches notwendig werden (◘ s. 4.6.2)

► Entfernen der einzelnen Gefäßklemmen; Blutstillung; Zählen der Instrumente und Tücher (Dokumentation); Einlage einer Redon-Drainage; schichtweiser Wundverschluss mit resorbierbarem Nahtmaterial; Intrakutannaht/Hautklammerung

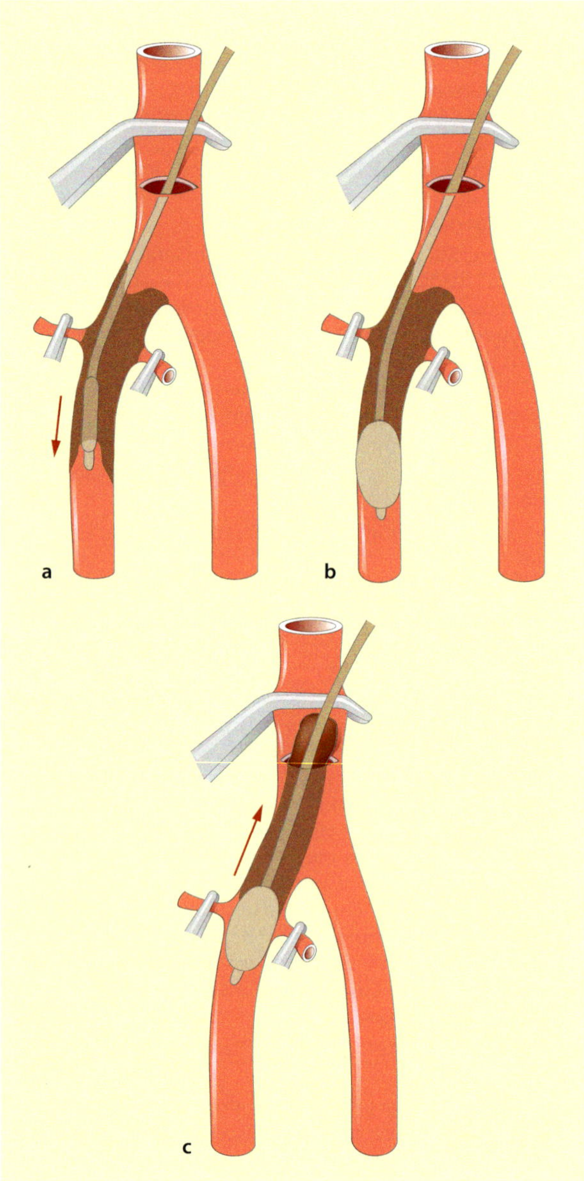

Abb. 4.56a–c Embolektomie mit Fogarty-Katheter. a Vorschieben des Fogarty-Katheters, b Auffüllen des Ballons, c vorsichtiges Zurückziehen des Katheters. (Nach Heberer et al. 1993)

4.6.2 Thrombendarteriektomie der Karotisgabel

Prinzip

Desobliteration im Karotisgabelbereich mit anschließender Erweiterungsplastik mit Venen- oder Polyesterpatch.

Indikation

Stenose meist im Abgangsbereich der A. carotis interna (Karotisgabel) durch Arteriosklerose.

OP-Ziel

Schlaganfallprophylaxe.

Stadieneinteilung

I. Asymptomatisch, Zufallsbefund. In diesem Stadium wird nur dann operiert, wenn es sich um sehr hochgradige Stenosen handelt (>80%)

IIa. TIA (transistorisch-ischämische Attacke)
Es kommt zu einer innerhalb von 24 h voll rückbildungsfähigen seitenbetonten Hirnfunktionsstörung. Kleine Thromben gehen von den Plaques ab. Verschluss kleinerer Gefäße mit zeitweiliger Minderdurchblutung des Gehirns. Dies führt zu vorübergehenden Attacken, schlaffe Armlähmung, Sehstörungen

IIb. PRIND (prolongiertes, reversibles, ischämisches, neurologisches Defizit)
- Reversible Attacken über 24 h bis zu 1 Woche
- Therapie im Stadium II ist die Operation!
- OP-Komplikation: intraoperativer Apoplex

III. Akuter Schlaganfall
Die OP-Indikation ist in sehr seltenen Ausnahmen gegeben, nur wenn innerhalb einer Dreistundengrenze operiert werden kann

IV. Apoplex mit schweren, irreversiblen neurologischen Ausfällen
Problematische OP-Indikation, es sei denn, die gegenseitige Karotis ist ebenfalls hochgradig eingeengt

Instrumentarium

- Feines Grundinstrumentarium mit Sperrer, bezogenen Klemmchen.
- Kurzes Gefäßstandardinstrumentarium (s. 4.2) mit Bulldogklemmen, Gefäßklemmen, evtl. Javid-Klemme (s. Abb. 4.36), Gefäßdilatatoren (Oliven).
- Shunts in Form von Javid-Shunt-Röhrchen oder speziellen Ballonkathetern.
- Ein etwas kräftigeres Gummirohr als *Tourniquet*. (Drehkreuz, eine Form der Gefäßabklemmung ohne Gefäßklemme. Über ein Halteband wird ein kurzes Gummirohr geschoben, angezogen und mit einer Péan-Klemme gehalten.)
- Kunststoffpatch (s. 4.3).
- Evtl. Kontrastmittel zur Abschlussangiographie.

Lagerung

- Rückenlagerung.
- Der Kopf wird leicht rekliniert, zur gesunden Seite gedreht und beispielsweise mit einem Pflasterstreifen fixiert.
- Die Haare müssen gut verdeckt sein, z. B. Einschlagen in ein Dreiecktuch.
- Die Beine etwas gespreizt lagern, um evtl. Venenmaterial entnehmen zu können (als Patch zur Erweiterungsplastik).
- Armanlagerung auf der OP-Seite.
- Anlegen der neutralen Elektrode nach Vorschrift.

Abdeckung

- Hauseigen; Stoffwäsche doppelt, wasserundurchlässig oder beschichtet.
- Die nichtabgedeckte Fläche erstreckt sich seitlich vom Sternum zur Schulter, nach oben bis zum Ohr.
- Bei Venenentnahme muss ein Unterschenkel zugänglich sein.

Thrombendarteriektomie der Karotisgabel

► Hautdesinfektion: Brustbereich bis zum Ohr. Bei Venenentnahme Desinfektion des entsprechenden Unterschenkels

► Soll ein Venenpatch zur Erweiterungsplastik verwendet werden, wird mit der Entnahme eines Stücks der V. saphena magna am distalen Unterschenkel begonnen. Alternativ kommt ein gestrickter oder primär dichter Polyester- oder PTFE-Patch in Frage

► Die Hautinzision liegt im Bereich des Innenknöchels. Die Vene wird in entsprechender Länge dargestellt, präpariert, anschließend distal und proximal ligiert, durchtrennt und in Heparin-Ringer-Lösung aufbewahrt. Nach exakter Blutstillung erfolgt der Wundverschluss am Unterschenkel. Abdecken des Wundgebietes. Evtl. findet ein Handschuhwechsel statt

► Hautschnitt im Halsbereich: längs entlang des Vorderrandes des M. sternocleidomastoideus auf das Mastoid (Processus mastoideus) zu (◘ s. Abb. 4.49). Durchtrennen des Subkutangewebes und seitliches Abschieben der V. jugularis interna

► Durchtrennen, ggf. Durchstechen nach medial ziehender Venenäste mit feinem resorbierbarem Nahtmaterial. Einsetzen von Wundspreizern, z. B. Gelpi-Loktite

► Darstellen der A. carotis communis und distales Anschlingen mit einem Halteband und Tourniquet

► Weitere Präparation der Karotisgabel. Anschlingen der A. carotis interna und der A. carotis externa sowie kleinerer Abgänge

(Beide Gefäße werden vom N. hypoglossus überkreuzt, der die Zunge und den Rachen versorgt.)

► Soll eine intraluminale Shunteinlage erfolgen, so muss vor dem Abklemmen der Gefäße die Shuntgröße erfragt werden und der Shunt vorbereitet sein

► Nach systemischer Heparingabe werden die einzelnen Gefäße z. B. mit Bulldog- oder 120°-Klemmen abgeklemmt (Vorsicht bei der Präparation und Abklemmung der A. carotis communis, hier verläuft der N. vagus, der unbedingt geschont werden muss!)

► Längsinzision der A. carotis communis mit dem Stilett und Erweiterung mit der Pott-Schere bis in die A. carotis interna

► Evtl. werden nun zur Gefäßdilatation in rascher Folge Gefäßdilatatoren angereicht (ab ∅ 3 mm)

► Einlage des intraluminalen Shunts, erst nach proximal dann nach distal und Fixierung mit Tourniquets (evtl. Verwendung der Javid-Klemme). Entfernen der jeweiligen Gefäßklemmen zur Freigabe des Blutflusses durch den Shunt (◘ Abb. 4.57)

► Bei liegendem Shunt erfolgt die Desobliteration (◘ s. 4.4.2) der Gefäße mit einer feinen Overholt-Klemme und Dissektor (◘ Abb. 4.58). Ist der Verschlusszylinder entfernt, muss peripher geprüft werden, ob es zu einer Stufenbildung an der Abtragungsstelle gekommen ist. Stufen müssen angeheftet werden (z. B. 7–0 monofile Naht)

► Nach erfolgreicher TEA wird der Venen- oder Kunststoffpatch zurechtgeschnitten

► Einnähen des Patches mit 2 doppelt armierten Gefäßnähten (z. B. Stärke 6–0), jeweils mit einer Naht in den Arteriotomiewinkeln beginnend. Jede derzeit nicht benutzte Fadenhälfte wird mit einem bezogenen Klemmchen armiert. Kurz vor Beendigung der Erweiterungsplastik werden die Gefäßklemmen wieder angereicht, der Shunt vorsichtig entfernt und ein »Flushmanöver« durchgeführt. Die Naht wird unter Gefäßabklemmung beendet (◘ Abb. 4.59)

► Nach sorgfältiger Blutstillung wird eine Redon-Drainage eingelegt, alle Instrumente und Tücher werden gezählt (Dokumentation) und die Wunde wird schichtweise verschlossen

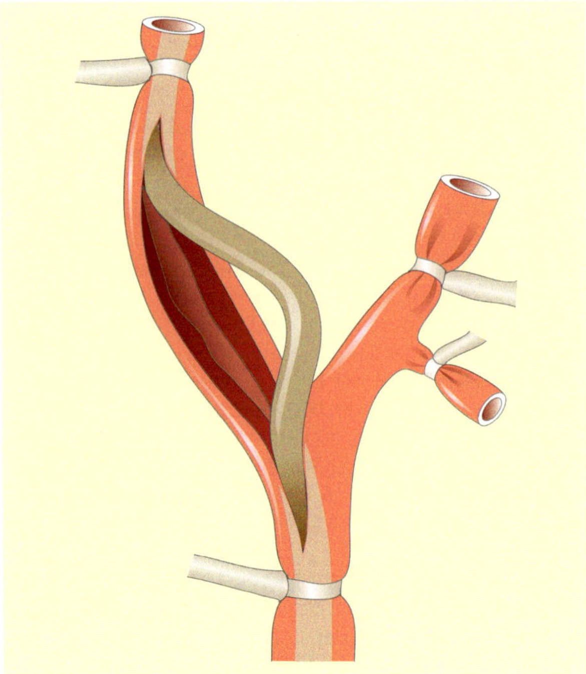

Abb. 4.57 Thrombendarteriektomie der Karotisgabel. Entfernen der Gefäßklemmen zur Freigabe des Blutflusses durch den Shunt

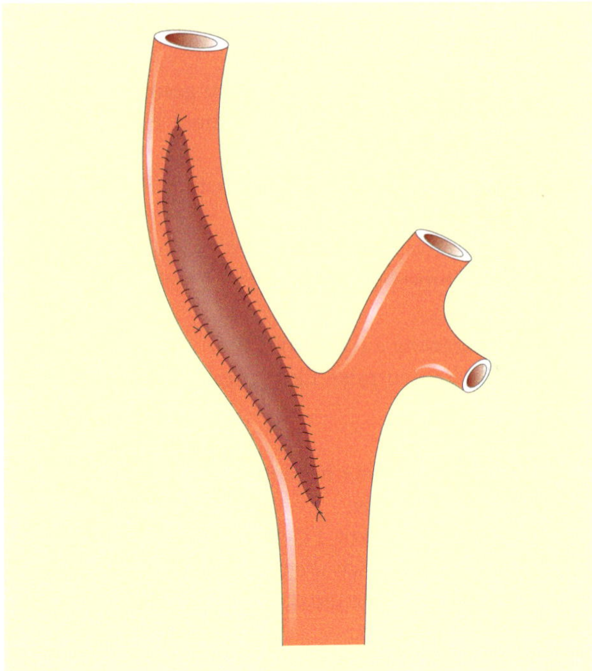

Abb. 4.59 Einnähen des Patches mit 2 doppelt-armierten Gefäßnähten. (Abb. 457–4.59 nach Heberer et al. 1993)

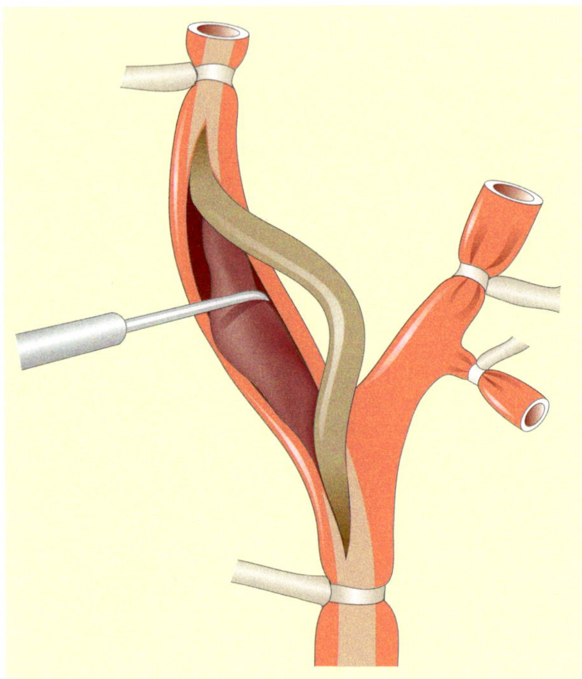

Abb. 4.58 Bei liegendem Shunt erfolgt die Desobliteration der Gefäße mit einer feinen Overholt-Klemme und einem Dissektor

4.6.3 Profundaerweiterungsplastik

Prinzip

Lokale TEA (s. 4.4.2) der Femoralisgabel und der A. profunda femoris mit anschließender Erweiterungsplastik mit einem Venen- oder Kunststoffpatch.

Indikationen

- Lokalisierte arterielle Gefäßverschlüsse oder Stenosen im Bereich der Femoralisgabel.
- Enge des Ursprungs der A. profunda femoris bei komplettem Verschluss der Oberschenkeletage.
- Bei einer Y-Prothesen-Implantation mit femoralem Anschluss.

Stenosen der A. femoralis communis bis in die A. profunda femoris (Die A. femoralis superficialis ist dann meist auch verschlossen.) führen zu einer Minderdurchblutung des Beines. Die Kollateralen reichen nicht aus. In vielen Fällen ist es möglich, die A. profunda femoris für einen ausreichenden Kollateralkreislauf auf die Unterschenkelarterien wieder zu rekonstruieren. Die Desobliteration langstreckiger Verschlüsse der A. femoralis superficialis zeigt keine guten Ergebnisse.

Wenn der Profundakreislauf nicht wiederhergestellt werden kann, lässt sich noch ein Bypass auf die A. poplitea anlegen.

Instrumentarium

- Grundinstrumentarium mit Sperrer, bezogenen Klemmchen,
- Gefäßstandardinstrumentarium (s. 4.2),
- Bulldog-, Gefäßklemmen, z. B. 120°-Klemmen, Femoralisklemmen,
- evtl. Ringstripper, evtl. Gefäßdilatatoren (Oliven),
- Heparinlösung, evtl. Kontrastmittel zur intraoperativen Angiographie,
- evtl. Kunststoffpatch (s. 4.3),
- Haltebänder oder Gummizügel.

Lagerung

- Rückenlagerung auf einem Durchleuchtungstisch,
- Armauslagerung, gutes Abpolstern,
- Anlegen der neutralen Elektrode nach Vorschrift,
- Bildwandler und Strahlenschutz (s. 4.4.3).

Abdeckung

- Hauseigen; Stoffwäsche doppelt, wasserundurchlässig oder beschichtet.
- Den Fuß der betroffenen Extremität steril wickeln.
- Das gesamte Bein ohne Fuß und der Unterbauch müssen zugänglich sein, da
  1. Perforationsgefahr bei Ringstrippermanövern besteht und ein retroperitonealer Eingriff erforderlich werden könnte.
  2. Das Ergebnis der Profundaplastik könnte ungenügend sein; dann wird ein Bypassverfahren notwendig (s. 4.6.4).
- Soll ein Venenstück entnommen werden, ist das kontralaterale Bein ebenfalls steril abzudecken.

Profundaerweiterungsplastik

► Zur Erweiterungsplastik soll ein autologer Venenpatch verwendet werden. Proximal des Innenknöchels wird die V. saphena magna dargestellt und in erforderlicher Länge reseziert. Aufbewahren in Heparin-Ringer-Lösung. Wundverschluss am Unterschenkel. Alternativ kann ein gestrickter Polyesterpatch verwendet werden

► Lateraler Längsschnitt unterhalb des Leistenbandes (s. Abb. 4.54), der weiter nach distal geführt werden muss als bei der einfachen Leistenfreilegung. Durch die Präparation von lateral auf die Femoralisgabel werden die Lymphbahnen geschont. Das Gewebe wird nach proximal zwischen Overholt-Klemmen durchtrennt und ligiert, um Lymphfistelbildungen vorzubeugen

► Nach der Durchtrennung der Oberschenkelfaszie werden Wundspreizer eingesetzt

► Präparation der A. femoralis communis und der A. femoralis superficialis; Anschlingen der beiden mit Haltebändern

► Darstellen des A.-profunda-femoris-Abgangs und Anzügeln. Die weitere Präparation der A. profunda femoris nach distal erfolgt je nach Verschlusssituation. Dabei müssen über die Arterie ziehende Venenäste ligiert oder durchstochen werden

► Nach systemischer Heparingabe werden die Gefäße sowie kleinere Abgänge mit Bulldog- und anderen Gefäßklemmen abgeklemmt

► Längsinzision des Gefäßes von der A. femoralis communis in die A. profunda femoris, bis die Arterie palpatorisch frei ist. Dies geschieht zuerst mit dem Stilett, dann mit der Pott-Schere

► TEA des Gefäßes (s. 4.4.2) mit Dissektor, Overholt-Klemme und Ringstripper für Beckenarterien. Eventuelle Gefäßwandstufen werden mit feinen monofilen Nähten wieder angeheftet

► Ausspülen des Gefäßes und Überprüfung des ortho- und retrograden Blutstromes. Anschließend evtl. lokale Heparingabe

► Die entnommene Vene wird mit der Pott-Schere aufgeschnitten und die Venenklappe exzidiert oder der gestrickte/gewebte Polyesterpatch zugeschnitten

Evtl. werden 2 feine Haltefäden an der Gefäßwand vorgelegt

► Einnähen des Patches mit 2 doppelt-armierten Gefäßnähten 5–0/6–0. Es wird jeweils in den Arteriotomieecken begonnen und beidseits fortlaufend zur Mitte hin genäht. Vor dem Knoten erfolgt ein »Flushmanöver«

► Nach der Gefäßfreigabe und sorgfältiger Blutstillung wird die intraoperative Angiographie durchgeführt. Instrumente und Tücher werden gezählt (Dokumentation), eine Redon-Drainage wird eingelegt, die Faszie verschlossen. Schichtweiser Wundverschluss

4.6.4 Femoropoplitealer Venenbypass

Instrumentarium

- Feines Grundinstrumentarium mit Sperrer, bezogenen Klemmchen,
- Gefäßstandardinstrumentarium (s. 4.2),

- Gefäßklemmen,
- Tunnelierungsgerät,
- Einzelclipstapler,
- Kontrastmittel für die intraoperative Angiographie, evtl. Angioskop,
- Beim In-situ- oder orthograden Bypass: Venenklappenschneider (Valvulotom, s. Abb. 4.62),
- Heparin.

Lagerung

- Rückenlagerung auf einem Röntgentisch.
- Polsterrolle unter das Knie der zu operierenden Seite, das Bein liegt in Außenrotation.
- Armauslagerung, gutes Abpolstern.
- Anlegen der neutralen Elektrode nach Vorschrift.
- Bildwandler und Strahlenschutz (s. 4.4.3).

Abdeckung

- Hauseigen; Stoffwäsche doppelt, wasserundurchlässig oder beschichtet.
- Den Fuß der betroffenen Extremität steril wickeln.
- Hautdesinfektion des gesamten Beines bis einschließlich des Unterbauchs.

Vorteile des autologen Venenbypass

- Keine Fremdkörperreaktion, gutes Einheilen
- Geringere Infektionsgefahr als bei Kunststoffprothesen
- Geringere Thromboseneigung als bei Kunststoffprothesen

Nachteile des autologen Venenbypass

- Eventuell nichtausreichende Länge oder Qualität des Venenmaterials
- Längere OP-Zeiten

Umkehrvenenbypass (»reversed bypass«)

Die Flussrichtung wird durch die Venenklappen bestimmt, d. h. die Vene muss nach vollständiger Entnahme um 180° gedreht werden. Dadurch kann es zu Kaliberschwankungen im Anastomosenbereich kommen.

Die Venenentnahme durch den Assistenten erfolgt meist parallel zur arteriellen Gefäßfreilegung im Leisten- und Kniebereich.

In dem nachfolgend beschriebenen OP-Verlauf wird mit der Entnahme der Vene begonnen.

Femoropoplitealer Umkehrvenenbypass

► Die V. saphena magna wird unterhalb des Leistenbandes aufgesucht und am V.-femoralis-Abgang ligiert und durchtrennt. Über mehrere Inzisionen wird die Vene bis zum Kniegelenk freipräpariert. Jeder Venenabgang muss ligiert/geklippt und durchtrennt werden (Abb. 4.60). Die entnommene Vene wird auf Dichtigkeit überprüft und leicht dilatiert. Dazu wird sie am proximalen Ende abgeklemmt und am distalen über eine Knopfkanüle mit Heparinlösung aufgefüllt. Undichte Stellen werden mit feinen nichtresorbierbaren Nähten umstochen. Eignet sich die Vene als Gefäßersatz, muss sie an einem Ende markiert werden, um den Venenklappenverlauf erkennen zu können

► Nun werden die Leistengefäße freigelegt (s. 4.6.3) und die Aa. femoralis communis, femoralis superficialis, profunda femoris und kleinere Abgänge angeschlungen

► Freilegen der A. poplitea
– Die Einteilung der A. poplitea in Segmente ist nur für den Gefäßchirurgen von Bedeutung:
– Segment 1 beginnt am Austritt des Gefäßes aus dem Adduktorenkanal bis kurz über den Kniegelenkspalt hinaus
– Segment 2 ist für eine Anastomose ungünstig, da die Prothese hier abknicken kann
– Segment 3 geht bis zum Abgang der A. tibialis anterior
Hautschnitt an der medialen Seite des proximalen Unterschenkels (s. 4.5, s. Abb. 4.55). Durchtrennen der Pes-anserinus-Ansätze. Einsetzen von Wundspreizern. Präparation des Gefäßnervenbündels hinter der Tibia. Isolierung und Anschlingen der A. poplitea

► Die A. poplitea wird nach systemischer Heparingabe abgeklemmt und mit dem Stilett längs inzidiert. Erweiterung mit der Pott-Schere. Die Vene wird um 180° gedreht, an ihrem Ende etwas schräg angeschnitten und mit 2 doppelt-armierten Gefäßnähten 6–0/7–0 Seit-zu-End anastomosiert

► Nach Beenden der Anastomose wird die Vene mit einer zarten Gefäßklemme abgeklemmt und der Anastomosenbereich freigegeben

► Nun wird ein Gewebetunnel angelegt; hierbei wird der Weg von der Knieinzision aus zwischen den Muskelköpfen mit dem Finger gelockert und dann weiter das Untertunnelungsgerät nach proximal zum Leistenschnitt hin vorgeschoben. Der stumpfe Trokar des Gerätes wird entfernt und die Vene mit Hilfe eines Durchzuginstruments ohne Torsion in die Leiste vorgezogen (Abb. 4.61)

► Eventuell findet nun über die Vene eine intraoperative Angiographie statt, um den peripheren Abfluss zu kontrollieren. Die Angiographie kann auch zu einem späteren Zeitpunkt, nach Beendigung der proximalen Anastomose, durchgeführt werden

► Abklemmen der Leistengefäße, Eröffnung der A. femoralis communis, ggf. Desobliteration. Es wird eine End-zu-Seit-Anastomose durchgeführt. Durch schräges Zuschneiden der Vene wird bei der Anastomose zusätzlich der Gefäßbereich erweitert

► Ist der Bypass durchgängig und sind die Wundgebiete bluttrocken, werden Instrumente und Tücher auf Vollständigkeit überprüft (Dokumentation), Redon-Drainagen eingelegt, und die Wunden schichtweise verschlossen

- Ein umgekehrtes Vorgehen ist möglich: End-zu-Seit-Anastomose mit der A. femoralis communis, dann A.-poplitea-Anastomose. Vorteil: Die Gefahr eines Torsionsfehlers ist geringer.

Da mit einem Umkehrvenenbypass durch die Lumenschwankungen nicht immer optimale OP-Ergebnisse erzielt werden, sind noch 2 andere Verfahren üblich:
- der orthograde freie Venenbypass und
- der In-situ-Bypass.

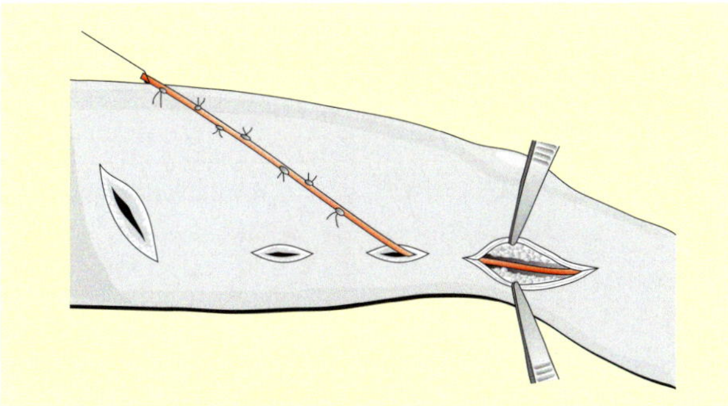

Abb. 4.60. Femoropoplitealer Venenbypass: Venenentnahme

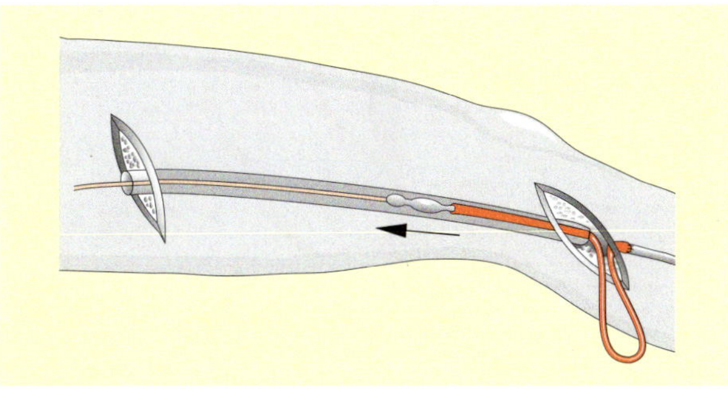

Abb. 4.61 Femoropoplitealer Venenbypass: Tunnellierungsmanöver

Orthograder Bypass

► Hier wird die Vene auf ihrer Gesamtlänge dargestellt, distal und proximal eröffnet und die Klappen werden noch in situ mit dem Venenklappenschneider zerstört (Einmalcutter oder resterilisierbare Valvulotome, ∅ 2–5 mm, Abb. 4.62)

► Danach wird jeder einzelne Venenabgang ligiert oder geklippt und durchtrennt. Die Vene wird entnommen, parallel zur Arterie verlegt und ohne 180°-Drehung anastomosiert (s. oben)

In-situ-Bypass

► Die Vene bleibt in ihrem ursprünglichen Venenbett liegen. Jeder abgehende Venenast wird ligiert/geklippt. An den distalen und proximalen Enden, die zur Anastomosierung freipräpariert werden, werden die abgehenden Äste ligiert/geklippt und durchtrennt

► Der Unterschied zum Umkehrbypass besteht darin, dass die Vene nicht um 180° gedreht wird, sondern die Venenklappen mit einem von distal nach proximal vorgeschobenen Valvulotom zerstört werden

► Das Valvulotom wird von distal nach proximal bis zur proximalen Anastomose vorgeschoben und dann behutsam zurückgezogen. Dabei werden die Venenklappen geschlitzt (s. Abb. 4.62a–d)

► Sind die Klappen zerstört, wird die Vene auf Durchgängigkeit und Dichtigkeit überprüft. Dies geschieht evtl. auch über eine intraoperative Angioskopie

► Ist die Versorgung des Beines über einen A.-poplitea-Anschluss nicht gewährleistet, aber noch einzelne periphere Unterschenkelarterien durchgängig, besteht die Möglichkeit des kruralen oder des pedalen Bypasses

Ist kein geeignetes Venenmaterial vorhanden, so kann eine PTFE-Prothese verwendet werden. Bei einer Gelenküberschreitung sollte sie ringverstärkt sein (s. 4.3)

Composite-Bypass

Der Composite-Bypass wird bei kleinen (Unterschenkel-)Gefäßen angewandt. Er ist ein kombiniertes Transplantat bei dem im zentralen Abschnitt eine Prothese, im distalen Abschnitt eine autologe Vene verwendet wird.

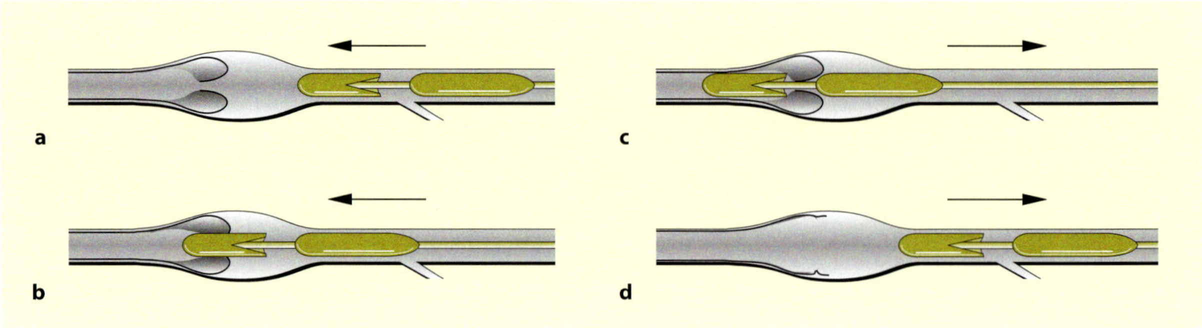

Abb. 4.62a–d Darstellung der Funktionweise eines Venenklappenschneiders (Valvulotom)

4.6.5 Lumbale Sympathektomie

Durch die Entfernung des 2. und 3.–5. Lumbalganglions wird die sympathische Gefäßinnervation des Beines von der Oberschenkelmitte nach peripher unterbrochen. Die Engstellung der Gefäße (Vasokonstriktion) wird aufgehoben.

Indikation

- Arterielle Gefäßverschlüsse des Unterschenkels evtl. in Kombination mit Verschlüssen der Becken-Oberschenkel-Etage (Abb. 4.63). Die lumbale Sympathektomie ist als zusätzliche Maßnahme bei einigen rekonstruktiven Gefäßeingriffen zu empfehlen (Triadenoperation).
- Bei AVK in der Beckenetage mit zusätzlichen Verschlüssen von Unterschenkelarterien. Die lumbale Sympathektomie wird in Kombination mit der retroperitonealen Rekonstruktion vorgenommen.
- Bei Mikroangiopathie.

Instrumentarium

- Kurzes und langes Grundinstrumentarium,
- tiefe Haken (z. B. Leberhaken), Wundspreizer (z. B. nach Finocchietto, nach Balfour, s. Abb. 4.22, 4.23),
- langes Venen- oder Nervhäkchen,
- Clipzange.

Lagerung

- Rückenlagerung.
- Polsterrolle unter die Flanke der zu operierenden Seite.
- Der Tisch wird aufgeklappt, evtl. etwas seitlich gekippt.
- Armauslagerung auf der OP-Seite.
- Anlegen der neutralen Elektrode nach Vorschrift.

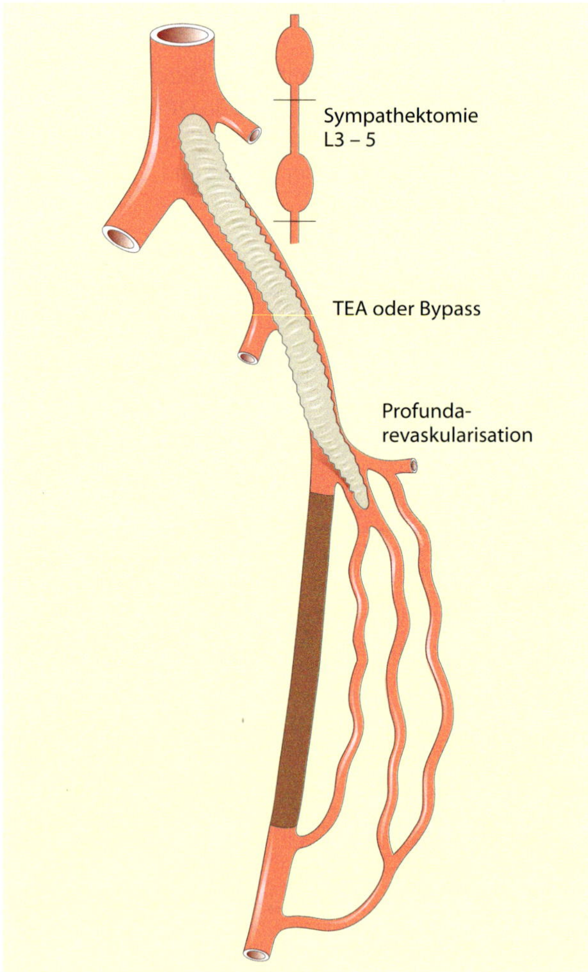

Abb. 4.63 Operation eines Mehretagenverschlusses: Wiedereröffnung der aortoiliakalen Einstrombahn, Profundarevaskularisation, lumbale Sympathektomie, *TEA* Thrombendarteriektomie. (Nach Heberer et al. 1993)

Abdeckung

- Hauseigen, Stoffwäsche doppelt, wasserundurchlässig oder beschichtet.
- Meist erfolgt die Sympathektomie in Kombination mit einem Gefäßeingriff, dann ist die Abdeckung entsprechend zu erweitern.

Zugang

Retroperitoneal (s. 4.5 und Abb. 4.53).

Lumbale Sympathektomie

- ▶ Flankenschnitt: von der Spitze der 12. Rippe schräg verlaufend bis zur lateralen Begrenzung der Rektusscheide. Durch Wechselschnitt (Aponeurose des M. obliquus externus abdominis → M. obliquus internus → M. transversus) gelangt man auf das Peritoneum
- ▶ Das Peritoneum wird nicht eröffnet, sondern mit tiefen Haken nach medial abgedrängt
- ▶ Nun ist die Wirbelsäule zu tasten. Der Grenzstrang verläuft retroperitoneal auf den vorderen seitlichen Anteilen der Wirbelsäule
- ▶ Eingehen auf die Wirbelsäule rechtsseitig zwischen V. cava und M. psoas, linksseitig zwischen Aorta und M. psoas
- ▶ Der Grenzstrang ist gut zu tasten, seine Struktur ist derb. Präparation und Anheben des Stranges mit dem Venenhäkchen. Absetzen und Clipmarkierung des lumbalen Sympathikusstranges in Höhe des Promontoriums (deutlicher Vorsprung der Wirbelsäule am Übergang von der LWS zum Kreuzbein, der ins Becken hineinreicht), dann weitere Präparation nach kranial auf einer Strecke von 8–10 cm. Es sollen mindestens 3 Ganglien entfernt werden
- ▶ Blutstillung, Instrumente und Tücher auf Vollständigkeit überprüfen (Dokumentation), evtl. Redon-Drainage, schichtweiser Wundverschluss

! Das Präparat muss histologisch untersucht werden. Bei männlichen Patienten kann die beidseitige Sympathektomie zu Potenzstörungen führen.

4.6.6 Infrarenaler transperitonealer Aortenersatz

Prinzip

- Bauchaortenaneurysma (BAA): Der Aneurysmasack wird eröffnet und die Prothese als Interponat (s. 4.4.5) End-zu-End an die nicht aneurysmatisch veränderten Gefäßabschnitte anastomosiert. Diese Methode ist auch über einen extraperitonealen Zugang möglich. Es werden Polyester- oder PTFE-Prothesen eingesetzt. Bei Mitbeteiligung der Beckenarterien wird eine Y-Prothese erforderlich (s. 4.3).
- Arterielle Verschlusskrankheit (AVK): Bei der AVK der infrarenalen Bauchaorta oder im Bereich der Beckenarterien wird meist ein Bypass (s. 4.4.5) angelegt. Dieser findet seinen distalen Anschluss überwiegend bifemoral.

Gleiches Prothesenmaterial wie beim BAA wird eingesetzt.

Instrumentarium

- Langes Grundinstrumentarium, zur Leistenfreilegung kurzes Instrumentarium,
- Laparotomieinstrumentarium (s. 2),
- Gefäßstandardinstrumentarium (s. 4.2),
- diverse Gefäßklemmen (gerade-, 120°-, Satinsky-, gebogene- und Bulldogklemmen),
- Rochard-Haken und/oder Retraktorsysteme (s. 2),
- Heparin,
- evtl. suprapubischer Blasenkatheter,
- Gefäßprothesen,
- Haltebänder, Gummizügel, evtl. Tourniquets (s. 4.6.2),
- Nahtmaterial (s. 1.4):
  - nichtresorbierbares monofiles Gefäßnahtmaterial z. B. Polypropylen 3-0/4-0,
  - nichtresorbierbares geflochtenes Nahtmaterial, z. B. Polyester zur Lumbalgefäßumstechung beim BAA.

Lagerung

- Rückenlagerung.
- Der Tisch wird aufgeklappt, sodass der Oberkörper etwas überstreckt liegt und leicht seitlich gekippt.
- Armauslagerung links, gutes Abpolstern.
- Anlegen der neutralen Elektrode nach Vorschrift.

Abdeckung

- Hauseigen, Stoffwäsche doppelt, wasserundurchlässig oder beschichtet.
- Nach proximal erfolgt die Abdeckung bis zur Mamillenhöhe.
- Nach distal bis mindestens Oberschenkelmitte, da ein bifemoraler Gefäßanschluss erfolgen kann.

Zugang (s. 4.5; s. Abb. 4.52)

- Längs verlaufende mediane Laparotomie mit Linksumschneidung des Nabels.
- Bogenförmige quer verlaufende Oberbauchlaparotomie.

Bauchaortenaneurysma und arterielle Verschlusskrankheit

► Der eröffnete Bauch wird mit Tüchern umlegt und der Rochard-Haken eingesetzt. Zur Darstellung des Retroperitoneums muss der Dünndarm mit Tüchern zur rechten Seite verlagert und mit Leberhaken weggehalten werden

► Längseröffnung des Retroperitoneums unter Schonung der V. mesenterica inferior und der linken Nierenvene

► Präparation der infrarenalen Bauchaorta nach proximal bis zu den Nierenarterien, nach distal bis zur Bifurkation oder den Beckenarterien. Schonung der nach links abgehenden A. mesenterica inferior

Bauchaortenaneurysma (Interponat)

► Ausreichende Präparation des Aneurysmahalses nach proximal bis zur linken Nierenvene. Beim BAA kann ein Anzügeln der Aorta nach proximal schwierig sein, daher wird dies meist unterlassen

► Distale Präparation bis zur Aneurysmaabgrenzung. Wenn eben möglich sollte ein Prothesenanschluss oberhalb der Bifurkation durchgeführt werden (Abb. 4.64)

► Abklemmen der Aorta (bzw. Aa. iliacae) mit z.B. einer geraden Gefäßklemme (proximal) und 120°-Klemmen (distal). Zeitpunkt notieren!

► Längsinzision der Aneurysmavorderwand mit dem Stilett, dann mit der Pott- oder Präparierschere

► Digitale Ausräumung des Thrombus, evtl. Säubern der Gefäßwand mit einer Kürette. Einen Teil des thrombotischen Materials zur bakteriologischen Untersuchung geben

► Durch das Entfernen des Thrombus kann es aus den Lumbalarterien in der Aneurysmahinterwand zu starken Blutungen kommen. Diese werden umgehend z.B. mit einem geflochtenen Polyesterfaden durchstochen. Anschließend kann ein Teil der Aneurysmavorderwand reseziert werden. Anlegen von Haltefäden an die Aneurysmawand

► Es werden überwiegend primär dichte Prothesen eingesetzt. Wird eine gestrickte Prothese genommen, so muss diese unbedingt vor der Implantation abgedichtet (s. 4.3) werden! Meist wird eine Rohrprothese, ∅ 16–20 mm, verwendet

► Mit der proximalen Anastomose (End-zu-End) zwischen Aneurysmahals und Prothesenrohr wird begonnen. (Meist ist eine doppelt armierte Naht der Stärke 3-0 ausreichend.) Anschließend Öffnen der proximalen Gefäßklemme und Setzen derselben weiter distal. Umlegen der Anastomose mit einem Streifen. Gleiches Vorgehen distal (Abb. 4.65)

► Bestehen degenerative Gefäßveränderungen distal der Bifurkation, muss eine biiliakale- oder bifemorale Y-Prothese implantiert werden (Abb. 4.66)

► Gegebenfalls wird eine offene A. mesenterica inferior reimplantiert. Entscheidend dafür ist der retrograde Rückfluss aus der Arterie bzw. der Zustand der inneren Beckenarterien

► Bei Bluttrockenheit wird der restliche Aneurysmasack vor der Prothese vernäht, um einer möglichen Fistelbildung zwischen Prothese und Duodenum vorzubeugen

Arterielle Verschlusskrankheit (Bypass)

► Wegen der Verlegung der distalen Aorta und/oder beider Iliakalgefäße ist die Umgehung durch einen Bypass notwendig. Der Bypass wird zwischen Aorta und den Aa. iliacae bzw. den Aa. femorales angelegt. Meist ist eine proximale End-zu-Seit-Anastomose möglich, die den Vorteil einer kurzen Abklemmzeit bietet und die Reimplantation der A. mesenterica inferior erübrigt

► Ist präoperativ ein Leistenanschluss der Prothese sicher, so kann mit der Leistenpräparation (s. 4.6.3) begonnen werden. Die Gefäße werden angeschlungen und die Wunden mit Tüchern vorübergehend abgedeckt. Dieses Vorgehen bietet 2 Vorteile,
1. dass die Abdominalhöhle kürzer eröffnet ist
2. die Anastomosen später rascher durchgeführt werden können und dadurch die Ischaemiezeit der unteren Körperhälfte verkürzt wird

► Eröffnung des Bauches

► Darstellung der Aorta bis zu den Nierenarterien. Distale Präparation bis zur A. mesenterica inferior

► Anschlingen der proximalen Aorta, der A. mesenterica inferior und evtl. der Iliakalarterien, wenn kein Leistenanschluss geplant ist

► Nach dem »Preclotting« (s. 4.3) der Prothese wird proximal die Aorta mit einer gebogenen Aortenklemme abgeklemmt. Die Verwendung einer Satinsky-Klemme ist bei einer End-zu-Seit-Anastomose möglich (tangentiale Wandausklemmung; Abb. 4.67). Wenn noch notwendig können die Iliakalgefäße z.B. mit großen 120°-Klemmen abgeklemmt werden

► Die proximale Anastomose sollte zwischen den Nierenarterien und der A. mesenterica inferior erfolgen. Dazu wird die Aortenvorderwand mit dem Stilett inzidiert und der Schnitt mit der Pott-Schere längs erweitert

- Die Prothese wird angeschrägt und mit 2 doppelt-armierten Gefäßnähten mit der Aorta anastomosiert. Unterhalb der Anastomose wird eine weiche Klemme auf die Prothese gesetzt und die proximale Aortenklemme geöffnet. Umlegen der Anastomose mit einem Streifen. Nun wird die Prothese unter schrittweisem Versetzen der Klemme nach distal vollständig abgedichtet und die Prothesenschenkel ausgesaugt
- Die distalen Anastomosen auf die Iliakalgefäße erfolgen dann nacheinander und in ähnlicher Art wie bei der proximalen Anastomose. Kurz vor Beendigung der jeweiligen Naht muss der Blutrückstrom aus der Peripherie überprüft werden
- Beim bifemoralen Anschluss, der bereits vorbereitet wurde, wird von der Leiste aus ein retroperitonealer Gewebetunnel digital vorbereitet. Es ist darauf zu achten, dass der Ureter bzw. der Ureter und das Sigma über diesem Tunnel verlaufen. Mit z. B. einer gebogenen Kornzange werden die Prothesenschenkel ohne Torsion in die Leisten gezogen
- Die Gefäße werden abgeklemmt, die A. femoralis communis inzidiert, mit der Pott-Schere die Inzision erweitert, manchmal bis in die A. profunda femoris. Injektion von Heparin-Kochsalz-Lösung in die A. femoralis superficialis und A. profunda femoris
- Falls erforderlich wird eine lokale TEA vorgenommen (s. 4.4.2)
- Anschrägen der Prothesenschenkel und Anastomosierung mit je 2 Gefäßnähten End-zu-Seit (Abb. 4.68)
- Blutstillung, Einlage von Redon-Drainagen und schichtweiser Leistenverschluss

Bauchaortenaneurysma und arterielle Verschlusskrankheit

- Verschluss des Retroperitoneums
- Legen des suprapubischen Blasenkatheters (Dies kann auch vor der Eröffnung des Retroperitoneums erfolgen.), Handschuhwechsel
- Tücher und Instrumente auf Vollständigkeit überprüfen (Dokumentation)
- Anordnung des Darmes nach Noble (s. 2.10.2)
- Setzen der Mikulicz-Klemmen, schichtweiser Wundverschluss

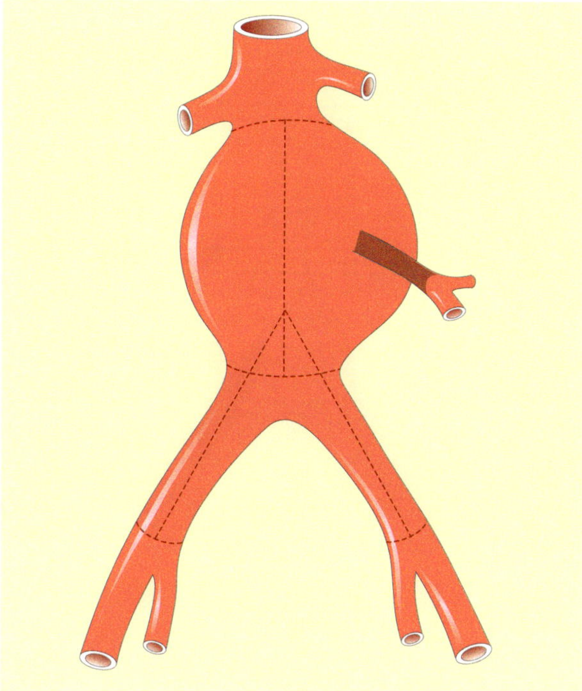

Abb. 4.64 Infrarenales Bauchaortenaneurysma. (Nach Heberer et al. 1993)

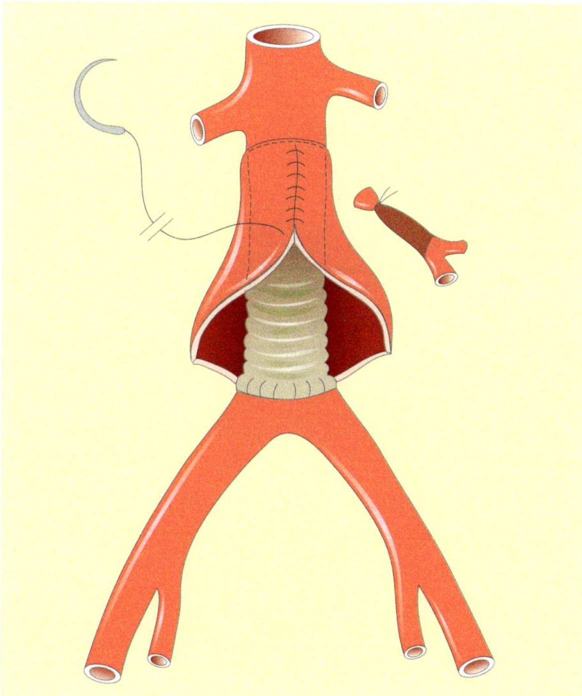

Abb. 4.65 Aortoaortale Interposition. (Nach Heberer et al. 1993)

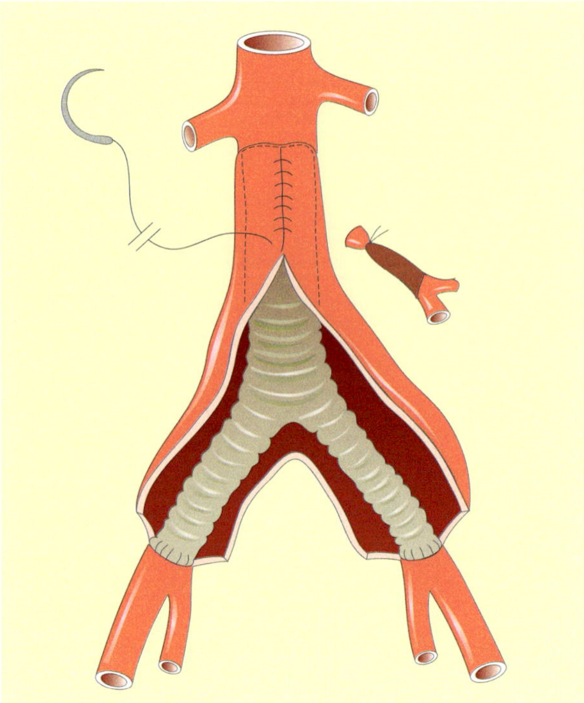

■ Abb. 4.66 Aortobiiliakale Interposition. (Nach Heberer et al. 1993)

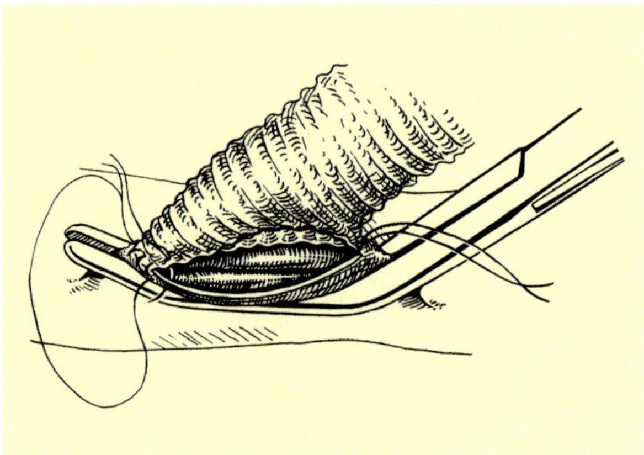

■ Abb. 4.67 Tangentiale Wandausklemmung mit einer Satinsky-Klemme. (Fa. Martin)

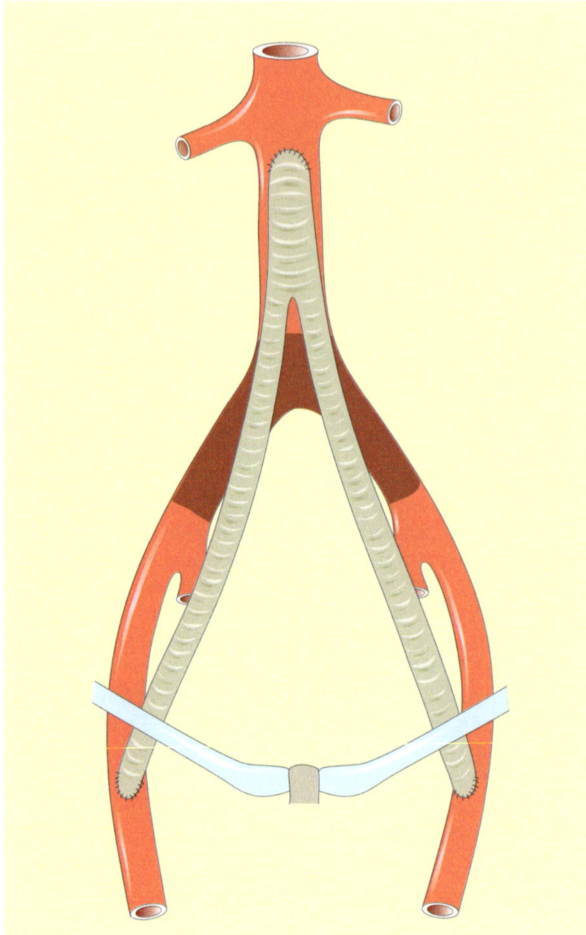

. Abb. 4.68 Aortobifemoraler Prothesenbypass. (Nach Heberer et al. 1993)

4.6.7 Operationen an der thorakalen und thorakoabdominalen Aorta

Die thorakale Aorta wird in 3 Abschnitte eingeteilt (■ Abb. 4.69):

I. Aorta ascendens: bis zum Abgang des Truncus brachiocephalicus
II. Aortenbogen: vom Truncus brachiocephalicus bis zum Abgang der linken A. subclavia
III. Aorta descendens: vom Aortenbogen bis zum Zwerchfell

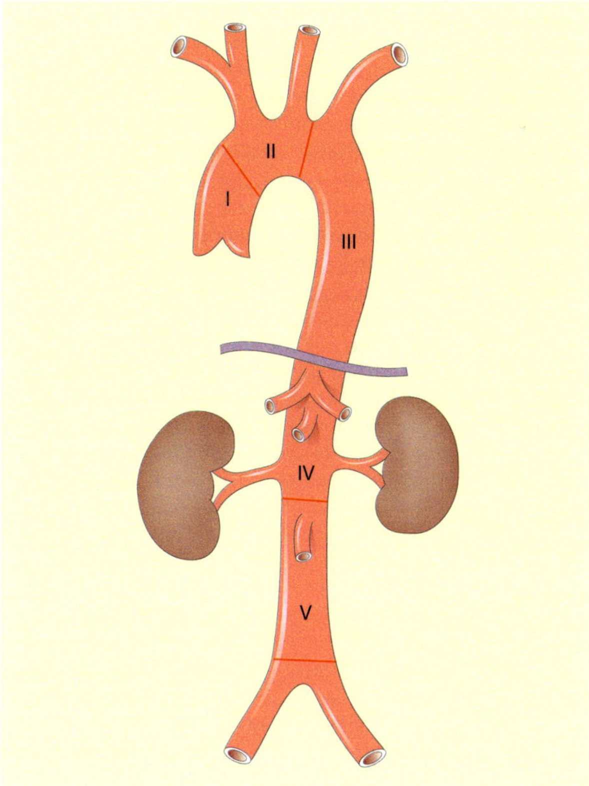

Abb. 4.69 Abschnitte der Aorta. *I* Aorta ascendens, *II* Arcus aortae (Aortenbogen), *III* Aorta descendens (Brustschlagader, absteigender Teil), *IV* Pars thoracica, *V* Pars abdominalis (Nach Heberer et al. 1993)

Indikationen

- Eingriffe an der thorakalen Aorta werden in der Regel wegen einer aneurysmatischen Erweiterung durchgeführt.
- Dabei unterscheidet man die arteriosklerotischen thorakalen Aneurysmen, die den Bauchaortenaneurysmen gleichen, von den sog. traumatischen thorakalen Aneurysmen.
- Die Letzteren entwickeln sich meist in Höhe des Abgangs der linken A. subclavia. Ursache ist oft ein Dezelerationstrauma, eine Verletzung als Folge plötzlicher Unterbrechung einer schnellen Körperbewegung. Dies kommt z. B. beim Fenstersturz, beim Flugzeugabsturz oder bei einem Autoaufprall auf einen Baum vor, wenn der Körper plötzlich mit hoher Geschwindigkeit auf einen ruhenden Gegenstand aufschlägt. Dabei reißt die Aortenwand ein. Eine Verblutung wird in den wenigen Fällen, die die Klinik erreichen oder bei denen sich später ein Aneurysma entwickelt, durch Kompression der Einrissstelle verhindert. (Der sich entwickelnde Bluterguss wird durch das Brustfell tamponiert.)

Lagerung und Zugänge

- Transsternaler Zugang (s. 4.5, s. Abb. 4.49): Aorta ascendens.
- Linksseitige Thorakotomie in Rechtsseitenlage (Abb. 4.70): alle übrigen thorakalen Aorteneingriffe.
  Die Thorakotomie wird im 4. oder 5. ICR, als sog. anteroposteriore Thorakotomie, durchgeführt. Hierbei wird der Schnitt nach hinten bogenförmig bis etwa auf Höhe einer senkrechten Linie durch die Skapulaspitze erweitert.
  - Abstützung des Patienten durch seitlich am Tisch montierte Halterungen oder besser mit einem Vakuumkissen (Erdnussbett).
  - Gutes Abpolstern, um Druckschäden zu vermeiden.
  - Den Arm auf der OP-Seite in einer Halterung am Narkosebügel befestigen oder auf eine Stütze lagern.
  - Anlegen der neutralen Elektrode nach Vorschrift.

Instrumentarium

- Langes Grundinstrumentarium,
- langes Gefäßstandardinstrumentarium (s. 4.2),
- Gefäßklemmen, gerade, gebogen, Satinsky,

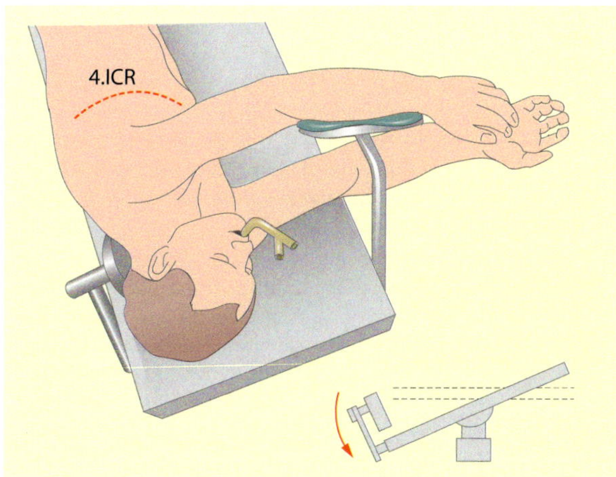

Abb. 4.70 Rechtsseitenlagerung zur linksseitigen Thorakotomie. (Nach Kortmann u. Riel 1988)

- Instrumente zur Thoraxeröffnung z. B. Rippenschere, Raspatorien, Rippenretraktor (▫ s. Kap. 6),
- Laparotomieinstrumentarium (thorakoabdominale Aorta),
- Rippenspreizer, z. B. Finocchietto,
- Thoraxdrainagen (▫ s. 1.7),
- primär dichte Prothesen (▫ s. 4.3),
- Haltebänder, Gummizügel.

Abdeckung

Hauseigen, Stoffwäsche doppelt, wasserundurchlässig oder beschichtet.

Thorakale Aorta

► Der/die Patient(in) wird mit einem sog. Doppellumentubus, durch den die Lungenflügel getrennt voneinander beatmet werden können, intubiert. Nachdem der linke Brustkorb eröffnet wurde, kann so die linke Lunge getrennt aus der Beatmung genommen werden

► Nach Darstellung des Aneurysmasacks wird die Pleura mediastinalis über der Aorta oberhalb und unterhalb des Aneurysmas gespalten. Dabei muss auf den N. phrenicus und den N. vagus geachtet werden (▫ Abb. 4.71)

► Mit einer Rumel- oder einer Nierenstielklemme wird die freigelegte Aorta oberhalb und unterhalb des Aneurysmas angeschlungen. Vielfach ist es auch notwendig die A. subclavia freizulegen und mit einem Gefäßband anzuschlingen (▫ Abb. 4.72)

► Die Aorta wird entweder oberhalb oder knapp unterhalb der linken A. subclavia mit einer gebogenen Gefäßklemme abgeklemmt. Wird die Aortenklemme oberhalb der A. subclavia gesetzt, muss auch die A. subclavia zusätzlich abgeklemmt werden. Nach Möglichkeit sollte die Klemme aber unterhalb der A. subclavia platziert werden, um während der Abklemmphase einen besseren Kollateralblutabfluss in die untere Körperhälfte und das Rückenmark aufrechtzuerhalten. Dann wird die untere Aortenklemme, in der Regel eine gerade Klemme, an den unteren Pol des Aneurysmas gesetzt

► Da nun sämtliche Bauchorgane, die Beine und v. a. das Rückenmark nicht mehr ausreichend durchblutet werden, ist für das weitere Vorgehen der Zeitfaktor entscheidend. Bei langer Abklemmzeit (länger als 40 min) droht dem Patienten eine Querschnittslähmung, außerdem Leber- und Nierenversagen.

► Das Aneurysma wird längs eröffnet und die Aortenstümpfe kreisförmig umschnitten (▫ Abb. 4.73). Die zurückblutenden Interkostalarterien werden mit nichtresorbierbaren z. B. geflochtenen Polyesternähten umstochen. Muss ein sehr großer Anteil der thorakalen Aorta ersetzt werden, kann es auch notwendig werden einige dieser Interkostalarterien in die Prothese zu reimplantieren

► Als Prothesenmaterial wird eine primär dichte Polyesterprothese mit einem Durchmesser von ca. 20–24 mm gewählt. Die Naht der Anastomosen erfolgt mit nichtresorbierbaren, monofilen Gefäßnähten der Stärke 3–0 in fortlaufender Nahttechnik

► Nach Fertigstellung der proximalen Anastomose wird der Blutstrom über die Anastomose freigegeben und die Prothese mit einer Satinsky-Klemme abgeklemmt; Prüfung auf Bluttrockenheit. Durch kurzes Öffnen der unteren Aortenklemme wird der Rückstrom geprüft und kontrolliert, ob sich evtl. Thromben in der unteren Aorta entwickelt haben, die dann ausgeräumt werden müssten. Der untere Aortenabschnitt wird mit Heparin-Kochsalz-Lösung gespült und anschließend die distale Anastomose in fortlaufender Nahttechnik erstellt (▫ Abb. 4.74). Nach Beendigung der Naht wird die Prothese mit einer Kanüle entlüftet und der Blutfluss in Kopftieflagerung schrittweise wieder freigegeben

► Die Prothese wird mit dem eröffneten Aneurysmasack ummantelt. Der Aneurysmasack wird in fortlaufender Nahttechnik vernäht (resorbierbares synthetisches Nahtmaterial)

► Anschließend wird die Lunge gebläht und eine ventrale und dorsale Thoraxdrainage eingelegt (▫ s. 1.7)

► Verschluss der Brusthöhle in üblicher Weise: Perikostalnähte werden vorgelegt, dann unter Zuhilfenahme des Rippenretraktors geknotet; Naht der Interkostalmuskulatur z. B. Stärke 0; Naht der Mm. serratus und latissimus dorsi z. B. Stärke 1; Subkutannaht z. B. Stärke 0; Intrakutannaht

Operation an der thorakoabdominalen Aorta

Der sog. thorakoabdominale Aortenabschnitt (IV, ▫ s. Abb. 4.69) erstreckt sich von der zwerchfellnahen thorakalen Aorta bis zu den Nierenarterien oder weiter nach distal.

Alle Aortenveränderungen, insbesondere Aortenaneurysmen, die sich in diesem Bereich befinden, müssen über den thorakoabdominalen Zugang (Zweihöhleneingriff) operiert werden.

Um die Ischämiezeit des Rückenmarks, der Vizeral- und Nierenarterien möglichst kurz zuhalten, werden in einigen Kliniken aktive (Herz-Lungen-Maschine, Bio-Pumpe) oder passive (rechsseitiger axillofemoraler Bypass) Bypassverfahren eingesetzt, die das operationstaktische Vorgehen beeinflussen können.

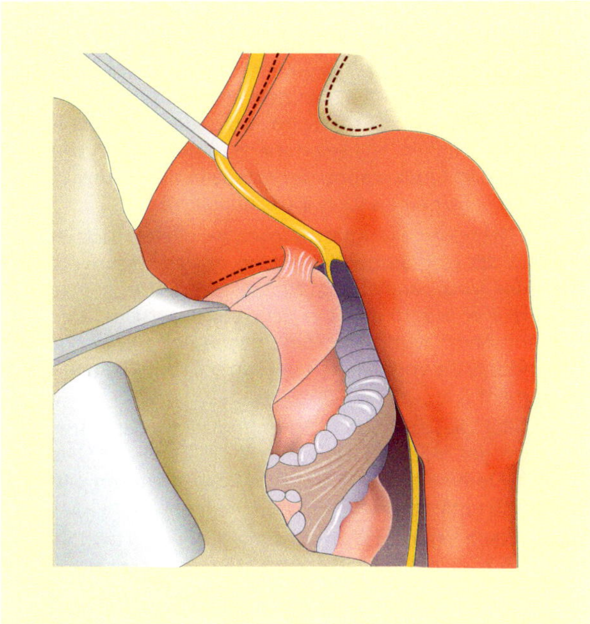

Abb. 4.71 Situs einer Aortenruptur loco typico mit angeschlungenem N. vagus. *Gestrichelt* Inzisionen der mediastinalen Pleura zum Anschlingen der Aorta proximal und distal der linken A. subclavia. (Nach Kortmann u. Riel 1988)

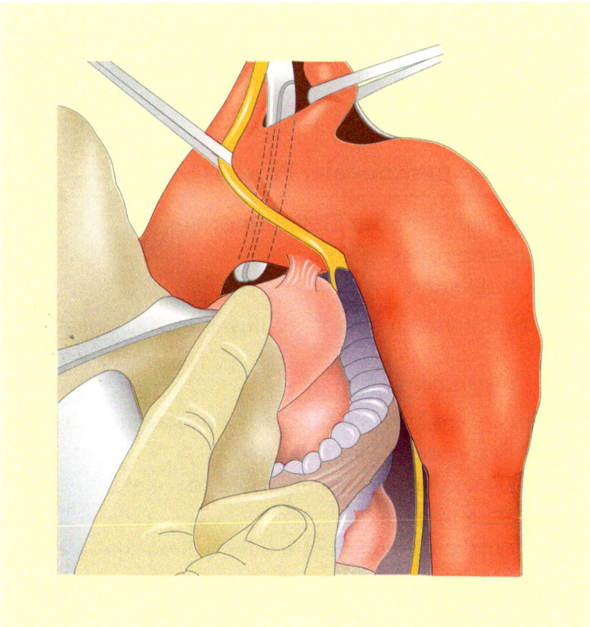

Abb. 4.72 Umfahren der Aorta innerhalb des Aortenbogens. Die linke A. subclavia ist angeschlungen. (Kortmann u. Riel 1988)

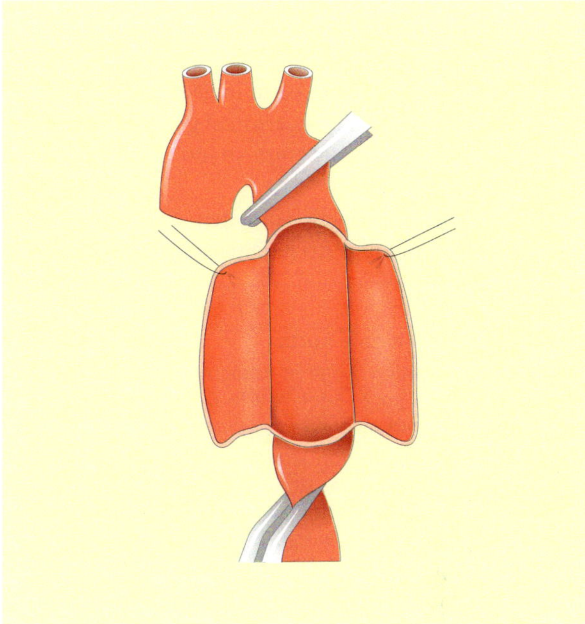

Abb. 4.73 Eröffnung des Aneurysmas. (Nach Heberer et al. 1993)

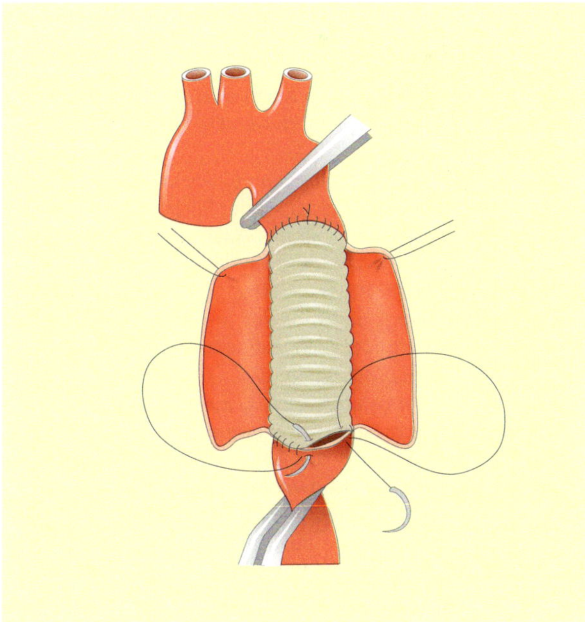

Abb. 4.74 Erstellung der distalen Anastomose in fortlaufender Nahttechnik. (Nach Heberer et al. 1993)

Lagerung

- Der Patient befindet sich bei transperitonealer Freilegung der abdominalen Aorta in gedrehter Rechtsseitenlage. Das Becken ist horizontal gelagert; der Thorax wird zu dieser Ebene um 50–60° nach rechts rotiert.
- Zum extraperitonealen Vorgehen wird der Patient besser in die schräge Rechsseitenlage gebracht.

4

Thorakoabdominale Aorta

► Die Operation beginnt üblicherweise mit der Thorakotomie im 6. oder 7. ICR. Der Rippenbogen wird durchtrennt

► Nach Eröffnung von Thorax und Abdomen wird das Peritoneum lateral des Colon descendens mit einer langen Schere vom kleinen Becken bis zum Zwerchfell gespalten. Anschließend wird das gesamte Peritoneum einschließlich der Bauchorgane nach medial präpariert, bis die Aorta freiliegt. Das Retroperitoneum mit den intraperitonealen Organen wird durch Hakenzug nach rechts gehalten. Das Zwerchfell wird zirkulär vom Rippenbogen bis zur Aorta durchtrennt

► Jetzt liegt die Aorta in ganzer Länge vom Abgang der linken A. subclavia bis zur Aortenbifurkation frei. Handelt es sich um ein Aneurysma der thorakoabdominalen Aorta, wird diese nur oberhalb und unterhalb des Aneurysmas angeschlungen

► Die Nierenarterien, der Truncus coeliacus und die A. mesenterica superior werden freipräpariert und angeschlungen

► Nach Abklemmen der Aorta wird das Aneurysma unter Schonung der abgehenden Organarterien eröffnet

► Mit Hilfe eines zweilumigen Ballonkatheters wird eiskalte Heparin-Prostavasin- oder Eurocollinslösung in die Nierenarterien injiziert. Auch in den Truncus coeliacus und in die A. mesenterica superior werden jeweils 500 IE Heparin gegeben

► Zuerst erfolgt die Naht der proximalen Anastomose in fortlaufender Technik (nichtresorbierbar monofil, Stärke 3–0), anschließend die distale

► Der Truncus coeliacus, die A. mesenterica superior und evtl. auch die rechte Nierenarterie können zusammenhängend aus der Aneurysmawand herausgeschnitten werden und als großer Patch in ein aus der Prothesenwand ausgeschnittenes ovaläres Fenster eingenäht werden. Gegebenenfalls müssen auch noch ein oder mehrere Interkostalarterien in gleicher Weise in die Prothese implantiert werden

► Bei der Freigabe des Blutflusses wird die Prothese entlüftet (Kopftieflagerung!). Der Blutfluss sollte nicht länger als 60 min unterbrochen werden

► Nun wird linksseitig die Prothesenwand erneut mit einer Satinsky-Klemme tangential ausgeklemmt (s. Abb. 4.67). Exzision eines ovalären Fensters mit Hilfe von Stilett und Pott-Schere. Ausschneiden der linken Nierenarterie aus der Aneurysmawand und Implantation der Arterie in die Prothesenwand in fortlaufender Nahttechnik (4–0)

► Nachdem alle Anastomosen hergestellt sind, erfolgt die sorgfältige Blutstillung. In das Retroperitoneum wird parallel zum Verlauf des Colon descendens eine z. B. 10-mm-Drainage eingelegt. Das Retroperitoneum wird zurückgeschlagen und mit fortlaufender Naht vom kleinen Becken bis zum Zwerchfell vernäht

► Bei diesen großen Eingriffen kann das Parenchym der Milz verletzt werden, die dann mit Overholt-Klemmen und Durchstechungsligaturen (s. Kap. 2) entfernt werden muss

► Nach Verschluss des Retroperitoneums wird das Zwerchfell mit Einzelknopfnähten der Stärke 1 rekonstruiert

► Anschließend wird der Rippenbogen adaptiert und mit nichtresorbierbaren geflochtenen Polyestereinzelknopfnähten der Stärke 1 zusammengehalten. In die Thoraxhöhle wird eine vordere und hintere 28-Charr-Thoraxdrainage eingelegt (s. 1.7)

► Instrumente und Tücher auf Vollständigkeit überprüfen (Dokumentation)

► Nach dem Blähen der Lunge erfolgt der Verschluss der Thoraxhöhle in typischer Weise

► Anschließend Verschluss der Bauchhöhle ebenfalls in typischer Weise

4.6.8 Extraperitonealer Prothesenbypass

Aortofemoraler oder iliakofemoraler Prothesenbypass (Abb. 4.75)

Indikation

Einseitige Stenosen oder Verschlüsse der Beckenetage.

Instrumentarium

- Kurzes und langes Grundinstrumentarium mit Sperrer, bezogenen Klemmchen,
- Gefäßstandardinstrumentarium (s. 4.2),
- Gefäßklemmen,
- Leberhaken, Finocchietto- oder Balfour-Sperrer,
- Meist 8-mm-Polyesterprothese gewebt (s. 4.3).

Lagerung

- Rückenlagerung (s. 4.5 und Abb. 4.53),
- OP-Tisch aufgeklappt, evtl. seitlich gekippt,

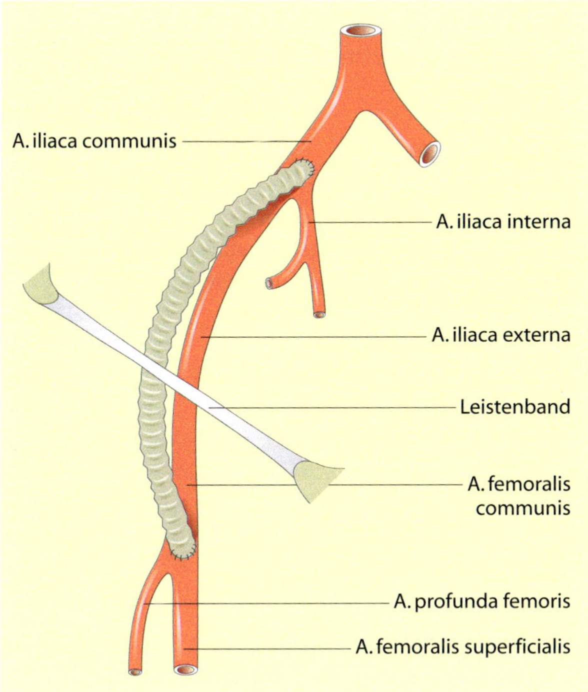

Abb. 4.75 Iliakofemoraler Prothesenbypass. (Nach Lüdtke-Handjery 1981)

- evtl. Polsterrolle unter die zu operierende Seite,
- Anbringen der neutralen Elektrode nach Vorschrift.

Abdeckung

- Hauseigen, Stoffwäsche doppelt, wasserundurchlässig oder beschichtet.
- Der Bereich Unterbauch bis Oberschenkelmitte muss zugänglich sein.

Aortofemoraler oder iliakofemoraler Prothesenbypass

- Flankenschnitt: von der Spitze der 12. Rippe schräg verlaufend bis zur lateralen Begrenzung der Rektusscheide. Durch Wechselschnitt (Aponeurose des M. obliquus externus abdominis → M. obliquus internus → M. transversus) gelangt man auf das Peritoneum
- Das Peritoneum wird mit Leberhaken und Finocchietto-Sperrer nach medial abgedrängt. Der Ureter kreuzt normal den Beckenschenkel und wird nach ventral gehalten
- Darstellung der A. iliaca communis. Je nach Verschlusssituation kann es ausreichend sein, nur die A. iliaca communis für die proximale Anastomose freizulegen (iliakofemoraler Bypass). Bei einem höher liegenden Verschluss erfolgen die Präparation und der Anschluss auf die distale Aorta (aortofemoraler Bypass). Hierbei muss zusätzlich die kontralaterale Beckenarterie dargestellt werden, um dann beide Seiten abklemmen zu können
- Anschlingen der Gefäße
- Systemische Heparingabe und Abklemmen der Gefäße mit z.B. geraden, leicht gebogenen oder 120°-Gefäßklemmen für die proximale Anastomose. Beim iliakofemoralen Bypass: A. iliaca communis kaudal und kranial sowie evtl. die A. iliaca interna; beim aortofemoralen Bypass: distale Aorta, beide Aa. iliacae communes
- Längsinzision der A. iliaca communis oder der distalen Aorta mit Stilett und Pott-Schere. Falls nötig, Desobliteration der entsprechenden Gefäße. Hierbei ist zu beachten, dass bei der TEA (s. 4.4.2) der distalen Aorta keine Stufe am Abgang zur A. iliaca der kontralateralen Seite übersehen wird (Dissektionsgefahr)
- Nach dem »Preclotting« (s. 4.3) der 8-mm-Prothese schräges Zuschneiden und Anastomosierung End-zu-Seit mit 2 doppelt-armierten Gefäßnähten. Nach Beendigung der Naht wird die Prothese distal der Anastomose abgeklemmt und der Blutstrom freigegeben. Umlegen der Anastomose mit einem Streifen
- Vorbereiten des femoralen Anschlusses (s. 4.6.3) mit lateralem Leistenschnitt, Anschlingen der Gefäße. Der Gewebetunnel wird zunächst digital gelockert, dann mit einer Kornzange von der Leiste aus angelegt. Durchziehen der Prothese, Abklemmen der Leistengefäße, Längsinzision der A. femoralis communis, ggf. Desobliteration. Anschrägen des Prothesenendes, Heparingabe, End-zu-Seit-Anastomose, Kontrolle des ortho- und retrograden Blutflusses vor Beendigung der Anastomose
- Nach der Blutstillung Instrumente und Tücher auf Vollständigkeit überprüfen (Dokumentation), Redon-Drainagen-Einlage und schichtweiser Wundverschluss beider Wunden

4.6.9 Extraanatomischer Bypass bei Verschlussprozessen der Beckenetage (Abb. 4.76)

Femorofemoraler»Cross-over-Bypass« (Abb. 4.77)

Der »Cross-over-Bypass« ist ein Alternativverfahren zum aortofemoralen Bypass.

Es ist ein femorofemoraler Bypass, der von der noch intakten Seite über einen subkutanen, suprasymphysären

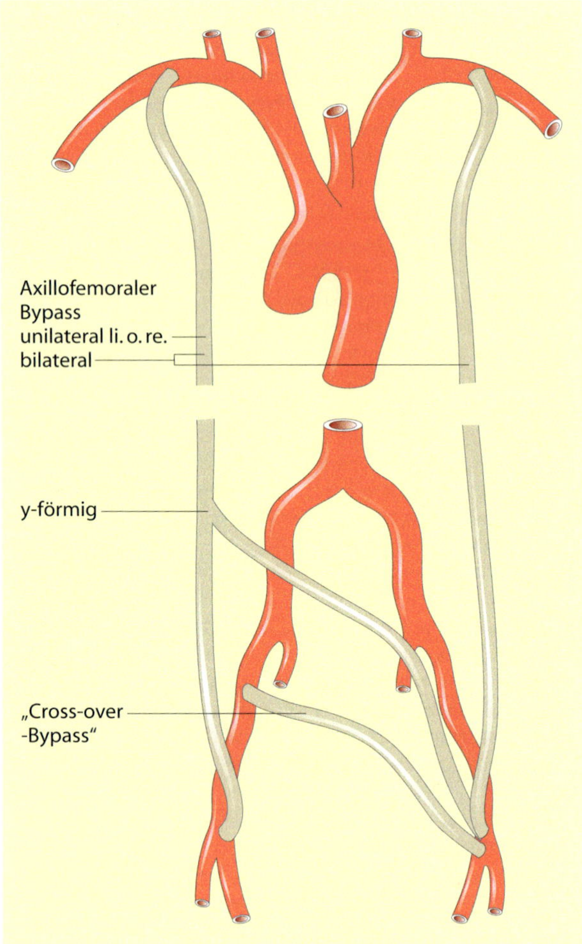

Abb. 4.76 Extraanatomische Bypassformen. (Nach Lüdtke-Handjery 1981)

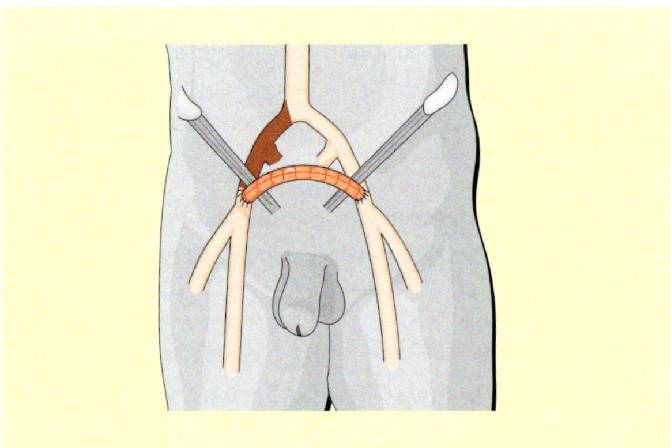

Abb. 4.77 Femorofemoraler Bypass (»cross-over«)

Tunnel zur verschlossenen Seite zieht. Voraussetzung sind ein kräftiger Leistenpuls und keine AVK der kontralateralen Seite.

Indikation

- Verschluss der Aa. iliaca externa und communis.
- Bei schlechtem Allgemeinzustand des Patienten, z. B. pulmonale Erkrankungen, Zustand nach Herzinfarkt, Voroperationen im Abdomenbereich, erfolglose TEA.

Instrumentarium

- Grundinstrumentarium mit Sperrer, bezogenen Klemmchen,
- Gefäßinstrumentarium (s. 4.2),
- Gefäßklemmen,
- Tunnelierungsgerät,
- Balfour-Sperrer bei retroperitonealem A.-iliaca-Anschluss,
- 6- bis 8-mm-Polyesterprothese gewebt oder PTFE beringt (s. 4.3).

Lagerung

- Rückenlagerung,
- Anlegen der neutralen Elektrode nach Vorschrift.

Abdeckung

- Hauseigen, Stoffwäsche doppelt, wasserundurchlässig oder beschichtet.
- Der Bereich Unterbauch bis Oberschenkelmitte muss zugänglich sein.

Femorofemoraler »Cross-over-Bypass«

► Freilegen der Verschlussseite durch einen lateralen Leistenzugang (s. 4.6.3). Zunächst muss festgestellt werden, ob sich die Gefäße für einen Bypass eignen

► Freilegen der Gegenseite durch möglichst weit nach kranial reichende Präparation

► Nach Anzügeln der Gefäße und Abklemmen auf der gesunden Seite, Längsinzision der A. femoralis communis. Anschrägen der zuvor abgedichteten Prothese und anschließende End-zu-Seit-Anastomose. Nach Beendigung der Anastomose wird eine Gefäßklemme an die Prothese gelegt und der Blutstrom in das gesunde Bein wieder freigegeben. Schrittweises Abdichten der Prothese

► Vorbereiten des Gewebetunnels: dorsal des Leistenbandes, subkutan und suprasymphysär oder durch den Raum zwischen Symphyse und Blase

(Spatium retropubicum). Dies ist mit einer gebogenen Kornzange möglich. Die Prothese soll ohne Torsion gestreckt, aber nicht unter Spannung zu liegen kommen

► Abklemmen der Gefäße auf der erkrankten Seite, Längsinzision, ggf. Desobliteration (s. 4.4.2), Zurechtschneiden der Prothese und End-zu-Seit-Anastomose

► Blutstillung, Instrumenten- und Tücherkontrolle (Dokumentation), Redon-Einlage, schichtweiser Wundverschluss

Beim Cross-over-Bypass zwischen A. iliaca externa und A. femoralis communis (s. Abb. 4.76) erfolgt der A.-iliaca-Anschluss vom extraperitonealen Zugang aus (s. 4.6.8).

Axillofemoraler Bypass

Prinzip

Nach dem Anschluss auf die A. subclavia oder A. axillaris wird eine 8-mm-Prothese (Polyester oder PTFE, s. 4.3) bis zur A. femoralis communis durch einen subkutanen Gewebetunnel gezogen und dort anastomosiert. Voraussetzung ist die Durchgängigkeit des Truncus brachiocephalicus und der Aa. subclaviae.

Indikation

- Verschlüsse der Beckenetage,
- erfolglose Thrombektomie,
- schlechter Allgemeinzustand des Patienten,
- Palliativeingriff,
- infizierte retroperitoneale Prothese.

Instrumentarium

- Grundinstrumentarium mit Sperrer, bezogenen Klemmchen,
- Gefäßstandardinstrumentarium (s. 4.2), kurz,
- Gefäßklemmen,
- Tunnelierungsgerät.

Lagerung

- Rückenlagerung mit ausgelagertem abgepolstertem Arm.
- Kopf leicht rekliniert und zur Seite gedreht.
- Polsterung unter die Schulter zum Anheben der Klavikula.
- Anbringen der neutralen Elektrode nach Vorschrift.

Abdeckung

- Hauseigen, Stoffwäsche doppelt, wasserundurchlässig oder beschichtet.
- Der Halsbereich bis zur Oberschenkelmitte muss zugänglich sein.

Axillofemoraler Bypass

► Freilegen der Femoralisgabel (s. 4.6.3). Entscheidung über das weitere operative Vorgehen

► Querschnitt, etwa 1 Querfinger unterhalb der Klavikula nach lateral (s. 4.5 und Abb. 4.49)

► Darstellung, Anzügeln, Abklemmen, Längsinzision der A. axillaris

► Abdichten der Prothese (s. 4.3) und schräges Zuschneiden für die proximale Anastomose. End-zu-Seit-Anastomose. Abklemmen der Prothese und Freigabe des Blutstromes in den Arm

► Nun wird der Gewebetunnel vorbereitet. Über quere Hilfsschnitte wird die Prothese am Rippenbogen subpektoral und dann bis zur Leiste subkutan durchgezogen (vordere Axillarlinie → seitliche Thorax- und Bauchwand → Leistenbeuge; Abb. 4.78 und Abb. 4.79)

► Längsinzision der A. femoralis communis, Zuschneiden der Prothese u. Anastomose

► Blutstillung, Kontrolle der Instrumente und Tücher (Dokumentation), Redon-Einlage, schichtweiser Wundverschluss

Ist die Durchblutung des zweiten Beines ebenfalls gestört, kann man vom axillofemoralen Bypass subkutan in »Cross-over-Technik« zur kontralateralen Leiste abzweigen.

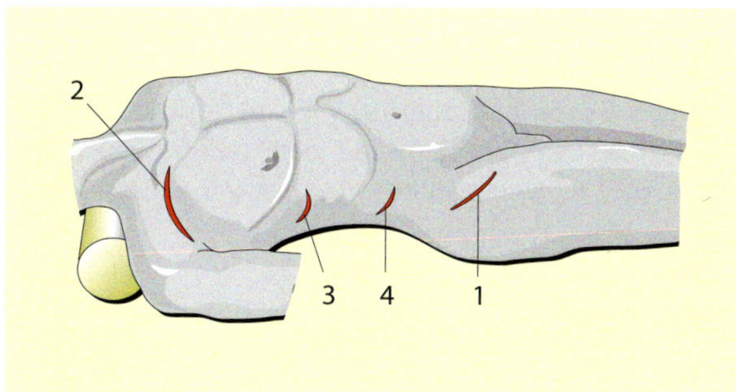

Abb. 4.78 Axillofemoraler Bypass: Schnittführungen. *1* A. femoralis im Bereich der A. profunda femoris, *2* A. subclavia mit bereits angelegter Anastomose (s. Abb. 4.79), *3* und *4* Inzisionen in der seitlichen Thoraxwand zur Anlage des Gewebetunnels für die Kunststoffprothese. (Nach Podlaha zit. nach Glauch u. Haaf 1989)

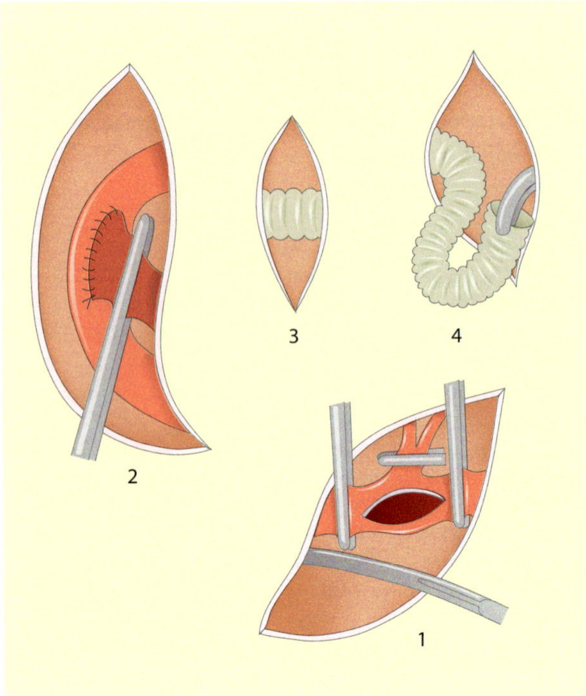

Abb. 4.79 Axillofemoraler Bypass: Durchzug der Polyesterprothese. *1–4* s. Abb. 4.78. (Nach Glauch u. Haaf 1989)

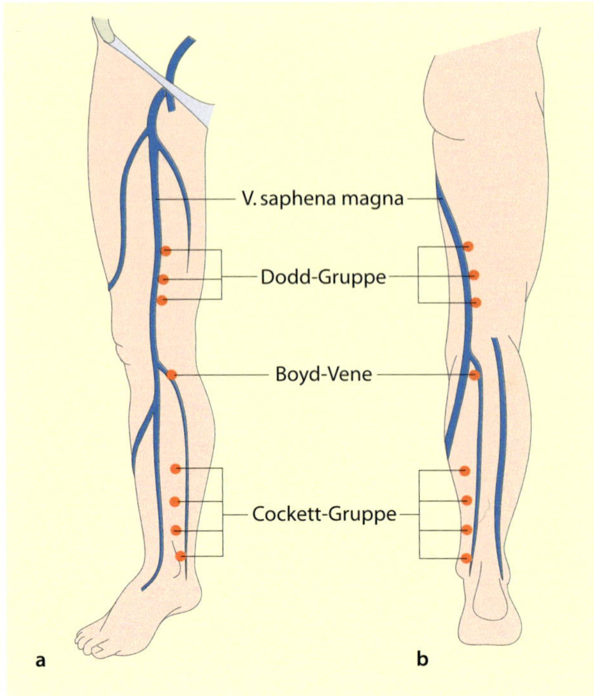

Abb. 4.80a,b Ansicht der V. saphena magna und der Perforansvenen von vorne (a) und von hinten (b). (Nach Heberer et al. 1993)

4.7 Venenerkrankungen

An der unteren Extremität werden die folgende Venensysteme unterschieden:

- Oberflächliches Venensystem (Abb. 4.80a,b)
  Die epifaszialen Vv. saphena magna und parva sammeln das Blut zwischen Haut und Faszie und leiten es über ein Verbindungssystem in die tiefen Venen
- Verbindungssystem
  Die Vv. communicantes bzw. Vv. perforantes verbinden das oberflächliche mit dem tiefen System. Sie werden als Dodd-, Boyd-, Cockett-Venen bezeichnet (s. Abb. 4.80a,b)
- Tiefes Venensystem
  Die meist paarig angelegten Venen begleiten die Arterien und sammeln nahezu das gesamte venöse Blut der Beine

4.7.1 Ektasierende Erkrankungen/Varizen

Die Varizen und das postthrombotische Syndrom zählen zu den chronischen Venenerkrankungen.

Definition

Varizen sind sackartig erweiterte, klappeninsuffiziente epifasziale Venen, vorwiegend an den unteren Extremitäten.

Durch die Venenerweiterung können sich die Klappen nicht schließen. Es besteht die Gefahr der Strömungsumkehr. Solange die Verbindungsvenen nicht insuffizient, d. h. die Klappen schlussfähig sind, sind die oberflächlichen Venen betroffen, andernfalls kommt es zu trophischen Störungen.

Man unterscheidet eine primäre und eine sekundäre Varikosis.

Primäre Varikosis

Sie beruht auf einer Wand- und Klappenschwäche der epifaszialen Venen (Abb. 4.81).

Begünstigende Faktoren

- Gravidität,
- Übergewicht,
- Stehberufe,

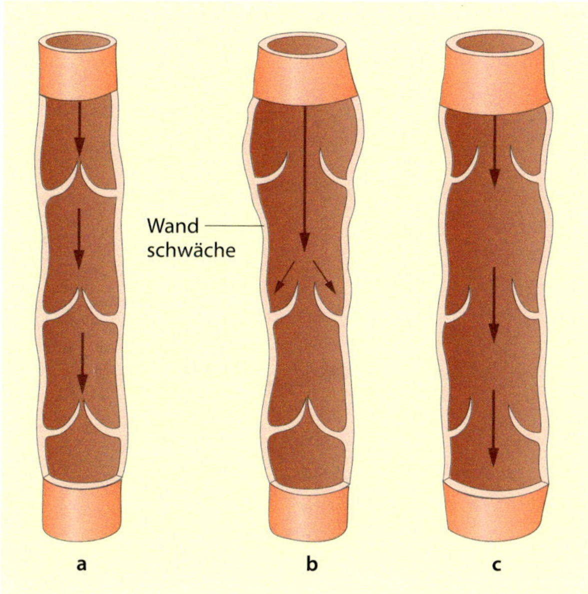

Abb. 4.81a–c Entstehung der primären Varikosis. a Normalzustand b durch Wandschwäche entsteht Klappeninsuffizienz mit Reflux c vollständige Klappeninsuffizienz. (Nach Heberer et al. 1993)

- angeborene Bindegewebsschwäche (familiäre Belastung),
- Klappendefekt durch Thrombophlebitis.

Symptome

- Sichtbare Varizen,
- Schmerzen, nächtliche Wadenkrämpfe.

Diagnostik

Funktionsprüfungen sollen eine sekundäre Varikosis ausschließen. Am wichtigsten ist die Phlebographie.

Therapie

- Konservativ durch Gummistrümpfe und Kompressionsverbände,
- Verödungsbehandlung (Sklerosierung),
- Operation nach Babcock »Varizenstripping« (s. 4.7.3).

Sekundäre Varikosis

Durch eine Phlebothrombose bilden sich Varizen in den Kollateralvenen, die den tiefen Verschluss umgehen.

! Diese Venen dürfen keinesfalls entfernt werden, da nur sie noch venöses Blut fördern.

4.7.2 Obliterierende Erkrankungen/ Venenthrombose

Oberflächliche Venenverschlüsse werden fast immer von Kollateralen kompensiert. Tiefe Venenverschlüsse führen zu Stauungen und subfaszialen Ödemen. Durch den Defekt der Perforansklappen ist das epifasziale Venensystem einem erhöhten Druck ausgesetzt, und es entsteht eine Ulzeration.

Zu den akuten Erkrankungen der Venen zählen die Phlebothrombose und die Thrombophlebitis.

Phlebothrombose

Thrombotischer Verschluss einer tiefen Vene, z. B. Vv. femoralis, iliaca, cava inferior und superior, subclavia. Löst sich der Thrombus, kann es zur Embolie der Lungenarterien kommen.

Virchow-Trias
- Schädigung der Venenwand durch ein lokales Trauma (Frakturen, Druck oder Venenerkrankungen als Folge eines Infekts)
- Stase (nach langer Bettruhe)
- Blutveränderungen

Therapie

- Hochlagern der Beine, Kompressionsverband, Heparinisierung.
- Lysetherapie.
- Venöse Thombektomie mit evtl. Anlage einer arteriovenösen Fistel (s. 4.7.3).

Phlegmasia coerulea dolens

Eine Sonderform der Phlebothrombose ist die Phlegmasia coerulea dolens: eine plötzlich eintretende tiefe Beinvenenthrombose des gesamten Beines mit gleichzeitiger Kompression der Lymphgefäße. Die plötzliche Gerinnung des Blutes in allen Venen tritt mit einer reflektorischen arteriellen Minderdurchblutung auf.

Therapie

Die Therapie besteht in der Thrombektomie, Faszienspaltung und Antikoagulanziengabe.

Thrombophlebitis

Thrombotischer Verschluss oberflächlicher Venen mit entzündlichen Wandveränderungen.

Entstehung

- Keimverschleppung,
- chemische Reizung, z. B. Infusionslösungen,
- Disposition durch z. B. Varikosis, Antikonzeptiva.

Komplikation

Bei mangelhafter Mobilisierung kann die Thrombose auf die tiefen Venen übergreifen.

Therapie

Heparinsalbe, Kompressionsverband, Antiphlogistika, Mobilisation.

4.7.3 Operationsbeschreibungen

Varizenoperation nach Babcock

▪▪▪ Prinzip

Entfernung der gesamten V. saphena magna, durch »Venenstripping« und gleichzeitige Ausschaltung insuffizienter Perforansvenen.

▪▪▪ Vorbereitung am Vorabend

Die Varizen und Konvulute werden vor der Operation mit einem wasserfesten Stift angezeichnet. Insuffiziente Perforansvenen werden mit einem Kreis markiert.

▪▪▪ Instrumentarium

- Grundinstrumentarium klein mit Sperrer, feinen Overholt-Klemmen, feiner Schere,
- Extraktionssonde (◘ Abb. 4.82) oder als Einmalmaterial,
- elastische Binden.

▪▪▪ Lagerung

- Rückenlagerung,
- evtl. Bauchlage bei V.-parva-Exstirpation,
- Anbringen der neutralen Elektrode nach Vorschrift,
- Armauslagerung auf der OP-Seite.

▪▪▪ Abdeckung

- Hauseigen, Stoffwäsche doppelt, wasserundurchlässig oder beschichtet.
- Das ganze Bein und der Unterbauch müssen zugänglich sein.

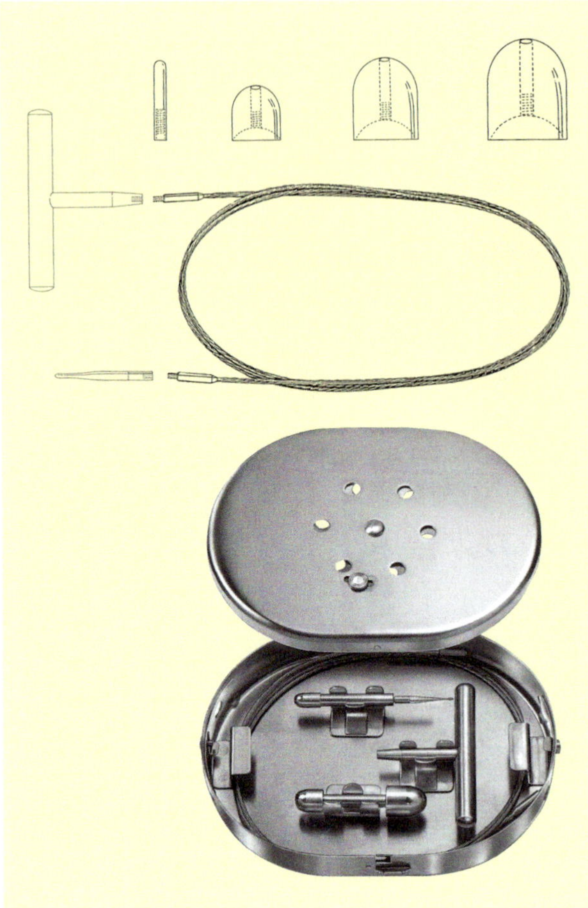

◘ Abb. 4.82 Nabatoff, Varizenbesteck. (Fa. Martin)

Varizenoperation nach Babcock

► Schräg verlaufender Hautschnitt in der Leistenfalte oder etwas proximal davon

► Freipräparieren der V. saphena magna bis zur Einmündungsstelle in die V. femoralis. Ligieren und Durchtrennen aller hier verlaufenden Abgänge (Krossektomie). Die V. saphena magna wird nahe der V. femoralis unterbunden/durchstochen

► Distales Freipräparieren der Vene. Quer verlaufende Hautinzision oberhalb des Innenknöchels, Anschlingen der Vene, Ligatur nach distal

► Eröffnen der Vene mit einer feinen Schere und Vorschieben der Extraktionssonde von distal bis in die Leiste. Ist ein direktes Vorschieben der Sonde nicht möglich, muss die Vene in Etappen über mehrere Zusatzschnitte und Sonden entfernt werden. Distal wird die vorgelegte Ligatur geknotet. Zunächst bleibt die Sonde liegen

- ▶ Noch verbleibende Venenkonvolute werden über kleine Zusatzinzisionen entfernt. Dazu werden sie mit Péan- oder Kocher-Klemmen gefasst, durchtrennt, auf den Klemmchen aufgerollt und herausgezogen
- ▶ Insuffiziente Vv. perforantes werden subfaszial ligiert. Die Faszienlücken werden evtl. verschlossen
- ▶ Nun wird die Vene gezogen. Nach Entfernen der Sonde wird das Bein kräftig elastisch gewickelt und für einige Minuten komprimiert. Die V. saphena magna wird auf Vollständigkeit überprüft
- ▶ Anders als in ◘ Abb. 4.83 wird in heutigen Verfahren die Extraktion von proximal nach distal zur Schonung des N. saphenus bevorzugt
- ▶ Entfernen der Binden und schichtweiser Leistenverschluss, sowie Verschluss der übrigen Inzisionen (möglichst intrakutane Nähte)
- ▶ Anlegen eines Kompressionsverbandes

Venöse Thrombektomie

▪▪▪ Prinzip

Entfernen der Thromben mit Ballonkathetern unter Schonung der Venenklappen.

▪▪▪ Ziel

- Verhinderung drohender Lungenembolien.
- Entlastung der betroffenen Extremität.
- Verhinderung eines postthrombotischen Syndroms (Dauerschaden der tiefen Venen mit Zerstörung der Klappen: Abflussbehinderung → Unterschenkelödem → sekundäre Varizen → Ulcus cruris).

▪▪▪ Indikationen

- Phlegmasia dolens,
- bei kontraindizierter Lysetherapie,
- unmittelbar drohende Lungenembolie,
- isolierte Beckenvenenthrombose (nicht älter als 14 Tage!).

▪▪▪ Komplikation

Gefahr der intra- und postoperativen Lungenarterienembolie. Daher werden während der Operation folgende Vorsichtsmaßnahmen getroffen:

- Anti-Trendelenburg-Lagerung,
- Überdruckbeatmung.

▪▪▪ Lagerung

- Anti-Trendelenburg-Lagerung (◘ Abb. 4.84):
  - angehobener Oberkörper,
  - leicht abgesenkte Beine.
- Anlegen der neutralen Elektrode nach Vorschrift.

▪▪▪ Abdeckung

- Zirkuläre Hautdesinfektion des betroffenen Beines.
- Hauseigen, Stoffwäsche doppelt, wasserundurchlässig oder beschichtet.
- Der Bereich Brustkorb bis einschließlich untere Extremität muss zugänglich sein, da notfallmäßig eine Sternotomie erforderlich werden kann.
- Eventuell wird ein Durchleuchtungsgerät benötigt, daher Schutzvorkehrungen treffen (◘ s. 4.4.3).

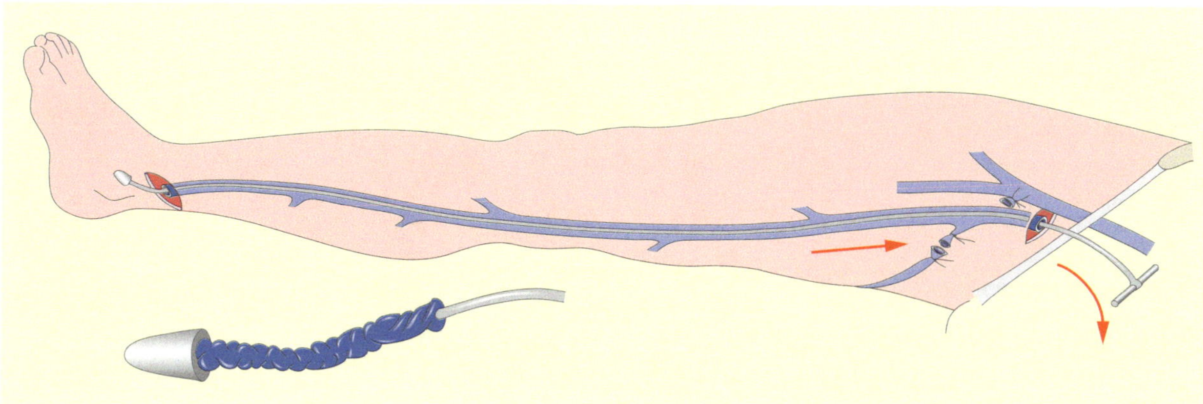

◘ Abb. 4.83 Varizenoperation nach Babcock: Nach Aufsetzen des entsprechenden Extraktionssondenkopfes wird die Vene von der distalen Inzision aus nach proximal gezogen. (Nach Heberer et al. 1993)

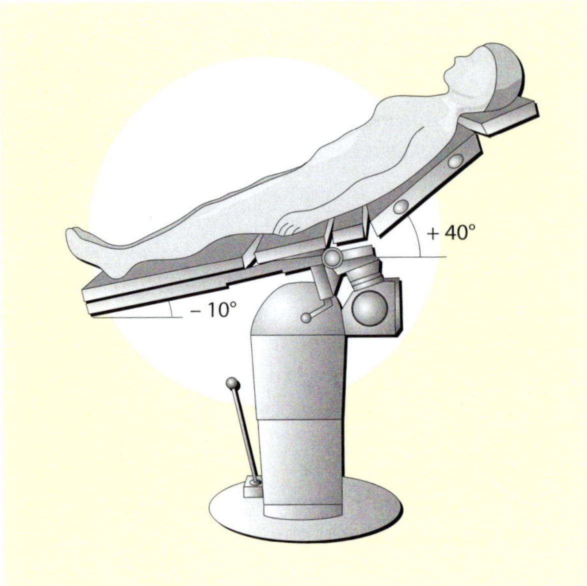

Abb. 4.84 Anti-Trendelenburg-Lagerung

ben werden. Kontrastmitteldarstellung der Katheterlage
Dieser Schritt ist nicht zwingend erforderlich

► Leistenlängsschnitt auf der erkrankten Seite und Freipräparieren der V.-femoralis-Gabel. Gute Orientierung bietet die daneben verlaufende A. femoralis. Abklemmen der V. femoralis communis mit Gefäßklemmen

► Quer verlaufende Venotomie

► Vorschieben eines Fogarty-Katheters bei maximalem PEEP und vorsichtiges Thrombektomieren. Lokale Heparingabe und Abklemmen der V. femoralis (Abb. 4.85a,b)

► Nun erfolgt die Thrombektomie des Ober-/Unterschenkels. Zunächst wird das Bein mit Esmarch-Binden ausgewickelt und dann von distal nach proximal ausmassiert (Abb. 4.85c). Entfernen der Binden; Heparingabe

► Evtl. erfolgt nun eine Phlebographie oder Phleboskopie

Instrumentarium

- Grundinstrumentarium,
- Gefäßstandardinstrumentarium (s. 4.2),
- Gefäßklemmen,
- evtl. ein Stück PTFE Prothese (AV-Fistel),
- Esmarch-Binden,
- elastische Binden,
- Fogarty-Katheter (evtl. venöse Katheter), evtl. Okklusionskatheter mit 50 ml und 10 ml Blockung.
- In Bereitschaft, falls notfallmäßig eine Sternotomie erforderlich wird:
  - Sternummeißel mit Hammer oder oszillierende Säge,
  - Thoraxsieb und/oder Medikamente zur umgehenden Thrombolyse (z. B. Urokinase).
- Heparin, Haltebänder, Gefäßnähte,
- evtl. Angioskopieutensilien, Kontrastmittel, evtl. Angiographie.

Beckenvenenthrombose

► Der Patient wurde bereits präoperativ antikoaguliert

► Auf der gesunden Seite kann über einen kleinen Leistenschrägschnitt die V. saphena magna aufgesucht werden, diese quer inzidiert und ein Okklusionskatheter (50 ml) in die V. cava vorgescho-

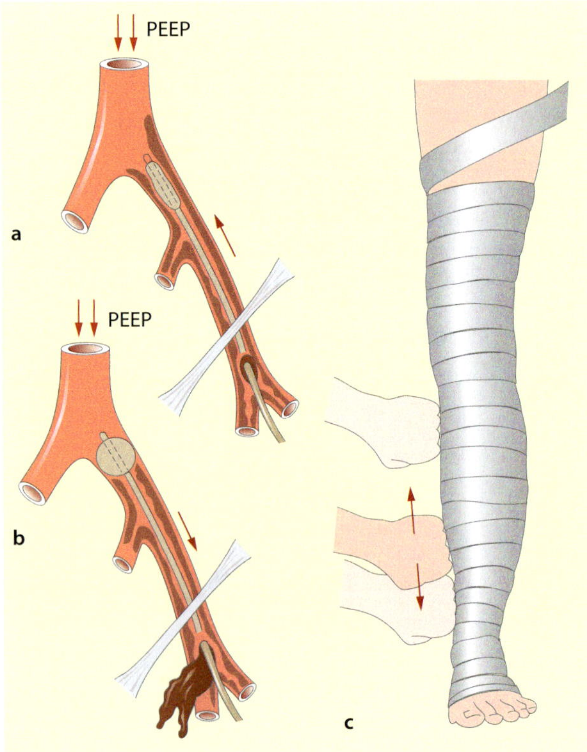

Abb. 4.85a–c Venöse Thrombektomie der Beckenetage, *PEEP* positiver endexspiratorischer Beatmungsdruck. (Nach Heberer et al. 1993)

► (Ein Beckenvenensporn kann durch einen Dilatationskatheter mit Stenteinlage beseitigt werden, ◘ s. 4.4.3 und ◘ 4.4.4)

► Verschluss der Venotomie mit Gefäßnahtmaterial etwa der Stärke 6–0

► Bei isolierter Beckenvenenthrombose oder einem Beckenvenensporn wird eine arteriovenöse Fistel für ca. 3 Monate angelegt. Sie soll den Fluss in Richtung Beckenvene beschleunigen

Für die Fistel wird ein Ast der V. saphena magna freipräpariert und einseitig abgesetzt, dann korbhenkelartig auf die A. femoralis verlegt. Anschließend wird die Vene in die A. femoralis End-zu-Seit anastomosiert. Diese Verbindung kann auch mit einem Stück PTFE-Prothese vorgenommen werden (◘ s. 4.3)

Die AV-Fistel kann auch, je nach Verschlusskonstellation, in Höhe der A. poplitea oder der Knöchelregion angelegt werden

► Exakte Blutstillung, Kontrolle der Instrumente und Tücher (Dokumentation), Redon-Drainagen-Einlage, schichtweiser Wundverschluss

► Nach 3–6 Monaten wird die Fistel wieder aufgehoben

Shunt- und Portsysteme

I. Middelanis-Neumann

5.1 Katheter und Shunts für die Hämodialyse

5.1.1 Vorhofkatheter nach Demers und Siebold

Der zentralvenöse Demers-Katheter (Fa. bionic) wird zu Dialysezwecken in Lokalanästhesie über die V. jugularis externa in den rechten Vorhof eingebracht. Bei der perkutanen Anlegetechnik im Seldinger-Verfahren wird die V. jugularis interna punktiert.

Vorteile des Katheters

- Häufiges Kanülieren wird vermieden.
- Weniger infektionsgefährdet als z.B. beim Zugang über die V. femoralis.
- Kaum eingeschränkte Mobilität des Patienten.
- Weiches Kathetermaterial schont die Intima.
- Kann bis zu Monaten liegen.

Katheteraufbau

Der Katheter besteht aus einem röntgenkontrastgebenden Silikonschlauch mit fischmaulförmiger Öffnung am intravasalen Ende (Abb 5.1) und wird in verschiedenen Längen hergestellt. Silikon ist elastisch und unterliegt kaum chemischen und physikalischen Veränderungen.

Eine Dacronmuffe verhindert das Verrutschen des Katheters und verwächst mit dem umgebenden Gewebe. Bakterienfilter und Schlauchklemmen befinden sich direkt am Hautaustritt. Am Katheterende ist ein Luer-Lock-Ansatz.

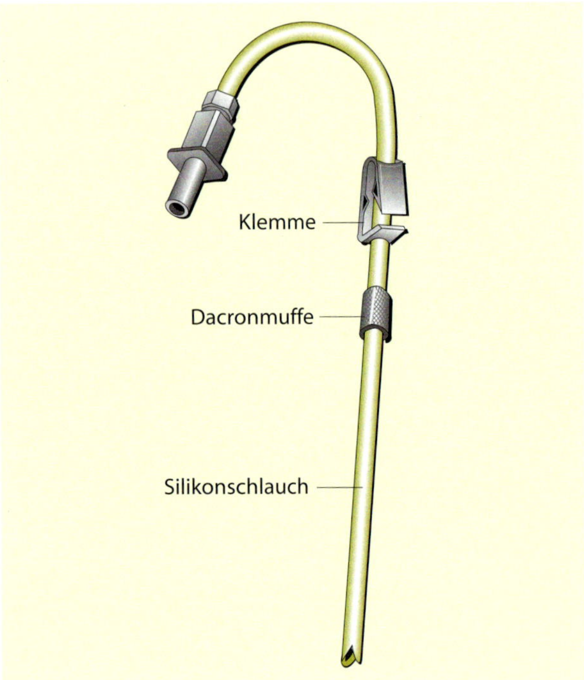

Abb. 5.1 Demers-Katheter

Lagerung

- Der Patient liegt in Rückenlage auf einem Durchleuchtungstisch.
- Der Kopf ist leicht rekliniert und zur linken Seite gedreht.
- Der Oberkörper ist etwas aufgerichtet.
- Anbringen der neutralen Elektrode nach Vorschrift.
- Patient und Personal tragen einen Röntgenschutz (s. 4.4.3)

Vorhofkatheter nach Demers und Siebold

- ▶ Wenn möglich Zugang über die rechte V. jugularis externa
- ▶ Nach der Hautdesinfektion und Abdeckung erfolgt die örtliche Betäubung
- ▶ Der Hautschnitt verläuft quer, fingerbreit, in etwa 3 cm Länge oberhalb der Klavikula. Das Platysma wird quer durchtrennt. Liegt die Vene frei, wird sie kaudal und kranial angeschlungen und nach kranial ligiert
- ▶ In Kopftieflage wird die Vene mit einer feinen Schere oder dem Stilett eröffnet. Nachdem der Katheter mit Heparin-Kochsalz-Lösung (5000 IE Heparin/100 ml 0,9%iges NaCl) gefüllt ist, wird er in das Gefäß vorgeschoben. Schnelles Vorgehen wegen der Gefahr der Luftembolie!
- ▶ Lagekontrolle der Katheterspitze mit Bildwandler und Funktionskontrolle durch Aspiration mit einer Spritze. Bei korrektem Sitz wird die zentrale Ligatur vorsichtig geknotet
- ▶ Der Katheter wird durch einen subkutanen Tunnel lateral der Hautinzision ausgeleitet. Die Dacronmuffe soll etwa 1 cm vor der Hautausleitung liegen
- ▶ Abschließende Funktionskontrolle und schichtweiser Wundverschluss, Verband

Bevor die Kathetersysteme technisch ausgereift waren, legte man den Scribner-Shunt an der Hand oder am Fuß an. Dazu werden Röhrchen in der Arterie und in der Vene fixiert und über einen Plastikschlauch verbunden. Nach subkutanem Durchzug liegt der Shunt teilweise außerhalb des Körpers.

5.1.2 Arteriovenöse Fistel nach Brescia-Cimino

Eine arteriovenöse Fistel wird den Dialysepflichtigen, wenn möglich, am nichtdominanten Arm zwischen der A. radialis und der V. cephalica angelegt. Dadurch kommt es zur Erweiterung und Hypertrophie der Vene, die dann zu Dialysezwecken kanüliert werden kann.

Die Art der Anastomosierung kann unterschiedlich sein, häufig wird eine End-zu-Seit-Anastomose der Vene in die Arterie vorgenommen.

Lagerung

- Der Patient liegt auf dem Rücken.
- Der zu operierende Arm wird auf einem seitlich am Tisch montierten Handtisch ausgelagert.
- Anbringen der Neutralelektrode nach Vorschrift oder Vorbereiten der bipolaren Diathermie.

Arteriovenöse Fistel nach Brescia-Cimino

► Nach Hautdesinfektion, Abdeckung sowie örtlicher Betäubung (Plexusanästhesie; Intubationsnarkose, ITN) wird die Haut bogenförmig inzidiert, sodass Vene und Arterie gut zu erreichen sind

► Ausreichende Präparation der Vene, um eine spannungsfreie Anastomose durchführen zu können. Die Vene wird angeschlungen und nach distal ligiert. Weitere Abgänge müssen unterbunden und durchtrennt werden. Aufweiten der Vene, z.B. mit Gefäßdilatatoren (◘ s. Abb. 4.9)

► Die Arterie wird freipräpariert, angeschlungen und mit feinen Gefäßklemmen (◘ s. 4.2, z.B. Mikrobulldogklemmen) abgeklemmt. Mit dem Stichskalpell wird die Arterie längs eröffnet, die Vene mit der feinen Pott-Schere (◘ s. Abb. 4.8) zugeschnitten und End-zu-Seit mit einer 7–0 Gefäßnaht anastomosiert

► Nach Blutstromfreigabe erfolgt die Funktionskontrolle und Blutstillung. Subkutan- und Intrakutannaht schließen sich an, Verband

Weitere Fisteln sind in der Ellenbeuge und am Oberarm möglich.

Ist kein geeignetes körpereigenes Gefäßmaterial vorhanden, ist die Gefäßverbindung mit Prothesenmaterial (PTFE, Teflon; ◘ s. 4.3) möglich. Spezielle Shuntprothesen mit unterschiedlichen Durchmessern werden vom Hersteller angeboten.

5.2 Peritoneovenöser Shunt

Der peritoneovenöse Shunt dient der chirurgischen Aszitestherapie bei Leberzirrhose und in den Fällen, in denen eine portokavale Shuntanlage nicht möglich ist.

Über einen Katheter wird die Aszitesflüssigkeit dem Blutkreislauf zugeführt.

Alle Systeme bestehen aus 2 Schlauchanteilen, die mit einem Ventil verbunden sind. Der eine Katheter wird in den Peritonealraum, der andere in die obere Hohlvene eingebracht. Sie funktionieren durch das Druckgefälle zwischen Bauchraum und Vene. Der Denver-Shunt besitzt eine Pumpkammer mit Einwegventil, mit dem der Patient das System selbst durchspülen kann.

5.2.1 Denver-Shunt (◘ Abb. 5.2)

Lagerung

- Der Patient wird in Rückenlagerung auf einen Durchleuchtungstisch gelegt.
- Der Kopf ist leicht rekliniert und zur linken Seite gedreht.
- Der Oberkörper ist etwas aufgerichtet.
- Anbringen der neutralen Elektrode nach Vorschrift.
- Patient und Personal tragen einen Röntgenschutz (◘ s. 4.4.3).

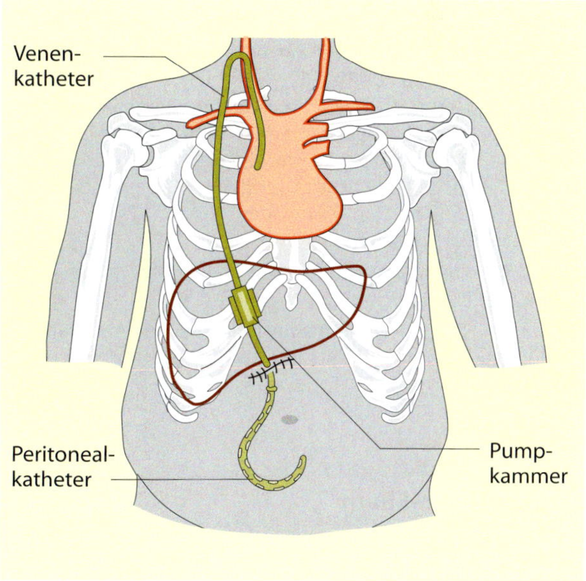

◘ Abb. 5.2 Denver-Shunt

Denver-Shunt

- Nach der Hautdesinfektion, vom Hals bis zum Nabel, und der Abdeckung erfolgt die örtliche Betäubung (oder ITN)
- Präparation der Halsvene: Die Haut wird etwa 3 cm oberhalb der rechten Klavikula im Bereich der V. jugularis interna inzidiert. Die Vene wird aufgesucht, zu beiden Seiten hin unterfahren und angeschlungen. In die Wunde wird ein feuchter Streifen gelegt
- Implantation des Peritonealkatheters: quer verlaufender Hautschnitt etwa 4 cm unter dem rechten Rippenbogen. Im Faserverlauf wird die Muskulatur gespalten und die Fascia transversalis mit dem Peritoneum dargestellt. Nach dem Vorlegen einer Tabakbeutelnaht erfolgt die Stichinzision. Mit einem Sauger wird langsam die Aszitesflüssigkeit abgesaugt
- Das Shuntsystem wird mit isotonischer Kochsalzlösung gefüllt. Der Peritonealkatheteranteil wird ins Abdomen vorgeschoben, die Tabakbeutelnaht geknotet und Muskulatur und Faszie verschlossen ohne dabei den Katheter zu komprimieren
- Untertunnelung: Mit einer Kornzange oder einem speziellen Tunnelierungsgerät (s. 4.2, Abb. 4.24) wird ein subkutaner Tunnel gebildet, der bis zur Halsinzision reicht. Vorsichtiges Durchziehen des Katheters
- Fixation der Pumpkammer in einem Interkostalraum mit nichtresorbierbarem Nahtmaterial durch die an der Kammer dafür vorgesehenen Löcher. Der Brustkorb bietet das Widerlager für die Pumpkammer
- Implantation des Venenkatheters: Der Katheter wird auf die entsprechende Länge gekürzt und am Ende etwas schräg zugeschnitten
- In Kopftieflage wird die Vene zwischen den vorgelegten Gefäßbändern mit dem Stilett eröffnet. Einführen des Venenkatheteranteils und Lagekontrolle mit dem Durchleuchtungsgerät. Die Katheterspitze soll in der V. cava superior direkt am Eintritt in den rechten Vorhof liegen
- Mit feinen Tabaksbeutelnähten wird der Katheter am Gefäß befestigt
- Nach einer Funktionskontrolle des Systems werden beide Wunden schichtweise verschlossen

5.2.2 Le-Veen-Shunt

Der Le-Veen-Shunt ist das ältere Kathetermodell. Er unterscheidet sich vom Denver-Shunt dadurch, dass er zwar ein Ventil, aber keinen Pumpmechanismus aufweist. Das Anlegen des Shunts gleicht sich.

5.3 Portsysteme

Portsysteme sind vollständig implantierbare Kathetersysteme mit einer Infusionskammer (Port), die durch die Haut punktiert werden kann, und einem Katheter. Der Katheter kann fest oder trennbar mit dem Port verbunden sein. Über den Port können Medikamente periodisch oder kontinuierlich verabreicht werden.

Materialien

Die verschiedenen Systeme unterscheiden sich in den Materialien, nicht in der Implantationstechnik.

Die Infusionskammern werden aus Titan oder Polysulfon und in unterschiedlichen Höhen hergestellt: Bei Kindern würde man beispielsweise Flachports implantieren.

Die Kammern werden durch eine Silikonmembran verschlossen, die je nach Modell bis zu 3.000-mal punktiert werden kann. Ermöglicht wird dies durch die Verwendung spezieller Punktionsnadeln, die es in gerader und für kontinuierliche Infusionen in abgewinkelter Ausführung gibt.

Die Katheter bestehen aus Silikon oder Polyurethran. Von den meisten Herstellern werden zur Implantation des Portsystems Punktionsbestecke mitgeliefert.

Vorteile des Ports

- Die Portsysteme werden operativ vollständig implantiert. Das Infektionsrisiko ist vermindert.
- Für Langzeittherapien besteht ein sicherer Gefäßzugang, periphere Gefäße werden geschont.
- Die Krankenhausverweildauer wird verkürzt, da eine ambulante Betreuung des Patienten möglich ist.

Systemarten

Zentralvenöse Systeme

Sie bieten einen dauerhaften venösen Zugang für die Zytostatikabehandlung von Tumoren, für periodische und kontinuierliche Medikamentenverabreichungen und diagnostische Blutentnahmen, bei schwierigen Gefäßverhältnissen und hohem Insulinbedarf, bei Asthmapatienten und zur parenteralen Ernährung.

Die üblichen Zugänge sind über die rechte V. cephalica und die rechte V. jugularis interna. Letztere wird häufig nach Seldinger-Technik punktiert, d. h. Punktion der Vene, Gefäßerweiterung mit dem Dilatator, Vorschieben des Katheters über einen Führungsdraht in die obere Hohlvene. Anschließend erfolgt die Implantation des Ports (Abb. 5.3).

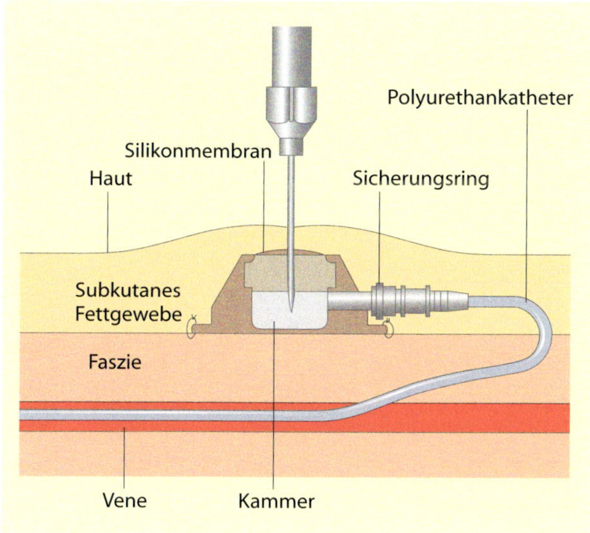

Abb. 5.3 Venöses Portsystem. (Nach Fa. OHMEDA)

Intraarterielle Systeme

Intravenöse und intraarterielle Systeme sind ähnlich aufgebaut. Letztere verfügen zur Fixierung im Gefäß über einen Sicherungsring.

Sie dienen der regionalen Chemotherapie bei Primärtumoren und Metastasen, die nicht operiert oder bestrahlt werden können. Meist handelt es sich um Lebertumoren. Hierbei wird der Katheter über eine Laparotomie in die A. gastroduodenalis so weit vorgeschoben, dass die Katheterspitze etwa 2 mm in die A. hepatica propria hineinragt. Die Infusionskammer wird in einer vorbereiteten subkutanen Tasche fixiert. Außerdem wird die Gallenblase zur Vermeidung einer späteren medikamentenbedingten Cholezystitis entfernt und die A. gastrica dextra wegen der Gastritisgefahr ligiert.

Die organbezogene intraarterielle Infusion minimiert systemische Nebenwirkungen von Zytostatika.

Intraabdominelle Systeme

Die intraabdominellen Systeme sind den intravenösen und intraarteriellen ebenfalls sehr ähnlich.

Sie werden bei mehrfacher Medikamentenverabreichung in eine Körperhöhle, wie Bauch- und Pleurahöhle eingesetzt.

▪▪▪ Lagerung

- Der Patient liegt in Rückenlage auf einem Durchleuchtungstisch.
- Der Kopf ist leicht rekliniert und zur linken Seite gedreht.
- Der Oberkörper ist etwas aufgerichtet.
- Anbringen der neutralen Elektrode nach Vorschrift.
- Patient und Personal tragen einen Röntgenschutz (s. Kap. 4.4.3).

Zentralvenöses System

▶ Nach der Hautdesinfektion und dem Abdecken erfolgt die örtliche Betäubung

▶ Beim Zugang über die V. cephalica wird die Haut quer, etwa 3 cm unterhalb der rechten Klavikula und bei der V. jugularis interna ca. 2 cm oberhalb davon inzidiert

▶ Die V. cephalica wird aufgesucht, unterfahren, angeschlungen und nach distal ligiert. Mit dem Stilett wird das Gefäß inzidiert und der Venenkatheter vorgeschoben. Es folgt die Lagekontrolle der Katheterspitze mit dem Durchleuchtungsgerät, ggf. unter Kontrastmittelgabe. Nach dem Knoten des nichtresorbierbaren zentralen Fadens wird die Funktion des Systems überprüft, indem Heparin-Kochsalz-Lösung gespritzt und anschließend Blut aspiriert wird

▶ *Viele Syteme bieten auch ein Punktionsset an. Nach perkutaner oder offener Punktion der V. subclavia wird unter Bildwandlerkontrolle ein Führungsdraht bis in die V. cava superior vorgeschoben. Anschließend wird über den Führungsdraht der Portkatheter implantiert und die Porttasche wie im Folgenden beschrieben angelegt. Das Freilegen der V. cephalica entfällt somit*

Vorbereiten der subkutanen Porttasche. Dafür wird weiter distal erneut Lokalanästhetikum injiziert und von der gleichen Hautinzision aus eine entsprechend große Tasche stumpf präpariert. Der Katheter wird ausgemessen und mit dem Port verbunden. Die Infusionskammer wird ohne Abknicken des Katheters in die Tasche eingelegt und mit etwa 4 Nähten an der Pektoralisfaszie fixiert

▶ Nach dem schichtweisen Wundverschluss der Hautinzision erfolgt eine Probepunktion des Systems mit der Spezialnadel

Intraspinale Systeme

Die spinalen oder periduralen Systeme unterscheiden sich von den bisher beschriebenen Systemen im Punktionssystem für den Katheter. Der Katheter wird durch einen subkutanen Tunnel geführt und am Port angeschlossen, der gewöhnlich auf den unteren Rippen fixiert wird.

Dieses System wird zur Langzeitschmerztherapie, bei Tumorschmerzen und anderen Schmerzzuständen eingesetzt.

Thoraxchirurgie

M. Liehn, L. Steinmüller

6.1 Anatomische Grundlagen

6.1.1 Lunge

Die Lunge besteht aus 2 Flügeln, die jeweils von einem Hauptbronchus belüftet werden. An der zur Körpermitte gerichteten Seite befindet sich der Lungenhilus als einzige feste Verbindung der Lunge zum Körper. Hier treten die Hauptbronchien und die Hauptäste der A. pulmonalis ein bzw. die V. pulmonalis aus.

Beide Lungenflügel sind in Lappen und Segmente eingeteilt (Abb. 6.1).

Die Segmente werden durch Segmentarterien und Segmentbronchien versorgt; 2–5 Segmente bilden einen Lappen.

Die Lymphdrainage erfolgt über Lymphknoten in der Lunge, am Hilus und im Mittelfellraum.

6.1.2 Mediastinum

Das Mediastinum ist der Raum, der sich zwischen den Lungenflügeln befindet. Vorn wird er durch die Rippen und das Sternum, seitlich durch die Pleura mediastinalis und unten durch das Zwerchfell begrenzt. Nach kranial geht er ohne besondere Abgrenzung in die Halsregion über.

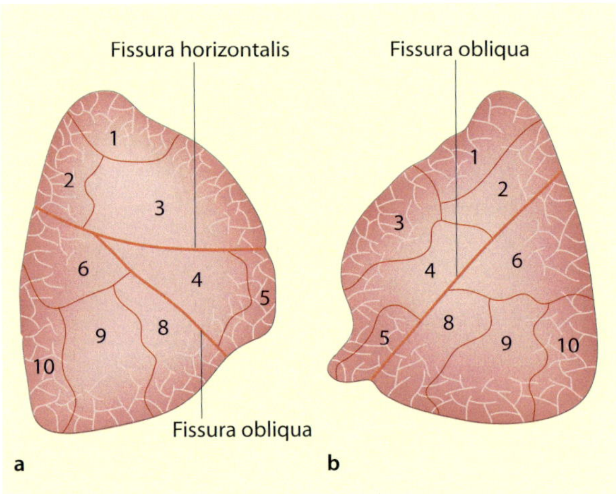

Abb. 6.1 a Rechte Lunge in der Ansicht von lateral. b Linke Lunge in der Ansicht von lateral. (Nach Siewert 2001)

6.1.3 Pleura (Brustfell)

Die Pleura besteht aus 2 Blättern:
- viszerales Blatt: überzieht als »Lungenfell« die Lungenflügel und geht am Hilus über in
- das parietale Blatt, das »Rippenfell«.

Zwischen diesen beiden Blättern befindet sich der mit wenig Flüssigkeit gefüllte Pleuraspalt, in dem die beiden Blätter sich während des Atmens gegeneinander verschieben.

6.2 Thoraxinstrumentarium

6.2.1 Spezielles Instrumentarium

Zu dem in 1.6 vorgestellten Grundinstrumentarium und neben den zum Teil überlangen Klemmen (Satinsky, Organfasszangen) sowie atraumatischen Pinzetten werden für die Thoraxchirurgie spezielle Instrumente benötigt, von denen hier einige beispielhaft vorgestellt werden sollen (s. Abb. 6.2–6.13).

Thorakotomie

- Rippenraspatorien (z.B. nach Doyen) rechts oder links gebogen (Abb. 6.2)
- Raspatorien nach Semb (Abb. 6.3) vorn eingekerbt.
- Rippenschere nach Sauerbruch (Abb. 6.4).
- Rippenschere nach Brunner (Abb. 6.5).
- Hohlmeißelzangen (z.B. nach Luer) zum Glätten der Resektionskanten, um intra- und postoperativ Verletzungen durch spitze Knochenkanten zu vermeiden.
- Thoraxsperrer, selbsthaltend, z.B. nach Haight (Abb. 6.6).
- Rippensperrer, selbsthaltend, z.B. nach Finocchietto-Burford (Abb. 6.7). Zur Schonung der Rippen werden unter die Branchen des Sperrers feuchte Bauchtücher gelegt.
- Meißel, z.B. nach Lebsche (Abb. 6.8), für die Spaltung des Sternums bei einem frontalen Zugang.

Lungenresektionen

- Spatel, die immer feucht angereicht werden, z.B. nach Allison (Abb. 6.9) oder nach Harrington (Abb. 6.10).
- Lungenfasszange nach Duval (Abb. 6.11).
- Bronchusklemmen, z.B. nach Price-Thomas (Abb. 6.12)
- Parenchymklemmen, z.B. nach Satinsky (Abb. 6.13).

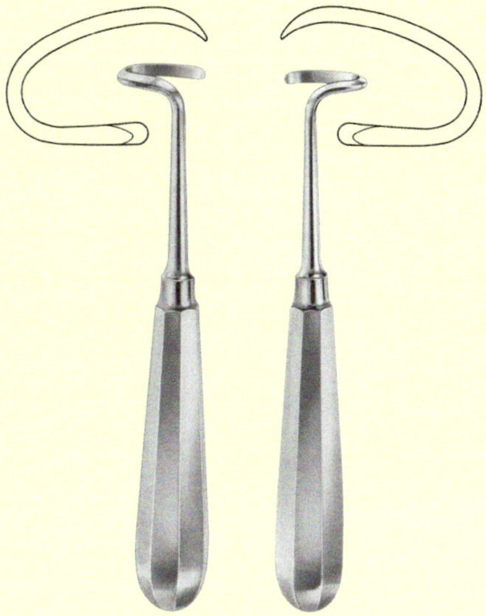
6.2

6.3

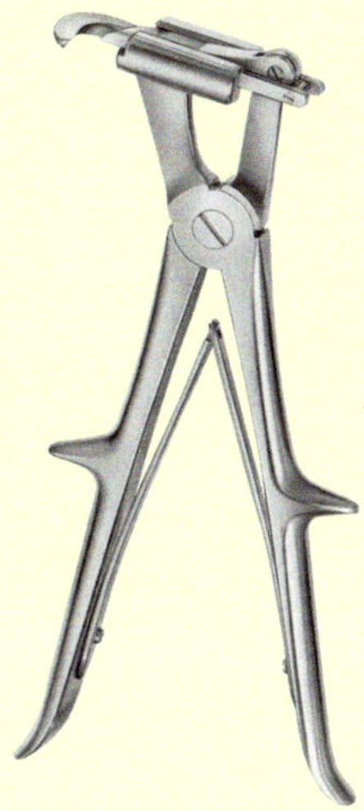
6.4

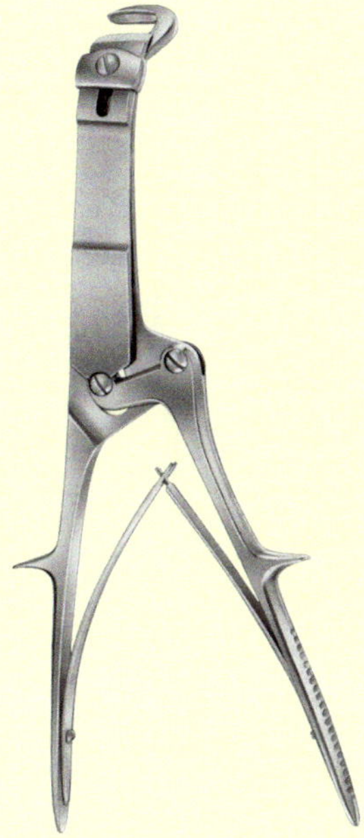
6.5

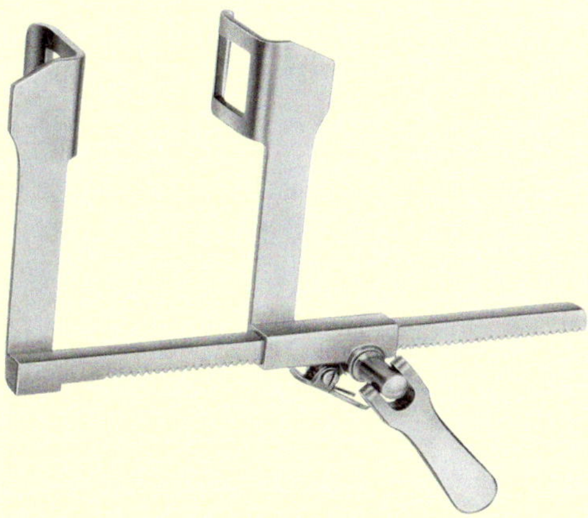
6.6

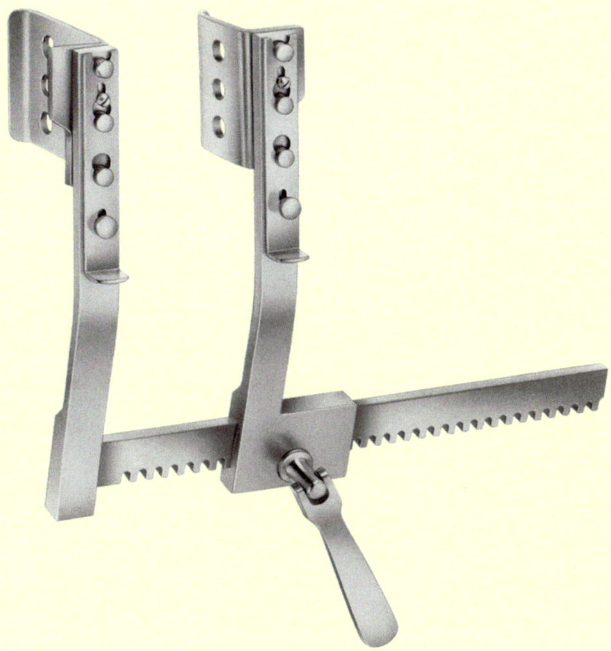
6.7

Abb. 6.2 Raspatorium nach Doyen
Abb. 6.3 Raspatorium nach Semb
Abb. 6.4 Rippenschere nach Sauerbruch
Abb. 6.5 Rippenschere nach Brunner
Abb. 6.6 Thoraxsperrer nach Haight
Abb. 6.7 Rippensperrer nach Finocchietto-Burford

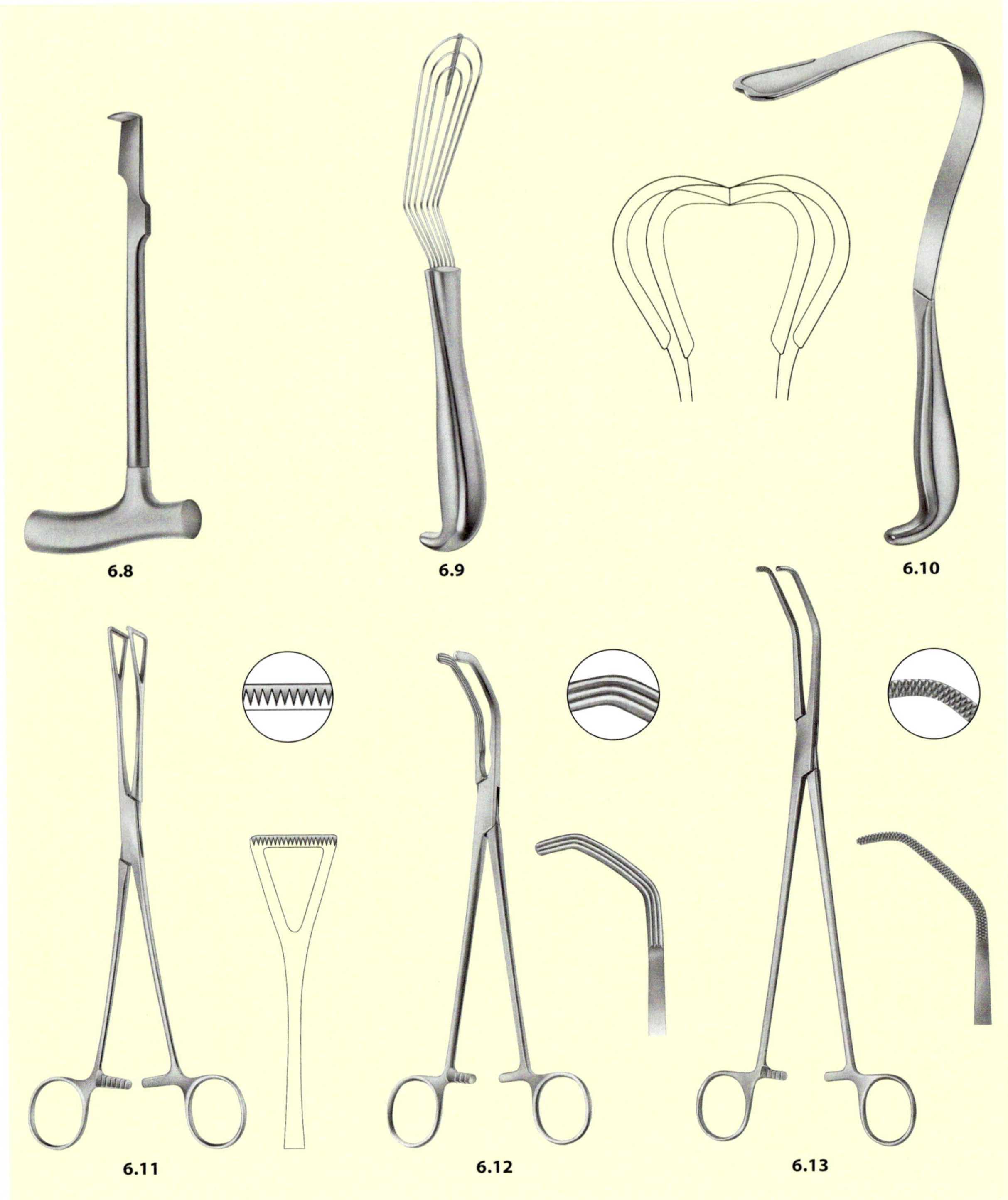

Abb. 6.8 Meißel nach Lebsche
Abb. 6.9 Spatel nach Allison
Abb. 6.10 Spatel nach Harrington

Abb. 6.11 Lungenfasszange nach Duval
Abb. 6.12 Bronchusklemme nach Price-Thomas
Abb. 6.13 Parenchymklemme nach Satinsky

6.2.2 Technische Hilfsmittel

Zusätzlich zum genannten Instrumentarium kommen auch in der Thoraxchirurgie technische Hilfsmittel vermehrt zum Einsatz.

Klammernahtinstrumente

Klammernahtinstrumente (s. 2.1.2) werden auch in der Thoraxchirurgie zunehmend benutzt, vorzugsweise die linearen Stapler. Sie setzen 2 gerade, gegeneinander versetzte Klammernahtreihen. Sie finden hauptsächlich beim Bronchusverschluss, zum Absetzen des Lungenparenchyms oder für eine Keilresektion Verwendung.

Gerade der Bronchusstumpfverschluss mit einem Stapler bietet große Vorteile gegenüber der herkömmlichen Methode. Der luftdichte Verschluss ist auch unter schwierigen Verhältnissen schnell und sicher möglich.

Fibrinkleber

Fibrinkleber kann intraoperativ zur Anwendung kommen:
- um Leckagen des Lungenparenchyms abzudichten.
- Um durch thorakoskopische Klebung, z.B. bei einem Spontanpneumothorax, die Emphysemblase zu verschließen.
- Zur Blutstillung oder Parenchymfistelabdichtung eignet sich auch fibrinkleberbeschichtetes Kollagenvlies.

Kunststoffnetze

Nichtresorbierbare Kunststoffimplantate dienen der Rekonstruktion von Thoraxwanddefekten oder dem Ersatz des resezierten Zwerchfells.

Saphir-Infrarot-Koagulator

Mit den unterschiedlich geformten Saphirköpfen lässt sich besonders bei diffusen Blutungen eine wirksame Blutstillung erzielen. Zwischen den einzelnen Anwendungen muss die Sonde in isotonischer NaCl-Lösung gekühlt werden (s. 2.6.3).

Laser

In der Thoraxchirurgie werden der Nd:Yag-Laser sowie der Argon-Laser eingesetzt, um Gewebe zu schneiden und zu koagulieren.

Tumoren der Trachea oder der Bronchien können durch ein starres Bronchoskop gezielt verkleinert oder ggf. sogar entfernt werden.

! Alle Arbeitsschutzbestimmungen für den Umgang mit Lasern müssen eingehalten werden (s. hierzu Arbeitsschutzbestimmungen und Unfallverhütungsvorschriften der Berufsgenossenschaften).

6.2.3 Thoraxdrainage

Vor dem definitiven Thoraxverschluss werden zur Ableitung von Blut, Sekret und Luft ein oder – nach Resektionen – 2 Drainagen gelegt (s. 1.7.2).

Die erste Drainage liegt ventral-kranial und erreicht die Thoraxkuppel mit dem Ziel die Luft abzusaugen. Die zweite Drainage liegt dorsal-kaudal mit ihrer Spitze am tiefsten Punkt des Thorax und dient der Blut- und Sekretableitung.

Über eine gesonderte Stichinzision wird der befeuchtete Drainageschlauch durch einen Zwischenrippenraum in die Pleurahöhle eingebracht. Die Thoraxdrainage wird an ein »Wasserschloss« oder ein »Heimlich-Ventil« (ein Lippenventil, das Luft austreten, aber nicht eindringen lässt) angeschlossen.

Das Drain wird sicher an der Haut fixiert. Die Ventilwirkung des Wasserschlosses ermöglicht Luft und Flüssigkeiten aus dem Thorax zu entweichen und verhindert dabei den Rückstrom. Zusätzlich kann ein Sog (15–25 cm Wassersäule) angeschlossen werden, um die Ausdehnung der resezierten Lunge zu beschleunigen.

Nach der Entfernung eines ganzen Lungenflügels muss keine Drainage gelegt werden. Wenn aber während der ersten postoperativen Tage Nachblutungen und Sekretion durch eine Drainage besser erfasst werden sollen, darf kein Sog angelegt werden. Dies würde eine Mediastinalverschiebung provozieren.

Thorakotomieverschluss

Bevor die OP-Wunde verschlossen werden kann, werden folgende Maßnahmen durchgeführt:
- Die Wasserprobe: Dazu wird warme NaCl-Lösung in den Thorax gefüllt, der Anästhesist bläht die Lunge unter Sichtkontrolle maximal bis zu einem Druck von 40 cm Wassersäule, um Überblähungen zu vermeiden. Bronchopleurale Fisteln im Bereich der Lunge, des abgelösten Interlobiums oder des verschlossenen Bronchusstumpfes können so erkannt und ggf. übernäht werden.
- Kontrolle der Blutstillung ist obligat; die Drainagen werden gelegt (s. oben).

- Tupfer, Streifen, Bauchtücher und Instrumente werden gezählt und ihre Vollständigkeit dokumentiert.
- Ein Teil des Interkostalnerven kann reseziert oder mit einem Lokalanästhetikum infiltriert werden, um postoperative Beschwerden zu minimieren.

Der eigentliche Verschluss der Thorakotomie beginnt mit der Aufhebung der überdehnten Lagerung des Patienten.

Zum Thorakotomieverschluss muss der erweiterte Zwischenrippenraum wieder kontrahiert werden. Hier kommt der Rippenretraktor (-approximator) (Abb. 6.14) nach Bailey zur Anwendung. Seine Greifarme werden um die auseinander gedrängten Rippen gelegt und langsam zusammengeführt.

Die Wunde wird schichtweise verschlossen:

- Perikostalnähte, ggf. unter Zuhilfenahme des Approximators,
- Muskelnähte,
- Subkutannähte,
- Hautnaht.

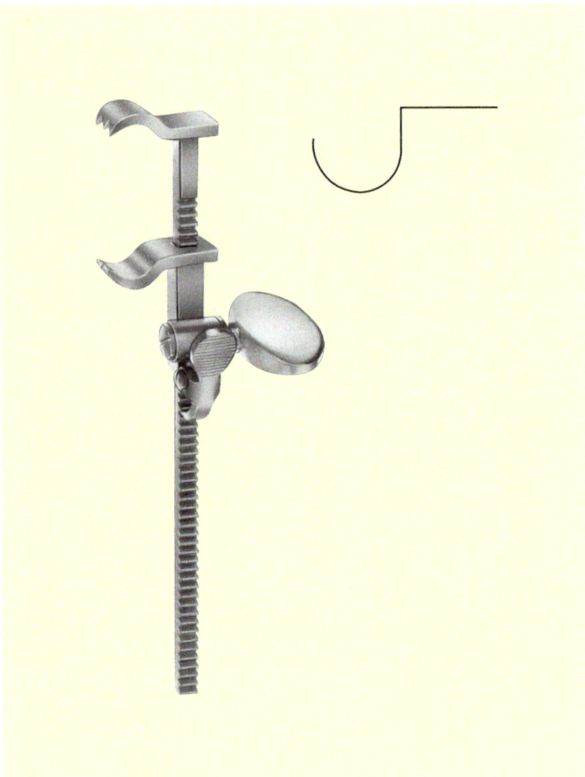

Abb. 6.14 Rippenretraktor nach Bailey. (Abb. 6.2–6.14 Fa. Aesculap)

6.3 Typische Zugänge in der Thoraxchirurgie

6.3.1 Mediane Sternotomie

Die mediane Sternotomie ist der Standardzugang zu den Tumoren im vorderen Mediastinum oder zur thorakalen Trachea.

Die partielle obere Sternotomie ist in manchen Situationen ausreichend, z.B. zur Versorgung intrathorakaler Strumen oder bei anderen Eingriffen im oberen Mediastinum.

Mediane Sternotomie

- ► Der Patient befindet sich in Rückenlage
- ► Die Spaltung des Sternums kann in ganzer Länge oder nur im oberen Anteil erfolgen. Der Hautschnitt beginnt in der Sternummitte, ca. 1 cm unterhalb des Jugulums und geht bis zum Xiphoid. Das Subkutangewebe wird bis auf das Periost durchtrennt, die Knochenhaut wird mit dem Messer oder dem Diathermiestichel inzidiert und in ganzer Länge mit dem Raspatorium vom Sternum abgeschoben
- ► Das Sternum kann mit einer Sternumschere nach Schumacher oder einem Meißel nach Lebsche (s. Abb. 6.8) quer wie längs durchtrennt werden.
- ► In der Regel wird das Sternum jedoch mit einer elektrischen oder druckluftbetriebenen Sternumsäge (Abb. 6.15) durchtrennt. Die Blutungen aus der Spongiosa an beiden Sägeflächen werden mit Knochenwachs oder kontaktfreier Spraykoagulation gestillt

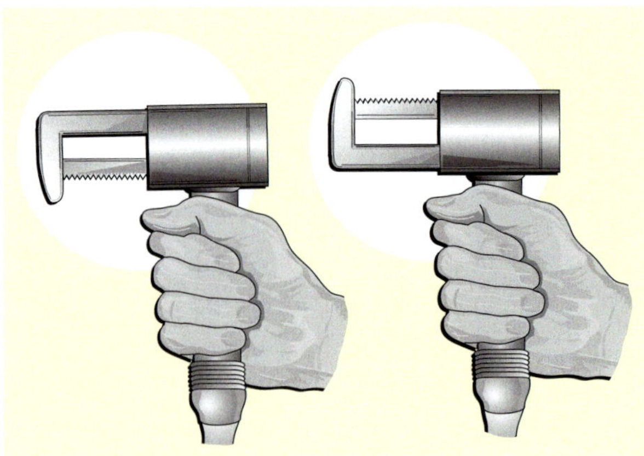

Abb. 6.15 Sternumsäge. Der vorstehende Teil der Säge schützt die Organe unterhalb des Sternums

Verschluss

► Das in der Mittellinie durchtrennte Sternum wird mit ca. 5 Drahtnähten verschlossen. Diese werden mit kräftigen Nadeln durch den Knochen gezogen, das darunter liegende Gewebe wird mit einem Spatel geschützt, die Nähte werden gekreuzt, verdrillt, mit einer Drahtschere oder einem Seitenschneider gekürzt, die Enden umgebogen und versenkt

6.3.2 Posterolaterale Thorakotomie

Posterolaterale Thorakotomie

► Der Patient liegt in Seitenlage, der Operationstisch wird so abgewinkelt, dass die Zwischenrippenräume sich aufdehnen. Der untere Arm wird auf einer seitlich angebrachten Schiene gelagert, der oben liegende Arm wird im Ellenbogen und im Schultergelenk abgewinkelt und am Narkosebügel fixiert

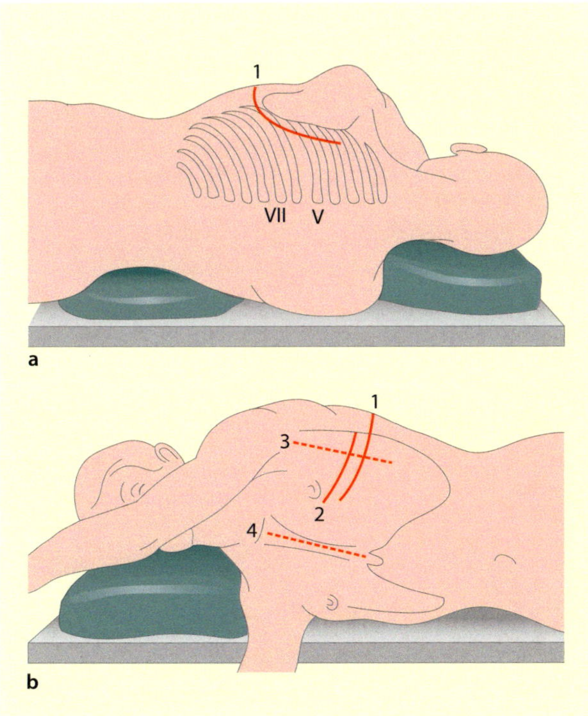

Abb. 6.16 a Posterolaterale Thorakotomie *1* in Seitenlage, b *1* Fortsetzung der posterolateralen Thorakotomie von a, *2* anteriore Thorakotomie, *3* axillare Thorakotomie, *4* mediane Sternotomie (allerdings in Rückenlage). (Nach Heberer et al. 1993)

► Der Schnitt verläuft meist zwischen dem 4. und 6. Interkostalraum (ICR; Abb. 6.16a,b), die Brustwandmuskulatur wird durchtrennt (M. latissimus dorsi, M. serratus anterior). Der Thorax wird im Zwischenrippenraum mit dem elektrischen Messer eröffnet, bis zum Erreichen des Rippenfells, das ebenfalls eröffnet wird

► Auf eine Rippenresektion kann meist verzichtet werden. Der Zugang wird mit Hilfe eines oder zweier Thoraxsperrer langsam erweitert

Verschluss. Kräftige resorbierbare Nähte werden perikostal um die auseinander gedrängten Rippen gelegt, der Zwischenrippenraum mit dem Approximator auf die gewünschte Breite gebracht und die Nähte geknotet. Der M. serratus und der M. latissimus dorsi werden schichtweise fortlaufend adaptierend vernäht

6.3.3 Anterolaterale Thorakotomie

Über diesen Zugang lassen sich fast alle Thoraxoperationen durchführen, zudem ist er kosmetisch wie auch funktionell günstig.

Anterolaterale Thorakotomie

► Der Patient befindet sich in Seitenlage

► Der bogenförmige Schnitt verläuft im Interkostalraum von der hinteren Axillarfalte bis zum Sternum. Hier ist darauf zu achten, dass bei Frauen die Brustdrüse geschont wird (s. Abb. 6.16b)

► Der M. latissimus dorsi wird nicht durchtrennt. Die Interkostalmuskulatur wird mit der Diathermie gespalten und der ICR, meist über der 6. Rippe, eröffnet. Über 2 Thoraxsperrer wird das Operationsgebiet gut zugänglich

6.4 Eingriffe an der Lunge

Operationen an der Lunge setzen eine gute präoperative Diagnostik voraus. Dazu gehören im Bedarfsfall die Computertomographie und die Bronchoskopie. Das Ausmaß der Resektion kann häufig schon anhand der präoperativen Untersuchungen festgelegt werden.

Die Wahl der Schnittführung richtet sich nach dem geplanten Eingriff; eine gute Übersicht über das Operationsgebiet muss gegeben sein.

6.4.1 Resektionen

Die Resektionen richten sich in der Regel, mit Ausnahme der atypischen Resektion, nach den vorgegebenen anatomischen Strukturen (Abb. 6.17).

Atypische Lungenresektion

Indikation

- Gutartige Lungentumoren, z.B. Fibrome, Tuberkulome, Emphysemblasen, Metastasen.

Prinzip

Über eine Keilresektion wird Lungengewebe ohne Präparation der zugehörigen Gefäße und Bronchien entfernt.

Lagerung

- Seitenlage.
- Neutrale Elektrode an den gleichseitigen Oberarm.

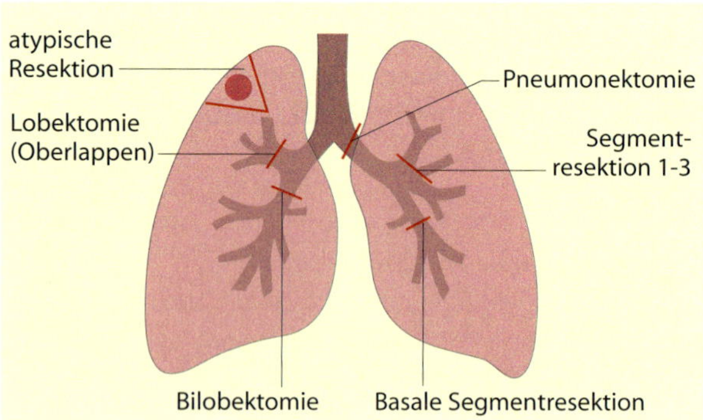

Abb. 6.17 Verschiedene Resektionsverfahren. (Nach Heberer et al. 1993)

Instrumentarium

- Grund- und Thoraxinstrumentarium.
- Parenchymklemme
- Oder lineare Stapler, die entweder nur eine doppelreihige Klammernaht setzen und danach wird das Gewebe mit einem Skalpell durchtrennt.
- Oder lineare Anastomosenstapler, die klammern und mit einem integrierten Messer das Gewebe durchtrennen.

Atypische Lungenresektion

Thorakotomie im 4.–7. ICR, je nach Lokalisation des Befundes, Einsetzen des Thoraxsperrers

► Der betroffene Lungenabschnitt wird mit einer Pinzette oder einer Organfasszange angehoben und mit einer atraumatischen Klemme abgeklemmt (Abb. 6.18a). Die Resektion erfolgt mit dem Skalpell über der Klemme (s. Abb. 6.18b). Das Parenchym wird mit 2 fortlaufenden Nähten verschlossen (s. Abb. 6.18c)

► Der betroffene Lungenabschnitt wird angeklemmt und mit einem linearen Stapler geklammert. Das Resektat wird mit einem Skalpell hinter der Klammernahtreihe abgetrennt (Abb. 6.19)

► Mit 2 Klammernahtmagazinen eines linearen Anastomosenstaplers wird das Lungenparenchym winkelförmig um den Befund geklammert und gleichzeitig durchtrennt, ggf. muss am Treffpunkt der Klammernahtreihen eine U-Naht gelegt werden (Abb. 6.20)

► Verschluss der Thorakotomie (s. oben)

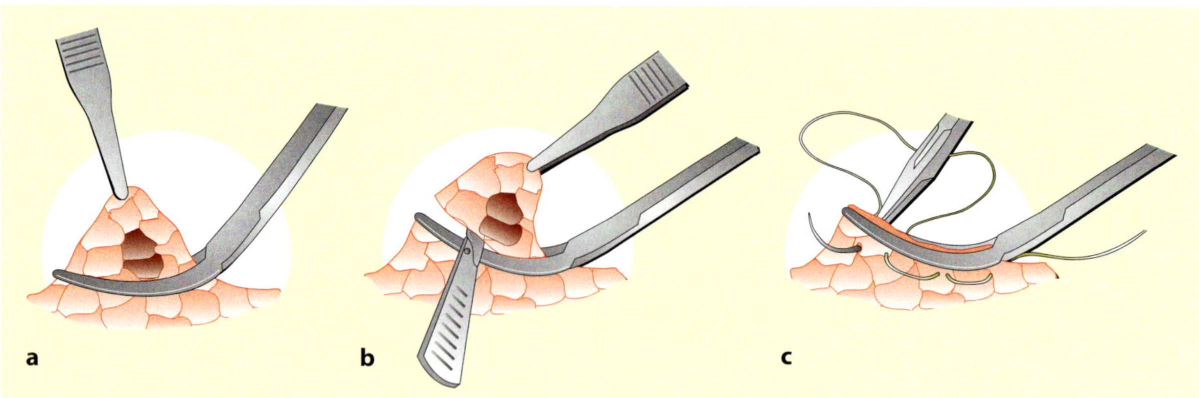

Abb. 6.18a–c Atypische Lungenresektion mit Klemme und Skalpell

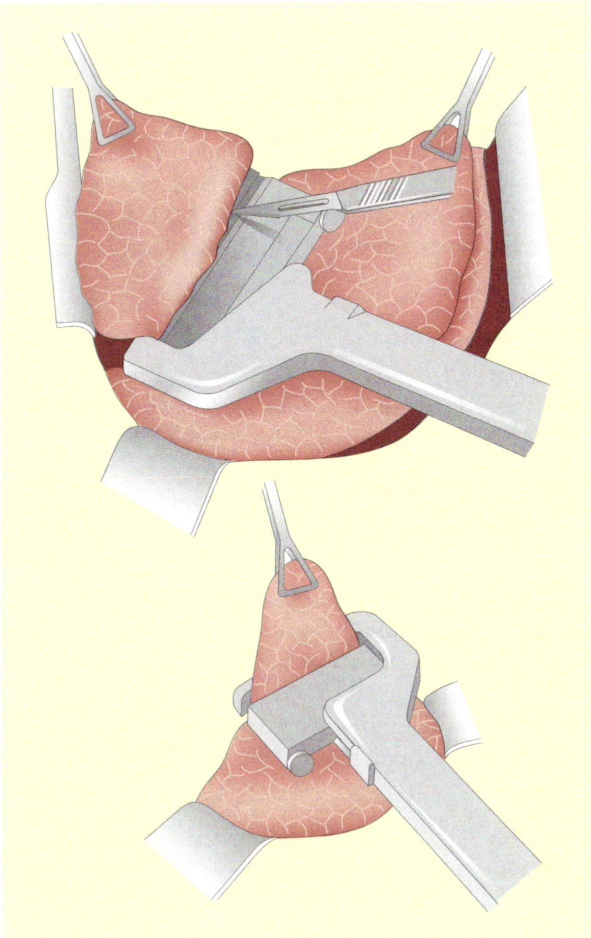

Abb. 6.19 Atypische Lungenresektion mit einem linearen Stapler. (Nach Durst u. Rohen 1991)

Segmentresektion

Unter einer Segmentresektion versteht man die Entfernung eines oder mehrerer Lungensegmente. Als Indikation für diesen Eingriff gelten benigne Tumoren, Bronchiektasen, entzündliche umschriebene Prozesse, kleine Karzinome (No-Stadium, s. 2.12.2). Der Zugang richtet sich nach dem betroffenen Segment.

Zuerst werden die Segmentgefäße und die -bronchien präpariert, die Arterie ebenso wie die Vene doppelt ligiert und durchtrennt.

Der Segmentbronchus wird meist mit einem Klammernahtinstrument verschlossen und das Segment digital aus seiner Umgebung ausgelöst. Nachdem die kleinen eröffneten Bronchialäste umstochen wurden und die Blutstillung beendet ist, wird die Thorakotomie verschlossen. Eine Deckung oder Übernähung der Parenchymwunde ist nicht obligat.

Lobektomie

Die Entfernung eines Lungenlappens gilt bei einem Bronchialkarzinom als Standardverfahren, sofern es sich auf einen Lappen beschränkt.

Nach der Thorakotomie ist in ungünstigen Fällen (z.B. nach einer Pleuritis oder nach Voroperationen) zunächst eine Adhäsiolyse, d. h. die Ablösung der mit der Brustwand verklebten Lunge erforderlich. Nach einer sorgfältigen Exploration wird die Pleura am Hilus eröffnet. Zuerst wird die lappenversorgende Vene aufgesucht, ligiert und durchtrennt, danach gleiches Vorgehen an den Abgängen der Segmentarterien. Der Lappenbronchus wird an seinem Abgang aus dem Hauptbronchus mit dem linearen Klammernahtinstrument verschlossen, durchtrennt und auf Luftdichtigkeit überprüft.

Die Dissektion des Lappens von der verbleibenden Lunge erfolgt zumeist ebenfalls mit einem Stapler.

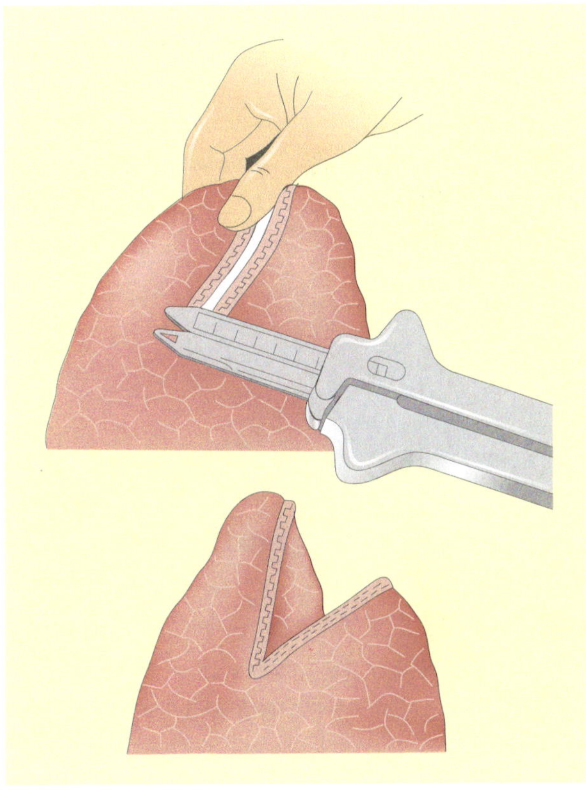

Abb. 6.20 Keilförmige atypische Lungenresektion mit einem linearen Anastomosenstapler. (Nach Durst u. Rohen 1991)

Die mediastinalen Lymphknoten müssen ausgeräumt und zur histologischen Untersuchung gegeben werden.

6.4.2 Bronchoplastische Eingriffe

Werden aus Gründen der Radikalität Teile des Bronchialsystems entfernt, muss der Bronchus über eine End-zu-End-Anastomose rekonstruiert werden.

Gerade bei Patienten, denen das Risiko einer Pneumonektomie nicht zugemutet werden kann, ist die parenchymsparende bronchoplastische Resektion die Methode der Wahl. In Zweifelsfällen sollte der Radikalität der Vorzug vor funktionellen Erwägungen gegeben werden.

Erscheint z.B. bei zentral wachsenden Tumoren eine Lobektomie nicht radikal genug, kann eine sog. Manschettenresektion vorgenommen werden. Hierbei wird zusätzlich zur Lappenresektion der Hauptbronchus ober- und unterhalb des Lappens durchtrennt und der tumortragende Teil reseziert.

Nach der Schnellschnittuntersuchung des Resektionsrandes wird der Hauptbronchus mit dem Lappenbronchusstumpf End-zu-End-anastomosiert (◘ Abb. 6.21).

Nach dem Einlegen von 2 Thoraxdrainagen erfolgt der Thorakotomieverschluss.

Bilobektomie

Ist das Wachstum eines Karzinoms der rechten Lunge auf den benachbarten Lungenlappen übergegangen, muss dieser Lappen ebenfalls entfernt werden.

Die verbliebene Restlunge füllt nach kurzer Zeit die Pleurahöhle wieder vollständig aus. Nach einer Oberlappenresektion kann es von Vorteil sein, das Lig. pulmonale zu durchtrennen, um die Entfaltung der Lunge zu unterstützen.

Pneumonektomie

Die Entfernung eines Lungenflügels wird nur durchgeführt, wenn die Radikalität es erfordert. In günstigen Fällen können die Lungengefäße ohne Eröffnung des Herzbeutels aufgesucht und versorgt werden. Bei zentralem Tumorwachstum müssen aus Radikalitätsgründen die Lungengefäße im eröffneten Herzbeutel präpariert werden.

Nach der Thorakotomie, dem Einsetzen des Sperrers und der ausgedehnten Exploration wird der Hilus präpariert. Bei Karzinomerkrankungen werden zunächst die Lungenvenen, danach die Arterien und zum Schluss der entsprechende Hauptbronchus dargestellt, ligiert, umstochen und durchtrennt. Die Gefäße werden manuell oder

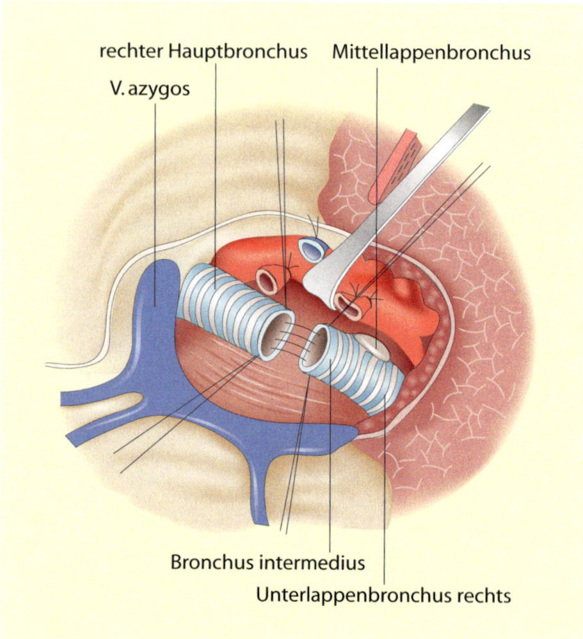

◘ Abb. 6.21 Wiederherstellung der Bronchuskontinuität durch End-zu-End-Anastomose mit Einzelknopfnähten. (Nach Siewert 2001)

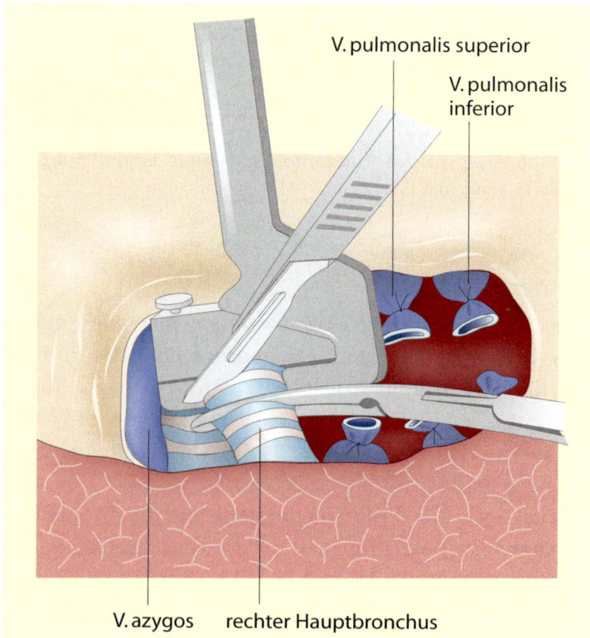

◘ Abb. 6.22 Durchtrennung des rechten Hauptbronchus, der zentral mit einem Stapler verschlossen wurde. (Nach Heberer et al. 1993)

mit einem linearen Stapler, der Bronchus ebenfalls mit einem linearen Klammernahtinstrument verschlossen (◘ Abb. 6.22). Für die A. pulmonalis muss eine Gefäßklemme bereitliegen, falls die Ligatur abrutscht.

Der Hauptbronchusstumpf kann entweder mit einem kleinen Lappen aus der Interkostalmuskulatur oder der Pleura mediastinalis gedeckt werden.

Eine Lymphknotendissektion ist bei Tumoroperationen obligat.

Nach Dichtigkeitsprüfung, Blutstillung und Einlegen einer Thoraxdrainage wird die Thorakotomie verschlossen.

Pleuropneumektomie

Bei einem diffus malignen Pleuramesotheliom kann es erforderlich werden den Lungenflügel gemeinsam mit der umgebenden parietalen Pleura zu resezieren.

Bei einem ausgedehnten Karzinom müssen manchmal Teile des Perikards und des Zwerchfells mitreseziert werden.

Die hier entstehenden Defekte müssen plastisch gedeckt werden, z. B. mit Kunststoffnetzen.

6.5 Eingriffe an der Trachea

Als Indikation für Trachealresektionen gelten entzündliche Stenosen oder Tumoren. Der Zugang richtet sich nach dem betroffenen Trachealabschnitt. Entweder kann über einen Kocher-Kragenschnitt (◘ s. 2.1) oder eine mediane Sternotomie die Resektion im oberen Abschnitt durchgeführt werden. Teile der distalen Trachea und der Tracheabifurkation werden über die übliche rechtsseitige Thorakotomie zugänglich.

Eine kurzstreckige Resektion der Trachea (ca. 3 cm) kann ohne umfangreiche Mobilisation erfolgen; die spannungsfreie End-zu-End-Anastomose ist möglich.

Bei bis zu 50%igen Resektionen der Trachea müssen zur Wiederherstellung des Atemweges das Lig. pulmonale und das Perikard um die Lungenvenen herum durchtrennt werden.

Bei Bedarf kann über die Mobilisation des Larynx die Resektion noch erweitert werden.

Prä- wie auch intraoperativ werden über eine Bronchoskopie die Resektionsgrenzen festgelegt.

Die Anastomose erfolgt mit Einzelknopfnähten, die gelegt und erst dann geknotet werden, wenn die Trachealstümpfe durch Anlegen des Kinns des Patienten eine maximale Annäherung an das Brustbein erreicht haben.

Die Anastomose kann bei Bedarf mit einem nichtresorbierbaren Kunststoffpatch oder gestielter parietaler Pleura geschützt werden.

6.6 Eingriffe an der Pleura

Pneumothorax

Ursache

Ursache eines Pneumothorax ist eine stumpfe oder perforierende Verletzung des Thorax mit Perforation oder Einriss der Pleura. Der Pneumothorax kann auch spontan nach dem Platzen einer Emphysemblase auftreten.

Therapie

Die Therapie ist eine Thoraxsaugdrainage. Dehnt sich die Lunge nach der Drainage nicht wieder vollständig aus, besteht eine OP-Indikation. Diese ergibt sich auch beim Rezidiv.

Operation

Das Ziel der Operation ist die Entfernung der bullösen Abschnitte der Lunge und die Verklebung der Pleura parietalis mit der Pleura visceralis, um ein Rezidiv zu vermeiden. Dies kann durch eine Anrauung der Pleura parietalis mit der Elektrokoagulation oder durch Fibrinklebung erreicht werden.

Heute ist die operative Revision eines Pneumothorax mit der Thorakoskopie nahezu Standard (s. unten).

Pleuraempyem

Der eitrige Pleuraerguss wird mit einer Drainage abgeleitet und ggf. gespült. Das Drain muss am tiefsten Punkt der Ergusshöhle platziert werden.

Kommt es bei einem chronischen Empyem nicht zu einer Wiederausdehnung der Lunge, sollte eine Dekortikation durchgeführt werden.

Dekortikation

Bei einem chronischen Pleuraempyem ist der Empyemsack so derb, dass die Lunge sich nicht mehr ausdehnen kann, man spricht von einer»gefesselten« Lunge.

Über eine posterolaterale Thorakotomie, bei Bedarf mit Resektion der 5. Rippe, wird die viszerale Pleura teils stumpf (mit Stieltupfern), teils scharf (mit einer Schere) entfernt.

Kann auch so die Lunge nicht zur vollen Entfaltung gebracht werden, besteht die Indikation zu einer Thorakoplastik.

6.7 Eingriffe am Mediastinum

Mediastinoskopie

Dieser diagnostische Eingriff dient der Entnahme von Lymphknotengewebe. Der Zugang erfolgt chirurgisch über eine Inzision oberhalb des Jugulums.

Mediastinoskopie

- ► Der Patient wird in Rückenlage mit weit rekliniertem Kopf gelagert und steril abgedeckt. Der Hautschnitt wird ca. 2–4 cm über dem Jugulum gelegt, der gerade Halsmuskel wird mit Langenbeck- oder kleinen Roux-Haken auseinander gedrängt. Manchmal muss eine V. thyreoidea inferior ligiert werden
- ► Die Halsfaszie wird durchtrennt, die Präparation der Trachea erfolgt digital
- ► Das starre, kurze Mediastinoskop wird unter stumpfer Präparation mit dem Sauger entlang der Trachea in den prätrachealen und retrosternalen Raum eingeführt. Die paratrachealen bzw. die aus dem Bifurkationswinkel und die subkarinalen Lymphknoten werden dargestellt und ggf. bioptiert, um eine Indikationsbeurteilung zu ermöglichen (Abb. 6.23)
- ► Um die Bifurkation darzustellen, wird das Mediastinoskop gegen ein längeres ausgetauscht
- ► Durch dieses wird die Probeexzision vorgenommen
- ► Die sorgfältige Blutstillung und der Wundverschluss beenden diesen Eingriff

6

Zugangswege zum Mediastinum

Neben den angesprochenen Zugängen Sternotomie (s. 6.3.1) oder Thorakotomie (s. 6.3.2) gibt es hier spezielle Zugangswege:

- **Kollare Mediastinotomie:** z.B. zur Entlastung entzündlicher Prozesse im Mediastinalraum. Der Hautschnitt verläuft über dem Jugulum zwischen beiden Mm. sternocleidomastoidei.
- **Superiore Mediastinotomie:** Der Hautschnitt verläuft parallel zum Vorderrand des M. sternocleidomastoideus.
- **Anteriore Mediastinotomie:** Seitlich neben dem Sternum erfolgt in Höhe der 2.–3. Rippe der Hautschnitt, bei Bedarf müssen die Knorpelanteile der oben genannten Rippen reseziert werden.

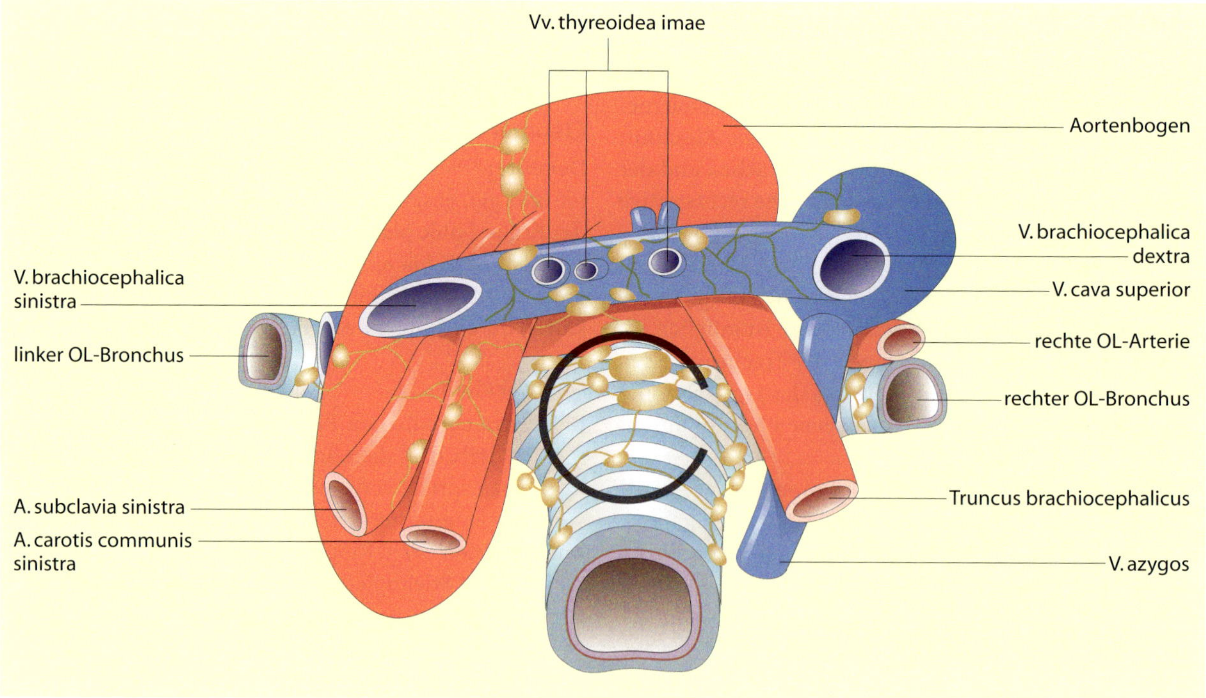

Abb. 6.23 Einblick bei der Mediastinoskopie. (Nach Siewert 2001)

- **Posteriore Mediastinotomie:** Der Zugang liegt neben der Wirbelsäule in Höhe der Skapula. Auch hier müssen Rippenanteile reseziert werden.

Mediastinaltumoren

Mediastinaltumoren (Abb. 6.24) sind hauptsächlich
- im vorderen Mediastinum:
  - maligne Thymome,
  - maligne Teratome,
  - Lymphome,
- im hinteren Mediastinum:
  - neurogene Tumoren,
  - mesenchymale Tumoren.

Der Zugang zu den Tumoren des vorderen Mediastinums erfolgt über die mediane, longitudinale Sternotomie. Er erfordert eine übersichtliche Darstellung des OP-Gebietes, um die Resektionsgrenzen optimal festlegen zu können.

Nach der Entfernung des Tumors muss ggf. eine Gefäß- oder Perikardrekonstruktion vorgenommen werden.

Drainagen des Mediastinalraums sind obligat.

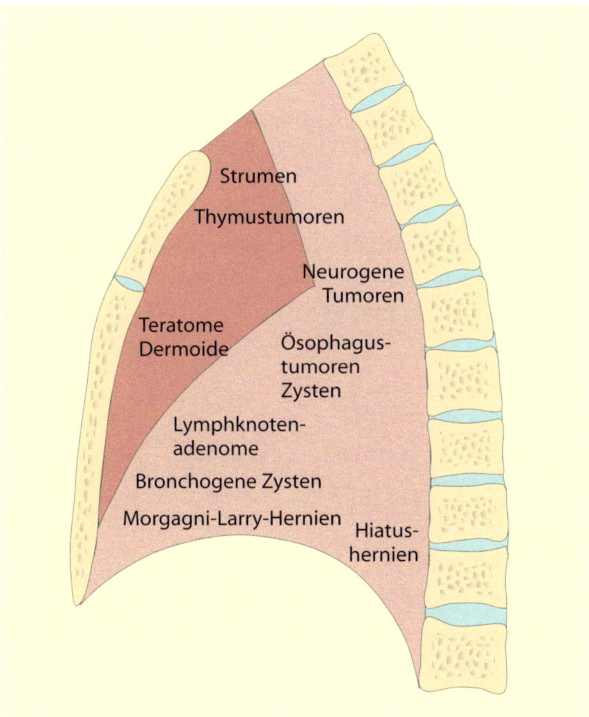

Abb. 6.24 Bevorzugte Topographie der mediastinalen Raumforderungen. (Nach Heberer et al. 1993)

6.8 Knöcherne Thoraxwand

Korrekturoperationen der *Trichterbrust*, seltener der *Hühnerbrust*, wie auch Tumoroperationen können an der knöchernen Thoraxwand notwendig werden.

Trichterbrust

Indikationen zu einer operativen Behebung dieser angeborenen Verformung der Thoraxwand sind zumeist kosmetische Gründe und/oder psychische Komponenten, selten eine Funktionseinschränkung. Die Indikation muss in Abhängigkeit vom Patientenalter kritisch gestellt werden.

Das Prinzip der meisten Operationen einer Trichterbrust besteht in der Resektion des Rippenknorpels unter Belassung des umgebenden Periostschlauches.

- Soll eine **Anhebung** durchgeführt werden, wird der eingesunkene Rippenknorpel durchtrennt und teilweise reseziert. Das Sternum wird mobilisiert, angehoben und mit Kirschner-Drähten oder Spangen stabilisiert.
- Bei der sog. **Umkehrung** des Sternums werden Rippen und Sternum durchtrennt und umgekehrt wieder eingesetzt, sodass eine Vorwölbung entsteht.

Rippenresektion

Bei Osteochondromen oder infiltrierend wachsenden Bronchialkarzinomen werden die betroffenen Rippen reseziert.

! Bei bösartigen Grunderkrankungen werden immer die benachbarten Rippen mitreseziert.

Bei einer gutartigen Grunderkrankung wird der Periostschlauch mit einem elektrischen Messer inzidiert, die Rippe mit einem Raspatorium nach Doyen freigelegt und mit einer Rippenschere im Gesunden durchtrennt. Die Resektionskanten müssen mit einer Hohlmeißelzange geglättet werden, um intra- oder postoperativen Verletzungen des Lungenparenchyms durch spitze Knochenkanten vorzubeugen.

Thoraxwandtumoren

Hier kann es sich um Metastasen, invasiv wachsende Pleuratumoren oder von der Thoraxwand ausgehende Tumoren handeln, z.B. Osteo- oder Chondrosarkome.

Der Tumor wird im Gesunden unter kompletter Mitnahme der betreffenden Rippe(n) entfernt. Bei Bedarf muss der entstehende Defekt plastisch gedeckt werden.

Der knöcherne Defekt wird z.B. mit alloplastischen Kunststoffnetzen, die Haut- und Weichteildefekte werden z.B. mit einem Myokutanlappen des M. latissimus dorsi gedeckt.

6.9 Thorakoskopie

Dieser Eingriff beschränkte sich bis vor kurzem noch auf die Diagnostik der Pleuraerkrankungen. In letzter Zeit wird die Thorakoskopie häufiger auch für therapeutische Zwecke genutzt, da die instrumentellen Voraussetzungen verbessert wurden. Die bekannten Kriterien, die bei den abdominalchirurgischen minimal-invasiven Eingriffen dargestellt wurden (s. 2.1.4) gelten auch hier. Das bedeutet u. a., dass die Möglichkeit bestehen muss bei Komplikationen ohne Zeitverlust thorakotomieren zu können. Das dazu benötigte Instrumentarium steht bereit und die Desinfektion und sterile Abdeckung erfolgen wie für einen »großen« Thoraxeingriff.

Die endoskopische Grundausstattung ist der Ausstattung für die minimal-invasive Chirurgie (MIC; s. 2.15) ähnlich. Im Thoraxraum ist jedoch die Druckinsufflation von CO_2 nicht nötig; hier wird stattdessen ein Pneumothorax erzeugt.

Instrumentarium

- 3 Trokare, 10,0 mm (im Unterschied zur MIC in der Abdominalchirurgie werden hier keine luftdichten Ventile und Instrumentenschäfte benötigt). Angenehm sind hier flexible Trokare, die das Einführen unterschiedlich geformter Instrumente ermöglichen
- Optiken. Am besten eine 30°- oder 45°-Winkeloptik, um die Bewegungseinschränkungen, die durch den interkostalen Zugang gegeben sind, auszugleichen
- Gewebefasszangen.
- Tupferfasszangen.
- Punktionskanüle.
- Elektroden mit HF-Anschluss.
- Lineare Stapler mit nachladbaren Magazinen. Für den Staplereinsatz sind größere Trokardurchmesser erforderlich.

Vorbereitung

Vorheriges Messen der Gewebestärke kann mit dem Endogauge 30 oder 60 erfolgen. Die genannten Klammernahtinstrumente können endoskopisch parenchymatöses Gewebe klammern und durchtrennen. Der zumeist doppellumig intubierte Patient wird wie für eine anterolaterale Thorakotomie in die Seitenlage gebracht, die neutrale Elektrode nach Vorschrift befestigt.

Nach der Desinfektion und der sterilen Abdeckung werden ein 10,0-mm-Trokar in der Medioaxillarlinie und die Optik eingebracht.

Die Einstichstelle weiterer Trokare richtet sich nach der Lokalisation des Befundes.

Die Thorakoskopie ermöglicht z.B.:

- Gewebeentnahme mit einer Biopsiezange.
- Abtragung zystischer Befunde mit einem Multifire-Stapler (s. oben) oder auch einer Röder-Schlinge.
- Gegebenenfalls Durchtrennung narbiger Adhäsionen.
- Provokation einer Pleurodese durch Aufrauen der parietalen Pleura (HF-Elektrode) bzw. Fibrinkleberapplikation.

Die Zahl der Indikationen für endoskopische Eingriffe im Thoraxraum nimmt zu. Daher können in diesem Rahmen nicht alle erwähnt werden.

Kardiochirurgie

F.-Ch. Riess, B. von Essen, M. Liehn

7.1 Geschichte der Kardiochirurgie

Die Herzchirurgie umfasst die operative Behandlung von angeborenen und erworbenen Erkrankungen des Herzens sowie der großen herznahen Gefäße. Die Herzchirurgie ist ein vergleichsweise junges Fach. Im Jahr 1896 wurde durch Rehn in Frankfurt erstmals eine Herzverletzung erfolgreich operativ behandelt. Ein weiterer Meilenstein in der Herzchirurgie ist die Einführung der Herz-Lungen-Maschine (HLM) durch Gibbon im Jahre 1953, durch die operative Eingriffe am stillgestellten und blutleeren Herzen erst möglich wurden. Hierzu zählen die koronare Bypasschirurgie (s. 7.5), Herzklappenchirurgie (s. 7.7–7.9), Aortenaneurysmachirurgie (s. 7.10), Behandlung von angeborenen Herzfehlern (s. 7.11), und die Herztransplantation (s. 7.17). In den letzten Jahren werden zunehmend sogenannte minimal-invasive Operationstechniken (s. 7.5.3, 7.5.4, 7.7.8, 7.8 und 7.9) durchgeführt. Dabei wird versucht über kleinere chirurgische Zugänge und/oder die Vermeidung der Herz-Lungen-Maschine den Eingriff für den Patienten schonender zu gestalten.

7.2 Kardiochirurgische Operationsverfahren

Eingriffe am schlagenden Herzen ohne Herz-Lungen-Maschine

Hierzu zählen insbesondere minimal-invasive Koronaroperationen, Übernähungen von Herzverletzungen und Eingriffe am Herzbeutel.

Operationen mit Herz-Lungen-Maschine

Hierzu zählen koronare Bypassoperationen, die gesamte Klappenchirurgie, Eingriffe an den herznahen großen Gefäßen, Korrekturen angeborener Herzfehler sowie Herztransplantationen.

7.3 Herz-Lungen-Maschine

7.3.1 Aufbau

Im Jahre 1953 wurden von Gibbon die HLM mit dem ersten erfolgreichen Verschluss eines Vorhofseptumdefektes in die Klinik eingeführt. Mit der HLM oder auch extrakorporaler Zirkulation (EKZ) bestand nun die Möglichkeit Eingriffe am stillstehenden und blutleeren Herz vorzunehmen.

Die HLM besteht aus Blutpumpen, Oxygenator mit Wärmeaustauscher sowie Normo-Hypothermiegerät (s. Abb. 7.1a,b). Als Blutpumpen dienen Rollenpumpen

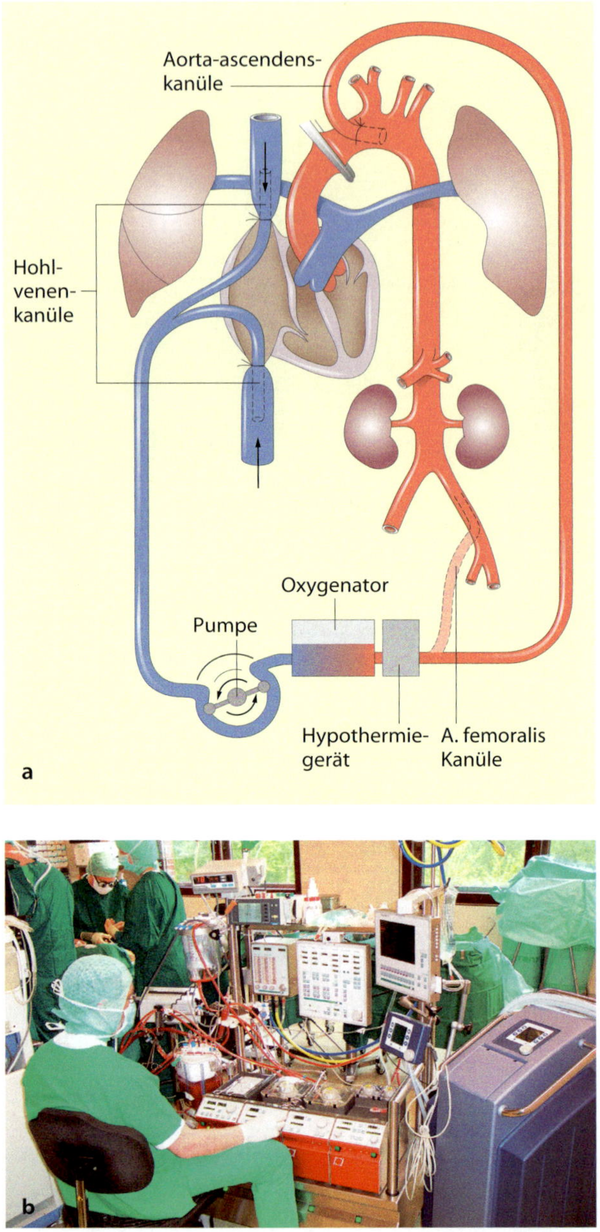

Abb. 7.1 Pinzip der Herz-Lungen-Maschine (a). Moderne HLM mit Hypothermiegerät (b). Mit freundlicher Gemehmigung des Albertinen-Krankenhauses Hamburg und RIESSmedien

oder Zentrifugalpumpen. Sie ersetzen die Pumpfunktion des Herzens. Die Perfusionsmenge wird an die Körperoberfläche angepasst, die sich aus dem Körpergewicht und der Körperlänge errechnet. Der Oxygenator dient zur Sauerstoffanreicherung des Blutes und zur Entfernung des Kohlendioxids (CO_2). In modernen Oxygenatoren trennt eine semipermeable (mikroporöse) Membran Blut- und Gasphase voneinander. Sauerstoff (O_2) diffundiert über die Membran ins Blut, und CO_2 wird über die Membran aus dem Blut abgeatmet. Der Wärmeaustauscher ermöglicht die Temperaturreduktion bzw. Wiederaufwärmung des Blutes auf die gewünschte Temperatur. Bestimmte Operationen, wie beispielsweise die Resektion von Aortenbogenaneurysmen, werden in tiefer Hypothermie (18–22°C) durchgeführt (s. 7.10.2). Dabei ist eine Unterbrechung der Perfusion (Kreislaufstillstand) für eine Zeit von 30–60 min möglich. Während des Kreislaufstillstands wird meist über die Carotisarterien eine antegrade oder über die obere Hohlvene eine retrograde Kopfperfusion zur weiteren Kühlung des Gehirns sowie zum Auswaschen von sauren Stoffwechselendprodukten vorgenommen. So kann über eine in die obere Hohlvene eingeführte und mit einer Drossel versehene Kanüle in der Regel 400 ml gekühltes Blut pro Minute aus der HLM verabreicht werden. Durch dieses Verfahren kann die tolerierte Kreislaufstillstandzeit verlängert werden.

7.3.2 Standardoperation mit Herz-Lungen-Maschine

Standardoperation mit HLM

- Anordnung im OP-Saal (s. Abb. 7.2)
- Mediane Sternotomie (s. Abb. 7.9a). Herzbeuteleröffnung. Antikoagulation mit Heparin (400 I.E. Heparin/kg i.v.)
- Anschluss an die HLM mit Kanülierung der Aorta ascendens (s. Abb. 7.1a, Abb. 7.3a), gegebenenfalls nach Leistenfreilegung (s. 7.10) der Arteria femoralis (s. Abb. 7.3b,c). Kanülierung des rechten Vorhofs sowie der unteren Hohlvene mit einer sog. Zweistufenkanüle (s. Abb. 7.3d) oder beider Hohlvenen (s. Abb. 7.1a) mittels einfacher venöser Kanülen (s. Abb. 7.3e), die jeweils mit einem Tourniquet (Gefäßdrossel) so abgedichtet werden können, dass bei Eröffnung des Vorhofs keine Luft in die venöse Linie der HLM gelangen kann. Alternativ kann z.B. bei Reoperationen oder minimal-invasiven Eingriffen eine lange venöse Kanüle eingesetzt werden (s. Abb. 7.3f). Anfahren der HLM. Das Blut gelangt dabei passiv zur HLM, wird dort mit O_2 angereichert (oxygeniert) und von CO_2 befreit und anschließend über die arterielle Linie in die Aorta ascendens bzw. Arteria femoralis zurückgeführt (s. Abb. 7.1a). Einlegen eines sog. Aortenwurzelkatheters (s. Abb. 7.3g) in die Aorta ascendens zur Verabreichung von Kardioplegie und zum späteren Entlüften des Herzens. Queres Abklemmen der Aorta ascendens (s. Abb. 7.4) mit der Fogarty-Klemme (s. Abb. 7.5). Stillstellen des Herzens durch eine sog. kardioplegische Lösung. Diese ist meist 4–10°C kalt und enthält Kalium, das zu einer elektromechanischen Entkoppelung des Herzmuskelgewebes führt. Durch den Stillstand des Herzens und die Kühlung werden die Energiereserven des Herzens geschont. Alternativ werden bestimmte Operationen am schlagenden Herzen mit vorübergehender Aortenabklemmung durchgeführt. Eingriff am stillstehenden und blutleeren Herzen (z.B. koronare Bypassoperation oder Klappenoperation)
- Wiederbelebung des Herzens über Freigabe der Koronarzirkulation durch Öffnen der Aortenklemme. Spontaner Sinusrhythmus oder elektrische Rhythmisierung durch Defibrillation (interne Schocklöffel; Abb. 7.6). Einlegen von passageren Schrittmacherelektroden (s. Abb. 7.7) auf den rechten Vorhof und rechten Ventrikel. Abstellen der HLM
- Dekanülierung. Neutralisierung des Heparins mit Protaminchlorid (-sulfat). Blutstillung. Drainagen, je nach Operation perikardial, pleural und retrosternal (s. 1.7). Osteosynthese des Sternums mit Drahtcerclagen und bei Risikofaktoren für eine Sternuminstabilität (Diabetes, Osteoporose, Lungenerkrankungen) mit zusätzlichem Stahlband (s. Abb. 7.8 und s. hierzu auch Abb. 7.18)

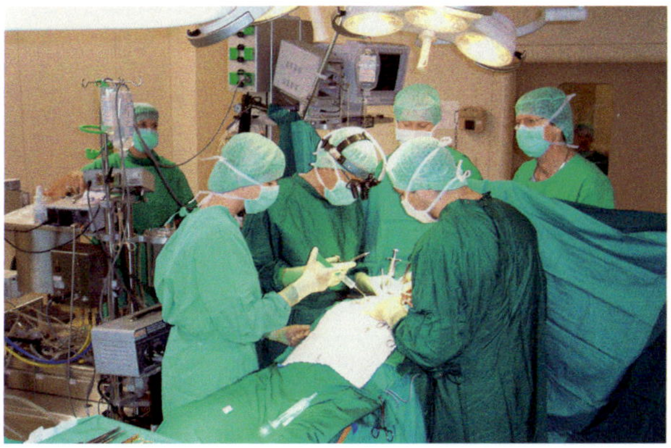

Abb. 7.2 Anordnung im OP-Saal. (Mit freundlicher Genehmigung des Albertinen-Krankenhaus Hamburg und RIESSmedien)

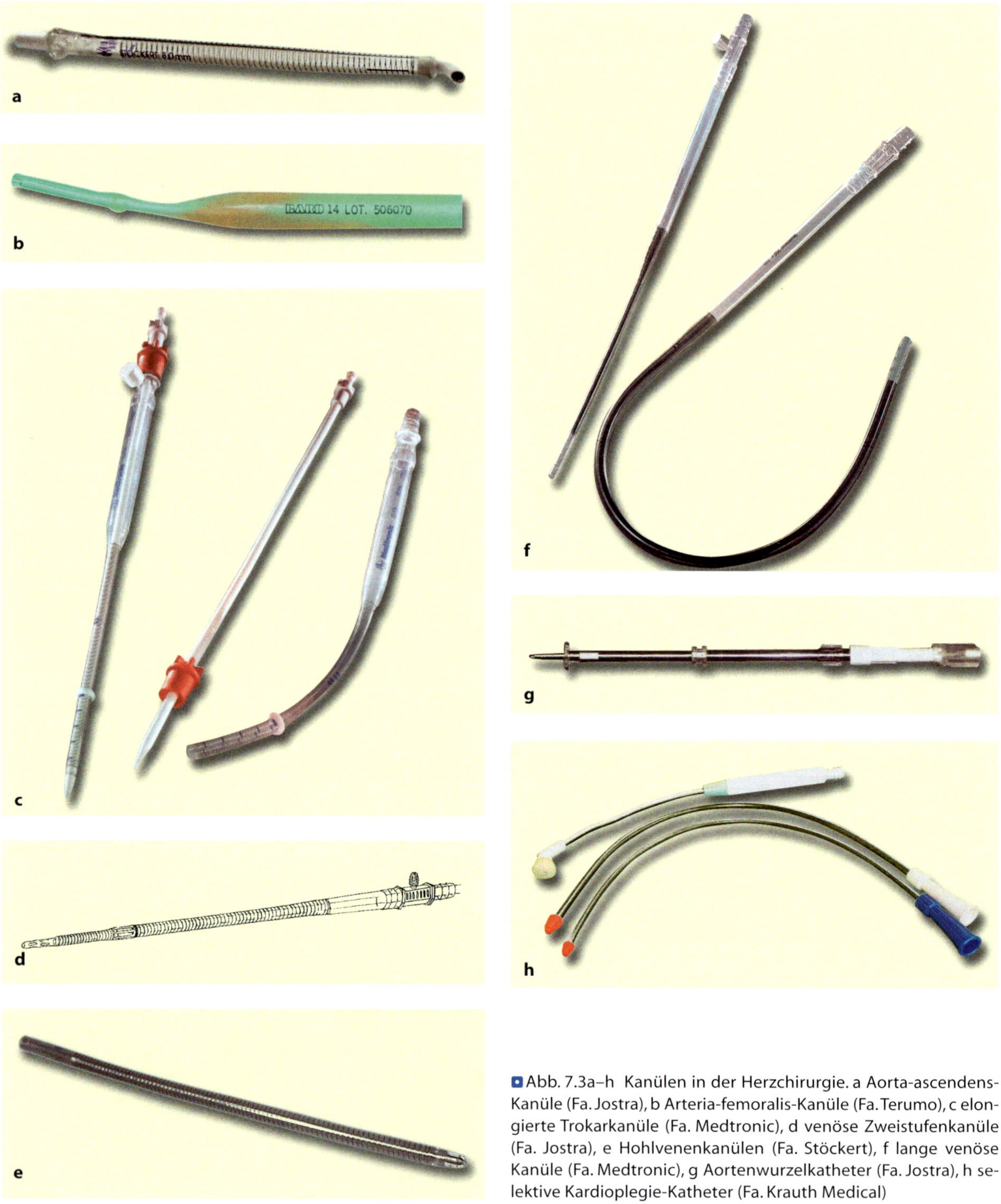

Abb. 7.3a–h Kanülen in der Herzchirurgie. a Aorta-ascendens-Kanüle (Fa. Jostra), b Arteria-femoralis-Kanüle (Fa. Terumo), c elongierte Trokarkanüle (Fa. Medtronic), d venöse Zweistufenkanüle (Fa. Jostra), e Hohlvenenkanülen (Fa. Stöckert), f lange venöse Kanüle (Fa. Medtronic), g Aortenwurzelkatheter (Fa. Jostra), h selektive Kardioplegie-Katheter (Fa. Krauth Medical)

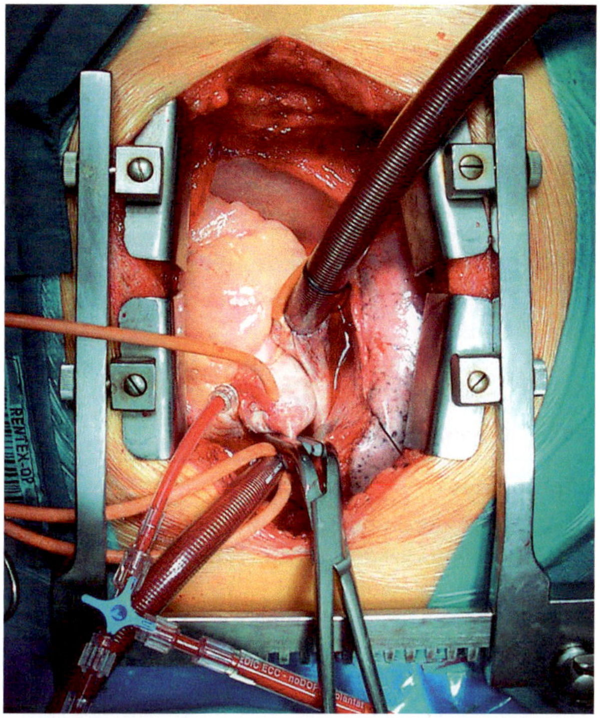

Abb. 7.4 Intraoperativer Situs nach Anschluss der HLM und querer Aortenabklemmung. (Mit freundlicher Genehmigung des Albertinen-Krankenhauses Hamburg und RIESSmedien)

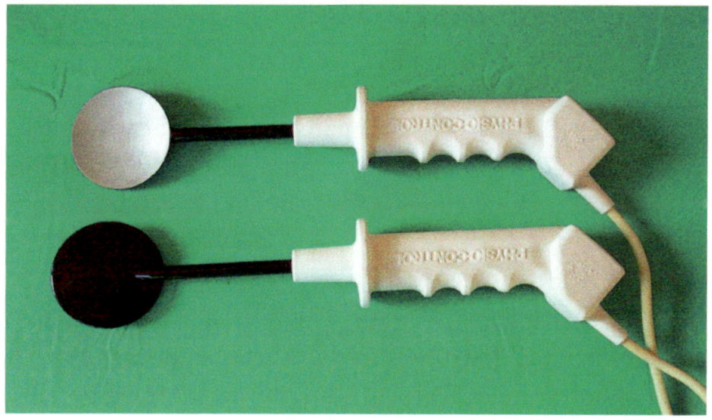

Abb. 7.6 Interne Schocklöffel. (Fa. Medtronic)

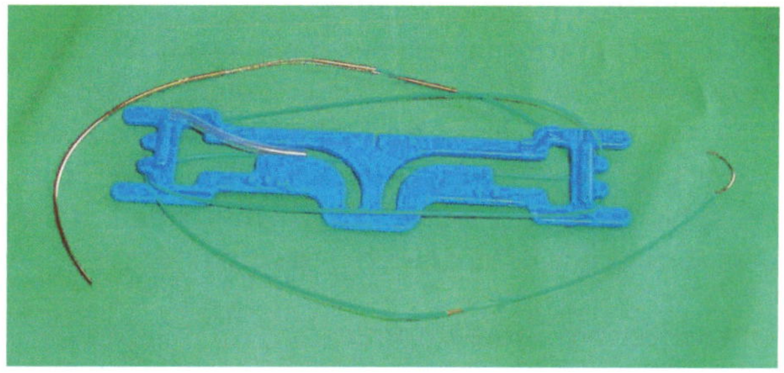

Abb. 7.7 Passagere Schrittmacherdrähte. (Fa. Osypka)

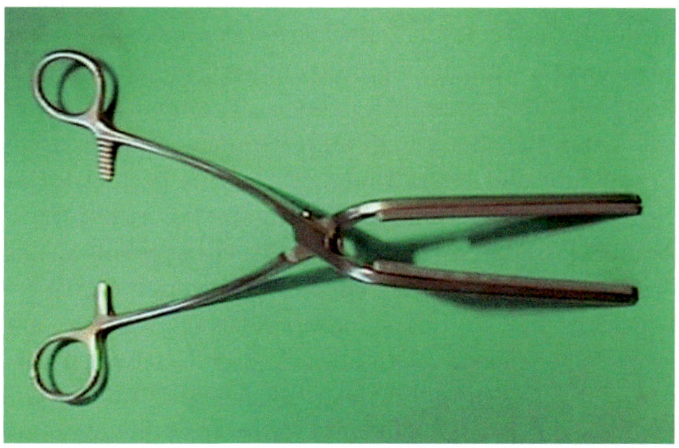

Abb. 7.5 Fogarty-Klemme. (Fa. Ulrich)

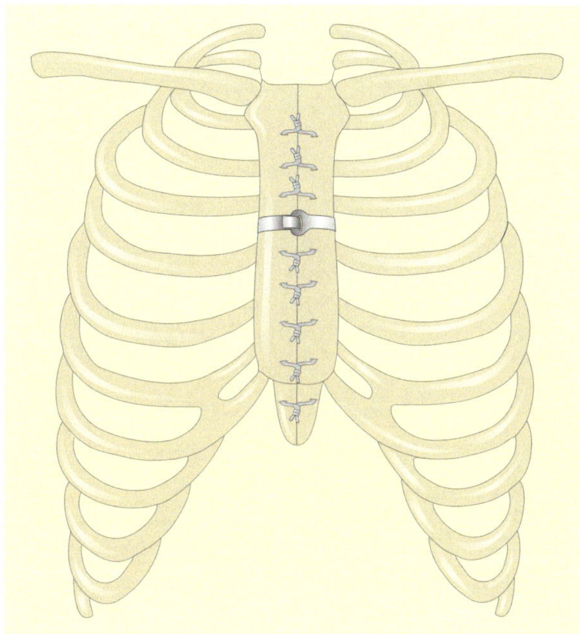

Abb. 7.8 Sternumverdrahtung mit Hilfe von Drahtcerclagen und zusätzlichem Sternumband

7.4 Chirurgische Zugänge

Mediane Sternotomie

Häufigster chirurgischer Zugang in der Herzchirurgie. Das Brustbein wird in ganzer Länge mit einer Stichsäge (s. Abb. 6.15) bzw. einer oszillierenden Säge durchtrennt (s. Abb. 7.9a).

Partielle superiore Sternotomie

Dabei wird das Brustbein in der Mitte bis zum 3. bzw. 4. Interkostalraum (ICR) rechts durchtrennt (s. Abb. 7.9b). Dieser Zugang wird beispielsweise bei einer minimal-invasiven Aortenklappenoperation genutzt (s. 7.7.8).

Partielle inferiore Sternotomie

Das Brustbein wird in der Mittellinie bis in den 3. ICR links eröffnet (s. Abb. 7.9c). Dieser Zugang ist geeignet für einen minimal-invasiven LIMA-LAD-Bypass (LIMA = **L**eft **I**nternal **M**ammary **A**rtery = linke innere Brustbeinschlagader; LAD = **L**eft **A**nterior **D**escending = vordere absteigende Koronararterie) (s. 7.5.4).

Linksanteriore Thorakotomie

Die linksanteriore Thorakotomie wird meist im 4. ICR angelegt (s. Abb. 7.9d) und findet Verwendung bei einem minimal-invasiven LIMA-LAD-Bypass oder bei linksseitiger Perikardfensterung (s. 7.12.1).

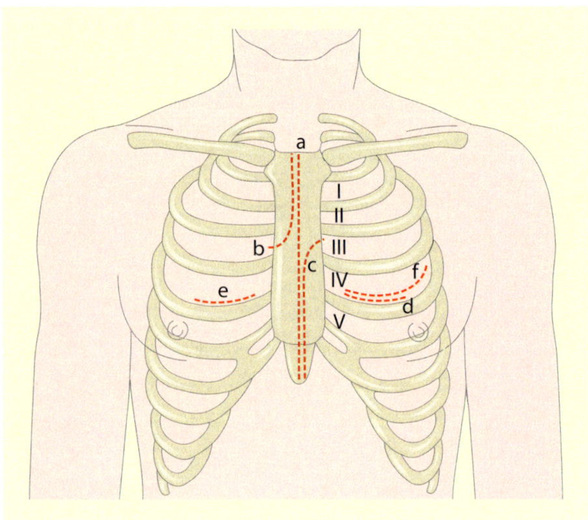

Abb. 7.9a–f Chirurgische Zugänge. Mediane Sternotomie (a), partielle superiore Sternotomie (b), partielle inferiore Sternotomie (c), links anteriore Thorakotmie (d), rechts anteriore Thorakotomie (e), links anteriolaterale Thorakotomie (f)

Rechtsanteriore Thorakotomie

Dabei wird der Thorax im 4. oder 5. ICR eröffnet (s. Abb. 7.9e). Diesen Zugang benutzt man bei minimal-invasiven Atriumseptumdefekt- (ASD-) Operationen (s. 7.11.1), bei der minimal-invasiven Mitralklappenchirurgie (s. 7.8), bei Trikuspidalklappenoperationen (s. 7.9) und bei rechtsseitigen Perikardfensterungen (s. 7.12.1).

Linksanterolaterale Thorakotomie

Dieser Zugang (s. Abb. 7.9f) findet Verwendung bei der Aortenisthmusstenosenoperation (s. 7.11.4) und dem Verschluss eines Ductus botalli (s. Kap. 13).

7.5 Koronarchirurgie

Allgemeines

Die koronare Herzkrankheit ist die häufigste Erkrankung in der Zivilisationsgesellschaft. Nahezu 100.000 Menschen sterben in Deutschland jedes Jahr an den Folgen eines Herzinfarktes. Im Rahmen der koronaren Herzkrankheit kommt es zu Einengungen (Stenosen) oder zum Verschluss von Herzkranzarterien und damit zu einer Mangelversorgung des Herzmuskelgewebes (Myokards). Risikofaktoren für die Entstehung einer koronaren Herzkrankheit sind: genetische Disposition, Hypertonus, Fettstoffwechselstörungen, Diabetes mellitus, Nikotinabusus, Übergewicht, Bewegungsmangel und Stress. Ein kompletter Gefäßverschluss (totale Ischämie) führt in der Regel zu einer Zellnekrose (Herzinfarkt). Ist ein Koronargefäß nur hochgradig eingeengt und noch eine Restperfusion vorhanden, so leidet der Patient in der Regel unter bei Belastung auftretendem, anfallsweisem Engegefühl und Herzschmerzen (Angina pectoris). Das Prinzip der operativen Behandlung der koronaren Herzkrankheit ist die Normalisierung des O_2-Angebots an das Herzmuskelgewebe. Dies wird erreicht durch die Überbrückung der Koronarstenosen oder -verschlüsse mit körpereigenen arteriellen oder venösen Gefäßen (Abb. 7.10). Der erste erfolgreiche aortokoronare Venenbypass (ACVB) wurde von Garitt und Bailey 1964 durchgeführt und der erste erfolgreiche Arteria-mammaria-Bypass ohne HLM von Kolessov im Jahre 1964 und mit HLM von Green 1967. Heute haben minimal-invasive Verfahren ohne Einsatz der HLM (sogenannte Off-pump-Revaskularisation) und die Verwendung von arteriellen Bypasses eine immer größere Bedeutung. Von der Vermeidung der HLM profitieren insbesondere ältere Patienten mit schweren Begleiterkrankungen wie Nierenfunktionsstörungen, Diabetes mellitus, Lungenerkrankungen, neu-

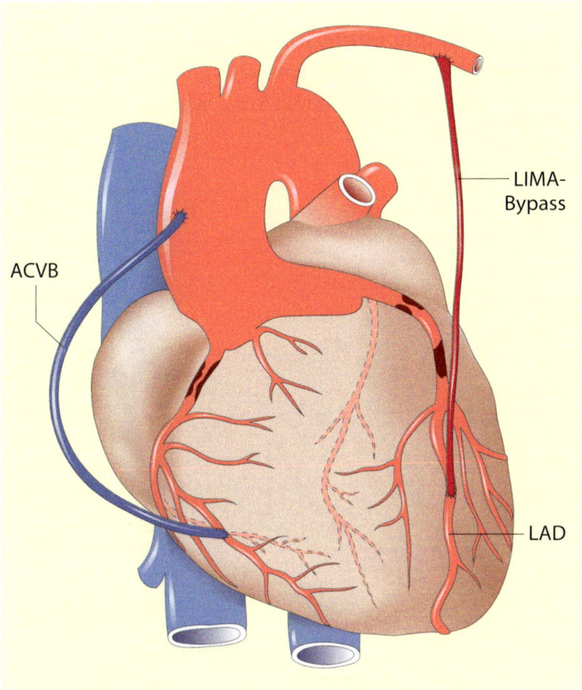

Abb. 7.10 Prinzip der Koronaren Bypass-Chirurgie: LIMA = **L**eft **I**nternal **M**ammary **A**rtery = linke innere Brustbeinschlagader; LAD = **L**eft **A**nterior **D**escending = vordere absteigende Koronararterie; ACVB = **A**orto **C**oronarer **V**enen **B**ypass

rologische Erkrankungen, Verkalkungen der Aorta ascendens und Tumorpatienten, da es nicht zum Kontakt des Blutes mit Kunststoffoberflächen der HLM und daraus resultierenden Nebenwirkungen auf praktisch alle Organsysteme kommt.

Operationen

Die im Folgenden genannten OP-Bedingungen gelten für alle hier beschriebenen koronarchirurgischen Eingriffe.

Instrumentarium

- Grundinstrumentarium zur Thoraxeröffnung mit Sternumretraktor (s. Abb. 7.11).
- Elektrische oder druckluftbetriebene Sternumsäge (s. Abb. 6.15).
- Diathermie oder Ultraschallskalpell
- Sauger
- Gefäßstandardinstrumentarium.
- Diverse Gefäßklemmen, wie Satinsky- (s. Abb. 4.42), Fogarty-Klemme (s. Abb. 7.5).
- Feines Koronarinstrumentarium.
- Bulldogklemmen (s. Abb. 4.34 u. Abb. 4.35).
- Clipzange.
- Mammariasperrer (s. Abb. 7.12).
- Thoraxdrainage, Redon-Drainage (s. 1.7).
- Gummizügel.
- Aortenstanze (s. Abb. 7.13).

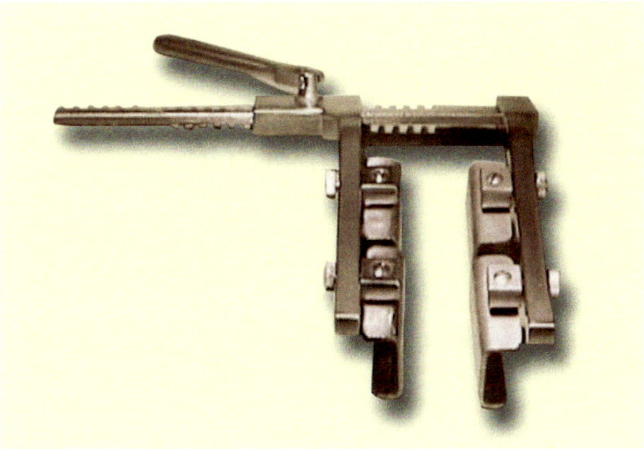

Abb. 7.11 Birnbaumsperrer. (Fa. Pilling-Weck)

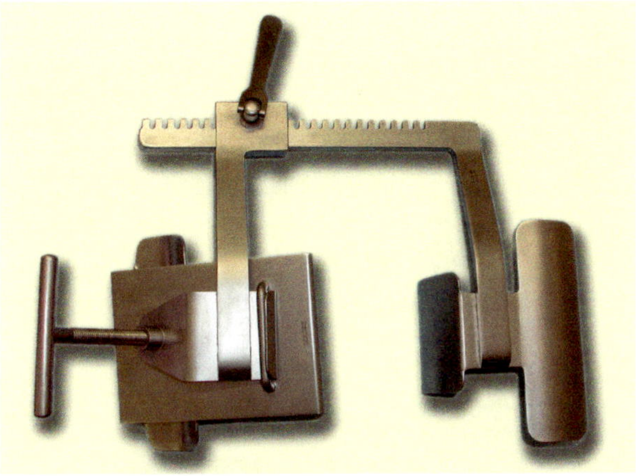

Abb. 7.12 Mammariasperrer. (Fa. Jostra)

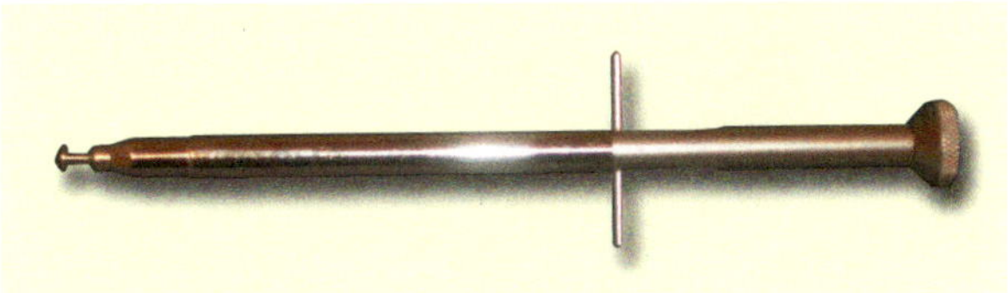

Abb. 7.13 Aortenstanze. (Fa. Aesculap)

- Ein etwas kräftigeres Gummirohr als Tourniquet (s. 4.6.2) zur Fixierung der HLM-Kanülen (s. Abb. 7.4).
- Schocklöffel (s. Abb. 7.6), Schrittmacherdrähte (s. Abb. 7.7).
- Für Off-pump-Chirurgie: Spezialretraktor/Stabilisator (s. Abb. 7.14a,b).
- Flexibler Haltearm (s. Abb. 7.15) und Stabilisationsfuß (s. Abb. 7.16).
- Silikonloops mit stumpfer Nadel zur Koronarokklusion (s. Abb. 7.17).

Nahtmaterial

- Doppelt-armiertes nichtresorbierbares monofiles Gefäßnahtmaterial aus Polypropylen.
- Resorbierbares geflochtenes Nahtmaterial.
- Drahtnaht, Sternumband und Sternumspanner (s. Abb. 7.8 und Abb. 7.18).
- Filzarmiertes geflochtenes Nahtmaterial (tiefe Perikardnähte zur Herzluxation; s Abb. 7.25).

Lagerung

- Rückenlagerung.
- Beide Arme angelagert (unter den Ellenbogen polstern).
- Der linke Arm wird ggf. zur Entnahme der A. radialis ausgelagert (gut polstern).
- Polsterrolle unter beide Knie.
- Anlegen der Neutralelektrode unter dem linken Schulterblatt.

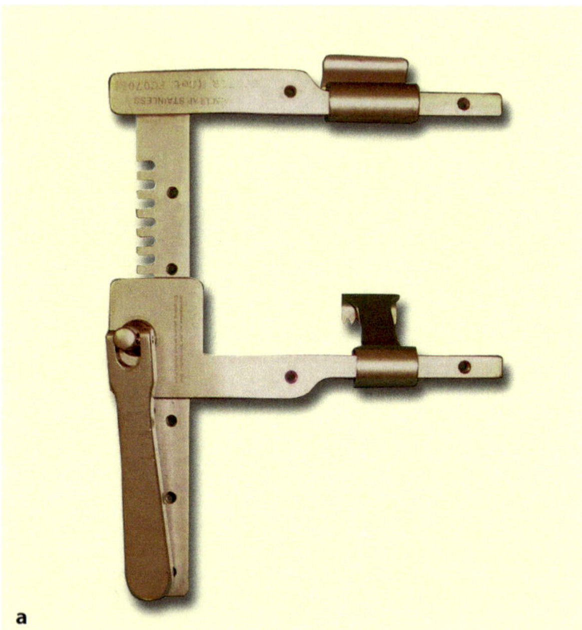

a

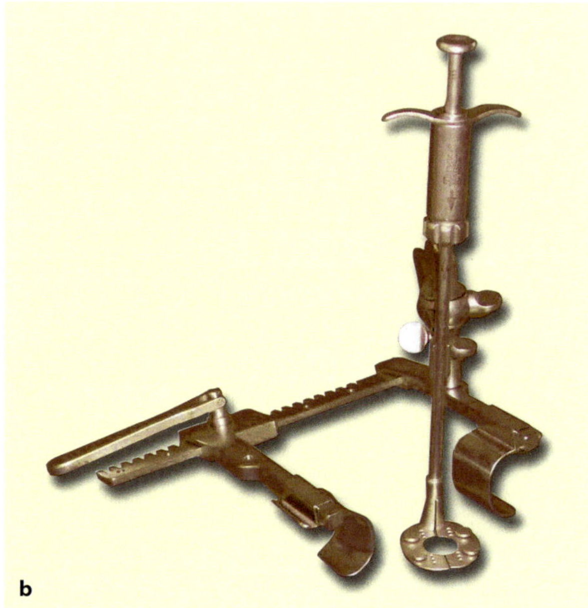

b

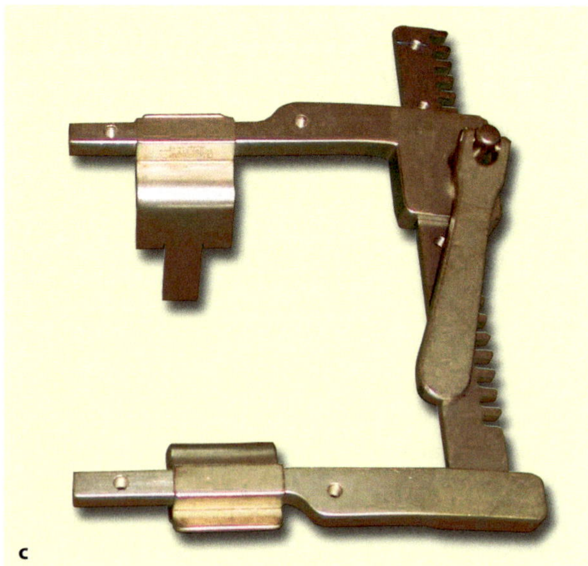

c

Abb. 7.14a–c MidCOAST-System. a Arteria-mammaria-Sperrer, b Koronarstabilisator, c Sperrer mit Zusatzvalve für minimal-invasiven Aortenklappenersatz. (Fa. Aesculap)

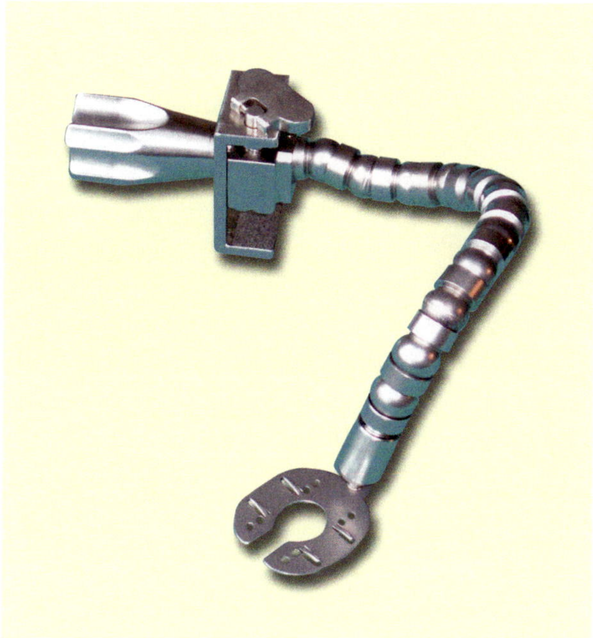

Abb. 7.15 Flexibler Stabilisationsarm (Fa. Geister) für Off-pump-Koronarrevaskularisation mit Koronar-Stabilisationsplattform nach Riess. (Fa. Geister)

Abb. 7.16 Die Koronarstabilisationsplattform mit Kugelkopf ermöglicht in Kombination mit dem wiederverwendbaren flexiblen Haltearm die lokale Stabilisation aller Koronararterien

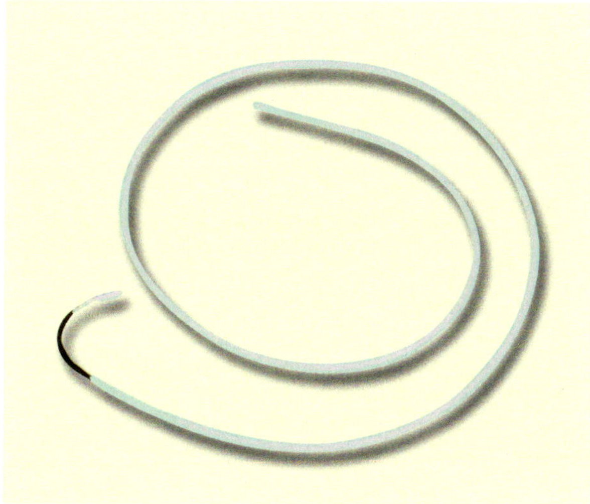

Abb. 7.17 Siliconloop mit stumpfer Nadel für Koronarokklusion. (Fa. Genzyme)

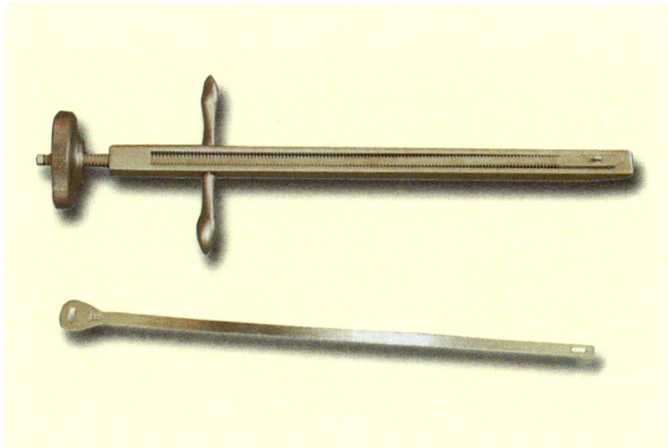

Abb. 7.18 Sternumband und Sternumspanner. (Fa. Ethicon)

Abdeckung

- Hauseigen.
- Zur Venenentnahme müssen beide Unterschenkel zugänglich sein.
- Beide Füße steril abdecken mit einem Fußsack.

Rasur

- Der Brustkorb (prästernal) und beide Leistenregionen werden rasiert.
- Beide Beine müssen zirkulär rasiert werden, falls Venenentnahme geplant.

7.5.1 Standardkoronaroperation mit Herz-Lungen-Maschine

Standardkoronaroperation mit HLM

- Mediane Sternotomie. Präparation der linken A. mammaria (LIMA) mit Spezialsperrer (s. Abb. 7.12) entweder als Pedikel (mit Begleitgewebe und Begleitvenen) oder skelettiert (ohne Begleitgewebe und Begleitvenen) (s. Abb. 7.19). Dabei werden Seitenäste zwischen Titanclips durchtrennt oder mit Diathermie oder einem Ultraschallskalpell verschlossen
- Entnahme der V. saphena magna, die an der Innenseite des Beines verläuft. Verschluss der Seitenäste mit 5–0 monofilem Polypropylen und Titanclips
- Anschluss an die HLM mit der Aorta-ascendens-Kanüle und einer venösen Zweistufenkanüle)
- Aortenabklemmung, kardioplegischer Herzstillstand über Aortenwurzelkatheter. Alternativ können die peripheren Anastomosen auch während intermittierender Aorta-ascendens-Abklemmung angelegt werden. Nähen der peripheren Anastomosen zwischen den Bypassgefäßen und den Koronararterien (s. Abb. 7.20) mit 8–0 oder 7–0 monofilem Polypropylen. Öffnen der Aortenklemme und Wiederbeleben des Herzens. Gegebenenfalls Rhythmisierung
- Nähen der zentralen Anastomosen zwischen V. saphena magna und der Aorta ascendens mit einer fortlaufenden 6–0 monofilen Polypropylennaht (s. Abb. 7.21) an der mit einer Satinsky-Klemme tangential ausgeklemmten Aorta. Bei Aorta-ascendens-Verkalkungen können die zentralen Anastomosen im kardioplegischen Stillstand genäht werden, um Kalkembolisationen durch eine seitliche Ausklemmung zu vermeiden. Aufnähen von Schrittmacherdrähten auf rechten Vorhof und rechten Ventrikel. Abgehen von der HLM
- Dekanülierung. Protamingabe. Blutstillung. Drainagen (pleural/perikardial/retrosternal). Thoraxverschluss

7.5.2 Komplette arterielle Revaskularisation

Komplette arterielle Revaskularisation

- Mediane Sternotomie (s. Abb. 7.9a)
- Präparation beider Aa. mammariae (LIMA und RIMA) sowie eventuell zusätzlich der A. radialis, die am linken oder rechten Unterarm entnommen wird, oder der A. gastroepiploica (s. Abb. 7.22). Seitenäste werden zwischen Clips oder mit Diathermie durchtrennt
- Nähen eines sog. T-Grafts; hierbei wird entweder die skelettierte RIMA oder die A. radialis in einem 90°-Abgangswinkel mit einer fortlaufenden 8–0 Polypropylennaht in die LIMA implantiert (s. Abb. 7.23). Alternativ können auch beide Brustbeinschlagadern in situ belassen werden. Anschluss an die HLM, Aortenabklemmung, kardioplegischer Herzstillstand (s. 7.3.2). Anlegen der peripheren Anastomosen jeweils mit 8–0 fortlaufender Polypropylennaht, dabei werden End-zu-Seit-Anastomosen oder »jumps« (Seit-zu-Seit-Anastomosen) angelegt (s. Abb. 7.23). Außerdem können Bypassgefässe als Y in einen anderen Bypass implantiert werden
- Öffnen der Aortenklemme. Reperfusion. Rhythmisierung. Passagere Schrittmacherelektroden. Abstellen der HLM
- Dekanülierung. Protamingabe. Blutstillung. Drainagen. Thoraxverschluss. Bei Entnahme der A. radialis wird ähnlich wie nach Saphenektomie eine Redon-Drainage eingelegt

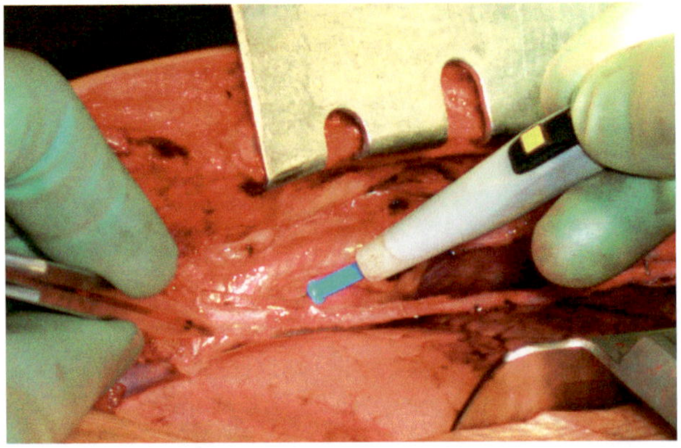

Abb. 7.19 Präparation der inneren Brustbeinschlagader. (Mit freundlicher Genehmigung des Albertinen-Krankenhauses Hamburg und RIESSmedien)

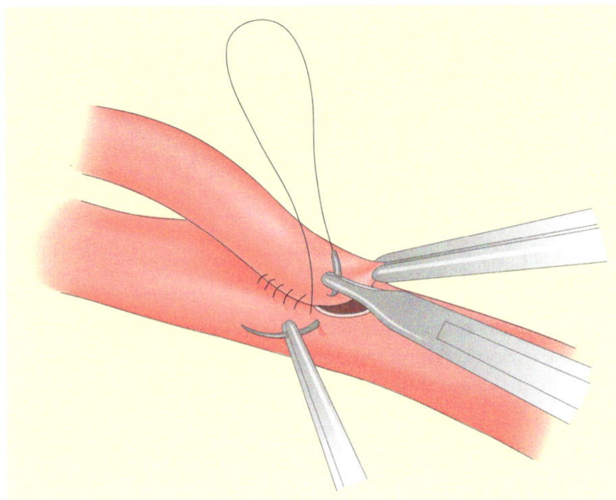

Abb. 7.20 Distale Koronaranastomose

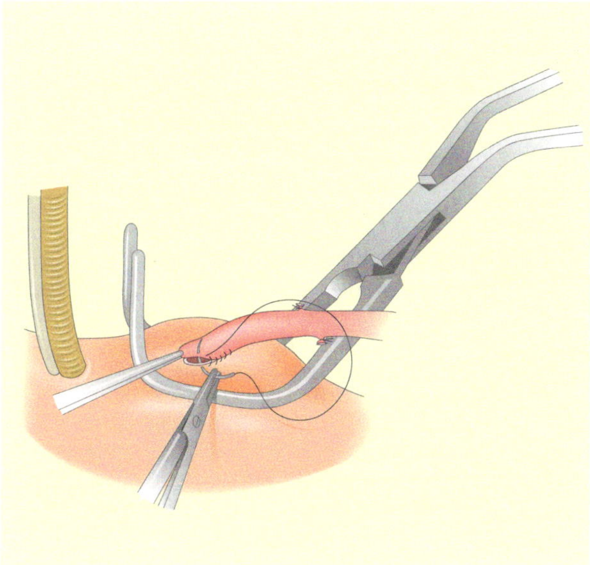

Abb. 7.21 Zentrale Bypassanastomose

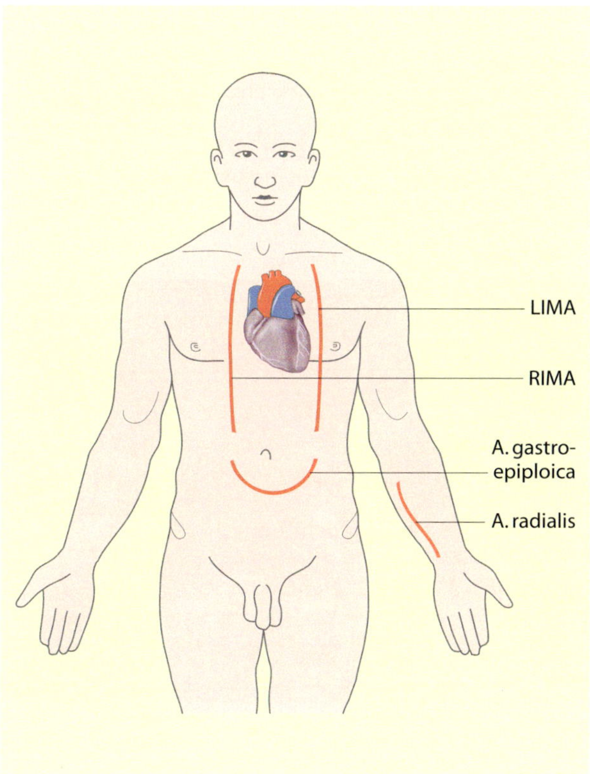

Abb. 7.22 Arterielle Bypassgefäße. *LIMA* = Left Internal Mammary Artery; RIMA = Right Internal Mammary Artery

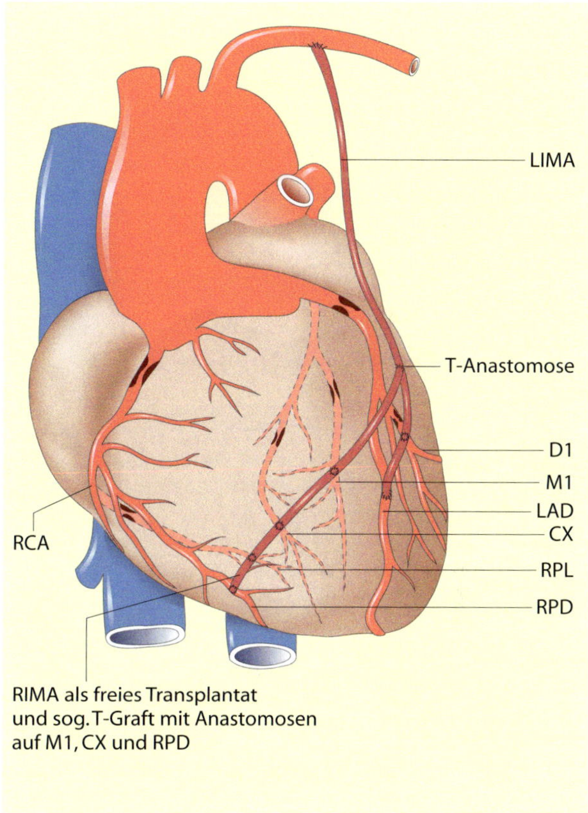

Abb. 7.23 Komplette arterielle Revaskularisation mittels LIMA und RIMA als T-Graft

7.5.3 Minimal-invasive Koronarrevaskularisation des LAD ohne Herz-Lungen-Maschine

Minimal-invasive Koronarrevaskularisation des LAD ohne HLM

- Partielle inferiore Sternotomie (Linksanteriore Thorakotomie, komplette Sternotomie)
- Präparation der linken A. mammaria interna (LIMA). Seitenäste werden zwischen Clips oder mit Diathermie durchtrennt
- Heparingabe. Vorübergehende Koronarokklusion mit 2 Silikonloops) in Kombination mit einem Stabilisator (s. Abb. 7.24). Anlegen der peripheren LIMA-LAD-Anastomose mit einer 8–0 fortlaufenden monofilen Polypropylennaht
- Protamingabe. Blutstillung. Drainagen. Thoraxverschluss

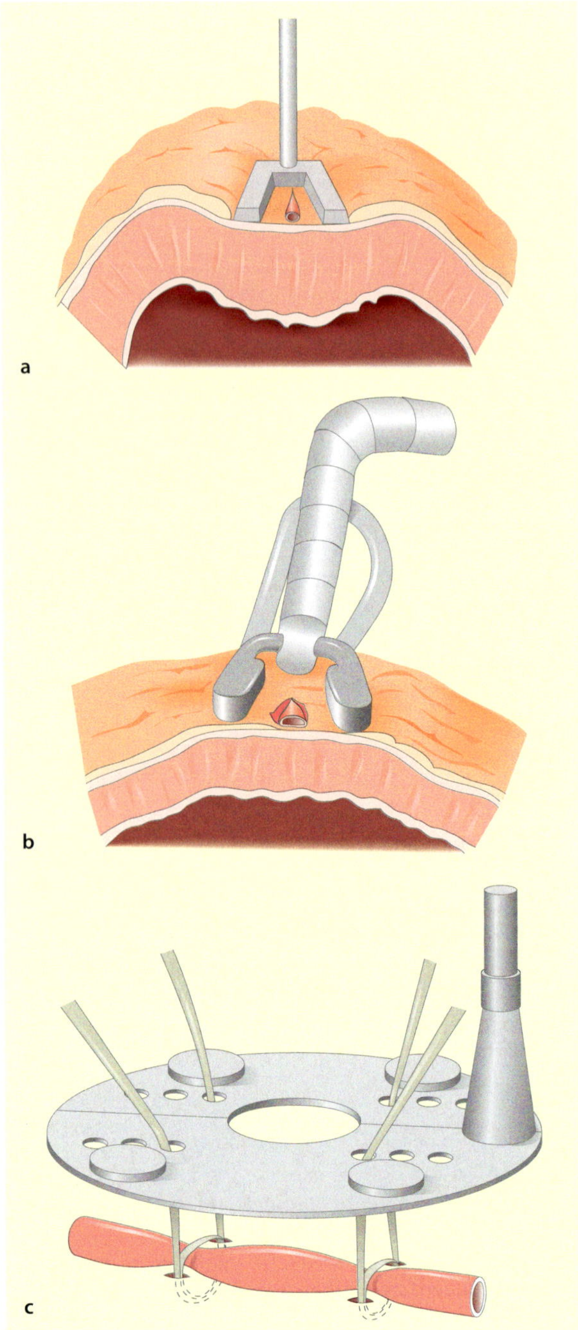

Abb. 7.24a–c Stabilisation der Herzmuskelwand sowie der Koronargefäße während minimal-invasiver Koronarchirurgie durch Kompression (a), Sog (b) oder Kompression/Zug (c)

7.5.4 Komplette arterielle Koronarrevaskularisation ohne Herz-Lungen-Maschine

Komplette arterielle Koronarrevaskularisation ohne HLM

- Mediane Sternotomie
- Präparation beider Aa. mammariae (LIMA und RIMA) sowie eventuell zusätzlich der A. radialis, die am linken oder rechten Unterarm entnommen wird, oder der A. gastroepiploica. Seitenäste werden zwischen Clips oder mit Diathermie durchtrennt
- Nähen eines sog. T-Grafts, hierbei wird entweder die skelettierte RIMA oder die A. radialis in einem 90°-Abgangswinkel in die LIMA mit einer fortlaufenden 8–0 Polypropylennaht implantiert. Alternativ können auch beide Brustbeinschlagadern in situ belassen werden. Herzluxation mit tiefen Herzbeutelnähten oder Herzbeutelschlingen (Abb. 7.25) zur Einstellung der dorsalen Koronarien. Heparingabe. Vorübergehende Koronarokklusion mit 2 Silikonloops in Kombination mit lokaler Stabilisation. Anlegen der peripheren Anastomosen jeweils mit 8–0 fortlaufenden monofilen Polypropylennähten; dabei werden End-zu-Seit-Anastomosen oder Jumps (Seit-zu-Seit-Anastomosen) angelegt. Außerdem können Bypassgefäße als Y in einen anderen Bypass implantiert werden
- Protamingabe. Blutstillung. Passagere Schrittmacherelektroden. Drainagen. Thoraxverschluss

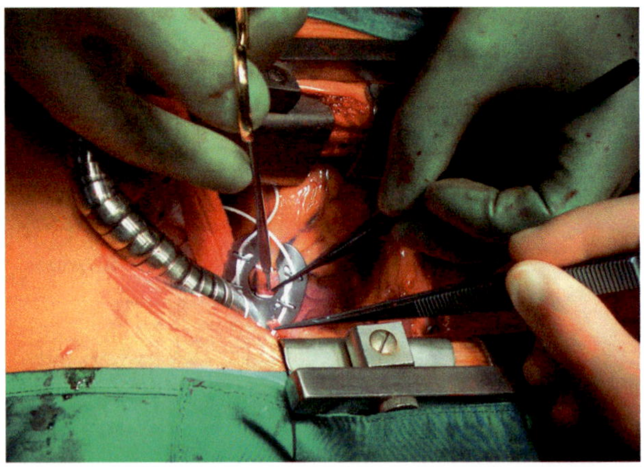

Abb. 7.25 Luxation des Herzens während minimal-invasiver Koronarrevaskularisation durch tiefe Perikardschlingen. Koronarstabilisation mit flexiblem Haltearm und Stabilisationsplattform nach Riess (Fa. Geister). (Mit freundlicher Genehmigung des Albertinen-Krankenhauses Hamburg und RIESSmedien)

7.6 Linksventrikuläre Aneurysmektomie

Prinzip

Das Prinzip der Aneurysmektomie ist die Verkleinerung des Innendurchmessers der linken Herzkammer. Nach dem LaPlace-Gesetz kommt es durch die Verringerung der Wandspannung zur Verminderung des O_2-Bedarfs des Myokards (s. Abb. 7.26a,b)

Instrumentarium

- Grundinstrumentarium zur Thoraxeröffnung mit Sternumsperrer.
- Elektrische oder druckluftbetriebene Sternumsäge.
- Diathermie oder Ultraschallskalpell.
- Sauger.
- Gefäßstandardinstrumentarium.
- Diverse Gefäßklemmen, Fogarty-Klemme, Clipzange.
- Thoraxdrainage.
- Filzstreifen (Polytetrafluorethylen, PTFE) als Nahtwiderlager.
- Ein etwas kräftigeres Gummirohr als Tourniquet zur Fixierung der HLM-Kanülen.
- Schocklöffel, Schrittmacherdrähte.

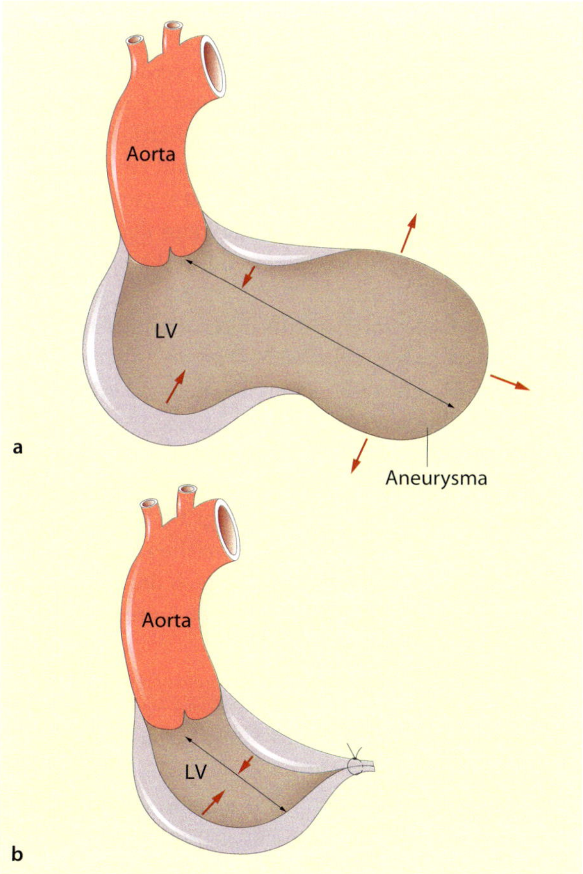

Abb. 7.26a,b Prinzip der linksventrikulären Aneurysmektomie. Längsschnitt durch den linken Ventrikel vor (a) und nach (b) Aneurysmektomie. *LV* = Linker Ventrikel. Die roten Pfeile zeigen die Bewegungen während der Systole

Nahtmaterial

- Doppelt-armiertes nichtresorbierbares monofiles Gefäßnahtmaterial aus Polypropylen.
- Resorbierbares geflochtenes Nahtmaterial.
- Doppelt-armiertes nichtresorbierbares geflochtenes beschichtetes Nahtmaterial (Polyester).
- Drahtnaht, Sternumband und Sternumspanner.

Lagerung

- Rückenlagerung.
- Beide Arme angelagert (unter den Ellenbogen polstern).
- Polsterrolle unter beide Knie.
- Anlegen der Neutralelektrode unter dem linken Schulterblatt.

Abdeckung

Hauseigen.

Rasur

- Brustkorb und beide Leistenregionen.

Linksventrikuläre Aneurysmektomie

- ► Mediane Sternotomie. Perikarderöffnung und Anschluss an die HLM mit einer Aorta-ascendens-Kanüle sowie einer venösen Zweistufenkanüle
- ► Aortenabklemmung und kardioplegischer Herzstillstand bzw. Aneurysmektomie am schlagenden Herzen. Eröffnung des linksventrikulären Aneurysmas mit Messer/Schere (s. Abb. 7.27a). Entfernung von Thromben. Legen von kräftigen geflochtenen filzarmierten U-Nähten, die im Randbereich der Myokardnarbe gestochen werden (s. Abb. 7.27b). Entlüftung und Knüpfen der Nähte (s. Abb. 7.27c)
- ► Ggf. Öffnen der Aortenklemme, Wiederbelebung des Herzens. Reperfusion. Schrittmacherdrähte auf Vorhof und Kammer. Abstellen der HLM. Dekanülierung. Protamingabe. Blutstillung. Einlegen von Perikard- und Retrosternaldrainage. Thoraxverschluss

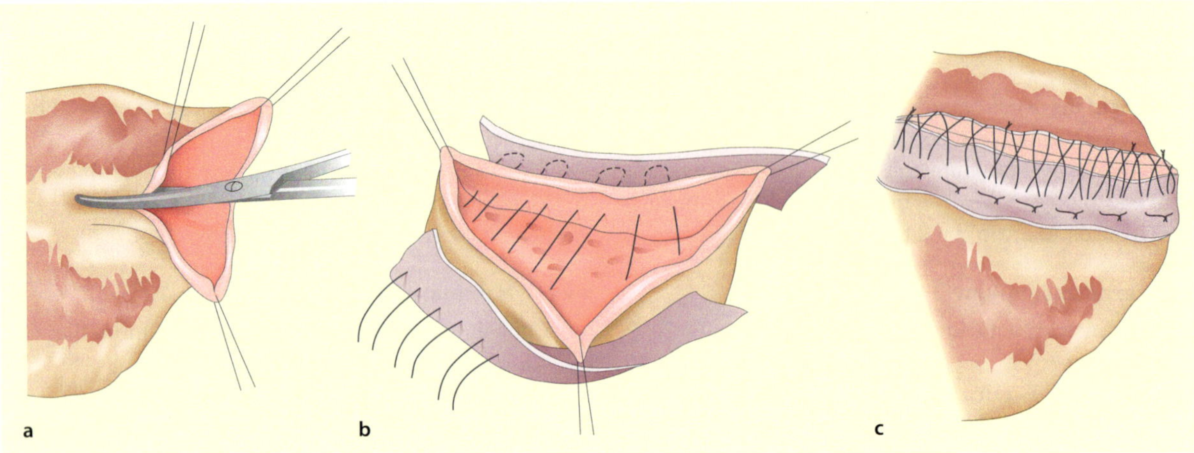

Abb. 7.27a–c Linksventrikuläre Aneurysmektomie mit Thrombus-Ausräumung (a), Legen von filzarmierten Nähten (b) und fertige Aneurysmektomie (c)

7.7 Aortenklappenchirurgie

7.7.1 Aortenklappenerkrankungen

Die Aortenklappe funktioniert als Ventil zwischen der linken Herzkammer und der Aorta ascendens. Durch Erkrankungen der Klappe kann es zu einer Einengung (Stenose), einer Undichtigkeit (Insuffizienz) oder einer kombinierten Schädigung mit teilweiser Einengung und teilweiser Undichtigkeit kommen. Je nach Befund der Klappe muss diese reseziert und durch eine Klappenprothese ersetzt werden oder kann in bestimmten Fällen auch rekonstruiert werden.

Aortenstenose

Sie tritt gehäuft bei angeborenen bikuspidalen Aortenklappen auf, bei denen anstelle der 3 Taschen nur 2 angelegt sind. Auch ein rheumatisches Fieber, das bei Streptokokkeninfektionen auftritt, kann zu einer Schädigung der Herzklappen führen. Ferner kann eine degenerative Fibrosierung bzw. Verkalkung im höheren Lebensalter eine Aortenklappenstenose mit Verklebung der Kommissuren und ausgeprägten Verkalkungen hervorrufen.

Aortenklappeninsuffizienz

Durch eine nichtbakterielle Klappenerkrankung als Folge einer immunologischen Reaktion im Rahmen eines rheumatischen Fiebers (Alter bei Krankheitsbeginn 5–15 Jahre) kann es ähnlich wie bei der Aortenklappenstenose auch zu einer Undichtigkeit der Aortenklappe kommen. Dabei können die Klappen verdickt und zusammengeschrumpft sein. Ferner kann es im Rahmen angeborener Bindegewebsdefekte (z.B. Marfansyndrom) zu einer Ausweitung der Aortenwurzel mit einer nachfolgenden Aorteninsuffizienz kommen (s. 7.10). Bei einer akuten Aorta-ascendens-Dissektion kann der Abriss der Klappenkommissuren zu einer Aortenklappeninsuffizienz führen (s. 7.10.1).

Die bakterielle Endokarditis durch direkte bakterielle Besiedlung des Klappengewebes kann zu einer Zerstörung der Klappentaschen mit nachfolgender Klappeninsuffizienz führen. Meist sind die befallenen Herzklappen kongenital fehlgebildet. Risikofaktoren für eine bakterielle Endokarditis sind Drogenkonsum, Alkoholabusus, Steroidtherapie, urologische Eingriffe sowie Zahnextraktionen. Im Rahmen einer bakteriellen Endokarditis kann es zu Abszessbildungen im Bereich der Aortenwurzel sowie zu arteriellen Embolisationen kommen.

7.7.2 Klappenprothesen

Klappen aus Kunststoff und Metall (alloplastische Prothesen)

Man unterscheidet zwischen Einscheiben-Kipp-Prothesen (s. Abb. 7.28a) und Zweiflügel-Prothesen (s. Abb. 7.28b)

Vorteil: unbegrenzte mechanische Haltbarkeit.

Nachteil: thromboembolische Komplikationen. Lebenslange Antikoagulation mit oralen Antikoagulantien (Marcumar®) erforderlich.

Klappen aus biologischen Materialien

Heterologe Klappen sind aus Schweine-Aortenklappen (s. Abb. 7.28c,d) bzw. Rinderperikard (s. Abb. 7.28f) hergestellt. Bei gestenteten Klappen (s. Abb. 7.28c,f) wird die Schweineklappe bzw. das Rinderperikard in einen Stent aus Metall und Kunststoff eingenäht. Bei ungestenteten Klappen (s. Abb. 7.28d,e) wird die Herzklappe nach Zurechtschneiden direkt in die Aortenwurzel des Patienten eingenäht oder es wird die gesamte Aortenwurzelprothese implantiert. Bei dieser Technik müssen beide Koronararterien reimplantiert werden.

Vorteil: geringe Rate an thromboembolischen Komplikationen. Daher kann auf eine dauerhafte Antikoagulation mit Ausnahme eines bestehenden Vorhofflimmerns verzichtet werden.

Nachteil: begrenzte Haltbarkeit (8–15 Jahre in Abhängigkeit vom Implantationsort. (Biologische Herzklappen halten aufgrund der unterschiedlichen mechanischen

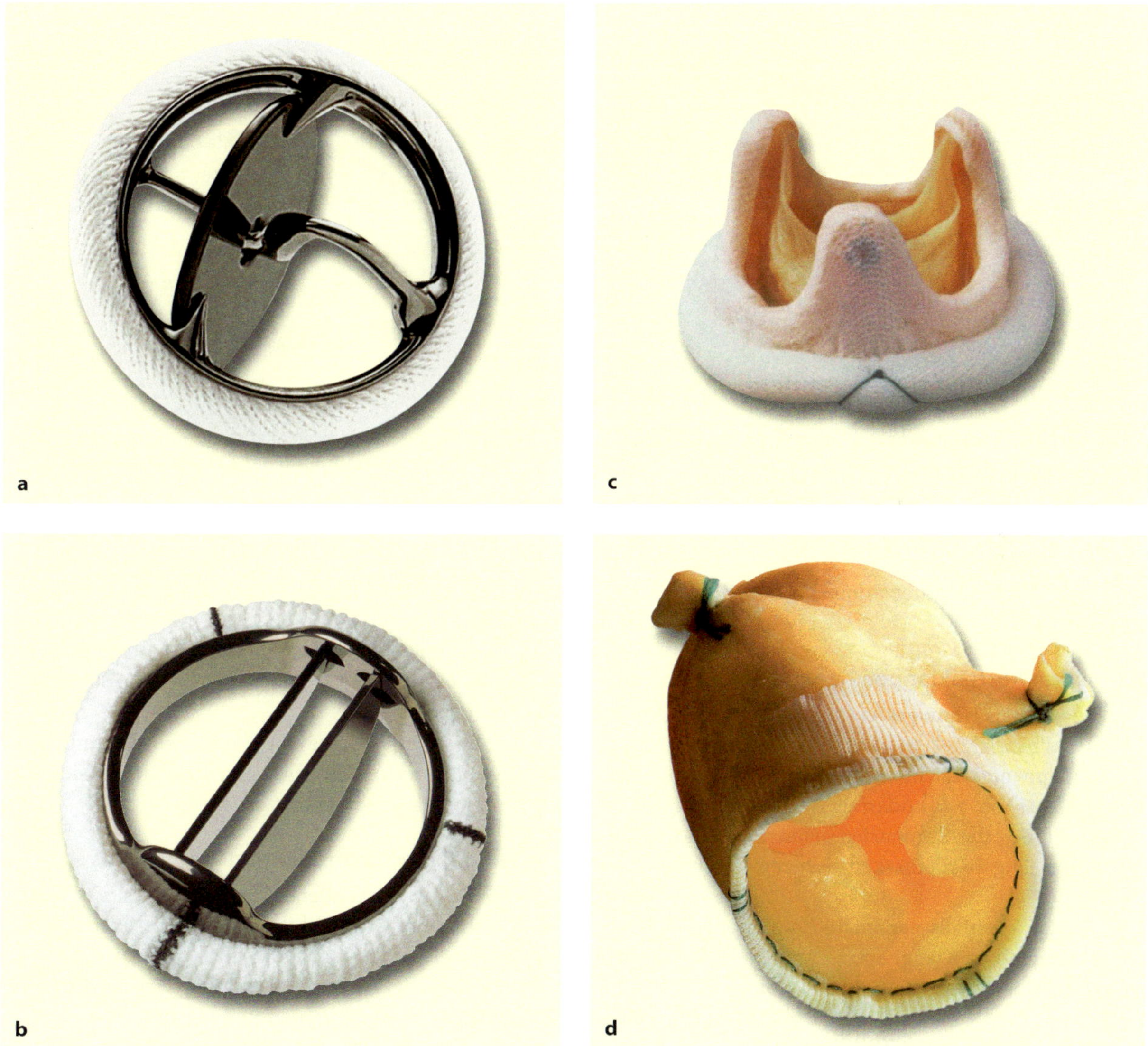

Abb. 7.28a–h Herzklappenprothesen. a Mechanische Einscheiben-Kipp-Prothese (Medtronic Hall; Fa. Medtronic), b mechanische Zweiflügel-Kipp-Prothese (Fa. St. Jude-Medical), c gestentete heterologe Bioprothese (Mosaic, Fa. Medtronic), d ungestentete heterologe Aortenwurzel (Freestyle, Fa. Medtronic)

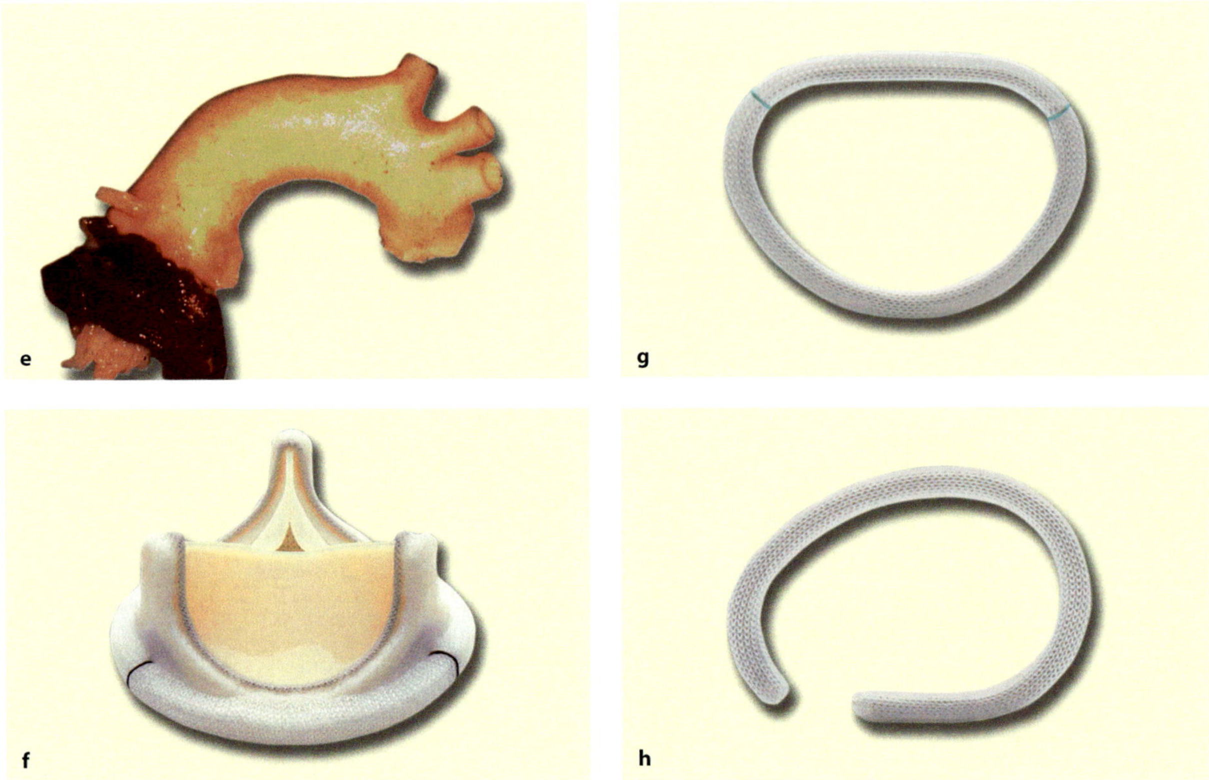

Abb. 7.28e–h Herzklappenprothesen (Fortsetzung). e Homograft (Fa. Cryolife), f heterologe Perikardklappe (Perimount, Fa. Edwards), g Annuloplastiering Mitral (Carpentier Physio-Ring, Fa. Edwards), h Annuloplastiering Trikuspidal (Carpentier Classic-Ring, Fa. Edwards)

Belastung in der Aortenposition länger als in der Mitralposition).

Homologe Aortenklappen

Werden auch als Homografts (menschliche Klappen von Spendern) bezeichnet (s. Abb. 7.28e). Sie können für den Aortenklappenersatz in subkoronarer Implantationstechnik (s. Abb. 7.30) oder als Aortenwurzelersatz mit Reimplantation der Koronarien benutzt werden.

Vorteil: längere Haltbarkeit als heterologe biologische Klappen.

Nachteil: ebenfalls begrenzte Haltbarkeit mit erneutem Auftreten von Klappenverkalkungen bzw. -insuffizienzen. Begrenzte Verfügbarkeit von Homografts.

Autologe Klappenersatzoperationen

Bei der von Lord Ross im Jahre 1967 entwickelten OP-Technik wird eine körpereigene Klappe (Pulmonalklappe) in Aortenposition implantiert. Die Pulmonalklappe wird in der Regel durch einen Homograft ersetzt.

Vorteil: längere Haltbarkeit der homologen Pulmonalklappe in Aortenposition als die von heterologen biologischen Klappen.

Nachteil: aufwendige Operation sowie ungewisse Haltbarkeit des Homografts, der anstelle der entnommenen Pulmonalklappe implantiert wird.

Aortenklappenrekonstruktion

Bei einem Aorta-ascendens-Aneurysma kann es infolge der Kommissuren-Kippung nach auswärts zu einer Straffung der freien Klappenränder und damit zu einer zentralen Undichtigkeit der Aortenklappe kommen. Diese insuffizienten Aortenklappen können im Rahmen eines prothetischen Ersatzes der Aorta ascendens rekonstruiert werden (s. 7.7.7).

Vorteil: Keine dauerhafte Antikoagulation erforderlich. Sehr gute Hämodynamik.

Nachteil: Aufwändige Operation. Noch keine Langzeitergebnisse.

Auswahlkriterien des Klappentypes

Alloplastische Klappen werden meist jüngeren Patienten und insbesondere in der Mitralposition implantiert. Biologische Herzklappen sind für Patienten geeignet, bei denen eine Behandlung mit gerinnungshemmenden Medikamenten grundsätzlich problematisch ist: Frauen mit Kinderwunsch, Patienten im Alter von über 75 Jahren sowie Patienten mit entsprechenden Blutungsrisiken.

Operationen

Die im Folgenden genannten OP-Bedingungen gelten für alle hier beschriebenen operativen Eingriffe an der Aortenklappe.

▪▪▪ Instrumentarium

- Grundinstrumentarium zur Thoraxeröffnung mit Sternumsperrer (▫ s. Abb. 7.11 und 7.14c).
- Elektrische oder druckluftbetriebene Sternumsäge.
- Diathermie oder Ultraschallskalpell.
- Sauger.
- Gefäßstandardinstrumentarium.
- Diverse Gefäßklemmen, Fogarty-Klemme.
- Clipzange, Luer (Hohlmeißelzange), Rongeur (▫ s. Abb. 9.29b).
- Thoraxdrainage.
- Ein etwas kräftigeres Gummirohr als Tourniquet zur Fixierung der HLM-Kanülen.
- Schocklöffel, Schrittmacherkabel.
- Aortenklappensizer.

▪▪▪ Nahtmaterial

- Doppelt-armiertes nichtresorbierbares monofiles Gefäßnahtmaterial aus Polypropylen.
- Resorbierbares geflochtenes Nahtmaterial.
- Doppelt-armiertes nichtresorbierbares geflochtenes beschichtetes Nahtmaterial (grün/weiß Polyester) mit Teflonpatch.
- Drahtnaht, Sternumband und Sternumspanner.

▪▪▪ Implantate

Biologische oder mechanische Aortenklappen (▫ s. Abb. 7.28).

▪▪▪ Lagerung

- Rückenlagerung.
- Beide Arme angelagert (unter den Ellenbogen polstern).
- Polsterrolle unter beide Knie.
- Anlegen der Neutralelektrode unter dem linken Schulterblatt.

▪▪▪ Abdeckung

Hauseigen.

▪▪▪ Rasur

- Die Körperoberfläche des Patienten ist komplett zu rasieren, inklusive beider Leistenregionen.

7.7.3 Aortenklappenersatz mit mechanischer oder biologischer Prothese

Klappenersatz mit mechanischer oder biologischer Prothese

- ► Mediane Sternotomie. Alternativ superiore partielle Sternotomie bis zum 4. ICR. Perikarderöffnung. Heparingabe
- ► Anschluss an die HLM mit Aorta-ascendens-Kanüle sowie einer venösen Zweistufenkanüle. Aortenabklemmung und kardioplegischer Herzstillstand. Bei reiner Aortenstenose kann die Kardioplegie über den Aortenwurzelkatheter verabreicht werden. Bei mittelgradigen Aortenklappeninsuffizienzen ist in der Regel eine Kardioplegieapplikation mit speziellen Kathetern (▫ s. Abb. 7.3h) erforderlich, um eine Regurgitation von Kardioplegie in den linken Ventrikel mit einer nachfolgenden Überdehnung der linken Herzkammer zu vermeiden
- ► Längseröffnung bzw. quere Aortotomie (▫ s. Abb. 7.29a). Entfernung der degenerativ veränderten bzw. verkalkten Aortenklappentaschen mit Hilfe von Schere, Luer und Rongeur (▫ s. Abb. 7.29b). Dabei ist sorgfältig darauf zu achten, dass es nicht zu Kalkembolisationen in die Koronararterien kommt. Spülung mit isotoner Kochsalzlösung und Absaugung
- ► Implantation der Klappenprothese je nach Lokalbefund, Klappentyp sowie Vorliebe des Operateurs mit filzarmierten U-Nähten, die supra- oder infrakoronar gelegt werden können (▫ s. Abb. 7.29c), Einzelknopfnähten oder mehreren fortlaufenden 2–0 monofilen Fäden. Herunterknüpfen der Klappenprothese. Entfernung des Klappenhalters. Verschluss der Aortotomie mit einer fortlaufenden 4–0 Blalock-Naht bzw. einer einfachen fortlaufenden monofilen Naht
- ► Öffnen der Aortenklemme, Wiederbelebung des Herzens. Rhythmisierung. Entlüftung. Reperfusion. Schrittmacherdrähte auf Vorhof und Kammer. Abstellen der HLM
- ► Dekanülierung. Protamingabe. Blutstillung. Einlegen von Perikard- und Retrosternaldrainage. Thoraxverschluss

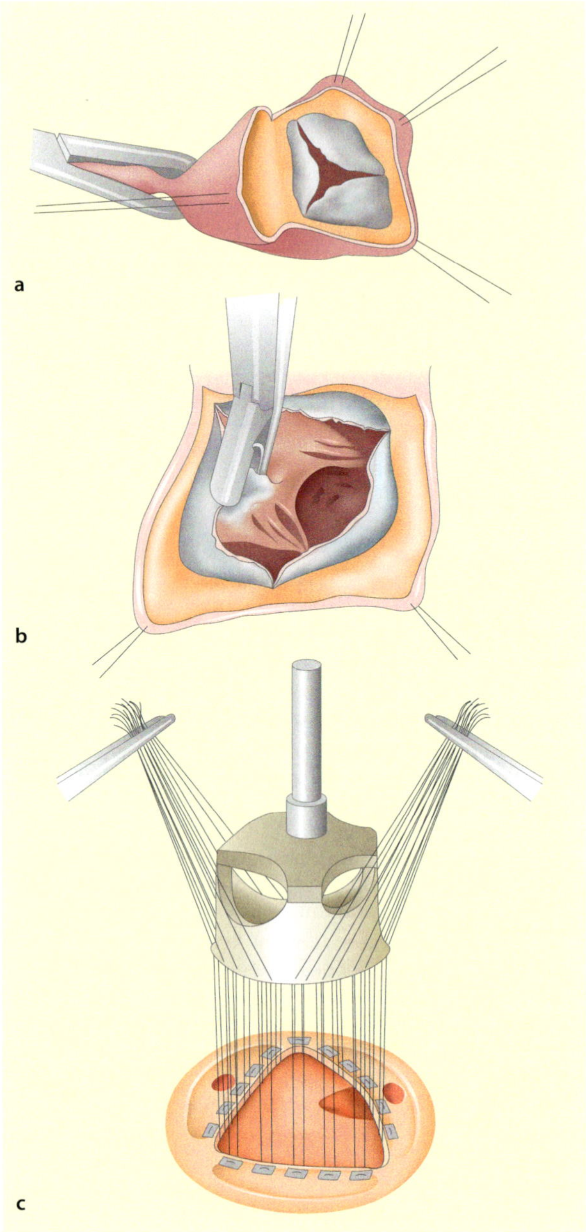

Abb. 7.29a–c Aortenklappenersatz mit mechanischer bzw. biologischer Prothese. Quere Aortotomie (a), Kalkentfernung mit Rongeur (b) und Legen von filzarmierten Klappennähten durch Aortenklappenring und Klappenprothesenring (c)

7.7.4 Subkoronarer Aortenklappenersatz mit Homograft/Heterograft

Subkoronarer Aortenklappenersatz mit Homograft/Heterograft

- Mediane Sternotomie. Perikarderöffnung. Heparingabe. Anschluss an die HLM über Aorta-ascendens- und venöse Zweistufenkanüle
- Quere Aortotomie bzw. Längsinzision der Aorta ascendens. Entfernung der verkalkten bzw. destruierten Aortenklappentaschen. Ausmessen des Aortenwurzeldurchmessers und Einnähen einer homologen bzw. heterologen ungestenteten Herzklappe nach entsprechender Vorbereitung (tiefgefrorene Homografts müssen nach einem speziellen Schema aufgetaut, glutaraldehydfixierte Bioklappen in physiologischer Kochsalzlösung gespült werden)
- Zunächst wird der subvalvuläre Klappenring entweder mit einer fortlaufenden monofilen 4–0 Naht bzw. mit zahlreichen Einzelnähten eingenäht (s. Abb. 7.30a). Bei einer fortlaufenden Nahttechnik kann es vorteilhaft sein, dass die Herzklappe mit ihren 3 Kommissuren in die linke Ausflussbahn eingestülpt wird (s. Abb. 7.30b und 7.30c). Anschließend werden die 3 Kommissuren mit monofilen Nähten (4–0) an der Empfänger-Aorta-ascendens an geeigneter Stelle fixiert (s. Abb. 7.30d) und die zuvor in geeigneter Weise zurechtgeschnittenen Aortenwandreste der Spenderklappe mit fortlaufenden monofilen Nähten (4–0 oder 5–0) unterhalb beider Koronarien und im Bereich der akoronaren Aortenwand fixiert (s. Abb. 7.30e)
- Verschluss der Aortotomie mit einer fortlaufenden Naht
- Öffnen der Aortenklemme. Wiederbeleben des Herzens. Gegebenenfalls Rhythmisierung. Reperfusion. Entlüftung. Aufnähen von Schrittmacherelektroden auf den rechten Vorhof und die rechte Kammer. Abgehen von der HLM
- Dekanülierung. Protamingabe. Blutstillung. Perikard- und Retrosternaldrainage. Thoraxverschluss

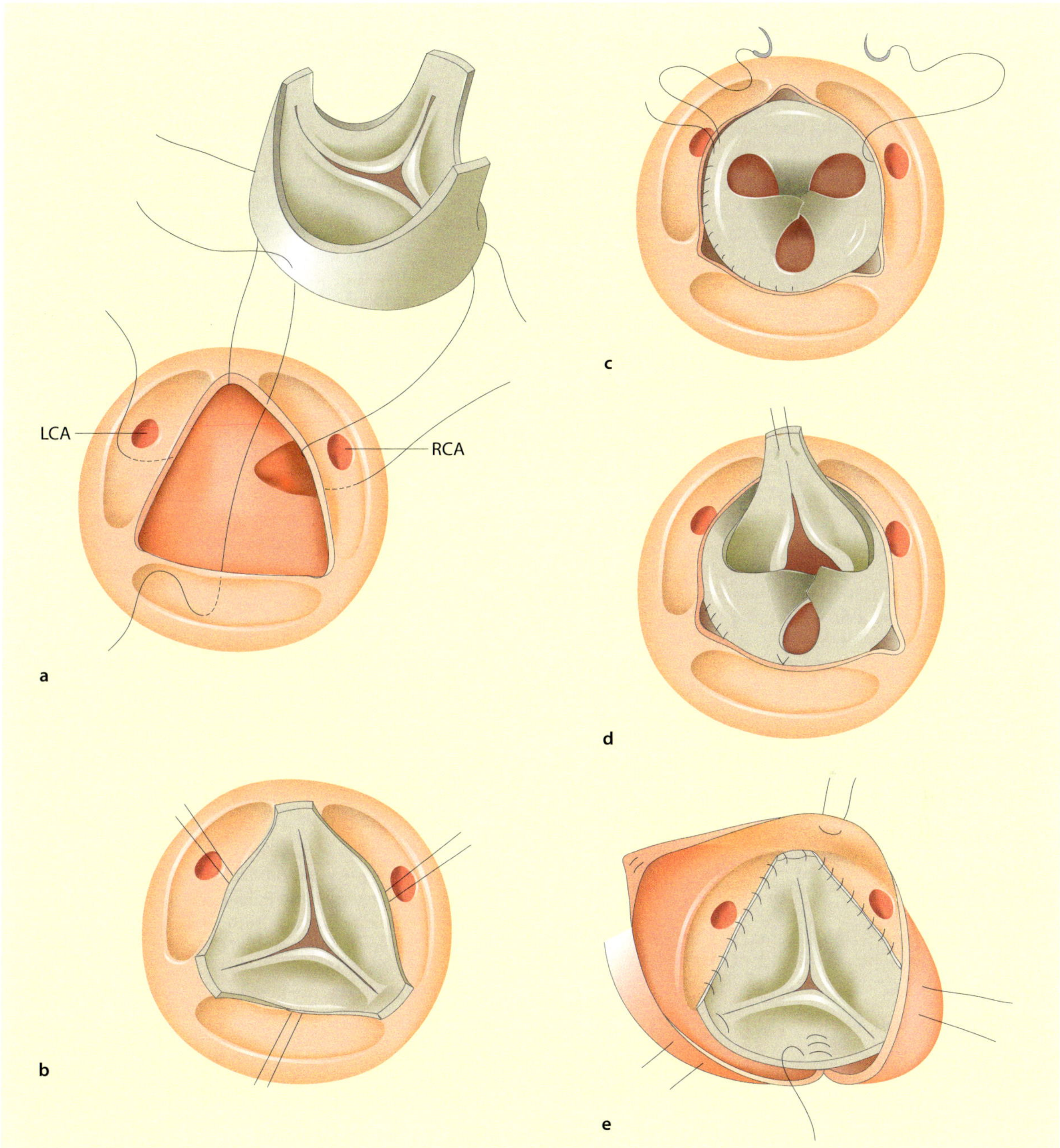

Abb. 7.30a–e Subkoronarer Aortenklappenersatz mit homologer bzw. heterologer Klappe. Vorlegen von drei 4–0 Prolene-Nähten (LCA = Ostium der linken Koronararterie, RCA = Ostium der rechten Koronararterie) (a), Herunterziehen der Klappe (b), Einstülpen der drei Kommissuren in die linke Herzkammer (c), fortlaufendes Einnähen der Klappe in den Aortenklappenring sowie Fixierung der drei Kommissuren an geeigneter Stelle an der Aorta ascendens (d), fortlaufendes Einnähen subkoronar wie akoronar (e)

7.7.5 Aortenwurzelersatz mit Homo- oder Heterograft

Aortenwurzelersatz mit Homo- oder Heterograft

- Mediane Sternotomie. Perikarderöffnung. Heparingabe. Anschluss an die HLM mit Aorta-ascendens-Kanüle sowie venöser Zweistufenkanüle (alternativ: A.-femoralis-Kanülierung oder Trokarkanüle)
- Legen eines Aortenwurzelkatheters. Quere Aortenabklemmung. Gabe von Kardioplegie über den Aortenwurzelkatheter bei kompetenter Aortenklappe bzw. selektiv über beide Koronararterien bei Aorteninsuffizienz
- Quere Aortotomie bzw. Längseröffnung der Aorta ascendens. Ausschneiden beider Koronararterien mit einem schmalen Aortenwandsaum. Resektion der Aortenklappe. Gegebenenfalls Entfernung von Verkalkungen. Einnähen der homologen bzw. heterologen Aorta ascendens; hierbei wird zunächst der subvalvuläre Ring mit fortlaufenden bzw. Einzelnähten in den Aortenring eingenäht. Anschließend werden nacheinander zunächst die linke, dann die rechte Koronararterie mit fortlaufenden monofilen 5–0 Nähten in entsprechend vorbereitete Löcher der Aortenwurzelprothese implantiert. Anschließend Naht der distalen Anastomose zwischen heterologem bzw. homologem Aortenwurzelimplantat und der Aorta ascendens des Patienten mit einer fortlaufenden monofilen 4–0 Polypropylennaht
- Öffnen der Aortenklemme. Wiederbeleben, Rhythmisieren und Entlüften des Herzens. Aufnähen von Schrittmacherelektroden auf den rechten Vorhof und den rechten Ventrikel. Abgehen von der HLM
- Dekanülierung. Protamingabe. Blutstillung. Einlegen einer Perikard- sowie einer Retrosternaldrainage. Thoraxverschluss
- Gegebenenfalls intraoperative echokardiographische Kontrolle der Aortenklappenkompetenz

7.7.6 Ross-Operation

Ross-Operation

- Mediane Sternotomie. Perikarderöffnung. Heparingabe. Anschluss an die HLM über eine Aorta-ascendens-Kanüle sowie eine venöse Zweistufenkanüle, gegebenenfalls selektive Kanülierung beider Hohlvenen. Einlegen eines Aortenwurzelkatheters
- Präparation der autologen Pulmonalklappe am schlagenden Herzen; hierbei wird der Truncus der A. pulmonalis unterhalb der Bifurkation quer durchtrennt. Exzision der Pulmonalklappe aus der rechten Ausflussbahn (◘ s. Abb. 7.31a)
- Queres Abklemmen der Aorta ascendens. Kardioplegiegabe über einen Aortenwurzelkatheter bei kompetenter Aortenklappe bzw. bei insuffizienter Aortenklappe selektiv über beide Koronarostien mit speziellem Kardioplegiekatheter. Längs- bzw. quere Eröffnung der Aorta ascendens (◘ s. Abb. 7.31a) bzw. Resektion der gesamten Aorta ascendens mit Ausschneidung beider Koronarostien. Implantation der Pulmonalklappe als subkoronarer ungestenteter Klappenersatz oder als Aortenwurzelersatz (◘ s. Abb. 7.31b) mit Reimplantation beider Koronararterien (◘ s. Abb. 7.31c)
- Öffnen der Aorta ascendens. Wiederbelebung, Rhythmisierung und Entlüftung des Herzens. Aufnähen von Schrittmacherelektroden auf den rechten Vorhof und die rechte Kammer. Abgehen von der HLM
- Dekanülierung. Protamingabe. Blutstillung. Einlegen einer Perikard- sowie Retrosternaldrainage. Thoraxverschluss

◘ Abb. 7.31a–c Ross-Operation. Explantation der Pulmonalklappe (a), Aortenwurzelersatz mit Pulmonalklappe (b) und fertig implantiertes Pulmonalklappen-Autograft mit reimplantierten Koronararterien sowie Implantation eines Homografts in Pulmonalposition (c). *PA* = Pulmonalarterie, *Ao* = Aorta, *LCA* = linke Koronararterie, *RCA* = rechte Koronararterie

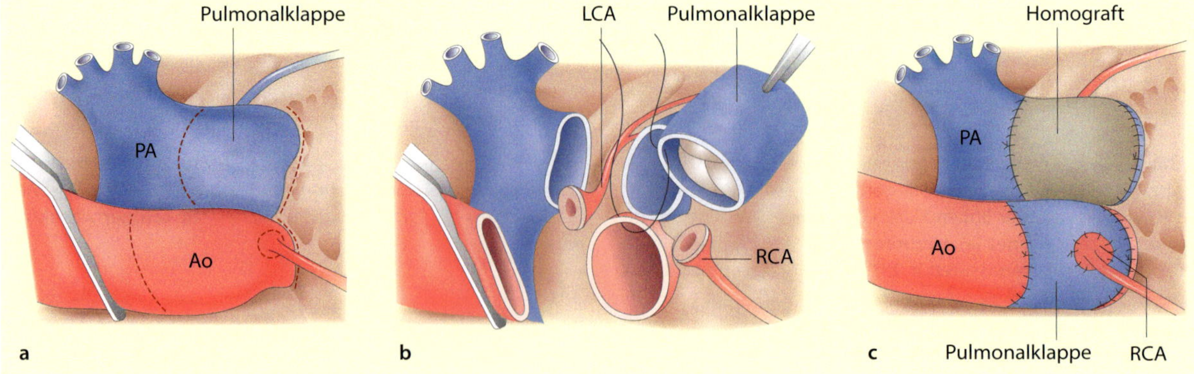

7.7.7 Aortenklappenrekonstruktion

Aortenklappenrekonstruktion

- Mediane Sternotomie. Perikarderöffnung. Heparingabe
- Kanülierung der Aorta ascendens, gegebenenfalls der A. femoralis bei Aorta-ascendens-Aneurysma und venöse Kanülierung mit einer Zweistufenkanüle im Bereich des rechten Vorhofs
- Quere Aortotomie bzw. Längseröffnung der Aorta ascendens. Bei normal trikuspidal angelegter Aortenklappe ohne Klappenperforation oder Prolaps kann eine Rekonstruktion durchgeführt werden
- Ausschneiden beider Koronarostien mit einem schmalen Aortenwandsaum. Ausreichende Mobilisierung beider Koronararterien (◻s. Abb. 7.32a). Resektion der Aorta ascendens bis auf einen 3–5 mm breiten Saum oberhalb des Klappenringes bzw. der 3 Kommissuren. Legen von ca. 12 U-Nähten 2–0 Polyester, die direkt unterhalb der 3 Aortenklappentaschen von innen nach außen durch die Aortenwand gestochen werden (◻s. Abb. 7.32a). Ausmessen des Aortenklappenringes. Wahl einer geeigneten Aorta-ascendens-Prothese. Stechen der U-Nähte durch die Aorta-ascendens-Rohrprothese. Herunterknüpfen der Nähte. Fixation der 3 Kommissuren an entsprechender Stelle mit 4–0 Polypropylennähten sowie fortlaufende Implantation des überstehenden Aortenwandgewebes in die Dacron-Prothese mit fortlaufenden 5–0 monofilen Nähten
- Ausschneiden von 2 Löchern in die Dacron-Prothese an geeigneter Stelle mit einem batteriebetriebenen Elektrocauter und Implantation zunächst der linken, dann der rechten Kranzarterie mit 2 fortlaufenden 5–0-Nähten. Fertigung der distalen Anastomose zwischen Dacron-Prothese und Aorta ascendens mit einer fortlaufenden monofilen 3–0 oder 4–0 Polypropylennaht (◻s. Abb. 7.32b)
- Alternativ kann eine Rekonstruktion nach Yacoub durchgeführt werden (◻s. Abb. 7.32c)
- Öffnen der Aortenklemme. Wiederbeleben, Rhythmisieren und Entlüften des Herzens. Passagere Schrittmacherelektroden auf den rechten Vorhof und den rechten Ventrikel. Gegebenenfalls intraoperativ echokardiographische Kontrolle zur Beurteilung der Aortenklappenkompetenz. Abgehen von der HLM. Dekanülierung
- Protamingabe. Blutstillung. Perikard- und Retrosternaldrainage. Thoraxverschluss

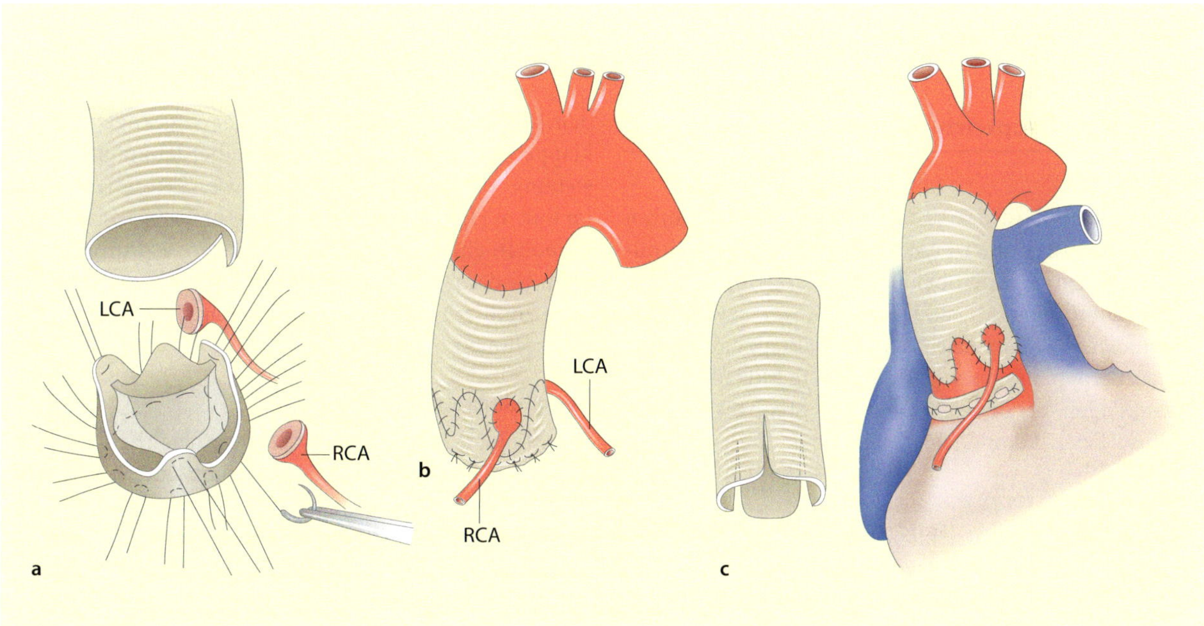

◻ Abb. 7.32a–c Aortenklappenrekonstruktion nach David. Exzision des Aneurysmas und Legen der Nähte, *LCA* = linke Koronararterie, *RCA* = rechte Koronararterie (a), fertige Rekonstruktion nach David mit reimplantierten Koronarien (b) und Rekonstruktion nach Yacoub (c)

7.7.8 Minimal-invasiver Aortenklappenersatz

Minimal-invasiver Aortenklappenersatz

- J-Förmige Ministernotomie bis in den 4. ICR rechts (s. Abb. 7.9b). Perikarderöffnung
- Anschluss an die HLM mit einer Standardaortenkanüle bzw. einer elongierten Trokarkanüle sowie einer venösen Zweistufenkanüle. Verwendung eines Spezialsperrers (s. Abb. 7.14c) mit Zusatzvalve zur Umleitung der venösen Kanüle zwecks Verbesserung der intraoperativen Sicht auf die Klappenebene (s. Abb. 7.33a,b)
- Queres Abklemmen der Aorta ascendens. Gabe von Kardioplegie über die Aortenwurzel bzw. bei Aorteninsuffizienz getrennt über beide Koronarostien. Quer- oder Längsinzision der Aorta ascendens. Klappenersatz oder -rekonstruktion
- Vor Eröffnen der Aortenklemme wird ein ventrikulärer Schrittmacherdraht an der rechten Kammer fixiert. Wiederbelebung des Herzens. Entlüftung. Rhythmisierung, ggf. über präoperativ epikardial aufgeklebte Defibrillationspatches. Abgehen von der HLM
- Dekanülierung. Protamingabe. Blutstillung. Zusätzlicher Vorhofschrittmacherdraht. Einlegen von Perikard- und Retrosternaldrainage, die lateral im Bereich des 4. ICR bzw. im Bereich des Jugulums ausgeführt werden. Thoraxverschluss

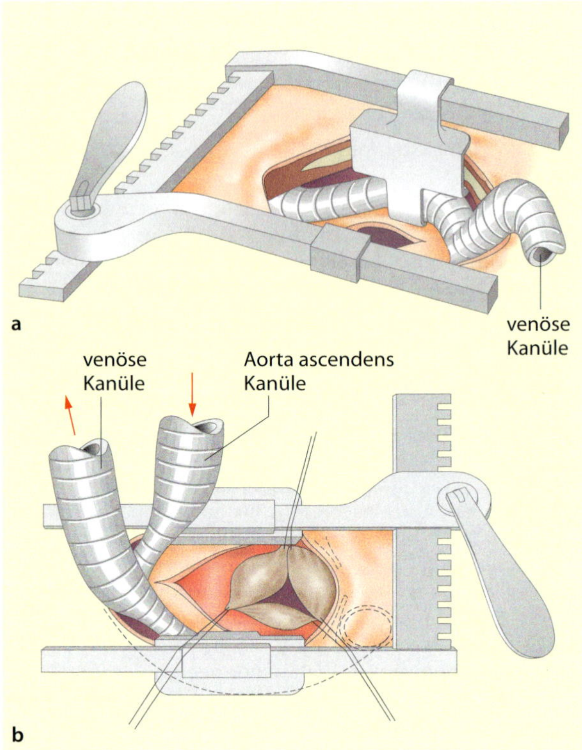

Abb. 7.33a,b Minimal-invasiver Aortenklappenersatz mit Mid-COAST-Sperrer und Zusatzvalve zur Umleitung der venösen Kanüle. Seitliche Ansicht (a) und Aufsicht (b)

7.8 Mitralklappenchirurgie

Allgemeines

Die Mitralklappe ist das Ventil zwischen linkem Vorhof und linker Herzkammer. Funktionsstörungen der Mitralklappe können bestehen bei einer unzureichenden Mitralklappenöffnung (Mitralklappenstenose) bzw. bei einem undichten Klappenschluss (Mitralklappeninsuffizienz). Außerdem gibt es sog. kombinierte Mitralklappenerkrankungen, bei denen sowohl eine Stenose- als auch eine Insuffizienzkomponente besteht.

Mitralklappenstenose

Hauptursache einer Mitralklappenstenose ist eine vorangegangene rheumatische Erkrankung. Dabei kommt es zur Fibrosierung und Schrumpfung des Klappenapparates (Segel und Sehnenfäden) und zur Verklebung der Kommissuren. Schließlich verkalkt der Klappenapparat. Die Verminderung der Klappenöffnungsfläche von normal 4,6 cm^2 auf 1 cm^2 führt bereits in Ruhe zu Beschwerden. Dabei staut sich das Blut vor der eingeengten Mitralklappe, und es kommt zur Vorhofüberdehnung mit Entstehung von Vorhofflimmern sowie Thrombenbildung im linken Herzohr. Als Komplikationen können arterielle Embolien entstehen. Bei Fortbestehen der Mitralstenose kann es dann zur Lungenstauung bis hin zum Lungenödem und zur Widerstandserhöhung im kleinen Kreislauf kommen.

Mitralklappeninsuffizienz

Die Ätiologie der Mitralklappeninsuffizienz ist überwiegend nicht rheumatischer Genese. Eine akute Mitralklappeninsuffizienz kann bei einer bakteriellen Endokarditis (Segelperforation, Sehnenfadenruptur), bei einer degenerativen Erkrankung der Mitralklappe, bei einem akuten Myokardinfarkt (Papillarmuskelabriss) und bei einem stumpfen Thoraxtrauma entstehen. Zur chronischen Mitralklappeninsuffizienz kommt es meist im Rahmen einer rheumatischen Endokarditis, bei Mitralklappenprolaps, z. B. beim Marfan-Syndrom, und auch beim ASD-II.

Bei der Mitralinsuffizienz kommt es zur Volumenbelastung der linken Herzkammer. Dies resultiert in einer Druckbelastung des linken Vorhofs, die schließlich zu Symptomen wie bei der Mitralstenose führt. Klinisches Leitsymptom bei der Mitralklappeninsuffizienz ist die Luftnot.

Operationen

Die im Folgenden genannten OP-Bedingungen gelten für alle hier beschriebenen operativen Eingriffe an den Mitralklappen.

Instrumentarium

- Grundinstrumentarium zur Thoraxeröffnung
- Sternumsperrer (s. Abb. 7.35).
- Thoraxsperrer (s. Abb. 7.14).
- Elektrische oder druckluftbetriebene Sternumsäge.
- Diathermie oder Ultraschallskalpell.
- Sauger.
- Gefäßstandardinstrumentarium.
- Diverse Gefäßklemmen, Fogarty-Klemme, Chitwood-Klemme (s. Abb. 7.34).
- Clipzange Luer (Hohlmeißelzange), Rongeur.
- Lange Venen-oder Nervenhäkchen.
- Thoraxdrainage.
- Haltebänder, Gummizügel.
- Ein etwas kräftigeres Gummirohr als Tourniquet zur Fixierung der HLM-Kanülen.
- Schocklöffel, Schrittmacherdrähte.
- Mitralringsizer/Mitralklappensizer.

Nahtmaterial

- Doppelt-armiertes nichtresorbierbares monofiles Gefäßnahtmaterial aus Polypropylen.

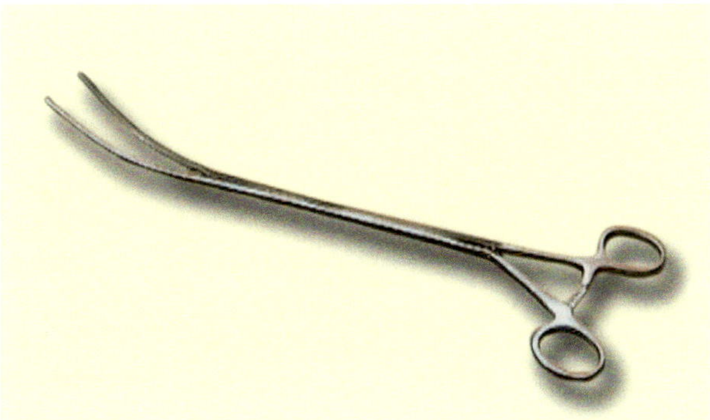

Abb. 7.34 Chitwood-Klemme. (Fa. Cardiomedical)

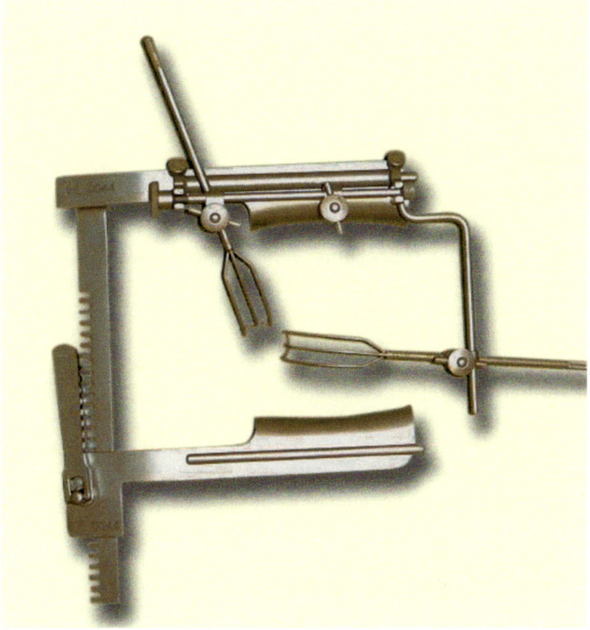

Abb. 7.35 Cosgrove-Sperrer. (Fa. St. Jude)

- Resorbierbares geflochtenes Nahtmaterial.
- Doppelt-armiertes nichtresorbierbares geflochtenes beschichtetes Nahtmaterial (grün/weiß Polyester), ggf. mit Teflonpatch für Klappenersatz.
- Drahtnaht, Sternumband und Sternumspanner.

Implantate

- Annuloplastieringe (s. Abb. 7.28g).
- Biologische oder mechanische Mitralklappen (s. Abb. 7.28a–c, f).

Lagerung

- Rückenlagerung.
- Beide Arme angelagert (unter den Ellenbogen polstern).
- Polsterrolle unter beide Knie.
- Anlegen der Neutralelektrode unter dem linken Schulterblatt.

Abdeckung

Hauseigen.

Rasur

- Oberkörper und beide Leistenregionen.

7.8.1 Kommissurotomie

Kommissurotomie

► Mediane Sternotomie. Alternativ: rechtsanteriore Thorakotomie (minimal-invasiv). Perikarderöffnung. Heparingabe

► Anschluss an die HLM über eine Aorta-ascendens-Kanüle sowie eine venöse Zweistufenkanüle. Alternativ getrennte Kanülierung beider Hohlvenen mit Anschlingen durch Tourniquets. Legen eines Aortenwurzelkatheters. Gegebenenfalls femorofemoraler Bypass nach Leistenfreilegung (s. Abb. 7.3f) bei minimal-invasivem Zugang

► Beginn der EKZ. Queres Abklemmen der Aorta ascendens ggf. mit Chitwood-Klemme und Gabe von Kardioplegie in den Aortenwurzelkatheter

► Öffnen des linken Vorhofs ventral der rechten Lungenvenen. Exposition mit einem Spezialsperrer (s. Abb. 7.35). Klappeninspektion mit Nervenhäkchen (s. Abb. 7.36). Scharfes Durchtrennen der verklebten Kommissuren mit einem Skalpell (s. Abb. 7.37). Gegebenenfalls Längsinzision von verklebten Sehnenfäden bzw. bei verkürzten Sehnenfäden Spaltung des Papillarmuskels). Vorhofverschluss mit fortlaufender 3–0 monofilen Polypropylennaht

► Öffnen der Aortenklemme. Wiederbelebung, Entlüftung und Rhythmisierung des Herzens. Schrittmacherelektroden auf den rechten Vorhof und die rechte Kammer. Abgehen von der HLM

► Dekanülierung. Protamingabe. Blutstillung. Perikard- und Retrosternaldrainage. Thoraxverschluss

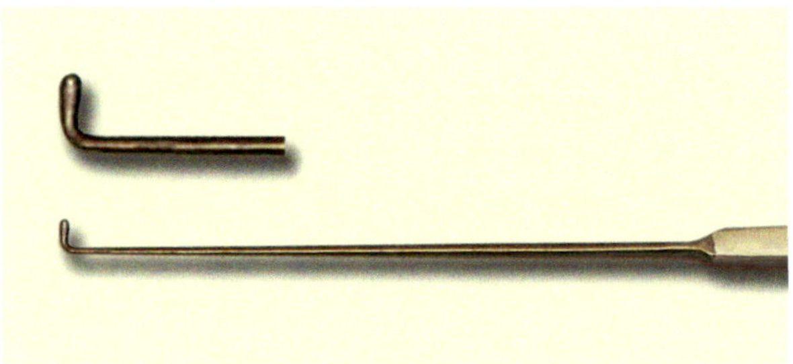

Abb. 7.36 Nervenhäkchen. (Fa. Aesculap)

7.8.2 Mitralklappenrekonstruktion

Mitralklappenrekonstruktion

► Mediane Sternotomie oder rechtsanteriore Thorakotomie (minimal-invasiv). Perikarderöffnung. Heparingabe

► Anschluss an die HLM über eine Aorta-ascendens-Kanüle oder eine elongierte Trokarkanüle bei anteriorer Thorakotomie. Venöse Zweistufenkanüle, getrennte Kanülierung beider Hohlvenen, oder langer venöser Kanüle über die Vena femoralis. Einlegen eines Aortenwurzelkatheters

► Beginn der EKZ. Queres Abklemmen der Aorta. Gabe von Kardioplegie über die Aortenwurzel

► Öffnen des linken Vorhofs ventral der rechten Lungenvenen. Exposition der Mitralklappe (s. Abb. 7.38). Klappeninspektion mit Hilfe von Nervenhäkchen. Bei einem Sehnenfadenabriss im Bereich des mittleren Anteils des hinteren Mitralklappensegels (typische Lokalisation) ist das Klappensegel an seinem freien Rand nicht mehr durch einen Sehnenfaden gehalten und prolabiert in der Systole in den Vorhof; hierdurch kommt es in diesem Bereich zu einer Undichtigkeit der Mitralklappe. Zu einem Mitralklappenabriss im hinteren Segel kommt es typischer Weise nach vorangegangener Erweiterung des hinteren Mitralklappenringes (sog. Ringdilatation; s. Abb. 7.39a). Bei der nachfolgenden Mitralklappenrekonstruktion werden zunächst die beiden intakten Sehnenfäden erster Ordnung im Bereich des hinteren Mitralklappensegels mit Hilfe von elastischen Gummizügeln angeschlungen. Anschließend wird

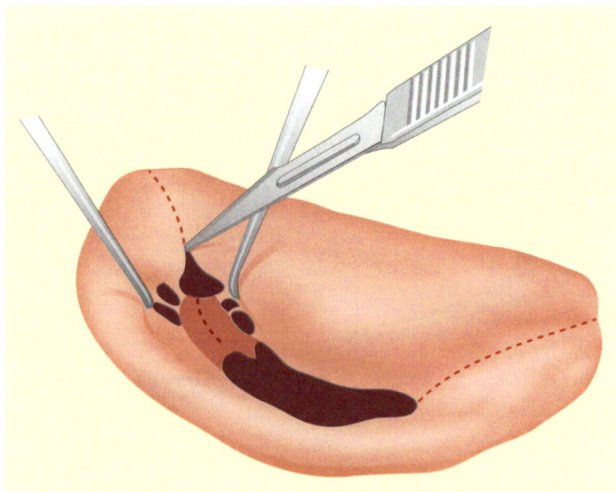

Abb. 7.37 Mitralklappenkommissurotomie mit Spaltung der verbackenen Sehnenfäden sowie des Papillarmuskels

der Anteil des Segels, in dem der Sehnenfaden gerissen ist, reseziert (quadranguläre Resektion) und beide Klappenhälften mit einer fortlaufenden 5–0 Polypropylennaht verschlossen (s. Abb. 7.39b). Implantation eines Carpentier- bzw. Duranringes mit 2–0 Einzel-U-Polyester-Nähten, die im Klappenringbereich und anschließend durch den Annuloplastiering gestochen werden. Herunterknüpfen des Annuloplastieringes (s. Abb. 7.39b). Überprüfung der Klappendichtigkeit durch Injizieren von Kochsalzlösung über die Mitralklappe in den linken Ventrikel

- Bei Fortbestehen eines Prolaps einzelner Klappenanteile kann dieser durch 4–0 Goretex-Nähte, die zum einen am Papillarmuskel, zum anderen am freien Klappenrand fixiert werden, beseitigt werden. Vorhofverschluss mit fortlaufender 3–0 monofiler Polypropylennaht
- Öffnen der Aortenklemme. Wiederbeleben, Rhythmisieren und Entlüften des Herzens. Aufnähen von Schrittmacherelektroden auf den rechten Vorhof und den rechten Ventrikel. Abgehen von der HLM
- Dekanülierung. Protamingabe. Blutstillung. Retrosternal- und Perikarddrainage. Thoraxverschluss

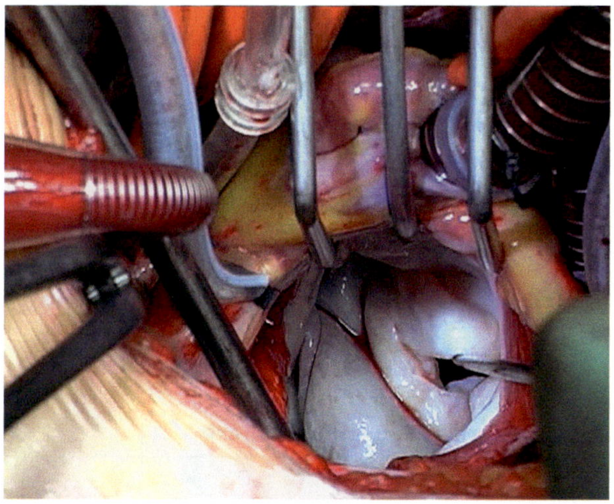

Abb. 7.38 Mitralklappenexposition über eine rechtsanteriore Thorakotomie. Mit freundlicher Genehmigung des Albertinen-Krankenhauses Hamburg und RIESSmedien

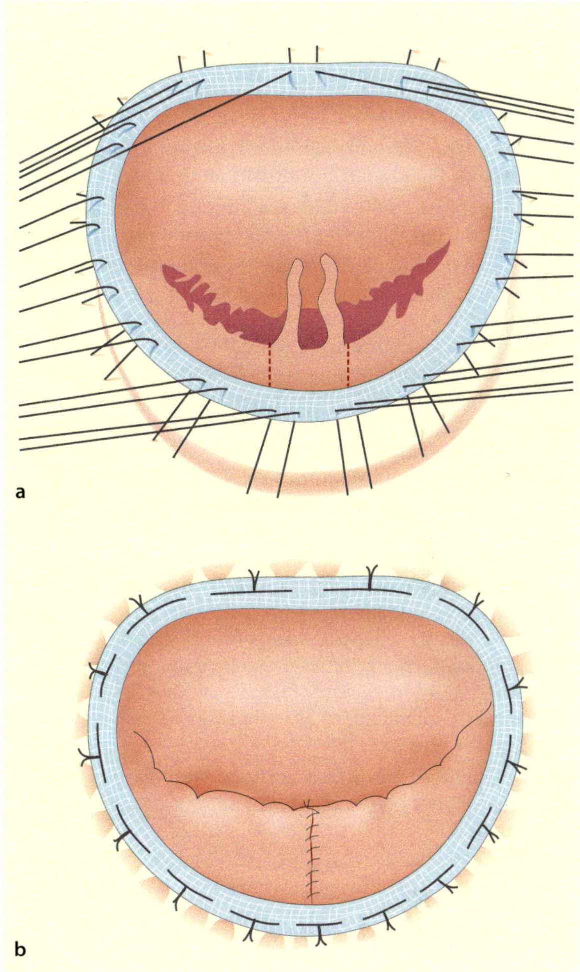

Abb. 7.39a, b Mitralklappenrekonstruktion bei Ringdilatation und Sehnenfadenabriss am posterioren Segel (a). Rekonstruktionsergebnis mit Annuloplastie und quadrangulärer Resektion am posterioren Segel (b)

7.8.3 Mitralklappenersatz

Mitralklappenersatz

- Mediane Sternotomie oder rechtsanteriore Thorakotomie. Perikarderöffnung. Heparingabe
- Anschluss an die HLM und Zugang in den linken Vorhof wie bei Mitralklappenrekonstruktion
- Resektion der nichtrekonstruierbaren, defekten Mitralklappe. Gegebenenfalls Entfernung von Ringverkalkungen mit Luer oder Rongeur. Ausmessen des Klappenringdurchmessers. Einnähen der Herzklappenprothese mit filzarmierten U-Nähten in supravalvulärer Technik (Filznähte unter dem Klappenring) oder in evertierender Nahttechnik (Filznähte vorhofseitig). Alternativ können auch Einzelnähte, Einzel-U-Nähte oder eine fortlaufende monofile Naht verwendet werden. Bei Implantation einer biologischen in Glutaraldehyd fixierten Klappe ist in der Regel eine Spülung von 3-mal 3 min in isotoner Kochsalzlösung erforderlich, die während des Legens der Einzelnähte im Klappenring durchgeführt werden kann. Herunterknüpfen der Klappe. Überprüfung der einwandfreien Klappenfunktion von mechanischen Klappenprothesen. Hierbei wird insbesondere kontrolliert, dass nicht subvalvuläre Filznähte mit dem Klappenspiel interferieren
- Verschluss des linken Vorhofs. Abgehen von der HLM und Thoraxverschluss wie bei Mitralklappenrekonstruktion

7.9 Trikuspidalklappenchirurgie

Allgemeines

Isolierte Trikuspidalklappenfehler sind äußerst selten. Bei Drogenabusus kann es zu Trikuspidalklappenendokarditiden kommen. Trikuspidalklappeninsuffizienzen werden dagegen häufiger in Kombination mit Aorten- und Mitralklappenfehlern gesehen. Wie auch bei der Mitralklappenchirurgie gelten alle operationstechnischen Bemühungen dem Klappenerhalt, da die Komplikationsrate sehr viel geringer ist als beim mechanischen oder biologischen Klappenersatz.

Operationen

Die OP-Bedingungen, Instrumentarium, Lagerung und Abdeckung entsprechen den operativen Eingriffen an der Mitralklappe (zusätzlich ◘ s. Annuloplastiering und Abb. 7.28h).

7.9.1 Trikuspidalklappenrekonstruktion

Trikuspidalklappenrekonstruktion

- Mediane Sternotomie. Alternativ: rechtsanteriore Thorakotomie (minimal-invasiv). Perikarderöffnung. Heparingabe
- Anschluss an die HLM mit einer Aorta-ascendens-Kanüle sowie getrennter Kanülierung beider Hohlvenen mit Abdichtung durch 2 Tourniquets, die um die obere bzw. untere Hohlvene gelegt weden. Einlegen eines Aortenwurzelkatheters in die Aorta ascendens. Beginn der EKZ
- Eröffnen des rechten Vorhofs am schlagenden Herzen bzw. bei künstlich induziertem Kammerflimmern. Bei einer reinen Ringdilatation Durchführen einer Annuloplastie, bei der wie auch bei der Mitralklappenrekonstruktion Einzel-U-Nähte im Bereich des Klappenringes gestochen werden. Auswahl eines geeigneten Annuloplastieringes (◘ s. Abb. 7.28g, h), der im Bereich des sog. Koch-Dreiecks (Reizleitungssystem) geöffnet ist, um Verletzungen der elektrischen Überleitung durch Nähte zu vermeiden. Stechen der Nähte durch den Annuloplastiering und Herunterknüpfen (◘ s. Abb. 7.40). Überprüfen der Klappenkompetenz durch Einspritzen von Kochsalzlösung über die Trikuspidalklappe in den rechten Ventrikel. Bei isolierter Endokarditis können die Klappentaschen z. T. durch mit Glutaraldehyd-fixierte Perikardpatches, die mit fortlaufenden 6–0 monofilen Nähten implantiert werden, rekonstruiert werden. Auch ist es möglich eines der 3 Klappensegel zu entfernen und durch Anlegen einer Plikatur im Ringbereich des resezierten Segels eine funktionell bikuspidale Klappe herzustellen
- Verschluss des rechten Vorhofs. Abgehen von der HLM und Thoraxverschluss wie bei Mitralklappenrekonstruktion

7.9.2 Trikuspidalklappenersatz mit mechanischer oder biologischer Prothese

Trikuspidalklappenersatz mit mechanischer oder biologischer Prothese

- Vorgehen wie bei Trikuspidalklappenrekonstruktion, jedoch Klappenersatz mit mechanischer oder biologischer Prothese. Gegebenenfalls Implantation mit fortlaufender Polypropylennaht, die in der Nähe des Koch-Dreiecks (Reizleitungssystems) ausschließlich im fibrösen Klappenansatz gestochen werden, um Überleitungsstörungen (AV-Blockierungen) zu vermeiden.

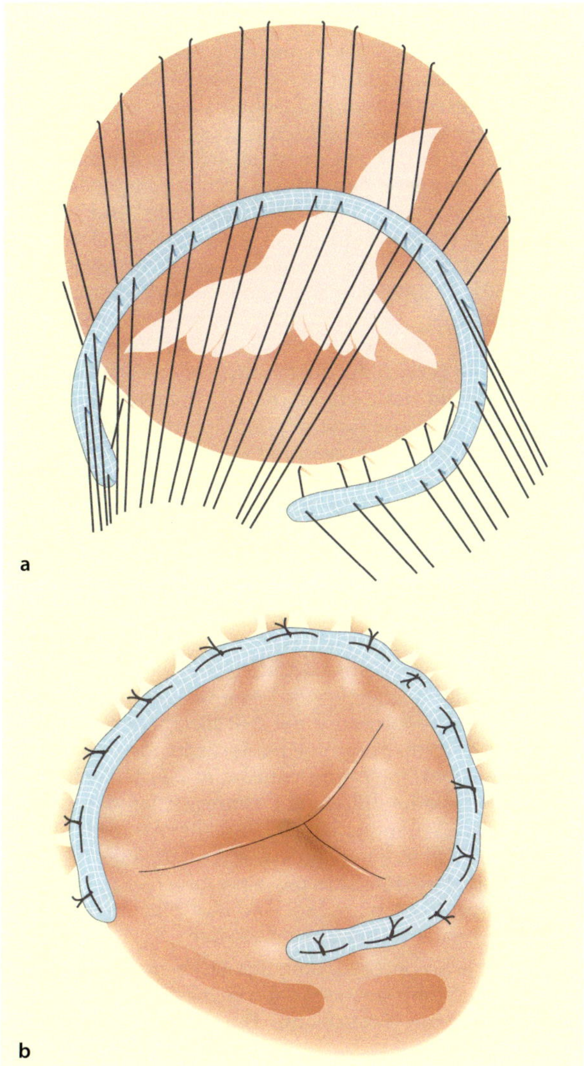
a

b

Abb. 7.40a, b Trikuspidalklappenannuloplastie mit Ringimplantation. Legen von Klappennähten in den dilatierten Trikuspidalklappenring (a). Fertige Annuloplastie nach Herunterknüpfen des Ringes (b)

7.10 Aortenaneurysmachirurgie

Allgemeines

Bei einer krankhaften Erweiterung der Aorta sprechen wir von einem Aortenaneurysma. Dabei können die aufsteigende Aorta (Aorta ascendens), der Bogen und die absteigende Aorta (Aorta descendens) betroffen sein. Bei einem Überschreiten des Aortendurchmessers auf mehr als 6 cm ist die Indikation zur bald möglichen Operation gegeben. Ist es durch die Erweiterung der Hauptschlagader mit nachfolgender Erhöhung der Wandspannung zum Einriss der Gefäßinnenhaut (Intima) gekommen, kann sich eine Blutung zwischen den verschiedenen Schichten der Aortenwand von der Aorta ascendens über den Bogen bis in die Aorta descendens entwickeln. Dabei bezeichnet man den Einriss, der in den meisten Fällen in der Aorta ascendens liegt (Stanford-A-Aneurysma), als »entry« (s. Abb. 7.41). Gibt es im weiteren Verlauf einen weiteren Einriss, der meist im Bereich der Aorta descendens bzw. der Bauchaorta liegt, bezeichnet man dieses als »reentry«. Die Zerreißung der Aortenwand bezeichnet man auch als dissezierendes Aortenaneurysma. Bei einem dissezierenden Aortenaneurysma der Aorta ascendens bzw. des Bogens besteht immer eine absolute notfallmäßige OP-Indikation, da bei Zuwarten pro Stunde 2% der Patienten versterben. Bei einem dissezierenden Aortenaneurysma im Bereich der Aorta descendens (Stanford B) besteht eine OP-Indikation nur bei sekundären Komplikationen wie Perforation mit Blutung in die Pleurahöhlen oder Durchblutungsstörungen im Bereich der abdominellen Organe wie Niere, Leber und Darm durch Verlegung der versorgenden Arterien durch die Dissektion. Bei einem dissezierenden Aorta-descendens-Aneurysma ohne diese Komplikationen wird konservatives Vorgehen (antihypertensive Therapie) empfohlen oder ein endoluminales Stenting.

Operationen

Die im Folgenden genannten OP-Bedingungen gelten für alle hier beschriebenen Aneurysmaoperationen.

Instrumentarium

- Grundinstrumentarium zur Thoraxeröffnung.
- Sternumsperrer (s. Abb. 7.35).
- Elektrische oder druckluftbetriebene Sternumsäge.
- Diathermie oder Ultraschallskalpell.
- Sauger.
- Gefäßstandardinstrumentarium.
- Diverse Gefäßklemmen, wie Satinsky-, Fogarty-Klemme, Chitwood-Klemme.
- Clipzange.
- Thoraxdrainage.
- Haltebänder, Gummizügel.
- Ein etwas kräftigeres Gummirohr als Tourniquet zur Fixierung der HLM-Kanülen.
- Schocklöffel, Schrittmacherdrähte.

Nahtmaterial

- Doppelt-armiertes nichtresorbierbares monofiles Gefäßnahtmaterial aus Polypropylen.
- Resorbierbares geflochtenes Nahtmaterial.
- Drahtnaht, Sternumband und Sternumspanner.
- Chirurgischer Gewebekleber.

Implantate

- Primär dichte Prothesen (s. 4.3).
- Filzstreifen (Polytetrafluorethylen, PTFE) als Nahtwiderlager.

Lagerung

- Rückenlagerung oder rechte Seitenlagerung (Aorta-descendens-Aneurysma).
- Beide Arme angelagert (unter den Ellenbogen polstern).
- Polsterrolle unter beide Knie.
- Anlegen der Neutralelektrode unter dem linken Schulterblatt.

Abdeckung

Hauseigen.

Rasur

- Brustkorb und beide Leistenregionen.

7.10.1 Aorta-ascendens-Ersatz

Aorta-ascendens-Ersatz

► Mediane Sternotomie. Perikarderöffnung. Heparingabe

► Anschluss an die HLM über die Aorta ascendens, A. subclavia oder eine A.-femoralis-Kanüle. Venöse Zweistufenkanüle. Beginn der EKZ mit ggf. Hypothermie bis 20°C (s. 7.3)

► Queres Abklemmen der Aorta ascendens. Queres oder längsförmiges Eröffnen der Aorta ascendens. Kardioplegiegabe über beide Koronarostien. Inspektion der Aortenklappe sowie der Aorta ascendens. Je nach lokalem Befund entscheidet sich das operative Vorgehen. Meist ist ein so genanntes Entry (Einriss der Aorteninnenhaut) in der Aorta ascendens zu finden (s. Abb. 7.41a). Häufig sind durch Voranschreiten der Dissektion in Richtung Aortenklappe eine Hämatombildung in der Wand und eine Ablösung der Aortenklappenkommissuren vorhanden, die die Aortenklappe insuffizient werden lassen. Wenn möglich sollten durch Anwendung moderner Gewebekleber die Gewebeschichten der Aorta ascendens nach Entfernung des Hämatoms wieder vereinigt werden. Dadurch lässt sich die Aortenklappe erhalten. In diesem Fall wird kurz oberhalb der Koronararterien die Aorta ascendens quer durchtrennt und eine Gefäßprothese geeigneten Durchmessers mit einer fortlaufenden, gegebenenfalls filzarmierten Naht anastomosiert (s. Abb. 7.41b). Anschließend wird bei tiefer Hypothermie (20°C) und totalem Kreislaufstillstand die Aorta ascendens distal des Entrys durchtrennt und mit Hilfe von Gewebeklebern der Aortenbogen rekonstruiert. Während des Kreislaufstillstands retrograde Kopfperfusion über eine Kanüle im Bereich der oberen Hohlvene (400 ml/min) zur Kühlung des Gehirns und zur späteren Entlüftung. Anastomosierung der Gefäßprothese mit dem Beginn des Aortenbogens mit fortlaufender 3–0 monofiler Polypropylennaht. Einlegen einer Aortenkanüle in die Aszendensprothese mit einer 3–0 monofilen Tabakbeutelnaht mit Tourniquet und Beginn der antegraden EKZ

► Ist die Aortenklappe aufgrund von Taschenveränderungen, z.B. Verkalkungen oder Endokarditis, zerstört, so wird ein Aortenwurzelersatz mit Reimplantation der Koronararterien (Bentall-Operation) durchgeführt. Dabei wird eine klappentragende Dacron-Aortenprothese mit 2–0 filzarmierten Polyester-U-Nähten bzw. mit einer fortlaufenden Naht in den Aortenklappenring implantiert. Anschließend werden beide mobilisierten Koronarostien mit fortlaufenden 5–0 monofilen Polypropylennähten in die Dacron-Prothese implantiert. Alternativ kann auch ein Aortenwurzelersatz mit einer heterologen Aortenwurzel (s. Abb. 7.28d) und Reimplantation beider Koronarien durchgeführt werden

► Reperfusion, Entlüftung und Rhythmisierung des Herzens. Schrittmacherdrähte. Beendigung der EKZ. Protamingabe. Blutstillung. Drainagen, Thoraxverschluss

7.10.2 Aortenbogenersatz

Aortenbogenersatz

► Chirurgischer Zugang und Anschluss an die HLM wie oben beschrieben

► Endet das Aortenaneurysma nicht im Bereich der Aorta ascendens, sondern betrifft den Aortenbogen oder es sind weitere Intimazerreißungen im Aortenbogen vorhanden, muss ein Aortenbogenersatz in tiefer Hypothermie und bei Kreislaufstillstand durchgeführt werden (s. Abb. 7.42a). Nach Aortenklappenrekonstruktion bzw. Aorta-ascendens-Ersatz mit Reimplantation der Koronarien (Bentall-Operation) wird in tiefer Hypothermie und bei Kreislauf-

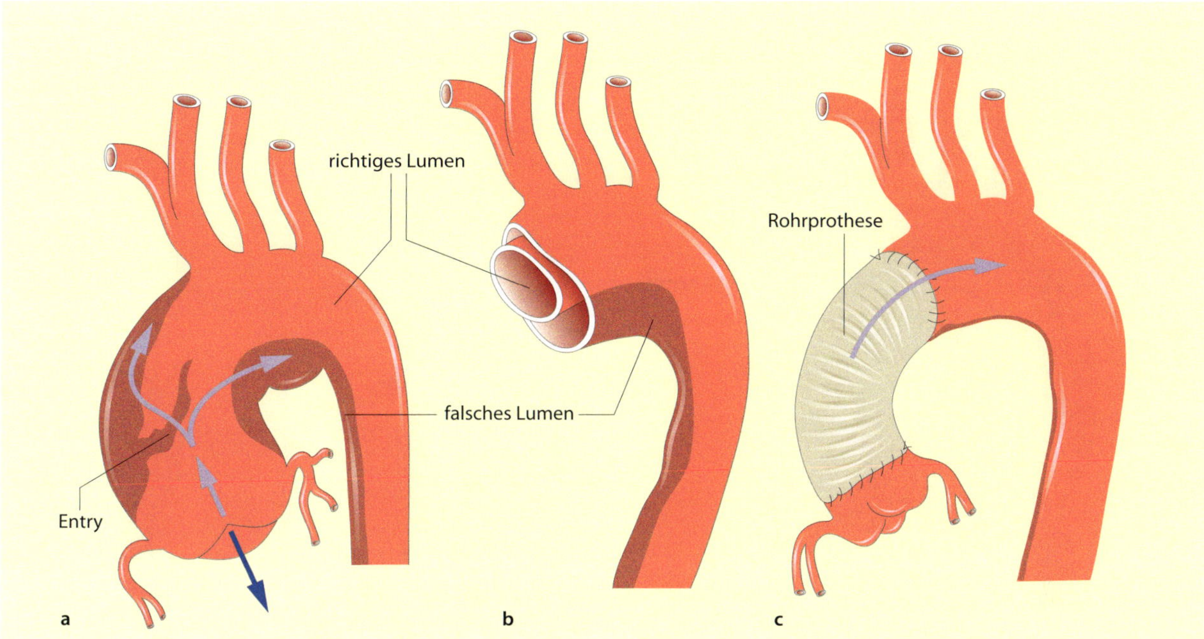

Abb. 7.41a–c Suprakoronarer Aorta-ascendens-Ersatz durch Rohrprothese. Dissezierendes Aortenaneurysma mit Entry in der Aorta ascendens (a), nach Resektion der Aorta ascendens (b) und nach suprakoronarem Aorta-ascendens-Ersatz (c)

stillstand der kranke Aortenbogen reseziert. Die 3 suprakoronaren Äste (Truncus brachiocephalicus, A. carotis dextra und A. carotis sinistra) werden meist mit einer gemeinsamen Gefäßmanschette exzidiert. Klebung der Aorta descendens sowie gegebenenfalls Einbringen von 2 Filzstreifen außerhalb und innerhalb der Gefäßwand, die durch eine meandrierende 4–0 Prolenenaht fixiert werden. Anschließend Naht zwischen einer Dacron-Prothese geeigneter Größe und der Aorta ascendens mit einer fortlaufenden 4–0 bzw. 3–0 monofilen Polypropylennaht. Längseröffnung der Dacron-Prothese und Einnähen des Truncus brachiocephalicus, der linken A. carotis und A. subclavia über eine gemeinsame Gefäßmanschette mit Hilfe einer filzarmierten 4–0 monofilen Polypropylennaht (s. Abb. 7.42b). Während der gesamten Zeit retrograde Kopfperfusion über eine Kanüle (s. Abb. 7.3e), die in der oberen Hohlvene liegt (400 ml kaltes Blut aus der HLM pro Minute). Beginn der EKZ ggf. über eine Kanüle, die in die Aortenprothese eingelegt wird. Entlüftung des Aortenbogens sowie Setzen einer Aortenklemme auf die Dacron-Prothese proximal der suprakraniellen Abgänge. Naht der beiden Gefäßprothesen mit einer fortlaufenden 3–0 monofilen Polypropylennaht

- ► Öffnen der Aortenklemme. Wiederbeleben des Herzens. Reperfusion. Entlüftung. Wiedererwärmung. Schrittmacherelektroden. Abgehen von der HLM
- ► Dekanülierung. Protamingabe. Blutstillung. Perikard- und Retrosternaldrainage. Ggf. Wundverschluss der Leiste mit einer Redon-Drainage. Thoraxverschluss

7.10.3 Aorta-descendens-Ersatz

Aorta-descendens-Ersatz

- ► Linkslaterale/anterolaterale Thorakotomie 4. ICR. Präparation des Aorta-descendens-Aneurysmas
- ► Femorofemoraler Bypass. Die untere Körperhälfte wird über Kanülen in A. femoralis und V. femoralis perfundiert (s. Abb. 7.43a). Hierdurch kann das Risiko von Rückenmarksschädigung (Querschnitt) vermindert werden. Abklemmen der Aorta descendens proximal und distal des Aneurysmas. Eröffnen des Aneurysmas und gegebenenfalls Übernähung von retrograd blutenden Interkostalarterien bzw. Exzision zur späteren Reimplantation in die Prothese. Einnähen einer Dacron-Prothese entsprechender Größe durch 2 fortlaufende ggf. filzarmierte 4–0 oder 3–0 monofilen Polypropylennähte (s. Abb. 7.43b). Entfernung der Aortenklemmen. Beendigung der EKZ
- ► Dekanülierung. Protamingabe. Blutstillung. Einlegen einer Thoraxdrainage sowie einer Redon-Drainage in die Leiste. Schichtweiser Wundverschluss

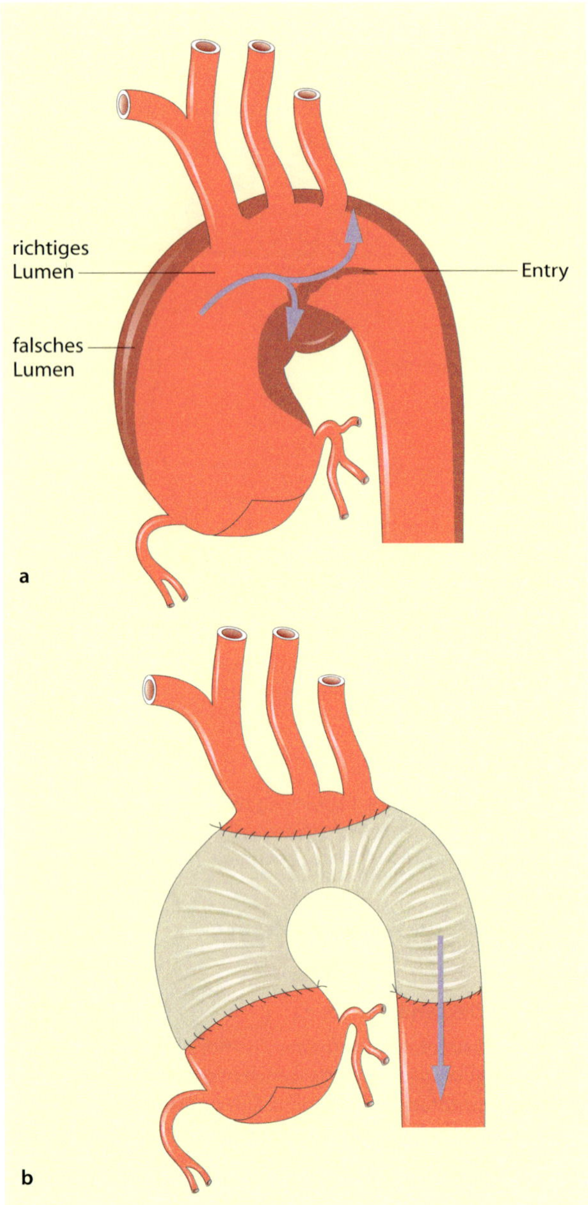

▪ Abb. 7.42a, b Dissezierendes Aortenbogenaneurysma (a) und nach Aortenbogenersatz durch eine Rohrprothese mit Reimplantation der supraaortalen Äste (b)

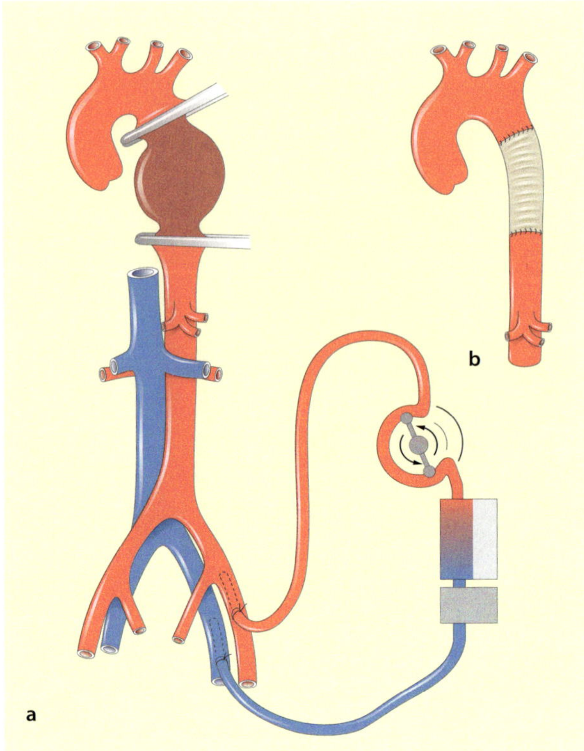

▪ Abb. 7.43a, b Aorta-descendens-Ersatz mit femorofemoralem Bypass und Aortenabklemmung proximal und distal des Aneurysmas (a). Resektion und Ersatz durch Rohrprothesen-Interponat (b)

7.11 Chirurgie kongenitaler Herzfehler

7.11.1 Vorhofseptumdefekt

Allgemeines

Der Vorhofseptumdefekt ist die häufigste angeborene Herzfehlbildung. Es besteht ein Defekt in der Vorhofscheidewand, der meist im Bereich des ehemaligen Foramen ovale gelegen ist. Je nach Lokalisation wird zwischen dem Ostium-secundum-Defekt (Atriumseptumdefekt II, ASD II), dem Ostium-primum-Defekt (ASD I), einem offenen Foramen ovale und einem Sinus-venosus-Defekt (▪ s. Abb. 7.44) unterschieden. Allen Septumdefekten ist gemeinsam, dass zunächst ein Links-Rechts-Shunt besteht, der eine Volumenüberlastung des rechten Herzens, der Lungenstrombahn und des linken Vorhofs verursacht. Meist sind die Patienten anfangs symptomlos. Bei großen Vorhofseptumdefekten mit entsprechend großem Shuntvolumen kann es zu einem Leistungsabfall, zu gehäuften Bronchitiden, zu Luftnot und zu Vorhof-

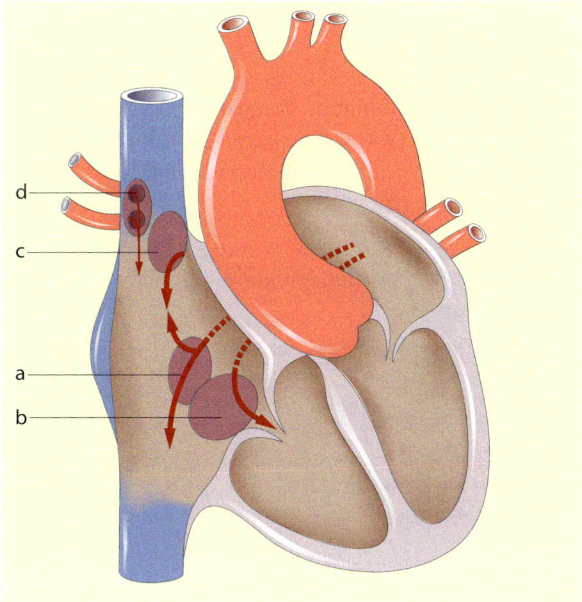

Abb. 7.44 Unterschiedliche Lokalisationen von Atrium-Septum-Defekten mit Links-Rechts-Shunt (➡). Ostium-secundum-Defekt (ASD II; a), Ostium-primum-Defekt (ASD I; b), Sinus-venosus-Defekt (c), partiell fehleinmündende Lungenvenen (d)

rhythmusstörungen kommen. Ferner besteht bei Patienten mit ASD das Risiko einer Endokarditis. Ohne Operation kann im Laufe des Lebens eine reaktive Widerstandserhöhung im Lungenkreislauf entstehen und daraus eine sog. Shuntumkehr (sog. Eisenmenger-Reaktion) resultieren. Nach dem 40sten Lebensjahr liegt das Risiko für eine Eisenmenger-Reaktion bei 40%. Nach Shuntumkehr sind die Patienten für einen ASD-Verschluss inoperabel und nur eine Herz-Lungen-Transplantation kann helfen. Die OP-Indikation besteht bei einem ASD II mit einem Links-Rechts-Shunt von mehr als 30%, der nicht durch interventionelle Techniken (»Schirmchen-Verschluss) behandelt werden kann.

Operation

Instrumentarium

- Grundinstrumentarium zur Thoraxeröffnung.
- Sternumretraktor/Thoraxsperrer.
- Elektrische oder druckluftbetriebene Sternumsäge.
- Diathermie oder Ultraschallskalpell.
- Sauger.
- Gefäßstandardinstrumentarium.
- Diverse Gefäßklemmen, Fogarty-Klemme, Chitwood-Klemme.
- Clipzange.
- Thoraxdrainage.
- Haltebänder.
- Ein etwas kräftigeres Gummirohr als Tourniquet zur Fixierung der HLM-Kanülen.
- Schocklöffel, Schrittmacherdrähte.

Nahtmaterial

- Doppelt-armiertes nichtresorbierbares monofiles Gefäßnahtmaterial aus Polypropylen.
- Resorbierbares geflochtenes Nahtmaterial.
- Doppelt-armierte nichtresorbierbare Gore-Tex-Naht.
- PDS-Nähre (Drahtnähte).

Implantate

- Kunststoff-Patches (z.B. Gore-Tex Cardiovascular Patch; expandiertes Polytetrafluorethylen).

Lagerung

- Rückenlagerung.
- Beide Arme angelagert (unter den Ellenbogen polstern).
- Polsterrolle unter beide Knie.
- Anlegen der Neutralelektrode unter dem linken Schulterblatt.

Abdeckung

Hauseigen.

Rasur

Oberkörper und beide Leistenregionen.

Vorhofseptumdefekt (ASD II)-Verschluss

► Rechtsanteriore Thorakotomie (4. ICR) oder mediane Sternotomie. Perikarderöffnung. Heparingabe

► Anschluss an die HLM über eine Aorta-ascendens-Kanüle und separate Kanülierung beider Hohlvenen mit jeweils einem Tourniquet

► Beginn der EKZ. Queres Abklemmen der Aorta ascendens bei rechtsanteriorem Zugang mit der Chitwood-Klemme und Gabe von Kardioplegie über die Aortenwurzel. Gegebenenfalls keine Aortenabklemmung und künstlich induziertes Kammerflimmern über entsprechende Elektroden

► Eröffnung des rechten Vorhofs. Direktverschluss des ASD durch fortlaufende Naht (s. Abb. 7.45) oder mit Hilfe eines Kunststoffflickens (Patchverschluss; s. Abb. 7.46), der meist fortlaufend eingenäht wird. Verschluss des rechten Vorhofs. Entfernung der Aortenklemme. Wiederbelebung des Herzens,

Entlüftung, Rhythmisierung. Schrittmacherelektroden auf den rechten Vorhof und die rechte Kammer. Beendigung der EKZ

- ▶ Dekanülierung. Protamin. Blutstillung. Drainagen. Thoraxdrainagen

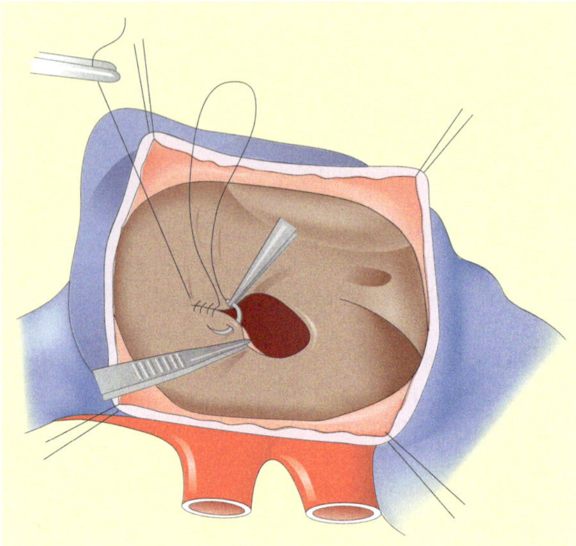

Abb. 7.45 ASD-II-Direktverschluss

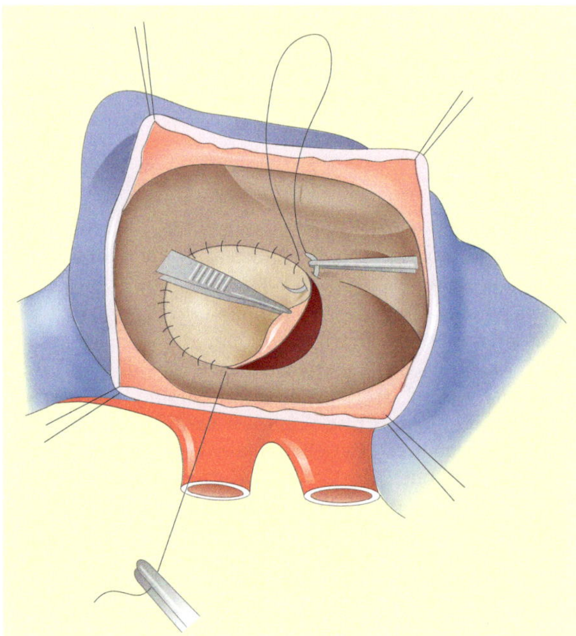

Abb. 7.46 ASD-II-Patchverschluss

7.11.2 Partiell fehleinmündende Lungenvenen

Allgemeines

Typisch ist die Kombination von partiell fehleinmündenden Lungenvenen (s. Abb. 7.44) mit einem ASD II (25%).

Instrumentarium, Nahtmaterial, Lagerung, Abdeckung und Rasur (s. 7.11.1).

Operation von partiell fehleinmündenden Lungenvenen

- ▶ Anschluss an die HLM wie beim ASD II (s. 7.11.1). Die fehleinmündenden Lungenvenen werden mit einer Patch-Tunnelungsplastik über den ASD in den linken Vorhof drainiert (s. Abb. 7.47a–c)
- ▶ Ist kein ASD vorhanden, wird im Bereich der Fossa ovalis ein Vorhofseptumdefekt in entsprechender Größe angelegt.

7.11.3 Ventrikelseptumdefekt

Allgemeines

Der Ventrikelseptumdefekt (VSD) ist ein relativ häufiger angeborener Defekt im Bereich der Herzscheidewand zwischen rechter und linker Kammer. Es treten 25% aller VSD isoliert auf sowie weitere 25% in Kombination mit anderen kardiovaskulären Fehlbildungen; 25% der kleineren VSD verschließen sich innerhalb der ersten 3 Lebensjahre spontan. Es besteht ein Links-Rechts-Shunt und dadurch eine Erhöhung der Druckwerte im kleinen Kreislauf. Bei ca. 25% der Patienten besteht das Risiko einer sog. Shuntumkehr (Eisenmenger-Reaktion). Eine OP-Indikation besteht bei einem Shuntvolumen von mehr als 40% oder/und einer shuntbedingten Druckerhöhung im kleinen Kreislauf mit der Gefahr der Entwicklung einer Eisenmenger-Reaktion. Je nach Lokalisation unterscheidet man einen hochsitzenden, einen perimembranösen und einen muskulären VSD (s. Abb. 7.48).

Operation

■■■ Instrumentarium

- Grundinstrumentarium zur Thoraxeröffnung.
- Sternumretraktor/Thoraxsperrer.
- Elektrische oder druckluftbetriebene Sternumsäge.
- Diathermie, Ultraschallskalpell.
- Sauger.
- Gefäßstandardinstrumentarium.
- Diverse Gefäßklemmen, Fogarty-Klemme.
- Chitwood-Klemme.

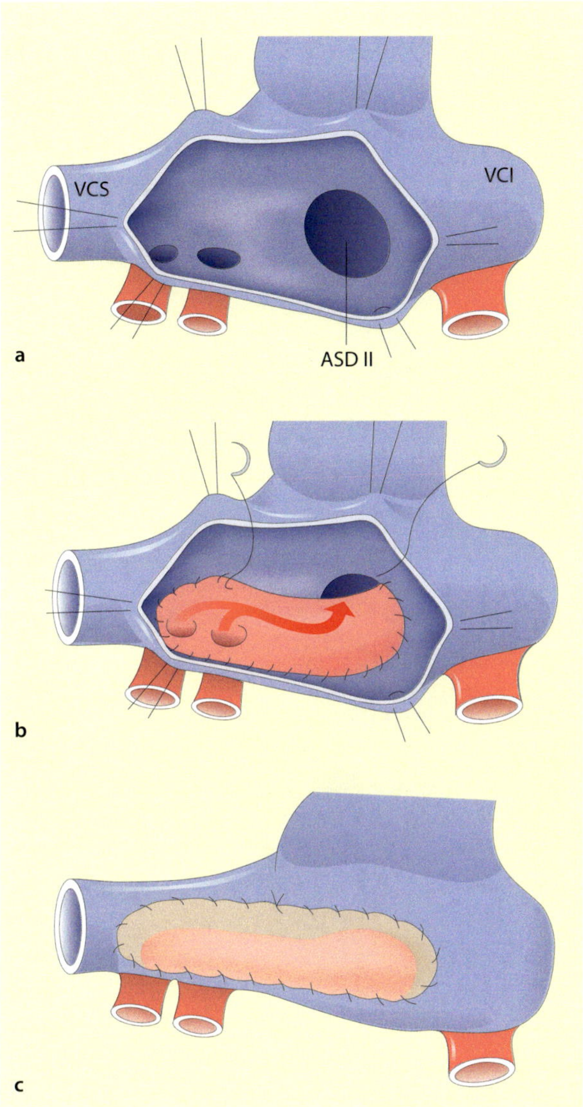

■ Abb. 7.47a–c ASD II mit partiell fehleinmündenden rechten oberen Lungenvenen (a). Tunnelungsplastik der fehleinmündenden Lungenvenen über den ASD II in den linken Vorhof (b) und Erweiterungs-Patchplastik der oberen Hohlvene (c). *VCS* = obere Hohlvene, *VCI* = untere Hohlvene

- Clipzange.
- Thoraxdrainage.
- Haltebänder.
- Ein etwas kräftigeres Gummirohr als Tourniquet zur Fixierung der HLM-Kanülen.
- Schocklöffel, Schrittmacherkabel.

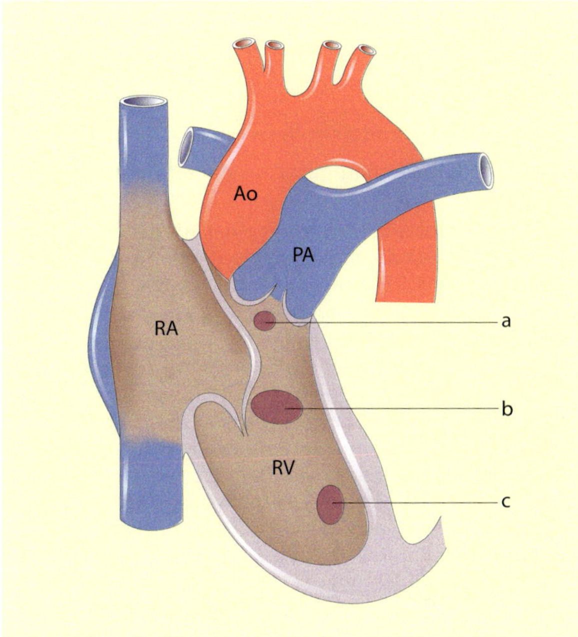

■ Abb. 7.48 Verschiedene Lokalisationen von Ventrikelseptumdefekten (VSD). Supracristaler (subaortaler) VSD (a), infracristaler (perimembranöser) VSD (b) und muskulärer VSD (c). *Ao* = Aorta, *PA* = Pulmonalarterien, *RA* = rechter Vorhof, *RV* = rechte Kammer

Nahtmaterial

- Doppelt-armiertes nichtresorbierbares monofiles Gefäßnahtmaterial aus Polypropylen.
- Resorbierbares geflochtenes Nahtmaterial.
- Doppelt-armierte nichtresorbierbare Gore-Tex-Naht.
- PDS-Nähte (Drahtnähte).

Implantate

Kunststoff-Patches (z. B. Gore-Tex Cardiovascular Patch; expandiertes Polytetrafluorethylen).

Lagerung

- Rückenlagerung.
- Beide Arme angelagert (unter den Ellenbogen polstern).
- Polsterrolle unter beide Knie.
- Anlegen der Neutralelektrode unter dem linken Schulterblatt.

Abdeckung

Hauseigen.

Rasur

- Oberkörper und beide Leistenregionen.

Ventrikelseptumdefekt-Verschluss

- Mediane Sternotomie. Perikarderöffnung. Heparingabe
- Anschluss an die HLM mit einer arteriellen Kanüle in die Aorta ascendens sowie getrennte Kanülierung und Anschlingung beider Hohlvenen
- Beginn der EKZ. Queres Abklemmen der Aorta ascendens. Kardioplegiegabe über die Aortenwurzel. Eröffnung des rechten Vorhofs und Verschluss von hochsitzenden VSD durch die Trikuspidalklappe mit Hilfe von Patches (Kunststoffflicken bzw. Glutaraldehyd-fixiertes Perikard), die fortlaufend oder mit Einzelnähten implantiert werden (s. Abb. 7.49a–c). Muskuläre VSD können über die Trikuspidalklappe in der Regel nicht erreicht werden und werden nach Längseröffnung der rechten Ausflussbahn durch einen fortlaufenden oder mit Einzelnähten eingenähten Patch verschlossen. Verschluss der rechten Ausflussbahn über eine fortlaufende 4–0 Naht. Alternativ kann ein VSD-Verschluss auch am flimmernden Herzen bei offener Aortenklemme durchgeführt werden
- Öffnen der Aortenklemme. Wiederbelebung, Rhythmisierung und Entlüftung des Herzens. Schrittmacherelektroden. Beendigung der EKZ
- Dekanülierung. Protamingabe. Blutstillung. Drainagen. Thoraxverschluss

7.11.4 Aortenisthmusstenose

Allgemeines

Typisch ist die Kombination einer Aortenisthmusstenose (Coarctatio aortae) mit einem offenen Ductus Botalli (s. Abb. 7.50) sowie einer valvulären Aortenstenose. Man unterscheidet einen präduktalen und einen postduktalen Typ der Aortenisthmusstenose. Die präduktale Aortenisthmusstenose (sog. kindliche Form) erfordert meist eine notfallmäßige Operation in der Neugeborenenperiode. Demgegenüber ist die postduktale Aor-

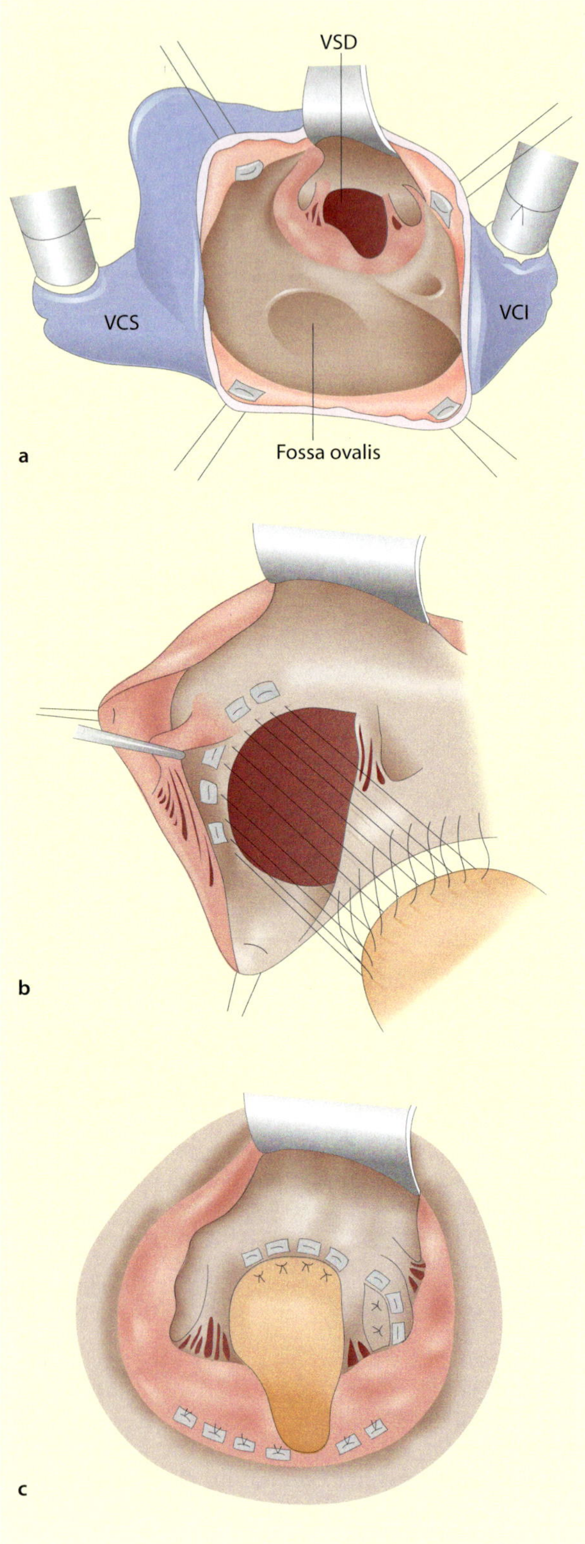

Abb. 7.49a–c Transatrialer VSD-Patchverschluss. Zugang über die Trikuspidalklappe (a), Legen von filzarmierten monofilen Nähten (b) und fertige Patchimplantation (c). *VCI* = untere Hohlvene, *VCS* = obere Hohlvene, *VSD* = Ventrikel-Septumdefekt

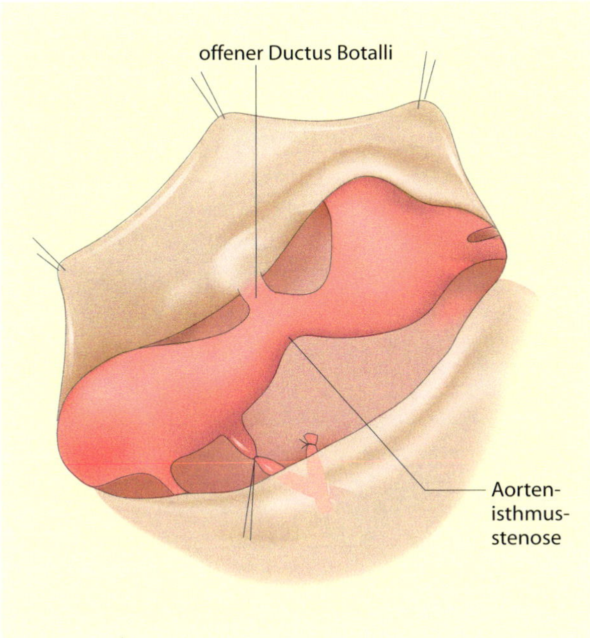

■ Abb. 7.50 Aortenisthmusstenose mit offenem Ductus Botalli

tenisthmusstenose in der Kindheit oft asymptomatisch. Erst später entwickeln sich die Folgen der Hypertonie in der oberen Körperhälfte mit Linksherzbelastung und frühzeitiger Zerebralsklerose und dem Risiko von Schlaganfällen bereits im Jugendalter sowie von einer bakteriellen Endokarditis. Die mittlere Lebenserwartung ohne Operation beträgt ca. 35 Jahre.

Operation

Instrumentarium

- Grundinstrumentarium.
- Diathermie oder Ultraschallskalpell.
- Sauger.
- Gefäßstandardinstrumentarium.
- Thoraxsperrer.
- Diverse Gefäßklemmen, wie Satinsky-, Fogarty-Klemme.
- Clipzange.
- Thoraxdrainage.
- Haltebänder, Gummizügel.

Nahtmaterial

- Doppelt-armiertes nichtresorbierbares monofiles Gefäßnahtmaterial aus Polypropylen.
- Resorbierbares geflochtenes Nahtmaterial.

Implantate

- Primär dichte Prothesen.
- Filzstreifen als Nahtwiderlager.
- Kunststoff-Patches und Rohrprothesen in verschiedenen Durchmessern.

Lagerung

- Rechtseitenlagerung (■ s. Abb. 4.12).
- Abstützen des Patienten durch seitlich am Tisch montierte Halterungen.
- Gutes Abpolstern, um Druckschäden zu vermeiden.
- Den linken Arm am Narkosebügel befestigen oder auf einer Stütze lagern.
- Anlegen der Neutralelektrode unter dem linken Schulterblatt.

Abdeckung

Hauseigen.

Rasur

Oberkörper und beide Leistenregionen.

Aortenisthmusstenose-Operation

- ▶ Linkslaterale/anterolaterale Thorakotomie (4. ICR)
- ▶ Freipräparieren der Aorta descendens im Bereich der Aortenisthmusstenose und des Ductus Botalli bzw. Ductusbandes
- ▶ Gegebenenfalls Ligatur/Durchtrennung des Ductus Botalli (■ s. Abb. 7.51b)
- ▶ Entfernung der Stenosestelle durch verschiedene OP-Techniken möglich:
- ▶ Protheseninterposition (■ s. Abb. 7.51a–c)
- ▶ End-zu-End-Anastomosierung nach Resektion , insbesondere bei Kindern (■ s. Abb. 7.51d)
- ▶ Patcherweiterung (Kunststoff-Patch; ■ s. Abb. 7.52a)
- ▶ Bypass mit Rohrprothese (■ s. Abb. 7.52b)
- ▶ Patch-Erweiterung des Aortenisthmus durch A. subclavia sinistra (■ s. Abb. 7.52c)
- ▶ In der Regel wird die Operation ohne den Einsatz der EKZ durchgeführt. Falls es jedoch nach Abklemmung der Aorta descendens vor und nach der Stenose zu einem deutlichen Druckabfall der unteren Körperhälfte kommt (nichtausreichende Kollateralisierung über die erweiterten Interkostalarterien), sollte der Patient unter Einsatz der HLM operiert werden, um eine Rückenmarksschädigung mit daraus resultierender Lähmungserscheinung zu vermeiden
- ▶ Freigabe der Aorta descendens. Thoraxdrainage. Blutstillung. Thoraxverschluss

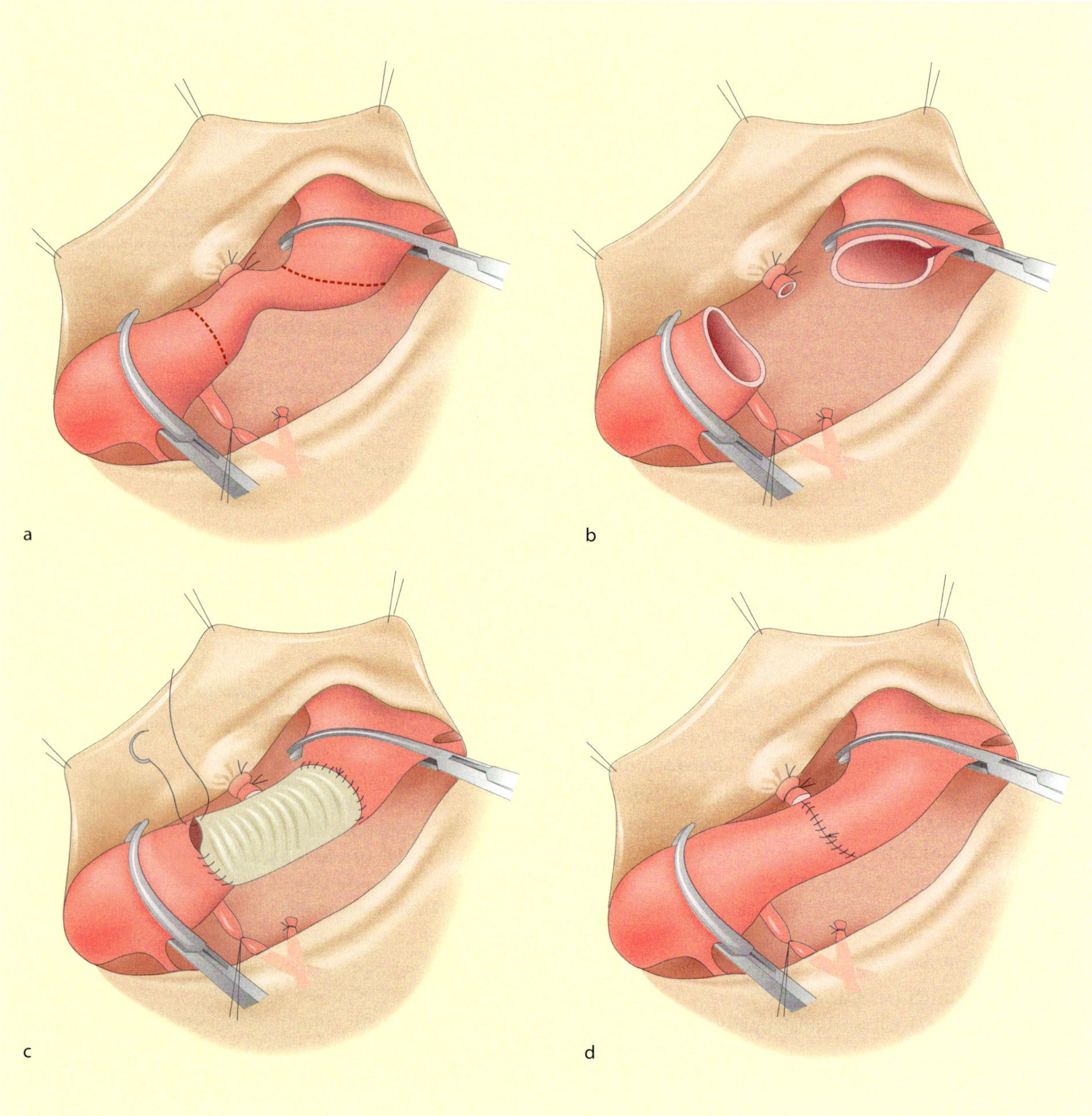

Abb. 7.51a–d OP-Techniken bei Aortenisthmusstenose. Ligatur des Ductus Botalli (a), Resektion der Aortenisthmusstenose (b), Rohrprothesen-Interponat (c) oder End-zu-End-Anastomosierung (d)

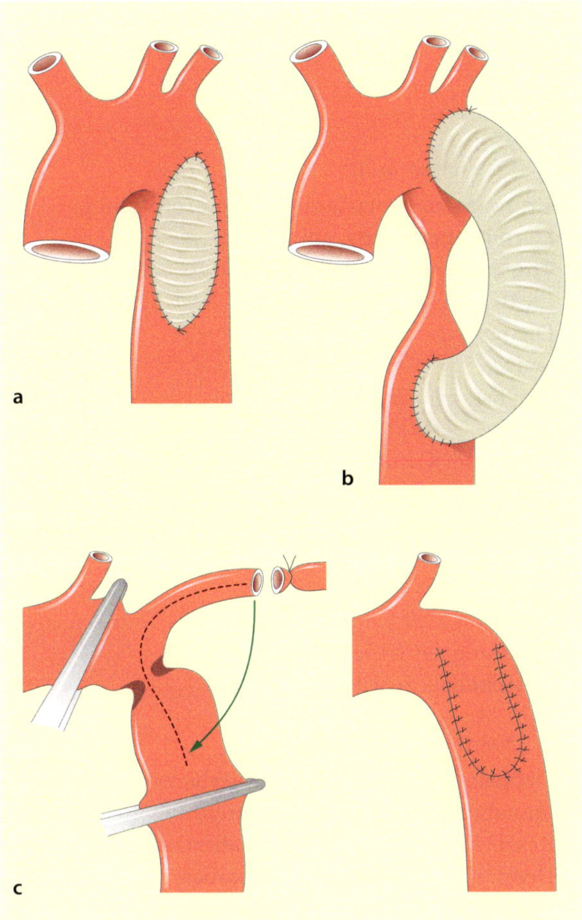

Abb. 7.52a–c OP-Techniken der Aortenisthmusstenose. Patcherweiterung (a), Bypass mit Rohrprothese (b) und Patch-Erweiterung des Aortenisthmus mit A. subclavia sinistra (»Subclavia-flap-Technik«; c)

7.12 Erkrankungen des Herzbeutels

Allgemeines

Durch Ansammlung von Blut oder seröser Flüssigkeit im Herzbeutel kommt es in Abhängigkeit vom Druck, unter dem die Flüssigkeit im Herzbeutel steht, zu einer Behinderung der diastolischen Füllung der Herzkammern. Dadurch reduziert sich das Herzschlagvolumen und es kommt zur Erhöhung des extravasalen Koronarwiderstandes. Dies führt wiederum zur Durchblutungsstörung des Herzens. Leitsymptome sind ein niedriger arterieller Druck, eine Tachykardie und durch schlechtere Perfusion der Nieren eine eingeschränkte Urinproduktion.

Akute Herzbeuteltamponaden können bei Nachblutungen nach herzchirurgischen Eingriffen, bei Herzwandruptur im Rahmen eines Myokardinfarkts und bei Perforation des Herzens im Rahmen von Thoraxverletzungen entstehen. Auch virale und bakterielle Entzündungen können über eine Perikarditis zur Herzbeuteltamponade führen.

Bis zu 30% der akuten Herzbeutelentzündungen (Perikarditiden) können zu einem Panzerherz (konstriktive Perikarditis) führen. Dabei kommt es zu zunehmender Verschwielung und Verkalkung des Epi- bzw. Perikards. Herzbeutelentzündungen können durch Bakterien, Pilze, Viren und Urämie bei chronischer Niereninsuffizienz entstehen. Auch eine Herzoperation kann in seltenen Fällen zu einem Panzerherz führen. Klinisch beobachtet man bei den Patienten gestaute Halsvenen und Aszites als Zeichen der Stauung vor dem rechten Herzen. Das Herzminutenvolumen ist reduziert und der Füllungsdruck der rechten Herzkammer erhöht.

Operation

Instrumentarium

- Grundinstrumentarium zur Thoraxeröffnung.
- Sternumsperrer.
- Elektrische oder druckluftbetriebene Sternumsäge.
- Diathermie oder Ultraschallskalpell.
- Sauger.
- Gefäßstandardinstrumentarium.
- Allis-Klemme (s. Abb. 2.12).
- Clipzange.
- Thoraxdrainage.

Nahtmaterial

- Nichtresorbierbares monofiles Gefäßnahtmaterial aus Polypropylen.
- Resorbierbares geflochtenes Nahtmaterial.
- Drahtnaht, Sternumband und Sternumspanner.

Lagerung

- Rückenlagerung.
- Beide Arme angelagert (unter den Ellenbogen polstern).
- Polsterrolle unter beide Knie.
- Anlegen der Neutralelektrode unter dem linken Schulterblatt.

Abdeckung

Hauseigen.

Rasur

Oberkörper und beide Leistenregionen.

7.12.1 Akute Herzbeuteltamponade

Operation einer akuten Herzbeuteltamponade

► Durchtrennung von Nähten und Drahtcerclagen. Entfernen von Thromben und frischem Blut. Spülung

► Suche nach frischen Blutungsquellen und Stillung mittels Naht, Clip oder Diathermie

► Bei Thoraxverletzungen mit nachfolgender Herzbeuteltamponade wird, je nach Lokalisation der Verletzung, eine mediane Sternotomie oder eine anterolaterale Thorakotomiedurchgeführt

► Penetrationsverletzungen (Stich-/Schussverletzungen) oder Perforationen im Rahmen eines Myokardinfarkts werden je nach Lokalisation ohne oder mit Einsatz der HLM mit filzarmierten Einzelnähten versorgt

► Falls Koronararterien oder Herzklappen verletzt wurden, kann mit Hilfe der HLM eine koronare Bypassoperation oder ein Klappeneingriff erforderlich sein

► Bei Herzbeuteltamponaden auf der Grundlage viraler bzw. bakterieller oder einer urämischen Perikarditis kann eine linksanteriore Thorakotomie mit anschließender Perikardfensterung durchgeführt werden. Dabei wird ein im Durchmesser ca. 3–4 cm großer Anteil des Herzbeutels reseziert und die linke Pleurahöhle drainiert. Bei gekammerten Ergüssen kann ggf. eine zusätzliche Perikardfensterung über eine rechtsseitige anteriore Thorakotomie erforderlich sein.

7.12.2 Panzerherz

Der Zugang erfolgt über eine mediane Sternotomie. Verkalkte bzw. bindegewebig umgewandelte Perikardanteile werden vom Herzen abpräpariert. Dabei muss eine Schädigung der Koronararterien vermieden werden. Zuweilen ist die komplette Entfernung aller Kalkschollen, insbesondere der Verkalkungen hinter dem Herzen, nur unter Zuhilfenahme der EKZ, jedoch am schlagenden Herzen möglich.

7.13 Herztumoren

Allgemeines

Tumoren des Herzens sind sehr selten. Die Mehrzahl der Tumoren (75%) sind gutartig. Der häufigste Tumor ist das gutartige Myxom, das überwiegend im linken Vorhof, ausgehend von einem Stiel am Vorhofseptum zu finden ist.

Operation

Instrumentarium

- Grundinstrumentarium zur Thoraxeröffnung.
- Sternumsperrer (s. Abb. 7.11).
- Thoraxsperrer (minimal invasiv) (s. Abb. 7.14).
- Elektrische oder druckluftbetriebene Sternumsäge.
- Diathermie oder Ultraschallskalpell.
- Sauger.
- Gefäßstandardinstrumentarium.
- Diverse Gefäßklemmen, Fogarty-Klemme, Chitwood-Klemme.
- Clipzange.
- Thoraxdrainage.
- Gorepatch.
- Haltebänder.
- Ein etwas kräftigeres Gummirohr als Tourniquet zur Fixierung der HLM-Kanülen.
- Schocklöffel, Schrittmacherkabel.

Nahtmaterial

- Doppelt-armiertes nichtresorbierbares monofiles Gefäßnahtmaterial aus Polypropylen.
- Resorbierbares geflochtenes Nahtmaterial.
- Doppelt-armierte nichtresorbierbare Gore-Tex-Naht.
- Drahtnaht, Sternumband und Sternumspanner.

Implantate

- Kunststoffpatches (z. B. Gore-Tex Cardiovascular Patch; expandiertes Polytetrafluorethylen).

Lagerung

- Rückenlagerung.
- Beide Arme angelagert (unter den Ellenbogen polstern).
- Polsterrolle unter beide Knie.
- Anlegen der Neutralelektrode unter dem linken Schulterblatt.

Abdeckung

Hauseigen.

Rasur

- Oberkörper und beide Leistenregionen.

Operation von Herztumoren

- ▶ Mediane Sternotomie oder rechtsanteriore Thorakotomie. Perikarderöffnung. Heparingabe
- ▶ Anschluss an die HLM über eine Aorta-ascendens-Kanüle und 2 getrennte Vorhofkanülen mit Tourniquets
- ▶ Beginn der EKZ. Queres Abklemmen der Aorta ascendens. Kardioplegiegabe über einen Aortenwurzelkatheter. Eröffnung des rechten Vorhofs
- ▶ Eröffnung des linken Vorhofs über einen Schnitt im Bereich der Fossa ovalis (sog. transseptaler Zugang). Je nach Größe des Tumors kann der Schnitt bis ins linke Vorhofdach erweitert werden. Der zerfließliche Tumor hat meist einen Stiel, ausgehend vom Vorhofseptum, der mit einem entsprechenden Sicherheitsabstand reseziert wird. Patchersatz des durch die Resektion entstandenen Vorhofseptumdefektes. Verschluss des rechten Vorhofs
- ▶ Öffnen der Aortenklemme. Wiederbelebung, Rhythmisierung und Entlüftung des Herzens. Schrittmacherelektroden. Beendigung des kardiopulmonalen Bypasses
- ▶ Dekanülierung. Protamingabe. Blutstillung. Perikard- und Retrosternaldraiange. Thoraxverschluss

7.14 Pulmonale Thrombektomie

Allgemeines

Die fulminante Lungenembolie ist eine lebensbedrohliche Komplikation einer tiefen Bein-/Beckenvenenthrombose, wie sie im Rahmen von Gerinnungsstörungen bzw. im postoperativen Verlauf bei bettlägerigen Patienten vorkommen kann. Bei den betroffenen Patienten kommt es, bedingt durch die Verlegung der Lungenstrombahn mit thrombotischem Material, zu schweren Gasaustauschstörungen und zum Versagen des rechten Herzens. Ist eine Fibrinolyse nicht möglich oder kontraindiziert, wird eine Thrombektomie der Lungenarterien mit Hilfe der HLM durchgeführt.

Operation

Die im Folgenden aufgeführten OP-Bedingungen gelten sowohl für die Operation der akuten als auch der chronischen Lungenembolie.

▪▪▪ Instrumentarium

- Grundinstrumentarium zur Thoraxeröffnung mit Sternumsperrer.
- Elektrische oder druckluftbetriebene Sternumsäge.
- Diathermie oder Ultraschallskalpell.
- Sauger.
- Gefäßstandardinstrumentarium.
- Diverse Gefäßklemmen, Fogarty-Klemme.
- Clipzange.
- Thoraxdrainage.
- Haltebänder.
- Ein etwas kräftigeres Gummirohr als Tourniquet zur Fixierung der HLM-Kanülen.
- Schocklöffel, Schrittmacherkabel.

▪▪▪ Nahtmaterial

- Doppelt-armiertes nichtresorbierbares monofiles Gefäßnahtmaterial aus Polypropylen.
- Resorbierbares geflochtenes Nahtmaterial.
- Doppelt-armierte nichtresorbierbare Gore-Tex-Naht.
- Drahtnaht, Sternumband und Sternumspanner.

▪▪▪ Lagerung

- Rückenlagerung.
- Beide Arme angelagert (unter den Ellenbogen polstern).
- Polsterrolle unter beide Knie.
- Anlegen der Neutralelektrode unter dem linken Schulterblatt.

▪▪▪ Abdeckung

Hauseigen.

▪▪▪ Rasur

- Oberkörper und beide Leistenregionen.

7.14.1 Operation bei akuter Lungenembolie

Operation bei akuter Lungenembolie

- ▶ Mediane Sternotomie. Perikarderöffnung. Heparingabe
- ▶ Anschluss an die HLM mit einer Aorta-ascendens-Kanüle sowie einer venösen Zweistufenkanüle bzw. getrennte Kanülierung beider Hohlvenen. Beginn der EKZ
- ▶ Längseröffnung der A. pulmonalis eventuell bis in rechte und linke Pulmonalarterie hinein und Ausräumen des thrombotischen Materials. Gegebenenfalls manuelles Exprimieren beider Lungenflügel zum Mobilisieren von frischen Thromben. Verschluss der A. pulmonalis mit fortlaufender 4–0 Polypropylennaht. Entlüftung. Beendigung der EKZ
- ▶ Dekanülierung. Protamingabe. Schrittmacherelektroden. Perikard-und Retrosternaldrainage. Thoraxverschluss

7.14.2 Operation bei chronischer Lungenembolie

Bei Patienten mit rezidivierenden Lungenembolien kann es infolge der Verlegung der Pulmonalarterien durch Thromben zu einer schweren pulmonalen Hypertonie kommen. Diese Patienten können in tiefer Ganzkörperhypothermie (20°C) mit Hilfe der HLM und mit intermittierendem Kreislaufstillstand pulmonal thrombektomiert werden. Dabei wird unter Zuhilfenahme eines Dissektors (s. Abb. 4.12) altes thrombotisches Material zusammen mit der Gefäßintima (Thrombarteriektomie) entfernt.

7.15 Behandlung von Herzrhythmusstörungen

7.15.1 Herzschrittmacher

Allgemeines

Die erste Herzschrittmacherimplantation erfolgte im Jahre 1958. Zur Zeit werden in Deutschland über 50.000 Patienten pro Jahr mit einem dauerhaften Schrittmachersystem versorgt. Dabei werden in erster Linie Patienten behandelt, bei der die Herzrhythmusüberleitung vom Sinusknoten auf beide Ventrikel nicht ordnungsgemäß funktioniert (AV-Blockierung). Diese Patienten werden in der Regel mit einem physiologischen Schrittmacher (DDD-Schrittmacher) behandelt; hierbei wird eine Elektrode im Bereich des Vorhofs und eine weitere im Bereich der rechten Herzkammer gelegt. Es erfolgen 40% aller Schrittmacherimplantationen bei einem AV-Block III. Grades.

Bei krankhafter Verringerung des Sinus-Knoten-Rhythmus (Sick-Sinus-Syndrom) genügt die Implantation eines sog. AAI-Schrittmachers. Hier ist bei intakter Überleitung vom Vorhof auf die Kammer nur eine Vorhofelektrode, die einen normofrequenten Impuls abgibt, erforderlich.

Bei Patienten mit chronischem Vorhofflimmern ohne adäquate Vorhofaktion genügt die Implantation eines sog. VVI-Schrittmachers, bei dem nur eine Sonde im rechten Ventrikel positioniert wird.

Operation

Instrumentarium

- Grundinstrumentarium.
- Gefäßstandardinstrumentarium.
- Clipzange.
- Redon-Drainage.

Nahtmaterial

- Nichtresorbierbares geflochtenes Nahtmaterial aus Polypropylen.
- Resorbierbares geflochtenes Nahtmaterial.

Implantate

- Schrittmacherelektroden (s. Abb. 7.53).
- Schrittmacheraggregat (s. Abb. 7.53).

Lagerung

- Rückenlagerung mit rekliniertem Kopf auf einem röntgentransparenten OP-Tisch.
- Beide Arme angelagert (unter den Ellenbogen polstern).
- Polsterrolle unter beide Knie.
- Anlegen der Neutralelektrode unter dem linken Schulterblatt.
- Bildwandler und Strahlenschutz (s. 3.2.3 unter Winkelplatten).

Abdeckung

- Hauseigen.
- Abdeckung für den Bildwandler.

Rasur

Rechter oder linker Hals-Thorax-Bereich.

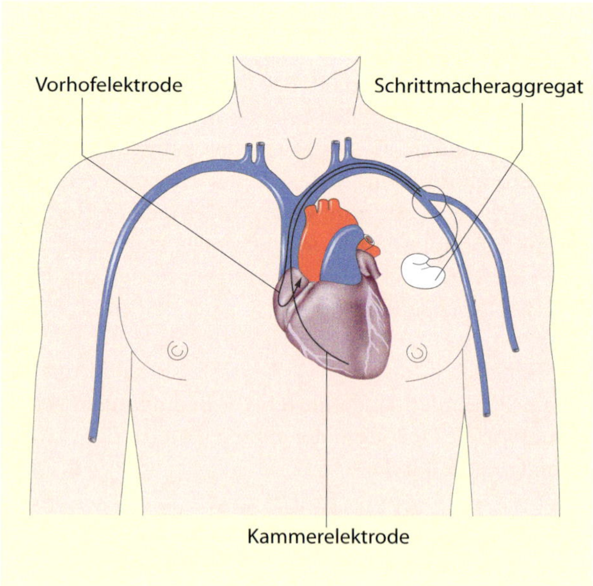

Abb. 7.53 Schrittmacherimplantation (DDD-Pacer)

Herzschrittmacher-Implantation

- Hautschnitt im Bereich der Mohrenheim-Grube links (ggf. rechts). Venae sectio der V. cephalica bzw. Punktion der V. subclavia und Einführen der Schrittmacherelektroden, die unter Bildwandlerkontrolle im Bereich des Vorhofs bzw. der rechten Ventrikelspitze positioniert werden. Dabei können wahlweise Elektroden gewählt werden, die sich im Trabekelwerk verhaken (Fächerelektroden) oder die ins Myokard eingeschraubt werden (Schraubenelektroden)
- Durchmessen der Schrittmacherelektroden. Anschließen des Schrittmacheraggregats, das in einer subkutanen bzw. submuskulären Tasche unter dem M. pectoralis mit einer nichtresorbierbaren Naht fixiert wird. Einlegen einer Redon-Drainage. Schichtweiser Wundverschluss

7.15.2 Interne Defibrillatoren

Allgemeines

Sogenannte bösartige ventrikuläre Rhythmusstörungen können zu Kammerflimmern/Kammerflattern führen. Gelingt es nicht diese Patienten durch entsprechende Antiarrhythmika (z.B. Amiodaron) zu behandeln, besteht bei Auslösbarkeit von Kammerflimmern während einer elektrophysiologischen Untersuchung, die Indikation zur Implantation eines internen Defibrillators. Moderne Defibrillatoren verfügen über Sensing-Defibrillations-Elektroden, die genau wie bei einer Schrittmacherimplantation transvenös und endokardial unter Bildwandlerkontrolle implantiert werden können. Diese Sensing-Defibrillations-Elektroden können z. T. in Kombination mit dem Gehäuse des Defibrillators ein für eine Defibrillation ausreichendes elektromagnetisches Feld aufbauen. Zur Zeit werden in Deutschland pro Jahr mehr als 4.500 Systeme mit steigender Frequenz implantiert.

Instrumentarium, Nahtmaterial, Lagerung, Abdeckung und Rasur

Siehe 7.15.1.

Operation

Die Implantationstechnik unterscheidet sich nicht von der Implantation eines sog. VVI-Schrittmachers. Unter Bildwandlerkontrolle wird die Sensing-Defibrillations-Elektrode im Bereich des rechten Ventrikels positioniert. Intraoperativ wird getestet, ob der interne Defibrillator künstlich ausgelöstes Kammerflimmern/-flattern erfolgreich beenden kann. Das Gerät kann von extern nach dem Prinzip von Induktionsschleifen eingestellt und auch abgefragt werden.

7.15.3 Behandlung von Vorhofflimmern/-flattern

Allgemeines

Im Rahmen von Mitralklappenerkrankungen, aber auch bei zunehmendem Alter kann chronisches Vorhofflimmern auftreten. Dabei kommt der Druckerhöhung und gleichzeitig der Vergrößerung des linken Vorhofs eine besondere Bedeutung zu. Der amerikanische Herzchirurg Jim Cox entwickelte eine OP-Technik (Maze-Operation), bei der die Vorhöfe nach einem bestimmten Muster zerschnitten und anschließend wieder vernäht wurden. Diese Segmentierung des Vorhofs hat zum Ziel, dass nur eine Vorhoferregung den AV-Knoten erreicht und es damit zu einer Rhythmisierung der Herzaktionen kommt. In letzter Zeit sind neue Verfahren entwickelt worden, um eine transmurale (durch alle Wandschichten reichende) Narbe (elektrische Leitung nicht mehr möglich) im Vorhof zu erreichen; dies geschieht durch Mikrowelle, Radiofrequenz- (RF-)Ablation oder Kryoablation (Vereisung). Auch bei dieser Methode wird der Vorhof in bestimmte Korridore eingeteilt (s. Abb. 7.54).

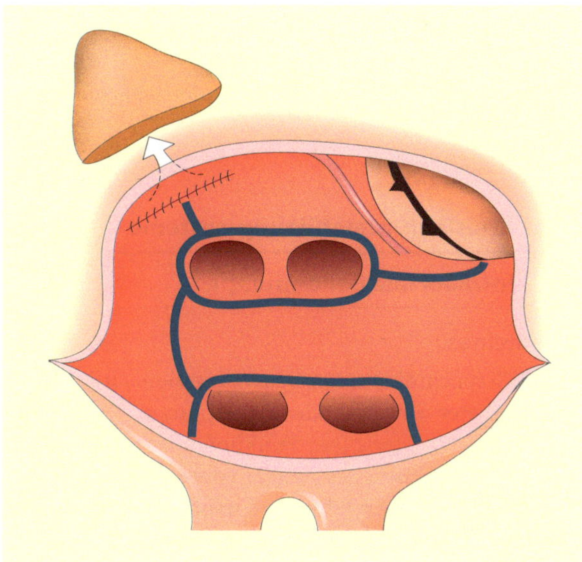

Abb. 7.54 Ablationslinien im linken Vorhof bei modifizierter Maze-Operation. (Mit freundlicher Genehmigung RIESSmedien)

Operation

Instrumentarium

- Siehe 7.8.
- Ablationsgenerator.
- Ablationshandgriff.
- Gegebenenfalls Infusomat mit Kochsalzlösung zur Kühlung bei RF-Ablation.
- Gegebenenfalls großflächige Neutralelektrode unter dem Rücken des Patienten.

Nahtmaterial, Lagerung, Abdeckung und Rasur

Siehe 7.8.

Chirurgische Ablation von Vorhofflimmern/-flattern

- ► Mediane Sternotomie oder rechtsanteriore Thorakotomie.
- ► Perikarderöffnung. Heparingabe
- ► Anschluss an die HLM mit einer Aorta-ascendens-Kanüle und getrennter Hohlvenenkanülierung. Beginn der EKZ
- ► Queres Abklemmen der Aorta ascendens. Gabe von Kardioplegie über die Aortenwurzel. Eröffnung des linken Vorhofs. Endokardiale Ablation mit RF, Mikrowelle oder Kryoablation (s. Abb. 7.54). Teilweise kann die Ablation auch von epikardial durchgeführt werden. Bei bestimmten Indikationen kann zusätzlich eine rechtsatriale Ablation durchgeführt werden. Vorhofverschluss
- ► Öffnen der Aortenklemme. Reperfusion. Entlüftung. Rhythmisierung. Aufnähen von Schrittmacherelektroden. Abgehen von der HLM
- ► Dekanülierung. Protamingabe. Blutstillung. Perikard- und Retrosternaldrainage. Thoraxverschluss

7.16 Kreislaufunterstützungssysteme

7.16.1 Intraaortale Ballonpumpe

Allgemeines

Die EKG-synchronisierte »Gegenpulsation« mit einem Ballonkatheter (intraaortale Ballonpumpe, IABP), der über die Leistenarterie (per Punktion oder Leistenfreilegung) bis in die Aorta descendens vorgeschoben wird, ist ein effektives Verfahren zur Kreislaufunterstützung bei Herzmuskelversagen. Dabei kommt es durch das aktive Leersaugen des Ballons während der Anspannungsphase (Systole) des Herzens zu einer Verringerung des Aortendruckes (s. Abb. 7.55a). Die linke Herzkammer kann das Blut gegen eine verringerte Nachlast auswerfen. Beim Aufblasen des Ballons in der Entspannungsphase (Diastole) des Herzens wird durch Druckerhöhung in der Aorta die Durchblutung der Herzkranzarterien verbessert (s. Abb. 7.55b).

Operation

Instrumentarium

- Grundinstrumentarium.
- Gefäßstandardinstrumentarium.
- Clipzange.
- Redon-Drainage.
- Halteband.

Nahtmaterial

- Doppelt-armiertes nichtresorbierbares monofiles Gefäßnahtmaterial aus Polypropylen.
- Resorbierbares geflochtenes Nahtmaterial.

Implantate

Intraaortaler Ballonkatheter.

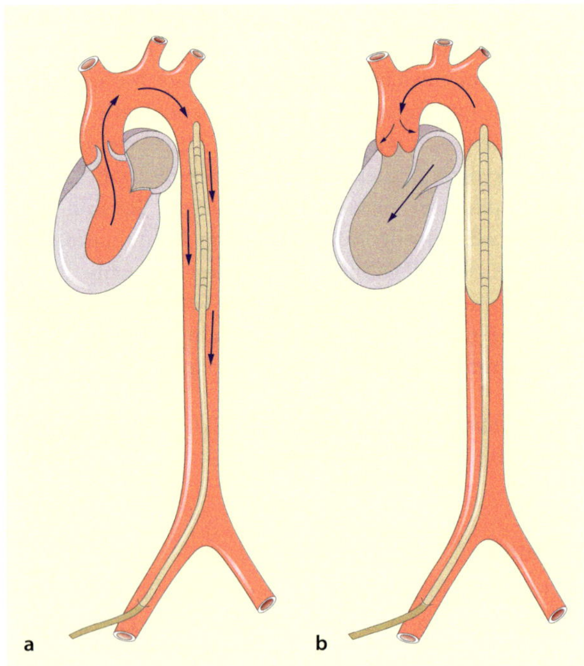

Abb. 7.55a,b Prinzip der IABP. Entleerter Ballon während der Systole (a) und entfalteter Ballon während der Diastole (b)

Lagerung

- Rückenlagerung.
- Beide Arme angelagert (unter den Ellenbogen polstern).
- Polsterrolle unter beide Knie.
- Anlegen der Neutralelektrode unter dem linken Schulterblatt.

Abdeckung

Hauseigen.

Rasur

Oberkörper und beide Leistenregionen.

> **Implantation einer intraaortalen Ballonpumpe**
>
> ► Bogenförmiger Schnitt im Bereich der Leiste. Freilegen der A. femoralis communis. Punktion der A. femoralis und Einführen des Ballonkatheters mit der Seldinger-Technik. Gegebenenfalls 5–0 Tabaksbeutelnaht im Bereich der Punktionsstelle. Einlegen einer Redon-Drainage. Schichtweiser Wundverschluss. Postoperativ Röntgenkontrolle zur Bestimmung der exakten Lage erforderlich

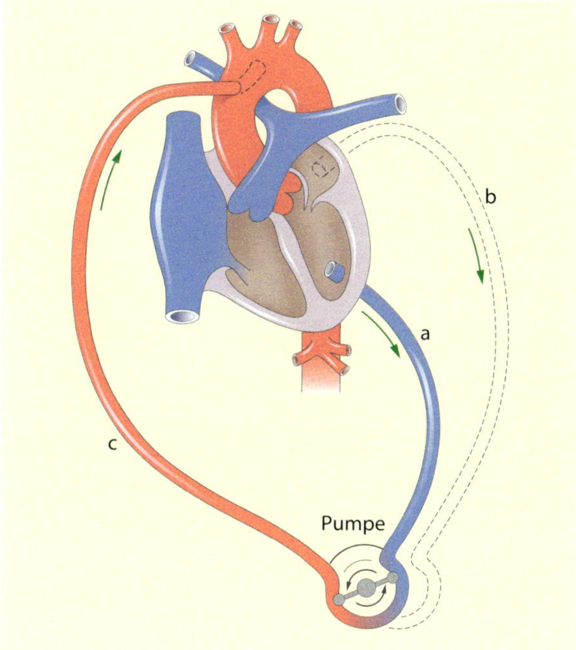

Abb. 7.56a–c Prinzip des Linksherz-Assistsystems. Volumenentlastung des linken Ventrikels über einen apikalen (a) bzw. atrialen (b) Zugang. Rückführung des Blutes in die Aorta ascendens (c)

7.16.2 Links-/Rechtsventrikuläre Unterstützungssysteme

Allgemeines

Das Blut wird im Bereich des linken Vorhofs bzw. der linksventrikulären Spitze entommen und über eine Pumpe in die Aorta ascendens zurückgeführt (Linksherz-Assistsystem; s. Abb. 7.56). Beim Rechtsherz-Unterstützungssystem wird das Blut des rechten Vorhofs drainiert und über eine Pumpe in die A. pulmonalis zurückgeführt.

Instrumentarium, Nahtmaterial, Lagerung, Abdeckung und Rasur

Siehe 7.8.

Implantate

Kanülen für Vorhöfe, linke Herzkammer und Pulmonalarterie.

> **Implantation von links-/rechtsventrikulären Unterstützungssystemen**
>
> ► Wird meist im Anschluss an eine Herzoperation oder bei großem Herzinfarkt mit Low output implantiert. Die entsprechenden Kanülen werden über Tabaksbeutelnähte in linkem und rechten Vorhof sowie Pulmonalarterie bzw. an der linksventrikulären Spitze über filzarmierte U-Nähte eingelegt (s. Abb. 7.56). Das Pumpensystem sowie das Steuerungssystem kann dabei intern oder extern liegen

7.16.3 Endovaskuläre Turbinenpumpen

Allgemeines

Diese Kreislaufunterstützungssysteme basieren überwiegend auf Miniturbinen mit hohen Umdrehungszahlen, die ein Volumen von mehr als 5 l aus der linken Herzkammer in die Aorta ascendens pumpen können. Sie sind bei postoperativem Herzmuskelversagen (Low output) nach Herzoperationen, Herzinfarkt oder Kardiomyopathie indiziert.

Instrumentarium, Nahtmaterial, Lagerung, Abdeckung und Rasur

Siehe 7.8.

Implantate

Miniturbine.

Implantation von endovaskulären Turbinenpumpen

► Einlage einer Turbinenpumpe meist intraoperativ über eine Dacron-Gefäß-Prothese oder V.-saphena-magna-Implantat, die in tangentialer Ausklemmung mit einer fortlaufenden 4–0 bzw. 6–0 monofilen Polypropylennaht im Bereich der Aorta ascendens angebracht wird. Anschließend Vorschieben der Turbinenpumpe (s. Abb. 7.57) über die Aortenklappe bis in den linken Ventrikel. Abdichten der Dacron-Prothese um den Pumpenkatheter mit mehreren geflochtenen nichtresorbierbaren Nähten.

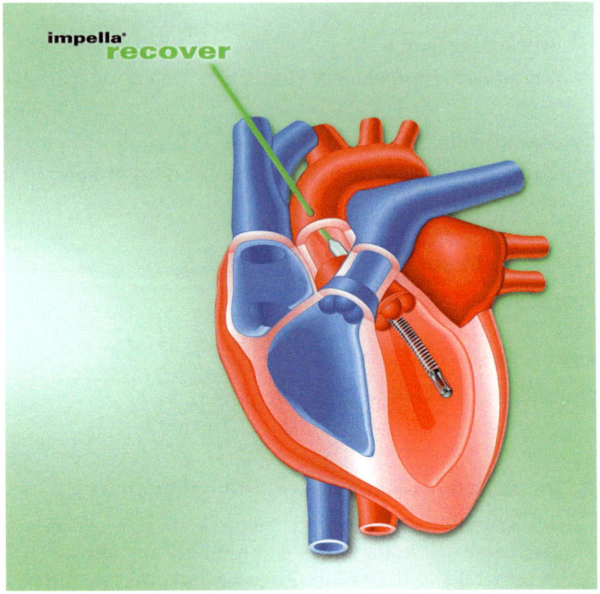

Abb. 7.57 Endovaskuläre Turbinenpumpe vom Typ Impella. (Fa. Impella)

Abb. 7.58 Prinzip der orthotopen Herztransplantation. *Ao* = Aorta, *HLM* = Herz-Lungen-Maschine, *LA* = linker Vorhof, *PA* = Pulmonalarterie, *RA* = rechter Vorhof ▼

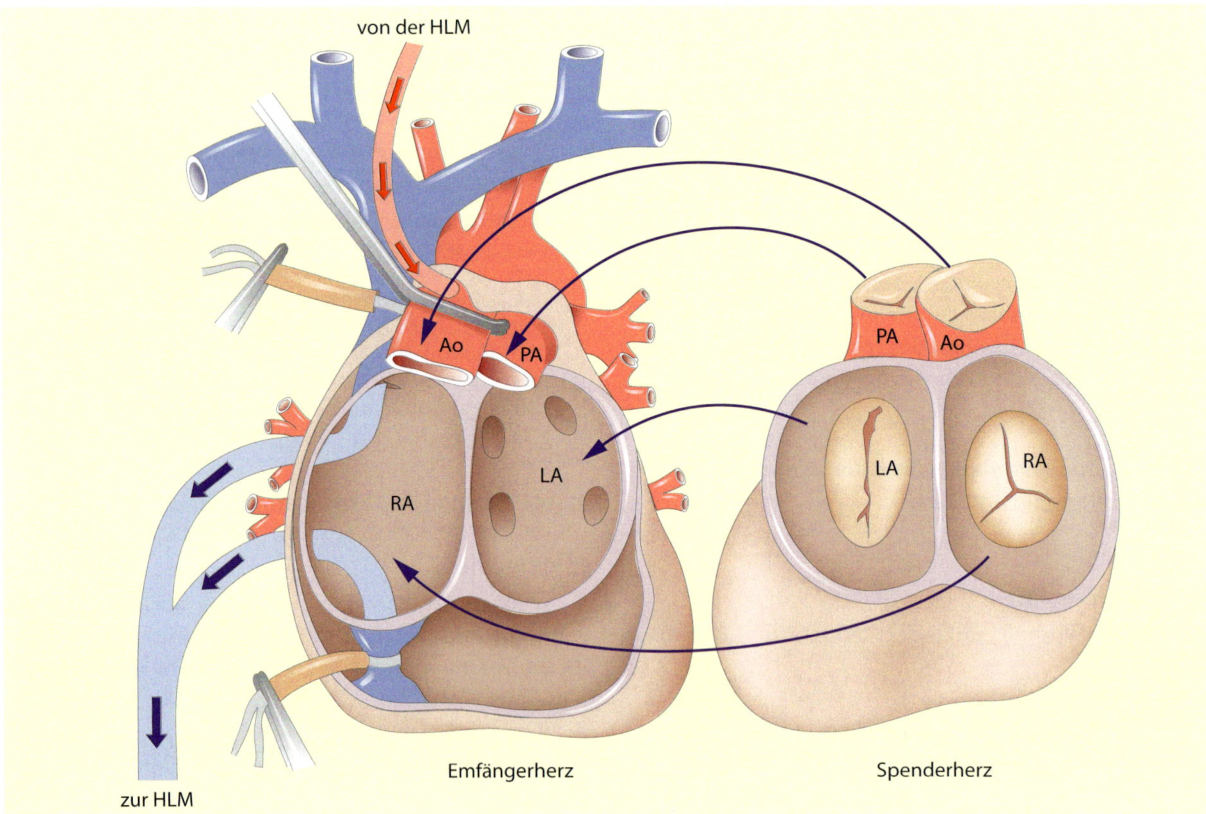

7.17 Herztransplantation

Allgemeines

Voranschreitende endgradige Herzmuskelschwäche bei normalen Widerstandsverhältnissen im kleinen Kreislauf ist die Indikation für eine orthotope Herztransplantation (HTX). Man spricht von einer orthotopen Herztransplantation, wenn ein menschliches Spenderherz am Ort des zuvor entfernten Herzens eingepflanzt wird (s. Abb. 7.58).

Operation

Instrumentarium

- Grundinstrumentarium zur Thoraxeröffnung mit
- Sternumsperrer.
- Elektrische oder druckluftbetriebene Sternumsäge.
- Diathermie, Ultraschallskalpell.
- Sauger.
- Gefäßstandardinstrumentarium.
- Diverse Gefäßklemmen, wie Satinsky-, Fogarty-Klemme.
- Clipzange,
- Thoraxdrainage, Redon-Drainage.
- Gummizügel.
- Ein etwas kräftigeres Gummirohr als Tourniquet zur Fixierung der HLM-Kanülen.
- Schocklöffel, Schrittmacherdrähte.

Nahtmaterial

- Doppelt-armiertes nichtresorbierbares monofiles Gefäßnahtmaterial aus Polypropylen.
- Resorbierbares geflochtenes Nahtmaterial.
- Drahtnaht, Sternumband und Sternumspanner.

Lagerung

- Rückenlagerung.
- Beide Arme angelagert (unter den Ellenbogen polstern).
- Polsterrolle unter beide Knie.
- Anlegen der Neutralelektrode unter dem linken Schulterblatt.

Abdeckung

Hauseigen.

Rasur

Oberkörper und beide Leistenregionen.

Herztransplantation

► Mediane Sternotomie. Perikarderöffnung. Heparingabe

► Kanülierung der Aorta ascendens und unterer sowie oberer Hohlvene über 2 Kanülen mit Tourniquets. Queres Abklemmen der Aorta ascendens

► Queres Durchtrennen der Aorta ascendens und der A. pulmonalis sowie Entfernung des Herzens in der Art, dass jeweils der dorsale Anteil vom rechten und linken Vorhof im Patienten verbleibt. Anschließend Implantation des Spenderherzens mit 4 fortlaufenden 4–0 monofilen Polypropylennähten, beginnend mit dem linken Vorhof, dem rechten Vorhof und der Aorta (s. Abb. 7.58). Öffnen der Aortenklemme, Wiederbeleben und Rhythmisieren des Herzens. In der Reperfusionsphase Naht der A. pulmonalis zwischen Spender und Empfänger mit einer fortlaufenden 4–0 monofilen Polypropylennaht. Entlüftung. Schrittmacherelektroden. Abgehen von der HLM

► Dekanülierung. Protamingabe. Blutstillung. Aufnähen von Schrittmacherelektroden sowohl auf den Empfänger-Sinusknoten als auch den Spender-Sinusknoten und den rechten Ventrikel. Perikard- und Retrosternaldrainage. Thoraxverschluss

Gynäkologie

I. Middelanis-Neumann, J. Middelanis

8.1 Anatomische Grundlagen (Abb. 8.1.–8.4)

8.1.1 Uterushalteapparat

Drei kranial liegende Bänder

- Lig. teres uteri (Lig. rotundum; rundes Mutterband): Es entspringt oberhalb der Tubenabgänge, durchzieht den Leistenkanal und endet in den großen Labien. Es besitzt eine »Zügelfunktion«, hält den Uterus in Anteflexions- und Anteversionsstellung.
- Lig. uteroovaricum (Lig. ovarii proprium): Es entspringt im Bereich des Tubenwinkels und zieht zum Ovar.
- Lig. suspensorium ovarii (Lig. infundibulopelvicum): Es entspringt lateral am Ovar und zieht zur Beckenwand. In diesem Ligament verläuft die A. ovarica.

Drei kaudal liegende Bänder

- Lig. cardinale: Dieses setzt mehr seitlich an der Zervix an, zieht aber ebenfalls nach hinten. In diesem Ligament verlaufen die uterusversorgenden Gefäße (A. uterina).
- Lig. sacrouterinum: Es verläuft von der Zervix nach hinten oben um das Rektum und bildet so eine randständige Verstärkung um die durch das Rektum entstehende Lücke.
- Blasenpfeiler: bestehend aus Lig. cervicovesicale (Lig. vesicouterinum). Es zieht von der Zervix nach vorn zur Blase. Lig. pubovesicale. Es zieht von der Blase zur vorderen Beckenwand.

Parametrium (Beckenbindegewebe)

Es verläuft von der Beckenwand zur Zervix und umfasst diese. Das Parametrium wirkt wie ein Sprungnetz und hält den Uterus im kleinen Becken.

Seine wichtigsten Anteile sind das Lig. sacrouterinum und das Lig. cardinale auf beiden Seiten.

Ligamentum latum (breites Band = Peritoneum = Mesometrium)

Diese Bauchfellduplikatur zieht von den Uterusseitenbereichen zur seitlichen Beckenwand. Es besitzt wenig Bindegewebe und hat keine haltende Funktion.

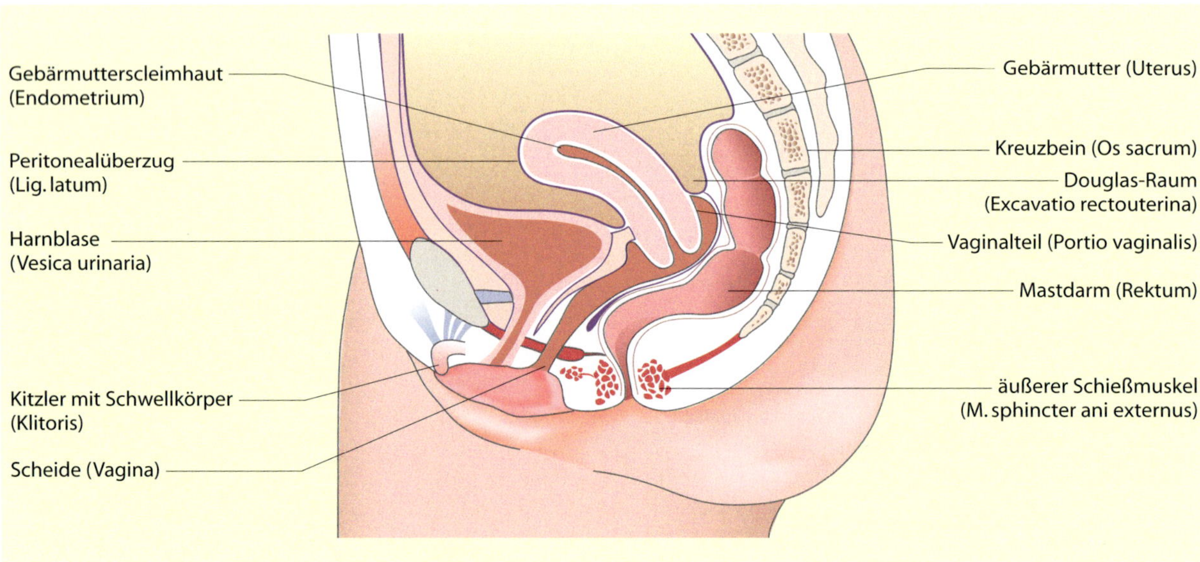

Abb. 8.1 Sagittalschnitt durch das weibliche Becken

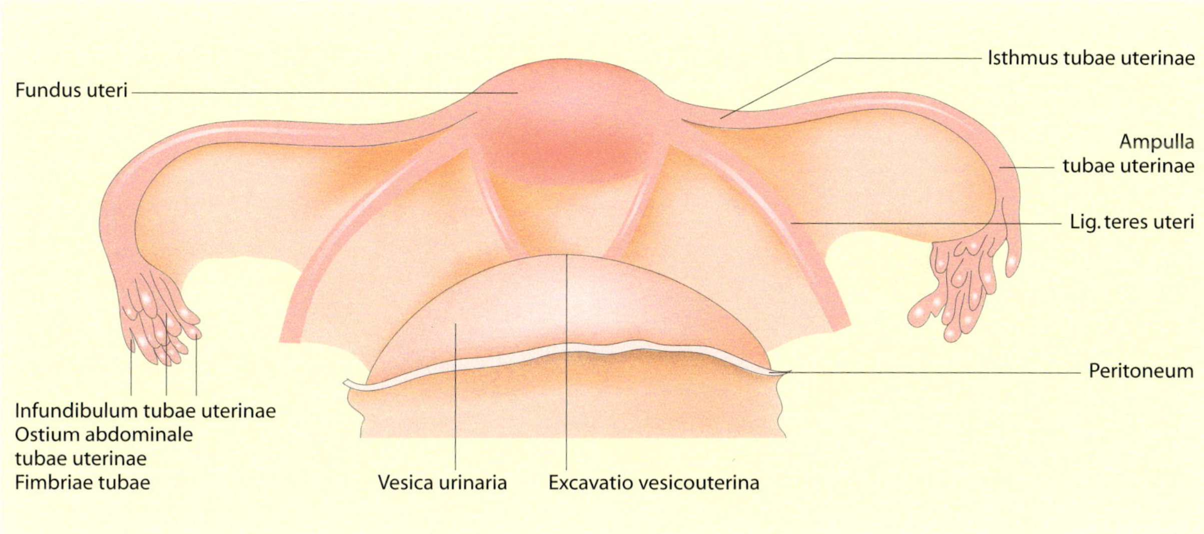

Abb. 8.2 Vorderansicht der inneren Geschlechtsorgane

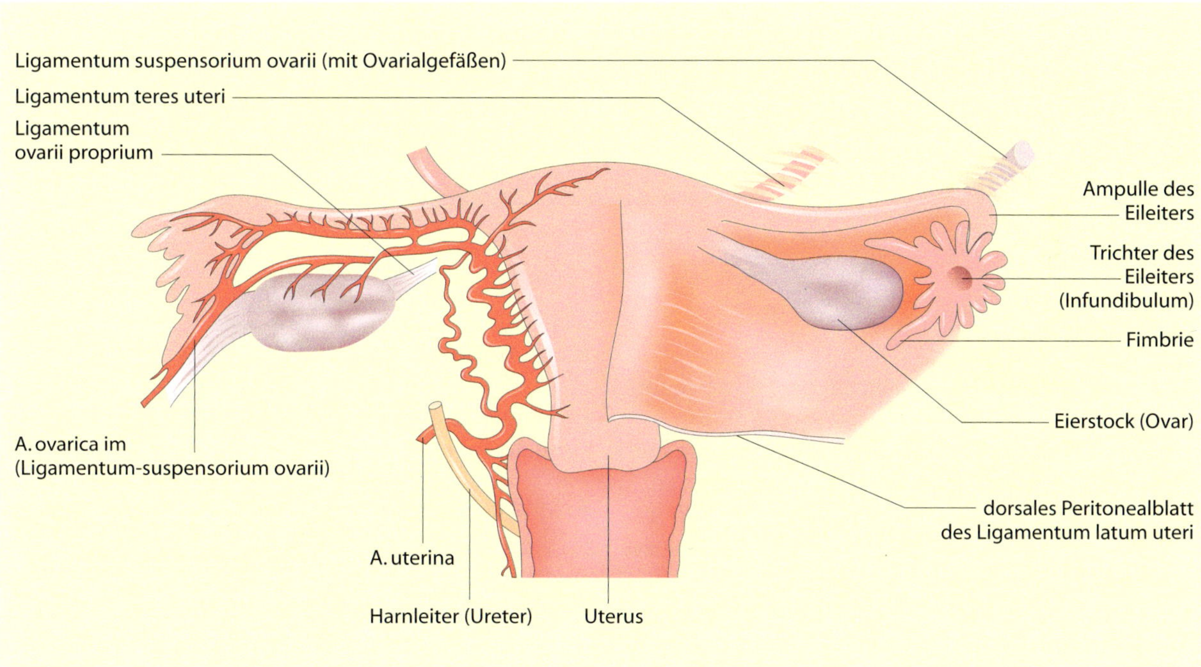

Abb. 8.3 Peritonealverhältnisse und Gefäßversorgung von Ovar, Tuben und Uterus. Ansicht von dorsal

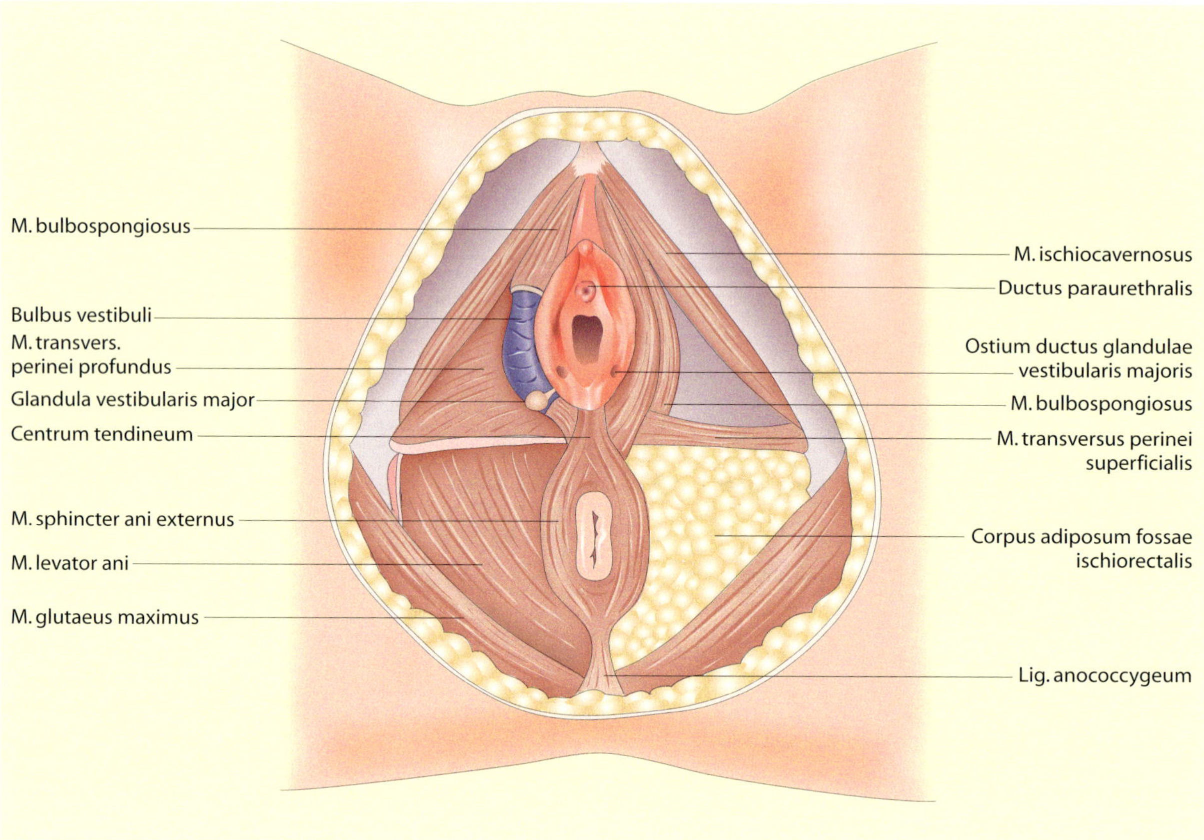

Abb. 8.4 Äußere Geschlechtsteile. Der tragfähige Beckenboden wird vor allem vom M. levator ani (Diaphragma pelvis) gebildet

Seine Anteile sind:

- Mesosalpinx. Bauchfellduplikatur, die die Tuben umgibt, gebildet aus beiden Blättern des Lig. latum.
- Mesoovarium. Bauchfellduplikatur aus dem hinteren Blatt des Lig. latum. Das Ovar liegt diesem Blatt an.

Excavatio rectouterina (Douglas-Raum). Einsenkung des Peritoneums zwischen Uterus und Rektum.

Excavatio vesicouterina. Einsenkung des Peritoneums zwischen Uterus und Blase.

8.1.2 Gefäßversorgung (Abb. 8.5)

Die A. uterina und die A. ovarica versorgen das weibliche Genitale.

Arteria uterina

Sie entspringt aus der A. iliaca interna, verläuft im Lig. cardinale über den Ureter.

Sie teilt sich in 2 Äste:

- R. descendens (cervicovaginalis). Versorgt die Zervix und das obere Scheidendrittel.
- R. ascendens (uterotubarius). Versorgt die Tube und den Corpus uteri.

Von beiden Rami gehen Äste ab, die die Vorder- und Rückwand der Gebärmutter versorgen.

Arteria ovarica

Sie entspringt aus der Aorta in Höhe der A. renalis. Sie zieht durch das Lig. suspensorium ovarii zum Ovar. Zwischen dem R. ascendens und der A. ovarica bestehen etliche Anastomosen (s. Abb. 8.5).

Die *Aa. vesicales inferiores* versorgen das mittlere Scheidendrittel.

Die *Aa. pudendalis und rectales* versorgen das untere Scheidendrittel und die Vulva.

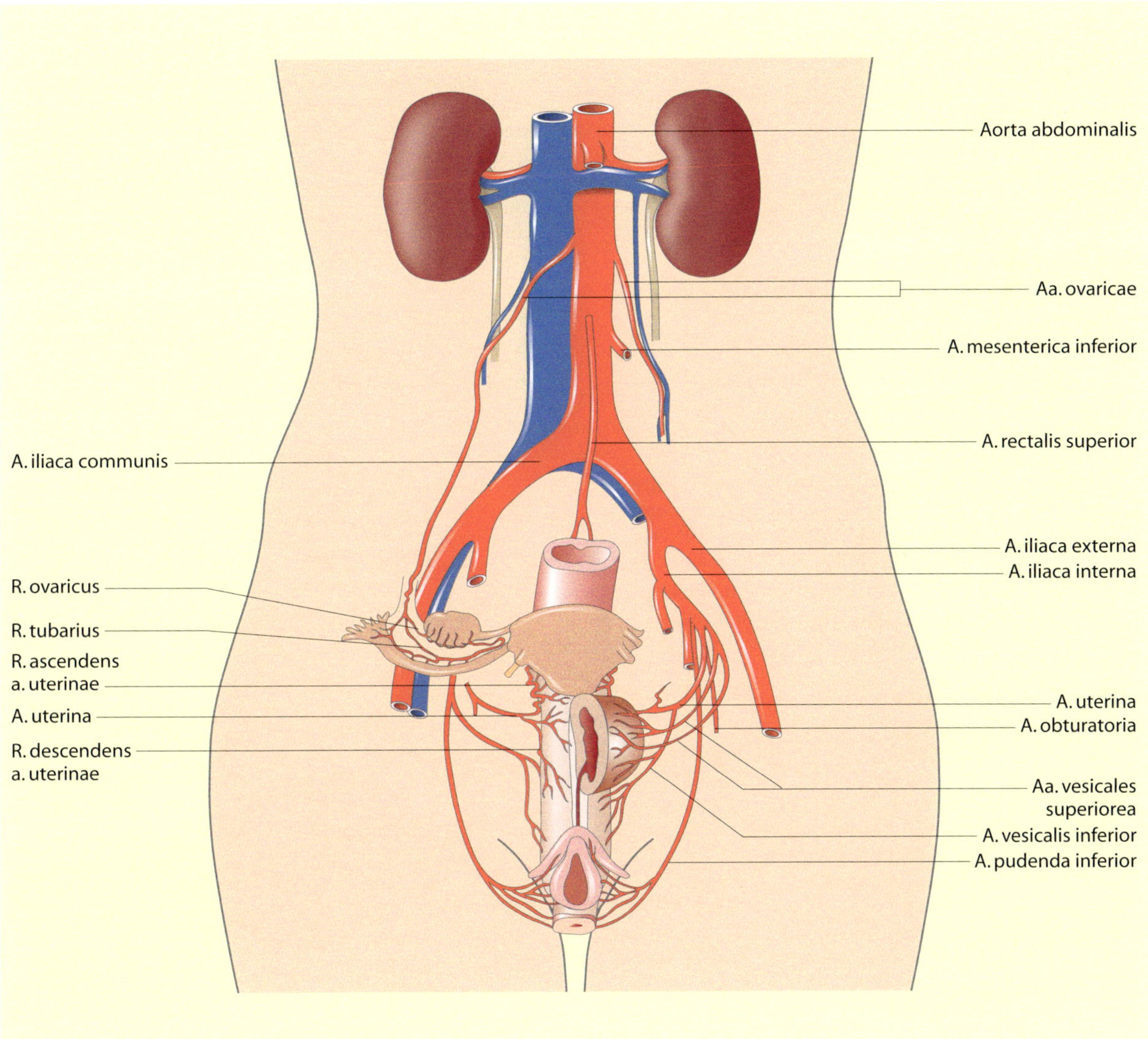

Abb. 8.5 Schematische Darstellung der Gefäßversorgung des weiblichen Genitale, der Harnblase und des Rektums. (Aus Diedrich 2000)

8.2 Zugänge in der Gynäkologie (Laparotomie)

8.2.1 Suprasymphysärer Faszienquerschnitt nach Pfannenstiel

Vorteile

- Weniger Platzbäuche durch den Wechselschnitt.
- Gute kosmetische Ergebnisse durch den Hautschnitt unterhalb vom Haaransatz.

Nachteil

- Schnitt kaum zu erweitern.

Suprasymphysärer Faszienquerschnitt nach Pfannenstiel

► Steinschnittlagerung mit abgesenkten Beinen (s. 8.3.1)

► Hautdesinfektion

► Hautschnitt quer, leicht bogenförmig, wenn möglich unterhalb des suprapubischen Haaransatzes. Durchtrennung des Subkutangewebes bis auf die Rektusscheide

► Quereröffnung der Faszie zunächst in der Mitte mit dem Skalpell, dann Erweiterung nach rechts und links mit der Cooper-Schere. Anklemmen der Faszienränder mit Kocher-Klemmen

► Lösen der Faszie von der Vorderwand der Rektusmuskulatur (Abb. 8.6). Dies ist weitgehend stumpf möglich. Die in der Mitte verlaufende Linea alba wird scharf durchtrennt

► Auseinander drängen der Rektusbäuche und Einsetzen von Roux-Haken

► Unterhalb der Rektusmuskulatur liegt die Fascia transversalis, die bei schlanken Patientinnen häufig eine Einheit mit dem Peritoneum bildet. Fassen der Fascia transversalis mit 2 chirurgischen Pinzetten und vorsichtiges Spalten mit dem Skalpell. Nachfassen des Peritoneums und Eröffnung; hierbei sind Verletzungen der Blase und des Darmes zu vermeiden. Verlängerung des Peritonealschnittes in Längsrichtung nach proximal und distal mit der Schere. Einsetzen von Haken, Sperrer oder Rahmen und Abstopfen der Darmschlingen mit Bauchtüchern

Verschluss.

► Anklemmen des Peritoneums mit 3–4 Mikulicz-Klemmen

► Tücher und Instrumente auf Vollständigkeit überprüfen (Dokumentation)

► Fortlaufende Peritonealnaht im oberen Wundwinkel beginnend

► Fortlaufende Adaptationsnaht der Rektusmuskeln, am distalen Wundwinkel beginnend. (Dazu kann die Peritonealnaht weiter genutzt werden.)

► Exakte Blutstillung

► Fasziennaht, entweder fortlaufend mit einem Schlingenfaden oder durch Einzelknopfnähte, z.B. der Stärke 1. Bei Einzelknopfnähten werden zunächst Ecknähte angelegt, die lang gelassen werden. Danach erfolgt eine Naht in der Mitte. Soll eine subfasziale Redon-Drainage eingelegt werden, so erfolgt dies nun. Der restliche Faszienverschluss erfolgt in fortlaufender Nahttechnik (Abb. 8.7)

► Exakte Blutstillung

► Eventuell Einbringen eines subkutanen Redons

► Eventuell Subkutannaht mit Einzelknopfnähten

► Hautklammerung oder Intrakutannaht

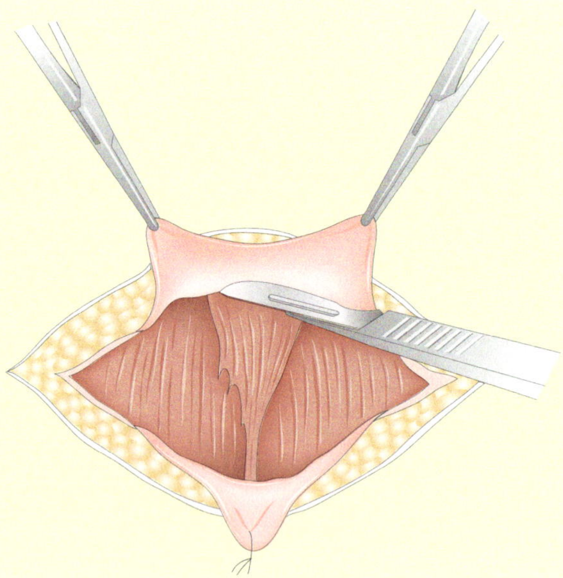

Abb. 8.6 Faszienquerschnitt nach Pfannenstiel: Lösen der Faszie von der Rektusmuskulatur

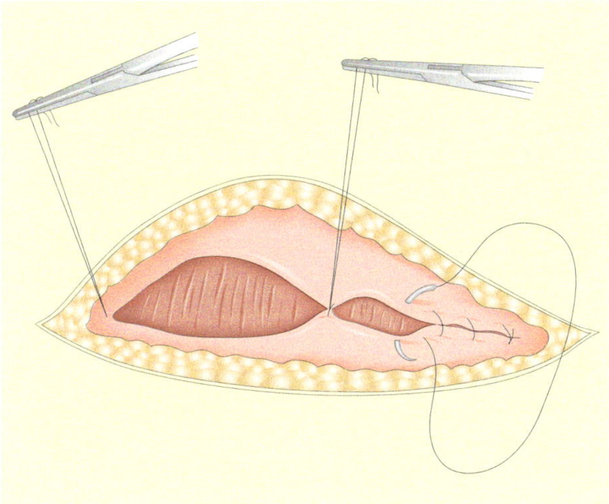

Abb. 8.7 Faszienquerschnitt nach Pfannenstiel: Verschluss der Faszie. (Beide aus Martius 1990)

8.2.2 Medianer Unterbauchlängsschnitt

Dieser wird bei größerem Raumbedarf angewendet.

Vorteile

- Gute Erweiterungsmöglichkeit.
- Geringere Blutungsgefahr.

Nachteile

- Platzbauch-, Herniengefahr.
- Das kosmetische Ergebnis ist schlechter als beim Pfannenstielschnitt.

Medianer Unterbauchlängsschnitt

- ► Steinschnittlagerung mit abgesenkten Beinen (s. 8.3.1)
- ► Längsschnitt im Bereich der Linea alba nach distal bis zur Symphyse, nach proximal bis zum Nabel. Bei Schnittverlängerung erfolgt ein linksseitiges Umschneiden des Nabels in ausreichendem Abstand zu diesem. Auf der rechten Seite verläuft das Lig. teres hepatis, ein verschlossener Rest der Nabelvene
- ► Durchtrennung des subkutanen Fettgewebes, dann Längsinzision der Faszie
- ► Es erscheinen die Ränder der Rektusmuskeln, die stumpf auseinander gedrängt werden
- ► Die Fascia transversalis und das präperitoneale Fettgewebe liegen frei. Eröffnen des Peritoneums durch beidseitiges Fassen, Anheben mit chirurgischen Pinzetten und Stichinzision mit dem Skalpell, Längserweiterung mit der Schere
- ► Einsetzen von Haken und Abstopfen des Darmes mit Bauchtüchern

Verschluss.

- ► Anklemmen des Peritoneums mit 4 Mikulicz-Klemmen
- ► Tücher und Instrumente auf Vollständigkeit überprüfen (Dokumentation)
- ► Unterschiedliche Nahttechniken sind möglich: das Fassen aller Schichten in fortlaufender Nahttechnik mit einem Schlingenfaden; der schichtweise Wundverschluss in fortlaufender oder Einzelknopfnahttechnik; die stabile Rekonstruktion der Bauchdecke, hier werden zunächst Rektusaponeurose, Muskulatur und Peritoneum durchstochen. Anschließend wird unter Bildung einer Schlaufe mit dieser Naht, mehr oberflächlich zurückgestochen; Subkutannaht
- ► Hautklammerung oder Intrakutannaht

8.3 Lagerungen

8.3.1 Steinschnittlagerung mit abgesenkten Beinen

Diese Lagerungsform wird bei allen gynäkologischen Laparotomien und Laparoskopien angewendet (Abb. 8.8).

- Der Rücken liegt flach, evtl. im Gesäßbereich etwas erhöht durch Abklappen des Tisches.
- Knie und Unterschenkel liegen in Halbschalen. Dabei ist zu beachten, dass dieser Bereich gut abgepolstert wird, um Nervenschäden zu vermeiden.

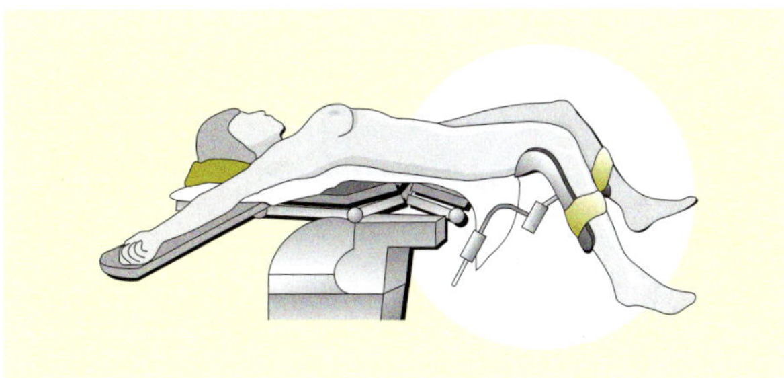

Abb. 8.8 Steinschnittlagerung mit abgesenkten Beinen

- Lagerung der Oberschenkel
  - *Laparotomie*: Lagerung der Oberschenkel in Verlängerung des Körpers; dadurch nähert sich das innere Genitale mehr der OP-Wunde.
  - *Laparoskopie*: Winkel der Oberschenkel zum Körper soll ca. 15–20° betragen. Dadurch werden die großen Gefäße weiter nach hinten gebracht und so die Verletzungsgefahr beim Einstich gemindert.
- Die Beine sind gespreizt, zwischen ihnen steht der zweite Assistent.
- Auslagerung und gutes Abpolstern der Arme.
- Anbringen der neutralen Elektrode nach Vorschrift.

8.3.2 Steinschnittlagerung mit hochgestellten Beinen

Diese Lagerung wird bei allen vaginalen Eingriffen angewendet (Abb. 8.9).

- Der Rücken liegt flach.
- Das Gesäß ragt etwas über das Tischende.
- Hüftbeugung knapp über 90° durch hochgestellte Halbschalen. Die Unterschenkel müssen gut gepolstert gelagert werden, damit Druckschäden des N. peronaeus vermieden werden.
- Weites Spreizen der Beine.
- Auslagerung und gutes Abpolstern der Arme.
- Anbringen der neutralen Elektrode nach Vorschrift.

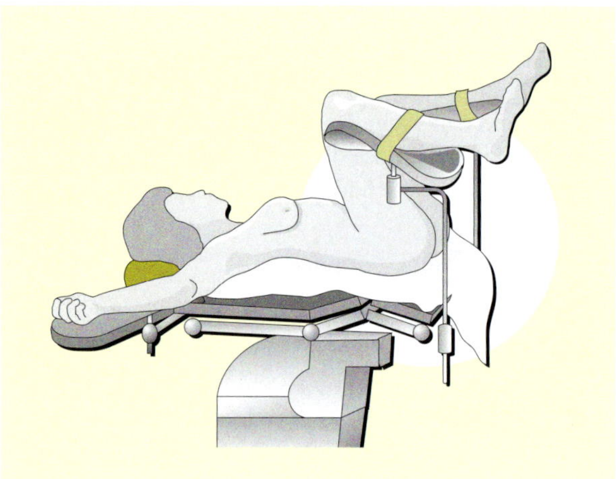

Abb. 8.9 Steinschnittlagerung mit hochgestellten Beinen

8.4 Gynäkologisches Instrumentarium

Da es sehr viele unterschiedliche, aber gleichwertige Instrumente gibt, wird hier eine Auswahl dargestellt.

8.4.1 Instrumente für abdominale Eingriffe (Abb. 8.10–8.20)

Allis-Klemme (s. Kap. 2)
Duval-Klemme (s. Kap. 2)

8.4.2 Instrumente für vaginale Eingriffe (Abb. 8.21–8.31)

Hysterektomiescheren (s. Abb. 8.11).
Parametrienklemmen (s. Abb. 8.14).
Allis-Klemme (s. Kap. 2).

8.4.3 Instrumente für die Laparoskopie (Abb. 8.32–8.43)

Auch hier wird wieder eine Auswahl der möglichen Instrumente dargestellt.

8.5 Operative Eingriffe

8.5.1 Marsupialisation

Bartholin-Abszess

Die Bartholin-Drüsen (Glandulae vestibulares majores, s. Abb. 8.4) produzieren ein Sekret, das die Scheide feucht hält. Sie liegen im Diaphragma urogenitale. Ihre Ausführungsgänge münden in den kleinen Labien. Verstopft der Ausführungsgang, so entsteht zunächst eine schmerzlose Retentionszyste. Bei einer eitrigen Sekundärinfektion bildet sich der Bartholin-Abszess.

Diese Erkrankung tritt meist einseitig auf und führt zu einer massiven Schwellung des hinteren Drittels der kleinen Labie.

Symptomatik

- 1. Tag: Missempfindungen.
- 2. Tag: beginnende Schwellung und Schmerzen.
- 3. Tag: erhebliche Schwellung und Schmerzen.
- 4. Tag: Reifung des Abszesses bis zum 6. Tag.

Weiter auf Seite 360

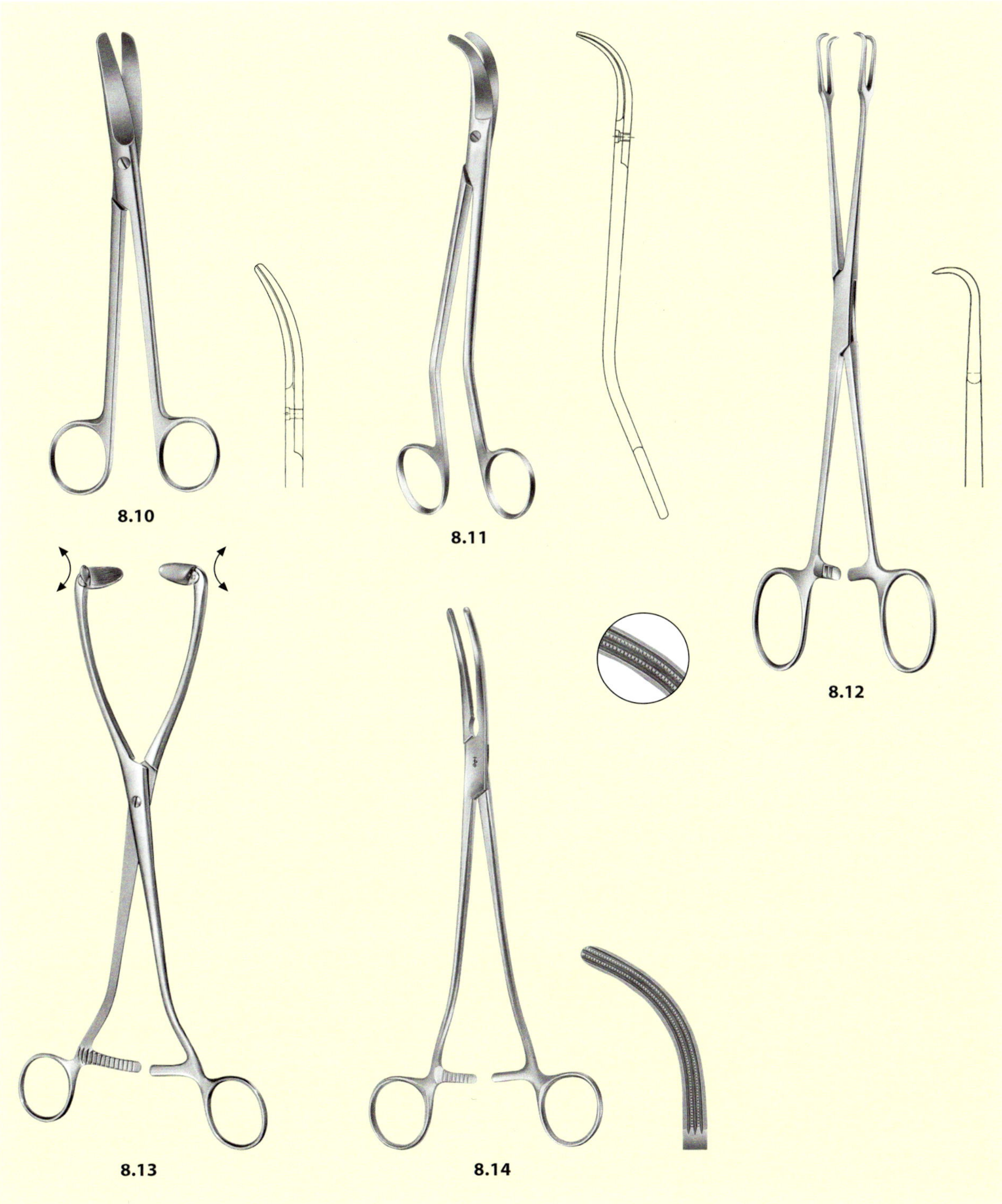

Abb. 8.10 Sims, Uterusschere
Abb. 8.11 Bozemann, Uterusschere, gebogen
Abb. 8.12 Museux, Fasszange
Abb. 8.13 Collin, Uterusfasszange mit beweglichen Maulteilen
Abb. 8.14 Wertheim, Parametriumklemme

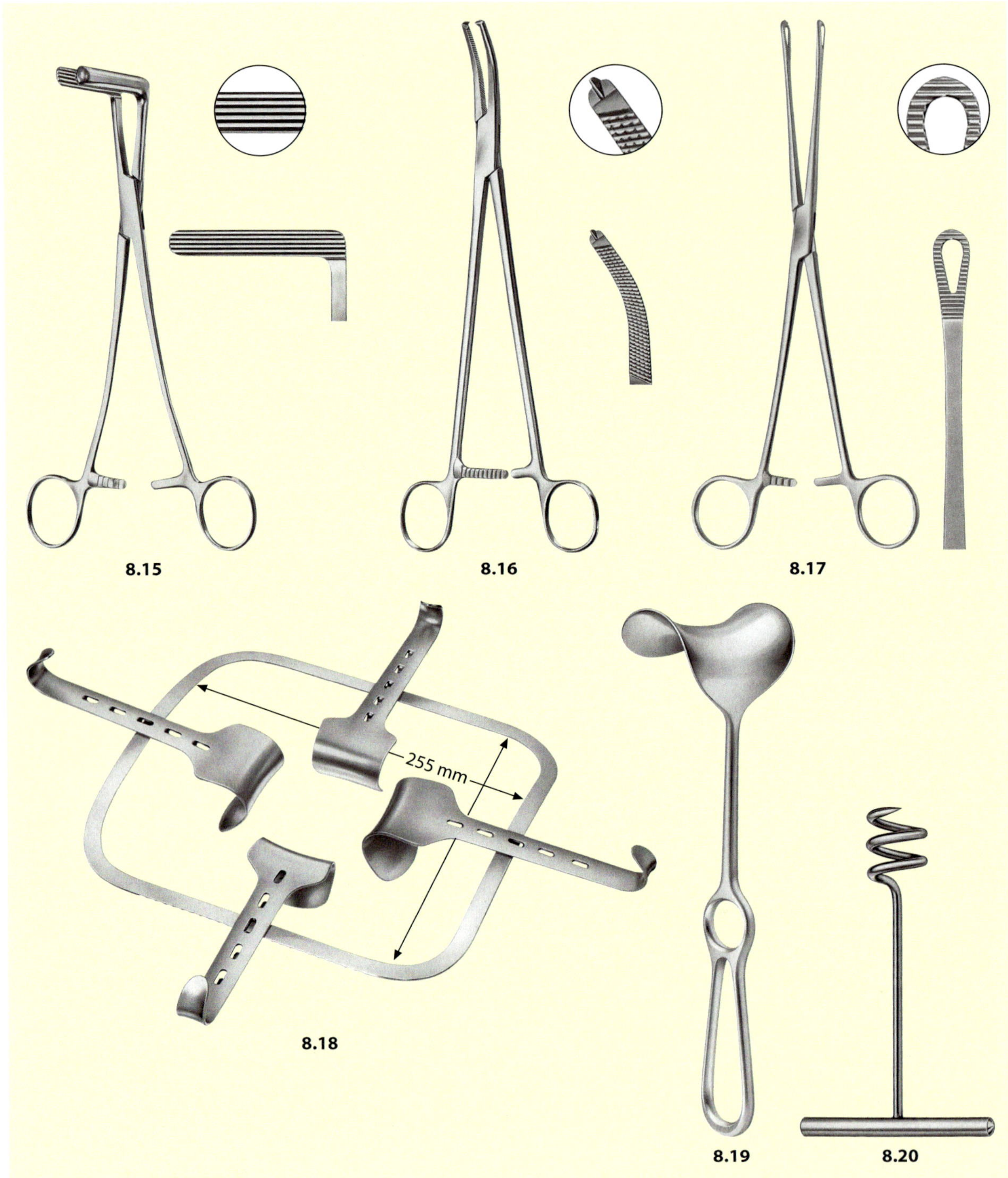

▫ Abb. 8.15 Wertheim-Cullen, Klemmzange
▫ Abb. 8.16 Wertheim, Hysterektomieklemme
▫ Abb. 8.17 Bonney, Ovarienzange
▫ Abb. 8.18 Kirschner, Bauchdeckenhalter
▫ Abb. 8.19 Fritsch, Bauchdeckenhaken
▫ Abb. 8.20 Doyen, Myomheber. (»Myombohrer«).
(Abb. 8.10–8.20 Fa. Aesculap)

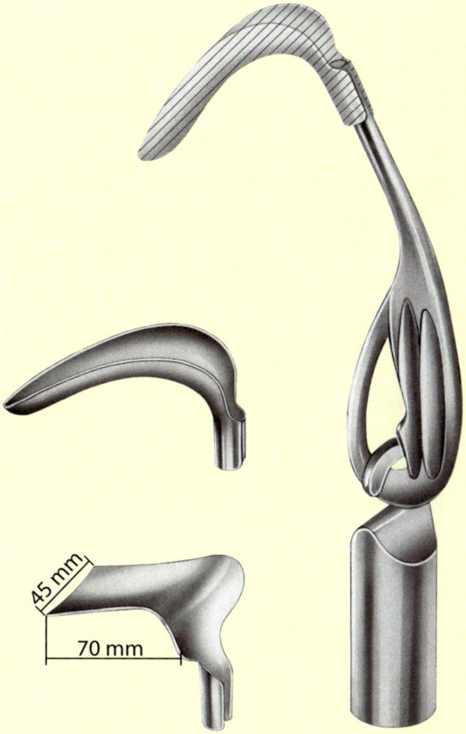

8.21

8.22

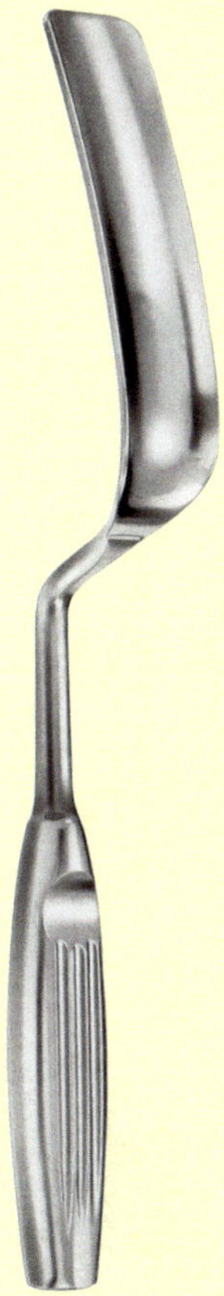

8.23

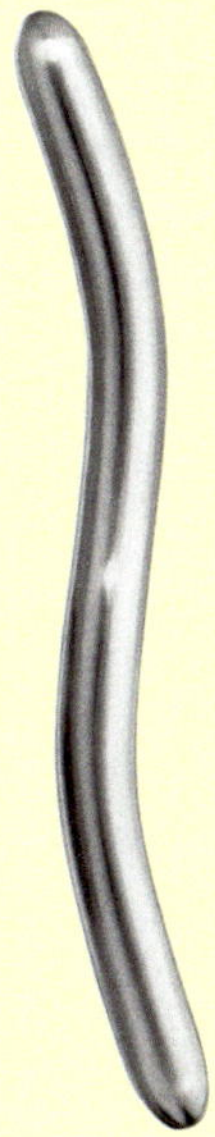

8.24

8.25

Abb. 8.21 Scherback, Scheidenspekula
Abb. 8.22 Kristeller, Scheidenspekula (unteres und oberes Blatt)
Abb. 8.23 Breisky, Scheidenspekulum
Abb. 8.24 Hegar, Uterusdilatator
Abb. 8.25 Hegar, Uterusdilatator

8.26

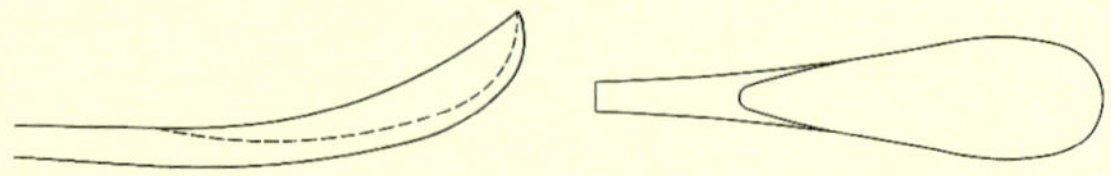

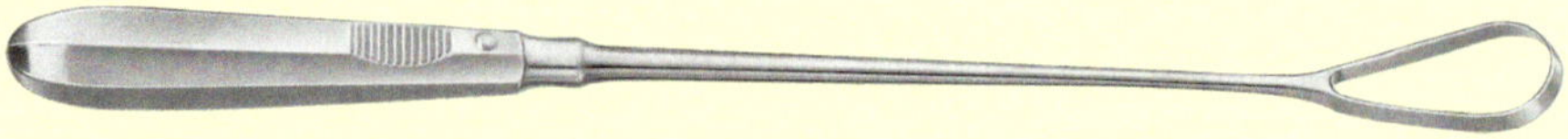

8.27

8.28

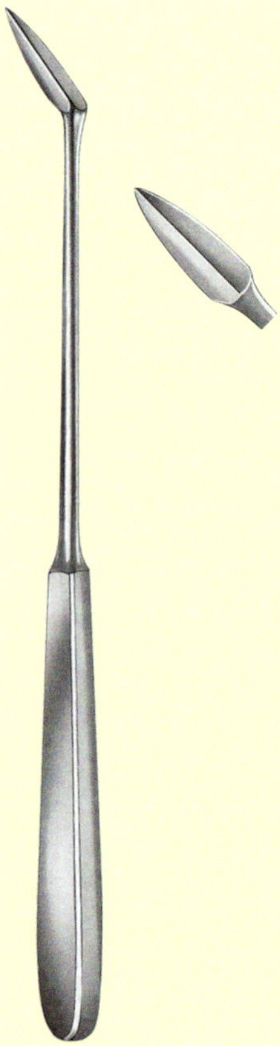

8.29

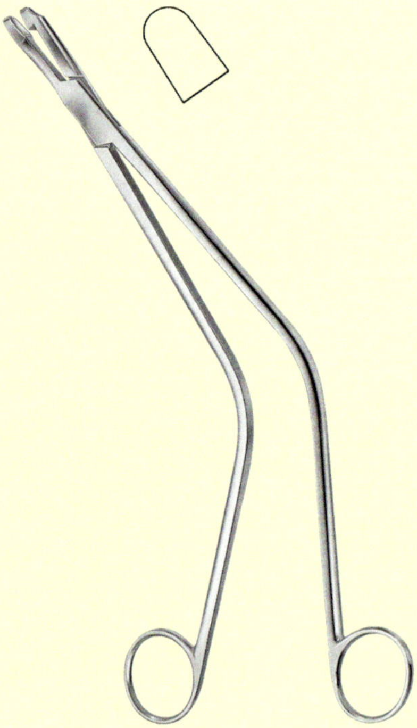

8.30

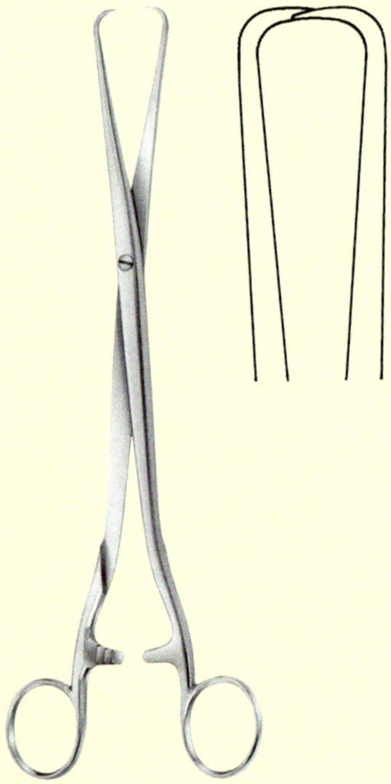

8.31

▪ Abb. 8.26 Wallich, Plazentar- und Abortuslöffel
▪ Abb. 8.27 Bumm, Kürette
▪ Abb. 8.28 Mayo, Uterussonde, biegsam
▪ Abb. 8.29 Konisationsmesser
▪ Abb. 8.30 Schubert, Biopsiezange
▪ Abb. 8.31 Schröder, Hakenzange. (»Kugelzange«). (Abb. 8.21–8.31 Fa. Aesculap)
▪ Abb. 8.32 Vakuum-Intrauterinsonde nach Semm
▪ Abb. 8.33 Universal-Operationslaparoskop
▪ Abb. 8.34 Pneumoperitoneumkanüle nach Veress
▪ Abb. 8.35 Trokar

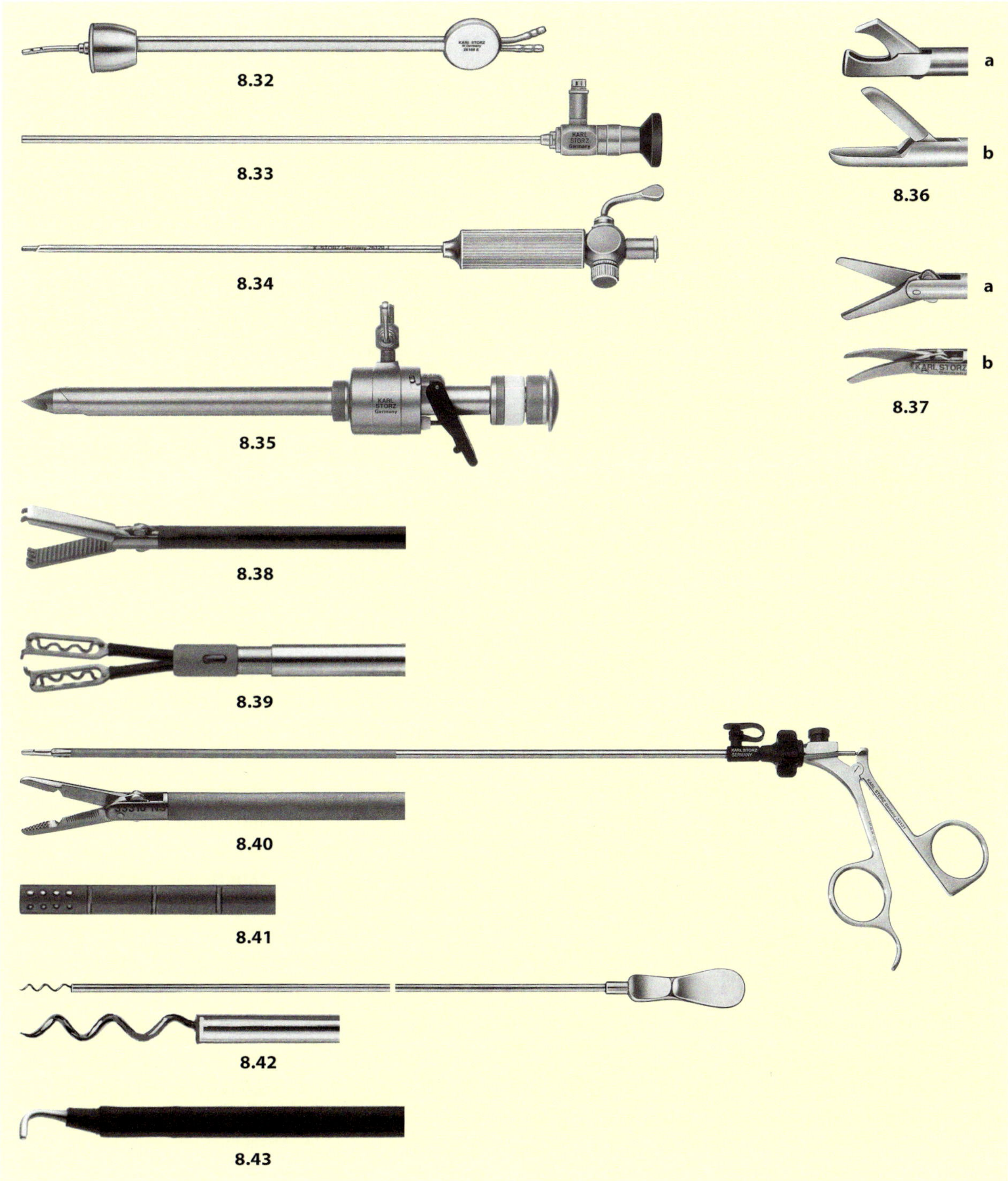

Abb. 8.36a,b Zangen zur Probeexzision. a nach Frangenheim, durchschneidend, b nach Manhes

Abb. 8.37a,b Scheren. a gerade, b gebogen

Abb. 8.38 Fasszange

Abb. 8.39 Fasszange, bipolar

Abb. 8.40a,b Nadelhalter mit Schere. a gesamtes Instrument, b vergrößerte Darstellung mit geöffnetem »Maul«

Abb. 8.41 Saug-Spül-Rohr

Abb. 8.42a,b Myom-Fixier-Instrument (»Myombohrer«). a gesamtes Instrument; b vergrößerte Darstellung des Bohrgewindes

Abb. 8.43 Unipolare Koagulationselektrode. (Abb. 8.32–8.43 Fa. Storz)

Operation

Prinzip

Die Marsupialisation (lat. marsupium = Beutel) dient der Sanierung eines Bartholin-Abszesses oder einer Zyste. Diese wird eröffnet, entleert, und ein neuer Drüsenausführungsgang wird geschaffen.

Instrumente

- Grundinstrumentarium (Wundset o. Ä.),
- Skalpell, Schere, Nadelhalter, evtl. Sauger und Lasche (s. 1.7),
- Abstrichröhrchen.

Lagerung

Steinschnittlagerung mit hochgestellten Beinen (s. 8.3.2).

Abdeckung

- Hauseigen. Stoffwäsche immer doppelt und wasserdicht oder beschichtet.
- Bei diesem Eingriff ist ein aufwendiges Abdecken nicht unbedingt erforderlich.

Marsupialisation

- ► Desinfektion von Vulva und Scheide, anschließend steriles Abdecken
- ► Hautinzision im Bereich der Mündungsstelle des verstopften Drüsenausganges an der Innenseite der kleinen Labie
- ► Entnahme eines bakteriologischen Abstriches
- ► Ausräumen des Abszesses meist mit dem Finger
- ► Beginn der Marsupialisation: Die Zystenwand wird von ihrem Grund vorgezogen und an der Schleimhaut der kleinen Labie mit resorbierbaren Einzelknopfnähten fixiert (3–0-Naht)
- ► Anschließend kann eine Lasche eingelegt werden, um den neuen Ausführungsgang offen zu halten.

Nach der Operation erhält die Patientin Sitzbäder.

8.5.2 Douglas-Punktion

Prinzip

Punktion des Sekretes im Douglas-Raum (s. Abb. 8.1) durch das hintere Scheidengewölbe. Bei dem Sekret kann es sich um Gewebsflüssigkeit, Blut oder Eiter handeln.

Im Zuge der Entwicklung der laparoskopischen Möglichkeiten sowie der deutlich verbesserten Ultraschallmethoden ist die Douglas-Punktion nahezu obsolet geworden.

Instrumente

- Spekula (s. Abb. 8.21–8.23),
- Hakenzangen/Kugelzangen (s. Abb. 8.31),
- ca. 12–18 cm lange, dicke Kanüle mit Spritze,
- evtl. Abstrichröhrchen.

Lagerung

- Steinschnittlagerung mit hochgestellten Beinen.
- Das Becken soll tiefer liegen als der Kopf, damit die Flüssigkeit nicht nach oben abfließt.

Abdeckung

Hauseigen, doppelt und wasserundurchlässig oder beschichtet.

Douglas-Punktion

- ► Desinfektion der Vagina
- ► Einstellen des hinteren Scheidengewölbes mit einem Spekulum
- ► Anhaken der hinteren Portio mit 2 Hakenzangen und kräftiges Anheben des Uterus
- ► Einstechen der Kanüle in das hintere Scheidengewölbe, ca. 1 cm von der Zervix entfernt; Aspiration
- ► Die Entnahme von bakteriologischem und zytologischem Unterschungsmaterial ist ratsam

Ergebnisse der Douglas-Punktion

- Aspiration von Gewebsflüssigkeit kann auf eine Ovarialzyste hinweisen, die bis tief in den Douglas reicht. Diese wird dann abpunktiert und zytologisch untersucht.
- Aspiration von altem, geronnenem Blut deutet auf eine rupturierte Extrauteringravidität (s. 8.6.3) hin. Bei diesem Befund folgt eine Laparoskopie oder/und eine Laparotomie.
- Aspiration von Eiter beweist einen Douglas-Abzess. Dieser wird durch eine Stichinzision der Scheidenhaut eröffnet (hintere Kolpozöliotomie) und mit einer gebogenen Kornzange erweitert. Ausräumung und Drainieren des Abszesses.

Diagnostisch beweist die Douglas-Punktion nur Flüssigkeit; eine Extrauteringravidität schließt sie z.B. nicht aus. Daher würde sich bei negativer Aspiration eine Laparoskopie anschließen.

8.5.3 Abrasio und Kürettage

Abrasio

Prinzip

Ausschabung des nichtschwangeren Uterus zu diagnostischen und therapeutischen Zwecken unter Verwendung von scharfen Küretten. Der Uterus wird mit scharfen Küretten ausgekratzt, da Teile des Endometriums zur Diagnostik gewonnen werden sollen.

Ist eine Differenzierung von Zervix- und Korpusschleimhaut notwendig, so erfolgt eine **fraktionierte Abrasio.**

Indikation

- Diagnostisch:
  - Klärung von Blutungsstörungen, insbesondere bei Postmenopausenblutungen.
  - Karzinomverdacht.
- Therapeutisch:
  - Endometriumreste können entfernt werden,
  - bei Hypermenorrhoen.

Instrumente

- Spekula, Hakenzangen/Kugelzangen,
- Uterussonde, Hegarstifte,
- scharfe Küretten, (s. 8.4.2)
- evtl. scharfe Löffel; anatomische Pinzette,
- 2 Histologiebecher.

Lagerung

Steinschnittlagerung mit hochgestellten Beinen.

Abdeckung

- Hauseigen, Stoffwäsche immer doppelt und wasserdicht oder beschichtet.
- Bei diesem Eingriff ist ein aufwendiges Abdecken nicht unbedingt erforderlich.

Fraktionierte Abrasio

- ▶ Narkoseuntersuchung
- ▶ Desinfektion von Vulva und Scheide, Einmalkatheterisierung, Abdeckung. Einstellen der Portio mit Spekula
- ▶ Anklemmen der vorderen Portio mit Hakenzangen
- ▶ Dilatation des Zervikalkanales mit dünnen Hegarstiften (ca. 5–6 mm)
- ▶ Zervixabrasio mit einer kleinen, scharfen Kürette. Eingehen bis zum inneren Muttermund. Die Kürette wird jedes Mal vollständig bis vor die Portio herausgezogen. Dieses Material muss streng vom Korpusmaterial getrennt werden!
- ▶ Uteruslängenbestimmung mit der Uterussonde, um eine spätere Perforation zu vermeiden
- ▶ Dilatation des Zervikalkanales bis auf ca. 8 mm (Abb. 8.44)
- ▶ Korpusabrasio mit scharfen Küretten. Eingehen, bis Funduskontakt entsteht, dann werden immer wieder lange Kürettenstriche vorgenommen bis zur Portio (im Uhrzeigersinn vorgehen, 3–6–9–12 Uhr, Abb. 8.45)
- ▶ Ausschaben der Tubenecken mit einer kleineren Kürette

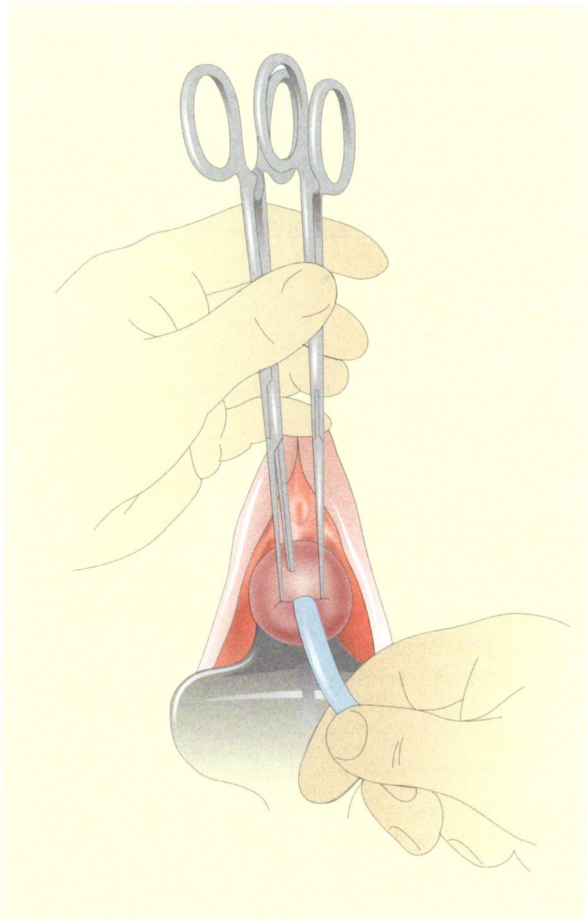

Abb. 8.44 Zervixdilatation

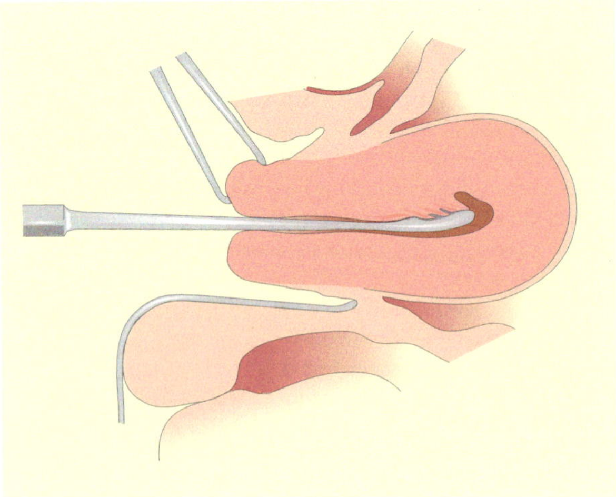

Abb. 8.45 Korpusabrasio. (Nach Martius 1990)

In vielen Kliniken wird zur weiteren diagnostischen Differenzierung im Vorfeld der Abrasio eine Gebärmutterspiegelung (Hysteroskopie) durchgeführt. Hierdurch können die Schleimhautverhältnisse besser beurteilt und z.B. polypöse Veränderungen sichtbar gemacht werden. Nach der Abrasio kann dann ggf. durch erneute Hysteroskopie kontrolliert werden, ob diese Veränderungen auch entfernt wurden.

Abortkürettage

Saugkürettage

- Absaugen des Schwangerschaftsproduktes in der Frühschwangerschaft bis zur 12.–14. Schwangerschaftswoche (SSW).
- Dies wird bei gestörten Schwangerschaften oder bei legalen Schwangerschaftsabbrüchen vorgenommen.

Vorteile

- Für das Endometrium die schonendste Methode,
- schnelles Vorgehen,
- geringer Blutverlust.

Operation

Prinzip

Ausschabung des schwangeren Uterus zur Entfernung von Schwangerschaftsmaterial unter Verwendung von stumpfen Küretten oder Saugküretten. In der Schwangerschaft ist die Uteruswand deutlich weicher als sonst, sodass wegen der hohen Perforationsgefahr keine scharfen Küretten verwendet werden sollen.

Saugkürettage

- Gleiches Vorgehen wie bei der Abrasio
- Dilatation des Zervikalkanales
- Die Saugkürette wird wie die Kürette geführt; hierbei zeigt die Saugöffnung gegen die Uteruswand
- Eventuell vorsichtiges Nachkürettieren
- Histologie

Kürettage mit stumpfen Küretten

- Gleiches Vorgehen wie bei der Abrasio
- Langsames Erweitern des Zervikalkanales mit Hegarstiften, die größer sind als bei der Abrasio (bis etwa 12 mm)
- Entfernen des Schwangerschaftsproduktes mit stumpfen Küretten und Abortzange
- Vorsichtiges Nachkürettieren, um ein Perforieren des weichen Uterus zu vermeiden und die basalen Schichten des Endometriums zu schonen (ggf. nach i.v.-Gabe von Oxytocin)

8.5.4 Konisation

Krankheitsbilder

Ektopie

Ein nichtkrankhaftes Hervortreten des Zervixzylinderepithels auf die Portiooberfläche, auf der sich normalerweise unverhorntes Plattenepithel befindet. Leiden die Patientinnen unter sehr starkem zervikalen Fluor oder besteht die Ektopie über mehrere Jahre, kann eine Konisation vorgenommen werden.

Zervixkarzinom

Da die Grenze zwischen dem Zervixepithel und dem Portioepithel – die karzinomgefährdete Zone – bei jungen Frauen mehr auf der Portio, bei älteren Frauen mehr im Zervikalkanalbereich liegt, wird bei jungen Frauen ein breiter, flacher Konus, bei älteren ein schmaler, hoher Konus entnommen.

Technik der Konisation

- Mit dem Skalpell – für eine genauere histologische Untersuchung zur Abklärung verdächtiger Abstriche – oder
- mit Lasertechnik (CO_2) oder
- mit dem elektrischen Messer/Schlinge – weniger Blutungen (z.B. Behandlung der Ektopie).

Operation

Prinzip

Ziel ist die Entnahme eines Gewebekegels aus der Portio, dessen Spitze bis in den oberen Anteil des Zervikalkanales reicht. Anschließend erfolgt eine fraktionierte Abrasio (s. 8.5.3).

Indikation

- Bei verdächtigen zytologischen Abstrichen (Papanicolaou-Abstrich Stadium IIId und IVa, IVb).

Die Konisation ist beim klinischen Karzinom kontraindiziert. Hier wird zunächst eine Probeentnahme vorgenommen.

Ziel

- Exakte histologische Untersuchung.
- Bei nichtinvasiven Neoplasien oder schweren Dysplasien der Zervix endgültige Therapie durch die Entfernung des veränderten Gewebes im Gesunden.

Instrumente

- Spekula, auch seitliche Spekula, z. B. Breisky (s. Abb. 8.23).
- Hakenzangen/Kugelzangen, langer Skalpellgriff, evtl. Konisationsmesser.
- Kornzangen, mittellange chirurgische und anatomische Pinzette.
- Mittellange Schere, Nadelhalter.
- Uterussonde, scharfe Küretten, Hegarstifte.
- Diathermie, evtl. Kugelelektrode, Schlinge, Thermokoagulator.

Lagerung

Steinschnittlagerung mit hochgestellten Beinen.

Abdeckung

- Hauseigen, aber Stoffwäsche immer doppelt und wasserundurchlässig oder beschichtet.
- *Beispiel:* Wasserdichtes Tuch unter das Gesäß; separate Abdeckung der Beine mit »Beinlingen«; obere Abdeckung zur Anästhesie.

Konisation

- ► Desinfektion von Vulva und Scheide, Einmalkatheterisierung, anschließende Abdeckung
- ► Einstellen der Portio mit Spekula
- ► Eventuell Infiltration eines vasokonstriktorischen Medikamentes oder beidseitige Umstechung des absteigenden zervikalen Astes der A. uterina
- ► Anfärben der Portio mit einem in Jodlösung (Lugol-Lösung) getränkten Tupfer. Normales Plattenepithel verfärbt sich dann bräunlich, nichtgesunde Bezirke verfärben sich nicht oder werden weißlich. So können die Resektionsgrenzen bestimmt werden
- ► Seitliches Anklemmen der Portio mit Hakenzangen
- ► Dilatation des Zervikalkanales mit Hegarstiften 8–8,5 mm
- ► Umschneiden der Portio mit dem Skalpell, der Schere (Abb. 8.46), dem abgewinkelten Konisationsmesser, dem Laser oder elektrisch
- ► Markierung des entnommenen Konus mit einem Faden bei »12 Uhr«
- ► Nun erfolgt immer eine fraktionierte Abrasio, um sich über die Konisation im Gesunden zu vergewissern
- ► Blutstillung z. B. mit einer Kugelelektrode oder Thermokoagulator. Eventuell jetzt Umstechung des absteigenden zervikalen Astes der A. uterina
- ► Eventuell Sicherung der Wunde mit einer Sturmdorff-Naht (Abb. 8.47). Gefahr der Zervixeinengung; Beeinträchtigung späterer Krebsvorsorgeuntersuchungen möglich
- ► Je nach hausüblicher Technik Streifentamponade und Legen eines Dauerkatheters über 24 h

Komplikationen

- Nachblutungen,
- Zervixinsuffizienz im Falle einer Schwangerschaft.

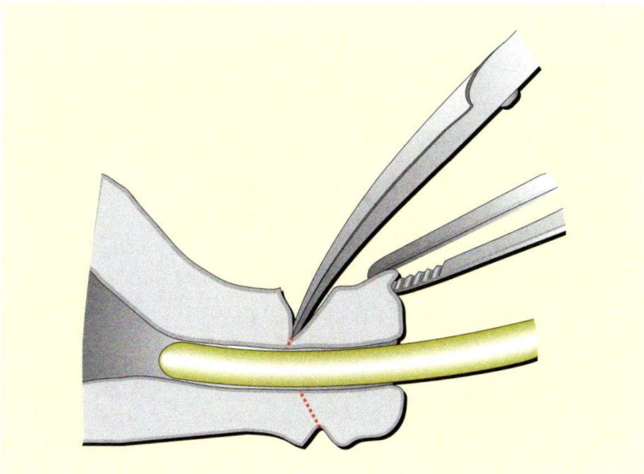

Abb. 8.46 Konisation

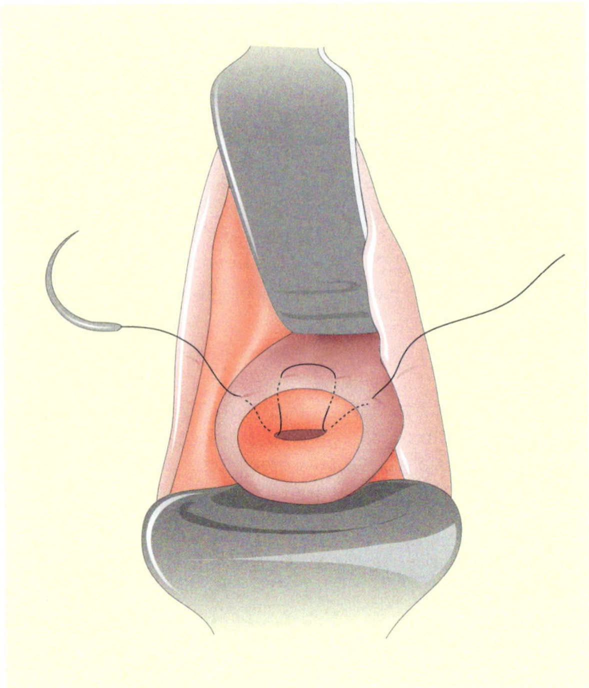

Abb. 8.47 Sturmdorff-Naht zur Sicherung der Wunde bei Konisation. (Nach Martius 1990)

8.5.5 Operationen bei Zervixinsuffizienz

Indikation

- Insuffizienz des Gebärmutterhalses in der Schwangerschaft.
  Schon während des zweiten Schwangerschaftsdrittels wird der Verschlussmechanismus geschwächt. Es kommt zur Verkürzung und Auflockerung der Zervix. Der Muttermund öffnet sich, mit der Gefahr des vorzeitigen Blasensprungs.
- Zur Prophylaxe bei vorausgegangenen Spätaborten.
- Als Therapie bei Eröffnung des inneren Muttermundes vor der 28. SSW.

Instrumentarium

- Spekula, Ovarfasszangen (s. Abb. 8.17),
- Tupfer, Nadelhalter und ein nichtresorbierbarer Polyesterfaden (oder Shirodkar-Band).

Lagerung

- Steinschnittlagerung mit hochgestellten Beinen,
- maximale Beckenhochlage.

Abdeckung

- Hauseigen, Stoffwäsche doppelt und wasserundurchlässig oder beschichtet.
- *Beispiel:* Wasserdichtes Tuch unter das Gesäß; separate Abdeckung der Beine mit »Beinlingen«; obere Abdeckung zur Anästhesie.

Cerclage nach McDonald

- Desinfektion der Scheide
- Anklemmen der Portio mit Ovarfasszangen
- Legen der nichtresorbierbaren subkutanen Naht, die 4-mal ausgestochen wird. Dabei darf sie nicht zu stark angezogen werden, um eine gute Durchblutung zu gewährleisten
- Entfernung des Fadens möglichst nicht vor der 37. SSW

Cerclage nach Shirodkar

- Vorgehen wie bei Cerclage nach McDonald
- Die Scheidenhaut wird an der Zervix jeweils vorne und hinten ein wenig inzidiert. Blase und Rektum werden mit Präpariertupfern hochgeschoben, um die Naht möglichst hoch legen zu können. Ein nichtresorbierbarer Polyesterfaden/band mit stumpfer Nadel wird dicht unter der Portiohaut um die Zervix herumgeführt. Der Einstich erfolgt bei »12 Uhr«; es kann bei »6 Uhr« einmal ausgestochen werden

Totaler Muttermundverschluss nach Szendi

- Desinfektion der Scheide
- Seitliches Anhaken der Zervix mit 2 Kugelzangen. Zirkuläre Umschneidung des Portioepithels und Deepithelialisierung mit dem Skalpell bis zum äußeren Muttermund. Entfernung des Zervixschleims und nochmalige Desinfektion der Zervix
- Zweischichtige Aufeinandernähung der vorderen und der hinteren Muttermundlippe mit resorbierbaren Einzelknopfnähten
- Adaptation des hinteren und des vorderen Epithelrandes durch eine quer verlaufende nichtresorbierbare Intrakutannaht
- Entfernung der Intrakutannaht nach ca. 10 Tagen

8.5.6 Vaginale Hysterektomie

Indikationen

- Bei erhöhtem allgemeinem OP-Risiko.
- In Kombination mit Deszensusoperationen.
- Beim Uterus myomatosus, wenn dieser Faustgröße nicht überschreitet. Sonst muss ein Morcellement (Zerstückelung) oder eine Hemisectio durchgeführt werden. Manchmal ist es erforderlich die bereits narkotisierte Patientin präoperativ von vaginal aus zu untersuchen und dann erst die definitive Entscheidung über den Zugang zu treffen.
- Wenn keine Indikation zur Revision der Bauchhöhle besteht.

Vorteile

- Geringes operatives Trauma,
- leichtere postoperative Mobilisierung der Patientinnen,
- geringeres Thromboserisiko.

Nachteile

- Eingeschränkte Möglichkeit an den Adnexen zu operieren.
- Technisch schwierig bei Voroperationen am Uterus (z.B. Sectio).

Instrumentarium

- Grundinstrumentarium.
- Instrumente zum vaginalen Operieren, diverse Spekula (z.B. Scherbak, Breisky), Hakenzangen/Kugelzangen (s. 8.4.2).
- Kräftige Schere (Wertheim), Ovarienzangen, Parametriumklemmen und »Gegenklemmen« (z.B. Kocher-Klemmen).
- Einmalkatheter, Blasenverweilkatheter oder suprapubische Ableitung (s. 9.3).

Lagerung

Steinschnittlagerung mit hochgestellten Beinen.

Abdeckung

- Hauseigen, Stoffwäsche immer doppelt und wasserundurchlässig oder beschichtet.
- *Beispiel:* Wasserdichtes Tuch unter das Gesäß; separate Abdeckung der Beine mit »Beinlingen«; obere Abdeckung zur Anästhesie, die in Nabelhöhe beginnt; über den Unterbauch ein zusätzliches Tuch.
- Der Operateur sitzt vor dem Gesäß der Patientin und muss daher zusätzlich wasserdicht beschürzt werden.

Vaginale Hysterektomie

- ► Narkoseuntersuchung
- ► Abwaschen der Scheide und des Unterbauches, falls eine Eröffnung des Bauches notwendig wird; anschließend Abdecken
- ► Einmalkatheterisierung
- ► Einstellen und Anhaken der Portio mit Spekula und Hakenzangen. Nach hinten z.B. Einsetzen des Scherbak-Spekulums. Die Portio kann zunächst mit einem schmalen vorderen Spekulum eingestellt werden (Abb. 8.48)
- ► Zirkuläres Umschneiden der Portio mit dem Skalpell
- ► Vorderer Scheidenschnitt (vordere Kolpotomie; Abb. 8.49): Präparation und Durchtrennung der Bindegewebsschicht zwischen der Blase und der vorderen Scheidenwand mit Präpariertupfer und Schere (Lig. cervicovesicale). Weiteres Lösen meist digital möglich. Die Blasenpfeiler werden umstochen und durchtrennt
- ► Darstellung der vorderen Peritonealumschlagfalte und Eröffnung (vordere Kolpozöliotomie) mit der Schere, anschließend Fadenmarkierung. Dieser Schritt kann auch später, nach der hinteren Kolpotomie, erfolgen

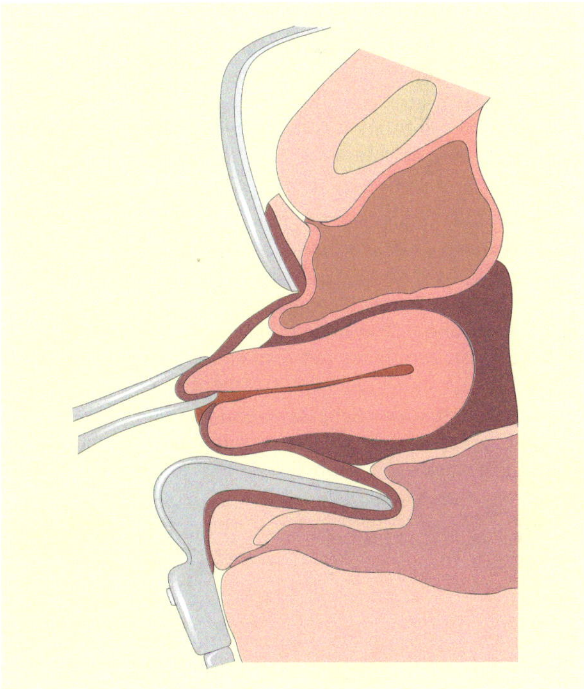

Abb. 8.48 Anhaken und Einstellen der Portio

- Hinterer Scheidenschnitt (hintere Kolpotomie): Die Hakenzangen werden nach oben gezogen. Durchtrennung der Bindegewebsplatte zwischen dem Rektum und der hinteren Scheidenwand (Septum rectovaginale), dicht an der hinteren Zervixwand. Es ist weniger Präparation erforderlich, da das Douglas-Peritoneum wesentlich weiter nach unten reicht
- Eröffnung des Douglas-Raumes (hintere Kolpozöliotomie)
- Absetzen der Parametrien: Die einzelnen Ligamente und Gewebszüge werden immer abwechselnd rechts und links umstochen und in nicht zu großen Schritten abgesetzt. Man verwendet hierzu Parametrienklemmen, eine kräftige Schere und resorbierbare Durchstechungen der Stärke 1. Es wird mit dem dorsalen Anteil des Parametriums begonnen, den Ligg. sacrouterina
- Absetzen der Uterinagefäße und der Ligg. cardinalia. Sind die Parametriumanteile abgesetzt, hängt der Uterus nur noch an den Ligg. rotunda und den Adnexen
- Stürzen des Uterus: Eine Hakenzange an der Portio wird entfernt und an die Hinterwand des Uterus geklemmt. Der Uterus wird vorgezogen, bis der Fundus zu sehen ist (Abb. 8.50). Bei einem großen Uterus ist evtl. ein Morcellement (Zerstückelung des Uterus mit dem Messer) oder eine Hemisectio mit sagittaler Spaltung des Uterus notwendig. Dabei dürfen die Adnexgefäße nicht verletzt werden
- Darstellung der Adnexe: Sollen diese erhalten bleiben, werden sie am Uterusansatz umstochen und abgesetzt. Getrennte Umstechungen des Lig. ovarii proprium, der Tube und des Lig. teres uteri. Die Nähte werden lang gelassen und angeklemmt
- Entfernen des Uterus
- Inspektion der Adnexe
- Verschluss des Peritoneums (Abb. 8.51): Rechts und links wird eine Ecknaht gelegt, die nacheinander das vordere Peritonealblatt, das Lig. teres uteri, den parametranen Stumpf und das hintere Peritonealblatt fasst. Verschluss der restlichen Peritonealwunde. Die Stümpfe liegen nun extraperitoneal
- Verschluss der Scheidenwunde: Legen von Ecknähten, ohne dass die extraperitonealen Stümpfe mitgefasst werden, dann Einzelknopfnähte
- Abschließend Legen eines Blasenverweilkatheters oder einer suprapubischen Ableitung

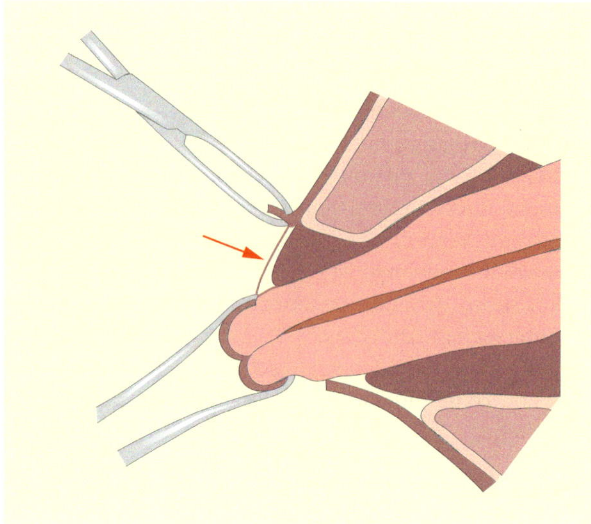

Abb. 8.49 Vorderer Scheidenschnitt

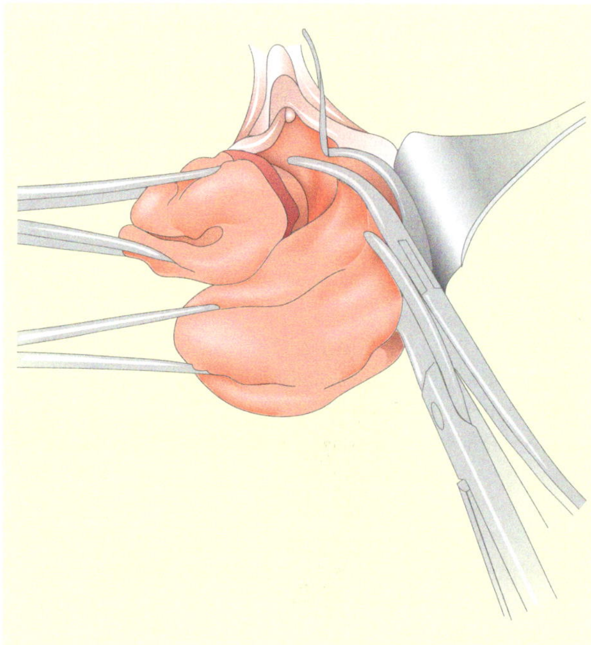

Abb. 8.50 Uterus luxiert (»gestürzt«). (Abb. 8.48–8.50 nach Hepp et al. 1991)

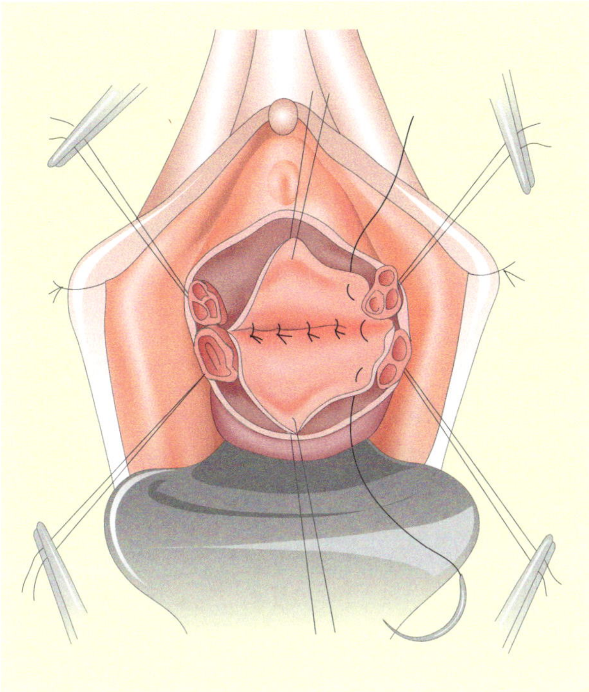

▪ Abb. 8.51 Verschluss des Peritoneums. (Nach Martius 1990)

8.5.7 Genitaldeszensus

Krankheitsbild

Der *Uterus* wird in seiner korrekten Lage im kleinen Becken durch folgende Bänder gehalten (▪ s. 8.1):

- Ligg. sacrouterina: Uterus hängt am Sakrum.
- Ligg. cardinalia: mittelständige Lage.
- Ligg. teres uteri: Anteversio.

Aus einem Defekt dieses Halteapparates entsteht der *Descensus uteri.*

Die *Vagina* ist in ihrem unteren Anteil durch das Perineum (Damm) und die Levatormuskulatur, in ihrem oberen Anteil durch das Beckenbindegewebe fixiert. Besteht hier ein Defekt, so entsteht der *Descensus vaginae.*

Aus der Insuffizienz dieser Haltevorrichtungen entstehen Erkrankungen:

- Durch Erschlaffung der vorderen Scheidenwand
  - Zystozele.
  - Urethrozystozele mit evtl. Folge der Harninkontinenz.
- Durch Erschlaffung der hinteren Scheidenwand
  - Rektozele.
  - Enterozele.

Descensus uteri und Descensus vaginae können auch zusammen auftreten (*Descensus genitalis*).

Ursachen

- Überdehnung und Verletzung durch Geburten.
- Primäre oder sekundäre (altersbedingte, durch Östrogenmangel in der Menopause) Bindegewebsschwäche.
- Erhöhter intraabdomineller Druck, durch Husten, Heben, Tumoren.

Operative Therapie

- Descensus vaginae: vordere und hintere Scheidenplastik (Kolporrhaphie), Raffung und Stützung der Scheidenwand mit Levatorplastik (▪ Abb. 8.52).
- Descensus uteri: vaginale Hysterektomie mit vorderer und hinterer Scheidenplastik.

Operationen bei Descensus genitalis

▪▪▪ Lagerung, Abdeckung

Vorbereitungsmaßnahmen wie bei der vaginalen Hysterektomie. ▪ Siehe hierzu 8.5.6.

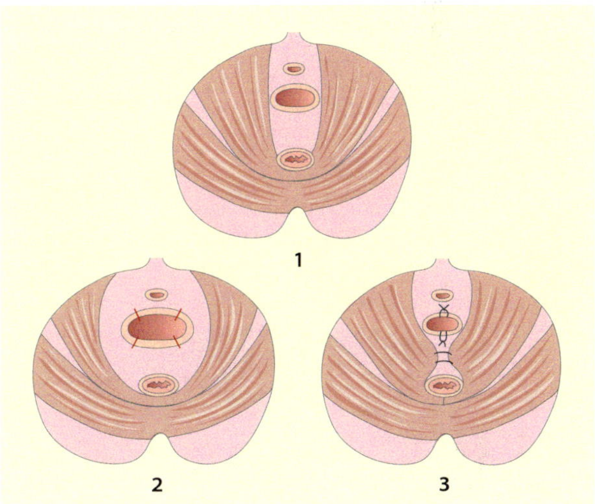

▪ Abb. 8.52 Schematische Darstellung der Scheidenplastiken. *1* Normalzustand; *2* Erweiterung des Hiatus genitalis; *3* Verengung des Hiatus genitalis, durch u. a. Teilresektion der Scheidenwände; Levatornähte über dem Rektum. (Nach Kern 1970)

Vordere Kolporrhaphie/vordere Plastik

Behebung der Zystourethrozele.

- Einsetzen der Spekula, Anklemmen und Vorziehen der Portio mit Hakenzangen
- Hervorziehen der vorderen Scheidenwand mit Kocher- oder Allis-Klemmen. Spalten der Vaginalhaut durch eine mittlere Längsinzision von der Harnröhrenmündung bis zur Portio. Dabei soll das Bindegewebe noch intakt bleiben
- Anklemmen der Schnittkanten mit Kocher- oder Allis-Klemmen und Anheben der jeweiligen Seite zum seitlichen Abpräparieren der Scheidenhaut und des Septum vesicovaginale mit Skalpell, Schere und Präptupfer (Abb. 8.53). Darstellung der Blase
- Anheben der Blase mit Pinzetten und Lösen des Gewebes zwischen Blase und vorderer Zervixwand. Seitliches Abdrängen der Blasenpfeiler. Wenn die deszendierte Blase so weit mobilisiert ist, dass sie in ihre spätere Lage zurückgedrängt werden kann, ist die Blasenpräparation korrekt durchgeführt. Seitlich muss die endopelvine Faszie zu erkennen sein
- *(Nun beginnt die vaginale Hysterektomie. Alternativ kann aber auch mit der Hysterektomie angefangen und im Anschluss daran die Scheidenplastiken vorgenommen werden. Am Ende der Hysterektomie ist beim Peritonealverschluss darauf zu achten, dass die Peritonealisierung möglichst hoch durchgeführt wird.)*
- Versorgen der Zystozele durch Legen von paraurethralen Nähten, die die Urethra anheben und den Urethrablasenwinkel wiederherstellen
- Zum Anheben des Blasenbodens werden die Kocher-Klemmen auseinander gezogen und das seitliche Bindegewebslager (endopelvine Faszie) mit Einzelknopfnähten in der Mittellinie vereinigt. Angefangen wird im Bereich der Blasenpfeiler, bis hin zum paraurethralen Bindegewebe (Abb. 8.54)
- Gegebenenfalls Resektion von überschüssiger Scheidenhaut
- Spannungsfreier Verschluss der Vaginalhaut mit Einzelknopf- oder Z-Nähten

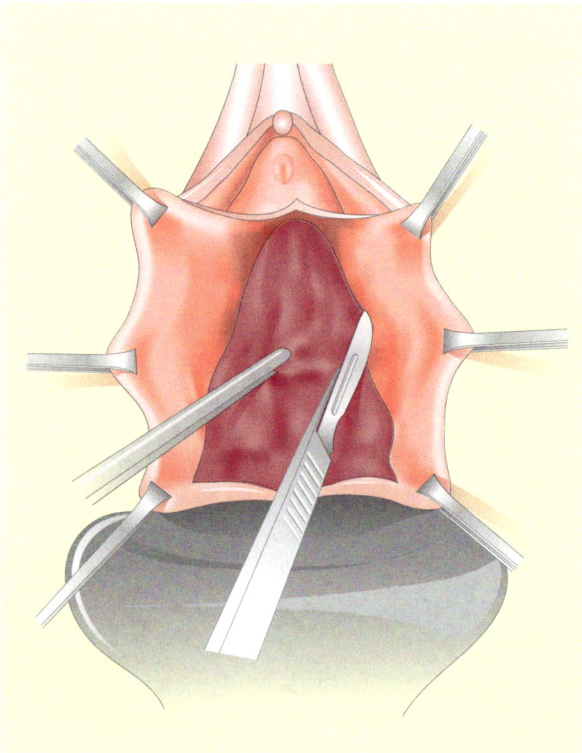

Abb. 8.53 Vordere Scheidenplastik, seitliches Abpräparieren der Scheidenhaut und des Septum vesicovaginale

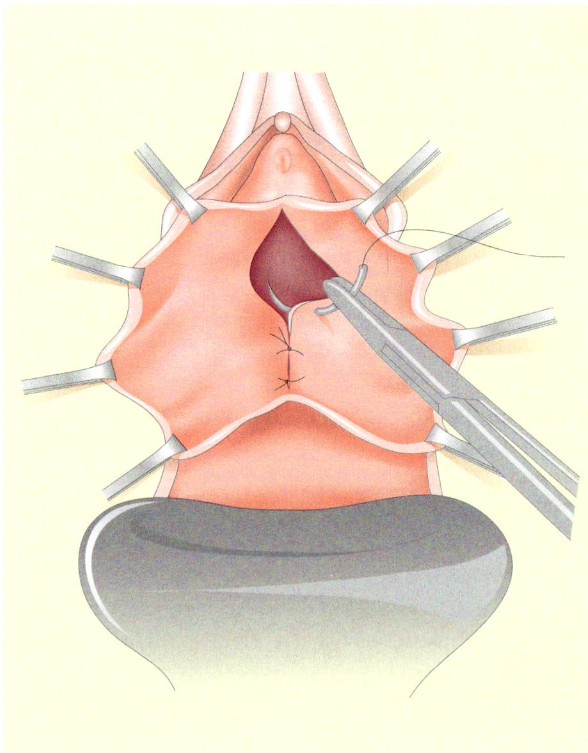

Abb. 8.54 Vordere Scheidenplastik, Anheben des Blasenbodens

Hintere Kolpoperineorrhaphie/hintere Plastik

Zur Behebung der Rektozele

- ▶ Beidseitiges Anklemmen einer Hakenzange am Übergang Damm und Scheidenhaut. In der Mittellinie, am höchsten Punkt der sich anschließenden hinteren Scheideninzisionsstelle, wird eine Kocher-Klemme angesetzt. Nun sind die Inzisionsgrenzen festgelegt.

Seitliches Anspannen der Hakenzangen und Hautinzision quer zwischen beiden Zangen. Von der Mitte dieser Inzision aus erfolgt die mediane Scheidenhautinzision bis zur Klemmenmarkierung (T-Inzision; ◘ Abb. 8.55).

Die Wundränder werden mit Kocher- oder Allis-Klemmen angeklemmt. Trennung der Scheidenwand vom Septum rectovaginale mit dem Skalpell. Wichtig ist eine ausreichende Präparation nach oben und zur Seite. Nun ist die Rektozele deutlich zu erkennen.

- ▶ Die Levatormuskulatur wird dargestellt.
- ▶ Der Aufbau des Beckenbodens und damit das Versenken der Rektozele beginnt mit der Raffung und Adaptation des Septum rectovaginale im oberen Bereich des Scheidenschnittes. Dies geschieht durch Einzelknopfnähte, die seitlich eingestochen und in der Mittellinie geknüpft werden (◘ Abb. 8.56).
- ▶ Im unteren Anteil wird der Beckenboden durch die Vereinigung der Levatorschenkel zwischen Rektum und Vagina verstärkt (resorbierbares Nahtmaterial der Stärke 2). Mit etwa 3 Nähten werden die Levatorschenkel rechts und links gefasst und zusammengezogen; hierbei bestimmt das Anziehen des obersten Fadens die Weite der Vagina (◘ s. Abb. 8.56 u. 8.52).
- ▶ Resektion überschüssiger hinterer Scheidenhaut.
- ▶ Scheiden- und Dammhautnaht mit Einzelknopfnähten.
- ▶ Legen eines Blasenverweilkatheters oder Auffüllen der Blase mit Blasenspritze und Einmalkatheter, um den suprapubischen Blasenkatheter legen zu können.

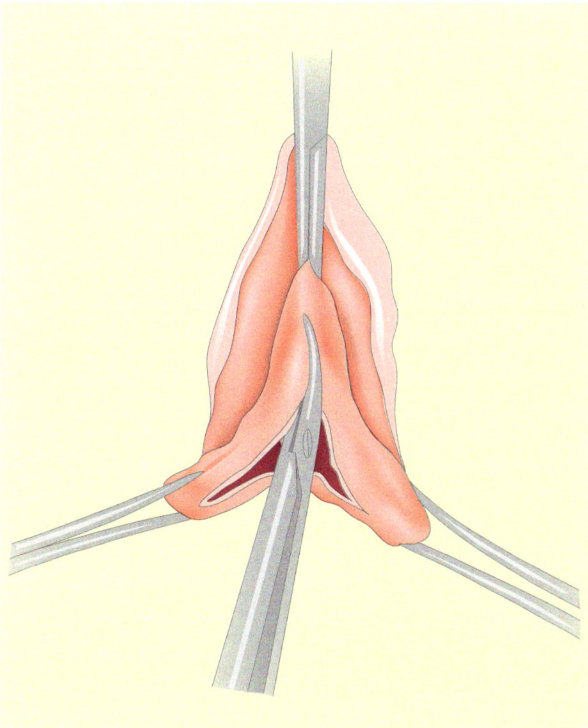

◘ Abb. 8.55 Hintere Scheidenplastik, mediane Scheidenhautinzision (T-Inzision)

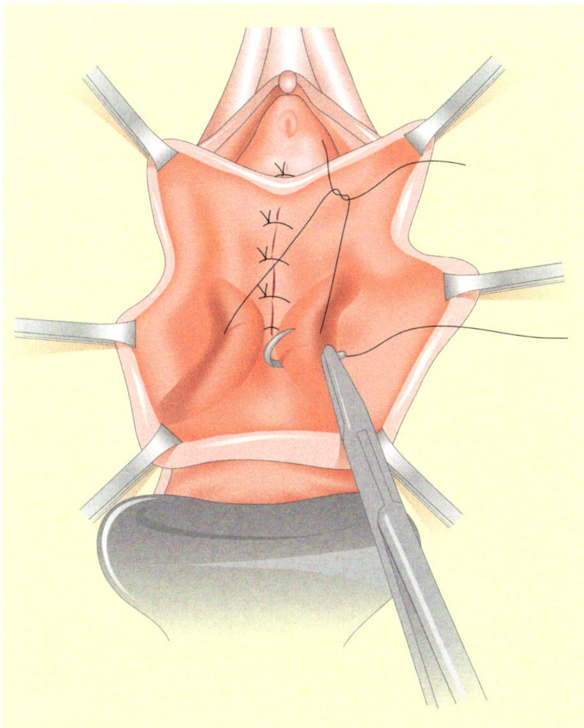

◘ Abb. 8.56 Hintere Scheidenplastik, Raffung und Adaptation des Septum rectovaginale und Vereinigung der Levatorschenkel. (Abb. 8.53–8.56. aus Hepp et al. 1991)

Kolpokleisis nach Labhardt

Prinzip

- Operativer Verschluss der Scheide.
- Dieser wird bei alten Frauen mit Descensus genitalis, die sicher keinen Kohabitationswunsch mehr haben, vorgenommen.
- Der Uterus muss nicht entfernt werden.

Kolpokleisis nach Labhardt

► Hintere Scheidenplastik. Nach Raffung des Septum rectovaginale und Legen der Levatornähte erfolgt die Labhardt-Anfrischungsfigur

Labhardt-Anfrischungsfigur. Die Hakenzangen werden auseinander gespannt, die vordere Kante der kleinen Labie wird mit einer Klemme hochgezogen und die Haut von Höhe der Urethramündung bis hin zum Dammwundenwinkel gerade gespalten. Von der Mitte des queren Dammschnittes aus wird beidseits ein dreieckiges Schleimhautstück mit der Schere entfernt
Es entsteht eine fünfzipflige Figur (Abb. 8.57)

► Der Wundverschluss beginnt im oberen Wundwinkel der Kolpotomie mit Einzelknopfnähten. Durch Vereinigung der Scheidenwundränder bis zur Urethramündung wird der Damm aufgebaut. Dammverschluss mit Einzelknopfnähten

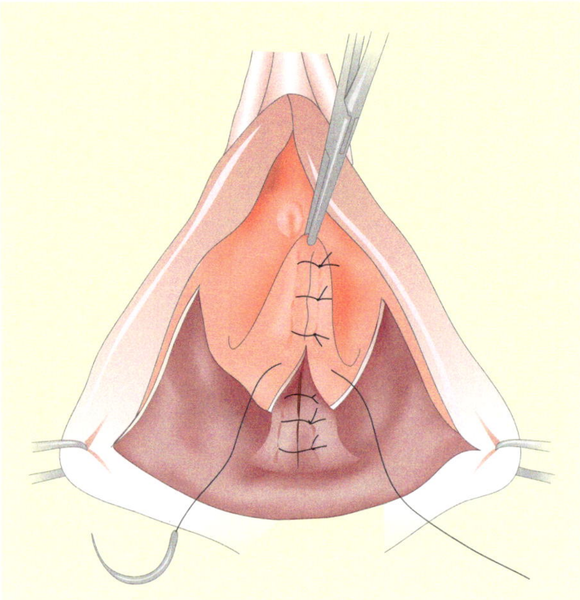

Abb. 8.57 Kolpokleisis. (Nach Martius 1990)

8.5.8 Operationen bei Inkontinenz

Diagnose

Vor einer Operation wegen Blasenschwäche muss auf jeden Fall die Form der Inkontinenz, z. B. durch eine urodynamische Untersuchung, geklärt werden.

Bei der Stressinkontinenz handelt es sich um den unfreiwilligen Harnabgang bei Belastungen, die mit einem Anstieg des intraabdominellen Drucks einhergehen, wie z. B. Husten, Lachen, Niesen. In schweren Fällen kann der Harnverlust auch bei Ruhebedingungen auftreten.

Ursachen

- Erschlaffung der Beckenbodenmuskulatur mit Deszensusproblematik z. B. durch Spontangeburten, chronische Bronchitis oder Adipositas. Siehe auch 8.5.7.
- Verlust des Harnröhrendruckes z. B. durch verminderte Durchblutung der Schleimhaut im Alter oder durch Störung der Nervenversorgung nach Verletzungen.

Operative Therapie

Ziel der Inkontinenzoperationen ist es durch eine Anhebung des Blasenhalses den Verschlussmechanismus der Urethra wiederherzustellen.

Hierbei kann, wie bei den verschiedenen Kolposuspensionsoperationen, der Verschlussmechanismus durch eine Verlagerung des Übergangs zwischen Harnröhre und Harnblase nach vorne und nach oben verbessert werden. Dies wird erreicht durch

- Legen von lockeren Nähten zwischen der Scheidenfaszie und den Strukturen des Beckens (z. B. Cooper-Ligament; Periost) oder
- durch lockeres Anheben der mittleren Urethra mit einem Band, wie beim Tension free vaginal tape (TVT). Durch Gewebeeinsprossung kommt es zur Verankerung zwischen Schambein, Beckenbodenmuskulatur und Harnröhre.

Tension free vaginal tape

Prinzip

Beim Tension free vaginal tape (TVT) wird ein Prolenenetzband um die mittlere Urethra herum durch den retropubischen Raum (Cavum Retzii) in die vordere Bauchwand geführt und dort verankert (Abb. 8.58). In dieses locker eingelegte Netzband sprossen Bindegewebszellen ein und führen somit zur Verankerung. Der Vorteil ist, dass dies in Lokalanästhesie geschehen und während der Operation der Erfolg kontrolliert werden kann.

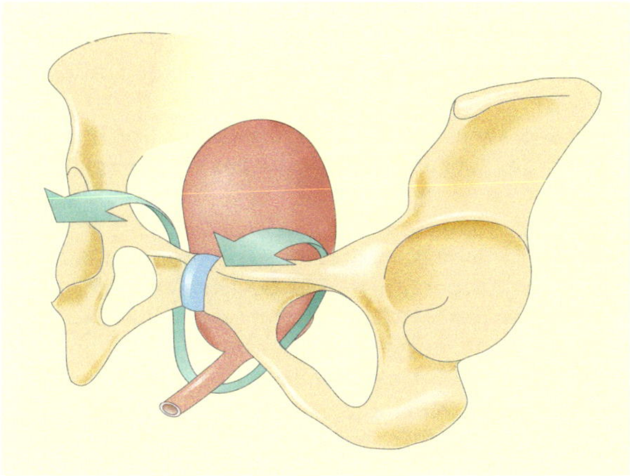

Abb. 8.58 Platzierung des Prolenebandes bei der TVT-Plastik. (GYNECARE, eine Division der Ethicon GmbH)

Instrumentarium

- Grundinstrumentarium.
- Spekula, Allis-Klemmen (s. 8.4.2).
- Prolenenetzbandband-Set (Abb. 8.59):
  - Netzband, das mit 2 Nadeln armiert und von einer Plastikhülse umzogen ist. Diese wird nach korrekter Positionierung des Bandes entfernt.
  - 1 Einführhilfe (Trokar).
  - 1 Führungsdraht zur Kathetermanipulation.
- Blasenkatheter.
- Markierungsstift.
- Zystoskop.
- Lokalanästhetikum.

Lagerung

Steinschnittlagerung mit nur leichter Beugung der Hüftgelenke, sodass sowohl das vaginale als auch das abdominale OP-Feld zugänglich sind (s. 8.3).

Abdeckung

- Hauseigen, Stoffwäsche immer doppelt und wasserundurchlässig oder beschichtet. Hierbei vaginale und gleichzeitig abdominale Abdeckung.
- *Beispiel:* Wasserdichtes Tuch unter das Gesäß; separate Abdeckung der Beine mit »Beinlingen«; obere Abdeckung zur Anästhesie, in Nabelhöhe beginnend; Seitentücher.

Tension free vaginal tape

- ► Desinfektion von Unterbauch und Scheide. Einlegen eines Blasenverweilkatheters
- ► Markierung der suprasymphysären Inzisionen bzw. Ausstichstellen, beidseits der Mittellinie
- ► Injektion des Lokalanästhetikums zunächst suprapubisch, retrosymphysär, dann von vaginal paraurethral
- ► Stichinzisionen suprapubisch
- ► Vaginal: Einsetzen des Spekulums, Anhaken der Vaginalhaut mit z.B. Allis-Klemmen. Kleine mediane

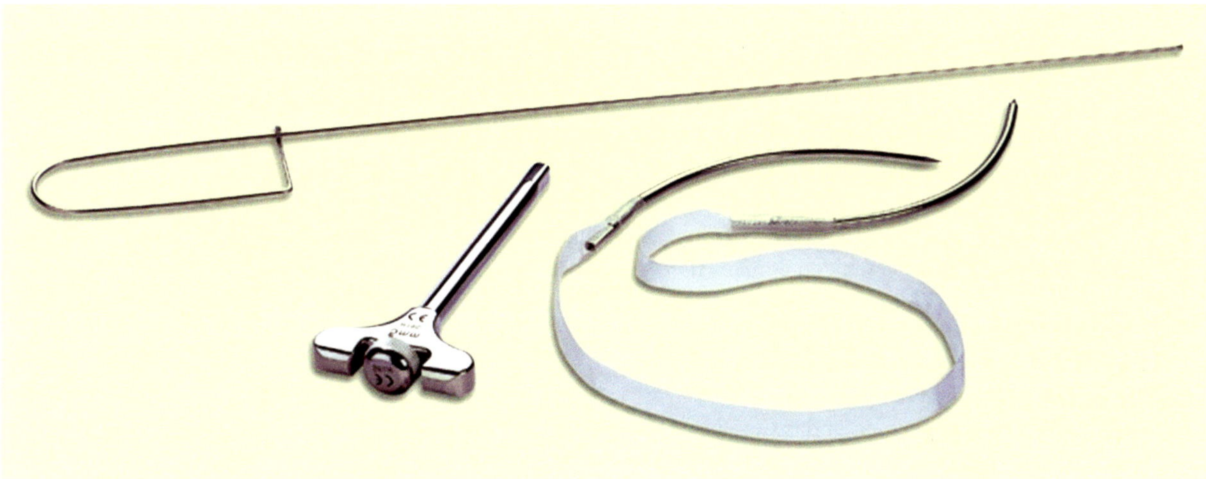

Abb. 8.59 TVT-Set. (GYNECARE, eine Division der Ethicon GmbH)

Scheidenstichinzision ca. 1 cm unterhalb der Harnröhrenöffnung. Tunnelung mit der Präparierschere

- ► Einsetzen des Führungsdrahtes in den Blasenkatheter. Dadurch kann die Urethra zur entsprechenden Seite verlagert werden. Mit Hilfe des Trokars wird die erste Nadel rechts in die Inzision vorgeschoben in Richtung Diaphragma urogenitale, weiter hinter der Symphyse (ständiger Knochenkontakt!) durch den retropupischen Raum in die Bauchdecke
- ► Auffüllen der Harnblase und Zystoskopie. Ist die Blase unversehrt, gleiches Vorgehen auf der linken Seite. Nach erneuter zystoskopischer Kontrolle, Abschneiden der Nadel und Bandfixierung mit Klemmen
- ► Feinanspannung des Prolenenetzbandes unter Hustenstößen der Patientin bis praktisch kein Harnverlust mehr stattfindet. Das Band soll nicht unter Spannung stehen, sondern locker um die Urethra zu liegen kommen
- ► Von den suprapubischen Inzisionen aus wird die Schutzhülse des Prolenebandes entfernt. Das Band wird jeweils etwas unter Hautniveau abgeschnitten. Hautnaht. (Handschuhwechsel beim Übergang von vaginal nach abdominal!)
- ► Verschluss des Vaginalschnittes mit resorbierbarem Nahtmaterial. Entfernen des Blasenkatheters

Kolposuspension

▪▪▪ Prinzip

Bei der Kolposuspensionsoperation (z.B. nach Burch) wird die Scheidenfaszie am Becken fixiert und somit indirekt der Blasenhals angehoben und nach vorne gezogen. Dies sollte nur locker durchgeführt werden, da bei zu straffer Fixierung eine Überkorrektur und somit Blasenentleerungsstörungen drohen können.

▪▪▪ Instrumentarium

- Grundinstrumentarium (auch lange Instrumente),
- Blasenverweilkatheter, suprapubischer Katheter.

▪▪▪ Lagerung

- Steinschnittlagerung mit abgesenkten Beinen (s. 8.3).

▪▪▪ Abdeckung

- Hauseigen, Stoffwäsche immer doppelt und wasserundurchlässig oder beschichtet.
- *Beispiel:* Wasserdichtes Tuch unter das Gesäß; separate Abdeckung der Beine mit »Beinlingen«; obere Abdeckung zur Anästhesie, in Nabelhöhe beginnend; Seitentücher.

Kolposuspension

- ► Hautdesinfektion, Dauerkatheterisierung, Abdeckung
- ► Suprasymphysärer Hautquerschnitt; Durchtrennung des subkutanen Fettgewebes bis zur Rektusscheide
- ► Quereröffnung der Rektusfaszie zunächst in der Mitte mit dem Skalpell, dann beidseitige Eröffnung mit der Cooper-Schere. Die beiden Rektusbäuche werden in der Mittellinie getrennt und mit Roux-Haken auseinander gedrängt (s. Abb. 8.6.)
- ► Darstellung des Cavum Retzii (extraperitonealer Raum zwischen Harnblase und Bauchwand): die seitlichen Blasenanteile sowie die Urethra können meist stumpf von der Beckenwand gelöst werden
- ► Der Operateur untersucht mit einer Hand vaginal und hebt die Scheide an, mit der anderen werden, z.B. mit der Cooper-Schere, die Verbindungsfasern zwischen Scheidenfaszie und Blasenhals/Urethra abgeschoben. Beidseits des Übergangs von der Harnblase zur Harnröhre (Orientierung bietet das Katheterbällchen) werden je 2–3 nichtresorbierbare Fäden (z.B. Gore-Tex Stärke 0) tief in die Scheidenwand und dann seitlich versetzt, z.B. durch die Cooper-Ligamente, gestochen (Abb. 8.60). Sie werden so geknotet, dass die Scheide federnd fixiert ist. (Handschuhwechsel des Operateurs.)
- ► Nach sorgfältiger Blutstillung Einlegen einer Drainage in das Cavum Retzii, Auffüllung der Harnblase und Legen eines suprapubischen Blasenkatheters, Verschluss der Bauchdecke in gewohnter Weise

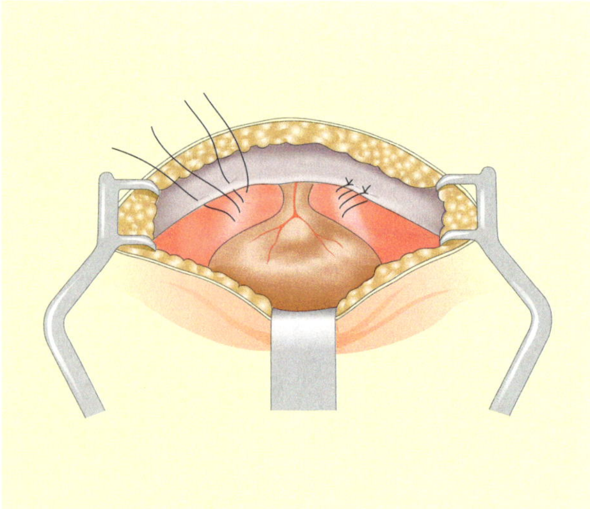

Abb. 8.60 Kolposuspension. (Nach Petri 2000)

8.5.9 Abdominale Hysterektomie

Indikationsabhängige Verfahrensweisen

- einfache Uterusexstirpation:
  - mit/ohne Exstirpation der Tube/n,
  - mit/ohne Exstirpation der Adnexe.
- Erweiterte Uterusexstirpation nach Wertheim-Meigs.

Operationen

Indikationen

- Uterus myomatosus.
- Bei erfolgloser konservativer Therapie von Blutungsanomalien.
- Korpuskarzinom, Zervixkarzinom.
- Eventuell Endometriose bei älteren Patientinnen oder fehlgeschlagener konservativer Therapie.

Instrumentarium

- Grundinstrumentarium.
- Gynäkologisches Abdominalinstrumentarium (s. 8.4.1).
- Blasenhaken.
- Eventuell Klammernahtgerät zum Absetzen des Uterus unterhalb der Zervix (s. Kap. 2).
- Blasenverweilkatheter.

Lagerung

Steinschnittlagerung mit abgesenkten Beinen (s. 8.3).

Abdeckung

- Hauseigen, Stoffwäsche immer doppelt und wasserundurchlässig oder beschichtet.
- *Beispiel:* separate Abdeckung der Beine mit »Beinlingen«, unteres Abdecktuch knapp unterhalb der Schamhaargrenze beginnend (2. Assistent steht zwischen den Beinschalen), oberes Abdecktuch oberhalb des Nabels beginnend über den Narkosebügel gelegt, 2 Seitentücher.

Uterusexstirpation

► Hautdesinfektion, Dauerkatheterisierung, Abdeckung

► Zugang durch den suprasymphysären Faszienquerschnitt nach Pfannenstiel (s. 8.2.1)

► Nach dem Abstopfen des Darmes mit Bauchtüchern und Einsetzen eines Rahmens oder mehrerer Haken erfolgt das Anklemmen des Uterus; beim Uterus myomatosus mit einer Museux-Klemme oder einem Myombohrer, beim Karzinom mit stumpfen Klemmen an den Ligg. rotunda oder einer Uterusfasszange nach Collin (s. Abb. 8.20 u. 8.13). So ist es möglich den Uterus hochzuziehen und die Strukturen besser darzustellen

► Fassen der Tube mit einer Ovarfasszange und Anspannen der Mesosalpinx. Die Tube wird entlang der Mesosalpinx schrittweise über Durchstechungsligaturen abgesetzt (Abb. 8.61). An der Fimbrie wird begonnen, die letzte Ligatur wird lang gelassen und angeklemmt. Wichtig ist ein gefäßschonendes Operieren, um die Durchblutung des Ovars nicht zu gefährden. Gleiches Vorgehen auf der Gegenseite

► Sollen die Adnexe nicht entfernt werden, werden beidseits uterusnah je eine Parametrien- oder Kocher-Klemme gesetzt, die die Tube, das Lig. ovarii proprium und das Lig. teres uteri fassen. Umstechung des Adnexbündels mit separater Umstechung des Lig. teres uteri. Die Fäden werden lang gelassen und angeklemmt. Zur Sicherheit ist eine weitere Ligatur ratsam

► Spalten des Blasenperitoneums (quer) und Abschieben blasenwärts (Abb. 8.62). Abpräparieren der Blase von der vorderen Zervixwand

► Die Bindegewebsbrücken von den Uteruskanten zur Blase hin werden abgeschoben. In diesem Bereich verlaufen die Ureteren

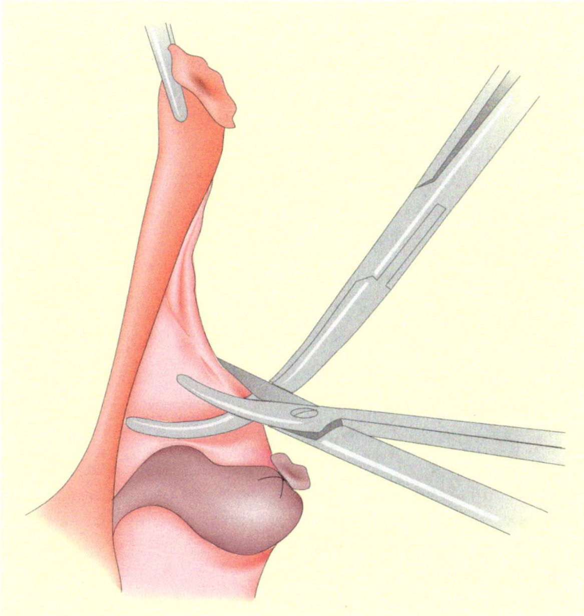

Abb. 8.61 Salpingektomie

- Beidseits stellen sich die uterinen Gefäße und Parametrien dar. Sie werden durchtrennt: Eine Parametrienklemme wird am oberen Anteil des Lig. cardinale, hier verläuft die A. uterina, uterusnah angesetzt und eine Zweite dahinter. Mit der Parametriumschere wird das Gewebe durchtrennt und die angeklemmten Anteile werden mit resorbierbarem Nahtmaterial der Stärke 1 durchstochen. In gleicher Weise wird das Ligament schrittweise nach kaudal durchtrennt. Ein mehrfaches Wechseln der Seiten erleichtert das Vorgehen. Der Uterus wird immer beweglicher
- Beim schrittweisen Durchtrennen des Halteapparates folgt nach den Ligg. cardinalia das Absetzen der Ligg. sacrouterina
- Danach hängt der Uterus nur noch am Scheidenrohr. Mit einem Blasenhaken wird die Blase zurückgedrängt
- Dicht unterhalb der Portio wird das Scheidenrohr schrittweise umschnitten, die Ränder werden mit kräftigen Klemmen gefasst (Abb. 8.63). Entfernen des Uterus. Umstechen der einzelnen Klemmen. Desinfektion der Scheide. Je nach hausüblicher Technik Entfernen der mit der Vagina in Berührung gekommenen Instrumente, »Schmutzbetrieb«
- Scheidenverschluss mit Einzelknopfnähten oder einer quer verlaufenden Säumung der vorderen und hinteren Scheidenwand
- Kontrolle auf Bluttrockenheit
- Peritonealisierung des Wundgebietes durch Verschluss des Blasenperitoneums. Mitgefasst werden
  1. die Adnexabgänge im Mesosalpinxbereich dicht unterhalb der Tube,
  2. die Ligg. teres uteri und
  3. die Scheidenrückwand im Bereich der Ligg.-sacrouterina-Stümpfe. Nun ist das seitliche Wundgebiet extraperitonealisiert (Abb. 8.64)
- Nach Kontrolle des Bauchraumes werden Tücher und Instrumente gezählt (Dokumentation)
- Schichtweiser Wundverschluss, s. 8.2.1.

Uterusexstirpation mit Adnexexstirpation

- Vorgehen z.B. beim Korpuskarzinom, da die Metastasierung über die Mesosalpinx erfolgt
- OP-Verlauf: s. Uterusexstirpation
- Uterusnahes Anklemmen der Tube, des Lig. ovarii proprium und möglichst des Lig. teres uteri. Anklemmen der Tube mit einer Ovarfasszange und Anspannen des Lig. suspensorium ovarii. Wichtig ist die Identifikation des Harnleiters
- Umstechung des Lig. suspensorium ovarii, in dem die A. ovarica verläuft. Weitere Umstechungen sind nicht nötig, da die uterusnahe Klemme gesetzt wurde
- Umstechung des Lig. teres uteri uterusnah
- Weiterer OP-Verlauf: s. Uterusexstirpation

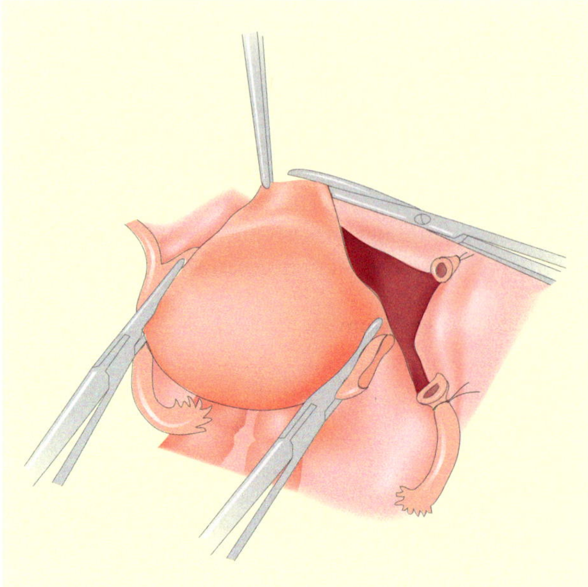

Abb. 8.62 Eröffnung des Blasenperitoneums

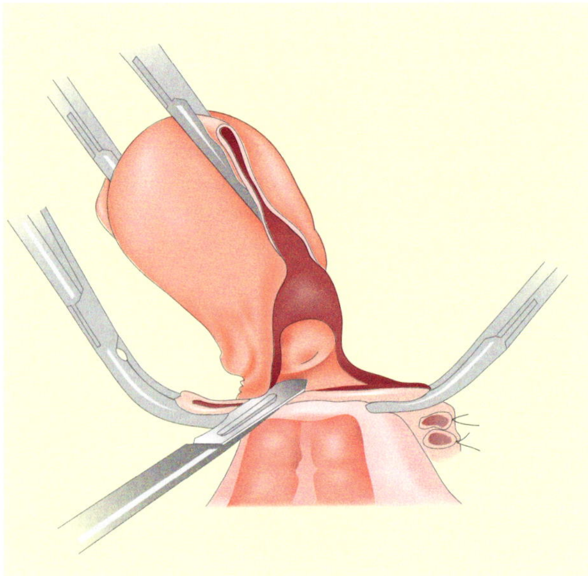

Abb. 8.63 Umschneiden des Scheidenrohrs

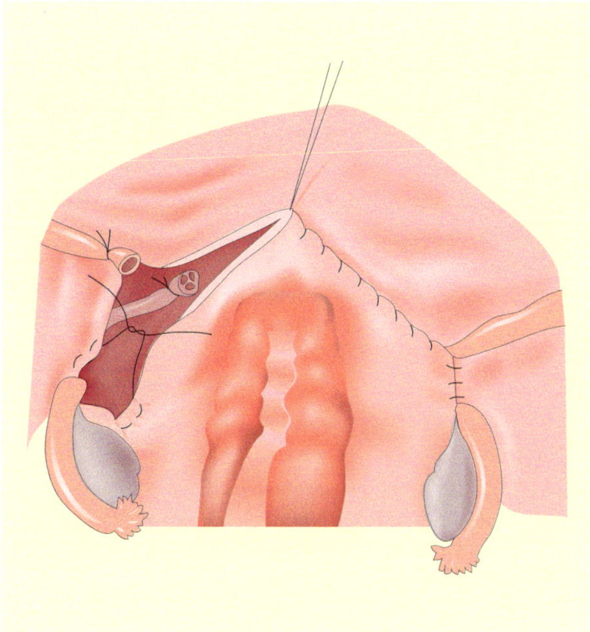

Abb. 8.64 Verschluss des Blasenperitoneums. (Extraperitonealisierung). (Abb. 8.61–8.64 nach Hepp et al. 1991)

Erweiterte Uterusexstirpation nach Wertheim-Meigs

Indikation

Operables Zervixkarzinom.

Vorteile der Operation

- Bei jungen Frauen können die Ovarien belassen und ihre Funktion erhalten werden. Dies ist möglich, da die Metastasierung beim Zervixkarzinom über die Parametrien und nicht wie beim Korpuskarzinom über die Adnexe verläuft. Dann darf aber keine postoperative Bestrahlung erfolgen, sofern die Adnexe aus dem kleinen Becken nicht hochverlagert worden sind.
- Sorgfältige Revision des Abdomens.
- Die Strahlentherapie kann zu schweren Nebenwirkungen führen.

Prinzip

- Entfernung des Uterus und der Adnexe.
- Uterusferne Entfernung des parametranen Beckenbindegewebes. Hierbei besteht die Schwierigkeit, die Ureteren herauszupräparieren.
- Entfernen des oberen Scheidenanteils.
- Entnahme von Lymphknoten im Bereich der:
  - A. iliaca interna und Obturatoriusregion,
  - A. iliaca externa,
  - A. iliaca communis bis hin zur Bifurkation.

Die Lymphknoten werden eher aus diagnostischen als aus therapeutischen Gründen entfernt.

Erweiterte Uterusexstirpation nach Wertheim-Meigs

- ▶ Eröffnen des Abdomens durch einen medianen Unterbauchlängsschnitt, s. 8.2.2
- ▶ Reicht das Karzinom über das kleine Becken hinaus, wird die Operation nicht fortgesetzt
- ▶ Kein direktes Anklemmen des Uterus, sondern Setzen von atraumatischen Klemmen an die Ligg. rotunda
- ▶ Spaltung des Blasenperitoneums rechts und links der Mittellinie. Durch diese getrennten Inzisionen wird stumpf bis auf den Beckenboden vorpräpariert. Dabei entstehen die sog. paravesikalen Gewebsgruben, durch die die spätere Isolierung der Uterinagefäße und die Ureterfreilegung erleichtert werden
- ▶ In einem Abstand von etwa 3 cm vom Uterus werden die Ligg. teres uteri umstochen und durchtrennt
- ▶ Sollen die Adnexe mitentfernt werden, werden diese mit einer Organfasszange angehoben und die Ligg. suspensoria ovarii umstochen und durchtrennt. Hier verläuft die A. ovarica. Die Fäden werden lang gelassen
- ▶ Entfernung des Lymphknotenfettgewebes beidseits: Das Lig. latum kann nach lateral aufgespannt werden, wenn es zuvor zwischen Lig. teres uteri und Lig. suspensorium ovarii gespalten wurde. Die Beckengefäße und der Ureter werden sichtbar. Es beginnt die Lymphknotenausräumung an der seitlichen Beckenwand. Ausgehend von der A.-iliaca-communis-Gabelung, entlang der A. iliaca externa, der A. iliaca interna. Die A. uterina wird mit dem Lig. cardinale freipräpariert. Hierbei wird evtl. eine Clipzange benötigt

  (Die Lymphonodektomie wird mit der Präparation der Lymphknoten im Bereich der Bifurkation abgeschlossen.)
- ▶ Unterbindung der Uteringefäße unmittelbar am Abgang von der A. und V. iliaca interna. Umstechung der Ligg. cardinalia
- ▶ Mobilisieren des Rektums und Absetzen der Ligg. sacrouterina
- ▶ Wichtig ist die beidseitige Ureterpräparation bis zur Einmündung in die Blase. Dabei wird das Lig. vesicouterinum durchtrennt

► Es erfolgt die Blasenpräparation bis zu dem Bereich, in dem die Scheide durchtrennt werden soll

► Über mehrere Umstechungen wird das vaginaumgebende Gewebe (Parakolpium) durchtrennt. Die letzte Naht fasst das seitliche Scheidengewölbe und dient als Haltefaden

► Zum Absetzen des Uterus am Scheidenrohr werden 2 Parametrienklemmen gesetzt und unter diesen der Uterus und eine Scheidenmanschette mit der Parametrienschere abgesetzt

► Verschluss der Scheide

► Es erfolgt die Peritonealsierung des OP-Gebietes

► Kontrolle von Instrumenten und Tüchern (Dokumentation)

► Schichtweiser Wundverschluss mit Einlage von Drainagen

8.5.10 Kaiserschnitt (Sectio caesarea)

Indikationen

- Mütterliche:
  - Zum Beispiel schwere Erkrankung der Mutter. Drohende Eklampsie bei EPH-Gestose.
- Mütterliche und kindliche:
  - Relatives und absolutes Missverhältnis.
- Kindliche:
  - Lageanomalien, z.B. Beckenendlage, kindliche Asphyxie, Nabelschnurumschlingung, Nabelschnurvorfall,
  - vorzeitige Plazentalösung,
  - Placenta praevia, Frühgeburt, Mehrlingsschwangerschaft (Drillinge).

Instrumentarium

- Grundinstrumentarium,
- Fritsche-Haken, kräftige Kocher-Klemmen, Ovarfasszangen,
- evtl. eine große stumpfe Kürette,
- evtl. dicke Hegarstifte,
- Blasenverweilkatheter.

Lagerung

- Steinschnittlagerung mit abgesenkten Beinen.
- Zur Verhinderung eines Vena-cava-Syndroms wird der OP-Tisch leicht nach links gekippt.

Abdeckung

- Hauseigen, aber Stoffwäsche immer doppelt und wasserundurchlässig oder beschichtet.
- *Beispiel:* separate Abdeckung der Beine mit »Beinlingen«, unteres Abdecktuch knapp unterhalb der Schamhaargrenze beginnend (2. Assistent steht zwischen den Beinschalen), oberes Abdecktuch oberhalb des Nabels beginnend über den Narkosebügel gelegt, 2 Seitentücher.
- Sterile wasserdichte Ärmelschoner.
- Bei einer Notsectio erfolgt die Abdeckung eher sparsam.

Kaiserschnitt

► Hautdesinfektion, Legen eines Blasenkatheters

► Eröffnung des Abdomens durch einen Pfannenstielschnitt (s. 8.2.1). Einsetzen der Fritsch-Haken

► Im Bereich des unteren Uterinsegmentes, daran zu erkennen, dass hier das Peritoneum verschiebbar ist, wird an der Harnblasenumschlagfalte das Bauchfell quer inzidiert. Die Blase wird abpräpariert

► Mit dem Skalpell wird das untere Uterinsegment quer und leicht bogenförmig eröffnet. Digitale oder mit der Cooper-Schere Erweiterung der Wunde

► Vorsichtiges Eröffnen der Fruchtblase

► Entwickeln des Kindes

► Nun erfolgt die Abnabelung, indem je 2 Kocher-Klemmen zum Kind und zur Plazenta hin gesetzt werden und zwischen diesen die Nabelschnur durchtrennt wird. Das Kind wird abgegeben und von Kinderärzten untersucht. Das freie Nabelschnurstück wird für Blutuntersuchungen benötigt

Die Geburtszeit muss exakt notiert werden; dies geschieht meist durch die Hebamme

► Setzen kräftiger Klemmen in die Uterotomieecken

► Es erfolgt die manuelle Entwicklung der Plazenta, evtl. unter Zuhilfenahme von Ovarfasszangen. Eventuell sind ein Nachkürettieren mit einer großen stumpfen Kürette und die Dilatation der Zervix mit Hegarstiften erforderlich

► Verschluss des Uterus fortlaufend oder mit Einzelknopfnähten, die die Uteruswand ohne Schleimhaut fassen. Eine zweite Nahtreihe kann deckend über die Uterotomiewunde gelegt werden

► Verschluss des Blasenperitoneums. Die Uteruswunde liegt nun extraperitoneal

► Die Blutstillung muss sorgfältig erfolgen, da zu Beginn der Operation nur bedingt darauf geachtet werden kann

► Kontrolle von Instrumenten und Tüchern (Dokumentation)

► Schichtweiser Wundverschluss, evtl. Redon-Drainagen

Zusätzliche Hinweise zur Operation

- Die Operation muss bis zur Entwicklung des Kindes so rasch wie möglich verlaufen, um eine kurze Narkosedauer zu gewährleisten (sofern der Kaiserschnitt nicht in Peridural- oder Spinalanästhesie erfolgt). Daher sollte man bei eiligen Schnittentbindungen nur das absolut Notwendigste an Instrumentarium vorbereiten.
- Bei einer Mehrlingssectio sollten die Kocher-Klemmen zum Abnabeln gekennzeichnet werden.
- Da die Patientin erst unmittelbar vor dem Hautschnitt narkotisiert wird oder bereits einen Periduralkatheter hat, sollte jegliche Unruhe bei den Vorbereitungen vermieden werden.

8.6 Laparoskopie/Pelviskopie

Die Minimal-invasive-Chirurgie (MIC) befindet sich in einer raschen Entwicklung. Sie spielt auch bei der Entfernung von Organteilen (z.B. Ovarien), bei der Hysterektomie und bei der extrauterinen Gravidität eine immer größere Rolle. Die Indikationen und die Grenzen dieses modernen Verfahrens werden aber noch diskutiert.

Diagnostische Laparoskopie

- Punktionen zur Entnahme von zytologischem Material,
- Gewebeentnahmen,
- bei Verdacht auf Extrauteringravidität (EUG),
- bei unklaren Unterbauchbeschwerden,
- zur Prüfung der Tubendurchgängigkeit (mit retrograder Blauprobe).

Therapeutische Laparoskopie

- Tubensterilisation,
- Adhäsiolyse,
- Koagulation von Endometrioseherden,
- EUG,
- Ovarialtumorentfernung,
- Myomentfernung,
- in manchen Kliniken werden die laparoskopisch assistierte vaginale Hysterektomie (LAVH) oder sogar komplette Hysterektomien laparoskopisch durchgeführt.

8.6.1 Laparoskopie

Instrumentarium

- Wenig Grundinstrumentarium,
- Laparoskopieinstrumente, s. 8.4.3,
- ggf. Bergebeutel (s. Abb. 8.69),
- endoskopisches Nahtmaterial, evtl. Schlingen,
- Videooptik, Arbeitsoptik,
- evtl. Videoanlage,
- Kaltlichtquelle,
- CO_2-Insufflator,
- Saug-/Spülsystem,
- evtl. Koagulationsgerät,
- evtl. Uterussonde, Hakenzangen,
- evtl. Portioadapter/Uterusmanipulator.

Lagerung

- Steinschnittlagerung mit abgesenkten Beinen, bei der sich intraoperativ die Stellung der Beine verändert (s. 8.3.1).
- Der Kopf der Patientin liegt tiefer als das Becken, dadurch sinkt der Darm in den Oberbauch, und das kleine Becken ist besser überschaubar.

Abdeckung

- Hauseigen, Stoffwäsche immer doppelt und wasserundurchlässig oder beschichtet.
- *Beispiel:* separate Abdeckung der Beine mit »Beinlingen«, unteres Abdecktuch knapp unterhalb der Schamhaargrenze beginnend, oberes Abdecktuch oberhalb des Nabels beginnend über den Narkosebügel gelegt, Seitentücher.

Laparoskopie

► Untersuchung in Narkose

► Hautdesinfektion des Bauches, der Vulva und Vagina; Dauerkatheterisierung

► Eventuell Einstellen der Portio mit Spekula, Anklemmen der Portio mit Hakenzangen und Einführen der Uterussonde. Die Instrumente werden z.B. mit Pflaster fixiert. Alternativ kann ein Portioadapter oder Uterusmanipulator eingesetzt werden. Mit diesen Instrumenten kann der Uterus während der Laparoskopie bewegt werden

- Tieferstellen der Beine und Abdeckung
- Stichinzision am Nabelunterrand. Beidseitiges Anheben der Bauchdecken und Einstechen der Veress-Nadel, die zuvor vom Operateur auf Funktionstüchtigkeit überprüft werden sollte. Lagekontrolle der Nadel
- Anschließen des Insufflationsschlauchs und Auffüllen des Abdomens mit CO_2 über einen Druckautomaten, um eine bessere Übersicht zu erzielen und Verletzungen zu vermeiden
- Ist genügend CO_2 eingeströmt, wird die Veress-Nadel entfernt und der Hautschnitt auf Trokargröße erweitert. Vorsichtiges Einführen des Trokars und Ersatz des Mandrins durch die Optik
- Anschließen des Kaltlichtkabels und der CO_2-Zufuhr. Inspektion der Bauchhöhle. Kopftieflage. Der Assistent kann, wenn ein Uterusmanipulator/Portioadapter eingelegt wurde, die Lage des Uterus beliebig verändern, indem er die vaginalen Führungsinstrumente bewegt
- Gegebenenfalls Anbringen eines oder mehrerer suprasymphysärer Einstiche in oberer Schamhaarhöhe. Zuvor Sicherstellung durch den intraabdominalen Lichtstrahl der Optik, dass sich unterhalb der geplanten Einstiche keine Bauchdeckengefäße befinden. Nun Einführung der 5 mm Arbeitstrokare (diese können je nach Befund im OP-Verlauf noch durch größere ersetzt werden). Nach Entfernung der Mandrins Einführen der gewünschten Arbeitsinstrumente
- Entfernung der Instrumente und Ablassen des Gases durch das Trokarventil
- Hautklammerung oder Einzelknopfnähte

8.6.2 Laparoskopische Eingriffe am Uterus

Myomenukleation

Das Myom ist eine gutartige Geschwulst der glatten Uterusmuskulatur. Entartungsgefahr unter 0,5%.

Myome wachsen verdrängend, sind aber zum umgebenden Gewebe scharf abgrenzbar.

Einteilung der Myome nach ihrer Lage

Intramurale Myome

Sie liegen im Myometrium und treten am häufigsten auf. Werden sie größer, lässt die Kontraktionsfähigkeit der Uterusmuskulatur nach. Die Patientinnen klagen über verstärkte und längere Menstruationsblutungen sowie über Schmerzen. Es können einzelne aber auch mehrere Myome auftreten, die durch ihr Wachsen folgende Symptome aufweisen: u.a. Kreuzschmerzen, Entleerungsstörungen des Darmes und der Blase, Anämie, Sterilität.

Subseröse Myome

Sie liegen zwischen dem Myometrium und dem peritonealen Überzug. Uteruswand und -höhle werden nicht verändert; daher treten auch keine Blutungsstörungen auf. Es ist möglich, dass das Myom nur mit einem Gefäßstiel verbunden ist. Beschwerden treten dann auf, wenn sie an Größe zunehmen und Nachbarorgane verdrängen, oder wenn es zur Torsion des Gefäßstieles kommt; dies kann eine Nekrose und damit ein akutes Abdomen nach sich ziehen.

Submuköse Myome

Liegen vornehmlich in der Uterushöhle unter dem Endometrium. Sie entwickeln sich mit oder ohne Gefäßstiel in die Gebärmutterhöhle. Es treten vermehrte und verstärkte Blutungen auf. Wehenartige Schmerzen sind möglich, da die Uterusmuskulatur durch Kontraktionen versucht das Myom auszustoßen.

Therapie

- Laparoskopische Myomenukleation/-abtragung.
- Uterusexstirpation.
- Hysteroskopische Abtragung von submukösen Myomen.

Operation

Instrumentarium

- Laparoskopisches Instrumentarium (s. 8.4.3) mit Myombohrer und Myommesser.

Myomentfernung

- Vorbereitung wie zur vorbeschriebenen Laparoskopie
- Bei einem *gestielten subserösen Myom* wird das Myom mit einer Fasszange hochgezogen und der Stiel dargestellt. Entfernung des Myoms mit der Schere an der Uteruswand nach bipolarer Koagulation des Myomstiels
- Bei einem *intramuralen Myom* werden die Serosa und das Myometrium (sog. Kapsel) nach Oberflächenkoagulation mit der Schere gespalten
- Mit einer Fasszange (Abb. 8.65) oder dem laparoskopischen Myombohrer (s. Abb. 8.42) wird das Myom gefasst und mit Schere oder elektrischem Myommesser enukleiert. Dabei müssen Gefäße koaguliert werden. Eine Eröffnung der Gebärmutterhöhle sollte vermieden werden
- Kapselreste vollständig entfernen

► Blutstillung und Wundverschluss mittels durchgreifender Einzelknopfnähte

► Das Myom wird über einen Arbeitstrokar ggf. nach Zerkleinerung entfernt

► Wundverschluss (bei größeren suprapubischen Inzisionen ggf. mehrschichtig)

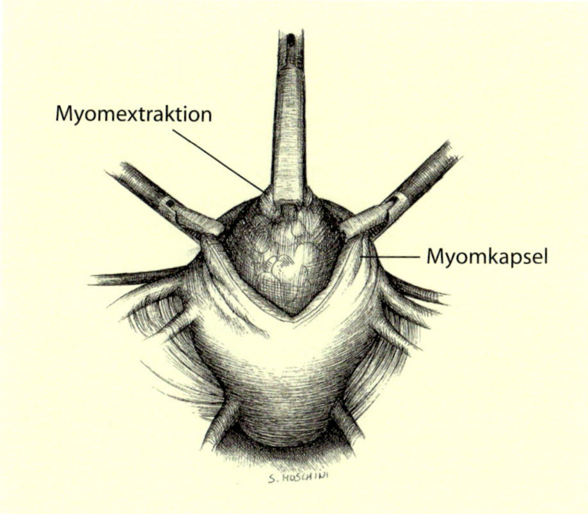

Abb. 8.65 Myomenukleation. (Fa. Storz; Prof. Luca Mencaglia, MD)

8.6.3 Laparoskopische Eingriffe an der Adnexe

Tubargravidität (Extrauteringravidität)

Jedes befruchtete Ei, das sich außerhalb der Uterushöhle implantiert, führt zur Extrauteringravidität (EUG).

So entstehen:

- Tubargravidität,
- ampulläre Tubargravidität, evtl. mit Tubarabort,
- selten: Ovarial-, Intestinalgravidität, intramurale Tubargravidität.

Ursachen

- Störungen des Eitransportes:
  - Verwachsungen nach Adnexitiden,
  - anatomische Defekte (angeboren oder nach Operationen).
- Störungen im Eiaufnahmemechanismus.

Diagnostik

- Schwangerschaftstest,
- Sonographie,
- diagnostische Laparoskopie.

Therapie der EUG

- Therapeutische Laparoskopie:
  - partielle Salpingektomie/Segmentresektion,
  - Salpingotomie,
  - Keilexzision,
  - instrumentelle Expression »milk-out«,
  - Salpingektomie,
  - selten Adnektomie.

Nach der therapeutischen Laparoskopie kann eine Kürettage erfolgen (s. 8.5.3).

Ziel der Operation sollte es sein, die Tubenfunktion zu erhalten, unabhängig davon, ob es sich um eine Tubargravidität mit oder ohne Ruptur handelt.

Operationen

Allen Versorgungsformen gemeinsam ist:

- Legen eines Blasenkatheters,
- die bereits zuvor beschriebene Laparoskopie,
- Darstellen der EUG.

Instrumentarium

- laparoskopisches Instrumentarium (s. 8.4.3),
- feines Nahtmaterial, s. 1.4,
- Instrumentarium für die Kürettage (s. 8.5.3).

Salpingektomie bei einem ausgedehnten Defekt

► Fassen der Tube mit einer Fasszange am Fimbrienende

► Absetzen der Tube von der Mesosalpinx. Dabei beginnt man mit der bipolaren Koagulation bei der Fimbria ovarica. Es folgt das Absetzen der Mesosalpinx in kleinen Schritten mit der Schere dicht am unteren Tubenrand, jeweils nach vorheriger Koagulation. Dabei sind die ovarversorgenden Gefäße zu schonen (ähnlich zu Abb. 8.61; s. dort)

► Am uterusnahen Tubenabgang wird die Tube bipolar koaguliert und anschließend mit der Schere abgetrennt und über einen Arbeitstrokar, ggf. nach Inzisionserweiterung, aus der Bauchhöhle entfernt

Instrumentelle Expression

Diese kann bei einer weit peripher gelegenen Tubargravidität durchgeführt werden. Die Tube wird dabei mit 2 atraumatischen Fasszangen zum Fimbrienende hin ausgestreift. Hierbei besteht aber ein erhöhtes Rezidivrisiko

Salpingotomie

- ► Nach Darstellung der Tube wird, über der Vorwölbung, mit der feinen Schere oder dem elektrischen Messer diese ca. 1–2 cm längs inzidiert und gespalten
- ► Ausräumen des Schwangerschaftsproduktes mit der Fasszange oder durch Absaugung (Abb. 8.66). Ausgiebige Spülung des Wundgebietes und Inspektion auf Gewebereste
- ► Nach vorsichtiger bipolarer Blutstillung erfolgt ggf. der Verschluss der Inzisionstelle mit einer feinen Naht
- ► Um eine Blutleere zu erreichen, kann zu Beginn der Operation in die Tube ein Medikament mit vasokonstriktorischer Wirkung gespritzt werden

8

Operationsformen zur Sterilisierung

Alle Operationen unterbrechen die Tubenpassage.

- Laparoskopische Operationsformen
  - Sterilisierung post partum durch Laparoskopie.
  - Tubenkoagulation durch Laparoskopie (heute Methode der Wahl).

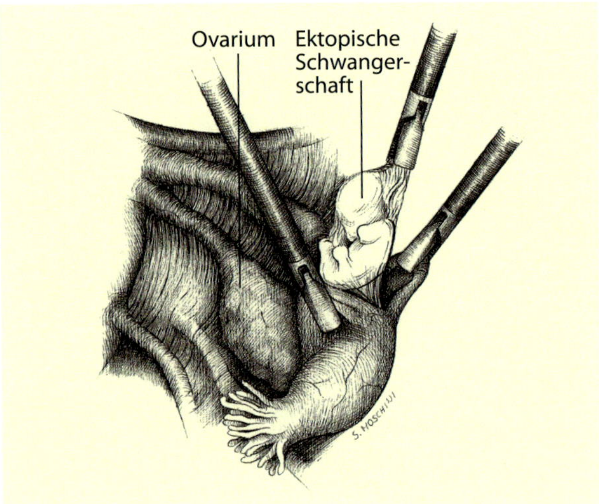

Abb. 8.66 Salpingotomie: Entfernen des Schwangerschaftsproduktes. (Fa. Storz; Prof. Luca Mencaglia, MD)

- Nichtlaparoskopische Operationsformen
  - Sterilisierung nach Pomeroy oder
  - Sterilisierung nach Labhardt (u.a.).

Diese Methoden finden heute ihre Anwendung anlässlich eines Kaiserschnittes oder als zusätzlicher Eingriff während einer Laparotomie.

Tubenkoagulation durch Laparoskopie

- ► Verlauf der Laparoskopie
- ► Nach Darstellung der Tuben werden diese nacheinander im mittleren Drittel mit einer bipolaren Koagulationszange gefasst und angehoben. Die Koagulation erfolgt im Temperaturbereich von 60–180°C über eine Strecke von 2–3 cm. Auf eine anschließend ausreichende Kühlphase ist zu achten (Abb. 8.67).
- ► Fakultatives Durchtrennen der Tube mit der Schere; hierbei ist die Mesosalpinx zu schonen

Tubenteilresektion nach Pomeroy

- ► Mit einer Pinzette wird die Tube im mittleren Drittel gefasst, sodass eine Schlaufe entsteht
- ► Im Bereich der zugehörigen Mesosalpinx wird die Tube unterfahren und zu beiden Seiten hin unterbunden. Die überstehende Tubenschlaufe wird reseziert
- ► Die Resektionsstelle wird mit dem Lig. teres uteri gedeckt

Subseröse Tubenresektion nach Labhardt

- ► Darstellen der Tube im mittleren Drittel auf einer Länge von ca. 3 cm. Anschlingen oder Anklemmen der Tube auf beiden Seiten der Präparationsstelle
- ► Längsspaltung der Serosa und Ausschälen des Tubenrohrs mit der Präparierschere (Abb. 8.68)
- ► Resektion eines ca. 2 cm langen Tubenanteils
- ► Versenken der Stümpfe und fortlaufende Naht der Mesosalpinx

Sterilisation nach der Geburt (postpartum)

Über einen sub- oder intraumbilikalen Zugang wird 1–2 Tage post partum die Sterilisation in Narkose vorgenommen. Zu diesem Zeitpunkt ist der Uterus noch groß. Es kann nach Pomeroy oder nach Labhardt verfahren werden.

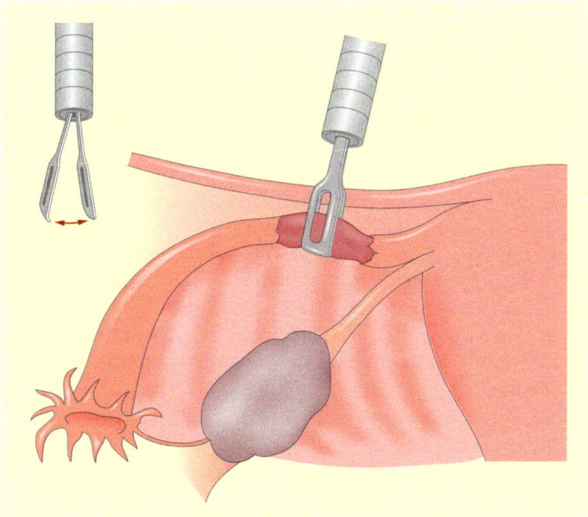

Abb. 8.67 Bipolare Tubenkoagulation. (Nach Hirsch et.al. 1995)

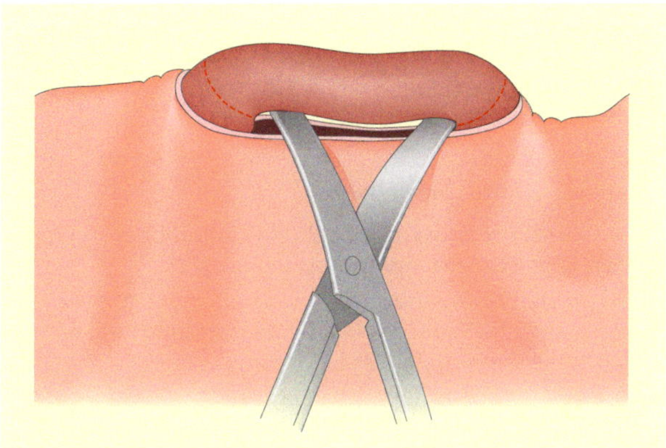

Abb. 8.68 Subseröse Tubenresektion: Präparation der Tube. (Nach Hirsch et.al. 1995)

Laparoskopische Operationen am Ovar

Voraussetzungen

Die meisten gutartigen Veränderungen des Ovars können heutzutage per Laparoskopie angegangen werden. Hier sind v. a. die Ovarialtumoren zu nennen. Die Größe der Veränderung kann hier ein limitierender Faktor für die Möglichkeit einer Laparoskopie sein.

Ovarialtumoren sind sehr häufig und bei der geschlechtsreifen Frau in den meisten Fällen funktionellen Ursprungs (z.B. Corpus-luteum-Zyste).

Bei Verdacht auf ein Ovarialkarzinom sollte aber nach wie vor direkt eine Längslaparotomie durchgeführt werden. So ist es wichtig, dass vor der Operation eine gute diagnostische Beurteilung (z.B. sonographisch) des Ovarialtumors erfolgt.

Da aber viele Ultraschallkriterien sowohl bei gutartigen als auch bei bösartigen Tumoren des Ovars auftreten können, sollten Ovarialtumoren, wenn sie laparoskopisch operiert werden, immer in sog. Bergebeuteln (s. Abb. 8.69) präpariert werden. Bei einer versehentlichen Eröffnung des Tumors kann so eine Zellaussaat (»spilling«) in den Bauchraum verhindert werden. Zeigt sich direkt zu Beginn der Laparoskopie, dass es sich doch um ein bösartiges Geschehen handelt, muss sofort auf ein abdominales Vorgehen umgeschaltet werden.

Bei Frauen im geschlechtsreifen Alter sollte bei gutartigen Befunden darauf geachtet werden, dass ausreichendes Ovarialgewebe erhalten bleibt.

Im Folgenden werden die unterschiedlichen Versorgungsmöglichkeiten kurz vorgestellt.

Operationen

Instrumentarium, Lagerung, Abdeckung

S. 8.6.1.

Ausschälen eines Tumors oder einer Zyste

Vorbereitung und Ablauf wie bei der zuvor schon beschriebenen Laparoskopie

- Einführung eines Bergebeutels in den Bauchraum über einen Arbeitstrokar (Größe richtet sich nach den Maßen des zuvor inspizierten Ovarialtumors). Platzierung des Beutels mit seiner Basis im Douglas-Raum und Aufspannen der Öffnung
- Der Ovarialtumor wird in den Kunststoffbeutel gelegt (Abb. 8.69)
- Zwischen Tumor und normalem Gewebe wird auf der Kapsel mit der Bipolarzange ein Koagulationsstreifen gelegt. Mit der Präparationsschere wird die Kapsel, ohne Eröffnung des Tumors, inzidiert
- Aufspannen der Kapsel mit einer Fasszange. Über den zweiten Arbeitstrokar wird dicht an der Kapsel mit stumpfen Instrumenten der Tumor ausgeschält. Sollte es dabei zur Eröffnung kommen, wird der Inhalt abgesaugt. Es ist darauf zu achten, dass die Flüssigkeit nur in den Bergebeutel fließt!
- Der Bergebeutel wird an einer Schlaufe zugezogen und über einen der Arbeitstrokare, ggf. nach Schnitterweiterung, aus dem Bauchraum gezogen. Ist der Tumor zur Entfernung noch zu groß, kann er innerhalb des Bergebeutels abpunktiert werden. Dieser Schritt kann auch schon vor der Ausschälung des Tumors/der Zyste durch einen Absauger mit Nadelspitze erfolgen (Gefahr des Spilling beach-

ten!). Das Gewebe kann dann ggf. zur Schnellschnittuntersuchung gegeben werden, muss aber in jedem Fall histologisch beurteilt werden

- Ausgiebige Blutstillung mit der bipolaren Koagulation und Spülung des Bauchraumes zur Entfernung von Blutresten (wichtig zur Vermeidung von Adhäsionen)
- Das Restovar kann mit einer oder mehreren Nähten vernäht und rekonstruiert werden
- Einlegen z.B. einer Robinson-Drainage (s. 1.7) über einen der Arbeitstrokare
- Beendigung der Operation wie bei der vorbeschriebenen Laparoskopie

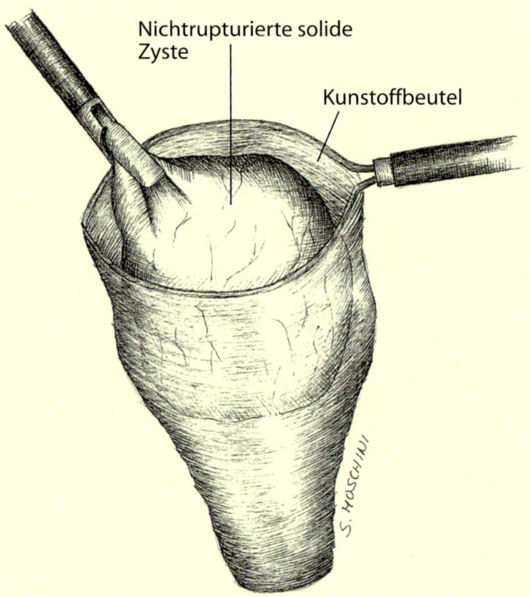

Abb. 8.69 Bergung des Tumors im Kunststoffbeutel. (Fa. Storz; Prof. Luca Mencaglia, MD)

Adnexexstirpation zur Tumorentfernung

- Vorbereitung und Ablauf wie bei der zuvor beschriebenen Laparoskopie
- Darstellung des Tumors. Wegen seiner Größe kann die Lage des Ureters verändert sein. Dieser muss vor der Tumorexstirpation dargestellt werden
- Bipolare Koagulation des Lig. infundibulopelvicum (Lig. suspensorium ovarii s. Abb. 8.3), Durchtrennung mit der Schere; Anschließende Koagulation des Peritoneums (Lig. latum) lateral der ovarversorgenden Gefäße und parallel zum Tubenverlauf bis hin zum Tubenabgang. Koagulation und Durchtrennung von Tube und Lig. ovarium proprium mit der Schere
- Einlegen eines Bergebeutels in angemessener Größe über einen der Arbeitstrokare. Entweder wird die Adnexe direkt im Bergebeutel entfernt, wie oben beschrieben, oder es wird der bereits abgesetzte Tumor in den Bergebeutel gelegt, um dann über einen der Arbeitstrokare bzw. dessen Bauchdeckeninzision entfernt zu werden. Hierbei können eine Abpunktion im Beutel und die Verwendung eines Bauchdeckenhakens hilfreich sein
- Ausgiebige Blutstillung mit der bipolaren Koagulation und Spülung des Bauchraumes
- Einlegen z.B. einer Robinson-Drainage (s. 1.7) über einen der Arbeitstrokare
- Beendigung der Operation wie bei der vorbeschriebenen Laparoskopie

Stielgedrehte Ovarialzyste

Sie kann sich als »akutes Abdomen« darstellen und muss dann operiert werden.

Stielgedrehte Ovarialzyste

- Zunächst muss die Drehung aufgehoben werden. Dies ist meist laparoskopisch möglich
- In den Stiel einbezogen sind oft das Lig. ovarii proprium, die Tube, das Lig. suspensorium ovarii, das Lig. teres und Anteile des Lig. latum
- Einige Minuten müssen abgewartet werden, um zu beurteilen, welche Gewebeanteile wieder gut durchblutet sind
- Nichtdurchblutete Gewebeteile werden nach bipolarer Koagulation mit der Schere reseziert und über einen der Arbeitstrokare entfernt. (Bei jungen Frauen muss immer versucht werden, einen Ovarrest zu erhalten.)

Bestätigt sich bei der Operation eines Ovarialtumors, dass es sich um einen bösartigen Tumor handelt, so muss eine **Radikaloperation** erfolgen:

- Längsschnittlaparotomie (s. 8.2.2),
- Hysterektomie (s. 8.5.6),
- Adnektomie beidseits,
- pelvine Lymphonodektomie,
- Omentektomie (s. Kap. 2),
- Appendektomie (s. Kap. 2),
- ggf. Entfernung weiterer befallener Strukturen.

8.7 Mammachirurgie

8.7.1 Anatomie, Risikofaktoren, Symptome

Anatomische Grundlagen

Die Mamma liegt verschieblich auf der Fascia pectoralis und besteht aus dem Drüsenkörper, der von bindegewebigen Septen durchzogen und von Fettgewebe umgeben ist, und aus der Brustwarze.

Gefäßversorgung

Die arterielle Versorgung der Mamma entspringt aus medialen Ästen der 2.–4. Interkostalarterien, die seitlich des Sternums in die Mamma eintreten. Ferner übernehmen Äste der A. thoracica lateralis die laterale Gefäßversorgung.

Lymphabfluss

Aus chirurgischen Gesichtspunkten wird der Lymphabfluss der Brust, der axillären Lymphknoten in 3 Etagen aufgeteilt (Abb. 8.70a,b):

- Level I: untere axilläre Gruppe bis zum lateralen Rand des M. pectoralis minor.
- Level II: mittlere axilläre Gruppe dorsal des M. pectoralis minor.
- Level III: obere infraklavikuläre, medial des M. pectoralis minor gelegene Gruppe.

Medial zieht das Lymphabflussgebiet durch die Interkostalräume hindurch zu parasternalen, interkostalen und interpektoralen Lymphknoten.

Anatomische Strukturen in der Axilla sind (s. Abb. 8.73) die V. und A. axillaris, das thorakodorsale Gefäßnervenbündel mit dem N. thoracodorsalis (motorische Innervation des M. latissimus dorsi) sowie der N. thoracicus longus, der auf dem M. serratus anterior nach kaudal zieht und diesen motorisch innerviert.

Aufteilung des Brustdrüsenkörpers

Der Brustdrüsenkörper kann zur genaueren Beschreibung eines tumorösen Geschehens in 4 Quadranten und

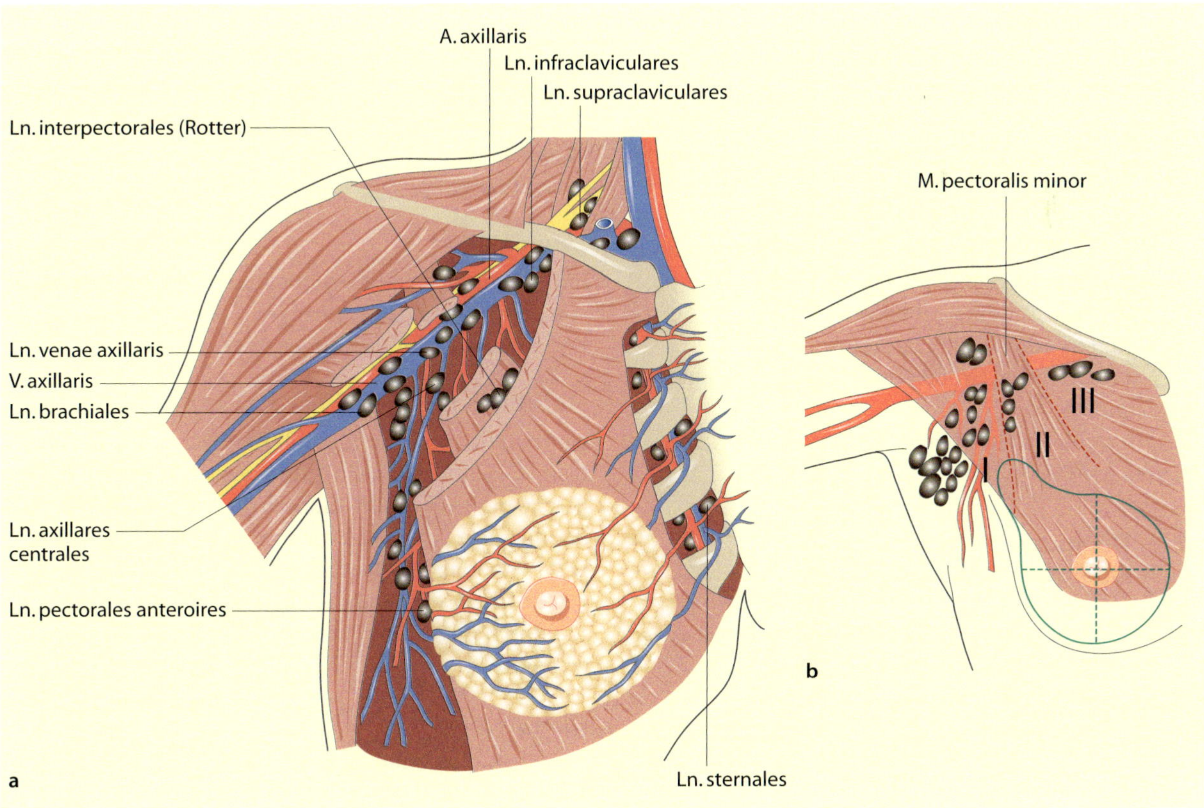

Abb. 8.70 a Lymphabflusswege der Brust. b Lymphknotengruppen. (Aus Heberer et.al. 1993)

die Brustwarze eingeteilt werden (s. Abb. 8.70b). Mammakarzinome treten mit unterschiedlicher Häufigkeit in diesen Quadranten auf, am häufigsten oben außen gefolgt von oben innen, der Brustwarzenregion und zuletzt unten innen.

Risikofaktoren

Das Mammakarzinom ist heute der häufigste bösartige Tumor der Frau und betrifft etwa jede 10. Frau in Deutschland. Bestimmte Risikofaktoren sind typisch für die Entwicklung eines Mammakarzinoms:

- Familiäre Belastung (Mammakarzinom bei Mutter oder Schwester).
- Bösartige Erkrankung in der eigenen Anamnese.
- Nichtgebärende, bzw. Spätgebärende (>35. Lebensjahr).
- Frühe erste Periode (<12. Lebensjahr), späte letzte Periode (>52. Lebensjahr)
- Genetischer Faktor (BRCA-1).
- Alter über 50 Jahre.
- Zustand nach Mammakarzinom.
- Übergewicht.
- Mastopathie III.

8

Symptome

Jeder Knoten der Brust ist abklärungsbedürftig. Häufigster Tumor der Mamma ist das gutartige Fibroadenom. Bestimmte Symptome können Hinweise auf das Vorliegen eines bösartigen Mammatumors geben:

- Einziehung der Haut; einseitige Mamilleneinziehung.
- Verdickung der Haut: Apfelsinenhaut (Peau d'orange).
- Mamillensekretion, v. a. blutig.
- Hautulkus oder Rötung der Haut.
- Neu aufgetretene Größen- und Formungleichheit der Mammae.
- Unverschieblichkeit eines Knotens unter der Haut oder auf der Faszie.

8.7.2 Diagnostische Möglichkeiten, Operationen

Wichtigste Grundlage aller Mammadiagnostik ist die am besten regelmäßig durch die Frau selbst durchgeführte Tastuntersuchung. Zusätzlich können die folgenden Untersuchungen, entweder als Basisdiagnostik oder als Abklärungsmöglichkeit eines schon erhobenen Befundes, durchgeführt werden.

Mammographie

Röntgenuntersuchung der Brustdrüse. Empfohlen wird eine Basismammographie zwischen dem 30. und 35. Lebensjahr und auf jeden Fall zur Abklärung eines Tastbefundes. Bestimmte Kriterien sind hier malignitätsverdächtig (z.B. Mikrokalk, sternförmige Verdichtungen). Mammographisch verdächtige Bezirke, die sonst nicht sichtbar sind, können präoperativ mammographisch drahtnadelmarkiert werden, sodass eine operative Auffindung möglich wird. (Das entnommene Präparat kann dann nochmals geröntgt werden, um zu zeigen, dass die verdächtigen Bezirke wirklich enthalten sind.)

Sonographie

Ergänzung der Mammographie mit Unterscheidungsmöglichkeit zwischen soliden und zystischen Prozessen. Auch hier sind einige Phänomene malignitätsverdächtig (unscharfe Tumorbegrenzung, durchblutete Binnenstrukturen etc.). Nicht palpable Tumoren, die aber sonographisch sichtbar sind, können, zur besseren Auffindung, direkt präoperativ unter sonographischer Kontrolle mit einem Draht markiert werden.

Galaktographie

Bei pathologischer Sekretion aus der Mamille wird radiologisch eine Milchgangdarstellung mit Kontrastmittel vorgenommen. Das Kontrastmittel wird in den Milchgang injiziert.

Zytologie

Ein Zellabstrich von Mamillensekret kann den Nachweis von bösartigen Zellen erbringen. Sekret kann auch durch Feinnadelpunktion gewonnen werden.

Stanzbiopsie

Hierbei wird unter sonographischer Kontrolle nach einer kleinen Hautinzision ein Tumor gezielt durch eine Hochgeschwindigkeitsnadel biopsiert. Die Stanzbiopsie dient der diagnostischen Abklärung, um einerseits eine bessere OP-Planung mit der Patientin zu erzielen, andererseits der Patientin während der Operation verlängerte Narkosen durch das Warten auf das Schnellschnittergebnis zu ersparen.

Operationen

Die Vielzahl der möglichen Mammaoperationen, insbesondere aus dem plastischen Bereich, erlaubt es an dieser

Stelle nur auf einige wenige, häufig angewandte OP-Formen näher einzugehen.

Ziel der Tumoroperationen ist es den betreffenden Bezirk komplett zu entfernen, d. h. bei bösartigen Befunden unter Einhaltung eines Sicherheitsabstandes im gesunden Gewebe.

Zu unterscheiden sind:

- brusterhaltende Mammaoperationen (Tumorektomie, Quadrantektomie) und
- ablative Mammaoperationen (subkutane Mastektomie, modifizierte radikale Mastektomie).
  Ablative Mammaoperationen sind z.B. indiziert bei mehreren Karzinomherden der Brust, bei zu großem Karzinomherd, bei ausgedehnter Tumorausbreitung über die Lymphbahnen etc. Bei bösartigen Befunden erfolgt dann noch die Entfernung axillärer Lymphknoten (Axilladissektion).

Instrumente

- Grundinstrumentarium,
- evtl. Titanclipzange,
- bipolare Koagulationspinzette und/oder Diathermie,
- Drainagen (s. 1.7),
- evtl. Hautstift.

Lagerung

- Rückenlagerung der Patientin auf dem OP-Tisch.
- Eventuell Keilkissen unter die Beine.
- Leichte Rumpf-/Kopfanhebung.
- Armlagerung: Armstütze und OP-Tisch befinden sich etwa auf gleicher Höhe. Armabwinkelung von unter 90° (bei zu starker Abwinkelung besteht die Gefahr der Armplexusparese). Gute Abpolsterung und Fixierung des Armes (Abb. 8.71).

Abdeckung

- Desinfektion der Brust, der oberen Bauch- und der unteren Halsregion. Der Arm der betroffenen Seite wird von einem Assistenten unsteril an der Hand hochgehalten und dann bis zum mittleren Unterarm desinfiziert.
- Hauseigene Abdeckung, bei Stoff doppelt und wasserdicht oder beschichtet.
- *Beispiel:* Ein Tuch wird unter den noch hochgehaltenen Arm bis in Schulterhöhe gelegt. Der Arm wird abgelegt und ein weiteres Tuch bis Oberarmmitte platziert. Abdecken der Beine und der Bauchregion bis unterhalb der Brust. Seitentuch vom Sternum über die gesunde Brust. Obere Abdeckung von der Klavikula ausgehend über den Narkosebügel. Klebetuch am seitlichen Thorax anbringen und unter Freilassung der Axilla über den Arm legen.

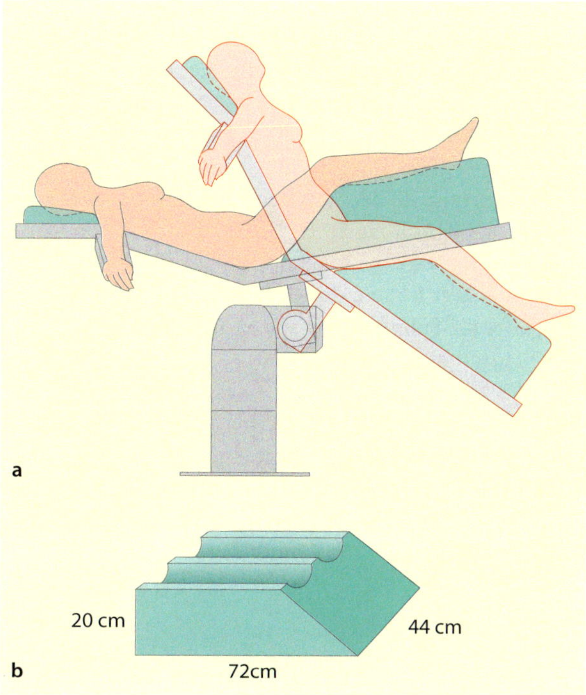

Abb. 8.71 Lagerung bei Eingriffen an der weiblichen Brust. (Aus Herrmann et.al. 1996)

Schnittführungen

Der Zugangsweg richtet sich nach Größe, Lokalisation und Dignität (Gut-oder Bösartigkeit) des zu operierenden Tumors.

Periareolärer Bogenschnitt. Hierbei wird die Hautinzision bogenförmig am Übergang Warzenhof/Haut geführt. Er ist v. a. für gutartige mamillennahe Tumoren geeignet. Bei bösartigen Tumoren kann sich das Problem ergeben, dass evtl. durchzuführende Nachresektionen und das Einhalten des Sicherheitsabstandes technisch schwierig werden (Abb. 8.72a *1*).

Zirkuläre Schnittführung. Hierbei wird oberhalb des Tumors ein bogenförmiger Hautschnitt angelegt, bei bösartigen hautnahen Tumoren unter Mitnahme einer Hautspindel. Kosmetisch ist dieser Zugang v. a. in den oberen Quadranten zu empfehlen (s. Abb. 8.72a *2*).

Radiäre Schnittführung. Rechtwinklig zum Mamillenrand angelegter Hautschnitt. Kosmetisch ist diese Schnittführung in den unteren Quadranten der Brust günstig (s. Abb. 8.72a *3*).

Submammärer Bogenschnitt. Kosmetisch günstiger Zugang über die Submammärfalte zu Tumoren in den unteren Quadranten der Brust.

Querovalärer Hautschnitt. Hierbei wird ein querer bis leicht schräger spindelförmiger Hautschnitt vom Sternum bis zur vorderen Achsellinie, unter Einschluss der Mamille, angelegt. Dies ist der typische Zugang bei Mastektomie (s. Abb. 8.72b *1*. und *2*).

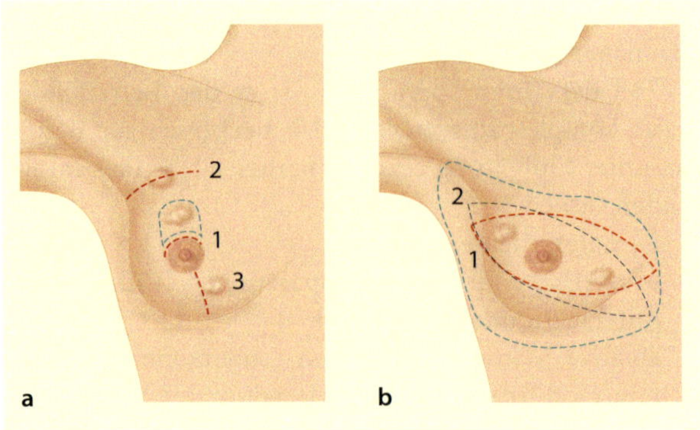

Abb. 8.72a,b Schnittführungen bei Mammaoperationen (Aus Heberer et.al. 1993.)

Tumorektomie (Lumpektomie, »wide excision«)

- Hautinzision mit dem Skalpell je nach Lokalisation, Größe und Dignität des Tumors
- Mobilisation des Drüsenkörpers mit der Präparationsschere dicht unter der Haut, ohne diese selbst zu verletzen (postoperative Durchblutungsstörungen möglich). Präparation in alle Richtungen
- Unter Tastkontrolle wird der Tumor mit einem Sicherheitsabstand segmentförmig mit dem Skalpell oder der Schere entfernt. Hierbei sollte auf ein »Anklemmen« des Tumors verzichtet werden. Bei tiefem Tumorsitz wird die Fascia pectoralis dieses Bereichs mitentfernt
- Fadenmarkierung des Präparates (3 Markierungen) zur Orientierung des Pathologen. Die Schnellschnittuntersuchung ist zu empfehlen, um eine Entfernung im Gesunden sicherzustellen. Eine Nachresektion ist dann ggf. erforderlich
- Ausgiebige Blutstillung z.B. durch bipolare Koagulation. Einlegen einer Drainage. Rekonstruktion des Restdrüsenkörpers durch Einzelknopfnähte (z.B. Vicryl 2–0). Gegebenenfalls Subkutannähte. Verschluss der Haut durch Intrakutannaht (z.B. Prolene 3–0)
- Bei einem bösartigen Befund folgt nun die Axilladissektion über einen gesonderten axillären Zugang (s. unten). Handschuhwechsel!
- Ein sicher gutartiger Tumor kann auch ohne Einhaltung eines Sicherheitsabstandes tumornah ausgeschält werden

Totale Mastektomie

- Spindelförmige Umschneidungsfigur der Haut unter Einschluss der Mamille (s. Abb. 8.72b) mit dem Skalpell, ggf. vorher mit Hautstift anzeichnen
- Präparation der Haut und des direkt anliegenden Subkutangewebes mit der Präparationsschere oder dem Skalpell nach medial bis zum Sternum, nach kranial bis fast zur Klavikula und nach kaudal bis zum Ansatz des M. rectus abdominis. (Es muss so viel Subkutangewebe erhalten bleiben, dass eine Versorgung der Haut gewährleistet ist.)
- Entfernung des Drüsenkörpers unter Mitnahme der Pektoralisfaszie mit dem Skalpell. Dies geschieht parallel zur Muskelfaserverlaufsrichtung von medial/kranial nach lateral/kaudal; hier wird das Gewebe abgesetzt. Während dieses OP-Schrittes werden die versorgenden Brustgefäße entweder koaguliert oder unterbunden
- Von diesem Zugang ausgehend Beginn der Axilladissektion
- Einlegen von Drainagen (z.B. Jackson-Pratt; s. 1.7) in das Mastektomiegebiet und die Axilla. Kontrolle auf Bluttrockenheit. Subkutannähte und fortlaufender intrakutaner Hautverschluss (z.B. 2–0)

Axilläre Lymphadenektomie

- Zugang entweder direkt über die Mastektomiewunde oder über einen separaten bogenförmigen Hautschnitt: 2 cm dorsal des M. pectoralis major über ca. 6 cm mit dem Skalpell. (Bei Tumorektomie muss zuvor das Mammawundgebiet mit einem

Tuch abgedeckt und die Handschuhe müssen gewechselt werden.)

- ► Eröffnung des subkutanen Fettgewebes und Darstellung des Randes des M. pectoralis major. Dieser wird vom Assistenten mit dem Haken nach medial gezogen
- ► Aufsuchen der V. axillaris durch vorsichtiges Spreizen mit der Präparationsschere (◘ Abb. 8.73). Lymph- und Blutgefäße werden elektrokoaguliert oder mit Titanclips verschlossen. En-bloc-Resektion des axillären Lymphfettgewebes lateral an der V. axillaris beginnend und auf der Faszie des M. latissimus dorsi nach dorsokaudal präparierend. Hierbei Darstellung des thorakodorsalen Gefäßnervenbündels und des N. thoracicus longus (bei nichtrelaxierter Patientin können diese Nerven mit der atraumatischen Pinzette »getestet« werden). Wenn möglich sollten auch die Nn. intercostobrachiales erhalten werden, die quer durch die Axilla verlaufen und die Innenhaut des Oberarmes sensibel versorgen. Nach Anheben des M. pectoralis minor können nun auch die Lymphknoten des Level II (◘ s. Abb. 8.70) präpariert und mit dem Gesamtpräparat entfernt werden. Nicht unbedingt notwendig ist die Entfernung der Lymphknoten des Level III, die durch kräftiges Anheben des M. pectoralis minor erreicht werden können
- ► Nach Kontrolle auf Bluttrockenheit Einlegen einer Drainage (z. B. Jackson-Pratt).
- ► Hautverschluss durch Intrakutannaht

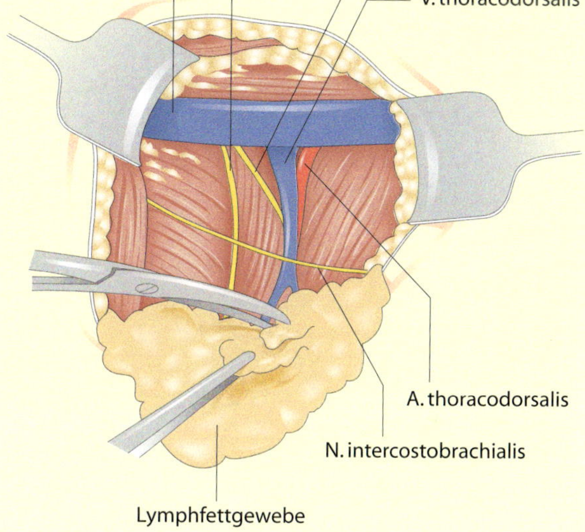

◘ Abb. 8.73 Axilläre Lymphadenektomie (Nach Hepp et. al. 1991)

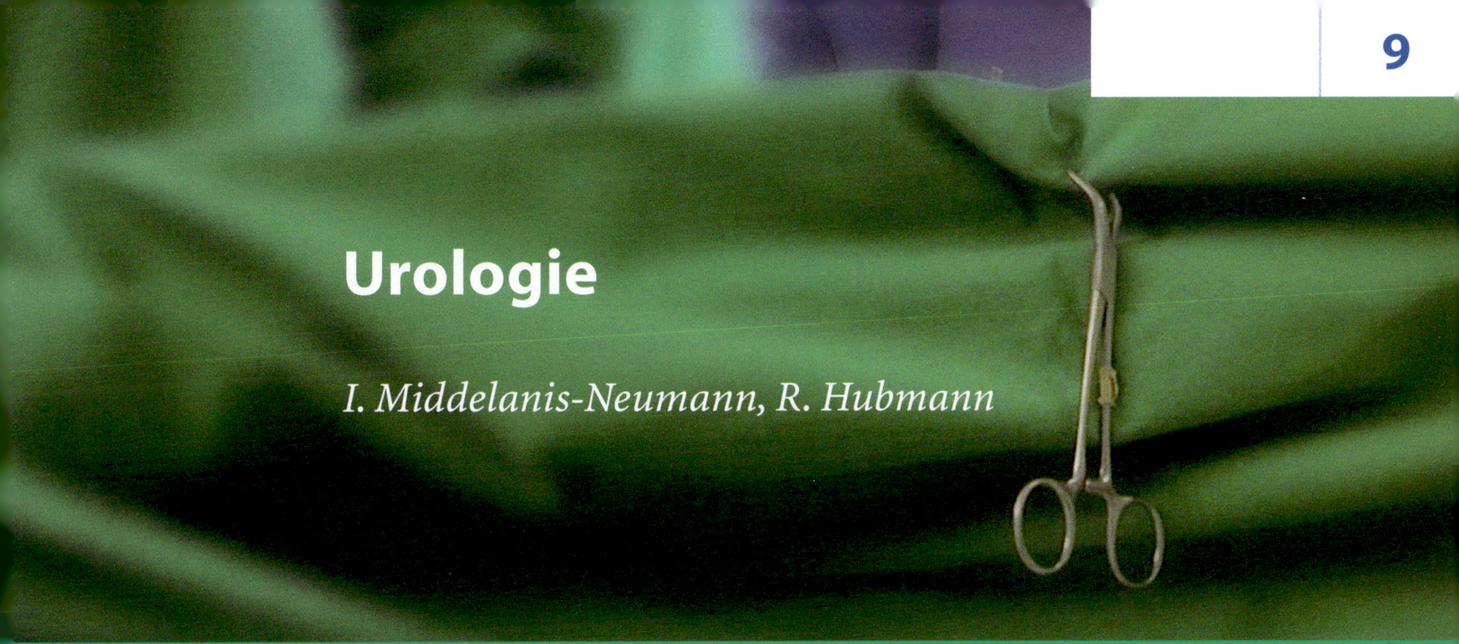

Urologie

I. Middelanis-Neumann, R. Hubmann

9.1 Anatomische Grundlagen

Die Abb. 9.1 und 9.2 zeigen Übersichtsbilder des männlichen und des weiblichen Urogenitalapparats.

9.1.1 Harnapparat

Niere (Ren)

Im Harnapparat sind die Nieren die Organe der Harnbereitung. Nierenbecken, Nierenkelchsystem, Harnleiter, Blase und Harnröhre dienen dem Transport und der Speicherung.

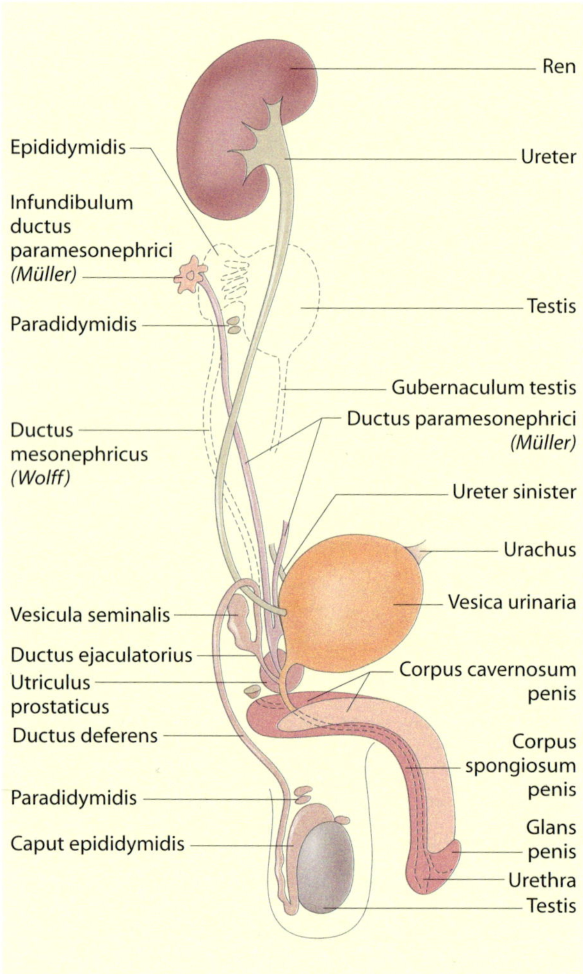

Abb. 9.1 Entwicklung des männlichen Urogenitalapparates. *Gerastert* zugrunde gehende Teile; *gestrichelt* Lage vor dem Herunterwandern der Keimdrüsen. (Nach Hofstetter u. Eisenberger 1986)

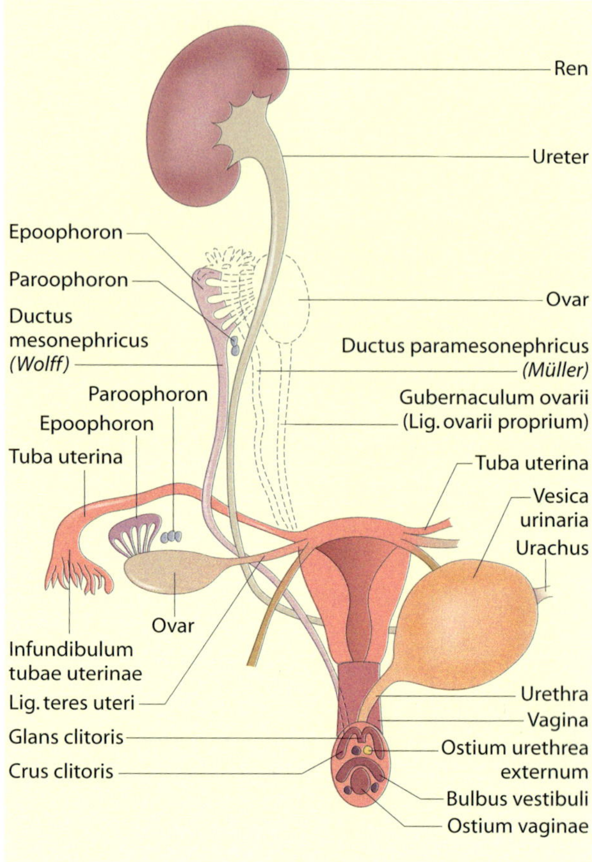

Abb. 9.2 Entwicklung des weiblichen Urogenitalapparates. *Gerastert* zugrunde gehende Teile; *gestrichelt* Lage vor dem Deszensus. (Nach Hofstetter u. Eisenberger 1986)

Lage

Die Nieren liegen retroperitoneal seitlich der Wirbelsäule.

- Oberer Nierenpol: Höhe 11. und 12. Brustwirbelkörper (BWK).
- Unterer Nierenpol: Höhe 2. und 3. Lendenwirbelkörper (LWK).
- Die rechte Niere liegt unter der Leber, daher tiefer als die linke Niere, die sich unterhalb der Milz befindet.
- Im Normalfall werden die Nieren von der 12. Rippe überkreuzt.

Form und Bestandteile

Die Niere hat die Form einer Bohne. Es gibt eine Vorderseite (Facies anterior) und eine Hinterseite (Facies posterior). Letztere ist flacher ausgebildet. Auf dem oberen Nierenpol sitzt die Nebenniere.

Die mediale Einstülpung (Hilus renalis, ◘ Abb. 9.3) enthält den Nierenstiel mit den Blutgefäßen und Teile des Nierenbeckenkelchsystems.

Der *Hilus renalis* enthält:

- Die *Nierenarterie (A. renalis)*: Sie entspringt der Bauchaorta und teilt sich im Hilusbereich in 2 Äste. Nicht selten treten abweichende Äste auf, die in den oberen oder unteren Nierenpol einstrahlen (aberrierende Gefäße).
- Die *Nierenvene (V. renalis)*: Beide Vv. renales münden in die V. cava. Aufgrund der Kavalage ist die linke Nierenvene länger als die rechte. Die linke V. renalis zieht über die Aortenvorderwand.
- Das *Nierenbeckenkelchsystem* meist mit 7 Kelchpaaren.
- Der *Harnleiter (Ureter)*: Er liegt meist schon außerhalb des Hilus und tritt hinter den Gefäßen aus dem Nierenhilus aus. Er bildet die Verlängerung des Nierenbeckens.

Der Sinus renalis ist ein Raum, der vom Hilus aus zugänglich ist und vom Nierenparenchym umfasst wird. Er ist mit Fett- und Bindegewebe ausgefüllt und bietet dem Nierenbecken und den Nierengefäßen Schutz und Platz.

Nierenaufbau (◘ Abb. 9.4)

Von außen nach innen:

- *Gerota-Faszie*: Sie umgibt die Nierenfettkapsel und die Niere.

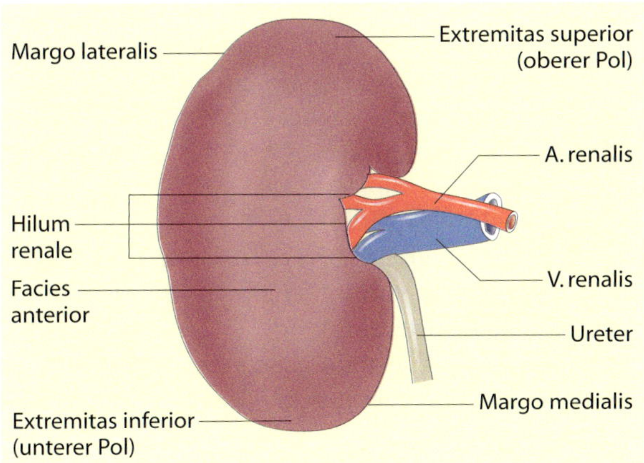

◘ Abb. 9.3 Ventralansicht der rechten Niere. Das Nierenbecken befindet sich hinter dem Gefäßstiel und ist somit operativ gut zugänglich

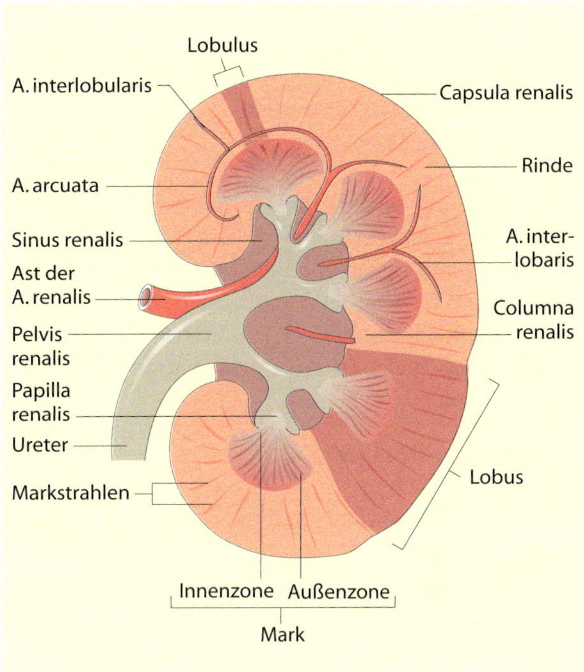

◘ Abb. 9.4 Längsschnitt durch die Niere. (Nach Schiebler et al. 2003)

- *Fettkapsel (Capsula adiposa).*
- *Faserkapsel (Capsula fibrosa)* des Nierenparenchyms.
- *Nierenparenchym* aus Rinde (Cortex renis) und Mark (Medulla renis): Die Nierenrinde umgibt das Mark. Letzteres besteht aus meist 14 Pyramiden, die allseitig von Rinde umgeben sind, sodass der Cortex renalis bis an die Nierenkelche reicht. Die Pyramidenspitzen ragen in die Kelche hinein und enden dort als sog. Papille. Sie enthält die Sammelrohre, die an der Spitze in das Kelchsystem und dann in das Nierenbecken münden.
- *Nierenbecken (Pelvis)*: Beginn der ableitenden Harnwege. Die Nierenkelche münden ins Nierenbecken, das sich zunehmend verengt und in den Harnleiter übergeht.

Harnleiter (Ureter)

Der Harnleiter ist etwa 25–30 cm lang. Glatte Muskulatur und Eigeninnervation machen den Urintransport möglich: Mit peristaltischen Bewegungen drückt der Ureter den Urin in die Blase. Seine Wand verfügt über eine äußere und innere Längsmuskelschicht und über eine ringförmige Mittelschicht.

Drei physiologische Engstellen begünstigen Steineinklemmungen:
- Ureterabgang aus dem Nierenbecken,
- Überkreuzung der Iliakalgefäße,
- Eintritt in die Blase.

Hinter der Blase wird der Ureter vom Samenleiter bzw. von der A. uterina gekreuzt.

Die Ureteren ziehen von hinten in die Blase ein, verlaufen noch etwa 4 cm schräg innerhalb der Blasenwand und münden spitzwinklig im Blasenboden. Mündungsort, die Ostien, sind 2 Eckpunkte des sog. Trigonums am Blasenauslass.

Harnblase (Vesica urinaria)

Aufgabe

Sie sammelt den Urin zwischen den willkürlichen Entleerungen und hat damit 2 Aufgaben.

Lage

Sie liegt subperitoneal im kleinen Becken hinter der Symphyse. Nur gefüllt ragt sie über die Symphysenoberkante hinaus und schiebt das Peritoneum damit weit über die Symphysenoberkante nach oben. (Nur bei vorhergegangenen Unterbaucheingriffen ist das Bauchfell meist fest mit dem Knochen verwachsen.) Normalerweise soll daher ein suprapubischer Blasenkatheter nur bei gefüllter Blase (200–300 ml) gelegt werden.

Aufbau (◘ Abb. 9.5)

Die leere Blase sieht herzförmig aus und hat
- einen *Scheitel* (Vertex): Von seiner Mitte zieht eine mediane Bauchfellfalte zum Nabel, die das Lig. umbilicale enthält (embryonaler Urachus, der zum Ligament verödet; ◘ s. Abb. 9.1),
- 2 Seitenwände,
- Hinterwand,
- Blasengrund (Blasenboden mit dem Trigonum und den Harnleitermündungen).

Trigonum vesicae: Bei eröffneter Blase kann man im Blasenboden ein dreieckiges Feld erkennen, das im Gegensatz zur übrigen Schleimhaut keine Falten hat und sich nicht verschieben lässt.

In den Eckpunkten münden der rechte und linke Ureter und die Harnröhre (Ostium urethrae internum).

Blasenhals: Der Übergang von der Blase in die Harnröhre wird als Blasenhals bezeichnet.

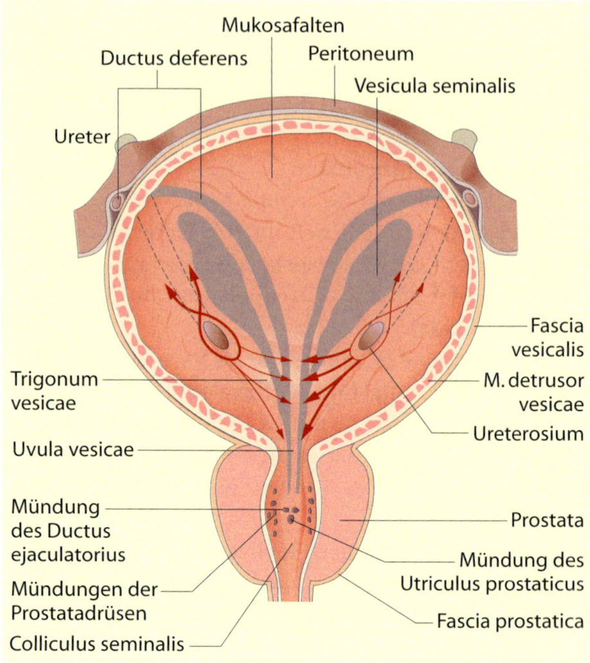

◘ Abb. 9.5 Männliche Harnblase in der Frontalebene aufgeschnitten. *grau* Hinter der Harnblase liegende Samenleiter und Samenblasen. Die *Pfeile* im Bereich des Trigonum vesicae zeigen den Verlauf der Öffnungs- (*links*) und Verschlussmuskeln (*rechts*) für die Harnleiter an. (Nach Schiebler et al. 2003)

Harnröhre (Urethra)

Weibliche Harnröhre

Die Urethra ist ca. 4 cm lang. Sie verläuft von der Blase (Ostium urethrae internum) vor der Vagina und mündet in den Scheidenvorhof (Ostium urethrae externum). Verschlossen wird sie durch Fasern des äußeren Schließmuskels (M. sphincter urethrae externum) im Bereich des Beckenbodens und durch Venengeflechte, die die Schleimhaut gegeneinander drücken.

Männliche Harnröhre (◘ Abb. 9.6)

Die männliche Harnröhre ist ca. 20 cm lang und zieht von der Blase (Ostium urethrae internum) bis zur Glans penis (Ostium urethrae externum).

Sie besteht aus 5 anatomischen Abschnitten:
- *Ostium urethrae internum* mit dem M. sphincter urethrae internum.
- *Pars prostatica*: Ca. 3–4 cm lang. Abschnitt zwischen Ostium urethrae internum und dem Verlauf durch die Prostata. Am Ende der Pars prostatica befindet sich an der Urethrahinterwand der Colliculus semi-

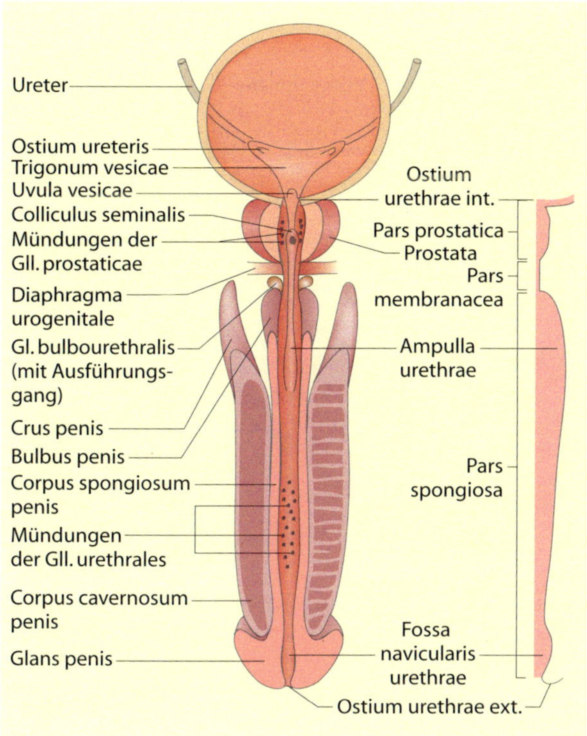

Abb. 9.6 Schnitt durch die männliche Harnblase und den Penis. (Nach Schliebler u. Schmidt 2003)

nalis (Samenhügel), an dessen Seiten die Prostataausführungsgänge und Samenleiter münden. Da hier Harn- und Samenwege zusammentreffen, kann die Urethra auch als Harnsamenröhre bezeichnet werden.
- *Pars membranacea*: Ca. 1 cm lang. Dieser Anteil wird vom M. sphincter urethrae externum umschlossen. In diesem Bereich tritt die Urethra durch das Diaphragma urogenitale. (Diaphragma urogenitale und M. levator ani bilden den muskulären Verschluss des Beckenbodens.)
- *Pars spongiosa*: Ca. 20 cm lang. Verläuft im Corpus spongiosum (Harnröhrenschwellkörper des Penis).
- *Ostium urethrae externum.*

9.1.2 Männlicher Geschlechtsapparat

Hoden (Testis)

Aufgabe

Da die Innentemperatur des Körpers für die Entwicklung funktionstüchtiger Samenzellen zu hoch ist, liegen die Hoden im Hodensack außerhalb der Bauchhöhle. Sie produzieren neben den Spermien männliches Hormon (Testosteron).

Aufbau (Abb. 9.7)
- *Tunica albuginea*: Bindegewebige Kapsel des Hodenparenchyms.
- *Hodenparenchym*: Es besteht aus den Hodenkanälchen, die zum Hodenhilus ziehen und dort ein Kanälchensystem bilden (Rete testis). Hier beginnen die ableitenden Samenwege. Zwischen den Kanälchen liegen die Leydig-Zwischenzellen, in denen das Testosteron gebildet wird.

Die Tunica albuginea ist meist zu zwei Drittel von Bauchfell überzogen, das während der Entwicklung mit dem Hoden aus dem Bauchraum heruntergewandert ist. Dieses Bauchfell bildet einen Hohlraum mit einem sog. parietalen Blatt, das der Innenseite der Hodenhüllen (Scrotum) aufliegt. In diesem Gleitraum (Periorchium) kann sich vermehrt Flüssigkeit ansammeln, der sog. Wasserbruch (Hydrozele s. 9.5.4).

Selten geht dieser Bauchfellanteil noch weiter nach kranial und umgibt den Nebenhoden und 1–2 cm des sog. Samenstranges. Letzterer ist von Mukelfasern umgeben, enthält die Gefäße des Hodens sowie den Samenleiter

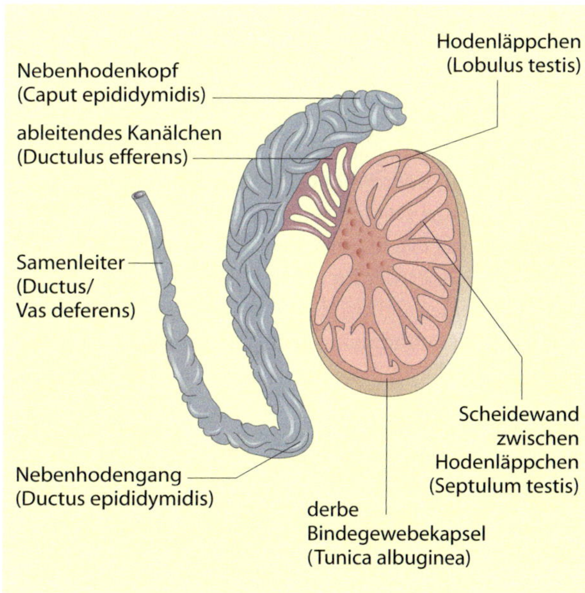

Abb. 9.7 Hoden mit Nebenhoden. Die Ductuli efferentes leiten die Spermien aus dem Hoden in den Nebenhoden

und führt nach oben. Bei höherer Ausbreitung des Bauchfelles im Hodensack sind der Hoden und Nebenhoden frei drehbar. Diese Gewebskonstellation führt dann häufig im weiteren Leben zu einer sog. Hodentorsion mit Abschnürung der Gefäße und endet im Absterben des Hodens, wenn nicht sofort operativ eingegriffen wird.

Nebenhoden (Epididymis)

Der Nebenhoden ist mit der hinteren Hodenwand teilweise verwachsen. In diesem Bereich münden Gefäße und Hodenausführungsgänge, die in den Nebenhoden ziehen.

Der Nebenhoden besteht aus einem breiten Kopf und einem Korpus, der in den schlanken Nebenhodenschwanz übergeht und zum Ductus deferens (Samenleiter) wird.

Der Nebenhoden dient als Speicher- und Reifungsorgan.

Samenleiter (Ductus deferens)

Aufgabe

Aktiver Transport der Samenzellen.

Verlauf

Der Samenleiter ist die Verlängerung des Nebenhodens und verläuft hinter diesem aufwärts in den Samenstrang und zieht weiter in den Leistenkanal. Zum Samenstrang gehören Nerven, die A. testicularis, der Plexus pampiniformis (Venengeflecht), Lymphgefäße und der Ductus deferens. Die Umhüllung bilden der M. cremaster und Bindegewebe. Vom inneren Leistenring zieht der Samenleiter an der Blasenhinterwand zum Blasengrund und überkreuzt dort den Ureter. Der Samenleiter erweitert sich dorsal der Prostata zur Ampulla ductus deferentis. Dicht hinter dieser mündet der Ausführungsgang der Samenblase in den Ductus deferens.

Als Ductus ejaculatorius wird der Anteil des Samenleiters bezeichnet, der im Prostatagewebe verläuft. Dieser ist zur Beschleunigung des Ejakulates stark eingeengt. Beide Ductus münden auf dem Colliculus seminalis der Harnröhre.

Hodensack (Scrotum)

Der Hodensack umgibt die Hoden und die unteren Anteile der Samenstränge. Die Hoden sind durch eine feine bindegewebige Zwischenwand voneinander getrennt.

Akzessorische Geschlechtsdrüsen (◘ Abb. 9.8)

Samenblase (Vesicula seminalis)

Die Samenblase ist paarig angelegt.

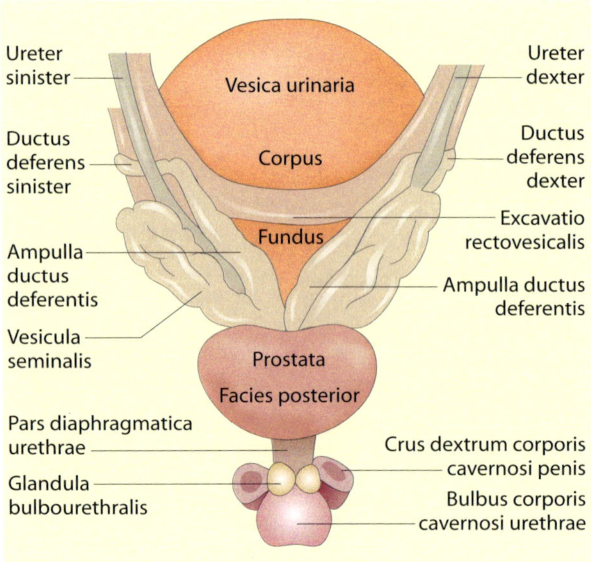

◘ Abb. 9.8 Harnblase des Mannes mit Harnleitern, Samenleitern, Bläschendrüsen, Prostata und Harnröhre. (Nach Hofstetter u. Eisenberger 1986)

Sie liegt hinter der Blase am Blasengrund, seitlich der Ampulle. Ihr Ausführungsgang mündet distal der Ampulle in den Ductus deferens. Sie ist eine Drüse und produziert ein alkalisches, fruktosehaltiges Sekret, das die Beweglichkeit der Spermien beeinflusst.

Vorsteherdrüse (Prostata; ◘ s. Abb. 9.5)

Die Prostata ist unpaarig angelegt. Man spricht jedoch im klinischen Alltag vom rechten und linken Lappen.

- Ein kastaniengroßes, prall-elastisches Drüsenorgan, das mit Muskelfasern durchsetzt ist.
- Sie umgibt die Urethra unterhalb des Ostium urethrae internum bis hin zum Colliculus seminalis (Pars prostatica der Harnröhre).
- Die Basis liegt am Blasengrund, die Spitze (Apex) zeigt zum Diaphragma urogenitale. Nach hinten liegt sie dem Rektum an, getrennt durch die Denonvillier-Faszie.
- Die Prostata wird in 4 Zonen unterteilt. Beim jüngeren Mann umfassen 75% der Drüse die sog. periphere Zone. Sie liegt zum Enddarm und zum Apex prostatae hin. Unter dem Apex versteht man den unteren (kaudalen) Anteil der Prostata nahe dem Beckenboden. Unter dem Trigonum der Blase liegt die zentrale Zone. Der Innenbereich der Drüse, die Transitionalzone, umgreift die Harnröhre. Hier kann die Prostatahy-

perplasie entstehen. Das Prostatakarzinom geht meistens von der peripheren Zone aus und ist daher relativ leicht mit dem Finger zu tasten.
- Die Ausführungsgänge (Ductus prostatici) münden seitlich des Colliculus seminalis.
- Das Prostatasekret ist dünnflüssig, alkalisch und wird bei der Ejakulation dem Sperma beigemischt. Es wirkt bewegungsauslösend. Außerdem schützt das alkalische Sekret die Samenzellen im sauren Scheidenmilieu.

Cowper-Drüsen (Glandula bulbourethralis)

- Die Cowper-Drüsen sind paarig angelegt. Sie liegen im Diaphragma urogenitale.
- Die Ausführungsgänge münden in den Anfangsbereich des Harnröhrenschwellkörpers (Bulbus penis). Die Drüsen sondern vor der Ejakulation ein Sekret ab, das den pH der Harnreste neutralisiert.
- Die Cowper-Drüsen des Mannes haben dieselbe Funktion wie die Bartholin-Drüsen der Frau (Glandula vestibularis major, s. 8.5.1). Sie besitzen nur geringe klinische Bedeutung.

Penis (Abb. 9.9)

Aufgabe

Harnentleerung und Spermaübertragung.

Aufbau

Die Hauptbestandteile des Penis sind die 2 Schwellkörper. Beide werden von der Fascia penis und der Haut umhüllt.

Corpus cavernosum penis (Penisschwellkörper)

Es ist paarig angelegt und entspringt an den Schambeinästen. Seine Anteile vereinigen sich an der Peniswurzel, die sich unter dem Diaphragma urogenitale befindet. Die Enden kommen unter der Glans penis des Harnröhrenschwellkörpers zu liegen. Die Penisschwellkörper sind von einer derben, kaum dehnbaren Tunica albuginea umgeben.

Corpus spongiosum (Harnröhrenschwellkörper)

Unpaarig und komprimierbar durch eine zarte, dehnbare Tunica albuginea. Es verläuft in der unteren Längsfurche der Penisschwellkörper und umgibt die Harnröhre. Das proximale Ende wird als Bulbus penis (Zwiebel) bezeichnet und das distale liegt in der Glans penis (Eichel).

Die Haut liegt der Fascia penis locker auf und bildet im vorderen Abschnitt eine Hautduplikatur, die als Vorhaut (Präputium) bezeichnet wird. Diese bedeckt die Eichel wie eine Hülle. An der Unterseite hat die Glans penis eine Furche mit einem Bändchen, dem Frenulum, das sie mit der Vorhaut verbindet. Es muss bei einer Beschneidung besonders beachtet werden.

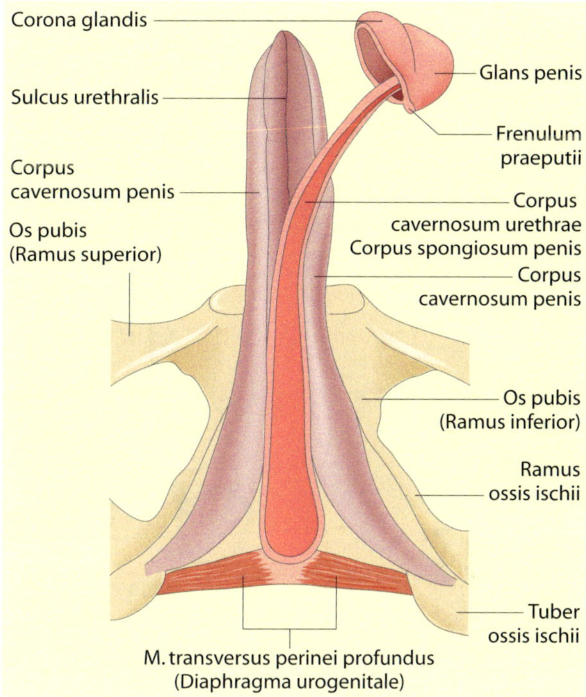

Abb. 9.9 Schwellkörper des Penis. (Nach Hofstetter u. Eisenberger 1986)

Das Corpus spongiosum nimmt nicht so stark an der Versteifung teil, da die Durchgängigkeit der Harn-/Samenröhre gewährleistet bleiben muss. Auch hat es eine getrennte Blutversorgung, die bei der Behandlung einer krankhaften Dauerversteifung, dem Priapismus, ausgenützt wird.

9.2 Urologisches Instrumentarium

Wegen der Vielzahl von Instrumenten kann hier nur eine Auswahl vorgestellt werden.

9.2.1 Zusatzinstrumentarium für Niereneingriffe (Abb. 9.10–9.14)

Finocchietto-Rippensperrer (s. 4.2).
Balfour-Sperrer (s. 4.2).
Bulldoggefäßklemme (s. 4.2).
Duval-Klemme und Overholt (s. 2.1.2)

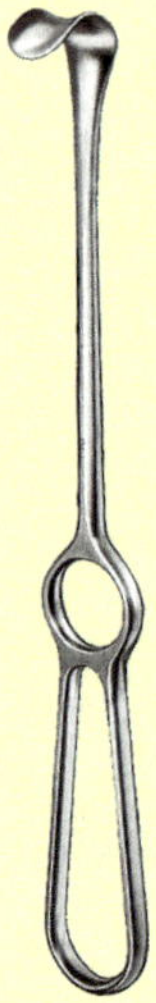

9.10

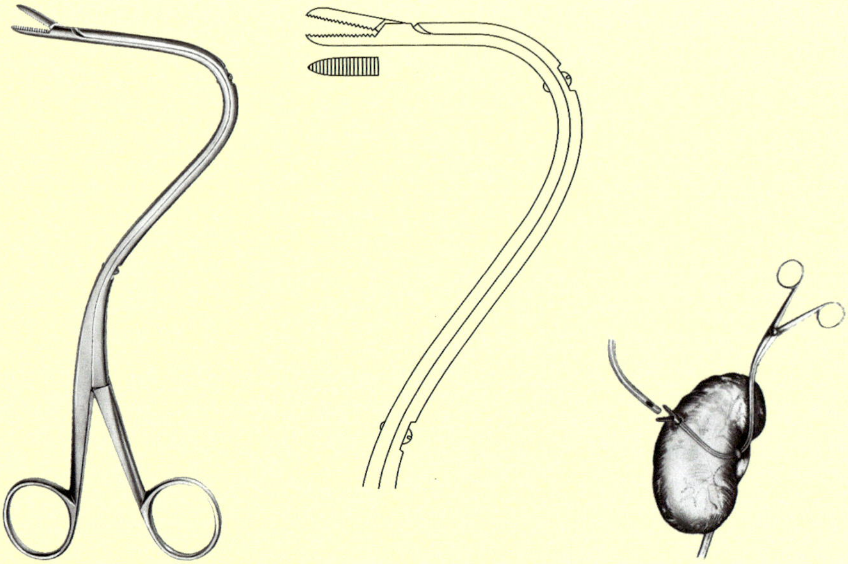

9.11

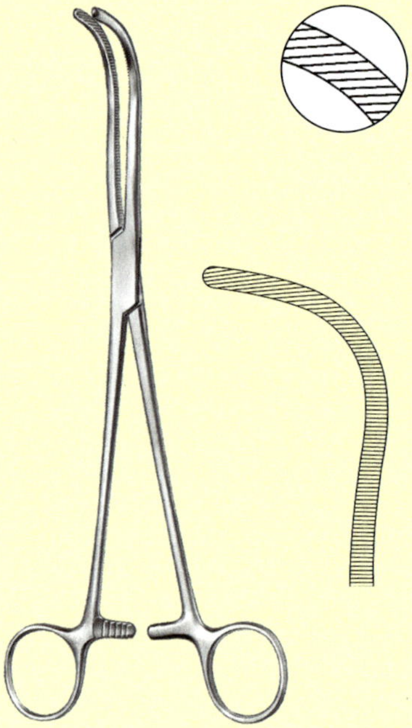

9.12

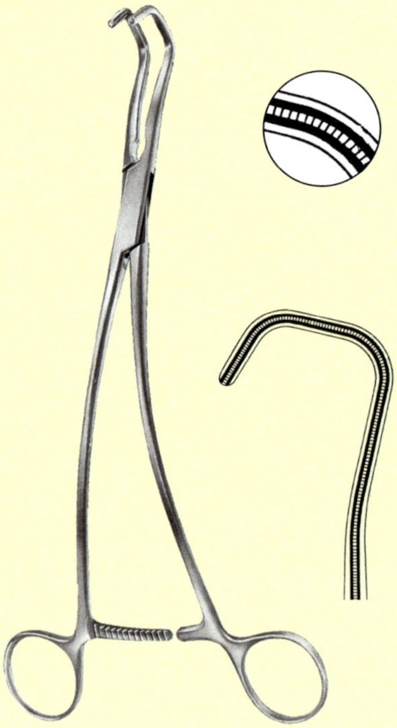

9.13

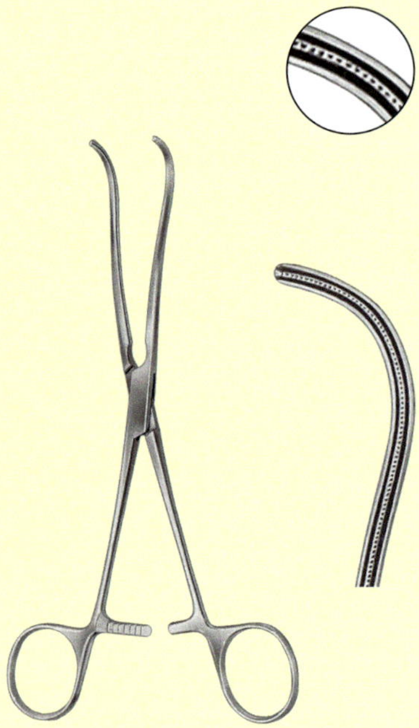

9.14

Abb. 9.10 Cushing-Kocher, Wund- und Venenhaken. (Fa. Aesculap)

Abb. 9.11 Elsässer, Nierenfistelzange. (Fa. Martin)

Abb. 9.12 Guyon, Nierenstielklemme. (Fa. Aesculap)

Abb. 9.13 Urotangential, Nierenstiel-, Gefäßklemme. (Fa. Martin)

Abb. 9.14 De Bakey, atraumatische Präparier- und Ligaturklemme. (Fa. Aesculap)

9.2.2 Zusatzinstrumentarium für Prostataeingriffe (Abb. 9.15–9.20)

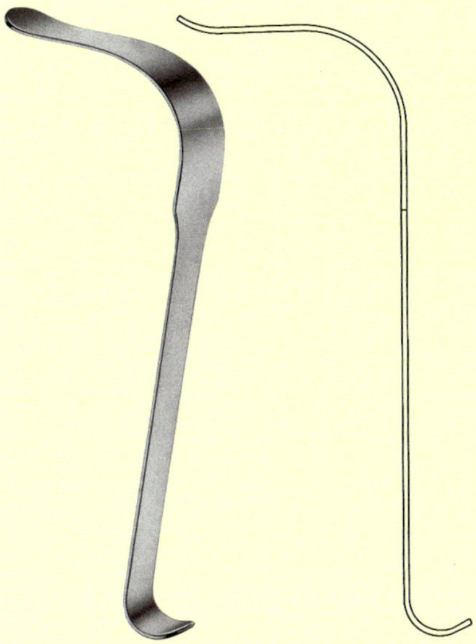
9.15

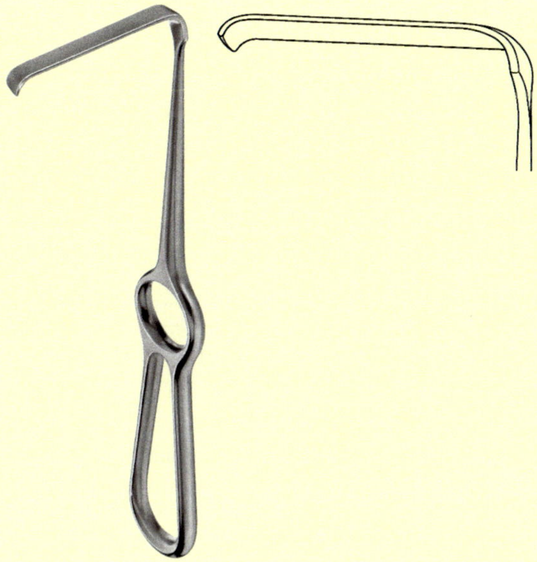
9.16

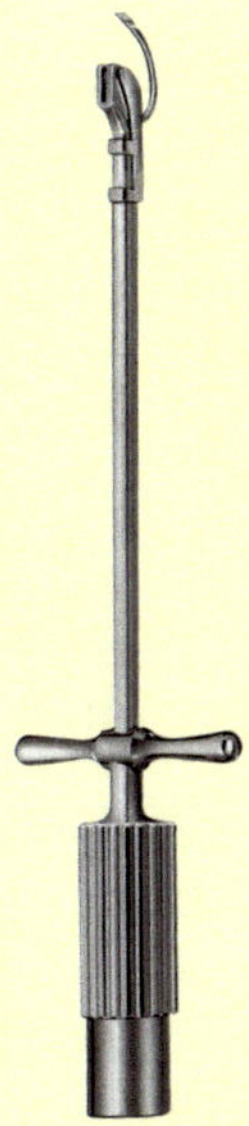
9.17

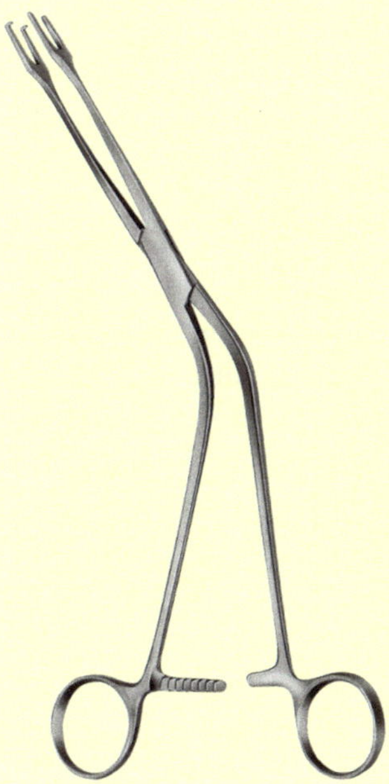
9.18

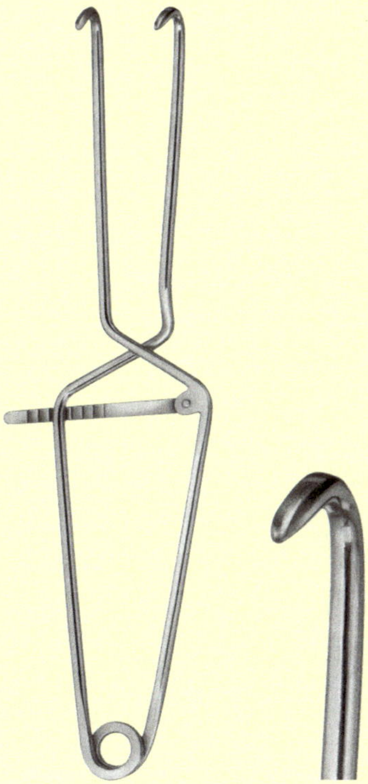
9.19

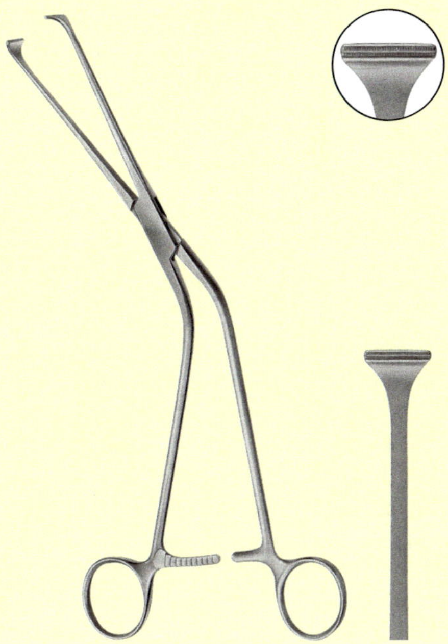
9.20

Abb. 9.15 Körte, Bauch- und Darmspatel
Abb. 9.16 Kirsch, Wundhaken (Blasenhaken)
Abb. 9.17 Young-Hryntschak, Bumerang-Nadelhalter
Abb. 9.18 Millin, Fadenhaltezange
Abb. 9.19 Millin, Blasenhalsspreizer
Abb. 9.20 Millin, atraumatische Kapselfasszange. (Abb. 9.15–9.20 Fa. Aesculap)

Museux-Fasszange (s. 8.4).
Allis-Klemme (s. 2.1.2).

9.2.3 Instrumentarium für die transurethrale Resektion (Abb. 9.21–9.28)

9.2.4 Instrumentarium zur Steinentfernung (Abb. 9.29–9.33)

9.3 Katheter und Schienen

9.3.1 Allgemeine Unterscheidungsmerkmale

Materialbeschaffenheit

- Naturgummi, z. B. zur Einmalkatheterisierung: nicht sehr gewebeverträglich; wird durch thermische Einwirkung brüchig und hart; Eiweißablagerungen fördern das Bakterienwachstum.
- Latex: Milchsaft einiger tropischer Pflanzen, wird zur Kautschukherstellung benötigt. *Positiv:* elastisch und hart. *Negativ:* Gewebereaktionen, Allergie.
- Polyvinylchlorid (PVC): *Positiv:* hart. *Negativ:* rasche Fibrinablagerung.
- Silikon: siliziumhaltiger Kunststoff von großer Wärme- und Wasserbeständigkeit sowie Gewebefreundlichkeit, da ihm weder Weichmacher noch andere organische Stoffe zugefügt werden. Verwendung v. a. bei längerer Verweildauer im Körper.

Form und Beschaffenheit der Katheterspitzen

Beispiele:

- Nélaton: keine Krümmung, runde Spitze (Abb. 9.34).
- Tiemann: leicht gebogen und verstärkt (nur für Männer; Abb. 9.35).
- Flötenspitz: keine Krümmung; großes Loch, um Koagel wegzuspülen.
  Nach Couvelaire: löffelartiges großes Loch, um Koagel wegzuspülen (Abb. 9.36).
- Mercier: Krümmung ohne verstärkte Spitze, großes Loch (Abb. 9.37).

Stärkeangabe

Die Stärke wird in Charr angegeben (nach dem französischen Instrumentenbauer Charrière): 1 Charr = 1/3 mm Außendurchmesser.

Beispiel: Charr 18 = 6 mm Außendurchmesser.

9.3.2 Blasenkatheter

Man unterscheidet:

- Einfache Katheter ohne Blockung zur Einmalkatheterisierung.
- Doppelläufige Verweilkatheter mit Blockung (Abb. 9.38).
  Beispiel: normaler Dauerkatheter, einige Tamponadekatheter mit stärkerem Ballon.
- Suprapubische Ableitung mit und ohne Blockung (Abb. 9.39).

9.3.3 Tamponadekatheter

Dauerspülkatheter/Hämaturiekatheter (Abb. 9.40).

Beispiel: Verwendung nach Eingriffen an der Prostata als Tamponadekatheter.

Diese Katheterform ist dreiläufig, d. h.

1. Harnableitung,
2. Blockung mit größerem Ballon als beim normalen Blasenkatheter,
3. separater Spülzugang.

Die Wand ist verstärkt, damit der Katheter beim Anspülen nicht durch den Sog kollabiert.

9.3.4 Ureterkatheter und Ureterschienen (Splint)

Ureterkatheter können unter der Operation oder endoskopisch zur Röntgendiagnostik eingesetzt werden. Die weichen Splinte besitzen ein Mandrin zur Streckung und Führung sowie eine Röntgenmarkierung. Beide verfügen über eine Zentimetergraduierung. Der Standarddurchmesser beträgt 5–6 Charr. Splinte, Schienen, z.B. Doppel-J, haben auf längeren Strecken kleine Seitenlöcher.

Abb. 9.21 Resektoskop nach Mauermayer, ohne Dauerspülung
Abb. 9.22 Dauerspül-Resektoskopschaft (Transporteur)
Abb. 9.23 Elektrotom, Schneiden durch Federzug
Abb. 9.24 Standard-Obturator
Abb. 9.25 Schneideschlinge abgewinkelt; Schneideschlinge; Koagulationselektrode messerförmig; Koagulationselektrode kugelförmig
Abb. 9.26 Spritze nach Toomey (Blasenspritze)
Abb. 9.27 Steckanschlüsse für HF-Kabel
Abb. 9.28 Urethrotom nach Otis-Mauermayer. (Abb. 9.21–9.28 Fa. Storz)

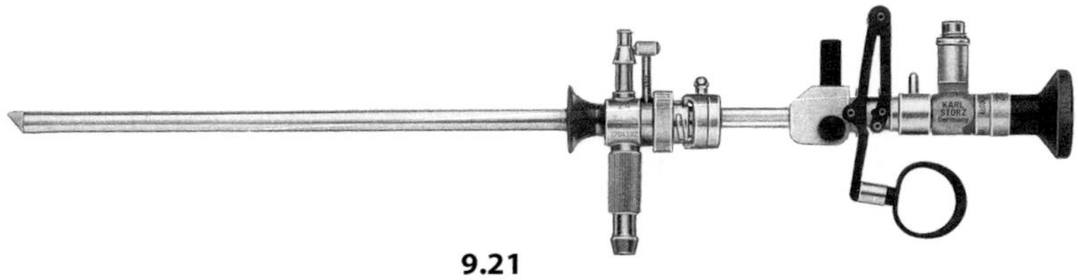

9.21

9.22

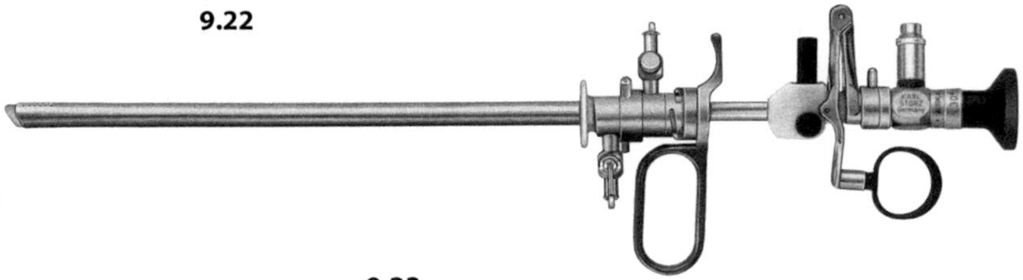

9.23

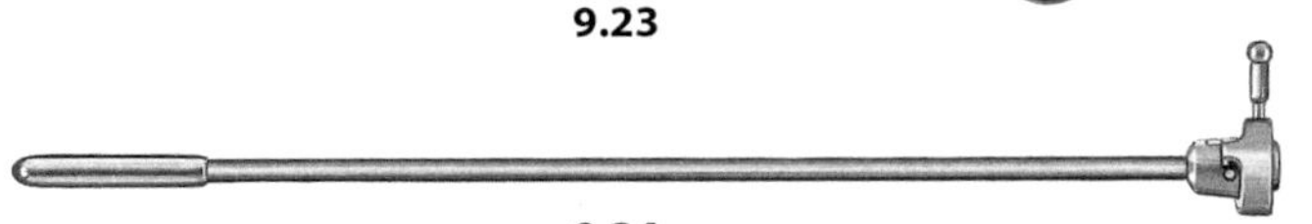

9.24

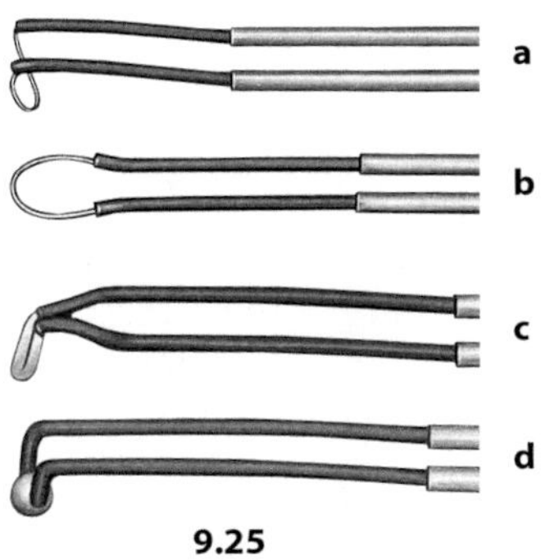

9.25

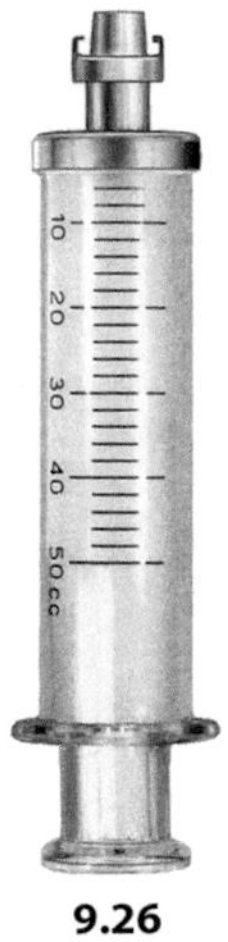

9.26

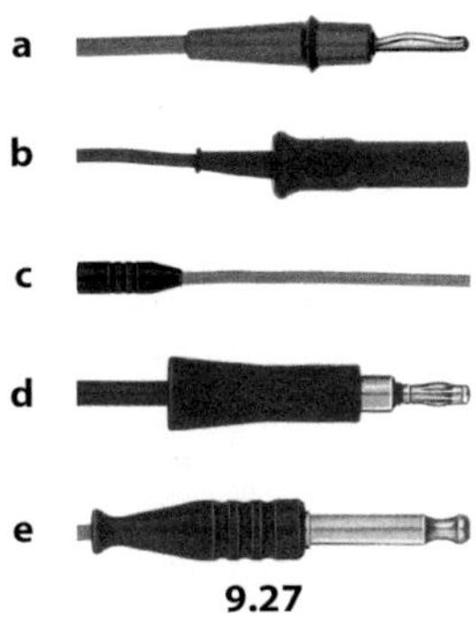

9.27

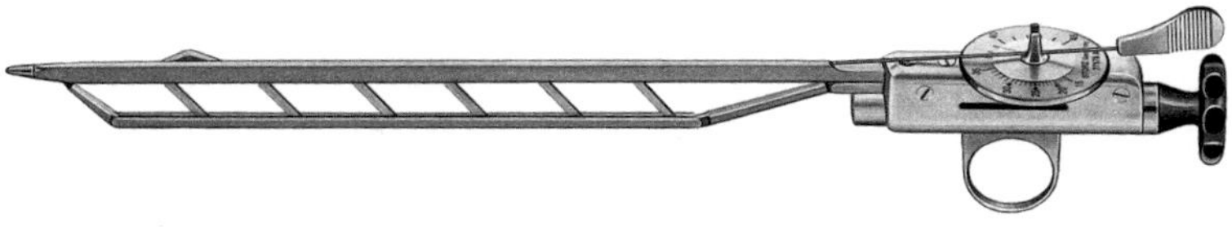

9.28

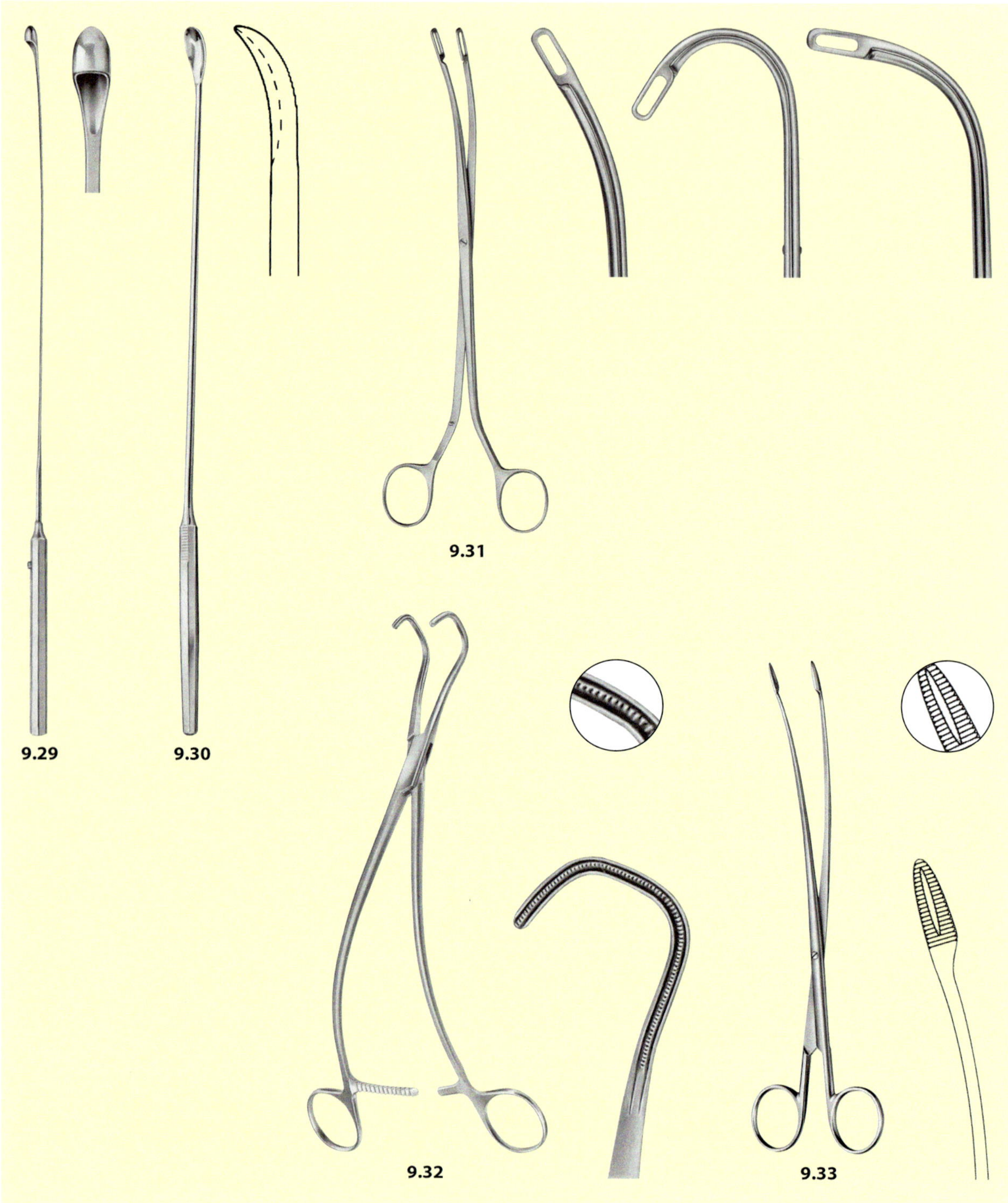

Abb. 9.29 Desjardins, Sonde und Fänger

Abb. 9.30 Luer-Körte, modifizierter Steinlöffel mit biegsamem Schaft

Abb. 9.31 Randall, Nierensteinzange

Abb. 9.32 Atraumatische Ureterzange

Abb. 9.33 Pitha, Fremdkörperzange.
(Abb. 9.29-9.33 Fa. Aesculap)

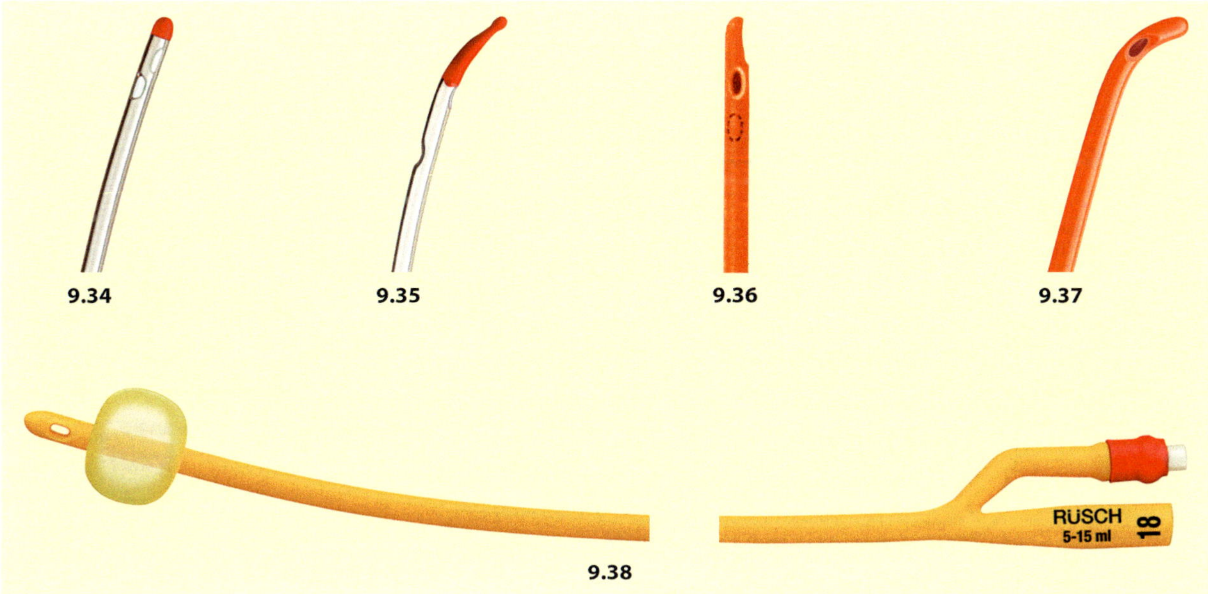

Abb. 9.34 Nélaton-Spitze
Abb. 9.35 Tiemann-Spitze
Abb. 9.36 Nach Couvelaire, Flötenspitz
Abb. 9.37 Mercier-Krümmung)
Abb. 9.38 Verweilkatheter zweiläufig, zylindrisch, 2 Augen. Abb. 9.34–9.38 Fa. Rüsch)

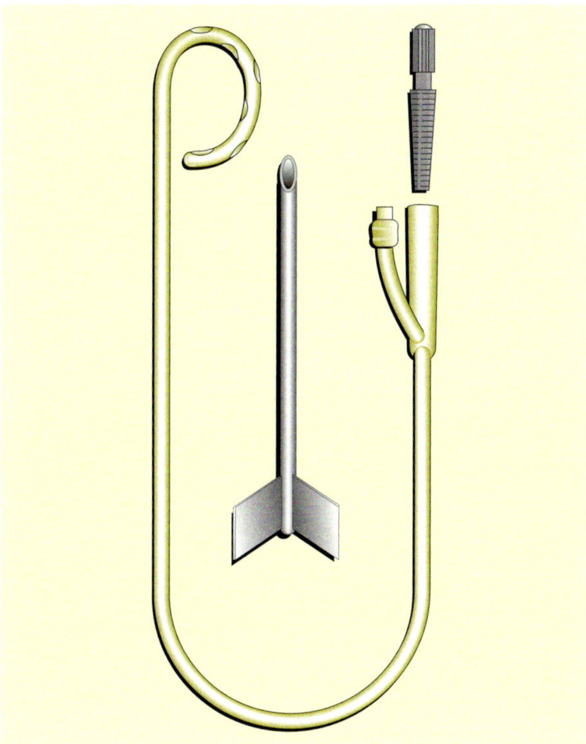

Abb. 9.39 Suprapubische Ableitung (Cystofix)

Ausführungen

- Schlingen (Abb. 9.41) oder Körbchen (Abb. 9.42) zur Extraktion von Steinen.
- Gerade mit unterschiedlicher Augenanordnung, Löcheranzahl und Katheterspitze (Abb. 9.43).
- Doppel-J-Schienen: Ein Ende liegt im Nierenbecken, das andere in der Blase (innere Schiene; Abb. 9.44).
- J-Schiene zur perkutanen Ableitung: ist doppelt so lang wie der Doppel-J und hat nur im oberen Anteil seitliche Löcher und nur einen »Schweineschwanz«.

9.3.5 Nephrostomiekatheter

Sie liegen im Nierenbecken und werden perkutan ausgeleitet (Einlage intraoperativ oder perkutan über Ultraschallkontrolle). Sie haben am inneren Ende eine »Schweineschwanzkrümmung« oder einen Ballon.

Ausführungen

- Einfacher Nephrostomiekatheter mit unterschiedlicher Augenanordnung,
- Nephrostomiekatheter mit Blockung,
- Nephrostomiekatheter mit/ohne Blockung und fest angeschlossener Ureterschiene (Abb. 9.45).

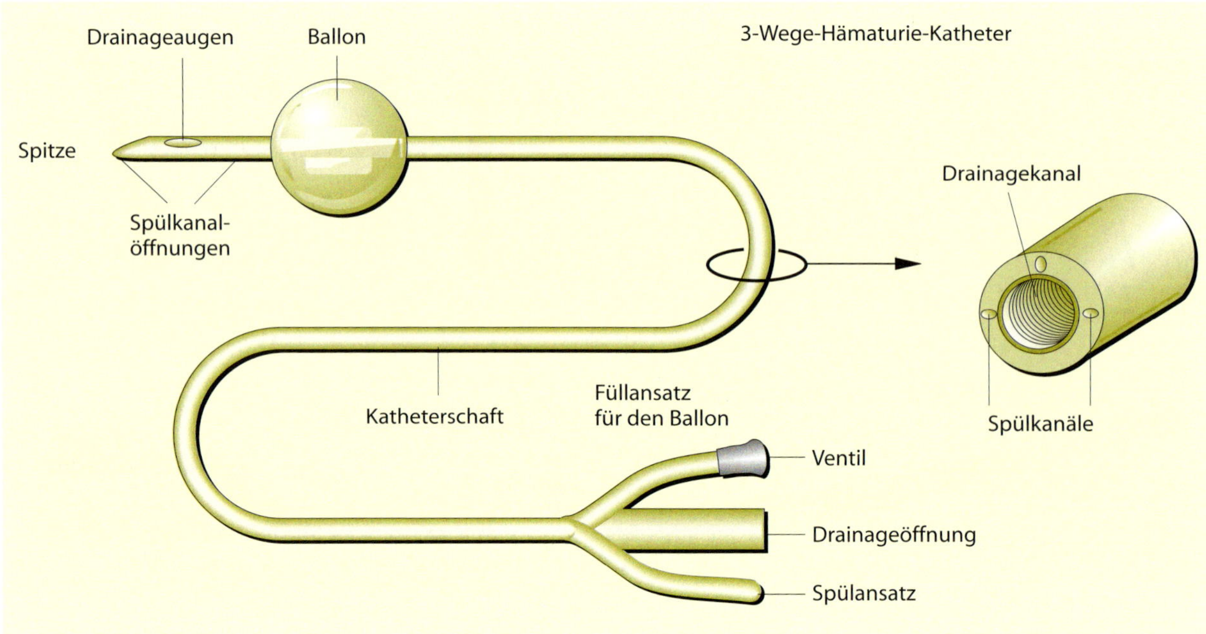

Abb. 9.40 Aufbau eines dreiläufigen Tamponadehämaturiekatheters

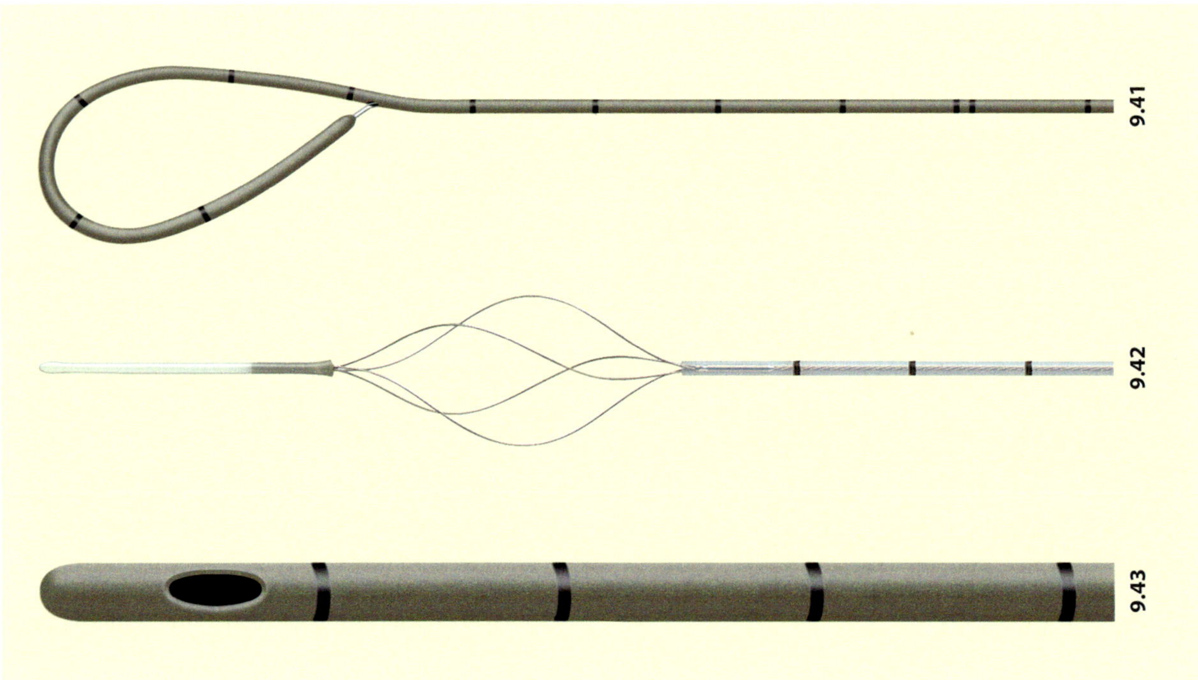

Abb. 9.41 Schlingenkatheter

Abb. 9.42 Steinextraktor (»Körbchen«) für Ureterorenoskop

Abb. 9.43 Ureterkatheter mit Mandrin zylindrisch, 1 Auge

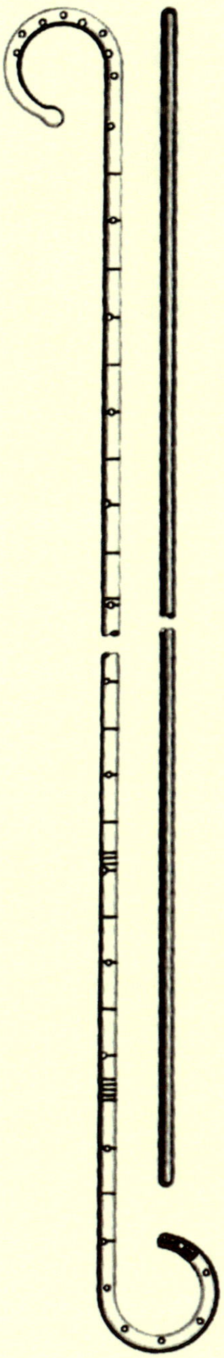

9.44

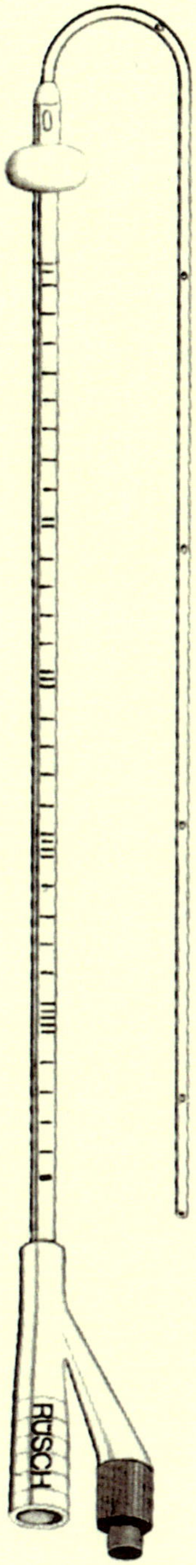

9.45

Abb. 9.44 Uretersplint (»Doppel-J«)

Abb. 9.45 Nephrostomiekatheter mit Ballon und perforierter Ureterschiene. (Abb. 9.41-9.45 Fa. Rüsch)

9.4 Lagerungen bei verschiedenen Eingriffen

9.4.1 Niereneingriffe

Rückenlagerung

Bei transperitonealem Zugang.

Seitenlagerung (Abb. 9.46)

- Stabile Seitenlagerung.
- Das untere Bein angewinkelt, das obere Bein gestreckt. Polsterung zwischen den Beinen.
- Aufklappen des OP-Tisches zwischen Rippenbogen und Beckenkamm, Absenken der Beine.
- Der Patient wird im Thorax- und Beckenbereich durch Seitenstützen abgestützt. Beingurt oberhalb der Knie anbringen.
- Ein Arm wird ausgelagert, der andere (OP-Seite) am Narkosebügel oder auf einer seitlich angebrachten Stütze hochgelagert.
- Abpolstern gefährdeter Stellen.
- Anbringen der neutralen Elektrode nach Vorschrift.
- Kein Metall- und Gummi-Haut-Kontakt.

9.4.2 Prostata- und Blaseneingriffe

Steinschnittlagerung mit abgesenkten Beinen (Abb. 9.47)

- Der Rücken liegt flach, evtl. leichte Kopftieflage; Gesäßbereich evtl. etwas erhöht durch Aufklappen des Tisches.
- Die Unterschenkel liegen in Halbschalen. Gutes Abpolstern, um Nervenschäden zu vermeiden.
- Die Beinstützen werden abgesenkt. Die Beine sind gespreizt.

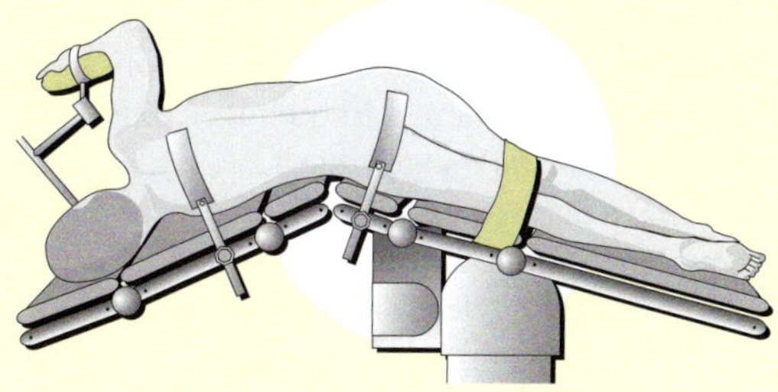

Abb. 9.46 Stabile Seitenlagerung bei Niereneingriffen

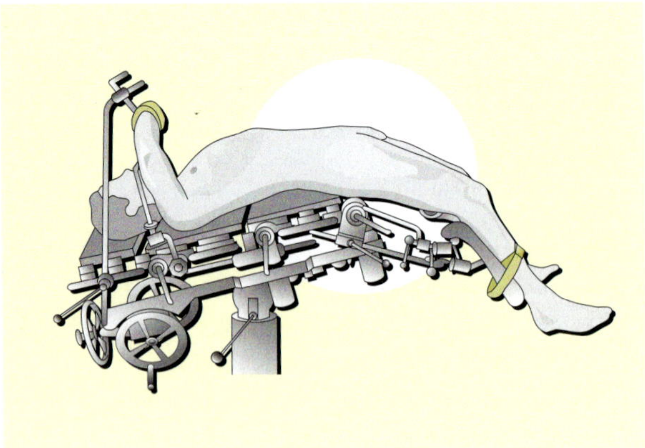

Abb. 9.47 Steinschnittlagerung mit abgesenkten Beinen

- Armauslagerung und Abpolstern des Infusionsarmes. Der andere Arm kann am Narkosebügel fixiert, dann aber nicht zu stark abgewinkelt werden.
- Abpolstern gefährdeter Stellen.
- Anbringen der neutralen Elektrode nach Vorschrift.
- Kein Metall-und Gummi-Haut-Kontakt.

9

9.4.3 Transurethrale Eingriffe

Steinschnittlagerung mit hochgestellten Beinen
(Abb. 9.48)

- Rücken-, evtl. leichte Kopftieflage. Gebräuchlich sind urologische Spezialtische, an deren Ende die Spülflüssigkeit über einen Trichter und ein Sieb abgeleitet wird.
- Das Gesäß ragt etwas über das Tischende.
- Hüftbeugung knapp über 90° durch hochgestellte Halbschalen. Die Unterschenkel müssen gut gepolstert gelagert werden, damit Druckschäden des N. peronaeus vermieden werden.
- Weites Spreizen der Beine. *Vorsicht*: Meist ältere Patienten mit evtl. Kontrakturen.
- Auslagerung und Abpolstern des Infusionsarmes.
- Es kann ein Arm am Narkosebügel fixiert werden, dann nicht zu stark abgewinkelt.
- Anbringen der neutralen Elektrode nach Vorschrift.
- Kein Metall- und Gummi-Haut-Kontakt.
- Höheneinstellung der Spüllösung.

Ureterorenoskopie
Gleiche Lagerung wie oben, aber auf einem urologischen Röntgentisch.

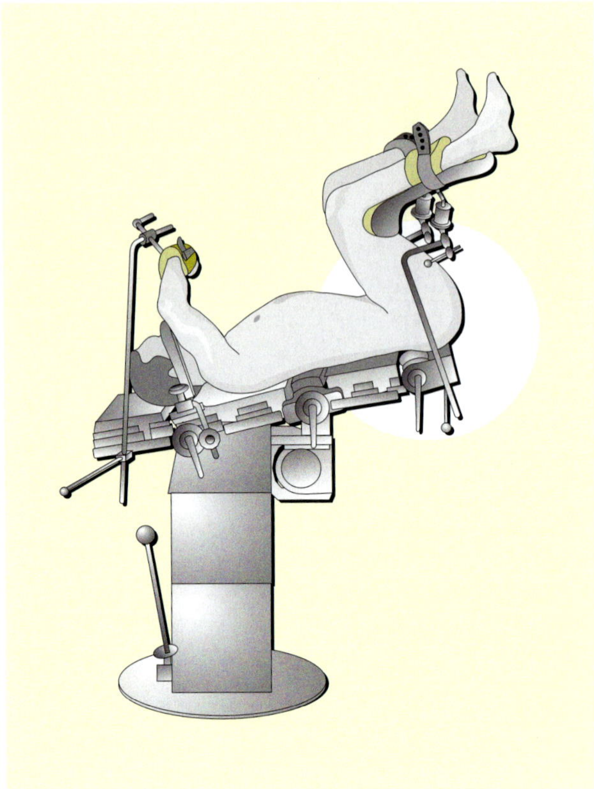

Abb. 9.48 Steinschnittlagerung mit hochgestellten Beinen

Intraoperative Durchleuchtung
Folgende Grundsätze sind dabei für die Mitarbeiter zu beachten:
- Den Patienten so gut wie möglich schützen.
- Tragen einer ausreichend dicken, möglichst zirkulären Bleischürze.
- Eventuell Tragen eines Halsschutzes.
- Vermeiden direkt in den Strahlengang zu geraten.
- Ausreichender Abstand zum Röntgengerät.
- Kurze Durchleuchtungszeiten.
- Tragen eines Dosimeters.
- Dokumentieren der Durchleuchtungszeit.

9.4.4 Eingriffe am äußeren Genitale

Rückenlagerung
- Auslagerung und Abpolstern des Infusionsarmes.
- Es kann ein Arm am Narkosebügel fixiert werden, dann nicht zu stark abgewinkelt.
- Anbringen der neutralen Elektrode nach Vorschrift.

- Kein Metall und Gummi-Haut-Kontakt.
- Abpolstern gefährdeter Stellen.
- Gepolsterter Beingurt oberhalb der Knie.

9.5 Operationsverläufe

Präoperative Rasur

Eine gute präoperative Rasur (Abb. 9.49), möglichst kurz vor dem Eingriff, gehört zu den wichtigen hygienischen Maßnahmen zur Verhütung von Wundinfektionen.

9.5.1 Phimose

Definition
Angeborene oder erworbene Verengung der Vorhaut, die nicht oder nur schwer über die Glans zurückgeschoben und gereinigt werden kann.

Therapie

Zirkumzision, z. B. die klassische zirkuläre Resektion der Vorhaut. Außerdem werden je nach Befund verschiedene OP-Techniken und plastische Eingriffe beschrieben.

Indikationen

- Wenn nach den ersten Lebensjahren Miktionsstörungen aufgrund einer Vorhautverengung auftreten oder die Eichel nicht gereinigt werden kann.
- Rezidivierende Balanitiden (eitrige Entzündung unter der Vorhaut).
- Rituelle Beschneidungen.
- Paraphimose (s. 9.5.2).
- Altersphimose.

Instrumentarium

- Feines Grundinstrumentarium,
- evtl. Beschneidungsklemme nach Winkelmann,
- feines resorbierbares Nahtmaterial.

Lagerung

- Rückenlagerung (s. 9.4.4),
- Anbringen der neutralen Elektrode nach Vorschrift.

Abdeckung

Hauseigen; Stoffwäsche wasserundurchlässig oder beschichtet.

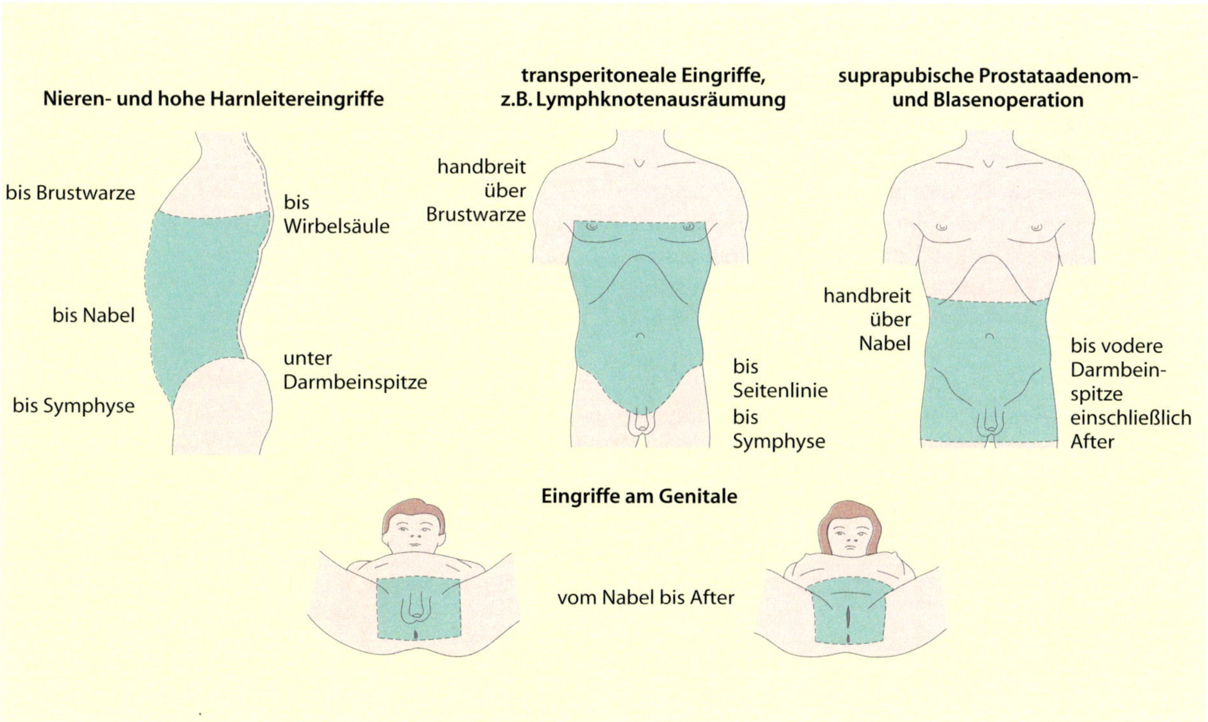

Abb. 9.49 Rasurgrenzen bei urologischen Operationen. (Nach Sökeland 2000)

Phimose

- Lokalanästhesie oder Narkose
- Das Präputium (s. 9.1.2) wird bei der klassischen Beschneidung oberhalb der Enge mit Mosquito-Klemmchen gefasst und angespannt
- Das äußere Vorhautblatt wird mit dem Skalpell zirkulär umschnitten und mit dem Präpariertupfer zurückgestreift
- Die beiden Blätter werden voneinander abpräpariert. Das innere Präputiumblatt wird mit der geraden Schere längs gespalten, mit feinen Klemmchen aufgespannt und zirkulär reseziert. Dabei ist das Frenulum zu schonen; bei Frenulumresektion wird es mit einigen Einzelknopfnähten wieder aufgebaut. (Vom äußeren Blatt sollte je nach Länge, möglichst wenig gekürzt werden. Das innere Blatt wird bis auf wenige Millimeter entfernt.)
  Bei narbigen Phimosen, z. B. bei Diabetes oder Lichen, können plastische Eingriffe erforderlich sein
- Nach sorgfältiger Blutstillung werden die beiden Vorhautblätter miteinander durch Einzelnähte, 4–0 resorbierbar, vernäht
- Salbenverband, Salbentüll

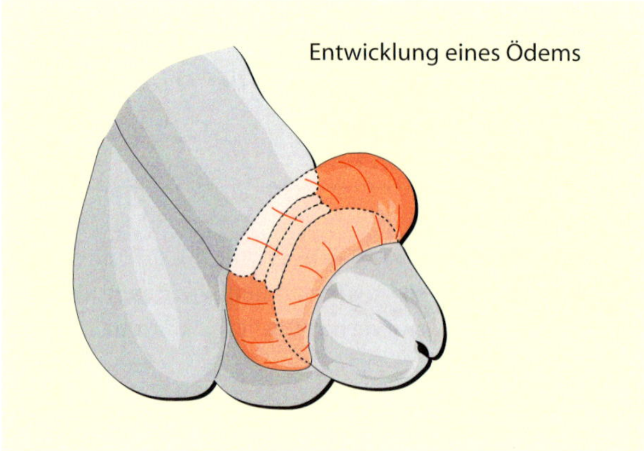

Abb. 9.50 Paraphimose

9.5.2 Paraphimose

Definition

Die Engstelle der Vorhaut verklemmt sich hinter der Glans.

Es kommt zu einem Venenstau mit ödematöser Schwellung des Präputiums und der Glans (»spanischer Kragen«; Abb. 9.50). Die Reposition wird dadurch zunehmend erschwert. Bei lang andauernder Paraphimose besteht die Gefahr der Nekrosenbildung und Vereiterung.

Therapie

1. Kühlen (Eiswasser); vorsichtige manuelle Kompression des Ödems und Versuch der Reposition (Abb. 9.51); abschwellen lassen; spätere Zirkumzision (s. 9.5.1).
2. Gelingt 1. nicht, muss der Schnürring der Vorhaut inzidiert werden (Abb. 9.52); abschwellen lassen; spätere Zirkumzision.

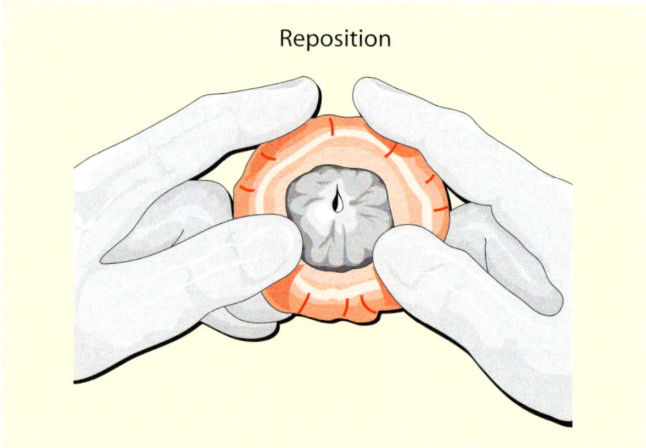

Abb. 9.51 Manuelle Reposition

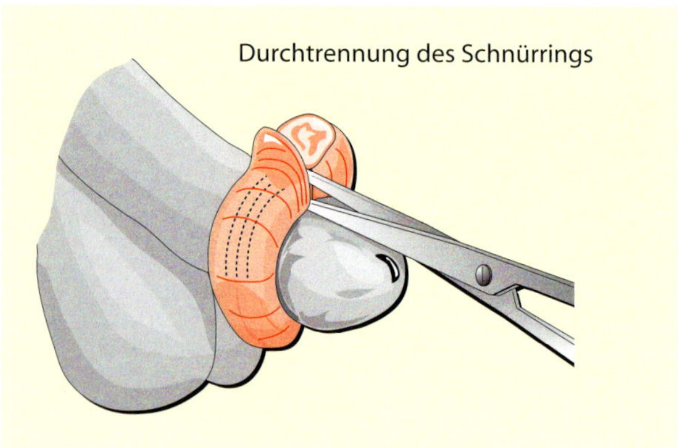

Abb. 9.52 Inzision des Schnürrings

9.5.3 Vasoteilresektion

Definition

Teilentfernung des Ductus deferens (s. 9.1.2).

Indikation

- Sterilisation,
- Prophylaxe gegen Entzündungen des Hodens/Nebenhodens nach Prostataeingriffen (nur noch selten durchgeführt.)

Instrumentarium

- Feines Grundinstrumentarium,
- Lokalanästhetikum.

Lagerung

Steinschnittlagerung mit flachen Oberschenkeln (s. Abb. 9.47).

Abdeckung

Hauseigen; Stoffwäsche wasserundurchlässig oder beschichtet.

Vasoteilresektion

- ▶ Skrotaler Zugang (unterhalb der Skrotumwurzel)
- ▶ Der Samenleiter wird ertastet und mit 2 Fingern gehalten. Es folgt die Lokalanästhesie. Fixieren mit einer Backhaus-Klemme. Die Hautinzision erfolgt längs über dem Ductus deferens (Abb. 9.53)
- ▶ Mit einer chirurgischen Pinzette wird der Samenleiter gefasst und seine Hülle mit dem Skalpell längs inzidiert. Nachfassen mit der Pinzette und Unterfahren des Stranges mit Mosquito-Klemmchen
- ▶ Ist der Samenleiter freipräpariert, werden 2 Klemmchen in einem Abstand von 2–3 cm gesetzt und der Ductus deferens wird zwischen diesen teilreseziert
- ▶ Bei einer Vasoteilresektion zur Verhinderung einer Nebenhodenentzündung reicht eine einfache Ligatur der Samenleiterenden (3–0 oder 4–0, resorbierbar)
- ▶ Im Falle einer Sterilisation können die Enden mit einer eingeführten Nadel koaguliert werden (Abb. 9.54). Dann werden die Enden ligiert, umgeschlagen und mit dem Faden erneut vorsichtig unterbunden. Zusätzlich kann der Faden tangential in die Adventitia gestochen werden. Zur Sicherheit kann Bindegewebe zwischen beide Enden genäht werden
- ▶ Blutstillung, Hautnaht
- ▶ Gleiches Vorgehen auf der Gegenseite

Das Präparat wird, rechts und links getrennt, zur histologischen Untersuchung gegeben!

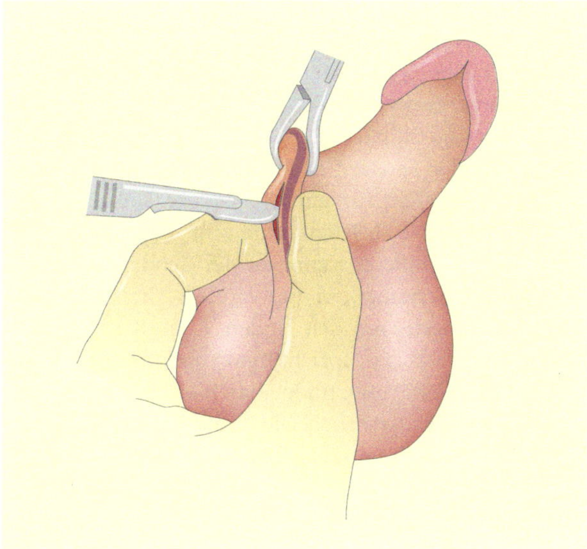

Abb. 9.53 Hautinzision über dem Samenleiter

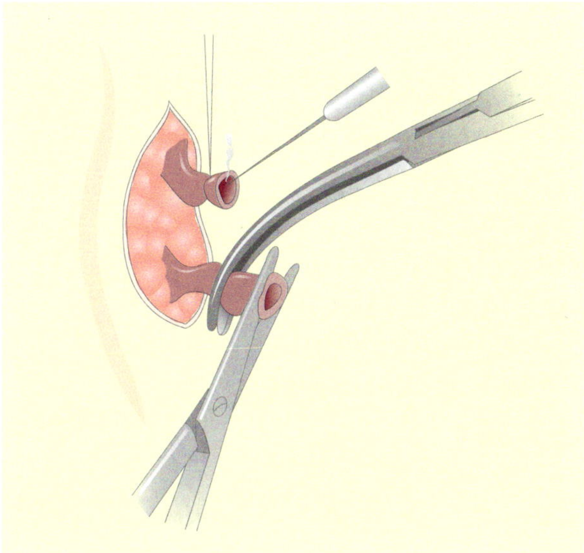

Abb. 9.54 Teilresektion und Koagulation der Resektionsstellen. (Abb. 9.53 und 9.54 nach Alken u. Walz 1992)

9.5.4 Hydrozele

Definition

Wasserbruch. Ansammlung seröser Flüssigkeit im Periorchium, ausgekleidet mit Peritoneum, zwischen beiden Blättern der Tunica vaginalis testis.

Entwicklung

- Tunica: Hülle, Gewebsschicht.
- Tunica albuginea: eine derbe weiße Haut, die dem Hodenparenchym direkt aufliegt.
- Tunica vaginalis testis: Beim Herabsteigen des Hodens in der Fetalzeit schiebt dieser das Peritoneum mit; es entsteht für einen gewissen Zeitraum eine physiologische Leistenhernie. Im Normalfall verschließt sich dieser Kanal vor der Geburt (Processus vaginalis peritonei), und es verbleibt die sog. Tunica vaginalis testis um den Hoden. Kommt es nicht zu diesem Verschluss, spricht man vom offenen Processus vaginalis. Diesen findet man meist bei Säuglingen mit einem Wasserbruch. Die Unterbindung des Kanales reicht zur Beseitigung des Wasserbruchs.

Operationen

- Operation nach von Bergmann: Resektion und Säumung der Hydrozelenwand.
- Operation nach Winkelmann: Teilresektion der Hydrozelenwand und Umstülpen derselben nach hinten um den Hoden mit anschließender Vernähung.
- Operation nach Salomon.

▪▪▪ Instrumentarium

- Grundinstrumentarium,
- evtl. Gummizügel,
- resorbierbares Nahtmaterial der Stärke 3–0.

▪▪▪ Zugänge

Transskrotal oder tiefer Inguinalschnitt.

▪▪▪ Lagerung

- Gerade Rückenlagerung (s. 9.4.4),
- Anlegen der neutralen Elektrode nach Vorschrift.

▪▪▪ Abdeckung

Hauseigen; Stoffwäsche wasserundurchlässig oder beschichtet.

Hydrozelenoperation nach von Bergmann

- ▶ Hautschnitt, Anschlingen des Samenstranges mit einem Gummizügel.
- ▶ Die Hydrozele wird stumpf von der Skrotalwand gelöst, bis nur noch das Peritoneum steht, und vor die OP-Wunde luxiert. Eventuell Punktion der Hydrozele
- ▶ Eröffnen der Hydrozelenwand in Längsrichtung. Exploration und Inspektion des Hodens
- ▶ Anklemmen der Hydrozelenwand mit Péan-Klemmen und Resektion bis auf einen Saum von 0,5–1 cm
- ▶ Nach der Blutstillung erfolgt eine fortlaufende Umsäumungsnaht der Resektionsränder
- ▶ Eventuelles Einlegen einer Drainage, schichtweiser Wundverschluss
- ▶ Anlegen eines Suspensoriums

Nach Winkelmann

- ▶ Nach Darstellung der Hydrozele wird diese längs eröffnet (Abb. 9.55). Bei großen Hydrozelen wird deren Wand teilreseziert. Blutstillung
- ▶ Umschlagen der Hydrozelenwand hinter den Nebenhoden, sodass die Innenfläche nach außen zu liegen kommt
- ▶ Vereinigung der Wand durch eine fortlaufende Naht hinter dem Hoden (Abb. 9.56)
- ▶ Eventuell Einlegen einer Drainage, schichtweiser Wundverschluss
- ▶ Anlegen eines Suspensoriums

Nach Salomon

- ▶ Kleine Skrotalinzision
- ▶ Eröffnung der Hydrozelenwand auf 5–7 cm in Höhe des Hodens
- ▶ Fixierung der eröffneten Hydrozelenwand am sichtbaren Rand der Tunica albuginea des Hodens
- ▶ Blutstillung und evtl. Einlegen einer Drainage; schichtweiser Wundverschluss
- ▶ Anlegen eines Suspensoriums

9.5.5 Varikozele

Definition

Krampfaderbruch. Varikös veränderte Venen des Plexus pampiniformis im Samenstrang/Hoden (Vv. testiculares).

Krankheitsbild

- Häufig bei jungen Männern.
- Zu 90% linksseitig wegen der rechtwinkligen Einmündung der V. spermatica (V. testicularis) in die V. renalis, kombiniert mit einer Klappeninsuffizienz

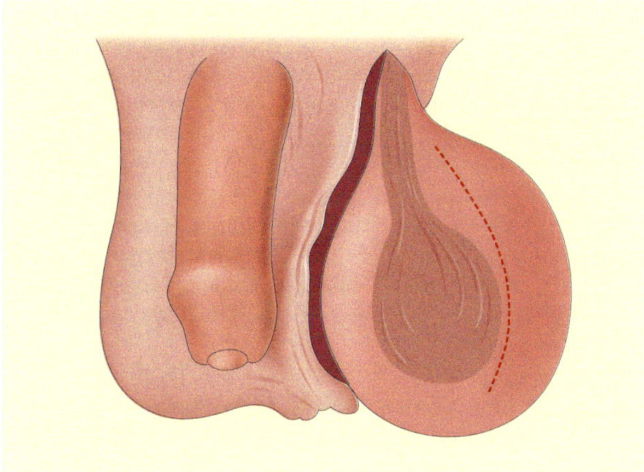

Abb. 9.55 Hydrozelenoperation nach Winkelmann. Längsverlaufende Inzision an der Hydrozelenwand

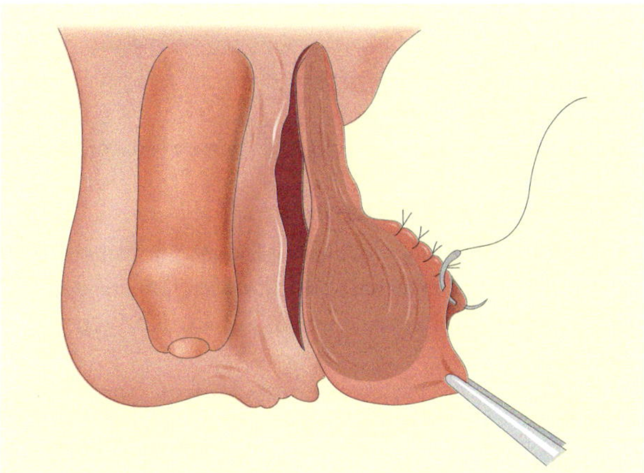

Abb. 9.56 Vereinigung der Hydrozelenwand. (Abb. 9.55 und 9.56 nach Alken u. Walz 1992)

in der Stammvene nahe der Niere. Auf der rechten Seite mündet die V. spermatica im spitzen Winkel direkt in die V. cava inferior. Es gibt meist 2–3 Venen, die unterhalb des Abganges entstehen.
- Gefahr der Sterilität infolge der venösen Hyperämie, die sich negativ auf die Entwicklung der Spermien auswirkt.

Operationen

- Operation nach Bernardi: Hohe Ligatur der Vv. spermaticae internae über einen suprainguinalen retroperitonealen Zugang. Die Unterbindung soll so hoch wie möglich erfolgen, da die Kollateralbildung nach distal immer mehr zunimmt.
- Operation nach Ivanissevich: Inguinalschnitt; im Bereich des Samenstranges werden sämtliche gestauten Venen dargestellt und unterbunden.
- Operation nach Tauber, Venenverödung

Indikation

- Schmerzhafte Varikozele,
- Infertilität,
- kosmetisch störende Varikozele.

Zugänge

- Pararektalschnitt oder Wechselschnitt suprainguinal (Mitte Unterbauch) oder
- Inguinalschnitt.

Instrumentarium

- Längeres Grundinstrumentarium (suprainguinal).
- Tiefe Haken.
- Neben dem üblichen Nahtmaterial kann zur Ligatur der Vene(n) ein nichtresorbierbarer Faden benötigt werden.
- Eventuell längere Knopfkanüle für intraoperatives Röntgenbild, dann Schutzvorkehrungen treffen (s. 9.4.3)

Lagerung

- Rückenlagerung.
- Beim Pararektalschnitt evtl. Anheben der entsprechenden Seite durch Unterschieben einer Polsterrolle.
- Bei der Aufnahme eines intraoperativen Röntgenbildes wird eine Kasette vorher unter den Patienten gelegt.
- Anlegen der neutralen Elektrode nach Vorschrift.

Abdeckung

Hauseigen; Stoffwäsche immer doppelt und wasserundurchlässig oder beschichtet.

Varikozelenoperation nach Bernardi

► Pararektalschnitt: Längsdurchtrennung der vorderen Rektusscheide; Abdrängen des M. rectus nach medial; das Peritoneum wird nicht eröffnet, sondern mit tiefen Haken nach medial gezogen

- ▶ Retroperitoneales Freilegen der Vv. spermaticae, die am Peritonealsack haften. Lymphgefäße und Arterie erhalten!
- ▶ Es erfolgt die doppelte hohe Ligatur der Vene mit einer Overholt-Klemme und den (nichtresorbierbaren) Ligaturen. Eventuell Röntgenkontrolle auf nichterfasste, kontrahierte Venen
- ▶ Redon-Drainage
- ▶ Schichtweiser Wundverschluss

Operation nach Tauber

Venenverödung *unter Röntgenkontrolle*, meist ambulant möglich.

▪▪▪ Instrumentarium

- Feines Grundinstrumentarium,
- resorbierbares Nahtmaterial 4-0, auch als Zügel,
- feine Knopfkanülen (z.B. Abocat 24 G), Kontrastmittel, 5- und 10-ml-Spritzen,
- Gummizügel,
- 2 Ampullen Äthoxysklerol, physiologische NaCl-Lösung.

▪▪▪ Lagerung

- Gerade Rückenlagerung auf einem urologischen Durchleuchtungstisch (s. 9.4.4).
- Bildwandler und Strahlenschutz (s. 9.4.3).

▪▪▪ Abdeckung

- Desinfektion des Genitalbereiches.
- Hauseigen; Stoffwäsche wasserundurchlässig oder beschichtet.

▪▪▪ Zugang

Hohe skrotale Inzision 2 cm.

Antegrade Venenverödung nach Tauber

- ▶ Lokalanästhesie
- ▶ Skrotale Hautinzision auf dem Samenstrang. Darstellen des Stranges, Anschlingen mit einem Gummizügel und Eröffnen der Hülle. Vorsichtige Präparation einer meist nach dorsal im Fettgewebe gelegenen erweiterten Vene. Sie wird mit feinem Overholt unterfahren und angeschlungen
- ▶ Inzision und Einführen einer feinen Knopfkanüle. Nach Einbinden der Kanüle wird die variköse Vene nach distal unterbunden. Die korrekte Lage der Kanüle wird mit physiologischer NaCl-Lösung kontrolliert. Dann erfolgt die Darstellung des retroperitonealen Venenverlaufs mit Kontrastmittel und Durchleuchtung
- ▶ Bei korrekter Lage wird unter Pressen des Patienten (Valsava) oder manueller Bauchkompression, nach Vorspritzen von 1–2 ml Luft, 1 ml Äthoxysklerol (z. B. in einer Spritze) injiziert. (Maximale Dosierung 2 mg/kg KG; 4,6 ml 3%ige Lösung bei 70 kg KG; nach Bruns u. Tauber 1996)
- ▶ Eventuell nach 10–15 min vorsichtiges Nachspritzen von Kontrastmittel unter Durchleuchtung. Die retroperitonealen, varikösen Venen sollten dann nur minimal füllbar sein. Anschließend Unterbindung der kanülierten Vene
- ▶ Blutstillung und Hautverschluss. Suspensorium

9.5.6 Orchiektomie

Definition

Entfernung eines oder beider Hoden mit Nebenhoden.

Allgemeines zum Hodentumor

- Es gehen 90% der primären Hodentumoren von den Keimzellen (Germinalzelltumor) des Hodens aus.
- Häufigstes Auftreten bei 20- bis 40-jährigen Männern.
- Risikogruppe: Patienten mit kleinem bzw. primär nichtdeszendiertem Hoden.
- Als Erstsymptom wird eine meist schmerzlose Vergrößerung getastet, einhergehend mit einem Schweregefühl. Beim Karzinom enthält der Hoden einen harten Knoten. Die Tumormarker sind meist erhöht. Leider sind zusätzliche Erstsymptome schon durch Metastasen bedingt.
- Das Wachstum wird durch die Bindegewebehülle des Hodens (Tunica albuginea) begrenzt.
  - Die Metastasierung erfolgt entlang der Hodenlymphgefäße anfangs zu den hohen paraaortalen und kavalen Lymphknoten. Um diese Metastasierungsform nicht zu begünstigen, darf ein maligner Hodentumor nicht von einem skrotalen Zugang aus entfernt werden.

Einteilung der Eingriffe

- Entfernung eines Hodens (Semikastration).
- Entfernung beider Hoden (Kastration).

- Die Entfernung des Hodenparenchyms unter Belassung der Hodenhüllen und des Nebenhodens wird als plastische *Orchiektomie nach Riba* bezeichnet (beim Prostatakarzinom). Durch die Entfernung des Parenchyms kommt es am sichersten zum Entzug des Testosterons, das das Wachstum des Prostatakarzinoms fördert.

Die Entfernung eines oder beider Hoden (Semikastration/Kastration) und der Anhangsgebilde wird auch als *Ablatio testis* bezeichnet. Diese Bezeichnung dient der einfacheren Unterscheidung, denn der Begriff Orchiektomie steht für alle oben genannten Verfahren.

Ablatio testis

Definition

Entfernung des Hodens mit seinen Hüllen und des Nebenhodens.

Indikationen

- Bösartiger Hodentumor,
- Hodentorsion mit Nekrose,
- schwerste Hodenentzündungen.

Zugänge

- Skrotalschnitt bei der einfachen Ablatio testis ohne Malignitätsverdacht.
- Inguinalschnitt bei malignen Tumoren; dabei wird der Samenstrang im Leistenkanal abgeklemmt und später abgesetzt (hohe Ablatio testis).

Instrumentarium

- Grundinstrumentarium,
- Gummizügel oder Gefäßklemme zum Anlegen einer Blutleere, um eine hämatogene Streuung von Tumorzellen zu vermeiden,

Lagerung

Gerade Rückenlagerung (s. 9.4.4),
Anlegen der neutralen Elektrode nach Vorschrift.

Abdeckung

Hauseigen; Stoffwäsche wasserundurchlässig oder beschichtet.

OP-Prinzip bei Verdacht auf einen malignen Tumor

- Hohe Ablatio testis aus einem Leistenschnitt,
- evtl. Probeentnahme zur Schnellschnittdiagnostik.

Hohe Ablatio testis

- ▶ Inguinalschnitt, Eröffnen des Leistenkanales
- ▶ Präparation des Samenstranges und Anschlingen desselben mit einem Gummizügel. Bei Verdacht auf einen bösartigen Tumor wird der Samenstrang mit den Gefäßen abgeklemmt, um eine hämatogene Streuung von Tumorzellen zu vermeiden
- ▶ Herausluxieren des Skrotalinhalts und Umlegen mit feuchten Tüchern zur Vermeidung der Aussaat von Tumorzellen. Eröffnen der äußeren Hodenhülle und Untersuchung des Hodens und des Tumors; Probeexzision nur bei unklarem Befund. (Eventuell Enukleation.)
- ▶ Bei malignem Befund werden Hoden und Nebenhoden abgesetzt
- ▶ Weiteres Eröffnen des Leistenkanals: Spalten der Faszie des M. obliquus externus; Abschieben des Peritoneums. Der Samenleiter und die Gefäße werden nach kranial verfolgt bis zur Aufteilung des Ductus deferens und der Gefäße. Getrennte Ligatur oder Durchstechung der Vene, der Arterie und des Samenleiters (Abb. 9.57). Abtasten nach Lymphknoten entlang der großen Gefäße
- ▶ Sorgfältigste Blutstillung, evtl. Skrotaldrainage mit Redon. (Hodenprothese?)
- ▶ Schichtweiser Wundverschluss
- ▶ Eventuell Biopsie der Gegenseite besonders bei kleinen Hoden beiderseits und minimaler Spermienzahl im Ejakulat. In 5% der malignen Hodentumoren finden sich bereits auf der Gegenseite Tumorzellen in den Tubuli

Subkapsuläre, sog. plastische Orchiektomie nach Riba

Prinzip

Es wird lediglich das Hodenparenchym aus der Kapsula entfernt; Nebenhoden und Hodenhüllen werden belassen. Dieses Verfahren ist aus rein psychologischen Gründen der Ablatio testis vorzuziehen, da ein hodenähnliches Gebilde im Skrotum verbleibt.

Indikation

- Prostatakarzinom.

Instrumentarium

- Grundinstrumentarium,
- Präpariertupfer, evtl. scharfer Löffel,
- resorbierbares Nahtmaterial 3–0.

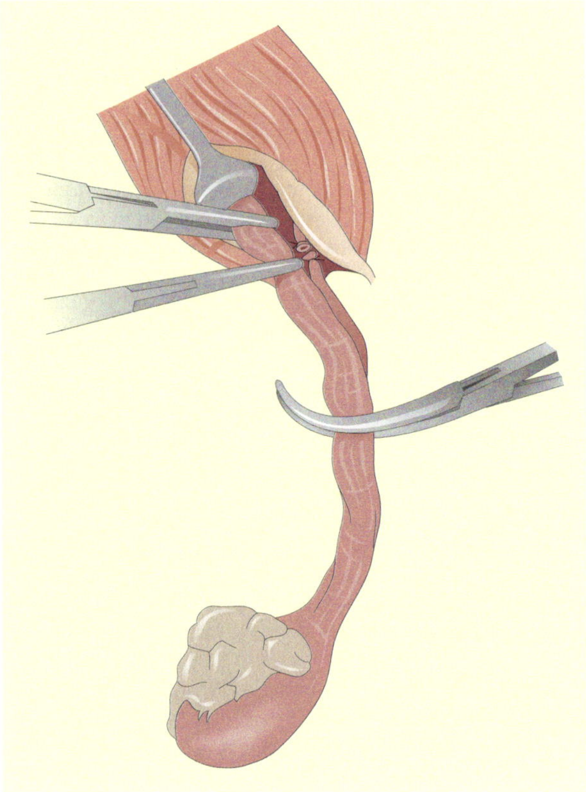

Abb. 9.57 Hohe Ablatio testis. (Nach Alken u. Walz 1992)

Lagerung

Gerade Rückenlagerung (s. 9.4.4),
Anlegen der neutralen Elektrode nach Vorschrift.

Abdeckung

Hauseigen; Stoffwäsche wasserundurchlässig oder beschichtet.

Zugang

Skrotalschnitt; entweder über eine mediane oder über 2 getrennte laterale Inzisionen.

Plastische Orchiektomie nach Riba

- Vorschieben des Hodens gegen die Skrotalhaut und Hautinzision direkt darüber
- Längsinzision der Tunica vaginalis testis und Vorluxieren des Hodens. Kontakt mit der Skrotalhaut durch Umlegung vermeiden
- Längsspalten der Tunica albuginea und Anklemmen der Ränder mit Péan-Klemmen (Abb. 9.58)
- Nun wird das Hodenparenchym aus der Hodenhülle mit einem Präpariertupfer oder scharfen Löffel herausgelöst und am Hilus über einer Klemme elektrisch abgetragen, um noch evtl. verbliebene hormonproduzierende Leydig-Zwischenzellen zu zerstören (Abb. 9.59). Blutstillende fortlaufende Naht an der Absetzungsstelle
- Nach sorgfältiger Blutstillung wird die Tunica albuginea mit einer fortlaufenden Naht verschlossen
- Verschluss des Skrotums mit Einzelknopfnähten
- Gleiches Vorgehen auf der Gegenseite

Orchidopexie

Siehe Kap. 13.

Retroperitoneale Lymphadenektomie bei Hodenkarzinom

Indikation

Die Hodentumoren metastasieren als erstes in die hohen Lymphknoten am Nierenhilus beidseits, da aus diesem

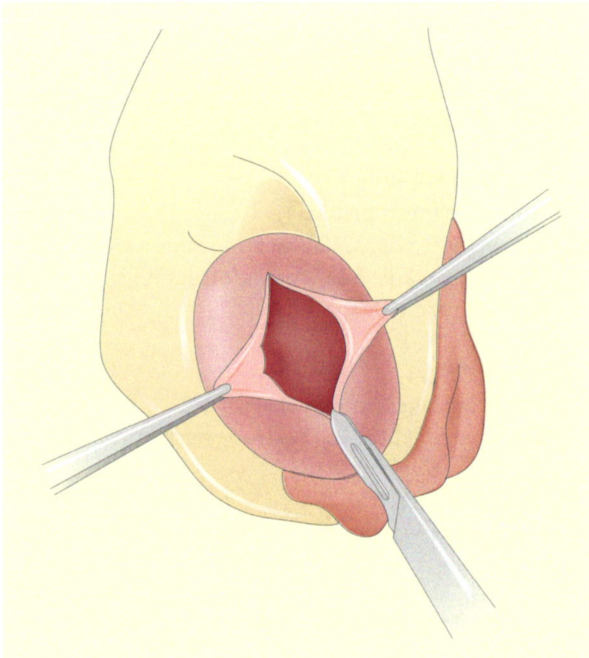

Abb. 9.58 Orchiektomie nach Riba. Längsspalten der Tunica albuginea und Anklemmen der Ränder mit Péan-Klemmen

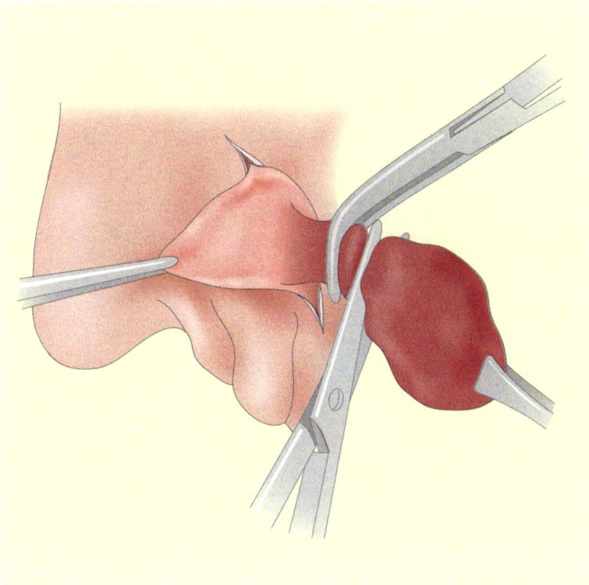

Abb. 9.59 Abtragen des Hodenparenchyms. (Abb. 9.58 und 9.59 nach Alken u. Walz 1992)

Bereich die Hodengefäße entspringen. Die Behandlung der Hodentumoren wird risikoadaptiert durchgeführt, d. h. je nach Ausbreitung des Tumors (Stadium) und histologischem Typ, Seminom oder Nichtseminom (teratoid), erfolgt ein differenzierter Einsatz von Chemotherapie und/oder retroperitonealer Lymphknotenentfernung, ein- oder beidseitig.

Instrumentarium

- Langes Grundinstrumentarium,
- Laparotomieinstrumentarium (s. 2.1.2),
- evtl. Rochard-Haken oder Kirschner-Rahmen (s. 2.1.2 und Kap. 8.),
- evtl. Clipzangen,
- evtl. Platzbauchnähte.

Lagerung

- Gerade Rückenlagerung (s. 9.4.4).
- Eventuell wird der Tisch etwas aufgeklappt, sodass der Oberkörper etwas überstreckt liegt.
- Armauslagerung links, gutes Abpolstern.
- Anlegen der neutralen Elektrode am Oberschenkel.

Zugang

Längs verlaufende mediane Oberbauchlaparotomie mit Linksumschneidung des Nabels (s. Kap. 2).

Abdeckung

- Hauseigen, aber Stoffwäsche immer doppelt und wasserdicht oder beschichtet.
- Beispiel: untere Abdecktücher bis oberhalb der Symphyse, obere Abdecktücher bis zur Mamillenhöhe über den Narkosebügel gelegt, 2 Seitentücher.

Retroperitoneale Lymphadenektomie

- Nach Eröffnung der Bauchdecken wird ein Rahmensperrer eingesetzt und die Darmschlingen werden in einen Beutel nach oben herausgelagert. Eröffnung des Retroperitoneums je nach Tumorsitz in der Mitte oder mehr rechts oder links
- Das Fettgewebe wird vorsichtig präpariert unter Darstellen und Anschlingen der für die Samenejakulation zuständigen Nerven. Sie entspringen dem Grenzstrang unter den Nierengefäßen. Fettgewebe und Lymphknoten werden abschnittsweise entnommen und für die Pathologie nummeriert
- Zur Erhaltung der Ejakulation wird das Dissektionsgebiet jeweils einseitig entsprechend der empirisch gefundenen Metastasenhäufigkeit begrenzt. Damit ist die einseitige Schonung der lumbalen sympathischen Nerven möglich. Liegt ein Stadium II vor, wird das lymphatische Gewebe beidseits der großen Bauchgefäße disseziert (Abb. 9.60a,b)
- Am Ende des Eingriffs liegen die jeweiligen großen Gefäße frei. Nur der Bereich der Aortenkreuzung bleibt unversehrt, da sich hier die vegetativen Nerven für die Ejakulation treffen
- Blutstillung, Drainagen (s. 1.7) in die OP-Bereiche werden zur Flanke herausgeleitet. Naht des Retroperitoneums. Schichtweiser Wundverschluss mit evtl. Platzbauchnähten

9.5.7 Prostatektomie

Prinzip

Entfernung der Hyperplasie unter Belassen der fibrösen Kapsel und zwangsläufig auch von Teilen der peripheren Zone des Prostatagewebes (»chirurgische Kapsel« sowie der Samenblasen Abb. 9.61a,b).

- Aus anatomischen Gründen wirken sich Prostataerkrankungen oft ungünstig auf die Blasenentleerung aus. Abflussbehinderung mit Restharn usw. (s. 9.1).
- Die Prostatahyperplasie (benigne Prostatahyperplasie, BPH) ist gutartig. Sie tritt bei etwa 60% aller Männer über dem 60. Lebensjahr auf.
- Durch hormonelle Veränderungen beim älteren Mann wachsen lediglich die periurethralen Drüsen

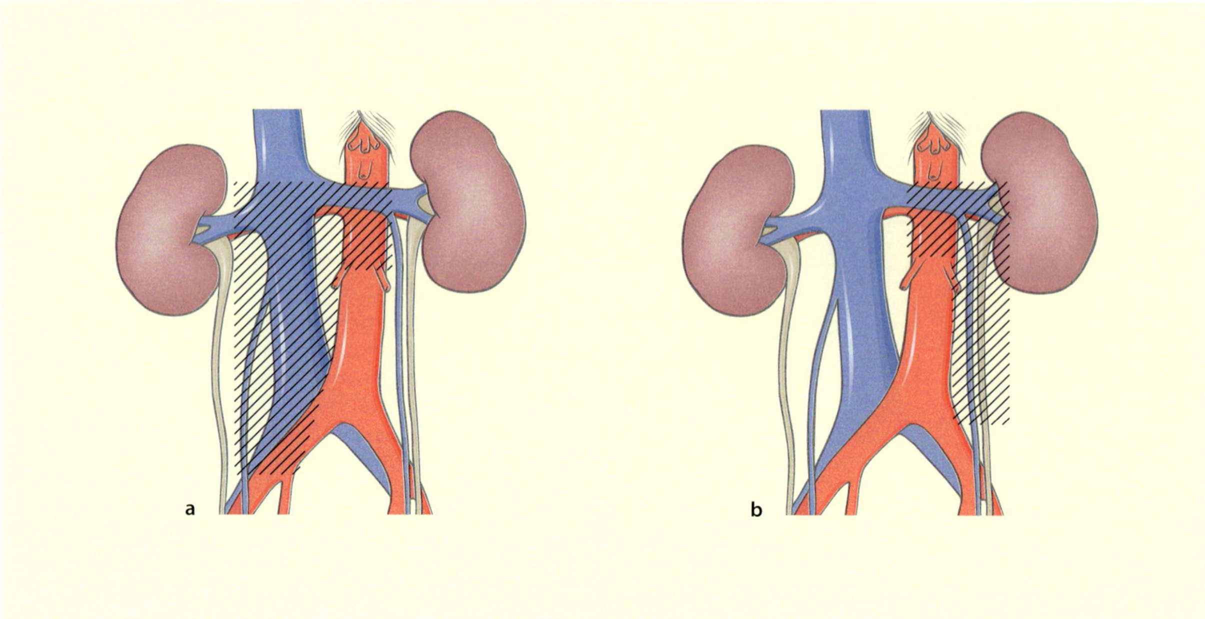

Abb. 9.60a,b Ausräumungsfelder bei der einseitigen retroperitonealen Lymphknotenentfernung (RLA) im Stadium I des nichtseminomatösen Hodentumors, a rechtsseitiger, b linksseitiger Eingriff. (Aus Hautmann u.Huland 2001)

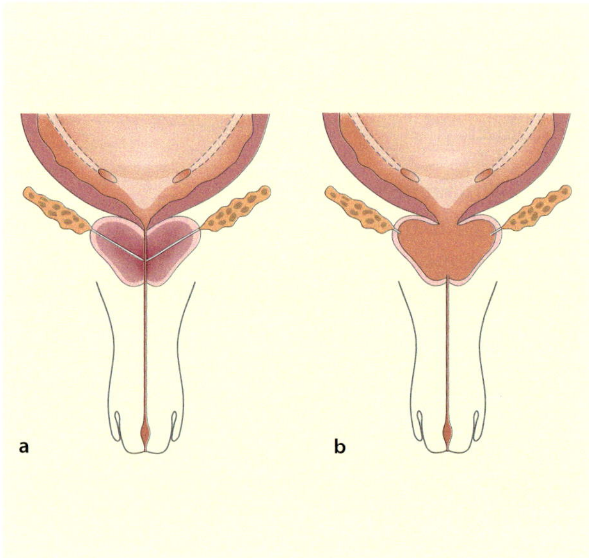

Abb. 9.61a,b Prostatektomie. a Prostatahyperplasie, b Entfernung der Hyperplasie unter Belassen der fibrösen Kapsel

der Transitionalzone und verdrängen das übrige Prostatagewebe. Die zunehmende Einengung der prostatischen Harnröhre hat Folgen für die Blase und die oberen Harnwege. Die Blase reagiert unterschiedlich. Zum Teil wird durch den zunehmenden Entleerungsdruck die Blasenmuskulatur immer dicker, das Fassungsvermögen der Blase verringert sich. Oder aber die Blase gibt ihre Funktion auf. Der Restharn wird immer größer und die Blasenwand immer dünner. Zum Schluss kommt es bei beiden Reaktionsformen zum Totalverhalt.

Indikation

- Abhängig vom Ausmaß der Miktionsstörung: Blasenentleerungsstörung – häufiges Wasserlassen besonders nachts ⟶ Restharnbildung über 100 ml ⟶ Rückstau in die oberen Harnwege.
- Symptomenskala.

OP-Verfahren

Folgende Verfahren sind möglich:
- transurethrale Elektroresektion (TUR-P), über 90% der Eingriffe bei BPH,
- suprapubische transvesikale Prostatektomie (PE) nach Freyer (◘ Abb. 9.62a),
- retropubische extravesikale Prostatektomie nach Millin (◘ s. Abb. 9.62b),
- perineale Prostatektomie (z. Z. nur selten bei der gutartigen Vergrößerung angewandt).

Noch nicht standardisiert:
- transurethrale Holmium-Laser-Abtragung,
- transurethrale Applikation von Wärmeenergie über Hochfrequenz-(HF-)Strom, hochenergetischem Ultraschall usw.

Die Auswahl des geeigneten OP-Verfahrens hängt von der Prostatagröße, dem Allgemeinzustand des Patienten und seiner Lebenserwartung ab.

Gemeinsamkeiten aller operativen Methoden
- Ausschälen der Prostatahyperplasie aus der chirurgischen Kapsel
- Zwangsläufige Entfernung der prostatischen Harnröhre im Hyperplasiebereich; hier bildet sich eine neue Schleimhaut
- Umstechungen zur Blutstillung/Tamponade durch Dauerspülballonkatheter, in die entstandene Höhle gelegt (◘ s. 9.3.3 und Abb. 9.40)
- Eventuelle Vasoteilresektion beidseits, um aufsteigende Infektionen zu vermeiden (◘ s. 9.5.3)

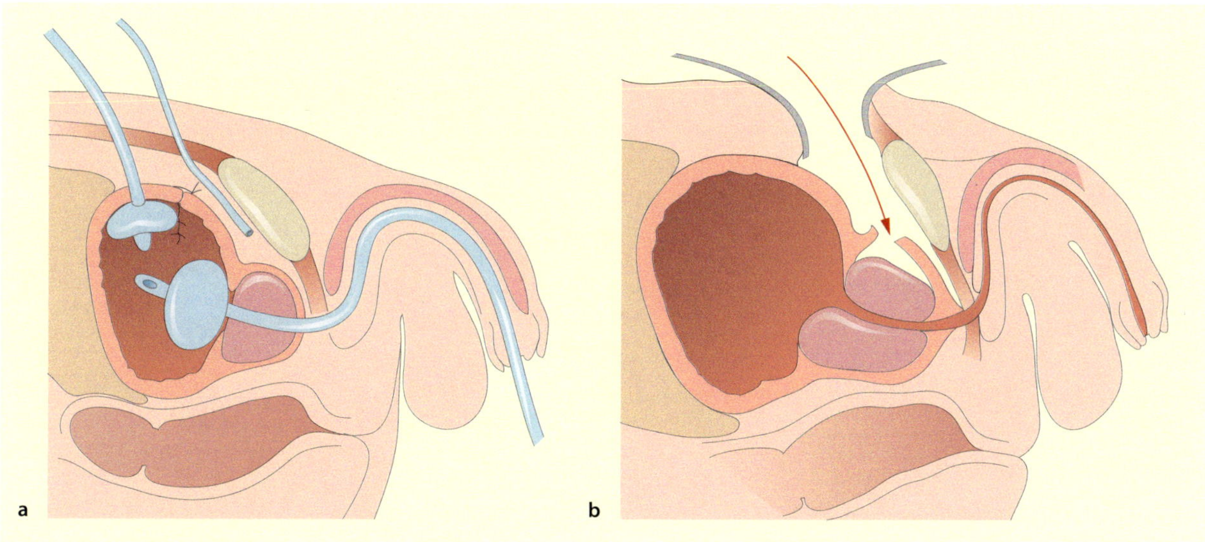

◘ Abb. 9.62a,b Prostatektomie. a Suprapubisches transvesikales Verfahren nach Freyer, b retropubische extravesikale Prostatektomie nach Millin. (Nach Höfner et al. 2000)

Transurethrale Resektion

Prinzip

Die Prostatahyperplasie wird über ein Resektoskop mit einer Schlinge durch HF-Strom unter Sicht ausgeschält (Abb. 9.63a–f). Grenze der Resektion sind die »chirurgische Prostatakapsel«, nach distal der Colliculus seminalis.

Indikation

- Kleine bis mittelgroße Adenome 50–60 g.
- Bei einer voraussichtlichen OP-Dauer von 60 min ist die transurethrale Resektion (TUR-P) besser verträglich als eine Schnittoperation. Bei längeren Resektionszeiten kann trotz Niederdruckspülung zu viel Spüllösung in den Kreislauf gelangen (Wasservergiftung).

Lagerung

- Steinschnittlagerung mit hochgestellten Beinen (s. 9.4.3),
- Neutralelektrode am Oberschenkel.

Abdeckung

- Hauseigen; Stoffwäsche wasserundurchlässig oder beschichtet.
- Einmalabdecksets: Da bei der TUR viel gespült und gleichzeitig mit elektrischem Strom gearbeitet wird, bieten sich für diesen Eingriff Einmalabdecksets (mit Beinlingen, Sieb, Rektalschild usw.) mit wasserundurchlässigem Mantel für den Operateur an.

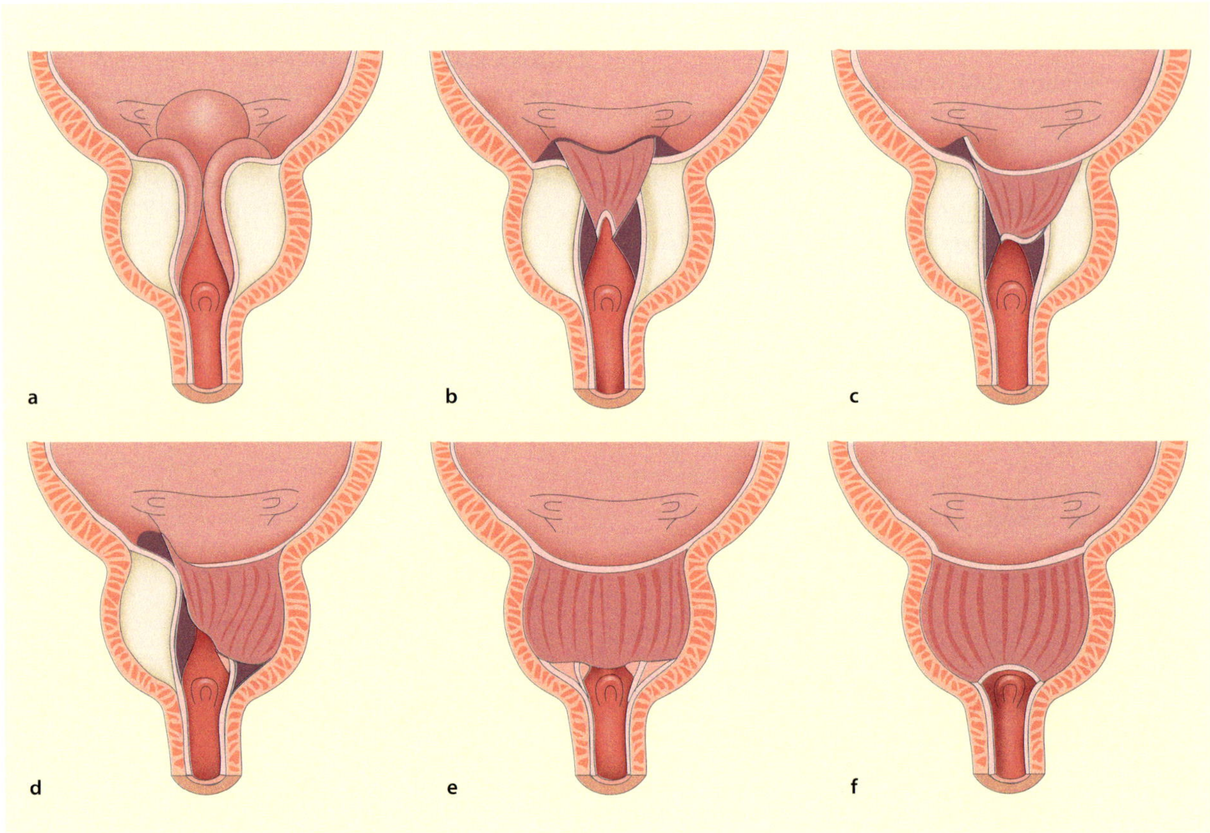

Abb. 9.63a–f Transurethrale Prostatektomie (TUR-P). Stadien der Resektion nach Barnes-Mauermayer. Frontalschnitt durch den unteren Harntrakt: Blase – Prostata. a Zustand vor der Operation; b Entfernung des Mittellappens und der Basis der Seitenlappen; c zusätzliches Abtragen der endovesikalen Portion des Mittel- und des linken Seitenlappens sowie einer endourethralen Portion von beiden; d vollständige Entfernung des linken Seitenlappens außer einem apikalen Rest; e gleiches Vorgehen auf der rechten Seite. Es steht nunmehr beidseits apikales Gewebe. f Endzustand nach kompletter Resektion. (Nach Mauermayer 1981)

Instrumentarium (s. Abb. 9.21–9.28)

- Urethrotom nach Otis-Mauermayer, Meatotom.
- Dauerspülresektoskop mit Geradeausblick- und Übersichtsoptik; Metallschaft (Transporteur); Standard Obturator (Mandrin); Elektrotom: Schneideschlinge und Koagulationskugel; HF-Kabel; Lichtkabel und Lichtquelle; Zu-/Ablaufschlauch.
- Spülspritze.
- Eventuell Sieb zum Auffangen der Prostataspäne.
- Spülsystem, Spülflüssigkeit mit isotoner Lösung, z. B. 10-l-Tanks mit Sorbit-Mannit-Lösung (keine NaCl-Lösung, Stromverlust!). Höheneinstellung, Pumpe.
- Videoanlage.
- (Suprapubischer Trokar zur Spülwasserableitung und Druckkontrolle.)
- Gleitmittel, Dauerspülkatheter.

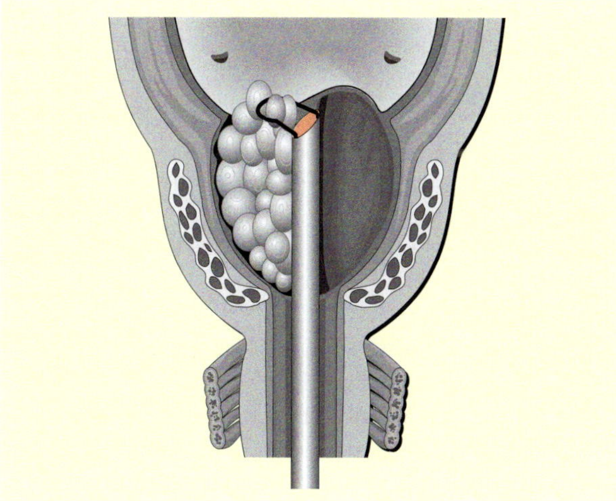

Abb. 9.64 Transurethrale Resektion eines Prostataadenoms. (Nach Altwein u. Jakobi 1986)

Transurethrale Resektion

- ► Lumbalanästhesie oder Narkose
- ► Nach Desinfektion (Unterbauch, Genitale, Oberschenkel) und Abdeckung erfolgt die Instillation eines Gleitmittels in die Harnröhre, Penisklemme
- ► Eventuell Anlage einer suprapubischen Blasenfistel für den Abfluss der Spülflüssigkeit
- ► Eventuell Schlitzung der Harnröhre mit dem Urethrotom nach Otis. Die Urethrotomie wird durchgeführt, um eine ausreichende Weite der Harnröhre für das 24- bis 27-Charr-Resektoskop zu erzielen und um Narbenstrikturen zu durchtrennen oder zu vermeiden
- ► Einführen des Resektoskopschaftes mit Obturator oder unter Sicht. Anschluss der Dauerspülung, des HF- und des Lichtkabels. Austausch des Obturators gegen das Elektrotom mit Schlinge und Optik
- ► Beginn der Resektion (Abb. 9.64). Zwischendurch werden die abgeschälten Gewebespäne mit der Blasenspritze herausgespült. Sie werden am Ende des Eingriffs gewogen
- ► Während und nach der Resektion erfolgt die Blutstillung. Notfalls mit der Kugelelektrode, die gegen die Schneidschlinge am Elektrotom ausgetauscht wird
- ► Austausch der Optik gegen den Obturator und Entfernen des Resektoskops
- ► Einlegen eines Dauerspülkatheters, Spülung. (s. 9.3.3)
- ► Die eventuelle Vasoteilresektion (s. 9.5.3) kann vor oder nach der Operation vorgenommen werden

Suprapubische transvesikale Prostatektomie nach Freyer

Indikation

Prostatae >50 g.

Vorteile

- Vollständige Inspektion der Blase.
- Gleichzeitiges Entfernen von Steinen, Blasentumoren, Blasendivertikeln.
- Operativ leichtere Methode.
- Prostatakapsel bleibt intakt.

Instrumentarium

- Grundinstrumentarium.
- Begrenztes Prostatainstrumentarium (s. 9.2.2), Museux, Blasenhaken.
- Langes Diathermiemesser.
- Wo üblich, Vorbereiten eines Blasentisches:
  - Blasenspritze.
  - Nélaton- oder Tiemann-Ballonkatheter (s. 9.3)
  - Gleitmittel.
  - Aqua dest.
  - 20-ml-Spritze.
  - Handschuhe.
- Resorbierbares Nahtmaterial (s. 1.4), *Beispiel:* Vicryl Stärke 0 für die Blasenhaltenaht, 3-0 für die Prostataloge, 0 für den Blasenverschluss.
- Spülkatheter nach Anforderung; Spüllösung (physiologische NaCl-Lösung) vorbereiten.
- Sauger evtl. mit Beleuchtung.

Lagerung

- Steinschnittlagerung mit abgesenkten Beinen (s. 9.4.2).
- Gegebenenfalls Lagerung auf geradem Tisch mit Unterpolsterung zum Anheben des Beckens. Eventuell Abspreizen des linken Beines zum Anheben der Prostata von rektal.
- Anlegen der neutralen Elektrode nach Vorschrift.

Abdeckung

- Hauseigen; Stoffwäsche wasserundurchlässig oder beschichtet; evtl. Verwendung eines Rektalschildes.
- Separate Abdeckung der Beine mit Beinsäcken.
- Der Penis muss jederzeit zugänglich sein.

Zugänge

- Suprasymphysärer Faszienquerschnitt nach Pfannenstiel (extraperitoneal, s. 8.2.1).
- Medianer extraperitonealer Unterbauchschnitt.

Suprapubische transvesikale Prostatektomie nach Freyer

► Hautdesinfektion des Unterbauch- und Genitalbereichs (evtl. bis Rippenbogen), Oberschenkel; anschließende Abdeckung. Über einen Katheter wird die Blase mit Luft oder Wasser gefüllt

► Zugang über den Faszienquerschnitt nach Pfannenstiel: Quer verlaufende Eröffnung der Rektusscheidenfaszie; Lösen der Faszie von der Rektusmuskulatur; Auseinanderdrängen und stumpfes Unterfahren der Rektusbäuche; Eröffnen des extraperitonealen Raumes zwischen Harnblase und Bauchwand (Spatium retropubicum, Cavum Retzii geschlossen lassen); Abschieben des Peritonealsackes von der Blasenvorderwand möglichst weit nach kranial

► Nach Darstellung der Blase zum »hohen Blasenschnitt« Quereröffnung der Blasenvorderwand zwischen 2 Haltefäden. (Z.T. kleinerer Schnitt und diesen aufziehen.) Einsetzen von Blasenhaken. Inspektion der Blase

► Vor der Enukleation erfolgt eine zirkuläre elektrische Umschneidung der Blasenwand nahe dem Blasenauslass

► Digitales Ausschälen des Adenoms: Zunächst geht der Operateur mit dem Zeigefinger durch das Ostium urethrae internum (s. 9.1) und trennt die beiden Prostatalappen nach oben (Richtung Knochen). Es wird die Schicht zwischen Hyperplasie und Kapsel aufgesucht und mit der digitalen Enukleation begonnen. Sie erfolgt meist bimanuell, indem ein Finger der anderen Hand vom Rektum aus die Prostata entgegendrückt (Abb. 9.65).

► Ist das Drüsengewebe ringsum gelöst, hängt es lediglich noch an der Harnröhre. Diese wird vorsichtig unter Schonung des Schließmuskels abgetrennt. Das Drüsengewebe kann dann mit einer Fasszange entfernt werden

► Die Enukleation erfolgt gedeckt, ohne Sicht. Tamponade der Prostataloge(-höhle) mit heißem Streifen

► Nachdem der Operateur seine Hand aus dem Rektum des Patienten entfernt hat, bekommt er einen neuen sterilen Kittel und Handschuhe (evtl. auch wenn ein Rektalschild benutzt wurde)

► Es folgt die Blutstillung durch kräftige Nähte, die vom Rand der Blasenschleimhaut tiefer in die Prostatakapsel greifen. Begonnen wird im dorsalen Bereich, da von hier die Gefäße eintreten. Nach Legen von raffenden Nähten im ventralen Anteil des Logenrandes wird der dreiläufige Tamponadeballonkatheter eingeführt. Knüpfen der Nähte und Blocken des Ballons in der weitgehend verschlossenen Loge oder in der Blase

► Zweischichtiger Blasenverschluss oder Tabakbeutelnaht ohne die Schleimhaut mitzufassen

► Prävesikale Drainage, Robinson- oder Langdrain (s. 1.7 und Abb. 9.62a)

► Tücher und Instrumente auf Vollständigkeit überprüfen (Dokumentation). Schichtweiser Wundverschluss

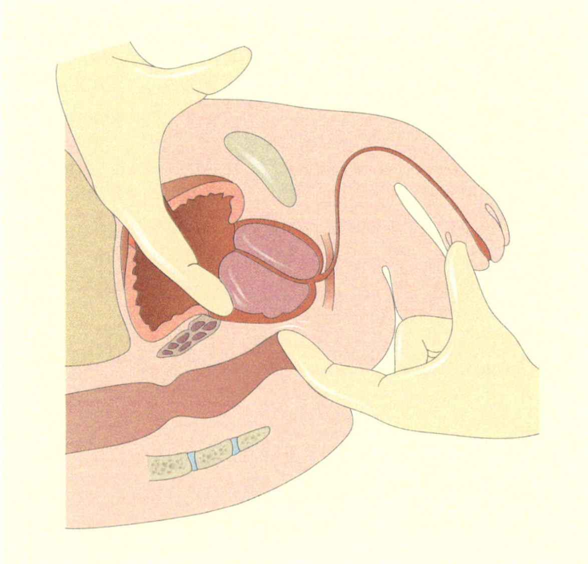

Abb. 9.65 Digitale Enukleation eines Prostataadenoms nach Freyer. (Nach Sökeland 1990)

Eventuell Vasoteilresektion beidseits, um aufsteigende Infektionen zu vermeiden (◘ s. 9.5.3).

Retropubische extravesikale Prostatektomie nach Millin

▪▪▪ Indikation

Adenome >50 g.

▪▪▪ Vorteile

- Direkte Einsichtnahme in die Prostatakapsel,
- bessere Rekonstruktionsmöglichkeit des Blasenhalses,
- exaktere Blutstillung.

▪▪▪ Instrumentarium, Lagerung, Abdeckung

Siehe suprapubische transvesikale Prostatektomie nach Freyer.

Retropubische extravesikale Prostatektomie nach Millin (◘ Abb. 9.62b)

► Hautdesinfektion im Unterbauch- und Genitalbereich, Oberschenkel, anschließende Abdeckung. Die Blase wird mit dem Katheter entleert

► Zugang s. Freyer. Eröffnung des extraperitonealen Raumes zwischen Harnblase und Bauchwand sowie des Spatium retropubicum (Cavum Retzii); Bauchdeckensperrer. Die Blase wird mit einem z.B. Körtehaken zurückgehalten

► Nach Darstellung der Vorderseite der Prostatakapsel werden die in ihr verlaufenden Gefäße in 2 quer verlaufenden Reihen 1–2 cm unterhalb des Blasenauslasses umstochen

► Mit dem langen Diathermiemesser wird die Prostatakapsel quer zwischen den Nahtreihen eröffnet

► Auslösen des Drüsengewebes teils stumpf, teils scharf mit einem Overholt oder der Millin-Schere. Auch hier kann der Zeigefinger der anderen Hand von rektal aus führen. Der Operateur bekommt einen neuen sterilen Kittel, nachdem er die Prostata von rektal luxiert hat (wenn kein Rektalschild benutzt wurde). Absetzen der Schleimhaut am Blasenausgang/Prostatakapsel und Durchtrennen der Harnröhre oberhalb des Schließmuskels. Entfernen des Drüsengewebes

► Es folgt die Blutstillung mit der »Trigonisationsnaht« durch Hereinziehen der Trigonumspitze in die Prostataloge. Koagulation und Umstechung blutender Gefäße am Blasenhals mit Raffen der Prostatakapsel. Blutstillung in der Loge

► Legen des Dauerspülkatheters (◘ s. 9.3.3) in die Prostataloge oder in die Blase

► Verschluss der Prostatakapsel: zunächst mit Ecknähten, dann fortlaufende Naht mit Hilfe eines gebogenen Nadelhalters oder der Bumerangnadel mit Fadenhaltezange. Es muss unbedingt vermieden werden in das Periost des Schambeines zu stechen, da sonst die Gefahr einer unangenehmen Periostitis besteht

► Blockung des Tamponadekatheters bis zu 60 ml. Der Ballon kann die Prostataloge zur Blutstillung komprimieren

► Tücher und Instrumente auf Vollständigkeit überprüfen (Dokumentation)

► Einbringen von Drainagen und schichtweiser Wundverschluss

Eventuell wird eine Vasoteilresektion beidseits vorgenommen, um aufsteigende Infektionen zu vermeiden (◘ s. 9.5.3).

9.5.8 Radikale Prostatektomie

Prinzip

- Entfernen der pelvinen Lymphknoten. Bei sehr niedrigem PSA (prostataspezifisches Antigen) usw. kann darauf verzichtet werden.
- Entfernung der Prostata mit den Samenblasen und Absetzen der Ductus deferentes.
- Anastomosierung des Blasenhalses mit dem Harnröhrenstumpf (◘ Abb. 9.66a,b).
- Erhalt der Nn. und Vasa erigentes, wenn sichergestellt ist, dass der Tumor auf die Prostata begrenzt ist.

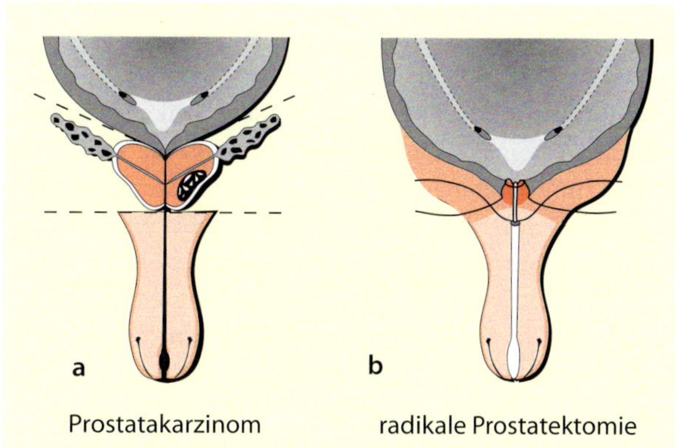

◘ Abb. 9.66a,b Radikale Prostatektomie. a Entfernen der pelvinen Lymphknoten, der Prostata mit den Samenblasen und Absetzen der Ductus deferentes. b Anastomosierung des Blasenhalses mit dem Harnröhrenstumpf

Indikationen zur radikalen Prostatektomie

- Prostatakarzinom,
  - wenn das Karzinom auf die Prostata begrenzt ist,
  - wenn keine Lymphknoten befallen sind,
  - bei noch guter Lebenserwartung (bis ca. 70 Jahre).
- Blasenkarzinom, bei der radikalen Zystektomie (▫ s. 9.5.10).

Allgemeines zum Prostatakarzinom

- Häufigster bösartiger Tumor in der Urologie.
- Eine Erkrankung des älteren Menschen (>45).
- Im Gegensatz zur Hyperplasie entwickelt sich das Prostatakarzinom meist in der peripheren Zone, der eigentlichen Drüse. Der Tumor liegt harnröhrenfern und weist daher erst spät Symptome auf. Ist die Urethra erreicht, treten Miktionsbeschwerden auf. Trotz der Möglichkeit zur Vorsorgeuntersuchung befinden sich viele dieser Patienten bei Diagnosestellung bereits in einem Stadium, in dem eine radikale Prostatektomie kontraindiziert ist.
- Die Symptome gehen vorwiegend von den Metastasen im Beckenknochen und Wirbelsäulenbereich aus oder entstehen durch das Tumorwachstum in die Blasenwand und in die Ostien sowie in retroperineale Lymphknoten.
- Zur Vorsorge sind der Tumormarker PSA (prostataspezifisches Antigen) im Serum, der transrektale Ultraschall und die rektale Untersuchung geeignet.

Therapie

Das lokal begrenzte Prostatakarzinom wird lokal (radikale Prostatektomie), das metastasierende Karzinom systemisch behandelt (Antiandrogentherapie und/oder Orchiektomie).

Pelvine Lymphadenektomie. Vor der radikalen Prostatektomie erfolgt in bestimmten Stadien eine diagnostische Lymphknotenausräumung zum Ausschluss einer Metastasierung. Hiervon sind die Lymphknoten im Bereich der Fossa obturatoria und entlang der Aa. iliacae externae und internae betroffen. Die entfernten Lymphknoten werden voneinander getrennt und genau beschriftet zur histologischen Schnellschnittuntersuchung gegeben. Ergibt das Ergebnis keinen Befall der Knoten, kann die Operation wie geplant fortgesetzt werden. Bei Metastasen kann die beidseitige Orchiektomie nach Riba erfolgen (▫ s. 9.5.6).

Radikale Prostatektomie. Resektionsgrenzen sind nach proximal der Blasenhals (Sphincter internus); nach distal der Beckenboden (Sphincter externus).

- Operationswege:
  - Suprapubisch, aszendierend; Beginn am Apex prostatae.
  - Suprapubisch deszendierend; Beginn am Blasenauslass.
  - Perineal.
  - Laparoskopisch.

Neue konservative Therapieformen sind die Verabreichungen von antiandrogen wirkenden Hormonen oder chemischen Substanzen als Nasenspray, Depotspritzen und subkutanen Implantaten usw. Weit verbreitet ist die Gabe eines auf die Hypophyse wirkenden Hormones zur Blockierung der Testosteronbildung (chemische Kastration).

Außerdem werden unter bestimmten Voraussetzungen verschiedene Bestrahlungsmethoden in kurativer Absicht eingesetzt.

Operation

Instrumentarium

- Grundinstrumentarium und evtl. Venenhaken.
- Tiefe Haken, Rahmensperrer.
- Duval-, Allis-, Overholt-, Lahey-Klemmen.
- Prostatazusatzinstrumentarium (▫ s. 9.2.2).
- Langer Diathermieansatz.
- Eventuell Gummizügel und Clipzange.
- Wo üblich, Vorbereiten eines Blasentisches:
  - Blasenspritze.
  - Blasenkatheter.
  - Gleitmittel.
  - Aqua dest.
  - 20-ml-Spritze.
  - Handschuhe.

Lagerung

- Steinschnittlage mit abgesenkten Beinen (▫ s. 9.4.2),
- Rückenlage mit Rolle unter der unteren LWS.

Abdeckung

- Hauseigen; Stoffwäsche wasserundurchlässig oder beschichtet; evtl. Verwendung eines Rektalschildes.
- Der Penis muss jederzeit zugänglich sein.

Zugänge

- Unterbauchquerschnitt (extraperitoneal, ▫ s. 8.2.1.),
- extraperitonealer Unterbauchmedianschnitt bis oberhalb des Nabels.

Radikale Prostatektomie

► Hautdesinfektion im Unterbauch- und Genitalbereich, anschließend Abdeckung. Legen eines nicht zu weichen Ballonkatheters

► Zugang über den Faszienquerschnitt nach Pfannenstiel:

► Querschnitt im Unterbauch 3–4 Querfinger oberhalb der Symphyse. Faszienquerschnitt, Darstellen der unteren Rektusbäuche und des Sehnenansatzes an der Symphyse. Durchtrennen der Sehne beiderseits. Sperrer

► Eröffnung des Spatium retropubicum, zum Foramen obturatum der Beckenbodenfaszie und den Beingefäßen (extraperitonealer Raum zwischen Harnblase und Bauchwand); Abschieben des Peritonealsackes von der Blasenvorderwand

Fakultativ Lymphknotenstaging im kleinen Becken.

► Aufsuchen der iliakalen Lymphknoten bis zur Kreuzung der Aa. und Vv. iliacae internae und externae und der Lymphknoten im Bereich der Fossa obturatoria. Mit Duval-, Allis-, Overholt-Klemmen und Präparierschere werden die einzelnen Lymphknoten freipräpariert, ligiert oder geklippt und entfernt. Gleiches Vorgehen auf beiden Seiten. Getrennt voneinander und genau beschriftet werden die Präparate zur histologischen Schnellschnittuntersuchung gegeben. Hat diese keine Metastasierung ergeben, wird die Operation fortgesetzt:

Radikale Prostatektomie.

► Freipräparieren der Prostatavorderseite (▫ Abb. 9.67): Seitlich der Prostata wird das Gefäß-Nerven-Bündel, das für die Potenz wichtig ist, dargestellt. Wenn jedoch der Tumor die Prostatakapsel erreicht hat, muss das Bündel mit entfernt werden. Dann wird seitlich und parallel der Gefäßbündel die endopelvine Faszie gespalten, die auch die Prostatavorderwand umgibt und seitlich an ihr bis auf den M. levator ani zieht. Es folgt die Durchtrennung der beiden Ligamente zwischen Symphysenknochen und Prostata (Lig. puboprostaticum)

► Mitten unter den Bändern verläuft eine große, vom Glied durch den Beckenboden kommende Vene(n), die in den Plexus Santorini geht, der die Prostata überzieht. Die Vene(n) wird umstochen oder mit einer Lahey-Klemme unterfahren und unterbunden. Präparation des Apex prostatae beidseits (Spitze des rechten und linken Seitenlappens der Prostata) nahe dem Diaphragma urogenitale

► Die Urethra mit dem Katheter ist nun tastbar und wird auf wenige Millimeter dargestellt und angezügelt. Querinzision der Urethravorderwand im Apexbereich. Der Colliculus seminalis sollte unter dem Katheter sichtbar werden. Der Blasenkatheter wird zur Prostata hin mit einer kräftigen Klemme abgeklemmt und anschließend durchgeschnitten. Vorlegen der ersten Anastomosennähte nach distal (resorbierbar, z. B. Stärke 3–0), die mit Klemmchen armiert werden. Dabei sollte überwiegend periurethrales Gewebe gefasst werden, um den Schließmuskel zu schonen. Vollständiges Durchtrennen der Harnröhre und Vorlegen weiterer Anastomosennähte 3–0, resorbierbar. Der in der Blase liegende Ballonkatheterrest dient zum Hochziehen der Prostata

► Nun kann die Prostatahinterwand präpariert werden, indem die Denonvillier-Faszie durchtrennt wird. Sie umgibt die Prostata von hinten und grenzt sie zum Rektum ab. Entlang der Prostatahinterwand werden die Samenblasen erreicht; hier wird die Faszie erneut inzidiert. Die Samenblasen werden von deren Hinterwand ausgelöst. Schrittweise Unterbindung der Gefäßpfeiler der Prostata rechts und links unter Nervenschonung

► Präparation des Blasenhalses, der direkt unterhalb des Trigonums (▫ s. 9.1) durchtrennt wird. Die Samenblasen, deren Arterien, die Ductus deferentes und das umgebende Gewebe werden freipräpariert, ligiert und durchtrennt

► Entfernen des Gesamtpräparates; evtl. werden Probeentnahmen aus dem Blasenhals und Apex für eine histologische Schnellschnittuntersuchung gewonnen. Die beiden Prostatalappen sollen vor der Fixierung mit 2 verschiedenen Tuschefarben, rechts und links getrennt, markiert werden

► Der Blasenhals muss mit Nähten so weit gerafft werden, dass noch ein 20- bis 22-Charr-Katheter durch die Öffnung passt

► Um eine gute Anastomose zu erzielen, sollte die Blasenschleimhaut mit einigen Nähten (4–0, resorbierbar) nach außen evertiert werden; Legen einer suprapubischen Harnableitung. Über einen neu eingelegten Blasenkatheter werden die 4–5 vorgelegten Anastomosennähte der Urethra der Blase näher gebracht, und es wird eine spannungsfreie Anastomose angelegt

► Nach Blutungskontrolle werden Tücher und Instrumente gezählt (Dokumentation). Legen von Drainagen in den Unterbauch beidseits, extravulnär und schichtweiser Wundverschluss

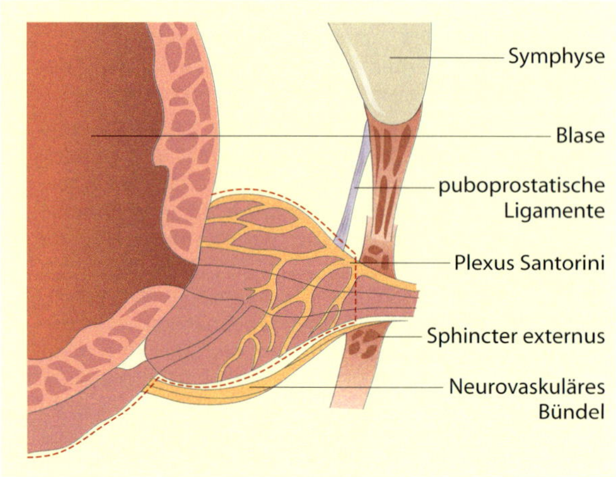

Abb. 9.67 Resektionsgrenzen *(gestrichelt)* bei der radikalen Prostatektomie. (Nach Alken u. Walz 1992)

9.5.9 Harnleiterersatzplastiken für den distalen Harnleiter

Ersatzplastik

Boari-Plastik

Prinzip

Die Operation dient dem Ersatz des unteren Harnleiterabschnitts bei Defekten verschiedenster Ursachen. So wird z. B. nach Resektion des blasennahen Ureters wegen Tumorinfiltration aus der Blasenwand ein Lappen gebildet, der das resezierte Stück überbrückt. Die Einpflanzung des Restureters in den Blasenlappen erfolgt als Antirefluxplastik (s. unten).

Indikation

Ausgedehntere Verletzung oder Striktur des distalen Ureters. Wenn eine spannungsfreie Überbrückung des resezierten Ureteranteils durch eine Reimplantation des Harnleiters in die Blase nicht mehr möglich ist.

Voraussetzung

- Ausreichendes Fassungsvermögen der Blase,
- gesunde Blasenwand.

Instrumentarium

- Grundinstrumentarium mit feinen Klemmen und Scheren,
- tiefe Haken, evtl. Rahmen,
- Duval-, Allis- und Overholt-Klemmen,
- Gummizügel,
- feines Skalpell,
- Blasenkatheter,
- Ureterschiene (s. 9.3.4).

Lagerung

- Steinschnittlagerung mit abgesenkten Beinen (s. 9.4.2) oder
- Rückenlagerung,
- Anbringen der neutralen Elektrode nach Vorschrift.

Abdeckung

Hauseigen; Stoffwäsche wasserundurchlässig oder beschichtet.

Zugänge

- Extraperitonealer Zugang über einen Unterbauchquerschnitt, der zur jeweiligen Seite erweitert werden kann oder Pararektalschnitt.
- Transperitonealer Zugang, wenn die Ureterläsion durch eine Voroperation bedingt ist und mit Verwachsungen zu rechnen ist.

Boari-Plastik

► Hautdesinfektion des Unterbauch- und Genitalbereiches; Legen eines Blasenkatheters; Abdeckung

► Zugang über den Faszienquerschnitt nach Pfannenstiel: Quereröffnung der Rektusscheidenfaszie, Lösen der Faszie von der Rektusmuskulatur, Auseinanderdrängen und stumpfes Unterfahren der Rektusbäuche, Eröffnen des extraperitonealen Raumes zwischen Harnblase und Bauchwand (Spatium retropubicum), Abschieben des Peritonealsackes von der Blasenvorderwand, möglichst weit nach kranial

► Schaffen eines genügend großen Eingangs in den Paravesikalraum der jeweiligen Seite

► Der Ureter wird zunächst in seinem noch intakten Anteil aufgesucht, dort wo er die Iliakalgefäße kreuzt. Oberhalb dieser Kreuzung wird er mit einem Gummizügel angeschlungen

Nun erfolgt die Präparation nach distal bis zum veränderten Ureteranteil

► Nach Legen einer Haltenaht wird der Ureter durchtrennt, der distale Stumpf ligiert, der veränderte Anteil reseziert und eine Ureterschiene (s. 9.3.4) nach proximal in die Niere vorgeschoben. Mit einer feinen Naht wird die Schiene distal fixiert (4–0)

► Bei aufgefüllter Blase wird die Blasenwand so weit mobilisiert, dass ein ausreichend großer Boari-Lappen gewonnen werden kann. Seine Basis soll zum ursprünglichen Ostium hin (Blasenhinterwand) liegen, um eine gute Durchblutung des Lappens zu gewährleisten

- Anlegen von Markierungsnähten und Zuschneiden des Lappens. Dieser soll etwas länger als der zu überbrückende Defekt sein und mindestens 2 cm Breite besitzen
- Antirefluxplastik nach Politano-Leadbetter (s. unten): Am Ende des Lappens wird mit feinen Instrumenten in der Mitte ein submuköser Tunnel von ca. 4 cm Länge gebildet. Der Ureter wird dann mit dem Haltefaden durch den Tunnel gezogen und mit einigen feinen, resorbierbaren Nähten 4–0 an der Blasenschleimhaut fixiert (Mukosa-Mukosa-Naht; Abb. 9.68a). Sicherungsnähte zwischen Ureteradventitia und Lappenmuskulatur (4–0)
- Verschluss des Boari-Lappens um den Splint und den Ureter ohne diesen einzuengen (3–0 resorbierbar)
- Verschluss der Restblase (resorbierbares Nahtmaterial 0 bis 2–0; s. Abb. 9.68b). Splint getrennt herausführen und fixieren an Blase und Haut
- Einlegen einer Drainage extravulnär im Unterbauch
- Tücher und Instrumente zählen (Dokumentation)
- Schichtweiser Wundverschluss. Blasenkatheter

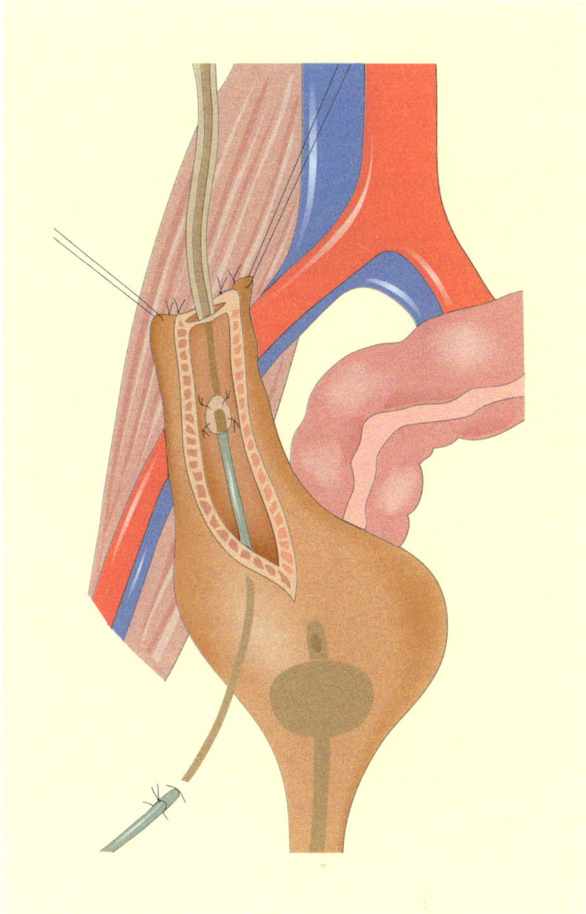

Abb. 9.69 Hörnerblase (Psoas-hitch-Plastik). (Nach Thüroff 1994)

Hörnerblase (Abb. 9.69)

Prinzip

Die Blasenwand wird nach rechts oder links bis über die großen Beingefäße (A. und V. iliaca communis) zipfelförmig hochgezogen und an der Faszie des M. psoas festgenäht. Implantation des Harnleiterstumpfes mit einem Antirefluxtunnel nach Politano-Leadbetter (s. unten).

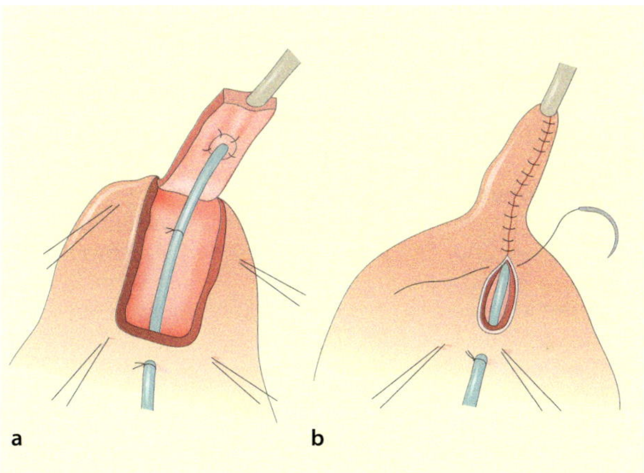

Abb. 9.68a,b Boari-Plastik. a Einpflanzung des Restureters in den Blasenlappen, Fixierung durch Mukosa-Mukosa-Naht, b Verschluss der Restblase. (Nach Sökeland 1990)

Indikation

Großer, unterer Harnleiterdefekt.

Voraussetzung

Große, intakte Blase.

Instrumentarium, Lagerung, Abdeckung, Desinfektion

Wie bei der Boari-Plastik, Blasenkatheter, Füllung 200 ml.

Zugang

Extraperitonealer Medianschnitt, Pararektalschnitt.

Hörnerblase

► Durchtrennen der Bauchdecke. Abschieben des Peritonealsackes. Freipräparieren fast der gesamten Blase v. a. beider Seitenwände, tief paravesikal, um sie gut nach kranial hochziehen zu können. Anschließend wird der Retroperitonealraum der betroffenen Seite freipräpariert und der gesunde Ureter in Höhe der Gefäßkreuzung (mit den Vasa iliaca) dargestellt

► Zur tiefen Eröffnung der Blase werden an der betroffenen Seite Haltefäden angelegt. Quere Eröffnung der Blase hinter der Symphyse rechts oder links. Der obere Schnittrand wird dann bis über die großen Beckengefäße hochgezogen und mit 2 kräftigen Nähten an der M.-psoas-Faszie angenäht

► Nun kann der Antirefluxtunnel für den Harnleiter gebildet werden. Der Harnleiter wird mit einem Haltefaden durch Blasenwand und Schleimhauttunnel gezogen und leicht spatuliert (5-mm-Längsinzision). Anschließend erfolgt die Fixierung der Mündung an der Blasenwand und der Schleimhaut mit 4–0 resorbierbaren Nähten. Fixierungsnähte auch an der Außenseite der Blase beim Eintritt in den Tunnel. Einführen und Annähen eines langen Harnleitersplints, der durch Blasenwand und Bauchdecke getrennt herausgeleitet werden kann

► Der Blasenschnitt wird dann längs vernäht. Einlegen einer kräftigen Drainage und schichtweiser Bauchdeckenverschluss

Antirefluxplastik

Die regelrecht angelegten Harnleiter verlaufen bei ihrem Eintritt in die Blase 2–3 cm schräg durch die Blasenwand. Der Verlauf des Harnleiters in der Blasenwand bewirkt einen Ventileffekt. Der Urin fließt ungehindert in die Blase. Mit zunehmender Blasenfüllung erhöht sich der Innendruck. Dadurch wird der Harnleiter in der Blasenmuskulatur zugedrückt. Ein Zurückströmen des Blasenurins in den Harnleiter und das Nierenbecken unterbleibt.

Wurde der Schrägkanal angeboren zu kurz ausgebildet oder mündet der Ureter sogar rechtwinklig durch die Blasenwand, ist, besonders bei Harnwegsinfektionen, eine Nierenschädigung durch Narbenbildungen zu erwarten. Damit kann eine Antirefluxplastik angezeigt sein.

▪▪▪ Prinzip

Tunnelbildung zwischen Blasenschleimhaut und -muskulatur zur Bildung eines neuen Ventils.

▪▪▪ Indikation

- Vesikorenaler Reflux mit zunehmenden entzündlichen Nierennarben.
- Resektion des distalen Ureters mit anschließender Reimplantation.
- Bei Nierentransplantation (Lich-Grégoir bei offenem Ureter).
- Bei allen Implantationen des Ureters in Darmwände (Blasenkarzinom).

Antirefluxplastik

Extravesikales Vorgehen nach Lich-Grégoir.
► Aufsuchen des Harnleiters an der Blasenseitenwand und Präparation des Eintritts in die Blase. Nach Anlegen von Haltefäden wird die Blasenmuskulatur nach kranial hin ca. 5 cm lang bis auf die Mukosa durchtrennt ohne dabei die Blasenschleimhaut zu eröffnen. Der Ureter wird von seinem Originalostium aus submukös verlagert, d. h. die Muskulatur wird über dem Ureter wieder verschlossen (▫Abb. 9.70a)

Intra- und extravesikales Vorgehen nach Politano-Leadbetter.
► Der Ureter muss seitlich an der Blase dargestellt und prävesikal durchtrennt werden (feiner Haltefaden). Nach Eröffnung der Blase zwischen Haltefäden wird der Harnleiter 5 cm oberhalb des alten Ostiums von außen mit einem Overholt neu in die Blase eingebracht. Von diesem Punkt aus wird mit feinen Instrumenten ein ca. 4 cm langer, unter der Schleimhaut gelegener Tunnel, in Richtung auf das alte Ostium geschaffen. Der geschiente und spatulierte Ureter wird durch den Tunnel gezogen und reimplantiert. Das offene Ende des Harnleiters wird bei 6.00 Uhr mit einer in die Blasenmuskulatur eingestochenen Naht an der Blase fixiert. Drei weitere 4–0 Nähte erfassen nur Blasenschleimhaut und Ureter (▫s. Abb. 9.70b)

Nach Cohen, intravesikal.
► Nach Eröffnen der Blase wird das Ostium umschnitten und der Harnleiter aus der Blasenwand gelöst, bis er in die Blase gezogen werden kann. Der Antirefluxtunnel wird mit feinen Instrumenten oberhalb der Oberkante des Trigonums gebildet. Weiteres wie oben (▫s. Abb. 9.70c)

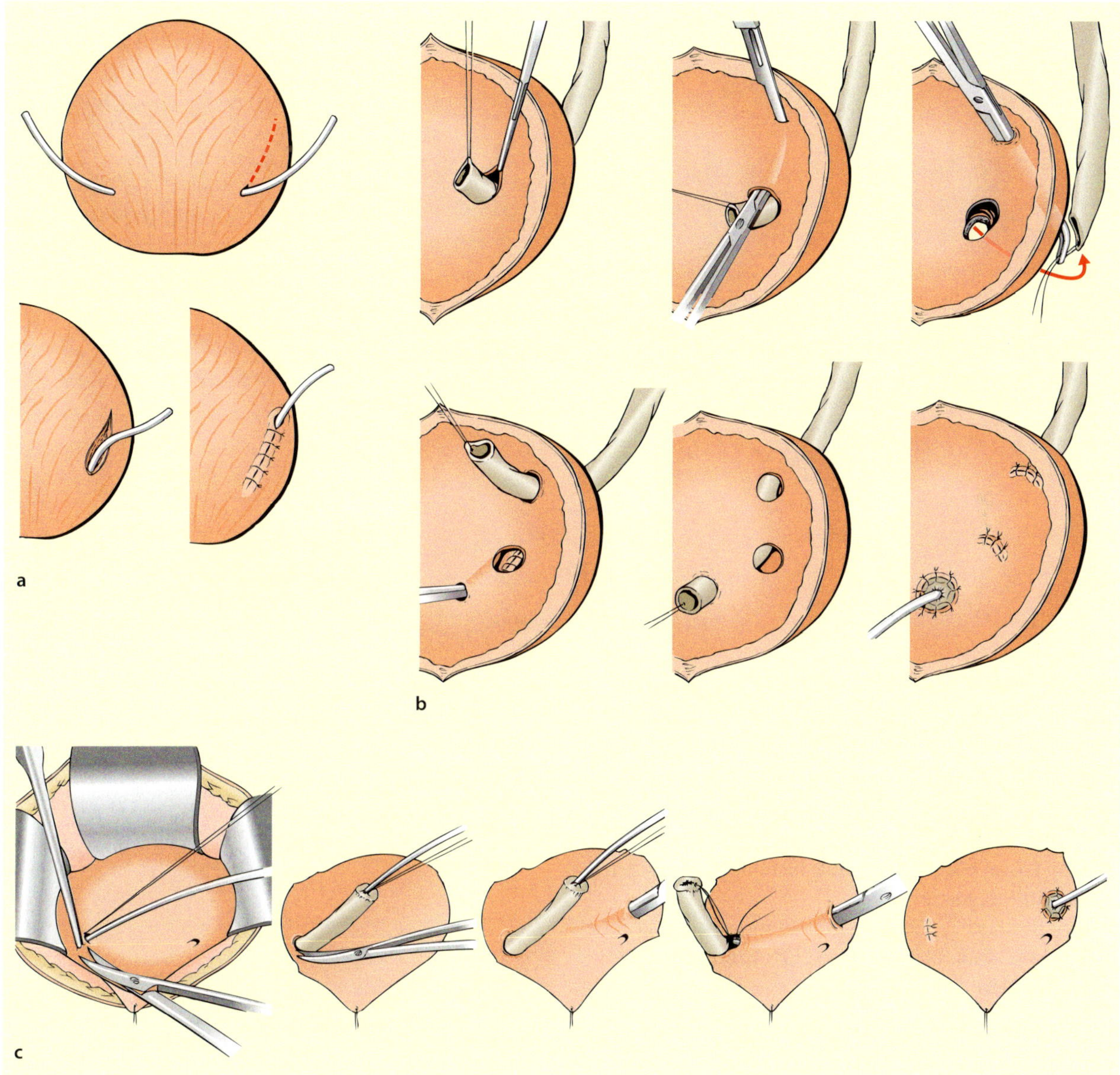

Abb. 9.70a–c Antirefluxplastiken. a Extravesikale Antirefluxplastik nach Lich-Grégoir (Kelalis et al. zit. nach Hautmann u. Huland 2001). b Transvesikale Antirefluxplastik nach Politano-Leadbetter (aus Hautmann und Huland 2001). c Transvesikale Antirefluxplastik nach Cohen (nach Glassberg et al. zit. nach Hautmann u. Huland H 2001)

9.5.10 Radikale Zystektomie

Indikation

- Muskelinfiltrierendes Blasenkarzinom, nachgewiesen durch transurethrale Biopsie.
  Voraussetzung: kein Lymphknotenbefall, guter Allgemeinzustand des Patienten.
  - Bei Blasenkarzinomen erfolgt zur Diagnostik (Stadium und Bösartigkeit des Tumors) und bei kleinen Herden auch als Therapie eine transurethrale Resektion (TUR, s. Abb. 9.71).
    Die Histologie muss getrennt nach Lokalisation aufgefangen werden.

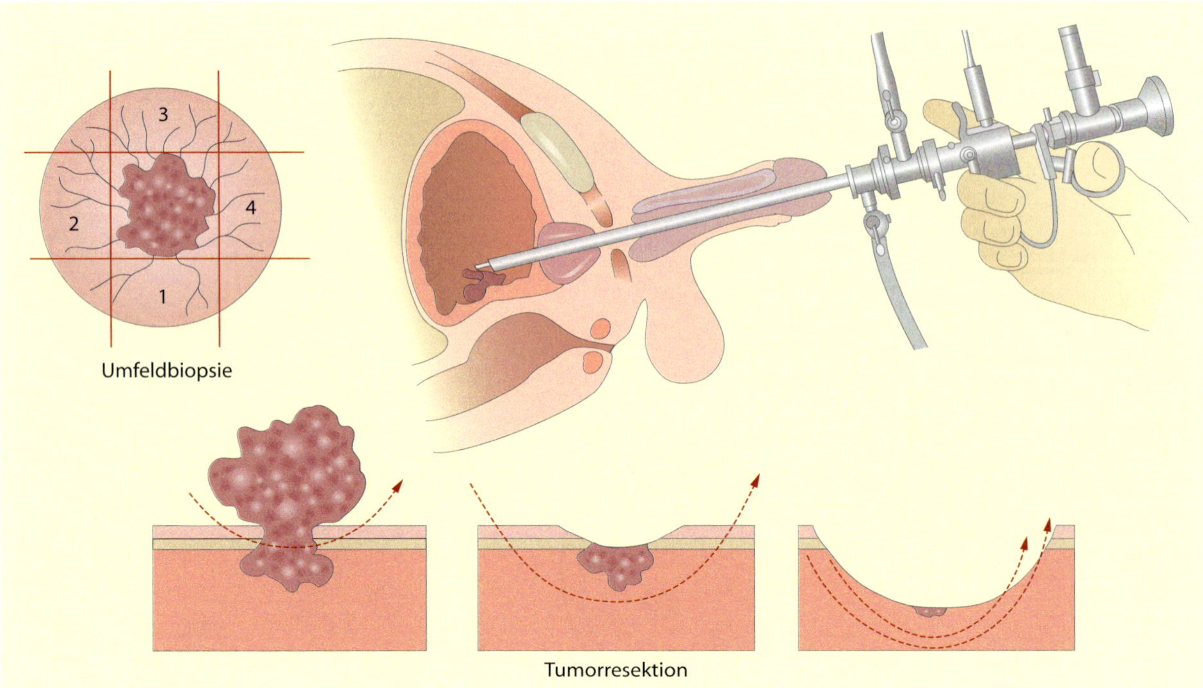

Abb. 9.71 Transurethrale Elektroresektion eines Blasentumors (TUR-B) mit Quadrantenbiopsie (Nach Sökeland 2000)

Prinzip

Beim Mann: Zystoprostatektomie (Abb. 9.72):

- Ausräumung der regionären Lymphknoten, parailiakal, Fossa obturatoria, mit histologischer Schnellschnittdiagnostik.
- Zystektomie, radikale Prostatektomie (s. 9.5.8); bei urethranahem Blasentumor: auch Urethrektomie.
- Harnableitung.

Bei der Frau: Vordere Beckenexenteration (Ausweidung):

- Ausräumung der regionären Lymphknoten, parailiakal, Fossa obturatoria, mit histologischer Schnellschnittdiagnostik.
- Zystektomie, Uterusexstirpation mit Tuben und vorderer Vaginalwand (s. 8.5.9), evtl. Urethrektomie.
- Anschließend: Harnableitung oder orthotope Neoblase.

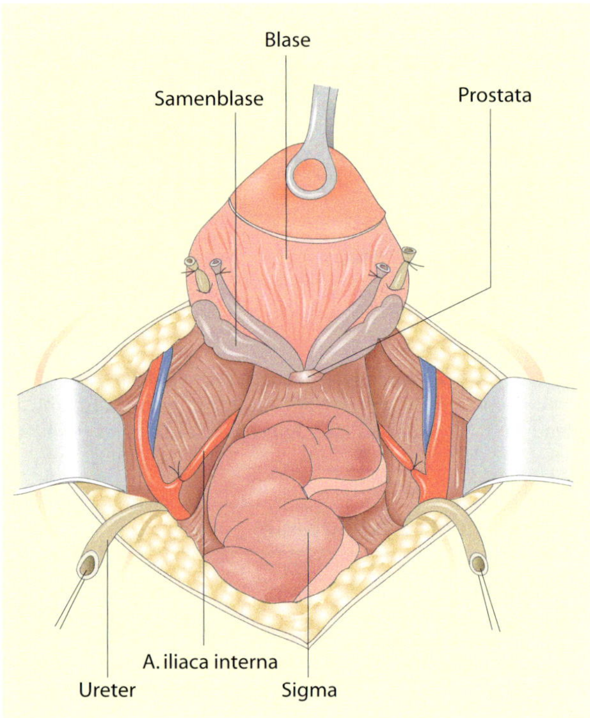

Abb. 9.72 Zystoprostatektomie. (Nach Sökeland 1990)

Instrumentarium

- Grundinstrumentarium und feine Instrumente,
- Laparotomieinstrumentarium für die Harnableitung (s. Kap. 2),
- Klammernahtinstrumente für die Harnableitung durch Neoblase (s. Kap. 2),
- Fassklemmen (Allis, Duval),
- tiefe Haken, Bauchrahmen,
- evtl. Clipzange, Gummizügel,
- Ureterschienen, Blasenkatheter (s. 9.3).

Lagerung

- Rückenlagerung.
- Steinschnittlagerung mit abgesenkten Beinen (s. 9.4.2).
- Anbringen der neutralen Elektrode nach Vorschrift.
- Bei Urethrektomie müssen die Beine abduziert werden.

Abdeckung

Hauseigen; Stoffwäsche wasserundurchlässig oder beschichtet.

Radikale Zystektomie

- ► Nach der Hautdesinfektion wird die Abdeckung vorgenommen und anschließend ein Blasenkatheter gelegt
- ► Unterbauchmittelschnitt mit Linksumschneidung des Nabels. Spaltung der vorderen Rektusscheide in Längsrichtung, Auseinanderdrängen der Rektusbäuche, Durchtrennen der hinteren Rektusscheide ohne Eröffnung des Peritoneums. Nach distal wird das Spatium retropubicum eröffnet (extraperitonealer Raum zwischen Harnblase und Bauchwand)
- ► Darstellen der Blase und Abschieben des Peritoneums nach kranial. Seitliche Präparation der Blase
- ► Beidseitige Lymphknotenentnahme im Bereich der Aa. iliacae und der Fossa obturatoria mit Overholt-Klemmen und evtl. Clipzange. Die Präparate müssen getrennt und korrekt beschriftet zur histologischen Schnellschnittuntersuchung gegeben werden. Besteht kein Lymphknotenbefall, wird die Operation wie geplant fortgesetzt
- ► In Höhe der Gefäßkreuzung werden die Ureteren dargestellt, mit einem Gummizügel angeschlungen und nach distal in Richtung Blase freipräpariert. Nach Legen von Haltefäden werden die Ureteren blasennah durchtrennt, nach distal ligiert und mit Splinten geschient. Es kann erforderlich werden, von den Ureterenstümpfen eine histologische Schnellschnittuntersuchung vorzunehmen
- ► Nun wird die Blase nach hinten mobilisiert und mit einer Fassklemme angehoben. Die oberen Blasenpfeiler, mit der A. vesicalis superior, werden schrittweise durchtrennt und ligiert
- ► Die Samenleiter stellen sich dar und werden ligiert. Entlang ihres Verlaufs können die Samenblasen aufgesucht werden. Diese werden vom Rektum gelöst
- ► Schrittweise werden die tiefen Blasenpfeiler, mit der A. vesicalis inferior, durchtrennt und ligiert
- ► (Bei den folgenden Schritten s. 9.5.8)
- ► Nun werden die puboprostatischen Bänder zwischen Klemmen durchtrennt und ligiert
- ► Prostatanahes Durchtrennen der Urethra; Anklemmen und Durchtrennen des Blasenkatheters; Vorlegen der Anastomosennähte
- ► Lösen der Prostata vom Rektum, Entfernung des Präparates
- ► Nach sorgfältiger Blutstillung wird eine Harnableitung/Harnumleitung oder eine orthotope Neoblase hergestellt

Möglichkeiten der »feuchten« Harnableitung/ Harnumleitung

(Ohne Schließmuskel.)

Ureterokutaneostomie

Prinzip

Hierbei wird der Ureter direkt in die Haut implantiert. Dieses Verfahren eignet sich nur als Palliativeingriff und wird kaum noch durchgeführt. Es ist technisch einfach; der Zeitaufwand ist gering. Ein wesentlicher *Nachteil* ist nicht nur der kosmetische Aspekt (Tragen eines Urinauffangsystems), sondern auch die erhöhte Stenoserate des Ureters im Haut-Schleimhaut-Bereich.

Ureterokutaneostomie

- ► Die geschienten Ureteren werden mobilisiert und nach kranial präpariert. Bei ausreichender Strecke werden sie zur Bauchwand geführt. Man kann einen Ureter End-zu-Seit in den zweiten implantieren und den Zweiten aus der Bauchdecke unilateral ausleiten (Abb. 9.73)
- ► Das Harnleiterende wird auf einer Strecke von 2–3 cm längs gespalten und mit einer Schiene (s. 9.3.4) zur seitlichen Bauchwand herausgeführt. Im Hautstoma wird ein dreieckiger Hautzipfel ausgeschnitten und in die Harnleiterinzision eingenäht. Dadurch soll die Tendenz zur Stenosebildung verringert werden. Versorgung durch Klebebeutel

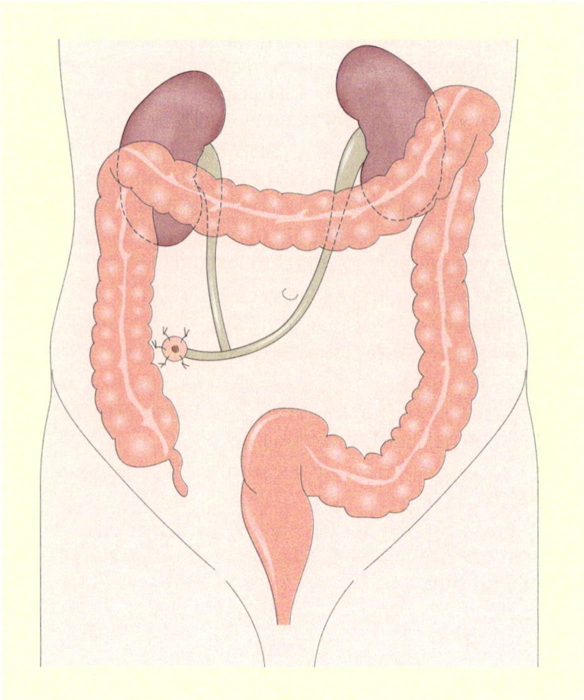

Abb. 9.73 Ureterokutaneostomie. (Nach Sigel 1993)

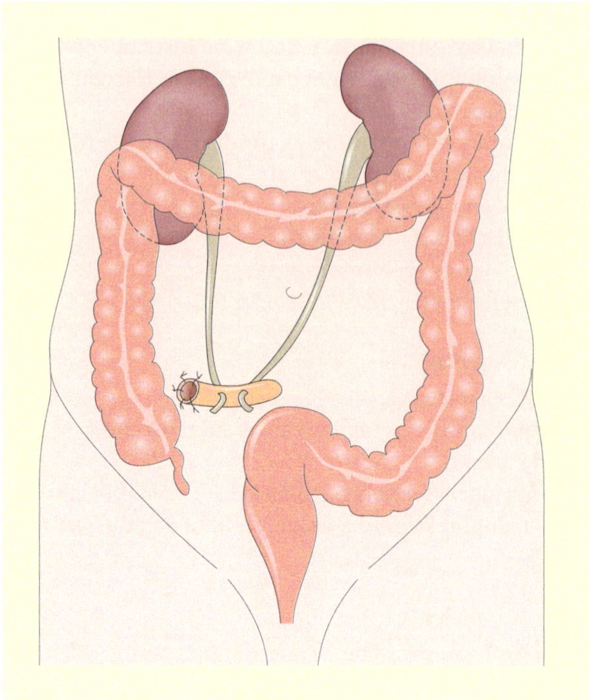

Abb. 9.74 Ileum-Conduit. (Nach Hofstetter u. Eisenberger 1986)

Ileum-Conduit (Bricker-Blase)

▪▪▪ Prinzip

Die Ureterokutaneostomie war mit verschiedenen operationstechnischen und versorgungstechnischen Problemen behaftet. Daher schaltete der Gynäkologe Bricker einen terminalen Ileumanteil aus und setzte ihn zwischen die Ureteren und die Haut (Abb. 9.74).

Ileum-Conduit

► Ein etwa 20–30 cm langes Dünndarmsegment wird 20 cm vor dem Dickdarm ausgeschaltet. Die Darmkontinuität wird durch End-zu-End-Anastomose wiederhergestellt; der Mesoschlitz verschlossen (s. Kap. 2)

► Zur Implantation der Ureteren in das ausgeschaltete Conduit gibt es verschiedene Techniken. Das distale Darmende wird, nach Exzision einer Öffnung, durch die Bauchwand ausgeleitet und dann an der Faszie und der Haut fixiert. Der Punkt der Ausleitung durch die Bauchdecken muss vor der Operation im Sitzen beim Patienten angezeichnet werden. Im Durchtrittsbereich des Dünndarms darf keine Bauchfalte liegen

► Nachteil dieses Verfahrens ist, dass der Patient ein Urinauffangsystem tragen muss. Im Vergleich zur Ureterokutaneostomie ist die Stenoserate geringer

Ureterosigmoideostomie

▪▪▪ Prinzip

- Bei der Ureterosigmoideostomie (HDI) werden die Ureteren im Bereich des Übergangs vom Sigma zum Rektum in den Darm implantiert. Dies geschieht in Antirefluxtechnik (s. 9.5.9).
- Der Urinabgang erfolgt über den Anusschließmuskel.
- Dieses Verfahren kann nur bei Patienten durchgeführt werden, die Flüssigkeit im Enddarm halten können und nicht unter einer Nierenfunktionsstörung leiden (Abb. 9.75a).

Ureterosigmoideostomie

► Aufsuchen des geeigneten Dickdarmanteils nahe dem Übergang vom Sigma ins Rektum (s. Kap. 2)

- Die geschienten und mobilisierten Ureteren werden von retroperitoneal spannungsfrei zum Mesokolon geführt. Der rechte Ureter muss dabei über die großen Gefäße retroperitoneal zum linken Unterbauch gebracht werden
- Zwischen Haltefäden wird der Darm in der Taenia libera mit der Diathermienadel längs eröffnet
- Die Harnleiter werden durch die Darmhinterwand in Antirefluxtechnik implantiert (s. 9.5.9). Dazu wird eine stumpfe, schmale, lange Klemme zweimal durch die hintere Darmwand und das Mesosigma zu den Harnleitern am Mesoansatz im Retroperitoneum geführt, um die Harnleiter an einem Haltefaden durch das Mesokolon in das Darmlumen zu ziehen. Tunnelbildung nach Politano-Leadbetter. Durchziehen unter der Darmschleimhaut. Die Harnleiterenden werden spatuliert und mit der Darmschleimhaut vernäht (s. Abb. 9.75b)
- Die Ureterensplinte werden über ein Darmrohr aus dem Anus geleitet und an der Haut fixiert. Ein weiches Darmrohr wird zusätzlich eingebracht und angenäht
- Zum Schluss wird der Darm manuell oder mit einem Klammernahtinstrument verschlossen. Einbringen einer Drainage im Unterbauch. Peritonealisierung der Wundhöhle so weit als möglich
- Kontrolle von Tüchern und Instrumenten. Dokumentation. Bauchdeckenverschluss mit evtl. Platzbauchnähten
- Anschließend erfolgt eine quere Vernähung der Darmeröffnung (Abb. 9.76)
- Herausführen der Splinte wie bei der HDI durch den After. Darmrohr. Weiteres wie bei der HDI

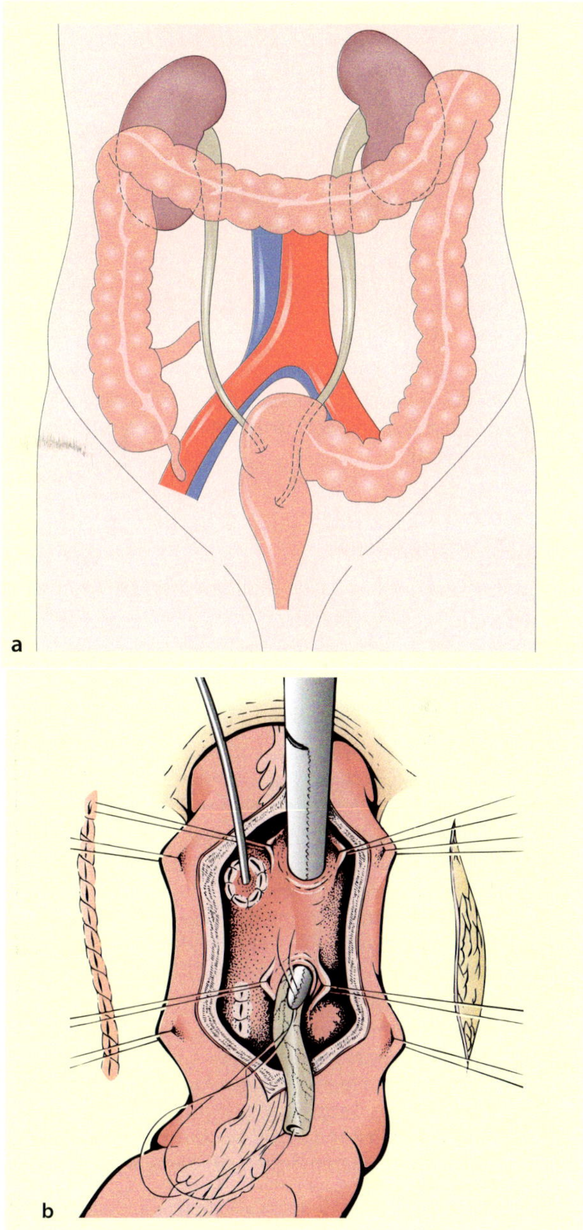

Abb. 9.75a,b Ureterosigmoideostomie. a Antirefluxive, submuköse Implantation der Harnleiter (aus Hofstetter u. Eisenberger 1986). b Anastomosierung der Harnleiter mit der Darmschleimhaut (aus Hautmann u. Huland 2001)

Mainz-Pouch II

Prinzip

Die Harnleiter werden in einen Darmanteil implantiert, der durch einen einfachen Eingriff – eine spezielle Pouchbildung – aus der direkten Stuhlpassage herausgenommen wird und sich in einem »Niederdruckbereich« befindet.

Mainz-Pouch II

- Nach der Blasenentfernung werden die Harnleiter retroperitoneal zum Ansatz des Mesokolons im Bereich des Übergangs vom Sigma zum Rektum herübergeführt
- Der Darm muss dann an der freien Tänie auf einer etwas längeren Strecke längs eröffnet werden
- Die Harnleiter müssen wie bei der klassischen Harnleiterdarmimplantation mit einem Tunnel (Antirefluxtechnik) unter der Mukosa eingepflanzt werden

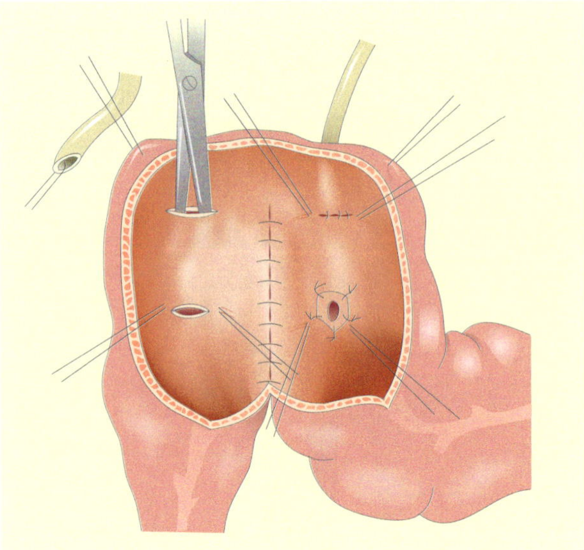

Abb. 9.76 Mainz Pouch II. Bildung eines Sigma-Rektum-Reservoirs, ohne Unterbrechung der Darmkontinuität (Aus Hohenfellner u. Wammack 1992)

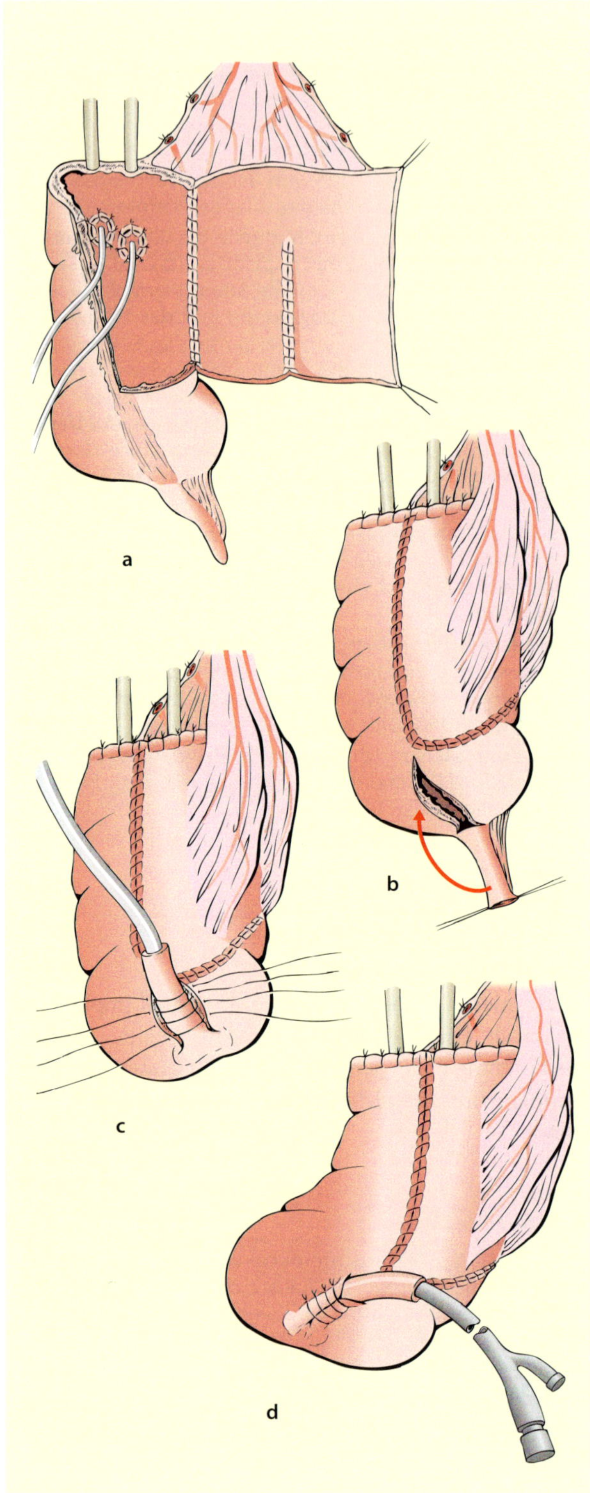

Kontinente Harnableitung

Bei diesem Verfahren müssen die Patienten ein Stoma intermittierend katheterisieren.

Ileozäkaler-Pouch (Mainz-Pouch I)

- Es werden etwa 12 cm Zäkum mit 2 Ileumschlingen ausgeschaltet und die Darmkontinuität wird wiederhergestellt (Vorgehen s. Kap. 2)
- Das Darmsegment wird auf seiner Gesamtlänge längs eröffnet (antimesenterial) und die korrespondierenden Darmanteile miteinander vernäht, sodass eine Platte entsteht. In diese Platte werden die Ureteren in Antirefluxtechnik (s. 9.5.9) implantiert (Abb. 9.77a)
- Es bestehen nun folgende Möglichkeiten:
  - ein Ventilmechanismus wird hergestellt, indem entweder die Appendix submukös in den Zäkalpol verlagert wird (s. Abb. 9.77b,c) oder
  - ein weiteres Darmsegment wird ausgeschaltet und anschließend in die Neoblase eingescheidet. Das freie Darmende wird dann an den Nabel angeschlossen

Vorteil dieses Verfahrens ist das gute kosmetische Ergebnis. Die Patienten katheterisieren sich mehrmals täglich und brauchen kein Urinauffangsystem zu tragen.

Orthotope Blasenersatzplastik

▪▪▪ Prinzip

Diese sog. Neoblase ist bei der Frau und beim Mann möglich, wenn der Tumor nicht zu nahe an der Harnröhre und am Sphincter externus liegt und diese entfernt werden mussten. Die antimesenteriale Längsinzision des Darmes mit W- oder M-förmiger Vernähung zu einer Platte führt zu einem absoluten »Nulldruckbeutel«.

Als Ersatzblase (Pouch) eignen sich:
- Ileum-Pouch,
- Zäkum-Ileum-Pouch,
- Sigma-Rektum-Pouch.

Auch hierbei werden die Ureteren in Antirefluxtechnik (▫ s. 9.5.9) in die Darmplatte implantiert. Die Urethra wird am tiefsten Punkt der Darmplatte anastomosiert und die Darmplatte zur Ersatzblase vernäht.

Ileum-Neoblase

▶ Mit Klammernahtinstrumenten wird ein 60–70 cm langes Dünndarmsegment ausgeschaltet. Es muss eine gute Gefäßversorgung besitzen. Die Darmkontinuität wird durch End-zu-End-Anastomose manuell oder mit einem Stapler wiederhergestellt. Verschluss des Mesoschlitzes (▫ s. Kap. 2)

▶ Antimesenterial wird das Darmsegment auf seiner Gesamtlänge längs eröffnet. Blutstillung (▫ Abb. 9.78a)

▶ Die Darmschlingen des Segments werden in M- oder W-Form aneinander gelegt und mit Situationsnähten festgehalten. Am tiefsten Punkt dieses Gebildes erfolgt die Darmeröffnung antimesenterial. Im breiteren Wandanteil wird eine Öffnung für die Harnröhrenanastomose angelegt (▫ s. Abb. 9.78b)

▶ Die nun aneinander liegenden Darmwände werden miteinander vernäht (3-0, resorbierbar oder Stapler), sodass eine Darmplatte entsteht

▶ Durch die zuvor vorbereitete Urethraöffnung wird der transurethrale Dauerkatheter gezogen und die Harnröhre näher gebracht (▫ Abb. 9.78c). Es erfolgt die Anastomose mit den bei der Zystektomie bereits vorgelegten Nähten (▫ s. Abb. 9.78d)

▶ Die geschienten und mobilisierten Ureteren werden von hinten in die Darmplatte mit verschiedenen Techniken eingebracht und mit oder ohne Antirefluxplastik implantiert

▶ Durch fortlaufende Naht wird die Darmplatte zu einer Neoblase (Ersatzblase) verschlossen

▶ Die seitlich aus der Neoblasenwand und suprapubisch durch die Haut ausgeleiteten Ureterensplinte werden dort mit einer Naht fixiert

◀

▫ Abb. 9.77a–d Kontinente Harnableitung (Mainz-Pouch-Nabelstoma) a Appendix als kontinentes Stoma: Inzision der Seromuskularis im Bereich der vorderen Tänie des Zäkums. b Die Darmschleimhaut liegt am Zäkum in einer 4–5 cm langen Rinne frei. c Appendix in der Schleimhautrinne eingelegt und Verschluss der Seromuskularis darüber, sodass eine submuköse Tunnelbildung der Appendix resultiert. d Implantation der Appendix in den Nabel als kontinentes Stoma. (Nach Riedmiller et al. zit. nach Hautmann u. Huland 2001)

9.5.11 Ureterfreilegung und Ureterotomie

▪▪▪ Indikation

- Ureterstein.
  - Die Indikation zur operativen Steinentfernung stellt sich heute sehr selten, da über endoskopische Maßnahmen wie die Ureterorenoskopie (▫ Abb. 9.79) und in einzelnen Bereichen durch die extrakorporale Stoßwellenlithotripsie (ESWL) und die perkutane Litholapaxie die meisten Steine zerstört und entfernt werden.
- Die operative Freilegung kommt in Frage bei:
  - Harnleitertumor,
  - Stenose,
  - Verletzungen.

▪▪▪ Zugang und Lagerung

- Der Zugang richtet sich nach dem Sitz der Harnleiterveränderung.
- Bei Steinen sollte präoperativ eine Röntgenkontrolle erfolgen.
  - Erkrankungen im oberen Drittel: Extraperitonaler Zugang in Seitenlagerung (▫ s. 9.4.1), durch einen lumbalen Schrägschnitt (▫ s. 9.5.12).
  - Erkrankungen im mittleren Drittel: Extraperitonealer Zugang in Rückenlagerung mit Anheben der entsprechenden Seite durch eine Polsterrolle; als Pararektalschnitt. Der Ureter befindet sich hier zwischen dem Peritoneum und der Psoasfaszie.

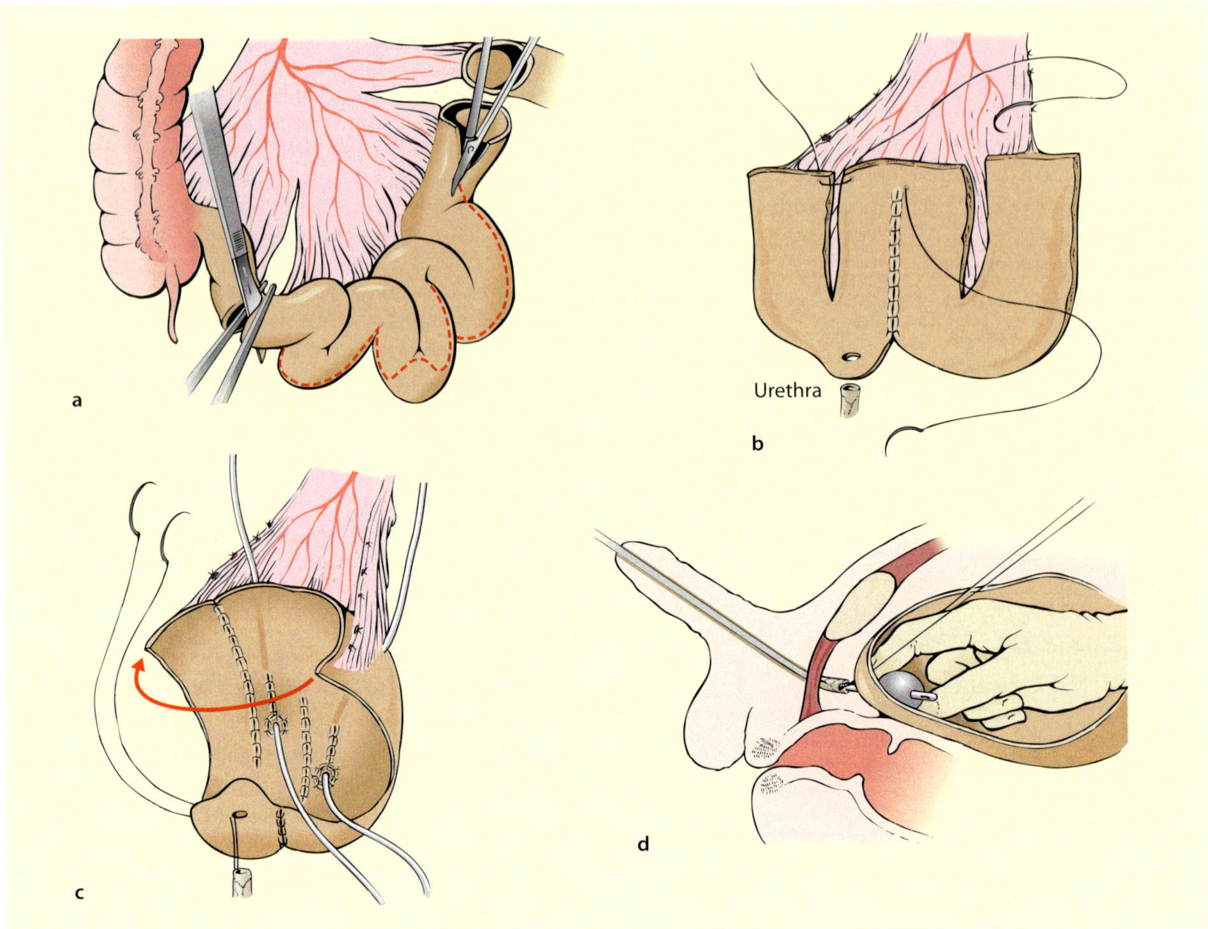

Abb. 9.78a–d Ileum-Neoblase. a Isolierung von 60–70 cm terminalem Ileum, antimesenteriale Detubularisierung, b W-förmige Lagerung, c, d Anastomose mit dem Harnröhrenstumpf. (Aus Hautmann u. Huland 2001)

  - Erkrankungen im unteren Drittel:
    Extraperitonealer Zugang in Rückenlagerung über einen Pararektalschnitt oder Parainguinalschnitt. Hier ist der Ureter am besten in Höhe der Iliakalgefäße zu finden und von dort aus nach distal zu präparieren.
- Anbringen der neutralen Elektrode am Oberschenkel.

Instrumentarium

- Grundinstrumentarium, je nach Zugang tiefe Haken, Sperrer nach Balfour oder Finocchietto (s. 4.2.1).
- Steininstrumentarium (s. 9.2.4): Biegsame Steinhebel, Knopfsonden, Steinfasszangen, biegsame Steinlöffel, Lurz-Klemme (weiche Klemme, Form einer Satinsky-Klemme ohne Zahnung. Der Stein wird zwischen den Klemmenbranchen gefasst.) oder atraumatische Klemme.
- Feines Skalpell, Pott-Schere, Dissektor (s. 4.2.1).
- Schienungssplint, wenn die Ureterwand entzündlich und brüchig verändert ist und bei End-zu-Endanastomose (s. 9.3.4).
- Ein Blasenkatheter wird gelegt, um den Reflux in die Niere zu verhindern.
- Gummizügel.
- Spülkatheter (Pflaumer) mit warmer Spüllösung oder eine Knopfkanüle mit Spritze.
- Röntgenkontrolle bei Steinverdacht. Bildwandler und Strahlenschutz (s. 9.4.3)

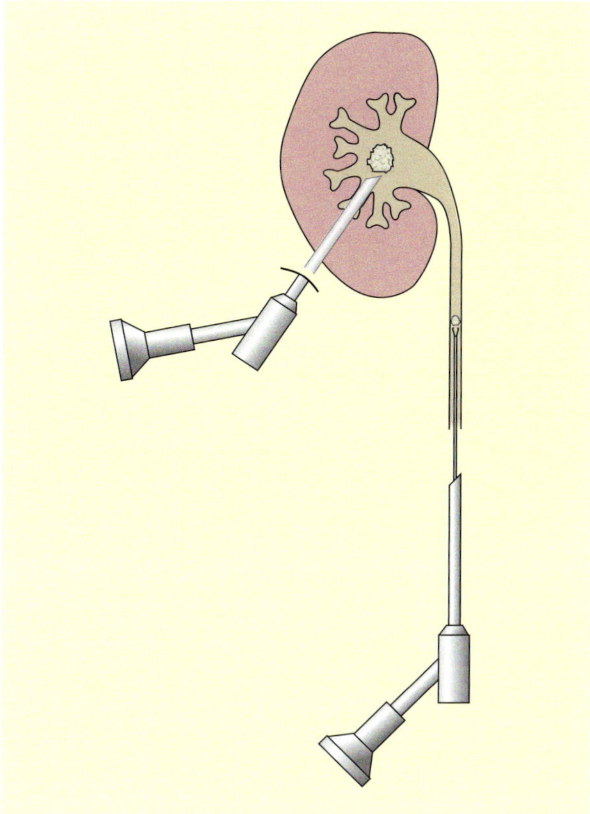

■ Abb. 9.79 Perkutane Nephrolitholapaxie und ureteroskopische Steinextraktion. (Aus Hautmann u. Huland 2001)

Abdeckung

Hauseigen; Stoffwäsche wasserundurchlässig oder beschichtet.

Ureterotomie

- Je nach Lokalisation der pathologischen Veränderung erfolgt ein entsprechender Zugang (■ s. oben). Das Peritoneum wird vorsichtig stumpf abgeschoben
- Darstellung des Ureters und Aufsuchen des Steines oder Tumors. Sie sind daran zu erkennen, dass der Harnleiter gewölbt ist und im proximalen Anteil eine Erweiterung besteht. Seine Umgebung ist in diesem Bereich ödematös verändert; es können Verwachsungen bestehen. Der Ureter muss vorsichtig präpariert werden, um die begleitenden Gefäße zu schonen
- Der Ureter wird mit Gummizügeln angeschlungen oder die Lurz-Klemme gesetzt
- Mit dem feinen Skalpell erfolgt zwischen 2 Haltefäden längs die Ureterotomie
- Mit Hilfe des Steininstrumentariums und des Disektors wird ein Stein herausgeholt
- Anschließend wird der Ureter nach proximal und distal mit einem Spülkatheter durchgespült
- Verschluss der Ureterotomie mit feinem resorbierbarem Nahtmaterial in Einzelknopfnaht. Wichtig ist, dass die Nähte nur die Adventitia (und Muskularis) fassen
- Bei Tumoren muss ein Harnleiteranteil (Tumorbasis) reseziert werden. End-zu-End-Anastomose (■ Abb. 9.80)
- Tücher und Instrumente zählen (Dokumentation)
- Einlegen einer retroperitonealen Langrohrdrainage, anschließender schichtweiser Wundverschluss

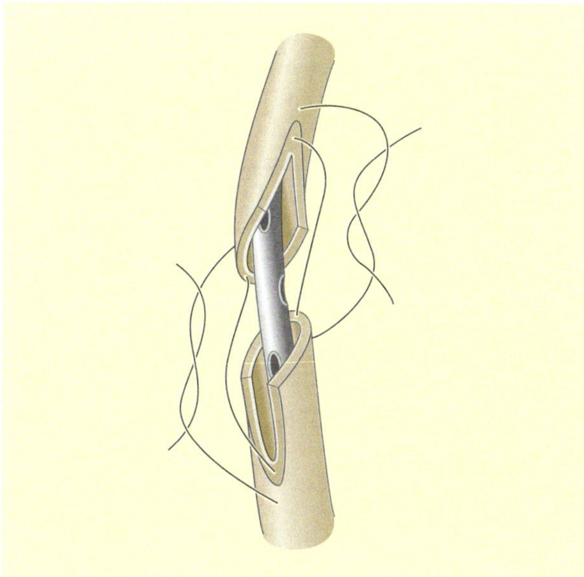

■ Abb. 9.80 Spatulierte End-zu End-Ureteranastomose zur Rekonstruktion kurzstreckiger Läsionen. (Aus Thüroff 1994)

9.5.12 Eingriffe an der Niere und am Nierenbecken

Zugänge

Flankenschnitt nach Bergmann-Israel (Abb. 9.81).

- Seitenlagerung (s. Abb. 9.46).
- Die Schnittführung erfolgt unterhalb der 12. Rippe und zieht schräg zum M. rectus abdominis.
- Quer verlaufende Durchtrennung der Mm. obliquus externus und obliquus internus.
- Spalten der Fascia transversalis bzw. thoracolumbalis, ohne das Peritoneum zu verletzen.
- Nach Eröffnung der Nierenfettkapsel (Gerota) liegt die Niere frei.

Dieser Zugang ist Narbenhernien gefährdet.

Lumbodorsalschnitt nach Lurz (Abb. 9.82).

- Seitenlagerung (s. Abb. 9.46), Bauchlagerung.
- Dieser Zugang ist muskelschonender als der Flankenschnitt, aber weniger gut erweiterungsfähig.
- Ungeeignet für obere Polveränderungen.
- Die Schnittführung verläuft unterhalb der 12. Rippe, jedoch weiter dorsal und zieht Richtung Beckenkamm.
- Durchtrennt werden Anteile der Mm. latissimus dorsi und quadratus lumborum; die schräge Bauchmuskulatur bleibt intakt.

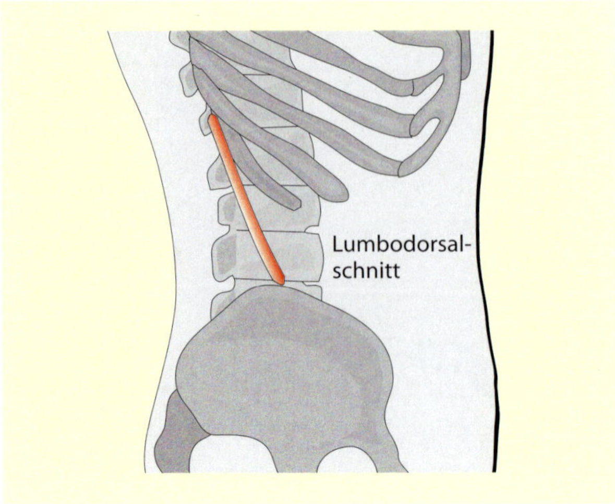

Abb. 9.82 Lumbodorsalschnitt nach Lurz

Interkostalschnitt (Abb. 9.83).

- Seitenlagerung (s. Abb. 9.46).
- Die Schnittführung erfolgt im 11. Interkostalraum und lässt sich gut erweitern.
- Durchtrennung der Zwischenrippenmuskulatur sowie des dorsalen Aufhängebandes. Pleura nicht eröffnen.

Bei einem Urothelkarzinom der oberen Harnwege muss der Ureter blasennah abgesetzt werden. Das erfordert ein

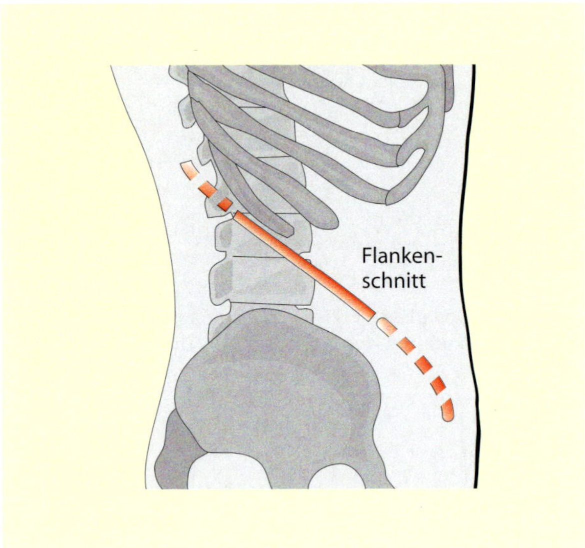

Abb. 9.81 Flanken-/Lumbaler Schrägschnitt

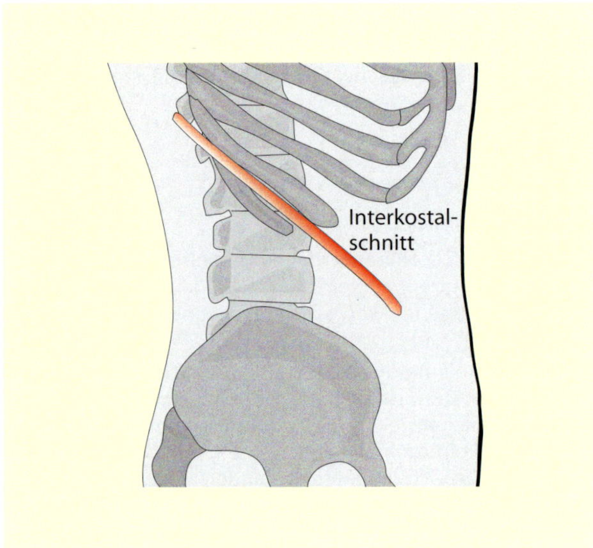

Abb. 9.83 Interkostalschnitt

9

intraoperatives Umlagern. Der zweite Zugang erfolgt dann ebenfalls retroperitoneal über einen Pararektal- oder Suprainguinalschnitt.

Transperitonealer oder abdomineller Zugang.
- Rückenlagerung.
- Dieser Zugang erfolgt bei größeren Nierentumoren, insbesondere beim Nierenzellkarzinom (Hypernephrom).

Thorakoabdominaler Zugang.
- Eventuell bei größeren Tumoren am oberen Pol.

Nierenbeckenplastiken

- Nach Andersen-Hynes (Entfernen des fehlangelegten Harnleiteranteils).
- Lappenplastik für längere Strikturen nach Culp-de-Weerd-Scardino (s. Abb. 9.85).
- Endoskopische transrenale oder ureterorenoskopische Inzision der Enge.

Operation

Prinzip

- Freilegung des Harnleiterabgangs aus dem Nierenbecken.
- Versorgung abweichender (aberrierender) Gefäße, Verlagerung.
- Absetzen des Ureters.
- Verkleinerung des zu großen Nierenbeckens.
- Längerstreckige Anastomose zwischen Pyelon und Ureter, mit oder ohne Nephrostomiekatheter, Splint oder Doppel-J-Schiene (s. 9.3.4).
- Resektion des fehlangelegten subpelvinen Harnleiteranteils.

Indikation

Angeborene oder erworbene Ureterabgangsstenose mit entsprechender Abflussbehinderung.

Instrumentarium

- Grundinstrumentarium.
- Nierenzusatzinstrumentarium (s. 9.2.1): zusätzlich tiefe Haken, Sperrer nach Balfour oder Finocchietto (s. 4.2), atraumatische Pinzetten, Duval-, Allis-Klemmen, Winkelschere, Lid-(Venen-)haken.
- Gummizügel.
- Eventuell Elsässer-Klemme (s. Abb. 9.11), eine stark gebogene Klemme, mit der ein Nephrostomiekatheter durch die Kelchgruppe, das Nierengewebe und Kapsel ausgeleitet werden kann. Annaht des Katheters an der Kapsel.
- Doppel-J-Schiene (s. 9.3.4–9.3.5) oder Nephrostomiekatheter mit Ureterschiene. Letzterer besitzt einen dünnen Anteil für die Ureterschienung und einen dicken für die Nephrostomie. Er soll die Anastomose entlasten und den Urinaustritt in die Weichteile verhindern.

Lagerung

Seitenlagerung (s. 9.4.1).

Abdeckung

- Hauseigen; Stoffwäsche wasserundurchlässig oder beschichtet.
- Geeignet sind seitlich angebrachte wasserdichte Klebefolien, -tücher.

Zugang

Interkostal- oder Flankenschnitt (s. Zugänge, s. Abb. 9.81 und 9.83).

Nierenbeckenplastik nach Andersen-Hynes

► Nach der Hautdesinfektion und dem Abdecken erfolgt der Hautschnitt entweder als Interkostal- oder Flankenschnitt

► Laterales Eröffnen der Gerota-Faszie

► Befreien der Nierenrückseite von der Fettkapsel und Aufsuchen des Ureters. Dieser wird mit einem Gummizügel angeschlungen. Entlang des Harnleiters erfolgt die weitere Präparation des Nierenbeckens bis zum Parenchymbeginn

► Aberrierende Gefäße am Übergang vom Nierenbecken zum Ureter werden angeschlungen. Diese Gefäße können den Ureter einschnüren und zu Abflussstörungen führen. Bei sofortiger Ligatur besteht die Gefahr, dass es an einem der Nierenpole zur Minderdurchblutung kommt. Verlagerung von Polgefäßen oder Ureter anstreben

► Ist das Nierenbecken freipräpariert, wird der Resektionsbereich mit Haltefäden markiert. Es erfolgt die bogenförmige Teilresektion des Nierenbeckens mit genügend Abstand zum Nierenparenchym. Dazu kann eine stark gekrümmte Schere hilfreich sein. Absetzen des Harnleiters unter der Stenose. Anlegen von Haltefäden (Abb. 9.84a)

► Der Ureter wird auf ca. 2 cm längs inzidiert (spatuliert), um eine längerstreckige Anastomose zwischen Harnleiter und Nierenbecken zu erzielen (s. Abb. 9.84b)

- Einlegen der Doppel-J-Schiene oder des Nephrostomiekatheters, indem transrenal durch die untere oder mittlere Kelchgruppe mit einer Klemme (z. B. Elsässer-Klemme) das eine Ende perkutan ausgeleitet und nach distal der Ureter geschient wird. Es kann auch ein langer Splint aus dem Harnleiter durch den Nierenbeckenrest und die Haut nach außen geführt werden
- Fortlaufender Verschluss des Nierenbeckens bis zum Anastomosenbereich mit dem Ureter (Nahtmaterial resorbierbar, 4–0). Die Anastomose wird am tiefsten Punkt des Nierenbeckens langstreckig mit Einzelnähten angelegt (s. Abb. 9.84b)
- Wichtig ist, dass die Anastomose gut mit der Nierenfettkapsel gedeckt wird, um narbige Verwachsungen zu vermeiden
- Einlegen einer Langrohrdrainage, Schiene herausleiten
- Tücher und Instrumente zählen (Dokumentation)
- Aufheben der stark abgeknickten Lagerung
- Schichtweiser Wundverschluss, Fixieren der Drainage

Lappenplastik (Culp-de-Weerd-Scardino)

Diese Art der Lappenplastik wird zur Überbrückung einer längeren Enge durchgeführt. Das operative Prinzip besteht in der Längsspaltung der Stenose, in der Bildung eines Lappens aus dem zu großen Nierenbecken und im Einnähen in die Stenose (Abb. 9.85).

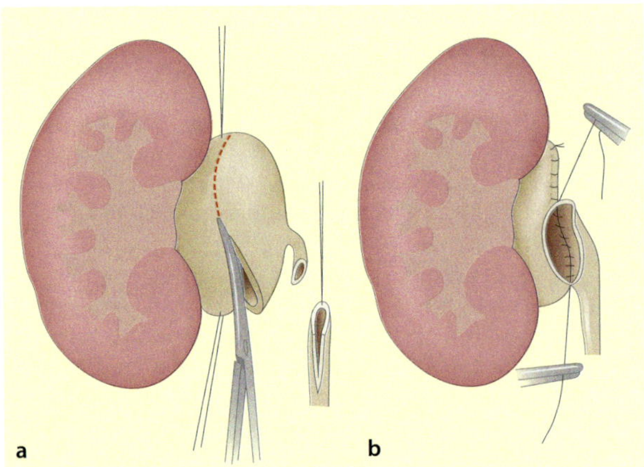

Abb. 9.84a,b Nierenbeckenplastik. a Teilresektion des Nierenbeckens . b Anastomosierung des Ureters mit dem Nierenbecken nach Resektion der Enge. (Nach Alken u. Sökeland 1982)

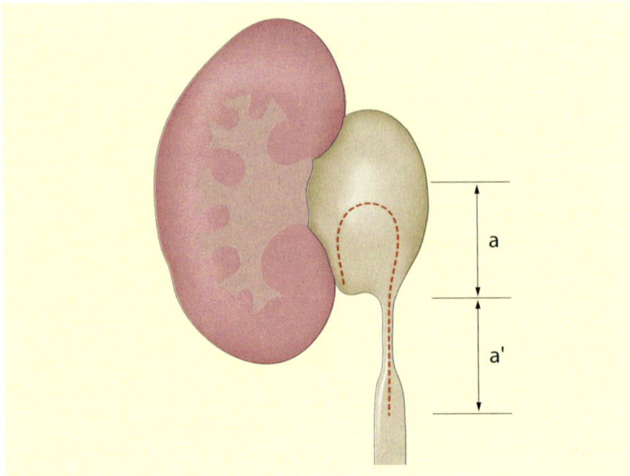

Abb. 9.85 Lappenplastik zur Überbrückung einer längeren Enge nach Culp-de-Weerd-Scardino. Der Lappen, dem rechtwinkligen Nierenbecken angepasst, wird heruntergezogen und in den spatulierten Ureter positioniert

Nierenpol- oder Nierenteilresektion

Prinzip

Entfernung eines begrenzten Nierenanteils.

Indikationen

- Funktionsloser Anteil einer Doppelniere (s. Abb. 9.86),
- Enukleation kleiner, maligner Tumoren (<3 cm),
- gutartiger Nierentumor,
- maligner Nierentumor bei einer Einzelniere,
- Nierentrauma,
- abgekapselte tuberkulöse Prozesse.

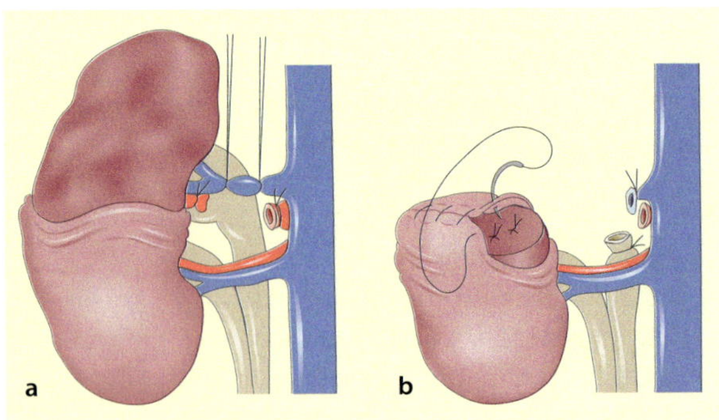

Abb. 9.86 Nierenteilresektion bei Doppelniere. a Längsspaltung und stumpfes Abschieben der fibrösen Kapsel; b Verschluss des eröffneten Hohlsystems und Unterbindung des Ureters (Nach Alken u. Walz 1992)

Instrumentarium

- Grundinstrumentarium.
- Nierenzusatzinstrumentarium (s. 9.2.1): zusätzlich tiefe Haken, Sperrer nach Balfour oder Finocchietto (s. 4.2), Duval- und Allisklemmen.
- Gummizügel.
- Fibrinkleber.

Lagerung

Seitenlagerung (s. 9.4.1).

Abdeckung

- Hauseigen; Stoffwäsche wasserundurchlässig oder beschichtet.
- Geeignet sind seitlich angebrachte wasserdichte Klebetücher.

Zugang

Interkostal- oder Flankenschnitt (s. 9.5.12).

Nierenpol- oder Nierenteilresektion

► Befreien der Niere von der Fettkapsel und Aufsuchen des Ureters. Dieser wird mit einem Gummizügel angeschlungen

► Isolierung des Nierenstiels, Zügelung der Arterie, um sie zur Resektion mit einem Tourniquet temporär abzuklemmen und bei einer starken Parenchymblutung schnell eine Blutleere schaffen zu können. *Tourniquet* (Drehkreuz, eine schonende Form der Gefäßabklemmung ohne Gefäßklemme. Über ein Halteband wird ein kurzes Gummirohr geschoben, angezogen und mit einer Péan-Klemme gehalten)

► Das Nierenbecken kann nach kaudal oder kranial freipräpariert werden, um es bei der Resektion nicht zu beschädigen

► Eventuell Abklemmen des jeweiligen Polgefäßes und der aberrierenden Gefäße mit einer geeigneten Gefäßklemme und spätere Ligatur. Rasch verfärbt sich das zu resezierende Nierenareal

► Längsspaltung der fibrösen Kapsel über dem Polrand. Stumpfes Abschieben der Kapsel vom Parenchym (Abb. 9.86a)

► Soll die Blutzufuhr vollständig unterbrochen werden, wird eine Gefäßklemme oder ein Tourniquet an die Arterie gesetzt. Da die Nierenarterien Endarterien sind, darf die Abklemmzeit 15 min nicht überschreiten, sonst muss die Niere mit Eis umlegt werden. Eventuell manuelle Kompression mit Daumen und Zeigefinger oder Nierenhaltezange

► Es folgt die keilförmige oder gerade Resektion des Nierenpoles bis auf Kelchhöhe mit dem Skalpell

► Gefäßlumina werden umstochen (4–0, resorbierbar), die Hilusklemme wird entfernt. Weitere Blutungen werden sorgfältig gestillt

► Verschluss des eröffneten Hohlsystems bzw. Kelchhalses.

► Bei Doppelniere auch Unterbindung des Ureters (s. Abb. 9.86b)

► Durchgreifende Parenchymnähte müssen nicht routinemäßig gelegt werden, da sie das Nierengewebe zusätzlich schädigen. Fibrinkleber und Aufkleben der Kapsel

► Längsnaht (4–0) der restlichen Nierenkapsel über der Resektionsstelle

► Naht der Nierenfettkapsel

► Tücher und Instrumente zählen (Dokumentation)

► Einlegen einer Langrohrdrainage, Aufheben der extremen Lagerung, schichtweiser Wundverschluss

Nephrektomie

Indikationen

- Funktionslose Niere bei entzündlichen Prozessen, unspezifisch oder spezifisch.
- Bei malignen Tumoren werden die Fettkapsel und die regionalen Lymphknoten mit entfernt.
- Fehlbildungen mit Funktionseinschränkung oder -ausfall, z. B. dysplastische Niere.
- Schwere traumatische Nierenrupturen.
- Schrumpfnieren mit Komplikationen wie Hypertonus.

Instrumentarium

- Grundinstrumentarium,
- Laparotomieinstrumentarium bei transperitonealem Zugang (s. Kap. 2),
- tiefe Haken, Duval- und Allis-Klemmen,
- Nierenzusatzinstrumentarium (s. 9.2.1),
- Gummizügel,
- evtl. Thoraxdrainage (s. 1.7) bei abdominothorakalem Eingriff,
- Clipzange bei Lymphknotenausräumung und Nebennierenentfernung.

Lagerung

- Seitenlagerung bei gutartigen Erkrankungen (s. 9.4.1).
- Rückenlagerung bei einem transperitonealen Zugang.

Abdeckung

- Hauseigen; Stoffwäsche wasserundurchlässig oder beschichtet.
- Geeignet sind seitlich angebrachte wasserdichte Klebetücher.

Zugang

- Interkostal- oder Flankenschnitt.
- Transperitonealer Zugang bei größeren, malignen Nierentumoren, schweren Nierentraumen.
- *Laparoskopisch.*

Einfache Nephrektomie

Prinzip

Entfernung der Niere unter Belassung der Nebenniere und Fettkapsel (Abb. 9.87).

Einfache Nephrektomie

- ▶ Befreien der Niere von der Fettkapsel und Aufsuchen des Ureters, der mit einem Gummizügel angeschlungen wird. Der obere Nierenpol wird freigelegt ohne dabei die Nebenniere zu verletzen. Sie kann meist stumpf abgeschoben werden. Auf evtl. abweichende Gefäße muss geachtet werden, da hier Blutungen ausgelöst werden können. Sie werden ligiert und durchtrennt
- ▶ Darstellung des Nierenhilus, um die Nierengefäße als erstes unterbinden zu können
- ▶ Zunächst trifft man auf die V. renalis, dann auf die dahinter, etwas oberhalb der Vene verlaufende A. renalis. Letztere wird mit Overholt-Klemme freipräpariert (Nierenstiel- oder Gefäßklemme). Nun erfolgt die doppelte Ligatur zur Aorta hin und einfach zur Niere, desgleichen bei der Vene. Durchtrennung der Gefäße
- ▶ Die Niere hängt nur noch am Ureter, der möglichst weit distal ligiert und durchtrennt wird
- ▶ Blutstillung. Tücher und Instrumente zählen (Dokumentation)
- ▶ Einlegen einer retroperitonealen Drainage, Aufheben der extremen Lagerung, schichtweiser Wundverschluss

Ureteronephrektomie

Eine Ureteronephrektomie wird bei einem Nierenbeckenkarzinom (Urothelkarzinom) vorgenommen. Hierbei werden die Niere und der Ureter mitsamt einer Blasenmanschette entfernt, desgleichen die zugehörigen Lymphknoten. Dabei wird in stabiler Seitenlage die Niere abgesetzt und der Ureter so weit wie möglich nach unten präpariert. Es folgen eine Umlagerung und die Entfernung des distalen Ureters mit Blasenmanschette über einen Pararektalschnitt.

Radikale Nephrektomie bei Nierentumor

Prinzip

Entfernung der erkrankten Niere, der Fettkapsel, der Nebenniere (nicht grundsätzlich, aber immer bei Tumoren in der oberen Polregion) und der regionären, paraaortalen bzw. parakavalen Lymphknoten (Abb. 9.88). Die Gefäße werden vor der Eröffnung der Nierenloge unterbunden, um eine Aussaat von Tumorzellen zu verhindern.

Zugang

Transperitonealer Zugang bei malignen Nierentumoren.

Dieser Zugang wird gewählt, um vor jeglicher Manipulation an der Niere frühzeitig die Nierengefäße abklemmen und unterbinden zu können. Damit soll eine hämatogene Tumorzellstreuung verhindert werden!

Radikale Nephrektomie

- ▶ Medianschnitt, Transrektalschnitt. Laparotomie vom Xyphoid bis unterhalb des Nabels
- ▶ Aufsuchen der Nierenarterie transperitoneal links und rechts nach Herunterpräparieren der rechten Kolonflexur. Wie oben beschrieben, werden die Nierengefäße mit einer Overholt-Klemme unterfahren, ligiert und durchtrennt
- ▶ Das tangentiale Abklemmen der V. cava mit einer Satinsky-Klemme (s. Abb. 4.28) kann notwendig werden, wenn ein Tumoranteil in das Gefäß eingewachsen ist. Dies ist meist bei rechtsseitiger Nephrektomie der Fall. Bei Entfernung einer linken Tumorniere wird die V. testicularis (spermatica) bzw. die V. ovarica ebenfalls ligiert, da diese in die V. renalis mündet
- ▶ Möglichst stumpfes Lösen der Niere mit der Fettkapsel, Versorgung der aberrierenden Gefäße. Der Ureter wird unterbunden und durchtrennt. Die Niere mit Fettkapsel soll dann en bloc entfernt werden
- ▶ Es erfolgt die regionäre Lymphknotenausräumung
- ▶ Eventuell Präparation und Entfernen der Nebenniere. Hier kann der Einsatz einer Clipzange von Vorteil sein, da die Nebenniere sehr feine Gefäßverzweigungen besitzt
- ▶ Kontrolle der Tücher und der Instrumente. Dokumentation. Drainage. Schichtweiser Wundverschluss

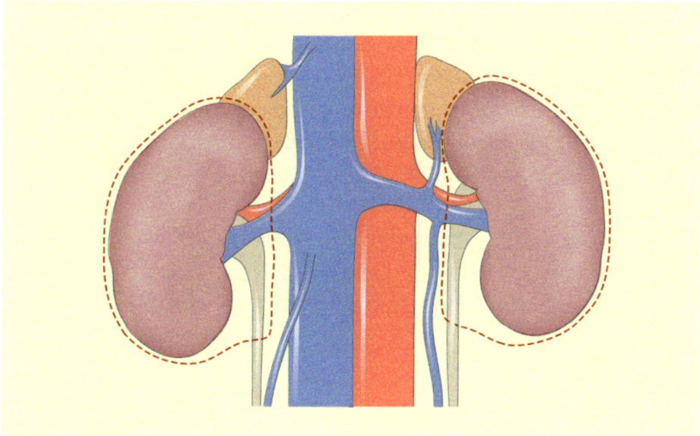

Abb. 9.87 Einfache Neprektomie, *(gestrichelt)* Resektionsgrenzen. (Nach Alken u. Walz 1992)

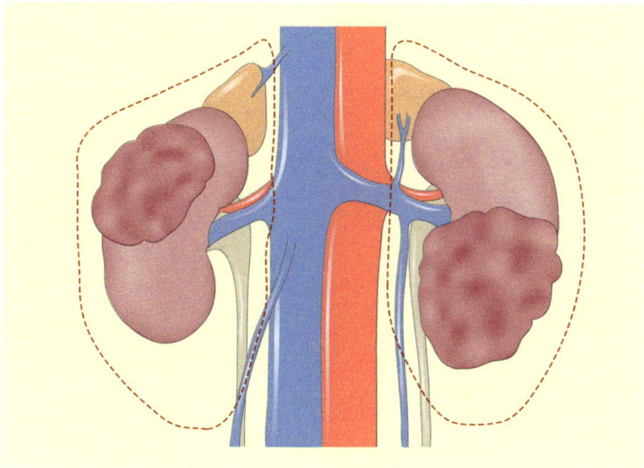

Abb. 9.88 Radikale Nephrektomie. *(gestrichelt)* Resektionsgrenzen. (Nach Alken u. Walz 1992)

Tumorzapfen in der V. cava

► Je nach Ausdehnung des Tumoranteils in der V. cava muss diese vorsichtig ventral freigelegt werden. Zur Unterbrechung des Blutstromes wird in Höhe des unteren Nierenpoles und oberhalb des Thrombus ein Tourniquet (s. o. Nierenpolresektion) angebracht. Auch der Blutzufluss von der anderen Niere wird durch einen Tourniquet blockiert

► Nach Schließen der Tourniquets wird die V. cava zwischen Haltefäden längs eröffnet. Entfernen des Tumors, Spülen der V. cava und setzen einer Satinsky-Klemme über die Längseröffnung. Danach wird der obere Tourniquet geöffnet und der Blutstrom der Gegenniere freigegeben. Fortlaufende Gefäßnaht der V. cava. Entfernen der Gefäßklemme und des unteren Tourniquet. Blutstillung

9.5.13 Harninkontinenz der Frau (Stressinkontinenz)

Ursachen

Beckenbodensenkung durch Geburten und Alterungsvorgänge in Muskulatur und Faszien.

Diagnostik

- Körperliche Untersuchung.
- Urodynamische Druckmessungen in Blase und Urethra.
- Röntgendarstellung der Blasen- und Harnröhrensenkung im Liegen und im Stehen.

Therapie

- Zügelplastiken,
- Suspensionsplastik nach Burch,
- (Suspension entsprechend Stamey u. a.).

Zügelplastiken

- Kunststoffband (TVT, s. auch Kap. 8),
- Faszienzügel nach Narik.

Prinzip

Verhinderung des krankhaften Absinkens der Harnröhre.

Instrumentarium

- Grundinstrumentarium,
- Scheidenspekula (s. Kap. 8),
- Blasenkatheter,
- Spüllösung für Zystoskopie, Zystoskop.
- TVT-Set.

Lagerung

- Steinschnittlagerung mit hochgestellten Beinen (s. Abb. 8.9),
- HF-Elektrode am Oberschenkel.

Desinfektion

Unterbauch, Oberschenkel, Damm, Scheide.

Abdeckung

- Hauseigen, Stoffwäsche wasserundurchlässig oder beschichtet.
- Hierbei vaginale und gleichzeitig abdominale Abdeckung.
- *Beispiel:* wasserdichtes Tuch unter das Gesäß separate Abdeckung der Beine mit »Beinlingen«; obere Abdeckung zur Anästhesie, in Nabelhöhe beginnend; Seitentücher.

Zugang

- Kleine Schnitte suprapubisch am Tuberculum pubicum rechts und links.
- Vaginale Inzision.

TVT-Zügel nach Ulmsten

▶ Eventuell als minimal-invasiver Eingriff in Lokalanästhesie

▶ Kleine Hautschnitte suprapubisch mit Darstellen der Faszie

▶ Dann wird die vordere Scheidenwand eingestellt und am Übergang vom kranialen zum mittleren Harnröhrendrittel auf etwa 4 cm eröffnet. Unter Schonung der Urethra erfolgt dann rechts und links die Freilegung und Eröffnung des Beckenbodens in einem engen Bereich. Hier werden anschließend die gebogenen Führungssonden des TVT-Bandes unter Knochenkontakt hinter dem Schambein nach oben geführt. Dies geschieht in Richtung auf die anfangs gelegten Hautinzionen. Die Sonden lassen sich dann mit dem Band nach oben herausführen und werden abgetrennt. Die Plastikhülle des Bandes wird erst jetzt entfernt. Das Band muss am Ende des Eingriffs spannungsfrei am Übergang vom mittleren zum kranialen Drittel unter der Urethra liegen

▶ Verschluss der Haut und der Vagina

▶ Zystoskopie zum Ausschluss einer Blasenverletzung

▶ Der Eingriff ähnelt der früher viel durchgeführten Einlage des sog. Zödler-Bandes

Faszienzügel nach Narik, Palmrich, Hohenfellner

▶ Die Gewinnung der beiden körpereigenen Faszienzügel kann auf 2 Wegen erfolgen:
- aus der Faszie des M. obliquus externus abdominis rechts und links oberhalb des Leistenbandes oder
- aus der Scheide des M. rectus abdominis
- In beiden Fällen ist ein relativ großer Schnitt erforderlich. Die Zügel werden 1 cm breit gehalten und bleiben fest am Schambein. Oberhalb des Ansatzspunktes wird dann die Bauchdecke eröffnet. Nach Eröffnung der Rektusscheide kann dann der Faszienzügel mit einer kräftigen, stumpfen Klemme hinter dem Schambein und durch das Cavum Retzii zur Harnröhre geführt werden

▶ Nach vaginaler Einstellung wird die Harnröhre im oberen Drittel durch einen Längsschnitt in die Vagina dargestellt und und der Beckenboden rechts und links der Urethra eröffnet. Hier werden die Zügel herausgeführt und unter der Harnröhre auf 1–2 cm Länge mit feinen langsam resorbierbaren Fäden vernäht. Wichtig ist, dass zwischen den Zügeln und der Harnröhre eben noch eine Fingerkuppe eingelegt werden kann. Bei zu straffer Einlage des Zügels kann das Wasserlassen erschwert sein oder ein Harnverhalt auftreten

▶ Abschließend werden die Entnahmebereiche der Zügel verschlossen. Einlage von 2 retropubischen Redon-Drainagen, Hautnaht. Naht der Scheidenwand (◻ Abb. 9.89)

Zystoskopie, Blasenkatheter, evtl. Anlage eines suprapubischen Katheters.

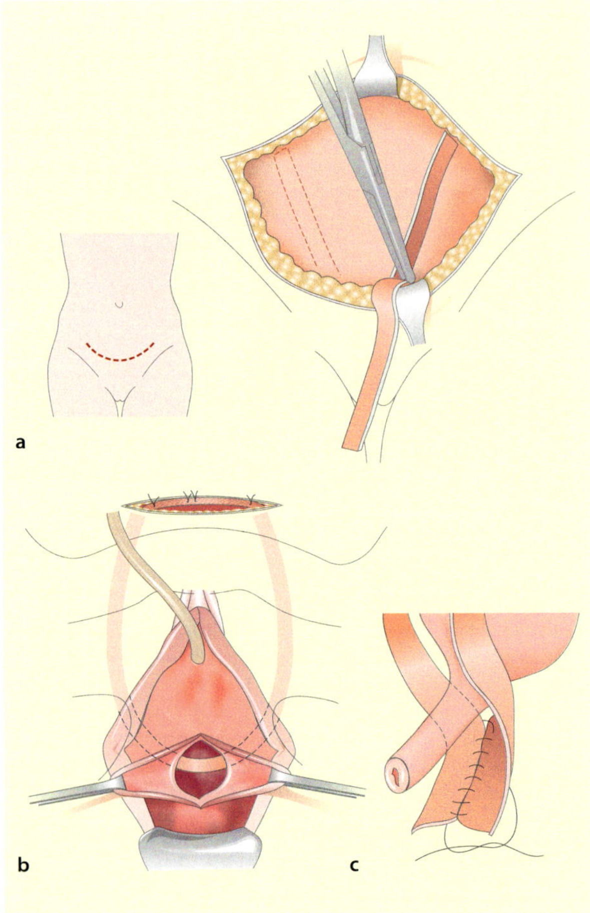

◻ Abb. 9.89a–c Inguinovaginale Faszienzügelplastik. a Gewinnung der Zügel. b, c Herunterführen und Vereinigung der Zügel. (Aus Hampel et al. 2001)

Inkontinenzoperation nach Burch

Prinzip

Die abgesenkte Blase und die obere Hälfte der Harnröhre sollen wieder in ihre anatomische Ausgangsposition gebracht werden.

Indikation

Bestimmte Formen der Stressinkontinenz. Entsprechend den Untersuchungsbefunden.

Instrumentarium

- Grundinstrumentarium, auch lange Instrumente,
- Blasenverweilkatheter.

Lagerung

Steinschnittlagerung mit abgesenkten Beinen (s. Abb. 8.8).

Abdeckung

Hauseigen, Stoffwäsche wasserundurchlässig oder beschichtet.

- Hierbei vaginale und gleichzeitig abdominale Abdeckung.
- *Beispiel:* Wasserdichtes Tuch unter das Gesäß; separate Abdeckung der Beine mit »Beinlingen«; obere Abdeckung zur Anästhesie, in Nabelhöhe beginnend; Seitentücher.

Zugang

Z.B. Suprasymphysärer Faszienquerschnitt nach Pfannenstiel (s. 8.2.1)

Inkontinenzoperation nach Burch

- ► Die Hautdesinfekion umfasst den Unterbauch, Damm, Oberschenkel und Vagina
- ► Zur besseren Erkennung der Strukturen dient ein Ballonkatheter. Nach Eröffnung der Bauchdecke erfolgt die Präparation der Blasenauslassregion im Cavum Retzii (Ballonkatheter) und der vorderen Scheidenwand beiderseits der proximalen Harnröhre. Die Scheide kann dazu mit Zeigefinger oder einem Stieltupfer angehoben werden
- ► Es werden dann auf jeder Seite entlang der Urethra 2–3 monofile, nicht resorbierbare, kräftige Fäden zweimal in die Scheidenadventitia eingestochen und oben am Leistenband befestigt. Nachdem die Fäden gelegt sind, erfolgt das Anziehen und Knüpfen als »Luftknoten«. Der Blasenauslass und die Urethra werden mit der Scheidenwand wie in einer »Hängematte« stabilisiert. Die Scheidenwand und die Blase sollten nicht durchstochen werden
- ► Redon-Drainage im Cavum Retzii

9.5.14 Blasenscheidenfisteln (Abb. 9.90)

Prinzip

Exzision der Fistelränder. Spezielle Nahttechnik.Trennung der Nahtreihen.

Instrumente

- Grundinstrumentarium,
- Scheidenspekula (s. Kap. 8.4.2),
- Doppel-J-Splinte (s. 9.3.4).

Lagerung

Steinschnittlagerung mit abgesenkten Beinen (s. Abb. 8.8).

Abdeckung

- Hauseigen, Stoffwäsche wasserundurchlässig oder beschichtet.
- Hierbei vaginale und gleichzeitig abdominale Abdeckung.
- *Beispiel:* wasserdichtes Tuch unter das Gesäß, separate Abdeckung der Beine mit »Beinlingen«; obere Abdeckung zur Anästhesie, in Nabelhöhe beginnend; Seitentücher.

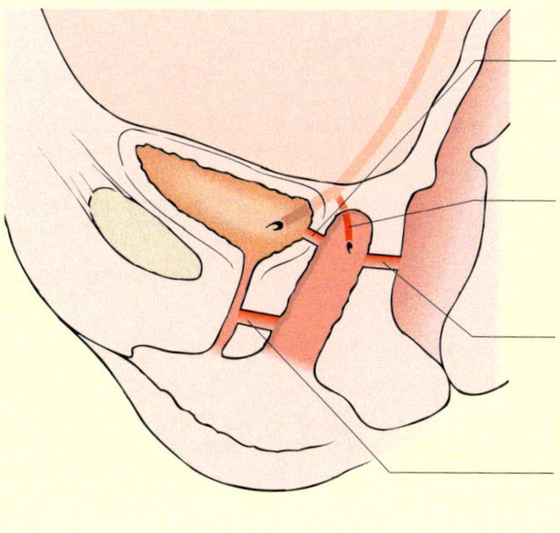

Abb. 9.90 Fisteln des unteren Harntraktes und deren Häufigkeit. (Aus Hautmann u. Huland 2001)

Zugang

Suprasymphysärer Faszienquerschnitt nach Pfannenstiel.

Peritoneallappenplastik bei Blasenscheidenfistel

- Nach Eröffnung der Bauchdecke wird das Bauchfell vom Blasendach in Richtung Fistel abpräpariert
- Eröffnung der Blase median und des Peritoneums seitlich. Der Blasenschnitt muss dann zur Fistel geführt werden. Beide Ostien erhalten Splinte, um eine Verletzung der Ureteren zu vermeiden. Blasen- und Scheidenwand werden auf 3 cm auch unter die proximale Urethra getrennt
- Die Scheide wird mit resorbierbaren Nähten (2–0) verschlossen; hierbei müssen die Knoten in der Scheide liegen
- Dann erfolgt die Auswahl eines Peritoneallappens, 5 cm breit, von seitlich der Blase, breit gestielt zum Beckenboden (Abb. 9.91a). Abpräparieren mit dem Fettgewebe. Der Lappen wird anschließend, die Vorderwand der Scheide abdeckend, auf ihr festgenäht (resorbierbar, 3–0 und 4–0). Die Scheidennaht muss nach allen Seiten gut abgedeckt sein (s. Abb. 9.91b). Naht der Blase zweischichtig, Mukosa und Muskulatur (resorbierbar, 4–0 und 2–0). Fortlaufende Naht des Peritoneums auf der Blase und evtl. im Entnahmebereich. Langrohrdrainage in das Cavum Retzii. Kontrolle der Tücher und Instrumente. Schichtweiser Wundverschluss. Blasenkatheter

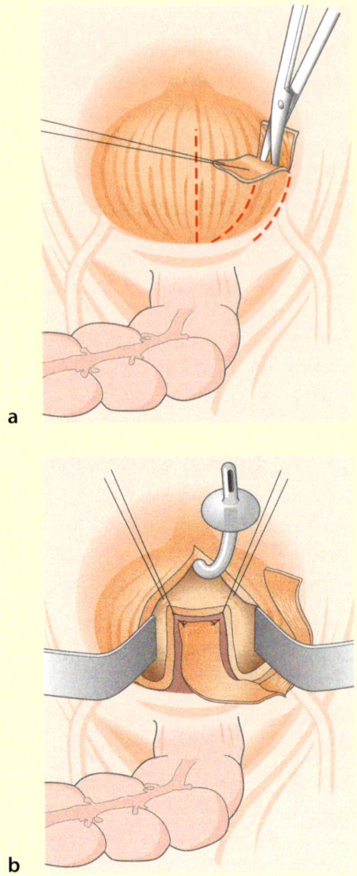

Abb. 9.91a,b Blasenscheidenfistel. a Schnittführung zur Bildung des Peritoneallappens, b Einnähen des Peritoneallappens auf die verschlossene Scheide. (Nach Petri 2001)

Verschluss von Blasenscheidenfisteln nach Laztko

Indikation

Kleinere, nicht zu hohe Fisteln.

Instrumentarium

- Grundinstrumentarium,
- Instrumente für vaginale Eingriffe (s. 8.4.2),
- feinere, längere Scheren,
- Blasenverweilkatheter.

Lagerung

- Steinschnittlagerung mit hochgestellten Beinen (s. Abb. 8.9),
- Oberkörper leicht absenken,
- HF-Elektrode an den Oberschenkel.

Abdeckung

- Hauseigen, Stoffwäsche wasserundurchlässig oder beschichtet.
- Hier vaginale Abdeckung.
- *Beispiel:* wasserdichtes Tuch unter das Gesäß; separate Abdeckung der Beine mit »Beinlingen«; obere Abdeckung zur Anästhesie, unterhalb des Nabels beginnend; Seitentücher.

Desinfektion

Damm, Schambereich, Vagina.

Verschluss von Blasenscheidenfisteln nach Laztko

- Einstellen der Fistel mit Spekula
- Nach Einführen und Blocken eines feinen Ballonkatheters lässt sich die Fistel nach kaudal ziehen. Nach enger Umschneidung der Fistel wird ein evtl. vorhandener Narbenring exzidiert
- Scheiden- und Blasenwand müssen dann von einander abpräpariert werden. Eventuell kann auch ein zu rotierender Lappen aus der Scheidenwand gebildet werden (Abb. 9.92a–c)
- Die Blasenöffnung wird durch eine spezielle Art der Rückstichtechnik verschlossen (resorbierbar, 3–0)
- Die Scheide sollte so genäht werden, dass die Blasennaht nicht über der Scheidennaht zu liegen kommt
- Blasenkatheter

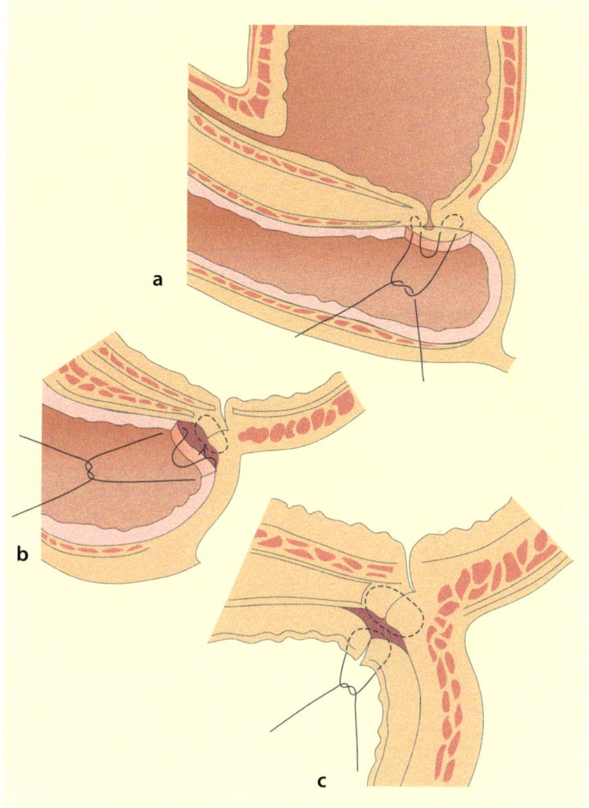

Abb. 9.92a,b Operation nach Latzko bei Blasenscheidenfistel. a Blasenverschluss, b Scheidenverschluss c Schlussbild

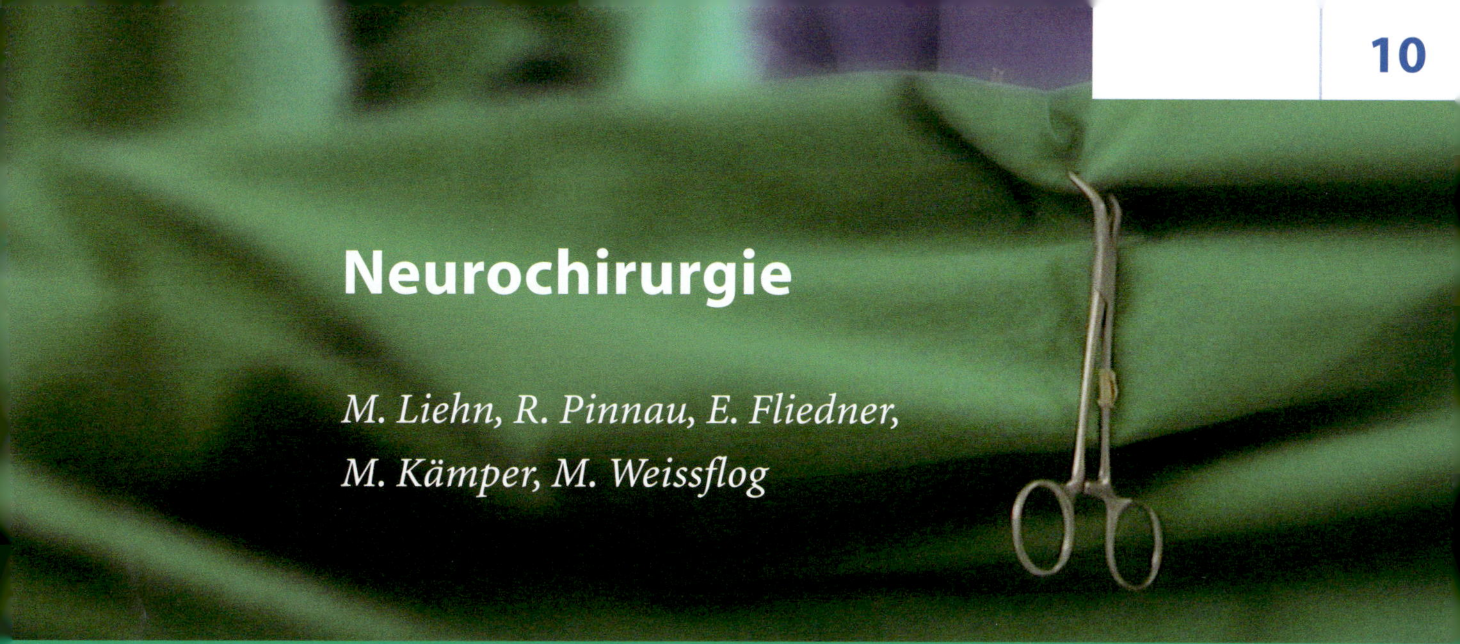

Neurochirurgie

M. Liehn, R. Pinnau, E. Fliedner,
M. Kämper, M. Weissflog

10.1 Grundzüge der Anatomie und Physiologie

Unter topographischem Aspekt werden 2 Bereiche des Nervensystems unterschieden:
- Zentrales Nervensystem (ZNS):
  Zu diesem Teil gehören das Gehirn und das Rückenmark. Von hier aus werden die Reaktionen gegenüber der Umwelt (Erregungen, die in den Sinnesorganen entstehen; Erregungen, die den Muskeln zugeleitet werden) gesteuert.
- Peripheres Nervensystem (PNS): Es verbindet mit seinen Hirn- und Spinalnerven sowie seinen Ganglien (Schaltstellen) die Peripherie des Körpers mit den zentralen Nervenbereichen. Das PNS teilt sich noch einmal weiter auf in das willkürliche oder motorische Nervensystem; von hier aus werden alle willentlichen Muskelbewegungen gesteuert, und das unwillkürliche, auch vegetative Nervensystem. Dieser Teil überwacht und lenkt die Funktion der inneren Organe mit Hilfe von 2 unterschiedlichen Systemen: Während der Sympathikus anregend und mobilisierend wirkt, bremst und beruhigt der Parasympathikus.

Das Nervensystem entwickelt sich aus dem embryonalen äußeren Keimblatt, dem Ektoderm. Durch bestimmte Einrollungs- und Ausstülpungsvorgänge entsteht aus den Neuralwülsten das Neuralrohr.

Am Vorderende des Neuralrohres entsteht das Gehirn über zunächst 3 blasenförmige Erweiterungen (Vorder-, Mittel- und Nachhirn). Aus dem Vorderhirn wird das spätere Großhirn und das Zwischenhirn. Aus dem Nachhirn werden Kleinhirn und Medulla oblongata (verlängertes Mark).

Die Hohlräume der embryonalen Hirnblasen bleiben erhalten und bilden später die 4 inneren Höhlen oder Ventrikel des Gehirns.

10.1.1 Großhirn

Bei einem Anschnitt des Gehirns erkennt man 2 Bereiche.
- Weiße Substanz des Gehirns: Hier verlaufen Nervenfasern. Die weiße Farbe ergibt sich aus den Markscheiden.
- Graue Substanz des Gehirns: Bereiche, in denen größere Mengen von nah beieinander liegenden Nervenzellkörpern zu finden sind. Hierzu gehören die Großhirnrinde und die im Inneren des Gehirns liegenden Kerngebiete (Nuclei oder Ganglien) – die Basalganglien.

Die Basalganglien gehören zum Hirnstamm und lassen sich in die folgenden Anteile unterscheiden:
- Streifenhügel oder Corpus striatum: Er besteht aus dem Nucleus caudatus (Schweifkern) und Putamen (Schalenkern). Eine erblich bedingte Erkrankung des Streifenkerns ist der Veitstanz (Chorea Huntington), bei der es zum Verlust der motorischen Kontrolle, zu Demenz und zu Wesensveränderungen kommt. Der Streifenkern beeinflusst also die unwillkürlichen Bewegungen (Hemmungsorgan).
- Pallidum (pallidus = blass): Das Pallidum gibt Anregungen u. a. zu primitiven Bewegungen. Beispiel: die »Massenbewegungen« des Säuglings. Die Markscheiden des Pallidums sind beim Säugling bereits entwickelt. Dies führt zu weit ausgedehnten Bewegungen und Reflexen. Der noch nicht reife Nucleus caudatus kann seine hemmende Kontrollwirkung noch nicht ausüben.

Ebenfalls dem Hirnstamm zugerechnet werden Zwischenhirn, Mittelhirn, Kleinhirn und Medulla oblongata.

Zu Beginn der embryonalen Entwicklung ist die Oberfläche des Gehirns zunächst glatt. Erst während der Entwicklung bilden sich Windungen (Gyri) des Großhirns aus, zwischen denen dann die Furchen (Sulci) liegen. Wesentliche Furchen sind:
- **Zentralfurche** (Sulcus centralis),
- **Sylvische Furche** (Sulcus lateralis, Fissura Sylvii), Stirn-Schläfenhirn-Furche.

Durch diese Furchen lassen sich 4 Lappen abgrenzen:
- **Stirnlappen** (Lobus frontalis),
- **Scheitellappen** (Lobus parietalis),
- **Schläfenlappen** (Lobus temporalis),
- **Hinterhauptlappen** (Lobus occipitalis).

Großhirnrinde

Die Rinde oder der Kortex bildet den äußeren Rand des Großhirns. Sie ist im Bereich der Zentralregion etwa bis zu 5 mm dick. Die Hirnrinde enthält schätzungsweise 14 Mrd. Zellen. Das Gesamtgewicht der Zellen beträgt 21,5 g. Das bedeutet, dass eine Nervenzelle ca. 1/25.000.000 mg schwer ist.

Die Rinde enthält 6 Schichten, die aus unterschiedlichen Nervenzellen aufgebaut sind. Die meisten Nervenzellen haben mehrere kurze Fortsätze (Dendriten). Außerdem besitzen sie einen besonderen, manchmal bis zu 1 m langen Hauptfortsatz mit einem Achsenzylinder (Neurit), der von einer Markscheide als äußere weißlichgelbe Hülle umgeben sein kann. Das aus dem Nervenzellkörper, seinen Verästelungen und dem Neuriten bestehende Gebilde nennt man Neuron. Neben diesen Neuronen enthält die Rinde des Großhirns auch Zellen mit nichtnervöser Funktion: die Neuroglia, die mit unterschiedlichen Zelltypen das Stütz- und Hüllgewebe des Nervensystems darstellt und für den Stoffwechsel der Nervenzellen wichtig ist.

Nervenleitungen und Informationsübermittlung

Nervenfasern leiten die Erregung grundsätzlich nur in eine Richtung, entweder vom Gehirn zur Peripherie (efferente Leitung) oder von der Peripherie zum Gehirn (afferente Leitung).

10.1.2 Zwischenhirn

Zum Zwischenhirn gehören der Thalamus (Thalamus opticus = Sehhügel) und der Hypothalamus.

Der Hypothalamus ist eine Instanz, die dem vegetativen Nervensystem übergeordnet ist. Er enthält wichtige Zentren für die Regulation des Stoffwechsels, des Wasserhaushalts und der Sexualfunktion. Ferner wird hier die Ausschüttung von Hormonen, besonders der Hypophyse und der Nebennieren, koordiniert. Alle Vorgänge des Hypothalamus stehen in engster Beziehung zum Thalamus und zum Großhirn.

Der Thalamus gilt als wichtige Sammel- und Umschaltstelle für Erregungen aus den Sinnesorganen und dem Körper. Bei unangenehmen Empfindungen (Schreck, Ekel) wird die Erregung des Thalamus auch auf den Sympathikus umgeleitet, sodass Übelkeit und sogar Erbrechen die Folge sein können.

Erkrankungen und Verletzungen des Thalamus stören die Sensibilität (Spontanschmerzen, Rasierschmerzen).

Das gesamte Zwischenhirn ist der Ursprungsort aller Affekte wie Wut, Ärger, Freude, Wohlbehagen. Zwischen Thalamus und Hirnrinde bestehen diffuse Beziehungen in Form von Kreisprozessen. (Die Erregungen laufen also nicht wie Wasser in Röhren nebeneinander her.) So ist es zu verstehen, dass sich z. B. die Aufregung eines Menschen gewissermaßen selbst steigern oder »aufschaukeln« kann.

Ferner bestehen engste Beziehungen vom Zwischenhirn zu den Basalganglien.

Beispiel: »Voll Wut rannte er umher, stampfte mit den Füßen und fuchtelte mit den Armen.« Hier wird eine Verbindung zwischen Thalamus und Pallidum deutlich, denn der Antrieb zu ungesteuerten Bewegungen geht vom Pallidum aus. Die Verbindung zum Nucleus caudatus und Putamen zeigt sich z. B., wenn ein Kraftfahrer in einer schwierigen Lage »unwillkürlich« bremst, denn der Nucleus caudatus und das Putamen greifen in die Motorik ein. Dies gilt aber nur für gut eingefahrene oder gewohnte Bewegungen.

10.1.3 Mittel- und Kleinhirn

Mittelhirn

Neben dem Aquaeductus Sylvii, der Verbindung zwischen dem 3. und 4. Hirnventrikel, enthält das Mittelhirn u. a. 2 für die Motorik sehr wichtige Kerne:

- Nucleus ruber (roter Kern): Er erhält v. a. Erregungen aus dem Kleinhirn.
- Nucleus niger (schwarzer Kern) oder Substantia nigra: Bei Erkrankungen dieses Kerngebietes nach einer Enzephalitis oder durch Atrophie im Alter kommt es zur Parkinson-Erkrankung.

Kleinhirn

Das Kleinhirn koordiniert das Zusammenspiel von Muskelgruppen.

Beispiel: Wer einen schweren Eimer heben will, muss nicht nur die Faust um den Griff kräftig schließen und den Arm beugen, sondern auch die Muskeln des Rückens anspannen.

Dem Kleinhirn gehen aus sehr weiten Bereichen des Nervensystems Erregungen zu. Besonders wichtig sind die engen Beziehungen zum statischen Organ. Das Kleinhirn koordiniert die vom statischen Organ bewirkten Reflexe mit den willkürlichen Bewegungen. So wird z. B. verhindert, dass ein Mensch, der am Rande eines Abgrunds ein Seil hochzieht, nach vorn überkippt.

10.1.4 Hirnnerven

Als Hirnnerven werden die direkt vom Gehirn abgehenden 12 bzw. 13 Nerven bezeichnet, die mit Ausnahme des 10. Hirnnervs (N. vagus) zu den Organen des Kopfes und der Kehle führen (◘ Tabelle 10.1). Ihrer Entstehung nach sind die Hirnnerven verschieden. Die beiden Ersten, der Sehnerv und der Riechnerv, sind Ausstülpungen des Zwischenhirns, während die Übrigen wie die Spinalnerven aus den frühen Anlagen des Zentralnervensystems herauswachsen.

Tabelle 10.1 Hirnnerven

Nerv	Ursprung	Austrittsstelle	Erfolgsorgan	Funktion
I. N. olfactorius (fila olfactoria)	Zwischenhirn	Stirnbasis/Zwischenhirn	Nasenschleimhaut	Geruchsempfindung
II. N. opticus (fasciculus opticus)	Zwischenhirn	Zwischenhirn	Netzhaut des Auges	Sehen
III. N. oculomotorius	Mittelhirn	Mittelhirn vor der Brücke	Augenmuskel	Bewegung des Augapfels, Pupillenspiel
IV. N. trochlearis	Mittelhirn	Mittelhirn vor der Brücke	Augenmuskel (M. obliquus superior)	Rotation des Augapfels nach außen und unten
V. N. trigeminus	Rautenhirn	Brücke (Seitenrand)	Gesicht, Kaumuskulatur	Sensible Versorgung der Gesichtshaut
VI. N. abducens	Rautenhirn	Brücke (Seitenrand)	M. rectus lateralis	Rotation des Augapfels nach außen
VII. N. facialis	Rautenhirn	Medulla oblongata (Kleinhirnbrückenwinkel)	Gesichtmuskulatur	Mimik
VIII. N. vestibulocochlearis	Rautenhirn	Medulla oblongata (Kleinhirnbrückenwinkel)	Schnecke des Innenohres, Bogengänge des Innenohres	Hören, Wahrnehmung der Stellung des Körpers im Raum
IX. N. glossopharyngeus	Rautenhirn	Medulla oblongata (seitlich)	Mund und Zunge	Geschmack, Gaumenbewegung (Schlucken)
X. N. vagus	Rautenhirn	Medulla oblongata (seitlich)	Ohrmuschelrückseite, Gehörgang, Schlund, Zungengrund, Herz, Lunge, Magen, Darm	Sensible Versorgung, motorische Versorgung (Schluckakt), parasympathische Versorgung
XI. N. accessorius	Rautenhirn	Medulla oblongata (seitlich)	M. sternocleidomastoideus, M. trapezius	Kopfnicken, Hebung der Schultern
XII. N. hypoglossus	Rautenhirn	Medulla oblongata (oberes Halsmark)	Zungenmuskulatur	Zungenbewegung
XIII. N. intermedius	Rautenhirn	Medulla oblongata	Zunge, Tränendrüse, Speicheldrüse	Geschmack, Drüsensekretion

10.1.5 Rückenmark

Das Rückenmark (Medulla spinalis) liegt im Wirbelkanal der Wirbelsäule. Es ist ein langer Strang aus Nervensubstanz. In regelmäßigen Abständen treten zahlreiche, jeweils eine vordere und eine hintere Nervenwurzeln aus (Abb. 10.1). Am Rande des Wirbelkanales vereinigen sich beide Wurzeln zu einem der insgesamt 31 Spinalnerven, die zu den Muskeln und zur Haut weiterziehen. Das Rückenmark geht ohne festen Übergang aus der Medulla oblongata hervor und endet mit dem Conus medullaris in Höhe des 1. oder 2. Lendenwirbels.

Man unterscheidet 8 Halssegmente (Zervikalsegmente), 12 Brustsegmente (Thorakalsegmente), 5 Lendensegmente (Lumbalsegmente), 5 Kreuzbeinsegmente (Sakralsegmente) und ein Steißsegment (Kokzygealsegment).

Das Rückenmark ist ca. 40–50 cm lang. Da die Wirbelsäule schneller wächst als das Rückenmark, ist dieses schließlich kürzer als die Wirbelsäule. Daher ziehen die spinalen Nervenfasern, insbesondere die der Lumbal- und Sakralsegmente, aus den unteren Bereichen des Rückenmarks im Wirbelkanal noch weiter nach unten, bevor sie das für sie bestimmte *Foramen intervertebrale* erreichen. Die Spinalnervenwurzeln unterhalb des Conus medullaris sind zu einem dicken Faserbündel vereinigt,

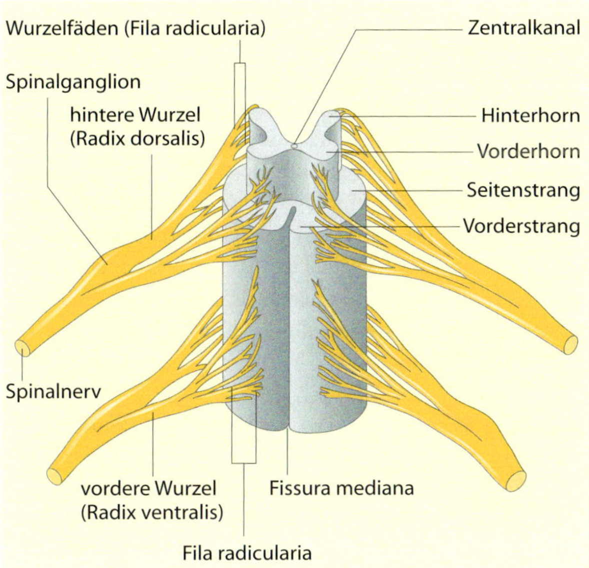

◘ Abb. 10.1 Rückenmark mit 2 eingezeichneten Spinalnervenpaaren

das wie ein Pferdeschwanz aussieht und deshalb als Cauda equina bezeichnet wird.

Auf Querschnitten durch das Rückenmark erkennt man die graue Substanz *innen* (nicht wie beim Gehirn außen). Dieser graue Teil des Rückenmarks erscheint ungefähr in der Form eines Schmetterlings oder in der eines großen lateinischen H. Die den Rand des Rückenmarks berührenden Flügel der grauen Substanz nennt man Hinter- bzw. Vorderhörner. Die Spinalnerven verlassen das Rückenmark mit einer vorderen und einer hinteren Wurzel. Die vordere Wurzel bildet das motorische Neuron: Nach Durchschneidung ergibt sich eine Lähmung der von diesem Nerv versorgten Muskelgruppen. Die hintere Wurzel ist das sensible Neuron: Nach Durchschneidung ist ein bestimmter Teil des Körpers gefühllos. Das Spinalganglion (sympathische und parasympathische Nervenzellen) der hinteren Wurzel liegt im Foramen intervertebrale.

Leitungsapparat des Rückenmarks

Der Leitungsapparat des Rückenmarks liegt in der weißen Substanz. Vollständige Durchtrennung des Rückenmarks, wie z. B. bei einem traumatischen Querschnittsyndrom, bedeutet den totalen Ausfall der gesamten Motorik und Sensibilität. Der Körper ist unterhalb der Läsion absolut gefühllos und völlig gelähmt.

Die Leitungsfasern gleicher Funktion liegen in Strängen zusammen, die bei allen Menschen gleich lokalisiert sind.

Afferente Systeme

Die afferenten Systeme leiten zum Hirn hin. Temperatur und Schmerzempfindung, Tast- und Berührungsempfindung, ob grob oder fein, werden in unterschiedlichen Bahnen dem Hirn zugeleitet.

Hier werden sie zunächst nach »angenehm« oder »unangenehm« vorsortiert, dann im Thalamus weiterverarbeitet und erreichen schließlich die Großhirnrinde. So wird uns die Bewegung unserer Glieder, unserer Muskeln bewusst, so testen wir die Schärfe eines Messers und prüfen die Griffigkeit eines Stoffes.

Früher als das Großhirn wird das Kleinhirn durch besonders schnell leitende Bahnen von den motorischen Vollzügen unterrichtet und kann dann über efferente Bahnen den Spannungsgrad der Muskeln beeinflussen und sie den Notwendigkeiten der Handlung anpassen.

Efferente Systeme

Die efferenten Systeme leiten vom Hirn zur Peripherie in den **Pyramidenbahnen.** Diese entspringen in der vorderen Zentralwindung des Großhirns und laufen in der Capsula interna (zwischen den Basalganglien und dem Zwischenhirn) abwärts. Im verlängerten Mark kreuzt die Hauptmasse der Pyramidenbahnen auf die Gegenseite. Nach einer Verletzung der Pyramidenbahn ist unterhalb der geschädigten Stelle keine willkürliche Bewegung mehr möglich.

Betrifft der Ausfall eine Rückenmarkhälfte, so kann der Patient z. B. das Bein der gleichen Seite nicht mehr willkürlich bewegen. Ist die Pyramidenbahn intrazerebral unterbrochen, z. B. bei einem apoplektischen Insult (Blutung im Bereich der Capsula interna), so sind willkürliche Bewegungen auf der Gegenseite nicht mehr möglich.

Die efferenten Systeme leiten auch das **extrapyramidal motorische System.** Dieses steuert die unwillkürlichen Bewegungsimpulse. Im Zusammenspiel mit dem Zwischenhirn haben diese Bahnen direkte Beziehungen zu den Basalganglien, dem Striatum. In den extrapyramidalen Bahnen werden automatische »Bewegungsimpulse« geleitet, wie z. B. bei geübtem Schreiben. Der Bewegungsentwurf dazu ist in den Basalganglien gespeichert. Das bedeutet eine Entlastung des pyramidalen Systems.

10.1.6 Zentren der Großhirnrinde

Nachfolgend werden einige Konsequenzen beschrieben, die durch eine Störung bzw. den Ausfall von Zentren der Großhirnrinde verursacht sind.

Diffuse Persönlichkeitsstörungen

Der Ausfall eines recht umfangreichen Gebietes des Stirnlappens und von Teilen des Schläfenlappens scheint nach der Erholung vom ersten Verletzungsschock keine Folgen zu haben. Die zum Alltagsleben gehörenden Handgriffe beim Ankleiden, beim Essen, aber auch das Sprechen, Lesen und Verstehen erscheinen normal möglich. Daher hat man diese Teile der Großhirnrinde zunächst für entbehrlich gehalten; für einfache Leistungen sind sie es auch.

Eine genauere psychologische Untersuchung von Menschen mit solchen Ausfällen hat aber eine durchweg deutliche Veränderung der Persönlichkeit gezeigt. Meist ist der Antrieb geschwächt, die Person hat wenig Initiative, gelegentlich keinen rechten Schwung. Nach einer Schädigung des Stirnhirns macht der Patient den Eindruck einer in ihrem Wesen gestörten, nicht mehr sicheren Persönlichkeit. Man spricht hier auch von einem *Stirnhirnsyndrom*.

Lähmungen

Verletzungen der vorderen Zentralwindung des Gehirns ergeben Lähmungen ganz bestimmter Muskelgruppen, z. B. des Armes, der Hand, des Beines oder des Fußes der Gegenseite. Die gleiche Wirkung haben auch Schlaganfälle oder Tumoren in dieser Region.

In der vorderen Zentralregion beginnen die Pyramidenbahnen, die durch die Capsula interna in das verlängerte Mark absteigen und dort auf die Gegenseite kreuzen. Im Rückenmark wirken sie dann auf das System der Motoneurone (motorische Vorderhornzellen und ihre Neuriten; s. oben), indem Muskeln jeweils von einer bestimmten Stelle in der vorderen Zentralwindung ihre Anweisung erhalten. In der Rinde der vorderen Zentralwindung liegen demnach **motorische Zentren**.

Die Folgen ihrer Ausschaltung sind berechenbar. Gewissermaßen projiziert sich die Oberfläche des ganzen Körpers auf die Oberfläche der vorderen Zentralwindung. Die Größe dieser Projektionsflächen auf der vorderen Zentralwindung ist von der Feinheit der von den Muskeln zu leistenden Arbeit abhängig. Die Flächen für die motorischen Fasern, die zur Hand, zum Mund und besonders zu den Lippen führen, sind verhältnismäßig groß. Projiziert man den Körper proportionsgerecht auf die vordere Zentralwindung, so entsteht ein »Homunkulus« (▣ Abb. 10.2a,b) mit einem sehr großen Kopf, einer geradezu riesigen Hand und einem zierlichen Bein.

Die Zentren erfüllen ihre Aufgabe stets in Zusammenwirkung mit dem ganzen Gehirn. Immer unterliegen sie diffusen Einflüssen aus den vorderen Bereichen des Stirnlappens und auch den Erregungen, die vom Zwischenhirn ausgehen. Ferner ist für den Bewegungsablauf, v. a. für geübte Bewegungen, das extrapyramidale System notwendig. Dieses steuert die bekannten und geläufigen Bewegungen.

! Daraus lässt sich folgern, dass das pyramidale System willkürliche, das extrapyramidale System dagegen unwillkürliche Bewegungen steuert.

Das extrapyramidale System liefert den Bewegungsentwurf, das in der vorderen Zentralwindung beginnende pyramidale System verfeinert ihn und passt ihn den vorhandenen Gegebenheiten an.

Durch das enge Zusammenwirken des extrapyramidalen und des pyramidalen Systems ist auch die Wiederherstellung der Leistungsfähigkeit nach einem Ausfall von Zentren auf der motorischen Zentralwindung erklärt.

Sensibilitätsstörungen

Nach Verletzungen bestimmter Bereiche der Großhirnrinde ist ein entsprechendes Gebiet der Haut gefühllos oder unempfindlich. Diese sensorischen Rindengebiete an der hinteren Zentralwindung liegen neben den entsprechenden motorischen Zentren der vorderen Zentralwindung, d. h. ein sensorisches Fußzentrum befindet sich neben dem motorischen usw. Beide Zentren greifen ineinander über. Die sensiblen Fasern gelangen aus allen Abschnitten des Körpers auf die hintere Zentralwindung, sodass man auch hier von einer Projektion der Körperoberfläche auf die Hirnrinde spricht. Auch diese ist keineswegs proportionsgerecht. Der Umfang des Projektionsgebietes auf der sensorischen Rinde hängt nicht von der Größe der Körperoberfläche ab, sondern von ihrer Bedeutung. Daumen, Lippen und Gesicht haben ein verhältnismäßig großes, Rumpf und Hals ein sehr kleines Areal (▣ s. Abb. 10.2).

Störungen des optischen und des akustischen Wahrnehmens

Im Bereich des Hinterhauptlappens des Großhirns in der Nähe der Fissura calcarina findet man ein leicht streifig

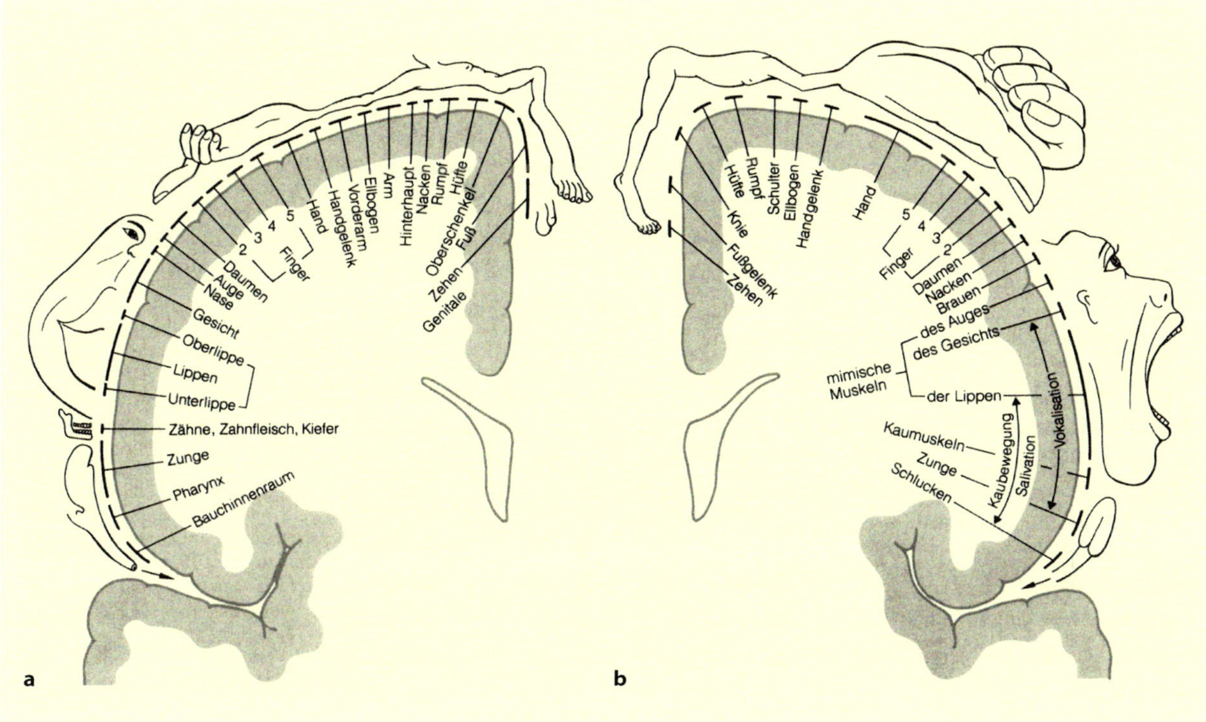

Abb. 10.2a,b Zuordnung der verschiedenen Körperregionen zu den motorischen und den sensiblen Hirnrindengebieten. a Projektion der somatosensorischen Körpergebiete auf den Gyrus postcentralis. b Projektion des motorischen Homunkulus auf den Gyrus praecentralis. (Aus Schiebler et al. 2003)

erscheinendes Areal, die Area striata. Dieses Areal bildet das **primäre Sehzentrum.** Es empfängt seine Erregungen von der Netzhaut des Auges über den sog. Sehnerv und die Sehnervenstrahlung. Werden diese Areale in beiden Hinterhauptlappen z. B. durch ein Trauma zerstört, ist der Patient blind. Ein Tumor im rechten Hinterhauptlappen bewirkt dagegen eine halbseitige, gleichseitige (linksseitige) Blindheit beider Augen – die *homonyme Hemianopsie* nach links.

In der Nähe der Area striata gibt es ein schwer abgrenzbares Gebiet, das **sekundäre Sehzentrum.** Nach dessen doppelseitigem Ausfall kann der Mensch einen Gegenstand, z. B. einen Stuhl noch richtig wahrnehmen und benutzen, er vermag ihn aber nicht mehr zu erkennen, d. h. seinen Namen anzugeben. Der Patient leidet an *Seelenblindheit.*

Weiter unterscheidet man im Schläfenlappen 2 akustische Zentren für das Hören:

- das primäre Zentrum dient der akustischen Wahrnehmung,
- das sekundäre Zentrum dient dem Erkennen des Gehörten.

Diese Zentren kann man in der Rinde nicht voneinander trennen, sie sind ineinander verzahnt. Alles spricht dafür, dass der Umfang eines solchen Zentrums morphologisch nicht festliegt, sondern je nach Beanspruchung größer oder kleiner ist. So ist z. B. beim Hören des Wortes »Hypothese« ein größerer Bereich von Nervenprozessen im Spiel als bei dem Wort »Ball«.

Sprachstörungen

Sensorische Aphasie. Ausfälle im Bereich des Hörzentrums können zu schweren Störungen des Sprachverständnisses führen. Der Rindenbereich, auf dessen Schädigung sie zurückzuführen sind, lässt sich vom eigentlichen Hörzentrum nicht genau abgrenzen; er liegt im Schläfenbereich des Großhirns. Der betreffende Bereich heißt auch das *Wernicke-Zentrum.*

Motorische Aphasie. Das Sprachverständnis ist nur wenig beeinträchtigt, aber der Patient kann die Muskeln, die zum Sprechen notwendig sind, nicht kontrollieren. Verantwortlich sind Ausfälle am unteren Rand des Stirnlappens, der *Broca-Windung*.

Die Sprachzentren findet man in der Regel bei Rechtshändern auf der linken Seite, bei Linkshändern manchmal auf der rechten Seite des Gehirns: *Dominanz der linken Hemisphäre.*

10.1.7 Liquorräume

Die Hohlräume der embryonalen Hirnblasen bleiben erhalten und bilden später die 4 inneren Höhlen (Ventrikel) des Gehirns. Man unterscheidet den 1. und 2. Ventrikel in rechter und linker Hemisphäre des Großhirns, beide Ventrikel werden auch **Seitenventrikel** genannt und sind über die Foramina Monroi untereinander und mit dem 3. Ventrikel im Zwischenhirn verbunden. Der 3. Ventrikel ist mit dem 4. Ventrikel im Rautenhirn über den Aquaeductus Sylvii im Mittelhirn verbunden. Der 4. Ventrikel setzt sich fort in den Zentralkanal des Rückenmarks. Gleichzeitig bestehen vom 4. Ventrikel Verbindungen zu den äußeren Liquorräumen (Foramina Luschkae und Foramen Magendii).

In den Ventrikeln befindet sich eine Flüssigkeit, der Liquor cerebrospinalis. Er wird von Gefäßgeflechten (Plexus chorioidei) in den Hirnkammern gebildet und gelangt über die genannten Foramina schließlich an die Außenflächen des Gehirns und des Rückenmarks. Er wird in den Pacchioni-Granulationen der Arachnoidea und im Bereich der Wurzelscheide der Spinalnerven in das Blutgefäßsystem rückresorbiert.

Funktionen des Liquors

- Aufrechterhaltung eines konstanten Hirninnendrucks,
- Aufrechterhaltung eines konstanten Hirnvolumens,
- Schutzfunktion nach Art eines Wasserkissens,
- Ernährung der Zellen des Gehirns.

10.1.8 Hüllen des Gehirns und des Rückenmarks

Von außen nach innen sind zu erkennen:
- Die **äußere Haut** ist fest verbunden mit der
- **Galea aponeurotica** (Kopfschwarte) und der mimischen Muskulatur, mit der zusammen sie sich bewegt und sich dann gegen das darunter liegende Periost verschiebt. So kommt es, dass sich Hämatome innerhalb der Kopfschwarte kaum, im Raum zwischen Galea und Perikranium (Periost) dagegen schnell ausbreiten. Die Kopfschwarte ist außerordentlich gut durchblutet. Eine Besonderheit stellen die zahlreichen Anastomosen zwischen äußeren und inneren Schädelvenen dar. Die Venen der Kopfschwarte besitzen eine Verbindung in das Schädelinnere. Dies ist ein Weg, auf dem Infektionen gelegentlich eindringen können.
- Lockeres **Bindegewebe** grenzt die Kopfschwarte ab gegen
- das **Periost** (Perikranium).
- **Schädeldachknochen.** Dieser besteht aus 3 Schichten:
  - Lamina externa,
  - Diploe (enthält Knochenmark und ist gut durchblutet),
  - Lamina interna.

Gehirn und Rückenmark liegen im knöchernen Schädel bzw. im Wirbelkanal gut geschützt gegen Verletzungen.

Der Schädel ist das Knochengerüst des Kopfes (◘ Abb. 10.3 und 10.4).

Man unterscheidet:
- **Neurokranium** (Hirnschädel),
- **Viszerokranium**, Splanchnokranium (Gesichtsschädel).

Der Schädel setzt sich wie ein Mosaik aus 29 Teilen (Schädelbeinen) zusammen:
- **Schädeldach, Schädelkalotte:** Stirnbein, die beiden Scheitelbeine, die 2 Schuppen der Schläfenbeine und der größte Teil des Hinterhauptbeines.
- **Schädelbasis:** die zum Stirnbein gehörenden Dächer der Augenhöhle, das Keilbein, die beiden Felsenbeine, die Teile der Schläfenbeine sind und ein Teil des Hinterhauptbeines.

Die Schädelbasis stellt die untere Rahmenkonstruktion des Knochengerüstes »Kranium« dar. Von Bedeutung sind:
- **Hypophysenregion** (Sella turcica).
- **Kleinhirnbrückenwinkel.**
- **Vordere Schädelgrube:** Sie enthält Zugänge zur Nasenhöhle und zur Orbita.
- **Mittlere Schädelgrube:** sie enthält Zugänge zum Gesichtsschädel und zur Orbita.
- **Hintere Schädelgrube:** Sie enthält Zugänge zum Innenohr, zur Halsregion und zum Wirbelkanal.

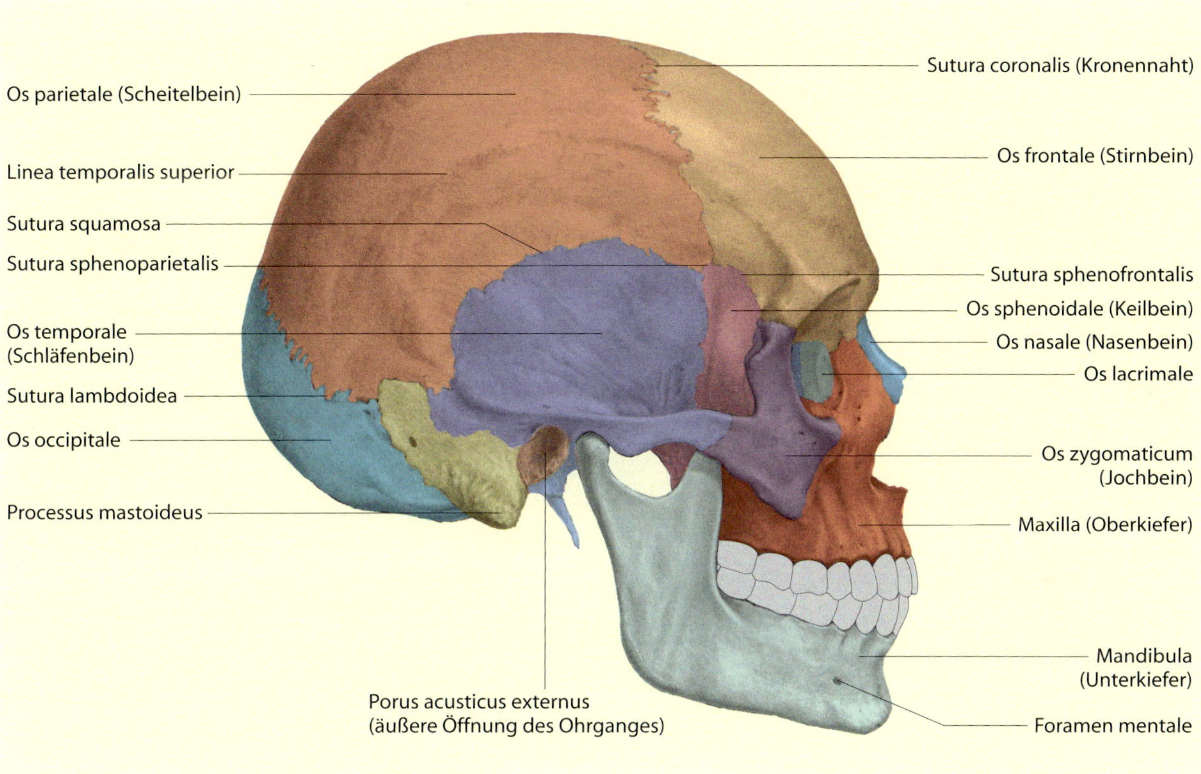

Abb. 10.3 Schädel in der Seitenansicht. (Aus Schiebler et al. 2003)

- Der Verbindungsknochen zum Gesichtsschädel ist das **Siebbein**, durch dessen löchrigen Grund die Fasern der Riechnerven ziehen. Die Schädelknochen sind untereinander fest durch **Schädelnähte** verbunden; von diesen Nähten geht das Schädelwachstum aus (desmoplastisches Wachstum).
  Die 3 wichtigsten Schädelnähte (Abb. 10.5) sind
  - Kranznaht (Sutura coronalis),
  - Pfeilnaht (Sutura sagittalis),
  - Lambdanaht (Sutura lambdoidea).
- **Meningen** (Hirn-, Rückenmarkhäute); sie liegen zwischen Knochen und Hirn bzw. Rückenmark.
  - An der Innenseite des Schädels fehlt ein eigenes Periost. Dort übernimmt die **Dura mater** (Pachymeninx, harte Hirnhaut) die Funktion. Sie liegt auch dem Wirbelkanal innen als feste Haut an. Sie lässt sich meist leicht vom Knochen lösen und haftet nur an den Schädelnähten fester.
  - Zwischen den beiden Großhirnhemisphären bildet die Dura mater eine Duplikatur, die **Falx cerebri** (Großhirnsichel), an deren Oberkante der **Sinus sagittalis superior** (oberer Längsblutleiter) verläuft. Eine ähnliche Duplikatur spannt sich oberhalb der hinteren Schädelgrube aus und trennt das Kleinhirn von den hinteren Anteilen des Großhirns: das **Tentorium cerebelli** (Kleinhirnzeltdach), in dessen Mitte sich ein Schlitz (Tentoriumschlitz) zum Durchtritt des Hirnstammes befindet. Diese Duraduplikaturen bieten der an sich weichen Konsistenz des Gehirns zusätzlichen Halt.
  - Die **Sinus durae matris** (die in die Dura eingefügten venösen Blutleiter), haben nicht den Wandaufbau der »echten« Venen, sondern sind lediglich mit Endothel ausgekleidete Hohlräume. Bei Verletzungen klaffen sie, bluten daher nicht nur kräftig, sondern stellen auch eine Luftemboliegefahr dar.
  - **Arachnoidea** (Spinnengewebshaut): Sie bildet mit ihrem spinnengewebsartigen Aufbau eine lockere Verbindung zwischen harter und weicher Hirnhaut. Sie kleidet nicht, wie die weiche Hirnhaut,

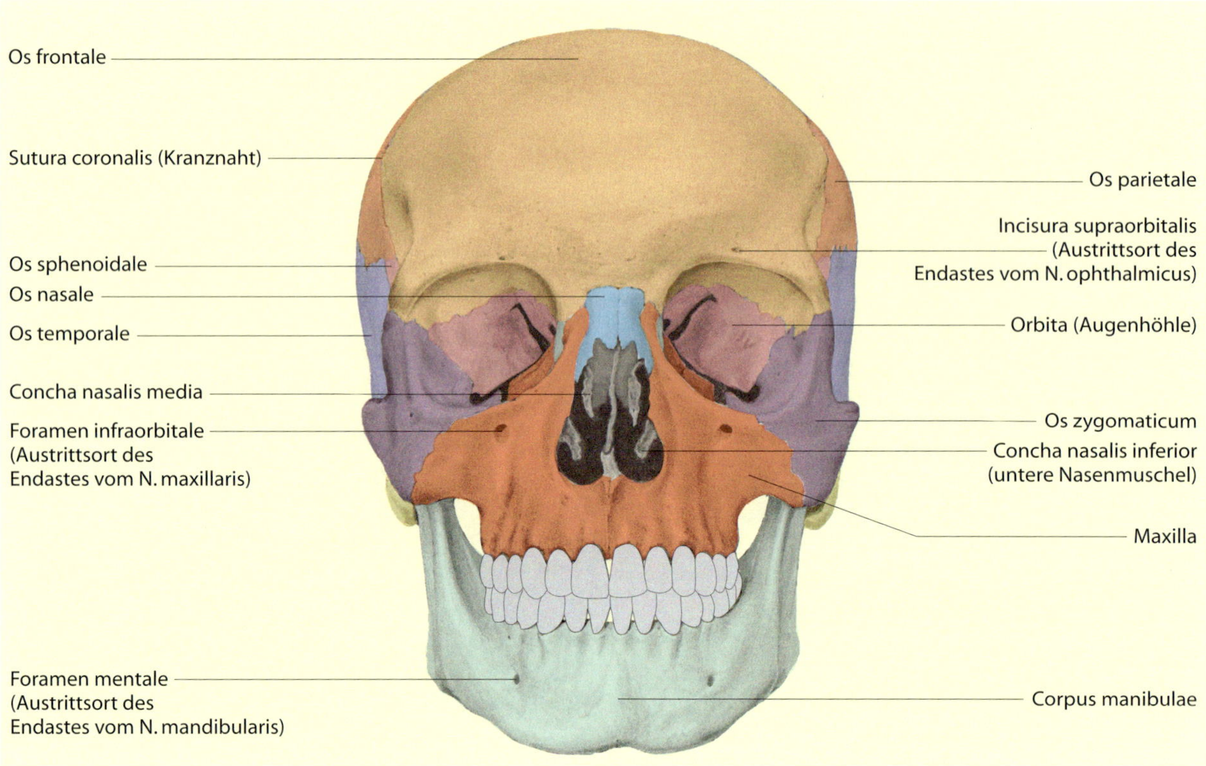

Abb. 10.4 Schädel in der Frontalansicht. (Aus Schiebler et al. 2003)

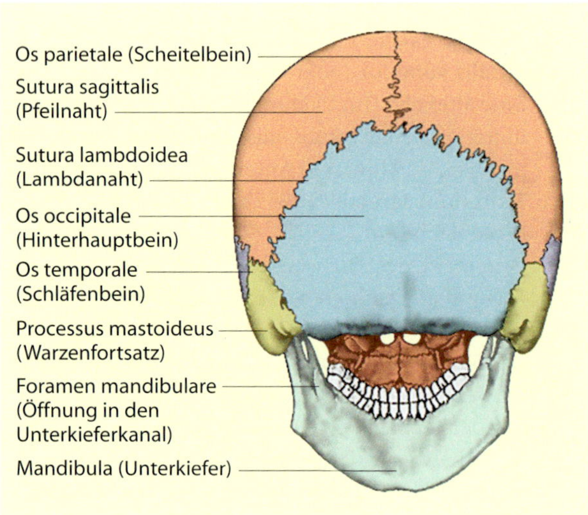

Abb. 10.5 Schädel in der Dorsalansicht. (Nach Platzer 1975)

alle Winkel aus, sondern überdacht sie vielmehr; die entsprechenden Räume heißen **Zisternen.** Die größte dieser Zisternen ist die Cisterna cerebellomedullaris im Winkel zwischen Kleinhirn und Medulla oblongata. Alle Zisternen sind ebenso wie der gesamte Raum zwischen Spinnengewebs- und weicher Hirnhaut (Subarachnoidalraum) mit Liquor gefüllt (äußerer Liquorraum).

- **Pia mater** (Leptomeninx, weiche Hirnhaut): Sie liegt direkt dem Gehirn bzw. dem Rückenmark an; in ihr verlaufen feine Venen und Arterien zur Versorgung von Hirn- und Rückenmark.

10.1.9 Blutversorgung des Gehirns

Die arterielle Versorgung des Gehirns geschieht über die beiden Aa. carotides internae und die beiden Aa. vertebrales. Letztere vereinigen sich nach ihrem Eintritt durch das Hinterhauptloch in den Schädel zur A. basilaris. Beide Aa. carotides internae sind mit der A. basilaris über R. communicantes miteinander verbunden.

Auf diese Weise entsteht an der Hirnbasis ein zusammenhängendes System aller zum Gehirn führenden Arterien, das als **Circulus arteriosus Willisii** bezeichnet wird. Damit wird bei Ausfall einer der zuführenden Arterien in den meisten Fällen die volle Blutversorgung des Gehirns sichergestellt. Vom Circulus arteriosus Willisii entspringen die eigentlichen, das Hirn vorsorgenden Arterien (A. cerebri anterior, A. cerebri media und A. cerebri posterior).

Die aus dem Hirn das Blut abführenden Venen münden in die Sinus der Dura mater. Aus ihnen gelangt das Blut schließlich zu der großen V. jugularis (Drosselvene). Aus ihr strömt das Blut in die V. cava und von dort ins Herz.

10.1.10 Wirbelsäule

Die Wirbelsäule (Columna vertebralis; Abb. 10.6) besteht aus:
- 7 Halswirbeln,
- 12 Brustwirbeln,
- 5 Lendenwirbeln,
- Kreuzbein und
- Steißbein.

Alle Wirbel, mit Ausnahme des ersten Halswirbels (Atlas), haben einen ähnlichen Aufbau (Abb. 10.7a–d).

Sie bestehen aus dem Wirbelkörper, dem Wirbelbogen, dem Dorn- und dem Querfortsatz. An den Bögen der Brustwirbel befinden sich außerdem Gelenkflächen für die Rippen.

Die Verbindung der Wirbel untereinander wird durch die Wirbelgelenke am Wirbelbogen, die Bandscheiben und verschiedene Bänder erreicht. Die Bandscheiben (Disci intervertebrales) sind an den Endflächen zweier benachbarter Wirbelkörper befestigt und spiegeln deshalb die Form dieser Flächen wider. Sie sind aus Faserknorpel aufgebaut, der in der Mitte zum Nucleus pulposus aufgequollen ist. Der Nucleus pulposus wirkt wie ein Wasserkissen. Damit diese weiche Masse nicht durch die Last der Wirbelsäule zwischen den Wirbelkörpern herausgequetscht wird, ist er von dem Faserring (Anulus fibrosus) außen umgeben, der aus straffen, kollagenen Faserzügen besteht.

Der Bandapparat besteht aus folgenden Bändern:
- Vorderes Längsband (Lig. longitudinale anterius): Es liegt an der Vorderseite aller Wirbelkörper.
- Hinteres Längsband (Lig. longitudinale posterius): Es liegt an der Hinterseite der Wirbelkörper, d. h. an der Vorderwand des Wirbelkanales.

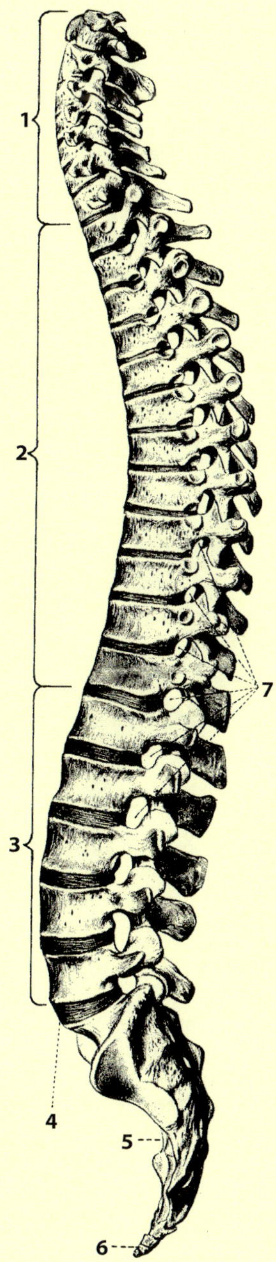

Abb. 10.6 Seitliche Ansicht der Wirbelsäule. *1* Halswirbel, *2* Brustwirbel, *3* Lendenwirbel, *4* Promontorium, *5* Kreuzbein, *6* Steißbein, *7* Zwischenwirbellöcher. (Nach Schirmer 1989)

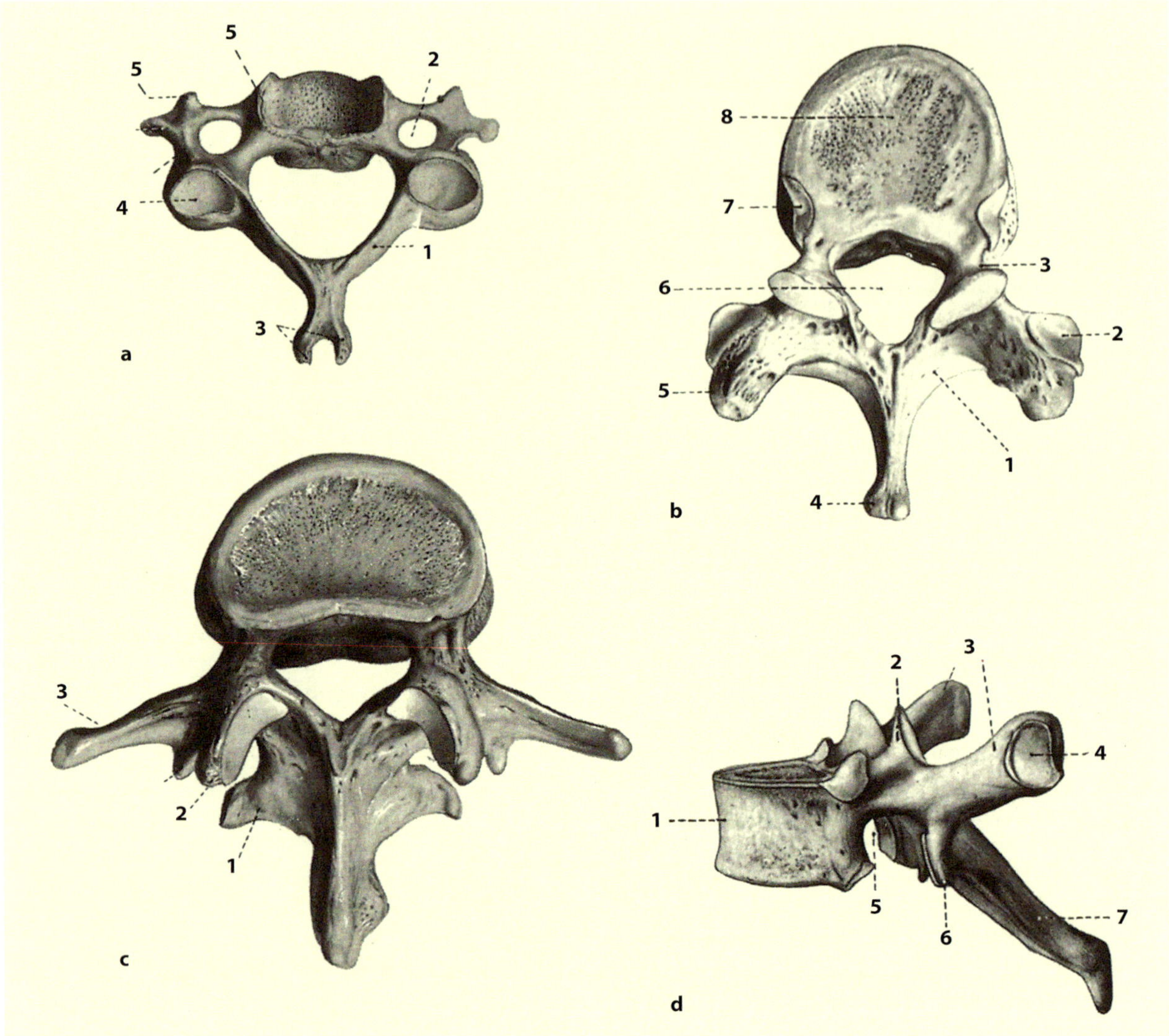

Abb. 10.7 a Fünfter Halswirbel von oben (*1* Wirbelbogen, *2* Querfortsatzloch, *3* Dornfortsatz, *4* Wirbelgelenk, *5* Wirbelkörper), b Sechster Brustwirbel von oben (*1* Wirbelbogen, *2* Gelenkfläche für die Rippe, *3* Wirbelbogen, *4* Dornfortsatz, *5* Querfortsatz, *6* Wirbelloch, *7* Gelenkfläche für die Rippe, *8* Wirbelkörper), c Dritter Lendenwirbel von oben (*1* unterer Gelenkfortsatz, *2* oberer Gelenkfortsatz, *3* Querfortsatz), d Sechster Brustwirbel von links (*1* Wirbelkörper, *2* oberer Gelenkfortsatz, *3* Querfortsätze, *4* Gelenkfläche für die Rippe, *5* Zwischenwirbelloch (obere Hälfte), *6* unterer Gelenkfortsatz, *7* Dornfortsatz). (NachSchirmer 1989)

- Zwischendornfortsatzbänder (Ligg. interspinalia).
- Dornspitzenband (Lig. supraspinale): Es liegt über allen Dornfortsätzen.
- Zwischenbogenbänder (Ligg. interarcuata) bzw. gelbe Bänder (Ligg. flava).

Die Form der menschlichen Wirbelsäule entspricht einem lang gezogenen Doppel-S: Die Halswirbelsäule (HWS) ist nach vorn durchgebogen (Halslordose), die Brustwirbelsäule (BWS) nach hinten (Brustkyphose) und die Lendenwirbelsäule (LWS) wieder nach vorne (Lendenlordose; Abb. 10.8). Dabei sind es die Bänder, die der Wirbelsäule ihren Halt geben. Längsmuskulatur und Bauchmuskulatur wirken zusätzlich als elastisches Korsett.

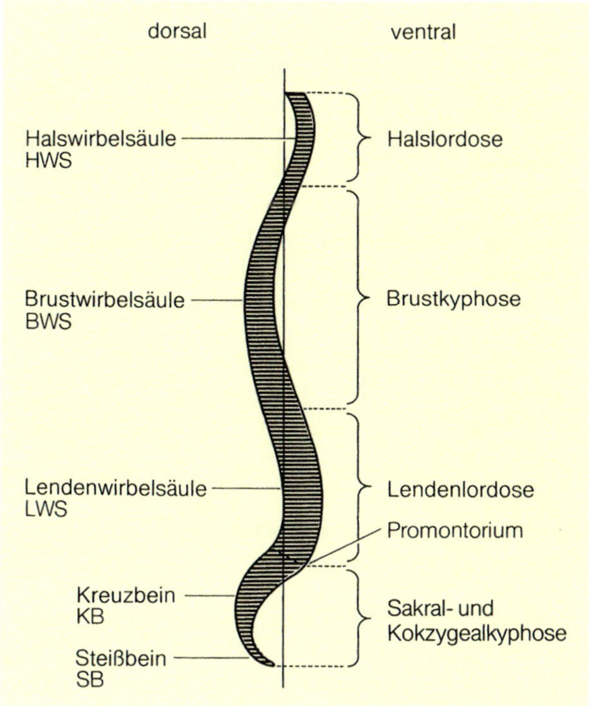

◘ Abb. 10.8 Physiologische Krümmungen der Wirbelsäule in der Seitenansicht. (Aus Schiebler et al. 2003)

Zwischen dem 1. und 2. Halswirbel (Atlas und Axis) besteht eine gelenkige Verbindung, um die Drehung des Kopfes zu ermöglichen: Der Atlas dreht sich um den Zahn (Dens) des 2. Halswirbels.

Durch die Aneinanderreihung der Wirbel mit ihren Wirbellöchern entsteht der Wirbel- oder Spinalkanal, in dem das Rückenmark liegt, das von den gleichen Häuten umgeben ist wie das Gehirn (◘ s. oben).

10.1.11 Vegetatives Nervensystem

Das vegetative (idiotrope) Nervensystem führt eine Reihe von Nervenbahnen, die gesondert zu den glatten Muskeln (z. B. des Darmes oder der Harnblase), zu den Drüsen und zum Herzen verlaufen. Es besteht aus dem Parasympathikus und dem Sympathikus.

- Die **sympathischen Bahnen** beginnen in der grauen Substanz des Rückenmarks und ziehen durch die vorderen Wurzeln in die weißen Verästelungen (R. communicantes albi) zum Grenzstrang des Sympathikus. Er ist eine perlschnurartige Kette an beiden Seiten der Wirbelsäule.
- Zu den **parasympathischen Nerven** gehört im Wesentlichen der N. vagus. Er entspringt aus einem besonderen Kern des Hirnstammes und erscheint als 10. Hirnnerv aus der Medulla oblongata. Er sendet Äste zu allen inneren Organen bis hinab zum Dünndarm. Enddarm und Urogenitalsystem werden durch parasympathische Fasern aus dem Sakralmark versorgt.

In ihrer Wirkung auf die inneren Organe sind Sympathikus und Parasympathikus Antagonisten. Das Zwischenhirn koordiniert wie ein »Zügel« beide Teile des vegetativen Systems.

Aus den unterschiedlichen Funktionen (◘ Tabelle 10.2) lässt sich ableiten, dass das sympathische System im Wesentlichen der Leistungserhöhung dient, während das parasympathische System im Wesentlichen Erholungseffekte bedingt.

10.2 Neurochirurgisches Basiswissen im Operationssaal

10.2.1 Arbeitsbedingungen im neurochirurgischen Operationssaal

Für alle Personen, die im neurochirurgischen OP-Saal instrumentieren, assistieren, anreichen und operieren, gilt:

!
1. **Lupenbrille, Stirnlampe und Mikroskop sind die essentiellen Geräte der Neurochirurgie. »Hände können nur das tun, was die Augen sehen!«**
2. **Kleine OP-Felder, aufwendige Geräte und lange OP-Zeiten sind die Gegebenheiten der Neurochirurgie.**
3. **Ausfall der empfindlichen Geräte und Instrumente sind die Geißel der Neurochirurgie.**

Die Zusammenarbeit von Operateur und instrumentierendem OP-Personal funktioniert vorteilhafter und schonender für den Patienten, wenn sich alle Mitarbeiter diese Merksätze immer wieder vergegenwärtigen.

Es ist v. a. der modernen Technik, also den hochauflösenden Mikroskopen, dem empfindlichen Mikroinstrumentarium, dem Laserschnittgerät, dem Ultraschallzertrümmerer, dem intraoperativen Monitoring, der Neuronavigation und überhaupt der elektronischen Datenverarbeitung, zu verdanken, dass heute am Gehirn und am Rückenmark routinemäßig auf hohem Niveau operiert werden kann. Es ist unschwer vorstellbar, wie viele Kabelstränge und Geräte notwendig sind, wenn mit Videoüber-

Tabelle 10.2. Funktionen des Sympathikus und des Parasympathikus

Erfolgsorgan	Sympathikus	Parasympathikus
Herz	Beschleunigung des Herzschlags	Verlangsamung des Herzschlags
Herzkranzgefäße	Erweiterung	Verengung
Gefäße	Verengung	Erweiterung
Bronchien	Erweiterung	Verengung
Ösophagus	Erschlaffung	Krampf
Magen, Darm	Hemmung der Peristaltik und der Drüsentätigkeit	Anregung der Peristaltik und der Drüsentätigkeit
Blase	Harnverhaltung	Harnentleerung
Genitalien	Gefäßverengung	Gefäßerweiterung
Pupillen	Erweiterung	Verengung
Lidspalte	Erweiterung	Verengung
Speicheldrüsen	Spärlicher, zähflüssiger Speichel	Reichlicher, dünnflüssiger Speichel
Schweißdrüsen	Spärlicher, klebriger Schweiß	Reichlicher, dünner Schweiß

tragung unter Zuhilfenahme von Laserstrahlen und einem zentnerschweren Deckenmikroskop aus einer Öffnung, die nicht größer als der Durchmesser einer Grapefruit ist, z. B. eine Gehirngeschwulst entfernt werden soll.

Im neurochirurgischen OP-Saal finden sich deshalb andere Arbeitsbedingungen als bei verwandten Fächern. Die folgenden Ausführungen sollen deshalb kurz darüber informieren, was im Saal und beim Instrumentieren unbedingt beachtet und eingehalten werden sollte:

Nochmals: Es sind maßgeblich die aufwendigen und teuren Apparate, die neurochirurgische Operationen ermöglichen. Daher müssen alle Instrumentierenden und Saalassistenzen mit dem Aufbau, dem Anschluss, der Funktion, dem Abbau und der Pflege sowie der Wartung von beispielsweise den Stirnlampen, dem Mikroskop, dem Stereotaxiering und dem Mikroinstrumentarium vertraut sein. Und das sollte sinnvollerweise vor der Operation geübt werden. Aus folgenden Gründen soll das Personal von OP-Einheiten zum Üben und Ausprobieren der Geräte ermuntert werden:

- Empfindliche Apparaturen wie der Stereotaxiering, das Endoskop, die Neuronavigation, aber auch einfache Ventilsysteme sind häufig nur einmal vorhanden. Unsachgemäßer Umgang mit diesen Geräten führt zu hohen Reparaturkosten, verzögert die Operation oder führt schlimmstenfalls zum OP-Abbruch und damit zum Schaden des Patienten.
- Die Verzögerung von Operationen kann in Zukunft dazu führen, dass längere Patientenliegezeiten die Finanzierung operativer Abteilungen erschweren. Wie gut, schnell und wirtschaftlich eine Abteilung unter den neuen Finanzierungsgesetzen heute und zukünftig arbeiten kann, wird von allen an der Operation Beteiligten, also auch dem OP-Pflegepersonal, direkt mitgestaltet!

10.2.2 Lagerung und Abdeckung

Bei Operationen am Kopf ist zu beachten: Lang dauernde Operationen erfordern eine optimale Lagerung des Patienten mit Polstern, Kissen und Laken, weil mit fortschreitender Zeit die Gefahr eines Druckschadens an den peripheren Nerven und an der Haut rapide zunimmt. Lagerungshilfsmittel müssen deshalb reichlich vorhanden sein. Ein Wärmeverlust des Patienten muss mit geeigneten Methoden verhindert werden. Meistens werden der Kopf und die Halswirbelsäule des Patienten mit einem Dreipunktkopfspanner nach Mayfield starr fixiert, um ein Verwackeln des OP-Feldes weitgehend zu verhindern. Dabei muss der Patient so liegen, dass das OP-Team möglichst freien Zugang zum OP-Situs und die Anästhesisten freien Zugang zu den Beatmungs-, Mess- und Überwachungsgeräten haben. Liegt der Patient bei Kopfoperationen auf dem Rücken, ragt das Tubussystem oftmals nur durch die Abdeckung getrennt, nahe des Instrumententisches aus dem Mund des Patienten. Es ist deshalb beim Platzieren des Tisches unbedingt darauf zu achten, dass die Arbeitsplatte so weit hochgefahren wird, dass Tubusverbindung, Infusionsschläuche, die Dopplersonde u. a. unter den Abdecktüchern nicht verschoben werden können. Bei Zwischenfällen, wie Kreislaufstillstand oder Tubusleckagen, ist dem Anästhesistenteam durch Wegziehen oder Hochfahren des Instrumententisches ausreichend Platz zu schaffen.

Die Abdeckung erfolgt abteilungsspezifisch. Der Patient muss gut wärmeisoliert gelagert und abgedeckt sein. Vorteilhaft ist ein Abdecksystem mit integriertem Auffangbehältnis für Spülflüssigkeiten.

10.2.3 Instrumente und Geräte der Neurochirurgie

Die erstmalige Handhabung und Bedienung neurochirurgischer Instrumente und Geräte darf nicht während der Operation eingeübt werden. Zum Schutz des Patienten, der eigenen Sicherheit und zur Erleichterung des Umgangs mit den Geräten gibt es Sicherheitsrichtlinien der Hersteller und des Gesetzgebers (MPG). Bitte beachten Sie beim Erlernen des neurochirurgischen Instrumentierens diese Hinweise und Verpflichtungen.

Wir unterscheiden:
- Kraniotomieinstrumentarium für Eingriffe am Schädel und am Gehirn. Dazu kommen dann bei Bedarf je nach Operation die speziellen Instrumente wie z. B. das Mikroinstrumentarium.
- Laminektomieinstrumentarium für alle Operationen an der Wirbelsäule, am Rückenmark und an den Spinalnerven.

Kraniotomieinstrumente

Schädeleröffnung

- Skalpell, für die Haut und das Periost.
- Pinzetten, chirurgisch, kurz, grob.
- Scheren, z. B. nach Metzenbaum.
- Nadelhalter, z. B. nach Hegar.
- Haken, scharf.
- Raspatorien, schmal und breit, z. B, nach Willinger.
- Elevatorium, z. B. nach Langenbeck (▪ Abb. 10.9).
- Dissektor, einseitig stumpf, einseitig scharf, z. B. nach Freer (▪ Abb. 10.10) zum Abhebeln des Knochendeckels.
- Anatomische Dandy-Klemmen (▪ Abb. 10.11) zur Blutstillung an der Galea der Kopfhaut.
- Eventuell Raney-Clips mit Applikationszange (▪ Abb. 10.12) oder Kölner Klammern. Die Clips werden an den Kopfhautlappen zur Kompression und damit zur Blutstillung gesetzt.
- Elektrisch- oder druckluftbetriebene Bohrmaschine mit einem Trepan (▪ Abb. 10.13), der runde Löcher in die Kalotte bohrt und stoppt, sobald er keinen Widerstand mehr hat, also wenn er an der Dura angelangt ist.
- Das Craniotom verbindet die mit dem Trepan gesetzten Bohrlöcher. Dazu wird ein Sägeblatt in die Bohrmaschine eingespannt und ein Duraschutz darüber geschraubt. Dessen Schuh gleitet auf der Dura, sodass diese geschützt wird (▪ Abb. 10.14).
- Hochgeschwindigkeits- (High-speed-)Bohrsysteme mit 80.000–100.000 Umdrehungen/min werden zum druckfreien Fräsen von Knochenvorsprüngen oder zum Aufbohren von Nervenkanälen verwandt (▪ Abb. 10.15a,b).
- In ganz besonderen Fällen kommt statt des Craniotoms noch die »gute, alte« Gigli-Säge (▪ Abb. 10.16a) zum Einsatz. Die Gigli-Sägesonde wird mit einem eingehakten Sägedraht von einem Bohrloch unter dem Knochen (auf der Dura) zum anderen Bohrloch geschoben. In den ausgehakten Draht wird nun an beiden Enden ein Handgriff (▪ s. Abb. 10.16b) angebracht.
  Der scharfe Draht wird manuell hin- und hergezogen, um den Knochen durchzusägen (▪ Abb. 10.17).
- Mit den Stanzen kann man das Bohrloch erweitern. Diese Stanzen gibt es nach oben oder nach unten schneidend sowie in der schmalen und der breiten Version. Die Spitze zeigt entweder 90° oder 130° (▪ Abb. 10.18 und 10.19).

Mit dem Nervenhäkchen (Durahäkchen) werden die Bohrlochränder umfahren, um adhärente Dura zu lösen.
- Muss ein Bohrloch erweitert werden, aber die Stanzen sind zu klein, eignet sich eine feine Hohlmeißelzange nach Luer.

Zur Gehirnoperation kommen dann verschiedene Instrumente hinzu:
- Anatomische Bajonettpinzetten, z. B. nach Gruenwald (▪ Abb. 10.20).
- Duramesser, z. B ein kleines rundes (15er), um eine kleine Inzision in die Dura zu legen, die dann mittels einer Duraschere erweitert wird. Diese Schere hat eine abgeflachte Branche, die das Gehirn beim Schneiden der Dura vor Verletzungen schützt (z. B. nach Schmieden-Taylor oder nach Frazier; ▪ Abb. 10.21).
- Feine chirurgische Durapinzetten (z. B. nach Adson).
- Feine Saugeransätze.
- Hämoclipzangen und Hämoclips der gängigen Größen.
- Hirnspatel, z. T. selbsthaltend: Diese Spatel werden so gebogen, dass sie sich dem Hirngewebe optimal anlegen. Das Gehirn wird dabei durch einen Streifen feuchter Hirnwatte geschützt. Sollte ein Spatel für kurze Zeit ohne Hirnwatte eingesetzt werden, muss auf jeden Fall darauf geachtet werden, dass er feucht angereicht wird.

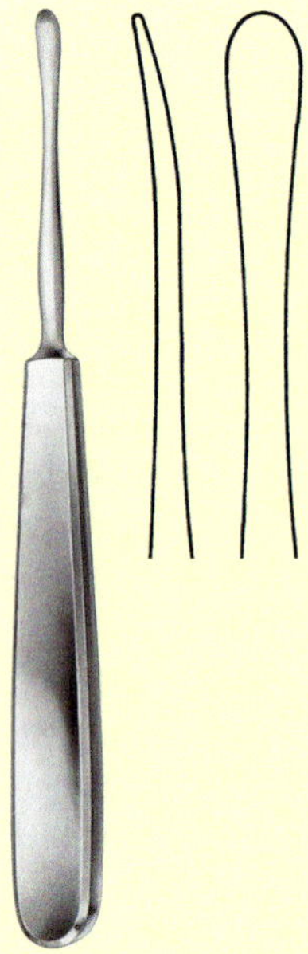

10.9

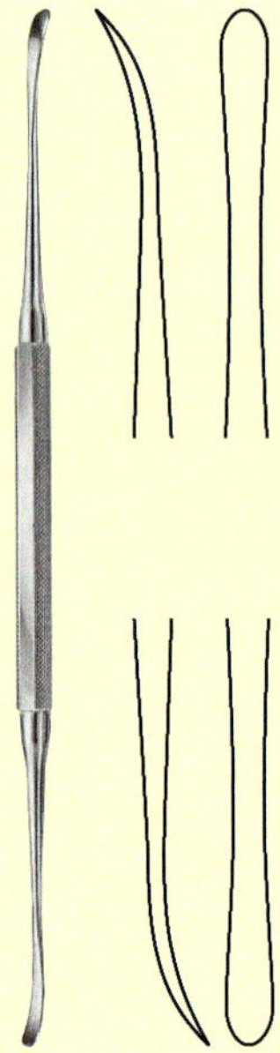

10.10

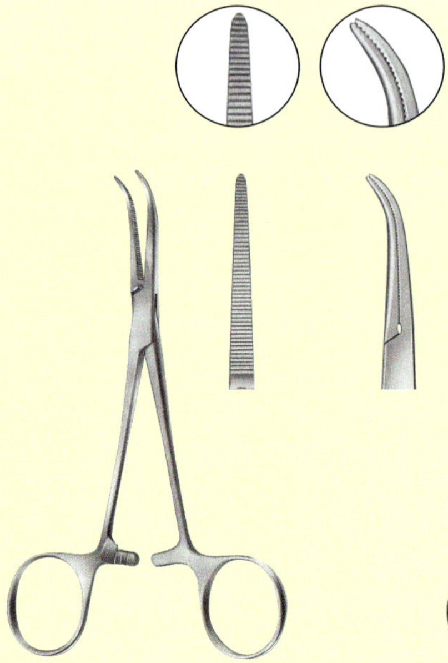

10.11

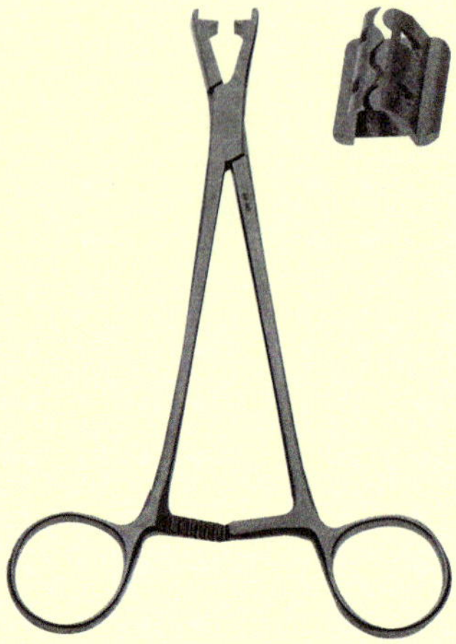

10.12

10.13

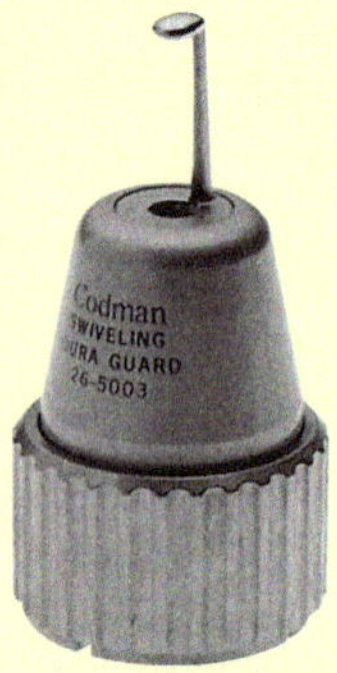

10.14

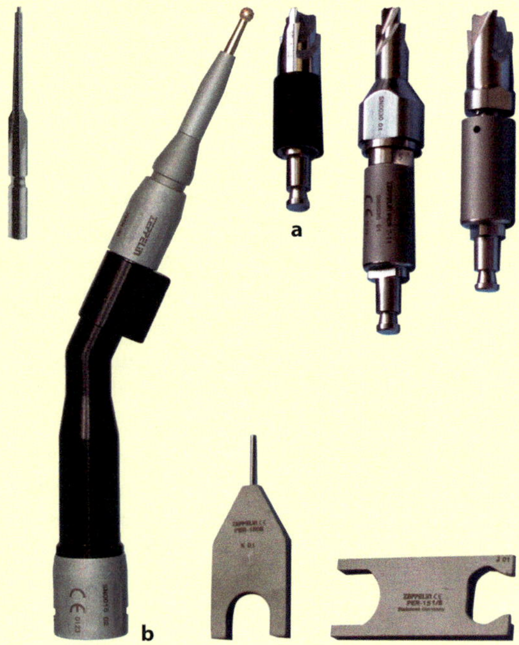

10.15

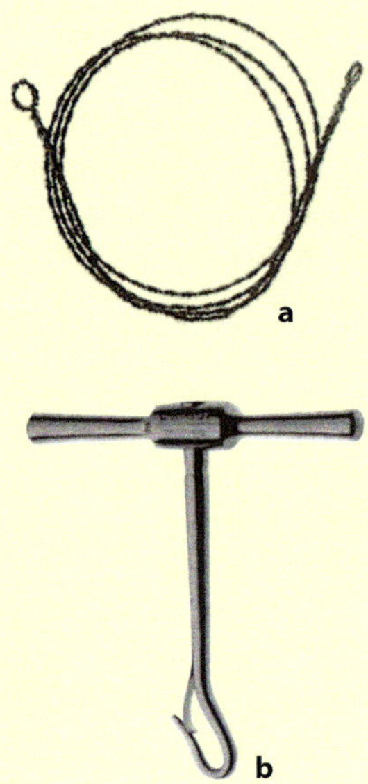

10.16

Abb. 10.9 Elevatorium

Abb. 10.10 Dissektor

Abb. 10.11 Dandy-Klemmen. (Abb. 10.9–10.11 Fa. Aesculap)

Abb. 10.12 Raney-Clips

Abb. 10.13 Bohrmaschine mit Trepan

Abb. 10.14 Craniotom. (Abb. 10.12–10.14 Fa. Codman)

Abb. 10.15a,b High-Speed-Bohrsystem. a Trepane, b Bohrer (Fa. Zeppelin)

Abb. 10.16 a Gigli Säge, b Handgriff. (Fa. Codman)

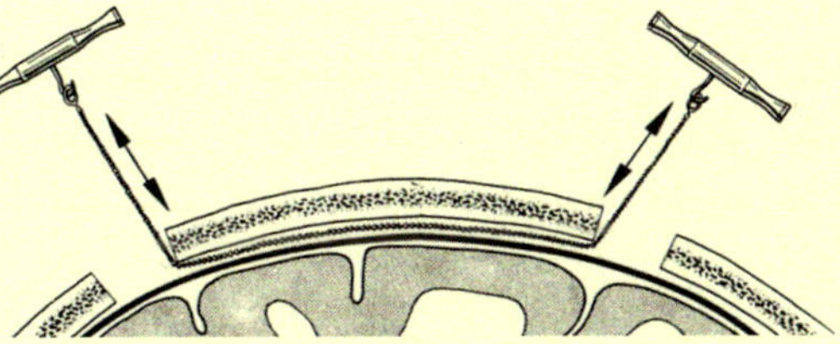

10.17

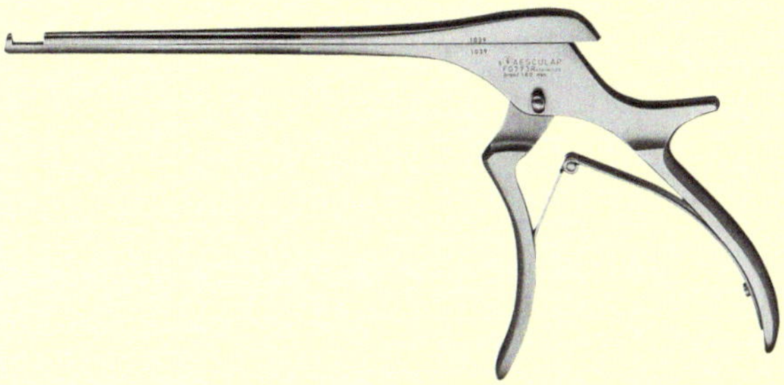

10.18

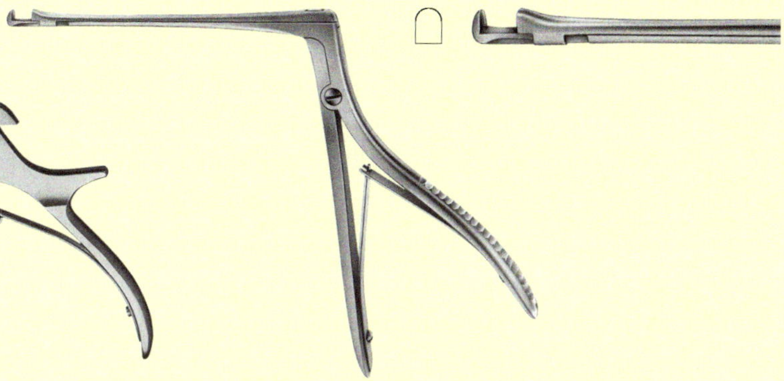

10.19

Abb. 10.17 Trepanation mit der Gigli-Säge. (Aus Hamer u. Dosch 1978)

Abb. 10.18 Stanze nach Kerrison

Abb. 10.19 Stanze nach Hajek-Kofler

Zum Offenhalten des OP-Feldes wird ein Halteapparat mit flexiblen Armen an dem Operationstisch fixiert; in diese Arme werden dann die benötigten Spatel eingesetzt.

Bei Bedarf: Aneurysmaclips mit Applikationszangen (s. 10.5.1).

Schädelverschluss

- Durapinzetten, Nadelhalter, Schere.
- Spiralbohrer (2,0 mm), mit dem feine Löcher in die Kalotte und den Knochendeckel gebohrt werden, um die Dura an den Knochen heften zu können (Durahochnähte, s. unten) und den Deckel wieder einzuknoten.
- Spiralbohrer (4,5 mm): Wenn statt des patienteneigenen Knochendeckels in einer 2. Operation ein Kunststoffdeckel eingepasst wird, wird er mit dem großen Bohrer siebartig perforiert, damit Gewebe leichter einsprossen kann.
- Duraschutzzange (Lochzange): Um in der Kalotte die 2-mm-Bohrlöcher setzen zu können ohne das Gehirn zu verletzen, kann man entweder einen Spatel zwischen Knochen und Dura schieben oder eine speziell dafür konstruierte Zange benutzen, die eine abgeflachte Branche hat und die Dura schützt, sowie eine gelochte Branche, die den Bohrer führt.
- Während der Knochendeckel mit dem Spiralbohrer perforiert wird, kann er von einem Assistenten mit 2 Knochenhaltezangen festgehalten werden.
- Zur schnelleren und auch passgenaueren Fixierung des Knochendeckels werden heute in verschiedenen Formen angebotene Verschlussplättchensysteme verwandt.
- Zu jeder Kopfoperation gehören noch ein standardisierter Zusatz (s. unten), eine Spülspritze mit Knopfkanüle und bei Bedarf das Mikroinstrumentarium oder andere Spezialinstrumente.

Laminektomieinstrumente

- Skalpell, groß für die Haut und etwas kleiner für die Dura, Pinzetten (chirurgisch grob, chirurgisch fein und bajonettförmig anatomisch).

- Scheren, scharfe Haken, Nadelhalter.
- Laminektomiewundspreizer (◘ Abb. 10.22), der durch seine spezielle Biegung nicht die Übersicht bei dem dorsalen Zugang behindert. Zum Teil werden diese Wundspreizer mit gelenkigen Verbindungen zu den Branchen angeboten. Es gibt sie mit scharfen, aber auch mit stumpfen Branchen. Der Einsatz richtet sich nach der Schicht, die beiseite gehalten werden muss:
  - Für eine Laminektomie wird ein Sperrer mit 2 gleich langen Branchen bevorzugt,
  - für eine Hemilaminektomie wird eine lange und eine kurze Branche gewählt.
- Meißel (Flach- und Hohlmeißel) zum Abmeißeln der Knochenvorsprünge mit dem dazugehörenden Hammer.
- Hohlmeißelzangen, gerade und abgewinkelt (◘ Abb. 10.23).
- Knochenschneidezange z. B. nach Liston (◘ Abb. 10.24).
- Laminektomiestanze nach Hajek-Kofler (noch oben offen) oder nach Smith-Kerrison (nach unten offen; ◘ s. Kraniotomieinstrumente).
- Mit geraden oder abgewinkelten Rongeuren (Tumorexstirpationszangen) wird das zerschlissene Bandscheibengewebe entfernt (◘ Abb. 10.25a,b).
- Mit scharfen Löffeln wird das ehemalige Bandscheibenlager kürettiert.
- Der Nervenwurzelhaken (z. B. nach Love oder nach Krayenbühl) hält die Nervenwurzel aus dem OP-Gebiet (◘ Abb. 10.26). Auch hier ist es wichtig, dass der Haken feucht angereicht wird. Deshalb sollte er in einer mit Kochsalzlösung gefüllten Schale auf dem Instrumentiertisch liegen.
- Das Nerv- oder Durahäkchen löst nach der Inzision mit einem kleinen Messer die Dura vom Rückenmark.
- Bei Operationen an der Wirbelsäule und am Rückenmark gelten dieselben Regeln wie für die Gehirnoperation; der Standardzusatz (◘ s. unten) bleibt derselbe.

Mikroinstrumentarium

Operationen unter dem Mikroskop erfordern neben dem Standardinstrumentarium ein geeignetes Mikroinstrumentarium.

- Nervenhäkchen mit und ohne Knopf (◘ Abb. 10.27).
- Arachnoideascheren (◘ Abb. 10.28).
- Mikroscheren, gerade oder bajonettförmig (◘ Abb. 10.29).
- Mikropinzetten, ebenfalls gerade oder bajonettförmig.
- Mikronadelhalter, bajonettförmig (◘ Abb. 10.30).
- Mikrodissektor, zur Unterstützung bei der Präparation (◘ Abb. 10.31).

Die übliche bipolare Koagulationspinzette wird für Mikroskopoperationen gegen eine Mikropinzette ausgetauscht.

Neurochirurgische Spezialitäten

- Hämoclipzangen mit verschiedenen Clips aus Titan.
- Resorbierbares Hämostyptikum (Kollagenvlies, Tabotamp) tamponiert die blutende Stelle.
- Für intrazerebrale Blutungen kann das Hämostyptikum zudem in Fibrinkleber getränkt werden.
- Hirnwatte wird als Tupfer oder Streifen in verschiedenen Größen und Längen angeboten. Sie besteht aus gepresster, fusselfreier Watte. Jeder Tupfer und jeder Streifen ist mit einem Faden armiert. Tupfer müssen häufig für den Gebrauch noch zurechtgeschnitten werden. Sie werden immer feucht angereicht, denn sie dienen dem Schutz des Gehirns oder der Lagefixation eines Tabotamp-Streifens.
  Streifen sollten mit einer Pinzette angereicht werden, kleine Tupfer können direkt auf dem Finger unter das Mikroskop gehalten werden, damit der Operateur sie abnehmen kann. (Ausnahme: Eigentlich sollte die Hand des Instrumentierenden unter dem Mikroskop nicht sichtbar werden!)
- Sollte die eröffnete Dura nicht problemlos wieder zuzunähen sein, muss die Defektdeckung durch einen »Patch« erfolgen. Heute verwendet man meist ein gewebefreundliches alloplastisches Material z. B. Gore-Dura. Sie wird in verschiedenen Größen angeboten, zurechtgeschnitten und eingepasst. Entweder wird sie mit Spezialfäden fortlaufend eingenäht oder nur aufgelegt und/oder mit Fibrinkleber fixiert.
  Eine Alternative stellt der resorbierbare Durapatch dar. Das synthetische Implantat aus Polydioxanon wird innerhalb eines Vierteljahres durch eine körpereigene Bindegewebsschicht ersetzt. Der Durapatch hat eine poröse Grundstruktur, um die Einsprossung von Gefäßen und Gewebe zu ermöglichen. Er gilt jedoch als liquordicht.
- Knochenwachs ist ein industriell gefertigtes Wachs, das zur Blutstillung auf blutenden spongiösen Knochen mit dem Finger oder dem Dissektor aufgetragen wird.

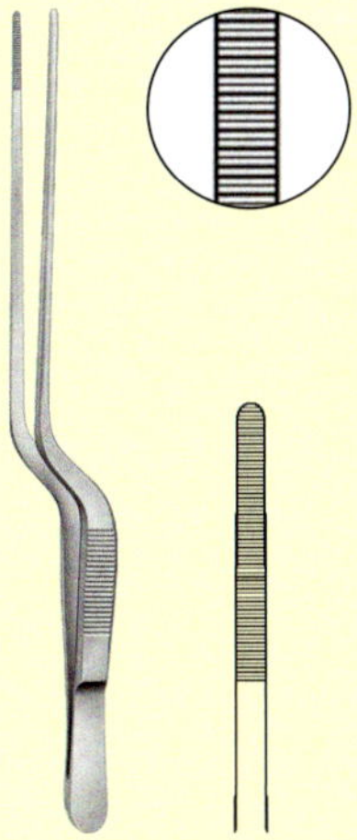

10.20

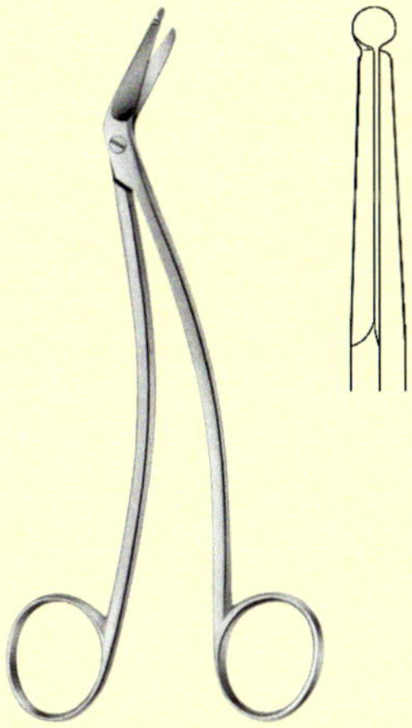

10.21

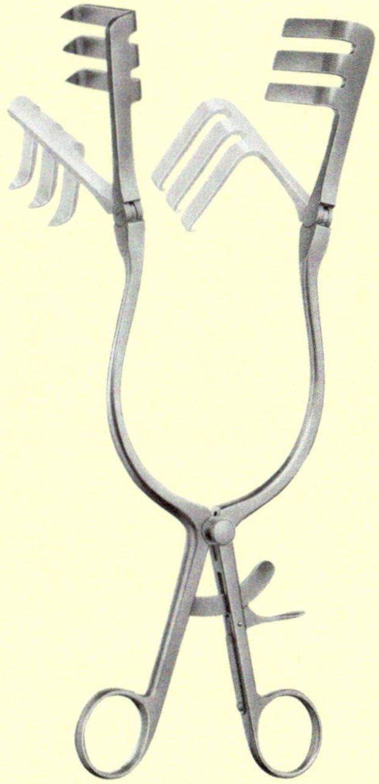

10.22

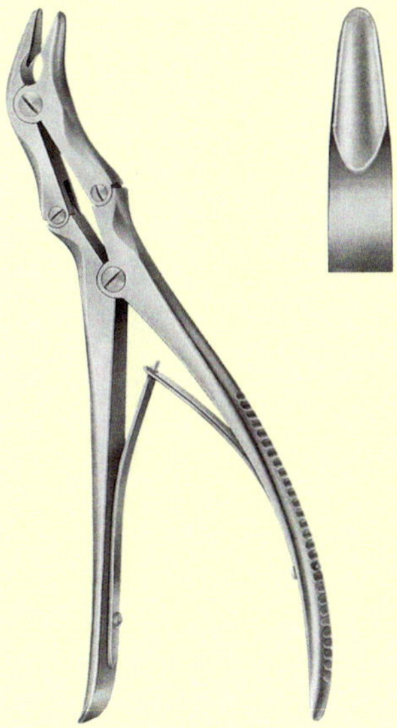

10.23

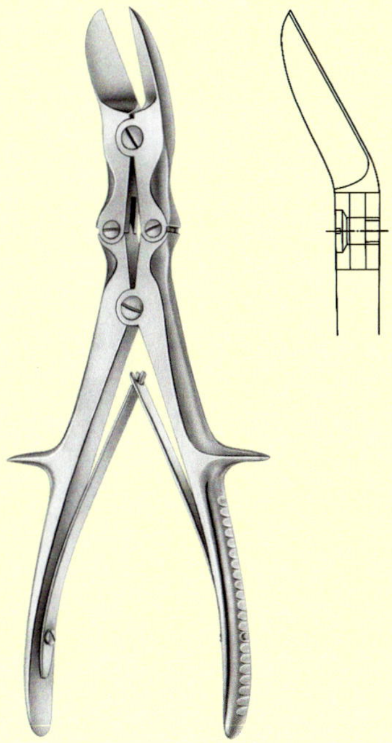

10.24

Abb. 10.20 Bajonettpinzette

Abb. 10.21 Duraschere. (Abb. 10.18–10.21 Fa. Aesculap)

Abb. 10.22 Wundspreizer nach Harvey-Jackson

Abb. 10.23 Hohlmeißelzange nach Frykholm

Abb. 10.24 Knochenschneidezange nach Liston

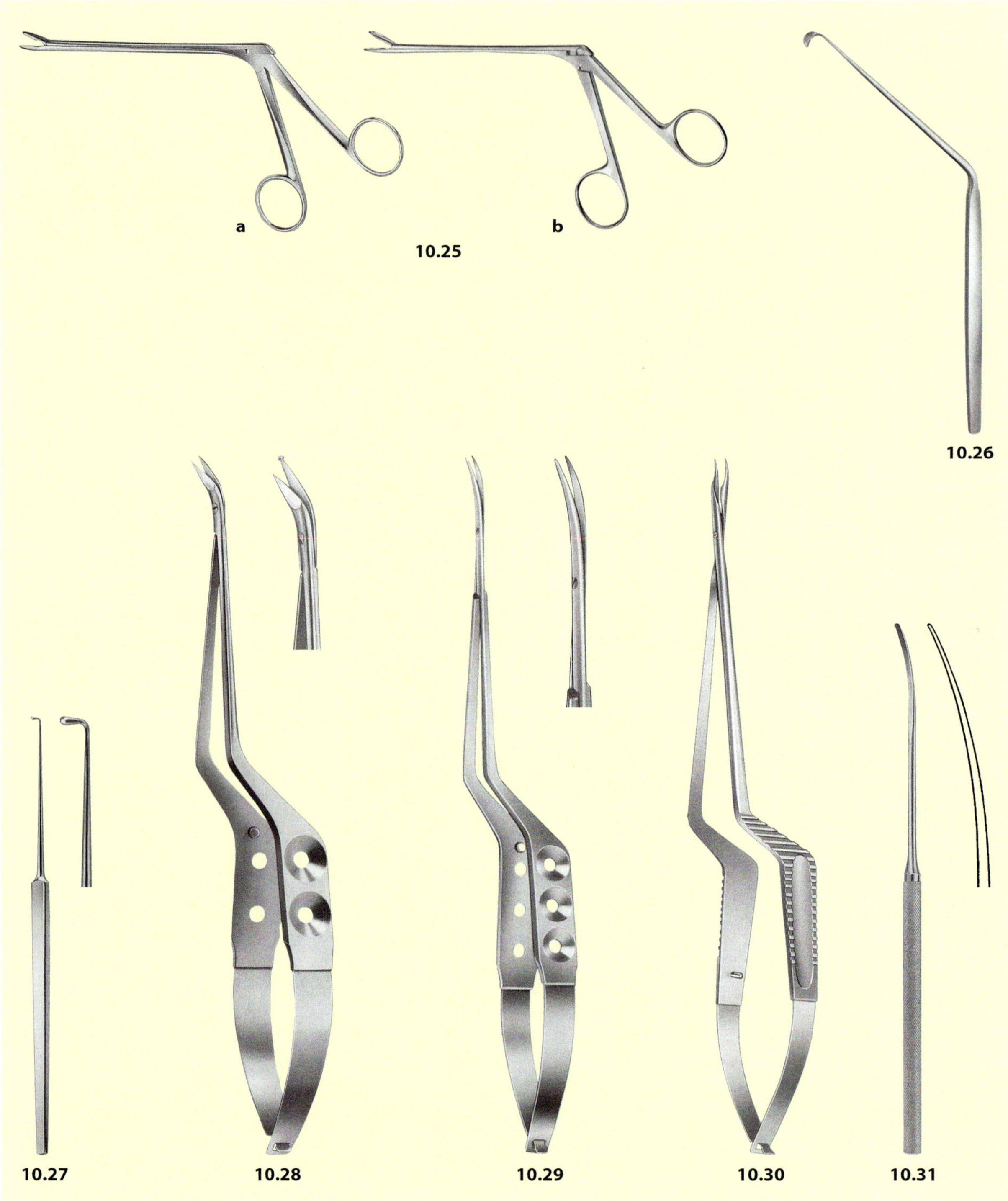

■ Abb. 10.25a, b Rongeure. a Nach Love-Gruenwald, b nach Weil-Blakesley

■ Abb. 10.26 Nervenwurzelhaken

■ Abb. 10.27 Nervenhäkchen

■ Abb. 10.28 Arachnoideaschere

■ Abb. 10.29 Mikroschere nach Malis

■ Abb. 10.30 Mikronadelhalter nach Spetzler

■ Abb. 10.31 Mikrodissektor. (Abb. 10.22–10.31 Fa. Aesculap)

- Der bipolare Koagulator löst eine fein umschriebene Verschorfung aus. Sie ist auf das Gewebe zwischen den Pinzettenbranchen beschränkt ist, weil die Restfläche der Pinzette isoliert ist. Bipolare Pinzetten wirken zweipolig, sodass eine Neutralelektrode am Patienten zur Stromableitung nicht benötigt wird. Zur Sicherung der einwandfreien Koagulation müssen die Pinzettenspitzen immer sauber gehalten werden. Wegen der feinen Strukturen am Gehirn und an den Nerven würde jede breitflächige monopolare Koagulation gesunde Gehirnareale zerstören. Die benötigten Pinzetten werden bajonettförmig, gerade und gebogen angeboten.

Hinweise für den Umgang mit bipolaren Pinzetten und dem Koagulationssystem

- *Niemals* Koagulationspinzetten so aufbewahren, dass die Spitzen beschädigt werden. (Immer in den vorgesehenen Containern lagern!)
- *Niemals* die empfindliche Isolierung der Branchen beim Reinigen und Aufbewahren durch andere harte und spitze Geräte verletzen. (Zum Säubern keine Skalpellklinge benutzen, sondern dafür hergestellte raue Schwämmchen!)
- *Niemals* Pinzettenbranchen auseinander biegen. (Dabei bricht die Isolierung ab!)
- *Niemals* Kabel um die Pinzette wickeln. (Die Kabelseele bricht!)
- *Niemals* den Fußschalter am Kabel hochziehen, tragen oder transportieren. (Das Kabel bricht!)
- *Niemals* das Kabel um die Fußschalter wickeln. (Das Kabel bricht!)
- *Niemals* den Kabelstecker am Steckergehäuse aus dem HF-Gerät ziehen. (Das Kabel reißt, die Kontakte leiern aus, leiten schlecht, brechen ab.)

Geräte der Neurochirurgie

Bohrsysteme

Bohrer für die Öffnung der Kalotte, zum Befräsen von Wirbeln u. a. werden von Pressluftturbinen oder von Elektromotoren angetrieben. Beim Zusammenstecken der flexiblen Welle am Motor, beim Anbringen des Fußschalters, beim Feststellen des Bohrfutters und Zusammenbau der Handstücke ist technisches Verständnis und Übung erforderlich. Bohrer und Fräsen müssen scharf sein, damit durch kontrollierbaren Kraftaufwand Dura, Sinus und Hirngewebe unverletzt bleiben. Also werden bemängelte Aufsätze aus dem Sieb entfernt und ersetzt. Beim Spülen ist darauf zu achten, dass einerseits genug Wasser fließt, um den Knochen zu kühlen. Andererseits darf nicht mehr gespült werden, als der Sauger an Knochenspänen und Spülwasser aufzunehmen vermag.

High-speed-Bohrsysteme

Hochgeschwindigkeitsbohrsysteme setzen sich immer mehr durch. Sie bohren mit 80.000–100.000 Umdrehungen/min und ermöglichen dadurch druckfreies, exaktes Fräsen. Diese Systeme sind hochempfindlich und brauchen deshalb besondere Pflege:

- Ölen,
- regelmäßige Überprüfung der Fräser auf Schärfe,
- sofortige Beseitigung von Fehlfunktionen.

Lasersysteme

Sie sind mittlerweile Standard in jedem neurochirurgischen OP-Saal. Zur Zeit werden der CO_2-Laser und der Nd-Yag-Laser routinemäßig eingesetzt.

Beide Systeme erfordern besondere Erfahrung beim Aufbau und bei der Bedienung. Sicherheitsregeln sind deshalb festgelegt und müssen unbedingt beachtet werden. (Jede OP-Abteilung hat einen Laserbeauftragten!)

Alle im Saal Anwesenden (Operateur, Springer, Anästhesisten, Pfleger, Gäste, Lagerungspersonal etc.) müssen eine Laserschutzbrille tragen, da die Streustrahlung des Lasers die Netzhaut der Augen verletzen kann.

Beim Sehen durch diese Brillen erscheint das Blickfeld in einem schwachen, gräulich-grünlichen Kontrast und das Aussehen von Fäden, Ampullen, Instrumenten und Handschuhen kann irritieren. Deshalb empfehlen wir denjenigen, die im Umgang mit Laserbrillen ungeübt sind, beim Aufbau der Tische vor der Operation auszuprobieren, wie die vormals »bunte« OP-Welt plötzlich in einem gleichmachenden Grau aussehen wird.

Ultraschallzertrümmerer

Mit einem starken Ultraschallsender können Tumoren, Schicht für Schicht, in kleine Gewebefetzen zertrümmert werden. Durch eine Saug-Spül-Drainage wird abgelöstes Tumorgewebe entfernt. Weil Gefäße und gesundes Hirngewebe elastischer und weicher sind als tumoröse Bestandteile, schädigt sie der Ultraschall nicht. Die Saug- und Spülpumpen sind extrem störanfällig. Deshalb ist eine sorgsame Pflege und aufmerksame Testung vor der Operation unbedingt erforderlich.

Endoskope

Auch in der Neurochirurgie werden zunehmend starre und flexible Optiken eingesetzt, um z. B. einen Hydrozephalus oder einen Ventrikeltumor zu operieren, eine Zyste zu inspizieren, oder um eine Gewebeprobe (PE) zu entnehmen.

Wegen der hohen Empfindlichkeit dieses Instrumentariums gilt:
- Funktionskontrolle vor jeder Operation.
- Beschädigte Optiken, verbogene oder eingeknickte Trokare werden nicht mehr verwendet.
- Keine eigenständigen Reparaturversuche (Garantieausschluss des Herstellers!).
- Wegen der ineinander greifenden Feinmechanik sorgsame Reinigung und Vorbereitung für die Sterilisation.

Stereotaktisches Instrumentarium

Mikrostereotaktische Systeme dienen der Punktion und der geführten Entfernung tief im Hirn gelegener Gewebsveränderungen. Hierdurch wird oftmals die konventionelle, größere Öffnung des Schädels vermieden.

Die Rundbügel des stereotaktischen Instrumentariums, die Führungssonden und Halterungen (◘ Abb. 10.32) dürfen auf gar keinen Fall verbogen, fallen gelassen oder geworfen werden. Obwohl das Bügelsystem solide und schwer aussieht, ist es nicht unbedingt ein besonders stabiles Instrumentarium. Bereits wenige Zehntel Millimeter Formveränderung würden die Sondeninstrumente von dem vorher im CT vermessenen Zielpunkt ablenken. Die Bedienung und der Aufbau des Stereotaxieinstrumentariums brauchen daher eine versierte und geübte Zusammenarbeit von Operateuren und Pflegepersonal. Hierfür sind ausführliche Übungen und Besprechungen immer notwendig.

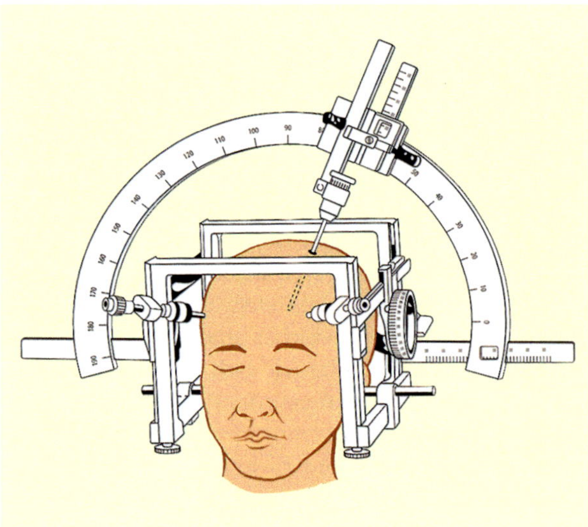

◘ Abb. 10.32 Stereotaktisches Gerät nach Leksel (Aus Siewert 2001)

Introperatives Monitoring

Für das Erkennen wichtiger Hirnzentren (Hirnmantel, Pyramidenbahn, Hirnstamm) sowie zur Identifizierung von Hirnnerven wird ein neurophysiologisches Monitoring verwandt. Die neurophysiologischen Untersuchungen beinhalten die direkte Stimulation z. B. des Gesichtsnerven oder der motorischen Hirnrinde, aber auch die Anwendung evozierter Potentiale (z. B. *s*omato*s*ensorisch *e*vozierte *P*otentiale, SSEP; *a*kustisch *e*vozierte *P*otentiale, AEP). Im Monitor gelingt auf diese Weise eine Aussage über den Funktionszustand wichtiger Strukturen, die unbedingt bei einer Operation erhalten werden müssen.

Neuronavigation

Mit Hilfe der Neuronavigation gelingt der Transfer von Bilddaten aus der kranialen Computertomographie (CCT) und der Magnetresonanztomographie (MRT) in die reale Anatomie des OP-Situs. Der Kopf des Patienten wird mit Identifikationsmarkern (»fiducials«) beklebt, diese werden dann von einem MRT- oder CCT-System abgetastet und zu einem dreidimensionalen Bild zusammengefügt. Ist der Kopf des Patienten zur Operation fixiert, werden die Marker identifiziert. Das Kamerasystem der Neuronavigation erfasst die Positionen der Marker, und ein Systemrechner stellt die Beziehung zwischen den CCT-/MRT-Bildern und der tatsächlichen Anatomie des Patienten her.

Vorteile der Neuronavigation
- Es lässt sich vorab der ideale Bereich für die Kraniotomie bestimmen.
- Es lässt sich prüfen, welche Hirnareale auf dem gewählten Zugangsweg berührt werden.
- Intraoperativ ist stets eine sichere Instrumentenführung anhand der morphologischen Darstellung auf dem Monitor möglich.
- Ist der Tumor reseziert, besteht die Möglichkeit zu prüfen, ob seine Grenzen auf dem Monitor mit den Grenzen des Resektionsbereiches übereinstimmen.

So wird dem Neurochirurgen die Möglichkeit geboten, während einer Operation den Befund zu lokalisieren, zu erreichen und gesundes Gewebe zu schonen.

Im Umgang mit diesen fein aufeinander abgestimmten Geräten ist Sorgfalt geboten:

Halten Sie sich nicht im Kamerastrahlengang auf.
- **Stoßen Sie nicht an die Markierungssysteme.**
- **Verbiegen Sie die Markierungssysteme und Instrumente nicht.**
- **Verändern Sie nicht die Kamerapositionen.**
- **Verschieben Sie bei der OP-Vorbereitung nicht die aufgeklebten Feducials.**
- **Tauschen Sie regelmäßig die Markerkugeln aus.**

Operationsmikroskop

In keinem neurochirurgischen OP-Saal fehlt heute das OP-Mikroskop.

»Hände können nur das tun, was die Augen sehen.«

Die mikroskopisch feine, normale Anatomie und die oft enge Nachbarschaft pathologischer Prozesse zu lebenswichtigen Zentren erfordern eine räumliche Vergrößerung und die beste Ausleuchtung, die nur durch das Mikroskop erreicht werden kann. Allerdings ist ein Mikroskop nur so gut wie seine Pflege und Wartung. Ein einwandfreies Mikroskop ist die sicherste Voraussetzung für ein erfolgreiches Gelingen der Operation.

Entweder ist das Mikroskop oberhalb des OP-Feldes an der Decke fixiert oder an einem fahrbaren Stativ angebracht. Alle Funktionen werden über Fuß- bzw. Handschaltungen gesteuert. Hiermit werden Stuhlposition, Lichtintensität, Brennpunkt, Lichtkegel u. a. eingestellt. Vor der Operation sollen alle Schalter auf einwandfreie Funktion hin überprüft werden. Die Okulare für den Operateur, die Assistenz und die/den Instrumentierende(n) sollten ebenfalls vorher auf die individuellen Sichtigkeiten eingestellt werden.

In den meisten OP-Sälen wird das Mikroskop während der Operation mit einem Klarsichtbezug abgedeckt. Das erfordert Übung! Günstigerweise sollte zu zweit bezogen werden.

10.2.4 Arbeiten mit dem Mikroskop

Wenn der neurochirurgische Eingriff mit dem Mikroskop durchgeführt wird, muss der OP-Ablauf bedacht werden. (Hierzu gehört auch das Wissen, wie man die Birne im Mikroskop wechselt, wo Ersatzbirnen lagern und wie der Sicherungskasten des Mikroskops überprüft wird.)

Nach der Fixierung des Patientenkopfes durch Mayfield-Spanner oder Gummiring wird die Schädelkalotte über dem pathologischen Prozess eröffnet. Dies geschieht noch ohne Mikroskop, ohne Videoübertragung und ohne Laserschneider. Wenn bis an die Dura präpariert und blutgestillt wurde, kommt Bewegung und kontrollierte Unruhe in den OP: Das vor der Operation mit steriler Folie vorbereitete Mikroskop wird von den sterilen Schutztüchern befreit und über das OP-Feld geschwenkt. Dann entfernt der Springer die perforierten Ausschnitte der Schutzfolien von den Okularen.

Meistenteils werden die Handschuhe der Operateure jetzt – vor dem Öffnen der Dura – gewechselt. Beim Heranschwenken des Mikroskops und Heranschieben der Videoausrüstung, des Lasers usw. besteht latent die Gefahr unsterile Verhältnisse zu schaffen. (Folie des Mikroskops, Kleidung der Operateure, Abdeckungen.)

Eben weil die meisten neurochirurgischen OP-Säle oftmals mit Geräten vollgestellt sind und zusätzlich das mit Lampenanschlüssen und Videoübertragung verkabelte Mikroskop über dem »Geschehen schwebt«, laufen besonders Springer, Anästhesie und Gäste ständig Gefahr anzustoßen oder an Kabeln hängen zu bleiben.

10.2.5 Instrumentieren unter dem Mikroskop

Unter dem Mikroskop ändern sich die Anforderungen an das instrumentierende Personal und die Assistenz massiv: Während der Operation liegt das Arbeitsfeld nur innerhalb des ausgeleuchteten Gesichtsfeldes. Nur diesen Bereich übersieht der Operateur. In der um ein Vielfaches vergrößerten Sicht auf das kleine OP-Gebiet stört fortan alles, was der Operateur nicht selbst in das Sichtfeld einführt. (So, als würde man einem Brillenträger das Wischtuch direkt vor die Brille halten und nicht in die Hand geben.) Die Vergrößerung des realen Bildes bewirkt, dass Bewegungen viel schneller, unkontrollierter und – außerhalb des Brennpunktes – vor allem unscharf erscheinen. Alle Instrumente sind dem Neurochirurgen am Mikroskop deshalb sanft, aber sicher in die Hand außerhalb des Sichtfeldes anzureichen. Manche Operateure bitten gelegentlich darum, dass ihre Hand mit dem Instrument in Richtung des Gesichtsfeldes geführt wird.

Da die Handgelenke des Operateurs beim mikroskopischen Operieren aufgestützt sind (Ober- und Unterarme ruhen auf der Armlehne des Mikroskopstuhls), kann nur in einem kleinen oftmals spitzen Winkel angereicht werden. Ein Nachgreifen ist zwischen Mikroskop, selbsthaltenden Hirnspateln und Sauger nur schwer möglich;

darüber hinaus muss der Operateur das »Zufassen« beim Instrumentenwechsel ohne Sicht außerhalb des Sichtfeldes ertasten. Wenn nicht sicher angereicht wird, muss der Operateur unter den Okularen aufschauen; dies strengt sein Auge durch den Wechsel der Vergrößerung und des Lichts stark an. Sicheres, behutsames Anreichen bedeutet also Schonung der Augen des Operateurs und damit auch Schonung des Patienten.

Die häufigsten Fehler beim Anreichen vermeiden sich von allein, wenn man sich in die Situation des Operateurs versetzt. Deshalb gilt für alle, die am Mikroskop instrumentieren:

! Probieren Sie vor der Operation die Vergrößerung des Mikroskopes aus und lassen Sie sich beispielsweise eine bipolare Pinzette anreichen, mit der Sie aus einer Wasserschale einen Tupfer anheben, drehen und über dem Rand absetzen!

Außerdem muss unbedingt vermieden werden, dass die ohnehin nur mit wenig Kraft gehaltenen Pinzetten, Zangen, Dissektoren u. a. beim Anreichen nicht berührt werden. Im trichterartigen Situs – besonders wenn tief an der Hirnbasis operiert wird – kann jedes von außen vermeintlich nur leichte Anstoßen zu folgenschweren Gewebs- und Gefäßverletzungen führen.

! Stoßen Sie deshalb nicht gegen Sauger und in den Situs eingeführte Instrumente!

10.2.6 Geplatztes Aneurysma

In der operativen Neurochirurgie muss man unbedingt die Situation kennen, die eintritt, wenn ein Aneurysma platzt. Nach langer, konzentrierter Ruhe im OP-Saal, die nur von zarter Präparation und wenigen Instrumentenwechseln beherrscht wird, kann es vorkommen, dass plötzlich der Patient an einem rupturierten Hirngefäß zu verbluten droht und das OP-Feld mit Blut voll läuft. Jetzt wird ein Höchstmaß an Verständnis für den OP-Ablauf und die Sicherheit in der Handhabung der Clipzangen und des Mikroinstrumentariums erwartet. In der blutigen Tiefe des OP-Feldes ist oftmals für die Wahl des Clips nur wenig Sicht und Zeit. Es muss gefordert werden, dass jeder Handgriff und die Übersicht zu Clipzangen, Clips, Saugeransätzen vor Aneurysmaoperationen unbedingt eingeübt worden ist. Zusätzliche Unruhe entsteht im OP-Saal möglicherweise auch durch ein Abfallen der Kreislauffunktionen. Dann müssen auf der anderen Tuchseite vom Anästhesisten kreislaufstabilisierende Maßnahmen ergriffen werden, die vom Instrumentieren ablenken können. Anfängern im neurochirurgischen OP-Trakt fällt der Wechsel von langen, meistenteils ruhig verlaufenden Operationen zu lebensbedrohlichen, bangen Minuten manchmal schwer.

An dieser Stelle werden auch die langwierigen Exstirpationen von z. B. manchen Akustikusneurinomen oder Basistumoren erwähnt, die oftmals viele Stunden dauern können. Es werden also für diese neurochirurgischen Operationen sowohl vom Operateur als auch vom instrumentierenden Pflegepersonal eine besondere Ausdauer und eine dem Zweck förderliche, innere Einstellung erwartet.

10.2.7 Ende der neurochirurgischen Operation

Wegen der immer wieder hohen Reparaturkosten von Instrumenten durch unvorsichtige Handhabung wird darauf aufmerksam gemacht, dass insbesondere am Ende einer Operation das Mikroinstrumentarium (v. a. Mikropinzetten) nicht einfach in die »Abwurfsiebe« geworfen werden darf, sondern behutsam in die vorgeformten Köcher zu legen ist. Obgleich stabile Stanzen, schwere Bohrer und Selbsthalterungen für Hirnspatel auf dem abzuräumenden Tisch liegen, wird die Sorgfalt und Behutsamkeit des Umgangs von den empfindlichsten Instrumenten bestimmt! Dies sind die leicht verbiegbaren und empfindlichen Mikroinstrumente. Prinzipiell ist jeder Instrumentenmissbrauch zu vermeiden. Nach wie vor gilt z. B. für den Gebrauch von Scheren:
- Eine Gewebeschere schneidet Gewebe.
- Eine Fadenschere schneidet Fäden.
- Eine Arachnoideaschere schneidet Arachnoidea.

Das Mikroskop braucht eine aufmerksame Behandlung, denn der Wert des Mikroskops bestimmt den Wert der Instrumente. Angemessene Pflege bestimmt die Lebensdauer und hilft die Reparaturkosten gering zu halten. Regelmäßig und nach jeder Benutzung ist Folgendes zu beachten bzw. zu erledigen:
- Linsen und Okulare sind nach Spritzflecken, Schlieren und Schmutz zu untersuchen und ggf. mit einem feuchten Leinentuch zu säubern.
- Aceton und Alkohol werden nicht zur Oberflächenreinigung verwandt.
- Alle Öffnungen werden staubgeschützt zugedeckt.
- Schrauben, Schalter und Handräder dürfen nicht überdreht werden.

Bei vielen Operationen wird immer wieder durchleuchtet (z. B. bei Operationen an der Wirbelsäule, bei transnasalen/transsphenoidalen Hypophysenoperationen u. a.).

Es bedeutet schwere körperliche Arbeit zum Schutz vor Strahlen mit einer Bleischürze mehrere Stunden instrumentieren zu müssen. Wegen dieser körperlichen Belastung und aus Strahlenschutzgründen (Ausschluss von Schwangeren) sind nur bestimmte Mitarbeiter geeignet.

Vorzugsweise sollten diese, das Personal belastenden Operationen an den Tagesanfang gelegt werden.

10.3 Diagnostische Untersuchungen in der Neurochirurgie

Grundlage jeder neurochirurgischen Behandlung sind die Erhebung der Krankengeschichte des Patienten und die neurologische Untersuchung. Voraussetzung ist eine genaue Kenntnis der Anatomie und Funktion des zentralen und peripheren Nervensystems.

Zur gezielten Behandlung sind spezielle Untersuchungstechniken notwendig:

- Nativdiagnostik,
- Ultraschalldiagnostik,
- Dopplersonographie,
- neuroradiologische Spezialuntersuchungen,
- neurophysiologische Untersuchungen,
- Liquordiagnostik.

Nativdiagnostik

Das sind Röntgenaufnahmen eines Körperteils ohne Verwendung von Kontrastmitteln (Leeraufnahmen), meist in 2 Ebenen durchgeführt.

- Schädel: zum Nachweis von Frakturen, angeborener Defektbildungen, Größenanomalien, Knochentumoren, chronischen Druckveränderungen (Nahtsprengung, Wolkenschädel).
- Wirbelsäule: zum Nachweis von Anomalien, Frakturen, Verschleißerkrankungen (Osteochondrose, Spondylarthrose), Entzündungen (Knochenfraß), Tumoren.
- Spezialaufnahmen: Funktionsaufnahmen, Schichtaufnahmen.

Ultraschalldiagnostik

Ultraschallechoimpulse werden in elektrische Impulse verwandelt und entsprechend auf einem Bildschirm dargestellt.

- In der Neurochirurgie: Diagnostik im Säuglingsstadium durch die offene Fontanelle, zum Auffinden von Tumoren, Fehlbildungen, Hydrozephalus, Blutansammlung.
- Intraoperativ: zum Nachweis tief gelegener Tumoren, Zysten, Abszesse etc.

Dopplersonographie

Ultraschallverfahren zur Darstellung der Strömungsverhältnisse in den Gefäßen. Nachweis eines Gefäßspasmus.

Neuroradiologische Spezialuntersuchungen

Axiale Computertomographie

Computergesteuertes Röntgenverfahren, das die Strahlenabsorption des Gewebes misst, wenn es in verschiedenen Richtungen durchstrahlt wird. Aufgrund der unterschiedlichen Strahlenabsorption der intrakraniellen Strukturen entstehen Bilder mit großer Detailgenauigkeit. Das Verfahren dient dem Nachweis von Hirntumoren, traumatischen Veränderungen, Frakturen, Hämatom, Hirnödem, Apoplex, Infarkt etc.

Myelographie

Darstellung des spinalen Subarachnoidalraumes durch Einbringen eines Kontrastmittels (lumbal oder subokzipital) zum Nachweis von Tumoren, Bandscheibenvorfällen, Fehlbildungen. Oft in Kombination mit der Computertomographie (Myelo-CT). Diese Untersuchung hat heute viel an Bedeutung verloren.

Indikation: Wenn ein CT oder eine Kernspinresonanztomographie (NMR) keine eindeutigen Befunde liefern.

Angiographie (Gefäßdarstellung)

- Über eine Beinarterie (A. femoralis) wird ein Katheter in der Aorta bis zum Abgang der Hirngefäße vorgeschoben und von hier aus ein Kontrastmittel in Richtung Gehirn gespritzt, sodass im Röntgenbild die Gefäße sichtbar werden.
- Karotisangiographie,
- Vertebralisangiographie,
- Spinale Angiographie,

Mit Hilfe der Angiographie lassen sich durch die Verlagerung von Arterien und Venen ausgelöste, raumbeengende Prozesse nachweisen und lokalisieren. Es ergeben sich artdiagnostische Hinweise (pathologische Gefäßneubildungen, Tumorkreislauf). Der Angiographie allein bleibt auch die Darstellung von pathologischen Gefäßveränderungen (arteriosklerotische Wandveränderungen, Stenosen, Verschlüsse) und von Gefäßmissbildungen (Angiome, Aneurysmen) vorbehalten.

Kernspintomographie

(»nuclear magnetic resonance«, NMR)

Computergestütztes bildgebendes tomographisches Verfahren, das keine Röntgenstrahlen benutzt, sondern auf dem Prinzip der »Kernspinresonanz« beruht. (Durch ein von außen angelegtes Magnetfeld richten sich die Atomkerne aus. Bei der Rückkehr in den ursprünglichen Zustand senden sie elektromagnetische Wellen aus, die gemessen und in unterschiedliche Grautöne übersetzt werden können.)

Neurophysiologische Untersuchungen

Elektroenzephalographie

Elektrische Vorgänge innerhalb des Gehirns machen sich bis in die Kopfhaut hinein bemerkbar und können hier abgeleitet werden. Auf diese Weise lassen sich Auskünfte über die zerebralen Funktionen erhalten und Rückschlüsse auf Störungen ziehen. Die Elektroenzephalographie (EEG) ist eine technische Hilfsuntersuchung, die nur im Zusammenhang mit einer klinischen Symptomatik eine Aussagekraft hat.

Elektromyographie

Bei der Elektromyographie (EMG) werden die Aktionsströme der Muskeln gemessen und ähnlich wie beim EEG als Wellen aufgezeichnet. So lassen sich Anhaltspunkte über den Grad von Lähmungen gewinnen. (Es können z. B. Rückbildungstendenzen bei bestehenden Lähmungen oder deren Fortschreiten erkannt werden.)

Elektroneurographie

Mit der Elektroneurographie (ENS) wird die Nervenleitgeschwindigkeit gemessen; so lassen sich Nervenschädigungen lokalisieren.

Evozierte Potentiale

Evozierte Potentiale (EP, Reizpotentiale) sind die elektrophysiologische Antwort des Gehirns auf die Reizung von Sinnesorganen und von Leitungsbahnen, die sich hinsichtlich der Seitendifferenzen und der Ausprägung der Potentiale beurteilen lassen.

Die Stimuli sind unterschiedlich: sensibel (SEP), visuell (VEP), akustisch (AEP). Nach transkranieller Magnetstimulation des zentralmotorischen Systems in der Peripherie können auch Potentiale vom Muskel abgeleitet (MEP) werden. Auf diese Weise lassen sich Aussagen über den Funktionszustand bestimmter Zentren oder Leitungsbahnen treffen. Bei einer Rückenmarkschädigung z. B. gelingt es mit Hilfe dieser Reizpotentiale eine Höhenlokalisation hervorzubringen.

Liquordiagnostik

Verschiedene pathologische Prozesse des Gehirns und des Rückenmarks führen zu Veränderungen des Liquors. Deshalb ist die Liquoruntersuchung für den Neurochirurgen immer von Bedeutung.

Lumbalpunktion

Punktion des lumbalen Subarachnoidalraumes zwischen den Dornfortsätzen des 3. und 4. LWK, also immer unterhalb des Rückenmarks, das in Höhe des 1. und 2. LWK endet. Die Untersuchung wird am sitzenden oder liegenden Patienten unter sterilen Bedingungen durchgeführt. Nach dieser Untersuchung sollte der Patient 24 h flach liegen (postpunktionelles Syndrom!)

Subokzipitalpunktion

In einer der Lumbalpunktion ähnlichen Technik wird zwischen Hinterhauptschuppe und 1. HWS die Cisterna magna punktiert.

Zur eigentlichen Liquordiagnostik gehören:

- *Liquordruckmessung:* Werte über 20 cm Wassersäule sind pathologisch.
- *Queckenstedt-Versuch:* Nach dem Anschluss einer externen Liquordrainage kann durch Druck auf die Halsvenen, die das Blut vom Gehirn abführen, eine Erhöhung des Liquordrucks als ein Ansteigen des Liquorpegels im Klarsichtschlauch beobachtet werden. Es handelt sich um eine orientierende Untersuchung zur Feststellung eines Hindernisses der Liquorpassage.
- *Liquoreiweiß:* Normal sind 20–40%. Eine Erhöhung des Liquoreiweißes findet man bei allen raumbeengenden Prozessen (Sperrliquor, Stopliquor!), eine charakteristische Erhöhung des Liquoreiweißes bei intrakraniellen Neurinomen. Eine schnelle orientierende Untersuchung sollte bei jeder Liquorabnahme mit der *Pandy-Reaktion* durchgeführt werden, die den Gehalt an Eiweiß im Liquor misst.
- *Zellzahlbestimmung:* Normal sind 3/3–12/3 Zellen/µl. Die Zählkammer, in der der Liquor gezählt wird, ist so eingerichtet, dass die Zählung einem Zellgehalt pro 3 mm3 entspricht. Die gezählte Zellzahl wird deshalb durch 3 geteilt, um die Zellmenge pro mm^3 festzulegen.

10.4 Intrakranielle Tumoren

Allgemeines

Definition

Unter Hirntumoren versteht man alle Neubildungen mit dauerndem Wachstum innerhalb der Schädelkapsel.

Man unterscheidet

- Geschwülste der Hirnsubstanz (neuroepitheliale Tumoren),
- Geschwülste, die von den Hirnhäuten, den Gefäßen und den Schädelknochen ausgehen (mesodermale Tumoren),
- Tumoren der Hypophysenregion (ektodermale Tumoren).

Zu den Hirntumoren im weitesten Sinne zählen auch die Gefäßmissbildungen und die Gefäßgeschwülste, die intrakraniellen Metastasen sowie die Granulationsgeschwülste bei Lues (Gummen) und bei Tuberkulose (Tuberkulome). Ferner gehören hierzu auch die durch Parasiten (Zystizerken und Echinokokken) ausgelösten Zysten. Von 10.000–20.000 Menschen erkrankt einer an einem Hirntumor. Die Entstehung solcher Tumoren ist letztlich unbekannt. Auffallend ist jedoch, dass bestimmte Hirntumoren immer wieder an gleicher Stelle auftreten.

Allgemeine Symptome

- Stetige Progredienz der Erscheinungen.
- Vielfach Kopfschmerz.
- Manchmal Hirndruckzeichen: Dazu gehören diffuse und andauernde Kopfschmerzen, die morgendlich ausgeprägter sind, Erbrechen, Benommenheit und Apathie.
- Nimmt der Hirndruck zu, können wichtige basale Zentren in dem Tentoriumschlitz bzw. in dem Hinterhauptloch eingeklemmt werden.
- Eine *Einklemmung* zeigt sich durch Streckspasmen, Atemstörungen, Pupillenstörungen.
- Am Augenhintergrund findet sich eine Stauungspapille.

! Hirndruckzeichen sind so lange auf einen intrakraniellen, raumfordernden Prozess verdächtig, bis ein solcher sicher ausgeschlossen ist.

Spezielle neurologische Klinik

Einteilung

Symptome und Schädigungsorte sind in Tabelle 10.3 aufgelistet.

Tabelle 10.3. Symptome und Schädigungsorte von Hirntumoren

Symptom	Schädigungsort
Psychische Veränderungen	
Antriebsstörungen	Stirnhirn, Stammganglien
Euphorie	Stirnhirnbasis, Schläfenhirn, Brücke
Depressionen, Angst	Schläfenhirn
Verstimmung, Reizbarkeit	Schläfenhirn
Neurologische Ausfälle	
Riechstörungen	Stirnbasis
Motorische Aphasie (Unfähigkeit zu sprechen)	Stirnhirn
Sensorische Aphasie (Unfähigkeit zu verstehen)	Schläfenhirn, Scheitelhirn
Sprachstörungen	Bei Rechtshändern linkshirnig
Bei Linkshändern	Manchmal rechtshirnig
Halbseitenlähmung	Scheitelhirn, Stirnhirn
Gangstörung	Kleinhirn
Orientierungsstörung	Scheitelhirn, Okzipitalhirn
Gesichtsfelddefekte	Okzipitalhirn, Sehnervenkreuzung
Hirnnervenlähmung	Hirnstamm, Hirnbasis
Ataxie, Nystagmus	Kleinhirn
Epileptische Anfälle	
Häufiger generalisiert als fokal	
In etwa einem Viertel der Fälle erstes Symptom	
Lokale Symptome (Herdsymptom)	Die Zuordnung bestimmter Herdsymptome zu einzelnen Hirnregionen ist z. T. recht typisch

Besonderheiten der Hirntumoren gegenüber anderen Tumoren

- Alle Geschwülste innerhalb der knöchernen Schädelkapsel, auch die langsam wachsenden, gutartigen, sind in ihrer Wirkung bösartig, da sie durch zunehmenden Hirndruck und fehlende Ausweichmöglichkeit des Gehirns zum Tode führen, wenn nicht chirurgisch eingegriffen wird.
- Sie bewirken gewöhnlich keine Kachexie.
- Sie metastasieren nicht.
- Sie bevorzugen nicht das höhere Lebensalter, sondern kommen auch schon in der Kindheit vor.

10.4.1 Einteilung

Nachfolgend werden einige häufigere bzw. charakteristische Tumorformen beschrieben entsprechend ihrer Zugehörigkeit zum Entstehungsort.

Neuroepitheliale Tumoren (Gliome)

Glioblastoma multiforme

Der häufigste Hirntumor ist das sehr bösartige Glioblastoma multiforme. Es kommt gehäuft zwischen dem 40. und 60. Lebensjahr vor, wächst infiltrierend, und findet sich u. a. in den Großhirnhemisphären, gelegentlich durch den Balken hindurch wachsend, auf beiden Seiten, sowie in den Stammganglien. Die Anamnese ist kurz (Wochen bis einige Monate). Neben den allgemeinen Tumorsymptomen treten bald Paresen, Sprachstörungen und andere lokale Ausfälle auf. Die Überlebenszeit beträgt auch nach Operation und Bestrahlung selten mehr als ein Jahr.

Astrozytom

Großhirnastrozytome treten gehäuft zwischen dem 30. und 40. Lebensjahr auf. Sie wachsen meist langsam, seltener sind sie einigermaßen abgrenzbar, meist jedoch wachsen sie infiltrierend im Marklager von Stirn- und Schläfenlappen.

Hier macht der Tumor bei ausgereiften Formen langsam zunehmend klinische Symptome (z. B. eine allmählich progrediente Hemiparese); hierbei ist er zu Beginn oft neuroradiologisch nicht fassbar. Bei umschriebenen Astrozytomformen, die sich gut operieren lassen, kommen Rezidive gelegentlich erst nach Jahren vor. In ganz seltenen Fällen gibt es Dauerheilungen nach Operationen.

Spongioblastome des Kleinhirns

»Kleinhirnastrozytome« sind wesentlich gutartiger als die Großhirnastrozytome. Sie kommen gehäuft zwischen dem 5. und dem 15. Lebensjahr vor. Es sind gut abgrenzbare, oft zystische Tumoren, die v. a. in den Kleinhirnhemisphären, aber auch im Wurm und in der Brücke sitzen. Sie verursachen langsam progrediente Kleinhirnsymptome mit Ataxie, Gleichgewichtsstörungen, Nystagmus und später Hirndruckzeichen durch einen Verschlusshydrozephalus. Sofern sie radikal entfernt werden können (im Bereich der Brücke ist das nicht immer möglich), kann eine Dauerheilung erzielt werden.

Oligodendrogliome

Sie häufen sich zwischen dem 35. und 45. Lebensjahr. Sie können sich verdrängend oder infiltrierend im Großhirn oder in den Stammganglien entwickeln, im Jugendalter auch im Thalamus. Neben den sich im Verlauf von Monaten entwickelnden lokalen Tumorsymptomen kommen epileptische Anfälle (Jackson-Anfälle) besonders häufig vor. Nach radikaler Operation treten zwar immer Rezidive auf, manche jedoch erst nach 3–5 Jahren.

Hirnstammgliome

Sie sind histologisch unterschiedlich einzuordnen, bieten aber klinisch ein charakteristisches Bild. Es handelt sich stets um progrediente Symptome der Brücke und des verlängerten Rückenmarks (Medulla oblongata). Im Verlauf weniger Wochen bis Monate treten Hirnnervenlähmungen mit Schluckstörungen, Trigeminusausfällen und peripherer Fazialisparese sowie Augenmotilitätsstörungen und Pyramidenbahnzeichen (Störungen vonseiten der langen Bahnen: Lähmungen, Sensibilitätsstörungen) auf. In der Regel, sofern sie zum Verschluss des Hirnkammersystems führen (Hydrocephalus occlusus) ist lediglich ein Abfluss des gestauten Hirnwassers durch eine operativ verlegte Drainage indiziert (ventriculoperitonealer Shunt).

Paragliome

Paragliome sind Tumoren, die von der sog. Paraglia ausgehen. Dementsprechend unterscheidet man *Ependymome* aus dem Ependym (Auskleidung der Hirnkammern), *Plexuspapillome* aus dem Plexus choreoideus (Blutadergeflecht in den Ventrikeln) und die *Neurinome* aus den Schwann-Zellen (Hüllscheiden der Nerven).

Als Beispiel wird im Folgenden das *Akustikusneurinom* beschrieben. Dies ist ein Tumor, der von den Hüllscheiden des 8. Gehirnnervs (N. vestibulocochlearis) ausgeht. Die Akustikusneurinome manifestieren sich meist zwischen dem 30 und 50. Lebensjahr und erzeugen das charakteristische klinische Bild des Kleinhirnbrückenwinkeltumors. Gelegentlich sind sie die Teilerscheinungen einer Neurofibromatosis Recklinghausen und dann häufig beidseitig.

Symptome

Zu Beginn finden sich meist Gehörstörungen, zunehmende Taubheit sowie Gleichgewichtsstörungen. Später kommen Trigeminusausfälle mit Sensibilitätsstörungen im Gesicht und eine periphere Fazialisparese hinzu. Schließlich können Kleinhirnsymptome, Druckerscheinungen auf dem Hirnstamm und Hirndruckzeichen (▫ s. oben) auftreten. Im Liquor findet sich immer eine Eiweißerhöhung (Pandy positiv, ▫ s. 10.3).

Therapie

Ist eine radikale Entfernung möglich, ist mit Dauerheilung zu rechnen, nicht selten auf Kosten einer Fazialis- oder Trigeminusparese.

Mesodermale Tumoren

Mesodermale Tumoren gehen von den Meningen, den Gefäßen und den Schädelknochen aus. Einige werden nachfolgend beschrieben.

Meningeome

Sie kommen meist zwischen dem 40. und 50. Lebensjahr vor. Diese häufigsten mesodermalen, intrakraniellen Geschwülste wachsen langsam über Jahre, verdrängend, machen nicht selten epileptische Anfälle und haben einige bevorzugte Lokalisationen (▫ Tabelle 10.4).

Medulloblastome

Es sind maligne Geschwülste des Kindes- oder Jugendalters. Sie machen etwa 20% der Hirntumoren bei Jugendlichen aus. Sie liegen im unteren Kleinhirnwurm, kommen aber auch in den Kleinhirnhemisphären und in der Brücke vor. Sie wachsen infiltrierend und setzen Abtropfmetastasen auf dem Liquorwege in den Spinalkanal. Dies erzeugt dann Rückenmark- und Kaudasymptome. Sie verursachen ähnliche Symptome wie die Spongioblastome des Kleinhirns. Selbst nach makroskopisch radikaler Entfernung und Bestrahlung oder Zytostatikaverabreichung, auf die der Tumor gut anspricht, stellen sich nach Monaten bis Jahren in 40–60% der Fälle Rezidive ein.

Ein Teil der Medulloblastome wird heute bei den *primitiv neuroektodermalen Tumoren (PNET)* eingeordnet.

▫ **Tabelle 10.4.** Lokalisationen und Symptome des Meningeoms

Lokalisation	Symptome
N. olfactorius	Anosmie, Kopfschmerz Stirnhirnsyndrom Epileptische Anfälle
Kleiner Keilbeinflügel	Hyperostosebildung Diskrete Halbseitensymptome Einseitige Optikusschädigung
Tuberculum sellae	Chiasmaläsion
Sinus sagittalis und Falx	Nicht selten rein motorische Lähmung der unteren Extremitäten (Mantelkanten-Syndrom)
Intraventrikuläre Meningeome	Verlegung des Foramen Monroi (heftige Kopfschmerzattacken und Erbrechen)

Ektodermale Tumoren (Tumoren der Hypophysenregion)

Hypophysenadenome. Sie kommen v.a. zwischen dem 30. und 50. Lebensjahr vor. Klinisch finden sich bei allen Hypophysenadenomen endokrine Störungen (beim seltenen eosinophilen Adenom die Akromegalie, beim chromophoben Adenom Zeichen einer Hypophyseninsuffizienz mit dünner runzliger Haut und sekundärem Ausfall zugeordneter Drüsen, v. a. der Schilddrüse und der Gonaden). Außerdem findet man Gesichtsfeldausfälle (in der Regel eine bitemporale Hemianopsie) und im Röntgenbild eine ballonartige aufgetriebene Sella.

Bei nicht zu weit in den Schädelinnenraum reichenden Hypophysentumoren kann man zur operativen Entfernung transnasal-transsphenoidal vorgehen (▫ s. 10.4.2).

Kraniopharyngeome. Sie kommen am häufigsten im Kindes- und Jugendalter vor mit einem Maximum im zweiten Lebensjahrzehnt. Der Tumor drängt stärker als das Hypophysenadenom in das Zwischenhirn und in den 3. Ventrikel vor und verursacht entsprechende klinische Symptome (Hydrozephalus, Trieb- und Antriebsstörungen, Diabetes insipidus). Nicht selten verkalken die Kraniopharyngeome. Obwohl sie eigentlich gutartig sind, lassen sie sich oft aus Lokalisationsgründen nicht radikal entfernen.

Missbildungstumoren

Zu ihnen gehören die *Epidermoide* und die *Dermoide*. Sie zeigen einen Altersgipfel zwischen dem 25. und dem 40. Lebensjahr. Ursache sind während der Embryonalzeit ausgesprengte Keime von z. B. Haut-, Zahn- oder Haaranlagen.

Metastasen

Sie treten solitär und multipel auf und entwickeln Walnuss- bis Hühnereigröße. Als Ausgangspunkt finden sich nach ihrer Häufigkeit Bronchialkarzinome, Mammakarzinome, Hypernephrome, Karzinome des Magen-Darm-Traktes, Sarkome und Melanosarkome, Schilddrüsen-, Prostata- sowie Uteruskarzinome. Ist der Primärturmor bekannt, liegt bei entsprechender Symptomatologie die Verdachtsdiagnose einer Metastase nahe. Gar nicht selten führt aber erst die Histologie einer exstirpierten Metastase auf die Spur der bis dahin unbekannten Primärgeschwulst. Ein operatives Vorgehen ist bei entsprechendem Allgemeinzustand immer gerechtfertigt, insbesondere wenn sich kein Hinweis für multiple Absiedlungen ergibt. Die Prognose ist naturgemäß in erster Linie vom Primärtumor abhängig.

Es werden noch eine ganze Reihe weiterer Hirntumoren unterschieden, die aber aufgrund ihrer relativen Seltenheit hier nicht erwähnt werden.

Therapie der Hirntumoren

Jeder Hirntumor, der nicht beseitigt werden kann, ist – ob gut- oder ob bösartig – auf Dauer tödlich. Hierbei handelt es sich um ein Raumproblem. Das Verfahren, das die Beseitigung der Hirntumoren bis heute am ehesten möglich machen kann, ist das der Operation.

Alle diagnostischen Maßnahmen zielen für den Neurochirurgen auf die Frage ab, ob der Tumor operabel ist. *Operabel* sind in der Regel:

- Tumoren an der Oberfläche des Gehirns,
- Tumoren im Bereich der Pole (Stirnpol, Schläfenpol, Hinterhauptpol),
- Tumoren im Bereich der Kleinhirnhemisphäre und im Dach des 4. Ventrikels.

Schwieriger ist die Entscheidung zur Operation bei Tumoren in der Tiefe des Gehirns. Handelt es sich, soweit dies von den diagnostischen Methoden abgeleitet werden kann, um gutartige Tumoren, d. h. heilbare, langsam wachsende, vom Hirngewebe abgegrenzte Tumoren, wird man sich auch bei ungünstiger Lage doch zur Operation entschließen. Meist müssen allerdings anschließend neurologische Ausfälle in Kauf genommen werden. Nicht zuletzt ist aber für die Entscheidung zur Operation der Zustand des Patienten wesentlich. Ist es bereits zu kompletten Ausfällen gekommen (Blindheit, vollständige Lähmung, Bewusstlosigkeit), darf man nicht hoffen, dass diese Störungen durch die Operation beseitigt werden können.

Alle Tumoren, die nicht vollständig operiert werden können, rezidivieren über kurz oder lang. Das ist der Fall bei den meisten Gliomen, die infiltrierend gegen das Hirngewebe wachsen. In solchen Fällen muss es das Ziel einer Operation sein, zumindest ein beschwerdefreies Intervall zu erreichen. Liegt ein Tumor so ungünstig, dass z. B. nach einer Operation eine Plegie und eine komplette Aphasie zu erwarten ist (Tumoren der linken Schläfen- und Zentralregion) und kann darüber hinaus die Operation aufgrund der Tumorart nicht radikal sein (z. B. bei einem Gliom), kann es manchmal besser sein von einer Operation abzuraten.

10.4.2 Transnasale Hypophysektomie

Indikation

Hypophysenadenom.

Prinzip

Vollständige Entfernung des Tumors über den transnasalen Zugang durch die Keilbeinhöhle unter Bildwandlerkontrolle.

Lagerung

- Der Patient befindet sich meist in halbsitzender Position, der Kopf wird ganz leicht nach rechts zum Operateur gedreht und mit der Dornenhalterung fixiert.
- Der Bildwandler wird zur seitlichen Durchleuchtung der Schädelbasis bereitgestellt, das OP-Mikroskop wird vorbereitet und steril bezogen.
- Der Patient wird gegen die Strahlung in eine Bleischürze gewickelt.

Instrumentarium

- Grundinstrumentarium zur Kraniotomie (▫ s. 10.2.3).
- Standardzusatz, Mikroskop und -bezug.
- feine Saugeransätze.
- feine Raspatorien.
- schmale, gerade Lambotte-Meißel mit dem dazu gehörenden Metallhammer.
- Langenbeck-Haken.
- *Hypophysenspezialinstrumente.*

Das sind verschiedene Mikroinstrumente, die durch ihre Bajonettform die transnasale Vorgehensweise ermöglichen.

- Verschieden lange Nasenspekula (z. B. nach Killian).
- Hohlmeißelzange mit doppelter Übersetzung nach Jansen-Middleton.
- Hypophysenfasszangen (z. B. nach Weil-Blakesly).
- Drillbohrer, elektrisch oder druckluftbetrieben mit kleinen Fräsen oder Rosenbohreransätzen.
- Mikromesser mit bajonettförmigem Griff, Mikroschere.
- Bajonett-Dissektoren (◻ Abb. 10.33).
- Hypophysengabel (◻ Abb. 10.34) zur Fixation des Tumors während der Präparation.
- Enukleatoren (◻ Abb. 10.35) zum Auslösen des Adenoms aus der Sella turcica.
- Ring-Curetten (◻ Abb. 10.36) zum abschließenden Säubern des ehemaligen Adenomlagers.
- Löffel.
- Sichelmesser.
- Spiegel.
- Gegebenenfalls Endoskop.

Transnasale Hypophysektomie

► Die Inzision der Schleimhaut an der Septumvorderkante und am Boden des Naseneingangs wird mit einem kleinen (15er) Skalpell vorgenommen. Danach wird die Schleimhaut vom Septum mit einem Raspatorium abgelöst

► Vorhandene Knorpelwülste werden ggf. mit der Hohlmeißelzange nach Jansen-Middelton entfernt. Zwischen Nasenseptum und Schleimhaut wird mit Schere und Dissektor präpariert, dann wird das selbsthaltende Nasenspekulum (z. B. nach Killian) eingesetzt (◻ Abb. 10.37)

► Der Keilbeinboden wird unter Röntgenkontrolle mit dem Raspatorium und dem Dissektor dargestellt und die Keilbeinhöhle mit dem Luer eröffnet. Entfernung der Schleimhaut

► Der Sellaboden wird dargestellt und entweder mit einer Hohlmeißelzange oder mit dem Bohrer eröffnet

► Nun ist die Sicht auf den Tumor frei. Er wird mit Sauger, Curette, Löffel, Fasszange und Enukleatoren entfernt. Die einzelnen Anteile werden zur histologischen Untersuchung gesandt

► Die Blutstillung erfolgt mit Bipolator und/oder Hämostyptika. Danach muss kontrolliert werden, z. B. endoskopisch oder mit Hilfe eines Spiegels, ob der Tumor vollständig entfernt werden konnte

► Die Lücke im Sellaboden kann mit einem perpendikulären Knochenstückchen (aus dem oberen Teil der Nasenscheidewand) und Hämostyptikum abgedeckt werden

► Das Spekulum wird entfernt, die Schleimhautwunde vernäht, und die Tamponade der Nasengänge beendet diesen Eingriff

Eine weitere Möglichkeit der Entfernung eines Hypophysenadenoms bietet die Operation über den *transfrontalen Zugang*. Er wird bei sehr großen supra- und parasellär gewachsenen Tumoren gewählt. Der Patient liegt in Rückenlage mit leicht seitwärts gedrehtem Kopf. Die osteoplastische Trepanation erfolgt im Stirn-Schläfen-Bereich als typische Tumorentfernung unter Zuhilfenahme des OP-Mikroskops.

10.4.3 Tumorresektion

Indikation

Operabler Hirntumor, z. B. Gliom, links temporal.

Prinzip

Osteoplastische Trepanation, vollständige Entfernung des hirneigenen Tumors.

Lagerung

- Rückenlage oder Seitenlage.
- Fixation des Kopfes in der Mayfield-Dornenhalterung.
- Neutrale Elektrode an einem Oberarm.
- Der Patient liegt auf einer Wärmematte, um den Wärmeverlust so gering wie möglich zu halten.

Einsatz der Neuronavigation

Die Planung ist zuvor im CT oder im MRT erfolgt.

- Die Fiducials sind aufgeklebt und dürfen bei der Anbringung der Mayfield-Klemme nicht mehr verschoben werden.
- Der Referenzstern wird fixiert und darf nicht mehr verrückt werden.
- Durch den Operateur erfolgt dann die Referenzbestimmung des Systems, und die Neuronavigation ist einsatzbereit. Die Fiducials können wieder entfernt werden.

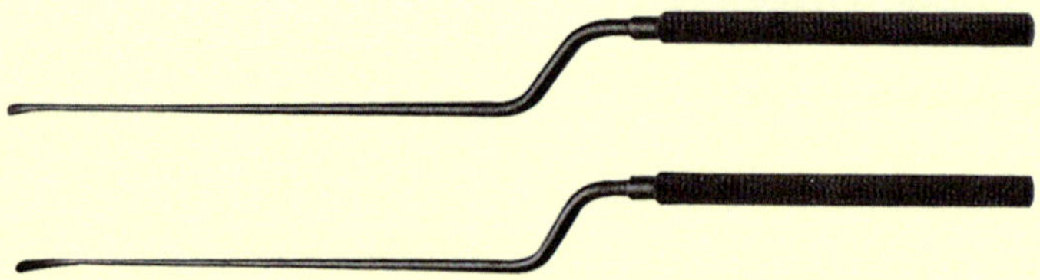

10.33

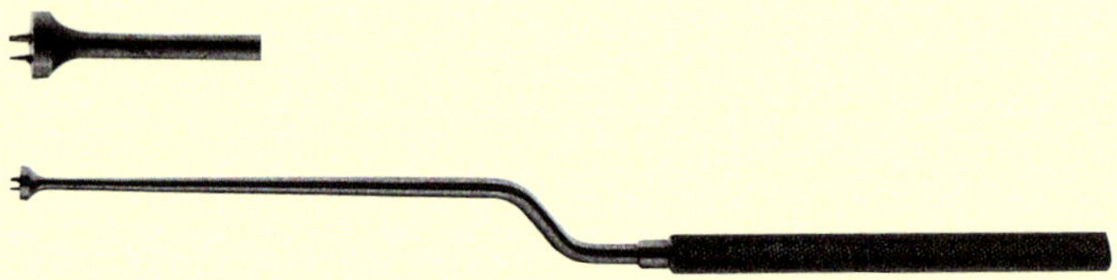

10.34

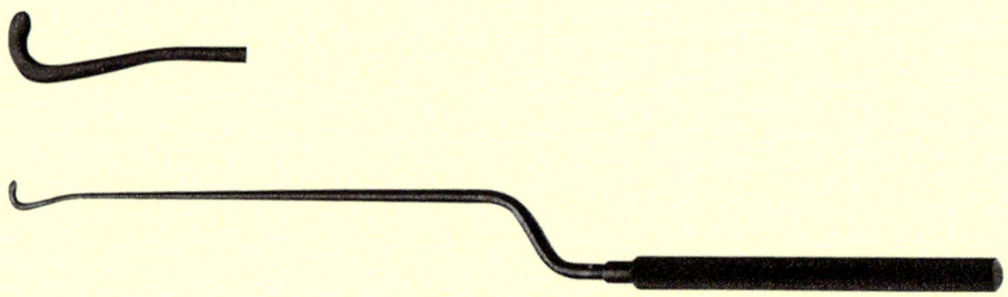

10.35

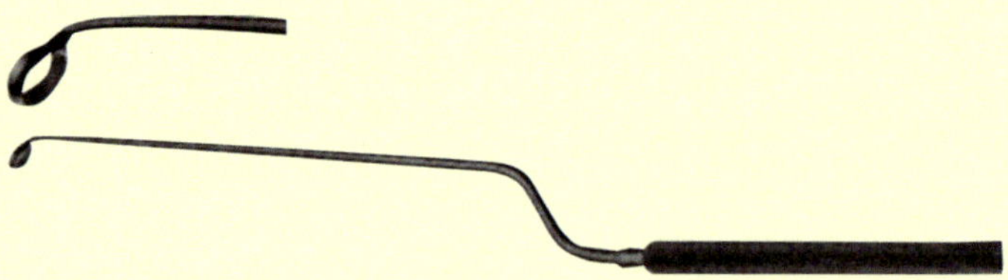

10.36

■ Abb. 10.33 Bajonett-Dissektor
■ Abb. 10.34 Hypophysengabel
■ Abb. 10.35 Enukleatoren
■ Abb. 10.36 Ring-Curetten. (Abb. 10.33–10.36 Fa. Codman)

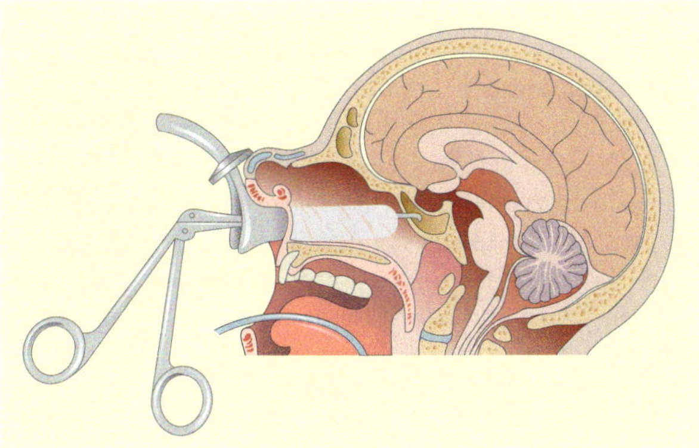

Abb. 10.37 Transnasale Hypophysektomie. (Aus Siewert 2001)

Instrumentarium

- Kraniotomieinstrumentarium,
- Standardzusatz,
- Mikroinstrumente,
- Mikroskop mit Klarsichtbezug,
- bei Bedarf ein Ultraschallzertrümmerer oder ein Laser.

Gliomexstirpation

- ► Der lappenförmige Haut-Galea-Schnitt richtet sich in seiner Größe nach der Ausdehnung des Tumors und nach den Vorgaben der Neuronavigation
- ► Die Versorgung des Lappenrandes erfolgt entweder mit Raney-Clips oder Kölner Klammern, für die Blutstillung am Skalprand werden Dandy-Klemmen benutzt
- ► Inzision des Periosts mit dem Diathermiestichel oder dem Skalpell, im Bereich der Sägelinie wird es mit dem Raspatorium abgeschoben
- ► Ein oder mehrere Bohrlöcher werden mit dem Trepan gesetzt und mit Häkchen und Stanzen gesäubert. Die Bohrlöcher werden untereinander mit dem Craniotom verbunden, sodass der Knochendeckel unter Zuhilfenahme von Elevatorium und Dissektor aufgeklappt werden kann. Das OP-Feld wird mit sauberen Kompressen oder mit Hirnwattestreifen umlegt; alle Knochenspäne werden mit körperwarmen Spülungen entfernt
- ► Nach einem Handschuhwechsel des gesamten Teams kann die Dura mit einem kleinen Skalpell inzidiert und der Schnitt mit der Duraschere erweitert werden
- ► Die Inzision der Hirnoberfläche wird mit der bipolaren Koagulationspinzette und der Mikroschere vorgenommen. Die Präparation im Gehirn erfolgt mit Dissektor, Mikroschere, Bipolator, Tumorfasszangen und feinen Saugern unter dem Mikroskop. Das Gehirn wird dabei über eine Spülung ständig feucht gehalten
- ► Das frei gelegte gesunde Gehirngewebe wird mit feuchten Hirnwattestreifen abgedeckt, das OP-Gebiet mit selbsthaltenden Hirnspateln offen gehalten
- ► Nach der Entfernung der Geschwulst erfolgt die Blutstillung mit Bipolator, Hämostyptika und/oder Clips
- ► Der Duraverschluss sollte, wenn möglich, ohne Duraersatz mit fortlaufender Naht vorgenommen werden. Ist dies nicht möglich, benutzt man z. B. Goredura oder vergleichbaren Duraersatz
- ► 2,0-mm-Bohrlöcher werden an den Knochenrand (Lochzange zum Duraschutz) und den Deckelrand gesetzt, die sog. Deckelfäden, die den Knochendeckel mit der Kalotte verbinden, eingezogen. Durahochnähte zur Vermeidung epiduraler Nachblutungen werden gelegt und geknotet, der Deckel wird durch das Knoten der gelegten, nichtresorbierbaren Fäden fixiert. Oder man benutzt Plattensysteme, die den Knochendeckel sicher im Niveau halten
- ► Einlegen einer Redon-Drainage entweder epidural oder subgaleal
- ► Muskel-Periost-Naht und die Haut-Galea-Naht beenden die Operation. Abschließend wird ein zirkulärer Kopfverband angelegt

10.4.4 Weitere therapeutische Möglichkeiten

Bestrahlung

Mit Hilfe der Bestrahlung lässt sich bei manchen intrakraniellen Tumorerkrankungen eine Verlängerung des beschwerdefreien Intervalls, nicht jedoch eine Heilung erreichen. Hirntumoren sprechen unterschiedlich auf die Bestrahlung an; Bestrahlung sollte bei Glioblastomen, bei Astrozytomen und Oligodendrogliomen höherer Malignität, bei Medulloblastomen sowie bei Hirnmetastasen versucht werden. Wenig Aussicht auf Erfolg hat die herkömmliche Bestrahlung bei Spongioblastomen, Hirnstammgliomen sowie bei Plexuspapillomen.

Moderne radiochirurgische Verfahren wie die interstitielle Radiotherapie, das Gammaknife und der LINAC bieten eine Ausweitung der Therapiemöglichkeiten.

Für die Indikationsstellung zur Bestrahlung ist die Kenntnis der Tumorhistologie notwendig. Im Zweifelsfall sollte man sich immer für eine Bestrahlung entscheiden. Problematisch wird die Entscheidung jedoch bei Patienten in schlechtem Allgemeinzustand und mit erheblichen neurologischen Ausfällen, da hier die Bestrahlung immer nur Leidensverlängerung sein kann.

Zytostatika

Zytostatische Medikamente in der Neurochirurgie sind ebenfalls nur eine Möglichkeit der Behandlung. Durchgesetzt hat sich die zytostatische Behandlung bislang bei den Neuroblastomen (Tumoren des Sympathikus, die im Wesentlichen im Kindes- und Jugendalter vorkommen) und bei den Medulloblastomen bzw. Hirnsarkomen. Zum Teil können auch bestimmte Gliome sinnvoll zytostatisch behandelt werden.

Einen geringen Fortschritt bietet die Behandlung mit mehreren Zytostatika (Polychemotherapie).

Palliativoperationen

Auch kleine Tumoren können durch ihre Lage die Liquorabflusswege (Foramen Monroi, 3. Ventrikel, Aquaeductus Sylvii; diese Tumoren sind manchmal einer Operation nicht zugänglich) behindern. Dann bleibt lediglich die Möglichkeit einer Palliativoperation, der *Ventrikuloperitoneostomie*. Das Prinzip dieser Operation liegt in der Ableitung des Liquor cerebrospinalis aus einem der beiden Seitenventrikel in den Peritonealraum (ventrikuloperitonealer Shunt).

Die vielen, hierzu im Handel erhältlichen Systeme haben alle ein Ventil im Schlauchsystem, das das Zurückfließen des Blutes in den Ventrikel verhindert. In dem Ventrikel muss ein bestimmter Druck aufgebaut werden, bevor sich das Ventil öffnet, um den Liquor abzuleiten. Dieser Öffnungsdruck kann prä- oder intraoperativ gemessen und entsprechend das Ventil ausgesucht werden.

Zu bevorzugen ist heute bei allen Formen des Verschlusshydrozephalus die *endoskopische Ventrikulostomie* (■ s. Abb. 10.38a,b), bei der durch ein in den III. Ventrikel eingebrachtes Endoskop der Boden des Ventrikels perforiert wird und dem aufgestauten Liquor der Weg an die Außenflächen des Gehirns freigegeben wird. Dieses inzwischen sichere und komplikationsarme Verfahren vermeidet die häufigen Shuntkomplikationen.

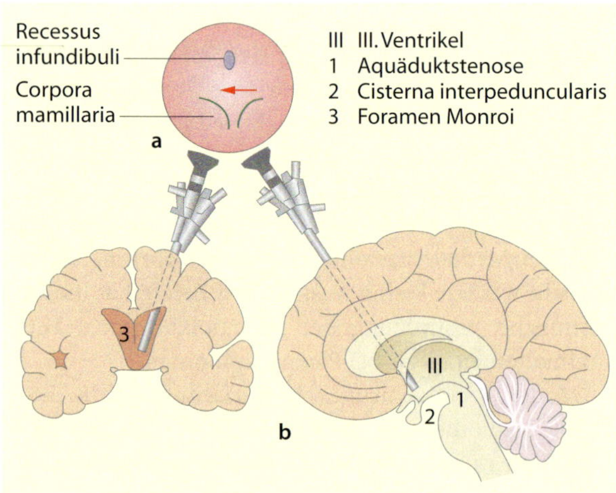

■ Abb. 10.38a,b Ventrikulostomie. a Ort der Ventrikulostomie am Boden des III. Ventrikels; b Lage und Richtung des Endoskops. (Aus Brunken et al. 1998, Hamburger Ärzteblatt)

10.5 Intrakranielle Gefäßmissbildungen

10.5.1 Aneurysmen

Definition

Aneurysmen sind angeborene Gefäßaussackungen. Sie sind besonders häufig an den Teilungsstellen der Gefäße lokalisiert, an denen oft Gefäßwanddefekte im Zusammenhang mit der Gefäßentwicklung nachzuweisen sind. Oder sie sitzen an den ursprünglichen Abgangsstellen embryonaler, später obliterierter Arterien.

Aneurysmen treten solitär und multipel im intrakraniellen Raum auf; sie können auch mit anderen Gefäßmissbildungen kombiniert sein (Angiome).

Die Aneurysmen zeigen sich in sehr unterschiedlicher Größe von stecknadelkopf- bis kirschkerngroß, manchmal sogar hühnereigroß. Meist sind sie etwa kirschkerngroß. In ihrer Form sind sie sack- oder beerenförmig, gestielt (meist an den Gefäßaufteilungen) oder spindelförmig (Gefäßerweiterungen über eine größere Strecke). Gelegentlich sitzen sie auch breitbasig der Gefäßwand auf.

Lokalisation

Intrakranielle Aneurysmen liegen am häufigsten an der Hirnbasis, am Circulus arteriosus Willisii, meist im vorderen Abschnitt (76%), seltener im hinteren Abschnitt (24%).

Symptome

Aneurysmen sind in der Regel bereits bei der Geburt vorhanden. Selten entwickeln sie sich erst in der Folgezeit. Klinisch können sie überhaupt oder zumindest lange Zeit stumm bleiben. Diagnostiziert werden sie erst, wenn sie Symptome bewirken.

- Nachbarschaftsreaktion (Aneurysmen vom paralytischen Typ): Es kommt zu Lähmungserscheinungen an den Hirnnerven; insbesondere die Augenmuskeln sind betroffen. Die plötzlich spontan auftretenden Lähmungen des 3. Hirnnervs sind praktisch immer auf ein Aneurysma im supraklinoidalen (oberhalb des Klinoidfortsatzes gelegen) Karotisabschnitt zurückzuführen.
- Blutung: Bei der Ruptur eines Aneurysmas kommt es plötzlich (apoplektiform) entweder zu einer *Subarachnoidalblutung*, zu einer intrazerebralen oder zu einer kombinierten subarachnoidalen und intrazerebralen Blutung. Die Subarachnoidalblutung beginnt in der Regel mit blitzartig einsetzenden unerträglichen Kopfschmerzen. Nackensteifigkeit, Übelkeit und Erbrechen können bald nachfolgen. In der Hälfte der Fälle kommt es sehr rasch zu einer Bewusstseinseintrübung mit Schläfrigkeit, Verwirrtheit und Unruhe. Die Kranken stürzen, z.B. nach ungewohnten Anstrengungen, plötzlich zu Boden und sind sofort tief bewusstlos. Zeichen einer Enthirnungsstarre mit Streckkrämpfen deuten auf einen Durchbruch der Blutung ins Ventrikelsystem hin und sind damit prognostisch sehr ungünstig zu bewerten.
  - Die Lumbalpunktion mit dem Nachweis blutigen Liquors bestätigt die Diagnose; ein CT sollte ergänzend durchgeführt werden. Nach einer abgelaufenen Subarachnoidalblutung kommt es zu einer bindegewebigen Verschwartung der Arachnoidea. Diese Verschwartung kann einer möglichen Rezidivblutung ein unüberwindliches Hindernis bieten. So kann es leichter zu einer Wühlblutung in das Hirn kommen, häufiger mit Einbruch in das Ventrikelsystem.
- Im Zusammenhang mit der Aneurysmablutung kommt es meist zu Kontraktionen der Gefäßwandungen (Gefäßspasmen), die wiederum eine Mangeldurchblutung der abhängigen Hirngebiete bewirken können. Spasmen treten sehr häufig zwischen dem 3. und 18. Tag nach der Blutung auf.

Diagnostik

Der Nachweis der exakten Lokalisation eines Aneurysmas ist nur durch die Angiographie möglich. Zu empfehlen ist die »Rundumangiographie«, d. h. die Darstellung sämtlicher zum Hirn führenden Arterien, um die relativ häufigen, multiplen Aneurysmen auszuschließen.

Die Angiographie sollte so bald wie möglich nach der Subarachnoidalblutung durchgeführt werden, damit die grundsätzliche Entscheidung zur Operation getroffen werden kann.

Therapie

Die Therapie einer Subarachnoidalblutung beginnt auf der Intensivstation. Sie besteht zunächst darin die gestörten vitalen Funktionen (Atmung, Kreislauf, Temperaturregelung, Stoffwechselvorgänge) zu normalisieren. Insbesondere die Senkung des meist erhöhten Blutdruckes ist notwendig. Zur Behandlung und Prophylaxe von Gefäßspasmen wird Nimodipin gegeben.

Behandlungsziel ist das Aneurysma aus dem arteriellen Kreislauf auszuschalten. Anzustreben ist die frühe Behandlung innerhalb der ersten 72 h nach der Blutung, sonst könnten die unter Umständen auftretenden Gefäßspasmen das gute Behandlungsergebnis gefährden. Kommt der Patient in die Klinik, sind zunächst die Strömungsverhältnisse durch die Dopplersonographie zu beurteilen. Liegt kein Spasmus vor, kann der Eingriff diskutiert werden. Ansonsten sollte man jedoch abwarten, da nach Möglichkeit nicht in einen Spasmus hinein behandelt werden sollte.

Galt über viele Jahre die Operation (»clipping«) als Therapie der Wahl, so erscheint es in einer zunehmenden Zahl von Fällen heute sinnvoller das Aneurysma auf endovasalem Weg zu verschließen (»coiling«). Für dieses Behandlungsverfahren ist der Neuroradiologe zuständig. Mit Hilfe von Mikrokathetern, die über die A. femoralis eingebracht werden, kann er das Aneurysma sondieren und mit feinsten Platinspiralen (»coils«) verschließen. Beide Behandlungsverfahren haben Risiken, die bedacht und abgewogen werden müssen. Im Einzelfall entscheiden Neuroradiologe und Neurochirurg über das anzuwendende Verfahren.

Aneurysmaclipping

Indikation

Zum Beispiel Karotisaneurysma rechts.

Prinzip

Osteoplastische Kraniotomie, Aufsuchen des Aneurysma, Clipping des Aneurysmasackes unter Erhaltung der Blutzirkulation in der betroffenen Hirnarterie (Abb. 10.39).

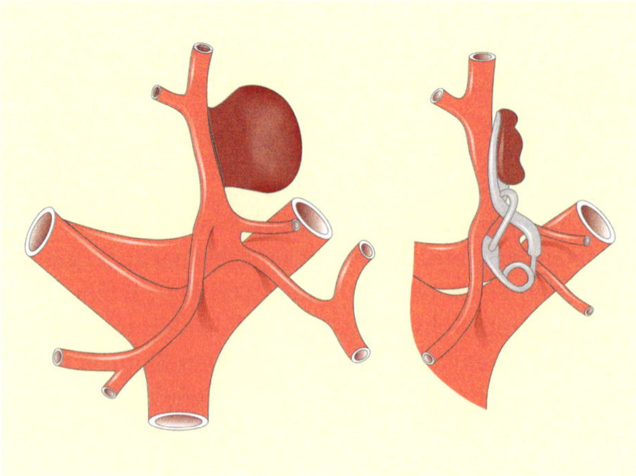

Abb. 10.39 Operative Aneurysmaausschaltung durch einen Gefäßclip. (Aus Heberer et al. 1993)

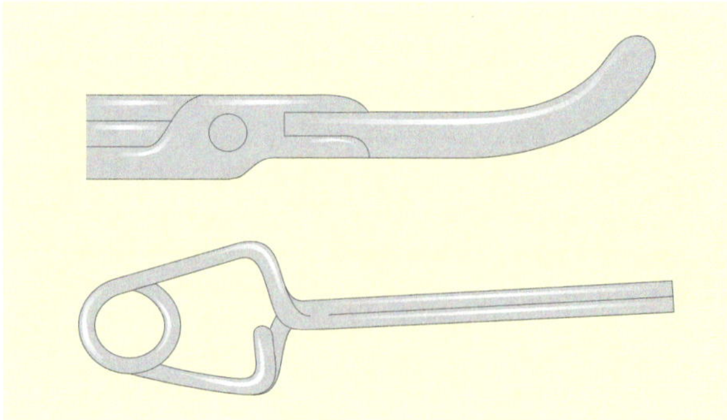

Abb. 10.40 Aneurysmaclip

Lagerung

- Rückenlagerung mit Kopffixation in der Dornenhalterung nach Mayfield.
- Neutrale Elektrode an einem Oberarm.
- Der Patient liegt auf einer Wärmematte oder ist in Isolierfolie gewickelt.

Instrumentarium

- Kraniotomieinstrumentarium.
- Standardzusatz.
- Mikroinstrumente und Mikroskop.
- Clips mit verschieden gebogenen Applikatoren.
- Eventuell Fibrinkleber für ein Muskelstück.
- Aneurysmaclips, z. B. nach Sugita, Yasargil, Pernetzky o. a. stehen in vielen Variationen zur Verfügung (Abb. 10.40).
- Dazu gibt es unterschiedlich gebogene Applikationszangen für diese Clips (Abb. 10.41).

Clipping eines Aneurysmas

► Ein kleiner Haut-Galea-Schnitt an der rechten Schläfe als Beginn einer osteoplastischen Trepanation (s. 10.4.3)

► Präparation auf der Kalotte in üblicher Weise mit anschließendem Aussägen eines kleinen Knochendeckels. Bogenförmige Eröffnung der Dura mit Messerchen und Duraschere

► Einstellen des OP-Mikroskops

► Durch das Anheben des Stirnhirns mit einem Hirnspatel und der Hirnwatte lässt sich die A. carotis interna mit Dissektor und Häkchen darstellen. Der Aneurysmahals wird aufgesucht und mit Häkchen, Dissektor und Bipolator präpariert, bis er völlig frei vom umliegenden Gewebe ist

► Das Clipping des Aneurysmahalses erfolgt, wenn nötig, mit 2 Clips. Der Clip darf in der Nähe verlaufende Nerven nicht berühren. Nach dem Setzen des Clips fällt das Aneurysma in sich zusammen, weil die Blutzufuhr unterbrochen ist. Anschließend wird der Aneurysmasack mit einer feinen Kanüle punktiert. Das OP-Gebiet wird gespült

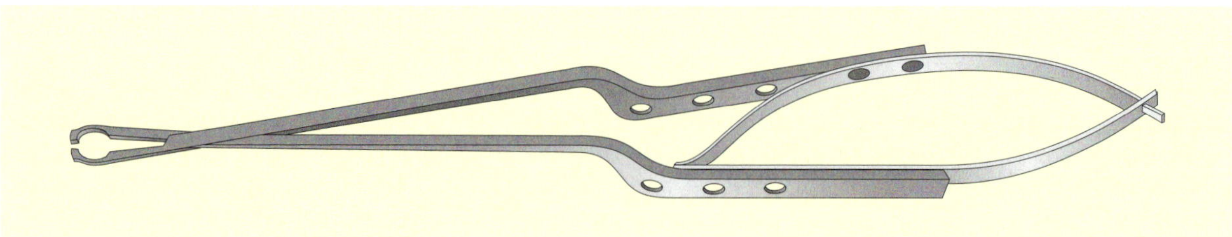

Abb. 10.41 Clip-Applikationszange. (Abb. 10.40 und 10.41 Fa. Nicolai)

- ► Manchmal gelingt ein optimales Clipping nicht oder das Aneurysma rupturiert während oder vor dem Setzen des ausgesuchten Clips (s. 10.2.6). Dann gestaltet sich die Präparation des Aneurysmahalses schwieriger (s. 10.2.7). Häufig gibt es auch nach der Clipapplikation noch kleine Blutungen. Dann wird ein kleines Stück Muskel aus dem Haut-Galea-Lappen präpariert und mit Fibrinkleber auf die blutende Perforation geklebt
- ► Der Verschluss der Dura, das Einsetzen des Knochendeckels erfolgen in üblicher Weise. Eine subgaleale Redon-Drainage, der schichtweise Wundverschluss und der Kopfverband beenden diese Operation

Komplikationen

Die Mortalität der ersten Subarachnoidalblutung liegt bei etwa 25%. In mehr als der Hälfte der Fälle kommt es zu Rezidivblutungen. Die Mortalität bei der ersten Rezidivblutung ist mit etwa 50% anzusetzen, das Todesrisiko bei weiteren Blutungen noch höher. Mit jeder erneuten Blutung sinkt die Überlebenschance erheblich. Die Gesamtoperationsmortalität liegt bei verschiedenen Kliniken zwischen 5 und 40%. Dabei sind die einzelnen Lokalisationen der Aneurysmen ebenso unberücksichtigt wie die Ausgangslage bzw. der Zeitpunkt des operativen Eingriffs. (Ein kleines gestieltes Karotisaneurysma ist z. B. risikoloser zu operieren als ein breitbasig aufsitzendes oder ein Aneurysma an der A. basilaris.) Ein komatöser Patient sollte nur dann operiert werden, wenn eine durch die Ruptur bedingte raumfordernde intrazerebrale Blutung besteht. Je besser der Allgemeinzustand des Patienten ist und je geringer die vegetativen Dysregulationen (Temperatur, Kreislauf, Atmung) sind, desto besser ist der postoperative Zustand des Patienten.

Zu langes Warten bringt in erhöhtem Maße die Gefahr einer Rezidivblutung mit sich. Dabei ist insbesondere auf die tragischen Ausgänge hinzuweisen, bei denen es unmittelbar vor der angesetzten Operation zur erneuten Blutung kommt.

10.5.2 Angiome

Definition

Zerebrale Angiome sind angeborene Fehlbildungen, deren Aufbau und Differenzierung zum Zeitpunkt der Geburt abgeschlossen ist.

Zwar wird im Verlauf des Lebens eine gewisse Größenzunahme beobachtet, es handelt sich dabei aber nicht um ein autonomes, sondern vielmehr um ein funktionell physiologisches Wachstum (allgemeines Körperwachstum, Aufsaugung und Aufstauung des zirkulierenden Blutes infolge der veränderten Kreislaufsituation).

Man findet bei den Angiomen eine Vielzahl erheblich erweiterter (ektatischer) pathologisch veränderter Gefäße innerhalb normalen Gewebes:

- Handelt es sich dabei vorwiegend um venöse Gefäße, so spricht man von *venösen (kavernösen)* Angiomen, die aber selten vorkommen.
- Meist handelt es sich bei den intrazerebralen Angiomen um *arteriovenöse Angiome*, bei denen unter Umgehung der Kapillaren ein Kurzschluss zwischen arteriellem und venösem Anteil der Blutversorgung besteht, sodass Venen zum Teil mit arteriellem Blut gefüllt sind.

Lokalisation

Die meisten arteriovenösen Angiome liegen oberflächlich im Bereich der Meningen und reichen in die Gehirnsubstanz hinein. Weitaus am häufigsten ist der Sitz oberhalb des Tentoriums im Versorgungsgebiet der A. cerebri media.

Symptome

Klinische Symptome können u. U. ganz fehlen. In typischen Fällen finden sich mehr oder weniger ausgeprägt und verschieden kombiniert Zeichen, die meist erstmals zwischen dem 10. und dem 30. Lebensjahr auftreten.

- Subarachnoidale oder intrazerebrale Blutungen, evtl. rezidivierend.
- Epileptische Anfälle, meist, aber nicht immer fokal.
- Kopfschmerz, häufig migräneartig.
- Neurologische Symptome: Infolge einer intrakraniellen Blutung oder aufgrund der Mangeldurchblutung des umliegenden Gewebes.

Diagnostik

Die Diagnose eines zerebralen Angioms lässt sich nur sicher durch die Angiographie stellen. Dabei kommt es für den Untersucher darauf an genau die zuführenden und die abführenden Gefäße zu sehen.

Therapie

Die Therapie der Angiome besteht in ihrer operativen Entfernung bzw. im Verschluss der zuführenden und der abführenden Gefäße. Eine zuvor durchgeführte endovaskuläre Therapie erleichtert die Operation erheblich.

Die Möglichkeiten des operativen Vorgehens hängen aber von der Symptomatologie, der Ausdehnung und dem Sitz des Angioms ab. Diffuse arteriovenöse Angiome sind inoperabel, ebenso Angiome im Bereich der Stammganglien.

10.5.3 Spontane Blutungen

Definition
Unter spontanen intrazerebralen Blutungen versteht man alle nichttraumatisch entstandenen Blutungen in die Hirnsubstanz.

Ursache

Häufigste Ursache ist der Bluthochdruck. Andere Ursachen können Gefäßmissbildungen, stark vaskularisierte Tumoren, Bluterkrankheiten, Antikoagulationstherapie, Antikonzeptiva sowie entzündliche Gefäßprozesse sein.

Die Blutungen treten meist plötzlich als sog. Schlaganfall auf. Die hypertonische intrazerebrale Massenblutung ist meist im Bereich der Stammganglien lokalisiert. Ihre *Symptomatik* ist gekennzeichnet durch akuten Bewusstseinsverlust bei oft gleichzeitig auftretender Halbseitenlähmung (s. 10.1.5).

Therapie

Das therapeutische Vorgehen hängt von der klinischen Symptomatologie und dem Sitz der Blutung ab. Patienten mit Stammhirnblutungen und Einbruch in das Ventrikelsystem haben meist eine ungünstige Prognose. Manchmal ist es sinnvoll eine Ventrikeldrainage zu legen; oft bleibt nur der Versuch einer intensivmedizinischen Therapie. Grundsätzlich sollten aber alle raumfordernden intrazerebralen und v. a. auch intrazerebellären, akuten Blutungen operiert werden.

10.6 Entzündliche Erkrankungen

Definition
Hier wird zwischen entzündlichen Erkrankungen der Kopfschwarte, des Knochens, des Gehirns und seiner Hüllen unterschieden.

Entzündungen der Kopfschwarte

Eitrige Entzündungen der Kopfschwarte entstehen nach Verletzungen (z. B. Schnitt-, Platz- und Schürfwunden), im Zusammenhang mit Furunkeln, Karbunkeln, infizierten Atheromen (s. Kap. 1) oder fortgeleitet von infizierten Knochenherden. Sie werden, sobald eine Einschmelzung erkennbar ist, inzidiert. Folge solcher zunächst umschriebenen Entzündungen kann eine *Kopfschwartenphlegmone* sein. Therapie: Antibiotika, mehrere Inzisionen, Drainagen. Gefahr: Fortleitung der Entzündung in das Schädelinnere.

Infektion der Schädelknochen

Die Schädelosteomyelitis ist selten. Sie entsteht meist fortgeleitet, so z. B. bei Infektionen der Kopfschwarte, nach Verletzungen, v. a. aber bei eitrigen Entzündungen der Nasennebenhöhlen. Die Gefahr liegt auch hier im Übergreifen des osteomyelitischen Prozesses auf das Endokranium. Dann ensteht ein sog. *Epiduralabszess*. Frühzeitiges chirurgisches Vorgehen mit radikaler Ausräumung, sowohl der erkrankten Knochen als auch der sekundären Abszesse z. B. im Epiduralraum ist angezeigt. Eine zusätzliche antibiotische Therapie ist obligat. Eine Sonderform ist die *Knochendeckelosteomyelitis* nach Hirnoperationen. Hier ist die Entfernung des Knochendeckels notwendig, der später als Plastik nachmodelliert, und der Kopfform angepasst und eingesetzt wird (s. 10.7.4).

Epiduraler Abszess

Ein epiduraler Abszess (zwischen Dura und Kalotte) kann nach Infektionen der Nasennebenhöhlen, der Warzenfortsatzzellen oder nach einer Schädelosteomyelitis entstehen. Es kann zu größeren Eiteransammlungen kommen, die mit Hirndruckerscheinungen einhergehen: Lähmungen und Krampfanfälle können auftreten. Die notwendige Therapie liegt in der Freilegung und der ausreichenden Drainierung nach außen, z. B. durch eine Saug-Spül-Drainage.

Subdurales Empyem

Abszesse zwischen Dura und Subarachnoidalraum kommen, wenn auch selten, als Folge von traumatischen Infektionen vor. Auch eitrige Hals- und Nasenentzündungen können zu einer subduralen Abszedierung führen. Klinisch zeigen sich Hirndruckzeichen, meningitische Symptome, Krampfanfälle, Halbseitenzeichen und Bewusstseinsstörungen.

Die einzig sinnvolle Therapie ist die baldige Trepanation mit der Eröffnung der Dura, Entleerung des Empyems und anschließender Spülung mit antibiotischer Lösung.

Die Prognose ist immer fraglich, da sich im weiteren Verlauf auch nach Sanierung der Empyemhöhle noch Spätabszesse bilden können.

Meningitiden

Eine Entzündung der Meningen ist nur dann eine Indikation zu einem neurochirurgischen Vorgehen, wenn es nach einer Meningitis zu einer Liquorzirkulationsstörung mit Hydrozephalus kommt (z. B. infolge eines Verschlusses des Aquäduktes oder des Foramen Magendii) oder infolge fehlender Liquorresorption bei Verklebung der Zisternen und der Subarachnoidalräume. In diesen Fällen ist eine Liquorableitung notwendig (▫ s. 10.4.4).

Hirnabszess

Selten entsteht ein Hirnabszess traumatisch, viel häufiger durch Fortleitung. Die primäre Infektionsquelle ist meist eine Ohraffektion, eine Entzündung der Nasennebenhöhlen oder ein eitriger Lungenprozess.

Je nach Aktivität der Erreger (Staphylo-, Pneumo- oder Streptokokken) tritt er als Frühabszess schon innerhalb weniger Tage bis Wochen oder auch nach Jahren als Spätabszess in Erscheinung. Der Spätabszess ist in der Regel immer abgekapselt und kann verkalken. Überwiegend ist das Großhirn betroffen. Klinisch finden sich meist rasch progrediente Symptome eines raumfordernden intrakraniellen Prozesses mit Herdsymptomen, evtl. epileptischen Anfällen und Hirndruckzeichen, sodass in erster Linie ein Hirntumor angenommen wird. Hinweisend sind dann eine Leukozytose und eine erhöhte Blutsenkungsgeschwindigkeit.

Die Verdachtsdiagnose eines Hirnabszesses erfordert ein CCT mit Kontrastdarstellung und das NMR. Hiermit gelingen zumeist der Nachweis und die Lokalisation.

Die Therapie ist abhängig von der Krankheitsphase, der Größe und der Lokalisation des Abszesses. Immer besteht das Ziel in einer vollständigen Entfernung. Hierbei werden die frühen raumfordernden Abszesse zunächst punktiert und gespült. Eine intensive antibiotische Therapie ist obligat. Die Mortalität bei Hirnabszessen liegt immer noch bei etwa 30%.

10.7 Schädel-Hirn-Traumen

10.7.1 Versorgung des Patienten

Immer noch sterben Tausende von Patienten jährlich an einer schweren Hirnverletzung. Die Maßnahmen, die der erste Helfer am Unfallort trifft oder unterlässt, entscheiden bei vielen Verletzten nicht nur über Leben und Tod in der Frühphase, sondern auch über den Erfolg der anschließenden Behandlung und über das Ausmaß der bleibenden Schäden.

Erstversorgung am Unfallort

Zuerst sind die bekannten Maßnahmen zur Aufrechterhaltung der Vitalfunktionen erforderlich. Auf eine Wundversorgung wird weitgehend verzichtet, nur das Anlegen eines sterilen Verbandes unter Belassung von Schmutz und Haaren ist nötig. Tritt Blut, Liquor oder Hirnbrei aus der Nase aus, ist für ein freies Ablaufen zu sorgen, damit das Eindringen in die Luftwege verhindert wird.

Jede durch ein Schädel-Hirn-Trauma bedingte Bewusstlosigkeit bedeutet absolute Lebensgefahr und erfordert schnellstmöglichen und sachgemäßen Transport ins Krankenhaus. Für die Beurteilung der Art des Transportes bedarf es einer orientierenden Untersuchung über evtl. anderweitige Verletzungen, z. B. des Thorax, der Wirbelsäule, des Abdomens oder der Extremitäten. Im Allgemeinen ist die optimale Lagerung für den Transport bewusstloser Hirnverletzter die fixierte Seitenlage. Nur in Ausnahmefällen, z. B. bei Vorliegen eines traumatischen Querschnittes, ist die Rückenlage ratsamer.

Versorgung im Krankenhaus

Die einzelnen Maßnahmen im Krankenhaus sind nach Art und Schwere der Verletzung unterschiedlich.

Sofortmaßnahmen beim Schädel-Hirn-Trauma im Krankenhaus

- Einlieferung des Verletzten: orientierende ärztliche Untersuchung der Atmung, des Kreislaufs, der Bewusstseinslage, der Verletzungen und der Pupillen.
- Sicherstellung der Atmung: Absaugen, Intubation.
- Schockbekämpfung: venöse Zugänge, Blutentnahmen für die Blutgruppenbestimmung und die üblichen Routineuntersuchungen, Infusion, Blutdruckkontrolle etc.
- Messung des Bauchumfangs.
- Konsiliarisches Hinzuziehen der (Neuro)chirurgen, Ophthalmologen, des HNO-Arztes, des Kieferchirurgen, Orthopäden, Neurologen und Internisten.
- Diagnostik: Röntgennativuntersuchungen.
- Computertomographie.
- Blasenverweilkatheter.
- Magensonde.
- Tetanusprophylaxe.
- Operative Versorgung.
- Intensivtherapie.
- Hirndruckmessung

Weiterbehandlung

Für die Weiterbehandlung schwerer Schädel-Hirn-Verletzungen gelten – wie für alle am Gehirn operierten neurochirurgischen Patienten – die Besonderheiten neurochirurgischer Intensivpflege.

10.7.2 Einteilung der Schädel-Hirn-Traumen

Um in der akuten Phase richtig handeln zu können, um rechtzeitig eine Prognose zu stellen und um frühzeitig die Rehabilitation zu lenken, ist die Einteilung der verschiedenen Schädel-Hirn-Traumen notwendig. Wir unterscheiden:

- gedecktes Schädel-Hirn-Trauma,
- offenes Schädel-Hirn-Trauma,
- Frakturen der Schädelbasis,
- Hirnödem und Hirnschwellung,
- traumatische intrakranielle Hämatome.

Gedecktes Schädel-Hirn-Trauma

Definition

Die Dura ist von den Verletzungen nicht betroffen.

Eine Unterteilung der gedeckten Schädel-Hirn-Verletzungen, abhängig von der Dauer der Störung, zeigt ◘ Tabelle 10.5.

◘ Tabelle 10.6 gibt einen Überblick über die Beurteilung der Bewusstseinslage.

Als posttraumatischer Defektzustand des Gehirns mit prolongiertem Koma gehört das *apallische Syndrom* an sich zu den Schädel-Hirn-Verletzungen 3. Grades. Es nimmt dort jedoch eine Sonderstellung ein, da es auch nach nicht verletzungsbedingter Schädigung des Gehirns auftreten kann, etwa bei Vergiftungen. Dieses Zustandsbild ist durch erhaltende Elementarfunktionen des Stammhirns, wie Atmung, Kreislauf und Schlaf-Wach-Rhythmus bei weitgehendem Ausfall der Großhirnfunktionen, gekennzeichnet.

Solche Patienten liegen wach mit offenen Augen ohne Wahrnehmung und ohne Reaktion. Weder Berührung oder Ansprache noch das Zeigen von Gegenständen löst eine Gegenbewegung aus; sinnvolle, bewusste Handlungen werden nicht ausgeführt. In der überwiegenden Mehrzahl ist das apallische Syndrom ein Endzustand. Als Durchgangsstadium einer Defektheilung findet man es praktisch nur bei Kindern.

Tabelle 10.5. Kriterien zur Gradeinteilung gedeckter Schädel-Hirn-Verletzungen

Art der Störung	Schädel-Hirn-Trauma		
	1. Grades	2.Grades	3. Grades
Bewusstlosigkeit	Bis 5 min	Bis 30 min	Länger
Neurologische Ausfälle	Möglich	Möglich	Sicher
Kreislaufstörungen	Möglich	Möglich	Wahrscheinlich
Atemstörungen	Fehlend	Möglich	Wahrscheinlich
Vegetative Störungen	Möglich	Wahrscheinlich	Wahrscheinlich
Temperaturregulationsstörungen	Fehlend	Fehlend	Wahrscheinlich
Hirnschwellung, Hirnödem	Fehlend	Möglich	Wahrscheinlich
EEG-Veränderungen			
Vorübergehend	Möglich	Wahrscheinlich	Sicher
Auf Dauer	Fehlend	Möglich	Wahrscheinlich
Rückbildung neurologischer Befundabweichungen	Sicher	Innerhalb 30 Tagen	Meist nicht vollständig
Rückbildung subjektiver Beschwerden	Innerhalb von Tagen	Wahrscheinlich	–
Dauerbeschwerden	Keine	Möglich	Wahrscheinlich

Tabelle 10.6. Beurteilung der Bewusstseinslage

Bewusstseinslage	Reaktion
Klar	Vollorientiert mit oder ohne Erinnerungslücken
Benommen	Es besteht eine Erinnerungslücke (Amnesie) für sämtliche Vorkommnisse aus einem umschriebenen Zeitabschnitt Keine Orientierung zur Lage
Schläfrig (somnolent)	Krankhafte Schläfrigkeit. Bruchstückhafte Erinnerungsinseln können bestehen (Amnesie) Keine Orientierung zur Person und zur Lage Erweckbar
Bewusstlos	Durch lauten Anruf nicht mehr erweckbar Nicht erweckbar, prompte gezielte Reaktion auf Schmerzreize Nicht erweckbar, träge ungezielte Abwehrbewegung auf Schmerzreize Nicht erweckbar, keine Reaktion auf Schmerzreize

Therapiephasen des gedeckten Schädel-Hirn-Traumas

- Akute posttraumatische Phase: Schockbekämpfung, Stabilisierung des Kreislaufs, Sicherung der Atemwege, Flüssigkeitsbilanzierung und Ernährung, laufende Laboruntersuchungen, Behandlung des Hirnödems, ggf. Operation, Pflege, Gymnastik.
- Rehabilitationsphase im Krankenhaus: Pflege, Beschäftigungstherapie, Krankengymnastik.
- Rehabilitationsphase der sozialen Eingliederung: körperliche Wiederherstellung und soziale Wiedereingliederung in einem entsprechenden Hirnverletztenzentrum. Geeignete Umschulungsmaßnahmen sind genauso erforderlich wie eine entsprechende soziale Therapie.

Offenes Schädel-Hirn-Trauma

Definition

Durch eine von außen einwirkende Gewalt wird Hirngewebe zerstört. Dabei weisen Haut, Knochen und Dura gleichzeitig eine durchlaufende Wunde auf.

Die Verletzungen können durch stumpfe (z. B. Stockschlag, herabfallender Balken) oder scharfe Gewalteinwirkungen (Schuss, Stich, etc.) hervorgerufen werden.

Abhängig von der Gewalteinwirkung zeigen sich umschriebene Stichverletzungen oder tief greifende Gewebszerstörungen. Gefahren, die hierdurch entstehen können, liegen in der komplizierenden Osteomyelitis, in der Gefahr der Meningitis und der Enzephalitis mit der weiteren Gefahr des Abszesses oder des subduralen Empyems.

Klinik

Der sehr unterschiedliche Schweregrad der Hirnverletzungen ist auch ausschlaggebend für das klinische Syndrom, sowohl hinsichtlich der Bewusstseinslage als auch im Hinblick auf allgemeine Hirnstörungen (Atmung, Kreislauf u. a.) und fokale Ausfälle.

Herdförmige Störungen werden naturgemäß immer dann zu erwarten sein, wenn entsprechende Hirnareale, wie die Zentralregion, die Stammganglien, das Sprachzentrum und die Sehrinde, mitverletzt sind.

Der lokale Inspektionsbefund, das Röntgenbild des Schädels und das CCT mit Knocheneinstellung lassen im Zusammenhang mit der neurologischen Situation meist eine ausreichende Diagnose zu.

Therapie

Alle offenen Schädel-Hirn-Traumen bedürfen der primären operativen Versorgung, einmal zur Beseitigung gleichzeitiger raumfordernder intrazerebraler Blutungen und zur Verhütung von Infektionen, wie sie oben besprochen wurden.

! Ziel der Therapie muss es sein, die offene Hirnwunde in eine geschlossene Hirnwunde zu verwandeln.

Von dieser unmittelbaren OP-Notwendigkeit sind solche Schussverletzungen abzugrenzen, bei denen die Projektile zum Steckschuss oder zum Durchschuss führten und keine erkennbaren Ausfälle hinterließen sowie auch zu keiner groben Gefäßverletzung führten. Bei beiden Situationen werden lediglich Haut und Dura verschlossen und die Hirnwunde wird nur oberflächlich versorgt, um durch die Säuberung des schmalen Schusskanales von zertrümmertem Hirngewebe und Fremdkörpern nicht zusätzlich wertvolles Gewebe zu zerstören.

Bei jeder Wunde der Kopfhaut mit gleichzeitiger Knochenverletzung (Trümmerbruch, Impression, Defekt) muss nach der Säuberung der Hautwunde und meist einer Exzision der Wundränder die Knochenverletzung übersichtlich dargestellt werden.

Bei den Impressionen und penetrierenden Verletzungen muss der Knochen im Verletzungsbereich so weit entfernt werden, bis die Duraverletzung übersichtlich freiliegt.

Die traumatisch entstandene Duralücke muss meist noch zusätzlich erweitert werden, um die darunter liegende Hirnwunde einwandfrei beurteilen zu können. Vorhandene raumfordernde Blutungen werden ausgeräumt und im Übrigen wird eine sorgfältige Blutstillung durchgeführt.

Die Dura wird genäht oder bei einem größeren Defekt durch ein Stück Periost oder synthetische Dura verschlossen.

Die Knochenlücke kann entweder primär durch größere Knochenfragmente wieder gedeckt werden, oder sie wird sekundär durch Fremdknochen oder Kunststoff (z. B. Palacos) verschlossen.

! Allgemein gilt die Regel offene Hirnwunden innerhalb der ersten 12 h nach der Verletzung zu versorgen.

Frakturen der Schädelbasis

Frakturen der Schädelbasis führen nicht selten zu begleitenden Komplikationen:

- Liquorfisteln,
- Pneumenzephalus,
- Gefäßverletzungen.

Liquorfisteln

Bei sichtbarem Abfluss von Liquor aus Nase und Ohr ist die Diagnose einer Liquorfistel leicht zu stellen. Liquor muss jedoch nicht immer fließen. Bei Fisteln besteht immer die Gefahr einer aufsteigenden Entzündung der Hirnhäute und des Gehirns. Sie müssen deshalb operativ verschlossen werden. Ohr-Liquor-Fisteln, bei denen übrigens auch ein Riss im Trommelfell vorliegen muss (häufige Begleiterscheinung bei Schädelbasisfrakturen), verschließen sich oftmals von selbst.

Pneumenzephalus

Der Pneumenzephalus stellt eine Komplikation insbesondere der nasalen Fistel dar. Es kommt zu einem Einströmen von Luft in den Schädelinnenraum, die wegen eines an der Liquorfistel entstehenden Ventilmechanismus nicht mehr entweichen kann. Die Diagnose lässt sich leicht im Röntgenbild stellen. Wegen der bedrohlichen Drucksteigerung im Kopf sind eine Entlastungsoperation und Verschluss der Fistel meist unumgänglich.

Gefäßverletzungen bei Basisfrakturen

Unter den Gefäßverletzungen bei Basisfrakturen hat die Karotis-Kavernosus-Fistel eine besondere Bedeutung. Durch Verletzung der A. carotis im Bereich des Sinus cavernosus entsteht ein arteriovenöser Kurzschluss. Das arterielle Blut ergießt sich sofort in den venösen Schenkel. Klinisch charakteristisch ist der pulsierende Exophthalmus. Zusätzlich können Schädigungen des 3., 5. und 6. Hirnnervs auftreten, die in der Wandung des Sinus cavernosus verlaufen. Die Behandlung geschieht auf endovaskulärem Wege.

Hirnödem und Hirnschwellung

Hirnödem und Hirnschwellung sind Reaktionen des Gehirns auf Schädigungen verschiedenster Art. Je nach Schwere und Schädigung werden sie mehr oder minder schnell entstehen. Beide Zustände sind gekennzeichnet durch Flüssigkeitseinstrom in das Gehirn selbst. Beim Hirnödem ist der Flüssigkeitsgehalt in den Gewebsspalten des Gehirns vermehrt, bei der Hirnschwellung im Gewebe selbst. Hieraus resultiert eine Erhöhung des intrakraniellen Druckes, der sekundär wieder zur Hirnschädigung führen kann.

Praktisch jeder neurochirurgische Eingriff und alle schweren Schädel-Hirn-Verletzungen, aber auch intrazerebrale Massenblutungen, Hirninfarkte, Meningitiden und Enzephalitiden sowie Vergiftungen können ein Hirnödem und eine Hirnschwellung zur Folge haben.

Eine zuverlässige Messung gelingt durch spezielle **Hirndruckmesssonden**, die meist intrazerebral platziert werden.

Eine operative Therapie dieser Zustände gibt es nicht. Allerdings kann als allerletzte Möglichkeit unter bestimmten Voraussetzungen eine großflächige operative Entlastung z. B. bei einem *malignen Hirninfarkt* versucht werden.

Die jetzt gebräuchliche Therapie des Hirnödems benutzt Kortisonderivate (Dexamethason) als gefäßabdichtende und somit ödemverhindernde Mittel. Die Nebenwirkungen dieser Behandlung (Möglichkeit der Magenblutung, Herabsetzung der Widerstandskräfte gegen Infektionen, Exazerbation eines Diabetes mellitus) dürfen dabei nicht außer Acht gelassen werden. Zusätzlich können osmotherapeutische Maßnahmen ergriffen werden, z. B. die Gabe von hypertonischem Sorbit oder Mannit. Hierbei sorgen osmotisch wirkende Moleküle im Blut für einen Einstrom von Gewebswasser in die Blutgefäße und bewirken damit eine Dehydratation des Körpers.

Eine ausgewogene Flüssigkeitszufuhr und genaue Flüssigkeitsbilanz sind deshalb unerlässlich, zumal es bei den am Gehirn operierten und verletzten Patienten infolge gestörter Funktionen verschiedener Regulationsmechanismen ohnehin leicht zu Störungen im Wasser- und Elektrolythaushalt kommt. Eine Elektrolytzufuhr, insbesondere von Kalium, ist deshalb meist erforderlich.

10.7.3 Traumatische intrakranielle, extrazerebrale Hämatome

Definition

Traumatische, intrakranielle Hämatome sind Blutungen innerhalb der knöchernen Schädelkapsel (außerhalb des Gehirns).

Im Gefolge von Schädel-Hirn-Verletzungen können innerhalb des Schädels Blutungen entstehen, die durch ihre Raumforderung und damit durch die Erhöhung des Kopfinnendruckes lebensbedrohliche Komplikationen darstellen. Ihre schnelle Diagnose und die entsprechende Behandlung durch eine Operation ist von entscheidender Bedeutung für die Prognose.

Symptome

Der wichtigste Hinweis auf das Vorliegen einer intrakraniellen Blutung ist das *freie Intervall*. Nach einem Unfall ist der Patient gar nicht oder nur kurz bewusstlos und wacht später wieder auf. Ein Intervall von Bewusstseinsklarheit wird durchlaufen und Stunden danach trübt das Bewusstsein des Patienten wieder ein. Diese erneute Bewusstseinseintrübung ist Folge der raumfordernden Blutung und der damit verbundenen Druckerhöhung. Schwierig wird die Beurteilung bei Verletzten mit einem Schädel-Hirn-Trauma 3. Grades, deren primäre Bewusstlosigkeit durch den Unfall unmerklich in die sekundäre Blutung übergeht. Ähnliche Schwierigkeiten bestehen bei alkoholisierten Patienten.

Ein weiteres Zeichen, das den Verdacht auf eine intrakranielle raumfordernde Blutung nahe legt, ist die *einseitige Pupillenerweiterung*. Zu beachten sind ferner neurologische Ausfälle, wie Lähmungen an der dem Hämatom entgegengesetzten Körperseite. Die Überwachung Schädel-Hirn-Verletzter hinsichtlich der Ausbildung eines intrakraniellen Hämatoms erfordert die mindestens stündlich durchzuführende Überprüfung von Puls, Blutdruck, Pupillen und Bewusstseinslage.

Entsprechend ihrer anatomischen Ausbreitung und des Entstehungsmechanismus weisen die intrakraniellen Hämatome Unterschiede auf.

Epidurales Hämatom

Das epidurale Hämatom liegt zwischen harter Hirnhaut und Schädelknochen (Abb. 10.42). Es ist fast ausschließlich auf eine Verletzung der A. meningea media zurückzuführen und damit ein arterielles, sich schnell entwickelndes Hämatom. Die A. meningea media ist ein großes Gefäß, das im Bereich der Schläfe die harte Hirnhaut versorgt, und wird bei temporalen Frakturen leicht mitverletzt. Die temporale Schläfengegend wird dadurch zur Hauptlokalisation dieser Hämatome. Der Verdacht auf ein epidurales Hämatom ergibt sich im Wesentlichen aus etwa 3 Verlaufssituationen:

- Bei einem gedeckten Schädel-Hirn-Trauma kommt es zu einer sofortigen Bewusstlosigkeit, die kurze Zeit dauert; der Verletzte wird wieder wach und ansprechbar. Nach einem Zeitraum von einer bis mehreren Stunden (freies Intervall) erfolgt eine erneute Bewusstseinstrübung und Bewusstlosigkeit als Zeichen der zunehmenden Raumforderung.

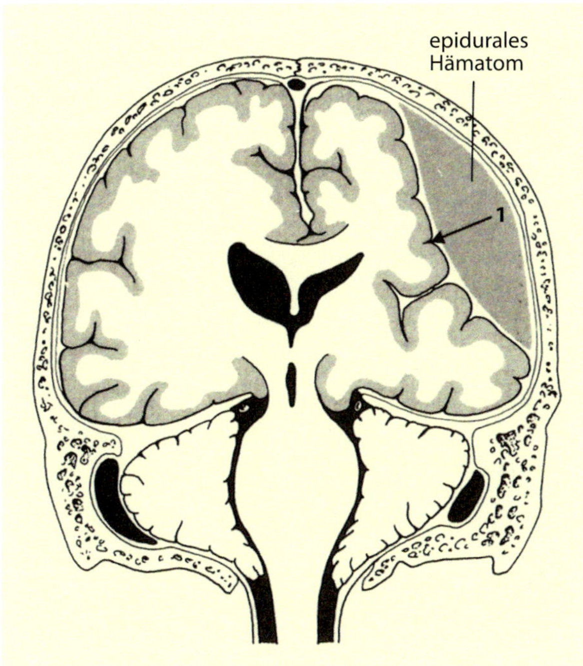

Abb. 10.42 Raumfordernde Wirkung (*1*) eines epiduralen Hämatoms. (Aus Heberer et al. 1993)

- Bei einem Schädel-Hirn-Trauma hat primär keine Bewusstlosigkeit vorgelegen, nach entsprechender Zeit setzt eine sekundäre Bewusstseinstrübung durch das anwachsende Hämatom ein.
- Die primäre Bewusstlosigkeit nach einem Schädel-Hirn-Trauma hält an und wird in den folgenden Stunden eher zunehmend tiefer durch eine raumfordernde Blutung.

Das epidurale Hämatom erfordert rasches chirurgisches Vorgehen, denn ein verspätet operiertes Hämatom verdoppelt die Letalität und verzehnfacht die Invalidität.

Die Kenntnis der Klinik des epiduralen Hämatoms und der zu treffenden Maßnahmen sollten von jedem Chirurgen zu erwarten sein. Zeitraubende Verlegungen in entsprechende neurochirurgische Spezialabteilungen machen oft die Prognose von vornherein ungünstig.

Entfernung eines epiduralen Hämatoms

Indikation

Epidurales Hämatom.

Prinzip

Beseitigung der Kompressionserscheinungen durch sofortige Schädeleröffnung und Entfernung des Hämatoms, sowie Blutstillung der verletzten Arterie.

Lagerung

10

- Rückenlage, den Kopf auf die kontralaterale Seite gedreht, in einem Kopfring oder mit den Gummipolstern einer Kopfhalterung fixiert.
- Dispersionselektrode an einem Oberarm.

Instrumentarium

Kraniotomieinstrumentarium, Standardzusatz.

Entfernung eines epiduralen Hämatoms

- Eine halbrunde Inzision der Kopfschwarte über dem lokalisierten Hämatom. Die Blutstillung an den Wundrändern erfolgt z. B. am Kopfschwartenrand mit Dandy-Klemmen und am Schwartenlappen mit Raney-Clips
- Der Haut-Galea-Lappen wird vom Periost mit dem Messer abpräpariert und in eine feuchte Kompresse gewickelt, damit er während der Operation nicht austrocknet. Das Periost wird, ebenfalls halbrund, dort mit dem Diathermiestichel durchtrennt, wo die Trepanation geplant ist
- Mit einem breiten Raspatorium wird der Schädelknochen freigelegt. Bohrlöcher werden mit dem Trepanbohrer gesetzt, mit dem Craniotom der Knochendeckel ausgesägt. Mit einem Elevatorium wird dieser angehoben, meist muss adhärente Dura noch mit einem Dissektor abpräpariert werden
- Blutungen aus der Spongiosa werden mit Knochenwachs gestillt. Schon beim Setzen der Bohrlöcher quillt das gestaute Blut hervor, wird abgesaugt und schafft so eine erste Druckentlastung
- Das Hämatom wird durch Spülung und mit dem Dissektor entfernt. Das blutende Gefäß wird mit bipolarer Koagulation verschorft, mit einem Clip verschlossen oder mit Hämostyptikum tamponiert
- Nun werden mit einem 2,0-mm-Bohrer rund um die Trepanation kleine Löcher gesetzt, dabei wird die Dura mittels einer Lochzange geschützt (Abb. 10.43)
- Durch die Löcher werden die Durahochnähte (Abb. 10.44) gelegt, die der Vermeidung von sub- und epiduralen Nachblutungen dienen. Zwischen Kalotte und Dura werden kleine Streifen von Fibrinschaum (Kollagenvlies o. Ä.) eingelegt, die diffuse Blutungen unter dem Trepanationsrand stillen. Sichtbare Blutungen müssen bipolar versorgt werden
- Ebenso werden am Rand des Knochendeckels 2-mm-Löcher gebohrt, damit dieser dann wieder eingefügt und mit dicken Fäden geknotet werden kann
- Nach dem Einlegen einer subkutanen Redon-Drainage (10–12°Charr) werden die Raney-Clips und die Dandy-Klemmen entfernt; es beginnt der schichtweise Wundverschluss. Ein zirkulärer Kopfverband beendet die Operation

Subdurales Hämatom

Definition

Beim subduralen Hämatom handelt es sich um eine ausgedehnte, flächenhafte Blutung im Subduralraum zwischen Dura und Arachnoidea. In diesem Spalt ist eine Ausdehnung über eine ganze Gehirnhälfte möglich.

Es sind im Wesentlichen venöse Blutungen bei entsprechend oberflächlichen venösen Gefäßverletzungen. Das subdurale Hämatom entsteht durch den Einriss von Brückenvenen, die von der Hirnoberfläche zu den Blutleitern in der harten Hirnhaut ziehen. Bei oberflächlichen Rindenprellungsherden sind die Blutungen meist arteriell-venös gemischt; hierbei sorgt die arterielle Komponente für den weiteren akuten Verlauf. Hinsichtlich des zeitlichen Ablaufs unterscheidet man die im Folgenden beschriebenen 2 Formen.

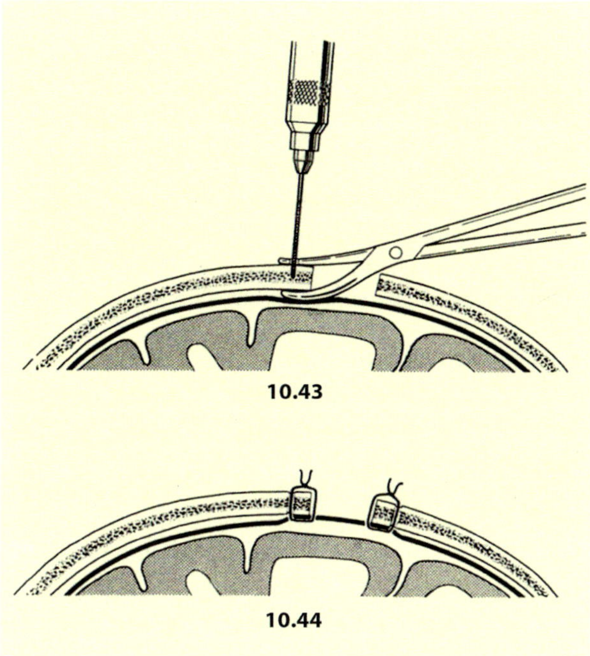

■ Abb. 10.43 Setzen der Bohrlöcher am Kraniotomierand. (Aus Hamer u. Dosch 1978)
■ Abb. 10.44 Durahochnähte. (Aus Hamer u. Dosch 1978)

Akutes subdurales Hämatom. Es ist fast immer mit einer schweren Hirnkontusion verbunden und unterscheidet sich hierin vom epiduralen Hämatom. Die primäre Bewusstlosigkeit vertieft sich oder tritt nach dem Ablauf von Stunden erneut auf.

Chronisches subdurales Hämatom. Demgegenüber entwickeln sich chronische Hämatome erst in einem größeren Zeitraum von Wochen bis Monaten. Die wechselnde Symptomatik kann dem Bild einer Hirngeschwulst ebenso ähneln wie dem einer vaskulären Insuffizienz. Eine Sonderform des chronischen subduralen Hämatoms ist die *Pachymeningosis hämorrhagica interna*, die auf einer Erkrankung der harten Hirnhaut beruht. Im Bereich der innersten Duraschicht besteht gefäßreiches Granulationsgewebe, in das es spontan oder auch bereits bei Bagatelltraumen bluten kann. Daraus können sich umschriebene und meist ausgedehnte, vielfach doppelseitige Hämatome entwickeln. Ist die Diagnose eines subduralen Hämatoms gestellt, ist damit auch der Weg zu einer raschen operativen Entfernung gewiesen.

Entfernung eines subduralen Hämatoms

▪▪▪ Indikation

Subdurales Hämatom.

▪▪▪ Prinzip

Entfernung des Hämatoms, um die Hirnkompression zu beseitigen. Beim akuten Hämatom muss die Blutungsquelle versorgt werden, beim chronischen Hämatom ist die Exstirpation der Membranen erforderlich.

▪▪▪ Lagerung

- Rückenlage, Kopflagerung entsprechend der Lokalisation des Hämatoms seitlich auf einem Ring.
- Dispersionselektrode an einem Oberarm.

▪▪▪ Instrumentarium

- Kraniotomieinstrumentarium,
- Standardzusatz,
- ggf. Nélaton-Katheter,
- Jackson-Pratt-Drainage.

Akutes subdurales Hämatom

► Die Eröffnung des Schädels erfolgt wie beim epiduralen Hämatom mit einer großzügigen halbrunden Trepanation über dem computertomographisch lokalisierten Hämatom

► Die Dura wird mit einem Messerchen inzidiert und der Schnitt halbkreisförmig mit einer Durascehere erweitert

► Danach wird das Hämatom durch Spülung und Saugen entfernt. Dabei muss evtl. das gequetschte Hirngewebe abgesaugt werden. Eine exakte Blutstillung erfolgt mit dem bipolaren Koagulator, abgerissene Brückenvenen werden koaguliert, mit Clips verschlossen und/oder mit Hämostyptikum tamponiert

► Besteht eine so starke Hirnschwellung, dass die Dura nicht wieder vernäht werden kann, muss eine Duraplastik vorgenommen werden. Dazu eignet sich als Duraersatz z. B. Goredura, die den Defekt überdeckt. Der Patch wird fortlaufend eingenäht und muss mit dem Rand der patienteneigenen Dura abschließen. Der Knochendeckel bleibt wegen der bestehenden oder zu erwartenden Hirnschwellung meist entfernt, ggf. wird er zur Aufbereitung gegeben oder verworfen

► Nach der Entfernung der Raney- und der Dandy-Klemmen erfolgt der übliche Wundverschluss

Chronisches subdurales Hämatom

- Als kleinster, häufig ausreichender Eingriff erfolgt die Entleerung des Hämatoms über ein Bohrloch
- Dazu wird ein gerader Hautschnitt gelegt, die Kopfschwarte mit einem Sperrer auseinander gehalten, das Periost inzidiert und ein Bohrloch angelegt, das evtl. mit einem Luer erweitert werden muss
- Die freigelegte Dura wird mit der bipolaren Pinzette punktförmig koaguliert und dann mit einem kleinen Skalpell kreuzförmig inzidiert. Das unter Druck stehende Hämatom entleert sich; durch das Einführen eines feuchten Nélaton-Katheters in den Subduralraum kann durch Spülung das restliche Hämatom entfernt werden. Abschließend wird eine Jackson-Pratt-Drainage eingelegt, um nachlaufende Hämatomflüssigkeit abzusaugen
- Besteht eine Pachymeningosis mit dicken Membranen, erfolgt die Trepanation mit Entfernung dieser Membranen
- Der übliche Wundverschluss unter möglicher Zuhilfenahme eines kleinen Durapatches zum Verschluss der Durainzision beendet die Operation

10.7.4 Traumatische intrakranielle, intrazerebrale Hämatome

Intrazerebrale Hämatome werden entweder durch Gefäßzerreißung in der Hirnsubstanz oder indirekt durch Rindenprellungsherde verursacht. Meist liegen sie im Bereich des Stirnhirns und des Schläfenhirns. Der Verlauf solcher intrazerebralen Hämatome ist uncharakteristisch. Er hängt im Wesentlichen davon ab, ob sie isoliert vorkommen oder ob noch weitere Verletzungen des Gehirns vorliegen.

Klinisch sind akute subdurale Hämatome nicht von kontusionellen Schädigungen zu unterscheiden. Bei mehr chronischem Verlauf sind neben herdförmigen Ausfällen eher Symptome einer allgemeinen Hirndrucksteigerung vorhanden.

Zur Therapie genügt manchmal die Bohrlochtrepanation.

Die Prognose ist abhängig von der Lokalisation und Ausdehnung des Hämatoms selbst und von der zusätzlich erlittenen Hirnschädigung.

10.7.5 Schädeldefekt nach osteoklastischer Trepanation

Trepanation

Osteoplastische Trepanation

Bei geplanten Operationen im frontalen, temporalen, parietalen und okzipitalen Bereich zur Entfernung von Tumoren, Angiomen oder Aneurysmen wird dem Patienten sein eigener Knochendeckel wieder angepasst, wenn am Ende der Operation keine Hirnschwellung auftritt.

Osteoklastische Trepanation

Bei frischem Schädel-Hirn-Trauma mit sichtbarer oder zu erwartender postoperativer Hirnschwellung bleibt der Knochendeckel entfernt.

Nach der Trepanation wird in einer Zweitoperation eine Schädeldachplastik vorgenommen. Die Schädeldachlücken müssen aus verschiedenen Gründen verschlossen werden:

- Jede auch noch so kleine Lücke bedeutet eine vorhandene Gefahr für das Gehirn.
- Bei größeren Defekten können Schwankungen des intrakraniellen Druckes Ursache von Beschwerden sein.
- Eine kosmetische Indikation gibt es bei Schädeldefekten im Gesichtsbereich.

Schädeldachplastik

▪▪▪ Indikation

Zustand nach osteoklastischer Trepanation.

▪▪▪ Prinzip

Deckung des Kalottendefekts. Entweder wird der patienteneigene entfernte Knochendeckel, industriell lyophilisiert und sterilisiert, bereitgehalten und reimplantiert oder (heute die häufigere Möglichkeit) der Defekt wird mit einer während der Zweitoperation hergestellten Refobacin-Palacos-Platte gedeckt.

▪▪▪ Lagerung

- Rückenlagerung mit entsprechend der Lokalisation des Defekts gedrehtem Kopf.
- Neutrale Elektrode an einem Oberarm.
- Der Patient liegt auf einer Wärmematte.

▪▪▪ Instrumentarium

- Kraniotomieinstrumentarium,
- Standardzusatz,

- Refobacin-Palacos,
- Folien- oder Handschuhpapier,
- evtl. Paraffinöl,
- dicke Fräse,
- 4,5-mm-Spiralbohrer.

Schädeldachplastik

► Über die Eröffnung des ursprünglichen Hautschnittes wird der Haut-Galea-Lappen präpariert. Der Kraniotomiedefekt wird übersichtlich dargestellt, die angerührte Refobacin-Palacos-Masse über dem auf den Defekt gelegten Handschuhpapier einmodelliert. Damit der Knochenzement nicht an den Fingern klebt, sollten die Handschuhe mit Paraffinöl bestrichen werden

► Das Aushärten des Palacos erfolgt selbstverständlich außerhalb des OP-Gebietes, damit die Hitzeentwicklung nicht zu thermischen Schäden des Gehirns führen kann

► Nach der Aushärtungszeit werden die Ränder der Plastik mit der Fräse geglättet. Anschließend erfolgt die Perforation der gesamten Plastik mit einem 4,5-mm-Bohrer, die die Einsprossung von Gewebe beschleunigt. Die Plastik wird befestigt wie ein Knochendeckel (s. oben)

► Nach dem Einlegen einer Redon-Drainage erfolgt der übliche schichtweise Wundverschluss

10.8 Erkrankungen und Verletzungen des Rückenmarks, seiner Hüllen und der Wirbelsäule

10.8.1 Spinale Geschwülste

Definition

Im Allgemeinen versteht man unter spinalen Geschwülsten alle raumfordernden Prozesse des Spinalkanales. Entweder gehen sie vom Spinalkanal selbst aus oder dringen sekundär in den Wirbelkanal ein.

Im weitesten Sinne gehören zu den spinalen Geschwülsten auch nichttumoröse raumfordernde Prozesse, wie Arachnoidalzysten, Bandscheibenvorfälle u. a. m.

Entsprechend dem Aufbau der Wirbelsäule spricht man hinsichtlich der Lokalisation von zervikalen, thorakalen, lumbalen und sakralen Tumoren.

Spinale Geschwülste sind im Bezug auf Hirntumoren um ein vielfaches seltener.

Alle spinalen Geschwülste bewirken eine Kompression (Druckschädigung, Quetschung) des Rückenmarks.

Zur *Differenzierung der spinalen Geschwülste* nutzt man ihre Beziehung zum Rückenmark und zu seinen Häuten (Abb. 10.45a–d):

- extradural = außerhalb des Durasackes, meist *Karzinommetastasen*,
- intradural = innerhalb des Durasackes:
  - extramedullär = außerhalb des Rückenmarks: von den Wurzeln ausgehende *Neurinome*, von den Meningen ausgehende *Meningeome*,
  - intramedullär = innerhalb des Rückenmarks, meist *Gliome*.

Symptome

Alle Prozesse, die das Rückenmark von außen komprimieren, führen zu einer zunehmenden Beeinträchtigung der Rückenmarkfunktionen und zwar in erster Linie der Motorik, später der Blasenfunktion. Schließlich droht die Querschnittlähmung.

Therapie

Je nach Geschwulstart gibt es folgende Behandlungsformen:

- Operation,
- Bestrahlung und
- Zytostatika.

Bei einigen Karzinommetastasen (Prostata, Mamma) können Hormonbehandlungen mit gegengeschlechtlichen Hormonen wie auch Kastration und Ausschaltung der Hypophyse günstig wirken.

Bei den *benignen* Tumoren (einige Gliome, Meningeome, Neurinome, Lipome, Dermoide etc.) besteht ausschließlich die Möglichkeit einer operativen Entfernung der Geschwulst.

Bei den *malignen* Prozessen (Sarkomen, Karzinomen u. a.) sollen Operation, Bestrahlung und Zytostatika nicht miteinander konkurrieren, sondern sich gegenseitig ergänzen, um die therapeutische Wirksamkeit möglichst weit zu spannen.

Entlastende Operation und nachfolgende Bestrahlung dürften das wirksamste Vorgehen darstellen. Natürlich sind im Allgemeinen die knochenzerstörenden spinalen Tumoren prognostisch ungleich ungünstiger zu beurteilen als die biologisch gutartigen Meningeome und Neurinome. Wie bei allen malignen Geschwülsten, sollte auch hier für die OP-Indikation niemals allein der lokale spinale Befund ausschlaggebend sein. Die Gesamtsituati-

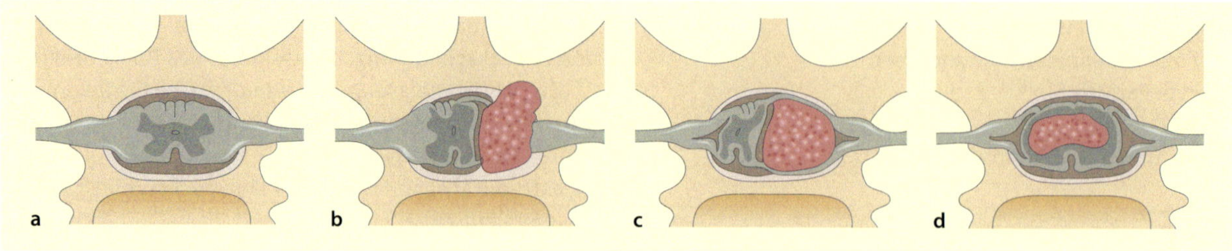

Abb. 10.45a–d Lokalisation spinaler Tumoren. a Normale Verhältnisse, b extradurale Tumoren, vom Knochen ausgehend, c intradurale extramedulläre Tumoren, d intradurale, intramedulläre Tumoren. (Aus Siewert 2001)

on des Kranken muss den Behandlungsweg bestimmen. Dies kann auch dazu führen, dass überhaupt keine Therapie für sinnvoll erachtet wird.

Gliome, auch die biologisch gutartigen, sind hinsichtlich ihres Sitzes im Rückenmark prognostisch sehr zurückhaltend zu beurteilen. Kleine umschriebene Geschwülste können evtl. unter Einsatz des CO_2-Lasers entfernt werden.

Gliome, über mehrere Segmente reichend, und die sog. Stiftgliome sind operativ schwer angehbar. Je nach Sitz droht auch bei dem Einsatz aller technischen Einrichtungen eine Para- oder Tetraplegie. Manchmal kann allein eine Strahlenbehandlung eine Besserung bewirken.

10.8.2 Spinale Gefäßmissbildungen

Sie sind nicht so selten, wie früher angenommen wurde. Es können Venektasien (pathologisch erweiterte Venen) vorliegen oder aber häufiger arteriovenöse Angiome. Meist liegen sie intradural, hier vornehmlich im Bereich der weichen Rückenmarkhäute. Wenn sie im Rückenmark selbst liegen, werden die kaudalen Abschnitte bevorzugt. Sie sitzen vornehmlich über den Dorsalseiten des Rückenmarks und erstrecken sich über mehrere Segmente. Männer sind wesentlich häufiger betroffen als Frauen.

Therapie

Operation.

10.8.3 Entzündliche Erkrankungen des Spinalkanales

Unter den entzündlichen Erkrankungen des Spinalkanales, die den Neurochirurgen interessieren, sind im Wesentlichen zu erwähnen:

- *Epiduraler Abszess:* Er ist sofort zu operieren und muss entsprechend antibiotisch behandelt werden.
- *Arachnitis spinalis:* Sie kann zu einer bindegewebigen Verdickung der Arachnoidea und zu Verwachsungen mit der Dura führen.

Die Diagnose stützt sich auf die Vorgeschichte (Meningitis, Spondylitis, Infektionskrankheiten u.a.), den klinischen Verlauf (z.B. wechselnde neurologische Reiz- und Ausfallerscheinungen) und Liquoruntersuchungen (Eiweißerhöhung, Zellvermehrung).

10.8.4 Bandscheibenerkrankungen

Die Bandscheibe oder Zwischenwirbelscheibe (Discus intervertebralis) besteht aus einem zentralen Gallertkern (Nucleus pulposus) und einem umgebenden Faserring (Anulus fibrosus). Der Nucleus pulposus besteht aus weichem Gewebe und nimmt etwa zwei Drittel der Bandscheibe ein. Im jugendlichen Alter besitzt er einen hohen Wassergehalt. Vom umgebenden bindegewebigen Anulus fibrosus zusammengepresst, ist er mit einem kugelförmigen Wasserkissen zwischen den Wirbelkörpern vergleichbar. Die Bandscheibe dient als Stoßdämpfer und Polster des Achsenorgans Wirbelsäule. Mit zunehmendem Alter nimmt die Elastizität der Bandscheibe ab, und es kommt zum Verschleiß der Bandscheibe.

Dabei handelt es sich um mechanische und stoffwechselphysiologische, altersabhängige Veränderungen in der nichtvaskularisierten Bandscheibe. Diese bilden die Voraussetzung zum nun einsetzenden, pathologischen Einreißen des Anulus fibrosus und führen zur Sequestrierung (»Vorfallen«) des Nucleus pulposus.

Eine Zunahme dieser degenerativen Vorgänge in der Bandscheibe mit Elastizitätsverlust führt zu einer Lockerung im entsprechenden Bewegungsapparat (Bandscheibe, Wirbelbänder und kleine Wirbelgelenke). Die stärksten Veränderungen an den Bandscheiben mit auch daraus resultierenden Krankheitserscheinungen finden sich im Bereich der mittleren und unteren Halswirbelsäule sowie im Bereich der unteren Lendenwirbelsäule.

Für die Entstehung eines Bandscheibenvorfalles spielt also offenbar nicht nur die Druckbelastung des Nucleus pulposus eine Rolle, sondern auch die Beweglichkeit des Wirbelsäulenabschnitts. Im Bereich der Brustwirbelsäule, die durch die anhängenden Rippen wenig beweglich ist, kommen Bandscheibenvorfälle ausgesprochen selten vor.

Solange der Anulus fibrosus noch intakt ist und das Gallertgewebe des Nucleus pulposus lediglich den Faserring aus dem Zwischenwirbelraum hervordrückt, spricht man von einer *Protrusion* (Verlagerung).

Von einem *Prolaps* (Vorfall) wird dann gesprochen, wenn Faserring und Längsband zerrissen sind und sich Bandscheibengewebe durch die Öffnung in den Wirbelkanal quetscht. Losgelöste Bandscheibenanteile, sog. Sequester, können durch die Lücke im Faserring in den Spinalkanal hineinrutschen und wirken nun raumfordernd wie eine intraspinale Geschwulst. Eine spontane Ausheilung ist bei dieser Situation nicht mehr möglich.

Hinsichtlich der Entstehung von Bandscheibenvorfällen sind trotz der Häufigkeit des Leidens noch viele Fragen offen. Man weiß, dass der Körperbau des Patienten keine Rolle spielt, dass Männer gegenüber Frauen mit zwei Drittel am Krankheitsgeschehen beteiligt sind. Bereits im Kindesalter (8–15 Jahre) sind klinisch manifeste Bandscheibenschäden bekannt, auch noch im 7. und 8. Dezenium mit einem Gipfel während der mittleren Lebensjahre, 30–50 Jahre.

Welche Rolle allgemeine und berufliche Belastungen hinsichtlich der Entstehung, der Intensität und dem zeitlichem Ablauf spielen, ist noch nicht bekannt.

Man muss im Wesentlichen davon ausgehen, dass es sich um ein anlagebedingtes Leiden handelt, das einen schicksalhaften Verlauf nimmt. Chronische Über- und Fehlbelastungen der Wirbelsäule vermögen dabei einen verschlimmernden Einfluss auszuüben. Einmalige erhebliche Gewalteinwirkung kann ebenfalls eine Verschlechterung des Grundprozesses herbeiführen, nur im Ausnahmefall hat sie eine lokale ursächliche Wirkung.

Lumbaler Bandscheibenschaden

Klinik

Die wesentlichsten klinischen Bilder sind im Folgenden dargestellt.

Lumbago

Meist blitzartig einschießender Kreuzschmerz, als Folge einer Bandscheibenverschiebung (»Hexenschuss«). Mit dem Schmerz kommt es zur Verspannung und Verkrampfung der paravertebralen Muskulatur (Muskelhartspann). Diese führen wiederum zu schmerzhaft fixierter Fehlhaltung der Lendenwirbelsäule mit weitgehender Bewegungseinschränkung. Eine Rumpfbeugung ist nicht oder kaum möglich. Durch Husten, Niesen und Pressen können die Schmerzen anfallsartig verstärkt werden.

Ischialgie, Lumboischialgie

Liegt ein Bandscheibenvorfall mehr lateral, kommt es zu einer mechanischen Irritation der in dieser Höhe austretenden Nervenwurzeln. Der Schmerz strahlt entsprechend seinem Versorgungssegment ins Bein aus. Meist liegt gleichzeitig ein Rückenschmerz vor. Lediglich bei ganz weit lateral gelegenen Vorfällen kann dieser Rückenschmerz fehlen. Sonst ist die Lendenwirbelsäule meist schmerzhaft fixiert und zeigt eine Entlastungsskoliose zur gesunden Seite. Am häufigsten betroffen sind die Zwischenwirbelräume LW 4/5 und LW 5/SW 1. Beim Vorfall der 4. Lendenwirbelbandscheibe (zwischen dem 4. und 5. Lendenwirbel) wird die 5. Lendenwurzel betroffen. Diese bildet zusammen mit der 2., 3. und 4. Lendenwurzel und der 1. Kreuzbeinwurzel den N. ischiadicus. Der Name Ischialgie besagt also, dass es innerhalb eines Teiles des Versorgungsgebietes des N. ischiadicus, nämlich des Teiles für den die 5. Lendenwurzel zuständig ist, zu radikulären Schmerzen kommt.

Der sensible Wurzelanteil versorgt ein Hautareal an der Außenseite des Beines bis zur Großzehe. Bei einer Schädigung werden in diesem Dermatom einmal der mechanische Wurzelreiz, die Schmerzen, lokalisiert, und zum anderen kann man in diesem Hautbereich eine Gefühlsstörung (Hypalgesie und/oder Hypästhesie) nachweisen. Eine motorische Wurzelläsion zeigt sich in einer Störung der Zehenhebung und der Fußhebung.

Beim Vorfall der untersten, der 5. Lendenbandscheibe (zwischen dem letzten Lendenwirbel und dem Kreuzbein), wird die 1. Sakralwurzel geschädigt. Die Schmerzen strahlen mehr in die Hinterseite des Beines aus, über die Wade und Ferse bis zur Kleinzehe bzw. zum lateralen Fußrand. Entsprechend bestehen auch in diesem Bereich sensible Störungen. Der Reflexbogen für den Achillessehnenreflex läuft über die 1. Sakralwurzel, sodass der Reflexausfall auf eine Wurzelschädigung S 1 hinweist.

Am Fuß werden die Zehensenkung und die Fußsenkung gestört, sodass der Zehengang behindert ist oder unmöglich wird. Wesentlich seltener kommt es zu einem Vorfall der 2. Lendenwirbelscheibe mit Schädigung der 3. Lendenwurzel oder zu einem Vorfall der 3. Lendenbandscheibe mit Beteiligung der 4. Wurzel. In letzterem Fall ist der Patellarsehnenreflex abgeschwächt oder fehlt, und motorisch ist vornehmlich der M. quadriceps betroffen. Die Schmerzausstrahlung erfolgt nur zur Vorderseite des Beines bis zum Schienbein ohne Fußbeteiligung.

Verschwinden die Beinschmerzen bei bleibender Taubheit im entsprechenden Hautdermatom und bei einer kompletten Parese der entsprechenden Muskulatur, weist dies auf eine vollständige Leitungsunterbrechung der Wurzel hin. Eine sofortige Operation ist indiziert.

Ein massiver medialer Bandscheibenvorfall oder ein sog. Massenprolaps kann zu einer Kompressionsschädigung der Cauda equina führen. Die Folgen sind ein kompletter oder ein partieller Ausfall aller unterhalb des Vorfalls gelegenen Nervenwurzeln mit schlaffen Lähmungen, sensiblen und vegetativen Störungen (Blasenentleerung, Defäkation, Potenz). Das Kaudasyndrom entspricht einer tiefen Querschnittlähmung und kann akut auftreten oder sich allmählich progredient oder intermittierend entwickeln.

Diagnostik

Die Diagnose eines Bandscheibenvorfalles stützt sich auf die typischen radikulären Schmerzen, auf die klinische Untersuchung, die die entsprechenden Ausfallerscheinungen der betroffenen Nervenwurzel zeigen soll. Der Beweis des Prolapses ist durch das spinale CT bzw. NMR zu erbringen. In Zweifelsfällen kann die elektromyografische Untersuchung hilfreich sein. Differenzialdiagnostisch ist in besonderer Weise darauf zu achten, dass nicht entzündliche Wirbelaffektionen oder andere tumoröse spinale Prozesse, Polyneuropathien oder auch entzündliche und tumoröse Prozesse der Beckengegend und der Hüftgelenke, die gelegentlich ähnliche Symptome bewirken können, vorliegen.

Behandlung der lumbalen Bandscheibenvorfälle

Definition

Konservative und operative Therapie müssen sich beim lumbalen Bandscheibenvorfall ergänzen.

Der Fehlerkreislauf von Protrusion, Schmerz, Muskelverspannung und Haltungsanomalie muss durchbrochen werden. Dies kann durch einfache Schmerzmittel, Bettruhe, Bestrahlung, Wärmeanwendung, Einreibung und Gymnastik erreicht werden. Außerdem kommen lokale Injektionen zur Anwendung (paravertebral, epidural, peridural) wie auch Moor- und Thermalbäder und z. T. komplizierte Entspannungslagerungen. Durch eine Beseitigung des Schmerzes, eine Förderung der Durchblutung und eine Entspannung der Muskulatur soll die Bandscheibe ihre normale Lage wieder einnehmen. Dies ist möglich, solange der Anulus fibrosus noch eine genügende Eigenelastizität besitzt und noch nicht völlig zerrissen ist. Chiropraktische Manipulationen sollen insbesondere der Relabierung verschobenen Bandscheibengewebes dienen.

Ist die Bandscheibe jedoch perforiert, sind konservative Maßnahmen wirkungslos. Die Indikation zur Operation eines lumbalen Bandscheibenvorfalls soll dann gestellt werden, wenn ein akutes, auch erstmaliges Wurzelkompressionssyndrom mit erheblichen neurologischen Ausfällen, wie Fußsenker-, Fußheberparesen, Oberschenkelstreckparesen, Gefühlsstörungen, einseitig, beidseitig oder kombiniert mit Blasen- und Mastdarmstörungen als Kaudasyndrom auftreten.

Diese Krankheiten bedürfen der unmittelbaren operativen Therapie, denn hier sind bereits Stunden hinsichtlich der Funktionswiederkehr entscheidend.

Außerdem bedürfen der Operation mehrfach, in kürzeren Abständen rezidivierende akute Wurzelkompressionssyndrome mit mäßigen, aber typischen neurologischen Ausfällen.

Bei der Operation wird nicht nur der sichtbare Vorfall entfernt, sondern auch zusätzlich das Innerste der Bandscheibe (der defekte Nucleus pulposus) soweit wie möglich ausgeräumt, um ein Rezidiv zu vermeiden.

Andere operative Verfahren sind die *Chemonukleolyse* oder die *perkutane Diskotomie, die Laserdiskotomie, die periradikuläre Therapie (PRT)* oder die *endoskopische Bandscheibenoperation.*

Bandscheibenoperation

Bei lumbalen Bandscheibenvorfällen ist der interlaminäre Zugang zur Bandscheibe die Methode der Wahl. Nur selten wird man sich zur Hemilaminektomie oder Laminektomie entschließen müssen. In der Regel werden die interlaminäre Fensterung und die Prolapsentfernung mikrochirurgisch durchgeführt.

▪▪▪ Indikation

Diskusprolaps zwischen LW 5/SW 1 mit Ischialgie und Kompressionssyndrom S 1. Sitz des Prolapses ist entweder lateral, medial oder mediolateral (Abb. 10.46a–c).

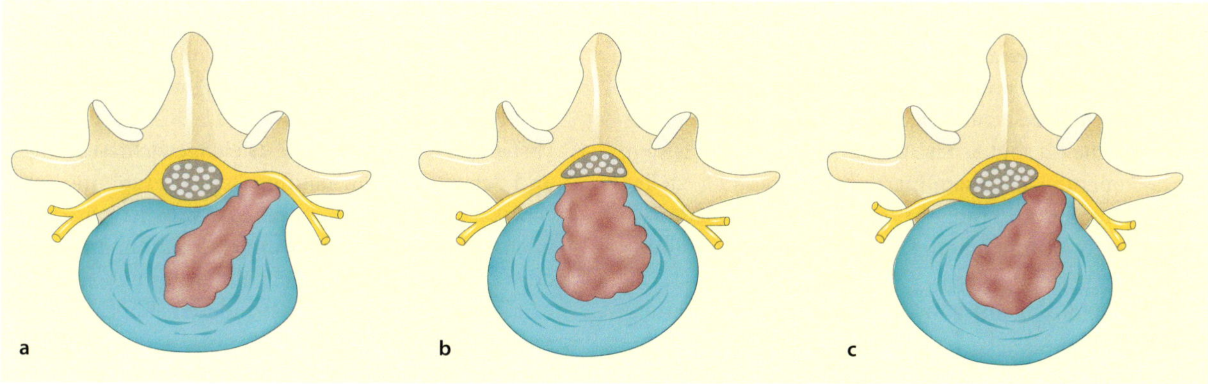

Abb. 10.46a–c Sitz einer lumbalen Diskushernie. a Lateral, b medial, c mediolateral. (Nach Hamer u. Dosch 1978)

Prinzip

Nach genauer Lokalisation des Vorfalls mit CT und/oder NMR wird die Bandscheibe im Vorfallbereich inzidiert und der Gallertkern vollständig ausgeräumt und so die Spinalwurzel entlastet.

Lagerung

- Bauchlage auf der Wilson-Bank oder Seitenlage.
- Die neutrale Elektrode kann an einem Oberarm befestigt werden.
- Außerhalb des OP-Gebietes sollte der Patient mit vorgewärmten Tüchern abgedeckt werden.

Instrumentarium

- Neurochirurgische Grundinstrumente für Laminektomie (s. 10.2.3),
- Standardzusatz,
- Mikroinstrumentarium und Mikroskop oder Lupenbrille.

Operation eines Bandscheibenvorfalls

► Nach Orientierung der Höhenlokalisation, ggf. mit Bildwandler wird ein medianer Hautschnitt über der Mitte zweier Dornfortsätze gelegt. Nach der Durchtrennung der Faszie entlang der Dornfortsätze mit dem Diathermiestichel wird ein Wundspreizer eingesetzt, die Rückenmuskulatur mit dem Raspatorium an der Seite abgedrängt, auf dem der Vorfall diagnostiziert wurde. Die medialen Muskelansätze werden durchtrennt, die Blutstillung erfolgt mit der bipolaren Pinzette und durch Kompression

► Die beiden Wirbelbögen werden von der Basis der Dornfortsätze bis zum Zwischenwirbelgelenk dargestellt

► Eventuell muss durch das Abtragen von Anteilen der Wirbelbögen nach kranial und kaudal die Fensterung mit Stanzen erweitert werden, um die Übersicht zu verbessern. Die Darstellung der Nervenwurzel und des Duraschlauches erfolgt mit dem Mikroinstrumentarium und der Lupenbrille bzw. dem Mikroskop

► Vorsichtig wird die betroffene Nervenwurzel mit dem feuchten Wurzelhaken nach medial verlagert und der Prolaps bzw. der Sequester mit Nervenhaken und Dissektor dargestellt

► Der Sequester kann häufig in einem Stück mit der Tumorexstirpationszange entfernt werden. Liegt der Sequester subligamentär, wird das hintere Längsband mit feinem Skalpell inzidiert. Immer wird in den Zwischenwirbelraum mit Tumorfasszangen und Löffeln eingegangen. Ziel ist alle verschlissenen Anteile des Nucleus auszuräumen

► Die Zwischenwirbelräume werden ggf. mit einem scharfen Löffel nachkurettiert und mit einem Häkchen sorgfältig ausgetastet, ob sie weitestgehend leer sind. Die Wurzel muss jetzt völlig spannungsfrei sein

► Nach einer Spülung mit NaCl, der sorgfältigen Blutstillung mit dem Bipolator, Hirnwatte und Hämostyptika wird eine subfasziale Redon-Drainage eingelegt, die Faszie und die Haut genäht. Der Verband beendet den Eingriff

Der ehemalige Raum des Gallertkerns wird im Verlauf der Wundheilung zumeist bindegewebig ausgekleidet.

Verglichen mit der spontan auftretenden Schädigung von Nerven und Kaudawurzeln bei abwartender Haltung sind die OP-Komplikationen gering. In weniger als 1% kommt es postoperativ zu einer blande verlaufenden nicht bakteriellen Spondylitis, die u. a. einer längeren Ruhigstellung bedarf. Echte Rezidive an der bereits operierten Bandscheibe sind selten. Besonderes Gewicht ist auf die postoperativen Rehabilitierungsmaßnahmen zu legen. Es kommen v. a. krankengymnastische und Bäderbehandlung (Schwimmen und gezielte Bewegungsübungen) in Frage.

Eine Schonzeit mit allmählich steigender Belastung ist einzuhalten.

Extraforaminaler Bandscheibenvorfall

Es handelt sich um einen Bandscheibenvorfall innerhalb und außerhalb des Nervenwurzelaustrittkanales aus dem Wirbelkanal. Seine operative Behandlung erfolgt über den oberen Gelenkfortsatz, der mit einem High-speed-Bohrer aufgefräst wird

Thorakaler Bandscheibenschaden

Bandscheibenerkrankungen der Brustwirbelsäule sind nicht sehr häufig. Auch der gefürchtete Massenvorfall mit medullären Ausfällen bis hin zum Querschnitt ist glücklicherweise außerordentlich selten. Er wird wie ein sonstiger raumfordernder Prozess des thorakalen Spinalraumes diagnostiziert und nach Laminektomie, wenn notwendig, mit partieller Rippenkopfresektion entfernt.

10

Zervikaler Bandscheibenschaden

Die klinischen Bilder bei zervikalen Bandscheibenvorfällen sind zahlreich. Vorbedingung für den zervikalen Vorfall ist, wie auch in anderen Abschnitten der Wirbelsäule, die Bandscheibendegeneration. Eine viel größere Rolle spielen jedoch im zervikalen Abschnitt die Halswirbelverletzungen (Schleudertraumen) durch die andersartig ablaufenden Bewegungsmechanismen. Je nach Höhenlokalisation, der mechanischen Reizung oder Schädigung nervöser Strukturen (Wurzeln, Halsmark) und Gefäße (A. vertebralis) unterscheidet man:

- Nacken-Hinterkopf-Schmerz (Zephalgie):
  Vornehmlich sind dabei die oberen Halsbandscheiben (Zervikalwirbel, CW) CW 2/3 und, besonders CW 3/4 beteiligt. Die Nackenmuskulatur ist verspannt, Kopfbewegungen sind schmerzhaft eingeschränkt mit Druckschmerz der paravertebralen Muskulatur.
- Nacken-Arm-Schmerzen (Brachialgie):
  Verspannungen der Nackenmuskulatur mit Bewegungseinschränkung des Kopfes und Zwangshaltung sind kombiniert mit einem Schulterschmerz oder einer Schmerzausstrahlung, auch Parästhesien in den Arm bis in die Finger. Dieses Krankheitsbild findet sich hauptsächlich bei Schädigungen der Bandscheibe CW 5/6 und CW 6/7.
- Vertebragener Schwindel: Gleichgewichtsstörungen und Schwindel sind häufige Begleitsymptome eines zervikalen Bandscheibenschadens. Meist wird über uncharakteristische Schwindelsensationen geklagt oder reiner Drehschwindel bei bestimmten abrupten Kopfbewegungen oder besonderen Kopfhaltungen angegeben.
- Zervikale Myelopathie: Oft handelt es sich um chronische Formen der sog. diskogenen Myelopathie (Rückenmarkschädigung), mit langsam fortschreitenden Para- und Tetraparesen und Sensibilitätsstörungen. Eventuell – jedoch keineswegs ständig – kombiniert mit Nacken-, Hinterkopf-, oder Arm- sowie Schulter-Arm-Schmerzen. Störungen der Blasen- und Darmfunktionen können hinzukommen.
  - Die Markschädigung ist entweder auf eine direkte mechanische Schädigung zurückzuführen oder auf eine Drosselung der Blutzufuhr über die vordere Spinalarterie. Vornehmlich ist die Bandscheibe HWK 5/6 geschädigt. Nicht selten sind mehrere Bandscheiben ursächlich verantwortlich.
  - Bei einer zervikalen Myelopathie ist es notwendig, an weitere Erkrankungen zu denken, wie Halsmarktumoren, Fehlbildungen (basiläre Impression, Arnold-Chiari-Syndrom, Densanomalien), multiple Sklerose, amyotrophe Lateralsklerose oder Syringomyelie.

Diagnostik

Zur Sicherung der Diagnose eines zervikalen Bandscheibenvorfalls sind unbedingt erforderlich:

- Röntgenübersichten der Halswirbelsäule in 4 Ebenen einschließlich Funktionsaufnahmen zur Beurteilung der Foramina intervertebralia und der Zwischenwirbelräume,
- CT und/oder
- NMR.

Weitere Untersuchungen können die Diskographie oder manchmal noch das Myelo-CT sein. Die Darstellung der A. vertebralis dient im Wesentlichen dem Ausschluss zervikaler Gefäßtumoren.

Die elektromyographische Untersuchung hat in der zervikalen Diagnostik eher noch größere Bedeutung als bei lumbalen Störungen. Sowohl in der Abgrenzung von

Wurzelausfällen gegenüber anderen Schädigungsmöglichkeiten als auch in der Höhenlokalisation können wesentliche Informationen gewonnen werden.

Therapie

Erfordern nicht unerträgliche Schmerzzustände oder massivere neurologische Ausfälle ein schnelles chirurgisches Handeln, so ist zunächst immer die konservative Behandlung angezeigt. Auch hier sind alle Maßnahmen darauf gerichtet, durch Schmerzlinderung, Auflockerung der Muskelverspannung und Beseitigung der Haltungsanomalien die mechanischen Schädigungen der Bandscheibenverlagerungen und sekundären Wirbelveränderungen zu beheben (Analgetika, lokale Wärmeanwendung, Bäder, Bettruhe, lokale Ruhigstellung durch Schanz-Krawatte, Extensionen, lokale Injektionen und chiropraktische und krankengymnastische Behandlungen). Führen diese Maßnahmen nicht zum Erfolg, muss die Frage der Operabilität geprüft werden.

Bei medullären Störungen und Wurzelschädigungen ist die Operation immer angezeigt.

Operationsmethoden (◘ Abb. 10.47)

Bei erheblich osteochondrotischen Veränderungen in mehreren Bandscheibenhöhen hat nach wie vor die *Laminektomie* (Entfernung der entsprechenden Wirbelbögen) ihre Bedeutung. Dies gilt umso mehr, wenn gleichzeitig über mehrere Segmente ein enger Spinalkanal vorliegt und das Rückenmark von ventral und dorsal bedrängt wird. Bei der Laminektomie werden in den entsprechenden Höhen Wirbelbögen entfernt. Dies ist daher eine invasive operative Maßnahme, die nur unter strenger Indikation durchgeführt werden sollte.

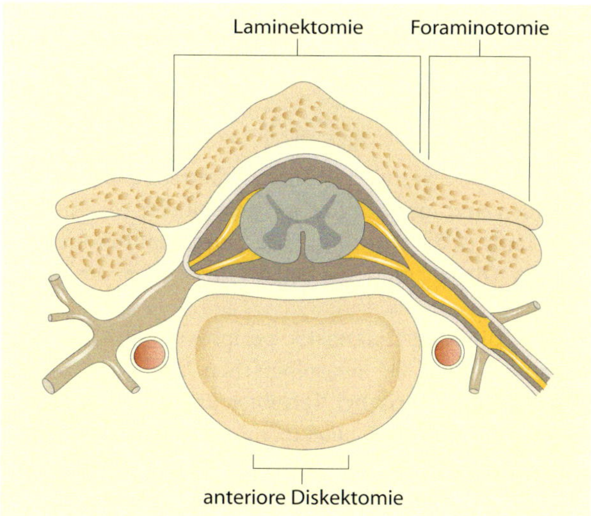

◘ Abb. 10.47 Operative Zugänge zum zervikalen Rückenmark und zu den Nerverwurzeln (Aus Siewert 2001)

Die instrumentelle Vorbereitung entspricht der für eine Diskotomie. Für die Laminektomie selbst sollte eine Knochenschneidezange (z. B. nach Liston) bereitliegen. Ein (High-speed-) Fräser erleichtert die Knochenarbeit wesentlich.

Häufiger kommt die *Foraminotomie* zur Anwendung. Hierbei wird die geschädigte Nervenwurzel dargestellt, der Wurzelkanal entdacht. Von diesem Zugang gelingt es lateral gelegene freiperforierte Bandscheibenvorfälle zu entfernen bzw. lateral gelegene Randosteophyten abzumeißeln. Diese Operation sollte immer dann durchgeführt werden, wenn sichere, radikuläre Ausfälle vorliegen.

Bei vorwiegend medial gelegenen Bandscheibenvorfällen oder osteochondrotischen Knochenveränderungen in einer oder allenfalls 2 Höhen, v. a. wenn der Wirbelkanal von vorn her eingeengt ist und entsprechend das Rückenmark von vorn bedrängt ist, wählt man den Zugang von ventral, die *ventrale Fusionsoperation.*

Ein standardisiertes OP-Verfahren wurde 1956 von Ralf B. Cloward entwickelt. Zahlreiche Modifizierungen erfolgten in den nächsten Jahren. Meistens wird heute die von Caspar entwickelte OP-Technik angewandt.

Der Zugang zur vorderen Halswirbelsäule erfolgt zwischen dem lateral gelegenen Gefäßbündel der A. carotis und V. jugularis einerseits und der medial gelegenen Trachea und dem Ösophagus andererseits. Nach Zurückdrängen der prävertebralen Muskulatur lässt sich dann der Zwischenwirbelraum darstellen. Die unter Bildwandlerkontrolle korrekt dargestellte erkrankte Bandscheibe wird ausgeräumt, freie Bandscheibensequester werden entfernt, knöcherne Randzacken abgefräst, bis die ventrale Dura vollständig frei liegt und sich in den Zwischenwirbelraum vorwölbt. Bei diesem OP-Verfahren ist es notwendig die der Bandscheibe benachbarten Wirbel zur besseren Stabilität der Halswirbelsäule zu verblocken. Dies kann durch autologes Knochenmaterial, z. B. aus dem Beckenkamm, geschehen, hat aber den Nachteil, dass am Beckenkamm eine weitere Operation notwendig ist. Nicht selten klagen die Patienten nach solchen Eingriffen über z. T. heftige Schmerzen an der Knochenentnahmestelle. Ein weiterer Nachteil dieses Verfahrens ist, dass eine dauerhafte Stabilität erst nach 4–6 Wochen erreicht wird. Häufiger ist auch eine Dislokation des eingebrachten Knochendübels zu beobachten.

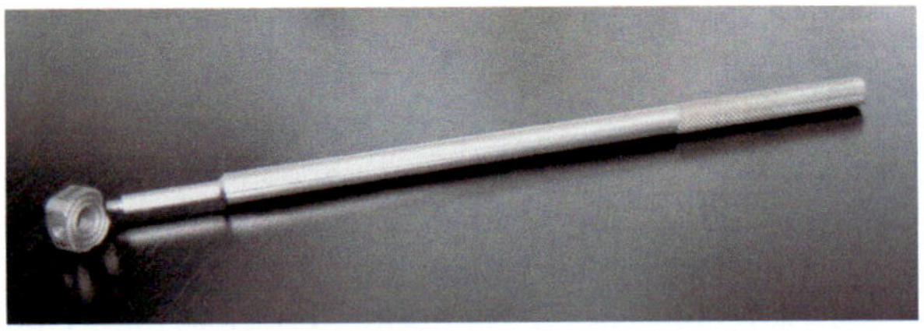

Abb. 10.48 Zwischenwirbelscheibe mit Setzinstrument (Cage). (Fa. Intromed)

Heute werden in den Zwischenwirbelraum zumeist Cages aus Titan oder PEEK (Poly-Äther-Äther-Keton; Abb. 10.48) eingesetzt, die eine stabile Halswirbelsäule bereits nach kurzer Zeit gewährleisten. Verschiebungen dieser Cages sind eher selten.

Andere operative Verfahren sind die *Chemonukleolyse* oder die perkutane *Diskotomie*.

10.8.5 Spinale Verletzungen

Je nach der Ursache der Verletzung, die durch die Art der Gewalteinwirkung bedingt ist, unterscheidet man verschiedene Verletzungsformen:

Meist durch direkte Gewalt verursacht ist die *Wirbelsäulenprellung*, die Distorsion. Die dadurch ausgelösten Beschwerden und Funktionsstörungen klingen vielfach schnell ab und bedürfen keiner speziellen Therapie.

Durch ein Hyperflexionstrauma entsteht der klassische Wirbelkörperbruch, überwiegend im Bereich der Brustwirbelsäule, seltener auch im Bereich der Lendenwirbelsäule. Die Wirbelbögen und die Wirbelgelenke sind nicht beteiligt. Diese Wirbelkörperbrüche können mit oder ohne Bandscheibenverletzung einhergehen.

Bei der ausgeprägtesten Form der Wirbelsäulenverletzung kommt es, neben der immer vorhandenen Wirbelkörperfraktur, sowohl zu einer Mitbeteiligung der Bogen- und Gelenkfortsätze als auch der benachbarten Bänder und Muskeln.

Die folgenschwersten Wirbelsäulenverletzungen stellen die Luxationsbrüche dar; hierbei kommt es neben der Frakturierung zu Verrenkungen und Verschiebungen unterschiedlichen Ausmaßes in verschiedene Richtungen. Diese Fälle sind meist kombiniert mit einer Schädigung des Rückenmarks oder der Nervenwurzeln. Wirbelluxationen ohne Fraktur finden sich fast ausschließlich im Bereich der Halswirbelsäule.

Die Wirbelkörper und Gelenkfortsätze werden dabei aus ihren Verbindungen mit den benachbarten Wirbeln gerissen. Diese Luxationen sind von einer Bandscheibenzerreißung begleitet.

In vielen Krankenhäusern werden die spinalen Verletzungen zusammen mit den Unfallchirurgen behandelt.

10.9 Schädigung peripherer Nerven

Periphere Nerven sind meist gemischte Nerven, d. h. sie enthalten motorische und sensible Fasern. Infolgedessen werden Ausfälle peripherer Nerven sich immer in sensiblen und motorischen Ausfällen zeigen. Sensible Störungen machen sich als Minder-, z. T. auch als Missempfindung im Hauptversorgungsgebiet des betroffenen Nervs bemerkbar. Die Störungen von Empfindung, Schmerz, Temperatur, Tastsinn können vollständig oder teilweise sein.

Motorische Ausfälle bei Schädigung peripherer Nerven zeigen sich durch schlaffe Paresen (Schädigung des 2. Neurons) im Gegensatz zu spastischen Lähmungen bei Schäden im Rückenmarkbereich (Schädigung des 1. Neurons).

Die Schwere der Parese wird entsprechend der Muskelkraft in Schweregrade eingeteilt.

Einteilung der Paresen nach Mumenthaler und Schliak

0 Keine Muskelaktivität, völlige Plegie
1 Sichtbare Muskelkontraktion ohne Bewegungseffekt
2 Aktive Bewegung mit Hilfestellung
3 Aktive Bewegung entgegen der Schwerkraft
4 Aktive Bewegung gegen Widerstand
5 Normale Muskelkraft

Schädigungen peripherer Nerven betreffen neben den sensiblen und motorischen die vegetativen Fasern. Deshalb kann es zu Störungen der Durchblutung und der Trophik (Ernährung) im Versorgungsgebiet des Nervs kommen.

Die klinische Diagnostik peripherer Nervenschädigung beruht auf der neurologischen Untersuchung mit Feststellung motorischer, sensibler und vegetativer Ausfälle. Dazu kommen die Elektromyographie und die Elektroneurographie.

Traumatische Schädigungen

Die häufigste Ursache für ein neurochirurgisches Eingreifen ist die traumatische Schädigung.

Definition
Unter einer traumatischen Schädigung versteht man alle von außen auf den Nerv einwirkenden Kräfte, die eine mechanische, physikalische oder direkte Schädigung hervorrufen, z. B. Arbeits- und Verkehrsunfälle mit vollständiger oder unvollständiger Durchtrennung eines Nervs.

Teildurchtrennung von Nerven kann zu Neurombildung führen. Als therapeutische Maßnahmen sind dann die interfaszikuläre Neurolyse und die Neuromentfernung mit gleichzeitiger Nervennaht angezeigt.

Eine *totale Nervendurchtrennung* führt zum vollständigen Ausfall der sensiblen, motorischen und vegetativen Versorgung im Ausbreitungsgebiet des durchtrennten Nervs. Der Erfolg einer notwendigen Nervennaht hängt entscheidend von verschiedenen Faktoren ab.

Die Reinnervation des distalen Abschnitts und der zugehörigen Muskulatur ist zeitlich begrenzt. Sind die Wundverhältnisse frisch und ohne Verschmutzung, sind günstige Verhältnisse für eine Nervennaht gegeben.

Zerstörende Umbauprozesse beginnen schon kurz nach der Verletzung nicht nur im distalen, sondern auch im proximal der Verletzungsstelle gelegenen Nervenabschnitt. Dies sind:

- Distaler Abschnitt: Untergang von Achsenzylinder und Markscheide der Nervenfaser.
- Proximaler Abschnitt: Neurombildung.

Jenseits des ersten Jahres nach der Verletzung ist eine erfolgreiche Nervennaht nur noch in 25% gegeben. Die Wachstumsgeschwindigkeit des proximalen Axons z. B. nach einer Nervennaht ist unterschiedlich und beträgt ca. 1 mm/Tag.

Zu den traumatischen Schädigungen gehören auch

- *iatrogene Einwirkungen*, wie z. B. Injektionsschäden, unsachgemäße OP-Lagerungen, Radialislähmung nach Frakturreposition, fehlerhafte Gipspolsterung.
- Im weiteren Sinne auch chronische Druckläsionen.

Ulnarisrinnensyndrom

Schädigung des N. ulnaris im Bereich des Ellenbogens, der dort besonders oberflächlich und somit schädigungsanfällig in einer Knochenrinne (»Musikantenknochen«) liegt. Es besteht die Möglichkeit einer operativen Vorverlagerung des Nervs in die Ellenbeuge.

Karpaltunnelsyndrom

Schädigung des N. medianus im Handgelenk unterhalb des Lig. carpi transversum. Dieses Syndrom ist charakterisiert durch typische Schmerzen im Ausbreitungsbereich des Nervs an der Hand, die meist nachts auftreten. Des Weiteren sind sensible Störungen im Versorgungsgebiet und Atrophie des Daumenballens typisch. Die Therapie besteht in der offenen oder endoskopischen Durchtrennung des Lig. carpi transversum.

Skalenussyndrom

An der Stelle, an der der Plexus brachialis durch die Lücke zwischen den Mm. scaleni und der ersten Rippe tritt, kann er infolge einer Einengung dieser Lücke, häufig durch eine Halsrippe, irritiert sein. Wenn die konservative Therapie nicht zum Erfolg führt, kann der M. scalenus anterior an seinem Ansatz an der ersten Rippe durchtrennt und ggf. die Halsrippe entfernt werden.

Supinatortunnelsyndrom

Der N. radialis kann am proximalen Ende des Unterarmes in dem Bereich, wo er durch den M. supinator hindurchtritt, teils durch narbige Veränderungen, teils durch Tumoren (Lipome) geschädigt werden. Die operative Therapie besteht in einer Teildurchtrennung des M. supinator oberhalb des N. radialis profundus.

Tumoren des peripheren Nervensystems

Bei diesen Tumoren müssen diejenigen, die von außen auf den Nerv einwirken, von den echten Nerventumoren abgegrenzt werden.

Tumoren, die von außen einwirken, sind v. a. Metastasen, das Boeck-Sarkoid, Lymphdrüsentumoren, Lipome, Zysten, Fibrome und Ganglien.

Zu den eigentlichen Nerventumoren gehören:

- mesodermale Geschwülste: Fibrome, Fibrosarkome, Hämangiosarkome;
- neuroektodermale Geschwülste: Neurinome, Neurofibrome, Neurofibromatosis Recklinghausen, Glomustumoren.

Operative Eingriffe an peripheren Nerven

Neurolyse

Bei der Neurolyse wird ein Nerv aus seiner Umgebung gelöst. Dieser Eingriff wird v. a. bei indirekten Schädigungen peripherer Nerven durchgeführt. Unter der interfaszikulären Neurolyse versteht man die Freipräparierung der einzelnen Nervenfaserbündel. Sie wird angewendet, wenn es zu Narbenbildung im Epineurium gekommen ist.

Nervennaht

Ist es zu einer vollständigen Durchtrennung des Nervs gekommen, ist die Nervennaht zur Kontinuitätswiederherstellung und zur Aussprossung proximaler Nervenfasern nach distal hin notwendig.

Wichtig ist, dass die Verbindung der beiden Nervenenden spannungsfrei erfolgt. Dazu ist meist ein autologes Nerventransplantat, z. B. der N. suralis (Wadennerv), erforderlich. Die Vereinigung der verschiedenen Nervenstücke erfolgt unter dem OP-Mikroskop (▣ s. 10.2.4 und 10.2.5).

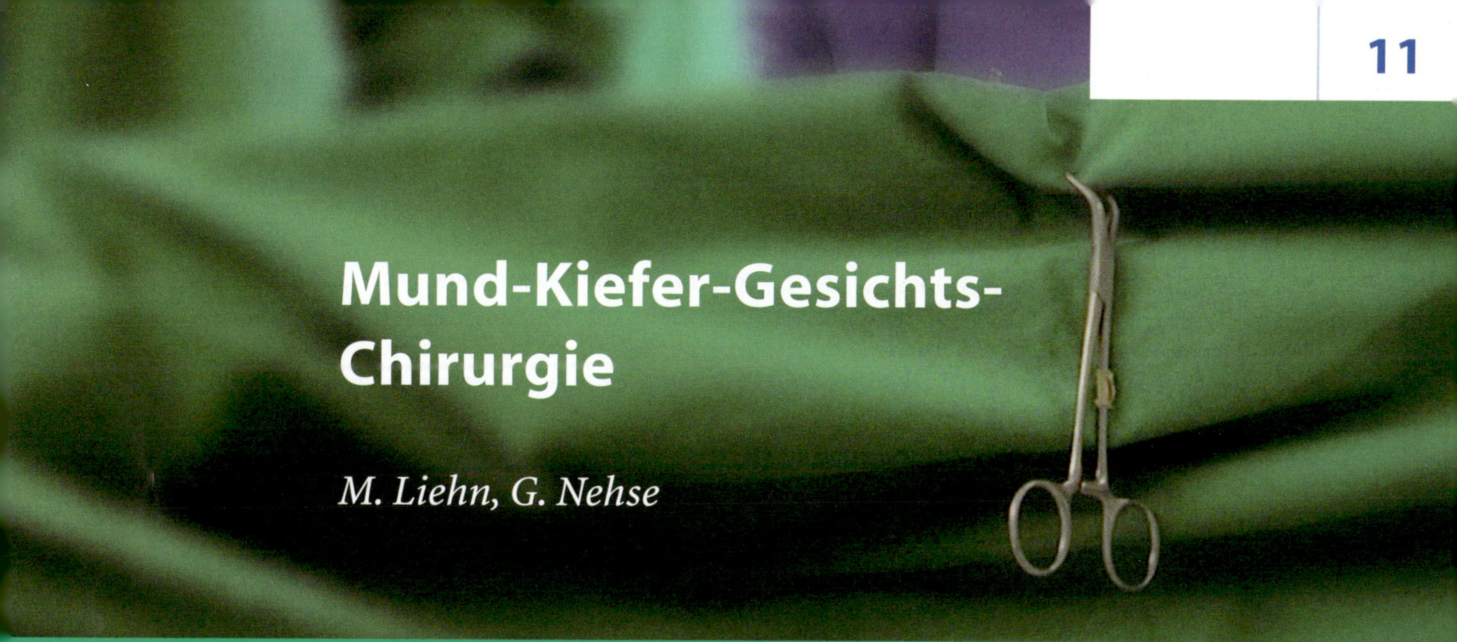

Mund-Kiefer-Gesichts-Chirurgie

M. Liehn, G. Nehse

11.1 Besonderheiten der Mund-Kiefer-Gesichts-Chirurgie

Die Mund-Kiefer-Gesichts- (MKG-)Chirurgie ist ein eigenständiges Fachgebiet innerhalb der Chirurgie. Gerade Operationen im Gesichtsbereich sind unter funktionellen und kosmetischen Aspekten sehr anspruchsvoll. Das vielfältige Spektrum der Chirurgie wird hier auf kleinstem Raum angewandt. Weichteilchirurgie, Traumatologie, Fehlbildungschirurgie, Tumorchirurgie wie auch Mikrochirurgie und die plastisch-/rekonstruktive Chirurgie sind Teildisziplinen. Darüber hinaus müssen auch die häufig auftretenden Weichteil- und Knochenentzündungen fachspezifisch therapiert werden.

Die dentoalveoläre Chirurgie nimmt im Klinikbetrieb einen relativ kleinen Platz ein, sollte aber auf jeden Fall erwähnt werden.

Im Folgenden werden nur die gängigsten Operationen beschrieben (Zahnchirurgie ausgenommen). Die Prinzipien, die in den anderen Fachgebieten bereits besprochen wurden, wiederholen sich hier, sodass sie nicht ausführlich behandelt werden.

11.1.1 Aufgaben der Operationspflegekraft

Die Aufgaben und Anforderungen an die OP-Pflegekraft/OTA sind im Fachgebiet der MKG-Chirurgie sehr vielfältig.

Das OP-Personal benötigt Kenntnisse des vielfältigen Instrumentariums und dessen Bedeutung sowie Kenntnisse der Prinzipien der Allgemeinchirurgie, Gefäßchirurgie, Traumatologie und der Neurochirurgie. Auch die besonderen Aspekte der Mikrochirurgie müssen berücksichtigt werden (s. hierzu Kap. 10). Die Abdeckungssystematik ist schwierig, da Kopf- und Gesichtsbereich mit den endotrachealen Tuben problematisch abzudecken sind. Die Kopfbehaarung sollte dabei separat abgedeckt werden.

Allen Anforderungen der Asepsis gerecht zu werden ist eine Selbstverständlichkeit aber gerade bei kombinierten intra- und extraoralen Operationen sehr schwer durchzuführen.

11.1.2 Instrumentarium

Neben den schon bekannten Grundinstrumentarien werden in der MKG-Chirurgie Spezialinstrumente benötigt. Häufig sind die Instrumente aus der Allgemeinchirurgie, der Traumatologie oder der Gefäßchirurgie bekannt; z.T. sind sie, dem ästhetischen Aspekt Rechnung tragend, kleiner und zarter.

Intraorale Instrumente

Um in der Mundhöhle problemlos arbeiten zu können, müssen selbsthaltende Sperrer bereitgelegt werden, die entweder seitlich oder von frontal so eingesetzt werden, dass sie gleichzeitig den Mund offen halten und die Zunge herabdrücken.

Der Denhart-Mundsperrer (Abb. 11.1) wird seitlich in den geöffneten Mund eingeführt, mit seinen Branchen auf jeweils einen Backenzahn gesetzt und langsam aufgesperrt. Der Mundsperrer nach Roser-König, der ebenfalls seitlich einzusetzen ist (Abb. 11.2) hat den Nachteil, dass er häufig abrutscht. Es fehlen seitliche Kanten an den Branchen, die ein Weggleiten des Sperrers verhindern könnten. In der Praxis wird der Sperrer deshalb häufig mit 2 Gummiröhrchen überzogen.

> **!** **Wichtig ist, dass beim Einsatz der Mundsperrer keine Zahnschäden provoziert werden.**

Ein Mundsperrer, der es erlaubt am Gaumen und am Rachen zu arbeiten, ist z.B. der Mundsperrer nach Kilner-Doughty (Abb. 11.3). Er hat auswechselbare, unterschiedlich große Spatel, die individuell für den Patienten ausgesucht werden können. Die Rinne in der Valve erlaubt die Platzierung und die Fixation des Tubus nach oraler Intubation.

Zu den schon bekannten Haken, wie z.B. nach Langenbeck, gibt es hier die speziellen Modelle, die die Zunge isoliert weghalten können, z.B. der Zungendrücker nach Tobold (Abb. 11.4). Wegen seiner quer geriefelten Auflagefläche verrutscht er auf der feuchten Zunge nicht so schnell.

Außerdem gibt es gerade Zungenspatel (Abb. 11.5), die aber intraoperativ ungünstig sind, da sie durch die fehlende Biegung die Sicht auf das OP-Feld behindern. Für eine kurze Inspektion des Situs sind sie allerdings hervorragend geeignet.

Die Zunge muss bei operativen Eingriffen fixiert werden, indem entweder eine dicke Haltenaht durch die Zungenspitze gezogen und vom Assistenten gehalten oder die Zungenfasszange nach Collin (Abb. 11.6) eingesetzt wird.

Traumatologie

Das Grundinstrumentarium wird im Wesentlichen in Kap. 3 vorgestellt. Hierzu gehören Osteosynthesemateri-

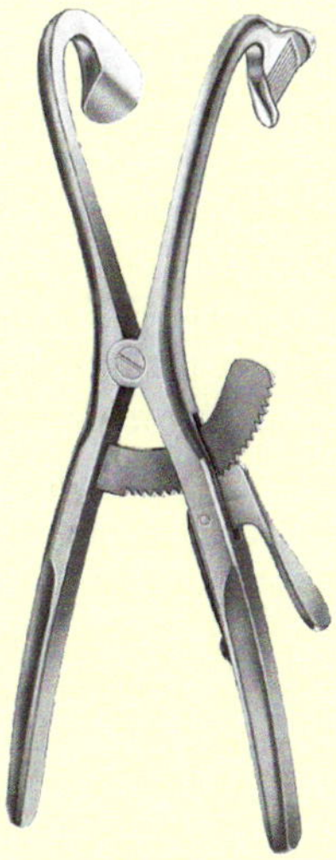

11.1

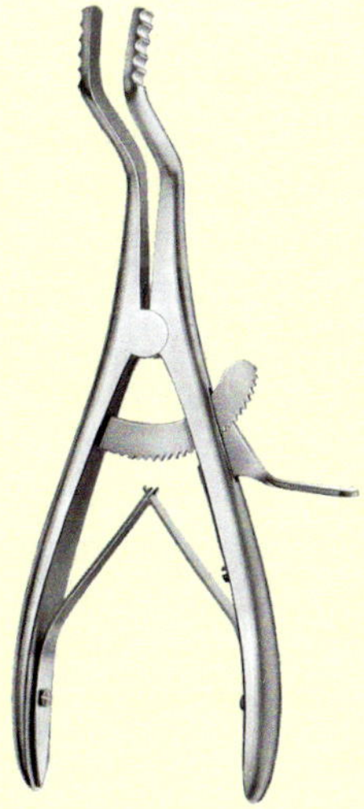

11.2

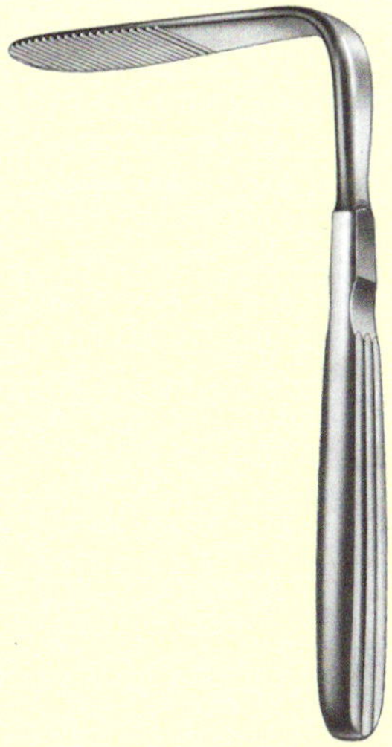

11.4

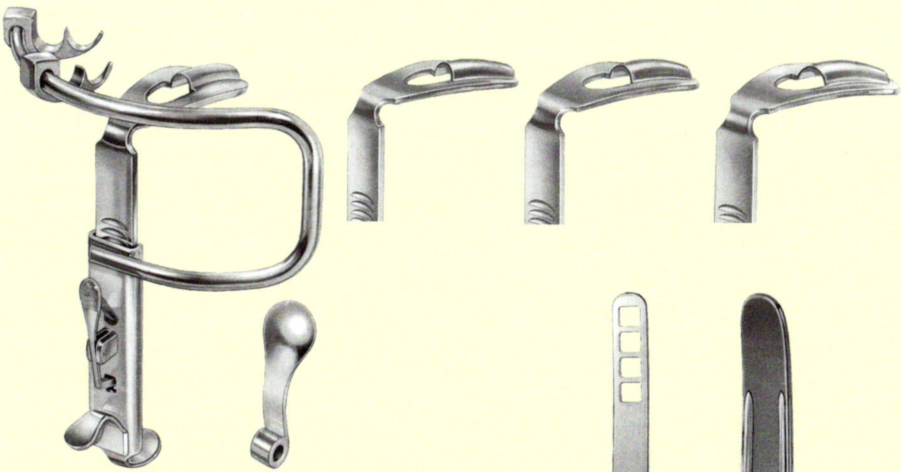

11.3

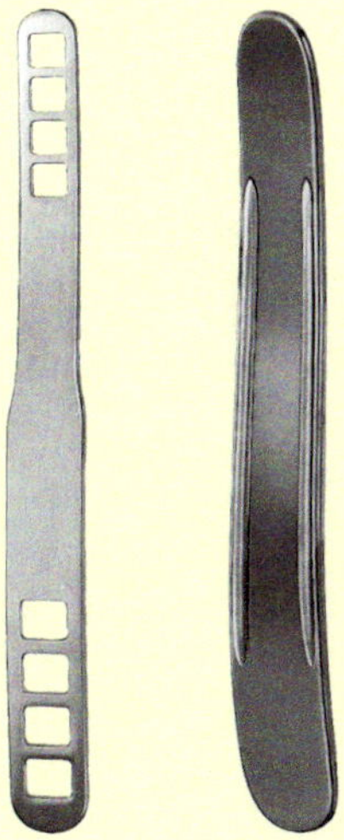

11.5

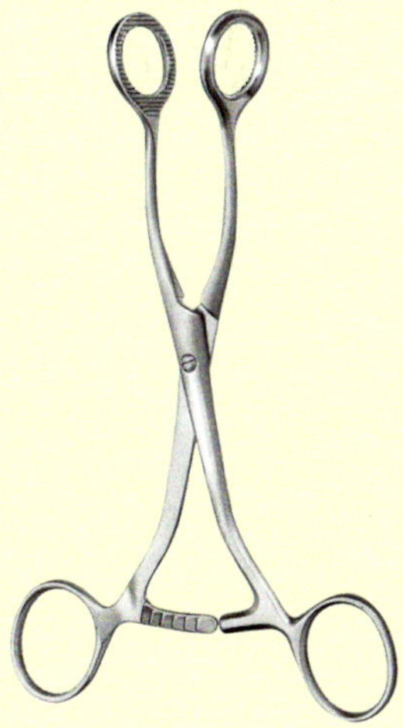

11.6

Abb. 11.1 Mundsperrer nach Denhart
Abb. 11.2 Mundsperrer nach Roser-König
Abb. 11.3 Mundsperrer nach Kilner-Doughty
Abb. 11.4 Zungendrücker nach Tobold

Abb. 11.5 Gerade Zungenspatel
Abb. 11.6 Zungenfasszange nach Collin. (Abb. 11.1–11.6 Fa. Martin)

alien und das entsprechende Instrumentarium zur Frakturversorgung.

Das Raspatorium nach Obwegeser (▫ Abb. 11.7) ist ein wichtiges Instrument. Aufgrund seiner Biegung kann der Unterkiefer problemlos von seinem Periost befreit werden.

Die Unterkieferplatten entsprechen in etwa der Größe des bekannten Kleinfragmentinstrumentariums (▫ s. Kap. 3). Die Osteosyntheseplatten im Oberkiefer, Mittelgesicht oder Stirnbereich werden wegen ihrer Größe als Mini- oder Mikroplatten bezeichnet. Die Schrauben haben in der Regel ein selbstschneidendes Gewinde. Die Implantate sind ausschließlich aus Titan oder Vitallium hergestellt. Solange sie keine Beschwerden bereiten, können sie im Körper verbleiben. Eine neue Eröffnung der Gesichtsnarben kann dadurch häufig vermieden werden.

In der Unterkiefertraumatologie setzt sich der operationstechnisch schwierigere, aber ästhetisch günstigere, intraorale Zugangsweg immer mehr durch. Mit einer speziellen Zielbohrhülse als Gewebeschutz (▫ Abb. 11.8) können der Spiralbohrer durch die Wange dem Unterkiefer aufgesetzt, die Bohrlöcher angelegt und die Osteosyntheseschrauben eingedreht werden.

In geeigneten Fällen kann durch die Verwendung eines 90°-Winkelbohrers und Schraubendrehers auf die transbukkale Bohrhülse verzichtet werden.

Des Weiteren kommen in der MKG-Chirurgie alle Instrumente für Drahtnähte bzw. Cerclagen (Flachzange, Drahtschneider, Drahtschere, etc. ▫ s. Kap. 3) zur Anwendung.

Im Besonderen wird hier der kieferorthopädische Tamponstopfer nach Luniatschek (▫ Abb. 11.9) erwähnt. Durch seine gespaltene Spitze kann er verhindern, dass ein Draht auf einer kleinen Kante abrutscht, bevor er durch Anspannung endgültig fixiert werden kann.

Funktionelle und ästhetische Aspekte sind in der Gesichtschirurgie oberstes Gebot. Das bedeutet, dass Instrumentarium und verwendetes Nahtmaterial atraumatisch und fein sein müssen, um Korrekturoperationen zu vermeiden.

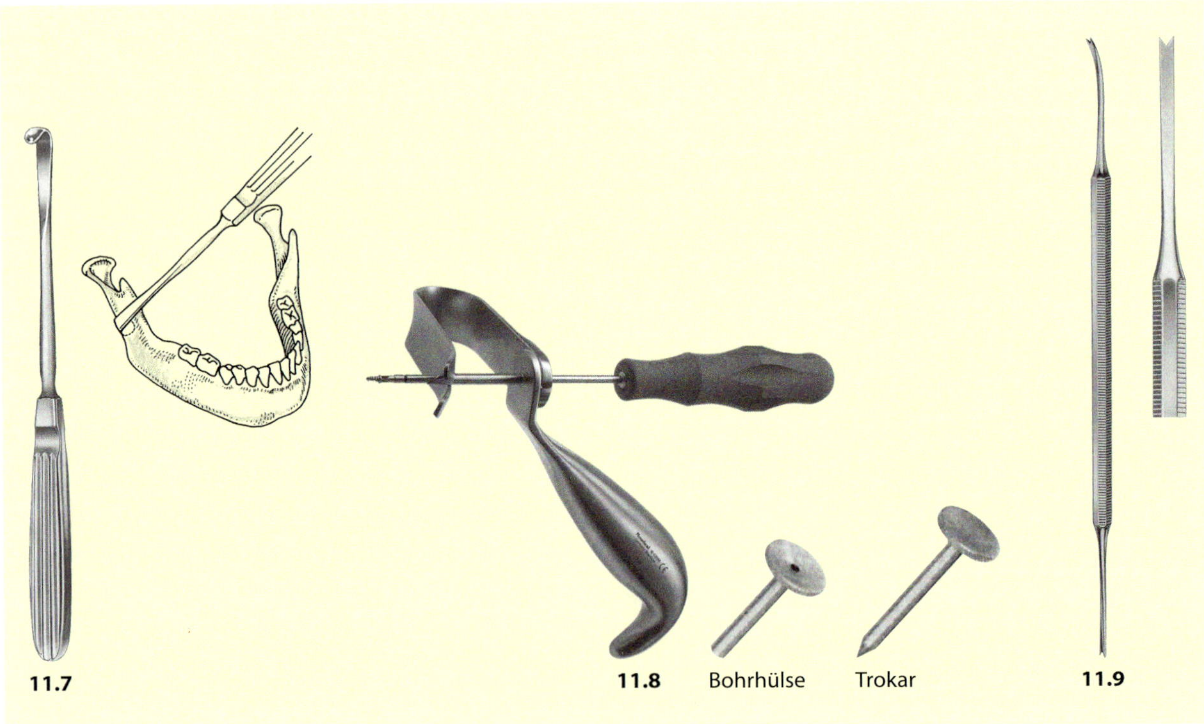

▫ Abb. 11.7 Raspatorium nach Obwegeser. (Fa. Martin)
▫ Abb. 11.8 Transbukkale Bohrhülse mit Schraubendreher (Fa. mondeal)
▫ Abb. 11.9 Tamponstopfer nach Luniatschek. (Fa. Martin)

Chirurgische Kieferorthopädie

Fehlentwicklungen oder Deformitäten der Kieferbasen mit gestörter Okklusion (z.B. Progenie) können durch *Umstellungsosteotomien* operativ korrigiert werden. Nach Osteotomien im Unter- und/oder Oberkiefer werden einzelne Knochensegmente oder ganze Kieferabschnitte mobilisiert, verschoben und in der korrigierten Position mit Osteosynthesematerialien (■ s. Kap. 3) stabilisiert.

Zu einer Osteotomie benötigt man gerade oder gebogene Osteotome in verschiedenen Breiten. In Kombination mit einem Metallhammer können sie zum Durchtrennen eines Knochens, z.B. des Unterkiefers, benutzt werden, sofern nicht die Situation die Durchtrennung mittels einer oszillierenden Säge erfordert.

11.2 Lippen-Kiefer-Gaumen-Spalten

Eine der häufigsten angeborenen Fehlbildungen ist die Lippen-Kiefer-Gaumen-Spalte (LKG-Spalte). Die chirurgische Versorgung findet möglichst frühzeitig im Säuglings- oder Kindesalter statt, und die Koordinierung der weiterführenden Therapie liegt in der Verantwortung der MKG-Chirurgen.

Ätiologie

Die LKG-Spalten haben, ebenso wie die isolierten Spaltbildungen, eine multifaktorielle Genese. Die angeborenen Spalten können in vielfältigen Formen in Erscheinung treten (■ Abb. 11.10):

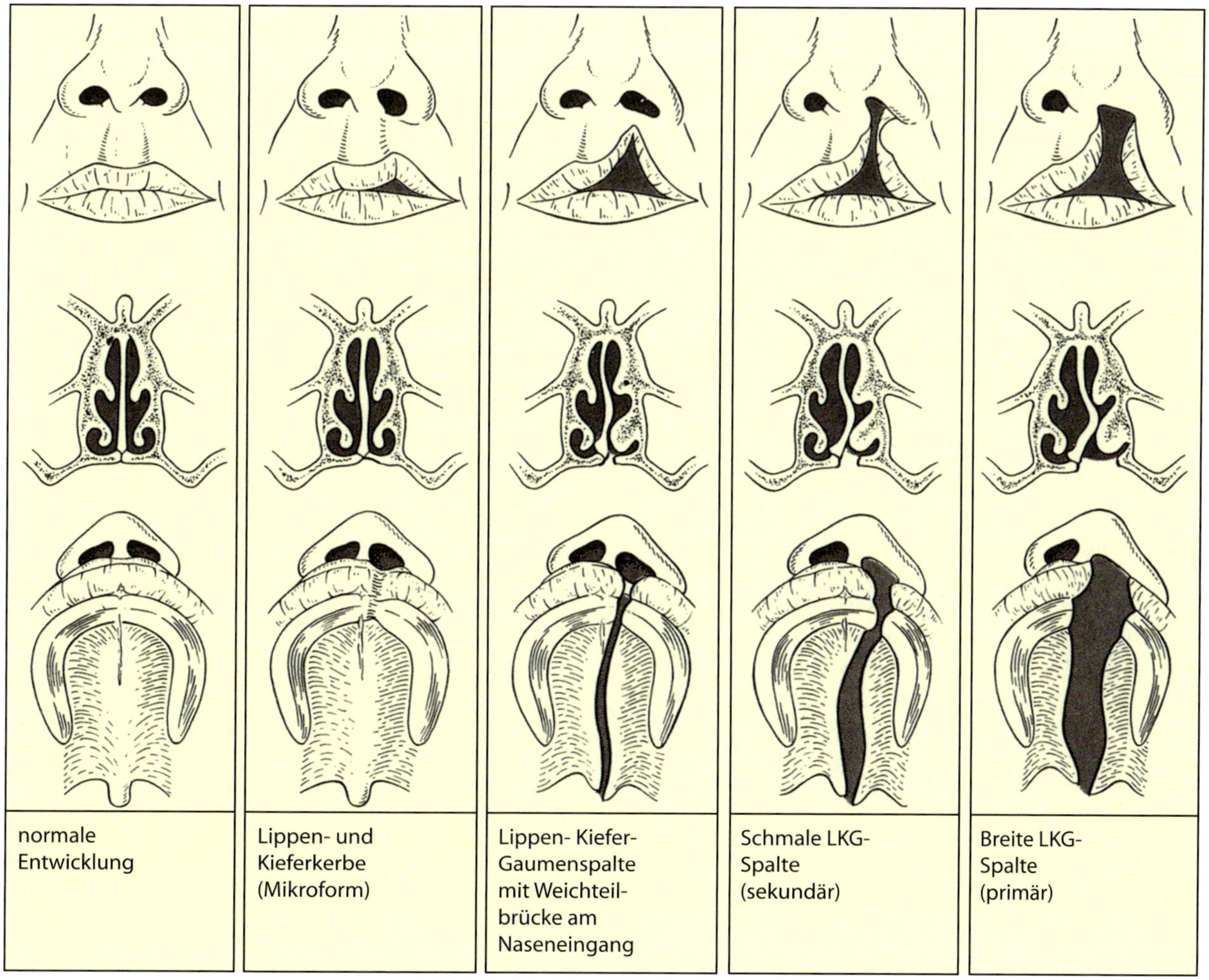

■ Abb. 11.10 Varianten der LKG-Spalten. (Nach Schumpelick et al. 1991)

- Die isolierte Lippenspalte kann vollständig (Lippenrot und Lippenweiß) sowie unvollständig (häufig nur Einkerbungen im Rot-Weiß-Bereich) auftreten; sie kann einseitig oder zweiseitig sein.
- Ein seltenes Krankheitsbild stellen die Lippen-Kiefer-Spalten dar. Hier reicht der Spalt bis in den Alveolarfortsatz des Oberkiefers hinein.
- Die isolierte Gaumenspalte betrifft den weichen Gaumen, kann aber auf den harten Gaumen übergreifen.
- Die häufigste Variante der Spaltbildungen ist die vollständige LKG-Spalte, die ebenso wie die Lippenspalte ein- oder doppelseitig auftreten kann. Sie reicht von der Lippe weiter durch den Kiefer und durch den gesamten Gaumen.

Klinik

Die Neugeborenen sind durch ihre Fehlbildung erheblich behindert. Die Nahrungsaufnahme durch Saugen ist wegen der Spalte zur Nase nicht möglich.

Unbehandelt ist die spätere Sprechentwicklung gestört. Auffällig bei den Kindern mit Gaumenspalten ist die näselnde Sprache (Rhinolalia aperta).

Diese Kinder leiden oft unter Mittelohrentzündungen mit Ergussbildung, denn die funktionelle Tubenbelüftung ist nicht gegeben.

Therapie

Die Rehabilitation erfordert eine interdisziplinäre Behandlung von MKG-Chirurgen, Kieferorthopäden, HNO-Ärzten und Logopäden.

Die operative Therapie beinhaltet den funktionellen und plastisch-rekonstruktiven Verschluss der Spalten.

Kieferorthopädisch wird durch die Anpassung einer Kunststoffabdeckplatte an den Gaumen erreicht, dass die Zunge aus der Spalte herausgehalten, die Nahrungsaufnahme verbessert wird und der Kieferbogen sich günstiger ausbilden kann. Später muss die Zahnstellung korrigiert werden. Wichtig ist die Kontrolle der Ohrenfunktion durch HNO-Untersuchungen. Bei Entwicklungen von Otitiden und Ergüssen sind die Parazentese und/oder die Einlage von Paukenröhrchen nötig (▫ s. 12.5.12).

Die logopädische Behandlung unterstützt die Sprechentwicklung. Je nach Bedarf sollte eine psychologische Mitbehandlung erwogen werden.

Ein speziell aufgestellter Therapieplan sorgt dafür, dass das betroffene Kind frühzeitig rehabilitiert wird; hierbei wird jedoch der optimale Verschlusszeitpunkt in den verschiedenen Spaltzentren kontrovers diskutiert.

Im Folgenden wird ein erster Einblick in die sehr komplexe und schwierige Spaltchirurgie gegeben.

11.2.1 Operation einer Lippenspalte

▪▪▪ Indikation

Lippenspalte.

▪▪▪ Prinzip

Anatomische und funktionelle Rekonstruktion der gespaltenen und fehlinserierten Muskulatur mit Bildung des vorderen Nasenbodens und symmetrischem Verschluss der Lippe innerhalb der ersten 6 Lebensmonate.

▪▪▪ Lagerung

- Auf einer Wärmematte in Rückenlage; der Kopf wird in einem Ring (Kinderkopfgröße) gelagert, die kleine neutrale Elektrode wird an einem Oberschenkel platziert.
- Das Kind sollte zusätzlich in Alufolie gewickelt oder mit Wärmedecken abgedeckt werden, um ein Auskühlen des Körpers zu verhindern.
- Das Hausdesinfektionsmittel kann angewärmt werden, um weitere kalte Einflüsse zu vermeiden.

▪▪▪ Instrumentarium

- Stift zum Anzeichnen der genauen Schnittführung,
- Lineal oder Zirkel zum präzisen Abmessen der Gewebelängen,
- feines Grundinstrumentarium (Adson-Pinzetten, Wittenstein-Schere, kleine Einzinkerhaken etc.),
- bipolare Pinzette zur Blutstillung,
- bei Bedarf ein Diamantmesser,
- OP-Mikroskop mit Bezug,
- Mikroinstrumente,
- Bereitstellung einer (angewärmten) Lupenbrille.

Verschluss einer Lippenspalte

► Nach dem Vermessen der Spalte und der Dokumentation der Maße wird die genaue Schnittführung eingezeichnet und ggf. fotografiert. Mit einem spitzen kleinen Skalpell oder dem Diamantmesser wird der Hautschnitt vorgenommen. Die Präparation der Muskulatur erfolgt mit einer feinen Schere, bei Bedarf mit einer Lupenbrille oder unter dem OP-Mikroskop. Jede Schicht wird neu angeordnet und einzeln mit sehr feinem atraumatischem Nahtmaterial verschlossen. Ein Foto zur Dokumentation bildet den Abschluss der Operation

- Entscheidend sind eine symmetrische Oberlippenlänge und eine korrekte Rekonstruktion der Muskulatur, die durch verschiedene Schnittführungen erreicht werden
- Dominierend sind hier Winkelschnittführungen oder Wellenschnitte (nach Pfeifer)

11.2.2 Verschluss des weichen und des harten Gaumens

Voraussetzung für eine normale Sprechentwicklung ist ein geschlossener harter und weicher Gaumen.

Beim *Weichgaumenverschluss* wird die fehlinserierte Muskulatur gelöst und funktionell vereinigt, damit bei bestimmten Lautbildungen ein velopharyngealer Verschluss erreicht werden kann. Beim *Hartgaumenverschluss* wird durch die Verschiebung der nasalen und oralen Schleimhaut die Spalte zweischichtig verschlossen. Gelegentlich müssen zu einem späteren Zeitpunkt sprechverbessernde Operationen angeschlossen werden.

Bei den Gaumenplastiken sind Mundsperrer, die gleichzeitig die Zunge mundbodenwärts drücken, obligater Bestandteil des Instrumentariums.

11.2.3 Osteoplastik der Kieferspalte

Einige Spaltzentren verschließen mit der Lippe gleichzeitig auch die Kieferspalte (primäre Osteoplastik im Alter von ca. 6 Monaten), andere machen den Verschluss vom Zeitpunkt der 2. Dentition (7.–10. Lebensjahr) abhängig.

Der Kieferdefekt wird mit autologer Spongiosa (Beckenkamm), vereinzelt auch mit Rippen- oder Schädelknochen aufgefüllt, damit kieferorthopädisch ein harmonischer Zahnbogen im Oberkiefer eingestellt werden kann.

11.2.4 Korrekturoperationen

Häufig sind im Erwachsenenalter noch abschließende Korrekturoperationen, z.B. an der Lippe, an der Nase oder auch am Gaumen, sinnvoll. Die Nase kann nach dem Abschluss des Wachstums bei Bedarf aufgerichtet oder eine bestehende Asymmetrie beseitigt werden.

11.3 Frakturen und ihre Versorgung

Die MKG-Chirurgie versorgt sämtliche Frakturen des Unterkiefers und des Gesichtsschädels. Insbesondere Kombinations- oder Mehrfragmentfrakturen stellen schwere Verletzungen dar und bedürfen in der Regel einer primären Therapie.

Im Kiefer- und Gesichtsbereich gelten selbstverständlich auch die allgemeinen Regeln der Traumatologie (s. Kap. 3).

Diagnostik

Nach stumpfer Gewalteinwirkung weisen starke Hämatome oder Sensibilitätsstörungen auf eine evtl. vorhandene Fraktur hin. Eine Schwellung im Augenbereich kann gelegentlich so stark sein, dass die Lider sich nicht mehr öffnen lassen und eine klinische Untersuchung der Augen nicht mehr möglich ist.

Eine wichtige Untersuchung ist die Überprüfung der Okklusion, da Störungen beim Zusammenbiss den Verdacht einer Fraktur im Ober- und Unterkiefer nahe legen. Gleichzeitig werden die Kiefer auf eine abnorme Beweglichkeit überprüft. Obligat sind immer fachspezifische Röntgenaufnahmen in mindestens 2 Ebenen.

Der Bruch eines bezahnten Kiefers mit Beteiligung eines Zahnes gilt immer als offene Fraktur. Dies gilt auch, wenn von außen kein Zugang zum Bruchspalt erkennbar ist, da die Fraktur durch die Zahnalveolen, im Mittelgesicht zusätzlich durch das dünne Periost im Nasenbereich, mit der Mund- oder Nasenhöhle in Verbindung steht. Deshalb sollten Patienten mit diesen Frakturen antibiotisch abgedeckt werden.

11.3.1 Unterkieferfrakturen

Etwa 50% aller Frakturen im Gesichtsbereich betreffen den Unterkiefer. Sie haben naturgemäß unterschiedliche Lokalisationen: im Gelenkbereich, im Kieferwinkel, häufig mit Beteiligung des Weisheitszahnes, im Bereich des horizontalen Unterkieferastes, am Kinn. Wir sehen sie als alleinige Fraktur oder als Kombinationsverletzung.

Oberstes Behandlungsziel ist die primäre knöcherne Bruchheilung mit Wiederherstellung einer ungestörten Funktion. Die Voraussetzung hierfür ist die absolute Ruhigstellung der Knochenfragmente, die nach konservativen oder operativen Prinzipien erfolgen kann. Die Therapie ist somit vom Verletzungsmuster, vom Dislokationsgrad der Knochenfragmente und vom Zahnstatus des Patienten abhängig. Aufgrund der Weiterentwicklung von Osteosyntheseverfahren und des eingesetzten Instrumentariums rückt die konservative Frakturbehandlung immer mehr in den Hintergrund.

Versorgung von Unterkieferfrakturen

▪▪▪ Indikation

Nicht oder gering dislozierte Unterkieferfraktur ohne Mitbeteiligung des Collums (Gelenkfortsatz).

▪▪▪ Prinzip

Konservative Therapie. Ruhigstellung einer Unterkieferfraktur durch Einbinden zahntragender Schienenverbände (Abb. 11.11) im Ober- und Unterkiefer und konsekutiver intermaxillärer Fixation durch Gummi- oder Drahtschlingen (IMF). Voraussetzung dafür sind ausreichend bezahnte Kiefer. Diese Schienen werden an den Kiefer angepasst und mit Drahtligaturen an den Zähnen fixiert (Abb. 11.12 und 11.13).

Um einen sicheren Sitz zu garantieren und Weichteilverletzungen zu vermeiden, wird die Schiene nach der Fixation mit einer Kunststoffschicht bedeckt (Abb. 11.14).

Um eine optimale Okklusion zu erreichen, erfolgt eine intermaxilläre Fixation mit Gummischlingen (Abb. 11.15), die den Oberkiefer mit dem Unterkiefer verbinden und die Fragmente in ihre ursprüngliche Position bzw. Okklusion ziehen. Anschließend werden die Gummi-

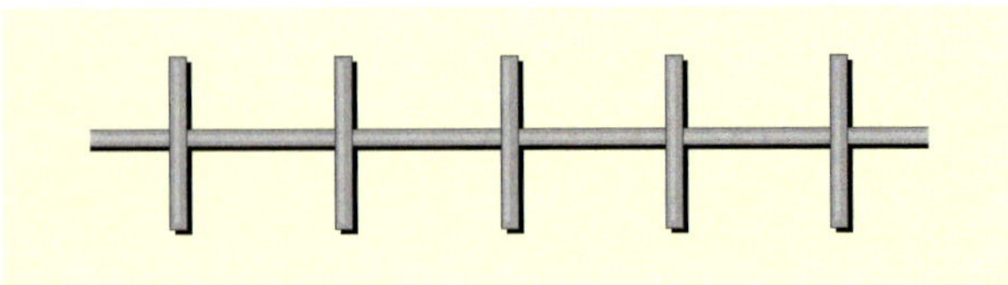

Abb. 11.11 Zahntragender Schienenverband

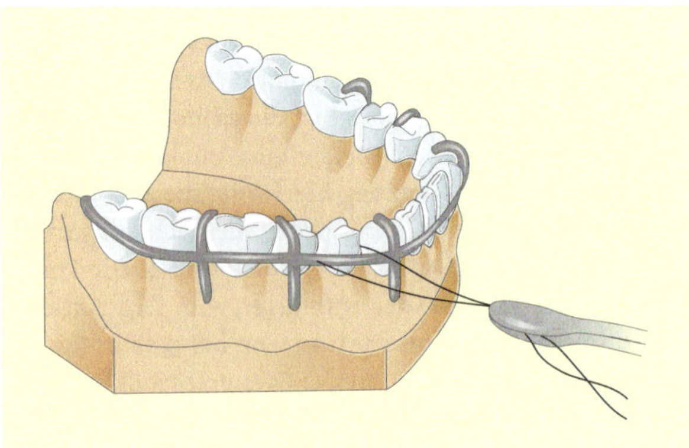

Abb. 11.12 Anpassen und Fixieren einer Drahtschiene an ein Unterkiefermodell. (Nach Allgöwer u. Siewert 1992)

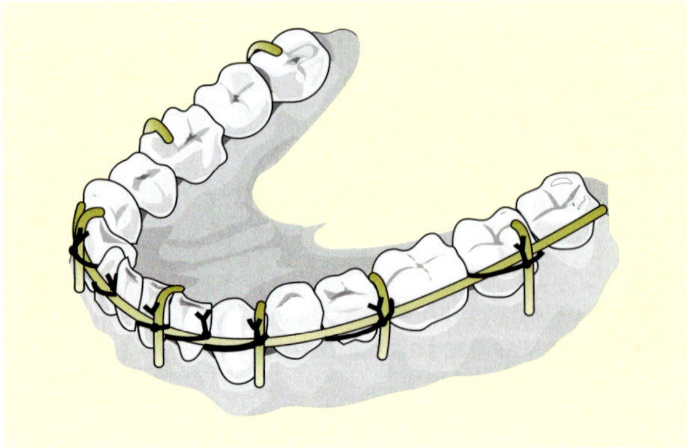

Abb. 11.13 Drahtbogenschiene am Unterkiefermodell

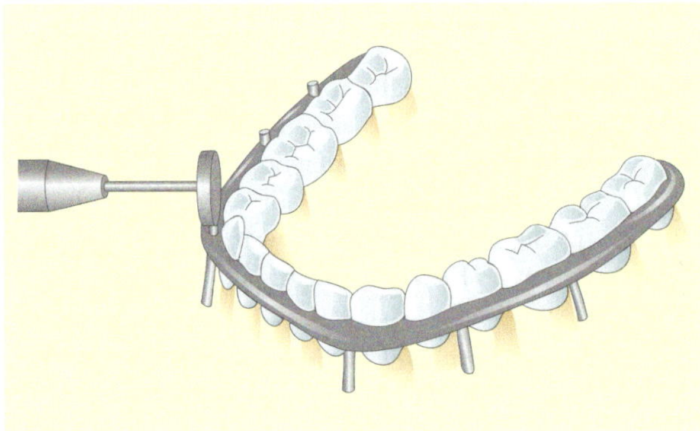

Abb. 11.14 Glätten des Kunststoffs. (Nach Allgöwer u. Siewert 1992)

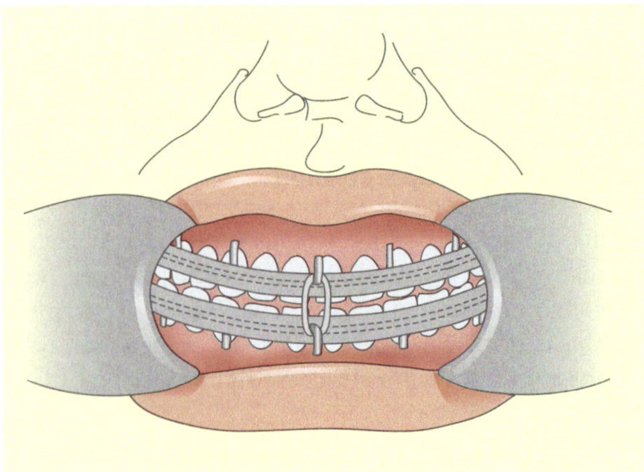

Abb. 11.15 Einstellung der Okklusion mit Gummischlingen. (Nach Schumpelick et al. 1991)

schlingen durch Drahtligaturen ersetzt. Hierdurch wird eine ausreichende Ruhigstellung des Unterkiefers erreicht und abhängig vom Alter des Patienten für 4–6 Wochen belassen.

Dies gilt nicht für Gelenkfortsatzfrakturen (Kollumfrakturen), die einer speziellen Therapie bedürfen.

Lagerung

- Bei intubierten Patienten Rückenlage, bei Patienten mit Lokalanästhesie halbsitzende Position (im Zahnarztbehandlungsstuhl).
- Da dieser Eingriff nicht unter sterilen Kautelen erfolgen kann, ist eine großflächige Desinfektion und Abdeckung des Patienten nicht erforderlich.
- Da jedoch mit Kunststoff gearbeitet wird, muss der Patient mit einem wasserundurchlässigen Tuch geschützt werden.

Instrumentarium

- Wangenhalter.
- Langenbeck-Haken.
- Zungenspatel.
- 2 Drahtbogenschienen, die mit Quersprossen und evtl. Ösen versehen sind.
- Drahtcerclagedrähte (ca. 0,3–0,4 mm).
- Seitenschneider.
- Flachzange.
- Spitzzange.
- Drahtschere.
- Tamponstopfer nach Luniatschek.
- Draht- oder Gummischlingen zur IMF.
- Anrührspatel.
- Kunststoff.
- 2 Dappengläser zum Anrühren des Kunststoffes.
- 5-ml-Spritze.
- Sauger.

Konservative Versorgung einer Unterkieferfraktur

► Der Patient wird zum Schutz vor der Kunststoffanrührflüssigkeit mit einem wasserabweisenden Tuch abgedeckt

► Die Sprossenschienen werden derart vorgebogen, dass sie an der Außenfläche der Zähne, oberhalb des Paradontiums, zu liegen kommen (labial und bukkal). Die Quersprossen, die zur Schneidezahnkante zeigen, werden so umgebogen, dass sie auf der Kaufläche der Zähne liegen und die Schiene nicht mehr verrutschen kann

► Mit 1 oder 2 Luniatschek-Tamponstopfern wird die Schiene in ihrer Position gehalten und mit einzeln um die Zähne gelegten Cerclagedrähten am ganzen Kiefer fixiert. Die verzwirbelten Drahtenden werden mit der Drahtschere abgeschnitten, mit der Spitzzange umgebogen und der Zahnfläche angelegt. In einem Dappenglas (kleines Anrührglas) wird der Kunststoff angerührt, in eine Einmalspritze gefüllt und langsam auf die Schiene mit den Drahtenden appliziert. Nach Aushärtung ist der Draht eingehüllt. So erhöht der Kunststoff die Sitzfestigkeit der Schiene und schützt die Weichteile vor Verletzungen durch die spitzen Drähte. Die auf der Kaufläche liegenden Sprossen werden abgeschnitten

► Nach der Säuberung der Mundhöhle wird noch einmal Speichel abgesaugt. Dann erfolgt die intermaxilläre Fixation temporär mit Gummischlingen oder sofort mit Drahtligaturen

11.3.2 Unterkieferosteosynthese

Voraussetzung für eine Unterkieferosteosynthese ist immer eine dentale Schienung mit intermaxillärer Fixation zur optimalen Einstellung der Okklusion. Bei zahnlosen Patienten können vorhandene Prothesen eine Okklusionshilfe sein.

Nach einer exakten Reposition der Fragmente erfolgt eine *Kompressionsplattenosteosynthese* nach geltenden Traumatologiekriterien (▫ s. 3.2.3).

Die Osteosynthese erfolgt vorzugsweise von intraoral, gelegentlich ist ein extraoraler Zugang notwendig. Je nach Lokalisation muss das transbukkale Instrumentarium zur Anwendung kommen.

Damit eine funktionsstabile Osteosynthese erreicht werden kann, sind Kleinfragmentplatten nötig; gelegentlich ist eine Zugschraubenosteosynthese ausreichend.

Die Osteosynthese wird nach dem Prinzip der interfragmentären Kompression (DCP-Prinzip) durchgeführt.

Nachdem die Fraktur dargestellt und reponiert wurde, wird die ausgesuchte Platte so an den Knochen angepasst, dass bei der Kompression keine Fragmentdislokationen oder Verschiebungen auftreten können. Die Platte wird mit Knochenhalte- bzw. Repositionszangen passager fixiert und die Schraubenlöcher werden mit bikortikal fassenden Schrauben besetzt (zuerst die Kompressionslöcher am Bruchspalt, dann die neutralen Rundlöcher bruchspaltfern).

! Wichtig ist, dass dabei weder der N. alveolaris inferior (III. Trigeminusast) noch die Zahnwurzeln beschä-

digt werden. Der Vorteil besteht darin, dass keine längerfristige intermaxilläre Fixation notwendig ist.

Die *Miniplattenosteosynthese* wurde für Frakturen des Mittelgesichtes entwickelt. Sie wird jedoch immer häufiger auch am Unterkiefer angewendet. Die Schrauben werden nur monokortikal platziert.

Die einfache Drahtnaht sollte der Vergangenheit angehören.

11.3.3 Frakturen des Mittelgesichtes

Zum Mittelgesicht zählen alle Knochen des Gesichtsschädels mit Ausnahme des Unterkiefers. Die verschiedenen Frakturen des Gesichtsschädels wurden von René Le Fort (Chirurg, Lille, 1869–1951) im Jahr 1901 in 3 typische, nach ihm benannte Frakturlinien unterteilt (Abb. 11.16a–c):

Le Fort I	Basale Absprengung des Oberkiefers
Le Fort II	Absprengung des gesamten Oberkiefers mit der knöchernen Nase
Le Fort III	Absprengung des gesamten knöchernen Mittelgesichtes

Diagnostik

Die Röntgenuntersuchung ist obligat (eine Nasen-Nebenhöhlen-Aufnahme, NNH; eine Orbitaübersicht und eine axiale Schädelaufnahme). Die Kieferhöhlen sind durch eine Einblutung meist verschattet. Eine weiterführende Diagnostik bietet die Computertomographie.

Klinisch kann meist eine abnorme Beweglichkeit des Oberkiefers getastet werden. Bei zusätzlicher Beteiligung der Schädelbasis kann gelegentlich eine Liquorrhö, bei der Liquor über die Nase austritt, festgestellt werden.

Grundsätzlich müssen die Augen bezüglich der Sehkraft und der Bulbusmobilität untersucht werden. Bei Verdacht auf eine Visusverminderung oder eine Bulbusverletzung muss eine augenärztliche Untersuchung erfolgen.

Therapie

Die Reposition der Gesichtsknochen und die Fixation des Repositionsergebnisses stehen auch hier an erster Stelle. Vorher müssen der Ober- und der Unterkiefer geschient und die individuell regelrecht eingestellte Okklusion über eine IMF während der Operation gesichert werden.

Die *Miniplattenosteosynthese* ist das Mittel der Wahl, um eine optimale Frakturversorgung mit regelrechter Okklusion zu erreichen.

Wenn der Zustand des Patienten eine zeitaufwendige Miniplattenosteosynthese nicht zulässt, kann durch eine *kraniofaziale* oder *zygomatikomaxilläre Aufhängung* eine ausreichende Stabilität erreicht werden. Hierbei wird nach einer Oberkiefer-Unterkiefer-Schienung mit intermaxillärer Fixation der Oberkiefer durch eine Drahtnaht am nächstgelegenen stabilen Gesichtsknochen aufgehängt. Dies ist meist ist der Jochbogen oder das Os frontale.

11.3.4 Jochbeinfraktur/Jochbogenfraktur

In einem Viertel aller Mittelgesichtsfrakturen ist das Jochbein betroffen. Die üblichen Frakturzeichen wie Krepitation und Beweglichkeit fehlen hier oft. Dafür findet sich häufig eine Stufe am Infraorbitalrand und eine

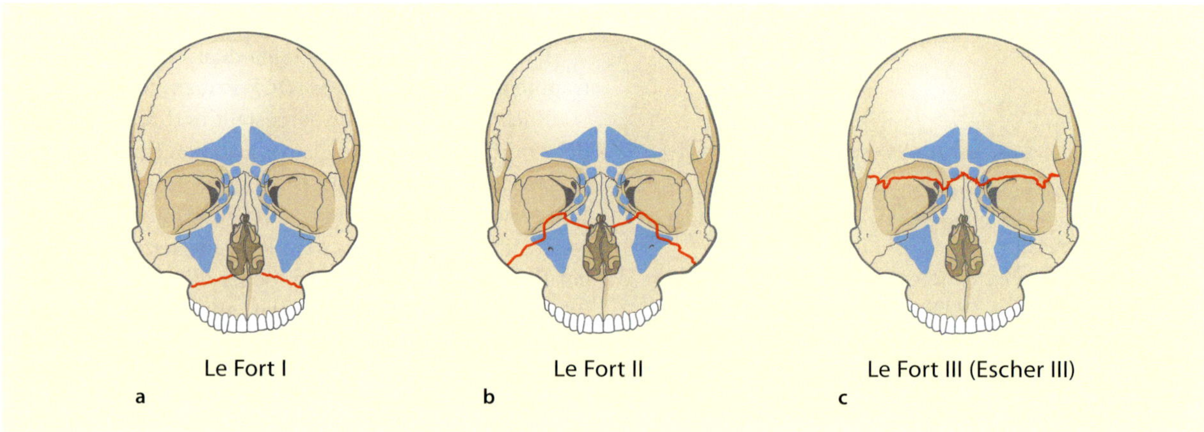

Abb. 11.16a–c Le Fort-Einteilung der Mittelgesichtsfrakturen. a Le Fort I, b Le Fort II, c Le Fort III. (Aus Boenninghaus/Lenarz 2001)

Sensibilitätsstörung durch Läsion des N. infraorbitalis. Durch eine NNH lässt sich die Diagnose bestätigen.

! Da bei einer Jochbeinfraktur der Orbitaboden immer mitbeteiligt ist, muss eine Augenuntersuchung stattfinden. Neben einem direkten Bulbustrauma stehen hier Augenbewegungsstörungen und Diplopien (Doppelbilder) im Vordergrund.

Die Versorgung besteht in einer Reposition mit einem starken Einzinkerhaken (◘ Abb. 11.17) und in der Fixation des Repositionsergebnisses mit einer Miniplatte.

Der Hautschnitt sollte dann an der lateralen Seite der Augenbraue liegen, da dieser kosmetisch kaum sichtbar ist. Bei einer Revision des Orbitabodens liegt der Hautschnitt im Unterlid. Über diesen Zugang bietet sich eine gute Übersicht über den Orbitarand und auf den Orbitaboden. Darüber hinaus können auch Schnittführungen unterhalb der Lidkante (subziliar) oder transkonjuktival gewählt werden. Bei Defektfrakturen des Orbitabodens ist eine Rekonstruktion notwendig, damit der Orbitainhalt nicht in die Kieferhöhle absackt oder Augenmuskeln in ihrer Funktion beeinträchtigt werden. Hierzu eignen sich resorbierbare Kunststofffolien in verschiedenen Stärken.

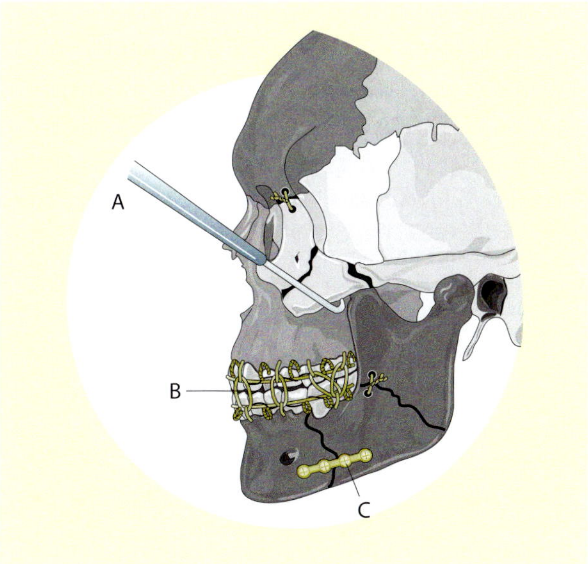

◘ Abb. 11.17 *A* Reposition einer Jochbeinfraktur mit einem Einzinkerhaken, *B* intermaxilläre Fixation, *C* Miniplattenosteosynthese am Unterkiefer

Bei frischen isolierten Frakturen des Jochbogens findet sich klinisch eine Einziehung über dem Jochbogen; gelegentlich zeigt sich zusätzlich eine mechanische Kieferklemme. Auch hier sind die NNH-Aufnahme sowie eine Übersicht des axialen Schädels für die Diagnose unentbehrlich. Als Therapie genügt häufig die perkutane Einzinkerreposition, bei der nur eine kleine Stichinzision für den Repositionshaken gemacht wird. Eine Fixation ist dann nicht nötig.

11.4 Tumor- und rekonstruktive Chirurgie

Einen breiten Raum nimmt die operative Versorgung von Neoplasien der Mundhöhle und der vorderen zwei Drittel der Zunge sowie der Gesichtshaut ein. Bei allen intraoralen Karzinomen ist die Resektion im ausreichenden Sicherheitsabstand zusammen mit der partiellen (suprahyoidalen) oder kompletten Halsausräumung (»neck dissection«) obligat. Bei einer Primärlokalisation des Tumors in Knochennähe oder bei Infiltration der Kiefer müssen Kontinuitätsdefekte gesetzt werden. Bei allen Tumoroperationen entstehen somit beträchtliche Defekte mit funktionellen Beeinträchtigungen, die insbesondere die Sprache und die Nahrungsaufnahme betreffen.

Defektdeckungen mit gestielten Fernlappen oder mit mikrovaskulär anastomosierten körpereigenen Transplantaten können funktionelle Behinderungen minimieren. Sichere gestielte Fernlappen werden aus dem M. pectoralis oder dem M. latissimus dorsi gebildet (Myokutanlappen, Muskel-Haut-Lappen).

Beide Myokutanlappen können selbstverständlich auch mikrovaskulär anastomosiert werden. Bei einem freien Gewebelappen haben darüber hinaus Unterarm-, Oberarm-, Skapula- und Paraskapulalappen ihre Bedeutung. Der beste Schleimhautersatz wird jedoch durch ein Jejunumtransplantat gewährleistet; hierbei kann die Dünndarmschlinge zeitgleich zur Tumorresektion interdisziplinär durch Chirurgen gehoben werden.

Bei Unterkieferdefekten kann die knöcherne Rekonstruktion durch mikrovaskulär anastomosierte Knochenspäne vom Beckenkamm, der Fibula oder vom Skapularand erfolgen, die mit oder ohne bedeckende Haut transplantiert werden. Der Knochen wird an beiden Seiten mit den aus der Traumatologie bekannten Osteosyntheseplatten fixiert.

Zu einem späteren Zeitpunkt können auch enorale Implantate zur Verbesserung der Prothesenfähigkeit in die Knochentransplantate eingesetzt werden.

Ist eine primäre Rekonstruktion nicht möglich, wird der Defekt mit stabilen Rekonstruktionsplatten überbrückt.

Bei plastisch-/rekonstruktiven Eingriffen im Kopf- und im Halsbereich müssen die funktionellen und ästhetischen Besonderheiten im sichtbaren Bereich bei der OP-Planung und -Durchführung berücksichtigt werden. Speziell bei Operationen an den Augenlidern, im Bereich der Orbita, an der Nase oder den Ohrmuscheln werden hohe Anforderungen gestellt, um Fehlfunktionen und ästhetische Beeinträchtigungen zu vermeiden. Im Rahmen der wiederherstellenden Chirurgie stehen Hauttransplantate (Spalthaut, Vollhaut), regionäre Lappenplastiken (Verschiebeplastik, Rotationsplastik, Transpositionsplastik, Dehnungslappenplastik, Insellappenplastik) oder Fernlappenplastiken zu Verfügung. Die unterschiedlichen Indikationen müssen dem jeweiligen Krankheitsbild angepasst werden.

11.5 Weichteilchirurgie des Gesichtes

Weichteilverletzungen im Gesicht sind ein gesonderter Bereich und werden anders versorgt als Weichteilverletzungen in der Allgemeinchirurgie. So gelten zwar alle bekannten Regeln der Wundversorgung (▫ s. 1.9.3). Die Wundrandexzision jedoch, die sog. Anfrischung, darf im Gesichtsbereich, wenn überhaupt, nur sehr sparsam erfolgen. Das gilt insbesondere an den Augenbrauen, den Lidern und der Nase, da dort besonders leicht Defekte entstehen können.

Wunden müssen mit dünnem, atraumatischem Nahtmaterial versorgt werden. Die exakte Adaptation der Wundränder ist Grundvoraussetzung für ein gutes kosmetisches Ergebnis. Häufig muss die Versorgung mikrochirurgisch erfolgen, z.B. bei Nerv- oder Gefäßverletzungen.

Die Blutstillung im Gesicht sollte möglichst mit dem bipolaren Hochfrequenz- (HF-)Gerät und einer feinen Pinzette vorgenommen werden.

▪▪▪ Indikation

Weichteilverletzung.

▪▪▪ Prinzip

Säuberung und Inspektion der Wunde, optimale schichtweise Vernähung der Weichteile, ggf. interfaszikuläre Nervennaht unter dem OP-Mikroskop (Tetanusschutz klären).

▪▪▪ Lagerung

- Rückenlage, ggf. halbsitzende Position.
- Neutrale Elektrode am Oberarm.
- Bei erwarteter Nervrekonstruktion durch ein Interponat, z.B. mit N. suralis, wird ein Unterschenkel rasiert, leicht abgespreizt, desinfiziert und gesondert abgedeckt.

▪▪▪ Instrumentarium

- Feines Weichteilinstrumentarium,
- dünnes, ungefärbtes Nahtmaterial,
- monofiles Nahtmaterial zur Nervmarkierung,
- OP-Mikroskopbezug,
- Mikroinstrumentarium und
- ein Nervstimulationsgerät.
- Zur Vorbereitung des sterilen Instrumententisches gehört auch das Beziehen des OP-Mikroskops. Dabei muss darauf geachtet werden, dass das Mikroskop, solange es noch nicht benötigt wird, nicht gefährdet im unsterilen Bereich steht.

Versorgung einer Weichteilverletzung im Gesicht

► Nach der Desinfektion des Gesichtes und ggf. des Unterschenkels werden als erstes der behaarte Kopf und danach der Körper des Patienten abgedeckt. Je nach Intubation (oral oder nasal) wird der Tubus nach der Desinfektion abgedeckt oder mit einer sterilen Folie überklebt

► Die Verletzung wird eingehend inspiziert. Wenn nötig wird sie mit einer NaCl-, PVP- oder mit Wasserstoffperoxidlösung weiter gesäubert und/oder mit einer sterilen Bürste von festen kleinen Fremdkörpern befreit. In der Wunde dürfen vor der endgültigen Versorgung keine Fremdkörper mehr zu finden sein. (Wichtig ist die Suche nach Glassplittern!) Schmutzreste führen nach der Verheilung zu Verfärbungen der Narbe, die dann erneut korrigiert werden muss. Die Wundrandexzision beschränkt sich auf zerquetschtes und eindeutig nekrotisches Gewebe. Es folgt die sorgfältige Adaptation der Weichteile nach einer bipolaren Blutstillung. Die einzelnen Schichten werden anatomisch korrekt aneinander genäht. Stufen und Verziehungen müssen vermieden werden

► Um die Haut nicht noch mehr zu traumatisieren, wird mit atraumatischen Pinzetten gearbeitet und so oft wie möglich das Subkutangewebe, nicht die Epidermis, gefasst. Bei Bedarf muss in einer 2. Operation eine plastische Rekonstruktion vorgenommen werden

► Bei ausgedehnten kombinierten Weichteil- und Knochenverletzungen muss der Weichteildefekt oft plastisch gedeckt werden. Dafür kommen gestielte Nah-, Fern- oder mikrovaskulär anastomosierte Myokutanlappen oder Osteomyokutanlappen in Frage (s. 11.4)

► Bei Nervenverletzungen wird eine mikrochirurgische Rekonstruktion mit oder ohne Nervinterponat notwendig (s. 11.6)

11.6 Mikrochirurgie

Operationen unter dem Mikroskop sind nur mit speziellem Instrumentarium möglich.

Diese Instrumente bedürfen einer besonderen Behandlung, damit sie funktionsfähig bleiben. Sie dürfen auf keinen Fall an einen harten Gegenstand stoßen, da ihre Spitze sofort verbiegen würde.

Deshalb müssen sie auf dem Instrumententisch entweder auf industriell gefertigten Gummiunterlagen liegen oder auf einem mit mehrfacher Stoffabdeckung gepolsterten Tisch.

Das Instrumentarium muss immer von Blut gereinigt angereicht werden, damit der Operateur unter dem Mikroskop die Instrumentenbranchen erkennen kann. Diese Reinigung darf nur mit fusselfreien Tüchern erfolgen.

Die Mikronadelhalter haben zum großen Teil keine Arretierung. Zwischen Operateur und instrumentierender Pflegekraft wird abgesprochen, ob die Nadel-Faden-Kombination eingespannt angereicht wird oder ob zuerst der Nadelhalter und dann der Faden in seiner geöffneten Verpackung angegeben werden, damit der Operateur den Faden unter dem Mikroskop selbst fassen kann.

Die Instrumente werden ohne den sonst wünschenswerten kleinen Druck angereicht.

! Besonders wichtig ist, dass alle Instrumente von der Pflegekraft nach Gebrauch wieder abgenommen werden, damit der Operateur nicht vom Situs wegschauen oder die Instrumente »blind« auf den Instrumentiertisch legen muss.

Dabei könnten die Instrumente Schaden nehmen. Werden sie auf dem Patienten abgelegt, durchstoßen sie dabei evtl. mit ihren Spitzen die Abdeckung.

Nach dem Ende der Operation wird das gebrauchte Instrumentarium im Ultraschallbad gereinigt und nach der Pflege in gesonderten Containern gepackt. Jedes Instrument muss in einer Halterung fixiert sein, damit es nicht beim Transport mit anderen Instrumenten des Instrumentensiebes kollidiert.

Die Sterilisation kann im fraktionierten Vakuum erfolgen.

Das instrumentierende Personal sollte über ein Zweitokular (Spion) oder über einen Monitor die Operation verfolgen können.

11.6.1 Nervrekonstruktion

Die beiden Nervenden werden unter dem Mikroskop mit 2 Pinzetten aufgesucht, und es wird entschieden, inwieweit die Nervläsion einer Versorgung bedarf. Bei einer vollständigen Durchtrennung werden beide Enden über eine kurze Strecke mit Schere und Pinzette freipräpariert. Sollte eine spannungsfreie Reanastomosierung ohne Interposition möglich sein, wird eine End-zu-End-Naht angelegt, d. h. die einzelnen Faszikel werden wieder miteinander verbunden, nachdem das Epineurium an beiden Enden angefrischt bzw. reseziert wurde.

Ist eine sofortige Anastomosierung nicht möglich, werden beide Nervenden mit einem monofilen Faden markiert und im umgebenden Gewebe fixiert, damit sie in einer 2. Operation sofort gefunden werden und sich nicht weiter kontrahieren können.

Ist eine autologe Interposition möglich, wird die Wunde vorübergehend mit einem feuchten Tuch abgedeckt und z. B. aus dem vorbereiteten Unterschenkel ein Transplantat des N. suralis (möglich ist auch ein Stück des N. auricularis magnus) entnommen. Das Interponat wird an beiden Enden von seinem Epineurium befreit und dann End-zu-End zwischengeschaltet.

11.7 Chirurgische Kieferorthopädie

Fehlstellungen oder Deformitäten der Kieferkörper manifestieren sich in Bissanomalien und können zu funktionellen Störungen der Kiefergelenkrelation führen. Neben der klinischen Analyse werden durch Auswertung einer seitlichen Fernröntgenaufnahme des Schädels die Stellungsanomalien der Kieferbasen in Bezug auf die Schädelbasis berechnet und die chirurgische Therapie bestimmt. Durch Osteotomien im Ober- oder/und Unterkiefer können die Kieferfragmente in die regelrechte Position verschoben und mit Osteosyntheseplatten und/

oder Schrauben fixiert werden. Eine begleitende konservative kieferorthopädische Behandlung ist unumgänglich.

Abschließend wird erwähnt, dass Abszesse, dentogene Entzündungen der Kieferhöhlen und Erkrankungen der Kopfspeicheldrüsen (Glandula submandibularis, Glandula parotis) einen großen Raum in der MKG-Chirurgie einnehmen.

Hals-Nasen-Ohren-Chirurgie

M. Liehn

12.1 Anatomie

12.1.1 Hals

Durch die Anordnung der folgenden Muskeln wird der Hals in 4 Regionen gegliedert:
- M. sternocleidomastoideus schräg vorn,
- M. omohyoideus bogenförmig in der Mitte und
- M. digastricus.

Als *Halseingeweide* bezeichnet man das Zungenbein, den Kehlkopf, die Trachea, die Glandula thyreoidea, die Speicheldrüsen, den Rachen und den oberen Teil des Ösophagus. Diesen Organen liegen seitlich die V. jugularis und die A. carotis mit dem N. vagus an.

Eine oberflächliche Halsfaszie bedeckt die Mm. stenocleidomastoidei und die Mm. trapezii. Im vorderen Bereich des Halses befindet sich das Platysma, eine Hautmuskelplatte in der Subkutis.

Der Nerven-Gefäß-Strang, bestehend aus dem N. vagus, der A. carotis communis und der V. jugularis interna, ist eingehüllt in Bindegewebe. Er liegt im Halsbereich unter dem M. sternocleidomastoideus.

12.1.2 Lymphabflüsse

Eine zentrale Region des Lymphabflusses am Hals ist der »Venenwinkel«. Hier mündet die V. facialis in die V. jugularis interna ein.

12.1.3 Rachen

Der Rachen wird in die folgenden 3 Abschnitte eingeteilt:
- Nasopharynx (Nasenrachenraum),
- Oropharynx (mittlerer Rachenraum),
- Hypopharynx (unterste Schlundgegend).

Der mittlere **Oropharynx** beherbergt u. a. die paarig angelegten Gaumenmandeln (Tonsillen). Sie zählen zu den Lymphorganen und befinden sich rechts und links des Rachenraumes. Ihren bindegewebigen Kapseln liegen Fasern des M. constrictor pharyngis an. Die Rachenmandel im **Nasopharynx** dagegen ist unpaarig und befindet sich am Rachendach hinter den Nasengängen. Wird sie zu groß, v. a. bei Kleinkindern, behindert sie die Nasenatmung und muss entfernt werden.

Die Tuba auditiva Eustachii (Ohrtrompete) verbindet den Nasenrachen mit dem Mittelohr. Sie kann deshalb den Druckausgleich bei Höhenveränderungen bewirken.

Der **Hypopharynx** beginnt hinter den Stellknorpeln und endet an der Einmündung in den Ösophagus.

12.1.4 Kehlkopf

Der Kehlkopf liegt etwa in Höhe des 5. Halswirbels, beim Mann etwas tiefer als bei der Frau. Im Inneren des Kehlkopfes innerviert der N. laryngeus recurrens die Muskulatur und die Schleimhaut der Stimmbänder und die Stellknorpel.

Der Kehlkopf wird aus Schildknorpel und Ringknorpel gebildet und sitzt der Trachea auf (Abb. 12.1).

Er wird vom Zungenbein (Os hyoideum) bedeckt, das mit einer Membran am Schildknorpel fixiert ist. Die beiden Stimmbänder ziehen rechts und links von den Stellknorpeln aus zur Vorderkante des Schildknorpels. Der Raum zwischen den Stimmbändern wird als Stimmritze bezeichnet. Die nervale Versorgung des Larynx übernehmen der N. laryngeus inferior (genannt N. recurrens) und der N. laryngeus superior; beide sind Äste des N. vagus.

Der Kehldeckel (Epiglottis) verschließt bei Reizen reflektorisch den Kehlkopfeingang. Beim Schlucken drückt die Zunge die Epiglottis nach unten (Abb. 12.2).

12.1.5 Nase

Die äußere Nase besteht aus dem paarigen Nasenbein, den Nasenmuscheln (-flügeln) und dem Nasensteg mit

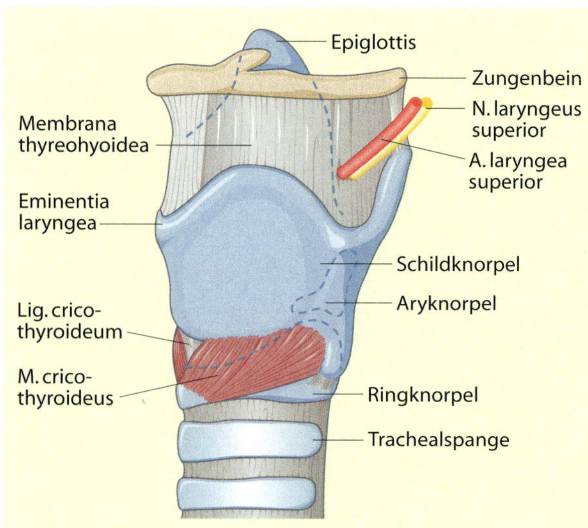

Abb. 12.1 Kehlkopf: Knorpelgerüst, Membranen, äußere Muskulatur, Zungenbein. (Aus Boenninghaus 2001)

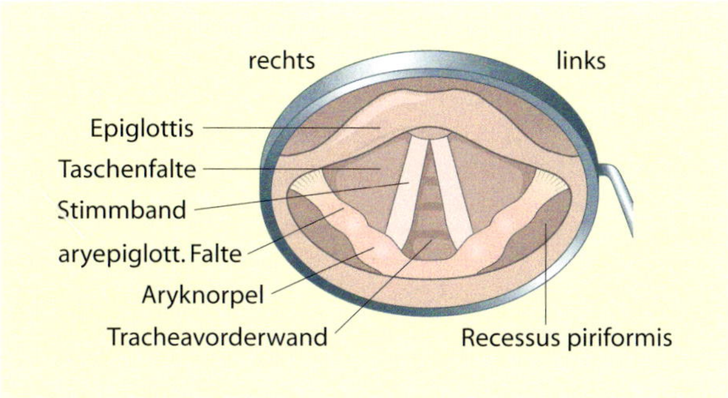

Abb. 12.2 Einblick in das Kehlkopfinnere. (Aus Boenninghaus 2001)

dem Septum. Die Nasenbeine bilden das knöcherne Gerüst; sie stehen mit dem Os frontale in Verbindung.

Hinter den Nasenlöchern wird die **innere Nase** vom Nasenvorhof und von der Nasenhöhle gebildet. Die Schutzhärchen (Vibrissae) im Nasenvorhof filtern die Atemluft.

Die **Nasenhöhle** wird vom knöchern-knorpeligen Septum (Nasenscheidewand) in 2 Räume unterteilt. Oben begrenzt das Siebbein mit den Durchtrittstellen für den N. olfactorius die beiden Höhlen, unten der harte Gaumen und seitlich die Nasenmuscheln. Hinten gehen die Nasenhöhlen in den Nasopharynx über (Abb. 12.3a,b).

Nasennebenhöhlen (Sinus paranasales)

Sieben luftgefüllte Räume stehen mit der Nasenhöhle in Verbindung:
- die Stirnhöhle (Sinus frontalis, paarig),
- die Kieferhöhle (Sinus maxillaris, paarig),
- die Keilbeinhöhle (Sinus sphenoidalis),
- das Siebbeinlabyrinth (Sinus ethmoidalis, paarig).

Sie bilden bei der Stimmbildung einen Resonanzraum und wärmen außerdem die Atemluft an. Da sie in enger Beziehung zur Nase stehen, sind sie häufig bei Infektionskrankheiten mitbetroffen.

12.1.6 Ohr

Das Hörorgan des Menschen ist in 3 Teile gegliedert (Abb. 12.4):
- Äußeres Ohr mit Ohrmuschel, dem S-förmig gebogenen äußeren Gehörgang und dem Trommelfell als Abgrenzung zum Mittelohr.

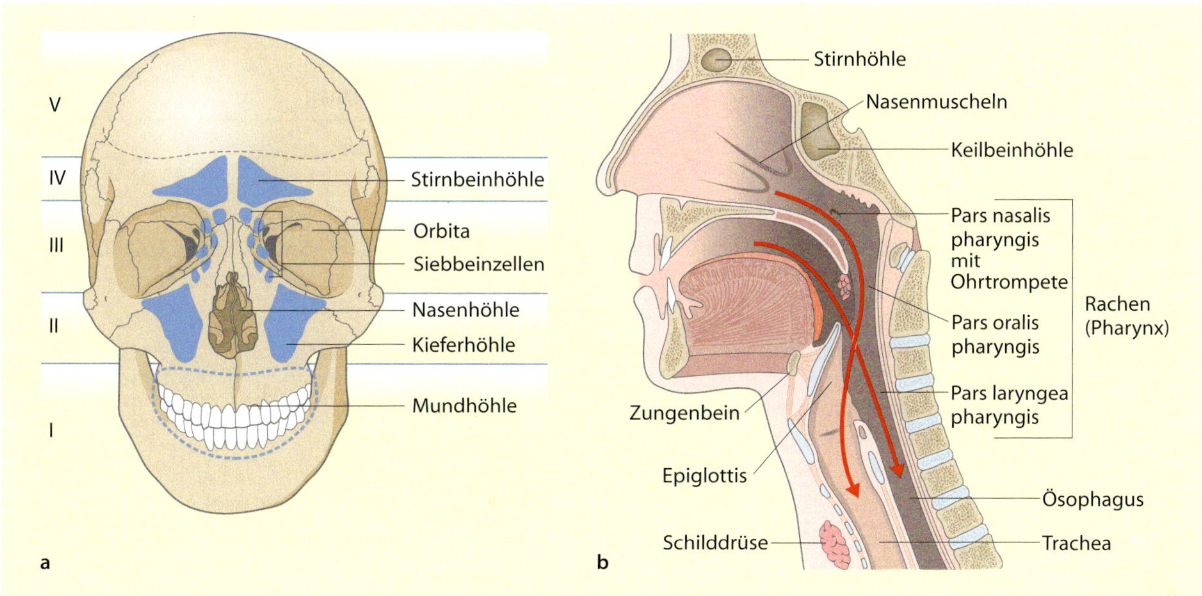

Abb. 12.3a,b Topographische Übersicht Nase und Nasennebenhöhlen. a Schnitt durch Nase und Nasennebenhöhlen mit Etagengliederung des Schädels *(I–V)*. b Seitliche Nasenwand, Nasenrachenraum, Rachen und Kehlkopf. Die roten Pfeile markieren die Kreuzung von Luft- und Speisewegen

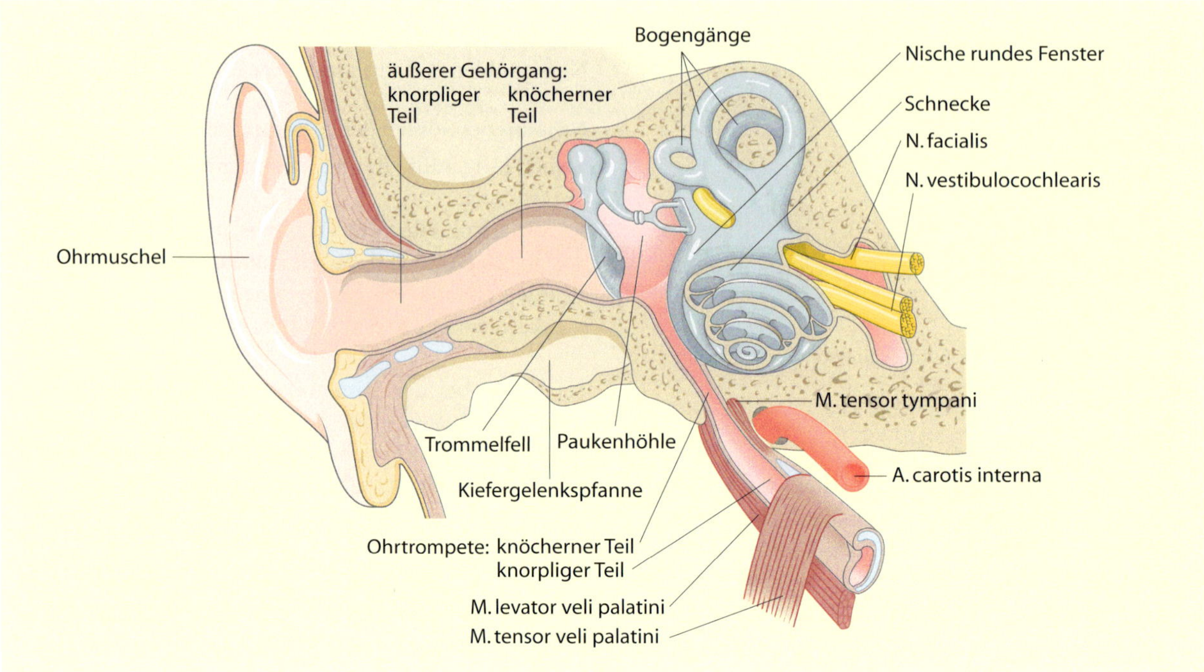

Abb. 12.4 Topographische Übersicht äußeres Ohr *(orange)*, Mittelohr *(rot)*, Innenohr *(blau)*. (Aus Boenninghaus 2001)

- Mittelohr, das aus der Paukenhöhle besteht, die über die Tube mit dem Nasenrachen verbunden ist, und den darin enthaltenen Gehörknöchelchen:
  - Hammer (Malleus),
  - Amboss (Incus),
  - Steigbügel (Stapes).

  Sie sorgen durch ihre Bewegungen für die Schallwellenübertragung.
- Innenohr, das im Felsenbein liegt. Das Hörorgan liegt in der Schnecke; die Bogengänge enthalten das Gleichgewichtsorgan.

12

12.2 Diagnostisches Instrumentarium

Ein wichtiges Hilfsmittel in der HNO-Heilkunde ist der Stirnreflektor (Abb. 12.5). Er erlaubt es das betreffende Organ zu untersuchen.

12.2.1 Ohrspiegelung

Instrumentarium

- Stirnreflektor,
- Lichtquelle und Ohrtrichter,
- Binokular-Mikroskop.

Mögliche Befunde

- Cerumen oder Fremdkörper,
- Perforation oder Rötung des Trommelfells.

12.2.2 Nasenspiegelung

Instrumentarium

- Stirnreflektor,
- Lichtquelle,
- Nasenspekula verschiedener Größen (Abb. 12.6),
- ggf. Bajonettpinzette oder Watteträger.

12.2.3 Rachenspiegelung

Instrumentarium

- Stirnreflektor,
- Zungenspatel,
- abgewinkelte Spiegel (Abb. 12.7),
- Winkeloptiken (0°, 30°, 70°),
- Kaltlichtquelle.

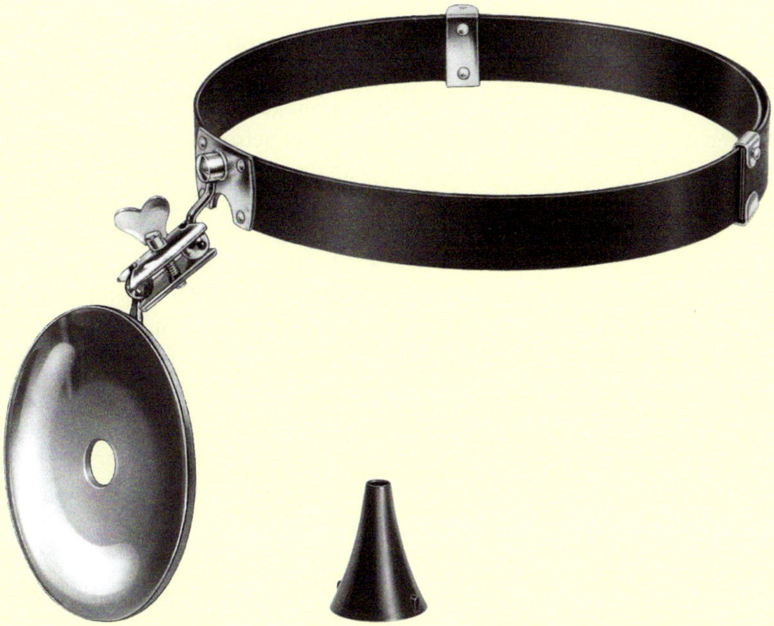

12.5

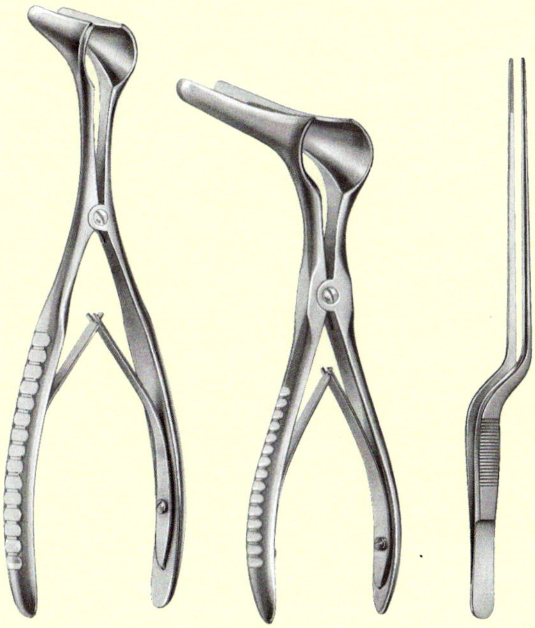

12.6

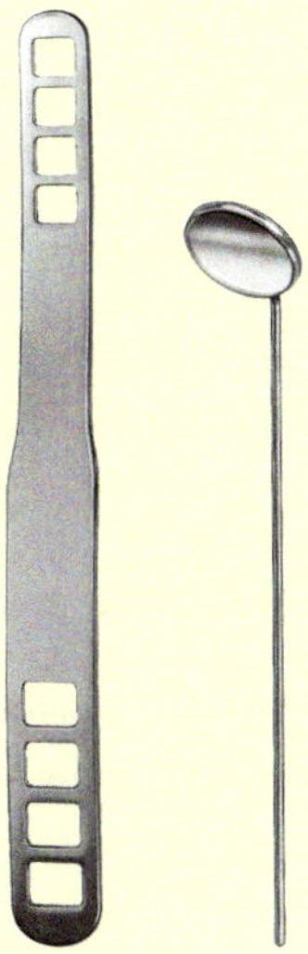

12.7

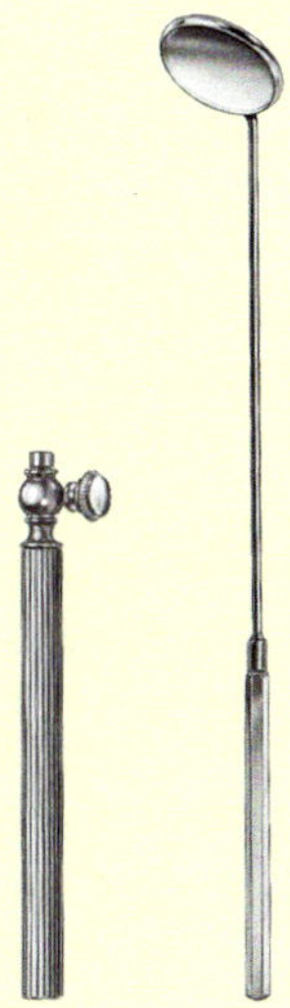

12.8

Abb. 12.5 Stirnreflektor und Ohrtrichter
Abb. 12.6 Nasenspekula und Bajonett-Pinzette
Abb. 12.7 Zungenspatel und Spiegel
Abb. 12.8 Kehlkopfspiegel mit anschraubbarem Griff.
(Abb. 12.5–12.8 Fa. Martin)

12.2.4 Kehlkopfspiegelung

Instrumentarium

- Stirnreflektor
- lange Spiegel,
- Mullläppchen zum Fassen der Zunge,
- Lupenlaryngoskop (90°),
- Kaltlichtquelle (Abb. 12.8).

12.2.5 Stimmgabeluntersuchung

Ein wichtiges diagnostisches Hilfsmittel für den HNO-Arzt ist die Stimmgabel. Bei dieser grob orientierenden Untersuchung wird festgestellt, ob eine Schwerhörigkeit im Innenohr oder im Mittelohr lokalisiert ist.

12.3 Operationsinstrumentarium

Das Instrumentarium ist durch die Weichteil-, Knochen- und auch Mikrochirurgie sehr vielfältig (s. auch Kap. 11).

Zusätzlich zum immer benötigten und nun hinlänglich bekannten Grundinstrumentarium kommen auch hier viele Spezialinstrumente je nach hauseigenem Prinzip zum Einsatz. Um eine übersichtliche Darstellung zu ermöglichen, werden die verschiedenen Spezialinstrumente zusammen mit den entsprechenden Operationen vorgestellt.

12.3.1 Adenotomie/Tonsillektomie

- Bei Bedarf werden lange Kanülen zur Applikation des Lokalanästhetikums eingesetzt. Außerdem:
- Je eine grobe, lange chirurgische und eine anatomische Pinzette.
- Unter Umständen eine lange Bajonettpinzette für die bipolare Koagulation.
- Eine Metzenbaum-Schere.
- Ein Mundsperrer, z. B. nach Kilner-Doughty (s. Kap. 11).
- Ein Tonsillenraspatorium nach Henke (Abb. 12.9). Dies ist ein doppelseitig benutzbares, scharfes Dissektionsinstrument, um die Tonsille aus ihrer Kapsel zu schälen.
- Ein stumpfes Elevatorium (Abb. 12.10).
- Eine in den breiten Branchen aufgebogene Tonsillenschere (Abb. 12.11).
- Mit den Ringmessern nach Beckmann (Abb. 12.12), die in verschiedenen Größen vorliegen sollten, werden die Adenoide (»Polypen«) entfernt. Diese Messer sind an der Innenkante des oberen Randes geschliffen und schälen so die Adenoide aus ihrem Lager.
- Für die Abtragung der Tonsillen benötigt man einen Tonsillenschnürer (Abb. 12.13). Die in diesen Schnürer eingesetzte Drahtschlinge wird über die aus ihrer Kapsel befreite Tonsille geführt und dann angezogen, so dass die »Mandel« an der Basis abgetrennt wird.
- Die einzelnen Schlingen werden für jede Operation erneuert.
- Mit der Tonsillenfasszange nach Blohmke (Abb. 12.14) können die Tonsillen während der Präparation gefasst werden. Die scharfen Zähnchen unterscheiden diese Zange von den schon bekannten Organfasszangen. Über die offenen Griffe kann der Tonsillenschnürer an die«Mandel« geführt werden.
- Der Korbsauger (Abb. 12.15) ist gebogen und kann durch sein Körbchen keine großen Gewebeteilchen absaugen.

12.3.2 Tracheotomie/Koniotomie

- Zur Tracheotomie wird neben dem bekannten Grundinstrumentarium bei Bedarf ein Dilatator benutzt (Abb. 12.16).
- Die Art der Trachealkanüle hängt von verschiedenen Faktoren ab. Es gibt Einmalkanülen, resterilisierbare Metallkanülen, mit oder ohne Mandrin oder Sprechkanülen mit Ventil.

Für eine (seltene) notfallmäßige Koniotomie kann das Lig. conicum mit einem Trachealtrokar durchstoßen werden (Abb. 12.17).

12.3.3 Nasenoperationen

- Ein wichtiges Instrument ist hier das Nasenspekulum (Abb. 12.18 und 12.19) mit und ohne Arretierung. Nasenspekula sollten immer in verschiedenen Größen vorliegen. Bei Bedarf (z. B. in der Mikrochirurgie) kommen selbsthaltende arretierbare Spekula zur Anwendung.
- Instrumente zur Untersuchung der Nase sind kniegebogen oder bajonettförmig. Sie erleichtern den Blick auf den Situs, ohne dass die Hand des Operateurs die Übersicht behindert (Abb. 12.20 und 12.21).
- Mit Raspatorien und Elevatorien wird die Schleimhaut vom Septum separiert. Hier ist ein beidseitig benutzbares Instrument von Vorteil (Abb. 12.22).

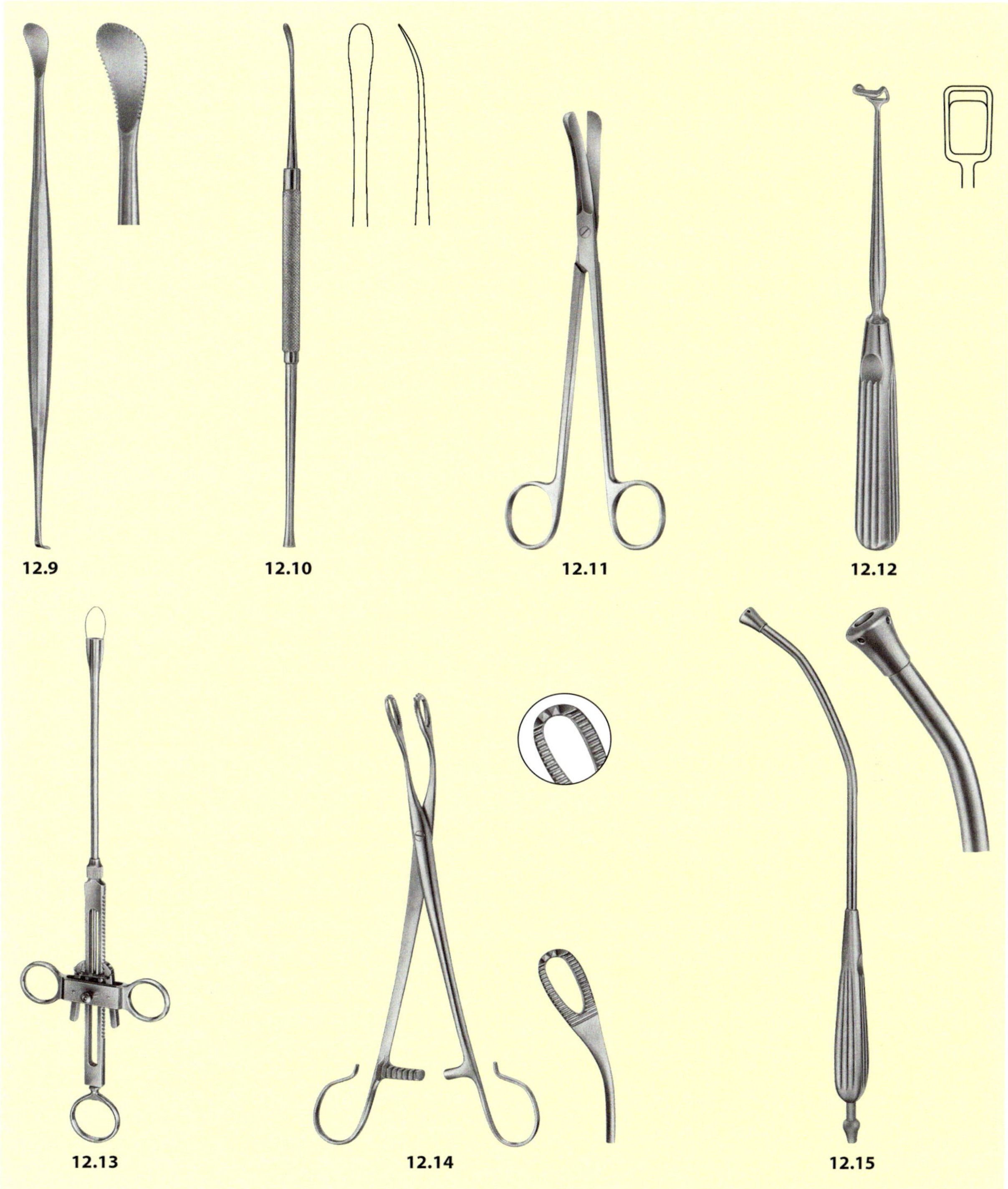

- Abb. 12.9 Tonsillenraspatorium nach Henke
- Abb. 12.10 Elevatorium nach Freer
- Abb. 12.11 Tonsillenschere nach Good
- Abb. 12.12 Ringmesser nach Beckmann
- Abb. 12.13 Tonsillenschnürer nach Brünings
- Abb. 12.14 Tonsillenfasszange nach Blohmke
- Abb. 12.15 Korbsauger nach Yankauer.

(Abb. 12.9–12-15 Fa. Aesculap)

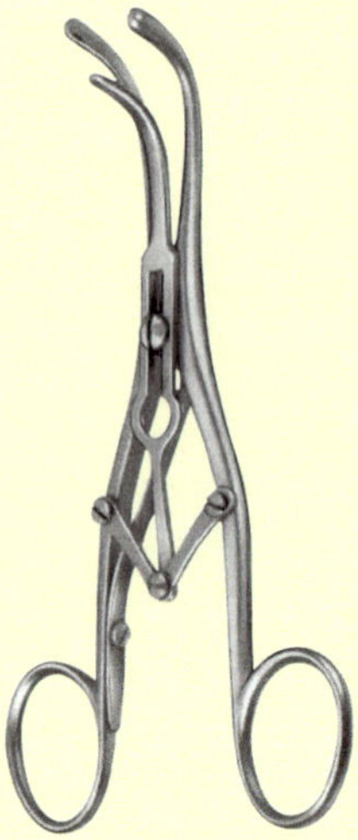

12.16

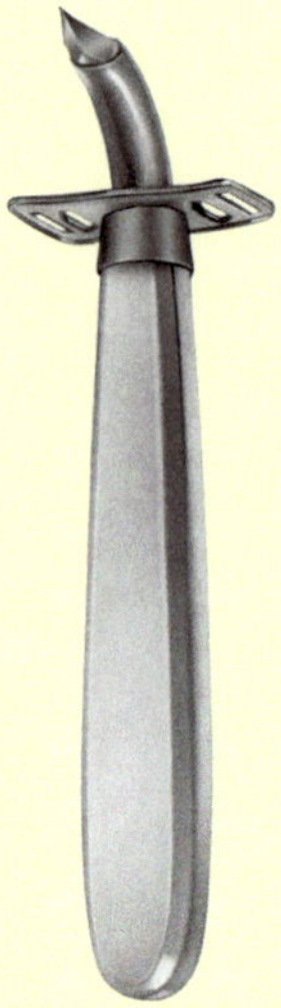

12.17

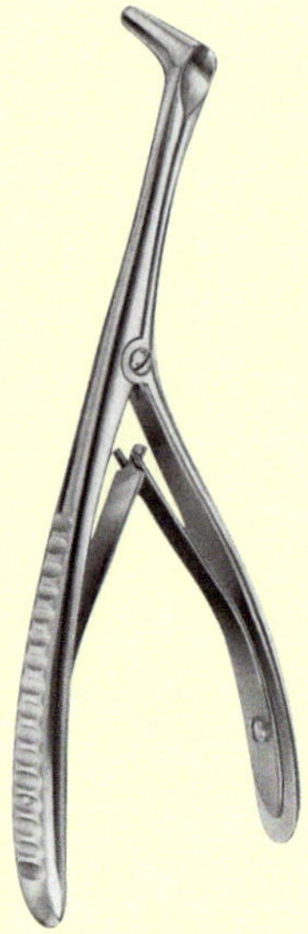

12.18

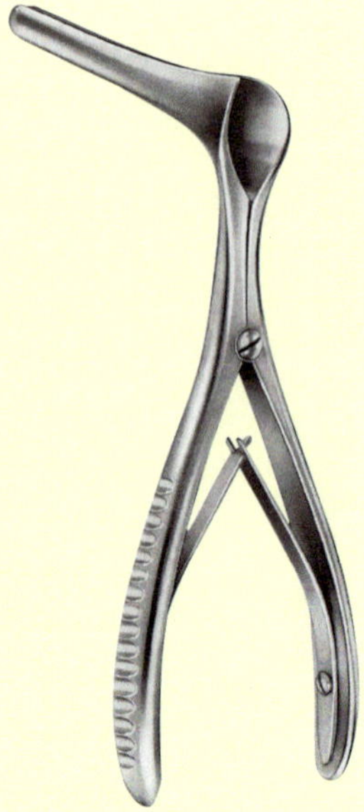

12.19

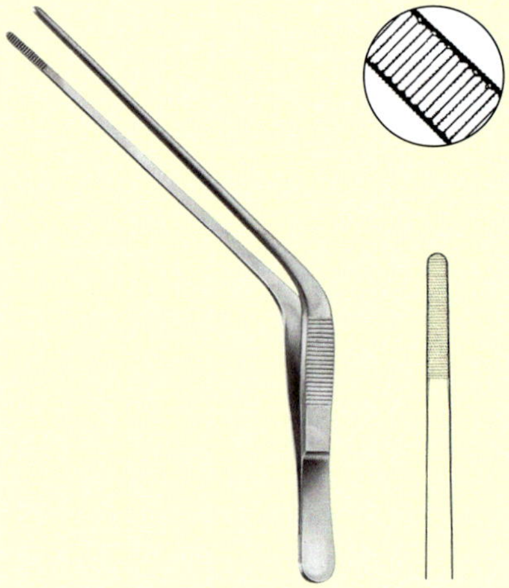

12.20

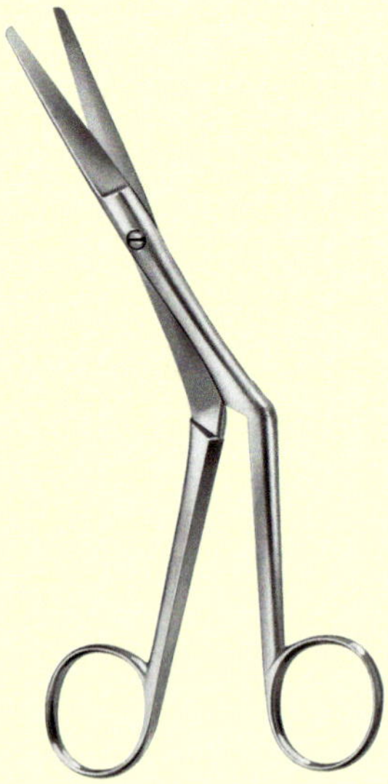

12.21

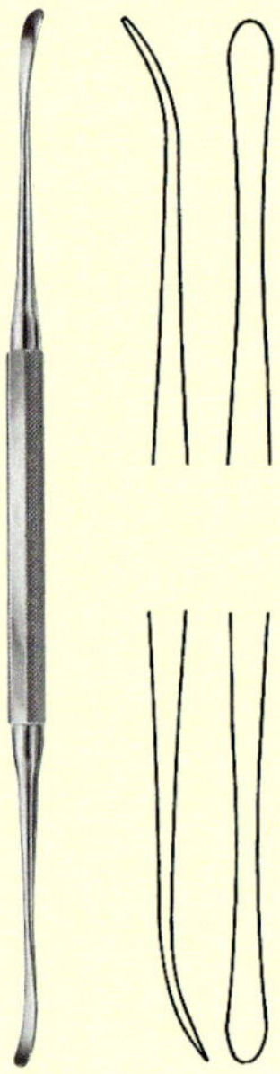

12.22

◘ Abb. 12.16 Dilatator nach Laborde
◘ Abb. 12.17 Koniotom nach Ueckermann-Denker
◘ Abb. 12.18 Nasenspekulum nach Beckmann
◘ Abb. 12.19 Nasenspekulum nach Killian

◘ Abb. 12.20 Nasenpinzette nach Troeltsch
◘ Abb. 12.21 Nasenschere nach Heymann
◘ Abb. 12.22 Elevatorium/Raspatorium nach Freer: Eine Seite ist stumpf, die andere scharf. (Abb. 12.16–12.22 Fa. Aesculap)

12.3.4 Ohroperationen

- Ohroperationen (ausgenommen Ohrmuscheloperationen) werden unter dem OP-Mikroskop vorgenommen. Es gelten alle Hinweise, die in Kap. 11 für die Mikrochirurgie besprochen wurden.
- Zur Inspektion des äußeren Gehörganges bis zum Trommelfell reichen die Ohrtrichter.
- Tast- und Kürettierinstrumente sind z.B. die Ohrschlinge (◘ Abb. 12.23), ein stumpfes Instrument, um z.B. Cerumen zu entfernen und der Ohrhebel mit Knopf (◘ Abb. 12.24).
- Die verschiedenen otologischen Fass- oder Löffelzangen sind kniegebogen (◘ Abb. 12.25)
- Parazentesenadeln zur Inzision des Trommelfells sind kniegebogen oder bajonettförmig (◘ Abb. 12.26).
- Rundschnittmesser (◘ Abb. 12.27), Lanzettmesser (◘ Abb. 12.28) oder Lappenmesser (◘ Abb. 12.29) werden in der Mikrochirurgie bevorzugt.
- Mikroscheren, kniegebogen, werden mit verschieden gebogenen Branchen angeboten, damit problemlos in allen Richtungen geschnitten werden kann (◘ Abb. 12.30).
- Das Gleiche gilt für die Stanzen, mit denen Knochengewebe entfernt wird (◘ Abb. 12.31).
- Mit dem kleinen scharfen Knochenlöffel (◘ Abb. 12.32) kann Knochengewebe entfernt werden (z.B. bei der Stapesplastik).
- Zusätzlich zum erwähnten Instrumentarium benötigt man bei der Ohroperation häufig eine Bohrmaschine, wie sie Zahnärzte benutzen. Der Handgriff ist leicht abgewinkelt und nach Bedarf werden Rosenbohrer, Fräsen o. Ä. eingesetzt. Die Bohrer können mit einer integrierten Spülung ausgestattet sein, um den behandelten Knochen während des Fräsens kühlen zu können.
- In der Regel wird die instrumentierende Pflegekraft mit einer gebogenen Knopf-Spül-Kanüle während des Bohrens spülen.

12.4 Aufgaben der Operationspflegekraft

Auch in der HNO-Abteilung, und dort insbesondere in der OP-Abteilung, muss sehr viel Wert auf die prä-, peri- und postoperative Betreuung der Patienten gelegt werden, da viele Eingriffe in Lokalanästhesie vorgenommen werden können. Außerdem sind, z.B. durch die Rachen- und Gaumenmandeloperationen, ein großer Teil der Patienten Kinder, denen wir mit Zuwendung ihre Angst nehmen sollten.

Die Aufgaben bezüglich der unterschiedlichen Instrumentarien und der vielfältigen Operationen gleichen den in Kap. 11 beschriebenen.

12.5 Hals-Nasen-Ohren-Operationen

12.5.1 Adenotomie

▪▪▪ Indikation

Behinderung der Nasenatmung durch Hyperplasie der Rachenmandeln. (Die betroffenen Kinder haben häufig Schnupfen, schlafen durch die erschwerte Nasenatmung schlecht und schnarchen). Paukenergüsse durch Verlegung der Tubenostien. Dadurch Schallleitungsschwerhörigkeit (→ OP: Parazentese).

▪▪▪ Prinzip

Die Adenotomie (AT) ist die operative Abtragung der adenoiden Wucherungen.

▪▪▪ Lagerung

- In Vollnarkose: Rückenlage mit hängendem Kopf.
- Dieser Eingriff wird nur noch selten in Lokalanästhesie durchgeführt: Dann wird das Kind von einer Pflegekraft in halbsitzender Position gehalten.

▪▪▪ Instrumentarium

- Mundsperrer,
- Zungenspatel,
- Beckmann-Ringmesser,
- grobe Pinzetten.

Adenotomie

► Nach der sterilen Abdeckung wird der Mundsperrer nach Kilner-Doughty eingesetzt. Er drückt die Zunge nach unten und fixiert gleichzeitig den Tubus

► Die adenoiden Vegetationen werden mit dem entsprechend großen Ringmesser an ihrer Basis abgetragen. Das Blut wird abgesaugt, eine passagere Blutstillung mit armierten großen Tupfern reicht zumeist aus. Sonst müssen die blutenden Gefäße mit der bipolaren Koagulationspinzette verschorft werden

► Die Entfernung des Mundsperrers, Absaugen und Inspektion der Mundhöhle beenden den Eingriff

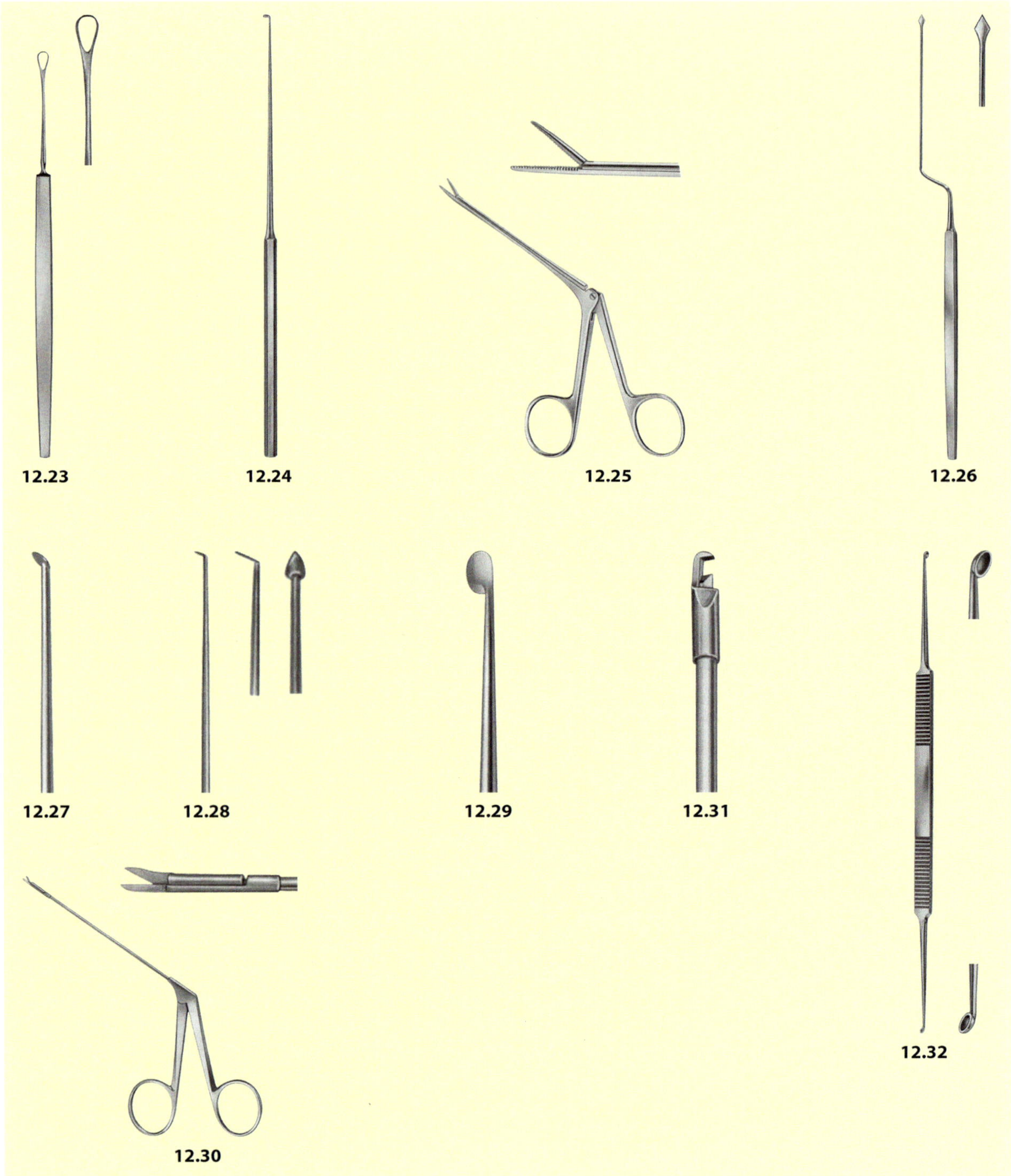

- Abb. 12.23 Ohrschlinge nach Langenbeck
- Abb. 12.24 Ohrhebel nach Lucae
- Abb. 12.25 Fasszange nach Hartmann
- Abb. 12.26 Parazentesenadel nach Lucae
- Abb. 12.27 Rundschnittmesser
- Abb. 12.28 Lanzettmesser nach Rosen
- Abb. 12.29 Lappenmesser nach Plester
- Abb. 12.30 Mikroschere
- Abb. 12.31 Knochenstanze
- Abb. 12.32 Knochenlöffel nach House.

(Abb. 12.23–12.32 Fa. Aesculap)

12.5.2 Tonsillektomie

Indikation

- Chronische Tonsillitis: Erreger sind meist Streptokokken. Die chronische Tonsillitis führt manchmal zum Peritonsillarabszess oder durch Streuung zu Folgeerkrankungen der Gelenke (Rheuma), der Nieren (Glomerulonephritis) oder zu funktionellen Herzerkrankungen.
- Tonsillenhyperplasie: Sollte die Hyperplasie nur einseitig aufgetreten sein, liegt der Verdacht einer malignen Grunderkrankung nahe.

! Zu beachten ist dann, dass die entfernten Tonsillen getrennt und mit der Seite beschriftet, in die Histologie geschickt werden.

- Rezidivierende Anginen.

Prinzip

Bei der Tonsillektomie (TE) werden die gesamten Gaumenmandeln aus ihrer Kapsel herausgeschält. (Eine »Mandelkappung« ist heute nicht mehr üblich.)

Lagerung

- In Lokalanästhesie: halbsitzende Position.
- In Vollnarkose: Rückenlage mit hängendem Kopf.

Instrumentarium

- Instrumente wie bei der AT/TE,
- mit einem Faden armierte Tupfer zur Kompression,
- ggf. bipolare bajonettförmige Koagulationspinzette.

Tonsillektomie

► Für die vorgesehene Lokalanästhesie werden die Tonsillen mit einer langen dünnen Kanüle mit dem Anästhetikum umspritzt. Dieses hat häufig einen Adrenalinzusatz, um gleichzeitig eine Gefäßverengung zu erreichen

► Nach dem Einsetzen des Mundsperrers – für Patienten mit lokaler Betäubung nimmt man nur einen Zungenspatel – wird eine Tonsille mit der groben chirurgischen Pinzette gefasst, der vordere Gaumenbogen wird mit der Schere inzidiert und die »Mandel« mit der Tonsillenschere und dem Henke-Raspatorium im Wechsel aus ihrer Kapsel geschält. Mit dem Tonsillenschnürer wird sie vom Zungengrund abgetrennt

► Ein armierterTupfer wird vorübergehend zur Kompression in das Tonsillenbett geschoben; analoges Vorgehen auf der anderen Seite

► Erscheint die Blutstillung unzureichend, wird abschließend eine Umstechung erfolgen. Die Tonsillen werden zur histologischen Untersuchung eingeschickt, bei unklarer Genese der Erkrankung seitengetrennt

Komplikationen

Eine Nachblutung tritt zumeist am OP-Tag oder am 1. postoperativen Tag auf, kann aber noch nach 2 Wochen vorkommen. Das Anlegen einer Eiskrawatte verringert diese Gefahr.

Lässt sich eine aufgetretene Blutung mit Tamponade oder Hämostyptika nicht stillen, muss chirurgisch interveniert werden.

12.5.3 Stützautoskopie

Die Stützautoskopie dient der direkten Untersuchung des Kehlkopfes, wenn die indirekte Spiegelung nicht möglich oder unzureichend erscheint. Zur besseren Übersicht wird diese Untersuchung mit Hilfe des OP-Mikroskops vorgenommen (◘ Abb. 12.33).

Indikation

- Verdacht auf Larynxpapillome, Leukoplakie, Stimmlippenpapillome oder Stimmbandpolypen.
- Ebenso bei Verdacht auf Kehlkopfkarzinome.

Prinzip

- Direkte Betrachtung des Larynx über ein starres Laryngoskop, das auf der Brust des Patienten abgestützt ist (deshalb Stützautoskopie) unter Verwendung des Mikroskops.
- Bei Bedarf mikrochirurgische Abtragung des Befundes ggf. mit einem CO_2-Laser oder Probeentnahmen zur histologischen Diagnosesicherung.

Lagerung

- Rückenlage mit hängendem Kopf.
- Eine sterile Abdeckung ist nicht nötig.

Instrumentarium

- Starre Laryngoskope in verschiedenen Durchmessern und unterschiedlichen Längen mit montierbarem Lichtleitstab und Kaltlichtkabel (◘ Abb. 12.34).

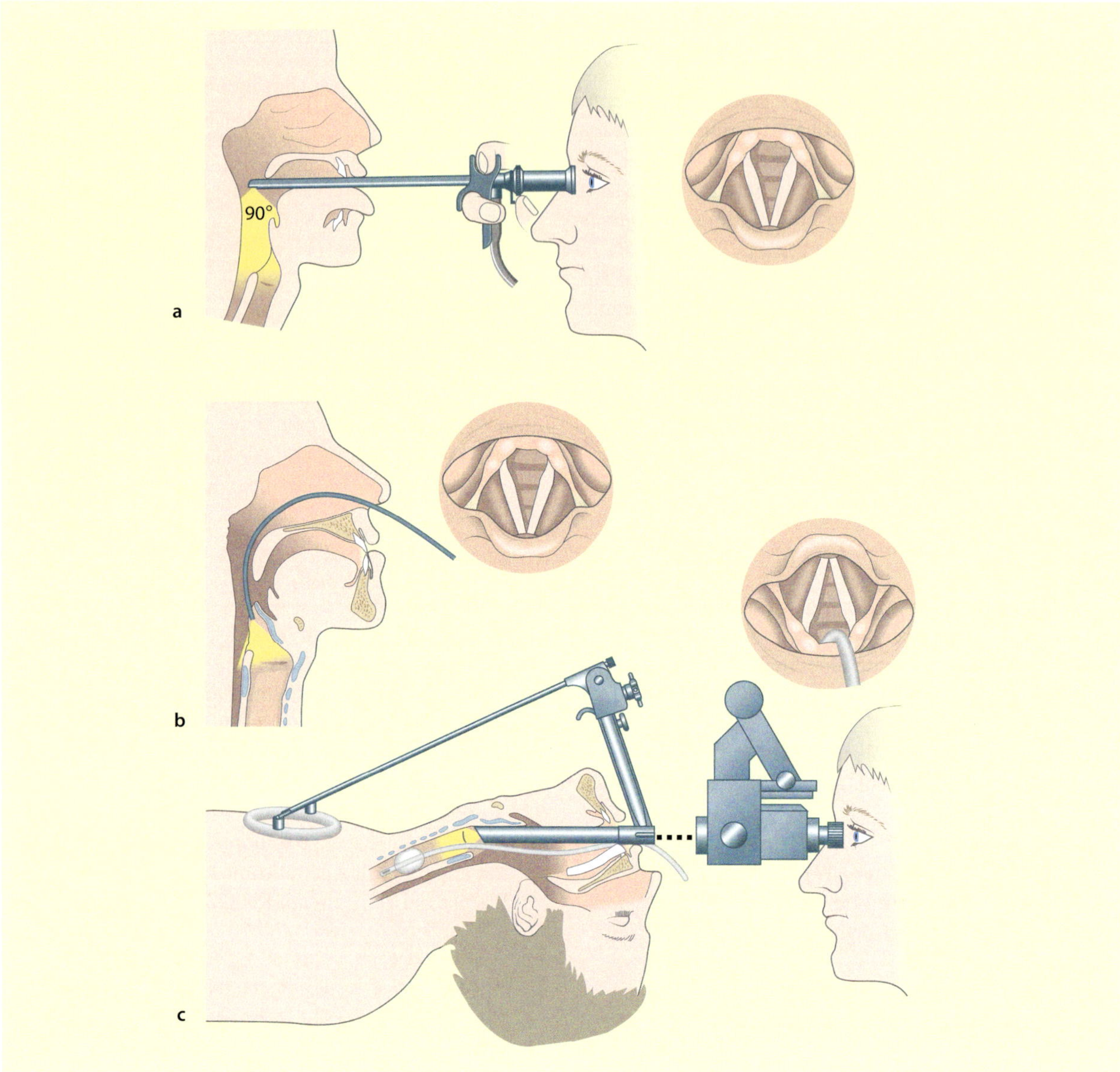

Abb. 12.33 Prinzip einer Stützautoskopie. (Boenninghaus 2001)

- Ein Zahnschutz für den bezahnten Oberkiefer (Abb. 12.35).
- Laryngoskophalter mit Bruststütze (Abb. 12.36).
- Verschiedene Fasszangen:
  - Doppellöffelzange.
  - gezahnte Fasszange.
- Verschiedene Scheren (rechts gebogen, links gebogen, gerade).
- Watteträger, ein Gefäß für Privin® zum Eintauchen von Watteträgern für die Blutstillung. Ein langer Saugeransatz.
- Kleine Gefäße zum Aufnehmen der entnommenen Präparate.
- Das OP-Mikroskop mit einem Objektiv mit einer Brennweite von 400 mm.

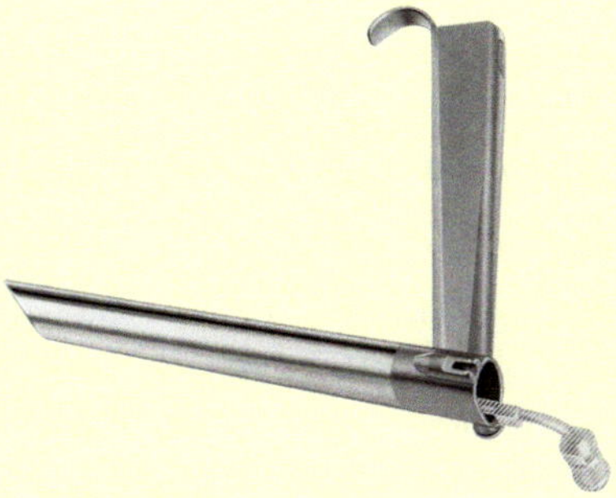
12.34

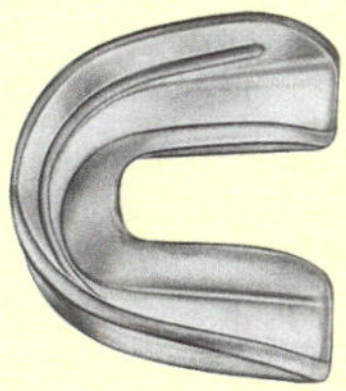
12.35

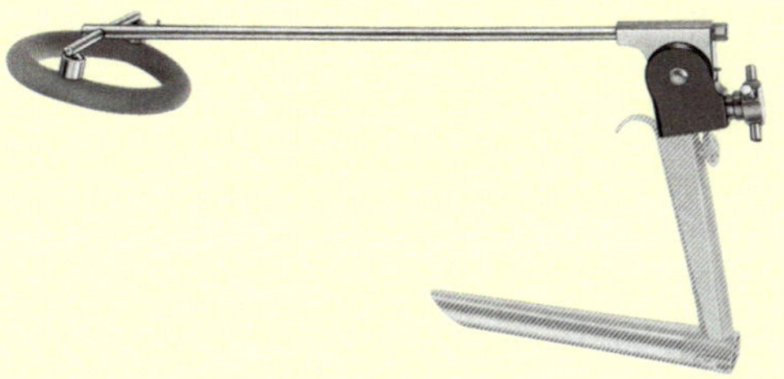
12.36

Abb. 12.34 Operationslaryngoskop
Abb. 12.35 Zahnschutz
Abb. 12.36 Laryngoskophalter mit Bruststütze. (Abb. 12.34–12.36 Fa. Aesculap)

Stützautoskopie

- In Intubationsnarkose wird der Kopf des Patienten rekliniert und der Zahnschutz eingesetzt. Ein starres Laryngoskop (Kleinsasser oder Negus) wird eingebracht und mit einer Kaltlichtquelle und dem Mikroskop verbunden. Das Laryngoskop wird in seiner Stellung optimiert und mit der Bruststütze fixiert
- Die Sicht auf den Kehlkopf wird eingestellt, der obere Trachealanteil, die Stimmbänder und die Aryknorpel (die Stellknorpel des Kehlkopfes) können betrachtet werden. Bei Bedarf können jetzt mit Fasszange, Löffelzange und Schere verschiedene Proben entnommen bzw. Papillome oder Polypen entfernt werden
- Die einzelnen Präparate müssen korrekt gekennzeichnet und mit ihrer Entnahmestelle bezeichnet werden

12.5.4 Tracheotomie

Der sog. Luftröhrenschnitt (Tracheotomie) ist häufig eine Notfallmaßnahme, daher sollten die Instrumente und das Vorgehen allen Beteiligten geläufig sein.

Indikation

- Langzeitbeatmung oder eine erwartete Langzeitbeatmung. Ist bei Patienten nach ca. 4–14 Tagen eine Extubation nicht möglich oder nicht zu erwarten, sollte ein Tracheostoma angelegt werden.
- Auch eine geplante Laryngektomie oder Teilresektion des Kehlkopfes sowie Tumorinfiltration in die Trachea sind Indikationen zur Tracheotomie.

Prinzip

Eröffnung der Luftröhre zwecks Einsetzen einer Trachealkanüle zur künstlichen Beatmung.

Lagerung

- Rückenlage mit leicht rekliniertem Kopf.
- Die Dispersionselektrode wird an einem Oberarm fixiert.

Instrumentarium

Siehe für Tracheotomie.

Tracheotomie

▶ Für die Tracheotomie sind 3 verschiedene Zugänge zur Luftröhre möglich:
- Obere Tracheotomie, oberhalb des Isthmus der Schilddrüse
- Mittlere Tracheotomie mit der Durchtrennung des Isthmus der Schilddrüse. (Dieser Zugang wird für eine elektive Tracheotomie am häufigsten benutzt.)
- Untere Tracheotomie unterhalb des Isthmus der Schilddrüse

▶ Auch die Schnittführung variiert, meist wird der kurze Kocher-Kragenschnitt (s. 2.1.1) oder ein medianer Längsschnitt gewählt. Nach der Durchtrennung des Platysma mit dem Skalpell kann die prätracheale Muskulatur stumpf zur Seite gedrängt werden

▶ Vielfach kann der Isthmus erhalten werden, indem er mit 2 Langenbeck- oder Kocher-Haken so weit kopfwärts gezogen wird, dass der 3. und 4. Trachealring freiliegt. Gelingt das nicht, wird der Isthmus zwischen 2 Klemmen durchtrennt und umstochen (s. 2.2.3)

▶ Alle Gefäße müssen versorgt werden, um postoperative Blutungen und die damit verbundene Aspirationsgefahr zu verhindern.

▶ Nun kann die Trachea eröffnet werden durch
- die X-förmige Inzision,
- den Türflügelschnitt,
- den rundlichen Björk-Lappen.

Die Eröffnung erstreckt sich immer über 2 Knorpelspangen. Das entstehende Fenster wird mit 4 monofilen Haltefäden an der Haut fixiert, die sog. tracheokutanen Nähte (»mukokutane Anastomose«).
Der orale Tubus wird entblockt und entfernt, die passende Trachealkanüle, deren Blockung von der OP-Pflegekraft geprüft wurde, wird eingeführt und an die Beatmung angeschlossen. (Zur künstlichen Beatmung empfehlen sich blockbare Tuben. Wenn keine Aspirationsgefahr mehr besteht, wird der Patient mit einer Trachealkanüle versorgt.)

12

Trachealkanülen

Nach der Tracheotomie wird eine Rügheimer Kanüle mit blockbarer Manschette eingesetzt, um eine Aspiration aus dem Wundgebiet zu verhindern und den Patienten ggfs zu beatmen. Erst später erfolgt die Versorgung mit einer Trachealkanüle. Diese besteht meist aus einem doppellumigen Rohr, dessen innerer Teil, die »Seele«, beliebig oft entfernt und wieder eingesetzt werden kann. Das erleichtert die Reinigung und die endotracheale Absaugung.

Nach der Tracheotomie wird die Kanüle täglich gewechselt. Fallen die Trachealwände in sich zusammen, wird das Tracheostoma mit einem überlangen Spekulum, z.B. nach Killian, offen gehalten. Dann lässt sich die Kanüle leichter einsetzen.

Die Trachealkanüle hat vorn eine Platte, die die Kanüle auf der Haut aufliegen lässt. An beiden Seiten dieser Platte wird durch vorgefertigte Ösen ein Band gezogen und hinten am Hals des Patienten geknüpft.

Sprechkanülen haben in ihrer Krümmung ein Fenster, durch das die Atemluft nach innen in den Kehlkopf gelangen kann. Durch ein Rückschlagventil in der Kanülenöffnung wird dem Patienten das Sprechen ermöglicht.

Die Auswahl der richtigen Kanüle (Abb. 12.37a–d) richtet sich danach, ob sie zur Langzeitbeatmung oder als Dauerkanüle verwendet werden soll. Wichtig ist immer, dass die Kanüle dem Durchmesser der Trachea angepasst ist und weder zu kurz noch zu lang gewählt wird.

Komplikationen

- Intraoperativ: heftige Blutungen, Verletzungen des Ringknorpels (sie können zu einer Ringknorpelstenose führen), Rekurrensverletzungen.
- Postoperativ: Nachblutungen oder Arrosionsblutungen, wenn die Kanüle nicht korrekt passt, Phlegmone, Pneumonie.
- Als Spätkomplikation gilt die Trachealstenose, v. a. bei Patienten mit einer Neigung zur Keloidbildung.

Tracheostomaverschluss

Wird die Kanüle und damit das Tracheostoma nach der Heilung oder Besserung der Grunderkrankung nicht mehr benötigt, kann das Tracheostoma in Lokalanästhesie oder in Vollnarkose verschlossen werden.

12.5.5 Koniotomie

Als Koniotomie bezeichnet man im klinischen Jargon die »notfallmäßige Tracheotomie« als lebensrettende Maßnahme. Sie ersetzt nicht die Tracheotomie, sondern zieht sie nach sich.

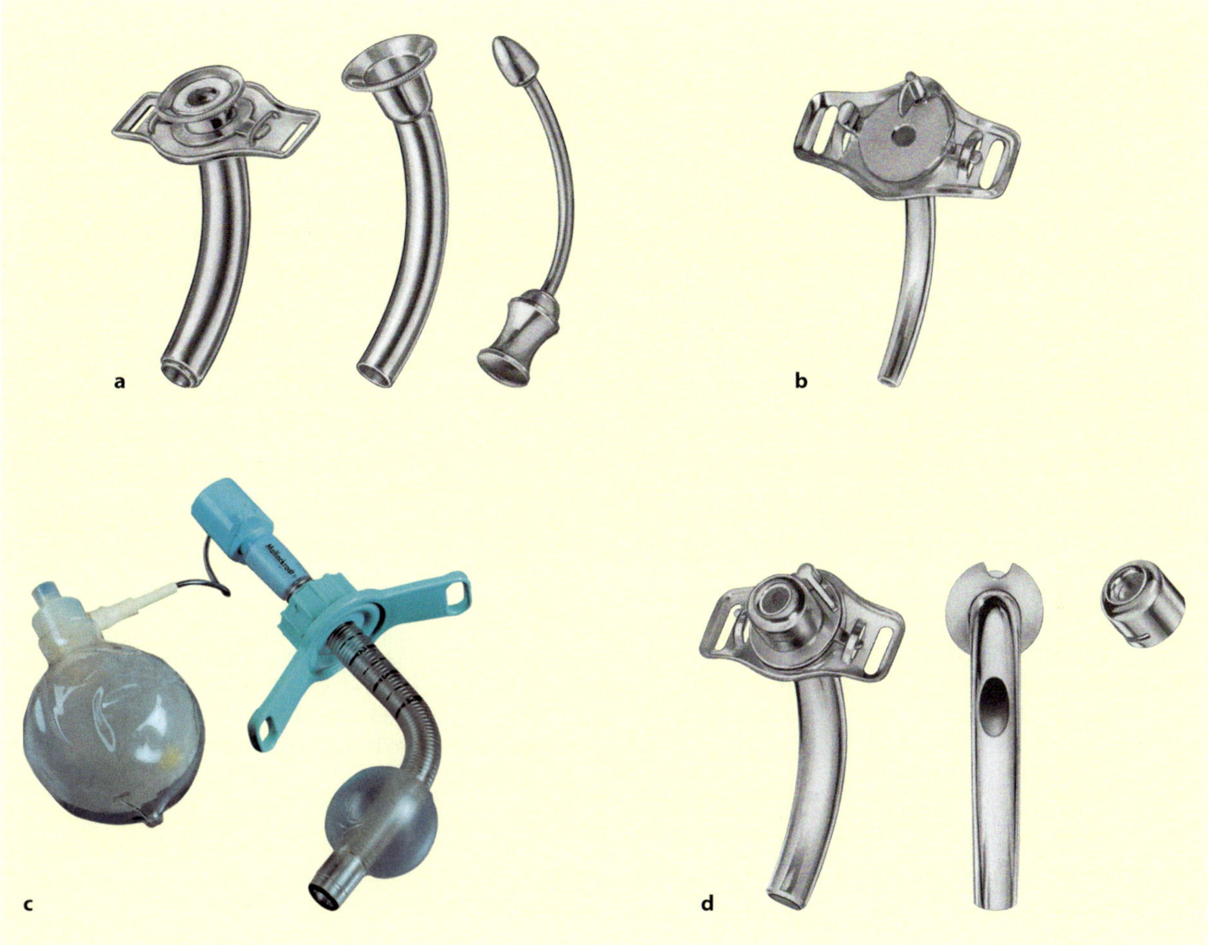

Abb. 12.37a–d Verschiedene Trachealkanülen: a doppelläufige Trachealkanüle, b doppelläufige Metallkanüle mit herausnehmbarer Innenkanüle, c Spiral-Tracheostomiekanüle mit stufenlos justierbarem Flansch mit Blockermanschette zur Beatmung, d Ventilkanüle (Sprechkanüle) mit Loch. (Abb. 12.37a,b, und d Fa. Aesculap, 12.37c Fa. Tyco Healthcare)

Indikation

- Lebensbedrohliche akute Atemnot mit Erstickungsgefahr durch Fremdkörper,
- allergiebedingte Larynxschwellungen,
- Intubationshindernisse,
- Kehlkopffrakturen.

Prinzip

Das Lig. cricothyreoideum (Lig. conicum) wird zwischen dem Unterrand des Schildknorpels und dem Oberrand des Ringknorpels mit dem Koniotom durchstoßen, der Kehlkopf eröffnet und der Patient mit einem dünnen Tubus beatmet.

Lagerung

Rückenlage mit Unterpolsterung der Schultern bei rekliniertem Kopf.

Instrumentarium

Siehe 12.4).

Koniotomie

► Ein 1–2 cm langer vertikaler Hautschnitt wird über dem Lig. conicum angelegt. Der Bogen des Ringknorpels ist tastbar, direkt darüber verläuft das Ligament

Die Öffnung lässt sich stumpf erweitern, in Notsituationen mit dem Finger
Nach dem Hautschnitt wird das Ligament mit einem Koniotom oder einem Skalpell und einem Nasenspekulum nach Killian durchstoßen. Der Trokar wird zurückgezogen und der Kehlkopf eröffnet

12.5.6 Neck-Dissection

Eine Neck-Dissection ist eine Halslymphknotenausräumung, die je nach Tumorstadium, einseitig oder beidseits, in einer Sitzung erfolgt.

Eine Kombination der Operation mit anderen Eingriffen ist je nach Ausbreitung des Primärtumors möglich, z. B. :
- Kehlkopfresektion,
- Unterkieferteilresektion oder
- Zungengrundresektion mit Mandibulasplitting.

Indikation
- Hypopharynxkarzinome,
- Stimmbandkarzinome,
- Lymphknotenkarzinome.
- Oropharynxkarzinom,
- Karzinome im Kopf- und Halsbereich, insbesondere bei Metastasen.

Prinzip
Halslymphknotenausräumung en bloc (evtl. inklusive V. jugularis interna und M. sternocleidomastoideus mit den in das Fettgewebe eingelagerten Lymphknoten und den Lymphgefäßen) von der Schädelbasisregion bis zur Klavikula.

Radikale Neck-Dissection. Lymphknotenausräumung mit umgebendem Fett. Resektion von
- N. accessorius,
- M. sternocleidomastoideus,
- V. jugularis interna,
- Glandula submandibularis.

Funktionelle Neck-Dissection. Lymphknotenausräumung mit umgebendem Fettgewebe.

Lagerung
- Rückenlage, den Kopf auf die kontralaterale Seite gedreht.
- Die neutrale Elektrode wird an einem Oberarm fixiert.

Instrumentarium
- Grundinstrumente,
- Sauger,
- bipolare Pinzette,
- ggf. ein Nervenreizgerät zur Identifikation des N. accessorius,
- feine Gummizügel.
- Erweiterung der Operation auf Unterkieferteilresektion oder Mandibulasplitting:
  - Raspatorien,
  - oszillierende Säge,
  - Luer und Plattenosteosynthesematerialien.

Neck-Dissection

► Die Hautschnittführung variiert. Meist verläuft der Schnitt am Vorderrand des M. sternocleidomastoideus mit einer zusätzlichen Inzision in Richtung Klavikula, also T-förmig.

► Die Haut-Platysma-Lappen werden präpariert, der M. sternocleidomastoideus freigelegt und bei der radikalen Neck-Dissection zwischen 2 Klemmen mit dem Skalpell, besser mit dem Diathermiestichel, durchtrennt. Beide Muskelstümpfe werden umstochen. Der N. accessorius verläuft am Hinterrand des Muskels und wird vorsichtig mit einer feinen Schere, z. B. nach Wittenstein, dargestellt und zunächst angeschlungen. Je nach Ausdehnung des Tumors wird er später erhalten oder reseziert werden

► Nach der Durchtrennung des Muskels liegt die sog. Gefäßnervenscheide mit der V. jugularis interna, der A. carotis communis und dem N. vagus sichtbar im OP-Feld. Die V. jugularis wird über eine kurze Strecke mit der Overholt-Dissektion freipräpariert, distal doppelt ligiert und zusätzlich mit dickem Nahtmaterial umstochen

► Nach der Darstellung der A. carotis communis und des N. vagus kann der Dissektionsblock mit Schere und Pinzette kopfwärts präpariert werden. Die V. jugularis interna wird bis zum Foramen jugulare freigelegt, dort wieder doppelt ligiert und abgesetzt

► Das Tumorpräparat wird unter Ligatur der V. facialis oder ggf. der A. thyreoidea superior herausgelöst, entfernt und zur histologischen Untersuchung gesandt. Wichtig ist eine topographisch exakte Nadelmarkierung auf einer Korkplatte

► Nach der sorgfältigen Blutstillung und der Einlage von 1 oder 2 Redon-Drainagen erfolgen der schichtweise Wundverschluss und der Halsverband

12

12.5.7 Laryngektomie

Vorbereitung und Lagerung

Sie entsprechen denen für eine Neck-Dissection.

> **Laryngektomie**
>
> ► Der Hautschnitt verläuft meist U-förmig am Vorderrand des M. sternocleidomastoideus beidseits, 2 Querfinger oberhalb des Jugulums (Gluck-Soerensen-Lappen). Durchtrennung der prälaryngealen Muskulatur mit dem Diathermiemesser zwischen 2 Klemmen, Durchstechungsligatur der Stümpfe
>
> ► Die Thyreoidealappen werden dargestellt und der Isthmus zwischen 2 Klemmen durchtrennt. Die Schilddrüse wird vom Larynx abpräpariert und wenn möglich geschont
>
> ► Präparation und Eröffnung des Kehlkopfes, Darstellung der Trachea, Tracheotomie, Umintubation mit einer blockbaren Kanüle.
>
> ► Resektion je nach Ausdehnung des Tumors:
>
> ► Das Hauptpräparat enthält den Neck-Dissection-Block, den Kehlkopf, ggf. die Glandula submandibularis, Glandula thyreoidea und evtl. den N. accessorius
>
> ► Bei ausgedehntem Hypopharynxkarzinom muss der entstandene Rachendefekt evtl. durch einen myokutanen Lappen des M. pectoralis oder durch ein mikrovaskulär anastomosiertes Dünndarminterponat gedeckt werden

12.5.8 Septumkorrektur

Eine Begradigung der Nasenscheidewand ist nur dann erforderlich, wenn die Verbiegung die Nasenatmung behindert.

Indikation

Septumdeviation: Sie kann durch ein Trauma, aber auch durch gestörtes Wachstum entstehen.

Prinzip

Begradigung der Nasenscheidewand, oft kombiniert mit einer Konchotomie (Muschelkappung).

Lagerung

Rückenlage mit leicht erhöhtem Oberkörper und rekliniertem, zur kontralateralen Seite gedrehtem Kopf.

- Wird monopolar gearbeitet, gehört die neutrale Elektrode an den seitengleichen Oberarm.

Instrumentarium

- Grundinstrumente,
- bipolare Koagulationspinzette,
- Nasenspekulum z. B. nach Killian,
- Nasenschere,
- Raspatorium nach Freer,
- ggf. schmale Meißel mit einem Metallhämmerchen (s. 12.4),
- abschwellend wirkende Lösung z. B. Privin®,
- armierte Spitztupfer.

> **Septumkorrektur**
>
> ► Vor dem eigentlichen Beginn der Operaton werden Spitztupfer mit Privin® in die Nasenlöcher gelegt, um das Anschwellen der Schleimhaut zu minimieren
>
> ► Der Schnitt verläuft im Nasenvorhof als Transfixions- oder Hemitransfixionsschnitt. Mit einem kleinen Messer (Skalpell Nr. 15) wird an der Septumkante eine Inzision gelegt und das Mukoperichondrium mit einem Raspatorium nach Freer abgelöst. Die Begradigung der Scheidewand erfolgt durch Abmeißelung des knöchernen Spornes oder durch gezielte Resektion des deviierten Knorpels. Das entnommene Material, Knochen und Knorpel, wird retransplantiert
>
> ► Häufig sind zusätzlich die unteren Nasenmuscheln hyperplastisch, die dann mit einer Nasenschere verkleinert werden (Konchotomie). Der Hemitransfixionsschnitt wird mit einer dünnen monofilen Naht verschlossen. Beide Nasenhöhlen werden tamponiert

Komplikationen

Septumhämatom.

12.5.9 Nasenbeinreposition

In der Regel brechen die verknöcherten knorpeligen Anteile (Fausthieb), sehr selten die knöchernen Strukturen (scharfkantige Verletzungen, Verkehrsunfälle).

Nach einer Nasenbeinfraktur mit verschobenen Fragmenten muss die Nase möglichst umgehend wieder aufgerichtet werden.

Bei seitlichen Deformationen ist häufig die einfache Reposition mit dem Daumen möglich. Bei Impressionsfrakturen kommt ein Elevatorium oder die Redressment-Zange zum Einsatz (Abb. 12.38).

Sie wird beidseits in die Nasenöffnungen eingeführt, der frakturierte Knochen wird reponiert. Anschließend

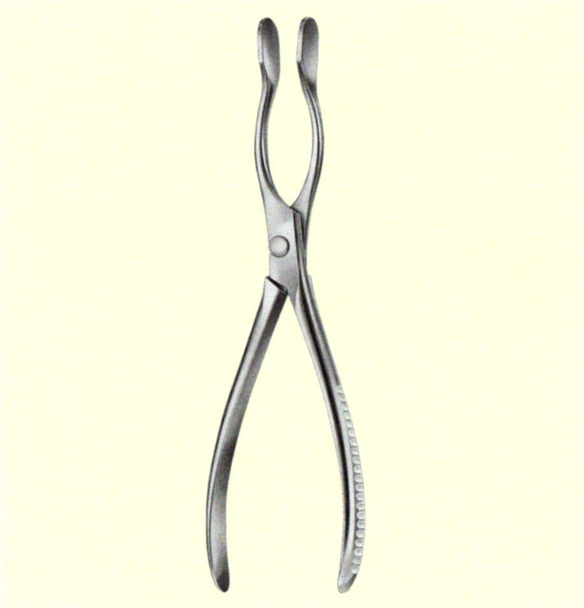

Abb. 12.38 Nasenrepositionszange nach Cottle-Walsham. (Fa. Aesculap)

wird die Nase zur Stützung austamponiert und mit einem Nasengips versehen.

12.5.10 Orbitabodenreposition

Isolierte Orbitabodenfrakturen sind selten. Häufig sind sie Teil von Kombinationsbrüchen des Mittelgesichtes (s. Kap. 11).

Bei der »Blow-out-fracture« bricht der Orbitaboden (das Kieferhöhlendach). Der M. rectus inferior, der den Augapfel bewegt, kann dabei eingeklemmt werden. (Der Patient sieht Doppelbilder beim Blick nach oben.)

Indikation

Muskuläre Einklemmung (s. oben).

Prinzip

- Abstützen des Orbitainhalts,
- Stabilisierung der Fragmente,
- ggf. Einlegen eines Dacron-Netzes auf den Orbitaboden.

Lagerung

- Rückenlage.
- Dispersionselektrode am gleichseitigen Oberarm.

Instrumentarium

- Grundinstrumente,
- bipolare Koagulationspinzette,
- feine Raspatorien,
- Einzinkerhäkchen (AO-Häkchen, Zahnarzthäkchen),
- Bereitlegen von Gore-Dura oder Orbitaplättchen,
- Vorbereitung von Fibrinkleber.

Orbitabodenreposition

- ► Über den transkonjunktivalen oder den subziliaren Zugang wird der Orbitainhalt, der durch die Bruchlücke in die Kieferhöhle gefallen ist, sorgfältig reponiert. Eingeklemmte Teile des Orbitainhalts werden mit einem feinen Häkchen und einem Raspatorium aus dem Bruchspalt präpariert
- ► Der Orbitaboden muss einwandfrei reponiert sein. Kleinere Fragmente können miteinander verkeilt werden. Im Ausnahmefall wird man eine Miniplattenosteosynthese vornehmen müssen
- ► Um den Orbitaboden wieder als glatte Fläche zu gestalten, muss er nach der Reposition mit einer industriell gefertigten Kunststoffscheibe abgedeckt werden
- ► Ein Wundverschluss unter genauer Adaptierung der Schichten mit feinstem Nahtmaterial beendet den Eingriff

12.5.11 Trommelfellperforation

Die spezielle Diagnostik des Trommelfells erfolgt mit dem Binokularmikroskop.

Ein gesundes Trommelfell glänzt gräulich und zeigt keine Rötung oder Sekretansammlung im Mittelohr.

Ein pathologisch verändertes Trommelfell zeigt verschiedene Bilder:

- Eine *Einziehung* hat fast immer einen Unterdruck in der Paukenhöhle als Ursache.
- Eine *Vorwölbung* weist auf eine Flüssigkeitsansammlung im Mittelohr hin.
- Eine *Rötung* gilt als Zeichen einer Entzündung.

Ursachen

- Trommelfelldefekte können vielfältige Ursachen haben: chronische oder akute Mittelohrentzündungen, Pfählungsverletzungen oder Rupturen aufgrund eines plötzlichen Überdruckes (z.B. eine harte Ohrfeige).
- Cholesteatom: kleiner Defekt mit fötider Otorrhö (stinkendem Ohrfluss).

12

- Eine traumatische Trommelfellperforation muss meist versorgt werden; nur kleine schlitzförmige Einrisse können von selbst heilen.

Therapie der traumatischen Trommelfellperforation

Über einen Ohrtrichter und das Mikroskop wird die Ruptur dargestellt und mit einem kleinen Silastikläppchen geschient, um ein Eindringen von pathogenen Keimen zu verhindern.

Dazu muss Blut abgesaugt und umgekrempelte Perforationsränder müssen geglättet werden.

Der Patient erhält prophylaktisch ein Antibiotikum.

12.5.12 Parazentese

Indikation

Chronischer Paukenerguss.

Therapie

Auf das Trommelfell wird ein Oberflächenanästhetikum aufgebracht, über den Ohrtrichter die lanzettenartige Parazentesenadel (bajonettförmig oder kniegebogen, s. Abb. 12.26) eingeführt und ein kleiner Entlastungsschnitt in das Trommelfell gelegt. Das Sekret kann sofort ablaufen.

Besonders bei Kindern mit rezidivierender Otitis media wird das Mittelohr zur Dauerbelüftung mit »Paukenröhrchen« (in Narkose) drainiert.

Diese bestehen zumeist aus Teflon und haben die Form einer Spule.

Zur Parazentese wird das Trommelfell vorn unten inzidiert, das Sekret mit einem feinen Ohrsauger abgesaugt und ein Paukenröhrchen eingelegt. Dieses sollte mindestens ein halbes Jahr verbleiben und wird in der Regel spontan abgestoßen.

12.5.13 Tympanoplastik

Die gestörte Schallleitung soll wieder hergestellt werden, indem der Trommelfelldefekt mit autologer Temporalisfaszie verschlossen wird. Defekte Gehörknöchelchen können durch Titanprothesen ersetzt werden.

Ein vorhandenes Cholesteatom muss ausgeräumt werden.

Die Tympanoplastik wird in verschiedene Typen eingeteilt, die gebräuchlichsten sind:
Typ I: eine einfache Trommelfellplastik (Myringoplastik),
Typ III: Trommelfellverschluss und Rekonstruktion der Gehörknöchelchenkette.

Indikation

Chronische Mittelohrentzündung mit Trommelfellperforation oder narbigen Veränderungen, Cholesteatom, Kettenunterbrechung.

Prinzip

Wiederherstellung der Schallleitung durch Revision der Gehörknöchelchen und/oder Trommelfellplastik.

Lagerung

- Rückenlage, den Kopf zur kontralateralen Seite gedreht. Sollte monopolar gearbeitet werden, muss die neutrale Elektrode an dem seitengleichen Oberarm angebracht werden.
- Die Operation kann sowohl in Lokalanästhesie als auch in Vollnarkose durchgeführt werden.
- Der Patient muss im Ohrmuschelbereich rasiert sein; die restlichen Haare müssen so gut abgedeckt sein, dass sie nicht ins OP-Gebiet fallen können (z. B. durch Abkleben mit breiten Pflasterstreifen).

Instrumentarium

- Grundinstrumentarium zur Eröffnung des Mittelohres.
- Ohrinstrumente s. 12.4.4.
- Zusätzlich bipolare Koagulationspinzette.
- Bei einer knöchernen Revision muss eine Bohrmaschine zur Verfügung stehen.
- Das steril bezogene OP-Mikroskop wird bereitgestellt.

> **Tympanoplastik**
>
> ► Der Hautschnitt verläuft entweder retroaurikulär (hinter dem Ohr) oder endaural, d. h. vorn zwischen Tragus und Ansatz der Ohrmuschel im Gehörgang (endaurale Schnittführung nach Heermann)
>
> ► Sollte für die Trommelfellplastik ein Stück Faszie benötigt werden, entnimmt man ein kleines Stück Temporalisfaszie, die bis zum Gebrauch zwischen 2 Silastikscheiben gelagert wird
>
> ► Nach der Beseitigung der Grunderkrankung wird das Trommelfell mit der Faszie unterfüttert, Silikonfolien dienen der zusätzlichen Schienung
>
> ► Der Gehörgang wird mit Reverin-getränkten Tamponaden oder mit Salbenstreifen (z. B. bei Stapesplastik) austamponiert. Der Zugangsweg wird schichtweise verschlossen und ein Ohrdruckverband angelegt

Kinderchirurgie

P. Reifferscheid, M. Liehn

13.1 Arbeitsbedingungen in der Kinderchirurgie

In der Kinderchirurgie gelten für die OP-Pflegekraft zusätzliche besondere Bedingungen. Die altersspezifischen anatomischen und physiologischen Merkmale des Kindes unterscheiden sich grundlegend von denen des Erwachsenen. Beispielhaft werden genannt:

- Besonderheiten des Stoffwechsels des Neugeborenen wie Neigung zu Hypoglykämie und Hypokalzämie.
- Geringeres Blutvolumen (Tabelle 13.1).
- Wesentlich höherer Flüssigkeitsumsatz.
- Unreife von Nieren, Leber und Lungen.
- Erhöhte Blutungsneigung.
  Vor jeder Operation an Früh- oder Neugeborenen ist die Vitamin-K-Prophylaxe einzuhalten (1 mg wasserlösliches Vitamin K_1 i.m.).
- Unzureichende Infektabwehrmöglichkeiten.
- Instabiler Wärmehaushalt.
  Das Früh- und Neugeborene, aber auch das kranke Kleinkind haben Mühe die Körpertemperatur konstant zu halten. Anatomisch und physiologisch hat dies die folgenden Gründe:
  - Große Körperoberfläche im Vergleich zum Körpergewicht. (Bei Frühgeborenen ist die Körperoberfläche pro kg KG 10-mal größer als beim Erwachsenen.)
  - Dünnes subkutanes Fettgewebe mit der Folge der schlechten Isolierung.
  - Relativ geringeWärmeproduktion, die durch Medikamente (z.B. Muskelrelaxanzien) weiter reduziert wird.

Wärmeverluste entstehen durch:

- *Verdunstung* (z.B. der Desinfektionslösung auf der Haut oder über nichtabgedeckte Darmschlingen).
- *Wärmeleitung* (direkter Kontakt mit einer kühleren Oberfläche, z.B. Röntgenkasette).
- *Konvektion* (Luftaustausch, z.B. offene Türen, raumlufttechnische Anlage).
- *Strahlung* (Wärme, die das Kind an eine kühlere Umgebung abgibt ohne sie direkt zu berühren).

Wärmeverluste können verringert werden durch:

- Angemessene Temperatur des OP-Saals (Tabelle 13.2).
- Anwärmen von Desinfektions-, Infusions- und Spüllösungen auf Körpertemperatur.
- Einwickeln der Extremitäten, besonders der Hände und der Füße (große Oberfläche), in Watte oder Folie, Bedecken des Kopfes mit Tuch oder Mütze aus tg-Schlauch (anästhesiologische Erfordernisse berücksichtigen!).
- Zügiges Abdecken nach der Hautdesinfektion.
- Verwendung von elektronisch geregelten Wärmematten als Unterlage (*Vorsicht:* Direkten Hautkontakt vermeiden wegen Verbrennungsgefahr der aufliegenden, schlechter durchbluteten Körperpartien auch bei Wärmemattentemperatur im physiologischen Bereich; Molton zwischen Wärmematte und Haut legen);
- Kontinuierliches Temperatur-Monitoring.

! »Es gibt keine andere einzelne Maßnahme, die derart wirksam Überlebensrate und -qualität kranker Neugeborener verbessert, wie sorgfältige Kontrolle der Umgebungstemperatur!« (Obladen 2001)

Je unreifer und je kränker das Kind ist, umso höher ist das Risiko von Infektionen, Druckschaden oder Wärmeverlust. Maßgebend sind nicht nur arbeitsrechtliche Verordnungen über die Temperatur in OP-Räumen sondern v. a. das Wohlergehen des Patienten.

Tabelle 13.1. Blutvolumen. (Nach Smith u. Rowe 1993)

Alter	Volumen [ml/kgKG]
Frühgeborenes	85–100
Reifes Neugeborenes	85
>1 Monat	75
>3 Monate	70

Tabelle 13.2. Angemessene Temperatur des OP-Saales

Alter	Optimale Umgebungstemperatur [°C]
Frühgeborene unter 1.000 g	
In den ersten 6 Wochen	34–35
Danach bis zur 12. Woche	31–32
Neugeborene mit 2–3 kg KG am 1. Tag	31–34
Danach bis zum 12. Tag	28–31

Mindestens ebenso wichtig wie die anatomischen und physiologischen Besonderheiten sind die psychischen Bedingungen, unter denen ein Kind Krankheit und Operation erlebt. Die Ungewissheit über die bevorstehende Behandlung wird als Bedrohung empfunden, besonders von Kindern, die sich nicht krank fühlen (z.B. Hypospadie s. 13.5.5) und/oder unzureichend auf den Eingriff vorbereitet wurden. Gerade weil das Kind die erforderlichen Maßnahmen nicht immer vollständig begreifen kann, hat es Anspruch auf wahrheitsgetreue Information (ohne erschreckende Details) in einer für das Kind verständlichen Sprache. Das Kind ist als Person zu respektieren. Ein vertrauter Gegenstand (Puppe, Tuch) darf in den Einleitungsraum mitgenommen werden. Die Pflege im OP-Saal ist darauf ausgerichtet eine Atmosphäre der Ruhe und Geborgenheit zu vermitteln.

! Ein Kind im OP-Saal darf nie allein gelassen werden.

Lagerung

Der OP-Tisch entspricht der Größe des Kindes. Die Auflagefläche ist schmaler als bei einem Tisch für Erwachsene. Eine einfache durchgehende (röntgendurchlässige) Platte, die lediglich höhenverstellbar sein muss, genügt. Der Operateur muss im Sitzen arbeiten können. Der zu operierende Körperabschnitt wird durch Unterlegen eines gerollten Tuches hochgelagert. Eine Seitenlagerung kann mit unterpolsterten breiten Pflasterstreifen fixiert werden. Die Platzierung der neutralen Elektrode erfolgt nach den gleichen Kriterien wie in Kap. 1 beschrieben. Die Elektrode muss flexibel sein, vollständig und dicht anliegen, ihre Größe muss der des Kindes entsprechen; es gibt im Handel kleinste Elektroden für Neugeborene.

Operationstechnik

Die Grundsätze der Erwachsenenchirurgie gelten auch in der Kinderchirurgie. Die Zusammenarbeit der verschiedenen Fachgruppen (Ärzte und Krankenpflegekräfte, bzw. OTA der Chirurgie und Anästhesie) sollte von gegenseitiger Achtung bestimmt sein. Besonderheiten des Eingriffs und spezielle Instrumente werden im Voraus zwischen Chirurg und OP-Pflegekraft besprochen. Ein Eingriff wird erst dann begonnen, wenn alles vorbereitet ist (einschließlich Röntgenbildern, Laborbefunden, Blutkonserven). Um die Entwicklung einer Latexallergie zu verhindern, sollte bei Neugeborenen, bei denen voraussichtlich mehrere Eingriffe zur Behandlung einer angeborenen Anomalie erforderlich sind (z.B. Meningomyelozele, anorektale Anomalien, Blasenexstrophie) latexfrei gearbeitet werden (Handschuhe, Drainagen, Verbandsmaterial).

Der Hautschnitt sollte einen optimalen Zugang bei einem Minimum an Gewebeschaden ermöglichen. Er wird entsprechend den Langer-Linien gelegt. Quere Laparotomiewunden sind weniger schmerzhaft und heilen besser als Längsschnitte. Gefäße werden gezielt koaguliert oder zwischen Ligaturen durchtrennt (Fadenstärke 4–0 und 5–0 immer ausreichend). Bei Früh- und Neugeborenen ist die bipolare Mikrokoagulation zu bevorzugen, in der HF-Chirurgie die feine Nadelelektrode. Darmoberflächen sind dauernd feucht zu halten; sie trocknen bei der hohen Raumtemperatur rasch aus. Vor dem Wundverschluss muss die Wunde bluttrocken sein. Beim Knüpfen der Nähte darf kein Zug auf das Gewebe übertragen werden. Katheter und Drainagen sind kindgerecht zu fixieren.

Instrumentarium

Um ein schonendes Operieren zu gewährleisten und dem kleinen Situs gerecht zu werden, kommen feine zarte Instrumente zum Einsatz. Im Prinzip entsprechen sie denen, die auch für erwachsene Patienten verwendet werden.

Aus Platzmangel können zur Schonung der Haut und der Organe häufig keine Bauchtücher benutzt werden, deshalb sind die Spatel mit tg-Schlauch bezogen und werden feucht angereicht.

Eine Lupenbrille erleichtert das subtile Präparieren feiner Strukturen. Für manche Operationen (z.B. anorektale Anomalie) wird ein Muskelstimulationsgerät benötigt.

Als Nahtmaterial werden monofile oder geflochtene synthetische resorbierbare Fäden mit atraumatischer Nadel bevorzugt. Sie erfordern entsprechend feine und leichte, der Nadelgröße angemessene Nadelhalter. Die Hautnähte werden intrakutan gelegt, damit keine Fäden entfernt werden müssen.

Wundheilungsstörungen und -infektionen werden nicht durch High-tech-Equipment im OP-Saal und nicht durch moderne Antibiotika verhindert, sondern durch Disziplin im OP-Saal und durch eine subtile gewebeschonende OP-Technik.

! »Die Zahl der im OP-Saal tätigen Personen ist auf das Mindestmaß zu beschränken. Die Türen bleiben geschlossen. Während der Operation werden keine unnötigen Gespräche geführt.« (Höpner 1991)

Im Folgenden werden einige Operationen besprochen, die nicht der Vorgehensweise in der Erwachsenenchirurgie entsprechen. Um Überschneidungen zu vermeiden, haben wir Krankheitsbilder und Operationen, die in anderen Kapiteln dieses Buches bereits dargestellt sind, hier nicht wiederholt. Wir erheben mit diesem Kapitel keinen Anspruch auf Vollständigkeit, es soll aber helfen sich in der Kinderchirurgie zu orientieren.

13.1.1 Venae sectio

Indikation

Die Indikation zur Anlage eines zentralen Venenkatheters (ZVK) ist wegen zahlreicher Komplikationsmöglichkeiten (u. a. Kathetersepsis, Thrombose, Embolie) streng zu stellen. Ein operativ gelegter Venenzugang kann notwendig werden:

- *präoperativ*, wenn anders kein sicherer Zugang zu legen ist;
- *postoperativ* zur parenteralen Ernährung bei Gastroschisis, kongenitaler Zwerchfellhernie, nekrotisierender Enterokolitis und für die häufige Gabe stark venenreizender Medikamente (z.B. Chemotherapie bei Malignom);
- aus *intensivmedizinischer* Indikation (meistens Broviac oder Hickman-Katheter oder Port; s. 5.3).

Prinzip

Durch Punktion oder Venotomie nach operativer Freilegung einer oberflächlichen Vene (V. cephalica in der Ellenbeuge oder infraklavikulär, V. jugularis externa, V. saphena lateral des Innenknöchels) wird ein Venenkatheter (Silikon, Polyurethan) eingeführt und – im Falle eines ZVK – ggf. unter Bildwandler- oder EKG-Kontrolle mit seiner Spitze im rechten Vorhof platziert (Abb. 13.1).

Lagerung

- Je nach Zugang: evtl. Armtisch.
- Ein zentraler Tourniquet erleichtert das Auffinden der Vene.
- Bei der Lagerung Röntgenmöglichkeit bedenken, Röntgenschutz für Patient und Personal.

Instrumentarium

- Kanüle zum Tunneln.
- Stumpfes gebogenes Klemmchen oder feiner Overholt.
- Strehli-Schere.
- »Venae-sectio-Pinzetten«.

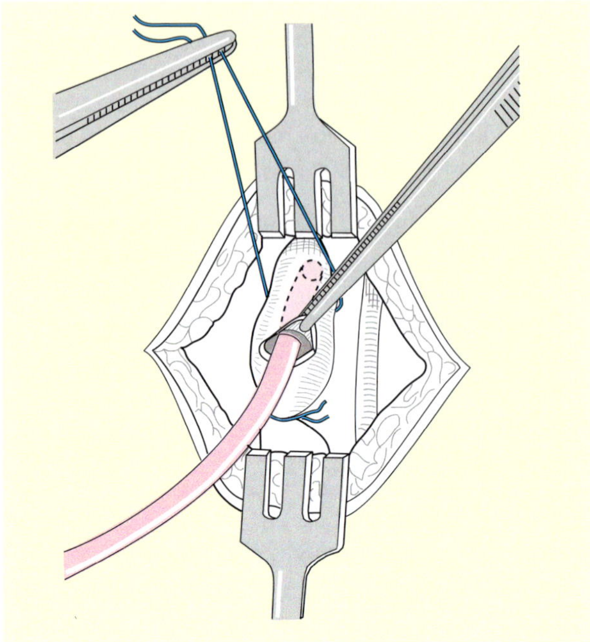

Abb. 13.1 Venae sectio. (Nach Willital 1981)

- 2 Spritzen à 2 ml und 5 ml für heparinisierte physiologische Kochsalzlösung (bei Frühgeborenen 5%ige Glukoselösung) und Kontrastmittel (kennzeichnen!).
- Sterile transparente Folie (als Verband).
- C-Bogen.

Venae sectio

- ▶ 1 cm lange Hautinzision
- ▶ Darstellung der Vene, die nach peripher unterbunden und nach zentral angeschlungen wird (5–0 resorbierbarer Faden oder Vessel-Loop)
- ▶ Bildung eines subkutanen Tunnels mit Hilfe einer von der OP-Wunde aus nach peripher gestochenen Kanüle, über die ein mit Heparin-Kochsalz-Lösung gefüllter Silastik-Katheter/Broviac-Katheter eingebracht wird
- ▶ Eröffnung der Vene und Einführen des Katheters mit evtl. angeschrägter Spitze, etwa 3–5 cm tief bzw. bei zentralem Katheter so weit, bis die Katheterspitze im proximalen oder mittleren Drittel des rechten Vorhofs liegt (Röntgenkontrolle bei gleichzeitigem Anspritzen des Katheters mit Kontrastmittel)
- ▶ Ligatur der Vene zentral der Venotomie über dem Katheter zur Fixierung des Katheters und zum Abdichten der Vene

- Hautnaht
- Verband mit einer sterilen transparenten Folie
- Funktionskontrolle des Katheters
- Das periphere Katheterende wird unter aseptischen Bedingungen mit einem Infusionssystem konnektiert
- (Bei Verwendung großer herznaher Venen – V. jugularis interna, V. subclavia – den Anästhesisten zur Vermeidung einer Luftembolie um PEEP-Beatmung bitten.)

13.2 Thorax

13.2.1 Ösophagusatresie

Definition
Kongenitale Anomalie, bei der die Kontinuität der Speiseröhre vollständig unterbrochen ist. In 90% der Fälle liegt zusätzlich eine Fistel zwischen Speiseröhre und Trachea vor.

Formen der Ösophagusatresie

Klassifikation nach Vogt (amerikanischer Radiologe, 1929)

- Oberer Speiseröhrenblindsack, Fistel zwischen unterem Ösophagus und Trachea (Typ IIIb, 87%; Abb. 13.2a).
- Fehlen eines unterschiedlich langen Speiseröhrenabschnitts, keine Fistel (Typ II, 9%; s. Abb. 13.2b).
- tracheoösophageale Fistel ohne Atresie, sog. H-Fistel (Typ IV, 4%; ohne Abb.).
- Fistel sowohl zwischen oberem als auch zwischen unterem Ösophagusblindsack und Trachea (Typ IIIc, 2–3%; s. Abb. 13.2c).
- Fistel zwischen oberem Ösophagusblindsack und Trachea (Typ IIIa, <1%; s. Abb. 13.2d).

Zusätzliche Anomalien

Mindestens 50% der Kinder haben eine oder mehrere zusätzliche Anomalien (Herzfehler, gastrointestinale Fehlbildungen, anorektale Anomalien, Nierenfehlbildungen). Von den Patienten sind 20% Frühgeborene. Eine Kombination typischer Anomalien ist die *VACTERL-Assoziation* (*v*ertebral, *a*nal, *c*ardiac, *t*racheo, *e*sophageal, *r*enal oder *r*adius, *l*imb anomalies).

Pränatale Diagnose durch Sonographie bei Hydramnion der Mutter: fehlende Magenblase bei Atresie ohne Fistel, sichtbarer oberer Blindsack.

Klinische Symptome

Vermehrter schaumiger Speichelfluss nach der Geburt; der Ösophagus ist nicht sondierbar. Vielmehr kommt es zu einem Stopp nach ca. 10 cm. Die Verlegung der Speiseröhrenlichtung führt zu einer laryngotrachealen Aspiration: Der verschluckte Speichel sammelt sich im oberen

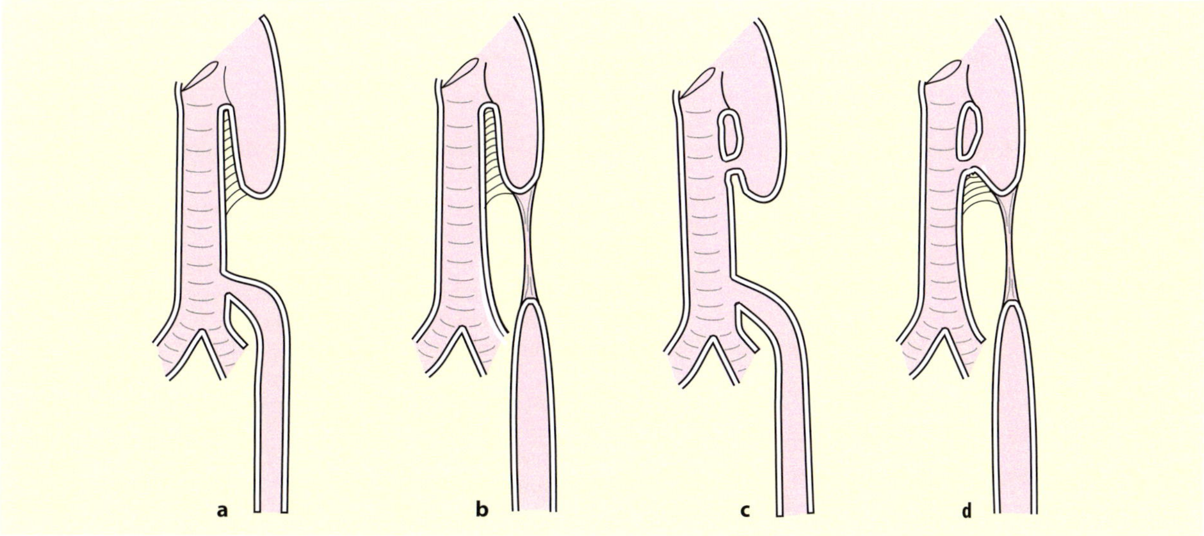

Abb. 13.2a–d Klassifikation der Ösophagusatresie nach Vogt. a Typ IIIb, b Typ II, c Typ IIIc, d Typ IIIa dargestellt in abnehmender Häufigkeit. (Nach Schärli 1998)

Blindsack bis zum Überlaufen und wird in die Lunge aspiriert. Folge sind Atemnot, Zyanoseanfälle und zunehmende Dyspnoe. Durch die Fistel zwischen unterem Blindsack und Trachea gelangt mit jedem Atemzug Luft nicht nur in die Lunge, sondern auch in den Magen. Der Magen wird überdehnt, das Neugeborene »erbricht« sich in seine eigene Lunge mit nachfolgender »chemischer Pneumonie« wegen der hohen Azidität des Magensekrets im Neugeborenenalter.

Diagnose

- Sondenprobe.
- Röntgen (Thorax mit Abdomen):
  - Kontrastgebende Sonde in den oberen Blindsack einführen (Kontrast durch Sonde selbst oder durch Luft).
  - Luft im Magen beweist eine Fistel zwischen Trachea und dem unteren Blindsack des Ösophagus.
  - Ausschluss weiterer Fehlbildungen (Herz, Wirbelsäule, Rippen).
  - Ausschluss einer Aspirationspneumonie.

Erstversorgung und Transport

- Dicke Magensonde, möglichst doppelläufig, in den oberen Blindsack einführen und an Dauersog [–10 bis –20 Pa (–0,1 bis –0,2 mbar)][1] anschließen (Schlürfsonde).
- Nicht füttern!
- Lagerung: Oberkörper erhöht (45°), um den Reflux von Magensaft zu verhindern.
- Keine Maskenbeatmung (führt zu Distension des Magens und zu gastroösophagealem Reflux über die Fistel in die Lunge).

Präoperative Maßnahmen

Weitere Fehlbildungen ausschließen (Sonographie, Echokardiographie: Rechts deszendierende Aorta). Infusion, Antibiotikatherapie, Säure-Basen-Haushalt ausgleichen, Vitamin K-Gabe i.m., Körpertemperatur normalisieren. Operation innerhalb von 12 (–48) h.

Operation

▪▪▪ Prinzip

- Extrapleurales Vorgehen, Durchtrennung der Fistel, Herstellung der Speiseröhrenkontinuität durch End-zu-End-Anastomose (primär oder sekundär)
- Bei langstreckiger Atresie zusätzliche Gastrostomie zur enteralen Ernährung.

▪▪▪ Lagerung

- Wärmematte.
- Linksseitenlage; rechter Arm liegt auf dem Kopf, Rolle unter den Thorax und zwischen die Beine.
- Neutrale Elektrode am Oberschenkel.
- Schutz vor Wärmeverlusten: Mütze aus Schlauchverband, Arme (einschließlich Hände) und Beine (einschließlich Füße) mit Watte oder Folie einwickeln, rechten Oberarm freilassen.

▪▪▪ Instrumentarium

- Grundinstrumentarium,
- Kochsalzschale,
- Thoraxsperrer,
- Teflonspatel,
- diverse Overholts,
- Dissektor,
- Mini-Präpariertupfer,
- Vessel-Loops,
- Saugerschlauch mit kleinem Ansatz,
- Fibrinkleber,
- Spritze (5 ml), Kanüle Nr. 1 und Nr. 17,
- Bupivacain,
- Magensonde Charr 5,
- Resorbierbares Nahtmaterial: 5–0 oder 6–0, lange Fäden 4–0.

Ösophagusatresie

- ► Dorsolaterale Thorakotomie rechts im 4. Interkostalraum
- ► Extrapleurale Darstellung des hinteren Mediastinums (Abb. 13.3)
- ► Die V. azygos wird zwischen doppelten Ligaturen durchtrennt
- ► Der obere Ösophagusblindsack lässt sich mit Hilfe der präoperativ gelegten Sonde, die vom Anästhesisten bewegt wird, leicht darstellen. Er wird mit einem Haltefaden versehen
- ► Zum kaudalen Ösophagus führt der N. vagus. Der (meist hypoplastische) untere Ösophagus wird mit dem Overholt unterfahren, mit einem Vessel-Loop angeschlungen und unter Schonung seiner Blutversorgung und der Vagusäste bis zur Einmündung in die Tracheahinterwand freipräpariert
- ► Nach Legen von Haltenähten (6–0, atraumatisch resorbierbar) an dem kranialen und kaudalen

[1] Umrechnungsfaktor: 100.000; 1 bar = 10^5 Pa.

Fistelrand wird die Fistel schrittweise durchtrennt (▫ Abb. 13.4)

- Von der Fistelöffnung wird ein Abstrich zur bakteriologischen Untersuchung entnommen
- Fistelverschluss durch hin- und zurück fortlaufende Naht unter Verwendung der zuvor gelegten Haltenähte, die jeweils mit der gegenüberliegenden Naht verknüpft werden. Die Trachea darf weder verletzt noch eingeengt werden. Der Fistelverschluss wird über eine Wasserprobe auf Luftdichtigkeit geprüft
- Oberer und unterer Ösophagusblindsack werden sparsam mobilisiert. Eine evtl. vorhandene obere Fistel wird durchtrennt und verschlossen. Bei einem Abstand von weniger als 15 mm ist im Allgemeinen eine spannungsfreie primäre Anastomose möglich.
- Durch Exzision eines etwa glasstecknadelkopfgroßen Areals an seinem kaudalen Ende wird der obere Blindsack eröffnet (▫ Abb. 13.5). Die Ösophaguskontinuität wird durch einreihige End-zu-End-Anastomose mit resorbierbaren Einzelknopfnähten (6–0) hergestellt
- Nach Legen der Ecknähte werden zunächst die Hinterwandnähte gelegt und geknüpft
- Die präoperativ gelegte Sonde wird durch eine 5-Charr-Magensonde ersetzt und diese – transnasal gelegte Sonde – über die Anastomose unter Sicht in den unteren Ösophagus und weiter in den Magen geschoben. Naht der Vorderwand
- Zwischen Trachea und Ösophagus wird ein etwa linsengroßes Muskelstückchen aus der Brustwandmuskulatur interponiert und mit einem Tropfen Fibrinkleber in Höhe des Fistelverschlusses fixiert
- Kontrolle auf Bluttrockenheit
- Interkostalblock durch paravertebrale Infiltration der an die Thorakotomie angrenzenden Interkostalnerven mit Bupivacain
- Zählkontrolle und Dokumentation
- Nach Legen von Perikostalnähten (4–0) wird die Lunge unter der intakten parietalen Pleura vorsichtig gebläht und vollständig entfaltet
- Die Perikostalnähte werden so geknüpft, dass ein Interkostalraum erhalten bleibt. Naht der Interkostalmuskulatur mit 6–0-Einzelknopfnähten. Schichtweise Adaptation der Brustwandmuskulatur. Subkutannaht.
- Hautverschluss durch versenkt geknüpfte, intrakutane Einzelknopfnähte mit atraumatischem resorbierbarem Faden (6–0)

Langstreckige Atresie. Keine Anastomose unter Spannung! Anlage eines Gastrostomas nach Witzel (Chirurg, Düsseldorf, 1856–1925) oder Kader (Chirurg, Breslau,

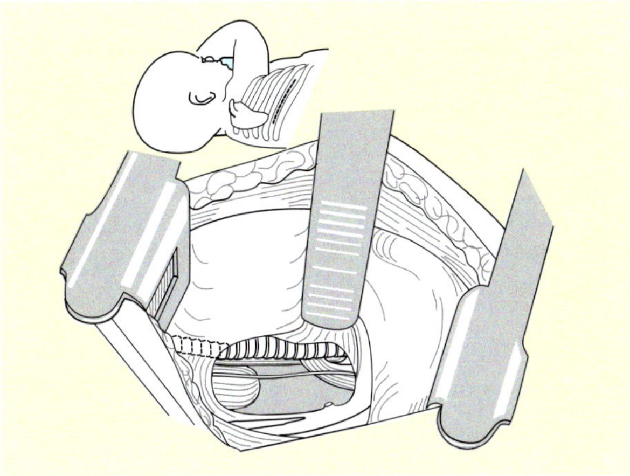

▫ Abb. 13.3 Operation der Ösophagusatresie: Zugang und Situs bei extrapleuralem Vorgehen. (Nach Holder 1993)

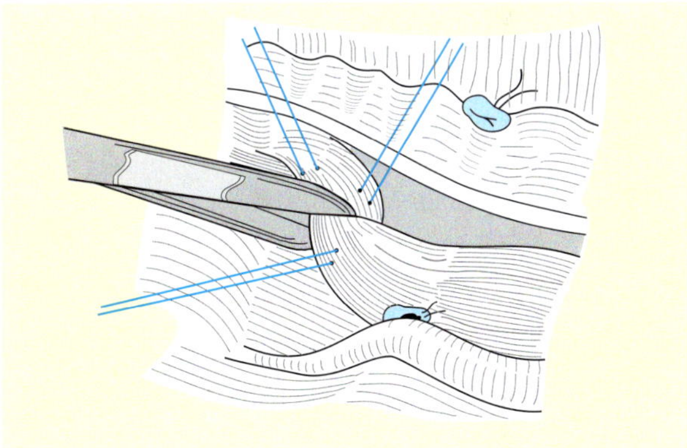

▫ Abb. 13.4 Darstellung der ösophagotrachealen Fistel. (Nach Spitz u. Coran 1995)

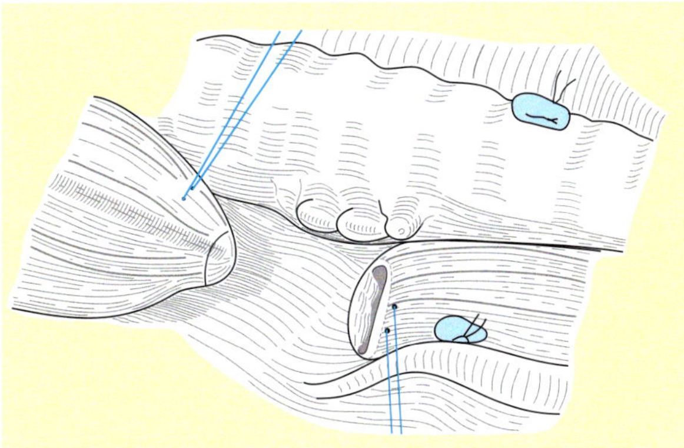

▫ Abb. 13.5 Vorbereitung der Anastomose. (Nach Spitz u. Coran 1995)

1863–1937) zur enteralen Ernährung; Verschluss der tracheoösophagealen Fistel; Legen eines Endlosfadens (Nase, Rachen, oberer Blindsack, Mediastinum, unterer Blindsack, Gastrostoma); darüber sind eine Bougierung (z.B. durch Fadenmethode oder Olivenbougierung nach Rehbein; Kinderchirurg, Bremen, 1911–1991; ◻ Abb. 13.6) und eine Annäherung der Stümpfe als Vorbereitung für eine spätere Anastomosierung möglich. Alternativ: gastrische Transposition (Spitz 1995).

Postoperative Behandlung

- Röntgenaufnahme des Thorax (Pneumothorax? Atelektasen? Mediastinalverschiebung? Lage der Magensonde?).
- Regelmäßiges schonendes Absaugen des oberen Ösophagus.
- Magensonde für 36 h offen ablaufend, **nicht** ziehen, **nicht** wechseln.
- Einlauf 24 h postoperativ.
- Nahrungsaufbau nach 36 h beginnen.
- Antazida in den ersten 7 Tagen postoperativ (wegen gastroösophagealem Reflux).
- Lunge optimal mobilisieren: Kind regelmäßig umlagern, Vibrationsmassage des Thorax.
- Möglichst frühzeitige Extubation.
- Kontrastmitteldarstellung des Ösophagus zwischen dem 7. und 10. postoperativen Tag.

Komplikationen

◻ Siehe hierzu Tabelle 13.3.

Prognose

Überlebenschance ohne zusätzliche lebensbedrohliche Anomalien fast 100%.

13.2.2 Ligatur des Ductus arteriosus Botalli

Definition

Symptomatische Persistenz einer für den Fetalkreislauf charakteristischen Verbindung zwischen A. pulmonalis und deszendierender Aorta (persistierender Ductus arteriosus, PDA).

Anatomie

Der Ductus arteriosus Botalli (erstmals beschrieben von Galen, griechischer Arzt, Rom, 129–199 n. Chr.; heute benannt nach Botallo, Anatom und Chirurg, 16. Jahrhundert) verbindet beim Fetus die linke Pulmonalarterie mit der Aorta descendens, in die er distal des Abgangs der linken A. subclavia einmündet.

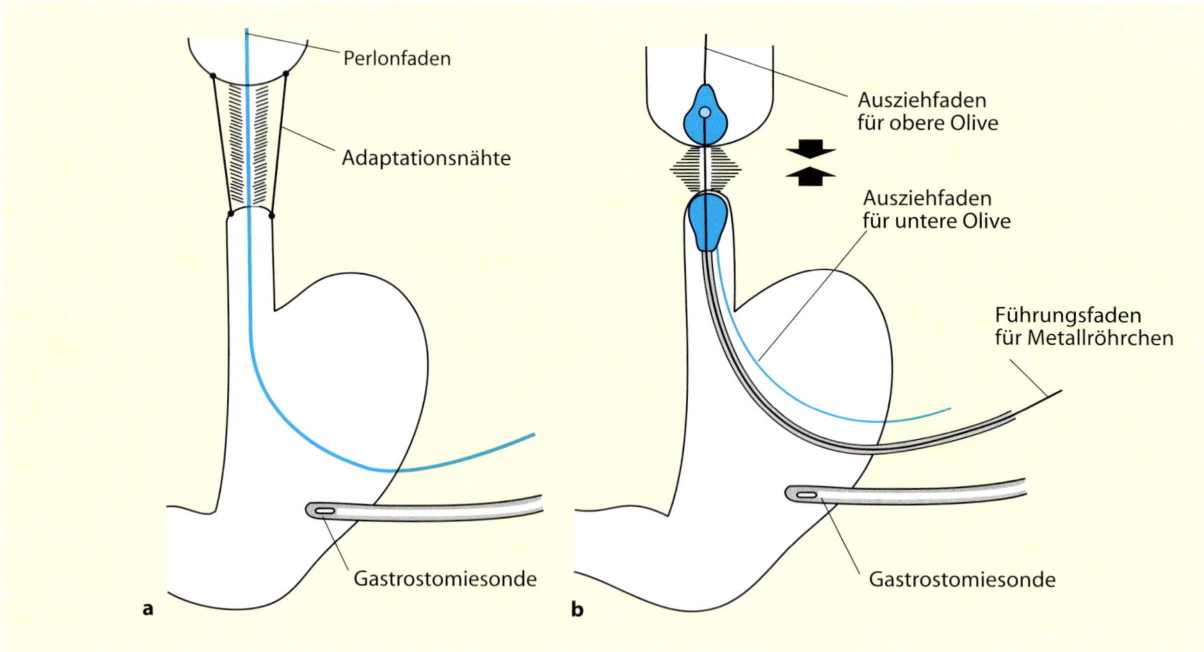

◻ Abb. 13.6 Schema der Olivenbougierung nach Rehbein. (Nach Herzog 1988)

Tabelle 13.3. Komplikationen bei der Ösophagusatresie

Frühe Komplikationen	
Nahtinsuffizienz – (Mediastinitis-Risiko) tritt meist in den ersten 24-48h postop. auf, Spontanverschluss in bis zu 95%	5–15%
Vollständige Ruptur der Anastomose	4%
Stenosen – Bougieren alle 3–6 Wochen für mindestens 6 Mon; gleichzeitig gastroösophagealen Reflux verhüten	10–25%
Fistelrezidiv – Endoskopischer Fistelverschluss (45% erneutes Rezidiv) oder Rethorakotomie (10–22% erneutes Rezidiv)	8% (5–15)%
Kompression der Trachea – Durch die Aorta mit lebensbedrohlichen Apnoe-Anfällen → Aortopexie	selten
Späte Komplikationen	
Dysphagie – Durch Narben u/o gestörte Peristaltik	bis 72%
Gastroösophagealer Reflux	30–65%
Anastomosenstriktur – Theapie 50–70% konservativ, ca. 30% operativ	37%
Tracheomalazie – (Besonders bei Typ IIIb – Bronchoskopie – abwarten)	ca. 10–20%
Thoraxdeformität (Skoliose)	?

Pathophysiologie

Im fetalen Kreislauf leitet der Ductus arteriosus das vom rechten Ventrikel ausgeworfene Blut aus der Pulmonalarterie an der nichtbelüfteten Lunge vorbei in die Aorta descendens; von dort gelangt es zum Gasaustausch in die Plazenta. Mit dem ersten Atemzug öffnet sich die Lungenstrombahn. Die Flussrichtung des Blutes im Ductus kehrt sich um, weil der systemische Gefäßwiderstand jetzt höher ist als der pulmonale. Der ansteigende Sauerstoffpartialdruck des jetzt durch den Ductus fließenden arteriellen Blutes führt über eine Kontraktion der Ductusmuskulatur innerhalb von Stunden und Tagen zu einem zunächst funktionellen Verschluss, der innerhalb von 2–3 Wochen bis hin zu 3 Monaten definitiv obliteriert. Je unreifer ein Neugeborenes ist, desto schwächer reagiert die Ductusmuskulatur auf postnatale Kontraktionsreize. Der dann persistierende Links-Rechts-Shunt führt zur Überfüllung der Lungenarterien, zu einer Belastung des (rechten) Herzens und schließlich zu einer Minderperfusion der Organe des großen Kreislaufs, besonders des Mesenterialkreislaufs (Risiko einer nekrotisierenden Enterokolitis) und des Gehirns (Risiko einer Hirnblutung). Die daraus resultierende Hypoxie des den Ductus durchfließenden Blutes unterhält seine Persistenz und etabliert so einen Circulus vitiosus.

Symptome

Klinische Hinweise auf einen PDA können sein:
- Verschlechterung der Beatmungsparameter,
- erhöhter Sauerstoffbedarf,
- Tachykardie,
- Vergrößerung der Leber,
- niedriger Blutdruck,
- große Blutdruckamplituden (mit niedrigem diastolischem Druck, »springender« Puls),
- präkordiale Herzaktion,
- Systolikum,
- generalisierte Ödeme.

Diagnose

Die Diagnose kann durch Farbdopplersonographie gestellt werden, die die Flussrichtung des Blutes im Ductus feststellen und die Flussgeschwindigkeit des Blutes in den großen Arterien des Gehirns, des Mesenterium und der Nieren messen kann. Die Indikation zur Behandlung wird aufgrund klinischer Kriterien gestellt.

Operation

Indikation

Eine Operation ist indiziert, wenn bei einem symptomatischen Frühgeborenen konservative Maßnahmen, z.B.

Verbesserung der Oxygenierung durch Bluttransfusion und erhöhte Sauerstoffzufuhr, erfolglos bleiben und ein medikamentöser Ductusverschluss durch Ibuprofen (Prostaglandinsynthesehemmer) entweder nicht gelingt oder kontraindiziert ist [frische Blutung, Sepsis, Serumkreatinin >170 µmol/l (>2 mg/dl)[1]]. Präoperativ muss ein angeborener, insbesondere ductusabhängiger Herzfehler klinisch und echokardiographisch ausgeschlossen werden.

Bei älteren Kindern (>1 Jahr) muss der PDA wegen des Risikos einer bakteriellen Endokarditis und einer pulmonalen Hypertonie operativ verschlossen werden. (Erste erfolgreiche Operation 1937 durch Groß in Boston.)

Prinzip

Bei Frühgeborenen genügt die Ligatur des PDA, bei älteren Kindern wird er durchtrennt.

Lagerung

- OP-Saal auf mindestens 32°C vorheizen.
- Wärmematte.
- Rechtsseitenlage mit unterpolstertem Thorax.
- Neutrale Elektrode am thorakolumbalen Übergang rechts.
- Schutz vor Wärmeverlusten: Mütze aus Schlauchverband; Arme (einschließlich Hände) und Beine (einschließlich Füße) mit Watte oder Folie einwickeln.

Instrumentarium

- Grundinstrumentarium,
- kleiner Rippensperrer,
- Strehli-Schere,
- feiner Dissektor,
- feiner Overholt,
- Teflonspatel,
- Sauger mit feinem Ansatz,
- Vessel-Loops,
- Faden-Klemmen,
- Gefäßklemme,
- Spritze (1 ml), Kanüle Nr. 1 und Nr. 12,
- Bupivacain,
- Lupenbrille,
- Nahtmaterial: 5–0 und 6–0 resorbierbar. Für Ductusligatur monofiler nichtresorbierbarer Faden 6–0 oder 7–0 mit atraumatischer runder Nadel.

[1] Umrechnung in Stoffmengenkonzentration: mg/dl · 88,4 = µmol/l

Ligatur des Ductus arteriosus Botalli

- ► Dorsolaterale Thorakotomie links im 4. Interkostalraum
- ► Nach Einsetzen des Rippensperrers wird die Lunge mit einem Teflonspatel nach medial weggehalten
- ► Inzision der mediastinalen Pleura über der deszendierenden Aorta in Höhe der Ductuseinmündung. Die Aorta wird prä- und postduktal mit einem Overholt umfahren und mit einem feinen Gummizügel angeschlungen
- ► Darstellung des Ductus (Vorsicht: Blutungsgefahr, Verletzung des Ductus thoracicus!) unter Schonung des gut sichtbaren N. recurrens, bis er schließlich mit einem feinen Overholt umfahren werden kann, mit dem das distale Ende eines atraumatischen, nichtresorbierbaren Fadens (7–0) um das Gefäß herumgeschlungen wird. Der Faden wird aortanah in der Adventitia verankert und geknüpft (▫ Abb. 13.7a,b)
- ► In gleicher Weise kann eine zweite Ligatur zentral der ersten gelegt werden
- ► Die mediastinale Pleura wird mit 1 oder 2 atraumatischen Nähten (resorbierbar) adaptiert oder offen gelassen
- ► Interkostalblock mit Bupivacain
- ► Zählkontrolle und Dokumentation
- ► Nach Legen von 2 extrapleural gestochenen Perikostalnähten (5–0, atraumatisch resorbierbar) wird die Lunge vorsichtig gebläht und der knöcherne Thorax so verschlossen, dass ein Interkostalraum erhalten bleibt. Eine Pleuradrainage ist nicht erforderlich. Die Interkostalmuskulatur wird mit 6–0 atraumatischen Einzelknopfnähten (resorbierbar) adaptiert
- ► Naht der Muskulatur in Schichten (atraumatischer resorbierbarer Faden 6–0 entweder fortlaufend oder Einzelknopfnähte). Subkutannaht
- ► Hautverschluss durch fortlaufende überwendliche Naht (hierbei belegt sich der fortlaufende Faden am Beginn und am Ende der Naht selbst) mit resorbierbarem Faden (6–0, atraumatisch)
- ► Leukostrips. Verband

13.2.3 Angeborener Zwerchfelldefekt

Definition

Angeborene Zwerchfelllücke mit Verlagerung von Abdominalorganen in den Thorax.

- Bei fehlendem Bruchsack: Prolaps.
- Bei vorhandenem Bruchsack (aus Pleura und Peritoneum): Hernie.

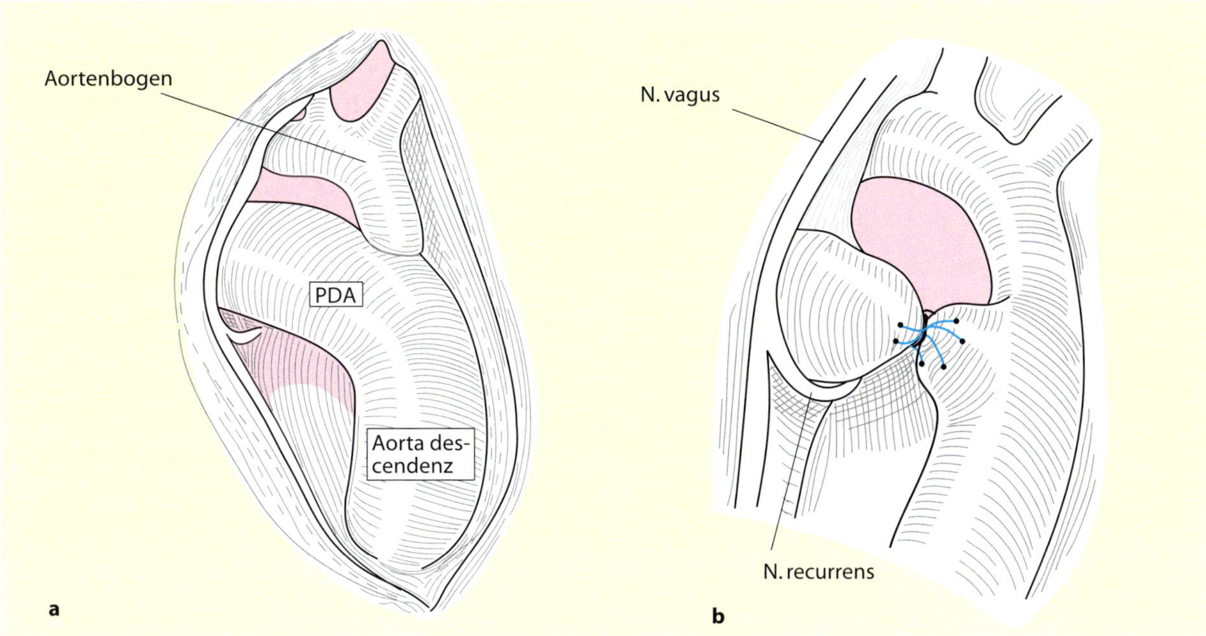

■ Abb. 13.7a,b Ductus arteriosus persistens. a Anatomischer Situs, *PDA* persistierender Ductus arteriosus; b Ligatur. (Nach Waldhausen 1986)

Angeborene Zwerchfelldefekte gibt es dorsolateral, anterolateral und paraösophageal:

- Posterolateral: Bochdalek-Hernie (■ Abb. 13.8; 85% links, 12% rechts, <1% beidseits; in 10–20% mit Brucksack; benannt nach Bochdalek, Anatom, Prag, 1801–1883).
- Anterolateral : Morgagni-Hernie (2% aller Zwerchfellhernien, häufiger rechts, 15–30% beidseits, meist mit Bruchsack; benannt nach Morgagni, Anatom, Padua, 1682–1771)
- Paraösophageal: Hiatushernie (meist erworben).

Praktisch alle Organe der Bauchhöhle können in den Thorax verlagert sein, besonders Dünn- und Dickdarm, Milz, Magen, (linker) Leber(lappen) und linke Niere. Die Folgen sind eine Kompression der gleichseitigen und – infolge Mediastinalverschiebung – auch der kontralateralen Lunge, eine Rotationsanomalie des Darmes (Nonrotation) und eine zu kleine Bauchhöhle. Die Prognose hängt wesentlich vom Grad der gleichzeitig bestehenden Entwicklungsstörung der Lunge ab, der *Lungenhypoplasie*. Die Lunge entwickelt sich nicht über das Stadium der 14.–16. Schwangerschaftswoche hinaus. Das bedeutet für das Neugeborene unzureichenden Gasaustausch (Hyperkapnie), erhöhte Empfindlichkeit für ein Barotrauma (Pneumothoraxrisiko) sowie pulmonale Hypertonie wegen der hypoplastischen Lungenstrombahn: PPHN-Syn-

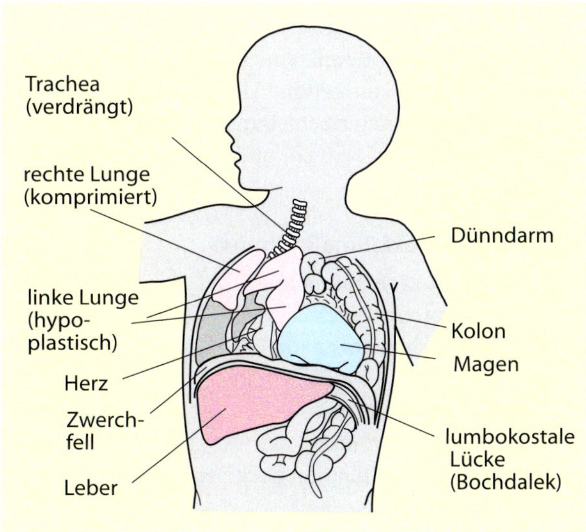

■ Abb. 13.8 Bochdalek-Hernie links. (Nach Holschneider et al. 1993)

drom (*p*ersistierende *p*ulmonale *H*ypertonie des *N*eugeborenen) mit Rechts-Links-Shunt über das Foramen ovale bzw. den Ductus arteriosus und Hypoxämie. Zusätzlich kann die Mediastinalverlagerung zu einem verminderten venösen Rückstrom zum Herzen (Volumenmangelschock) führen.

Begleitfehlbildungen

Begleitfehlbildungen (bei 15–35%) betreffen das Herz und den Aortenbogen, Chromosomenanomalien, das ZNS, eine Lungensequestration und die Rotationsanomalie des Darmes (Nonrotation).

Eine *pränatale Diagnose* ist möglich und sollte die Verlegung der Schwangeren in ein entsprechend erfahrenes Perinatalzentrum veranlassen.

Symptome

Die klassischen Symptome nach der Geburt sind Zyanose, Dyspnoe und Dextrokardie. Sie können progredient sein, weil mit jedem Atemzug einerseits mehr Bauchinhalt in den Thorax gesaugt wird, andererseits die Hernie durch geschluckte Luft an Volumen zunimmt. Weitere Symptome sind ein kahnförmig eingesunkenes (leeres) Abdomen, ein einseitig (meist links) vergrößerter »athletischer« Thorax, ein abgeschwächtes Atemgeräusch links (evtl. Darmgeräusche links) und rechts auskultierbare Herztöne. Treten in den ersten 12–24 h keine Symptome auf (5%), ist die Prognose gut. Bei älteren Kindern stehen gastrointestinale Symptome im Vordergrund.

Diagnose

Die Diagnose wird durch eine Röntgenaufnahme des Thorax gestellt, die luftgefüllte Darmschlingen im Thorax, eine Mediastinalverschiebung sowie ggf. eine innerhalb des Thorax seitlich umbiegende Magensonde zeigt.

Präoperative Notfallmaßnahmen

13

Präoperative Notfallmaßnahmen auf der neonatologischen Intensivstation sind:
- Magensonde mit Dauersog,
- Lagerung auf der kranken Seite, Oberkörper erhöht,
- keine Maskenbeatmung,
- endotracheale Intubation nach Sedierung und Relaxation,
- Volumensubstitution,
- Hyperventilatio,
- Behandlung der PPHN.

Operation

▪▪▪ Zeitpunkt

In der Regel 12–24 h nach Stabilisierung des Kindes: stabile Lungenstrombahn, keine Zeichen eines PPHN-Syndrom (d. h. im Alter von 14 h bis 6 Tagen).

! Dabei ist an das Risiko der Darminkarzeration und -nekrose zu denken!

▪▪▪ Prinzip

Beseitigung des Enterothorax und Verschluss des Zwerchfelldefektes.

▪▪▪ Lagerung

- OP-Saal auf 32°C vorheizen, Wärmematte.
- Schutz vor Wärmeverlusten: Mütze aus Schlauchverband, Arme (einschließlich Hände) und Beine (einschließlich Füße) in Watte oder Folie einwickeln.
- Rückenlage mit Polster in Höhe der unteren Rippen.
- Neutrale Elektrode am linken Oberschenkel.

▪▪▪ Instrumentarium

- Grundinstrumente,
- Bauchinstrumentarium,
- Kochsalzschale,
- Saugerschlauch mit kleinem Ansatz,
- Lidhaken,
- Baby-Roux,
- Bauchtücher,
- Pleuradrainage Charr 12,
- Spritze (10 ml),
- Holzspatel,
- Goretex-Patch bereithalten,
- Nahtmaterial: 3–0, 4–0 und 5–0 resorbierbar.
- Elastoplast zur Fixierung der Pleuradrainage.

Verschluss des Zwerchfelldefektes

► Eröffnung der Bauchhöhle durch Kausch-Schnitt links (Schrägschnitt im linken Oberbauch)

► Einstellen des posterolateralen Zwerchfelldefektes und vorsichtige Reposition des Enterothorax (▫ Abb. 13.9a–g). Darstellung des Zwerchfelldefektes. Vorhandenen Bruchsack abtragen (leicht zu übersehen → Residualzyste → Lungenkompression)

► Durch den Defekt hindurch kann man in der Pleurakuppel die linke Lunge sehen. Einbringen einer 12-Charr-Pleuradrainage, die am tiefsten Punkt links

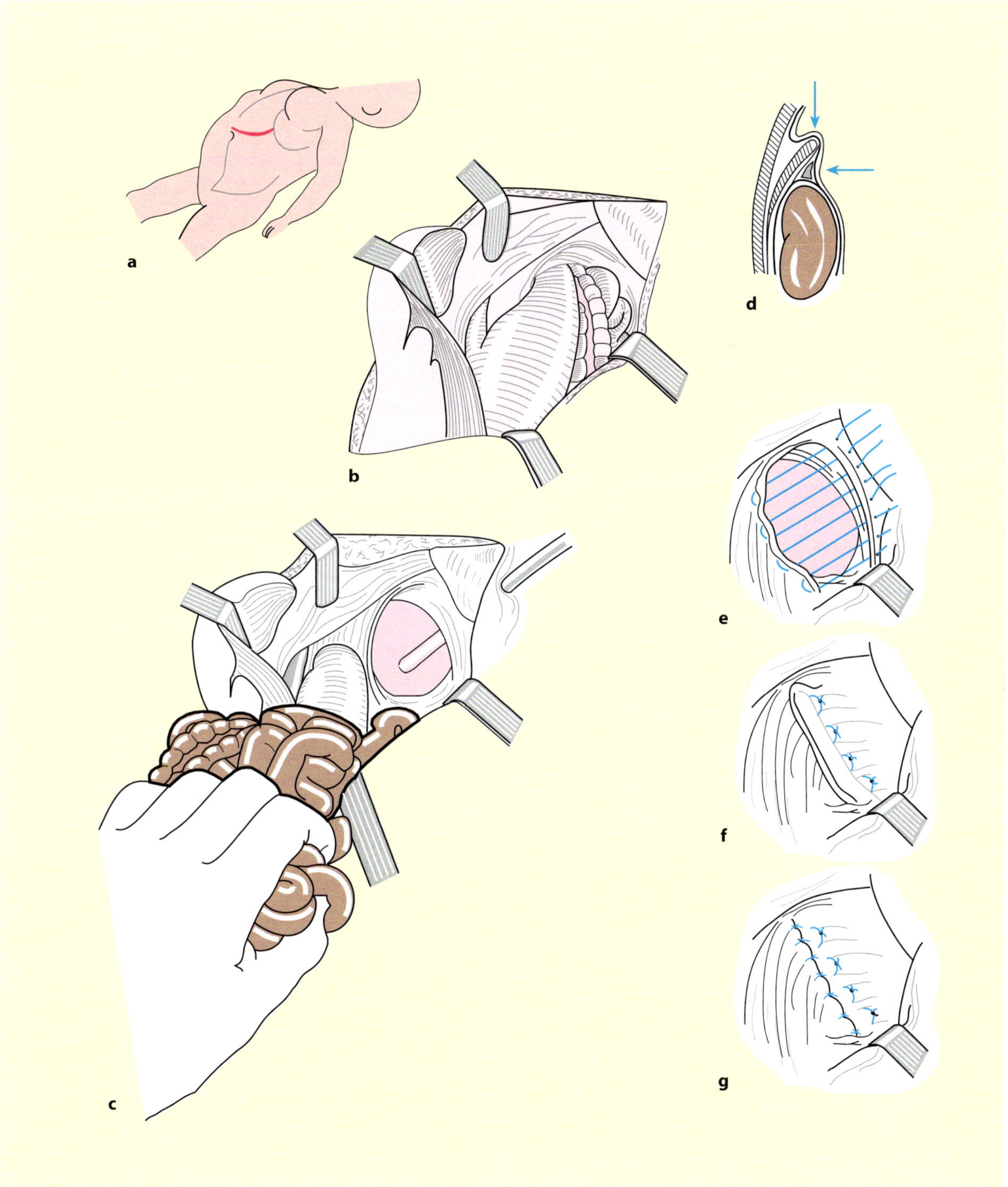

Abb. 13.9a–g Operation einer Bochdalek-Hernie links. a Hautinzision, b Situs Zwerchfelldefekt mit evertierten Bauchorganen, c Situs nach Reposition der Bauchorgane mit liegender Pleuradrainage, d Inzision des Zwerchfellrandes, e vorgelegte Nähte, f Verschluss des Defektes mit Matratzennähten, g zusätzliche Einzelknopfnähte zur Sicherung (Nach Rickham 1969) Insert: Präparation der dorsalen Zwerchfellanlage. (Nach Duhamel 1957)

in der mittleren Axillarlinie bajonettförmig ausgeleitet und mit einer Naht gesichert wird

► Die dorsale Zwerchfellanlage lässt sich meist erst nach Inzision des parietalen Peritoneums darstellen. (Linke Niere sicher kaudal des Zwerchfells?) Wenn die vorhandene ventrale und dorsale Zwerchfellanlage ausreicht, wird der Defekt unter Erhaltung der Zwerchfellkuppel spannungsfrei mit U-Nähten verschlossen und durch zusätzliche Einzelknopfnähte gesichert (3–0, atraumatisch resorbierbar)

► Keine Zwerchfellplastik, sondern großzügiger Gebrauch von Zwerchfellersatz (z.B. mit Goretex; ◘ Abb. 13.10); dabei allerdings erhöhte Komplikationsrate: Dehiszenz, Rezidiv, persistierender Hydrothorax

► Revision des Dünn- und Dickdarmes. Die Darmschlingen werden geordnet in die Bauchhöhle zurückverlagert

► Zählkontrolle und Dokumentation

► Nach vorsichtiger manueller Dehnung der Bauchdecken wird die Laparotomiewunde in Schichten verschlossen (Einzelknopfnähte mit resorbierbaren Fäden 5–0). (Wenn dies nicht spannungsfrei möglich ist, wird nur die mobilisierte Haut verschlossen.) Hautverschluss durch versenkt geknüpfte intrakutane Einzelknopfnähte (resorbierbare Fäden 6–0, atraumatisch)

► Verband

► An die Pleuradrainage wird eine 10-ml-Spritze mit mittelständig fixiertem Stempel (Holzspatel) angeschlossen und entsprechend gesichert. Kein Sog, auch kein Wasserschloss! Alternativ kann man auch ganz auf eine Pleuradrainage verzichten

! Das OP-Ergebnis hängt vom Ausmaß der Lungenhypoplasie ab.

Postoperative Behandlung

- Magensonde offen ablaufend.
- Röntgenaufnahme des Thorax (Mediastinum mittelständig?).
- Beatmung fortsetzen.
- *E*xtra*k*orporale *M*embran*o*xygenisation (ECMO, ◘ Abb. 13.11) ist für einzelne Kinder günstig. Der Effekt auf Gesamtletalität ist jedoch noch nicht bewiesen. Risiken sind Hirnblutung, Lungenblutung, Blutung im OP-Gebiet, Infektionen.

Komplikationen

- Pneumothorax,
- Blutung,
- Chylothorax,
- Bridenileus,
- Rezidiv (5–22%),
- chronische neonatale Lungenkrankheit,
- gastroösophagealer Reflux,
- Gedeihstörung, Entwicklungsretardierung,
- Skoliose,
- Thoraxdeformität (Trichterbrust),
- Hörminderung (hörhilfebedürftig, besonders nach ECMO).

Überlebenschancen

Pränatal: 20–24%, postnatal: 50–55%.

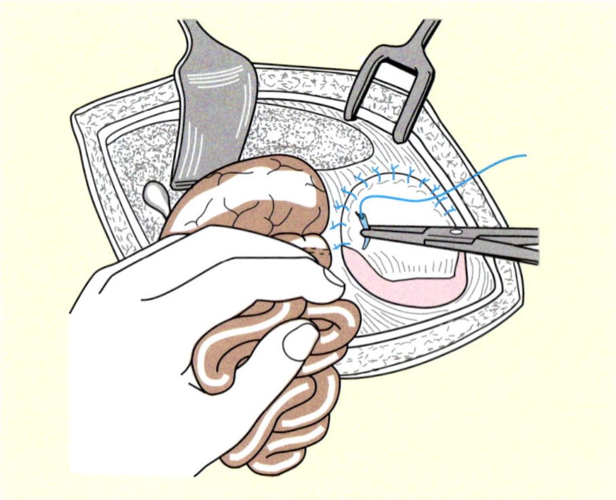

◘ Abb. 13.10 Operation einer Bochdalek-Hernie links: Verschluss des Zwerchfelldefektes mit Implantat. (Nach Willital 1981)

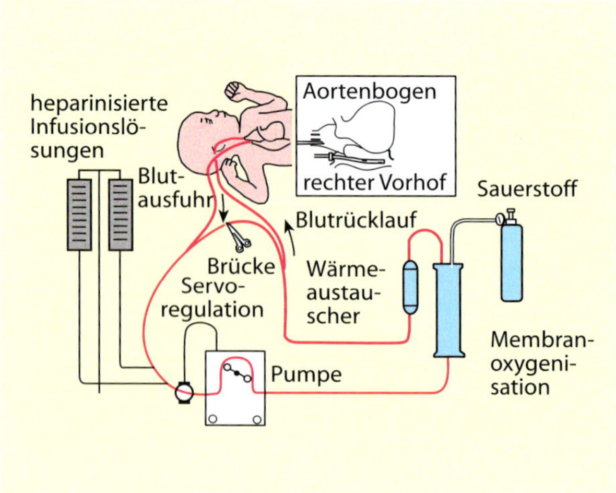

◘ Abb. 13.11 Schemazeichnung des ECMO-Kreislaufsystems. (Nach Heaton et al. 1988)

Kosten: US$ 98.000 pro überlebendes Kind *ohne* ECMO, US$ 365.000 pro überlebendes Kind mit ECMO (USA 1997).

13.2.4 Trichterbrust

Definition

Kongenitale oder erworbene Einziehung der vorderen Brustwand. Sekundär nach Eingriffen an der Brustwand oder am Zwerchfell, bei schrumpfenden Pleuraprozessen oder bei Kyphoskoliose.

Häufigkeit

- 0,05–2,3%,
- gelegentlich familiär,
- Knaben bevorzugt.

Ursachen

Diskutiert werden im Wesentlichen die folgenden 4 Theorien:

1. Primäre Missbildung des Knorpels am sternokostalen Übergang (sternokostale Dysplasie).
2. Pathologischer Ansatz des Lig. substernale, des Zwerchfells, der Rektusmuskulatur.
3. Störung der Atemmechanik.
4. Überschießendes Rippenwachstum.

Formen

- Tiefer Trichter in Höhe 4.–5. Rippe.
- Flacher breitbasiger Trichter, in Höhe der 1. Rippe beginnend.
- Asymmetrischer Trichter.
- Trichterbrust kombiniert mit Kyphose/Kyphoskoliose der BWS.

Klinik

- Asthenischer Körperbau,
- Haltungsschwäche,
- Kyphose,
- Skoliose (15%),
- wachstumsabhängige Progredienz,
- subjektive Beschwerden selten korrelierbar mit den objektiven Befunden.

Diagnostik

- Röntgenaufnahme des Thorax in 2 Ebenen mit Messlatte, Trichter markieren (ap: Mediastinalverlagerung, seitl.: sternovertebraler Abstand verringert – Verhältnis Längsdurchmesser zu Querdurchmesser pathologisch verändert).
- EKG (P dextrokardiale).
- Lungenfunktionsprüfung.
- Marfan-Syndrom ausschließen (benannt nach Marfan, Pädiater, Paris, 1858–1942).

Therapie

Konservativ durch Haltungsgymnastik (prä- und postoperativ; Schwimmen)

Operation

Indikation zur Operation

- Medizinische Indikation nur bei hämodynamisch wirksamer Raumforderung oder bei Beeinträchtigung der Lungenfunktion (selten).
- Relative Indikation bei prophylaktischer Operation.
- Kosmetische Indikation bei Beeinträchtigung des Selbstwertgefühls.
- OP-Alter umstritten (Störung des Knochenwachstums bei Korrektur vor der Pubertät)
- Nur höhergradige kardiorespiratorische Störungen können durch die Operation positiv beeinflusst werden.
- Bis zu 40% Rezidive 10 Jahre postoperativ.

Prinzip

- Rein kosmetische Operationen beschränken sich auf den Ausgleich des Weichteilprofils.
- Knöcherne Korrekturverfahren nach Rehbein und nach Ravitch: alle Muskel- und Bindegewebsansätze vom knöchernen Trichter ablösen, Exzision des deformierten Rippenknorpels und des Xiphoids; Überkorrektur und Schienung mit Metallimplantaten. Ein minimal-invasives Verfahren ohne Knorpelresektion wurde von Nuss beschrieben.

Komplikationen

- Wundinfektion.
- Hämoperikard.
- Pneumothorax.
- Rezidiv.
- Wachstumstörung des knöchernen Thorax.
- Die stabilisierenden Metallspangen müssen später wieder entfernt werden.

13.3 Abdomen

13.3.1 Hypertrophe Pylorusstenose

Definition

Subtotaler Verschluss des Magenausgangs durch Hypertrophie und Fibrosierung der präpylorischen Antrummuskulatur. Typische Erkrankung des Säuglings im ersten Trimenon.

Häufigkeit

- 1:100–300,
- männlich:weiblich=4:1.

Ätiologie

Nicht geklärt. Genetische Faktoren gesichert, exogene Faktoren wahrscheinlich, aber nicht bewiesen.

Pathologische Anatomie

Pylorusmuskulatur (Ringmuskulatur) spindelig vergrößert (durchschnittlich ca. 3×1,5 cm), knorpelhart. Aboral reicht der Pylorustumor zapfenartig ins Duodenum, oral geht er fließend in die Antrummuskulatur über. Die Pyloruslichtung ist bis auf ein fadenförmiges Restlumen eingeengt, der Magen ektatisch (Abb. 13.12).

Symptome

Nach primär unauffälligem Verlauf explosionsartiges Erbrechen »im Strahl«, in der 2.–4. Lebenswoche beginnend. Das Erbrochene ist nie gallig, kann aber bräunlich oder mit Blutfäden durchmischt sein. Es geht weder mit Fieber noch mit Appetitlosigkeit einher.

Der Säugling trinkt sofort nach dem Erbrechen gierig. Durch mangelnde Nahrungsverwertung kommt es zu Gewichtsstillstand oder Gewichtsabnahme; durch Wasser und Elektrolytverluste zu Exsikkose und zu einer hypochlorämischen Alkalose. Pseudoobstipation infolge reduzierter Stuhlmengen.

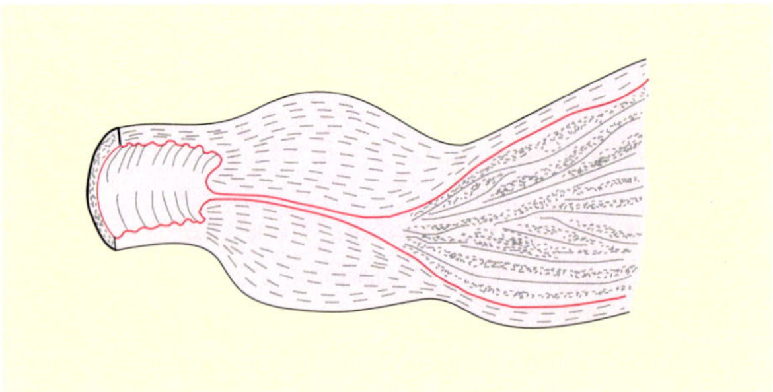

Abb. 13.12 Hypertrophe Pylorusstenose. (Nach Dudgeon 1993)

Diagnose

Die Diagnose wird aufgrund der typischen Anamnese, des in der Regel tastbaren Pylorustumors und der »Magenreste« gestellt. Sonographisch ist eine typische »Pylorus-Kokarde« nachweisbar, laborchemisch eine hypochlorämische Alkalose.

Operation

Im Folgenden werden die OP-Bedingungen und der OP-Verlauf für die Pyloromyotomie nach Weber-Ramstedt (erstmals durchgeführt im Jahr 1911; benannt nach Weber, deutscher Chirurg, 1872–1928, und Ramstedt, Chirurg, Münster, 1867–1963) beschrieben.

Indikation

- Nach erfolgloser konservativer Behandlung.
- Keine Notfalloperation: Flüssigkeitsdefizit und Veränderungen des Elektrolyt- und Säure-Basen-Haushaltes müssen präoperativ ausgeglichen sein.

Prinzip

Längsspaltung der Pylorusmuskulatur bis auf die Submukosa ohne Verletzung der Schleimhaut.

Lagerung

- Wärmematte.
- Rückenlage.
- Unterer Thorax leicht unterpolstert.
- Neutrale Elektrode am Oberschenkel.
- Schutz vor Wärmeverlusten: Saaltemperatur auf 32°C erhöhen, Mütze aus Schlauchverband, Arme (einschließlich Hände) und Beine (einschließlich Füße) mit Watte oder Folie einwickeln.

Instrumentarium

- Grundinstrumente,
- Kinderlaparotomieinstrumente,
- kleine Lidhäkchen,
- lange anatomische Pinzette oder Wangensteen-Pinzette,
- stumpfes gebogenes Klemmchen,
- Teflonspatel,
- HF-Gerät,
- Nahtmaterial: resorbierbar 3–0 (für Lig. umbilicale), 5–0 (evtl. 6–0).

Pyloroplastik bei Pylorusstenose

Pyloromyotomie nach Weber-Ramstedt.

- Kleine quere Oberbauchinzision (3 cm) rechts in der Mitte zwischen Nabel und Xiphoid
- Längsspaltung oder quere Durchtrennung des M. rectus abdominis
- Eröffnung der Bauchhöhle. (Alternativ ist auch ein trans- oder periumbilikaler Zugang möglich.) (Durchtrennung der Chorda V. umbilicalis zwischen Ligaturen.)
- Der zwischen Inzision und Magen gelegene Leberrand wird mit einem Teflonspatel weggehalten. Der Magen muss leer sein
- Das Antrum wird an der großen Kurvatur mit einer breiten stumpfen Pinzette gefasst
- Durch Aufhalten des rechten Wundwinkels mit einem Lidhäkchen kann der Pylorustumor ins Wundgebiet vorgelagert werden (nicht mit Pinzette!), wenn man gleichzeitig den Magen vorsichtig nach links zieht
- Der Operateur fixiert den Pylorus mit einer ausgezogenen feuchten Kompresse zwischen Daumen und Zeigefinger der linken Hand. (Alternativ kann der Pylorustumor auch in der Bauchhöhle belassen und mit 2 parallel zur Darmachse gelegten Haltenähten fixiert werden. 3–0 Naht mit atraumatischem, monofilem nichtresorbierbarem Faden.)
- Die Seromuskularis des Pylorustumors wird in der gefäßarmen Zone antimesenterial mit dem Skalpell bis etwa in Höhe der Pylorusvene inzidiert. Die Inzision wird mit dem Ende des Skalpellgriffs vertieft und durch Spreizen eines stumpfen, gebogenen Klemmchen so weit erweitert, bis die der Muscularis zugewandten Seite der Submukosa freiliegt und breit in die Inzision prolabiert (Abb. 13.13). Die Inzision reicht oral bis 1 cm über den Pylorustumor hinaus
- Am Übergang zum Duodenum ist Vorsicht geboten. Um eine versehentliche Verletzung der Schleimhaut mit Eröffnung des Duodenums zu vermeiden, sollten die hier gelegenen Pylorusfasern nur stumpf durchtrennt (oder belassen) werden
- Die Durchtrennung der aboralen Pylorusfasern kann dadurch erleichtert werden, dass der Assistent mit einem feuchten Präpariertupfer die bereits freiliegende Magensubmukosa nach oral hin wegzieht
- Zur Entspannung der starren Schnittränder können zusätzliche kleine quere Inzisionen gelegt werden
- Sorgfältige Blutstillung mit der bipolaren Mikrokoagulationspinzette
- Rückverlagerung des Pylorus in die Bauchhöhle
- Zählkontrolle und Dokumentation
- Verschluss des Peritoneums mit Einzelknopfnähten (resorbierbar 5–0)
- Schichtweiser Wundverschluss. Subkutannaht
- Hautverschluss durch versenkt geknüpfte intrakutane Einzelknopfnähte mit atraumatischem resorbierbarem Nahtmaterial (5–0 oder 6–0). Verband

! Eine Verletzung der Duodenalschleimhaut darf auf keinen Fall übersehen werden. Die Folge wäre eine gallige Peritonitis (evtl. durch Luftinsufflation über die Magensonde prüfen). Gegebenenfalls ist eine quere Übernähung mit resorbierbarem (6–0, atraumatisch) Nahtmaterial notwendig, die durch Einschlagen eines Netzzipfels zusätzlich gesichert werden kann.

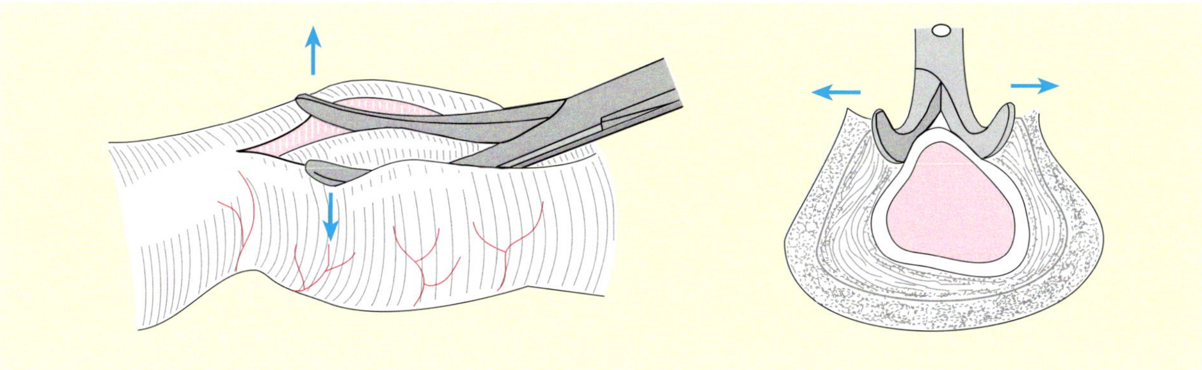

Abb. 13.13 Pyloromyotomie: extramuköse Spreizung der durchtrennten Pylorusmuskulatur. (Nach Lobe 1995)

Komplikationen

- Aspirationspneumonie,
- Verletzung der Duodenalschleimhaut 8–10%,
- Wundinfektion (Staphylococcus aureus) <5%,
- Wunddehiszenz <2%,
- Blutung <1%,
- Rezidivstenose <1%.

Postoperative Behandlung

- Magensonde entfernen (Perforationsrisiko).
- Mit oralem Nahrungsaufbau 4 h postoperativ beginnen.

13.3.2 Perkutane endoskopisch geführte Gastrostomie

Definition

Anlage einer intubierten Fistel zwischen Magenlumen und Bauchhaut.

Eine Fistel (fistula = »Röhre«) ist ein angeborener oder erworbener röhrenförmiger Gang zwischen Körperhöhlen und der äußeren oder inneren Körperoberfläche.

Man unterscheidet:

- Röhrenfistel:
  - Mit Granulationsgewebe ausgekleidet.
  - Operativ angelegt durch eine perkutane endoskopisch geführte Gastrostomie (PEG).
- Lippenfistel:
  - Mit Epithel ausgekleidet.
  - Operativ angelegt durch Gastrostomie.

  Beispiele: Witzel-Fistel (1891), Stamm-Gastrostomie (1894) oder Kader-Fistel (1896), Glassman, Janaway/Beck-Jianu (»kontinente« Lippenfistel mit Nippel).

Vorteile der PEG

Vorteile der PEG (Röhrenfistel) im Vergleich zu einer operativ angelegten Gastrostomie (Lippenfistel) sind:

- Leicht und einfach zu legen.
- Keine Laparotomie erforderlich.
- Kurze Narkosedauer, keine Relaxation; Anlage in Lokalanästhesie möglich (bei älteren Kindern).
- Kurze OP-Dauer (30 vs. 90 min).
- Geringere Komplikationsrate (5–9% vs. 7–15%), Mortalität ca.1%.
- Kurze postoperative Rekonvaleszenz.
- Geringere Leakage von Magensaft → Haut.
- Geringes Risiko im Hinblick auf intraabdominale Verwachsungen, Briden etc.
- Geringere Kosten.
- Katheter kann nicht versehentlich gezogen werden.
- Katheter muss nicht gewechselt werden.
- Umwandlung in Button möglich (frühestens nach 3 Monaten) mit Narkose.
  (Stoma muss meistens aufbougiert werden).
  (Button-Wechsel ca. alle 6–9 Monate).
- Schließt sich spontan nach Katheterentfernung.

Nachteil der PEG

Nachteilig ist, dass der Katheter immer liegen bleiben muss.

Voraussetzung

- Kinder über 2 Jahre (Rowe et al. 1995) bzw. über 2,5 kg Körpergewicht (Gauderer 1991).
- Ösophagus muss für das Gastroskop bzw. für die Rückhalteplatte der Sonde weit genug sein.

Operation

Indikation

Die PEG wird zur gastralen Ernährung gelegt, wenn eine adäquate orale Nahrungsaufnahme nicht möglich ist.

Kontraindikationen

Absolute Kontraindikationen sind:

- Gerinnungsstörung.
- Peritonitis.
- Ileus.
- Gastroösophagealer Reflux. (Ca. 30% der Kinder mit gastroösophagealem Reflux und PEG brauchen später eine Fundoplikatio.)
- Ösophagusstenose.
- Portaler Hypertonus.
- Megakolon.

Relative Kontraindikationen sind:

- Aszites.
- Ventrikuloperitonealer Shunt.
- Vorausgegangene Laparotomie.
- Mikrogastrie.

Lagerung

Rückenlage.

Instrumentarium

- PEG-Set,
- Gastroskop mit Fremdkörperfasszange.

Präoperativ

- EKG-Monitor,
- O_2-Sättigung,
- perioperative Antibiotikaprophylaxe,
- oropharyngeale Lokalanästhesie.

PEG

- Hautdesinfektion, Abdeckung
- Gastroskop einführen, Varizen, Ulzerationen, Pylorusstenose ausschließen
- Lokalisation des PEG-Stoma endoskopisch:
  - Fundusvorderwand in der Mitte zwischen großer und kleiner Kurvatur
  - Bauchwand: ausreichender, mindestens 4 cm langer Abstand zum Rippenbogen! (Schmerzen, Perichondritis!)
- Transillumination bei abgedunkeltem OP-Saal
- Sondenspitze in Wasser einlegen
- Handschuhwechsel
- Gegebenenfalls Setzen der Lokalanästhesie, Kanüle bis in Magen vorschieben
- Hautinzision (Skalpell Gr. 11) 3 mm und Punktion des Magens mit Braunüle, Kanüle mit Endoskopfasszange fixieren
- Draht in Braunüle einführen, mit Fasszange fassen und zusammen mit Endoskop herausziehen
- Draht mit Sonde verbinden, Sonde mit Instillagel gleitfähig machen
- Zurückziehen des Drahtes und Platzieren der Sonde (→ Mund → Pharynx → Ösophagus → Magen)
- Bauchdecken sind zwischen 1 und 4 cm dick, Markierung an der Sonde beachten, Kontrollgastrostomie evtl. überflüssig.
- Rückhalteplatte anbringen
- Sicherungsvorrichtung (blau), Ritsch-Ratsch-Klemme und Einfüllstutzen anbringen

Postoperativ

- Inbetriebnahme nach 48 h, bis dahin offen lassen!
- Spannung der Rückhalteplatte für 3 Tage belassen (bei unterernährten Patienten und bei Patienten mit Steroid- oder immunsuppressiver Behandlung 5–7 Tage), aber nicht länger als 7 Tage (*Cave:* Drucknekrosen am Magen und an der Bauchwand).
- Erster Verbandswechsel nach 3 Tagen, dabei die Position der Halteplatte nicht verändern.
- Duschen und Baden nach 1 Woche.
- Weitere Verbandswechsel nach Bedarf (mindestens 2-mal pro Woche).
- Elterngespräch: PEG-Pass, Anleitung, Adresse der ambulanten Ernährungstherapeuten und Prospekt mit Bestellnummern für Zubehör (Überleitungsstücke, Konnektoren etc.) mitgeben.

Komplikationen

Die folgenden Komplikationen treten in 5–9% der Fälle auf:

- Peritonitis.
- Leckage (Therapie konservativ: häufige Verbandswechsel, Sonde offen lassen; hört nach ca. 10 Tagen auf).
- Stomainfektion (lokal: Betaisodona, systemisch: H_2-Blocker, Antibiotika, Eradikation von Heliobacter pyloris).
- Blutung (wenn anhaltend: revidieren!).
- Pneumoperitoneum (bis über 50% der Fälle, ohne klinische Bedeutung).
- Verletzung des Ösophagus.
- Kolonperforation/gastrokolische Fistel (2,2%).
- Unmöglichkeit die Sonde zu platzieren.
- Fadenriss.
- Katheterbruch (und Dislokation der intragastralen Rückhalteplatte).
- Lösung des Magens von der Bauchwand.
- Verletzung des linken Leberlappens.
- Netz-Prolaps.
- Ausbleibender Spontanverschluss nach temporärer Gastrostomie (10–18%; Therapie: Silbernitrat oder elektrochirurgische Verschorfung, ggf. Laparotomie und offene Revision).

13.3.3 Duodenalstenose und Duodenalatresie

Definition

Angeborener, teilweiser (Stenose) oder vollständiger (Atresie) Verschluss des Duodenums.

Anatomie (Abb. 13.14)

Man unterscheidet intrinsische und extrinsische Ursachen.

Intrinsische Ursachen

- Atresie: vollständiger Verschluss, z.B. membranös, strangförmig oder Kontinuitätsunterbrechung mit V-förmigem Mesenterialdefekt, Mehrfachatresie, Pancreas anulare mit Atresie.
- Stenose: unvollständiger Verschluss, z.B. Membran mit zentraler Perforation, Duodenalduplikatur, Gewebeheterotopie.

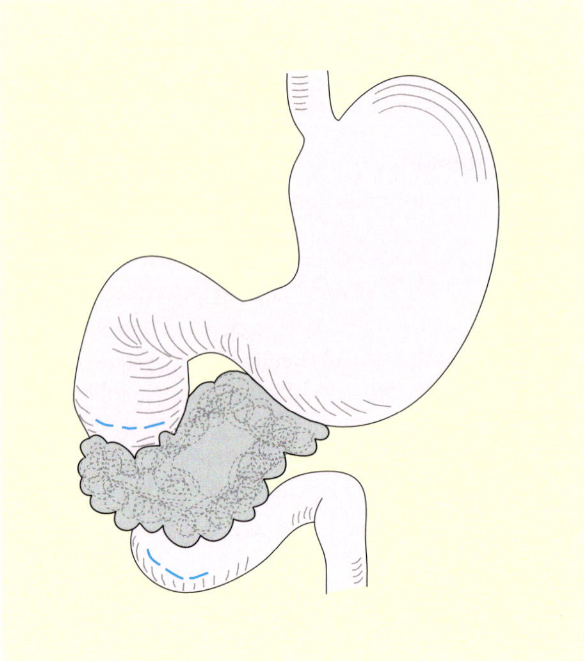

Abb. 13.14 Duodenalstenose/-atresie mit Pancreas anulare: prä- und poststenotische Inzisionslinien der Duodenalwand. (Nach Menardi 1994)

Extrinsische Ursachen

- Meist Stenose: z.B. Pancreas anulare, Ladd-Bänder (benannt nach Ladd, Kinderchirurg, Boston, 1880–1967), Darmdrehungsanomalien, präduodenale Pfortader, arteriomesenterialer Duodenalverschluss.
- Im Allgemeinen (85%) liegt das Passagehindernis unmittelbar aboral der Vater-Papille (benannt nach Vater, Anatom, Wittenberg, 1684–1751); Stenosen und Atresien kommen etwa gleich häufig vor.

Klinik

- Hydramnion der Mutter.
- Häufig dystrophe Neugeborene oder Frühgeborene. Galliges Erbrechen, leicht aufgetriebener Oberbauch; Ikterus (30%).

Begleitfehlbildungen

Häufig, insgesamt bis 70%:

- Trisomie 21,
- Malrotation,
- Herzfehler,
- Ösophagusatresie.

! Mekoniumabgang spricht nicht gegen Duodenalobstruktion.

Diagnose

- Röntgen (Abdomenübersicht im Hängen): »double bubble« (Doppelspiegel: größerer Spiegel links = Magen, kleinerer Spiegel rechts = ektatisches prästenotisches Duodenum) bei im Übrigen luftleerem Abdomen spricht für Duodenalatresie; zusätzliche Luft spricht für Stenose.
- Ausschluss assoziierter Anomalien.
- Pränatale Diagnose möglich (ab 7.–8. Monat).

Präoperative Maßnahmen

- Nasogastrische Ablaufsonde.
- Intravenöser Zugang und Korrektur der Flüssigkeits- und Elektrolytverluste.

OP-Voraussetzungen

Keine Notfalloperation (außer bei Malrotation mit Volvulus): Flüssigkeitsdefizit und Veränderungen des Elektrolythaushalts müssen präoperativ ausgeglichen sein, Kreislaufverhältnisse stabil, Körpertemperatur im Normbereich.

Operation

Prinzip

Umgehung der Stenose/Atresie durch Duodeno-Duodenostomie Seit-zu-Seit (bzw. Duodenotomie und Exzision der Membran).

Lagerung

- OP-Saal auf mindestens 32°C vorheizen, Wärmematte.
- Rückenlage, Rolle unter thorakolumbalen Übergang.
- Neutrale Elektrode am Oberschenkel.
- Schutz vor Wärmeverlusten: Mütze aus Schlauchverband, Arme (einschließlich Hände) und Beine (einschließlich Füße) mit Watte oder Folie einwickeln.

Instrumentarium

- Grundinstrumente,
- Kinderlaparotomieinstrumente,
- Mikroinstrumentarium,
- Kochsalzschale,
- Teflonspatel,
- Spritze (10 ml),
- Magensonde Charr 6 oder 8. Lupenbrille,
- resorbierbares Nahtmaterial 5–0, 6–0.

13

Duodenalstenose

- Quere Oberbauchlaparotomie rechts ein Querfinger kranial des Hautnabels
- Ausschluss einer Darmdrehungsanomalie
- Mobilisierung der rechten Kolonflexur nach medial und des Duodenums nach Kocher
- Intrinsische oder extrinsische Stenose?
- Vorschieben der Magensonde ins Duodenum. Ein Stopp in Höhe des Lumensprungs und eine Einziehung der Duodenalwand oral davon weisen auf eine Duodenalmembran
- Nach Legen von Haltenähten und Abdecken des Duodenums gegen die übrige Bauchhöhle wird das Duodenum oral der Einziehung quer, aboral längs eröffnet
- Instillation steriler körperwarmer Ringer-Lösung über eine sterile Sonde (Charr 6 oder 8) ins Duodenum aboral des Verschlusses zum Ausschluss weiterer Atresien
- Legen der Ecknähte und Naht der Hinterwand der Duodeno-Duodenostomie mit resorbierbaren Einzelknopfnähten (6–0, atraumatisch) einreihig (Abb. 13.15a–c)
- In gleicher Weise Naht der Vorderwand, evtl. nach Einlage einer transanastomotischen Schiene (Charr 6 oder 8)
- Spülung des Wundgebietes und Entfernung sämtlicher Blutkoagel
- Verschluss des Peritoneums mit resorbierbaren Einzelknopfnähten (5–0, atraumatisch)
- Zählkontrolle und Dokumentation
- Schichtweiser Verschluss der Bauchdecken (Einzelknopfnähte resorbierbar, 5–0, atraumatisch). Subkutannaht
- Hautverschluss durch versenkt geknüpfte, intrakutane Einzelknopfnähte mit atraumatischem resorbierendem Faden (6–0)
- Verband
- Vorsicht bei der Exzision einer Duodenalmembran (Verletzungsgefahr für den Ductus choledochus, der auf der Membran verlaufen kann)
- Eine gleichzeitig vorliegende Darmdrehungsanomalie wird entweder durch eine Ladd-Operation (Durchtrennung der Bänder, Linkslagerung des Dickdarmes) oder durch vollständige Korrektur behandelt
- Ein Pancreas anulare wird nicht durchtrennt, weil
  - Es häufig mit einer intrinsischen Duodenalstenose kombiniert ist
  - Es teilweise intramural liegen kann
  - Die Durchtrennung mit dem Risiko einer postoperativen Pankreatitis und einer Pankreasfistel verbunden ist.
- Eventuell in gleicher Sitzung ZVK legen
- Eine zusätzliche Gastrostomie ist selten indiziert

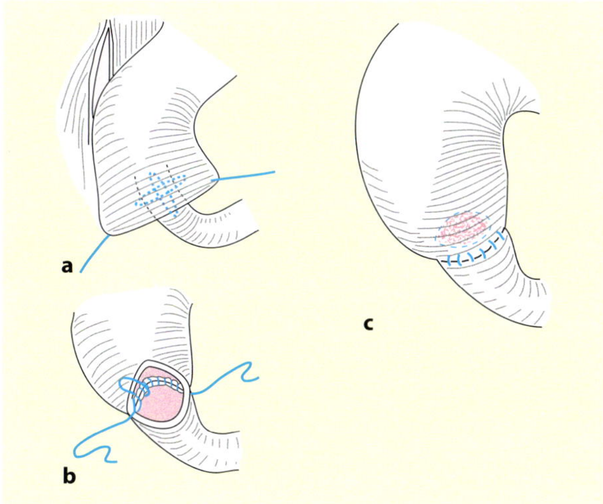

Abb. 13.15a–c Duodeno-Duodenostomie Seit-zu-Seit. (Nach Kimura et al. 1990)

Postoperativ

Magensonde belassen. Darmmotilitätsstörungen durch das prästenotische Megaduodenum sowie Zottenatrophie im postatretischen Dünndarm können den postoperativen Nahrungsaufbau erschweren.

13.3.4 Mekoniumileus

Definition

Mechanischer Neugeborenenileus durch Obturation des terminalen Ileums mit eingedicktem Mekonium.

Ätiologie

Ein Mekoniumileus kommt bei 10–15% der Neugeborenen mit Mukoviszidose (zystischer Fibrose, CF) vor; 90–95% der Kinder mit Mekoniumileus haben eine Mukoviszidose. Hierbei handelt es sich um eine autosomal rezessive Stoffwechselerkrankung, bei der es durch abnorme Sekretbildung u. a. der Bauchspeicheldrüse und der Becherzellen der Darmoberfläche zur Bildung eines besonders zähen Mekoniums kommt. Dieses Mekonium hat eine Konsistenz wie Fensterkitt oder Kaugummi, haftet an der Darmwand und verlegt die Lichtung des Endileums (die letzten 10–15 cm vor der Ileozäkalklappe). Die Krankheit kann bereits intrauterin beginnen.

Formen

- In zwei Drittel der Fälle liegt ein unkomplizierter Mekoniumileus vor, der mit einem Einlauf mit N-Acetylcystein (Bromuc) behandelt werden kann (evtl. Einlauf mit verdünntem Gastrographin).

- In einem Drittel der Fälle ist der Mekoniumileus kompliziert durch einen Volvulus, eine Darmperforation (Mekoniumperitonitis, Sepsis) oder eine Dünndarmatresie.

Klinik

Neugeborenenileus:

- aufgetriebenes Abdomen meist von Geburt an,
- galliges Erbrechen,
- evtl. Stuhlerbrechen (Dünndarminhalt),
- fehlender Mekoniumabgang.

Diagnose

- Röntgen (Abdomenübersicht im Hängen): dilatierte Darmschlingen, keine Spiegel, kleinblasige Areale wie Seifenblasen, evtl. fleckförmige Verkalkungen.
- Kolonkontrasteinlauf: Mikrokolon.

Operation

Indikation

Beim komplizierten Mekoniumileus ist die Indikation zur Operation dringlich.

Prinzip

Bishop-Koop-Fistel (Bishop-Koop, zeitgenössischer Kinderchirurg, Philadelphia): endständiges Stoma mit aboralem Ileum, mit dem das orale Ileum End-zu-Seit anastomosiert wird (funktioniert als Überlaufventil bei möglicher Darmpassage, ermöglicht Spülung des Endileums).

Lagerung

- OP-Saal auf 32°C vorheizen, Wärmematte.
- Rückenlage; unterer Thorax leicht unterpolstert.
- Neutrale Elekrode am Oberschenkel.
- Schutz vor Wärmeverlusten: Mütze aus Schlauchverband, Arme (einschließlich Hände) und Beine (einschließlich Füße) mit Watte oder Folie einwickeln.

Instrumentarium

- Grundinstrumente,
- Kinderlaparotomieinstrumente,
- Kochsalzschale,
- Sauger mit Finsterer-Ansatz,
- 5-Charr-Katheter mit abgerundeter Spitze,
- 2 Spritzen (10 ml)
- 2%ige N-Acetylcysteinlösung,
- Nahtmaterial: 5–0 und 6–0 resorbierbar.

Mekoniumileus

- ► Quere Oberbauchlaparotomie rechts
- ► Abdecken des OP-Feldes mit Bauchtüchern
- ► Enterotomie zwischen Haltefäden oral des mit perlschnurartig eingedicktem Mekonium verstopften Endileums. Der gestaute und dilatierte orale Dünndarm wird entleert bzw. abgesaugt. Einbringen eines dünnen Katheters mit abgerundeter Spitze in das aborale Ileum, das mit 2%iger N-Acetylcysteinlösung gespült wird. Damit gelingt es meist, das eingedickte Mekonium zu entfernen und die Darmpassage wiederherzustellen
- ► Sparsame Skelettierung und Durchtrennung des Dünndarmes in Höhe der Enterotomie. Eine Darmresektion sollte in unkomplizierten Fällen nicht erforderlich werden. Der orale Dünndarm wird antimesenterial End-zu-Seit mit dem aboralen anastomosiert (5–0 bzw. 6–0, atraumatisch resorbierbar), etwa 4–6 cm aboral der Resektionslinie (Abb. 13.16)
- ► Das aborale Ileum wird als endständiges Ileostoma rechts ileakal so ausgeleitet, dass das ausgestülpte Ileum die Bauchhaut überragt (resorbierbare Fäden 6–0)
- ► Zählkontrolle und Dokumentation
- ► Verschluss der Laparotomie in Schichten (resorbierbare Fäden 5–0)
- ► Hautnaht (resorbierbare Fäden 6–0)
- ► Verband
- ► Eventuell Anlage eines ZVK in gleicher Sitzung
- ► Bei unkompliziertem Mekoniumileus kann ein primärer Verschluss der Enterotomie erwogen werden

Die Enterostomie wird bei unkompliziertem Verlauf ca. 10–12 Wochen nach der Erstoperation verschlossen.

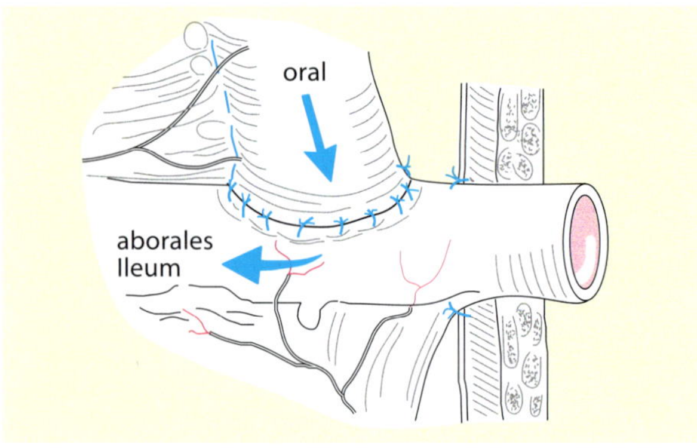

Abb. 13.16 Bishop-Koop-Fistel. (Nach Rowe et al. 1995)

13.3.5 Morbus Hirschsprung

Definition
Angeborene Erkrankung (benannt nach Hirschsprung, Pädiater, Kopenhagen, 1830–1916) mit mehr oder weniger vollständiger funktioneller Dickdarmpassagestörung, verbunden mit

- dem Fehlen intramuraler Ganglienzellen im untersten (am weitesten aboral) gelegenen Abschnitt des Verdauungstrakts und
- einem abnormen oder fehlenden Öffnungsreflex des M. sphincter ani internus (sog. Analsphinkterachalasie).

Klassifikation
Pathologisch-anatomisch nach der Konsensus-Konferenz 1990:

1. Aganglionose
   - Ultrakurze Aganglionose (bis maximal 3 cm oral des anokutanen Übergangs)
   - Kurze Aganglionose (»klassische Form«)
   - Langstreckige Aganglionose (über das Deszendens hinaus)
   - Totale Aganglionosis coli (Zuelzer-Wilson-Syndrom)
   - Aganglionose bis in den Dünndarm reichend
   - Aganglionose des gesamten Verdauungstraktes
2. Hypoganglionose
   - Isoliert
   - Hypoganglionäres Übergangssegment
   - Bei Aganglionose
3. Neuronale intestinale Dysplasie (NID)
   - Hyperplasie des Plexus submucosus mit Riesenganglien (NID-Typ B),
   - Unterform mit Ganglionzellheterotopien in der Submukosa
   - Unterform mit Hypoplasie oder Aplasie des Sympathikus
   - NID-ähnliche Läsionen bei Neurofibromatose und multiple endokrine Neoplasie (MEN) IIb.
4. Unreife der Ganglienzellen
5. Kombinationsformen
6. Erworbene Innervationsstörungen (Diabetes mellitus, Chagas-Krankheit)

Andere Klassifikationen gehen von der Ausdehnung des fehlinnervierten Darmabschnitts, von verschiedenen Verlaufsformen oder vom Erkrankungsalter aus.

Häufigkeit

- 1:3.000 bis zu 1:5.000.
- Männlich : weiblich = 7–8:1.
  (Bei langstreckigen Aganglionosen nähert sich das Geschlechtsverhältnis 1:1.)
- Familiär gehäuft in 4–20%.

Assoziierte Anomalien

Assoziierte Anomalien treten in 5–20% der Fälle auf:

- Trisomie 21,
- Herzfehler,
- Hydronephrose,
- Megaureter,
- Waardenburg-Syndrom, Undine-Syndrom.

Anatomie

Es handelt sich um eine Migrationsstörung der Neuroblasten. Diese wandern zwischen der 5. und 12. Schwangerschaftswoche aus den pharyngealen Vaguskernen in kraniokaudaler Richtung zunächst in den Plexus myentericus Auerbach (Auerbach, Neuropathologe, Breslau, 1828–1897) ein und von da in den submukösen tiefen Plexus (Henle-Plexus; benannt nach Henle, Anatom, Göttingen 1809–1885) und oberflächlichen Plexus (Meißner-Plexus; benannt nach Meißner, Anatom und Physiologe, Basel, Göttingen, 1829–1905). Die Ursache der Anomalie ist nicht bekannt. Die Aganglionose betrifft immer den am weitesten aboral gelegenen Teil des Rektums und reicht unterschiedlich weit nach oral. In 75–80% der Fälle sind Rektum und Rektosigmoid aganglionär. Ein ultrakurzes Segment findet sich in 10–15%, eine isolierte Analsphinkterachalasie in 5%, eine totale Aganglionosis coli in 1–3% (Zuelzer-Wilson-Syndrom; benannt nach Zuelzer, amerikanischer Pathologe, 1909–1987, und Wilson, zeitgenössischer amerikanischer Arzt). Das wandhypertrophierte Megakolon geht trichterförmig in das aborale normalweite aganglionäre Segment über. Der Übergang vom distalen aganglionären Segment zum normal innervierten Darm ist histologisch charakterisiert durch eine Zone mit vermindertem Ganglienzellbesatz, deren Länge variabel ist und weder röntgenologisch noch intraoperativ makroskopisch beurteilt werden kann (Abb. 13.17).

Pathophysiologie

Die genaue Pathophysiologie ist nicht klar. Das aganglionäre Segment nimmt an der geordneten, von oral nach aboral gerichteten propulsiven Peristaltik nicht teil und wirkt so als funktionelles Passagehindernis, vor dem sich der Darminhalt staut. Das Megakolon ist sekundär.

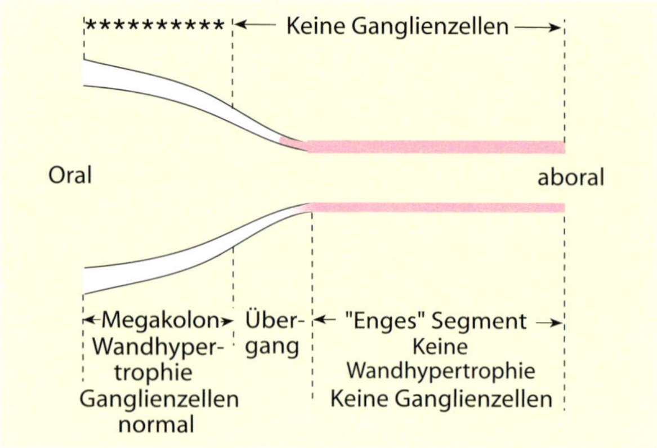

Abb. 13.17 Schematische Darstellung des Morbus Hirschsprung. (Nach Nixon et al. 1992)

Klinik

Die Symptome des Morbus Hirschsprung sind je nach Lebensalter unterschiedlich. Über 50% der Kinder werden heute im Neugeborenenalter diagnostiziert. Bei gutartigem Verlauf stehen verzögerter Mekoniumabgang (>48 h), Meteorismus und Obstipation im Vordergrund des klinischen Bildes. Die Krankheit kann aber auch als tiefer Ileus mit aufgetriebenem Abdomen und galligem (oder kotigem) Erbrechen oder fulminant unter dem Bild einer schweren Sepsis mit Schock, Gerinnungsstörung und Nierenversagen verlaufen. Dann ist es schwierig herauszufinden, ob die Darmfunktionsstörung Ursache oder Folge der Sepsis ist. Diese schwerste Verlaufsform geht mit einer lebensbedrohenden ulzerierenden Enterokolitis einher. Vereinzelt kommt eine Peritonitis infolge Darmperforation (meist des Zäkums) vor. Der Morbus Hirschsprung ist eine Erkrankung des reifen Neugeborenen, weniger als 10% sind Frühgeborene. Im Kleinkindesalter sind die führenden Symptome schwere, weder diätetisch noch medikamentös zu beeinflussende Obstipation mit massiv aufgetriebenem Abdomen, fehlender Stuhldrang, Gedeihstörung und Anämie. In Einzelfällen wird die Diagnose erst im Erwachsenenalter gestellt.

Die Länge des aganglionären Segments korreliert nicht mit dem klinischen Erscheinungsbild.

Diagnose

Typisch ist die *Anamnese* mit im Neugeborenenalter beginnender Obstipation. *Digitorektal* tastet man ein leeres Rektum. Die *Elektromanometrie* des Enddarmes zeigt »mass contractions«, Abbrechen der propulsiven Wellen im aganglionären Segment, fehlende Adaptationsreaktion, fehlende Internusrelaxation und ein erhöhtes anorektales Ruhedruckprofil (zuverlässig aber erst nach dem 12. Lebenstag). Diagnostische Bedingung sine qua non ist die *Rektumschleimhautsaugbiopsie*, die ohne Narkose 1, 3 und 9 cm oral der Linea dentata entnommen und gekühlt innerhalb von 4 h der histochemischen Untersuchung zugeführt wird. Eine kontinuierlich verstärkte Acetylcholinesteraseaktivität in einem dichten intramukösen Nervengeflecht gilt als beweisend. Auch hier ist eine sichere Diagnose erst nach der 2. Lebenswoche möglich, evtl. unterstützt von immunhistochemischen Methoden. Zum Zeitpunkt der Kunstafteranlage können offene Biopsien der Tunica muscularis des Dickdarmes entnommen werden, die eine direkte Beurteilung des intramuralen Ganglienzellgehaltes erlauben.

Differenzialdiagnose

Im *Neugeborenenalter*:
- Mekoniumileus,
- Mekonium-Pfropf-Syndrom,
- nekrotisierende Enterokolitis,
- Sepsis,
- Hirnblutung,
- Hypothyreose,
- Nebennierenblutung,
- von der Mutter eingenommene Medikamente oder Drogen.

Im *Kleinkindesalter*:
- chronische habituelle Obstipation,
- Analstenose (entweder angeboren in Form einer anorektalen Anomalie oder erworben bei Analfissur oder nach operativer Korrektur einer anorektalen Malformation).

Therapie

Eine konservative Behandlung ist allenfalls bei milden Verlaufsformen möglich (Einläufe und Darmspülungen). Vereinzelt wurde über positive Behandlungsresultate mit Botulinumtoxin berichtet. Bei den meisten Kindern wird eine ein- oder mehrzeitige Resektion des aganglionären Darmabschnitts – meist zwischen dem 4. und 8. Lebensmonat – vorgenommen.

Operation

Prinzip

Tiefe anteriore Resektion des aganglionären Segments und Schwächung des M. sphincter ani internus. Vier verschiedene Verfahren haben sich durchgesetzt:

- Rektosigmoidektomie mit extraanaler Anastomose nach Swenson aus dem Jahr 1948.
- Tiefe anteriore Resektion nach Rehbein 1956 (▫ Abb. 13.18; benannt nach Rehbein, Kinderchirurg, Bremen, 1911–1991).
- Retrorektaler Durchzug mit transanaler Seit-zu-Seit-Anastomose nach Duhamel und Grob 1956/1960 (▫ s. Abb. 13.27; benannt nach Duhamel, Kinderchirurg, Paris, und Grob, Kinderchirurg, Zürich).
- Durchzug durch demukosierten Rektumstumpf nach Soave 1963 (▫ Abb. 13.19; benannt nach Soave, Kinderchirurg, Turin).

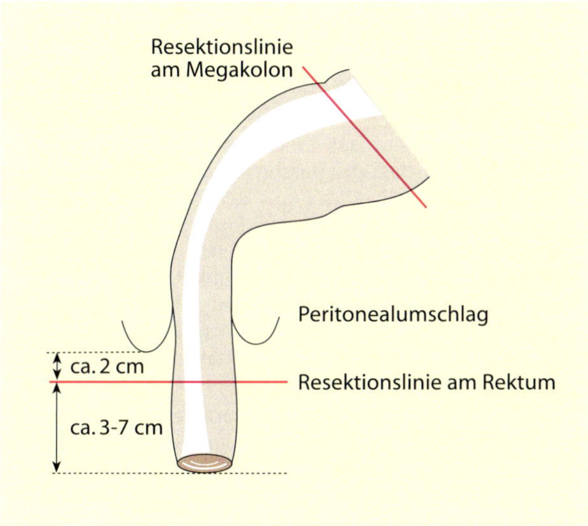

▫ Abb. 13.18 Schematische Darstellung der Rehbein-Operation. (Nach Herzog 1981)

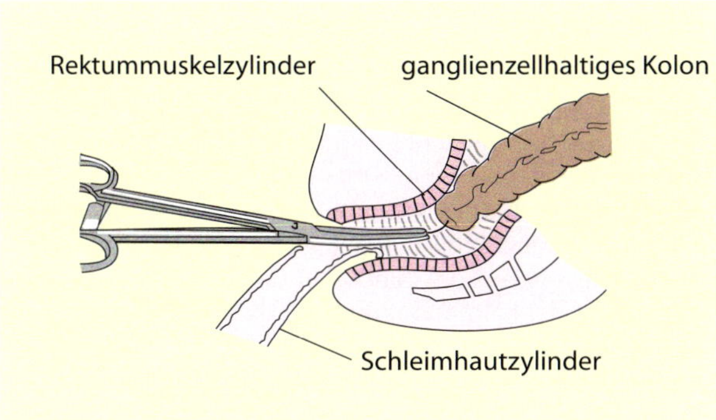

▫ Abb. 13.19 Schematische Darstellung der Operation nach Soave. (Nach Herzog 1981)

Alle 4 Verfahren führen zu ähnlichen Ergebnissen, jedoch ist keines für alle Situationen geeignet. Ein alternatives Vorgehen ist die langstreckige extraperitoneale Myektomie, die von einem posterioren sagittalen Zugang durchgeführt wird und nicht zwingend die Anlage eines passageren Kunstafters erfordert.

Präoperative Maßnahmen

Die Anlage eines Enterostoma in normal innerviertem Darm in der Regel in Form eines doppelläufigen Kunstafters entweder unmittelbar oral des fehlinnervierten Darmabschnitts oder im Querkolon oder – bei Verdacht auf totale Aganglionose des Kolon – im Endileum
- dient der Entlastung des Megakolons,
- dem Schutz der späteren Enddarmanastomose,
- ermöglicht enterale Ernährung und Gedeihen und
- reduziert das Risiko einer Enterokolitis.

Im Neugeborenenalter wird die definitve Operation auch ohne Kunstafter durchgeführt.

Lagerung

- Rückenlage.
- Die neutrale Elektrode wird erst nach Hautdesinfektion und steriler Abdeckung am Thorax dorsal angebracht.

Instrumentarium

Grund- und Laparotomieinstrumentarium,
- Kochsalzschale,
- Rehbein- oder Dennis-Brown-Rahmen,
- diverse Langenbeck-Haken,
- Spatel,
- Spritze 20 ml mit Kanüle Nr. 1 (zur Punktion der Harnblase),
- Vessel-Loops,
- linearer Anastomosenstapler,
- Nahtmaterial: Resorbierbar 4–0 und 5–0, atraumatisch. Nichtresorbierbar: 0 geflochten oder Bändchen zum Anbinden des Darmes, 5–0 monofil, atraumatisch.

Operation nach Duhamel bei Morbus Hirschsprung

► Rückenlage. Hautdesinfektion des gesamten Abdomens ventral und dorsal einschließlich Damm und Oberschenkeln mit Knien

- Die obere Hälfte des Kindes wird von dorsal mit einem sterilen Tuch abgedeckt, das Kind selbst auf eine sterile Unterlage gelegt. Die unteren Extremitäten werden bis über die Knie mit sterilen Tüchern eingewickelt
- Die neutrale Elektrode wird nach Hautdesinfektion und steriler Abdeckung am Thorax dorsal angelegt. Das Gesäß wird mit einem zusammengerollten Tuch leicht angehoben. Weitere Abdeckung wie üblich. Der Kunstafter wird mit Folie steril abgeklebt
- Paramedianschnitt links vom Nabel bis zur Symphyse. Durchtrennung der Ligg. umbilicale laterale sinistra et medianum zwischen Ligaturen
- Entleerung der Harnblase durch Punktion. Einsetzen des Ringretraktors. Die Dünndarmschlingen werden behutsam weggestopft. Entnahme von Probeexzisionen der Seromuscularis zur exakten Lokalisation des Übergangs von aganglionärer zu normal innervierter Darmwand durch Schnellschnittuntersuchung
- Nach Legen von Haltefäden an die Harnblase und an die Peritonealfalten beidseits wird das Peritoneum an beiden Seiten des Rektosigmoids und über der Umschlagfalte zwischen Rektum und Harnblase bzw. Uterus inzidiert. Durchtrennung der Vasa haemorrhoidalia sup. zwischen Ligaturen, die zentral und peripher durch zusätzliche Durchstechungsligaturen gesichert werden. Schrittweise Durchtrennung des perirektalen Gewebes dorsal und lateral zwischen doppelten Ligaturen
- Zug an einer um das distale Sigma gelegten kräftigen Ligatur erleichtert die Mobilisierung des Rektums. Eröffnung des retrorektalen Raumes durch stumpfe Präparation mit dem Präpariertupfer und nachfolgend – dem Finger. Das frei präparierte Rektum wird durch Zug am Sigma angespannt und ca. 1 cm kaudal der peritonealen Umschlagfalte von rechts zur Hälfte quer durchtrennt
- Austupfen des Rektumlumens mit Betaisodona-getränkten Kompressen
- Nach Legen von insgesamt 4 Haltefäden an den aboralen Stumpf wird das Rektum vollständig durchtrennt. Skelettierung des Sigmas und Mobilisierung des Colon descendens. Dazu wird die laterale Serosa darmnah inzidiert, die darmnahen Gefäßarkaden aber sorgfältig geschont. Durchtrennung der Vasa sigmoidea zentral zwischen doppelten Ligaturen, die zentral und peripher durch eine zusätzliche Durchstechungsligatur gesichert werden
- Quere Durchtrennung des Dickdarmes mit dem linearen Anastomosenstapler dort, wo die Darmwand – nach dem Ergebnis der Schnellschnittuntersuchung – einen normalen Ganglienzellbesatz aufweist. Das Resektionspräparat wird zur histologischen Untersuchung abgegeben
- Lokale Spülung des kleinen Beckens mit körperwarmer Ringer-Lösung. Das mobilisierte Colon descendens wird am Mesenterialansatz und antimesenterial mit je einem Haltefaden versehen
- Umlagerung des Kindes in Steinschnittlage unter Beibehaltung der Abdeckung. Nochmalige Reinigung des Rektumlumens mit Betaisodona-getränkten Kompressen
- Nach Einsetzen von 2 Langenbeck-Haken und Sphinkterdehnung wird die dorsale Zirkumferenz des Analkanales einige Millimeter oral der Linea dentata transanal über einem mit Hilfe eines langen Overholts von abdominal vorgeschobenen Präpariertupfer mit der Diathermie von 9–3 Uhr quer inzidiert (»smile-incision«; ◻ Abb. 13.20 und 13.21). Durch die Inzision wird ein zweiter Overholt retrograd in das abdominale Wundgebiet eingebracht, mit dem das mobilisierte Kolon retrorektal nach anal so durchgezogen wird (◻ Abb. 13.22), dass das Mesokolon nach dorsal und rechts zu liegen kommt
- Durch Revision des abdominalen Situs vergewissert man sich, dass der durchgezogene Dickdarmabschnitt gestreckt verläuft und kein Zug am Mesokolon ausgeübt wird. Das aborale Ende des durchgezogenen Kolons wird einige Millimeter oral der Klammernahtreihe ventral eröffnet (◻ Abb. 13.23). Der orale Wundrand dieser Inzision wird mit dem oralen Rand der Inzision der Rektumhinterwand einreihig mit atraumatischen Einzelknopfnähten (4–0, resorbierbar) anastomosiert
- Vollständige Resektion der aboralen Manschette des durchgezogenen, gut durchbluteten Kolons und Naht des aboralen Teils der End-zu-Seit-Anastomose (◻ Abb. 13.24). Die resezierte Kolonmanschette wird zur histologischen Untersuchung abgegeben (oraler Resektionsrand)
- Einbringen der beiden Branchen des Staplers, die eine ventral in den Rektumsstumpf, die andere dorsal in das durchgezogene Kolon (◻ Abb. 13.25)
- Überprüfung der korrekten Lage des Staplers von abdominal (◻ Abb. 13.26, 13.27). Unter leichter Anspannung des durchgezogenen Kolons nach kranial wird die End-zu-Seit-Anastomose in eine lange Seit-zu-Seit-Anastomose umgewandelt. Inspektion des Klammernahtschnittrandes beidseits von anal. Ein Anastomosenrand wird mit Einzelknopfnähten (5–0, resorbierbar, atraumatisch) vollständig mit Schleimhaut epithelisiert, der andere nur distal
- Umlagerung des Kindes in Rückenlage und Inspektion der Klammernahtreihe von peritoneal. Nach Anlegen von Haltefäden beidseits lateral wird die Vorderwand des Rektumstumpfes mit der des Colon descendens zweireihig quer anastomosiert
- Kontrolle auf Bluttrockenheit

- ► Sorgfältige und vollständige Serosierung des Wundgebietes mit atraumatischen Einzelknopfnähten (5–0, resorbierbar)
- ► Spülung der Bauchhöhle mit körperwarmer Ringer-Lösung
- ► Zählkontrolle und Dokumentation
- ► Naht des Peritoneums
- ► Schichtweiser Wundverschluss
- ► Hautverschluss mit Einmalmetallklammern
- ► Verband und Versorgung des Kunstafters

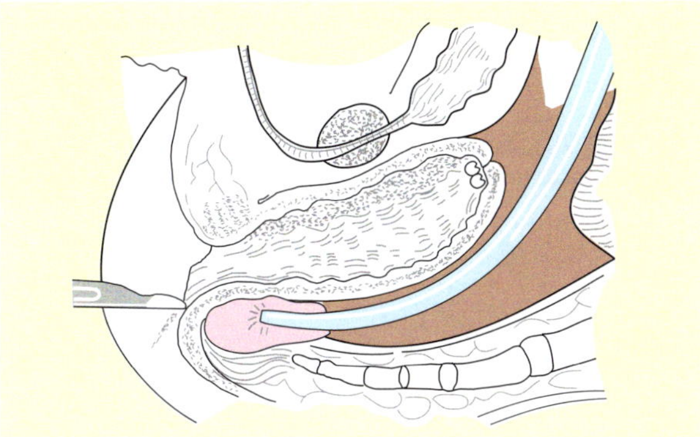

Abb. 13.20 Operation nach Duhamel: retrorektale Präparation und Inzision der Hinterwand des Analkanales. (Nach Nixon 1988)

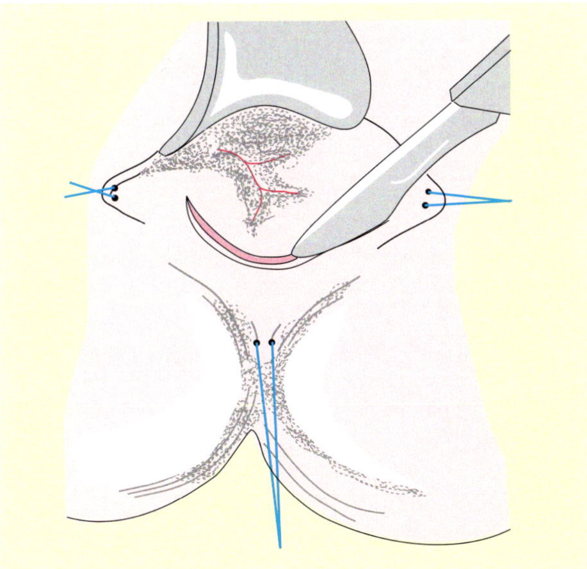

Abb. 13.21 Operation nach Duhamel: Inzision der Hinterwand des Analkanales (»smile-incision«; Fa. Autosuture)

Komplikationen

- Anastomoseninsuffizienz (5–10%).
- Anastomosenstriktur (<10%).
- Wundheilungsstörungen (11%).
- Blasenentleerungstörung.
- Stuhlinkontinenz (v. a. nach dem Swenson-Verfahren).
- Im Langzeitverlauf wird bei 10–30% der operierten Patienten eine Sphinkterdehnung in Narkose wegen persistierender Obstipation notwendig.

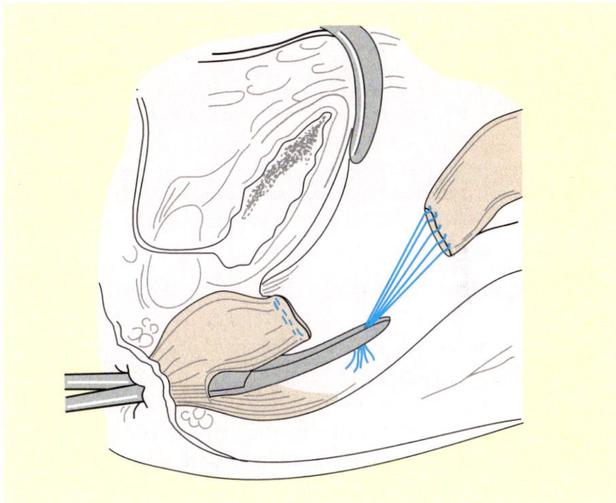

Abb. 13.22 Operation nach Duhamel: retrorektaler Durchzug des mobilisierten, normal innervierten Kolons. (Fa. Autosuture)

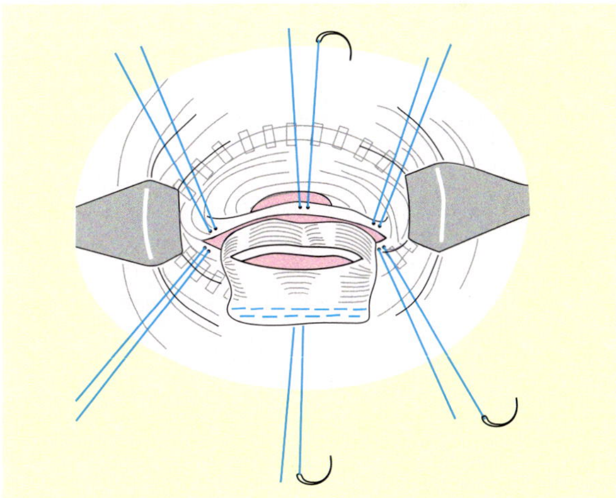

Abb. 13.23 Operation nach Duhamel: Eröffnung des durchgezogenen Kolons und Beginn der transanalen koloanalen Anastomose End-zu-Seit. (Nach Teitelbaum et al. 1995)

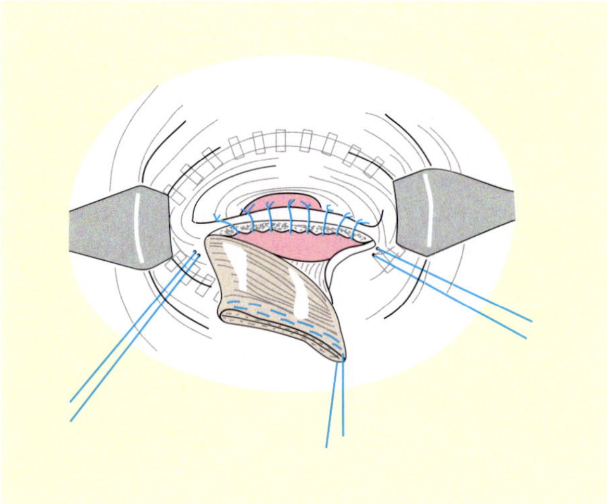

Abb. 13.24 Operation nach Duhamel: Resektion der Klammernahtreihe und Fertigstellung der transanalen koloanalen End-zu-Seit-Anastomose. (Nach Teitelbaum et al. 1995)

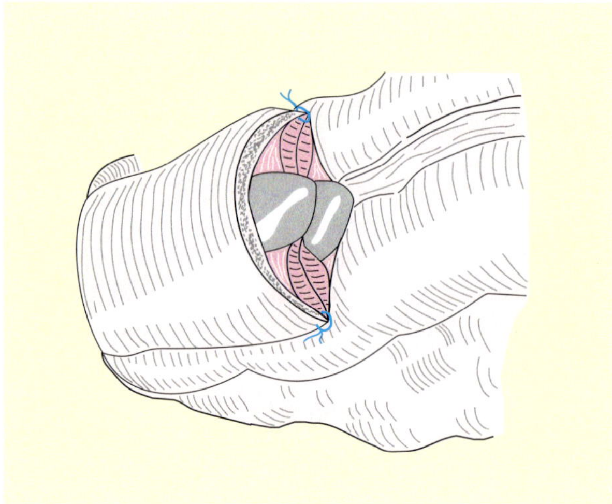

Abb. 13.26 Operation nach Duhamel: wie Abb. 13.25, Ansicht von abdominal. (Nach Nixon 1988)

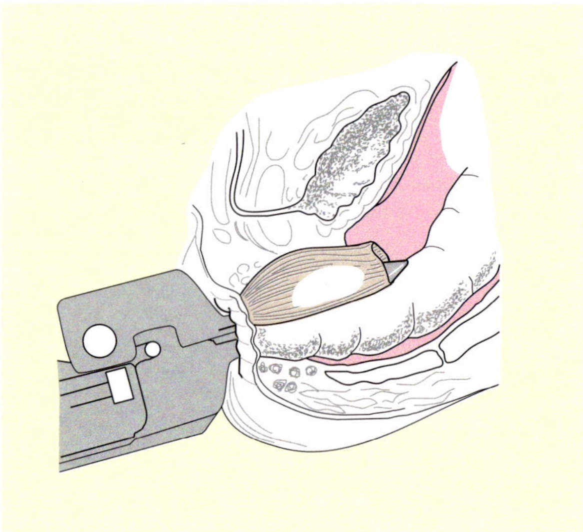

Abb. 13.25 Operation nach Duhamel: Umwandlung der koloanalen End-zu-Seit-Anastomose mit dem linearen Anastomosenstapler in eine Seit-zu-Seit-Anastomose. (Fa. Autosuture)

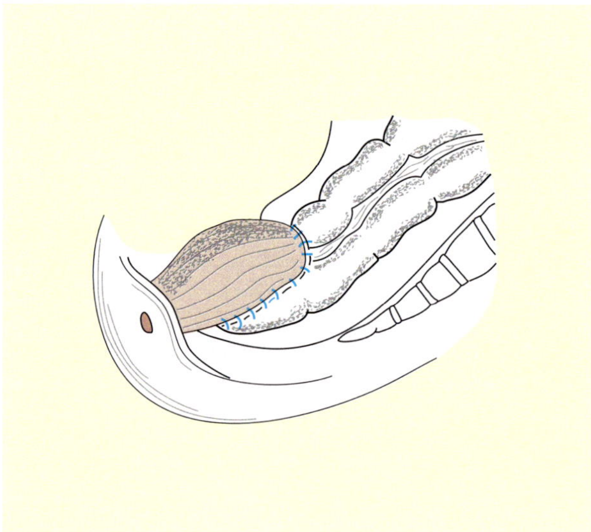

Abb. 13.27 Operation nach Duhamel: Endzustand mit agangionärer Rektumvorderwand und normal innervierter Hinterwand (= durchgezogenes Kolon Seit-zu-Seit anastomosiert; nach Schärli et al. 1998)

13.3.6 Anorektale Agenesie

Definition

Anorektale Anomalien umfassen ein Spektrum unterschiedlicher Entwicklungsstörungen, deren gemeinsames Merkmal ein angeborener, mehr oder weniger vollständiger Enddarmverschluss ist. Die Analöffnung kann verschlossen, zu eng sein oder an der falschen Stelle liegen. Analkanal oder Anorektum können fehlen oder pathologisch verlaufen.

Anatomie

Als Rektum wird der tänienfreie Dickdarmabschnitt zwischen rektosigmoidalem Übergang in Höhe des 2. Sakralwirbelkörpers und dem Anus bezeichnet. Die für die Kontinenz wichtigsten Muskeln sind die inneren und äußeren Schließmuskeln und die Levatormuskulatur mit dem *M. puborectalis*. Im Gegensatz zu anderen willkürlichen Muskeln des Körpers ist der M. puborectalis auch im Ruhezustand bis zu einem gewissen Grad aktiv kontrahiert, sofern er normal innerviert ist. Fehlen mehr als 2 Sakralwirbel, ist die Funktion des M. puborectalis gestört.

Der unwillkürlich innervierte *innere Schließmuskel* stellt eine Verdickung der inneren Ringmuskulatur des Enddarmes dar. Er ist normalerweise tonisch kontrahiert und hält den Analkanal geschlossen. Auf Wanddehnung des Rektums reagiert der M. sphincter ani internus mit einem Tonusverlust, der Internusrelaxation, die den Vorgang der Stuhlentleerung einleitet. Der innere Ringmuskel fehlt bei den hohen Formen anorektaler Agenesien bzw. kann mit den heute zur Verfügung stehenden OP-Verfahren nicht nutzbar gemacht werden.

Die willkürlich innervierten *äußeren Schließmuskel*, die eng mit den Muskeln des Beckenbodens verflochten sind, sind mit etwa 20% an der Kontinenz beteiligt. Äußere Schließmuskeln sind auch bei den hohen anorektalen Anomalien in unterschiedlicher Masse vorhanden, meist deutlich weniger als beim Gesunden.

Alle diese Muskeln können nicht isoliert betrachtet werden, vielmehr handelt es sich um ein System ineinander verflochtener Muskelgruppen.

Klassifikation

Die Klassifikation der verschiedenen Formen der Agenesien ist Voraussetzung für die gegenseitige Verständigung über Diagnose, Therapieplanung und für den Vergleich der Behandlungsergebnisse (Tabelle 13.4).

Nach der Lagebeziehung des fehlgebildeten Anorektums zum muskulären Beckenboden, d. h. der Levatorplatte und dem M. puborectalis, unterscheidet man hohe und tiefe Formen anorektaler Anomalien. Bei den *hohen,*

Tabelle 13.4. Klassifikation anorektaler Malformationen nach Wingspread. (Stephens u. Smith 1986)

Formen	Mädchen	Jungen
Hohe Formen	1. Anorektale Agenesie Mit rektovaginaler Fistel Ohne Fistel (hoch) 2. Rektumatresie	1. Anorektale Agenesie Mit rektourethroprostatischer Fistel Ohne Fistel 2. Rektumatresie
Intermediäre Formen	1. Rektovestibuläre Fistel 2. Rektovaginale Fistel (tief) 3. Analagenesie ohne Fistel	1. Rektourethrobulbäre Fistel 2. Analagenesie ohne Fistel
Tiefe Formen	1. Anovestibuläre Fistel 2. Anokutane Fistel 3. Analstenose	1. Anokutane Fistel 2. Analstenose
Sonderformen	Kloake H-Fistel ohne Atresie (Rektum → Vagina)	Rektovesikale Fistel H-Fistel ohne Atresie (Anorektum → Urethra oder Damm)

supralevatorischen Formen endet der Rektumblindsack oberhalb der Puborektalisschlinge, bei den tiefen durchsetzt der Enddarm die Levatorplatte und meist auch die tiefen Schichten der äußeren Schließmuskulatur. Eine dritte Gruppe ist die der intermediären Anomalien, bei denen der Rektumblindsack die Levatormuskulatur unvollständig oder in Form einer zur bulbären Urethra bzw. zur Vagina oder zum Scheideneingang ziehenden Fistel durchsetzt.

Pena (zeitgenössischer Kinderchirurg, New York) unterscheidet nach therapeutischen Gesichtspunkten Formen, die die Anlage eines Kunstafters erfordern, von solchen, die primär definitiv operiert werden können.

Pathogenese

Die Pathogenese ist nicht hinreichend geklärt. Hohe Formen entstehen wahrscheinlich zwischen der 4. und 6. Fetalwoche (Scheitel-Steiß-Länge, SSL 4–200 mm) durch fehlerhafte Kloakenteilung. In diesem Sinne können Fisteln zwischen Enddarm und Urogenitaltrakt als Septierungsstörung aufgefasst werden. Dagegen ist den intermediären und den tiefen Anomalien die fehlende Dorsalverlagerung des Anus, weg vom Sinus urogenitalis, gemeinsam.

Ätiologie

Über die Ätiologie ist wenig bekannt. Es gibt Hinweise auf:

- Genetische Faktoren (bei Kindern mit Morbus Down gehäuft, gelegentlich familiäres Vorkommen).
- Teratogene Noxen (Schädigung des Embryos von außen, z.B. durch Thalidomid, Lösungsmittel wie Azeton oder Trilin).
- Durchblutungsstörungen der Beckenorgane infolge von Gefäßmissbildungen. (Einige der betroffenen Kinder haben nur eine Nabelarterie.)

Klinik

- Mehr oder weniger vollständiger tiefer Ileus,
- evtl. Mekoniumabgang mit Urin oder über die Vagina,
- aufgetriebenes Abdomen,
- evtl. respiratorische Störungen.
- Harnabflussstörung.

Assoziierte Anomalien

- Assoziierte Anomalien sind häufig (bis zu 70%) und zwar bei hohen Formen häufiger als bei tiefen. Sie betreffen hauptsächlich
  - den Harntrakt (40%),
  - das Skelettsystem und die Wirbelsäule (15–30%),
  - das Herz (9%) und
  - den übrigen Magen-Darm-Trakt (14%).
- Kombination von Analatresie mit Ösophagusatresie: VACTERL-Assoziation (▫ s. 13.2.1).
- »Tethered spinal cord« in 10–52% der Fälle.

Formen anorektaler Anomalien

Bei Jungen überwiegen die hohen Formen einer anorektalen Agenesie mit 70%, während bei Mädchen nur in etwa 20–30% der Fälle mit hohen und intermediären Formen zu rechnen ist. Fisteln sind häufig: Bei Jungen in 70% (davon nur zu einem Drittel äußere Fisteln), bei Mädchen in 90% der Fälle (▫ Tabelle 13.5).

Zu den Sonderformen zählen die relativ häufigen sog. Kloakenfehlbildungen, bei denen es sich um komplexe, sehr variable Missbildungen handelt. Hier verlaufen der untere Anteil des Urogenitaltraktes, also Harnröhre und Scheide, mit dem unteren Anteil des Darmtraktes in einem gemeinsamen Kanal, der sog. Kloake.

Diagnostische Maßnahmen

- Inspektion, evtl. Sondierung einer vorhandenen Öffnung.
- Urinstatus (Mekonium?).
- Sonographie (Tethered spinal cord? Zusätzliche Anomalien – Niere!).
- Röntgenaufnahme nach Wangensteen (Chirurg, Minneapolis, 1898–1980).
- Eventuell vorhandene Fistel darstellen durch Miktionszysturethrogramm oder sekundär nach Anlage einer Kolostomie (Loopogramm).
- Eventuell Punktion des Rektumblindsackes von perineal und Kontrastmittelinstillation).
- Kernspintomographie (»nuclear magnetic resonance«, NMR) des Beckenbodens (Tethered cord? Beckenbodenmuskulatur?).
- Endoskopie (urogenitale Anomalien?).

Therapie

Erstversorgung

Eine anorektale Malformation (ARM) ist als angeborener Dickdarmileus aufzufassen, d. h. dem Kind drohen Flüssigkeits- und Elektrolytverluste durch Erbrechen und durch Sequestration in den Darm. Aufgetriebenes Abdomen meist erst nach 1–2 Tagen (tiefer Ileus!). Therapeutische Maßnahmen sind:

Tabelle 13.5. Anorektale Anomalien

Anomalieformen	Jungen	Mädchen
Tiefe anorektale Anomalien		**Differenzierung nach der Lokalisation der Analöffnung**
	Analstenose	Orthotop: Anus copertus und Analstenose, perineale Rinne, perinealer Kanal
	Anokutane (subepitheliale) Fistel	Perineal: Anteriore perineale Ektopie, anokutane Fistel (Anus copertus incompletus)
	Anus copertus und Analmembran	Vulvär: Anteriore vulväre Ektopie (vulvärer Anus), anovulväre Fistel, anovestibuläre Fistel (häufigste Form)
	Medianes Band und »Korbhenkel-Deformität«	
Intermediäre Formen	Anorektale Agenesie mit rektourethrobulbärer Fistel	Rektovestibuläre Fistel
		Anorektale Agenesie mit tiefer rektovaginaler Fistel (selten)
Hohe Formen	**Häufig** Mit einer Fistel zwischen Rektumblindsack und prostatischer Harnröhre **Selten**	**Selten** Rektovaginale Fistel, die in Höhe des Gebärmutterhalses mündet
	Mit einer Fistel zwischen der Harnblase selbst (rektovesikale Fistel) Anorektale Agenesie ohne Fistel Rektumatresie (sehr selten)	Anorektale Agenesie ohne Fistel Rektumatresie
Sonderformen		Sog. Kloakenmissbildungen (relativ häufig), bei denen es sich um komplexe, sehr variable Missbildungen handelt. Hier verlaufen der untere Anteil des Urogenitaltraktes, also Harnröhre und Scheide, mit dem unteren Anteil des Darmtrakts in einem gemeinsamen Kanal

- Offene Magensonde zur Entlastung des Magen-Darm-Traktes und zur Vermeidung einer Aspiration.
- Infusion zur Substitution der Flüssigkeits- und Elektrolytverluste.
- Bei Neugeborenen ohne äußerlich sichtbare Fistel Bauchlage mit angehobenem Gesäß.
- Antibiotikatherapie (Infektionsrisiko durch Fistel zwischen Darm und Urogenitaltrakt).
- I.m-Gabe von Vitamin K1 (Konakion; in den meisten Fällen ist eine Operation im Neugeborenenalter erforderlich).

Die meisten *tiefen Formen* können vom Damm her, meist in einer einzigen Sitzung operiert (»cut-back«, Analplastik, Analtransposition, Mini-Verfahren zur *p*osterioren *s*agittalen *A*norekto*p*lastik, PSARP) oder durch Bougierung behandelt werden. (Ausnahme: vestibulärer Anus → Kolostomie und »limited PSARP«.)

Bei intermediären und bei hohen Formen sowie in allen Zweifelsfällen wird primär ein Sigmaanus mit getrennten Stomata (kurzer Abstand zur Fistel, leicht zu spülen) angelegt:
- Dieser Kunstafter dient als vorübergehender Darmausgang, damit das Kind ernährt werden kann.
- Er dient zur Umgehung der Fistel zum Harntrakt.
- Man gewinnt Zeit die Fehlbildung genau zu diagnostizieren.
- Er dient zur Umgehung des späteren OP-Gebietes.

Definitive Operation im Alter von 1–2(–3) Monaten, bei Kloake frühestens mit 6 Monaten.

Das heute allgemein favorisierte definitive OP-Verfahren, das für alle Formen der ARM anwendbar ist, ist die 1974 von de Vries und Pena angegebene PSARP.

Operation

! Latexfreie Operation!

Prinzip

Haut und sämtliche Muskelschichten zwischen Damm und Steißbein werden streng in der Medianlinie gespalten, eine evtl. vorhandene Fistel wird transrektal versorgt, der mobilisierte Rektumblindsack, falls notwendig, verengt und in den von der Levatormuskulatur gebildeten Trichter sowie in den M. sphincter ani externus gesetzt. In weniger als 10% der Fälle ist eine zusätzliche Laparotomie zur Mobilisierung des blind endenden Rektums erforderlich.

Lagerung

- Präoperativ wird ein transurethraler Ballonkatheter gelegt.
- Operation in Bauchlage mit angehobenem Gesäß, Hüftgelenke rechtwinklig gebeugt (Abb. 13.28).
- Wärmematte.
- Neutrale Elektrode am Oberschenkel.
- Schutz vor Wärmeverlusten: Mütze aus Schlauchverband, Arme (einschließlich Hände) mit Watte oder Folie einwickeln.

Instrumentarium

Grund- und Laparotomieinstrumentarium,
- Kochsalzschale,
- Muskelreizgerät,
- abgewinkelte bzw. abwinkelbare stumpfe Wundspreizer,
- diverse Overholts,
- Kunststoffrinne,
- Hegarstifte,
- Lupenbrille,
- Nahtmaterial: 5-0 atraumatisch resorbierbar. Haltenähte monofil oder Seide 5-0.

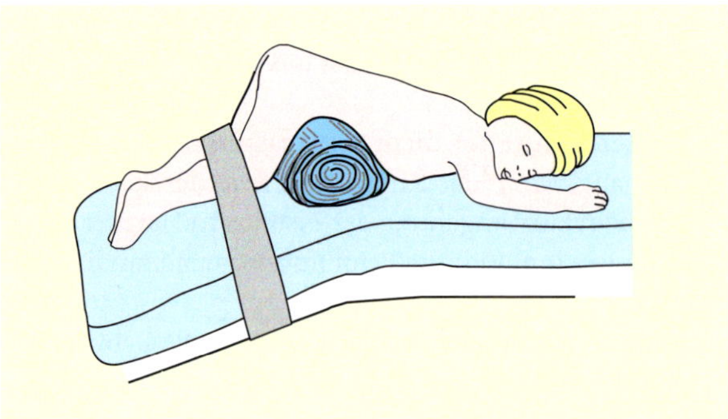

Abb. 13.28 Posteriore sagittale Anorektoplastik nach Pena: Lagerung (Thorax und Sprunggelenke zusätzlich unterpolstern; nach Pena 1989)

Anorektale Agenesie: Posteriore sagittale Anorektoplastik

- ▶ Bei hohen Formen der ARM und bei Kloakenmissbildungen muss so abgedeckt werden, dass das Kind intraoperativ ohne Verletzung der Asepsis von Bauchlage in Rückenlage und zurück gedreht werden kann
- ▶ Stimulation der Rima ani und der mutmaßlichen Analregion mit dem Muskelreizgerät (Stromstärke zwischen 20–60 mA). Kommt es zu Kontraktionen der parasagittalen Fasern und des Muskelkomplexes? Ist ein Analgrübchen vorhanden? Inzision in der Medianlinie der Rima ani mit der Nadeldiathermie von kranial der Steißbeinspitze bis knapp 2 cm ventral der mutmaßlichen Analregion. Man sieht die parasagittalen Fasern und den Muskelkomplex. Markierung des zukünftigen Anus. Schnittvertiefung streng in der Mittellinie unter intermittierender Kontrolle mit dem Muskelreizgerät (Abb. 13.29)
- ▶ Verlängerung der Hautinzision nach kranial bis etwa in Sakrummitte und Darstellung des Steißbeines, das in der Medianlinie gespalten wird. Über einem vor dem Steißbein eingeführten Overholt wird die Levatormuskulatur vom Steißbein aus in der Medianlinie gespalten
- ▶ Darstellung der Hinterwand des Rektumblindsackes, die aboral zwischen 2 Haltefäden in der Medianlinie mit der Nadeldiathermie eröffnet wird. Nach Legen von Haltenähten (6-0, atraumatisch) in die Rektumschleimhaut oral der Fistel wird die Submukosa von der Hinterwand der Urethra getrennt (lupenmikroskopische Präparation). Weiter kranial ist dann die vollständige Darstellung der Rektumvorderwand möglich
- ▶ Zweischichtiger Fistelverschluss mit Einzelknopfnähten (resorbierbar, 6-0, atraumatisch). Verlängerung des Rektums, evtl. mit (zirkulärer) Eröffnung des Peritoneums. Wenn der Blindsack erheblich dilatiert ist, wird eine Modellage erforderlich. Die Rektumwand wird mit einer zweireihigen, einstülpenden Naht verschlossen (6-0, resorbierbar, atraumatisch)
- ▶ Rekonstruktion des anterioren Perinealkörpers mit Einzelknopfnähten (6-0, resorbierbar, atraumatisch)

- ► Hautverschluss ventral des neu zu bildenden Anus mit Einzelknopfnähten (6–0, resorbierbar, atraumatisch). Nach Legen der Levatornähte (5–0, resorbierbar, atraumatisch) wird der Rektumstumpf vor dem Levator durchgezogen, die Nähte werden geknüpft. Naht des Steißbeins (resorbierbar, 4–0). Naht der hinteren Zirkumferenz des Muskelkomplexes, der mit Hilfe des Muskelreizgerätes lokalisiert werden kann. Diese Nähte fassen einen oberflächlichen Anteil der Seromuscularis der Rektumhinterwand mit (◘ Abb. 13.30a,b)
- ► Schichtweiser Wundverschluss (resorbierbare Einzelknopfnähte 5–0 bzw. 6–0, atraumatisch)
- ► Subkutannaht. Analplastik unter leichter Spannung, sodass sich die Rektumwand nach Abschneiden der Nähte retrahiert (◘ Abb. 13.31)
- ► Die beiden Hälften des resezierten aboralen Endes des Rektumblindsackes werden zur histologischen Untersuchung abgegeben (Zusätzliche Aganglionose?)
- ► Die Haut der Rima ani wird mit resorbierbarem Faden 5–0, atraumatisch fortlaufend verschlossen. Kalibrierung des neu gebildeten Anus mit Hegarstiften
- ► Verband mit Jodoformgaze, Leukostrips und Fixomull
- ► Das Kind verbleibt in Bauchlage

Postoperative Behandlung

- Meist problemlos. Keine wesentlichen Schmerzen (außer nach Laparotomie).
- Bauchlage mit angehobenem Gesäß für mindestens 2–3 Tage. Offen ablaufende Magensonde.
- I.v.-Gabe von Antibiotika für 3–5 Tage (danach je nach urologischem Befund Langzeitprophylaxe gegen Harnwegsinfekte).
- Erster Verbandswechsel nach 24 h.
- Oraler Nahrungsaufbau, wenn Kolostomie Stuhl fördert.
- Ballonkatheter für 5 Tage (bei kurzstreckiger Kloake für 7 Tage, langstreckige haben suprapubische Harnableitung). Versehentlich gezogenen oder herausgerutschten Katheter nicht wieder transurethral legen; wenn Kind nicht spontan miktioniert, suprapubische Harnableitung legen.
- Entlassung am 7.–8. postoperativen Tag.
- Postoperative *Bougierung* mit Hegarstiften beginnt zwischen dem 14. und 21. Tag. Stationäre Wiederaufnahme für 1–2 Tage zur Anleitung der Eltern durch den Operateur. Die Bougierung ist essenzieller Bestandteil der Therapie! Sie dient sowohl dem Offenhalten der anokutanen Anastomose, der allmählichen Dilatation des den Anorektalkanal umgebenden Mus-

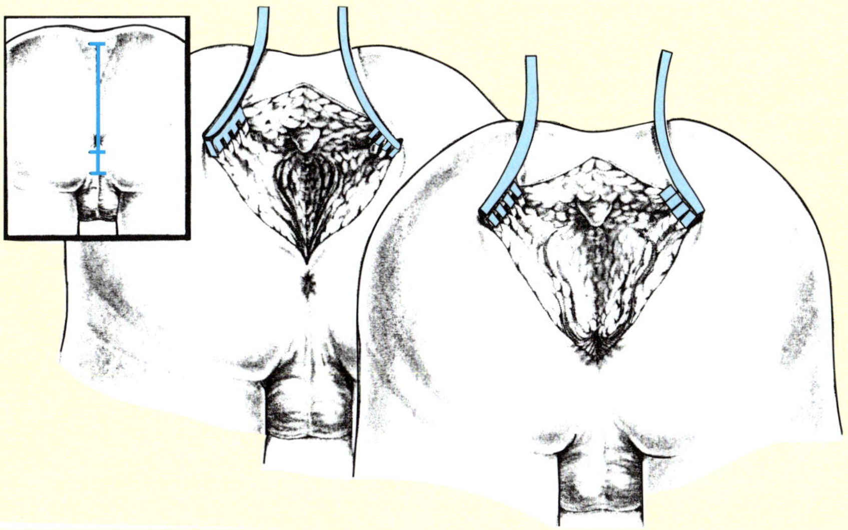

◘ Abb. 13.29 Posteriore sagittale Anorektoplastik nach Pena: Hautinzision und Darstellung des Rektumblindsackes von perineal. (Nach Pena 1989)

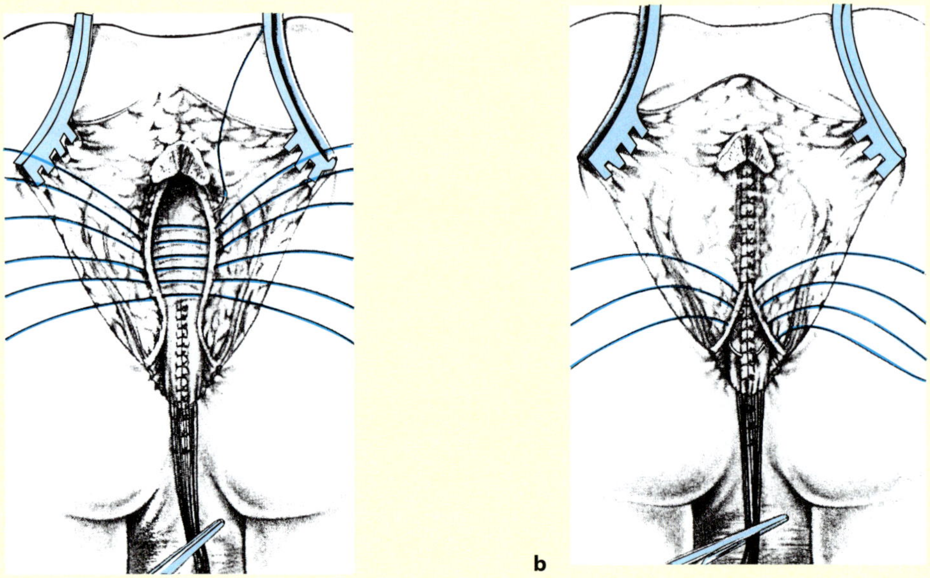

Abb. 13.30a,b Posteriore sagittale Anorektoplastik nach Pena: Vereinigung der Levatormuskulatur (a) und des Muskelkomplexes (b) über dem durchgezogenen und modellierten Rektum. (Nach Pena 1989)

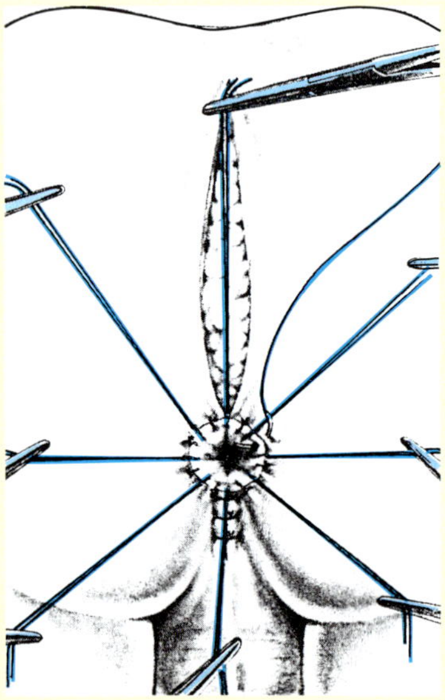

Abb. 13.31 Posteriore sagittale Anorektoplastik nach Pena: Anlage des Neoanus. (Nach Pena 1989)

keltrichters als auch dem »Training« des Beckenbodens.

- Bougierung zu Hause (2 -mal täglich) bis die altersentsprechende Weite erreicht ist (Tabelle 13.6).
- Danach kann der Kunstafter reseziert werden, d. h. meist 6–8 Wochen nach PSARP. Die Bougierungsfrequenz wird erst reduziert, wenn die Bougierung schmerzlos ist.

Tabelle 13.6. Bougiegröße in Abhängigkeit vom Lebensalter

Alter	Hegar-Größe [H]
1–4 Monate	H 12
4–8 Monate	H 13
8–12 Monate	H 14
1–3 Jahre	H 15
3–12 Jahre	H 16
Über 12 Jahre	H 17

Komplikationen der Durchzugsoperation

- Urethraverletzung (→ Stenose),
- Ureterverletzung,
- Verletzung von Samenleiter und/oder Samenbläschen,
- Wundinfektion,
- Urethradivertikel (selten bei PSARP),
- Fistelrezidiv (urethrovaginal bei Kloake oder rektourethral bei Jungen),
- narbige Analstriktur (kurzstreckig),
- Durchblutungsstörung des durchgezogenen Kolons (langstreckige Stenose),
- langstreckige Stenose oder sekundäre Atresie als Folge unzureichender oder unterlassener Bougierung,
- Obstipation,
- Rektum- und/oder Analprolaps (selten bei PSARP),
- sekundäre Vaginalatresie,
- passagere Femoralisparese (lagerungsbedingt),
- sekundäre neurogene Blasenentleerungsstörung,
- erhebliche Windeldermatitis nach Kunstafterresektion, die über Monate anhalten kann.

Ergebnisse

Die Ergebnisse sind abhängig vom Typ: bei tiefen Formen günstiger, bei hohen weniger günstig. Im Durchschnitt erlangen ca. 40% der Patienten vollständige Kontinenz:

Fisteltyp	Anzahl der Patienten mit vollständiger Kontinenz [%]
Perineale Fistel	100
Atresie oder Stenose	100
Vestibuläre Fistel	66
ARM ohne Fistel	53
Bulbäre Fistel	34
Kloake	32
Prostatische Fistel	26
Vaginale Fistel	0
Blasenhalsfistel	0

Nach Pena 1995

Praktisch alle operierten ARM-Patienten haben primär funktionelle Kontinenzprobleme:

- Fehlendes Stuhldranggefühl (sensorisch).
- Ungenügende Haltefunktion (unvollständiges Kontinenzorgan: fehlender M. sphincter ani internus, unvollständig angelegte Externus- und Levatormuskulatur, fehlendes Corpus cavernosum recti u. a.).
- Ungenügende Koordination von Halte- und Entleerungsfunktion.
- Fehlendes (oder zu großes) Stuhlreservoir.

Die Kontinenzprobleme können mit Stuhltraining oder Biofeedbacktraining überwunden werden, wenn der Patient dazu motiviert ist (ab dem 7.–12. Lebensjahr). Entwicklung der Kontinenzfunktion zur Pubertät hin. Zusätzliche Maßnahmen sind »bowel management« (modifizierte hohe Schwenkeinläufe) oder anterograde Dickdarmspülungen nach Malone (zeitgenössischer Kinderchirurg, Southampton, UK) über ein kontinentes Stoma. Hierzu wird der Appendix nach Mitrofanoff (zeitgenössischer Chirurg, Paris) oder ein in querer Richtung tubularisiertes Dünndarmsegment nach Monti verwendet. Für die psychosoziale Anpassung sind eine intakte Familie bzw. kontinuierliche elterliche und ärztliche Zuwendung notwendig, evtl. ist psychotherapeutische Unterstützung erforderlich.

13.3.7 Nekrotisierende Enterokolitis der Früh- und Neugeborenen

Definition
Schwere Darmerkrankung komplexer Ätiologie, bei der es zu fleckförmigen oder segmentalen Hämorrhagien, Ulzerationen, Nekrosen sowie zu antimesenterial gelegenen Perforationen des Dünn- und Dickdarmes kommen kann.

Die nekrotisierende Enterokolitis der Früh- und Neugeborenen (NEC) betrifft hauptsächlich Frühgeborene im ersten Trimenon. Sie tritt überwiegend sporadisch, gelegentlich auch epidemisch in Neugeborenen-Intensivstationen auf.

Häufigkeit

- 0,2% aller Lebendgeborenen.
- 1–2% aller Frühgeborenen.
- 8% der Frühgeborenen zwischen 750 und 1.500 g.
- Unter den Erkrankten sind weniger als 10% Reifgeborene.
- Geschlechtsverhältnis: männlich : weiblich = 2 : 1.

Risikofaktoren

- Vorzeitiger Blasensprung.
- Perinatale Stresssituation (erschwerte Geburt, Hypoxie, Hypothermie, Schock, Hypovolämie, Azidose, Hypoglykämie).
- Unreife.
- Ungenügende Infektabwehrmöglichkeiten (systemisch, lokal: Darmschleimhaut).
- Atemnotsyndrom.
- Hyperviskosität des Blutes (hoher Hämatokrit).
- Austauschtransfusion über Nabelvene.
- Nabelarterienkatheter.
- Frühe Fütterung mit Kuhmilchpräparaten (fehlende Schutzfaktoren der Muttermilch; nichtgestillte Säuglinge erkranken 6-mal häufiger als gestillte).
- Hyperosmolarität der Nahrung.
- Drogenabusus der Mutter (Kokain).
- Medikamente, die die Darmmotilität hemmen bzw. die Darmdurchblutung verringern (Methylxanthine, Indomethacin).
- Symptomatische Herzfehler (Fallot-Herzfehlbildungen, Ventrikelseptumdefekt, Ductus arteriosus persistens).
- Vorausgegangene Operationen (nach Dünndarmatresie vom Apple-peel-Typ, nach Gastroschisis).

! Die NEC ist eine Erkrankung der Überlebenden (Kliegman u. Fanaroff 1984).

Pathophysiologie

Bakterielle Infektion eines prädisponierten besonders vulnerablen Makroorganismus. Sie wird durch die folgenden Faktoren ausgelöst:

- Darmschleimhautläsion im Zusammenhang mit Mikrozirkulationsstörung im mesenterialen Stromgebiet (»Tauchreflex«, Reperfusionstrauma mit toxischen freien O_2-Radikalen, Austauschtransfusion, »diastolic steal phenomen« bei Ductus arteriosus persistens, erhöhter intraluminaler Druck im Darm).
- Bakterieninvasion in die Darmwand (keine spezifischen Erreger; meist Erreger der eigenen Darmflora, die jedoch aufgrund der äußeren Umgebung (Intensivstation) und der antibiotischen Behandlung selektioniert ist).
- Zeitpunkt und Art der Ernährung.

Pathologische Anatomie

Transmurale Darmwandnekrose mit nur geringer Entzündungsreaktion, überwiegend segmentär oder fleckförmig, bevorzugt im Endileum und im Kolon (zusammen in 44% befallen); bei etwa 20% Pannekrose langstreckiger Darmabschnitte.

Klinik

Erkrankungsbeginn schleichend (selten fulminant), überwiegend zwischen dem 5. und 10. Lebenstag, meist 24–36 h nach der ersten enteralen Nahrungsaufnahme. Symptome sind:

- Aufgetriebenes schmerzhaftes Abdomen, gallige Magenreste, schleimig-blutige Stühle.
- Rötung und vermehrte Venenzeichnung der Bauchhaut, Ödem der Bauchwand.
- Lethargie, Temperaturinstabilität.
- Apnoeanfälle, Bradykardien.
- Vergrößerung von Leber und Milz.

Es werden die folgenden Stadien unterschieden:

Stadium I	Abdominelle Distension
Stadium IIa	Intoxikation
Stadium IIb	Störung der vitalen Funktionen
Stadium III	Komplikationen

Laborbefunde

- Serumnatrium erniedrigt; Thrombozyten auf <150.000 erniedrigt, Leukopenie <6000 mit Linksverschiebung, C-reaktives Protein (CRP) erhöht.
- Metabolische Azidose.
- Ikterus.
- Disseminierte intravasale Gerinnung.
- Anstieg reduzierender Substanzen im Stuhl infolge Disaccharidase-Malabsorption (Laktasemangel).

Diagnose

Röntgen

Abdomenübersicht (»stehende« Schlingen, Pneumatose = Luft in der Darmwand; später luftleeres Abdomen; Luft in Pfortaderästen; freie Luft) – Aufnahmen in 6- bis 8-stündigen Intervallen wiederholen.

Sonographie

- Darmmotilitätsstörung, Luft in Pfortaderästen, Aszites.
- (Parazentese.)

Differenzialdiagnose

- Sepsis,
- Rotavirusenteritis,
- Enteritis bei Morbus Hirschsprung,

- Meningitis,
- Dünndarmileus,
- verschleppter Volvulus,
- Nabelveneninfektion,
- Pfortaderthrombose,
- Nebenniereninsuffizienz.

Therapie

- Nahrungskarenz.
- Offen ablaufende Magensonde.
- Hochdosierte Antibiotikabehandlung mit breitem Spektrum unter Einschluss von Anaerobiern und Staphylokokken.
- Volumensubstitution.
- Eventuell Transfusion.
- Korrektur von Elektrolytstörungen.
- Sauerstoffgabe.
- Verbesserung der mesenterialen Perfusion.
- Zwei Drittel der Patienten können konservativ behandelt werden.

Operation

! In Extremfällen muss man sich auf eine Peritonealdrainage in Lokalanästhesie auf der Intensivstation beschränken.

OP-Indikation

Absolute Indikation erst bei Perforation, bei Zeichen einer Durchwanderungsperitonitis, bei Darmgangrän (konstant tastbare Resistenz). Aszites.

Prinzip

Häufig nur doppelläufige Enterostomie oral der Darmwandläsion und/oder Peritonealspülung und -drainage möglich. Ziel sollte sein, so viel erholungsfähigen Darm wie möglich zu erhalten.

Lagerung

- OP-Saal auf 32°C vorheizen; Wärmematte.
- Schutz vor Wärmeverlusten: Mütze aus Schlauchverband, Arme (einschließlich Hände) und Beine (einschließlich Füße) mit Watte oder Folie einwickeln.
- Ausreichende Luftfeuchtigkeit, um Flüssigkeitsverlust durch Perspiratio insensibilis gering zu halten.
- Rückenlage.
- Unterer Thorax leicht unterpolstert.
- Neutrale Elektrode am Oberschenkel, bei sehr kleinen Frühgeborenen am Rücken.

Instrumentarium

- Grundinstrumentarium,
- Bauchinstrumente,
- Kochsalzschale,
- Sauger mit feinem Ansatz, Silikondrain Charr 8 oder 10 bereithalten,
- Spritzen (10 ml),
- 2%ige N-Acetylcysteinlösung,
- Nahtmaterial: 5–0 und 6–0 resorbierbar.

Enterostomie bei NEC, Anlage eines Anus praeter

- ► Quere Oberbauchlaparotomie rechts
- ► Abstrich für bakteriologische Untersuchung
- ► Das weitere Vorgehen hängt vom Befund ab
- ► Möglichst schonende Revision des Dünn- und Dickdarmes. Peritonealspülung und -drainage. Nekrosen/Perforationen einstülpend übernähen (quer, mit atraumatisch resorbierbaren Fäden 6–0, ◘ Abb. 13.32)
- ► Gegebenenfalls Spülung des Endileums mit körperwarmer 2%iger N-Acetylcysteinlösung. Anlage eines doppelläufigen Kunstafters oral der Perforation(en)
- ► Bei ausgedehnten Darmnekrosen möglichst keine Resektion, sondern Second-look-Operation 24–48 h nach primärer Operation und Anlage des Enterostomas. Die Ileozäkalklappe sollte möglichst erhalten bleiben. Vollständige Resektion unzureichend durchbluteter Darmsegmente kann Kurzdarm zur Folge haben. Keine primäre Anastomose bei Peritonitis und bei nicht einwandfrei durchblutetem Darm
- ► Eventuell in gleicher Sitzung ZVK anlegen

Zum Ausschluss von Strikturen und anderen pathologischen Befunden wird 3–4 Monate nach Abklingen der entzündlichen Veränderungen ein Kolonkontrasteinlauf aboral des Kunstafters vorgenommen. (Frühere Untersuchung nur ausnahmsweise bei fehlendem Gedeihen bzw. hohen Flüssigkeits- und Salzverlusten über das Enterostoma.) Wiederherstellung der Darmpassage aboral des Enterostomas. Resektion des Kunstafters nach weiterem Loopogramm in einer dritten Sitzung.

Spätfolgen

- Strikturen (meist des Kolons) in ca. 10%.
- Sekundäre Darmatresien, Enterozelen und innere Fisteln.
- Malabsorption.

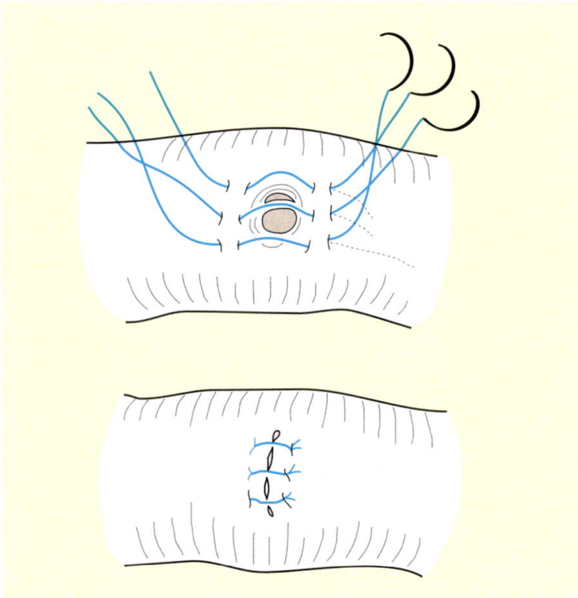

Abb. 13.32 Übernähung einer Darmperforation. (Nach Pokorny 1995)

- Kurzdarm (Dünndarmlänge <50 cm, besonders ungünstig, wenn mit Verlust der Ileozäkalklappe kombiniert).

Prognose

- Mortalität 10–50%.
- Von den Frühgeborenen, die eine schwere NEC überleben, leiden 20–40% später an Minderwuchs und psychomotorischer Retardierung.

13.3.8 Extrahepatische Gallengangsatresie

Definition

Angeborener oder perinatal erworbener, progressiv obliterierender, segmentaler oder totaler Verschluss der extrahepatischen und später auch der intrahepatischen Gallengänge.

Ätiologie

Die Ätiologie ist nicht bekannt. Als mögliche Ursachen werden diskutiert:

- intrauterine Reovirus-Typ-3-Infektion,
- intrauterine Gefäßkatastrophe,
- fehlerhafte Verbindung zwischen Gallen- und Pankreasgang.

Formen

- 6% »korrigierbare« (direkte Anastomose mit extrahepatischen Gallenwegen möglich, Abb. 13.33a–c).
- 94%«nichtkorrigierbare« (davon 11% Gallenblase mit weißer Galle, freiem Abfluss nach distal und obliterierten Gängen proximal, s. Abb. 13.33d–g).

Symptome

Cholestase über den 18. Lebenstag hinaus:

- Verdin-Ikterus, Stuhl acholisch, Urin dunkel gefärbt,
- Hepatosplenomegalie,
- manchmal Blutung (z. B. Hämatothorax) als Erstsymptom (Vitamin-K-Mangel).

Diagnostik

Problem ist die Differenzierung zwischen obstruktiv und parenchymatös bedingtem Ikterus. Folgende Anamnese- und Diagnosekriterien sind hilfreich:

- Obstruktiv-ikterische Patienten wirken im Gegensatz zu parenchymatös-ikterischen (Hepatitis, Stoffwechselkrankheiten) nicht krank.
- Diagnosesicherung durch Leberbiopsie in der 4. bis 5. Lebenswoche.
- Direktes Cholangiogramm spätestens in der 6. Cholestasewoche.

Die Diagnose sollte bis zur 6. Lebenswoche gesichert sein.

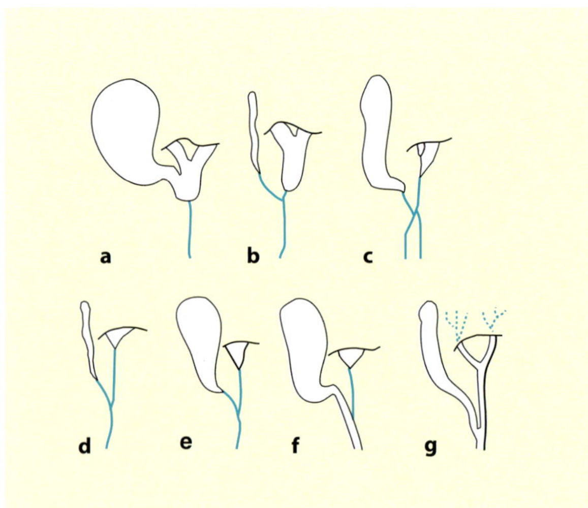

Abb. 13.33a–g Formen der extrahepatischen Gallengangsatresie: a–c »korrigierbar«, d–g »nichtkorrigierbar«. (Nach Skandalakis et al. 1994)

Operation

▪▪▪ Prinzip

- Biliodigestive Anastomose, um Schädigung der Leber und Leberzirrhose zu verhindern (spätestens in der 8. Lebenswoche; nach dem 3. Lebensmonat nicht mehr sinnvoll).
- Hepatoportojejunostomie mit ausgeschalteter Roux-Schlinge (benannt nach Roux, Chirurg, Paris, 1857–1934) als Gallengangsersatz nach Kasai 1968 (benannt nach Kasai, zeitgenössischer japanischer Kinderchirurg) retrokolisch: Hierbei wird versucht blind an der Leberpforte endende, von Leberparenchym bedeckte intrahepatische Gallengangsreste mit dem Darm zu anastomosieren. Der Erfolg hängt vom Gesamtquerschnitt der anastomosierten Gallengänge ab, die mindestens 200 µm weit sein sollten. Dies schafft zusätzliche lymphobiliäre Galledrainage in den Darm. Das Ergebnis ist letzlich eine Autoanastomose zwischen Gallengängen und Darmepithel.

! Länge der Roux-Schlinge mindestens 50 cm (je kürzer desto größer das Cholangitisrisiko). Keine Koagulation am Leberhilus! Evtl. zusätzlich Hepatoporto-Omentopexie.

▪▪▪ Lagerung

- OP-Saal auf 32°C vorheizen; Wärmematte.
- Rückenlage.
- Unterer Thorax leicht unterpolstert.
- Neutrale Elektrode am Oberschenkel.
- Bei der Lagerung Röntgenmöglichkeit bedenken.
- Röntgenschutz für Patient und Personal.
- Schutz vor Wärmeverlusten: Mütze aus Schlauchverband, Arme (einschließlich Hände) und Beine (einschließlich Füße) mit Watte oder Folie einwickeln.

▪▪▪ Instrumentarium

- Grundinstrumente,
- Kinderlaparotomieinstrumente,
- lange Instrumente,
- Kochsalzschale,
- Dennis-Brown-Rahmen,
- Mikroinstrumentarium, abgewinkelte Mikroschere,
- Lupenbrille,
- Vessel-Loops,
- Knopfkanüle,
- Heidelberger Verlängerungsstück,
- Spritze 5 ml, Kanüle Nr. 1,
- Kontrastmittel,
- Nahtmaterial: Resorbierbar, atraumatisch (4–0, 5–0, 6–0),
- linearer Anastomosenstapler.

Biliodigestive Anastomose, Hepato-Jejunostomie

► Kleine quere Oberbauchlaparotomie rechts 1 Querfinger oberhalb des Nabels

► Beurteilung von Größe, Farbe, Oberfläche und Konsistenz der Leber. Ist eine Gallenblase mit sondierbarem Lumen vorhanden → intraoperative Cholangiographie. Liegt eine nichtkorrigierbare Atresie vor, wird der Schnitt nach beiden Seiten hin erweitert und zunächst das Lig. hepatoduodenale präpariert

► Darstellung der A. hepatica communis mit ihrer Aufzweigung. Das Gefäß wird mit einem feinen Gummizügel angeschlungen. Der Gallenblasenrest wird aus dem Leberbett herauspräpariert, die A. cystica zwischen Ligaturen durchtrennt

► Der dem Ductus cysticus entsprechende Strang und seine Fortsetzung zum Leberhilus werden unter Schonung der Blutgefäße des Lig. hepatoduodenale bis zur Leberpforte über die Aufzweigung der V. portae hinaus dargestellt. Hier verbreitert sich der Bindegewebestrang zu einem Narbenfeld, das dorsal und kranial der Aufzweigung der V. portae tangential exzidiert wird (▫ Abb. 13.34 und 13.35). Hierbei werden einzelne winzigste Gallengänge eröffnet. Das Wundgebiet am Leberhilus wird mit einem heißen Mullläppchen komprimiert (keine elektrische Koagulation!)

► Darstellung des oberen Jejunum, das 10 cm aboral der Flexura duodenojejunalis mit Haltefäden versehen und mit Hilfe des linearen Anastomosenstaplers durchtrennt wird. Der aborale Dünndarmschenkel wird unter Schonung seiner Gefäßversorgung so weit skelettiert, dass er bis zum Leberhilus reicht, zu dem er durch eine im Mesocolon transversum geschaffenen Lücke gebracht wird. Der orale Dünndarmschenkel wird (60 cm distal der Enterotomie) End-zu-Seit in den aboralen anastomosiert. Die Anastomose wird mit Einzelknopfnähten (resorbierbar, 6–0, atraumatisch) zweireihig angefertigt

► Eröffnung des aboralen Dünndarmschenkels durch Entfernung der Klammernaht. Dieser Darmanteil wird End-zu-End mit dem zuvor exzidierten Gallefeld im Leberhilus anastomosiert (resorbierbar, 6–0, atraumatisch, einreihig)

► Adaptation des Mesocolon transversum in der Umgebung der retrokolischen Dünndarmschlinge (▫ Abb. 13.36 und 13.37). Die Darmschlingen werden geordnet in die Bauchhöhle zurückverlagert

► Zählkontrolle und Dokumentation

► Schichtweiser Verschluss der Bauchdecken, Subkutannaht. Hautverschluss mit Einmalmetallklammern. Verband

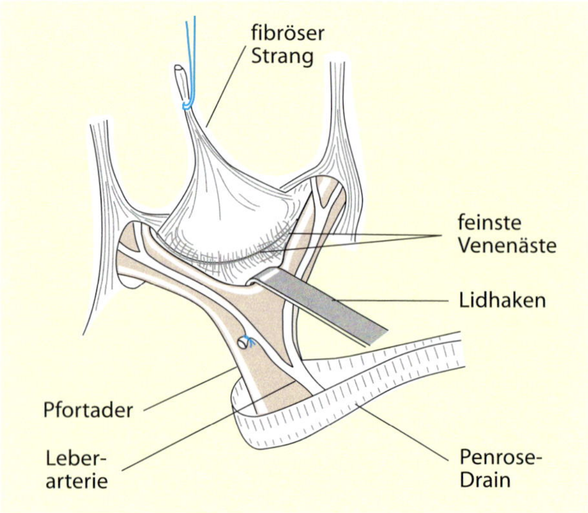

Abb. 13.34 Präparation des atretischen Restes der extrahepatischen Gallenwege bis zur Leberpforte dorsal der Pfortaderaufzweigung. (Nach Kimura et al. 1979)

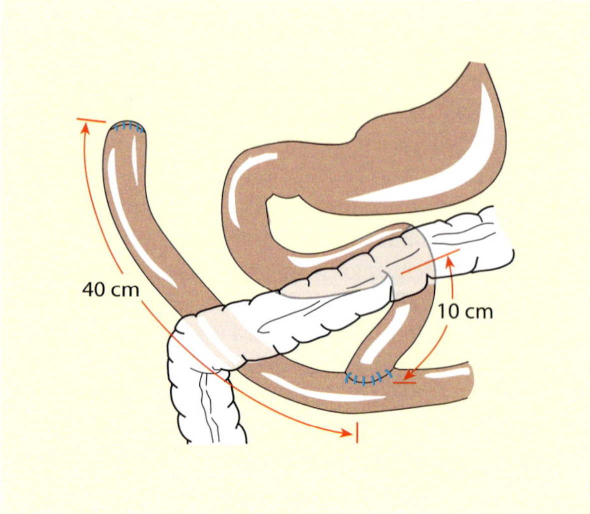

Abb. 13.36 Operation der extrahepatischen Gallengangsatresie: Präparation der nach Roux ausgeschalteten Dünndarmschlinge. (Nach Howard 1995)

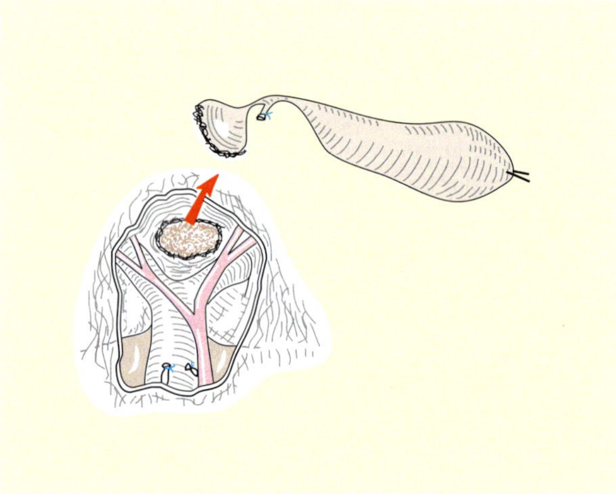

Abb. 13.35 Operation der extrahepatischen Gallengangsatresie: Exzision des atretischen Restes der extrahepatischen Gallenwege und Eröffnung der Leberpforte. (Nach Howard 1995)

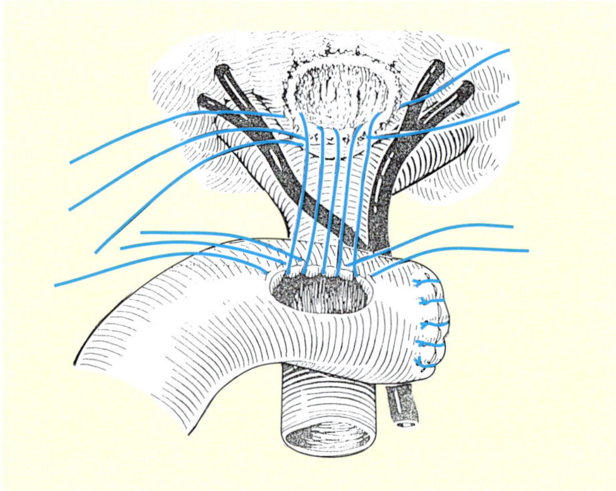

Abb. 13.37 Hepato-Porto-Enterostomie mit der nach Roux ausgeschalteten retrokolischen Dünndarmschlinge. (Nach Howard 1995)

13

Komplikationen

Cholangitis, sekundärer Verschluss der Anastomose (Reoperation nur indiziert, wenn postoperativ vorhandener eindeutiger und guter Gallefluss plötzlich versiegt). Mangel an fettlöslichen Vitaminen.

Prognose

Die Prognose ist abhängig von
- dem Alter bei Operation,
- dem Zustand der Leber bei Operation,
- dem Vorhandensein von Ductuli am Leberhilus,
- der OP-Technik,
- dem postoperativem Gallefluss.

Die folgenden 3 prognostischen Gruppen lassen sich 4–6 Wochen postoperativ bilden:

Gruppe I	30%	Guter Gallefluss Vollständige Rückbildung des Ikterus Gute Langzeitprognose mit annähernd normaler Leberfunktion
Gruppe II	30%	Mäßiger Gallefluss Anhaltender Ikterus Stabile Leberfunktion Gute Langzeitprognose jedoch Lebertransplantation in einigen Jahren erforderlich
Gruppe III	30%	Ausbleibender Gallefluss und progrediente Leberschädigung erfordern eine Lebertransplantation innerhalb der ersten 12–16 Lebensmonate (65–88% 5-Jahres-Überlebenszeit nach Transplantation)

13.3.9 Choledochuszyste

Definition

Embryonal entstandene zystische oder fusiforme Erweiterung des Ductus choledochus proximal einer röntgenologisch oder im ERCP (endoskopische retrograde Choledochopankreatikographie) nachweisbaren gemeinsamen Endstrecke, zusammen mit dem Pankreasgang.

Von den verschiedenen Formen ist die mit konzentrischer Dilatation des Ductus choledochus (Typ 1) mit Abstand der häufigste Typ im Kindesalter.

Ätiologie

Ätiologisch nimmt man eine intrauterine Wandschädigung des Ductus choledochus durch Pankreasenzyme an, die infolge der anomalen gemeinsamen Mündung in den Ductus choledochus gelangen können, evtl. begünstigt durch eine Stenose der gemeinsamen Mündung (Abb. 13.38).

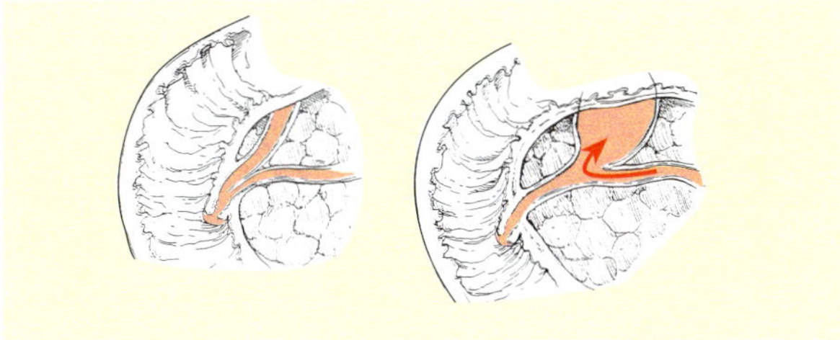

Abb. 13.38 Normale (= getrennte) Mündung von Ductus choledochus und Ductus pancreaticus (*links*), gemeinsame Mündung »long common channel«; *rechts*). (Nach Rowe et al. 1995)

Symptome

- Oberbauchkoliken,
- rezidivierende oder persistierende Cholestase mit/ohne Pankreatitis,
- rezidivierende oder persistierende Pankreatitis mit/ohne Cholestase,
- palpabler Oberbauchtumor,
- Fieber,
- Cholangitis.

Diagnostik

- Sonographie (z. T. bereits pränatal diagnostizierbar),
- Cholestaseparameter, Serumamylase und -lipase erhöht.

Operation

- Intraoperative Cholangiographie über Gallenblase.
- Resektion der Choledochuszyste.
- Hepatikojejunostomie mit einer retrokolischen Roux-Schlinge (Abb. 13.39).

13.4 Bauchwand

13.4.1 Omphalozele

Definition

Bauchwanddefekt im Bereich des Nabelschnuransatzes. Es handelt sich um eine Bauchwandhernie in die Basis des Nabelschnuransatzes hinein. Bruchinhalt ist neben Dünn- und Dickdarmschlingen immer auch ein Teil der Leber.

Embryologie

Unvollständige Rückbildung des physiologischen Nabelbruches.

Anatomie

Man unterscheidet zwischen schmalbasigen (auch als Nabelschnurbruch bezeichneten, Abb. 13.40a) und breitbasigen Defekten (Durchmesser von mehr als 4 cm, s.

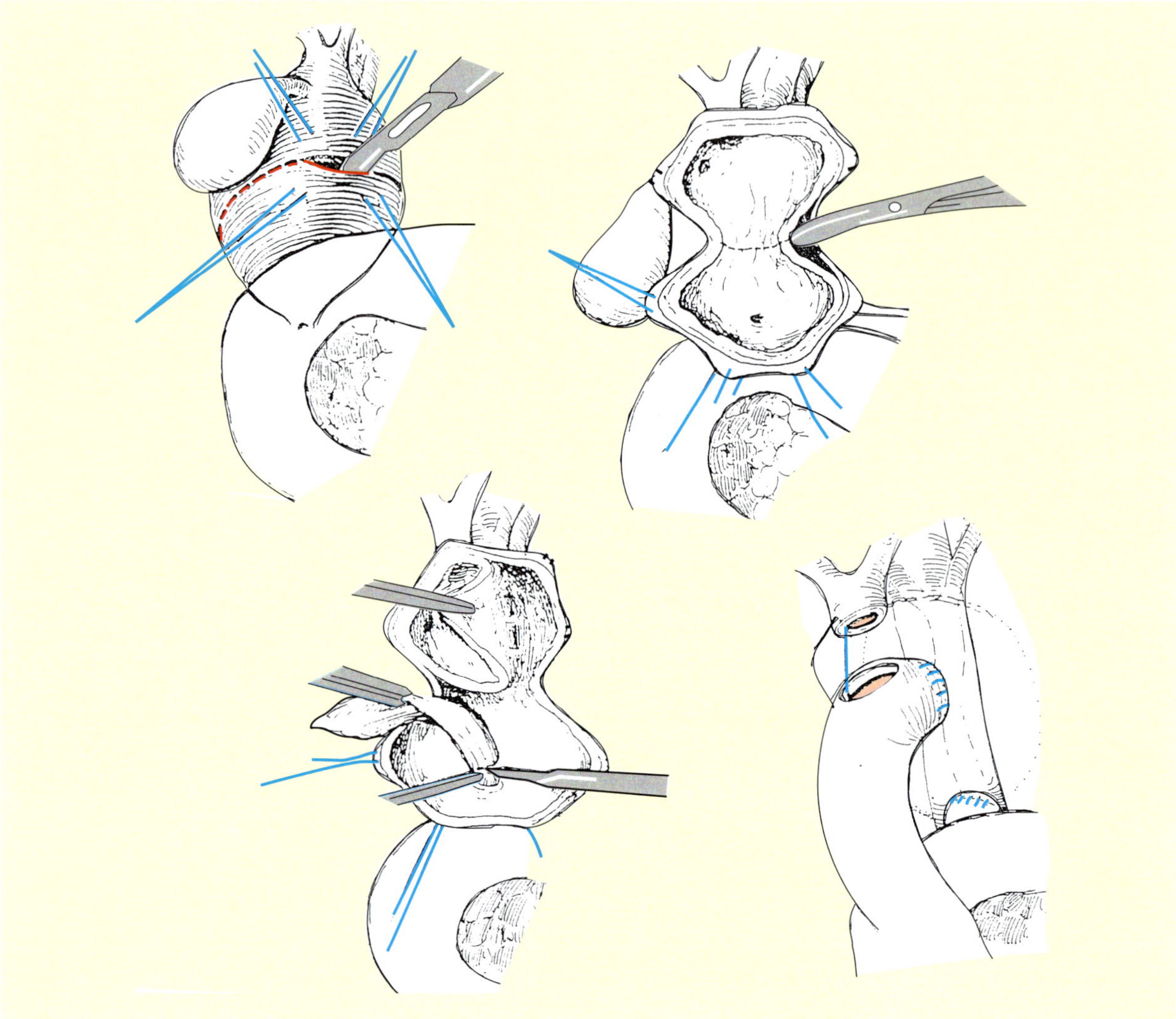

Abb. 13.39 Operation der Choledochuszyste: Ausschälung bzw. Exzision der Zyste und Hepatiko-Enterostomie mit einer nach Roux ausgeschalteten retrokolischen Dünndarmschlinge. (Nach Rowe et al. 1995)

Abb. 13.40b). Im Gegensatz zu den breitbasigen Defekten enthalten die schmalbasigen keine Leberanteile und sind prognostisch günstig.

Die prolabierten Baucheingeweide sind von einer gefäßlosen Membran bedeckt, die innen aus Peritoneum und außen aus Amnion besteht. Unbehandelt beginnt die Zelenwand nach der Geburt auszutrocknen, sie wird trübe und nach etwa 12 h nekrotisch. Eine Ruptur der Zelenwand, die in ca. 10% der Fälle vorkommt, muss unter allen Umständen vermieden werden. Bei großen Omphalozelen wird deshalb eine Entbindung per Sectio empfohlen, obwohl bei vaginaler Entbindung eine Ruptur nur selten beobachtet wird.

Die Diagnose in der Frühschwangerschaft (ab 12. SSW) ist sonographisch möglich und sollte die Geburt in einem entsprechend erfahrenen Perinatalzentrum veranlassen.

Assoziierte Anomalien

- Nonrotation, Mesenterium commune.
- Etwa 30–60% der Kinder weisen weitere – z. T. lebensbedrohende – Fehlbildungen auf. Diese können Herz,

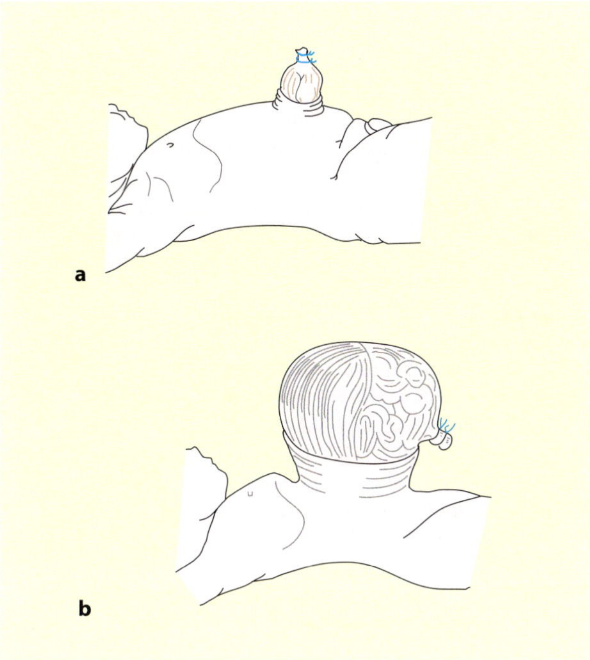

Abb. 13.40a,b Nabelschnurbruch (a) und Omphalozele (b); die Omphalozele enthält immer auch Leberanteile. (Nach Smith et al. 1966)

Urogenitalsystem, ZNS, Zwerchfell, Skelettsystem und den Gastrointestinaltrakt betreffen. Hier entstehen Duplikaturen, Atresie oder Meckel-Divertikel (benannt nach Meckel, Anatom und Chirurg, Halle, 1781–1833).

- Nicht seltene Chromosomenanomalien sind die Trisomie 13 und 18 und das Wiedemann-Beckwith-Syndrom (benannt nach Wiedemann, zeitgenössischer Pädiater, Kiel, geb. 1916, und Beckwith, zeitgenössischer Kinderpathologe, Denver, geb. 1933).
- Komplexe Fehlbildungen, die mit einer Omphalozele einhergehen können, sind die Cantrell-Pentalogie (nach Cantrell, zeitgenössischer amerikanischer Chirurg, benannter Symptomenkomplex mit epigastrischer Omphalozele, Sternumspalte, zentralem Zwerchfelldefekt, Perikarddefekt und Herzfehler) und die vesikointestinale Fissur oder Kloakenextrophie bei hypogastrischer Omphalozele (Omphalozele; anorektale Agenesie; extrophiertes Blasenfeld, das durch ein ebenfalls extrophiertes Darmfeld in 2 Hälften geteilt wird; Meningozele und kaudale Dysplasie der Wirbelsäule).

Konservative Behandlung

In Ausnahmefällen als passagere Maßnahme bei sehr großer Omphalozele oder bei inoperablen Kindern (Vitium): wiederholte lokale Applikation desinfizierender und adstringierender Lösungen (0,25%iges Merbromin (Mercuchrom); 0,5%iges Silbernitrat oder Sulfadiazin-Silber-Creme, Flammazine). Nachteile dieser Behandlung sind:

- lokale Infektion,
- Sepsis,
- Ruptur der Zele,
- langer Krankenhausaufenthalt,
- große ventrale Hernie, die später korrigiert werden muss,
- dauerhaftes Missverhältnis zwischen Zeleninhalt und Größe der Bauchhöhle.

Präoperative Maßnahmen

- *Plastikbeutel:* Das Neugeborene wird mit den Füßen voran in einen handelsüblichen sterilen Plastikbeutel gebracht, sodass nur der Kopf und die Arme frei bleiben. Auf diese Weise werden Austrocknung und Ruptur der Zelenwand sowie bakterielle Kontamination vermieden. Der Plastikbeutel wird erst bei der Operation geöffnet.
- *Magensonde:* ca. Charr 8–10, um eine Volumenzunahme des Zeleninhalts durch verschluckte Luft zu verhindern.
- *Rechtsseitenlage:* Zur Zwerchfellentlastung.
- *Venöser Zugang:* Zur Volumensubstitution.
- *Blutzuckerkontrollen:* Wiedemann-Beckwith-Syndrom (EMG-Syndrom: Omphalozele, Makroglossie und Gigantismus): diese Neugeborenen neigen zu schweren Hypoglykämien.
- Ausschluss weiterer Fehlbildungen bzw. Syndrome (Chromosomenanalyse veranlassen).

  Zur Narkose wird das Kind intubiert.

! Maskenbeatmung und Lachgas vermeiden, weil dadurch das Volumen der einen Teil des Zeleninhalts bildenden Darmschlingen vergrößert und ein primärer Bauchwandverschluss erschwert wird.

Operation

Indikation

Notfallindikation nur bei rupturierter Omphalozele; sonst elektiv.

Prinzip

- Nabelschnurbruch sowie kleine und mittelgroße Omphalozele: primärer Bauchwandverschluss, einzeitig.
- Große Omphalozele: entweder primär konservativ mit sekundärem Bauchwandverschluss oder primär operativ mehrzeitig mit Bildung einer passageren Hernie aus Silastikfolien und sekundärem Bauchwandverschluss. Ein primär operatives Vorgehen erlaubt die Inspektion der Bauchorgane auf zusätzliche Missbildungen und vermeidet die Gefahr einer Zelenruptur.

Lagerung

- OP-Saal auf 32–34°C vorheizen.
- Wärmematte.
- Rückenlage.

Instrumentarium

- Grundinstrumentarium,
- Kinderlaparotomieinstrumentarium,
- Kochsalzschale,
- linearer Anastomosenstapler,
- 2 Einmalspritzen (20 ml); 2%ige N-Acethylcysteinlösung zur Darmspülung,
- Nahtmaterial: Resorbierbare Fäden (3-0, 4-0, 5-0),
- Silastikfolien bereithalten.

Verschluss einer Omphalozele

► Kleine Omphalozelen (Nabelschnurbrüche) können einfach reponiert und durch Ligatur am Nabelschnuransatz versorgt werden. Dabei darf eine noch außerhalb der Bauchhöhle gelegene Darmschlinge oder ein Ductus omphaloentericus nicht übersehen werden (→ Fistelbildung)

► Beim primären Bauchwandverschluss wird erst das Darmvolumen durch Darmspülung verkleinert und dann die Bauchdecke verschlossen

► Umschneidung der Omphalozele unter Belassung eines 1–2 mm breiten Hautstreifens an der Basis. Die zelenfernen Wundränder werden allseits mobilisiert, bis der mediale Rand der Mm. recti beidseits dargestellt ist

► Die Nabelgefäße werden nahe der Bauchwand unterbunden. Man kann nun versuchen, den Omphalozeleninhalt in die Bauchhöhle zu reponieren; dabei sind Anstieg des Beatmungsdruckes, Kompression der V. cava mit unterer Einflussstauung, Abknickung der V. cava zwischen Leber und rechtem Vorhof zu vermeiden. Wenn die Bauchhöhle groß genug ist, um den Inhalt der Omphalozele aufzunehmen, können die Bauchdecken durch Adaptation der medialen Ränder der vorderen Rektusscheide primär verschlossen werden, evtl. unter Verwendung von Fremdmaterial (Goretex-Patch, resorbierbare Fäden 3–0 oder 4–0)

► Andernfalls kann man an die medialen Ränder der Mm. recti je eine Silastikfolie annähen (möglichst dünne Folie nehmen; unmittelbar präoperativ sterilisieren; resorbierbares Nahtmaterial). Die Folie wird so gefaltet, dass ein nach lateral gerichteter Saum auf die Rektusscheide zu liegen kommt, der durch eine zusätzliche Nahtreihe am vorderen Blatt der Rektusscheide fixiert wird (resorbierbares Nahtmaterial)

► Zählkontrolle und Dokumentation

► Nach Zuschneiden werden beide Folienblätter über der Omphalozele verschlossen (linearer Anastomosenstapler). Die Bauchhaut wird rings um den so konstruierten Silastikbehälter auf die Folienoberfläche fixiert

► Verband mit Betaisodona oder Jodoformgaze

Die künstliche Nabelhernie kann in der Folgezeit in 1- bis 3-tägigem Abstand durch Nähte verkleinert werden. Dazu ist in der Regel keine Narkose nötig. Mit der Verkleinerung der Hernie geht eine allmähliche Vergrößerung der Bauchhöhle einher, die nach 7–10 Tagen groß genug sein sollte, um einen endgültigen Verschluss der Bauchdecken über dem vollständig reponierten Zeleninhalt zu ermöglichen.

Risiken

Sepsis, besonders bei mehrzeitigem Verschluss unter Verwendung von Fremdmaterial; gastroösophagealer Reflux; Leistenbrüche.

Mortalität

Hängt von Art und Umfang zusätzlicher Anomalien ab, zwischen 30 und 60%.

13.4.2 Gastroschisis

Definition

Die Gastroschisis (besser Laparoschisis) ist ein Prolaps von Baucheingeweiden, meist des Darmes, durch einen angeborenen Defekt der vorderen Bauchwand, in der Regel rechts des Nabelschnuransatzes (Abb. 13.41). Ein Bruchsack fehlt. Häufig sind Frühgeborene betroffen.

13

Abb. 13.41 Gastroschisis – prolabiert sind Dünn- und Dickdarm sowie ein Teil des Magens durch den rechts des Nabelschnuransatzes gelegenen Bauchwanddefekt. (Nach Smith et al. 1966)

Anatomie

Der Bauchwanddefekt hat im Allgemeinen einen Durchmesser von 2–3 cm. Prolabiert sind große Teile des Dünn- und Dickdarmes, gelegentlich auch des Magens, der Harnblase und – beim Mädchen – der Adnexe. Der intrauterine Kontakt der Darmserosa mit der Amnionflüssigkeit gilt als Ursache für eine »chemische Peritonitis«: Die Darmschlingen sind gestaut; die Darmwand ist ödematös geschwollen und starr. Die proliferativ verdickte Serosa kann den Darm wie ein dicker Schleier umhüllen und eine Darmverkürzung vortäuschen. Kontaminations- und Verletzungsrisiko der prolabierten Organe begründen die elektive Entbindung per Sectio, deren Vorteile jedoch nicht bewiesen sind. Postnatal führt die große Oberfläche der prolabierten Eingeweide zu einem exzessiven Flüssigkeits- und Wärmeverlust und damit rasch zu einem hypovolämischen Schock und zur Unterkühlung. Eine bakterielle Besiedelung der ungeschützten Darmoberfläche kann eine Sepsis verursachen. Die Abknickung des prolabierten Darmes am Rand eines (kleinen) Bauchwanddefektes kann zu Durchblutungsstörungen des Darmes führen, besonders wenn der Defekt bereits vor der Geburt eine Tendenz zur Verkleinerung hatte.

Durch Ultraschall ist eine *pränatale Diagnose* ab dem 3. Monat möglich; die Darmdurchblutung kann durch Dopplersonographie beurteilt werden. Die pränatale Diagnose sollte die Entbindung in einem entsprechend erfahrenen Perinatalzentrum veranlassen.

Begleitfehlbildungen

- Darmatresie und -perforation;
- Nonrotation, Mesenterium commune.

Präoperative Behandlung

- *Plastikbeutel:* Das Neugeborene wird mit den Füßen voran in einen handelsüblichen sterilen Plastikbeutel gebracht, sodass nur der Kopf und die Arme frei bleiben. Auf diese Weise werden sowohl weitere Flüssigkeits- und Wärmeverluste als auch eine bakterielle Kontamination vermieden. Der Plastikbeutel wird erst bei der Operation wieder geöffnet.
- *Magensonde:* ca. Charr 8–10, um eine Aspiration und die Volumenzunahme der prolabierten Darmschlingen durch verschluckte Luft zu verhindern. Je größer das Volumen des prolabierten Bauchinhalts desto schwieriger der operative Verschluss des Bauchwanddefektes.
- *Rechtsseitenlage:* um eine Abknickung des Mesenteriums am Rand des – manchmal sehr engen – Bauchwanddefektes und damit eine Durchblutungsstörung mit Gangrän des vorgefallenen Darmes zu vermeiden.
- *VenöserZugang:* zur Volumensubstitution.
- *Antibiotikaprophylaxe:* Unmittelbar nach der Geburt beginnend.

Zur Narkose wird das Kind intubiert.

! Maskenbeatmung und Lachgas vermeiden, weil dadurch das Prolapsvolumen vergrößert und ein primärer Bauchwandverschluss erschwert wird.

Operation

Indikation

Notfallindikation. Voraussetzungen sind:
- normothermes Kind,
- Elektrolyte, Blutgasanalyse und Flüssigkeitsdefizite ausgeglichen,
- stabiler Kreislauf,
- beginnende Urinausscheidung.

Lagerung

- OP-Saal auf 32–34°C vorheizen.
- Für ausreichende Luftfeuchtigkeit sorgen, um Flüssigkeitsverlust durch Perspiratio insensibilis gering zu halten.
- Wärmematte.
- Rückenlage.

Instrumentarium

- Grundinstrumentarium,
- Kinderlaparotomieinstrumentarium,

- Kochsalzschale,
- Einmalfrauenkatheter Charr 10,
- 2 Einmalspritzen (20 ml),
- 2%ige N-Acethylcysteinlösung zur Darmspülung,
- Nahtmaterial: Resorbierbare Fäden 3-0, 4-0, 5-0,
- Silastikfolien bereithalten.

Gastroschisis

▶ Der Plastikbeutel wird im OP-Saal geöffnet

▶ Mit Hilfe des Frauenkatheters wird 2%ige N-Acethylcysteinlösung transanal in den Darm instilliert und der Gastrointestinaltrakt vorsichtig entweder transanal oder über die Magensonde so vollständig wie möglich entleert, um das Missverhältnis zwischen dem Volumen der prolabierten Darmschlingen und dem Fassungsvermögen der Bauchhöhle zu verringern

▶ Serosaverletzungen sind dabei unbedingt zu vermeiden. Danach wird das Kind aus dem Plastikbeutel herausgenommen, auf eine mit einer trockenen Unterlage bedeckte Wärmematte gelegt, abgetrocknet und mit sterilen Tüchern abgedeckt

▶ Wegen des Risikos einer Schilddrüsenfunktionsstörung durch resorbiertes Jod wird auf eine Desinfektion mit konzentriertem Polyvidon-Jod verzichtet und der Darm sorgfältig mit körperwarmer steriler Ringer-Lösung (alternativ: verdünnte, 10%ige wässrige Polyvidon-Jod-Lösung) gereinigt. Dabei werden Fibrinbeläge und Käseschmiere – soweit ohne Darmverletzung möglich – entfernt. Die Verwendung alkoholischer Desinfektionslösungen ist kontraindiziert

▶ Die prolabierten Darmschlingen werden sorgfältig nach einer Atresie oder Perforation revidiert. Verklebungen werden nur gelöst, wenn dies ohne Darmverletzung oder Blutung möglich ist. Die Nabelschnur wird an der Basis umstochen, ligiert und abgetragen. Briden zwischen dem Rand des Defektes und dem Dünndarmmesenterium werden reseziert

▶ Ein Meckel-Divertikel wird belassen, muss aber im OP-Bericht erwähnt werden. Eine Darmperforation wird als Stoma vorgelagert; eine Darmatresie wird reseziert. Gleichzeitig wird ein doppelläufiges Stoma angelegt. Primäre Anastomosen bei entzündlich veränderter Darmwand und zu erwartender Darmmotilitätstörung stellen ein unvertretbares Risiko dar

▶ Nach Zählkontrolle und Dokumentation werden Peritoneum und Faszie über dem reponierten Darm mit durchgreifenden U-Nähten aus resorbierbarem Nahtmaterial (3–0) verschlossen, evtl. mit Hilfe einer Bauchwanderweiterungsplastik aus Goretex

▶ Ist die Bauchhöhle zu klein (10–15% der Fälle), kann man die Darmschlingen vorübergehend in einer künstlichen ventralen Hernie aus Silastikfolien unterbringen (Schuster-Silo). Dacron-verstärkte Silastikfolien (0,5–0,8 mm dick) werden am Faszienrand des dazu ringsum freipräparierten und nach kranial und/oder kaudal erweiterten Bauchwanddefektes mit Einzelknopfnähten (3–0 resorbierbar) fixiert. Die Folien werden entsprechend der benötigten Größe zurechtgeschnitten und über den nicht in die Bauchhöhle passenden Darmschlingen in der Medianlinie verschlossen (linearer Anastomosenstapler)

▶ Eine sichere Fixierung der Folie kann man dadurch erreichen, dass man den Folienrand am Defekt faltet, die Falte selbst am Faszienrand und den lateralen Rand der Folie auf der Vorderwand der Rektusscheide annäht

▶ Um das Risiko einer Wundinfektion am Übergang von körpereigenem Gewebe zu Fremdmaterial gering zu halten, wird die Haut ohne übermäßige Spannung an der Folie angeheftet (6–0 atraumatisch) und ein trockener Verband angelegt

▶ Wegen der zu erwartenden Darmpassagestörung wird ein ZVK bereits bei der Erstoperation angelegt. Offene Magensonde belassen

Beim täglichen Verbandwechsel auf der Intensivstation wird die künstliche Hernie durch Nähte verkleinert. In der Regel hat die Bauchhöhle innerhalb von 7 Tagen so an Größe zugenommen, dass der inzwischen deutlich weniger geschwollene Darm ausreichend Platz findet und der Bauchwanddefekt sekundär verschlossen werden kann.

Komplikationen

- Subileusartiger Zustand wegen gelegentlich lang anhaltender Darmmotilitätsstörung,
- Hypothyreose (nach Anwendung jodhaltiger Desinfektionsmittel),
- Sepsis,
- Aspirationspneumonie,
- Sklerödem der unteren Körperhälfte,
- nekrotisierende Enterokolitis,
- Cholestase infolge langfristiger parenteraler Ernährung,
- gastroösophagealer Reflux,
- Leistenhernien, Nabel- und Narbenhernie.

Prognose

Die Überlebenswahrscheinlichkeit liegt bei über 90%.

13.4.3 Leistenbruch

Definition

Verlagerung von Eingeweideanteilen (Bruchinhalt) durch eine angeborene oder erworbene Öffnung (Bruchpforte) aus der Bauchhöhle in eine Ausbuchtung des parietalen Peritoneums (Bruchsack), umgeben von Subkutangewebe, Haut und/oder Skrotalwand (Bruchhüllen). Kindliche Leistenbrüche sind indirekte Leistenbrüche; sie entwickeln sich entlang des Leistenkanals. Wegen des Inkarzerationsrisikos handelt es sich um einen potentiell lebensbedrohlichen Zustand (Darmverschluss und Peritonitis, Verlust eines Hodens/Ovars oder eines Darmabschnitts).

Inkarzeration

Inkarzerationen bei etwa 12% der Fälle; 70% der Inkarzerationen im ersten Lebensjahr (Tabelle 13.7).

Anatomie

Im 3. Fötalmonat bildet sich eine fingerförmige Ausstülpung des Peritoneums durch den Leistenkanal in Richtung Skrotum (bzw. Labium majus), die nach dem Hodendeszenzus mit Ausnahme des Cavum serosum testis obliteriert. Die Persistenz des Processus vaginalis peritonei führt einerseits zu den verschiedenen Formen des indirekten Leistenbruchs (divertikuläre Persistenz), andererseits zu Hydrozele und Funikulozele (zystische Persistenz) sowie zu Kombinationen von Leistenbruch und Hydrozele. Angeboren ist nicht der Leistenbruch, sondern der Bruchsack. Bruchinhalt sind meist Dünndarmschlingen, Zäkum (Gleithernie), Appendix, Harnblase (Gleithernie!); beim Mädchen Ovar mit oder ohne Eileiter (Gleithernie!; Abb. 13.42a–e).

Häufigkeit

- 1–5% aller Kinder, bis über 30% der Frühgeborenen.
- Geschlechtsverhältnis männlich : weiblich = 9 : 1.
- 60% rechts, 30% links, 10% beidseits.

Diagnose

Die Diagnose ergibt sich aus Anamnese und Befund.

Differenzialdiagnose

- Leistenhoden,
- Lymphadenitis,
- Hydrocele testis,
- Hydrocele funiculi,
- Torsion eines Leistenhodens,
- Varikozele.

Operation

Prinzip

Verschluss eines offenen Processus vaginalis peritonei in Höhe des inneren Leistenringes; bei Maldeszensus Funikulolyse und Orchidopexie in gleicher Sitzung.

Tabelle 13.7. Leistenbruch mit bzw. ohne Inkarzeration

	Leistenbruch ohne Inkarzeration	Leistenbruch mit Inkarzeration
Klinik	Meist symptomlose Schwellung in der Leiste	Plötzlicher Krankheitsbeginn mit erheblichen Schmerzen, Unruhe, Symptomen einer peritonealen Reizung
Befund	Weiche, reponible Schwellung medial des Leistenbandes (Hernia inguinalis), die bis ins Skrotum reichen kann (Skrotalhernie)	Prall-elastische, druckdolente wenig verschiebliche Schwellung inguinal oder inguinoskrotal
Reposition	Meist spontan	Nicht selten spontan Aktive Reposition (in Sedierung) nur bei Inkarzerationsdauer von weniger als 8–12 h und fehlender Schock-Symptomatik! Fast immer möglich
OP-Indikation	Baldmöglichst elektiv, sofern nicht zusätzliche Erkrankungen das Narkoserisiko erhöhen	Bei erfolglosem Repositionsversuch ist die sofortige Operation indiziert Eine reponierte Hernie wird elektiv operiert, z.B. in 48 h

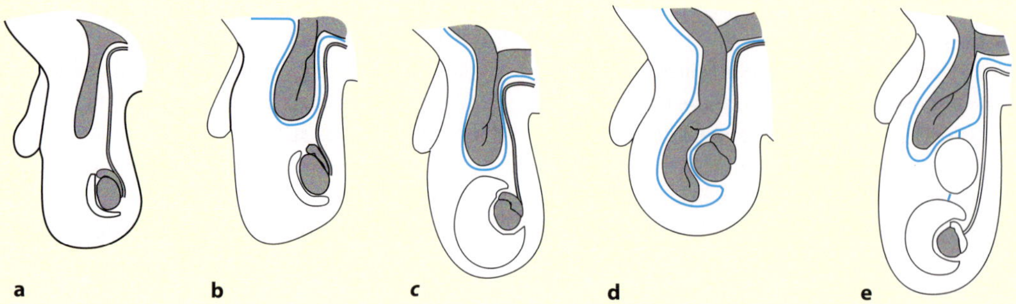

Abb. 13.42a–e Verschiedene Leistenbruchformen: a kurzer offener Processus vaginalis; b Leistenhernie, c Leistenhernie mit Hydrocele testis, d Skrotalhernie, e Leistenhernie mit Hydrocele testis et funiculi. (Nach Holschneider et al. 1993)

Lagerung

- Rückenlage, ggf. Polsterung unter das Gesäß, um die Leistengegend anzuheben.
- Fixierung der Beine am OP-Tisch mit gepolsterten Pflasterstreifen.
- Wärmematte bei Frühgeborenen und dystrophen Säuglingen.

Instrumentarium

- Grundinstrumente,
- Bipolare Koagulationspinzette,
- Nahtmaterial: atraumatisch resorbierbar, monofil, Fadenstärke je nach Größe des Kindes (4–0) 5–0 (6–0).

Verschluss einer Leistenhernie

Beim Jungen.

► Bei der Desinfektion und Abdeckung darauf achten, dass eine Orchidopexie erforderlich werden kann. Skrotum desinfizieren und nicht mit abdecken

► 2–3 cm langer Schnitt in einer Hautfalte parainguinal. Durchtrennung der Subkutanfaszie. Darstellung der Externusaponeurose und des äußeren Leistenringes. Einsetzen von kleinen Roux- oder Lidhaken und Eröffnung des Leistenkanals durch Längsinzision der Faszie vom äußeren Leistenring nach lateral in Faserrichtung

► Zur Darstellung des Bruchsackes muss die Kremastermuskulatur in Faserrichtung gespalten werden. Anklemmen und Eröffnen des Bruchsackes. Bei der Darstellung des Bruchsackes hält man sich möglichst nahe an der Bruchsackwand

► Ein offener Processus vaginalis wird unter Schonung der Gebilde des Samenstranges quer durchtrennt. Der proximale Anteil des Bruchsackes wird bis zur Höhe des inneren Leistenringes allseits freipräpariert und mit einer Tabakbeutelnaht/Durchstechungsligatur verschlossen (resorbierbarer Faden, atraumatisch, je nach Größe des Kindes). Der distale Bruchsackanteil wird belassen. Adaptation der Kremastermuskulatur

► Eine Einengung der Bruchpforte durch Naht des M. obliquus internus an das Leistenband ist nur in Ausnahmefällen sinnvoll. Eine Bassini-Naht verbietet sich beim Kind wegen des damit verbundenen Risikos einer Hodendurchblutungsstörung. Kontrolle auf regelrechte Lage des Hodens im Skrotum

► Naht der Externusaponeurose und Rekonstruktion des äußeren Leistenringes. Subkutannaht. Hautverschluss durch fortlaufende Intrakutannaht oder versenkt geknüpfte intrakutane Einzelknopfnähte, alternativ mit Gewebekleber

Beim Mädchen.

► Der Zugang ist identisch

► Nach der Darstellung des Bruchsackes wird das Lig. rotundum ligiert und durchtrennt. Der Bruchsack wird dargestellt, eröffnet und ggf. abgetragen

► Bruchsackverschluss durch eine Tabakbeutelnaht. Der Bruchsackstumpf wird unter der Internusmuskulatur fixiert. Pfeilernaht zwischen Internusmuskulatur und Leistenband

► Wundverschluss wie oben beschrieben

Komplikationen

- Narbig fixierter Leistenhoden (2%),
- Hodenatrophie <1%),
- Rezidiv (1%),
- Wundinfektion <1%),
- Verletzung des Samenleiters.

13.4.4 Hydrozele

Definition
Flüssigkeitsgefüllte Zyste im Bereich des Samenstranges infolge unvollständiger Obliteration des Processus vaginalis peritonei, über den Flüssigkeit aus der Bauchhöhle in die Zele gelangt.

Formen (Abb. 13.43a–g)

Angeboren

- Hydrocele funiculi: flüssigkeitsgefüllte Zyste im Bereich des Samenstranges.
- Hydrocele testis: Flüssigkeitsansammlung innerhalb des unvollständig obliterierten Processus vaginalis peritonei in der Umgebung des Hodens.
- Kombinationsmöglichkeiten: Hydrocele testis et funiculi mit oder ohne indirekte Leistenhernie).
- Bei Mädchen: Nuck-Zyste (benannt nach Nuck, Anatom und Internist, Leyden, 1650–1692; zystische Flüssigkeitsansammlung im Bereich des Lig. rotundum außerhalb des Leistenkanales).

Erworben

Symptomatische Hydrocele testis: pathologische Flüssigkeitsansammlung in der Umgebung des Hodens nach Trauma, Torsion, Entzündung oder bei Hodentumor.

Klinik

Unterschiedlich ausgeprägte, meist symptomlose Flüssigkeitsansammlung in der Umgebung des Hodens oder entlang des Samenstranges, die sich im Verlauf der ersten 6–12 Lebensmonate spontan zurückbilden kann.

Befund

Hydrocele funiculi: Oliven- bis pflaumengroße indolente, meist prall-elastische umschriebene Zyste im Verlauf des Samenstranges.

Hydrocele testis: Teils schlaffe, teils prall-elastische zystische Flüssigkeitsansammlung in der Umgebung des Hodens, der von dorsomedial in die Zyste hineinragt.

Hydrozelen sind gegen den Leistenkanal gut abgrenzbar. Der Zeleninhalt ist nicht wegdrückbar (Ausnahme: abdominoskrotale Hydrozele). Die Diaphanoskopie ist

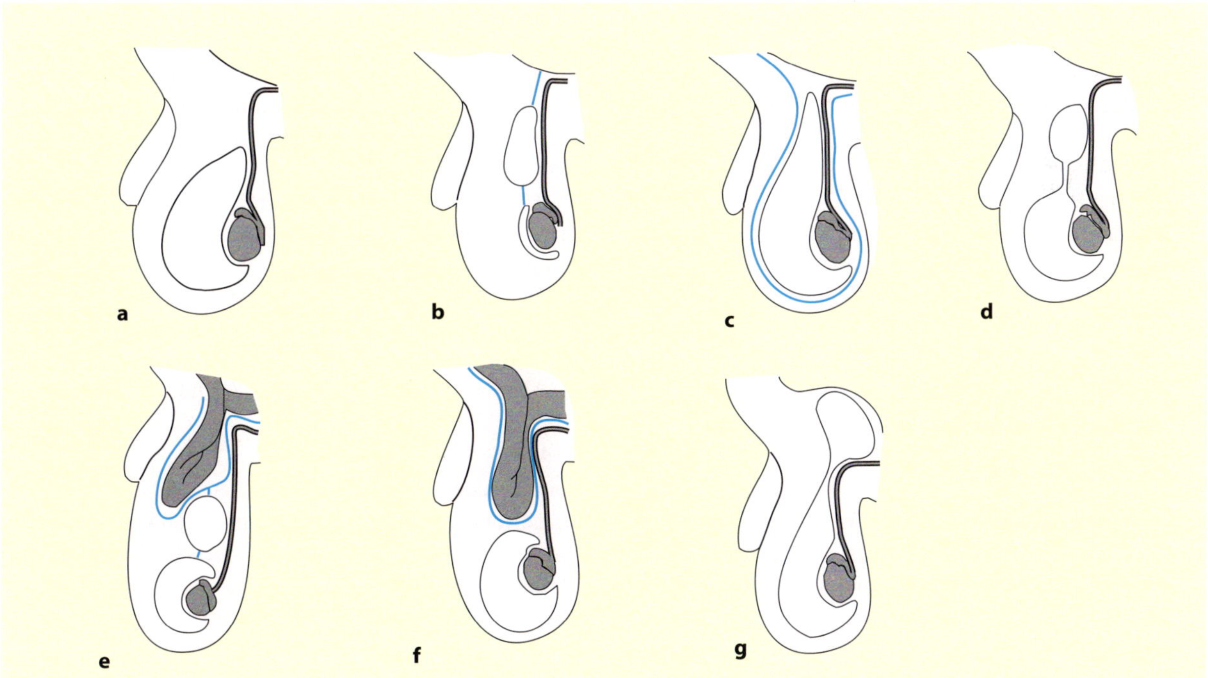

Abb. 13.43a–g Verschiedene Hydrozelenformen: a Hydrocele testis; b Hydrocele funiculi; c Hydrocele testis et funiculi; d gekammerte Hydrocele testis et funiculi; e Leistenhernie mit Hydrocele testis et funiculi; f Leistenhernie mit Hydrocele testis; g abdominoskrotale Hydrozele. (Nach Holschneider et al. 1993)

keine sichere Maßnahme zur Unterscheidung einer Hydrozele von einer inkarzerierten Leistenhernie. Punktion der Zele ist nicht indiziert (Rezidiv, Darmperforation, Infektion, Verletzung des Samenstranges).

Operation

OP-Indikation

Bei Persistenz der Hydrozele über das erste Lebensjahr hinaus, bei rascher Größenzunahme, bei extremer Größe, bei abdominoskrotaler Hydrozele.

OP-Zeitpunkt

- Bei schlaffer Hydrozele jenseits des ersten Lebensjahres,
- bei prall-elastischer bzw. extrem großer Hydrozele im Alter von 4–6 Monaten,
- bei abdominoskrotaler Hydrozele nach Diagnosestellung.

Prinzip

Verschluss des unvollständig obliterierten Processus vaginalis peritonei in Höhe des inneren Leistenringes.

OP-Technik

Wie bei Herniotomie.

! Nicht zu empfehlen: Operation nach Winkelmann. Hierbei wird die Hodendurchblutung gefährdet.

Komplikationen

- Wie bei Herniotomie;
- postoperative Skrotalschwellung ausgeprägter als nach Herniotomie wegen Leistenbruch;
- bei großen Hydrozelen nicht selten Skrotalhämatom.

13.5 Urogenitaltrakt

13.5.1 Hydronephrose

Definition

Harnabflussstörung aus dem Nierenbecken mit Weitstellung des Nierenbecken-Kelch-Systems, die unbehandelt zu einer Nierenfunktionsstörung führt.

Pathophysiologie

Die Pathophysiologie der angeborenen Hydronephrose unterscheidet sich grundsätzlich von der der erworbenen Hydronephrose des älteren Kindes und des Erwachsenen. Die kongenitale Hydronephrose hat erhebliche Konsequenzen für die Entwicklung nicht nur der betroffenen sondern auch der kontralateralen nichthydronephrotischen Niere. Die glomerulären und tubulären Oberflächen der Neugeborenenniere betragen nur 10% der Erwachsenenniere, die glomeruläre Filtrationsrate (GFR) entspricht 20–30% des Erwachsenenwertes. Sie nimmt in den ersten 10 Lebenstagen rasch zu und erreicht den Erwachsenenwert im Alter von 2 Jahren. Die am Ende der Gestation relativ hohe Urinausscheidung ist postpartal deutlich erniedrigt und stabilisiert sich erst einige Tage nach der Geburt auf Werte zwischen 1–2 ml/kg/h. Diese physiologischen Schwankungen der Urinproduktion peripartal erklären die Diskrepanz zwischen prä- und postnatalen Befunden. Eine pränatale Hydronephrose kann allein durch die relativ hohe Urinproduktion im letzten Trimester vorgetäuscht werden. Das ist bei etwa 4% der pränatal diagnostizierten Hydronephrosen der Fall. Andererseits kann eine klinisch relevante Hydronephrose dadurch übersehen werden, dass das Neugeborene zu früh postnatal sonographiert wird, nämlich in der Phase der relativen Dehydratation mit nur geringer Urinausscheidung.

Das Missverhältnis zwischen Urinproduktion und Abtransport in den Harnleiter führt zu einer Erweiterung des Nierenbeckens im Sinne einer Akkommodation. Nierendurchblutung und Urinproduktion passen sich den eingeschränkten Abflussmöglichkeiten durch Autoregulation an. Renale Durchblutung und GFR nehmen ab, so dass sich ein Gleichgewicht zwischen Urinproduktion und -abfluss einstellt.

Der Druck im Nierenbecken ist bei länger bestehender Dilatation in der Regel nicht erhöht (zwischen 5 und 25 cmH_2O).

Erst wenn die Reservekapazität des Nierenbeckens erschöpft ist, kommt es zu einer Überdehnung und damit zu einem Ungleichgewicht. Die resultierende Funktionsminderung der Niere muss nicht progredient sein.

Ursache

Anatomische Ursachen der Hydronephrosen werden in intrinsische (z.B. Wandanomalien des pyeloureteralen Übergangs wie Muskeldefizit, Fibrose, Urothelfalten) und extrinsische [»kreuzende« Gefäße – aberrierende oder akzessorische Nierengefäße (sehr umstritten)] eingeteilt. Bei der Operation findet sich selten eine klare Stenoseursache, meist ein mehr oder weniger langes subpelvines adynamisches Segment, das von der Peristaltik des Nierenbeckens nur unzureichend überwunden werden kann, oder eine Abknickung des Harnleiterabgangs aus dem Nierenbecken. Niemals liegt ein kompletter Verschluss vor.

Assoziierte Anomalien

- Anorektale Malformation,
- multizystische Nierendysplasie der kontralateralen Niere,
- vesikoureterorenaler Reflux,
- Doppelbildungen (Hydronephrose überwiegend in der unteren Anlage).

Klinik

Während die Hydronephrose des älteren Kindes und des Erwachsenen durch Symptome wie Bauchschmerzen mit oder ohne Erbrechen, Hämaturie (spontan oder posttraumatisch), Harnwegsinfekte, Pyelonephritis, Konkremente, tastbarer Tumor, Anämie, Gedeihstörung und Hypertonus auffällig wird, ist die prä- bzw. postnatal diagnostizierte Hydronephrose in der Regel symptomlos.

Diagnose

- Klinische Untersuchung mit Messung von Körpergewicht, Körperlänge und Blutdruck; Urinstatus und Bestimmung der Retentionswerte im Serum.
- Sonographie: Die Hydronephrose wird zu 50% diagnostiziert und ist damit die pränatal mit Abstand am häufigsten diagnostizierte Anomalie. Beurteilt werden die Weite des Nierenbeckens und der Kelche sowie die Parenchymdicke (Gradeinteilung der amerikanischen Society for Fetal Urology; Maizels et al. 1992). Wegen der postpartalen Phase einer relativen Dehydratation soll die erste sonographische Kontrolle einer pränatal diagnostizierten Hydronephrose nicht vor dem 7. Lebenstag erfolgen.
- Miktionszysturethrogramm zum Nachweis bzw. Ausschluss eines vesikoureteralen Refluxes, der eine Hydronephrose vortäuschen kann (Kombination beider Krankheitsbilder in bis zu 10% der Fälle).
- Ein Ausscheidungsurogramm macht anatomische Details sichtbar, die für die OP-Planung wichtig sein können. Dies gilt besonders für Doppelnieren und Doppelureter. Für den Nachweis gestörter Abflussverhältnisse sind Spätaufnahmen notwendig.
- Die retrograde Pyelographie zur Darstellung des Ureters ist nur präoperativ bei dorsalem Zugang erforderlich.
- Nuklearmedizinische Nierenuntersuchung: Die eingesetzten Radiopharmaka DPTA (Technetium-99m-Diethylentriaminpentaessigsäure) und MAG3 (Technetium-99m-Mercaptoacetyltriglycin) erlauben Rückschlüsse auf die anteilige Funktion beider Nieren und auf die Abflussverhältnisse, Letzteres unterstützt durch Flussbelastung mit einem Diuretikum (Furosemid 1 mg/kg). Halbwertzeiten für die Aktivität über dem Nierenbecken von weniger als 10 min schließen eine Obstruktion aus, solche von mehr als 20 min gelten als Hinweis auf eine Obstruktion. Voraussetzung ist eine konstante Hydratation des Kindes. Bei ektoper Niere und bei nachgewiesenem vesikoureteralen Reflux Untersuchung mit liegendem Blasenkatheter.
- Markersubstanzen im Urin: u. a. NAG (N-Acetyl-β-D-Glukosaminidase, ein lysosomales Enzym der Tubuluszellen) und α2-Mikroglobulin.
- Perkutane Druck-Fluss-Studien (Whitaker-Test): invasive Methode mit unzuverlässigen Ergebnissen.
- Der Resistenz-Index (RI) versucht Aussagen zu obstruktionsbedingten Veränderungen der Parenchymdurchblutung durch dopplersonographische Untersuchung unter Diuresebedingungen. Die Methode liefert unzuverlässige Ergebnisse.
- Funktionsfähige Nierenmasse: Die Bestimmung des Hohlsystemvolumens in Korrelation zur Nierenparenchymmasse scheint eine Aussage für die Entscheidung konservatives vs. operatives Vorgehen zu ermöglichen.

Differenzialdiagnose

- Multizystische Nierendysplasie Potter IIA,
- vesikoureterorenaler Reflux,
- Megaureter,
- zystischer Tumor der Niere oder der Nebenniere,
- solitäre Nierenzyste.

Therapie

Eine pränatale Hydronephrose ist kein Notfall, solange nicht gleichzeitig ein Oligohydramnion vorliegt. Das Kind kann postpartal bei der Mutter bleiben.

> **!** **Dilatation ist nicht gleichbedeutend mit Obstruktion.**

Das Dilemma bei der Behandlung der Hydronephrose besteht in der Unmöglichkeit eine obstruktiv bedingte Nierenschädigung sicher und rechtzeitig, d. h. vor Eintritt einer progredienten Nierenfunktionsstörung und morphologischer Läsionen (Tubulusdilatation und -atrophie, Glomerulosklerose, interstitielle Fibrose) zu erkennen. Zum Zeitpunkt der Diagnose haben 34–46% der Neugeborenen, aber nur 25% der Kinder und 23% der Erwachsenen bereits eine eingeschränkte Funktion der betroffenen Niere, d. h. bei mindestens einem Drittel der Neugeborenen kommt es zu einer spontanen Besserung der Nierenfunktion. Andererseits ist aus klinischen Studien bekannt, dass es bei etwa 25% der pränatal diagnostizierten Hydronephrosen zu einer Verschlechterung der Nierenfunktion kommt, die schließlich eine operative Korrektur erfordert. In dieser Gruppe mit operierter Hydronephrose sind auch Kinder mit primär guter Nierenfunktion: Bei 15–20% der Neugeborenen, deren hydronephrotische Niere primär eine anteilige Nierenfunktion von über 40% hatte, verschlechtert sich die Funktion so, dass schließlich doch operiert werden muss.

Etwa 10% der obstruierten Nieren haben eine so hochgradig eingeschränkte Funktion (<10% der Gesamtfunktion), dass ein organerhaltender Eingriff nicht mehr sinnvoll ist (→ Nephrektomie). Die Indikation zur operativen Korrektur kann sich bei einem symptomlosen Patienten erst aus der Verlaufsbeobachtung ergeben. Sie sollte innerhalb des ersten Lebensjahres gestellt werden.

Meistens wird eine medikamentöse Harnwegsinfektprophylaxe mindestens im ersten Lebensjahr befürwortet.

Operation

- Elektiveingriff.
- Ausnahme: bilaterale Hydronephrose mit erhöhten Retentionswerten, tastbarer Nierentumor (→ perkutane transrenale Katheterpyelostomie; perkutane Katheternephrostomie, PCN, passager).

Indikation

Die Indikation zur Nierenbeckenplastik ist gegeben bei
- beidseitiger Hydronephrose (Pyelonweite >12 mm ap),
- tastbarem »Nierentumor« (Druck im Nierenbecken erhöht),
- Abnahme der anteiligen Nierenfunktion um mehr als 10%,
- fehlendem Nuklidabfluss im Diurese-Szintigramm,
- zunehmender Nierenbeckenektasie (mit oder ohne stabile Nierenfunktion),
- persistierender Hydronephrose Grad 4,
- symptomatischer Hydronephrose:
  - Pyelonephritis,
  - Konkrementen,
  - Hypertonie,
  - Gedeihstörung,
  - beginnender kompensatorischer Hypertrophie der kontralateralen Niere,
  - Hydronephrose kombiniert mit vesikoureteralem Reflux mindestens 3. Grades
  - Einzelniere,
- mangelhafter Compliance der Eltern.

Prinzip

Nierenbeckenplastik nach Anderson-Hynes (benannt nach Anderson und Hynes, beide zeitgenössische englische Chirurgen, Sheffield) durch Resektion des subpelvinen adynamischen Segmentes und lange trichterförmige Anastomose zwischen dem tiefsten Punkt des Nierenbecken und dem Harnleiter. Bei älteren Kindern wird ein sehr großes Nierenbecken verkleinert.

Lagerung

- Präoperative Zystoskopie in Steinschnittlage.
- Für die Nierenbeckenplastik sind Zugangswege von abdominal, lumbal und dorsal möglich, jeweils extraperitoneal. Wir bevorzugen den abdominalen Zugang in Rückenlage mit Polster unter dem unteren Thorax.
- Neutrale Elektrode am Oberschenkel.
- Schutz vor Wärmeverlusten: Mütze aus Schlauchverband, Arme (einschließlich Hände) und Beine (einschließlich Füße) mit Watte einwickeln.

Instrumentarium

- Grund- und Laparotomieinstrumentarium,
- Rahmen,
- Spatel,
- diverse Overholts,
- Vessel-Loops,
- Redon-Drainage,
- Nahtmaterial: 5–0, 6–0 atraumatisch monofil resorbierbar.

Voraussetzungen

Vorliegen müssen die Sonographieprints bzw. eine Röntgenaufnahme des leeren Abdomens, ein Miktionszystoureterogramm (MCU) und ein intravenöses Pyelogramm (IVP; falls vorhanden) und die aktuelle szintigraphische Nierenfunktionsuntersuchung.

Soll die Anastomose geschient werden, kann präoperativ transurethral ein Double-pigtail-Katheter (Double-J-Katheter) eingebracht werden. (Bei Neugeborenen und Säuglingen meist Charr 3, 12 cm lang.)

Hydronephrose

- Quere Oberbauchinzision und extraperitoneale Darstellung der Niere nach Längseröffnung der Gerota-Kapsel
- Die Adventitia des extrarenal erweiterten Nierenbeckens wird medial längs inzidiert und unter Schonung besonders der in Richtung auf den Ureterabgang verlaufenden Gefäße ventral und dorsal nach lateral abpräpariert. Dabei stellt sich der Ureterabgang an der Vorderwand des Nierenbeckens dar. Er liegt meist kranial des tiefsten Punktes des Nierenbeckens
- Die Nierengefäße können mit einem Overholt unterfahren und mit einem Vessel-Loop angeschlungen werden. Aberrierende oder akzessorische Nierengefäße dürfen nicht unterbunden und durchtrennt werden (Hypertonierisiko!)
- Nach Legen einer Haltenaht (6–0 atraumatisch monofil) an den pyeloureteralen Übergang wird der proximale Harnleiter unter sorgfältiger Schonung seiner Blutversorgung dargestellt. Nach Legen einer weiteren Haltenaht an den proximalen Ureter wird dieser unmittelbar distal des pyeloureteralen Übergangs schräg von kranial medial nach kaudal lateral durchtrennt. Der laterale Wundwinkel des Ureters wird – wiederum unter Schonung der Gefäßversorgung – einige Millimeter lang längs gespalten
- Falls nicht zuvor nach Legen des Double-pigtail-Katheters geschehen, wird die Durchgängigkeit des Harnleiters mit einem 3-Charr-Katheter geprüft, der sich ohne Anhalt für eine Stenose bis in die Harnblase vorschieben lassen sollte
- Nach Legen entsprechender Haltenähte wird das Nierenbecken subtotal so reseziert, dass ein an seinem tiefsten Punkt abgehender, dreizipfliger Lappen entsteht
- Ausspülen des Nierenbeckens. Verschluss des Nierenbeckens mit Einzelknopfnähten (atraumatisches monofiles resorbierbares Nahtmaterial 6–0), extramukös gestochen, Knoten nach außen (lupenmikroskopische Präparation)
- Lange, schräg verlaufende, trichterförmige Anastomose zwischen Nierenbecken und Ureter mit Einzelknopfnähten (atraumatisches resorbierbares Nahtmaterial, monofil 6–0 oder geflochten 8–0), extramukös gestochen
- Die Wundränder dürfen nicht mit der Pinzette gefasst werden, die Knoten liegen nach außen
- Sorgfältige Kontrolle auf Bluttrockenheit
- Lockere Adaptation der Adventitia über der Nierenbeckennaht. Naht der Gerota-Kapsel über einer Redon-Drainage
- Zählkontrolle und Dokumentation
- Schichtweiser Verschluss der Bauchdecken (5–0 atraumatisches resorbierbares Nahtmaterial). Subkutannaht. Hautverschluss durch versenkt geknüpfte intrakutane Einzelknopfnähte. Verband
- Alternative Drainagemöglichkeiten sind die Schienung der Anastomose mit einem transrenalen Ureterkatheter und eine gleichzeitige transrenale Nierenbeckendrainage

Eine Drainage ist nicht in allen Fällen erforderlich. Der Double-pigtail-Katheter muss postoperativ (meist nach 3–6 Wochen) zystoskopisch entfernt werden.

Alternative OP-Methoden:
- VY-Plastik nach Foley (Urologe, Minnesota, 1891–1966),
- laparoskopische Nierenbeckenplastik,
- Endopyelotomie und Ballon-Dilatation.

Ergebnisse

Die postoperative Ergebniskontrolle findet frühestens nach 6 Monaten statt. Der Urinabfluss ist postoperativ in über 95% der Fälle verbessert. Präoperativ vorhandene Symptome bilden sich zurück. Die Nierenfunktion erholt sich nicht in allen Fällen, besonders dann nicht, wenn die Operation wegen einer Funktionsverschlechterung erfolgte. Die Aussicht auf eine Erholung der Nierenfunktion scheint umso größer zu sein, je jünger das Kind zum Zeitpunkt der Operation ist (Optimum im Alter von 3–6 Monaten).

Komplikationen

- Blutung,
- Restenosierung und Urinextravasation kommen in 2–3% der operierten Fälle vor.
- Die Zahl der Rezidivoperationen liegt unter 2%.

13.5.2 Leistenhoden

Definition
Der Hoden ist nicht im Skrotum, sondern im Leistenkanal lokalisiert.

Klinik

Bei 10–15% der männlichen Frühgeborenen und bei 3–5% der Reifgeborenen haben zum Zeitpunkt der Geburt ein oder beide Hoden das Skrotum nicht erreicht. Die meisten dieser kongenital dystopen Hoden deszendieren innerhalb der ersten 4–6 Lebensmonate, sodass am Ende des ersten Lebensjahres 0,8–1,8% der Jungen eine Hodendystopie aufweisen.

! Nach Vollendung des ersten Lebensjahres stellt jeder nicht im Skrotum befindliche Hoden einen pathologischen Zustand dar.

Erwachsene mit beidseitigem Kryptorchismus sind in der Regel infertil. Für die einseitige Hodendystopie werden Infertilitätsraten von 30–60% angegeben. Nach Verlagerung des Hodens ins Skrotum liegt die Fertilitätsrate bei Patienten mit beidseitiger Hodendystopie zwischen 0 und 68%, bei Patienten mit einseitiger Hodendystopie zwischen 12 und 100%.

Entscheidend für die Erhaltung der exokrinen Hodenfunktion ist das Behandlungsalter. Je früher der Hoden ins Skrotum verlagert wird, desto sicherer kann die Fertilität verbessert werden.

Die Therapie sollte beginnen, bevor mit strukturellen Veränderungen am Keimepithel gerechnet werden muss, d. h. vor dem 2. Lebensjahr. Solche irreversiblen strukturellen Veränderungen sind die Abnahme der Spermatogonienzahl pro Tubulusquerschnitt und die Verbreiterung und Kollagenisierung des peritubulären Bindegewebes.

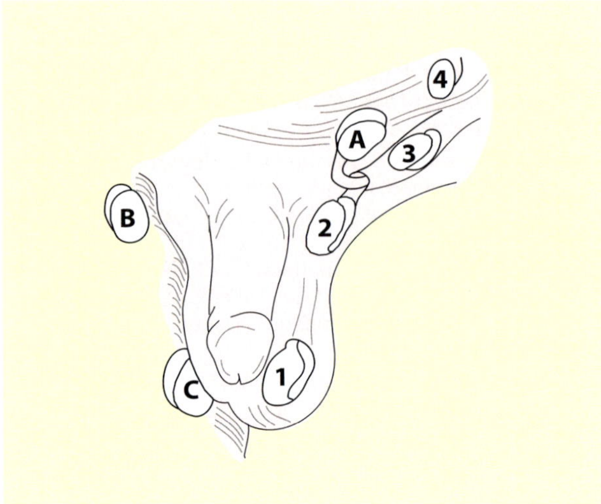

Abb. 13.44 Verschiedene Formen des Maldeszensus: *1* orthoper Hoden; 2–4 Retentionen: *2* Retentio testis präscrotalis; *3* Retentio testis inguinalis; *4* Retentio testis abdominalis. *A–C* Ektopien: *A* epifasziale Ektopie; *B* femorale Ektopie; *C* perineale Ektopie. (Nach Köllermann 1971)

Formen

Der Deszensus kann ganz ausbleiben, unvollständig ablaufen oder eine falsche Richtung nehmen. Entsprechend werden Retentionen von Ektopien unterschieden (Abb. 13.44).

Als Kryptorchismus wird ein nichttastbarer Hoden bezeichnet (Ursachen können eine Retentio testis abdominalis, eine Anorchie oder eine Hodenaplasie sein. Bei 3–4% der Leistenhodenpatienten fehlt der Hoden).

Nach topographisch-anatomischen Gesichtspunkten unterscheidet man bei der Retentio, also beim unvollständigen Deszensus, die Retentio testis abdominalis, inguinalis und präscrotalis.

Die häufigste Form einer Ektopie ist der epifasziale Leistenhoden. Seltene Ektopien sind die krurale und die perineale Ektopie. Die Hodenektopie kommt zweimal häufiger als die Retentio testis vor.

Beim Pendelhoden ist der Samenstrang normal lang, sodass der Hoden bei der Untersuchung problemlos ins Skrotum verlagert werden kann; hier verbleibt er je nach den Untersuchungsbedingungen eine Zeit lang. Durch Kontraktion des im Kindesalter hyperaktiven Kremastermuskels kann der Pendelhoden jedoch zeitweilig wieder in den Leistenkanal zurückgezogen werden.

Diagnose

- Klinische Untersuchung!
- Bei nichttastbarem Hoden: Sonographie, Laparoskopie.

Therapie

Als Behandlungsverfahren stehen zur Verfügung: die konservative Behandlung mit humanem Choriongonadotropin (HCG) oder Gonadotropin releasing hormone (GnRH) bzw. die Kombinationsbehandlung mit beiden Hormonen und die Operation. Hierbei handelt es sich nicht um konkurrierende Verfahren. Alle Behandlungsmöglichkeiten haben ihre eigene Indikation und können sich gegenseitig ergänzen.

Indikation zur Behandlung

- Verbesserung der Fertilität.
- Verringerung der Torsionsrisikos (Torsion in dystopen Hoden 22-mal häufiger).
- Beseitigung der in über 40% der Fälle vorhandenen Begleithernie.
- Verringerung des Verletzungsrisikos.

- Um die Diagnose eines Hodentumors zu erleichtern. (Hodentumoren sind insgesamt selten: Von 100.000 Männern erkranken pro Jahr 1,8 an einem malignen Hodentumor (0,0018%); aber mehr als 10% aller Keimzelltumoren des Hodens entstehen in dystopen Hoden (Risiko 12- bis 200-mal größer).

Operation

Im Folgenden werden die OP-Bedingungen und der OP-Verlauf für den Eingriff nach Shoemaker (Chirurg, Den Haag, 1871–1940) beschrieben.

Indikation

Absolut gegeben, wenn eines der folgenden mechanischen Deszensushindernisse vorliegt:

- Narbige Fixation des Hodens nach Herniotomie.
- Gleichzeitig bestehende Leistenhernie (>40%, umstrittene Indikation).
- Ektopie (70%, umstrittene Indikation).
- Sekundärer Aszensus.
- Leistenhoden in und nach Pubertät.

OP-Zeitpunkt

Nach dem 1. Geburtstag, *vor* dem 2. Geburtstag.

Prinzip

- Ausreichende Mobilisierung des Funikulus,
- vollständige Isolierung und Abtragung eines offenen Processus vaginalis peritonei,
- adäquate Fixierung des Hodens im Skrotum in einer zwischen Haut und Tunica dartos gebildeten Tasche.

Lagerung

Rückenlage mit leicht gespreizten Beinen und unterpolstertem Gesäß.

Instrumentarium

- Grundinstrumentarium,
- feine Kornzange,
- bipolare Koagulationspinzette,
- Nahtmaterial resorbierbar monofil oder geflochten 4–0 oder 5–0.

Leistenhoden, Fixation des Hodens im Skrotum

- ▶ Parainguinalschnitt
- ▶ Darstellung und Längsspaltung der Externusaponeurose vom äußeren Leistenring aus nach kranial in Faserrichtung. Der Hoden wird allseits mobilisiert, das Gubernaculum testis zwischen Ligaturen durchtrennt. Durchtrennung der Kremastermuskulatur
- ▶ Ein offener Processus vaginalis wird unter sorgfältiger Schonung der Gebilde des Samenstranges quer durchtrennt. Der proximale Bruchsackanteil wird bis in Höhe des inneren Leistenringes allseits dargestellt und das Peritoneum hier mit einer atraumatischen Tabakbeutelnaht/Durchstechungsligatur verschlossen
- ▶ Das überschüssige Peritoneum wird abgetragen. Der distale Bruchsackanteil wird der Länge nach eingespalten. Eine evtl. vorhandene Hydatide wird nach Koagulation der Basis abgetragen. Weitere Funikulolyse und quere Durchtrennung der Fasern der Fascia cremasterica, sodass der Samenstrang schließlich nur noch aus Gefäßbündel und Ductus deferens besteht
- ▶ Der Hoden lässt sich nun spannungsfrei ins Skrotum verlagern; hier wird er in einer zwischen Haut und Tunica dartos gebildeten Tasche (nach Lieblein) pexiert (resorbierbares Nahtmaterial)
- ▶ Naht der Skrotalwunde. Naht der Externusaponeurose und Rekonstruktion des äußeren Leistenringes. Hierbei sollte der Funikulus nicht eingeengt werden. Subkutannaht
- ▶ Hautverschluss durch fortlaufende Intrakutannaht oder versenkt geknüpfte intrakutane Einzelknopfnähte, alternativ mit Gewebekleber. Verband (▫ Abb. 13.45a–f)

Spezielle Verfahren

- Das Verfahren nach Fowler-Stephens besteht in der ein- oder mehrzeitigen Operation mit Durchtrennung der Vasa spermatica; auch laparoskopisch möglich (Risiko der Hodenatrophie).
- Mikrovaskuläre Anastomose der A. testicularis mit der A. epigastrica inferior.
- Orchiektomie wegen Malignitätsrisiko bei Operation nach der Pubertät.

Komplikationen

- Skrotalhämatom und/oder Wundinfektion 1–2%,
- Rezidiv 2%,
- Ductusverletzung 1–2%,
- Hodenatrophie 2–5%.

Prognose

- Normales Wachstum in 80%.
- Fertilität:
  - bei einseitiger Orchidopexie 75–80% (12–100%),
  - bei beidseitiger Orchidopexie 40% (0–68%).

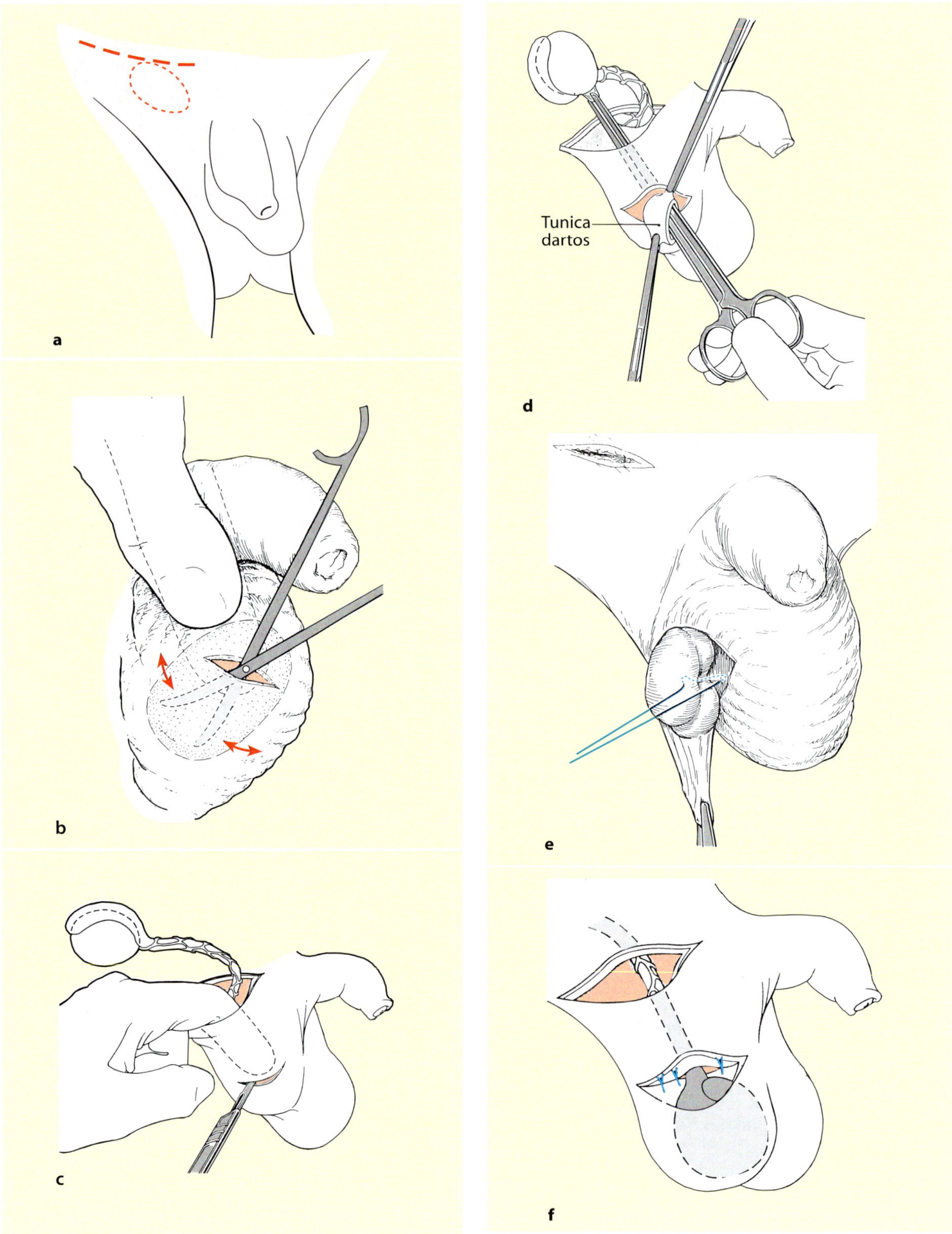
a
b
c
Tunica dartos
d
e
f

■ Abb. 13.45a–f Leistenhodenoperation. a Hautinzision, b Skrotale Inzision, c Bildung einer Tasche zwischen Haut und Tunica dartos, d Durchziehen des mobilisierten Hodens durch die Skrotalwunde, e Fixierung des Hodens an der Tunica dartos. (Nach Hutson 1995). f Situs vor Abschluss des Eingriffes. (Nach Hadziselimovic et al. 1990)

13.5.3 Hodentorsion

Definition

Drehung des Hodens um seine Längsachse, d. h. um den Samenstrang, mit konsekutiver Drosselung der Hodendurchblutung und Gefahr der hämorrhagischen Nekrose und des Organverlustes.

Anatomie

Ursache ist eine angeborene anatomische Anomalie der Hodenfixation. Normalerweise ist der Hoden über den Nebenhoden durch das Mesorchium dorsomedian an der Wand des Processus vaginalis fixiert. Fehlt diese Fixierung, wird der Hoden allseitig von der Tunica vaginalis testis umgeben. Er kann sich dann innerhalb der Tunica vaginalis um seine Längsachse – den Samenstrang – drehen: *intravaginale Hodentorsion* (■ Abb. 13.46a). Dies führt zu einer Drosselung des venösen Abflusses, schließlich auch der arteriellen Blutzufuhr. Die Durchblutungsstörung des Hodens hat, wenn sie länger als 4 h anhält, den teilweisen oder vollständigen Organverlust zur Folge. Dies geschieht auch bei der supravaginalen Torsion (■ s. Abb. 13.46b), die praktisch nur im Neugeborenen- und Säuglingsalter vorkommt. Dabei dreht sich der Samenstrang oberhalb der Tunica vaginalis. Die Häufigkeitsgipfel der Hodentorsion liegen im Neugeborenenalter und präpubertär zwischen dem 12. und 15. Lebensjahr.

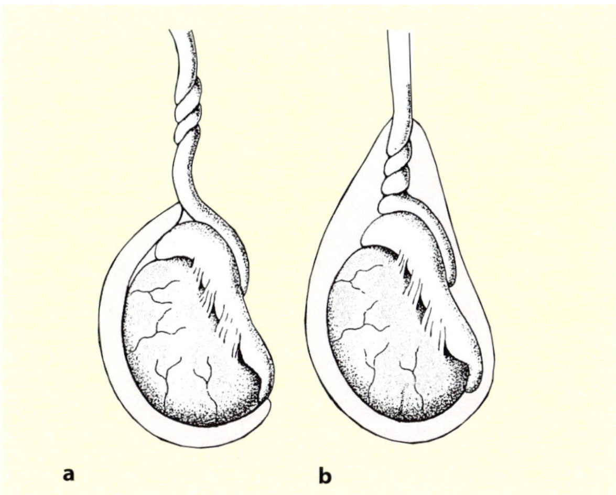

■ Abb. 13.46a,b Formen der Hodentorsion: a intravaginal; b supravaginal. (Nach Holschneider et al. 1993)

Klinik

Beschwerden jenseits des Säuglingsalters sind meist plötzlich einsetzende heftige Schmerzen im betroffenen Hoden, Übelkeit und Erbrechen gefolgt von einer Rötung und Schwellung der Hodenhüllen. Warnsymptome in Form passagerer, spontan abklingender torsionsähnlicher Beschwerden lassen sich bei jedem 3. Patienten anamnestisch eruieren (wird durch intermittierende inkomplette Torsion erklärt).

Diagnose

- Klinischer Befund mit Schwellung und Rötung der betroffenen Skrotalhälfte, erhebliche Druckdolenz des vergrößerten, meist höher stehenden Hodens. Fehlender Kremasterreflex.
- Dopplersonographie.
- Hodenszintigraphie, wenn ohne Zeitverlust möglich.

Differenzialdiagnose

- Torsion von Anhangsgebilden des Hodens oder des Nebenhodens (*Hydatidentorsion*). Der Häufigkeitsgipfel liegt präpubertär. Die hämorrhagisch infarzierte Hydatide kann gelegentlich als blauer Punkt durch die Hodenhüllen hindurch schimmern. Die Hydatidentorsion muss nicht operiert werden. Eine Operation hat jedoch den Vorteil, dass das Kind sofort beschwerdefrei ist und der Krankheitsverlauf abgekürzt wird. Gelegentlich ist die Unterscheidung Hodentorsion/Hydatidentorsion nur operativ möglich.
- Hoden- und Nebenhodenentzündungen sind im Kindesalter – im Gegensatz zum Erwachsenen – selten. Die Mumpsorchitis wird meist nach der Pubertät beobachtet. Ursache einer Epididymitis ist entweder eine hämatogene oder eine intrakanalikulär aszendierende, von den Harnwegen ausgehende Infektion (transurethraler Dauerkatheter oder neurogene Blasenentleerungsstörung).
- Idiopathisches Skrotalödem.
- Die Hodentorsion kann auch beim Leistenhoden vorkommen und ist dann differenzialdiagnostisch schwer von einer inkarzerierten Leistenhernie zu unterscheiden.

Operation

Indikation

Notfallindikation; je länger die Torsion andauert, desto vollständiger der Organverlust (s. Tabelle 13.8).

Lagerung

Rückenlage mit leicht gespreizten Beinen und unterpolstertem Gesäß.

Instrumentarium

- Grundinstrumentarium,
- feine Kornzange,
- bipolare Koagulationspinzette,
- Kochsalzschale,
- Nahtmaterial: Resorbierbar monofil oder geflochten 4–0 oder 5–0. Monofiler nichtresorbierbarer Faden für Orchidopexie.

Aufheben der Hodentorsion

- Bei der geringsten Unsicherheit in der Diagnostik des akuten Skrotums muss die sofortige operative Exploration vorgenommen werden – im Kindesalter von einem Inguinalschnitt aus
- Dabei wird die Torsion rückgängig gemacht und der Hoden mit nichtresorbierbarem Nahtmaterial an 4 Punkten im Skrotum pexiert. Die Tunica vaginalis testis wird offen gelassen. Entfernung des Hodens nur bei sicher vollständiger Infarzierung
- Keine Probeexzision!
- Da die anatomische Prädisposition zur Hodentorsion immer doppelseitig ist, muss in (gleicher oder) späterer Sitzung der kontralaterale Hoden ebenfalls pexiert werden

Prognose

Siehe Tabelle 13.8.

Tabelle 13.8. Prognose nach Hodentorsion. (Nach Noseworthy 1993)

Torsionsdauer [h]	Organerhaltung [%]
<6	85–97
6–12	55–85
12–24	20–80
>24	<10

13.5.4 Phimose

Definition
Missverhältnis zwischen der Größe der Glans penis und der dehnbaren Weite der Vorhautöffnung; die Vorhaut kann nicht vollständig über die Glans retrahiert werden.

Physiologie

Die Verklebung zwischen innerem Vorhautblatt und Glans ist beim Neugeborenen physiologisch.

Die Separation beginnt bei Geburt und setzt sich während der Kindheit fort (durch Smegmabildung, Erektionen und durch Wachstum der Glans). Smegmazysten sind ein normaler Prozess und sind nicht als Entzündung zu werten.

Physiologische Verklebungen äußern sich in dem folgenden altersabhängigen Umfang:

- Neugeborenes: Vorhaut kann nur bei 4% vollständig retrahiert werden.
- 12 Monate altes Kind: Vorhaut kann nur bei 50% vollständig retrahiert werden.
- 3 Jahre altes Kind: Vorhaut kann bei 90% retrahiert werden

Eine »Phimose« besteht bei 8% der 6- bis 7-Jährigen und nur bei 1% der 16- bis 18-Jährigen.

Diese »physiologische« Phimose macht keine Miktionsbeschwerden.

Zu frühe und gewaltsame Versuche die Vorhaut zu retrahieren, führen zu Hauteinrissen. Es resultiert eine ringförmige Narbe der Vorhautöffnung, mithin eine erworbene pathologische Phimose.

Vorsichtige Retraktionsmanöver aus hygienischen Gründen sind frühestens im Alter von 12–18 Monaten sinnvoll.

Beschneidung

Die Beschneidung gehört zu den ältesten bekannten Operationen und – zumindest teilweise – in den Bereich der Ritualchirurgie.

Operation

Indikation

- Medizinische Indikation: narbige (=sekundäre) Phimose, rezidivierende Balanoposthitis, rezidivierende Paraphimose.
- Relative Indikation: rezidivierende Posthitis isoliert; rezidivierende Harnwegsinfekte beim Säugling.

Die neonatale Zirkumzision verhütet Harnwegsinfektionen. Harnwegsinfektionen bei Säuglingen sind selten, treten aber bei nichtzirkumzidierten Säuglingen(!) 10-mal häufiger auf als bei zirkumzidierten.
- Karzinomprophylaxe (Penis- bzw. Portiokarzinom) ist allenfalls in tropischen Ländern eine OP-Indikation. Bei normalen anatomischen Verhältnissen kann der gleiche vorbeugende Effekt durch Sauberkeit und Genitalhygiene erzielt werden.
- Rituelle Indikation: immer vollständige Zirkumzision; möglichst jenseits des Windelalters. Im Allgemeinen nicht auf Kosten der Versichertengemeinschaft.

Die meisten Eltern sind erleichtert, wenn ihr Sohn nicht an der Vorhaut operiert werden muss. Andere insistieren trotz der notwendigen Narkose und trotz möglicher Komplikationen auf der Operation, im Wesentlichen aus sozialen oder religiösen Gründen.

■■■ Kontraindikation
- Lokale Infektion (floride Balanoposthitis).
- Hypospadie und andere angeborene Penisanomalien (Zirkumzision erst nach Abschluss der Hypospadiekorrektur).
- Keine (neonatale Zirkumzision) bei Frühgeborenen.
- Vorsicht bei Gerinnungsstörungen (Hämophilie).

■■■ OP-Zeitpunkt
Im 5. Lebensjahr. Zu einem früheren Zeitpunkt nur bei spezieller Indikation.

■■■ Prinzip
- Ambulante Operation in Allgemeinnarkose, evtl. mit zusätzlicher Kaudalanästhesie oder mit Penisblock.
- Teilweise oder vollständige Entfernung der Vorhaut nach Lösung präputialer Verklebungen. Es gibt zahlreiche Methoden. Die Beste ist die mit möglichst wenig Komplikationen und gutem kosmetischen Ergebnis.
- Radikale Zirkumzision (zwingend bei Diabetes mellitus, bei dermatologischen Präputialerkrankungen, bei Trägern eines Kondom-Urinals wegen Inkontinenz).
- Plastische Operation erreicht bei teilweisem Erhalt der Vorhaut eine Erweiterung der Vorhautöffnung und eine vollständige Retrahierbarkeit. Gleichzeitig werden Synechien mit einer Knopfsonde gelöst und ein Frenulum breve durch Frenulotomie und/oder Frenulumplastik korrigiert.
- Die alleinige dorsale Inzision ist kosmetisch oft nicht befriedigend.

■■■ Lagerung
Rückenlage mit unterpolstertem Gesäß.

■■■ Instrumentarium
- Grundinstrumentarium,
- feine bipolare Koagulationspinzette,
- Nahtmaterial: atraumatisch resorbierbar, monofil, Fadenstärke 5–0

Phimose

► Ovalärer Hautschnitt am äußeren Präputialblatt in Höhe des Sulcus coronarius oder distal davon

► Mobilisierung der Haut nach distal unter Erhaltung hier verlaufender Venen. Dorsale Inzision der Präputialöffnung und Reposition der Vorhaut

► Desinfektion der Glans und des inneren Blattes. Präputiale Verklebungen werden mit einer Knopfsonde vorsichtig gelöst

► Durchtrennung des Frenulum. Zirkumzision des inneren Vorhautblattes 3 mm proximal des Sulcus coronarius. Die so umschnittene Hautmanschette wird exzidiert

► Sorgfältige Blutstillung mit der bipolaren Mikrokoagulationspinzette

► Frenulumplastik. Adaptation des inneren mit dem äußeren Blatt mit 6–0 atraumatischen Einzelknopfnähten (monofiler resorbierbarer Faden)

Postoperativ: Verband mit Fettgaze-Läppchen und locker komprimierender elastischer Mullbinde. Nachbehandlung mit Salbenverbänden und Sitzbädern (z.B. mit Kamille). Eng anliegende Kleidung vermeiden (mechanische Irritation der Glans).

Komplikationen
Im Allgemeinen werden die im Folgenden aufgeführten Komplikationen beobachtet:
- Nachblutung in ca. 1% der Fälle. (Präoperativ sollte durch eine Familienanamnese eine Gerinnungsstörung ausgeschlossen werden.)
- Wundinfektion (0,2–0,4%).
- Phimoserezidiv (im Extrem unter dem Bild des »vergrabenen Penis«).
- Kosmetisch unbefriedigendes Ergebnis, Asymmetrie: meist durch zu lang belassenes inneres Vorhautblatt oder durch chronisches Wundödem.
- Harnverhalt (besonders nach zusätzlicher Kaudalanästhesie).

- Ulzeration (postoperative Hämaturie) und/oder Stenose des Meatus urethrae externus (Balanitis xerotikans, Lichen sclerosus et atrophicus; 8–31%).
- Glansverletzung.
- Denudierung des Penisschaftes.
- Urethrokutane Fistel (Vorsicht bei der Frenulotomie!).
- Penisnekrose (nach Verwendung einer monopolaren HF-Elektrode: Koagulationsnekrose durch zu hohe Stromdichte aufgrund des geringen Gewebedurchmessers des Penis).

Konservative Therapie der Phimose

Mit lokal applizierter Testosteron-haltiger Creme (Andractin; kann nur über das Ausland bezogen werden, da es in der BRD nicht zugelassen ist) möglich. Ähnliche Ergebnisse sind mit der lokalen Anwendung einer Bethamethason-haltigen Creme zu erreichen.

Risiken der konservativen Therapie mit Erhaltung der Vorhaut

- Phimose.
- Paraphimose (Abschnürung der Glans und des inneren Vorhautblattes durch den proximal der Glans retrahierten, verengten Präputialring).
  Therapie: Reposition – meist ohne dorsale Inzision des Schnürringes möglich, später elektive Zirkumzision.
- Persistierende Synechien.
- Balanoposthitis (Häufigkeitsgipfel 6. Lebensmonat).
- Aszendierende Harnwegsinfekte (bei Jungen mit angeborenen Harntraktanomalien).

Bei 1(–5)% der primär nichtzirkumzidierten Jungen wird später eine Zirkumzision aus medizinischer Indikation erforderlich.

13.5.5 Hypospadie

Definition

Angeborene Penisanomalie infolge einer insuffizienten Entwicklung der distalen Harnröhre, gekennzeichnet durch die Kombination von den folgenden 3 anatomischen Anomalien:

- Ein ventral dystoper Meatus urethrae externus (Mündung nicht auf der Spitze der Glans, sondern weiter proximal zwischen Glans und Perineum auf der Ventralseite des Penis).
- Ein ventral gespaltenes Präputium.
- Eine mehr oder weniger ausgeprägte Krümmung des Penisschaftes nach ventral.

Ätiologie

Unklar. Androgenmangel und/oder verminderte Androgensensitivität werden vermutet. Genetische Faktoren, Umweltfaktoren (?)

Tabelle 13.9. Klassifikation der Hypospadie

Formen der Hypospadie vor Chordektomie		Nach Chordektomie	Mögliche Therapie
Anteriore Formen (80%) 1. Grades H. glandis H. coronaria H. subcoronaria		65%	Matthieu, Urethraverlängerungsplastik
Mittlere Formen (15%) 2. Grades H. penilis	Distales Drittel Mittleres Drittel Proximales Drittel	15%	Island only flap (Duckett) Island only flap (Duckett) Gestielter tubulärer Vorhautlappen (Duckett)
Posteriore Formen (5%) 3. Grades H. penoscrotalis H. scrotalis H. perinealis		20%	Gestielter tubulärer Vorhautlappen (Duckett) Cecil-Michalowski Cecil-Michalowski

Klassifikation

Siehe hierzu Tabelle 13.9.

Embryologie

Die an der Kaudalseite des Genitalhöckers gelegenen Genitalfalten begrenzen die entodermale Urethralrinne. Beim männlichen Embryo verschmelzen die Genitalfalten in der 8.–10. Woche in der Mittellinie und verschließen so die Urethralrinne in einem proximal beginnenden und nach distal fortschreitenden Prozess zur definitiven Harnröhre. Normalerweise durchdringt die Harnröhre die Glans und findet dort Anschluss an die Fossa navicularis. Diese entsteht getrennt durch Einwachsen von Ektoderm von der Glansoberfläche her. Deshalb scheint bei manchen Kindern mit Hypospadie ein doppelter Meatus urethrae externus vorzuliegen: im Bereich der Glans, der blind endet und der Fossa navicularis entspricht, und auf der Ventralseite des Penis, weiter proximal, durch den der Urin entleert wird. Die Chorda wird als Rudiment des distalen atretischen Corpus spongiosum aufgefasst.

Häufigkeit

Die Hypospadie ist mit 1:125–1:300 (8–3 von 1.000) lebendgeborenen Jungen eine häufige Anomalie, die in 14% familiär vorkommt.

Assoziierte Anomalien

Je weiter proximal der Meatus externus mündet, desto häufiger sind zusätzliche Anomalien wie Leistenhoden (10%) und Leistenhernie.

Eine zusätzliche Diagnostik (Sonographie, Miktionszysturethrogramm) ist erforderlich bei:

- Utrikulus (bei 57% der Hypospadia perinealis, 10% der Hypospadia penoscrotalis),
- posterioren Hypospadieformen,
- Hypospadiepatienten mit zusätzlicher Fehlbildung eines anderen Organsystems (z.B. Meningomyelozele, anorektale Agenesie),
- Hypospadie mit einem Harnwegsinfekt in der Anamnese (Ausschluss eines vesikoureteralen Reflux, 10–17%).
- Bei posterioren Hypospadien und bei Hypospadien mit Kryptorchismus beidseits sind chromosomale Anomalien (Intersexformen) auszuschließen.
- Keine zusätzliche Diagnostik bei peripherer Hypospadie allein bzw. mit Leistenhoden oder Leistenhernie.

Lokalbefund

- Position und Kaliber des Meatus urethrae externus?
- Krümmung des Penisschaftes (Chorda vorhanden in ca. 35% der Fälle)?
- Beschaffenheit der Urethralplatte und des Corpus spongiosum (Urethralplatte = Hautstreifen am ventralen Penisschaft zwischen Meatus und Fossa navicularis)?
- Mikrophallus (bei proximalen Hypospadieformen)?
- Hoden deszendiert?

Therapie

Ziel

- Normale Miktion (nach vorne gerichteter gebündelter Harnstrahl).
- Spätere Kohabitations- und Inseminationsfähigkeit (Penisschaft gerade, Urethra tubulär mit adäquatem Kaliber, Meatus mindestens in Höhe des Sulcus coronarius).
- Behandlung sollte bis Schuleintritt abgeschlossen sein.

Eine Schaftverkrümmung ist immer behandlungsbedürftig, auch wenn sie nicht mit einer Hypospadie kombiniert ist (»Chorda sine Hypospadia«). Die Chordektomie ermöglicht ein normales Längenwachstum des Penis und ist unabdingbare Voraussetzung für eine Urethraplastik. Durch die Aufrichtung des Penis wird der Meatus urethrae externus notwendigerweise weiter nach proximal verlagert, d. h. der Grad der Hypospadie im Hinblick auf die Lage des Meatus wird verschlimmert (vgl. Tabelle 13.9).

OP-Zeitpunkt

- Meatusstenose (selten): jederzeit.
- Übrige: im Alter von mindestens 1 oder mit 4 Jahren.

Allgemeine Richtlinien

»Die Hypospadie ist eine nicht schematisierbare Anomalie ... Das Operationsverfahren muss individuell ... angepasst werden« (Westenfelder 1993).

- Lupenbrille.
- Penible Blutstillung (kein oder nur intermittierender Tourniquet, Kompression mit warmen Kochsalzkompressen, sparsame bipolare Mikrokoagulation).
- Vollständige Chordektomie (Kontrolle durch artifizielle Erektion).
- Auf gute Durchblutung der Hautlappen achten (Wundränder nicht mit Pinzette anfassen – besser Haltenähte; spannungsfreie Nähte).

- Monofile fortlaufende Naht bevorzugen.
- Genaue Hautadaptation (»Stoß auf Stoß«).
- Übereinander liegende Nahtreihen vermeiden (Fistelbildung).
- Extravesikale Silikonsplints (für 5–7–10 Tage) für distale Korrekturen.
- Suprapubische Harnableitung (für 7–10 Tage) für mittlere und proximale Korrekturen.
- Mehrzeitige Eingriffe in mindestens 6 Monate langen Intervallen.
- Keine Zirkumzision vor Abschluss der Hypospadiekorrektur.

Komplikationen

- Urethrokutane Fistel (5–20%),
- Chordapersistenz (25%),
- Urethrastriktur (5%),
- Meatusstenose (2%),
- Urethradivertikel (selten).

Meatotomie

Dorsal/ventral; Abb. 13.47a,b.

Lagerung

Rückenlage mit leicht gespreizten Beinen und unterpolstertem Gesäß.

Instrumentarium

- Grundinstrumentarium,
- Mikroinstrumente,
- Skalpell Gr. 11,
- Hegarstifte,
- Gleitmittel,
- Nahtmaterial: Monofil resorbierbar 6–0 bzw. 8–0,
- Silikonsplint der Größe des Kindes entsprechend.

Hypospadie

- Kalibrierung des Meatus urethrae externus mit Hegarstiften
- Längsinzision der dorsalen Zirkumferenz des Meatus in Richtung auf die Fossa navicularis mit vollständiger Durchtrennung des Weichteilseptums zwischen Meatus und Fossa
- Hautnaht quer mit Einzelknopfnähten
- Erneute Kalibrierung des Meatus
- Eventuell Einlegen eines Splints für einige Stunden

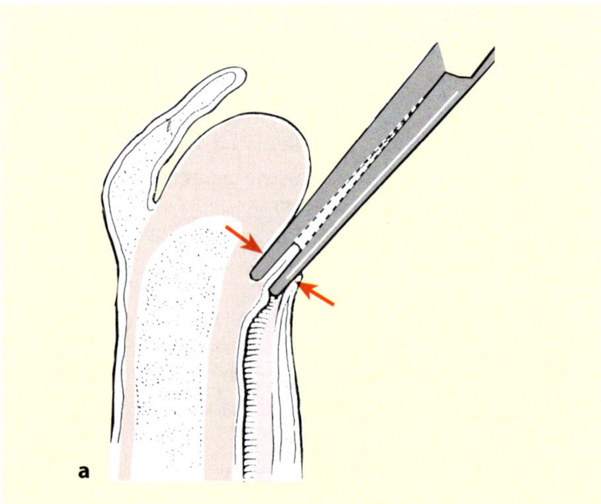

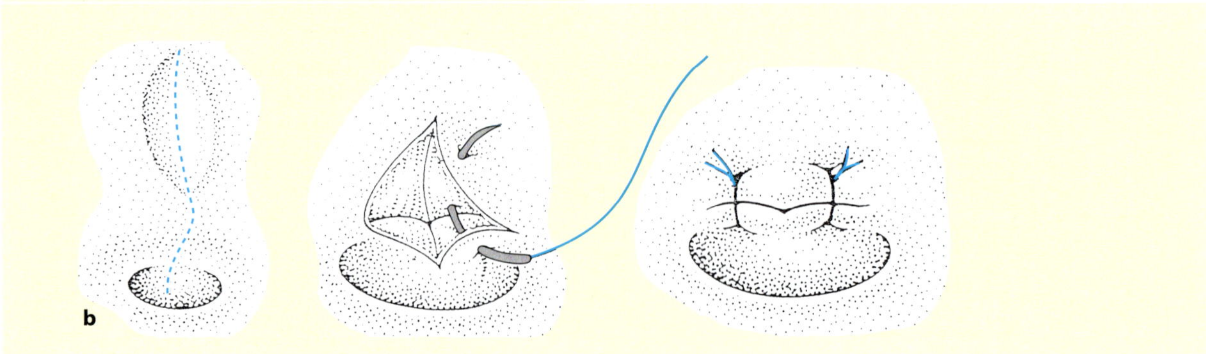

Abb. 13.47a,b Dorsale Meatotomie. a Inzision und Wundverschluss im Längsschnitt. (Nach Kelalis 1977). b Inzision und Wundverschluss in Aufsicht. (Nach Duckett 1988)

Distale Urethraplastik (nach Mathieu)

▪▪▪ Voraussetzung

Distale Hypospadie ohne echte Chorda: Hypospadia coronaria und subcoronaria; ausreichend dicke Haut ventral der distalen Urethra.

▪▪▪ Lagerung

Rückenlage mit leicht gespreizten Beinen und unterpolstertem Gesäß.

▪▪▪ Instrumentarium

- Grundinstrumentarium,
- Mikroinstrumente,
- Skalpell Gr. 11,
- Hegarstifte,
- Gleitmittel,
- 2 Spritzen à 20 ml, Kanüle Nr. 1,
- System für suprapubische Harnableitung,
- Urinbeutel,
- Silikondrain (je nach Größe des Patienten),
- Vessel-Loop,
- Nahtmaterial: Monofil resorbierbar 6–0, geflochten 6–0 und 8–0; nichtresorbierbare monofile Fäden 4–0 oder 5–0 für Haltenähte.

Distale Urethraplastik

► Kalibrierung des Meatus urethrae externus mit Hegarstiften

► Einbringen eines Katheters transurethral in die Harnblase, die mit steriler körperwarmer Ringer-Lösung aufgefüllt wird. Suprapubische Punktion der Harnblase. Punktförmige Inzision der Haut und Einbringen eines suprapubischen Katheters. Fixierung des Katheters und Ablassen der Spülflüssigkeit

► Umschneidung eines 6–8 mm breiten Hautstreifens proximal des Meatus externus. Die Länge des Hautstreifens entspricht dem Abstand des Meatus urethrae externus von der Glansspitze. Die parallelen Hautinzisionen werden nach distal entlang der Fossa navicularis bis zur Glansspitze verlängert und hier durch Deepithelisation der medialen Anteile der lateralen »Glansflügel« verbreitert

► Der umschnittene Hautlappen proximal des Meatus wird zusammen mit dem Subkutangewebe unter sorgfältiger Schonung seiner Blutversorgung mobilisiert und nach distal umgeschlagen. Die seitlichen Ränder des Hautläppchens werden mit den medialen Rändern der Glansinzision vernäht (8–0 resorbierbar, extraepithelial gestochen)

► Adaptation der mobilisierten Glansflügel ventral der Neourethra mit Matratzennähten

► Hautverschluss proximal der Glans

► Einbringen eines perforierten Silikonsplints in die Urethra, der z.B. durch Naht oder durch epikutane Fixierung gesichert wird (▫ Abb. 13.48a–d)

Chordektomie

▪▪▪ Prinzip

Aufrichtung des Penisschaftes (»Orthoplastik«) durch Entfernung des Chordagewebes und Bildung einer bis auf die Glansspitze geführten Rinne, die in einer zweiten Sitzung tubulär verschlossen wird. Als Material für die neu zu bildende Harnröhre dient ein gestielter Lappen aus dem inneren Blatt der dorsalen Präputialschürze.

▪▪▪ Lagerung

Rückenlage mit leicht gespreizten Beinen und unterpolstertem Gesäß.

▪▪▪ Instrumentarium

- Grundinstrumentarium,
- Mikroinstrumente,

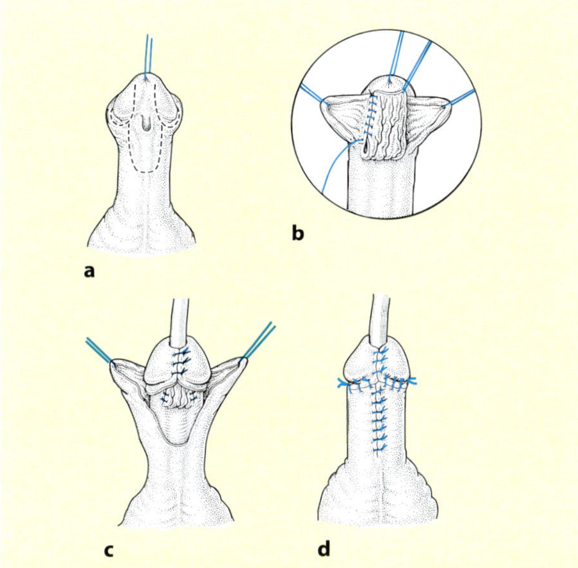

▫ Abb. 13.48a–d Operation nach Matthieu. a Hautinzision, b Läppchen nach distal einschlagen, c Mobilisierung der Penishaut, d Postoperativer Zustand. (Nach Duckett 1988)

- Skalpell Gr. 11,
- Punktsauger,
- Hegarstifte,
- Gleitmittel,
- Spritzen à 10 ml,
- Butterflykanüle,
- Ballonkatheter mit Blockung,
- Urinbeutel,
- Silikondrain (je nach Größe des Patienten),
- Vessel-Loop,
- Nahtmaterial: Monofil resorbierbar 6–0, geflochten 6–0 und 8–0; nichtresorbierbare monofile Fäden 3–0 und 5–0 für Haltenähte,
- Sterile Fettgaze und elastische Mullbinde für Verband.

Chordektomie

► Haltenaht in die Glans (monofil 4–0), von dorsal her eingestochen

► Die Ausstichstelle markiert die dorsale Zirkumferenz des neu zu bildenden Meatus urethrae externus. Die Glans wird von ventral in der Medianlinie eingespalten, die Inzision nach proximal bis an den Meatus urethrae externus verlängert. Der Meatus wird nach distal u-förmig umschnitten

► Einbringen des Ballonkatheters transurethral, der geblockt wird. Entfernung der Chorda von distal nach proximal so weit, bis man an eine vom Corpus spongiosum umgebene Harnröhre gelangt und die Faszie der Corpora cavernosa freiliegt

► Die Vollständigkeit der Chordektomie kann mit einer artifiziellen Erektion geprüft werden

► Umschneidung eines gestielten Hautläppchens aus dem inneren Blatt des dorsalen Vorhautüberschusses (4 Haltefäden mit 5–0 monofil). Mobilisierung des Läppchens und Verschluss des Vorhautdefektes in Längsrichtung mit Einzelknopfnähten (6–0 resorbierbar)

► In den durch die Chordektomie entstandenen Hautdefekt wird der gestielte Präputiallappen eingeschlagen und mit seinem peripheren Ende mit der hinteren Zirkumferenz der Harnröhre vernäht (Einzelknopfnähte mit 8–0 resorbierbar)

► Die seitlichen Wundfäden (Einzelknopfnähte, 6–0 resorbierbar) werden lang gelassen und über dem in diesem Abschnitt mit Fettgaze muffförmig umwickelten Ballonkatheter miteinander verknüpft, sodass die Wundfläche im Bereich der Chordektomie komprimiert wird

► Zusätzliche Blutstillung wird durch einen zirkulären, locker komprimierenden Verband des Penisschafts erreicht (sterile elastische Mullbinde, 4 cm breit)

Urethraplastik

Prinzip

Bildung einer auf der Glans mündenden tubulären Neourethra aus ortsständiger Haut.

Voraussetzung

- Penisschaft gerade,
- Meatus urethrae externus ausreichend weit.

Lagerung

Rückenlage mit leicht gespreizten Beinen und unterpolstertem Gesäß.

Instrumentarium

- Grundinstrumentarium,
- Mikroinstrumente,
- Skalpell Gr. 11,
- Hegarstifte,
- Gleitmittel,
- 2 Spritzen à 20 ml, Kanüle Nr. 1,
- System für suprapubische Harnableitung,
- Urinbeutel,
- Butterflykanüle mit Spritze (10 ml),
- Silikondrain (je nach Größe des Patienten),
- Vessel-Loop,
- Nahtmaterial: Monofil resorbierbar 6–0, geflochten 6–0 und 8–0; nichtresorbierbare monofile Fäden 4–0 oder 5–0 für Haltenähte,
- Sterile, 4 cm breite elastische Mullbinde.

Urethraplastik

► Kalibrierung des Meatus urethrae externus mit Hegarstiften

► Einbringen eines Katheters transurethral in die Harnblase, die mit steriler, angewärmter Ringer-Lösung aufgefüllt wird. Suprapubische Punktion der Harnblase. Punktförmige Inzision der Haut und Einbringen eines suprapubischen Katheters. Fixierung des Katheters und Ablassen der Spülflüssigkeit

► Umschneidung der seitlichen Ränder der bei der Voroperation rinnenförmig angelegten Urethra, im Bereich der Glans durch Deepithelisation eines 2 mm breiten Hautstreifens lateral. Die Inzisionen vereinigen sich proximal des Meatus in der Mittellinie

► Asymmetrische Mobilisierung der Wundränder nach medial und lateral. Die medialen Wundränder werden über einem Silikonsplint mit atraumatischer, fortlaufender Naht (monofil resorbierbar, 6–0, extraepithelial gestochen) adaptiert. Die Nahtreihe wird

13

durch Einzelknopfnähte gesichert (resorbierbar, 6–0, atraumatisch)

► Sorgfältige Blutstillung mit der bipolaren Mikrokoagulationspinzette. In einer zweiten Nahtreihe wird ortsständiges Bindegewebe über der neu gebildeten Harnröhre vereinigt (8–0, resorbierbar, atraumatisch, Einzelknopfnähte oder fortlaufend)

► Hautverschluss. Durchtrennung des gestielten Vorhautläppchens glansnah. Die Wundränder am Meatus externus und am inneren Vorhautblatt werden mit Einzelknopfnähten (6–0, resorbierbar, atraumatisch) verschlossen

► Sicherung des Splints. Verband

► Der suprapubische Katheter wird mit einem sterilen geschlossenen Auffangsystem verbunden

Urethraverlängerungsplastik nach Beck (modifiziert)

▪▪▪ Prinzip

- Mobilisierung der distalen Urethra,
- Ventralspaltung der Glans,
- Verlagerung des Meatus externus auf die Glansspitze und Einscheiden der distalen Urethra durch die Glansflügel.

▪▪▪ Voraussetzung

- Distale Hypospadie,
- Penisschaft gerade oder nur distal (Glans gegen Schaft) verkrümmt.

▪▪▪ Lagerung

Rückenlage mit leicht gespreizten Beinen und unterpolstertem Gesäß.

▪▪▪ Instrumentarium

- Grundinstrumentarium,
- Mikroinstrumente,
- Skalpell Gr. 11,
- Hegarstifte,
- Gleitmittel,
- 2 Spritzen à 20 ml, Kanüle Nr. 1,
- System für suprapubische Harnableitung,
- Urinbeutel,
- Butterflykanüle mit Spritze (10 ml),
- Silikondrain (je nach Größe des Patienten),
- Vessel-Loop,
- Nahtmaterial: Monofil resorbierbar 6–0, geflochten 6–0 und 8–0; nicht-resorbierbare monofile Fäden 4–0 oder 5–0 für Haltenähte,
- Sterile, 4 cm breite elastische Mullbinde.

Urethraverlängerungsplastik

► Legen einer Haltenaht (4–0 monofil, nichtresorbierbar) durch die Glans.

► Einbringen eines Silikonsplints transurethral. Lupenmikroskopische Präparation

► U-förmige Hautinzision, die den Meatus externus proximal umfährt. Legen einer Haltenaht an den proximalen Meatusrand

► Darstellung der ventralen Urethra nach proximal, hierbei wird möglichst viel Zwischengewebe auf der Urethra belassen. Die vorhandene Hautinzision wird nach distal verlängert, bis der Meatus ovalär umschnitten ist. Legen einer 2. Haltenaht an den distalen Meatusrand

► Die Harnröhre wird dorsal vollständig von den Corpora cavernosa abpräpariert. Hierdurch wird eine gute Verlängerung der Harnröhre erreicht, die mit dem Meatus spannungsfrei bis über die Glansspitze nach distal reicht

► Blutstillung mit der bipolaren Mikrokoagulationspinzette

► Die Glans wird ventral in der Medianlinie bis über die Fossa navicularis hinaus eingespalten. Bildung je eines »Glansflügels« zu beiden Seiten der Mittellinie. Deepithelisierung eines gut 1 mm breiten Areals beidseits der Medianinzision der Glans

► Vollständige Exzision des Chordagewebe zwischen Glans und Schaft. Nachdem man sich vergewissert hat, dass der Penisschaft gerade ist (ggf. durch artifizielle Erektion), wird die Harnröhre in die Glansinzision hinein verlagert. Die Glansflügel werden ventral der Urethra mit 3 Matratzennähten spannungsfrei adaptiert (4–0, resorbierbar, atraumatisch)

► Fixierung des Meatus in der Glansspitze mit Einzelknopfnähten (resorbierbar, 6–0, atraumatisch)

► Sorgfältige Blutstillung. Adaptation ortsständigen Bindegewebes ventral der Uretha proximal der Glans (resorbierbar, 6–0, atraumatisch)

► Hautverschluss mit dem gleichen Nahtmaterial (Einzelknopfnähte)

► Fixierung des Katheters mit der Glanshaltenaht

► Zusätzliche Blutstillung durch zirkuläre, locker komprimierende elastische Mullbinde

► Sicherung des Katheters, der mit einem sterilen geschlossenen Auffangsystem verbunden wird

Urinfistelverschluss

Voraussetzung

Mindestens 6 Monate Abstand zur Voroperation.

Lagerung

Rückenlage mit leicht gespreizten Beinen und unterpolstertem Gesäß.

Instrumentarium

- Grundinstrumentarium,
- Mikroinstrumente,
- Skalpell Gr. 11,
- Hegarstifte,
- Gleitmittel,
- 2 Spritzen à 20 ml, Kanüle Nr. 1,
- System für suprapubische Harnableitung,
- Urinbeutel,
- Silikondrain (je nach Größe des Patienten),
- Nahtmaterial: Monofil resorbierbar 6–0,
- geflochten 6–0 und 8–0; nichtresorbierbare monofile Fäden 4–0 oder 5–0 für Haltenähte,
- sterile, 4 cm breite elastische Mullbinde.

Urinfistelverschluss

- ► Kalibrierung des Meatus urethrae externus mit Hegarstiften
- ► Einbringen eines Katheters transurethral in die Harnblase, die mit steriler angewärmter Ringer-Lösung aufgefüllt wird. Suprapubische Punktion der Harnblase
- ► Punktförmige Inzision der Haut und Einbringen eines suprapubischen Katheters. Fixierung des Katheters und Ablassen der Spülflüssigkeit
- ► Exzision der Fistel
- ► Mehrschichtiger Verschluss des Defektes, z. B. mit Verschiebelappen oder mit deepithelisiertem Lappen
- ► Wichtig sind die gute Durchblutung des Hautläppchens, ein mehrschichtiger Verschluss und die Vermeidung übereinander liegender Nahtreihen
- ► Splint in die distale Urethra

13.6 Zentralnervensystem

13.6.1 Ventrikuloperitonealer Shunt

Definition
Als Hydrozephalus bezeichnet man eine pathologische Vergrößerung der Hirnventrikel auf Kosten der Hirnsubstanz, verursacht durch einen erhöhten Druck des Liquor cerebrospinalis. Ursache hierfür ist ein Missverhältnis zwischen Liquorproduktion und -resorption.

Liquorbeschaffenheit

Siehe hierzu auch Kap. 10; Abb. 13.49.

Etwas mehr als die Hälfte des Liquors umgibt das Rückenmark, der Rest ist in den Ventrikeln, ein kleinerer Teil im Subarachnoidalraum.

Die Liquormenge wird innerhalb von 1–2 Tagen erneuert, d. h. es werden normalerweise 0,37–0,8 ml/min Liquor gebildet.

Die folgende Tabelle stellt Liquormenge, -produktion und -druck in Abhängigkeit zur Altersgruppe dar.

Altersgruppe	Liquormenge [ml]	Liquorproduktion [ml/Tag]	[ml/h]	Liquordruck [cmH_2O]
Erwachsener	135 (120–200)	500	20	8
Klein- und Schulkind	100 (60–120)	250	10	
Säugling	50 (40–60)	100	5	
Neugeborenes	20–50	25	1	2–3–4,5

Ursachen des Hydrozephalus

Normalerweise stehen Liquorbildung und Liquorresorption in einem ausgewogenen Verhältnis. Eine Erweiterung der Liquorräume kann verursacht sein entweder durch

- eine Überproduktion von Liquor (Hydrocephalus hypersecretorius),
- eine Blockade der Liquorzirkulation (Hydrocephalus occlusus),
- eine ungenügende bzw. fehlende Resorption (Hydrocephalus nonresorptivus).

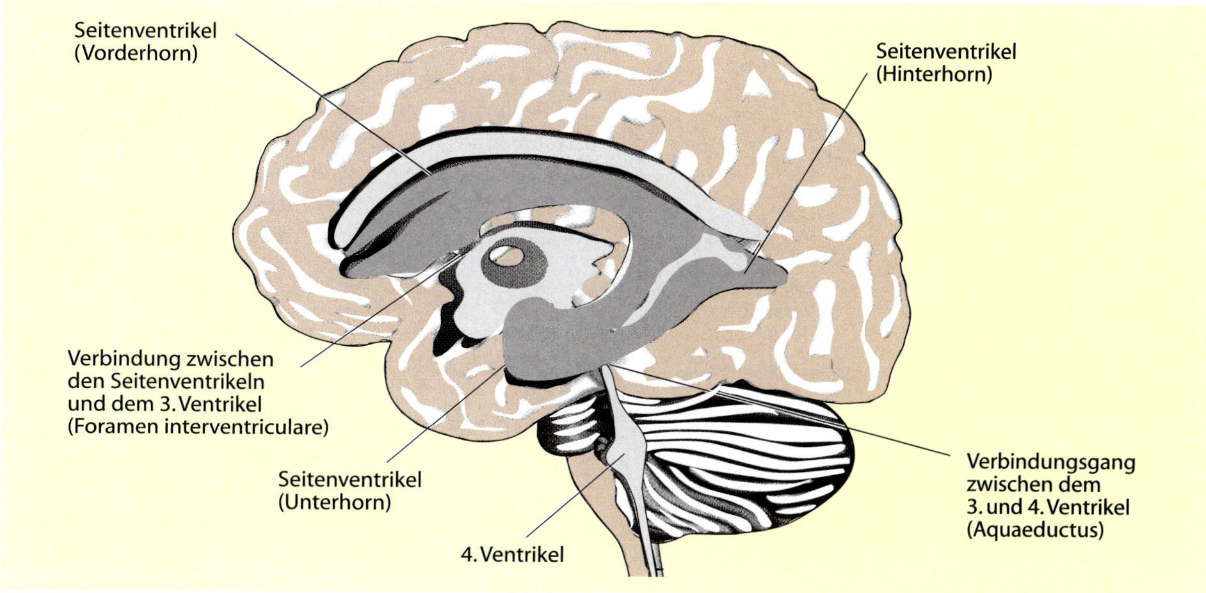

Abb. 13.49 Darstellung der Hirnventrikel in Seitenansicht von links. (Nach Spornitz 1993)

Beispiele für Liquorüberproduktion

- Entzündung,
- tumorartige Vergrößerung der liquorbildenden Strukturen des Plexus chorioideus,
- Fieber.

Beispiele für die Blockierung der Liquorzirkulation

- Kongenitale Aquäduktstenose, also die Verengung der Verbindung zwischen III. und IV. Ventrikel.
- Kongenitale Verlegung der Öffnungen, über die das Ventrikelsystem mit dem Subarachnoidalraum in Verbindung steht wie z. B. bei der Arnold-Chiari-Malformation (benannt nach Arnold, Pathologe, Heidelberg, 1803–1890 und Chiari, Pathologe, Prag, 1851–1916; Abb. 13.50) bei Meningomyelozele oder bei entzündlichen Verklebungen nach Hirnhautentzündung.
- Raumfordernde Prozesse in der hinteren Schädelgrube wie z. B. bei Tumoren und bei der Dandy-Walker-Zyste (benannt nach Dandy, Neurochirurg, Baltimore, 1886–1946, und Walker, Neurochirurg, Baltimore, 1942; Abb. 13.51); eine zystische Erweiterung des 4. Ventrikels, die auf einem angeborenen Verschluss der Foramina Magendii und Luschkae beruht. Selbstständiges Krankheitsbild, das eine Zusatzbehandlung z. B. in Form eines Doppelshunts erfordert).

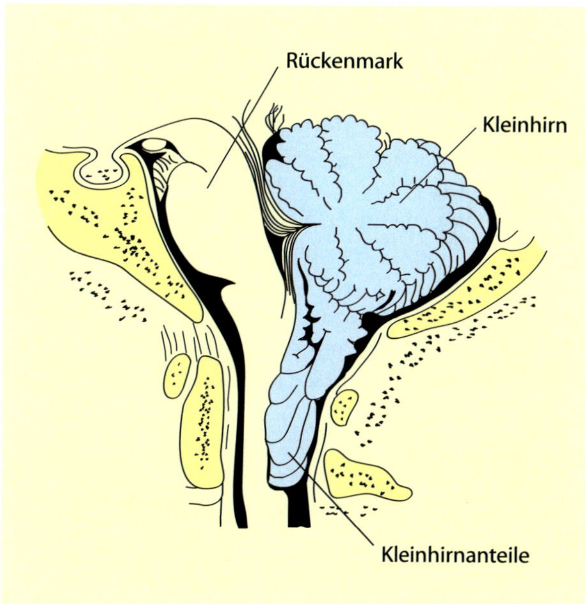

Abb. 13.50 Arnold-Chiari-Malformation

Beispiel einer fehlenden Resorption

Verlegung der Resorptionsorte durch meningitische Narben oder durch Koagel nach einer Blutung.

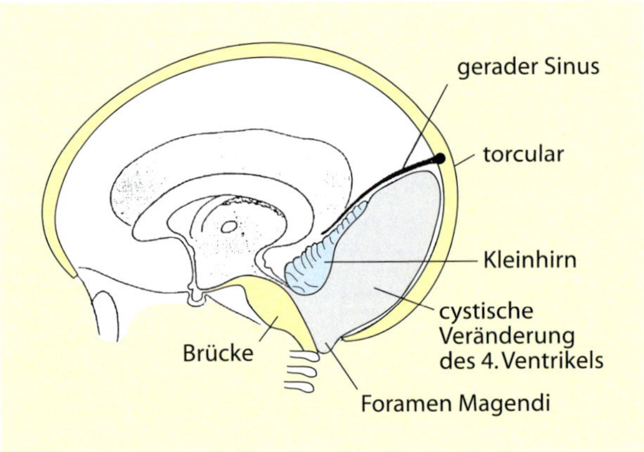

Abb. 13.51 Dandy-Walker-Zyste. Der Wurm des Kleinhirns ist hypoplastisch nach vorne-oben verlagert. Der 4. Ventrikel ist zystisch erweitert, zusätzlich besteht ein Hydrozephalus

Klassifikation

- Anatomisch:
  - Hydrocephalus internus: Erweiterung des Ventrikelsystems.
  - Hydrocephalus externus: Erweiterung der Subarachnoidalräume.
  - Hydrocephalus e vacuo. Folge hirnatrophischer Prozesse (»Normaldruck-Hydrozephalus«) – keine Makrozephalie.
- Funktionell:
  - Kommunizierender Hydrozephalus (Liquorzirkulation intakt, Liquorüberproduktion oder gestörte Resorption).
  - Hydrocephalus occlusus – Verschlusshydrozephalus oder »nichtkommunizierender Hydrozephalus« (Liquorzirkulation behindert oder blockiert).

Der Hydrozephalus kann angeboren sein (in ca. 25% der Fälle). In der Regel entwickelt er sich jedoch erst nach der Geburt (erworbener Hydrozephalus).

Mehr als 80% der Fälle eines Hydrozephalus im Kindesalter sind durch die *Arnold-Chiari-Malformation* in Verbindung mit einer Meningomyelozele bedingt. Dabei handelt es sich um eine Missbildung, bei der die hintere Schädelgrube klein ist und ein Teil des missgebildeten Hirns und Hirnstammes in den Wirbelkanal der Halswirbelsäule verlagert ist. Die Folge ist, dass der aus den Ventrikeln abfließende Liquor nicht in den Subarachnoidalraum hineingelangen kann. Meist ist diese Anomalie kombiniert mit einer *Aquäduktstenose*, also einer Liquorzirkulationsbehinderung zwischen dem III. und IV. Ventrikel. Infolge des abnormen Verlaufes der hinteren Hirnnerven kann ein selbständiges Krankheitsbild mit Stridor, Schluckstörungen und Apnoeanfällen resultieren – unabhängig von einer Liquorableitung.

Zweithäufigste Ursache für einen Hydrozephalus im Kindesalter ist die *Hirnblutung*, die insbesondere bei sehr unreifen Frühgeborenen auftreten kann.

Häufigkeit

- Als isolierte Anomalie: 1:1000.
- In Kombination mit Spina bifida: 1:1.000 bis 3:1.000.

Folgen des Hydrozephalus

- Vergrößerung des Hirnschädels.
- Vorwölbung der Stirn (Balkon-Stirn).
- Erweiterte Schädelvenen.
- »Sonnenuntergangsphänomen«. (Beide Pupillen sind so weit nach unten gerichtet, dass die Iris teilweise unter dem Unterlid verschwindet.)
- Klaffende Schädelnähte.

Klinik

Hirndruckzeichen bei Säuglingen (Schädelnähte offen)

- Trinkunlust/Spucken/Erbrechen,
- vorgewölbte Fontanelle,
- klaffende Schädelnähte,
- Erweiterung der subkutanen Schädelvenen,
- progredientes Kopfwachstum,
- Krampfneigung,
- Opisthotonus,
- Bradykardie,
- schrilles Schreien,
- Schläfrigkeit, Apathie,
- Störungen des Wach-Schlaf-Rhythmus,
- Augensymptome:
  - Sonnenuntergangsphänom,
  - Protrusio bulbi,
  - Nystagmus,
  - Strabismus,
- im fortgeschrittenen Stadium unregelmäßige Atmung, Apnoeanfälle, Atemstillstand.

Hirndruckzeichen bei Klein- und Schulkindern

- Erbrechen,
- Kopfschmerzen (häufig morgens, betont in Stirnmitte, im Liegen zunehmend),
- Änderung der Gemütslage,
- Konzentrations- oder Koordinationsstörungen,

- vermehrte Ablenkbarkeit,
- geistige Verlangsamung,
- rasche Ermüdbarkeit bei Spiel und Sport,
- diskrete Verhaltensänderungen,
- Krampfneigung,
- Augensymptome:
  - Protrusio bulbi,
  - Nystagmus,
  - Strabismus,
  - Stauungspapille.
- Sehstörungen:
  - Visusveränderung,
  - verschwommen sehen,
  - Doppelbilder,
  - Gesichtsfeldeinengung.
- Bewusstlosigkeit nur bei abrupter Hirndrucksteigerung (z. B. bei vollständig shuntabhängigem Hydrozephalus).

Diagnose

- Großer Kopf im Vergleich zum Körper. Hirnschädel größer als Gesichtsschädel. Kopfumfangsdiagramm: Kopfumfang über den altersentsprechenden Normalwerten.
- Sonographie (bei offener Fontanelle), beim größeren Kind CT oder MRT.
- Ophtalmoskopisch: Stauungspapille (auch sonographisch messbar).
- Röntgen: Leistenlückenschädel.

Behandlungsmöglichkeiten

Weder medikamentöse noch operative Maßnahmen können die Hydrozephalusursache beseitigen. Man kann nur die weitere Zunahme der Ventrikelerweiterung verhindern (Palliativ-Maßnahmen).

Medikamentös durch Reduzierung der Liquorproduktion (Diamox, Furosemid, Sorbit; Wirkung unzuverlässig und nicht anhaltend; erhebliche Nebenwirkungen).

Payr (Chirurg, Leipzig, 1871–1946) hat bereits 1919 eine ventrikulovenöse Drainage, also eine Verbindung zwischen den Liquorventrikeln im Gehirn und einer Körpervene erfunden und angewendet. Im Jahr 1914 wies der Chirurg Heile auf die Möglichkeit einer Liquordrainage in die Bauchhöhle hin. Diese Shuntmöglichkeiten wurden jedoch erst realisiert, als es unter Verwendung moderner Werkstoffe gelang Systeme zu konstruieren, die vom Körper des Patienten vertragen wurden und über längere Zeit zuverlässig funktionierten. Der Durchbruch gelang 1949 dem Techniker John Holter, der für sein eigenes Kind mit Spina bifida und Hydrozephalus ein Ventil konstruiert hatte, das der Neurochirurg Spitz implantierte. Ende der 50er Jahre entwarf Holter das Spitz-Holter-Ventil (Schlitzventil), das bis heute praktisch unverändert gebaut wird.

Pudenz hatte unabhängig von Holter ein eigenes Ventil (Membranventil) konstruiert, das 1958 zum ersten Mal veröffentlicht wurde. Heute gibt es auf dem deutschen Markt viele verschiedene Ventilkonstruktionen mit verschiedenen Konfigurationen und Druckstufen. Keine dieser Kombinationen oder Konstruktionen kann Shunt-Probleme sicher vermeiden.

Das ideale Shuntsystem gibt es nicht.

Operation

Prinzip

Jedes System besteht aus

- einem proximalen Katheter, dem Ventrikelkatheter (Hirnschlauch), der durch ein Bohrloch im Schädelknochen und durch den Hirnmantel hindurch in einen Seitenventrikel eingeführt wird, und
- einem peripheren Katheter (»Bauchschlauch«, ▫ Abb. 13.52a oder »Herzschlauch«, ▫ s. Abb. 13.52b), der entweder in die Bauchhöhle oder in den rechten Vorhof des Herzens eingebracht wird,
- einem Einwegventil, das ein Leerlaufen der Ventrikel (Überdrainage) verhindert und dafür sorgt, dass der Liquor nur vom Ventrikel entweder in den Vorhof oder in die Bauchhöhle fließt und nicht umgekehrt.
- Zusätzlich wird gelegentlich ein Reservoir eingebaut, z. B. das Salmon-Rickham-Reservoir, über das entweder Liquor aus dem System entnommen oder Druckmessungen vorgenommen werden können.

Ein Anti-Siphon-Device (ASD) verhindert eine exzessive Liquor-Dainage in aufrechter Position des Patienten durch die Schwerkraft der im System enthaltenen Flüssigkeitsmenge (Heberdrainage-Effekt).

Voraussetzungen

Wegen des hohen Infektionsrisikos sollte eine liquorableitende Operation an erster Stelle des OP-Planes stehen. Der Liquor sollte steril sein, nicht blutig, der Eiweißgehalt nicht über 1.000 mg/dl liegen. Zur Operation muss ein aktuelles CT oder eine Sonographie vorliegen. Perioperative Antibiotikaprophylaxe mit Flucloxacillin oder Vancomycin (erste i.v.-Gabe bei Prämedikation). Rasur des OP-Feldes unmittelbar präoperativ. Reinigung der Haut mit Betaisodona-Flüssigseife.

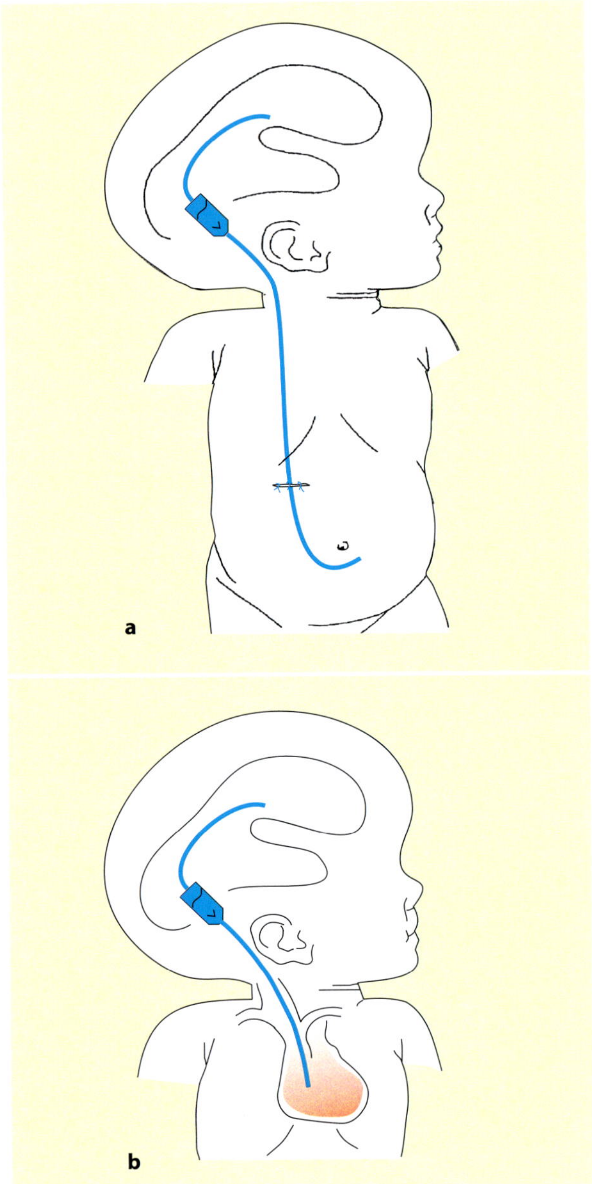

Abb. 13.52 Liquorableitende Systeme. a ventrikuloperitonealer Shunt, b ventrikuloatrialer Shunt

Lagerung

- Rückenlage.
- Nackenrolle.
- Kopf endgradig nach links gedreht und leicht abgesenkt. (Bei asymmetrischem Hydrozephalus leitet man aus dem weiteren Ventrikel ab.)
- Temporalregion – Hals und Oberbauch liegen in einer Ebene.

Instrumentarium

- Grundinstrumentarium,
- Borhmaschine mit Trepan oder Kugelfräse,
- Duraschere,
- Ventrikelpunktionskanüle,
- Kochsalzschale mit körperwarmer Ringer-Spüllösung.

Anlage eines ventrikuloperitonealen Shunts

► Sorgfältige Hautdesinfektion. Selbstklebende wasserfeste Abdeckung

► Ca. 3 cm langer bogenförmiger Hautschnitt oberhalb und hinter dem Ohr. Haut und Subkutangewebe werden nach frontal mobilisiert. Kreuzförmige Inzision des Periosts und Aufbohren der Kalotte z. B. mit der Kugelfräse je 3 cm kranial und dorsal des Ohres

► Darstellung der Dura, die sich in den Knochendefekt vorwölbt und kreuzförmig inzidiert wird. Bilden einer subkutanen Tasche nach kaudal zur späteren Platzierung des Ventils

► Quere Hautinzision 2 Querfinger kaudal des Xiphoid. Durchtrennung des Subkutangewebes und quere Inzision der Externusaponeurose unter Schonung der Mm. recti. Darstellung des Peritoneums, das zwischen Klemmen eröffnet wird. Subkutanes Tunnellieren von der Kopf- bis zur Bauchwunde

► Hindurchziehen des Peritonealkatheters. Ca. 20 cm der Katheterlänge werden für die freie Bauchhöhle belassen. Das proximale Ende des Peritonealkatheters wird mit dem Ventil konnektiert (ggf. unter Zwischenschalten eines ASD)

► Einritzen der Dura und Eingehen mit der Ventrikelpunktionskanüle in Richtung auf die Glabella. Nach Anschluss an das Ventrikelsystem – kenntlich an pulsierendem Liquoraustritt – wird die Punktionskanüle entfernt und ein bei 4 cm umgebogener Ventrikelkatheter eingebracht

► Messung des Liquordruckes und Entnahme einer Probe zur bakteriologischen Untersuchung

► Der Ventrikelkatheter wird mit dem Ventil konnektiert, das Ventil in der retroaurikulären Tasche subkutan platziert. Beide Konnektionsstellen werden mit Ligaturen aus geflochtenem nichtresorbierbarem Nahtmaterial gesichert

► Einbringen des Peritonealkatheters in die freie Bauchhöhle

► Schichtweiser Verschluss sämtlicher Wunden. Hautnaht mit monofilem nichtresorbierbarem Nahtmaterial

Eiweißreicher, nichtsteriler oder noch blutiger Liquor wird für die Dauer von 7–10 Tagen passager extern abgeleitet.

Komplikationen

Bei fast zwei Drittel der Shuntpatienten werden Revisionen notwendig, am häufigsten im 1. Lebensjahr.

Shuntinfektion

Bei einer Shuntinfektion (8–10%) stammen die Bakterien von bestehenden Hautinfektionen und gelangen während der Operation in das System. Dies ist auch im Rahmen einer Sepsis möglich. Die Infektion tritt meistens schleichend mit nur leichtem Fieber, Anämie, Milzvergrößerung und allgemeiner Abgeschlagenheit auf.

Behandlungsmöglichkeiten

1. Belassung des Systems und antibiotische Behandlung.
2. Entfernen des Systems und gleichzeitiger Einbau eines neuen Systems unter antibiotischem Schutz.
3. Entfernen des Systems, vorübergehende externe Ableitung des Liquors unter antibiotischer Behandlung und Einbauen eines neuen Systems, wenn der Liquor wieder steril ist.

Blockierung eines Drainagesystems

Meistens ist nicht das Ventil, sondern das Schlauchsystem (am häufigsten der Hirnschlauch) verstopft (durch Plexusgewebe, Eiweiß, Zelldetritus oder Blutkoagel). Der Bauchschlauch kann durch Einwachsen des Omentums oder durch Bildung einer Pseudozyste aus Fibrin (Hinweis auf eine Infektion) verstopfen.

Wachstumsbedingt kann entweder der Hirn- oder der Bauchschlauch zu kurz werden. Der Bauchschlauch kann ganz aus der Bauchhöhle herausrutschen, sodass kein Liquor mehr in die Bauchhöhle gelangt. Er kann in sich reißen oder er rutscht von dem Ventil ab. In diesen Fällen ist eine Shuntrevision mit Bauchschlauchwechsel notwendig.

Weitere Shuntkomplikationen

Beim ventrikuloatrialen Shunt:
- subdurale Hämatome,
- Synostose der Schädelnähte,
- Thromboembolie,
- Herzperforation,
- Ableiten von Shuntteilen in den kleinen Kreislauf,
- Shuntnephritis.

Beim ventrikuloperitonealen Shunt:
- subdurale Hämatome,
- Synostose der Schädelnähte,
- Dislokation des Katheters in die freie Bauchhöhle,
- Perforation von Hohlorganen, z.B. des Darmes oder der Harnblase,
- Hydrocele testis beim (männlichen) Säugling.

Nachsorge

Wegen der Komplikationsmöglichkeiten ist es unerlässlich, die mit einem Shuntsystem versorgten Kinder regelmäßig zu überwachen. Die Shuntfunktion kann man klinisch durch Messung des Kopfumfanges und Vergleich mit Normwerten überprüfen. Bei einer offenen Fontanelle kann man den Hirndruck entweder indirekt messen oder tastend abschätzen. Durch Kompression der Prüfblase des Ventils kann man feststellen, ob das System offen ist. Lässt sich das Ventil leicht eindrücken, ist der Bauchschlauch in der Regel offen. Füllt es sich sofort wieder, kann man davon ausgehen, dass der Ventrikelkatheter offen ist. Über das Rickham-Reservoir kann entweder Liquor zur Untersuchung entnommen oder der Hirndruck gemessen werden, vorausgesetzt der Hirnschlauch ist offen. Eine Diskonnektion des Systems kann palpatorisch – gelegentlich erst röntgenologisch – festgestellt werden. Bei jeder Insuffizienz des Shuntsystems werden sich Hirndruckzeichen einstellen. Sie machen zusätzliche Untersuchungen wie Röntgenaufnahmen oder CT erforderlich.

Prognose

Bei guter Überwachung haben mehr als zwei Drittel der Kinder mit isoliertem Hydrozephalus die Chance sich später körperlich und geistig weitgehend normal zu entwickeln, sofern der Shunt frühzeitig, d. h. innerhalb der ersten 3 Lebensmonate angelegt wurde.

13.7 Tumoren

13.7.1 Wilms-Tumor

Definition

Embryonaler Tumor renalen Ursprungs, vom primitiven metanephrogenen Blastem ausgehend. Benannt nach dem deutschen Chirurgen Max Wilms (1867–1918), der 1899 eine Monographie über Mischgeschwülste der Niere schrieb.

Statistik

Häufigkeit 1:1000.000. In der BRD jährlich mehr als 100 Neuerkrankungen; 6% aller kindlichen Tumoren sind Wilms-Tumoren. Das durchschnittliche Erkrankungsalter liegt bei 3 Jahren (3 Monate bis 8 Jahre). Es werden 75% der Wilms-Tumoren vor dem 5. Geburtstag diagnostiziert. Familiäres Vorkommen findet sich in 1–2% der Fälle.

Assoziierte Anomalien

Wilms-Tumoren treten gehäuft in Kombination mit folgenden Anomalien auf:
- Aniridie,
- Hemihypertrophie,
- urogenitale Anomalien wie Kryptorchismus und Hypospadie,
- Wiedemann-Beckwith-Syndrom,
- Drash-Syndrom (Pseudohermaphroditismus masculinus, Wilms-Tumor und Glomerulopathie).

Sowohl den hereditären als auch den sporadischen Wilms-Tumoren liegen genetische Veränderungen eines oder mehrerer Gene zugrunde (Deletion am kurzen Arm von Chromosom 11).

Symptome

- Meist zufällig entdeckter, sichtbarer und tastbarer, großer, rundlicher, nichtschmerzhafter Bauchtumor mit glatter Oberfläche und von fester Konsistenz (62%).
- Makrohämaturie in 10–15% der Fälle.
- Mikrohämaturie in ca. 20%.
- Appetitlosigkeit, Fieber und Gewichtsverlust nur in 10–15%.
- Erhöhter Blutdruck in bis zu 20%.

Stadien

Die Stadieneinteilung der Societé internationale d'oncologie pédiatrique (SIOP; Beckwith 2002) berücksichtigt Größe und Ausdehnung des Tumors, seine Operabilität, den Befall regionärer Lymphknoten, das Einwachsen in Nachbarstrukturen (Leber, Zwerchfell, Mesenterium), Fernmetastasen (Lunge) und die Beteiligung der kontralateralen Niere:

Stadium I	Der Tumor ist auf die Niere beschränkt und kann vollständig entfernt werden
Stadium II	Tumorausdehnung über die Niere hinaus, jedoch vollständig entfernt Zusätzlich histologisch bestätigte Lymphknotenmetastasen am Nierenhilus oder paraaortal
Stadium III	Unvollständige Tumorentfernung bei Fehlen hämatogener Metastasen Tumorruptur Infiltration abdomineller Lymphknoten jenseits der regionalen Lymphknoten
Stadium IV	Fernmetastasen (insbesondere Lunge, Leber, Knochen und Gehirn)
Stadium V	Bilaterales Nephroblastom (gleichzeitig oder nacheinander –2–7%)

Nach der Tumorhistologie unterscheidet man:

Niedrigmaligne	ca. 10%
Intermediärmaligne	75–80%
Hochmaligne	10–15%

Diagnose

Folgende Fragen sind zu beantworten:
- Konsistenz des Tumors (solide/zystisch)?
- Ausgangsorgan (Niere, Nebenniere, Leber)?
- Funktionsfähiges Nierenparenchym auf der Gegenseite?
- Tumorthromben in der V. cava inferior oder in der Nierenvene?
- Fernmetastasen?

Sonographie: solider Tumor; Tumorvolumenbestimmung; Einwachsen in V. renalis oder V. cava inferior.

Röntgen (Abdomenübersicht): Verdrängung der Baucheingeweide; selten schalige Tumorverkalkungen peripher <10%).

Röntgen (Thorax): Fernmetastasen.

Laboruntersuchungen: Blutbild (Anämie/Polyglobulie), Leberwerte, Nierenretentionswerte, Urinstatus, evtl. Bestimmung von Katecholamin-Metaboliten im 24-h-Sammelurin und im Serum zum Ausschluss eines Neuroblastoms.

MRT mit Kontrastmittel: Tumorzuordnung zur Niere, Verdrängung der Niere, Deformierung des Hohlsystems, vergrößerte Lymphknoten pararenal und/oder paraaortal. Bilaterales Tumorwachstum?

Differenzialdiagnose

- Neuroblastom,
- andere Nierentumoren (Lymphom, Nephroblastomatose, zystisches Adenom),
- Teratom,
- Hamartom,
- Nierenkarbunkel,

13

- xanthogranulomatöse Pyelonephritis,
- Hydronephrose,
- Hepatoblastom.

Therapie

Ohne Behandlung ist die Prognose infaust. »Standardtherapieelemente sind Tumornephrektomie, systemische Chemotherapie und Radiotherapie. Durch eine Kombination dieser Therapieelemente sind die höchsten Heilungsraten zu erreichen. Im Rahmen der SIOP und der GPOH (Gesellschaft für Pädiatrische Onkologie und Hämatologie) wird das Prinzip einer 4- bis 6-wöchigen präoperativen Chemotherapie bei Kindern, die älter als 6 Monate und jünger als 16 Jahre sind, verfolgt. Eine präoperative Chemotherapie erhöht den Anteil der Patienten mit einem postoperativen Tumorstadium I und verringert die Rate der Tumorrupturen.« (Leitlinien der Gesellschaft für pädiatrische Onkologie und Hämatologie GPOH, 2001).

Die Behandlung erfolgt interdisziplinär im Rahmen prospektiver randomisierter Multizenterstudien (GPOH, SIOP, s. oben; National Wilms' Tumor Study NWTS, Green et al. 2001).

Operation

Präoperativ

Präoperative Chemotherapie bei Kindern über 6 Monaten mit Zytostatikakombination (Vincristin und Aktomycin D) zur Verkleinerung des Tumors (Tumorreduktion), Verbesserung der Operabilität, Verringerung des Risikos der unbeabsichtigten Tumoraussaat durch intraoperative Tumorruptur und damit der Notwendigkeit einer postoperativen Strahlentherapie. Nachteil: Bei falschpositiver Diagnostik werden einzelne Kinder unnötigerweise zytostatisch behandelt, die präoperative Stadieneinteilung wird unscharf.

Prinzip

Sorgfältig geplante, ausreichend vorbereitete und gut dokumentierte Tumornephrektomie transperitoneal. Ziel der Operation ist sowohl die vollständige Entfernung des vitalen Tumorgewebes als auch eine präzise Dokumentation des Tumorstadiums als Voraussetzung für eine angemessene adjuvante Therapie.

Lagerung

- Rückenlage.
- Thorakolumbalen Übergang unterpolstern.
- Neutrale Elektrode am Oberschenkel.

Instrumentarium

- Grund- und Laparotomieinstrumentarium,
- Kochsalzschale,
- Rahmen,
- diverse Langenbeck-Haken,
- Spatel,
- Nierenstielklemme,
- diverse Overholts,
- Gefäßklemmen,
- Vessel-Loops,
- Robinson-Drainage Charr 12,
- Nahtmaterial: 3–0, 4–0, 5–0 resorbierbar; Gefäßnähte bereithalten.

Wilms-Tumor

► Großzügige quere Oberbauchlaparotomie supraumbilikal. Die Inzision muss groß genug sein, um eine Entfernung des Tumors ohne Ruptur und ohne Verschleppung von Tumorzellen sowie eine vollständige Revision der kontralateralen Niere zu erlauben

► Primäre Darstellung und Unterbindung der Hilusgefäße. Entfernung regionärer Lymphknoten. Subtotale Resektion des zugehörigen Harnleiters zur Vermeidung einer urothelialen Metastasierung

► Wächst der Tumor in die Leber ein, wird er auch hier en bloc reseziert

► Ist der Tumor nahe der Nebenniere lokalisiert, wird diese en bloc mitentfernt

► Bei Stadium V ist ein individuelles Vorgehen erforderlich, z. B. Tumornephrektomie auf der Seite des größeren Tumors und Nierenteilresektion auf der Gegenseite

► Eventuell Second-look-Operation nach Polychemotherapie primär nicht- oder nichtvollständig resezierbarer Tumoren

► Eine Tumorbiopsie ist bei resezierbaren Tumoren wegen des Risikos der Aussaat von Tumorzellen nicht indiziert

Postoperativ

Adjuvante (unterstützende) Chemotherapie mit Vincristin und Aktinomycin D, in höheren Stadien zusätzlich Adriamycin. Patienten mit Tumoren, die auf diese Chemotherapie nicht ansprechen (»non-responder«), erhalten zusätzlich Carboplatin, Etoposid und Ifosfamid. Die Dauer der Chemotherapie richtet sich nach dem postoperativen Tumorstadium und liegt zwischen 22 und 40 Wochen. Lediglich Patienten mit einem Nephroblastom niedriger Malignität im Stadium I erhalten keine postoperative Chemotherapie. Strahlentherapie wegen der Spätfolgen (Skoliose, Strahlenpneumonitis) nur eingeschränkt; gezielt ab Stadium II sowie – unabhängig vom Stadium – bei allen Patienten mit »hochmalignem« histologischem Befund.

Komplikationen

- Blutung (intraoperativ und/oder postoperativ),
- postoperative Darmparalyse, insbesondere unter zytostatischer Behandlung,
- Lebervenenverschlusserkrankung.

Prognose

Die Prognose ist gut. Sie hängt vom Tumorstadium und von der Tumorhistologie, vom Alter des Kindes, von der Größe des Tumors und von der Art der Behandlung ab. Ohne Berücksichtigung der Prognosefaktoren werden ca. 90% der Patienten geheilt (Tabelle 13.10).

Spätfolgen

Zur Erkennung und Behandlung von Rezidiven und Spätfolgen ist eine mehrjährige Nachsorge erforderlich. Sie sollte, wie die Behandlung selbst, in Zentren erfolgen, die über ausreichende Erfahrung mit malignen Erkrankungen im Kindesalter verfügen.

Die meisten Tumorrezidive treten in den ersten beiden Jahren nach Abschluss der Behandlung auf. Zweittumoren können nach 5–10 Jahren auftreten. Sie sind in 7% benigne und in 1% maligne.

13.7.2 Steißbeinteratom

Definition

Extragonadaler Keimzelltumor, der nicht unbedingt Komponenten aller 3 Keimblätter enthält, von der Steißbeinvorderfläche (Hensen-Knoten; benannt nach Hensen, Physiologe, Kiel, 1835–1924) ausgeht, überwiegend exophytisch zwischen Analöffnung und Steißbein wachsend.

Klinisch bedeutsam ist das Steißbeinteratom deshalb, weil es – nicht rechtzeitig oder nicht vollständig reseziert – zu einem bösartigen Tumor werden kann.

Häufigkeit

- 1:35.000 bis 1:40.000 Lebendgeburten.
- Geschlechtsverteilung: weiblich : männlich = 3 : 1.

Wachstumsformen

Einteilung nach Altman et al. 1974; Abb. 13.53.

Typ 1	47%	Überwiegend postsakral mit nur minimalem präsakralem Anteil
Typ 2	34%	Postsakral mit erheblichem intrapelvinem Anteil
Typ 3	9%	Äußerlich sichtbar, jedoch überwiegend präsakral gelegen und bis in die Bauchhöhle reichend
Typ 4	10%	Vollständig präsakral ohne erkennbaren postsakralen Anteil

Tabelle 13.10. Prognose des Wilmstumors

Stadium	Fünfjahresüberlebensrate ohne Relaps [%]	Histologie	Dreijahresüberlebensrate ohne Relaps [%]
I	85	Niedrige Malignität	95
II N0	79	Intermediäre Malignität	85
II N+, III	74	Anaplasie (ohne Stadium I)	48
		Klarzellsarkom	75

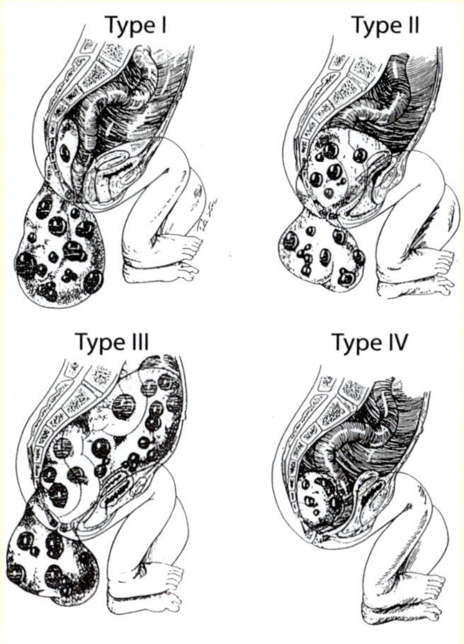

Abb. 13.53 Wachstumsformen des Steißbeinteratoms. (Nach Altman et al. 1974)

Dignität

Über 90% der im Neugeborenenalter operierten Steißbeinteratome sind benigne. Von den nach dem 2. Lebensmonat entfernten Tumoren sind über 50% maligne, nach dem 5. Monat bis zu 90%.

Histologisches Grading

Am häufigsten ist das reife Teratom: Grad 0 (60%; Gonzales-Crussi et al. 1978).

Grad 0	Ausschließlich reifes, ausdifferenziertes Gewebe In der Regel gutartig Keine Metastasierung
Grad 1	Unreif Vereinzelt atypische Neuroblasten
Grad 2	Unreif Mäßig viel embryonales Gewebe Vorwiegend Neuroektoderm
Grad 3	»Malignes Teratom« (Meist Dottersacktumor)

Klinik

Der Tumor ist fast immer bei Geburt vorhanden, im Neugeborenenalter in 90% der Fälle äußerlich sichtbar, von sehr variabler Größe, teils solide teils zystisch, von – manchmal hämangiomatös veränderter – Haut bedeckt.

Diagnose

- Klinische Untersuchung: exophytisches Wachstum; Analöffnung nach ventral verdrängt.
- Digitorektale Untersuchung: mit dem zum Kreuzbein hin gewendeten Finger (präsakrale Tumorausdehnung?).
- Labor: α-Fetoprotein (AFP), β-HCG, Blutgerinnung.
- Bei Verdacht auf intraabdominales Tumorwachstum zusätzlich:
  - Röntgen (Abdomen): pathologische Darmgasverteilung.
  - Sonographie (Nieren und ableitende Harnwege): Harnabflussstörung.
- Bei Verdacht auf primär malignes Steißbeinteratom: nach dem Studienprotokoll für maligne, nichttestikuläre Keimzelltumoren (MAKEI-Studie; Gobel et al. 1989) der GPOH:
  - Sonographie,
  - i.v.-Pyelogramm,
  - Miktionszystourethrogramm,
  - Computertomographie,
  - Kolonkontrasteinlauf,
  - Thoraxröntgen,
  - Dokumentation der Blasen- und Mastdarmfunktion.

Differenzialdiagnose

- Überhäutete Myelomeningozele (MMC) oder Lipomeningozele,
- zystische Rektumduplikatur,
- Hämangiom,
- Lymphangiom,
- Chordom,
- schwanzähnliche Hautanhängsel.

Operation

Prinzip

- Frühzeitige und vollständige Tumorentfernung im Neugeborenenalter en bloc zusammen mit dem Steißbein und den unteren Sakralwirbeln. Ohne Steißbeinresektion lokale Rezidivrate von über 30%! Levatormuskulatur in der Mittellinie vereinigen und am kaudalsten Sakralwirbel bzw. an der präsakralen Faszie fixieren.

- Eine zusätzliche Laparotomie ist nur bei Typ 3 und 4 (und bei primär malignem Teratom) erforderlich.
- *Pränatale intrauterine Eingriffe* erscheinen derzeit aus mehreren Gründen nur in Ausnahmefällen ratsam: Blutungsrisiko, unvollständige Resektion (insbesondere bei präsakraler Lokalisation). Steißbeinresektion nicht möglich, erhöhtes Malignitätsrisiko, Levatorrekonstruktion nicht möglich.

Lagerung

- Präoperativ wird ein transurethraler Ballonkatheter gelegt.
- Operation in Bauchlage mit angehobenem Gesäß, Hüftgelenke rechtwinklig gebeugt.
- Neutrale Elektrode am Oberschenkel.
- Anorektalkanal mit Polyvidon-Jod-getränkten Kompressen reinigen oder tamponieren.
- Schutz vor Wärmeverlusten: Wärmematte, Mütze aus Schlauchverband, Arme (einschließlich Hände) und Unterschenkel (einschließlich Füße) in Watte oder Folie einwickeln.

Instrumentarium

- Grund- und Laparotomieinstrumentarium,
- Kochsalzschale,
- Nahtmaterial: 5–0, resorbierbar, atraumatisch.

Steißbeinteratom

- Hautinzision in Form eines umgekehrten »V« mit Spitze über dem Kreuzbein
- Darstellung und Durchtrennung des sakrokokzygealen Übergangs (Vorsicht: paarige mediane Sakralgefäße sicher ligieren)
- Der meist gut abgekapselte Tumor lässt sich leicht von der Muskulatur der Mm. glutaei maximi abpräparieren; Kollateralgefäße werden zwischen Ligaturen durchtrennt
- Ablösung des Tumors von der Rektumhinterwand, von der Sphinktermuskulatur und vom M. levator ani. Die Levatormuskulatur wird mit atraumatischem resorbierbarem Nahtmaterial (5–0) an der Fascia präsacralis fixiert, die Glutäusmuskulatur in der Mittellinie adaptiert
- Sorgfältige Kontrolle auf Bluttrockenheit
- Zählkontrolle und Dokumentation
- Resektion überschüssiger Haut. Subkutannaht, Hautnaht (jeweils atraumatisch resorbierbar, 5–0; Abb. 13.54 und 13.55)

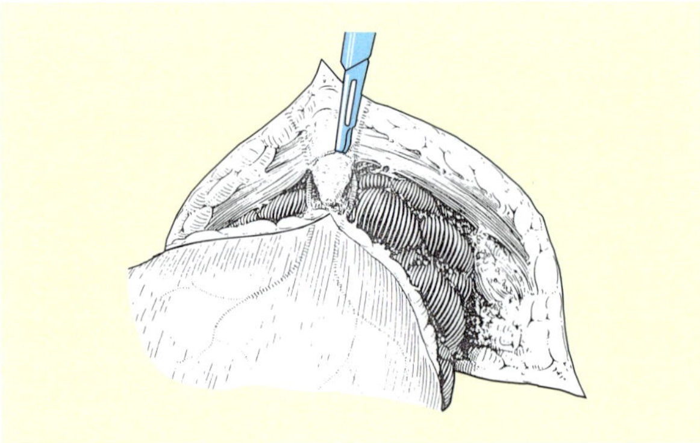

Abb. 13.54 Resektion des Steißbeinteratoms: Resektion des Steißbeins in Kontinuität mit dem Tumor. (Doody u. Kim 1995)

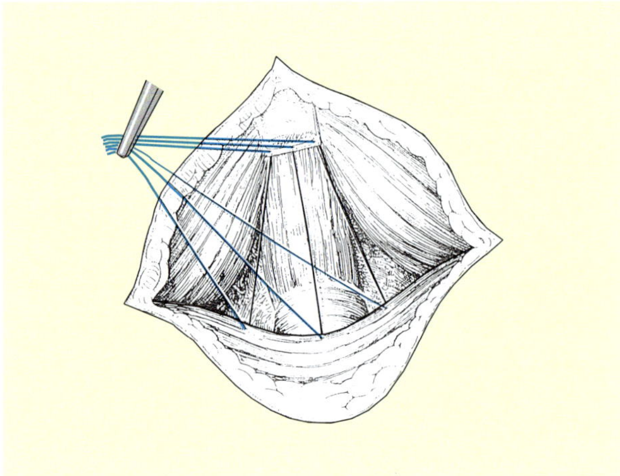

Abb. 13.55 Rekonstruktion des Beckenbodens nach Resektion des Steißbeinteratoms. (Nach Doody u. Kim 1995)

Komplikationen

- Intraoperativ: Blutung, Verletzung des Rektums.
- Postoperativ: Nachblutung, Wundinfektion, Fistelbildung (zusammen ca. 20%).
  - Funktionsstörungen der Harnblase und des Enddarmes (in bis zu 40–70%; neurogen?).
  - Hartnäckige, über Jahre anhaltende Obstipation (in ca. 25% der Fälle).

Nachsorge

Lokales Rezidiv – auch nach vollständiger Tumorentfernung mit Steißbeinresektion – in ca. 4% (kann histologisch maligne sein). Die Prognose bleibt günstig nach operativer Entfernung und ggf. Chemotherapie des Rezidivs. AFP und β-HCG kontrollieren (Tumormarker).

Malignes Steißbeinteratom

Etwa 20% der Steißbeinteratome sind primär maligne. Das Malignitätsrisiko ist umso höher,
- je älter der Säugling ist;
- je größer der präsakrale Tumoranteil ist;
- je solider der Tumor ist, bei unvollständig oder mehrfach operierten Tumoren;
- wenn das Steißbein nicht mitreseziert wurde.

Etwa 5% der Patienten haben zu Therapiebeginn Metastasen (in der Bauchhöhle, in Leber, Lunge, Gehirn oder Skelett).
- Diagnose: nach Makei-Protokoll (s. oben).
- Therapie: nach Sicherung der Diagnose durch Biopsie sollte selbst bei gutartiger Histologie primär chemotherapiert werden, um eine vollständige (abdominosakrale) Tumorresektion en bloc zu ermöglichen.
- Nachsorge: nach Makei-Protokoll (s. Tabelle 13.11).
- Prognose: 5-Jahresüberlebensrate etwa 50%.

Tabelle 13.11. Nachsorgeschema des Steißbeinteratoms. (Nach Makei 1985)

Untersuchungen	1. Jahr nach Therapie	2. Jahr nach Therapie	3.–5. Jahr nach Therapie
AFP, β-HCG, LDH	monatlich	alle 2 Monate	alle 6 Monate
Abdomensonographie	monatlich	alle 2 Monate	alle 6 Monate
Thoraxröntgen	monatlich	alle 2 Monate	alle 6 Monate
CT des Primärtumorsitzes (außer bei maturem Steißbeinteratom)	alle 3 Monate		
Rektale Untersuchung	monatlich	alle 2 Monate	alle 6 Monate

AFP α-Fetoprotein, *β-HCG* humanes Choriongonadotropin, *LDH* Laktatdehydrogenase

Literatur

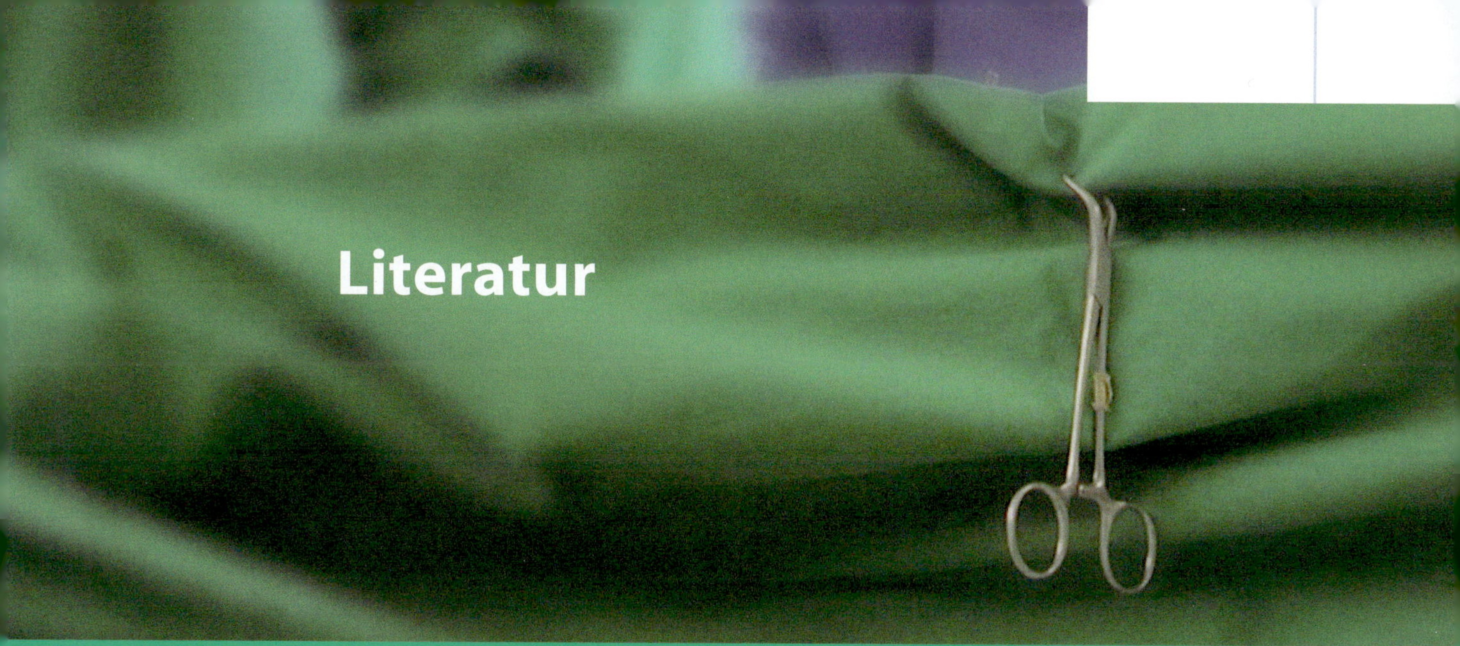

Aktionsforum Gesundheitsinformationssystem, afgis (2002) Pflege im OP. www.katholische-krankenhaeuser.de, gesehen August 2002
Alken P, Sökeland J (Hrsg) (1982) Leitfaden der Urologie, 9. Aufl. Thieme, Stuttgart
Alken P, Walz P (Hrsg) (1992) Urologie. WCH, Weinheim
Alken P, Walz P (Hrsg) (1998) Urologie, 2. überarb. Auflage, Thieme Stuttgart
Altman RP, Randolph JG, Lilly JR (1974) Sacrococcygeal teratoma: American Academy of Pediatrics Surgical Section Survey – 1973. J Pediatr Surg 9:389–398
Altwein JE, Jakobi GH (1986) Urologie. Enke, Stuttgart
Ashcraft KW (ed) (2000) Pediatric surgery, 3rd edn. Saunders, Philadelphia
Ashcraft KW, Holder TM (eds) (1993) Pediatric surgery, 2nd edn. Saunders, Philadelphia
Bartsch J (1996) Zahn- Mund- und Kiefererkrankungen. Enke, Stuttgart
Beckwith JB (2002) Revised SIOP working classification of renal tumors of childhood. Med Pediatr Oncol 38:77–78
Belman AB, King LR, Kramer SA (eds) (2002) Clinical pediatric urology, 4th edn. Duniz, London
Bettex M, Genton N, Stockmann M (Hrsg) (1982) Kinderchirurgie, 2. Aufl. Thieme, Stuttgart
Bismuth H, Castaing D (1990) Leberanatomie und ihre intraoperative Anwendung. Chirurg 61:679–684
Böhme H (1991) Das Recht des Krankenpflegepersonals, 3. Aufl. Kohlhammer, Stuttgart
Boenninghaus HG, Lenarz T (2001) Hals-Nasen-Ohrenheilkunde für Studierende der Medizin, 11. Aufl. Springer, Berlin Heidelberg New York
Braun-Dexon GmbH (oJ) Der Wundverschluss im OP
Brehm HK (1995) Frauenheilkunde und Geburtshilfe für Pflegeberufe, 8. überarb. Auflage. Thieme, Stuttgart
Brunken M, Russel A, Fliedner E (1998) Endoskopische Ventrikulozisternostomie bei Verschlußhydrocephalus: die Alternative zum Ventil. Hamburg Arztebl 4:118–122
Bruns T, Tauber R (1996) Antegrade Sklerosierung der Vena testicularis. In: Fahlenkamp D, Lenk S, Weidner W (Hrsg) Podium Urologie, Bd 2. Blackwell, Berlin Wien, S 113–122
Busse T (2001) OP-Management. Decker & Müller, Heidelberg
CORDIS Johnson & Johnson Endovascular. Produktinformation
Debrand-Passard A, Wunderle G (1996) Pflegeleitfaden OP-Pflege. Fischer, Lübeck
Diedrich K (Hrsg) (2000) Gynäkologie und Geburtshilfe. Springer, Berlin Heidelberg New York
Dittel KK, Felenda MR (1998) Operative Behandlung der Gelenkfrakturen und Schaftfrakturen. Die Verletzungen der langen Röhrenknochen. Thieme, Stuttgart
Doody PD, Kim SH (1995) Sacrococcygeal teratoma. In: Spitz L, Coran AG (eds), pp 611–617
Duckett JW (1988) Hypospadias repair. In: Spitz L, Nixon HH (eds), p 592
Dudgeon DL (1993) Lesions of the stomach. In: Ashcraft KW, Holder TM (eds), p 290
Duhamel B (1957) Hernies congénitales des coupoles diaphragmatiques. In: Duhamel B, Segaux S (eds) Technique chirurgicale infantile. Masson, Paris, pp 109–117
Dürr V, Ulrich B (1986) Drainagen in der Bauchchirurgie. Enke, Stuttgart
Durst J, Rohen JW (1996) Chirurgische Operationslehre in einem Band. Mit topographischer Anatomie. Schattauer, Stuttgart
Ethicon GmbH (2002) Schon Gewusst … Produktinformationen
Feneis H (1998) Anatomisches Bildwörterbuch der internationalen Nomenklatur, 8. neu struktur. Auflage. Thieme, Stuttgart
Fisch M, Wammack R, Hohenfellner R (1992) The sigma-rectum pouch (Mainz Pouch II). In: Hohenfellner R, Wammack R (eds), pp 163–182
Fleischer K (1994) Hals-Nasen-Ohren-Heilkunde für Krankenpflegeberufe, 6. überarb. Auflage. Thieme, Stuttgart
Freeman NV, Burge DM, Griffith DM, Malone PSJ (eds) (1994) Surgery of the newborn. Churchill Livingstone, Edinburgh
Gauderer MW (1991) Percutaneous endoscopic gastrostomy: a 10-year experience with 220 children. J Pediatr Surg 26: 288–292
Glauch H, Haaf E (1989) Chirurgische Instrumente Operationslagerungen Operationsabläufe, 3.Aufl. Thieme, Stuttgart
Gobel U, Bamberg M, Haas RJ et al. (1989) Non-testicular germ cell tumors: analysis of the therapy study MAKEI 83/86 anc changes in the protocol for the follow-up study. Klin Padiatr 201:247–260
Goerke K, Steller J, Valet A (2000) Klinikleitfaden Gynäkologie, Geburtshilfe. Untersuchung, Diagnostik, Therapie, Notfall, 5. Aufl. Urban & Fischer, München Jena
Gonzalez-Crussi F, Winkler RF, Mirkin DL (1978) Sacrococcygeal teratomas in infants and children: relationship of histology and prognosis in 40 cases. Arch Pathol Lab Med 102: 420–425
Green DM, Breslow NE, Beckwith JB et al. (2001) Treatment with nephrectomy only for small, stage I/favorable histology Wilms' tumor: a report from the National Wilms' Tumor Study Group. J Clin Oncol 19:3719–3724
GYNECARE e. Division der Ethicon GmbH (2001) TVT Spannungsfreie Unterstützung bei Inkontinenz. Produktinformation
Hadziselimovic F, Herzog B (Hrsg) (1990) Hodenerkrankungen im Kindesalter. Hippokrates, Stuttgart, S 59, 61
Hamer J, Dorsch C (1978) Neurochirurgische Operationsabläufe. Springer, Berlin Heidelberg New York
Hampel C, Hohenfellner M, Melchior S, Thüroff JW (2001) Harninkontinenz: Schlingenplastiken in der Therapie der weiblichen Harninkontinenz (Sling procedures in the therapy of female stress incontinence). Urologe A 40:274–280
Hansis M (2000) Basiswissen Chirurgie. Springer, Berlin Heidelberg New York
Häring R, Zilch H (1997) Chirurgie, 4. vollst neubearb. und erweit. Auflage. de Gruyter, Berlin
Hautmann RE, Huland H (2001) Urologie, 2. Aufl. Springer, Berlin Heidelberg New York Tokio
Heaton JFG, Redmond CR, Graves ED et al. (1988) Congenital diaphragmatic hernia. Improving survival with extracorporal membrane oxygenation. Pediatr Surg Int 3:6–10
Heberer G, Köle W, Tscherne H (Hrsg) (1993) Chirurgie und angrenzende Gebiete, 6. Aufl. Springer, Berlin Heidelberg New York Tokio
Hepp H, Scheidel P, Schüßler B (1991) Gynäkologische Standardoperationen. Enke, Stuttgart

Herrmann U, Audretsch W (1996) Praxis der Brustoperationen. Springer, Berlin Heidelberg New York Tokio
Herzog B (1981) Kinderchirurgie. In: Allgöwer M, Harder F, Holender LF et al. (Hrsg) Chirurgische Gastroenterologie. Springer, Berlin, S 1099
Hirsch HA, Käser O, Iklé FA (1995) Atlas der gynäkologischen Operationen, 5. Aufl. Thieme, Stuttgart
Hirsch HA, Käser O, Iklé FA (1999) Atlas der gynäkologischen Operationen einschließlich urologischer, proktologischer und plastischer Eingriffe, 6. unveränd. Aufl. Thieme, Stuttgart
Hofmann-Dörwald S (1999) Praxishandbuch OP. Praxisorientierter Leitfaden für OP-Pflegepersonen und OTA. Huber, Göttingen
Höfner K, Stief CG, Jonas U (2000) Benigne Prostatahyperplasie. Springer, Berlin Heidelberg New York Tokio
Hofstetter AG, Eisenberger F (1986) Urologie für die Praxis. Bergmann, München
Hohenfellner R, Wammack R (1992) SIU. Continent urinary diversion. Churchill, Livingstone, Edingburgh
Holder TM (1993) Esophageal atresia and tracheoesophageal malformations. In: Ashcraft KW, Holder TM (eds), p 260
Holschneider AM, Wischermann A (1993) Kinderchirurgie. In: Heberer G, Köle W, Tscherne H (Hrsg), S 560
Höpner F (1991) Hydocephalus. In: Schärli (Hrsg), S 3
Howard ER (1995) Surgery for biliary atresia. In: Spitz L, Coran AG (eds), p 560
Hutson JM (1995) Orchidopexy. In: Spitz L, Coran AG (eds), p 719, 723f
Kaiser R, Pfleiderer A (1989) Lehrbuch der Gynäkologie, 16. Aufl. Thieme, Stuttgart
Kelalis PP (1977) Hypospadias. In: Eckstein HB, Hohenfellner M, Williams DI (eds) Surgical pediatric urology. Thieme, Stuttgart, p 378
Kern G (1970) Gynäkologie. Thieme, Stuttgart
Kimura K, Tsugawa C, Kubo M, Matsumoto Y, Itoh H (1979) Technical aspects of hepatic portal dissection in biliary atresia. J Pediatr Surg 14 : 27–32
Kimura K, Mukohara N, Nishijima E et al. (1990) Diamond-shaped anastomosis for duodenal atresia: an experience with 44 patients over 15 years. J Pediatr Surg 25 : 977–979
Kliegmann RM, Fanaroff AA (1984) Necrotizing enterocolitis. N Engl J Med 310 : 1093–1103
Köckerling F, Hohenberger W (1998) Video-endoskopische Chirurgie. Barth, Heidelberg
Kohn D, Wirth CJ (1999) Gelenkchirurgie. Offene und arthroskopische Verfahren. Thieme, Stuttgart
Köllermann WM, Sigel A (1971) Kryptorchismus. In: Sigel A (Hrsg), S 350
Kortmann H, Riel KA (1988) Chirurgische Technik – Thorakale Gefäßverletzungen. Chirurg 59 : 389–397
Kremer KF, Lierse W, Platzer W, Schreiber HW (1987) Chirurgische Operationslehre – Spezielle Anatomie, Indikationen, Technik, Komplikationen: Ösophagus, Magen, Duodenum, Bd 3. Thieme, Stuttgart
Kremer KF, Lierse W, Platzer W, Schreiber HW (1989) Chirurgische Operationslehre – Spezielle Anatomie, Indikationen, Technik, Komplikationen: Hals, Gefäße, Bd 1. Thieme, Stuttgart
Kremer KF, Lierse W, Platzer W, Schreiber HW (1990) Chirurgische Operationslehre – Spezielle Anatomie, Indikationen, Technik, Komplikationen: Gallenblase, Gallenwege, Pankreas, Bd 4. Thieme, Stuttgart
Kremer KF, Lierse W, Platzer W, Schreiber HW (1991) Chirurgische Operationslehre – Spezielle Anatomie, Indikationen, Technik, Komplikationen: Thorax: Mamma, Mediastinum, Zwerchfell, Thoraxwand, Lunge, Tracheotomie, Koniotomie, Bd 2. Thieme. Stuttgart
Kremer KF, Lierse W, Platzer W, Schreiber HW (1992) Chirurgische Operationslehre – Spezielle Anatomie, Indikationen, Technik, Komplikationen: Darm, Dündarm, Dickdarm, Ileus, Pilonidalsinus, Akute Durchblutungsstörungen, Fremdkörper, Rektum, Anus, Endoskopische Chirurgie, Bd 6. Thieme, Stuttgart
Kremer KF, Lierse W, Platzer W, Schreiber HW (1993) Chirurgische Operationslehre – Spezielle Anatomie, Indikationen, Technik, Komplikationen: Peritoneum, Staging-Laparotomie, Leber, Pfortader, Milz, Bd 5. Thieme, Stuttgart
Kremer KF, Lierse W, Platzer W, Schreiber HW (1994) Chirurgische Operationslehre – Spezielle Anatomie, Indikationen, Technik, Komplikationen: Bauchwand, Hernien, Relaparotomie, Retroperitoneum, urologische und gynäkologische Notfälle, Bd 7/1. Thieme, Stuttgart
Kremer KF, Lierse W, Platzer W, Schreiber HW (1995) Chirurgische Operationslehre – Spezielle Anatomie, Indikationen, Technik, Komplikationen: Minimal-Invasive Chirurgie: Video-laparoskopische und videothorakoskopische Chirurgie, Bd 7/2. Thieme, Stuttgart
Kremer K, Lierse W, Platzer W, Schreiber HW (1997) Chirurgische Operationslehre – Spezielle Anatomie, Indikationen, Technik, Komplikationen: Schädel, Haltungs- und Bewegungsapparat: Posttraumatische Defekt- und Infektsanierung – Schädel, Wirbelsäule, Becken, Bd 8. Thieme, Stuttgart
Kremer K, Lierse W, Platzer W, Schreiber HW (1998) Chirurgische Operationslehre – Spezielle Anatomie, Indikationen, Technik, Komplikationen: Schädel, Haltungs- und Bewegungsapparat: Schultergürtel, obere Extremität, Bd. 9. Thieme, Stuttgart
Kremer K, Schumpelick V, Hierholzer G (1992) Chirurgische Operationen. Thieme, Stuttgart
Kurtenbach H, Golombek G, Siebers H (1994) Krankenpflegegesetz, 4. Aufl. Kohlhammer, Stuttgart
Laer L von (2001) Frakturen und Luxationen im Wachstumsalter, 4. Aufl. Thieme, Stuttgart
Lobe TE (1995) Pyloromyotomie. In: Spitz L, Coran AG (eds), p 325
Lüdtke-Handjery A (1981) Gefäßchirurgische Notfälle. Springer, Berlin Heidelberg New York
Maizels M, Mitchell B, Kass E, Fernbach SK, Conway JJ (1994) Outcome of nonspecific hydronephrosis in the infant: a report from the Registry of the Societey for Fetal Urology. J Urol 152: 2324–2327
Martius G (1990) Gynäkologische Operationen, 2. Aufl. Thieme, Stuttgart
Matzen P (2002) Praktische Orthopädie. Barth, Leipzig
Mauermayer W (1981) Transurethrale Operationen. Springer, Berlin Heidelberg
Mehrhoff F (1988) Dokumentation von Patientendaten im Krankenhaus. Krankenhausumschau 12 : 892–896
Menardi D (1994) Duodenal atresia, stenosis and annular pancreas. In: Freeman NV, Burge DM, Griffith DM, Malone PSJ

(eds) Surgery of the newborn. Churchill Livingstone, Edinburgh, p 107
Mencaglia L, Wattiez A (2001) Handbuch der operativen Laparoskopie in der Gynäkologie. (Fa. Storz) Endo-Press, Tuttlingen
Mohsenipour I, Goldhahn WE, Fischer J, Platzer W, Pomaroli A (1997) Operative Zugangswege in der Neurochirurgie – Zentrales und peripheres Nervensystem, Thieme, Stuttgart
Moore KL (1985) Embryologie. Lehrbuch und Atlas der Entwicklungsgeschichte des Menschen. 2. Aufl. Schattauer, Stuttgart
Müller ME, Allgöwer M, Schneider R, Willenegger H (1997) Manual der Osteosynthese, 3. erw. u. völlig überarb. Auflage 2. Nachdruck. Springer, Berlin Heidelberg New York
Mutschler W, Haas N (1999) Praxis der Unfallchirurgie. Thieme, Stuttgart
Nagel E, Löhlein D (2003) Pichlmayr'sche Chirurgische Therapie, Richtlinien zur Allgemein-, Viszeral- und Transplantationschirurgie, 3. völlig neu bearb. Aufl. Springer, Berlin Heidelberg New York
Nicolls J, Glass R (1988) Koloproktologie, Diagnose und ambulante Therapie. Springer, Berlin Heidelberg New York
Niethard FU, Weber M, Heller K-D (2002) Orthopädie compact. Thieme, Stuttgart
Nixon HH (1988) Hirschsprung's disease. In. Spitz L, Nixon HH (eds), p 386, 388
Nixon HH, O'Donnell B (1992) The essentials of pediatric surgery, 4th edn. Butterworth-Heinemann, Oxford
Nowak W, Fleck U (1991) Chirurgische Therapie der Schenkelhernien. Chirurg 62 : 649–655
Obladen M (2001) Neugeborenen-Intensivpflege: Grundlagen und Richtlinien, 6. vollst. überarb. Aufl. Springer, Berlin Heidelberg New York
O'Neill JA, Rowe MI, Grosfeld JL, Fonkalsrud EW, Coran AG (eds) (1998) Pediatric surgery, 5th edn. Mosby Year Book, St. Louis
Paetz B, Benzinger-König B (1999) Chirurgie für Pflegeberufe, 19. völlig neu bearbeitete Auflage. Thieme, Stuttgart
Pauthner M, Reichert N (2000) Chirurgie. Prüfungswissen für Pflegeberufe (Lernmaterialien). Urban & Fischer, München Jena
Pena A (1989) Atlas of surgical management of anorectal malformations. Springer, Berlin Heidelberg New York, p 43
Petri E (Hrsg) (2000) Gynäkologische Urologie. Aspekte der interdisziplinären Diagnostik und Therapie, 3. Aufl. Thieme, Stuttgart
Pichelmayr R, Löhlein D (1991) Chirurgische Therapie, 2. Aufl. Springer, Berlin Heidelberg New York
Platzer W (1999) Taschenatlas der Anatomie. Bd 1: Bewegungsapparat, 7. vollst. überarb. Aufl. Thieme, Stuttgart
Pokorny WJ (1995) Necrotizing enterocolitis. In: Spitz L, Coran AG (eds), p 413
Pschyrembel (1999) Klinisches Wörterbuch, Buch & CD-Rom, 258. Auflage. de Gruyter, Berlin
Reding R (1988) Pankreasanastomosen. Chirurg 59 : 820–827
Rickham PP (1969) Congenital diaphragmatic hernia and eventration of the diaphragm. In: Rickham PP, Johnston JN (eds) Neonatal surgery. Butterworth, London, pp 176–191
Rowe MI, Fonkalsrud EW, O'Neill JA, Coran AG, Grosfeld JL (1995) Essentials of pediatric surgery. Mosby-Year Book, St. Louis
Rüedi TP, Murphy WM (eds) (2000) AO-principles of fracture management. Thieme, Stuttgart
Schärli AF (Hrsg) (1991) Komplikationen in der Kinderchirurgie. Thieme, Stuttgart
Schärli AF (1998) Kinderchirurgisches Lehrbuch für Krankenschwestern, 6. Aufl. Huber, Bern
Schiebler TH, Schmid W (1987) Lehrbuch der Anatomie des Menschen, 4. Aufl. Springer, Berlin Heidelberg New York Tokio
Schiebler TH, Schmid W (1991) Lehrbuch der Anatomie des Menschen, 5. Aufl. Springer, Berlin Heidelberg New York Tokio
Schiebler TH, Schmid W (Hrsg) (2003) Anatomie, Zytologie, Histologie, Entwicklungsgeschichte, makroskopische und mikroskopische Anatomie des Menschen. Unter Berücksichtigung des Gegenstandskatalogs, 8. vollst. überarb. u. aktualisierte Aufl. Springer, Berlin Heidelberg New York
Schindler H (1989) Arbeitsgebiet Operationssaal. Enke, Stuttgart
Schirmer M (1998) Neurochirurgie – Eine Einführung, 9. neubearb. Auflage. Urban & Fischer, München Jena
Schumpelick V, Bleese NM, Mommsen U (2000) Chirurgie, 5. unveränd. Aufl. Thieme, Stuttgart
Schwenzer N, Ehrenfeld M (2000) Zahn-Mund-Kiefer-Heilkunde. Band 1: Allgemeine Chirurgie. Lehrbuch zur Aus- und Weiterbildung, 3. Aufl. Thieme, Stuttgart
Schwenzer N, Ehrenfeld M (2002) Zahn-Mund-Kiefer-Heilkunde. Band 2: Spezielle Chirurgie. Lehrbuch zur Aus- und Weiterbildung, 3. Aufl. Thieme, Stuttgart
Schwenzer N, Ehrenfeld M (2000) Zahn-Mund-Kiefer-Heilkunde. Band 3: Zahnärztliche Chirurgie. Lehrbuch zur Aus- und Weiterbildung, 3. Aufl. Thieme, Stuttgart
Siewert R (Hrsg) (2001) Praxis der Viszeralchirurgie. Springer, Berlin Heidelberg New York Tokyo
Siewert JR, Allgöwer M (2000) Chirurgie, 7. kompl. überarb. Auflage. Springer, Berlin Heidelberg New York Tokyo
Sigel A (Hrsg) (1971) Lehrbuch der Kinderurologie. Thieme, Stuttgart
Sigel A (Hrsg) (2001) Kinderurologie, 2. vollst. überarb. Aufl. Springer, Berlin Heidelberg New York Tokyo
Skandalakis JE, Gray SW, Ricketts RR (1994) The diaphragm. In: Skandalakis JE, Gray SW (eds) Embryology for surgeons, 2nd edn. Williams & Wilkins, Baltimore
Smith SD, Rowe MI (1993) Physiology of the patient. In: Ashcraft KW, Holder TM (eds), p 3
Smith WR, Leix F (1966) Omphalozele. Am J Surg 111 : 450–456
Sobotta J (1999) Kopf, Hals, obere Extremität. In: Putz R, Pabst R (Hrsg) Atlas der Anatomie des Menschen, Band 1, 21. Aufl. Urban & Fischer, München Jena
Sobotta J (1999) Rumpf, Eingeweide, untere Extremität. In: Putz R, Pabst R (Hrsg) Atlas der Anatomie des Menschen, Band 2, 21. Auflage. Urban & Fischer, München Jena
Sökeland J (1990) Urologie für Krankenpflegeberufe. Thieme, Stuttgart
Sökeland J (2000) Urologie für Krankenpflegeberufe, 7. vollst. neubearb. Aufl. Thieme, Stuttgart
Sommer R (1999) OP-Lagerungen in der Unfallchirurgie und Orthopädie. Steinkopff, Darmstadt
Spitz L (1995) Esophageal atresia with and without tracheoesophageal fistula. In: Spitz L, Coran AG (eds) pp 11–120

Spitz L, Coran AG (1995) Pediatric surgery. In: Rob & Smith's operative surgery, 5th edn. Chapman & Hall Medical, London
Spitz L, Nixon HH (eds) (1988) Pediatric surgery. In: Rob & Smith's operative surgery, 4th edn. Chapman & Hall, London
Spornitz UM (1993) Anatomie und Physiologie für Pflegeberufe. Springer, Berlin Heidelberg New York Tokyo
Spornitz UM (2001) Anatomie und Physiologie – Lehrbuch und Atlas für Pflege- und Gesundheitsberufe, 3. vollst. überarb. Aufl. Springer, Berlin Heidelberg New York Tokyo
Stauffer UG, Soper RT, Rickmann PP (1992) Kinderchirurgie – Ein kurzgefasstes Lehrbuch, 3. neubearb. Auflage, Thieme Stuttgart
Stein E (1997) Proktologie Lehrbuch und Atlas. 3. Aufl. Springer, Berlin Heidelberg New York Tokyo
Steinmüller L, Teichmann W (1994) Milzerhaltende Operationstechniken, VHS Kassette. Thieme, Stuttgart
Stephens FD, Smith ED (1986) Classification, identification, and assessment of surgical treatment of anorectal anomalies. Pediatr Surg Int 1 : 200–205
Szyszkowitz R, Muhr G, Trentz O (2001) Operative Therapie der Frakturen und Luxationen. ecomed, Landsberg
Teitelbaum DH, Coran AG (1995) Hirschsprung's disease. In: Spitz L, Coran AG (eds), pp 471–481
Texhammar R, Colton C (1995) AO-Instrumente und -Implantate, 2. völlig neubearb. u. erw. Aufl. Springer, Berlin Heidelberg New York Tokyo
Thüroff J (1994) Gynäkologische Urologie. In: Jocham D, Miller K (Hrsg) Praxis der Urologie.Thieme, Stuttgart
Verreet P, Ohmann C, Jablonowski H, Röher HD (1997) Operative Medizin bei HiV-Infektion, ISBN 3–928665–06–5
Waldhausen JA (1986) Thoracic great vessels. In: Welch KJ, Roland JG, Ravitch MM et al. (eds) Pediatric surgery, 4th edn, vol 2. Year Book Medical Publishers, Chicago, p 1400
Weber EMW (1999) Schemata der Leitungsbahnen des Menschen. Arterien/Venen/Spiralnerven/Hirnnerven/Autonome Nerven/Zentrale Nerven, 13. Aufl. Springer, Berlin Heidelberg New York
Wenzel H (1994) Kinderchirurgie. Ein Leitfaden für den OP. Fischer, Stuttgart
Westenfelder M (1993) Hypospadie. In: Siegel A (Hrsg) Kinderurologie. Springer, Berlin Heidelberg New York, S 405–424
Willital GH (1981) Atlas der Kinderchirurgie. Indikationen und Operationstechnik. Schattauer, Stuttgart, S 271, 277
Wirth CJ, Kohn D (1999) Gelenkchirurgie – Offene und arthroskopische Verfahren, Thieme, Stuttgart
Zachariou Z (1997) Memorix Kinderchirurgie. Chapman & Hall, Weinheim

Herstellerverzeichnis

Aesculap AG
Am Aesculap-Platz
78532 Tuttlingen

BIS Foundation
P.O. box 2304
2301 Leiden
Niederlande

Braun-Dexon GmbH
Postfach 31
78501 Tuttlingen

Cardiomedical GmbH
Industriestr. 3
30855 Langenhagen

Centerpulse GmbH
Mernhauser Str.112
79100 Freiburg

Cordis Johnson & Johnson Endovascular
Elisabeth-Selbert-Straße 4a
40244 Langenfeld

CryoLife Europa Ltd
Standard Way
Fareham
Hampshire PO16 8XT
United Kingdom

Edwards Lifesciences Germany GmbH
Edisonstraße 3–4
85716 Unterschleißheim

Ethicon GmbH
Robert-Koch-Straße 1
22851 Norderstedt

Ethicon GmbH
Abt. Endo Surgery
Robert-Koch-Straße 1
22851 Norderstedt

Ethicon GmbH
Abt. Codman
Oststr. 1
22844 Norderstedt

Ethicon GmbH
Gynecare Division
Oststr. 1
22844 Norderstedt

Genzyme
Siemensstraße 5b
63263 Neu-Isenburg

Impella Cardiotechnik AG
Neuenhoferweg 3
52074 Aachen

Intromed Medizintechnik GmbH
Bahnhofstr.1
15745 Wildau

Jostra AG
Hechinger Straße 38
72145 Hirrlingen

Kapp Surgical Instrument Inc.
4919 Warrensville Center Rd.
Cleveland, Ohio 44128

Krauth medical
Wandsbecker Königgstraße 27–29
22041 Hamburg

Waldemar Link GmbH & Co
Postfach 630552
22315 Hamburg

Gebr. Martin GmbH
Ludwigstaler Str. 132
78532 Tuttlingen

Medtronic GmbH
Am Seestern 3
40547 Düsseldorf

Mondeal Medical Systems GmbH
Molkestr. 39
78532 Tuttlingen

Nicolai GmbH & Co.KG
Ostpassage 7
30853 Langenhagen

Olympus Winter & Ibe GmbH
Kühnstr.61
22045 Hamburg

Osypka
Gottlieb-Daimler-Straße 5
79618 Rheinfelden

Pall Life Sciences GmbH
Philipp-Reis-Straße 6
63303 Dreieich

Pilling Weck GmbH
Oberer Röderweg 13
63791 Karlstein

Rüsch GmbH
Willy-Rüsch-Str.4–10
71835 Kernen-Rommelshausen

St. Jude Medical GmbH
Marienbergstraße 82
90411 Nürnberg

Stöckert
Lindbergstraße 25
80939 München

Karl Storz GmbH & Co. KG
Mittelstr. 8
78532 Tuttlingen

Stratec Medical
Eimattstr. 3
CH-4436 Oberdorf

Stryker Howmedica
Gewerbe-Allee 18
45478 Mülheim

Synthes GmbH & Co. KG
Im Kirchenhürstle 4–6
D-79224 Umkirch

Terumo GmbH
Siemensstraße 1
46325 Borken

Tyco Healthcare Deutschland
Tempelsweg 26
47918 Tönisvorst

Ulrich Medizintechnik GmbH & Co. KG
Buchbrunnenweg 12
89081 Ulm-Jungingen

Zeppelin Chirurgische Instrumente GmbH
82049Pullach

Stichwortverzeichnis

Stichwortverzeichnis

A

B

C

D

E

F

G

H

I

J

K

L

M

N

O

P

Q

R

S

T

U

V

W

Y

Z